**Handbuch der
Lebensmitteltoxikologie**

*Herausgegeben von
Hartmut Dunkelberg,
Thomas Gebel und
Andrea Hartwig*

## 200 Jahre Wiley – Wissen für Generationen

John Wiley & Sons feiert 2007 ein außergewöhnliches Jubiläum: Der Verlag wird 200 Jahre alt. Zugleich blicken wir auf das erste Jahrzehnt des erfolgreichen Zusammenschlusses von John Wiley & Sons mit der VCH Verlagsgesellschaft in Deutschland zurück. Seit Generationen vermitteln beide Verlage die Ergebnisse wissenschaftlicher Forschung und technischer Errungenschaften in der jeweils zeitgemäßen medialen Form.

Jede Generation hat besondere Bedürfnisse und Ziele. Als Charles Wiley 1807 eine kleine Druckerei in Manhattan gründete, hatte seine Generation Aufbruchsmöglichkeiten wie keine zuvor. Wiley half, die neue amerikanische Literatur zu etablieren. Etwa ein halbes Jahrhundert später, während der „zweiten industriellen Revolution" in den Vereinigten Staaten, konzentrierte sich die nächste Generation auf den Aufbau dieser industriellen Zukunft. Wiley bot die notwendigen Fachinformationen für Techniker, Ingenieure und Wissenschaftler. Das ganze 20. Jahrhundert wurde durch die Internationalisierung vieler Beziehungen geprägt – auch Wiley verstärkte seine verlegerischen Aktivitäten und schuf ein internationales Netzwerk, um den Austausch von Ideen, Informationen und Wissen rund um den Globus zu unterstützen.

Wiley begleitete während der vergangenen 200 Jahre jede Generation auf ihrer Reise und fördert heute den weltweit vernetzten Informationsfluss, damit auch die Ansprüche unserer global wirkenden Generation erfüllt werden und sie ihr Zeil erreicht. Immer rascher verändert sich unsere Welt, und es entstehen neue Technologien, die unser Leben und Lernen zum Teil tiefgreifend verändern. Beständig nimmt Wiley diese Herausforderungen an und stellt für Sie das notwendige Wissen bereit, das Sie neue Welten, neue Möglichkeiten und neue Gelegenheiten erschließen lässt.

Generationen kommen und gehen: Aber Sie können sich darauf verlassen, dass Wiley Sie als beständiger und zuverlässiger Partner mit dem notwendigen Wissen versorgt.

*William J. Pesce*
President and Chief Executive Officer

*Peter Booth Wiley*
Chairman of the Board

# Handbuch der Lebensmitteltoxikologie

Belastungen, Wirkungen, Lebensmittelsicherheit, Hygiene

*Band 1*

*Herausgegeben von*
*Hartmut Dunkelberg, Thomas Gebel und*
*Andrea Hartwig*

WILEY-VCH Verlag GmbH & Co. KGaA

**Herausgeber**

*Prof. Dr. Hartmut Dunkelberg*
Universität Göttingen
Bereich Humanmedizin
Abt. Allgemeine Hygiene und Umweltmedizin
Lenglerner Straße 75
37039 Göttingen

*Dr. Thomas Gebel*
Bundesanstalt für Arbeitsschutz
und Arbeitsmedizin
Fachbereich 4
Friedrich-Henkel-Weg 1–25
44149 Dortmund

*Prof. Dr. Andrea Hartwig*
TU Berlin, Sekr. TIB 4/3-1
Institut für Lebensmitteltechnologie
Gustav-Meyer-Allee 25
13355 Berlin

■ Alle Bücher von Wiley-VCH werden sorgfältig erarbeitet. Dennoch übernehmen Autoren, Herausgeber und Verlag in keinem Fall, einschließlich des vorliegenden Werkes, für die Richtigkeit von Angaben, Hinweisen und Ratschlägen sowie für eventuelle Druckfehler irgendeine Haftung

**Bibliografische Information
der Deutschen Nationalbibliothek**
Die Deutsche Nationalbibliothek verzeichnet diese Publikation in der Deutschen Nationalbibliografie; detaillierte bibliografische Daten sind im Internet über http://dnb.d-nb.de abrufbar.

© 2007 WILEY-VCH Verlag GmbH & Co. KGaA, Weinheim

Alle Rechte, insbesondere die der Übersetzung in andere Sprachen, vorbehalten. Kein Teil dieses Buches darf ohne schriftliche Genehmigung des Verlages in irgendeiner Form – durch Photokopie, Mikroverfilmung oder irgendein anderes Verfahren – reproduziert oder in eine von Maschinen, insbesondere von Datenverarbeitungsmaschinen, verwendbare Sprache übertragen oder übersetzt werden. Die Wiedergabe von Warenbezeichnungen, Handelsnamen oder sonstigen Kennzeichen in diesem Buch berechtigt nicht zu der Annahme, dass diese von jedermann frei benutzt werden dürfen. Vielmehr kann es sich auch dann um eingetragene Warenzeichen oder sonstige gesetzlich geschützte Kennzeichen handeln, wenn sie nicht eigens als solche markiert sind.

Printed in the Federal Republic of Germany
Gedruckt auf säurefreiem Papier

**Satz** K+V Fotosatz GmbH, Beerfelden
**Druck** Strauss Druck, Mörlenbach
**Bindung** Litges & Dopf GmbH, Heppenheim

**ISBN** 978-3-527-31166-8

# Inhalt

Geleitwort  *XXIII*

Vorwort  *XXVII*

Autorenverzeichnis  *XXIX*

**Band 1**

I Grundlagen

Einführung

1 **Geschichtliches zur Lebensmitteltoxikologie**  *3*
  *Karl-Joachim Netter*
1.1 Einleitung  *3*
1.2 Prähistorisches  *4*
1.3 Biblisches  *5*
1.4 Toxisches  *7*
1.5 Ökonomisches  *8*
1.6 Legislatives  *9*
1.7 Futuristisches  *15*
1.8 Literatur  *16*

2 **Lebensmittel und Gesundheit**  *19*
  *Thomas Gebel*
2.1 Einleitung  *19*
2.2 Globale und regionale Mortalität und deren Ursachen  *20*
2.3 Ernährung und Krebs  *25*
2.4 Ernährung und kardiovaskuläre Erkrankungen  *29*
2.5 Zusammenfassung  *29*
2.6 Literatur  *31*

*Handbuch der Lebensmitteltoxikologie.* H. Dunkelberg, T. Gebel, A. Hartwig (Hrsg.)
Copyright © 2007 WILEY-VCH Verlag GmbH & Co. KGaA, Weinheim
ISBN: 978-3-527-31166-8

| 3 | **Stellenwert und Aufgabe der Lebensmitteltoxikologie** 33 |
|---|---|
| | *Hartmut Dunkelberg* |
| 3.1 | Einleitung 33 |
| 3.2 | Lebensmitteltoxikologie – ein wissenschaftliches Konzept zur Abschätzung gesundheitlicher Risiken durch Lebensmittelinhaltsstoffe 33 |
| 3.3 | Lebensmitteltoxikologie als Instrument der Qualitätssicherung in der heutigen Lebensmittelversorgung 37 |
| 3.4 | Lebensmitteltoxikologie, Ernährungsverhalten und Gesundheitsvorsorge 38 |
| 3.5 | Lebensmitteltoxikologie und nachhaltige Förderung der Ernährungsgesundheit 42 |
| 3.6 | Zusammenfassung 46 |
| 3.7 | Literatur 46 |

**Rechtliche Grundlagen der Lebensmitteltoxikologie**

| 4 | **Europäisches Lebensmittelrecht** 47 |
|---|---|
| | *Rudolf Streinz* |
| 4.1 | Grundlagen 47 |
| 4.1.1 | Begriff und Gegenstand des Lebensmittelrechts 47 |
| 4.1.1.1 | Begriff „Lebensmittelrecht" 47 |
| 4.1.1.2 | Das Lebensmittelrecht als intradisziplinäre und interdisziplinäre Materie 48 |
| 4.1.1.2.1 | Intradisziplinarität (erfasste Rechtsdisziplinen) 48 |
| 4.1.1.2.2 | Interdisziplinarität 48 |
| 4.1.2 | Ziele und Instrumente des Lebensmittelrechts 48 |
| 4.1.2.1 | Ziele (Schutzzwecke) 48 |
| 4.1.2.1.1 | Gesundheitsschutz 49 |
| 4.1.2.1.2 | Verbraucherschutz 50 |
| 4.1.2.1.3 | Verbraucherinformation 50 |
| 4.1.2.2 | Prinzipien und Instrumente 50 |
| 4.1.2.2.1 | Missbrauchsprinzip 50 |
| 4.1.2.2.2 | Verbotsprinzip 50 |
| 4.1.2.2.3 | Eigenverantwortung des Unternehmers, Prävention und Lebensmittelüberwachung 51 |
| 4.1.2.2.4 | Grundsätze der Risikoentscheidung 51 |
| 4.1.2.2.5 | Das Vorsorgeprinzip (precautionary principle) 52 |
| 4.1.3 | Berührte Rechtsgebiete 53 |
| 4.1.3.1 | Agrarrecht 53 |
| 4.1.3.2 | Wettbewerbsrecht 53 |
| 4.1.4 | Die „Europäisierung" des Lebensmittelrechts – Folgen für die nationalen Lebensmittelrechte 54 |
| 4.1.4.1 | Grundlagen und Ausmaß der Europäisierung 54 |
| 4.1.4.2 | Folgen für die EU-Mitgliedstaaten 54 |
| 4.1.4.3 | Folgen für Drittstaaten 54 |

| | | |
|---|---|---|
| 4.1.4.3.1 | Völkerrechtliche Vereinbarungen (Assoziierungen) | 55 |
| 4.1.4.3.2 | Autonomer Nachvollzug | 55 |
| 4.1.5 | Lebensmittelrecht als Gegenstand des Völkerrechts (Welthandelsrecht – WTO-Recht) | 55 |
| 4.2 | Das gemeinschaftliche Lebensmittelrecht der Europäischen Union | 56 |
| 4.2.1 | Rechtsgrundlagen | 56 |
| 4.2.1.1 | Freier Warenverkehr | 56 |
| 4.2.1.1.1 | Tatbestand (Dassonville-Formel) und Einschränkungen (Keck-Formel) | 56 |
| 4.2.1.1.2 | Beschränkungsmaßnahmen: Art. 30 EGV und Cassis-Formel | 56 |
| 4.2.1.1.3 | Folgen der Cassis-Rechtsprechung: Faktische gegenseitige Anerkennung | 57 |
| 4.2.1.2 | Kompetenznormen des Sekundärrechts | 57 |
| 4.2.1.2.1 | Überblick | 57 |
| 4.2.1.2.2 | Rechtsangleichung (Art. 95 EGV) | 58 |
| 4.2.1.2.3 | Gesundheitsschutz (Art. 152 EGV) und Verbraucherschutz (Art. 153 EGV) als Beitragskompetenzen der EG | 58 |
| 4.2.1.2.4 | Agrarpolitik (Art. 37 EGV) | 59 |
| 4.2.1.3 | Die sog. „neue Strategie": Gegenseitige Anerkennung und Harmonisierung als ergänzende Instrumente zur Herstellung des Binnenmarktes | 60 |
| 4.2.2 | Die Basisverordnung | 60 |
| 4.2.2.1 | Ziel und Entstehung | 60 |
| 4.2.2.2 | Inhaltsübersicht | 61 |
| 4.2.2.3 | Der gemeinschaftliche Lebensmittelbegriff – Abgrenzung zu Arzneimitteln | 61 |
| 4.2.2.4 | Allgemeine Grundsätze des Lebensmittelrechts | 63 |
| 4.2.2.5 | Gründung der Europäischen Behörde für Lebensmittelsicherheit | 64 |
| 4.2.2.6 | Schnellwarnsystem, Krisenmanagement und Notfälle | 64 |
| 4.2.3 | Wichtige Regelungsmaterien des Sekundärrechts | 64 |
| 4.2.3.1 | Durchführung der sog. „neuen Strategie" | 64 |
| 4.2.3.2 | Rechtsetzungsinstrumente | 64 |
| 4.2.3.2.1 | Überblick | 64 |
| 4.2.3.2.2 | Richtlinien | 65 |
| 4.2.3.2.3 | Verordnungen | 65 |
| 4.2.3.2.4 | Entscheidungen | 66 |
| 4.2.3.2.5 | Sonstige Rechtshandlungen | 67 |
| 4.2.3.3 | Horizontale Regelungen | 67 |
| 4.2.3.3.1 | Überblick | 67 |
| 4.2.3.3.2 | Kennzeichnung und Aufmachung | 67 |
| 4.2.3.3.3 | Lebensmittelüberwachung | 67 |
| 4.2.3.3.4 | Lebensmittelhygiene | 68 |
| 4.2.3.3.5 | Zusatzstoffe | 68 |
| 4.2.3.3.6 | Rückstände und Kontaminanten | 68 |

| | | |
|---|---|---|
| 4.2.3.3.7 | Nahrungsergänzungsmittel | *69* |
| 4.2.3.3.8 | Health Claims | *69* |
| 4.2.3.3.9 | Novel Food – Genetisch veränderte Lebensmittel und Futtermittel | *70* |
| 4.2.3.4 | Wichtige vertikale Regelungen (Produktvorschriften) | *70* |
| 4.2.4 | Der Vollzug des EG-Lebensmittelrechts | *71* |
| 4.2.5 | Organisation: EG-Behörden im Bereich des Lebensmittelrechts | *71* |
| 4.2.5.1 | Die Kommission | *71* |
| 4.2.5.2 | Die Dubliner Behörde (Lebensmittel- und Veterinäramt) | *72* |
| 4.2.5.3 | Die Europäische Behörde für Lebensmittelsicherheit (EBLS, EFSA) in Parma | *72* |
| 4.2.5.4 | Organisatorische Vernetzung mit den Behörden der Mitgliedstaaten im Mehrebenensystem | *73* |
| 4.3 | Das (nationale) Lebensmittelrecht ausgewählter europäischer Staaten | *74* |
| 4.3.1 | Bundesrepublik Deutschland | *74* |
| 4.3.1.1 | Kompetenzen | *74* |
| 4.3.1.2 | Zuständige Behörden | *74* |
| 4.3.1.3 | Verzahnung des deutschen mit dem europäischen Lebensmittelrecht | *75* |
| 4.3.1.3.1 | Legislative Umsetzung von Richtlinien | *75* |
| 4.3.1.3.2 | Legislative Ergänzung von Verordnungen | *75* |
| 4.3.1.3.3 | Administrativer Vollzug durch deutsche Behörden | *75* |
| 4.3.1.3.4 | Wahrung des EG-Lebensmittelrechts durch deutsche Gerichte als „Gemeinschaftsrechtsgerichte" | *76* |
| 4.3.1.3.5 | Beachtung der primärrechtlichen Vorgaben des freien Warenverkehrs, insbesondere der Anforderungen des Bier-Urteils des EuGH: § 47a LMBG (seit 7. 9. 2005 § 54 LFGB) | *76* |
| 4.3.1.4 | Die „Umsetzung" der EG-Basisverordnung durch das Lebensmittel- und Futtermittelgesetzbuch (LFGB) vom 1. 9. 2005 | *77* |
| 4.3.1.4.1 | „Umsetzungsbedarf" der Verordnung | *77* |
| 4.3.1.4.2 | Gemeinschaftsrechtliche Vorgaben und Ausgestaltungs- sowie Ergänzungsbedarf bzw. Ausgestaltungsfreiheit | *78* |
| 4.3.1.4.3 | Die Anpassung der Behördenstruktur in Deutschland an die Vorgaben der EG-Basisverordnung | *78* |
| 4.3.1.4.4 | Gliederung des LFGB | *79* |
| 4.3.2 | Österreich | *79* |
| 4.3.3 | Frankreich | *80* |
| 4.3.4 | Vereinigtes Königreich | *81* |
| 4.3.5 | Niederlande | *81* |
| 4.3.6 | Italien | *82* |
| 4.3.7 | Spanien | *82* |
| 4.3.8 | Die der Europäischen Union 2004 beigetretenen (mittel- und osteuropäischen) Staaten | *82* |

| | | |
|---|---|---|
| 4.3.9 | Schweiz  *83* | |
| 4.4 | Welthandelsrecht  *84* | |
| 4.4.1 | Grundlagen  *84* | |
| 4.4.1.1 | Grundsätze des WTO-Übereinkommens  *84* | |
| 4.4.1.2 | SPS- und TBT-Übereinkommen  *85* | |
| 4.4.1.3 | TRIPS  *85* | |
| 4.4.2 | Die Bedeutung des Codex Alimentarius  *85* | |
| 4.4.3 | Die EG und das EG-Recht im Rahmen der WTO  *86* | |
| 4.5 | Zukunft des Lebensmittelrechts  *87* | |
| 4.6 | Zusammenfassung  *88* | |
| 4.7 | Literatur  *89* | |
| | | |
| **5** | **Das Recht der Lebensmittel an ökologischer Landwirtschaft**  *97* | |
| | *Hanspeter Schmidt* | |
| 5.1 | Die gesetzliche Definition der Öko-Lebensmittel in Europa  *97* | |
| 5.1.1 | Verwendung nicht chemisch-synthetischer Stoffe  *97* | |
| 5.1.2 | Die signifikant geringe Belastung der Öko-Lebensmittel  *97* | |
| 5.1.3 | Die gesetzliche Kontrolle in Europa  *100* | |
| 5.1.4 | Die Naturbelassenheit der Öko-Lebensmittel  *101* | |
| 5.1.5 | Das Prinzip der Positivlisten  *101* | |
| 5.1.6 | Gesetzliches Regime für alle Öko-Lebensmittel seit 2000  *102* | |
| 5.1.7 | Das Verbot des Graubereichs  *102* | |
| 5.1.8 | Die Kennzeichnung der wirklichen Ökoprodukte  *103* | |
| 5.1.9 | Die Herkunft des weltweiten Konsens  *104* | |
| 5.1.10 | Die Gründe für gesetzliche Regelungen  *105* | |
| 5.1.11 | Biozide und Pflanzenstärkungsmittel  *110* | |
| 5.2 | Öko-Lebensmittel in den USA  *111* | |
| 5.2.1 | Der Wunsch nach gesetzlicher Regelung  *111* | |
| 5.2.2 | Das Nationale Rahmengesetz  *111* | |
| 5.2.3 | Die Umsetzung durch die Exekutive  *112* | |
| 5.2.4 | Die Ökokontrolle in den USA  *113* | |
| 5.2.5 | Die Kritik am Recht der Ökoprodukte in den USA  *113* | |
| 5.3 | Literatur  *115* | |

**Lebensmitteltoxikologische Untersuchungsmethoden,
Methoden der Risikoabschätzung und Lebensmittelüberwachung**

| | | |
|---|---|---|
| **6** | **Allgemeine Grundsätze der toxikologischen Risikoabschätzung und der präventiven Gefährdungsminimierung bei Lebensmitteln**  *117* | |
| | *Diether Neubert* | |
| 6.1 | Einleitung  *117* | |
| 6.1.1 | Aufgaben der Toxikologie  *119* | |
| 6.1.2 | Strategien in der Toxikologie  *119* | |
| 6.1.2.1 | Dosis-Wirkungsbeziehungen  *121* | |
| 6.1.2.1.1 | Übliche Form von Dosis-Wirkungskurven  *122* | |

| | | |
|---|---|---|
| 6.1.2.1.2 | U-förmige oder J-förmige Dosis-Wirkungskurven | 123 |
| 6.1.2.2 | Toxikologische Wirkungen verglichen mit allergischen Effekten | 125 |
| 6.2 | Gefährdung und Risiko | 126 |
| 6.2.1 | Toxikologische Risikoabschätzung | 127 |
| 6.2.1.1 | Vergleich mit einer Referenzgruppe | 130 |
| 6.2.1.2 | Interpretation von klinischen bzw. epidemiologischen Daten | 133 |
| 6.2.1.2.1 | Aussagekraft verschiedener Typen von Untersuchungen am Menschen | 134 |
| 6.2.1.2.2 | Unterschied zwischen Exposition und Körperbelastung | 136 |
| 6.2.1.2.3 | Unbefriedigende Abschätzung der individuellen Exposition | 139 |
| 6.2.1.2.4 | Probleme bei der Auswahl der Referenzgruppe | 140 |
| 6.2.1.2.5 | Relevanz von Veränderungen, die im Referenzbereich bleiben | 141 |
| 6.2.1.2.6 | Problem der Berücksichtigung von „confounding factors" | 143 |
| 6.2.1.2.7 | Medizinische Relevanz von statistisch signifikanten Unterschieden | 144 |
| 6.2.1.2.8 | Definierte Exposition und Risikopopulationen | 147 |
| 6.2.1.2.9 | Risiko für eine Population und individuelles Risiko | 148 |
| 6.2.1.2.10 | Problem der Beurteilung von Substanzkombinationen | 149 |
| 6.2.1.2.11 | Problem von „Äquivalenz-Faktoren" für Substanzkombinationen | 150 |
| 6.2.1.2.12 | Problem einer Polyexposition auf verschiedenen Gebieten der Toxikologie | 154 |
| 6.2.2 | Präventive Gefährdungsminimierung | 155 |
| 6.2.2.1 | Voraussetzungen der präventiven Gefährdungsminimierung | 160 |
| 6.2.2.2 | Wann ist eine präventive Gefährdungsminimierung notwendig? | 161 |
| 6.2.2.3 | Das Problem der Extrapolation in der Toxikologie | 162 |
| 6.2.2.3.1 | Extrapolation innerhalb der gleichen Spezies | 162 |
| 6.2.2.3.2 | Gibt es einen „Schwellenbereich"? | 164 |
| 6.2.2.3.3 | Extrapolation von einer Spezies zu einer anderen | 165 |
| 6.2.2.3.4 | Art und Anzahl von Versuchstierspezies | 166 |
| 6.2.2.3.5 | Bedeutung der Pharmakokinetik bei der Extrapolation | 167 |
| 6.2.3 | Spezielle Probleme bei bestimmten Typen der Toxizität | 168 |
| 6.2.3.1 | Gefährdung durch Reproduktionstoxizität | 168 |
| 6.2.3.1.1 | Substanzen mit hormonartiger Wirkung | 169 |
| 6.2.3.1.2 | Ist die Erkennung von Störungen der Ausbildung des Immunsystems nötig? | 171 |
| 6.2.3.2 | Gefährdung durch Karzinogenität | 172 |
| 6.2.3.2.1 | Stochastische Effekte | 175 |
| 6.2.3.2.2 | Kann bereits ein Molekül Krebs auslösen? | 176 |
| 6.2.3.3 | Beeinflussungen des Immunsystems | 176 |
| 6.2.3.3.1 | Verschiedene Typen allergischer Wirkungen | 177 |
| 6.2.4 | Verschiedene Typen von „Grenzwerten" und ihre Ableitung | 178 |
| 6.3 | Literatur | 181 |

| 7 | **Ableitung von Grenzwerten in der Lebensmitteltoxikologie** *191* |
|---|---|
| | *Werner Grunow* *191* |
| 7.1 | Einleitung *191* |
| 7.2 | Lebensmittelzusatzstoffe *192* |
| 7.2.1 | ADI-Wert *192* |
| 7.2.2 | Dosis ohne beobachtete Wirkung *194* |
| 7.2.3 | Sicherheitsfaktor *194* |
| 7.2.4 | Prüfanforderungen *195* |
| 7.2.5 | Höchstmengen *196* |
| 7.3 | Natürliche Lebensmittelbestandteile *197* |
| 7.4 | Vitamine und Mineralstoffe *198* |
| 7.5 | Aromastoffe *200* |
| 7.6 | Lebensmittelkontaminanten *201* |
| 7.7 | Materialien im Kontakt mit Lebensmitteln *203* |
| 7.7.1 | Prüfanforderungen *204* |
| 7.7.2 | Grenzwerte *204* |
| 7.7.3 | Threshold of Regulation *205* |
| 7.8 | Rückstände in Lebensmitteln *205* |
| 7.9 | Literatur *206* |

| 8 | **Hygienische und mikrobielle Standards und Grenzwerte und deren Ableitung** *209* |
|---|---|
| | *Johannes Krämer* |
| 8.1 | Einleitung *209* |
| 8.2 | Untersuchungsziele *209* |
| 8.2.1 | Untersuchung auf pathogene Mikroorganismen *209* |
| 8.2.2 | Fäkalindikatoren *210* |
| 8.2.3 | Verderbniserreger bzw. Hygieneindikatoren *211* |
| 8.2.4 | Untersuchungen auf Toxine *211* |
| 8.3 | Beurteilung mikrobiologischer Befunde *212* |
| 8.4 | Stichprobenpläne *212* |
| 8.5 | Mikrobiologische Kriterien *213* |
| 8.5.1 | Risikobewertung *213* |
| 8.5.2 | Definitionen *216* |
| 8.5.3 | Gesetzliche Kriterien und Empfehlungen *216* |
| 8.6 | Literatur *222* |

| 9 | **Sicherheitsbewertung von neuartigen Lebensmitteln und Lebensmitteln aus genetisch veränderten Organismen** *225* |
|---|---|
| | *Annette Pöting* |
| 9.1 | Einleitung *225* |
| 9.2 | Definitionen und rechtliche Aspekte *225* |
| 9.2.1 | *Novel Foods*-Verordnung *225* |
| 9.2.2 | Verordnung über genetisch veränderte Lebens- und Futtermittel *228* |

| | | |
|---|---|---|
| 9.3 | Sicherheitsbewertung neuartiger Lebensmittel und Lebensmittelzutaten | 229 |
| 9.3.1 | Anforderungen | 229 |
| 9.3.2 | Spezifikation | 230 |
| 9.3.3 | Herstellungsverfahren und Auswirkungen auf das Produkt | 231 |
| 9.3.4 | Frühere Verwendung und dabei gewonnene Erfahrungen | 231 |
| 9.3.5 | Voraussichtlicher Konsum/Ausmaß der Nutzung | 231 |
| 9.3.6 | Ernährungswissenschaftliche Aspekte | 232 |
| 9.3.7 | Mikrobiologische Aspekte | 233 |
| 9.3.8 | Toxikologische Aspekte | 234 |
| 9.3.8.1 | Neuartige Lebensmittelzutaten | 234 |
| 9.3.8.2 | Komplexe neuartige Lebensmittel | 235 |
| 9.3.8.3 | Sonderfall: Neuartige Verfahren | 237 |
| 9.3.9 | *Post Launch Monitoring* | 239 |
| 9.4 | Sicherheitsbewertung von Lebensmitteln aus GVO | 239 |
| 9.4.1 | Anforderungen | 239 |
| 9.4.2 | Strategie der Sicherheitsbewertung | 240 |
| 9.4.3 | Empfänger- und Spenderorganismus | 241 |
| 9.4.4 | Genetische Veränderung | 241 |
| 9.4.4.1 | Vektor und Verfahren | 241 |
| 9.4.4.2 | Antibiotikaresistenz-Markergene | 242 |
| 9.4.5 | Charakterisierung der genetisch veränderten Pflanze | 243 |
| 9.4.6 | Vergleichende Analysen | 244 |
| 9.4.7 | Auswirkungen des Herstellungsverfahrens | 245 |
| 9.4.8 | Toxikologische Bewertung | 246 |
| 9.4.8.1 | Neue Proteine | 246 |
| 9.4.8.2 | Natürliche Lebensmittelinhaltsstoffe | 248 |
| 9.4.8.3 | Andere neue Inhaltsstoffe | 248 |
| 9.4.8.4 | Prüfung des ganzen Lebensmittels | 249 |
| 9.4.9 | Allergenität | 249 |
| 9.4.9.1 | Allergenität neuer Proteine | 250 |
| 9.4.9.2 | Endogene Pflanzenallergene | 251 |
| 9.4.10 | Zulassungen | 253 |
| 9.5 | Literatur | 253 |

**10 Lebensmittelüberwachung und Datenquellen** 259
*Maria Roth*

| | | |
|---|---|---|
| 10.1 | Einleitung | 259 |
| 10.1.1 | Wichtige Rechtsvorschriften für die deutsche Lebensmittelüberwachung | 259 |
| 10.2 | Welche Produkte werden im Rahmen der Lebensmittelüberwachung untersucht? | 261 |
| 10.2.1 | Lebensmittel | 261 |
| 10.2.2 | Bedarfsgegenstände | 262 |
| 10.2.3 | Kosmetika | 263 |

| | | |
|---|---|---|
| 10.3 | Datengewinnung im Rahmen der amtlichen Lebensmittelüberwachung *264* | |
| 10.3.1 | Zielorientierte Probenahme *265* | |
| 10.3.1.1 | Art des Lebensmittels *266* | |
| 10.3.1.2 | Gesundheitliches Gefährdungspotenzial *267* | |
| 10.3.1.3 | Aktuelle Erkenntnisse *268* | |
| 10.3.1.4 | Verfälschungen *269* | |
| 10.3.1.5 | Hersteller im eigenen Überwachungsgebiet *269* | |
| 10.3.1.6 | Ware aus Ländern mit veralteten oder problematischen Herstellungsmethoden *270* | |
| 10.3.1.7 | Jahreszeitliche Einflüsse *272* | |
| 10.3.1.8 | Einflüsse der Globalisierung, Welthandel *273* | |
| 10.3.1.9 | Transport- und Lagerungseinflüsse *274* | |
| 10.3.2 | Untersuchungsprogramme *274* | |
| 10.3.2.1 | Lebensmittel-Monitoring *274* | |
| 10.3.2.2 | Nationaler Rückstandskontrollplan (NRKP) *276* | |
| 10.3.2.3 | Koordinierte Überwachungsprogramme der EU (KÜP) *277* | |
| 10.3.2.4 | Bundesweite Überwachungsprogramme (BÜP) *278* | |
| 10.4 | Datenbewertung *279* | |
| 10.5 | Berichtspflichten *280* | |
| 10.5.1 | EU-Berichtspflichten *280* | |
| 10.5.2 | Nationale Berichterstattung „Pflanzenschutzmittel-Rückstände" *280* | |
| 10.6 | Datenveröffentlichung *283* | |
| 10.6.1 | Das europäische Schnellwarnsystem *283* | |
| 10.7 | Zulassungsstellen und Datensammlungen *284* | |
| 10.8 | Zusammenfassung *285* | |
| 10.9 | Literatur *285* | |
| **11** | **Verfahren zur Bestimmung der Aufnahme und Belastung mit toxikologisch relevanten Stoffen aus Lebensmitteln** *287* *Kurt Hoffmann* | |
| 11.1 | Einleitung *287* | |
| 11.2 | Bestimmung des Lebensmittelverzehrs *289* | |
| 11.2.1 | Methoden der Verzehrserhebung *289* | |
| 11.2.2 | Methodische Probleme bei der Verzehrsmengenbestimmung *295* | |
| 11.2.3 | Schätzung von Verzehrsmengenverteilungen *300* | |
| 11.3 | Kopplung von Verzehrs- und Konzentrationsdaten *303* | |
| 11.3.1 | Deterministisches Verfahren *304* | |
| 11.3.2 | Semiprobabilistisches Verfahren *306* | |
| 11.3.3 | Probabilistisches Verfahren *307* | |
| 11.3.4 | Gegenüberstellung der Kopplungsverfahren *314* | |
| 11.4 | Bestimmung der Belastung mit toxikologisch relevanten Stoffen *315* | |
| 11.4.1 | Wahl des Körpermediums *316* | |
| 11.4.2 | Mehrere Expositionsquellen *317* | |

| | | |
|---|---|---|
| 11.4.3 | Intraindividuelle Variation | *317* |
| 11.4.4 | Modellierung der Schadstoffbelastung | *318* |
| 11.5 | Zusammenfassung | *319* |
| 11.6 | Literatur | *319* |

## 12 Analytik von toxikologisch relevanten Stoffen  *323*
*Thomas Heberer und Horst Klaffke*

| | | |
|---|---|---|
| 12.1 | Einleitung | *323* |
| 12.2 | Qualitätssicherung und Qualitätsmanagement (QS/QM) | *326* |
| 12.2.1 | Nachweis-, Erfassungs- und Bestimmungsgrenzen | *326* |
| 12.2.2 | Prozesskontrolle/Verwendung interner Standards | *328* |
| 12.3 | Nachweis anorganischer Kontaminanten | *329* |
| 12.3.1 | Schwermetalle | *329* |
| 12.4 | Nachweis organischer Rückstände und Kontaminanten | *337* |
| 12.4.1 | Anwendung und Bedeutung der Massenspektrometrie in der Rückstandsanalytik | *337* |
| 12.4.1.1 | Funktionsweise des massenspektrometrischen Nachweises | *337* |
| 12.4.1.2 | Kapillargaschromatographie-Massenspekrometrie (GC-MS) | *339* |
| 12.4.1.3 | Elektronenstoßionisation (EI) | *339* |
| 12.4.1.4 | Isotopen-Peaks | *340* |
| 12.4.1.5 | Full Scan Modus | *342* |
| 12.4.1.6 | Selected Ion Monitoring | *344* |
| 12.4.1.7 | Grundlagen der LC-MS bzw. der LC-MS/MS | *345* |
| 12.4.2 | Nachweis von Pestizidrückständen in Lebensmittel- und Umweltproben | *348* |
| 12.4.3 | Nachweis von Arzneimittelrückständen in Lebensmittel- und Umweltproben | *356* |
| 12.4.4 | Nachweis endokriner Disruptoren | *362* |
| 12.4.5 | Mykotoxine | *365* |
| 12.4.6 | Phycotoxine | *370* |
| 12.4.7 | Herstellungsbedingte Toxine | *374* |
| 12.5 | Literatur | *381* |

## 13 Mikrobielle Kontamination  *389*
*Martin Wagner*

| | | |
|---|---|---|
| 13.1 | Mikroben und Biosphäre | *389* |
| 13.2 | Die Kontamination von Lebensmitteln | *389* |
| 13.3 | Ökonomische Bedeutung der mikrobiellen Kontamination von Lebensmitteln | *390* |
| 13.4 | Kontaminationswege | *391* |
| 13.5 | Beherrschung der Kontaminationszusammenhänge durch menschliche Intervention | *392* |
| 13.6 | Der Nachweis von Kontaminanten: ein viel zu wenig beachtetes Problem | *393* |
| 13.7 | Literatur | *395* |

| | | |
|---|---|---|
| **14** | **Nachweismethoden für bestrahlte Lebensmittel** *397* | |
| | *Henry Delincée und Irene Straub* | |
| 14.1 | Einleitung *397* | |
| 14.2 | Entwicklung von Nachweismethoden *399* | |
| 14.3 | Stand der Nachweisverfahren *402* | |
| 14.3.1 | Physikalische Nachweisverfahren *402* | |
| 14.3.2 | Chemische Nachweisverfahren *402* | |
| 14.3.3 | Biologische Nachweisverfahren *402* | |
| 14.4 | Validierung und Normung von Nachweisverfahren *408* | |
| 14.5 | Prinzip und Grenzen der genormten Nachweisverfahren *408* | |
| 14.5.1 | Physikalische Methoden *408* | |
| 14.5.1.1 | Elektronen-Spin-Resonanz (ESR)-Spektroskopie *408* | |
| 14.5.1.2 | Thermolumineszenz *416* | |
| 14.5.1.3 | Photostimulierte Lumineszenz (PSL) *419* | |
| 14.5.2 | Chemische Methoden *421* | |
| 14.5.2.1 | Kohlenwasserstoffe *421* | |
| 14.5.2.2 | 2-Alkylcyclobutanone (2-ACBs) *423* | |
| 14.5.2.3 | DNA-Kometentest *425* | |
| 14.5.3 | Biologische Methoden *427* | |
| 14.5.3.1 | DEFT/APC-Verfahren *427* | |
| 14.5.3.2 | LAL/GNB-Verfahren *427* | |
| 14.6 | Neuere Entwicklungen *428* | |
| 14.7 | Überwachung *428* | |
| 14.8 | Schlussfolgerung und Ausblick *431* | |
| 14.9 | Literatur *432* | |
| | | |
| **15** | **Basishygiene und Eigenkontrolle, Qualitätsmanagement** *439* | |
| | *Roger Stephan und Claudio Zweifel* | |
| 15.1 | Einleitung *439* | |
| 15.2 | Eingliederung eines Hygienekonzeptes in ein Qualitätsmanagement-System eines Lebensmittelbetriebes *440* | |
| 15.3 | Bedeutung der Basishygiene am Beispiel des Rinderschlachtprozesses *441* | |
| 15.3.1 | Gefahrenermittlung und -bewertung *441* | |
| 15.3.2 | Risikomanagement *442* | |
| 15.4 | Eigenkontrollen im Rahmen des neuen Europäischen Lebensmittelrechtes *443* | |
| 15.5 | Umsetzung der Eigenkontrollen zur Verifikation der Basishygiene am Beispiel Schlachtbetrieb *444* | |
| 15.5.1 | Mikrobiologische Kontrolle von Schlachttierkörpern *444* | |
| 15.5.2 | Mikrobiologische Kontrolle der Reinigung und Desinfektion *447* | |
| 15.6 | Fazit *448* | |
| 15.7 | Literatur *449* | |

## II  Stoffbeschreibungen

**1  Toxikologisch relevante Stoffe in Lebensmitteln – eine Übersicht**  453
*Andrea Hartwig*

### Verunreinigungen

**2  Bakterielle Toxine**  459
*Michael Bülte*
2.1  Einleitung  459
2.2  *Staphylococcus aureus*  461
2.3  *Clostridium botulinum*  465
2.4  *Bacillus cereus*  468
2.5  *Clostridium perfringens*  470
2.6  *Escherichia coli*  472
2.7  *Vibrio* spp.  477
2.7.1  *Vibrio cholerae*  477
2.7.2  *Vibrio parahaemolyticus*  478
2.7.3  *Vibrio vulnificus*  479
2.8  *Salmonella* spp.  480
2.9  *Shigella* spp.  483
2.10  *Yersinia enterocolitica*  484
2.11  *Campylobacter jejuni/coli*  486
2.12  Mikrobiologische Grenzwerte  488
2.13  Zusammenfassung  489
2.14  Literatur  490

**3  Aflatoxine**  497
*Pablo Steinberg*
3.1  Allgemeine Substanzbeschreibung  497
3.2  Vorkommen  497
3.3  Verbreitung in Lebensmitteln  498
3.4  Kinetik und innere Exposition  499
3.5  Wirkungen  503
3.5.1  Wirkungen auf den Mensch  503
3.5.2  Wirkungen auf Versuchstiere  504
3.5.3  Zusammenfassung der wichtigsten Wirkungsmechanismen  505
3.6  Bewertung des Gefährdungspotenzials  506
3.7  Grenzwerte, Richtwerte, Empfehlungen, gesetzliche Regelungen  506
3.8  Vorsorgemaßnahmen  507
3.9  Zusammenfassung  507
3.10  Literatur  508

| | | |
|---|---|---|
| **4** | **Ochratoxine** *513* | |
| | *Wolfgang Dekant, Angela Mally und Herbert Zepnik* | |
| 4.1 | Allgemeine Substanzbeschreibung *513* | |
| 4.2 | Vorkommen *514* | |
| 4.3 | Verbreitung in Lebensmitteln *515* | |
| 4.4 | Analytischer Nachweis *518* | |
| 4.5 | Kinetik und innere Exposition *519* | |
| 4.5.1 | Biochemische Untersuchungen zur Kinetik im Tier *519* | |
| 4.6 | Wirkungen *524* | |
| 4.6.1 | Mensch *524* | |
| 4.6.2 | Wirkungen auf Versuchstiere *525* | |
| 4.6.3 | Wirkungen auf andere biologische Systeme *526* | |
| 4.6.4 | Zusammenfassung der wichtigsten Wirkungsmechanismen *530* | |
| 4.7 | Bewertung des Gefährdungspotenzials bzw. gesundheitliche Bewertung *530* | |
| 4.8 | Grenzwerte, Richtwerte, Empfehlungen, gesetzliche Regelungen *531* | |
| 4.9 | Vorsorgemaßnahmen *531* | |
| 4.10 | Zusammenfassung *533* | |
| 4.11 | Literatur *534* | |
| | | |
| **5** | **Mutterkornalkaloide** *541* | |
| | *Christiane Aschmann und Edmund Maser* | |
| 5.1 | Allgemeine Substanzbeschreibung *541* | |
| 5.2 | Vorkommen *544* | |
| 5.3 | Verbreitung und Nachweis *547* | |
| 5.4 | Kinetik und innere Exposition *549* | |
| 5.5 | Wirkungen *550* | |
| 5.5.1 | Wirkungen auf den Menschen *551* | |
| 5.5.2 | Wirkungen auf Versuchstiere *552* | |
| 5.5.3 | Wirkungen auf andere biologische Systeme *554* | |
| 5.6 | Bewertung des Gefährdungspotenzials *555* | |
| 5.7 | Grenzwerte, Richtwerte, Empfehlungen *557* | |
| 5.8 | Vorsorgemaßnahmen *557* | |
| 5.9 | Zusammenfassung *558* | |
| 5.10 | Literatur *559* | |

**Band 2**

| | | |
|---|---|---|
| **6** | **Algentoxine** *565* | |
| | *Christine Bürk* | |
| | | |
| **7** | **Prionen** *591* | |
| | *Hans A. Kretzschmar* | |

| | 8 | **Radionuklide** 613
Gerhard Pröhl |
|---|---|---|
| | 9 | **Folgeprodukte der Hochdruckbehandlung von Lebensmitteln** 645
Peter Butz und Bernhard Tauscher |
| | 10 | **Folgeprodukte der ionisierenden Bestrahlung von Lebensmitteln** 675
Henry Delincée |
| | 11 | **Arsen** 729
Tanja Schwerdtle und Andrea Hartwig |
| | 12 | **Blei** 757
Marc Brulport, Alexander Bauer und Jan G. Hengstler |
| | 13 | **Cadmium** 781
Gerd Crößmann und Ulrich Ewers |
| | 14 | **Quecksilber** 803
Abdel-Rahman Wageeh Torky und Heidi Foth |
| | 15 | **Nitrat, Nitrit** 851
Marianne Borneff-Lipp und Matthias Dürr |
| | 16 | **Nitroaromaten** 881
Volker M. Arlt und Heinz H. Schmeiser |
| | 17 | **Nitrosamine** 931
Beate Pfundstein und Bertold Spiegelhalder |
| | 18 | **Heterocyclische aromatische Amine** 963
Dieter Wild |
| | 19 | **Polyhalogenierte Dibenzodioxine und -furane** 995
Detlef Wölfle |
| | 20 | **Polyhalogenierte Bi- und Terphenyle** 1031
Gabriele Ludewig, Harald Esch und Larry W. Robertson |
| | 21 | **Weitere organische halogenierte Verbindungen** 1095
Götz A. Westphal |

**Band 3**

22 **Polycyclische aromatische Kohlenwasserstoffe** *1121*
Hans Rudolf Glatt, Heiko Schneider und Albrecht Seidel

23 **Acrylamid** *1157*
Doris Marko

24 **Stoffe aus Materialien im Kontakt mit Lebensmitteln** *1175*
Eckhard Löser und Detlef Wölfle

**Rückstände**

25 **Gesundheitliche Bewertung von Pestizidrückständen** *1223*
Ursula Banasiak und Karsten Hohgardt

26 **Toxikologische Bewertungskonzepte für Pestizidwirkstoffe** *1257*
Roland Solecki

27 **Wirkprinzipien und Toxizitätsprofile von Pflanzenschutzmitteln – Aktuelle Entwicklungen** *1279*
Eric J. Fabian und Hennicke G. Kamp

28 **Herbizide** *1321*
Lars Niemann

29 **Fungizide** *1349*
Rudolf Pfeil

30 **Insektizide** *1427*
Roland Solecki

31 **Sonstige Pestizide** *1489*
Lars Niemann

32 **Antibiotika** *1505*
Ivo Schmerold und Fritz R. Ungemach

33 **Hormone** *1537*
Iris G. Lange und Heinrich D. Meyer

34 **β-Agonisten** *1579*
Heinrich D. Meyer und Iris G. Lange

35 **Leistungsförderer** *1609*
*Sebastian Kevekordes*

### Zusatzstoffe

36 **Lebensmittelzusatzstoffe: Gesundheitliche Bewertung und allgemeine Aspekte** *1625*
*Rainer Gürtler*

37 **Konservierungsstoffe** *1665*
*Gert-Wolfhard von Rymon Lipinski*

### Band 4

38 **Farbstoffe** *1701*
*Gisbert Otterstätter*

39 **Süßstoffe** *1743*
*Ulrich Schmelz*

### Natürliche Lebensmittelinhaltsstoffe mit toxikologischer Relevanz

40 **Ethanol** *1817*
*Michael Müller*

41 **Biogene Amine** *1847*
*Michael Arand, Magdalena Adamska, Frederic Frère und Annette Cronin*

42 **Toxische Pflanzeninhaltsstoffe (Alkaloide, Lektine, Oxalsäure, Proteaseinhibitoren, cyanogene Glykoside)** *1863*
*Michael Murkovic*

43 **Kanzerogene und genotoxische Pflanzeninhaltsstoffe** *1915*
*Veronika A. Ehrlich, Armen Nersesyan, Christine Hölzl, Franziska Ferk, Julia Bichler und Siegfried Knasmüller*

44 **Naturstoffe mit hormonartiger Wirkung** *1965*
*Manfred Metzler*

### Vitamine und Spurenelemente – Bedarf, Mangel, Hypervitaminosen und Nahrungsergänzung

45 **Vitamin A und Carotinoide** *1991*
*Heinz Nau und Wilhelm Stahl*

| | | |
|---|---|---|
| 46 | **Vitamin D**  *2017* | |
| | *Hans Konrad Biesalski* | |
| 47 | **Vitamin E**  *2027* | |
| | *Regina Brigelius-Flohé* | |
| 48 | **Vitamin K**  *2059* | |
| | *Donatus Nohr* | |
| 49 | **Vitamin B$_{12}$**  *2075* | |
| | *Maike Wolters und Andreas Hahn* | |
| 50 | **Ascorbat**  *2103* | |
| | *Regine Heller* | |
| 51 | **Folsäure**  *2135* | |
| | *Andreas Hahn und Maike Wolters* | |
| 52 | **Kupfer**  *2163* | |
| | *Björn Zietz* | |
| 53 | **Magnesium**  *2203* | |
| | *Hans-Georg Claßen und Ulf G. Claßen* | |
| 54 | **Calcium**  *2217* | |
| | *Manfred Anke und Mathias Seifert* | |

**Band 5**

| | | |
|---|---|---|
| 55 | **Eisen**  *2265* | |
| | *Thomas Ettle, Bernd Elsenhans und Klaus Schümann* | |
| 56 | **Iod**  *2317* | |
| | *Manfred Anke* | |
| 57 | **Fluorid**  *2381* | |
| | *Thomas Gebel* | |
| 58 | **Selen**  *2403* | |
| | *Lutz Schomburg und Josef Köhrle* | |
| 59 | **Zink**  *2447* | |
| | *Andrea Hartwig* | |

## 60 Chrom  2467
Detmar Beyersmann

## 61 Mangan  2491
Christian Steffen und Barbara Stommel

## 62 Molybdän
Manfred Anke  2509

## 63 Natrium  2559
Angelika Hembeck

## Wirkstoffe in funktionellen Lebensmitteln und neuartige Lebensmittel nach der Novel-Food-Verordnung

## 64 Wirkstoffe in funktionellen Lebensmitteln und neuartigen Lebensmitteln  2591
Burkhard Viell

## 65 Phytoestrogene  2623
Sabine E. Kulling und Corinna E. Rüfer

## 66 Omega-3-Fettsäuren, konjugierte Linolsäuren und trans-Fettsäuren  2681
Gerhard Jahreis und Jana Kraft

## 67 Präbiotika  2719
Annett Klinder und Beatrice L. Pool-Zobel

## 68 Probiotika  2759
Annett Klinder und Beatrice L. Pool-Zobel

**Sachregister**  2789

## Geleitwort

Ohne Essen und Trinken gibt es kein Leben und Essen und Trinken, so heißt es, hält Leib und Seele zusammen. Lebensmittel sind Mittel zum Leben; sie sind einerseits erforderlich, um das Leben aufrecht zu erhalten, und andererseits wollen wir mehr als nur die zum Leben notwendige Nahrungsaufnahme. Wir erwarten, dass unsere Lebensmittel bekömmlich und gesundheitsförderlich sind, dass sie das Wohlbefinden steigern und zum Lebensgenuss beitragen.

Lebensmittel liefern das Substrat für den Energiestoffwechsel, für Organ- und Gewebefunktionen, für Wachstum und Entwicklung im Kindes- und Jugendalter und für den Aufbau und Ersatz von Körpergeweben und Körperflüssigkeiten. Das macht sie unentbehrlich. Hunger und Mangel ebenso wie vollständiges Fasten oder Verzicht oder Entzug von Essen und Trinken sind nur für begrenzte Zeit ohne gesundheitliche Schäden möglich.

Art und Zusammensetzung der Lebensmittel haben auch ohne spezifisch toxisch wirkende Stoffe erheblichen Einfluss auf die Gesundheit. Ihr Zuviel oder Zuwenig kann Fettleibigkeit oder Mangelerscheinungen hervorrufen. Sie können darüber hinaus einerseits durch ungünstige Zusammensetzung oder Zubereitung die Krankheitsbereitschaft des Organismus im Allgemeinen oder die Anfälligkeit für bestimmte Krankheiten, insbesondere Stoffwechselkrankheiten, fördern und andererseits die Abwehrbereitschaft stärken und zur Krankheitsprävention und zur Stärkung und aktiven Förderung von Gesundheit beitragen.

Aussehen, Geruch und Geschmack von Lebensmitteln, die Kenntnis von Bedingungen und Umständen ihrer Herstellung, ihres Transports und ihrer Vermarktung und ganz gewiss auch die Art ihrer Zubereitung und wie sie aufgetischt werden, können Lust- oder Unlustgefühle hervorrufen und haben eine nicht zu unterschätzende Bedeutung für Wohlbefinden und Lebensqualität.

Neben den im engeren Sinne der Ernährung, also dem Energie- und Erhaltungsstoffwechsel, dienenden (Nähr)Stoffen enthalten gebrauchsfertige Lebensmittel auch Stoffe, die je nach Art und Menge Gesundheit und Wohlbefinden beeinträchtigen können und die zu einem geringen Teil natürlicherweise, zum größeren Teil anthropogen in ihnen vorkommen. Mit diesen Stoffen beschäftigt sich die Lebensmitteltoxikologie und um diese Stoffe geht es in diesem Handbuch. Die Stoffe können aus sehr unterschiedlichen Quellen stammen und werden nach diesen Quellen typisiert, bzw. danach, wie sie in das Lebensmittel ge-

*Handbuch der Lebensmitteltoxikologie.* H. Dunkelberg, T. Gebel, A. Hartwig (Hrsg.)
Copyright © 2007 WILEY-VCH Verlag GmbH & Co. KGaA, Weinheim
ISBN: 978-3-527-31166-8

langt sind. Je nach Quelle und Typus sind unterschiedliche Akteure beteiligt. Typische Quellen sind

- die Umwelt: Stoffe können aus Luft, Boden oder Wasser in und auf Pflanzen gelangen und von Tieren direkt oder über Futterpflanzen und sonstige Futtermittel aufgenommen werden. Diese Schadstoffe können aus umschriebenen oder aus diffusen Quellen stammen und verursachende Akteure sind die Adressaten der Umweltpolitik, also beispielsweise Betreiber von Feuerungsanlagen, Industrie- und Gewerbebetrieben, aber auch alle Teilnehmer am Straßenverkehr. Gegen diese Verunreinigungen können sich die landwirtschaftlichen Produzenten nicht schützen; sie treffen konventionell und biologisch wirtschaftende Landwirte in gleicher Weise. In diesem Fall ist die Umweltpolitik Akteur des Verbraucherschutzes.
- die agrarische Urproduktion: Hierzu zählen Stoffe, die in der Landwirtschaft als Pflanzenbehandlungsmittel (z. B. Insektizide, Rodentizide, Herbizide, Wachstumsregler), als Düngemittel oder Bodenverbesserungsmittel (z. B. Klärschlamm, Kompost), in Wirtschaftsdünger oder Gülle ausgebracht oder in der Tierzucht (z. B. Arzneimittel, Masthilfsmittel) verwendet werden. Akteure sind naturgemäß in erster Linie die Landwirte selbst, aber auch die Hersteller und Vertreiber von Saatgut, Agrochemikalien, Futtermitteln, Düngemitteln, veterinär-medizinischen Produkten, und ebenso Tierärzte, Berater und Vertreter. Das Geflecht von Interessen, dem die Landwirte sich ausgesetzt sehen, ist kaum überschaubar.
- die verarbeitende Industrie und das Handwerk: Die in diesem Bereich eingesetzten Stoffgruppen sind besonders zahlreich. Als Beispiele seien genannt Aromastoffe und Geschmacksverstärker, Farbstoffe und Konservierungsmittel, Süßstoffe und Säuerungsmittel, Emulgatoren und Dickungsmittel, Pökelsalze und Backhilfsmittel; die Liste ließe sich beliebig verlängern. Stoffe dieser Gruppe werden Zusatzstoffe genannt, und die Zutatenliste fertig verpackter Lebensmittel gibt in groben Zügen Auskunft über sie. Dazu kommen aus den Quellen Lebensmittelindustrie und Handwerk Stoffe, die bei bestimmten Verfahren entstehen (z. B. Räuchern, Mälzen, Gären, Sterilisieren, Bestrahlen) oder die bei bestimmten Verfahren verwendet werden (z. B. beim Entzug von Alkohol aus Bier). Die Akteure sind vor allem die Lebensmittelindustrie und das verarbeitende Handwerk, aber auch die chemische Industrie, Brauereien, Kellereien, Abfüllbetriebe, Molkereien etc.
- Transport und Vermarktung: Hier geht es um Schadstoffe, die aus Verpackungsmaterialien in Lebensmittel übergehen können oder die bei unsachgemäßer Lagerung auf unverpackten Lebensmitteln auftreten können. Akteure sind vor allem die Verpackungsindustrie und der Einzelhandel.
- die küchentechnische Zubereitung der Lebensmittel: Bei den Prozessen des Kochens, Garens, Backens oder Bratens können Inhaltsstoffe zerstört werden oder andere entstehen. Beides kann Auswirkungen auf die Gesundheitsverträglichkeit und Bekömmlichkeit der Lebensmittel haben. Akteure sind einerseits alle Verbraucher, die in ihren Küchen tätig sind und andererseits Betreiber von Gaststätten, Kantinenpächter etc.

- die Natur: Es gibt in bestimmten Lebensmitteln Inhaltsstoffe, die toxikologisch relevant sein können, wenn sie nicht durch geeignete Verfahren der Zubereitung umgewandelt werden.
- Innovation: Auf der Suche nach neuen Märkten hat die Lebensmittelindustrie sog. funktionelle Lebensmittel entwickelt, die auch neue Probleme der Stoffbeurteilung aufwerfen. Akteure sind neben der Lebensmittelindustrie vor allem die für sie tätigen Wissenschaftler und die Werbebranche.

Neben den bei den jeweiligen Quellen genannten Akteuren gibt es in dem Feld, das dieses Handbuch abdeckt, viele weitere relevante Akteure, von denen einige im Folgenden genannt werden sollen.

- Wissenschaft: Die Lebensmitteltoxikologie und – soweit verfügbar – die Epidemiologie erarbeiten die Datenbasis und stellen Erklärungsmodelle bereit als Voraussetzung für eine Risikoabschätzung für alle relevanten Stoffe und erarbeiten Vorschläge für gesundheitsbezogene Standards als Voraussetzung für jeweilige Grenzwerte, Höchstmengen etc.
- Internationale Organisationen: Die Weltgesundheits- und die Welternährungsorganisation (WHO und FAO), bzw. deren Ausschüsse und Expertengremien erarbeiten auf der Grundlage der genannten Datenbasis Empfehlungen, welche Mengen der einzelnen Stoffe bei lebenslanger Exposition pro Tag oder pro Woche ohne gesundheitliche Beeinträchtigung aufgenommen werden können. Auch Expertengremien der EU sind mit derartigen Aufgaben befasst.
- Gesundheits- und Verbraucherpolitik: Die Politik organisiert zusammen mit ihren nachgeordneten Bundesanstalten und -instituten den Prozess der Risikobewertung und legt in entsprechenden Regelwerken Höchstmengen, Grenzwerte etc. für die einzelnen Stoffe in Lebensmitteln und gegebenenfalls auch dazu gehörende Analyseverfahren fest.
- Überwachung und Beratung: Die Bundesländer organisieren die Überwachung dieser Vorschriften und die Beratung der land- und viehwirtschaftlichen Produzenten.
- Verbraucherorganisationen wie die Verbraucherzentralen in den Ländern oder deren Bundesverband sind ebenfalls wichtige Akteure, die bisher zu wenig in die Prozesse der Risikobewertung und der Normsetzung eingebunden sind.

In ihrem „Handbuch der Lebensmitteltoxikologie" haben Hartmut Dunkelberg, Thomas Gebel und Andrea Hartwig mit ihren Autorinnen und Autoren die vorhandenen toxikologischen Daten und die derzeitigen Erkenntnisse über die in Lebensmitteln vorkommenden und bei ihrer Erzeugung verwendeten oder entstehenden Stoffe zusammengetragen, ihre Risikopotenziale abgeschätzt und Daten und Empfehlungen zur Risikominimierung bereit gestellt. Sie haben sich dabei bemüht, in die für Verbraucher und Öffentlichkeit verwirrende Vielfalt möglicher Schadstoffe und Akteure eine gewisse Ordnung und Systematik zu bringen. Vorausgeschickt werden Übersichten über rechtliche Regelungen und Standards, über Untersuchungsmethoden und Überwachung und vor allem über Modelle und Verfahren der toxikologischen Risiko-Abschätzung.

Eine derartige umfassende Übersicht über den Stand des lebensmitteltoxikologischen Wissens fehlte bisher im deutschen Sprachraum. Angesprochen werden neben Wissenschaftlern in Forschung, Behörden und Industrie Fachleute in Ministerien, Untersuchungsämtern und in der Lebensmittelüberwachung, in der landwirtschaftlichen Beratung, in der Lebensmittelverarbeitung und in Verbraucherorganisationen, dem Verbraucherschutz verpflichtete Politiker und Journalisten, Studierende der Lebensmittelchemie, aber auch die interessierte Öffentlichkeit.

Dank gilt den Herausgebern und der Herausgeberin für die Initiative zu diesem Handbuch und allen Autorinnen und Autoren für die immense Arbeit. Ich wünsche dem Werk die gute Aufnahme und weite Verbreitung, die es verdient. Möge all denen, die darin lesen oder nachschlagen werden, deutlich werden, was in der Lebensmitteltoxikologie gewusst wird, und wo die Grenzen des Wissens liegen.

Speisen und Getränke sollen den Körper stärken und die Seele bezaubern. Die große Zahl anthropogener Stoffe in, auf und um Lebensmittel kann Verbraucher leicht verunsichern. Unsicherheit ist ein Vorläufer von Angst, und Angst vor Chemie (= „Gift") im Essen fördert wahrlich nicht das Vergnügen daran. Zum seelischen Genuss gehört die Gewissheit, dass das Angebot der Lebensmittel geprüft und frei von Inhaltsstoffen ist, die je nach Art oder Menge der Gesundheit abträglich sein können. In diesem „Handbuch der Lebensmitteltoxikologie" wird beschrieben, mit welchen Modellen und Daten die Wissenschaft die Voraussetzungen für Verbrauchersicherheit schafft. Möge es dazu beitragen, Verbrauchern trotz der großen Zahl relevanter Stoffe mehr Vertrauen und Sicherheit zu geben.

Prof. Dr. Georges Fülgraff
Em. Professor für Gesundheitswissenschaften,
Ehrenvorsitzender Berliner Zentrum Public Health
Ehemaliger Präsident des Bundesgesundheitsamtes (1974–1980)

## Vorwort

Lebensmittelerzeugung, Lebensmittelversorgung und Ernährungsverhalten tangieren medizinische, kulturelle, gesellschaftliche, wirtschaftliche und ökologische Sachgebiete und Problembereiche. Was im weitesten Sinne unter Lebensmittel- und Ernährungsqualität zu verstehen ist, lässt sich demnach aus ganz verschiedenen wissenschaftlichen oder lebensweltlichen Perspektiven beleuchten. Einen für die Gesundheit des Menschen wichtigen Zugang zur Lebensmittelbewertung und Lebensmittelsicherheit bietet die Lebensmitteltoxikologie.

Mit der vorliegenden Buchveröffentlichung sollen die wesentlichen lebensmitteltoxikologischen Erkenntnisse und Sachverhalte auf den aktuellen Wissensstand gebracht und verfügbar gemacht werden. Für die Zusammenstellung der Beiträge zu dieser nun in 5 Bänden vorliegenden Veröffentlichung war die umfassende und kritische Darstellung des jeweiligen Stoffgebietes bestimmend und maßgebend. Ziel war es, einen möglichst profunden Wissensstand zum jeweiligen Kapitel vorzulegen, ohne dabei durch ein zu enges Gliederungsschema auf die individuellen Schwerpunktsetzungen der Autoren verzichten zu müssen.

Die Herausgeber danken den Autorinnen und Autoren der Buchkapitel für ihre mit großer Sorgfalt und Expertise verfassten Buchbeiträge, die trotz größter Zeitknappheit und meist umfangreicher anderer Verpflichtungen zu erstellen waren, und damit auch für ihre engagierte Mitwirkung und die Unterstützung dieses Buchprojektes. Gedankt sei ihnen nicht weniger für die in einigen Fällen im besonderen Maße zu erbringende Geduld, wenn es um die Verschiebung des Zeitplans bis zur endgültigen Fertigstellung dieses Sammelwerkes ging. Wir fühlen uns ebenso den Ratgebern im Bekannten- und Freundeskreis verbunden und zu Dank verpflichtet, die uns bei verschiedenen und auch unerwarteten Fragen mit guten Ideen und Lösungsvorschlägen wirksam geholfen haben.

Nicht zuletzt trug ganz wesentlich der Wiley-VCH-Verlag durch eine kontinuierliche und zügige verlagstechnische Hilfestellung und durch eine angenehme Betreuung zum Gelingen dieses Buchprojektes bei.

Hartmut Dunkelberg,<br>
Thomas Gebel und<br>
Andrea Hartwig

*Handbuch der Lebensmitteltoxikologie.* H. Dunkelberg, T. Gebel, A. Hartwig (Hrsg.)
Copyright © 2007 WILEY-VCH Verlag GmbH & Co. KGaA, Weinheim
ISBN: 978-3-527-31166-8

## Autorenverzeichnis

**em. Prof. Dr. Manfred Anke**
Am Steiger 12
07743 Jena
Deutschland

**Dr. Magdalena Adamska**
University of Zürich
Institute of Pharmacology
and Toxicology
Department of Toxicology
Winterthurerstraße 190
8057 Zürich
Schweiz

**Prof. Dr. Michael Arand**
University of Zürich
Institute of Pharmacology
and Toxicology
Department of Toxicology
Winterthurerstraße 190
8057 Zürich
Schweiz

**Dr. Volker Manfred Arlt**
Institute of Cancer Research
Section of Molecular Carcinogenesis
Brookes Lawley Building
Cotswold Road
Sutton, Surrey SM2 5NG
United Kingdom

**Dr. Christiane Aschmann**
Universitätsklinikum
Schleswig-Holstein
Institut für Toxikologie
und Pharmakologie
für Naturwissenschaftler
Campus Kiel
Brunswiker Straße 10
24105 Kiel
Deutschland

**Dr. Ursula Banasiak**
Bundesinstitut für Risikobewertung
Berlin (BfR)
Fachgruppe Rückstände von Pestiziden
Thielallee 88–92
14195 Berlin
Deutschland

**Alexander Bauer**
Universität Leipzig
Institut für Pharmakologie und
Toxikologie
Johannis-Allee 28
04103 Leipzig
Deutschland

**Prof. Dr. Detmar Beyersmann**
Universität Bremen
Fachbereich Biologie/Chemie
Leobener Straße, Gebäude NW2
28359 Bremen
Deutschland

*Handbuch der Lebensmitteltoxikologie.* H. Dunkelberg, T. Gebel, A. Hartwig (Hrsg.)
Copyright © 2007 WILEY-VCH Verlag GmbH & Co. KGaA, Weinheim
ISBN: 978-3-527-31166-8

*Julia Bichler*
Medizinische Universität Wien
Universitätsklinik für Innere Medizin I
Institut für Krebsforschung
Borschkegasse 8a
1090 Wien
Österreich

*Prof. Dr. Hans K. Biesalski*
Universität Hohenheim
Institut für Biologische Chemie
und Ernährungswissenschaft
Garbenstraße 30
70593 Stuttgart
Deutschland

*Prof. Dr. Marianne Borneff-Lipp*
Martin-Luther-Universität
Halle-Wittenberg
Institut für Hygiene
Johann-Andreas-Segner-Straße 12
06108 Halle/Saale
Deutschland

*Prof. Dr. Regina Brigelius-Flohe*
Deutsches Institut
für Ernährungsforschung
Arthur-Scheunert-Allee 114–116
14558 Potsdam-Rehbrücke
Deutschland

*Dr. Marc Brulport*
Universität Leipzig
Institut für Pharmakologie und
Toxikologie
Johannis-Allee 28
04103 Leipzig
Deutschland

*Prof. Dr. Michael Bülte*
Justus-Liebig-Universität Gießen
Institut für
Tierärztliche
Nahrungsmittelkunde
Frankfurter Straße 92
35392 Gießen
Deutschland

*Dr. Christine Bürk*
Lehrstuhl für Hygiene
und Technologie der Milch
Schönleutner Straße 8
85764 Oberschleißheim
Deutschland

*Dr. Peter Butz*
Bundesforschungsanstalt für
Ernährung und Lebensmittel (BFEL)
Institut für Chemie und Biologie
Haid-und-Neu-Straße 9
76131 Karlsruhe
Deutschland

*Prof. Dr. Hans-Georg Claßen*
Universität Hohenheim
Fachgebiet Pharmakologie,
Toxikologie und Ernährung
Institut für Biologische Chemie
und Ernährungswissenschaft
Fruwirthstraße 16
70593 Stuttgart
Deutschland

*Dr. Ulf G. Claßen*
Universitätsklinikum des Saarlandes
Institut für Rechtsmedizin
Kirrbergerstraße
66421 Homburg/Saar
Deutschland

**Dr. Annette Cronin**
University of Zürich
Institute of Pharmacology
and Toxicology
Department of Toxicology
Winterthurerstraße 190
8057 Zürich
Schweiz

**Dr. Gerd Crößmann**
Im Flothfeld 96
48329 Havixbeck
Deutschland

**Prof. Dr. Wolfgang Dekant**
Universität Würzburg
Institut für Toxikologie
Versbacher Straße 9
97078 Würzburg
Deutschland

**Dr. Henry Delincée**
Bundesforschungsanstalt
für Ernährung und Lebensmittel
Institut für Ernährungsphysiologie
Haid-und-Neu-Straße 9
76131 Karlsruhe
Deutschland

**Prof. Dr. Hartmut Dunkelberg**
Universität Göttingen
Bereich Humanmedizin
Abteilung Allgemeine Hygiene
und Umweltmedizin
Lenglerner Straße 75
37079 Göttingen
Deutschland

**Matthias Dürr**
Martin-Luther-Universität
Halle-Wittenberg
Institut für Hygiene
Johann-Andreas-Segner-Straße 12
06108 Halle/Saale
Deutschland

**Veronika A. Ehrlich**
Medizinische Universität Wien
Universitätsklinik für Innere Medizin I
Institut für Krebsforschung
Borschkegasse 8a
1090 Wien
Österreich

**Prof. Dr. Bernd Elsenhans**
Ludwig-Maximilians-Universität
München
Walther-Straub-Institut
für Pharmakologie und Toxikologie
Goethestraße 33
80336 München
Deutschland

**Dr. Harald Esch**
The University of Iowa
College of Public Health
Department of Environmental
& Occupational Health
Iowa City
IA 52242-5000
USA

**Dr. Thomas Ettle**
Technische Universität München
Fachgebiet Tierernährung
und Leistungsphysiologie
Hochfeldweg 6
85350 Freising-Weihenstephan
Deutschland

**Prof. Dr. Ulrich Ewers**
Hygiene-Institut des Ruhrgebietes
Rotthauser Straße 19
45879 Gelsenkirchen
Deutschland

**Dr. Eric Fabian**
BASF Aktiengesellschaft
Experimentelle Toxikologie
und Ökologie
Gebäude Z 470
Carl-Bosch-Straße 38
67056 Ludwigshafen
Deutschland

**Franziska Ferk**
Medizinische Universität Wien
Universitätsklinik für Innere Medizin I
Abteilung Institut für Krebsforschung
Borschkegasse 8a
1090 Wien
Österreich

**Prof. Dr. Heidi Foth**
Martin-Luther-Universität Halle
Institut für Umwelttoxikologie
Franzosenweg 1a
06097 Halle/Saale
Deutschland

**Dr. Frederic Frère**
University of Zürich
Institute of Pharmacology
and Toxicology
Department of Toxicology
Winterthurerstraße 190
8057 Zürich
Schweiz

**Dr. Thomas Gebel**
Universität Göttingen
Bereich Humanmedizin
Abteilung Allgemeine Hygiene
und Umweltmedizin
Lenglerner Straße 75
37079 Göttingen
Deutschland

**Prof. Dr. Hans Rudolf Glatt**
Deutsches Institut
für Ernährungsforschung (DIfE)
Potsdam-Rehbrücke
Arthur-Scheunert-Allee 114–116
14558 Nuthetal
Deutschland

**Prof. Dr. Werner Grunow**
Bundesinstitut für
Risikobewertung (BfR)
Thielallee 88–92
14195 Berlin
Deutschland

**Dr. Rainer Gürtler**
Bundesinstitut für
Risikobewertung (BfR)
Thielallee 88–92
14195 Berlin
Deutschland

**Prof. Dr. Andreas Hahn**
Leibniz Universität Hannover
Institut für Lebensmittelwissenschaft
Wunstorfer Straße 14
30453 Hannover
Deutschland

**Prof. Dr. Andreas Hartwig**
TU Berlin, Sekr. TIB 4/3-1
Institut für Lebensmitteltechnologie
Gustav-Meyer-Allee 25
13355 Berlin
Deutschland

**Dr. Thomas Heberer**
Bundesinstitut für
Risikobewertung (BfR)
Thielallee 88–92
14195 Berlin
Deutschland

**Dr. Regine Heller**
Friedrich-Schiller-Universität Jena
Universitätsklinikum
Institut für Molekulare Zellbiologie
Nonnenplan 2
07743 Jena
Deutschland

**Dr. Angelika Hembeck**
Bundesinstitut für
Risikobewertung (BfR)
Thielallee 88–92
14195 Berlin
Deutschland

**Prof. Dr. Jan G. Hengstler**
Universität Leipzig
Institut für Pharmakologie
und Toxikologie
Johannis-Allee 28
04103 Leipzig
Deutschland

**Dr. Kurt Hoffmann**
Deutsches Institut
für Ernährungsforschung
Arthur-Scheunert-Allee 114–116
14558 Nuthetal
Deutschland

**Dr. Karsten Hohgardt**
Bundesamt für Verbraucherschutz
und Lebensmittelsicherheit (BVL)
Referat Gesundheit
Messeweg 11/12
38104 Braunschweig
Deutschland

**Christine Hölzl**
Medizinische Universität Wien
Universitätsklinik für Innere Medizin I
Institut für Krebsforschung
Borschkegasse 8a
1090 Wien
Österreich

**Prof. Dr. Gerhard Jahreis**
Friedrich-Schiller-Universität
Institut für Ernährungswissenschaften
Lehrstuhl für Ernährungsphysiologie
Dornburger Straße 24
07743 Jena
Deutschland

**Dr. Hennike G. Kamp**
BASF Aktiengesellschaft
Experimentelle Toxikologie
und Ökologie
Gebäude Z 470
Carl-Bosch-Straße 38
67056 Ludwigshafen
Deutschland

**Dr. Sebastian Kevekordes**
Universität Göttingen
Bereich Humanmedizin
Abteilung Allgemeine Hygiene
und Umweltmedizin
Lenglerner Straße 75
37079 Göttingen
Deutschland

**Dr. Horst Klaffke**
Bundesinstitut für
Risikobewertung (BfR)
Thielallee 88–92
14195 Berlin
Deutschland

**Dr. Annett Klinder**
27 Therapia Road
London SE22 0SF
United Kingdom

**Prof. Dr. Siegfried Knasmüller**
Medizinische Universität Wien
Universitätsklinik für Innere Medizin I
Institut für Krebsforschung
Borschkegasse 8a
1090 Wien
Österreich

*Prof. Dr. Josef Köhrle*
Institut für Experimentelle
Endokrinologie
Campus Charité Mitte
Charitéplatz 1
10117 Berlin
Deutschland

*Dr. Jana Kraft*
Friedrich-Schiller-Universität
Institut für Ernährungswissenschaften
Lehrstuhl für Ernährungsphysiologie
Dornburger Straße 24
07743 Jena
Deutschland

*Prof. Dr. Johannes Krämer*
Institut für Ernährungs-
und Lebensmittelwissenschaften
Rheinische
Friedrich-Wilhelms-Universität Bonn
Meckenheimer Allee 168
53115 Bonn
Deutschland

*Prof. Dr. Hans A. Kretzschmar*
Zentrum für Neuropathologie
und Prionforschung (ZNP)
Institut für Neuropathologie
Feodor-Lynen-Straße 23
81377 München
Deutschland

*Prof. Dr. Sabine Kulling*
Universität Potsdam
Institut für Ernährungswissenschaft
Lehrstuhl für Lebensmittelchemie
Arthur-Scheunert-Allee 114–116
14558 Nuthetal
Deutschland

*Dr. Iris G. Lange*
Technische Universität München
Weihenstephaner Berg 3
85345 Freising-Weihenstephan
Deutschland

*Prof. Dr. Eckhard Löser*
Schwelmerstraße 221
58285 Gevelsberg
Deutschland

*Dr. Gabriele Ludewig*
The University of Iowa
College of Public Health
Department of Environmental
& Occupational Health
Iowa City
IA 52242-5000
USA

*Dr. Angela Mally*
Universität Würzburg
Institut für Toxikologie
Versbacher Straße 9
97078 Würzburg
Deutschland

*Prof. Dr. Doris Marko*
Institut für Angewandte
Biowissenschaften
Abteilung für Lebensmitteltoxikologie
Universität Karlsruhe (TH)
Fritz-Haber-Weg 2
76131 Karlsruhe
Deutschland

*Prof. Dr. Edmund Maser*
Universitätsklinikum
Schleswig-Holstein
Institut für Toxikologie
und Pharmakologie
für Naturwissenschaftler
Campus Kiel
Brunswiker Straße 10
24105 Kiel
Deutschland

*Prof. Dr. Manfred Metzler*
Universität Karlsruhe
Institut für Lebensmittelchemie
und Toxikologie
Kaiserstraße 12
76128 Karlsruhe
Deutschland

*Prof. Dr. Heinrich D. Meyer*
Technische Universität München
Weihenstephaner Berg 3
85345 Freising-Weihenstephan
Deutschland

*PD Dr. Michael Müller*
Universität Göttingen
Institut für Arbeits- und Sozialmedizin
Waldweg 37
37073 Göttingen
Deutschland

*a.o. Prof. Dr. Michael Murkovic*
Technische Universität Graz
Institut für Lebensmittelchemie
und -technologie
Petersgasse 12/2
8010 Graz
Österreich

*Prof. Dr. Heinz Nau*
Stiftung Tierärztliche Hochschule
Hannover
Institut für Lebensmitteltoxikologie
und Chemische Analytik
Bischofsholer Damm 15
30173 Hannover
Deutschland

*Dr. Armen Nersesyan*
Medizinische Universität Wien
Universitätsklinik für Innere Medizin I
Institut für Krebsforschung
Borschkegasse 8a
1090 Wien
Österreich

*em. Prof. Dr. Karl-Joachim Netter*
Universität Marburg
Institut für Pharmakologie
und Toxikologie
Karl-von-Frisch-Straße 1
35033 Marburg
Deutschland

*em. Prof. Dr. Diether Neubert*
Charité Campus
Benjamin Franklin Berlin
Institut für Klinische Pharmakologie
und Toxikologie
Garystraße 5
14195 Berlin
Deutschland

*Dr. Lars Niemann*
Bundesinstitut für
Risikobewertung (BfR)
Thielallee 88–92
14195 Berlin
Deutschland

**Dr. Donatus Nohr**
Universität Hohenheim
Institut für Biologische Chemie
und Ernährungswissenschaft
Garbenstraße 30
70593 Stuttgart
Deutschland

**Gisbert Otterstätter**
Papiermühle 17
37603 Holzminden
Deutschland

**Dr. Rudolf Pfeil**
Bundesinstitut für
Risikobewertung (BfR)
Thielallee 88–92
14195 Berlin
Deutschland

**Dr. Beate Pfundstein**
Deutsches Krebsforschungszentrum
(DKFZ)
Abteilung Toxikologie
& Krebsrisikofaktoren
Im Neuenheimer Feld 517
69120 Heidelberg
Deutschland

**Dr. Annette Pöting**
Toxikologie der Lebensmittel
und Bedarfsgegenstände
BGVV
Postfach 330013
14191 Berlin
Deutschland

**Prof. Dr. Beatrice Pool-Zobel**
Friedrich-Schiller-Universität Jena
Institut für Ernährungswissenschaften
Lehrstuhl für Ernährungstoxikologie
Dornburger Straße 25
07743 Jena
Deutschland

**Dr. Gerhard Pröhl**
GSF-Forschungszentrum
für Umwelt und Gesundheit
Ingolstädter Landstraße 1
85758 Neuherberg
Deutschland

**Dr. Larry Robertson**
The University of Iowa
College of Public Health
Department of Environmental
& Occupational Health
Iowa City
IA 52242-5000
USA

**Dr. Maria Roth**
Chemisches und
Veterinäruntersuchungsamt Stuttgart
Schaflandstraße 3/2
70736 Fellbach
Deutschland

**Dr. Corinna E. Rüfer**
Bundesforschungsanstalt
für Ernährung und Lebensmittel
Institut für Ernährungsphysiologie
Haid-und-Neu-Straße 9
76131 Karlsruhe
Deutschland

**Dr. Heinz Schmeiser**
Deutsches Krebsforschungszentrum
(DKFZ)
Abteilung Molekulare Toxikologie
Im Neuenheimer Feld 517
69120 Heidelberg
Deutschland

**Ulrich-Friedrich Schmelz**
Universität Göttingen
Bereich Humanmedizin
Abteilung Allgemeine Hygiene
und Umweltmedizin
Lenglerner Straße 75
37079 Göttingen
Deutschland

**Prof. Dr. Ivo Schmerold**
Veterinärmedizinische Universität
Wien
Abteilung für Naturwissenschaften
Institut für Pharmakologie
und Toxikologie
Veterinärplatz 1
1210 Wien
Österreich

**Hanspeter Schmidt**
Rechtsanwalt am OLG Karlsruhe
Sternwaldstraße 6 a
79102 Freiburg
Deutschland

**Dr. Heiko Schneider**
Bundesinstitut für
Risikobewertung (BfR)
Thielallee 88–92
14195 Berlin
Deutschland

**Dr. Lutz Schomburg**
Institut für Experimentelle
Endokrinologie
Campus Charité Mitte
Charitéplatz 1
10117 Berlin
Deutschland

**Prof. Dr. Klaus Schümann**
Technische Universität München
Lehrstuhl für Ernährungsphysiologie
Am Forum 5
85350 Freising-Weihenstephan
Deutschland

**Dr. Tanja Schwerdtle**
TU Berlin
Fachgebiet Lebensmittelchemie
Institut für Lebensmitteltechnologie
und Lebensmittelchemie
Gustav-Meyer-Allee 25
13355 Berlin
Deutschland

**Dr. Albrecht Seidel**
Prof. Dr. Gernot Grimmer-Stiftung
Biochemisches Institut
für Umweltcarcinogene (BIU)
Lurup 4
22927 Großhansdorf
Deutschland

**Dr. Mathias Seifert**
Bundesforschungsanstalt
für Ernährung und
Lebensmittel – BfEL
Institut für Biochemie von
Getreide und Kartoffeln
Schützenberg 12
32756 Detmold
Deutschland

**Dr. Roland Solecki**
Bundesinstitut für
Risikobewertung (BfR)
Thielallee 88–92
14195 Berlin
Deutschland

**Dr. Bertold Spiegelhalder**
Deutsches Krebsforschungszentrum
(DKFZ)
Abteilung Toxikologie
& Krebsrisikofaktoren
Im Neuenheimer Feld 517
69120 Heidelberg
Deutschland

**Prof. Dr. Wilhelm Stahl**
Heinrich-Heine-Universität
Düsseldorf
Institut für Biochemie
und Molekularbiologie I
Postfach 101007
40001 Düsseldorf
Deutschland

**Prof. Dr. Christian Steffen**
Bundesinstitut für Arzneimittel
und Medizinprodukte
Kurt-Georg-Kiesinger-Allee 3
53639 Bonn
Deutschland

**Prof. Dr. Pablo Steinberg**
Universität Potsdam
Lehrstuhl für Ernährungstoxikologie
Arthur-Scheunert-Allee 114–116
14558 Nuthetal
Deutschland

**Prof. Dr. Roger Stephan**
Institut für Lebensmittelsicherheit
und -hygiene
Winterthurerstraße 272
8057 Zürich
Schweiz

**Dr. Barbara Stommel**
Bundesinstitut für Arzneimittel
und Medizinprodukte
Kurt-Georg-Kiesinger-Allee 3
53639 Bonn
Deutschland

**Irene Straub**
Chemisches und
Veterinäruntersuchungsamt
Weißenburgerstr. 3
76187 Karlsruhe
Deutschland

**Prof. Dr. Rudolf Streinz**
Universität München
Institut für Politik
und Öffentliches Recht
Prof.-Huber-Platz 2
80539 München
Deutschland

**Prof. Dr. Bernhard Tauscher**
Bundesforschungsanstalt
für Ernährung und Lebensmittel
Haid-und-Neu-Straße 9
76131 Karlsruhe
Deutschland

**Dr. Abdel-Rahman Wageeh Torky**
Martin-Luther-Universität Halle
Institut für Umwelttoxikologie
Franzosenweg 1a
06097 Halle/Saale
Deutschland

**Prof. Dr. Fritz R. Ungemach**
Veterinärmedizinische Fakultät
der Universität Leipzig
Institut für Pharmakologie,
Pharmazie und Toxikologie
An den Tierkliniken 15
04103 Leipzig
Deutschland

**Prof. Dr. Burkhard Viell**
Bundesinstitut für
Risikobewertung (BfR)
Thielallee 88–92
14195 Berlin
Deutschland

***Prof. Dr.***
***Gert-Wolfhard von Rymon Lipinski***
Schlesienstraße 62
65824 Schwalbach a. Ts.
Deutschland

***Prof. Dr. Martin Wagner***
Veterinärmedizinische Universität
Wien (VUW)
Abteilung für öffentliches
Gesundheitswesen
Experte für Milchhygiene
und Lebensmitteltechnologie
Veterinärplatz 1
1210 Wien
Österreich

***Dr. Götz A. Westphal***
Universität Göttingen
Institut für Arbeits- u. Sozialmedizin
Waldweg 37
37073 Göttingen
Deutschland

***Dr. Dieter Wild***
Bundesanstalt für Fleischforschung
E.-C.-Baumann-Straße 20
95326 Kulmbach
Deutschland

***Dr. Detlef Wölfle***
Bundesinstitut für
Risikobewertung (BfR)
Thielallee 88–92
14195 Berlin
Deutschland

***Dr. Maike Wolters***
Mühlhauser Straße 41 A
68229 Mannheim
Deutschland

***Herbert Zepnik***
Universität Würzburg
Institut für Toxikologie
Versbacher Straße 9
97078 Würzburg
Deutschland

***Dr. Björn P. Zietz***
Universität Göttingen
Bereich Humanmedizin
Abteilung Allgemeine Hygiene
und Umweltmedizin
Lenglerner Straße 75
37079 Göttingen
Deutschland

***Dr. Claudio Zweifel***
Institut für Lebensmittelsicherheit
und -hygiene
Winterthurerstraße 272
8057 Zürich
Schweiz

# I
# Grundlagen

# Einführung

## 1
## Geschichtliches zur Lebensmitteltoxikologie

*Karl-Joachim Netter*

### 1.1
### Einleitung

Bevor der Leser dieses Handbuches sich mit den Einzelheiten der Toxikologie der Nahrungsmittel befasst, soll in diesem Kapitel versucht werden, den historischen Rahmen abzustecken, in welchem sich die heutige Lebensmitteltoxikologie bewegt.

Die Menschheit weiß seit alters her, dass Nahrungsmittel und vor allem ihr einseitiger Gebrauch neben dem erwünschten und lebenswichtigen Zweck der Ernährung auch unerwünschte toxische Effekte hervorrufen können. Insbesondere die Vermeidung giftiger Pflanzen durch Menschen und auch Tiere gehört zu lange tradierten Ablehnungsreflexen [16].

Eine entscheidende Verbesserung der Lebensmittelsicherheit ist die Entdeckung und vor allem Beherrschung und Bewahrung des Feuers und damit der Nahrungsmittelerhitzung und ihrer Konservierung. Prähistorisch und entwicklungsgeschichtlich gesehen markieren die Erhitzung und die Räucherung von Nahrungsmitteln einen entscheidenden Schritt für die Nahrungsmittelsicherheit und die Nahrungsmittelversorgung. Sie bilden damit wahrscheinlich einen wesentlichen Punkt in der Entwicklung von intelligenten Affen zu den ersten Menschen.

*Handbuch der Lebensmitteltoxikologie*. H. Dunkelberg, T. Gebel, A. Hartwig (Hrsg.)
Copyright © 2007 WILEY-VCH Verlag GmbH & Co. KGaA, Weinheim
ISBN: 978-3-527-31166-8

## 1.2
## Prähistorisches

Die Entdeckung und Nutzbarmachung des Feuers lässt sich nur schwer datieren. Nach den gegenwärtigen Kenntnissen der Paläontologen und Anthropologen liegt dieser Wendepunkt etwa eine halbe bis eine Million Jahre zurück. Zu der Zeit wurde der Australopithecus von den ersten Hominiden (*Homo ergaster*) in Afrika von dem *Homo erectus* abgelöst; die Menschen entwickelten sich in der Zeitspanne von einer Million Jahren in Europa über den *Homo heidelbergensis* und *neandertalensis* zum *Homo sapiens*. In Europa gibt es Fundstellen, die etwa eine halbe Million Jahre zurückdatiert werden, aber keinen sichtbaren Gebrauch von Feuer erkennen lassen. Ähnliches ist für den vorderen Orient beschrieben [2]. Ab einer Zeit von vor etwa zweihunderttausend Jahren wird von Anthropologen die Kenntnis des Feuers angenommen (D. Meyer, persönliche Mitteilung). Die Kenntnis und Nutzung könnte nach Überlegungen von Stedman et al. [30] durch eine genomisch bedingte Schwächung der Kaumuskulatur beschleunigt worden sein, welche einerseits die Vergrößerung der Schädelkalotte mit Verdopplung des Gehirnvolumens ermöglichte, andererseits aber die Zerkleinerung von grober Fleisch- und Pflanzennahrung erheblich verschlechterte, so dass die frühen Hominiden sich vom „Knochenbrecher" allmählich zum „Denker" entwickeln mussten. Die genauere Klärung des Beginns der Erhitzung von Nahrung muss den zukünftigen Arbeiten der Paläoanthropologen überlassen bleiben. Dies erfordert eine Analyse von Fundstellen, an denen der *Homo erectus, neandertalensis* oder *sapiens* Feuerspuren hinterlassen hat. Misanthropische Zyniker datieren schon jetzt den Ursprung des modernen Menschen auf das Alter von Feuerstellen, an denen verkohlte Knochenreste auch der eigenen Art gefunden werden.

Zur Frage der Technik des Erhitzens von Nahrungsmitteln bietet sich natürlich das Rösten von Beutefleisch oder Früchten am offenen Feuer an. Das erste Erhitzen von Wasser und damit das Kochen im heutigen Sinne dürfte wohl dadurch bewerkstelligt worden sein, dass man Wasser in einer mit einem Fell ausgekleideten Erdgrube durch Hineinwerfen erhitzter Steine zumindest erwärmen, aber wohl kaum zum Sieden bringen konnte. Dazu wird den frühen Hominiden die Möglichkeit der Wärmekonservierung durch ein Gefäß mit einem Deckel gefehlt haben. Dieser Fortschritt musste erst die Entwicklung der keramischen Herstellung entsprechender Gefäße abwarten. Daniel Defoe hat in seinem zeitlosen und aufklärerischen Tatsachenroman über den schiffbrüchigen Alexander Selkirk ja auch viel Zeit verstreichen lassen, bis der Held Robinson Crusoe in seinen primitiven Brennversuchen von Gefäßen durch Zusatz von Mineralien diese mit einer Glasur versehen und damit wasserdicht machen konnte [5]. Zusammenfassend lässt sich sagen, dass das Feuer durch eine harte und langwierige Entwicklung nutzbar gemacht wurde und nicht durch den sinnbildlichen heroischen und schlauen Akt des Prometheus, der einfach mithilfe eines markigen Stängels des Riesenfenchels als Fidibus das göttliche Feuer vom Sonnenwagen auf die Erde holte [29].

Unter den Paläoanthropologen ist es umstritten, ob die Gattung Homo verschiedene Menschenarten hervorbrachte, also einen verzweigten Stammbaum aufweist, oder sich in einem unverzweigten Stammbaum vom frühen *Homo habilis* vor etwa 1,8 Millionen Jahren über den *Homo georgicus* und den *Homo ergaster* und *Homo erectus* zum *Homo sapiens* entwickelte, von denen Letzterer etwa 200 000 Jahre zurückdatierbar sein soll. Die These von dem verzweigten Stammbaum besagt, dass die eben genannten sowie der *Homo heidelbergensis* und *neandertalensis* ausgestorben sind; man vermutet, dass die Unfähigkeit dieser frühen Menschenarten auf Klima- und Ernährungsveränderungen reagieren zu können, zu ihrem Aussterben geführt hat [z. B. 14, 17, 34].

Die frühe Entwicklung der „Kochkunst" lässt sich vielleicht so zusammenfassen, dass die Menschen durch das Feuer ihre Lebensmittel besser essbar und verträglich und außerdem haltbar machen konnten; als unerkannter Nebeneffekt wurden auch Keime abgetötet. Inwieweit sich auch bereits Kenntnisse über die Vermeidung giftiger Pflanzen durchgesetzt hatten, wissen wir nicht.

## 1.3
## Biblisches

Obwohl sich in den frühen mediterranen Kulturen zahlreiche Autoren über Lebensmittel, diätetische Traditionen und vor allem über die Einstellung gegenüber dem Verzehr von Fleisch vom Schwein und Rind, von Fisch und Geflügel, Gedanken gemacht haben und später sehr genaue Beschreibungen aus der jüdischen und arabischen Welt entstanden, ist für unseren Kulturraum doch die Bibel der wesentlichste Leitfaden und Zugang zur Einstellung gegenüber Lebensmitteln und insbesondere ihrer möglichen Gefahren, ebenso wie zu der Erzeugung und wundersamen Vermehrung von Nahrungsmitteln. Grivetti und Pangborn [12] haben sich mit den Motiven auseinandergesetzt, die zu solchen Ernährungsvorschriften geführt haben. Insbesondere im Alten Testament gehen die Diätvorschriften wohl auf traditionelle göttliche Weisungen zurück; aber auch Gesundheitsüberlegungen und vor allem ethnische Identitäten sowie natürlich ökologische Verfügbarkeit sind weitere Faktoren gewesen, welche die Menschen zum Verzehr oder auch zur Ablehnung bestimmter Lebensmittel, insbesondere tierischer Herkunft, veranlasst haben. Die Ablehnung von Schweinefleisch wird meist mit der Kenntnis des Zusammenhanges zwischen infiziertem und nicht erhitztem Schweinefleisch und der Trichinose begründet; allerdings ist dieser Zusammenhang überhaupt erst 1860 wissenschaftlich nachgewiesen worden [35]. Möglicherweise rührt die Ablehnung von Schweinefleisch auch daher, dass die Ägypter in alttestamentarischer Zeit sehr viel Schweinefleisch konsumierten, was ebenso zu seiner ethnischen Ablehnung bei den Juden führte wie auch die Tatsache, dass Schweine im trockenen mittelöstlichen Ökosystem viel weniger geeignet waren als Schafe und Ziegen. Darüber hinaus war das Schwein ein bevorzugtes und verehrtes Tier bei den Babyloniern im wasserreicheren Zweistromland, was seine Ablehnung durch die jüdische Bevölkerung enorm verstärkt haben könnte. Der gleichzeitige Genuss von Fleisch und Milch ist verboten im Talmud, vermutlich weil es im 2. Buch Mose (23:19 und 34:26) sowie im 5. Buch Mose (14:21) verboten ist, Fleisch in Milch zu kochen.

Die umfassendsten Lebensmittelverordnungen, die dem damaligen Wissen und Glauben entsprachen und von unseren heutigen gesetzlichen Vorschriften gar nicht so weit entfernt sind, finden sich im 3. sowie im 5. Buch Mose.

Im Folgenden sollen dazu einige Bibelzitate aus der Lutherschen Übersetzung herausgegriffen und wiedergegeben werden [19].

Die allgemeine Regel bestimmt, dass Huftiere, die die „Klauen (auseinander) spalten und zugleich Wiederkäuer sind" erlaubt oder sogar empfohlen sind, da deren Fleisch „rein" ist. Wiederkäuer, die die Hufe nicht spalten (Kamele) oder umgekehrt Huftiere, die nicht wiederkäuen, sind dagegen „unrein". Obwohl frühe Naturvölker durchaus Aasfleisch gegessen und überlebt haben, ist dies den biblischen Völkern verboten. Im 2. Buch Mose 22:30 (31) steht: *„Ihr sollt heilige Leute vor mir sein, darum sollt Ihr kein Fleisch essen, das auf dem Felde von Tieren zerrissen ist, sondern es vor die Hunde werfen."* Im 3. Buch Mose steht im siebten Kapitel Vers 24: *„ ...aber das Fett vom Aas, und was vom Wild zerrissen ist, macht Euch zu allerlei Nutz, aber essen sollt Ihr es nicht."* Im elften Kapitel, Verse 39 und 40, findet sich eine klare hygienische Vorschrift: *„Wenn ein Tier stirbt, das Ihr essen möget, wer das Aas anrührt, ist unrein bis an den Abend. Wer von solchem Aas isset, der soll sein Kleid waschen und wird unrein sein bis an den Abend; also wer auch trägt ein solch Aas, soll sein Kleid waschen und wird auch unrein sein bis an den Abend".* Im selben Buch (17:16) heißt es: *„Wo er seine Kleider nicht waschen noch sich baden wird, soll er seiner Missetat schuldig sein!"* Das 3. Buch Mose 19:5,6 spricht das Verfallsdatum von Fleisch an: *„Und wenn Ihr dem Herrn wollt Dankopfer tun, so sollt Ihr opfern, dass es ihm gefallen könne. Ihr sollt es desselben Tages essen, da Ihr es opfert, und des anderen Tages. Was aber auf den dritten Tag übrigbleibt, soll man mit Feuer verbrennen."*

Die Beseitigung verdorbenen Fleisches lässt sich nach 5. Mose (14:21) folgendermaßen bewerkstelligen: *„Ihr sollt kein Aas essen – dem Fremdling in deinem Tor magst du es geben, dass er es esse oder dass er es verkaufe einem Ausländer –* [Sic!]; *denn du bist ein heilig Volk dem Herrn, deinem Gott."*

Außerdem noch diese weitere Vorschrift: *„Du sollst das Böcklein nicht kochen in der Milch seiner Mutter."*

Das gute Gewissen, keine Lebensmittel nach dem Verfallsdatum verzehrt zu haben, findet sich in Hesekiel 4:14: *„Ich aber sprach: Ach Herr, Herr! Siehe, meine Seele ist noch nie unrein worden, denn ich habe von meiner Jugend auf bis auf diese Zeit kein Aas noch Zerrissenes gegessen, und ist kein unrein Fleisch in mein Mund kommen!"*

In Notzeiten (vgl. Mr. Anthrobus und die Grassuppe in „Wir sind noch einmal davongekommen", [33]) sammeln die Menschen Früchte und versuchen, sich damit zu ernähren.

Beim Kräutersammeln konnte man aber auch auf toxische Pflanzen stoßen, z. B. auf die anthrachinonhaltigen drastisch purgativ wirkenden Koloquinten

(Wüstenkürbisse), so dass die entsprechende gemeinsame Speisenzubereitung erhebliche Giftwirkungen entfalten konnte (2. Könige 4, 38–41): *„Und er sprach zu seinem Knaben: Setze zu einen großen Topf und koche ein Gemüse für die Kinder der Propheten! Da ging einer aufs Feld, dass er Kraut läse und fand wilde Ranken und las davon Koloquinten sein Kleid voll; und da er kam, schnitt er's in den Topf zum Gemüse; denn sie kannten's nicht. Und da sie es ausschütteten für die Männer, zu essen, und sie von dem Gemüse aßen, schrieen sie und sprachen: O Mann Gottes,* **der Tod im Topfe**! *Denn sie konnten es nicht essen"*. Unmittelbar anschließend findet sich aber das richtige Kochrezept, allerdings mit (wahrscheinlich nicht so ohne weiteres verfügbarem) Mehl:

*„Er aber sprach: Bringet Mehl her! Und er tat es in den Topf und sprach: Schütte es dem Volk vor, dass sie essen! Und siehe, da war* **nichts Böses in dem** *Topfe."*

Schließlich werden auch die Erfolge klimatisch begünstigter Landwirtschaft in der Lebensmittelerzeugung beschrieben (65. Psalm, 10–14) und die dadurch mögliche Ernährung sehr vieler Menschen, die die Speisung der fünftausend Mann, *„gezählt ohne Weiber und Kinder"*, beschreibt. Indirekt ist dort schon die Verwendung rationeller Düngungsmethoden vorweggenommen worden, ebenso wie im Neuen Testament in Matthäus 15:32 ff.

## 1.4
## Toxisches

Auf ihrem Weg durch die Jahrhunderte wurden die Menschen so lange immer wieder von Vergiftungen durch toxische Pflanzeninhaltsstoffe oder mikrobielle Stoffwechselprodukte heimgesucht, bis man jeweils den Zusammenhang der Krankheitserscheinungen mit der alimentären Aufnahme der verursachenden Agenzien erkannte. In neuerer Zeit kamen dann auch selbst verschuldete toxische Ereignisse hinzu, wie z. B. durch Schwermetalle (Minimata-Krankheit in Japan) oder die Karzinogenität des Buttergelbs oder des Arsens und die Vergiftungen durch das Insektizid Dichlor-Diphenyl-Trichlorethan (DDT) und andere Kohlenwasserstoffe mit extrem langer biologischer Halbwertszeit.

Diese „selbst verschuldeten" entweder absichtlichen oder unbeabsichtigten Beimengungen von Fremdstoffen haben das Interesse der Öffentlichkeit an notwendigen Vermeidungsstrategien und ihrer gesetzmäßigen Verankerung wachgerufen. Ein kleines persönliches Erlebnis aus dem Jahre 1959 ist dem Autor in diesem Zusammenhang noch in Erinnerung, als in den USA in einem chemisch-pharmakologisch arbeitenden Laboratorium eine gut ausgebildete Mitarbeiterin mit allen Zeichen des Entsetzens die bevorstehende Infektion mit Trichinen befürchtete, weil sie ungekochtes Schweinefleisch zu sich genommen hatte und offenbar nicht von einer wirksamen entsprechenden Fleischbeschau überzeugt war. Diese Erfahrung belegt, dass auch heutzutage noch Platz ist für eine allgemeine Furcht vor giftigen und gesundheitsschädlichen Nahrungsmittelbestandteilen.

Im Falle einer Massenvergiftung mit Mutterkorn-infiziertem Getreide in Salem, Massachusetts, im Jahre 1692, die unter anderem zu Krämpfen und Parästhesien bei jungen Mädchen führte, kam es zu einer religiös-hysterisch motivierten Angst vor einer Teufelsbesessenheit, die zu entsprechenden Hexenprozessen gegen einhundertfünfzig Frauen führte. Allerdings wurden fast alle der Hexerei Angeklagten nicht mehr verurteilt [3]. Übrigens hat der Bühnenautor Arthur Miller [22] diesen Vorfall als Sujet für sein Schauspiel „The Crucible" (Hexenjagd) genommen, in dessen zwei Akten der Ausbruch eines angeblich durch eine abergläubische Negersklavin verursachten ungewöhnlichen Gruppenverhaltens junger Mädchen in der engstirnig-puritanischen Kleinstadt zu diesen abstrusen Folgen führt. Es ist denkbar, dass Arthur Miller durch seine Betroffenheit über das Wirken von Senator McCarthy zur literarischen Bearbeitung dieses Stoffes veranlasst wurde [15]. Wegen der Berichte, dass auch junge Männer ähnlich abnormes Verhalten an den Tag legten und auf Grund der nachprüfbaren geographischen Lokalisation der Krankheitsfälle und des Zusammenhanges mit der lokalen Versorgung mit Mehl und Brot, kommt Caporael zu dem Schluss, dass die Ereignisse durch eine akute Vergiftung mit *Claviceps purpurea*, also durch eine gut erklärbare Lebensmittelvergiftung mit Ausprägung als *Ergotismus convulsivus*, hervorgerufen wurden.

Es würde hier zu weit führen, auf die zahlreichen Vergiftungsmöglichkeiten durch pflanzliche oder bakterielle Verunreinigungen näher einzugehen. Der interessierte Leser sei auf folgende Publikationen hingewiesen: [1, 13, 18, 20, 21, 23, 31].

## 1.5
## Ökonomisches

Die unregelmäßige Verfügbarkeit von Nahrungsmitteln hat schon seit jeher ihre Konservierung erfordert, welche seit Jahrtausenden auf verschiedenen Wegen wie Trocknen, Räuchern, Salzen etc. erreicht werden kann.

Die Konservierung, oder vielmehr ihre Verbesserung durch Zusatz von entsprechend wirksamen Stoffen, ist inzwischen zu so großer Perfektion entwickelt worden, dass theoretisch alle Nahrungsmittel rings um den Erdball ständig verfügbar sein könnten. Allgemein wahrgenommener Ausdruck der erreichten Haltbarkeit aller verpackten Lebensmittel ist das aus mehr oder weniger überprüfbarer Erfahrung resultierende Mindesthaltbarkeitsdatum, welches im Handel und bei der Verwendung von Lebensmitteln eine immer größere Bedeutung erlangt hat.

Dennoch darf nicht verschwiegen werden, dass die verwendeten Zusatzstoffe, unter anderem auch Farbstoffe, selbstverständlich biochemische, physiologische und eventuell sogar toxische Eigenwirkungen entfalten, sofern sie in überschwelliger Menge aufgenommen werden. Die Zusatzstoffe tragen damit also zur ernährungsphysiologischen Gesamtwirkung eines Lebensmittels bei und müssen dementsprechend auf ihre Zuträglichkeit überprüft werden. Es bleibt aber festzuhalten und zu betonen, dass eine kontinuierliche Nahrungsmittelversorgung ohne den Einsatz von Konservierungs- und Verpackungsmethoden angesichts der beängstigend anwachsenden Weltbevölkerung nicht mehr möglich wäre.

## 1.6 Legislatives

Nach oben Gesagtem liegt es auf der Hand, dass Lebensmittel in ihrer Herstellung, Verarbeitung und Verteilung schon immer ein Gegenstand öffentlichen Interesses und damit auch der entsprechenden Gesetzgebung gewesen sind. Letztlich ist auch dieses Handbuch der Lebensmitteltoxikologie ein Ausdruck der Notwendigkeit übergeordneter Regulierung von Lebensmitteln und im Übrigen auch von Gebrauchsgegenständen.

Die Einhaltung handwerklicher und hygienischer Vorschriften ist schon seit Jahrhunderten allgemeinen Regeln unterworfen; ein Beispiel hierfür ist das Reinheitsgebot für die Herstellung von Bier aus dem Jahre 1516, welches fast ein halbes Jahrtausend später auf Millionen von Bierflaschen täglich herausgestellt wird. Etwa fünfzig der wichtigsten gesetzlichen Regelungen mit toxikologischem Hintergrund in Deutschland von 1231 bis ins Jahr 1987 finden sich in der von Amberger-Lahrmann und Schmähl [1] herausgegebenen Monographie, wo sie neben den Regelungen in anderen Industrieländern im Anhang aufgelistet sind.

Speziell in Bezug auf die Lebensmittelsicherheit ist noch die alte deutsche Einrichtung der Fleischbeschau zu erwähnen, die bereits im Mittelalter gut organisiert war. Das Gesetz betreffend „die Schlachtvieh- und Fleischbeschau vom 3. Juni 1900" dient der Verhütung von Erkrankungen durch untaugliches Fleisch, wobei neben Fäulnis das Vorkommen von Trichinen und Tuberkelbazillen besonders beachtet wurde [9]. Das ausgesonderte Fleisch wurde dennoch zu ermäßigtem Preis als so genanntes „Freibankfleisch" zum Verkauf angeboten, ein Vorgehen, das heute sicher nicht mehr akzeptiert würde.

Das Reichsgesundheitsamt, das 1876 als Kaiserliches Gesundheitsamt gegründet und später als Bundesgesundheitsamt fortgeführt wurde, richtete einen Ausschuss für das Ernährungswesen im Reichsgesundheitsrat [28] ein, welcher z. B. im Juni 1914 tagte: Das Protokoll dieser Sitzung zur „Gesundheitlichen Beurteilung gewisser zur Konservierung von Lebensmitteln verwendeter Stoffe" liest sich heute ceteris paribus so, als ob die Erörterungen in diesen Tagen z. B. im Rahmen der Lebensmittelkommission der Deutschen Forschungsgemeinschaft stattgefunden hätten [25].

Die Deutsche Forschungsgemeinschaft (DFG) als das wichtigste Förderungsinstrument für die Forschung in Deutschland versteht sich nicht erst seit ihrer Wiedergründung nach dem Zweiten Weltkrieg im Jahre 1949 als eine „Gelehrtenrepublik", die im Wesentlichen zwei wichtige Funktionen wahrnimmt: Sie ist die bedeutendste Finanzierungsquelle zur Forschungsförderung und zugleich aufgrund ihres Zugriffs auf die Sachkenntnis der Wissenschaftler und akademischen Lehrer ein objektives und unabhängiges Beratungsorgan für die staatliche Exekutive. Die Geschichte und die Aufgaben der DFG sind in exemplarischer Weise im Jahre 1968 von ihrem langjährigen Generalsekretär [36] dargestellt worden; ihre Schilderung spiegelt insofern deutsches Schicksal wider, als drei wesentliche Zeitabschnitte zu erkennen sind, nämlich das Wirken der

„Notgemeinschaft der deutschen Wissenschaft" von 1920 bis 1934, die Deutsche Forschungsgemeinschaft in der Zeit von 1934 bis 1945 und schließlich ihr bei weitem stabilster und längster Tätigkeitsabschnitt von 1949 bis heute.

In neuerer Zeit wurde die Beratung der Exekutive in Fragen der Lebensmittelsicherheit 1949 wieder aufgenommen. Die als erste unter dem Eindruck der Erkenntnis der Karzinogenität von Lebensmittelfarbstoffen (Buttergelb – Dimethylaminoazobenzol, Verbot 1937) gegründete Farbstoffkommission nahm ihre Arbeit noch im selben Jahr unter dem Vorsitz von A. Butenandt und A. Druckrey auf. 1952 und 1954 wurden zwei Kommissionen gegründet, eine zur „Prüfung der Lebensmittelkonservierung", die unter dem Vorsitz von W. Souci bis 1966 tätig war und eine andere zur „Prüfung des Bleichens von Lebensmitteln", welche sich unter dem Vorsitz von K. H. Lang von 1954 bis 1963 insbesondere mit dem Bleichen von Mehl befasste. 1961 hatte sich die Beratungstätigkeit so sehr ausgeweitet, dass die so genannte „Fremdstoffkommission", ebenfalls unter dem Vorsitz von K. H. Lang, eingerichtet wurde, die generell zur Prüfung aller fremden Stoffe bei Lebensmitteln aufgerufen war (vgl. Abb. 1.1). 1972 übernahm K. J. Netter den Vorsitz dieser Kommission; sie musste im Laufe der Zeit immer größere Bereiche erfassen und beurteilen. Dementsprechend wurde der Name der Kommission erneut ihrer Tätigkeit angepasst: Sie berät seit 1990 unter der Bezeichnung „Senatskommission zur Beurteilung der gesundheitlichen Unbedenklichkeit von Lebensmitteln". Die Kommission richtet jeweils problemorientierte temporäre Arbeitsgruppen mit Experten, auch und gerne aus den europäischen Nachbarländern, ein.

1995 übernahm G. Eisenbrand den Vorsitz dieser Kommission und führt ihn bis heute.

Personelle Zusammensetzung und Arbeitsweise der Lebensmittelkommissionen der DFG und ihrer Arbeitsgruppen haben sich jeweils aus den zeitgenössischen Aufgaben ergeben: Mit zunehmender Verfeinerung der Möglichkeiten der Lebensmittelveränderung und den damit verbundenen analytischen Methoden wurden von Seiten der Nahrungsmittelindustrie und der Exekutive (durch das ehemalige Bundesgesundheitsamt und jetzige Bundesinstitut für Risikobewertung) und natürlich auch aus der Kommission selbstständig neue Probleme an sie herangetragen, deren Bewertung jeweils den Rat der der betreffenden Materie am nächsten stehenden Fachleute erforderte. Dementsprechend gestaltete sich auch die personelle Zusammensetzung der Kommission, welche sich aus Wissenschaftlern von Forschungsinstituten und Industrielaboratorien sowie ständigen Gästen aus den staatlichen Aufsichts- und Genehmigungsorganen rekrutierten. Die Kommissionen haben immer das Prinzip verfolgt, dass alle an sie herangetragenen Probleme in gebührender Weise beraten und entsprechende Empfehlungen in Form von Mitteilungen veröffentlicht wurden. Umgekehrt regen die Fragen und Probleme oft in großem Umfang zu neuen Experimenten an.

Einhergehend mit der immer stärkeren europäischen Vernetzung entwickelte sich eine personelle und sachliche Zusammenarbeit mit dem Wissenschaftlichen Lebensmittelausschuss (Scientific Committee on Food, SCF) der Europäi-

**Abb. 1.1** DFG Senatskommission zur Prüfung fremder Stoffe bei Lebensmitteln („Fremdstoffkommission"), 26./27. April 1979, Marburg, Herder Institut
*Jeweils von links*
*Von oben, Reihe 1:* H. Frank, P. Marquardt, P.S. Elias, G. Eisenbrand
*2. Reihe:* Unbekannt, W. Grunow (BGA), E. Lück (Hoechst AG), G. Hamm
*3. Reihe:* F.H. Kemper, H.D. Belitz, G. Neurath, H. Uehleke (BGA), J.F. Diehl, K. Möhler
*4. Reihe:* W. Baltes, G. Schlierf
*5. Reihe:* K. Trenkle (BML), R. Franck (BGA), Frau R. Neussel (BMJFG), G. Lehmann, Frau Dr. Harmuth-Hoene, B. Schmidt, D. Schmähl
*Unterste Reihe:* K. Heyns, K. Lang, K.J. Netter, H.D. Scholz (BMJFG)
*Nicht im Bild:* W. Bretschneider (DFG), H.G. Classen, D. Eckert (BMJFG), D. Lorke, H. Osswald
BGA = Bundesgesundheitsamt, BMJFG = Bundesministerium für Jugend, Familie und Gesundheit, BML = Bundesministerium für Landwirtschaft

schen Union in Brüssel. Einen kurzgefassten Überblick über die international tätigen Träger der Lebensmittelsicherheit und das Zusammenwirken mit ihnen findet sich in der Monographie von Classen et al. [4].

Die lebensmittelbezogenen Kommissionen der Deutschen Forschungsgemeinschaft haben sich immer offen den jeweils aktuellen lebensmitteltechnischen Problemen gegenüber gezeigt. Sie haben sowohl die Lebensmittelindustrie bei ihren Innovationen in den Fragen der gesundheitlichen Unbedenklichkeit als auch die Exekutive bei ihren Fragen nach der technischen Notwendigkeit und bei der Festlegung von qualitativen und vor allem quantitativen Standards beraten.

Wenn man versucht, den Weg der Lebensmittelkommissionen an dieser Stelle nur oberflächlich und grobmaschig zu verfolgen (vgl. Netter et al. [25,

26]), bietet sich ein Bild kontinuierlicher Entwicklung: In den ersten Nachkriegsjahren mussten zunächst die gebräuchlichen Verfahren der Lebensmittelkonservierung – und auch Bleichung – mithilfe von verschiedenen Zusatzstoffen kritisch bewertet werden, was von Anbeginn an umgekehrt innovative Anstöße zur exakten Untersuchung der biologischen Wirkungen von solchen Zusatzstoffen im Hinblick auf Toxizität, Karzinogenität, Allergisierung etc. gab. Als Resultat dieser Bemühungen mussten manche Hilfsstoffe aus dem allgemeinen Gebrauch genommen und verboten werden (z. B. Chlordioxid zum Bleichen von Mehl, 1956).

Danach wurden im Zuge der Umstellung der Ernährungsgewohnheiten und insbesondere der Überversorgung mit Nahrungsmitteln die künstlichen Süßstoffe wie z. B. Acesulfam, Aspartam, Cyclamat, Saccharin, Sucralose etc. zwischen etwa 1980 und 1995 immer wieder ausführlich behandelt und bewertet. In mehr oder weniger weitgehendem Konsens mit den Herstellern führte dieses zur Anwendung immer modernerer Methodiken und Analyseverfahren, welche durch die allgemeine Verfeinerung entsprechender Techniken möglich wurden. An dieser Stelle sei an die öffentliche Aufregung erinnert, als die (Über)fütterung von Ratten mit großen Dosen von Saccharin zur Bildung von Blasentumoren führte und daraufhin Patienten mit Blasentumoren gefragt wurden, ob sie jemals in ihrem Leben Saccharin zu sich genommen hätten, und dieses natürlich bejahten. Denn dieser Süßstoff wurde in den Jahren nach dem Ersten und auch Zweiten Weltkrieg in großen Mengen konsumiert, allerdings ohne dass sich danach eine epidemische Häufung von Blasentumoren gezeigt hätte. Dieses Beispiel der Missinterpretation einer unprofessionellen retrospektiven Studie beleuchtete das von Besorgnis geprägte Umfeld, in welchem nunmehr nach Maßstäben guter wissenschaftlicher Praxis entsprechende Studien vorgenommen wurden, die dazu führten, dass Saccharin heute nach wie vor zugelassen ist. Um dennoch seine Aufnahme zu begrenzen, wurde seine Kombination mit einigen der obigen künstlichen Süßstoffe empfohlen.

In ähnlicher Weise ist man beim Formaldehyd verfahren, der wegen seiner in hohen Konzentrationen erfolgenden Schleimhautreizung, Allergisierung und nicht völlig auszuschließender Karzinogenität (Nasaltumoren bei Ratten in Formaldehydatmosphäre) in der Holzindustrie nicht mehr oder nur noch unter strengen Begrenzungen seiner Immission verwendet wird [10, 11]. Auch hier gab es Studien an Menschen mit Kontakt zu Formaldehyd, nämlich Anatomen und Balsamierern; hier fanden sich keine Nasaltumoren, und beide Berufsgruppen sind nicht gerade für eine auffällige Frühsterblichkeit bekannt.

Die allgemeine Verfügbarkeit kalorienreicher hochwertiger Nahrungsmittel im Verbund mit dem Rückgang körperlicher Arbeit führte zu dem Wunsch, den Kaloriengehalt von wohlschmeckenden Nahrungsmitteln durch Einsatz von veränderten Kohlenhydraten mit vermindertem Brennwert (Polydextrose, Isomalt, generell Bulking agents) sowie nichtverdaulichen Fetten und Ölen (Olestra®, Simplesse®) herabzusetzen. Trotz ausgedehnter Bilanzversuche mit verschiedenen Methoden konnten sowohl ihre Wirksamkeit als nicht kalorische einfache Füllstoffe als auch ihre Verträglichkeit bis heute nicht überzeugend nachgewiesen werden. Insbesondere gab es unterschiedliche Auffassungen über das Ausmaß der Brennwertverminderung, was dazu führte, dass im Bereich der Europäischen Union schließlich ein verbleibender Brennwert von 2 Kalorien pro Gramm sozusagen als Arbeitsgrundlage ex cathedra festgesetzt wurde.

In krassem Gegensatz zu dem Wunsch nach kalorienverminderten Nahrungsmitteln stand in den 1980er Jahren der Wunsch nach zusätzlichen Eiweißquellen durch die Produktion vollwertiger Nahrungsmittel aus organischen Grundstoffen mithilfe von Einzellerkulturen. Diese Entwicklung wurde von der Lebensmittelindustrie in Vorversuchen und teilweise größeren Versuchsanlagen deswegen vorangetrieben, weil man angesichts der ständig wachsenden Weltbevölkerung auf kommende Engpässe in der Versorgung mit Nahrungsmitteln und insbesondere mit Eiweiß vorbereitet sein wollte. Für die Kommission ergaben sich dadurch viele Querverbindungen zur Mikrobiologie, die dann später in ganz anderer Hinsicht wichtig wurden, weil Mikroorganismen und Pilze entweder durch Infektionen oder aber wesentlich durch die Einführung von Mykotoxinen in die Nahrungsmittelkette eine große Gefahr darstellen. Es ist in der Tat prinzipiell möglich, fleischähnliche Nahrungsmittel aus Einzellerproteinen herzustellen. In diesem Zusammenhang wurden in der Zeit um 1975 auch die so genannten Starterkulturen von erwünschten Mikroorganismen für die Lebensmittelverarbeitung bewertet.

Die Mykotoxine und hier insbesondere das Ochratoxin A, welches auf dem Balkan aus pilzbefallenem Getreide in die Nahrungskette gelangte und die so genannte „balkan endemic nephropathy" hervorrief und außerdem karzinogen ist, wurden in den 1990er Jahren intensiv diskutiert.

Zur gleichen Zeit entwickelte sich die Sorge um den verstärkten Nitrateintrag in das Grundwasser und um die daraus abzuleitenden Gesundheitsschäden durch Nitrate, Nitrite und Nitrosamine, welche die nationalen und internationalen Gremien stark beschäftigte (z. B. [27]) und zugleich die Entwicklung mikroanalytischer Verfahren (z. B. thermal energy analysis) zur Messung von Nitrosaminen beförderte. Ein kleines Paradoxon sei hier erwähnt: Durch die verfeinerte Analytik wurden minimale Nitrosaminkonzentrationen in einem Produkt der im öffentlichen Raum meist unbeliebten aber dennoch kräftig genutzten Pharmaindustrie gefunden, nämlich in weitverbreiteten Tabletten. Dieses erzeugte durch die Medien katalysiertes allgemeines Missfallen. Als dann jedoch sehr viel größere Mengen im nach dem so beruhigenden Reinheitsgebot von 1516 gebrauten Bier infolge des Fehlens adäquater Wärmeaustauscher bei der Maischebereitung gefunden wurden, konnte man deutlich die Tendenz zur Abwiegelung der Befunde verspüren („weil, so schließt er messerscharf, nicht sein kann, was nicht sein darf" [24]), was ein kleines Schlaglicht auf die emotionale Bewertung unterschiedlicher Bereiche wirtschaftlicher Tätigkeit wirft. Die Beschäftigung mit Nitrosaminen war auch ein gutes Lehrstück für die Bedeutung neuer und empfindlicher Analysemethoden, nämlich in diesem Falle des sog. Thermo Energy Analysers (TEA), der die Messung geringer Konzentrationen möglich macht.

Schon seit 1959 haben sich die verschiedenen Senatskommissionen der Deutschen Forschungsgemeinschaft mit dem Problem der Räucherung und der dabei befürchteten Entstehung karzinogener polycyclischer Substanzen befasst (z. B. [32]). 1985 empfahl die Kommission, dass Rauchkondensate nur dann verwendet werden können, wenn der Gehalt an cyclischen aromatischen Kohlenwasserstoffen, bezogen auf die Leitsubstanz 3,4-Benzpyren, unter 0,1 ppm liegt und Flüssigrauchpräparate (Kondensate) nur zur Oberflächenbehandlung eingesetzt werden.

Schließlich hat die kontroverse Diskussion über die Bestrahlung von Lebensmitteln zu ihrer Sterilisation und Haltbarmachung eineinhalb Jahrzehnte lang den Anlass für zahlreiche Untersuchungen zur gesundheitlichen Unbedenklichkeit bestrahlter Lebensmittel gegeben. Die verhaltene Zustimmung beschränkte sich schließlich auf die Bestrahlung von importierten Gewürzen, während Bestrahlung in großem Umfang sich angesichts der weiteren hygienischen und technologischen Entwicklungen nicht durchsetzen konnte.

Zur Problematik der Verwendung gentechnisch modifizierter Lebensmittel, die derzeit noch bei weiten nicht abgeschlossen ist, hat die Deutsche Forschungsgemeinschaft eine eigene Kommission zu Grundsatzfragen zum Thema „Gentechnik und Lebensmittel" gebildet, die im Jahre 2001 ihre umfangreichen Empfehlungen vorgelegt hat.

Die ständig wachsende Internationalität führt nicht nur zu einer Zusammenarbeit und Harmonisierung zwischen den verschiedenen Regulationsbehörden und deren Ratgebern wie z. B. Codex Alimentarius, Joint Expert Committee on Food Additives (WHO/FAO), Scientific Committee on Food (SCF) der Europäischen Union u. a., sondern induziert auch die Verbreitung neuer meist von der Lebensmittelindustrie konzipierter Ideen und prägt dadurch griffige neue Schlagworte, die wiederum neue weltweite Aktivitäten auslösen.

So kam im Wesentlichen aus Japan die Vorstellung, dass man Lebensmitteln durch Zugabe z. B. wichtiger Vitamine in hoher Dosis einen funktionell erhöhten Wert geben kann (*Functional Food*). Ein solcher so genannter Added Value wird z. B. vermutet bei der Zugabe von Folsäure, die während der Embryonalentwicklung die Bildung des Neuralrohres günstig beeinflussen soll.

Unter dem Begriff der Neuen Lebensmittel (*Novel Foods*) kann man beispielsweise gentechnisch modifizierte Nahrungsmittel verstehen, aber auch mit wirksamen Naturstoffen angereicherte Zubereitungen wie Phytosterol enthaltende Margarine, welche die intestinale Cholesterinresorption vermindern soll.

Der sehr suggestive Ausdruck Nutrizeutika (*Nutraceuticals*) soll dem Verbraucher die Gewissheit vermitteln, dass er nicht nur einen Nahrungsbedarf optimal befriedigt, sondern sogar darüber hinaus pharmakologisch günstig wirksame Substanzen aufnimmt. In diesen Bereich gehören Aminosäuren, welche in größerer Menge als sonst z. B. bei der Transmittersynthese oder aber angeblich auch (Ornithin) bei der Sekretion des Wachstumshormons wirksam sein sollen (R. Grossklaus, persönliche Mitteilung).

Alle drei genannten Begriffe müssen allerdings noch mit experimentell fundierten Aussagen über die tatsächliche Erfüllung der postulierten günstigen Effekte präzisiert werden. Insbesondere sind die Kriterien, unter denen eine mögliche Zulassung durch die Regulierungsbehörden erfolgen kann, im Wesentlichen noch unklar, weil der Nachweis einer Funktionsverbesserung nicht gegeben ist. Auf der anderen Seite gibt es auch keine Überprüfungen im Hinblick auf eine mögliche ungünstige oder sogar toxische Wirkung großer Mengen dieser neuen Kategorien von Nahrungsmitteln. Gerade bei den Nutraceuticals ist es unklar und wird heftig debattiert, ob deren Zulassung nach den nationalen und internationalen Arzneimittelgesetzen erfolgen muss („…ceuticals", von denen man eine therapeutische Wirkung erwarten muss), oder aber ob sie als traditionelle Lebensmittel („Nutra…") überhaupt nicht zulassungsbedürftig sind (vgl. Tenth International Congress of Toxicology, Tampere, July 13, 2004, P. Fenner-Crisp/A. Renwick).

Im Ganzen bietet sich also hier ein weites Feld, welches noch vieler Überlegungen und experimenteller Erfahrungen bedarf.

Im Bereich der allgemeinen Lebensmittelsicherheit haben verschiedene Gremien in letzter Zeit versucht, Klarheit zu schaffen und vor allem auch weiteren Forschungsbedarf zu präzisieren. In diesem Sinne hat sich die Deutsche Forschungsgemeinschaft durch ihre Lebensmittelkommission (SKLM) in einer Reihe von Mitteilungen mit „Hormonell aktiven Stoffen in Lebensmitteln" [6], mit „Karzinogenen und antikarzinogenen Faktoren in der Ernährung," [7] sowie mit den „Kriterien zur Beurteilung funktioneller Lebensmittel – Functional Foods – und deren Sicherheitsaspekten" [8] befasst.

## 1.7
**Futuristisches**

Nachdem wir einen weiten Bogen von den prähistorischen Menschen zu den heutigen Auffassungen von Lebensmitteln und Ernährung geschlagen haben, darf man sich die Frage nach der zukünftigen Entwicklung stellen. Zukunft ist grundsätzlich nicht exakt vorhersagbar, aber dennoch lässt sich vermuten, dass die im Vorangegangenen angesprochenen „neu erfundenen" Nahrungsmittel und Ernährungsweisen zunächst im Vordergrund des Interesses stehen werden. Dabei ist es durchaus voraussehbar, dass die immer weitere Verfeinerung und Diversifizierung des Angebotes die hohen Ansprüche an eine generell optimale Ernährung immer besser erfüllen werden, ohne dass die damit verbundenen Selbstverständlichkeiten durch eine künstliche Nomenklatur hochstilisiert werden. Falls es im zirkumnordatlantischen Raum aus irgendeinem Grunde zu einer auch nur leichten Verknappung von Lebensmitteln kommen wird, werden die hoch entwickelten und einer fast absoluten Sicherheit dienenden Regulierungsmechanismen für Nahrungsmittel höchstwahrscheinlich sowieso nicht mehr angewendet werden.

Die Vorhersage ist erlaubt, dass in Einzelfällen alte Probleme immer wieder aufleben werden, insbesondere wenn Übertreibungen einer natürlichen Lebensweise mit Betonung besonders „gesunder" Pflanzen um sich greifen. So sollen zum Beispiel bei Naturkostanhängern wieder einzelne Fälle von Ergotismus aufgetreten sein.

Angesichts der Fülle von Modifikationsmechanismen oder Anwendung von Zusatzstoffen zur Arbeitserleichterung wird man in Zukunft stärker die Frage nach der technischen Notwendigkeit ihrer Anwendung stellen müssen. Man kann sich manchmal des Eindrucks nicht erwehren, dass bei der Beantragung von Verfahren oder Zusatzstoffen die verarbeitende Industrie in Zukunft die unumgängliche technische Notwendigkeit der beantragten Stoffe und Verfahren wird begründen müssen.

Schließlich ist vorstellbar, dass die seit Jahrhunderten und besonders in den letzten Jahrzehnten ansteigende Kurve der erreichten Lebensmittelsicherheit in die Form einer asymptotisch erreichten Horizontale übergeht. Das heißt, dass ab dann zumindest für die zirkumnordatlantische Bevölkerung Lebensmittel in ernährungsphysiologischer sowie sicherheitsbezogener Perfektion und hoffentlich auch in genügender Menge zur Verfügung stehen werden und dementsprechend auch nicht mehr weiter verbessert werden können (und sollen?). Alternativ würden sich die Aktivität und die Neugier anderen Gebieten zuwenden, über die der Autor hier aber keine Spekulationen anstellen will.

## 1.8
### Literatur

1 Amberger-Lahrmann M, Schmähl D (Hrsg) (1988) Gifte: Geschichte der Toxikologie, Springer Verlag Heidelberg.
2 Balter M (2004) Earliest signs of human-controlled fire uncovered in Israel, *Science* **304**: 663–664.
3 Caporael LR (1976) Ergotism: The Satan loosed in Salem? Convulsive ergotism may have been a physiological basis for the Salem witchcraft crisis in 1692, *Science* **192**: 21–26.
4 Classen H-G, Elias PS, Hammes WP, Winter M (2001) Toxikologisch-hygienische Beurteilung von Lebensmittelinhaltsstoffen und Zusatzstoffen, Behr's Verlag Hamburg.
5 Defoe D (1719) The life and strange surprising adventures of Robinson Crusoe of York, London (zitiert nach W. Jens [15]).
6 Eisenbrand G (Hrsg) (1998) Hormonally Active Agents in Food (Symposium DFG), Wiley-VCH Weinheim.
7 Eisenbrand G (Hrsg) (2000) Krebsfördernde und Krebshemmende Faktoren in Lebensmitteln (Symposium DFG), Wiley-VCH Weinheim.
8 Eisenbrand G, Guth S, Kemény M, Wolf D (2004) Kriterien zur Beurteilung Funktioneller Lebensmittel (Symposium DFG), Wiley-VCH Weinheim.
9 Fleischbeschau (1908) in Brockhaus Konversations-Lexikon Bd 6: 782–783, Leipzig (sehr authentische Darstellung).
10 Formaldehyd: Gemeinsamer Bericht des Bundesgesundheitsamtes, der Bundesanstalt für Arbeitsschutz und des Umweltbundesamtes (1984) Schriftenreihe des Bundesministers für Jugend, Familie und Gesundheit Bd 148, W. Kohlhammer Verlag Stuttgart.
11 Gibson JE (Hrsg) (1983) Formaldehyde Toxicity, Hemisphere Publishing Corporation Washington New York London.
12 Grivetti LE, Pangborn RM (1974) Origin of selected Old Testament dietary prohibitions, *Amer Dietetic Ass* **65**: 634–638.
13 Grunow W (1999) Food: Compound-related aspects, in Marquardt H, Schäfer SG, McClellan R, Welsch F (Hrsg) Toxicology, Academic Press, 1103–1113.
14 Haas JD, Harrison GG (1977) Nutritional anthropology and biological adaptation, *Ann Rev Anthropol* **6**: 69–101.

15 Jens W (Hrsg) und etwa tausend Mitarbeiter (1998) Kindlers Neues Literaturlexikon, Komet MA Service und Verlag Frechen.
16 Leopold AC, Ardrey R (1972) Toxic substances in plants and the food habits of early man, *Science* **176**: 512–514.
17 Lewis R (2004) Human origins from afar, *The Scientist* **18**: 18–22.
18 Lindner E (1990) Toxikologie der Nahrungsmittel, Georg Thieme Stuttgart.
19 Luther M (1912) Die Heilige Schrift des Alten und des Neuen Testaments in deutscher Übersetzung, Privilegierte Württembergische Bibelanstalt Stuttgart.
20 Marquardt H, Schäfer S (1994) Lehrbuch der Toxikologie, Spektrum Akad. Verlag Heidelberg.
21 Marquardt H, Schäfer S (2004) Lehrbuch der Toxikologie, Wissenschaftl. Verlagsgesellschaft.
22 Miller A (1953) The Crucible (zitiert nach W. Jens [15]).
23 Ministry of Agriculture, Fisheries and Food (1994) Food surveillance paper No. 42: Naturally occurring toxicants in food, Her Majesty's Stationary Office, London.
24 Morgenstern C (1910) Palmström Berlin (zitiert nach W. Jens [15]).
25 Netter KJ, Castelli M, Pauly O (1985) Bewertung von Lebensmittelzusatz- und Inhaltsstoffen (DFG Wissenschaftl. Arbeitspapiere – Kommissionsbeschlüsse 1954–1984), Wiley-VCH Weinheim.
26 Netter KJ, Bueld-Kleiner JE (1998) Lebensmittel und Gesundheit (DFG Mitteilung 3, Kommissionsbeschlüsse 1984–1996), Wiley-VCH Weinheim.
27 Preussmann R (Hrsg) (1983) Das Nitrosamin-Problem (Rundgespräche und Kolloquien DFG),Verlag Chemie Weinheim.
28 Reichsgesundheitsrat: Die gesundheitliche Beurteilung gewisser zur Konservierung von Lebensmitteln verwendeter Stoffe, Ausschuss für Ernährungswesen 19./20. Juni 1914.
29 Schwab G (1840) Die schönsten Sagen des klassischen Altertums, Reclam Stuttgart.
30 Stedman HH, Kozyak PW, Nelson A, Thesier DJB, Minugh-Purvis M, Mitchell MA (2004) Myosin gene mutation correlates with anatomical changes in the human lineage, *Nature* **428**: 416–419.
31 Teuscher E, Lindequist U (1987) Biogene Gifte: Biologie-Chemie-Pharmakologie, Gustav Fischer Verlag Stuttgart New York.
32 Tóth L (1982) Chemie der Räucherung (Wissenschaftliche Arbeitspapiere DFG), Verlag Chemie Weinheim.
33 Wilder T (1942) Wir sind noch einmal davongekommen (The skin of our teeth), New York London; deutsch: G. Gebser 1946 Zürich London (zitiert nach W. Jens [15]).
34 Wong K (2004) Erste Urmenschen an den Pforten Europas, *Spektrum der Wissenschaft* April: 24–32.
35 Zenker FA (1860) Über die Trichinenkrankheit des Menschen, *Virchows Arch. für pathologische Anatomie und Physiologie und für klinische Medizin* **18**: 561–572.
36 Zierold K (1968) Forschungsförderung in drei Epochen. Deutsche Forschungsgemeinschaft: Geschichte, Arbeitsweise, Kommentar, Franz Steiner Verlag Wiesbaden.

# 2
# Lebensmittel und Gesundheit

*Thomas Gebel*

## 2.1
## Einleitung

Lebensmittel im Sinne des § 2 des in Kraft befindlichen Lebensmittel-, Bedarfsgegenstände- und Futtermittelgesetzbuches sind Stoffe oder Erzeugnisse, die dazu bestimmt sind oder von denen nach vernünftigem Ermessen erwartet werden kann, dass sie in verarbeitetem, teilweise verarbeitetem oder unverarbeitetem Zustand von Menschen aufgenommen werden. Der Begriff Nahrungsmittel wird umgangsprachlich synonym verwendet.

Laut des Deutschen Wörterbuches von Grimm werden Lebensmittel als „mittel zur erhaltung des lebens" aufgeführt. Nahrungsmittel sind „mittel zur ernährung, besonders diejenigen stoffe, welche fähig sind, auf dem wege der verdauung die thierische substanz, die durch den lebensprocesz verbraucht ist, wieder zu ersetzen, indem sie durch die verdauung selbst in diese umgewandelt werden".

Ernährung beschreibt die Aufnahme der Nahrungsstoffe für den Aufbau, die Erhaltung und Fortpflanzung eines Lebewesens. Dabei werden feste und flüssige Nahrungsmittel in den Organismus aufgenommen und gehen in den Stoffwechsel ein. Dies ermöglicht Aufbau und Erhaltung der Körpersubstanz sowie Aufrechterhaltung der Körperfunktionen.

Die Untersuchung und Beschreibung toxischer Wirkungen von Lebensmittelinhaltsstoffen ist Inhalt der Lebensmitteltoxikologie. Dazu werden in der Regel gezielt die Effekte einzelner Stoffe erfasst. In der Praxis jedoch können toxische Stoffwirkungen durch eine Kombination verschiedener Lebensmittelinhaltsstoffe, die mit der täglichen Nahrung aufgenommen werden, verursacht werden. Somit ist es sehr schwierig und oftmals unmöglich, bestimmte Erkrankungen auf die Wirkung bestimmter einzelner Stoffe zurückzuführen. Das Ziel dieses Kapitels ist es, nicht von der Wirkung einzelner Stoffe auf ernährungsbedingte Erkrankungen zu schließen, sondern umgekehrt häufige Erkrankungen zu nennen, die mutmaßlich ernährungsbedingt sind. Daraus ergeben sich Hinweise auf Faktoren, die im Hinblick auf die Ursachen ernährungsbedingter Erkrankungen von Relevanz sein können.

Lebensmittel dienen zur Aufrechterhaltung der Gesundheit und des Lebens. Um dieser Aufgabe gerecht zu werden, müssen sie in ausreichender Qualität, Menge und Vielfalt vorhanden sein.

Dies allein jedoch ist keine hinreichende Voraussetzung zur Aufrechterhaltung der Gesundheit eines Organismus. Denn nur wenn die Aufnahme verschiedener Nahrungsmittel in Menge und Vielfalt angemessen und ausgewogen ist, kann eine dauerhafte Gesunderhaltung resultieren.

Insbesondere in industrialisierten Regionen der Welt, wo eine ausreichende Versorgung mit Lebensmitteln aller Art gewährleistet ist, bestimmt das individuelle Ernährungsverhalten entscheidend das Entstehen bestimmter chronischer Erkrankungen. In sich entwickelnden Ländern hingegen kann zum einen eine unzureichende mikrobiologische Qualität der Lebensmittel verschiedene Infektionskrankheiten zur Folge haben. Daneben kann ein mangelhaftes oder unausgewogenes Angebot zu Unter- und/oder Fehlernährung führen und sich in ernährungsbedingten Erkrankungen äußern.

Im folgenden Abschnitt wird der Frage nachgegangen, welche Bedeutung die Ernährung im Hinblick auf die Entstehung schwerwiegender Erkrankungen hat. Dazu werden statistische Daten der Weltgesundheitsorganisation (WHO) zur globalen Mortalität und deren regionaler Unterschiede dargestellt. Das Ziel ist es, im Hinblick auf die globale und regionale Mortalität ursächlich relevante Ernährungsfaktoren, insbesondere in Bezug auf die Lebensmitteltoxikologie, aufzuzeigen.

## 2.2
### Globale und regionale Mortalität und deren Ursachen

Im Jahr 2000 lag die von der WHO geschätzte weltweite Mortalität bei 56,55 Millionen Personen [16]. In Abb. 2.1 werden dazu relevante Todesursachen dargestellt. Eine Reihe dieser Faktoren steht in ursächlichem Zusammenhang mit der Ernährung. Dies betrifft die kardiovaskulären Erkrankungen, welche mit einem Anteil von 30% die bedeutendste globale Todesursache darstellten. Infektionskrankheiten, die nach der internationalen Klassifizierung ICD-10 (ICD, international classification for disease) den Ziffern A00-B99 zugeordnet sind, hatten im Jahr 2000 einen Anteil von 19% an der globalen Mortalität. Unter diese Gruppe fallen z.B. tropische Infektionskrankheiten wie Malaria, typische Seuchenerkrankungen wie Tuberkulose, aber auch typische Kinderkrankheiten. Auch HIV/AIDS findet sich als bedeutende globale Todesursache in dieser Klassifizierungsgruppe (2,87 Millionen Fälle weltweit im Jahr 2000). Einige dieser epidemisch auftretenden Erkrankungen („Seuchen") werden über kontaminierte Lebensmittel übertragen. Dies sind z.B. Cholera oder Typhus, aber auch parasitäre Erkrankungen wie Nematodeninfektionen, die über verunreinigte Lebensmittel, darunter oft Trinkwasser, übertragen werden. Dies betrifft etwa 20–30% der Mortalitätsfaktoren dieser Gruppe (geschätzt etwa 5% an der gesamten globalen Mortalität).

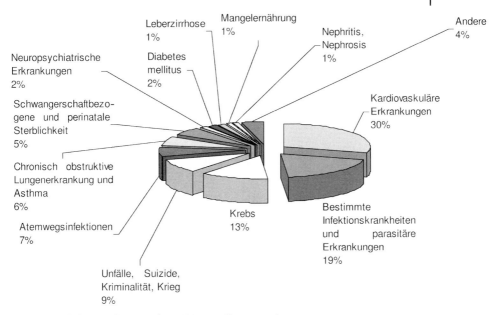

**Abb. 2.1** Globale Mortalität im Jahre 2000; Stratifikation nach Todesursache (Daten aus World Health Report 2002 [16]).

Neben den Krebserkrankungen, die im Jahr 2000 mit 13% ebenfalls eine global bedeutende Todesursachengruppe darstellten, sind weitere Faktoren wie Diabetes mellitus (vornehmlich Typ 2, der Alters-Diabetes) oder Leberzirrhose zumindest teilweise ernährungsbedingt. Auch die schwangerschaftsbezogene und perinatale Sterblichkeit wird laut WHO Faktoren wie Untergewicht oder Mangel an Eisen, Vitamin A oder Zink zugeordnet sein und ist damit zum Teil ernährungsbedingt verursacht.

Grob geschätzt kann man davon ausgehen, dass insgesamt um die 50% der globalen Sterblichkeit direkt oder indirekt mit der Ernährung zusammenhängen. Darunter sind insbesondere in den sich entwickelnden Regionen Faktoren wie unzureichende Quantität, Menge und Vielfalt der Lebensmittel entscheidend. Neben Unter- und Fehlernährung bedingen unzureichende hygienische Verhältnisse epidemisch auftretende Erkrankungen, die über Lebensmittel übertragen werden. Zusätzlich kann ein schlechter Ernährungsstatus auch das Entstehen von Krankheiten begünstigen, die nicht direkt ernährungsbedingt verursacht sind, da z. B. das Immunsystem geschwächt ist.

Die beschriebenen Daten können weiter differenziert werden, wenn bestimmte, unter sozioökonomischer Sicht homogene Regionen der oben angestellten Betrachtung unterzogen werden. So treten z. B. bei einer bestehenden adäquaten Versorgung einer Bevölkerungsgruppe mit Lebensmitteln andere ernährungsbedingte Erkrankungen in den Vordergrund. Dies wird am Beispiel Deutschlands in Abb. 2.2 veranschaulicht.

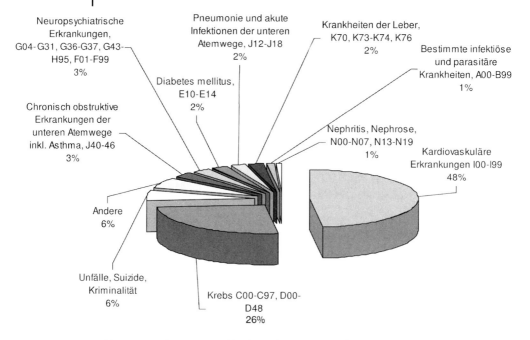

**Abb. 2.2** Mortalität in Deutschland im Jahre 1999; Stratifikation nach Todesursache (gemäß ICD 10). In der Grafik sind jeweils die zugehörigen ICD-Ziffern angegeben (Daten der WHO [17]).

Abbildung 2.2 stellt wie Abb. 2.1 statistische Daten der WHO zur Mortalität zusammen, allerdings speziell für die Bundesrepublik Deutschland aus dem Jahr 1999. Es wird sofort deutlich, dass der Anteil von kardiovaskulären Erkrankungen mit 48% als bedeutsamste Todesursache für Deutschland weit höher liegt als der globale Anteil mit 30%. Gleiches trifft für die Sterblichkeit an Krebs zu, die in Deutschland mit 26% um den Faktor 2 über der globalen Rate liegt. Bei einem solchen Vergleich ist zu bedenken, dass Krebs und kardiovaskuläre Erkrankungen vornehmlich in höherem Lebensalter auftreten. Da im vorliegenden Beitrag die regionale Bedeutung von Faktoren der Morbidität und Mortalität beschrieben werden soll, ist bei Vergleich dieser Zahlen zu berücksichtigen, dass keine Altersstandardisierung vorgenommen wurde.

Lebensmittelbedingte mikrobiologische Verunreinigungen und daraus folgende epidemisch auftretende Erkrankungen mit Todesfolge sind in industrialisierten Regionen wie Deutschland aufgrund Beachtung hygienischer Belange von geringer Bedeutung. Auch Unter- oder Mangelernährung ist als Mortalitätsfaktor quantitativ nicht relevant. Letzteres ist in einem großen Angebot an Nahrungsmitteln in hoher Menge, Qualität und Vielfalt begründet. Andererseits führt dieses Angebot im Bevölkerungsbezug zu einer kalorisch zu hohen Aufnahme von Nahrungsmitteln und kann langfristig die Entstehung von ernäh-

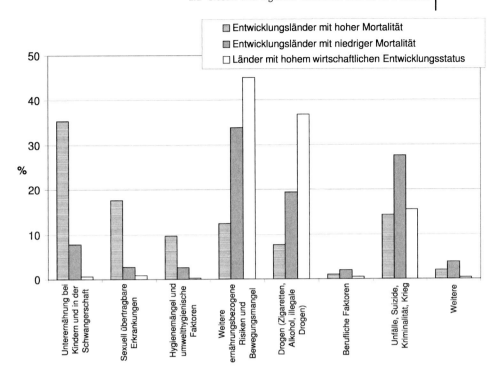

**Abb. 2.3** Globale Mortalität im Jahre 2000; Stratifikation nach bedeutsamen attributablen Risikofaktoren und wirtschaftlichem Entwicklungsstatus (Daten aus World Health Report 2002, [17]). (Da nicht für alle Todesursachen eine Zuordnung ursächlicher Risikofaktoren möglich war, wird in Abbildung 2.3 eine geringere Zahl an Fällen als in Abbildung 2.1 dargestellt einbezogen.)

rungsbedingten Erkrankungen begünstigen. Inwieweit die in industrialisierten Regionen häufigen Erkrankungen am Herz-Kreislauf-System sowie an Krebs auf ernährungsbedingte Ursachen zurückzuführen sind, wird weiter unten näher beschrieben.

Die WHO hat den Todesursachen auf Basis der Daten zur globalen Mortalität Risikofaktoren zugeordnet, wo es aus wissenschaftlicher Sicht möglich erschien. Diese Daten wurden von der Weltgesundheitsorganisation WHO im Jahr 2002 im jährlich erscheinenden World Health Report veröffentlicht [5, 16]. Die Ergebnisse dieser Auswertung sind in Abb. 2.3 in Auszügen zusammengestellt. Auf der Basis der landesbezogenen Mortalität von Kindern und Erwachsenen wurde von der WHO eine Zuordnung der einzelnen Länder in verschiedene Regionalklassen vorgenommen, auf denen die Zuordnung in Abb. 2.3 basiert. Die Regionalklasse, die von der WHO als Entwicklungsländer mit hoher Mortalität charakterisiert wurden, zeigte im Jahr 2000 in Bezug auf die zuordnungsfähigen Risikofaktoren eine um etwa den Faktor 2,5 höhere Gesamtmortalität als die beiden anderen Strata (15,86 Millionen vs. 6,5 und 6,6 Millionen Verstorbene).

Für Entwicklungsländer mit hoher Mortalität war Unterernährung, vor allem bei Kindern und in der Schwangerschaft, der hervorgehobene Risikofaktor in Bezug auf die Gesamtsterblichkeit. Von der WHO wurden neben Untergewicht auch Mangel an Eisen, Vitamin A und Zink als spezifische Ursachen in dieser Risikofaktorengruppe genannt. Weitere bedeutende Risikofaktoren waren die sexuell übertragbaren Krankheiten (vor allem HIV/AIDS) und Hygienemängel, zu denen verunreinigtes Trinkwasser, Hausbrand, urbane Luftverschmutzung und Bleibelastungen gezählt wurden sowie auch Klimaveränderungen, die hier zugeordnet sind. All diese Faktoren sind für Länder mit hohem wirtschaftlichen Entwicklungsstatus kaum von Bedeutung und für Entwicklungsländer mit niedriger Mortalität nur von geringer Bedeutung. Die Faktorengruppierung Unfälle, Suizide, Kriminalität und Krieg stellt für alle Regionalklassen eine bedeutsame Gruppe von Risikofaktoren dar. Weiter gibt es zwei verschiedene Faktorengruppierungen, die für Länder mit hohem wirtschaftlichem Entwicklungsstatus und Entwicklungsländer mit niedriger Mortalität sehr bedeutende Risikofaktoren sind, aber auch in Entwicklungsländern mit hoher Mortalität eine gewisse Bedeutung haben. Dies sind Drogen (vor allem Rauchen und Trinkalkohol) und die Gruppe der weiteren ernährungsbezogenen Risiken, zu denen auch der Bewegungsmangel zugeordnet ist. Unter letzteres Stratum fallen neben der körperlichen Bewegung die von der WHO zugeordneten Faktoren Blutdruck, Cholesterin, Körpergewicht und die Aufnahme an Früchten und Gemüse.

Hinsichtlich der Gegenüberstellung der Daten der WHO in Abb. 2.3 ist wiederum anzumerken, dass keine Altersstandardisierung vorgenommen wurde. Ursachen der Mortalität hingegen sind altersabhängig, die verglichenen Regionen haben unterschiedliche Altersstrukturen. Wie bereits weiter oben angeführt, ist das Ziel die Betrachtung der regionalen Bedeutung von Faktoren der Morbidität und Mortalität und somit ist keine Altersstandardisierung vorgenommen worden.

Die Daten, auf denen Abb. 2.3 basiert, sind Schätzwerte. Die Zuordnung von Ursachen von zum Tode führenden Krankheiten erfolgte im Weltgesundheitsbericht 2002 auf der Basis statistischer Verfahren, denen der aktuelle Kenntnisstand zu Krankheitsursachen zugrunde gelegt ist [6]. Für gewisse Risikofaktoren findet sich damit methodisch bedingt eine Überschneidung mit anderen, so dass die Summe aller Risiken mit dieser Auswertungstechnik höher ist als die tatsächlichen Risiken. So ist z. B. der Risikofaktor Übergewicht oftmals mit Bewegungsmangel assoziiert. Erfolgt nun eine Zuordnung von Risiken zu diesen Einzelfaktoren, kann nicht präzise bestimmt werden, welches Risiko dem Übergewicht und welches dem Bewegungsmangel zugeordnet werden muss. Auch ist es nicht immer möglich, Todesfälle genau einer spezifischen Ursache zuzuordnen. So gehen Herz-Kreislauferkrankungen z. B. oft mit Übergewicht, Bewegungsmangel und falschem Ernährungsverhalten einher. Das von der WHO angewandte Verfahren hat gewisse weitere Limitierungen [12]. Die Risikofaktoren, auf denen die Zuordnungen in Abb. 2.3 basieren, sind zudem am derzeitigen wissenschaftlichen Kenntnisstand orientiert und daher von unterschiedlicher prädiktiver Qualität. So ist z. B. Bluthochdruck als Risikofaktor weit besser untersucht als Bewegungsmangel. Dies bedingt, dass die tatsächlichen Risikofaktoren zum Teil mehr und zum Teil weniger korrekt geschätzt werden können. Ein weiteres Beispiel einer möglichen Fehlerquelle ist, dass Risikofaktoren unterschätzt wurden, für die in der Zukunft steigende Mortalitätsinzidenzen zu erwarten sind. In diesem Falle wird das tatsächliche Risiko unterschätzt. Beispiele sind Rauchen und Adipositas. Andererseits ist zu berücksichtigen, dass eine solche gezielte Surveillance im globalen Maßstab generell vielfältigen Problemen unterliegt und erst seit vergleichsweise kurzer Zeit verfolgt wird. Insgesamt aber kann eine derartige Auswertung wertvolle Hinweise liefern.

Für eine Reihe der angeführten Sterblichkeitsfaktoren ist eine ernährungsbedingte Ursache direkt ersichtlich (z. B. für lebensmittelbedingte Seuchenerkrankungen). Für andere Sterblichkeitsfaktoren ist dies nicht oder nicht direkt der Fall. Letzteres trifft für Krebs und Herz-Kreislauferkrankungen zu, denen unter globaler Perspektive eine hohe Bedeutung und für die Regionen mit hohem wirtschaftlichem Entwicklungsstatus sowie für die Entwicklungsländer mit niedriger Mortalität zuzuordnen ist. Im Folgenden wird darauf eingegangen, welche Faktoren für Krebserkrankungen und kardiovaskuläre Erkrankungen als kausal angesehen werden und welche davon auf lebensmitteltoxikologische Ursachen oder das Ernährungsverhalten zurückzuführen sind.

## 2.3
## Ernährung und Krebs

Im Rahmen der Untersuchung der Zusammenhänge von Krebs und Ernährung ist eine Arbeit von Doll und Peto aus dem Jahr 1981 zu zitieren, in der die vermeidbaren Krebsrisiken in den USA diskutiert wurden [4]. Insbesondere Tabelle 20 aus dieser Publikation hat einen hohen Bekanntheitsgrad erreicht. In dieser Tabelle wird die Krebsmortalität verschiedenen Faktoren zugeordnet. Der Ernährung wurden als Schätzwert 35% der gesamten Krebsmortalität zugesprochen. Allerdings wurde diesem Wert ein hohes Konfidenzintervall von 10–70% zugeordnet. Dies weist darauf hin, dass die Unsicherheit dieser Schätzung hoch ist. Auch könnte in Anbetracht der aktuellen Erkenntnisse der Mittelwert von 35% als zu hoch erachtet worden sein [11]. Nichtsdestotrotz deutete die Auswertung von Doll und Peto darauf hin, dass der Ernährung in Bezug auf die Genese von Krebserkrankungen vermutlich ein hoher Stellenwert zugeordnet werden muss, wenn auch die spezifischen Faktoren im Detail unklar waren und es zum Teil immer noch sind.

Die Hypothese eines kausalen Zusammenhangs von Ernährung und Krebs war initial daraus abgeleitet worden, dass in verschiedenen Bevölkerungsgruppen der Welt unterschiedliche Ernährungsweisen vorherrschen und auch unterschiedliche Krebserkrankungen in unterschiedlichen Inzidenzen vorgefunden werden. Die Ernährungsweise in den industrialisierten westlichen Ländern mit einer Ernährung reich an tierischen Produkten, Fett und Zucker ist mit hohen Raten an Tumoren der Brust, des Kolons/Rektums und der Prostata assoziiert.

In sich entwickelnden Ländern hingegen fanden sich höhere Raten an Tumoren des Ösophagus, des Magens und der Leber [3]. Weitere Studien zeigten, dass sich Krebsraten bei Migranten dahingehend änderten, dass sie sich dem Immigrationsland anpassten. So stiegen z. B. bei in die USA migrierten Japanern die Raten an Darm- und Brustkrebs, und es sanken die Magenkrebsraten. Dieser Trend wurde später auch für die japanische Bevölkerung selbst dokumentiert und könnte durch veränderte Ernährungsgewohnheiten erklärt werden [10].

Eine eindeutige Identifizierung von Faktoren, die als kausal für die Krebsentstehung beim Menschen anzusehen sind, unterliegt vielfältigen Schwierigkeiten. Neben den allgemeinen Kriterien, deren Nichtbeachtung bei der Durchführung epidemiologischer Studien die Validität der Ergebnisse negativ beeinflusst [15], stellen sich weitere methodische Probleme. In Fall-Kontrollstudien zur Untersuchung eines mutmaßlichen Zusammenhangs bestimmter Krebserkrankungen mit der Ernährung ist es schwierig, bei den betroffenen Individuen eine korrekte retrospektive Analyse der Ernährungsgewohnheiten vorzunehmen, was sich entscheidend auf das Ergebnis solcher Studien auswirken kann. In prospektiven Studien hingegen besteht dieses Problem grundsätzlich nicht, allerdings muss auch dort auf die Repräsentativität der Ernährungsanamnese über den gesamten Studienzeitraum geachtet werden. Prospektive Studien haben weiter das Problem, während der Durchführung der Studie nicht zu viele Probanden hinsichtlich der Teilnahme verlieren zu dürfen („loss to follow up").

Auch äußern sich ernährungsbedingte Erkrankungen wie Krebs als Konsequenz eines lang andauernden Zusammenspiels verschiedener Faktoren und sind somit kaum auf eine einzelne Ursache zurückzuführen. Das heißt, dass mehrere Faktoren in Kombination ursächlich für eine Erkrankung sein können. Aus wissenschaftlicher Sicht ist es schwierig bzw. unmöglich, die durch Einzelfaktoren determinierten Risiken zu identifizieren oder gar zu quantifizieren.

In der Regel ist ein bestimmter Lebensstil mit einem bestimmten Ernährungsverhalten verbunden. Dies bedingt, dass einige Ernährungsfaktoren miteinander assoziiert sind und eine gesonderte Untersuchung des spezifischen Einflusses eines Faktors schwierig oder unmöglich ist. So ist z. B. der Verzehr von Ballaststoffen mit einem hohen Verzehr an Früchten oder Gemüse verknüpft. Der Einfluss von Ballaststoffen oder Vitaminen auf Darmkrebserkrankungen z. B. lässt sich daher nur schwer isoliert betrachten.

Gleiches gilt für einen hohen Verzehr an Fleisch, der mit einer hohen Aufnahme an tierischen Fetten aber mit einer geringen Aufnahme an Ballaststoffen und Vitaminen assoziiert ist.

Weiter ist zu bedenken, dass Lebensmittelinhaltsstoffe wie z. B. Fette oder Ballaststoffe keine chemisch einheitlichen Stoffe darstellen. Die Wirkung von tierischen oder pflanzlichen Fetten auf die Gesundheit ist unterschiedlich (Kapitel II-66). Den gesättigten Fettsäuren aus Produkten terrestrischer Tiere werden eher der Gesundheit abträgliche Wirkungen zugesprochen, den ungesättigten Fettsäuren aus pflanzlichen und Meeresprodukten werden der Gesundheit zuträgliche Wirkungen zugesprochen. Dabei ist zu bedenken, dass diese Zuordnung einer positiven oder negativen Wirkung bestimmter Stoffe oder Stoffgruppen auf die menschliche Gesundheit darauf basiert, dass diese Stoffe bei bestimmtem Ernährungsverhalten in zu hohen beziehungsweise zu geringen Mengen aufgenommen werden.

Der Begriff Ballaststoff umfasst alle Substanzen pflanzlichen Ursprungs, die über den Dünndarm nicht dem menschlichen Stoffwechsel zugeführt werden können. Dies umfasst zum einen z. B. Cellulosen, Pektine und Lignin als pflanzliche Zellwandbestandteile sowie auch intrazelluläre pflanzliche Polysaccharide [14]. Auch so genannte resistente Stärke kann nicht direkt in den menschlichen Stoffwechsel eingehen und könnte daher zu den Ballaststoffen gezählt werden. Resistente Stärke wird allerdings im Dickdarm mikrobiell verstoffwechselt, was grundsätzlich für alle Ballaststoffe der Fall sein kann. Eine isolierte Betrachtung dieser Ballaststoffkomponenten ist in epidemiologischen Studien ebenfalls nur sehr begrenzt möglich.

Weitere Probleme ergaben sich, als mit einer ansteigenden Zahl von Studien zunehmend widersprüchliche Ergebnisse auftraten. Dies betrifft die Hinweise aus Fallkontrollstudien, dass Konsum von tierischen Fetten die Genese von Tumoren der Brust, des Kolons/Rektums und der Lunge begünstigt [1]. Dies konnte in späteren prospektiven Studien nicht bestätigt werden (Übersicht in [11]). Analoge Erfahrungen wurden hinsichtlich der krebsprotektiven Wirkung von Früchten und Gemüse gemacht, wobei in Fallkontrollstudien ein Effekt auf verschiedene Tumorlokalisationen gefunden wurde, der in späteren prospektiven Studien nicht oder nur teilweise bestätigt werden konnte (Übersicht in [11]).

Auch für den Zusammenhang zwischen dem Verzehr von Ballaststoffen und Tumoren des Kolons/Rektums liegen heterogene Studienbefunde vor, wobei dies möglicherweise damit erklärt werden könnte, dass eine darmkrebspräventive Wirkung nur bei einer Aufnahme von mehr als 30 g Ballaststoffen pro Person und Tag nachweisbar wird und daher in den Studien mit zu geringer maximaler Ballaststoffaufnahme nicht gefunden werden konnte [6].

Die Vielzahl der zum Thema vorliegenden epidemiologischen und experimentellen Studien, welche zum Ziel hatten, die Zusammenhänge zwischen der Ernährung und Krebserkrankungen aufzuzeigen, haben insgesamt bisher nur wenig absolut stichhaltige und definitive Ergebnisse erbracht. Unter zusammenfassender Betrachtung der vorliegenden Erkenntnisse aus Epidemiologie und toxikologisch-experimenteller Forschung besteht ein gewisser Konsens hinsichtlich einiger Ursachen ernährungsbedingter Erkrankungen, der aufgrund fortlaufender wissenschaftlicher Bearbeitung einem kontinuierlichen Diskussionsprozess unterliegt.

Tabelle 2.1 gibt eine Übersicht über die Ernährungsfaktoren, für die der derzeitige Stand der Kenntnis Hinweise auf einen Einfluss auf die Genese bestimmter Tumorerkrankungen liefert. Danach liegt eine klare Evidenz für die Faktoren Körpergewicht und Trinkalkohol als ernährungsbedingte krebsrelevante Einflussfaktoren für eine Reihe von verschiedenen Tumorlokalisationen vor: Übergewicht ist assoziiert mit Tumoren des Ösophagus, des Kolons, des Rektums, postmenopausal der Brust, des Endometriums und der Niere. Für den

Table 2.1 Krebs und bedeutsame Ernährungsfaktoren – Evidenz (verändert nach [11]).

| Epidemiologische Evidenz | Protektiver Faktor | Risikofaktor |
| --- | --- | --- |
| Klar | | Übergewicht (Ösophagus, Kolon, Rektum, Brust postmenopausal, Endometrium, Niere) |
| | | Trinkalkohol (Mundhöhle, Pharynx, Larynx, Ösophagus, Leber, Brust) |
| | | Aflatoxin B1 und Hepatitis B-Virus (Leber) |
| | | nach chinesischer Art gesalzener Fisch und Infektion mit Epstein-Barr-Virus (Nasopharynx) |
| Wahrscheinlich | Früchte und Gemüse (Mundhöhle, Ösophagus, Magen, Kolon, Rektum) | Rotes Fleisch (Kolon, Rektum) |
| | Ballaststoffe (> 30 g/d) (Kolon, Rektum) | Salz und durch Salz konservierte Speisen (Magen[1)]) |
| | | heiße Getränke und Speisen (Mundhöhle, Pharynx, Ösophagus) |

1) Auch am Beispiel Magenkrebs zeigt sich die Schwierigkeit der Ursachenfindung. Im Zusammenhang mit der Einführung der Lebensmittelkühlung im privaten Haushalt sank die Notwendigkeit, Lebensmittel durch Salz zu konservieren. Damit sank gleichermaßen der Konsum von Salz. In dieser Zeit sanken die Inzidenzen an Magenkrebs. Zudem wurde es möglich, Früchte und Gemüse besser ganzjährig zu lagern, der Konsum stieg. Später stellte sich heraus, dass *Helicobacter pylori* ein weiterer unterstützender Risikofaktor in der Genese von Magentumoren ist.

Konsum von Trinkalkohol liegt eine Korrelation mit Tumoren der Mundhöhle, des Pharynx, des Larynx, des Ösophagus, der Leber sowie der Brust vor.

Für zwei weitere, eher speziellere Fälle, nämlich Tumoren an Leber und Nasopharynx scheint die Evidenz gleichermaßen überzeugend. In ersterem Fall betrifft es die Exposition gegenüber Aflatoxin B1 bei simultaner Infektion mit dem Hepatitis B-Virus als Ursache von Leberkrebs, im zweiten Fall ist es die Aufnahme von nach chinesischer Art gesalzenem Fisch, wobei hier eine Aufnahme im frühen Kindesalter und/oder eine simultane Infektion mit dem Epstein-Barr-Virus notwendige Begleiterscheinungen der Genese nasopharyngealer Tumoren sind [9, 10].

Für weitere Faktoren ist die wissenschaftliche Evidenz weniger klar. So werden für einen höheren Verzehr von Früchten und Gemüse protektive Wirkungen in Bezug auf Tumoren der Mundhöhle, des Ösophagus, des Magens, des Kolons und des Rektums als wahrscheinlich erachtet. Als Krebsrisikofaktor für Kolon und Rektum gilt der Verzehr von rotem Fleisch, für den Magen der Verzehr von Salz und durch Salz konservierter Speisen. Die Aufnahme von heißen

Getränke und Speisen wird als wahrscheinlicher Risikofaktor für Tumoren der Mundhöhle, des Pharynx und des Ösophagus erachtet.

## 2.4
## Ernährung und kardiovaskuläre Erkrankungen

Die koronare Herzerkrankung ist ein Sammelbegriff für den Erkrankungskreis, bei dem die Koronarsklerose die eigentliche Krankheitsursache ist. Die koronare Herzerkrankung gehört zu den quantitativ bedeutsamen Krankheiten unter den kardiovaskulären Erkrankungen. Zur Untersuchung des Zusammenhangs von koronaren Herzerkrankungen und Ernährung liegen umfangreiche experimentelle und epidemiologische Studien vor, daher wird dieses Thema im Folgenden kurz skizziert.

Bereits seit 1908 ist bekannt, dass in Kaninchen durch eine Ernährung reich an Cholesterin in Kombination mit oder ohne gesättigten Fettsäuren Arteriosklerose induziert werden kann [2]. Dies war der Ausgangspunkt zahlreicher weiterer Untersuchungen, die zu der klassischen Hypothese führten, dass Cholesterin und gesättigte Fettsäuren Ursache von Arteriosklerose beim Menschen sind. Aufgrund der mittlerweile erweiterten mechanistischen Kenntnis hat sich herausgestellt, dass diese Hypothese eine zu sehr vereinfachende Sichtweise darzustellen scheint. So gibt es z. B. innerhalb Europas regionale Unterschiede in der Mortalität bei koronaren Herzerkrankungen, welche nicht mit der Aufnahme von Cholesterin und gesättigten Fettsäuren assoziiert sind [7]. Dieser Zusammenhang wurde als das französische Paradoxon bekannt: In Frankreich liegen die Mortalitätsraten an koronaren Herzerkrankungen niedrig, obwohl hohe Mengen an Cholesterin und gesättigten Fettsäuren aufgenommen werden. Zusätzliche Erkenntnisse wurden durch viele weitere Fallkontroll-, Interventions- und prospektive epidemiologische Studien gewonnen.

Insgesamt lassen sich die Daten wie folgt zusammenfassen: Trans- und gesättigte Fettsäuren sowie raffiniertes Mehl scheinen Risikofaktoren für die Genese der koronaren Herzkrankheit zu sein, wohingegen die Aufnahme insbesondere von vielfach ungesättigten Fettsäuren das Risiko senkt. Von besonderer Bedeutung könnte hier die Erhöhung der Aufnahme von omega-3-Fettsäuren sein, die sich vornehmlich vermehrt in Meeresprodukten finden (siehe Kapitel II-66). Weiter scheint der Verzehr von Früchten, Gemüse, Nüssen und Vollkorn(produkten) das Risiko zu senken (Übersichten in [8, 13]).

## 2.5
## Zusammenfassung

Unter globaler Sicht sind in Bezug auf ernährungsbedingte Erkrankungen mit Todesfolge Mangel-, Unter- und Fehlernährung sowie hygienische Mängel von hoher Bedeutung. Dies betrifft insbesondere die ärmeren Regionen der Erde.

Bei besserer Versorgung mit Lebensmitteln in hinreichender Qualität, Menge und Vielfalt, wie sie in industrialisierten Ländern vorzufinden ist, finden sich erhöhte Inzidenzen an Krebserkrankungen und kardiovaskulären Erkrankungen.

Die Vielzahl der vorliegenden epidemiologischen und experimentellen Studien, welche zum Ziel hatten, die Zusammenhänge zwischen spezifischen Ernährungsfaktoren und Krebserkrankungen bzw. kardiovaskulären Erkrankungen aufzuzeigen, haben insgesamt bisher nur wenig absolut stichhaltige und definitive Ergebnisse erbracht. Als Risikofaktoren für Krebserkrankungen, denen eine ernährungsbedingte Ursache zugeordnet wird, gelten das Übergewicht und der Trinkalkohol. Weniger klar ist die Evidenz für rotes Fleisch, Salz und durch Salz konservierte Speisen sowie heiße Getränke und Speisen. Eine krebsprotektive Wirkung kann vermutlich einer Ernährung reich an Früchten, Gemüse und Ballaststoffen zugeordnet werden.

Trans- und gesättigte Fettsäuren sowie raffiniertes Mehl scheinen Risikofaktoren für die Genese der koronaren Herzkrankheit zu sein, wohingegen die Aufnahme insbesondere von vielfach ungesättigten Fettsäuren das Risiko senkt. Weiter scheint der Verzehr von Früchten, Gemüse, Nüssen und Vollkorn(produkten) das Risiko koronarer Herzkrankheiten zu senken.

Aus lebensmitteltoxikologischer Sicht steht die Betrachtung der Wirkung von Einzelstoffen im Vordergrund. Die Übertragung dieser Erkenntnisse auf ernährungsbedingte Erkrankungen ist nur begrenzt möglich. Dies liegt zum einen daran, dass ein bestimmter Lebensstil in der Regel mit einem bestimmten Ernährungsverhalten verbunden ist, was bedingt, dass einige Ernährungsfaktoren zusammenhängen und eine gesonderte Untersuchung des singulären Einflusses bestimmter Einzelstoffe schwierig oder gar unmöglich ist. Zum anderen manifestieren sich ernährungsbedingte Erkrankungen wie Krebs als Konsequenz eines lang andauernden Zusammenspiels verschiedener Faktoren und sind somit kaum auf einen einzelnen Stoff zurückzuführen. Das heißt, dass mehrere Faktoren und/oder Einzelstoffe in Kombination ursächlich für eine Erkrankung sein können. Die unter lebensmitteltoxikologischer Sicht vorgenommene Betrachtung der Wirkungen von Einzelstoffen liefert andererseits wichtige Hinweise auf mögliche ursächliche Bedeutungen von Einzelstoffen in der Pathogenese ernährungsbedingter Erkrankungen.

## 2.6 Literatur

1. American Institute for Cancer Research/World Cancer Research Fund 1997, AICR/WCRF Expert Report, Food, Nutrition and the Prevention of Cancer: a global perspective. Washington, USA, American Institute for Cancer Research.
2. Anitschkow NN (1967) A history of experimentation on arterial atherosclerosis in animals. In: Bleumenthal HT (Hrsg) Cowdry's Arteriosclerosis: A Survey on the problem, Springfield, USA, 21–44.
3. Armstrong B, Doll R 1975 Environmental factors and cancer incidence and mortality in different countries, with special reference to dietary practices. *Int J Cancer* **15(4)**: 617–631.
4. Doll R, Peto R 1981 The causes of cancer: quantitative estimates of avoidable risks of cancer in the United States today. *J Natl Cancer Inst* **66(6)**: 1191–1308.
5. Ezzati M, Lopez AD, Rodgers A, Vander Hoorn S, Murray CJ (2002) Comparative Risk Assessment Collaborating Group. Selected major risk factors and global and regional burden of disease. *Lancet* **360** (9343): 1347–1360.
6. Ferguson LR, Harris PJ (2003) The dietary fibre debate: more food for thought. Commentary, *Lancet* **361**: 1487–1488.
7. Ferrieres J (2004 The French paradox: lessons for other countries. *Heart* **90(1)**: 107–111.
8. Hu FB, Willett WC (2002) Optimal diets for prevention of coronary heart disease. *JAMA* Nov 27; **288(20)**: 2569–2578.
9. International Agency for Research on Cancer 1990 Some naturally occurring substances: Food items and constituents, heterocyclic aromatic amines and mycotoxins. Monographs on the evaluation of carcinogenic risks to humans, Volume 56, IARC, Lyon.
10. International Agency for Research on Cancer (1993) Cancer: causes, occurrence, and control. IARC Sci Publ 100, IARC, Lyon.
11. Key TJ, Schatzkin A, Willett WC, Allen NE, Spencer EA, Travis RC (2004) Diet, nutrition and the prevention of cancer. *Public Health Nutr* **7(1A)**: 187–200.
12. Powles J, Day N (2002) Interpreting the global burden of disease. *Lancet* **360** (9343): 1342–1343.
13. Reddy SK, Katan MB (2004) Diet, nutrition and the prevention of hypertension and cardiovascular diseases. *Public Health Nutr* **7(1A)**: 167–186.
14. Watzl B, Leitzmann C (1999) Bioaktive Substanzen in Lebensmitteln. Hippokrates Verlag, Stuttgart, 2. Aufl.
15. Wichmann HE, Kreienbrock L (1993) Umweltepidemiologie: In: Wichmann, HE, Schlipköter, HW, Fülgraff, G (Hrsg.) Handbuch der Umweltmedizin. ecomed Verlag, Landsberg.
16. World health report 2002 – reducing risks, promoting healthy life. WHO, Genf, Schweiz, 2002.
17. www3.who.int/whosis/mort/table1_process.cfm

# 3
# Stellenwert und Aufgabe der Lebensmitteltoxikologie

*Hartmut Dunkelberg*

## 3.1
### Einleitung

Der Stellenwert der Lebensmitteltoxikologie im gesellschaftlichen Kontext ergibt sich zunächst ganz praktisch aus dem Tagesgeschehen und den besonderen in den Medien berichteten Ereignissen in Verbindung mit Ernährung, Lebensmittelversorgung und den gesundheitlichen Risiken. Lebensmitteltoxikologie war und ist auch eine Antwort auf die großen lebensmittelbedingten Katastrophen und Verunsicherungen, die Schadstoffen in Lebensmitteln angelastet wurden. Die 1968 in Japan beobachtete Reisölkrankheit (Yusho) mit ca. 15 000 gegenüber den 400 mit Kanechlor kontaminiertem Reisöl exponierten Personen oder die 1976 im Irak erfolgte Massenvergiftung durch Brot, das mit Methylquecksilber kontaminiert war, können als besonders bekannte Beispiele für regionale Lebensmittelkatastrophen in den letzten Jahrzehnten genannt werden. Belastungen von Lebensmitteln durch Schwermetalle wie Quecksilber (Fische), Cadmium (Innereien) und Blei (Gemüse), aber auch durch organische Verbindungen wie TCDD (Fleisch, Milchprodukte) führten in den 1980er Jahren zu Empfehlungen, bestimmte Produkte nur eingeschränkt zu verzehren und rückten das Interesse für lebensmitteltoxikologische Fragen und Risikoabschätzungen in Wissenschaft, Medien und Gesellschaft in den Vordergrund.

## 3.2
### Lebensmitteltoxikologie – ein wissenschaftliches Konzept zur Abschätzung gesundheitlicher Risiken durch Lebensmittelinhaltsstoffe

Betrachten wir die Lebensmitteltoxikologie als Entwicklung eines wissenschaftlichen Faches, so legte Justus von Liebig den Grundstein für ein ernährungswissenschaftliches Programm, das auch für die Lebensmitteltoxikologie besonders wichtig war. Drei Kernaussagen Liebigs sind herauszuheben: 1. Definierte chemische Stoffe erhalten das Leben und führen zu Wachstum; 2. den Lebensvor-

*Handbuch der Lebensmitteltoxikologie.* H. Dunkelberg, T. Gebel, A. Hartwig (Hrsg.)
Copyright © 2007 WILEY-VCH Verlag GmbH & Co. KGaA, Weinheim
ISBN: 978-3-527-31166-8

gängen liegen chemische Reaktionen zugrunde und 3. die Nährstoffversorgung ist am physiologischen Bedarf auszurichten. Mit diesem wissenschaftlichen Ansatz wurde die Grundlage der Physiologie der Nährstoffversorgung gelegt. Dieses Konzept Liebigs (1840: „Die Chemie in ihrer Anwendung auf Agrikultur und Physiologie") führte zu einer Einteilung der Inhaltsstoffe von Lebensmitteln nach Art, Menge und Funktion und zu entsprechenden Stoffklassen wie Makro- oder Hauptnährstoffe, Spurenelemente, essenzielle Nährstoffe und Ballaststoffe. Ebenso wurden aber auch die toxikologischen Fragen angesprochen, indem nicht nur die Stoffaufnahmen unterhalb und oberhalb des physiologischen Bedarfs, sondern auch Wirkungsmechanismen von Schadstoffen in dieses Modell integriert wurden.

J. von Liebig entwickelte dieses Modell zunächst, um auf dem Gebiet der Landwirtschaft Zusammenhänge zwischen Stoffzufuhr und Ertrag und deren Wirkungsmechanismen zu klären. Analog zur Landwirtschaft gewann dieses Modell auch in der Medizin an Bedeutung und wurde systematisch weiterentwickelt. Bereits der antiken und mittelalterlichen Heilmittellehre lag das Konzept der Wirkprinzipien – Heilmittel als Geschenk und „Hände der Götter" – zugrunde. Als Beleg für diese machtvolle Idee kann z. B. das fünf Bücher umfassende Werk „De materia medica" des griechischen Arztes Pedanios Dioskorides (um 50 n. Chr.) genannt werden, das besonders die medizinischen Pflanzen behandelte und das ganze Mittelalter hindurch als Quelle für Botanik und Pharmakologie diente. Durch Darstellung der Wirksamkeit von Kräutern, Pflanzensäften, tierischen Produkten, Mineralien, heilbringenden Edelsteinen wurde hier der Zusammenhang zwischen Mensch und Natur, Mikrokosmos und Makrokosmos beschrieben. In vielen aktuellen Koch- und Gartenbüchern, in Büchern über gesunde Ernährung, Diäten und Gesunderhaltung werden gleichermaßen entsprechende Ratschläge und Anweisungen in verschiedensten Varianten behandelt und verbreitet: Der Mensch kann und soll sich der äußeren Welt zur Förderung seiner Gesundheit bedienen.

Dieses über zwei Jahrtausende gültige Konzept der „Materia medica" wurde dann in der Mitte des 19. Jahrhunderts von dem naturwissenschaftlich-chemisch ausgerichteten und auf Einzelstoffe abstellenden Erklärungsansatz der Pharmakologie, der Ernährungswissenschaft und Toxikologie abgelöst. Das naturwissenschaftlich-chemische Konzept zur Erklärung biologischer Wachstumsprozesse beruhte auf der Entdeckung vieler neuer, bis dahin unbekannter chemischer Elemente, der Gesetzmäßigkeiten der aus ihnen hervorgehenden Verbindungen und der damit verbundenen qualitativen und quantitativen Erfassung von Stofftransformationen. Das Kausal- und Wirkprinzip, also die Idee des Hervorbringens von biologischen und gesundheitlichen Wirkungen durch Anwendung von Mitteln wurde als fundamentales theoretisches Erklärungsmodell aus dem antiken Lehrgebäude übernommen und unangefochten mit den neuen Möglichkeiten umgesetzt. Die als besonders wichtig geltenden Kriterien für den wissenschaftlichen Nachweis eines Wirkungszusammenhangs wie Reproduzierbarkeit des Effektes, Darstellung seiner Abhängigkeit von Dosis und Einwirkungszeit oder der Tierversuch waren bereits in der mittelalterlichen

Medizin verankert worden [4]. Die Aufklärung des zugrunde liegenden Wirkungsmechanismus mit den Mitteln der Chemie war dagegen das von J. von Liebig formulierte und bis heute wichtige Ziel der Ernährungswissenschaften.

In entsprechender Weise wurde die Lebensmitteltoxikologie in diesen Prozess der Erkenntnisgewinnung durch Aufklärung von Wirkungsmechanismen einbezogen. Toxische Stoffe treten als Verunreinigungen auf, wenn sie unbeabsichtigt durch Emissionen aus Gewerbe und Haushalten freigesetzt und als Immissionen über den Luft- und Wasserweg die Bereiche der pflanzlichen und tierischen Lebensmittelerzeugung erreichen. Sie sind als Rückstände nachweisbar, wenn sie aus Gründen der Ertragssteigerung oder -sicherung direkt mit der Lebensmittelerzeugung zum Einsatz kamen. Die Lebensmitteltoxikologie ist in diesem Zusammenhang zur unverzichtbaren Begleitwissenschaft moderner Stoffentwicklungen und Stoffanwendungen geworden. Höchstmengenregelungen oder tägliche duldbare Aufnahmemengen (ADI-Werte) bis hin zu Herstellungs- und Anwendungsverboten (DDT, PCB) für lebensmittelrelevante Stoffe zeigen den Stellenwert der Lebensmitteltoxikologie als Regulativ moderner technologischer Entwicklungen auf. Sie markieren errichtete Barrieren der Stoffzufuhr auf der Grundlage von Wirkungsmechanismen und Dosis-Wirkungsbeziehungen. Somit definiert die Lebensmitteltoxikologie diesen analytisch überprüfbaren Bereich der Stoffkonzentration in Lebensmitteln, innerhalb dessen eine Gefährdung nicht zu erwarten ist. Sie legt damit eine wichtige Grundlage für die Qualitätssicherung der Lebensmittelbereitstellung.

Grundlage der Lebensmitteltoxikologie als Wissenschaft sind die funktionellen Gemeinsamkeiten im Aufbau der Organismen vom Menschen bis hinab zum niedrigsten Einzeller. Dass Aussagen zur Toxikologie von Stoffen im gewissen Rahmen den Charakter der Allgemeingültigkeit haben, beruht auf diesen Gemeinsamkeiten der molekularen Strukturen und Funktionsweisen im Pflanzen- und Tierreich. Aussagen über einen Stoff, er sei DNA-schädigend, schleimhautreizend, zytotoxisch, krebsauslösend, erbgutschädigend oder neurotoxisch, sind erst aufgrund dieser die Gattungs- und Speziesgrenzen übergreifenden Wirkungsprofile möglich. Umgekehrt markieren gattungsspezifische oder speziesspezifische Unterschiede zum Beispiel im Fremdstoffmetabolismus Grenzen der allgemeinen Gültigkeit toxikologischer Aussagen über Stoffwirkungen.

Stützen sich die toxikologischen Erkenntnisse auf Untersuchungen an Zellsystemen oder Versuchstieren, muss die Frage der Übertragung auf den Zielorganismus – in unserem Fall den Menschen oder die individuelle Einzelperson geprüft und beantwortet werden. Eine genauere vergleichende Betrachtung zur Stoffwirkung bei verschiedenen Tierarten oder innerhalb einer Spezies z. B. zur Frage der unterschiedlichen Wirksamkeit eines Stoffes auf den fetalen, den frühkindlichen oder den erwachsenen Organismus zeigte nun aber nicht nur deutliche unterschiedliche Empfindlichkeiten bei der Auslösung bestimmter Effekte, sie hat auch zum Ergebnis, dass höchst unterschiedliche Wirkungsmechanismen in vielen Fällen feststellbar sind. In Bezug auf lebensmitteltoxikologisch relevante Stoffe können hierfür bestimmte Speziesunterschiede beim Stoffwechsel von Tier und Mensch, genetische Variablen (Enzympolymorphismen) innerhalb der menschlichen Spezies oder die besondere Empfindlichkeit des kindlichen Organismus gegenüber Blei oder Nitrat als Beispiel genannt werden. Sowohl die toxischen Wirkungen wie auch andererseits die gesundheitlichen Funktionen und Leistungen wurden erst durch Berücksichtigung dieser speziesspezifischen oder sogar individuellen Faktoren erklärbar.

Die speziesabhängigen, konstitutionellen, alters- und geschlechtsabhängigen und dispositionellen Faktoren des Zielorganismus treten in den Vordergrund der Wirkungsforschung. Aufgenommene Stoffe und ihre Eigenschaften sind nur eine wichtige und notwendige, aber in keinem Fall hinreichende Bedingung dafür, ein bestimmtes Wirkungsgeschehen zu erklären.

Die toxische Wirkung oder auch die physiologische Wirkung eines Stoffes kann erst mithilfe der molekularen, funktionalen und strukturellen Gegebenheiten des Organismus im Sinne eines schlüssigen Wirkungsmechanismus erklärt werden. Wirkstoff und Organ, in dem die Wirkung beobachtet wird, gehören zusammen, sie bilden eine Einheit. Somit ließe sich der berühmte Paracelsus zugeschriebene Satz „Alle Ding' sind Gift und nichts ohn' Gift; allein die Dosis macht, das ein Ding' kein Gift ist" im Lichte der modernen naturwissenschaftlichen Medizin auch abändern in „… allein der Organismus macht, welche Dosis kein Gift ist."

Die Frage, ob beispielsweise ein Element als Ernährungsfaktor notwendig oder als Schadstoff wirksam sein könnte, ließe sich prinzipiell auf zwei Wegen klären. Experimentell z. B. könnten im Tierversuch gegebenenfalls Mangelerscheinungen bei Unterschreiten des minimalen Bedarfs oder aber toxische Effekte nach Stoffapplikation ermittelt werden, andererseits könnte aus dem Nachweis des Elements als Bestandteil funktionaler Strukturen auf die essenzielle Bedeutung als Nahrungsmittelbestandteil oder aber auf Funktionsbeeinträchtigen geschlossen werden.

Da sich also die Organismen nicht passiv gegenüber Stoffeinflüssen verhalten, sondern durch Metabolismus, durch Regelungsmechanismen der Aufnahme und Ausscheidung und durch Sättigungsmechanismen charakterisiert sind und somit zu Stoffen ein bestimmtes, hoch spezifisches und aktives Verhalten zeigen, das erst die toxische bzw. gesundheitliche Wirkung erklärbar macht, kann der Wirkstofftheorie eine molekulargenetische Theorie der Beziehungen zwischen Innen- und Außenfaktoren gegenübergestellt werden. Diese Theorie besagt, dass das, was an Inhaltsstoffen von Lebensmitteln für den Organismus als Nährstoff fungiert oder zur Noxe wird, erst von Aufbau und Funktion des Organismus her erklärt werden kann.

Während nach der Wirkstofftheorie das organische Geschehen in seiner Abhängigkeit von äußeren Einflüssen untersucht wird, geht die Theorie der molekularen und funktionalen Beziehung von dem Organismus als Systemeinheit aus, der durch Rezeptoren und weitere Systemeigenschaften ein spezifisches Verhältnis zu relevanten Außenfaktoren entwickelt hat.

J. von Uexküll hat dieses für die Pflanzen- und Tierwelt typische Entsprechungsverhältnis zwischen Organismus und ausgewählten Umwelt- und Umgebungsfaktoren als Funktionskreis beschrieben [7]. Funktionskreise verbinden

den Organismus und den bestimmten für den Organismus relevanten Ausschnitt der Umwelt zu einer Einheit. Im Funktionskreis Nahrung erfasst der Organismus bestimmte Objekte der Umgebung als Nahrungsmittel, indem er diesen gegenüber ein angepasstes Verhalten durch Nahrungsaufnahme, -verzehr bis hin zu Stoffwechsel und Ausscheidung zeigt. Neben den molekularen Funktionszusammenhängen werden auch die funktionalen Beziehungen wie Wahrnehmung der Nahrung, Ergreifen, Verzehr und Verdauung in diesem Modell berücksichtigt. Ebenso wird das Verhalten gegenüber potenziellen gesundheitlichen Risiken der Ernährung, also gegenüber der Aufnahme gesundheitsgefährdender Stoffe oder Produkte geregelt: sensorisches Abwehrverhalten (Geruch, Geschmack), reflektorisches Verhalten (Erbrechen), Entgiftungsmechanismen oder kulturell erworbenes restriktives Verhalten wären zu nennen. Ernährung – sei es als Versorgung des Organismus mit physiologisch notwendigen Stoffen, sei es als Vermeiden eines toxikologischen Risikos – ist also aus dieser Sicht Ausdruck eines aktiven Geschehens und gehört zum Aufbau einer spezifischen subjektiven Umwelt des Organismus.

## 3.3
### Lebensmitteltoxikologie als Instrument der Qualitätssicherung in der heutigen Lebensmittelversorgung

Im Falle des Menschen wurde die strikte Festlegung des Organismus auf bestimmte Nahrungsobjekte im Sinne des Funktionskreises allerdings durch kulturelle und technologische Entwicklungen stark modifiziert. Gebrauch des Feuers, Entwicklung des Ackerbaus, Pflanzenzucht, und Nutztierhaltung, Nutzung der Keramik und der Metallverarbeitung veränderten Verfahren der Nahrungsmittelzubereitung und der -zusammensetzung schon in prähistorischen Epochen erheblich. Die gesundheitlichen Konsequenzen dieses Wandels in der Lebensmittelbereitstellung und -verarbeitung wirken bis in die Gegenwart nach und wurden z. B. im Falle des Acrylamids erst durch die aktuellen Untersuchungen der Lebensmitteltoxikologie aufgedeckt.

Als Beispiel für einen gestörten Funktionskreis „Ernährung" mit dramatischen Folgen kann die Fehlernährung der Seefahrer im 15. Jahrhundert aufgeführt werden. So starben auf dem Seeweg um das Kap der guten Hoffnung nach Indien (1497) zwei Drittel der Seeleute an Skorbut. Dass man dieser Erkrankung durch frisches Obst und Gemüse entgegenwirken kann, war seit dem 18. Jahrhundert bekannt und wurde erfolgreich durch J. Cook 1789 umgesetzt. Die wissenschaftliche Aufklärung erfolgte 1912 durch die Entdeckung des Vitamin C Mangels als Ursache des Skorbut.

Auch das Auftreten der Beriberi kann als weiteres Beispiel der Störung des Funktionskreises Ernährung genannt werden. Diese Erkrankung wurde im 19. Jahrhundert bei Völkern in Indien und Ceylon verbreitet beobachtet, deren Hauptnahrung aus poliertem Reis bestand. Der ursächliche Zusammenhang der Symptome wie Müdigkeit, Schwäche und Gedächtnisstörung mit Ernährungsfaktoren blieb lange unerkannt, bis Jannsen 1926 die Reindarstellung von Vitamin $B_1$ aus dem Reishäutchen gelang.

Die angesprochenen Beispiele zeigen, dass die Ernährungsweise im Falle des Menschen nicht mehr den engen, durch Anlage bedingten Verhaltensmustern und biologischen Funktionskreisen folgt, sondern durch kulturelle und wirtschaftliche Aktivitäten erheblich beeinflusst und modifiziert wurde.

Hier setzt nun konsequent die Lebensmitteltoxikologie an. Ihr Beitrag zur Aufklärung möglicher für die Gesundheit bedeutsamer Fehlentwicklungen auf dem Sektor der Lebensmittelbereitstellung ist unübersehbar. Besonders dort, wo gemäß dem Funktionskreismodell keine Warnhinweise wirksam sind oder erkannt werden, muss die Ernährungssicherheit durch Kenntnisse der Lebensmitteltoxikologie nach dem Wirkungsmodell abgestützt werden.

Das Funktionskreismodell greift also vor allem dort nicht, zumindest nicht mit der gesundheitlich gebotenen Empfindlichkeit, wo toxikologisch relevante Stoffe in Verbindung mit der Lebensmittelherstellung zum Einsatz kommen oder unbeabsichtigt und zunächst unerkannt anfallen und das sensorische Erkennen der möglichen Gefährdung ausbleibt. Entsprechende Erfahrungen mussten z. B. mit dem Einsatz bestimmter Pflanzenschutzmittel (DDT, Arsenverbindungen) und mit den früher verwendeten, die Gesundheit gefährdenden Zusatzstoffen zur Konservierung oder Färbung wie auch bei den allgemeinen Verunreinigungen (Blei) gemacht werden. Hier sind es erst die entsprechend dem Wirkstoffmodell durchgeführten lebensmitteltoxikologischen Untersuchungen, die nach umfassender Datenerhebung zur Toxikokinetik und toxikologischen Wirkung den unbedenklichen Dosisbereich und bei Tierarznei- oder Pflanzenschutzmitteln das akzeptable Zeitfenster der Stoffanwendung aufzeigen bzw. umgekehrt den gesundheitlichen Gefährdungsbereich charakterisieren.

Die Herstellung von Lebensmitteln durch das Lebensmittelgewerbe orientiert sich heute konsequenterweise im Wesentlichen an bestimmten ernährungsphysiologischen und toxikologischen Anforderungen, an ästhetischen Faktoren, an marktwirtschaftlichen Daten und an Ernährungsgewohnheiten. Der Funktionskreis Ernährung ist im Falle des Menschen demnach in wichtigen Teilen als nicht mehr geschlossen zu betrachten. Damit stellt sich die Frage, welchen zusätzlichen Erklärungswert das Beziehungsmodell bzw. das Modell des Funktionskreises gegenüber dem des Wirkungsmechanismus heute noch hat.


## 3.4
## Lebensmitteltoxikologie, Ernährungsverhalten und Gesundheitsvorsorge

Das Modell des Funktionskreises hatte J. von Uexküll zur Beschreibung biologisch-funktionaler Zusammenhänge im Pflanzen- und Tierreich entwickelt. Es erklärt Beziehungsstrukturen und Handlungsabläufe zwischen dem Organismus und seiner Umwelt. Es beschreibt damit die Verbindung von Subjekt und Objekt als funktionelle Einheit unter dem Gesichtspunkt der aktiven Leistung des regulatorisch autonomen Organismus und bezeichnet den Handlungsrahmen und ökologischen Raum, innerhalb dessen ein Organismus sich bewegt und sein Leben im Sinne der Gesunderhaltung regelt. Hierzu gehören die notwendigen lebenserhaltenden wie auch die eine Schädigung vermeidenden Verhaltensweisen. Welche Elemente, Verbindungen, Früchte, tierischen oder pflanzlichen Produkte als Nahrung wichtig oder bedeutungslos sind und in Bezug auf welche Leistungen diese Stoffe relevant sind, ist am Funktionskreis ablesbar.

Nach J. von Uexküll ist die Fähigkeit zur aktiven Eigenleistung auf den Funktionsplan – entsprechend dem Bauplan technischer Maschinen – zurückzuführen. Ein schwerwiegendes Verständnisproblem für die Integration des Begriffes „Plan" bestand jedoch darin, dass üblicherweise unter Plan ein mentales Produkt oder in der Diktion J. von Uexkülls ein „immaterieller Faktor" verstanden wird. Die mit Hilfe der Gesetzmäßigkeiten der klassischen Chemie und Physik herzuleitenden Funktionen ließen z. Zt. J. von Uexkülls für die Generierung solcher Pläne keinen Raum. Mit der Entdeckung der DNA als Träger genetischer Informationen wurde später tatsächlich das biologische Äquivalent eines solchen Plans entdeckt.

Bei den heute so überaus wichtigen ernährungsbedingten und -bezogenen Erkrankungen stehen nun gerade die Aspekte des Ernährungsverhaltens oder besser des Fehlverhaltens im Vordergrund ursächlicher Zusammenhänge. Nicht die Lebensmittel, sondern der Umgang mit ihnen wurde zum gesundheitlichen Problem. Eine ausgewogene Ernährung verbunden mit der erforderlichen Bewegung wird zum Seltenheitsfall. Ein Zuviel an Fleisch und Fleischerzeugnissen, ein zu hoher Anteil an tierischem Fett, zu wenig Obst und Gemüse und eine insgesamt hochkalorische Ernährung werden beklagt. Die Folgen für Morbidität und Mortalität ernährungsabhängiger Krankheiten sind dramatisch: Typ-2-Diabetes schon im Kindesalter, Anstieg bestimmter Krebserkrankungen wie Darm- und Brustkrebs, steigende Häufigkeiten an Herzkreislauferkrankungen werden registriert. So sind in Deutschland schätzungsweise 5 bis 7 Mio. Personen von der Stoffwechselkrankheit des Typ-2-Diabetes betroffen. Die durchschnittliche Lebenszeitverringerung wie auch die Zahl der Komplikationen – z. B. 28 000 Amputationen pro Jahr – sind erheblich, die Folgekosten mit ca. 32 Milliarden € dramatisch [1].

Wenn mit zunehmender Verbesserung der Lebensmittelversorgung in qualitativer Hinsicht die mit Fehlernährung assoziierten Erkrankungen zunehmen, stellt sich die Frage, worin die Wurzeln dieses Ernährungsdilemmas liegen.

Auch in wissenschaftlicher Hinsicht muss kritisch geprüft werden, ob durch einseitige Überbetonung des Versorgungsaspektes und der technischen Abläufe der Lebensmittelbereitstellung nicht Entwicklungen induziert wurden, die unter dem Gesichtspunkt der Gesundheitsförderung ungünstig und von einem falschen oder unvollständigen Menschenbild ausgehen.

In diesem Zusammenhang müssen zunächst ganz einfache angelernte Verhaltensmuster angesprochen werden. So macht es beispielsweise aus nachvollziehbaren Gründen der Sparsamkeit und Lebensmittelknappheit in der familiären Lebensmittelversorgung Sinn, bereits Kinder durch Tischregeln anzuhalten, dass das, was auf dem Teller liegt, auch aufgegessen wird. Jahre später befindet sich der „Verbraucher" in einem völlig anderen Umfeld und Funktionszusammenhang. Die vorgegebene Portionierung in der Massenverpflegung von Großkantinen orientiert sich am Durchschnittsverbrauch und sollte möglichst jeden sättigen, will sie nicht ständiger Kritik ausgesetzt sein. Ein tief verankerter Konflikt kann sich nun dem „Verbraucher" auftun, wenn er einerseits die als Kind verinnerlichte Verpflichtung aufzuessen erfüllen will, andererseits daran gehindert wird, das Tellergericht nach eigenem Ermessen zusammenzustellen. Es besteht paradoxerweise die Gefahr, dass die Wohlerzogenen und Pflichtbewussten diese persönlichen Eigenschaften mit Übergewicht bezahlen. Der im Tierreich in der Regel fest verankerte Mechanismus, bei Sättigung das Essen einzustellen, müsste in der Phase der Kantinen- und Massenverpflegung wieder erworben und mit einem neuen Verhaltensschema in Einklang gebracht werden. Auch das Angebot verzehrsfähiger Produkte in Märkten lockt mit zunehmend größeren Packungsinhalten. Im Falle der weniger gesundheitsfördernden Produkte für Kinder wie Süßigkeiten und süße kalorienreiche Getränke sind diese überdimensionierten Packungsgrößen problematisch.

Diese Beispiele zeigen aber auch, dass Verfügbarkeit von Nahrungsmitteln und Ernährungsverhalten aufeinander abgestimmt sein müssen.

Möglicherweise ist sogar die Grundannahme unrichtig und die Zielsetzung unrealistisch, dass ein künftiges Ernährungsverhalten den Gefahren durch ein Überangebot und Fehlernährung ausreichend entgegenwirken kann. Oder anders ausgedrückt: Die Versorgungssicherheit und das breite Lebensmittelangebot würde erst dann zu einer Verbesserung der allgemeinen Gesundheit führen, wenn sich auch das Ernährungsverhalten auf Bevölkerungsebene diesen geänderten Bedingungen wirksam angepasst hat. Erst über eine veränderte Esskultur oder ein allgemein akzeptiertes und wirksames Ernährungsbewusstsein könnte ein solcher Anpassungsprozess eingeleitet werden.

In diesem Zusammenhang zeigt sich auch, dass Defizite im Ernährungsverhalten nicht Ausdruck eines lediglich unzureichenden Informationsstandes sind. Das einfache Modell der Gesundheitserziehung, wonach im Wesentlichen das Bereitstellen von Information über gesundheitliche Risiken zu einer erfolgreichen Verhaltensänderung führt, hat sich als Irrtum erwiesen [4]. Das Konzept von Aufklären allein trägt nicht. Bereits seit Jahren wird gerade in ärztlichen Kreisen eine zunehmende Skepsis und oft genug auch lähmende Resignation erkennbar [5].

In Zeiten der beschleunigten technischen und wirtschaftlichen Entwicklungen und des sozialen Wandels sind also die nicht mehr angepassten Verhaltensweisen und Fehlentwicklungen besonders auffällig und für die Gesundheit folgenschwer. Ihre Wurzeln reichen aber zurück bis ins Altertum und wurden schon frühzeitig als Problem von der Medizin erkannt und auch gezielt durch Präventionsmaßnahmen bekämpft. Nicht nur die eingangs beschriebene Lehre der Wirkung von pflanzlichen und tierischen Produkten und Heilmitteln, auch die Verhaltensproblematik und Empfehlungen zur angemessenen Ernährung waren ein wichtiges Thema der Medizin im Altertum.

Das Wissen, dass besonders zur Gesunderhaltung des menschlichen Organismus das Ernährungsverhalten mit dem gesundheitlichen Anforderungen in Einklang zu bringen ist, war bereits ein wichtiges Element der Medizin des Hippokrates. Physis und Praxis, Natur und Kultur, Anlage und Verhalten sind durch aktive adäquate Lebensführung im Sinne der Gesunderhaltung aufeinander abzustimmen. In der Überlieferung von Hippokrates über Galen und bis hin zu den Ärzten der Goethezeit (Hufeland) waren es die so genannten sex res non naturales – man könnte übersetzen: die sechs zu regelnden Lebensnotwendigkeiten – die im Zentrum der gesunden Lebensführung und Heilkunst standen. Neben Luft und Licht, Bewegung und Ruhe, Schlafen und Wachen, Ausscheidungen, Leidenschaften waren – nicht zuletzt – Speise und Trank im Sinne der Gesunderhaltung aktiv zu regeln [5].

Anstelle der Gesundheitsregeln im Sinne dieses Regimen sanitatis sind heute die präventivmedizinischen Theorie- und Praxisansätze der Verhaltensprävention und Verhältnisprävention von Bedeutung.

Der seit Jahrzehnten in den Industrieländern anhaltende Trend zu vorgefertigten und verzehrsfertigen Produkten, zu einem hohen Werbeaufwand für preisgünstige, aber häufig gesundheitlich weniger förderliche Erzeugnisse erhöht das Risiko der ungesunden Ernährungsweise beträchtlich. Ernährung als Ausdruck einer speziesbezogenen oder individuell gestalteten Lebensform wurde zu einer Frage des Warenkorbes, und der in dieser Weise sich versorgende Käufer wurde zum Konsumenten degradiert. So ist beispielsweise gegen Beimischung von Vitamin C in Süßigkeiten prinzipiell – lebensmitteltoxikologisch – nichts einzuwenden. Vitamin C ist jedoch vorwiegend ein natürlicher Bestandteil von Obst und Gemüse, deren Verzehr bekanntlich in vielfacher Hinsicht die Gesundheit schützt und fördert. Insofern ist die Förderung des Gemüseverzehrs unverzichtbar. Die Anreicherung von Süßigkeiten mit Vitamin C ist in diesem Zusammenhang eher irreführend, weil es in gewisser Hinsicht wichtige ernährungsphysiologische Zusammenhänge verstellt und suggeriert, man könne die Problematik eines häufigen Süßigkeitenverzehrs durch das Fitnessmittel Vitamin C aus dem Wege räumen.

Träger öffentlicher Einrichtungen wie z. B. Schulen sehen sich aufgrund der dramatischen Zunahme verschiedener Formen von Fehlernährung und gestörtem Ernährungsverhalten und aufgrund des Anstiegs ernährungsbedingter gesundheitlicher Beeinträchtigungen genötigt zu intervenieren. Auf der Angebotsseite, z. B. durch eine nach gesundheitlichen Gesichtspunkten zusammengestellte Lebensmittelpalette, bemüht man sich um Verhältnisprävention, durch Einüben und Unterweisung werden Basiserfahrungen einer gesunden Ernährungsweise vermittelt.

Die Übertragung eines ausschließlich pharmakologisch-pharmazeutischen Denkens auf den Bereich der Ernährung, also die Vorstellung, allein durch Gabe von Wirkstoffen bestimmte Wirkungen und letztlich Gesundheit hervorbringen zu können, suggeriert Machbarkeit und schließlich Käuflichkeit von Gesundheit. Dieses Denkmodell ist vermutlich systemtheoretisch deswegen höchst problematisch, weil es den Organismus als Objekt der Einflussnahme, nicht aber als selbstaktives und selbstreferentielles Subjekt betrachtet, also Gesundheit als ein in der Regel herstellbares, nicht aber als vom Organismus selbst erzeugtes Phänomen wertet. Kritisch anzumerken ist in diesem Zusammenhang, dass das einfach erscheinende Konzept der Medikalisierung in der Praxis der Therapie auch auf Grenzen stößt und ohne „Compliance" des Patienten nicht auskommt.

Der künftige Stellenwert der Lebensmitteltoxikologie wird also auch davon abhängen, ob sie sich allein in den Dienst der Produktsicherheit von Lebensmitteln stellt und sich vorrangig auf die Beschreibung von linearen Beziehungen entsprechend der pharmakologischen Dosis-Wirkungsbeziehung ausrichtet oder ob sie ebenso die Förderung von gesundheitsgerechtem Ernährungsverhalten einbezieht und mitverfolgt.

## 3.5
**Lebensmitteltoxikologie und nachhaltige Förderung der Ernährungsgesundheit**

Lebensmitteltoxikologie untersucht und beurteilt die Lebensmittelinhaltsstoffe in Bezug auf ihr die Gesundheit gefährdendes Potenzial. Die Legitimation der Lebensmitteltoxikologie gründet also auf dieser gesundheitlichen Ausrichtung. So erwartet man zu Recht von Nahrungsmitteln, dass sie den Anforderungen lebensmitteltoxikologisch begründeter Grenzwerte entsprechen und somit in dieser Hinsicht unbedenklich sind.

Zur wissenschaftlichen Lösung toxikologischer Fragen der Ernährung und zur Regulierung der modernen Lebensmittelerzeugung und -bereitstellung ist die Lebensmitteltoxikologie ein wichtiges Instrument. Neben der Ernährungsphysiologie ist das Konzept der gesunden Ernährungsweise, das die Bedingungen der Ernährungskompetenz beschreibt, weiterhin unverzichtbar.

In Abbildung 3.1 wird versucht, die für die Ernährungsgesundheit wichtigen Kompetenzbereiche, Fertigkeiten und Erfahrungen zu bündeln und als Systemhierarchie zusammenzufassen. In dieser Abbildung ist es die Systemebene I, die die molekularen und molekulargenetischen Sachverhalte der Ernährungsphysiologie und Lebensmitteltoxikologie zusammenfasst. Systemebene II verbindet das Hunger- und Sättigungsgefühl und die Sinneswahrnehmungen wie Geruch und Geschmack mit den entsprechenden vegetativen Lernprozessen. Systemebene III – Esskultur – umfasst den für eine gesunde Ernährung wichtigen sozialen Bereich: Verknüpfung und Regelung physischer und sozialer Bedürfnisse durch den Essvorgang, Essen als soziales Erlebnis. Mit der Systemebene IV – Zubereitung – werden Erfahrungen und Kompetenz bezüglich Lebensmittel auf den Gebieten Handhabung, Bearbeitung, Aufbewahrung und Bevorratung erfasst. Systemebene V soll verdeutlichen, dass die Gesundheit des Menschen mit der Gesundheit der Pflanzen und Tiere, soweit sie der Ernährung dienen, in einem korrespondierenden Verhältnis steht. Diese der Ernährung dienenden Pflanzen und Tiere nehmen wir allgemein in dem Sinne wahr, dass eine gesunde Umwelt auch die Grundlage für die Gesundheit des Menschen ist.

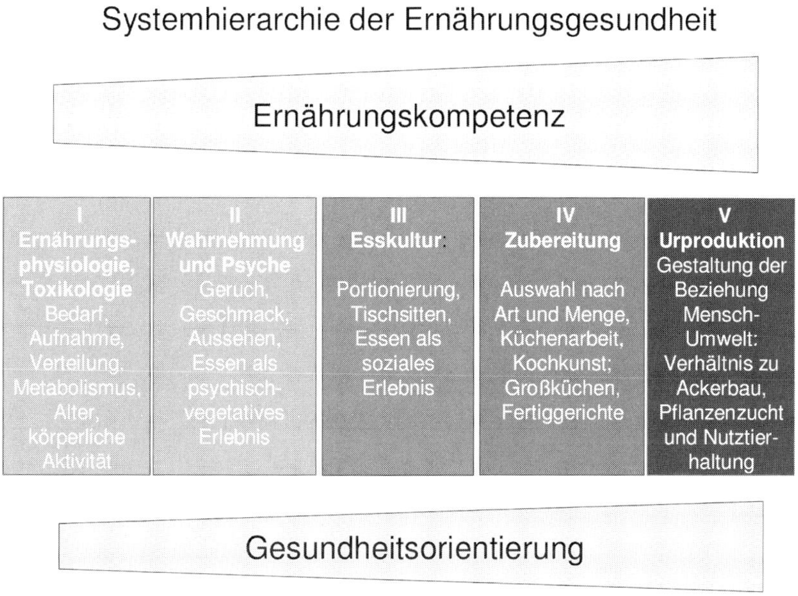

## Systemhierarchie der Ernährungsgesundheit

**Ernährungskompetenz**

| I | II | III | IV | V |
|---|---|---|---|---|
| **Ernährungs-physiologie, Toxikologie** Bedarf, Aufnahme, Verteilung, Metabolismus, Alter, körperliche Aktivität | **Wahrnehmung und Psyche** Geruch, Geschmack, Aussehen, Essen als psychisch-vegetatives Erlebnis | **Esskultur**: Portionierung, Tischsitten, Essen als soziales Erlebnis | **Zubereitung** Auswahl nach Art und Menge, Küchenarbeit, Kochkunst; Großküchen, Fertiggerichte | **Urproduktion** Gestaltung der Beziehung Mensch-Umwelt: Verhältnis zu Ackerbau, Pflanzenzucht und Nutztier-haltung |

**Gesundheitsorientierung**

**Abb. 3.1** Systemhierarchie der Ernährungsgesundheit.

Mit Ernährung verbinden wir Gesundheit und das heißt auch eine intakte Umwelt aus Artenvielfalt und symbiotischen Interaktionen, kurz eine Umwelt, die Basis unserer Ernährungsgesundheit ist. Besondere Zuchterfolge in der Milchviehhaltung oder beim Obst signalisieren eine besondere Hinwendung dieser Nutzorganismen zum Menschen. Der Lebensraum der Nutztiere und Nutzpflanzen ist gewissermaßen entstanden aus der Entwicklung symbiotischer Eigenschaften und Strukturen in der Wechselbeziehung zwischen Mensch, Nutztierhaltung und Ackerbau. Wir partizipieren durch Ernährung, Pflanzen-anbau und Tierhaltung an einer allgemeinen, man könnte sagen globalen Ge-sundheit durch diese Symbiose. Verbindungen und Strukturen dieser Art sind im Pflanzen- und Tierreich weit verbreitet.

„Ernährungsgesundheit" wäre im Sinne dieser Systemhierarchie ein univer-sales Programm und Projekt des modernen Lebensstils. In diesem Programm ginge es nicht nur um die eigene Gesundheit oder die der Gemeinschaft, son-dern auch um die der Umwelt und Mitwelt. „Gesundheit war immer ein sozial-politischer Ordnungsbegriff, der jeden einzelnen eingebunden hat in ein all-gemein verpflichtendes Bezugssystem" [6]: Ernährungsgesundheit also als He-rausforderung und Provokation für Lebensstil und Lebensordnung der moder-nen Industriegesellschaft. Ein solches Projekt würde einige der heute aufgrund lebensmitteltoxikologischer Daten regulierten Stoffe und Verfahrensweisen in einer eher kritischen Sicht erscheinen lassen.

Die Erforschung der chemisch-physiologischen Zusammenhänge im Sinne von Justus von Liebig galt dem Wachstum und dem Gedeihen der Nutzpflanzen und

Tiere. Ertragssteigerung durch Erhalt und Förderung der Bodenqualität sowie durch Ersatz der durch Ernte dem Boden entzogenen Nährstoffe waren wichtige Ziele. Auch die Bekämpfung von Fraßschädlingen und Krankheitserregern – heute meist durch Einsatz chemischer Insektizide und Fungizide – könnte noch hierzu gerechnet werden. Zu den Pflanzenschutzmitteln werden heute aber auch Stoffe bzw. Verfahren gerechnet, die in erster Linie aus technischen und wirtschaftlichen Gründen angewandt werden. So erfordert der maschinelle Getreidedrusch direkt auf dem Acker ein praktisch unkrautfreies Abreifen der Frucht, will man zu feuchtes Erntegut und damit eine energie- und kostenwirksame Nachtrocknung vermeiden. Diese Ernteverfahren tolerieren demnach keine pflanzlichen Lebensgemeinschaften mit unterschiedlichen Entwicklungsstadien zum Zeitpunkt der Ernte. Jeder Ansatz von Artenvielfalt, wie sie unter ungestörten Wachstumsbedingungen allseits beobachtbar ist und insgesamt zu einem natürlichen und meist auch gesundheitlichen Gleichgewicht führt, wird hier konsequent unterbunden. Die Toleranz gegenüber einem wenn auch begrenzten Miteinander verschiedener Pflanzen- und Tierspezies ist hier dem Ziel der Wirtschaftlichkeit preisgegeben. In der Perspektive des Menschen wird die Erfahrung und Beobachtung eines gesunden und zu spontanen Lebensäußerungen fähigen ökologischen Gefüges unterbunden.

Ein noch weitergehender Schritt in Richtung einer ausschließlich molekularbiologisch-ernährungsphysiologischen Interpretation der Anforderungen an Lebensmittel wird mit dem Einsatz von gentechnisch modifizierten Organismen in der Landwirtschaft vollzogen. Der oben zitierte und bis heute das lebensmitteltoxikologische Denken bestimmende Satz des Paracelsus wird hier im Bezug auf die Pflanzengesundheit gewissermaßen in seiner präventivmedizinischen Zielrichtung auf den Kopf gestellt, wenn z. B. Nutzpflanzen durch gentechnische Modifikation gegen ein Totalherbizid resistent gemacht wurden. Nicht die Integrität und Gesundheit der Pflanze wird geschützt, sondern diese wird auf Kosten der Ertragssteigerung und Wirtschaftlichkeit verletzt. Diese Lebewesen sind nicht dem gesundheitlichen Bereich der Selbstorganisation oder der durch züchterische Auswahl ermöglichten Anpassung von Beziehungsstrukturen zuzuordnen. Eher handelt es sich um gewissermaßen biologische Kunstprodukte, deren Existenz nur vor dem Hintergrund einer agrartechnischen, den Wachstumsprozess biotechnisch steuernden Landwirtschaft verständlich wird. Die Wahrnehmung eines aktiven In-Beziehung-Seins und eines die allgemeine Gesundheit generierenden Lebensprinzips wird zunehmend durch künstliche Arrangements aus biologischen Bausteinen und Einzelkomponenten ersetzt. Eine im System der Lebensmittelversorgung verankerte Preisgabe des Prinzips Gesundheit, auch wenn es sich „nur" um die von Pflanzen und Tieren handelt, dürfte im Kontext des öffentlichen Gesundheitsschutzes und Gesundheitswesens jedoch nicht unproblematisch sein. Wenn wir unter Gesundheit uns umgebender Lebewesen verstehen, dass sie ihre relevanten und genetisch verankerten Systemeigenschaften autonom oder auch in Hinwendung und Anpassung an die züchterischen Vorgaben entwickelt haben und weiterentwickeln, dann wird Gesundheit in der Wahrnehmung des landwirtschaftlich genutzten Raumes zum knappen Gut. Denn die ursprünglich in der Pflanzen-

und Tierzucht noch beobachtbaren Prozesse der Anpassung, der Hinwendung und des Sich-In-Beziehung-Setzens dieser zur Lebensmittelgewinnung dienenden Lebewesen an den sie umgebenden und vom Menschen geschaffenen Raum schwinden zunehmend. An deren Stelle tritt in der Wahrnehmung die anthropogene Fremdsteuerung und der Verlust an Selbstregulation durch chemische und biotechnische Eingriffe in die Lebensvorgänge. Nicht die Pflanzengesundheit, sondern die Enteignung von Gesundheit ist hier Basis der Ertragssteigerung.

Die BSE-Historie gibt ein Beispiel dafür, dass sich aus Beziehungsstrukturen entsprechende Ursache-Wirkungszusammenhänge ableiten lassen, aber Ursache-Wirkungszusammenhänge keine Beziehungen begründen. Rinder benötigen eiweiß- und mineralienhaltige Futtermittel, die arttypisch pflanzlicher Natur sind. Die Verfütterung von Tiermehl erweist sich kausalmechanistisch als funktional prinzipiell vergleichbar und somit noch vertretbar. Damit wird aber der Pflanzenfresser nicht zum Karnivoren, die Beziehungsstruktur dieser Lebewesen ist folglich in der Wahrnehmung des Menschen gestört. In der gesellschaftlichen und wissenschaftlichen Diskussion wurde die Verfütterung von Mehl aus Schlachtabfällen an Rinder als nicht tiergerecht und unphysiologisch kritisiert [3]. Die gesundheitliche Betroffenheit des Menschen in Bezug auf diese der Lebensmittelherstellung dienenden Tiere kam damit klar zum Ausdruck.

Am Ende des Weges zu einer Gesundheit im Sinne der immer wieder als Utopie bezeichneten Gesundheitsdefinition der WHO dürfte nicht die Tendenz zunehmender Beherrschung von Pflanzen und Tiere stehen, die wir für unsere Lebensmittel und Ernährung benötigen. Vielmehr sollten bereits heute erkennbare Ansätze der Versöhnung mit diesen Organismen zum Programm einer Gesundheitswissenschaft und Gesundheitsorientierung werden: Aufbau einer gesunden Umwelt und damit Stärkung der Gesundheit des Menschen. Gesundheit in diesem Sinn versteht sich nicht als Optimierung der Leistungsfähigkeit, sondern als Harmonisierung von Mit- und Umwelt [5].

Aus der gängigen naturwissenschaftlich-medizinischen Sichtweise mag eine solche Zukunftsperspektive illusorisch und realitätsfern erscheinen. Ihr kann jedoch entgegengehalten werden, dass sie es war, die die „erstaunlichen und gewaltigen Konsequenzen der neuen Physik" nicht angenommen hat. Obgleich die Erkenntnisse der Quantenphysik mittlerweile ein immer deutlicheres Bild von einer anderen Realität zeichnen, sind Biologie und Medizin nach wie vor den Modellen des 19. Jahrhunderts verpflichtet: „Die Welt ist ein großer Sandsack isolierter Teilwelten, die mit sich selbst identisch bleiben und nur mit ihren nächsten Nachbarn in Beziehung stehen, mit ihnen wechselwirken. Die Kräfte gehorchen einfachen Gesetzen und erlauben deshalb präzise Veränderungen durch gezielte Eingriffe." „Die neuen Vorstellungen, die uns die neue Physik abverlangt, sind schwer verdaulich. Deutet diese Physik doch darauf hin, dass die „eigentliche" Wirklichkeit, was immer wir darunter verstehen wollen, im Grunde nicht mehr Realität im Sinne einer dinghaften Wirklichkeit ist. Wirklichkeit offenbart sich primär nur mehr als Potenzialität ... Potenzialität ist Beziehung, Veränderung, Prozessor, Operator, Form, Gestalt ohne materiellen Träger, ..." [2]. Dass der zur Zeit gängige Trend im wissenschaftlichen und wirtschaftlichen Umgang mit dem Lebendigen und

Nichtlebendigen hin zu immer mehr Fremdsteuerung möglicherweise einmal abbricht, in absehbarer Zeit eine andere Richtung einschlägt und einen Wandel derart erfährt, dass Gesundheit nicht nur neu verstanden, sondern auch viel stärker in ihrer allgemeinen Präsenz gefördert wird, mag mit diesem Hinweis auf die Quantenphysik kurz angedeutet werden. Dass wir also weniger von der Dinghaftigkeit, sondern eher von einem In-Beziehung-Sein als dem fundamentalen Modus des Seins auszugehen haben, scheint sich als Resultat und Aufforderung der Quantenphysik anzudeuten. Ernährung wäre dann ein kommunikatives Phänomen und gleichzeitig ein essenzielles, Gesundheit generierendes Geschehen, dessen Syntax mit den Methoden der Chemie und Lebensmitteltoxikologie erschlossen werden kann.

## 3.6
## Zusammenfassung

Die Lebensmitteltoxikologie erweist sich in Verbindung mit den heute üblichen Verfahren der Urproduktion und der Lebensmittelverarbeitung und -bereitstellung als unverzichtbares Korrektiv zur Sicherstellung toxikologisch einwandfreier Lebensmittel. Sie ist eine der Grundlagen für die gesunde Ernährungsweise, die aber maßgeblich von einem angemessenen Ernährungsverhalten und der erworbenen Ernährungskompetenz bestimmt wird. Unter Ernährungsgesundheit wird ein hochdifferenziertes Geschehen verstanden, das sich an der Versorgung mit den notwendigen, dem physiologischen Bedarf entsprechenden Inhaltsstoffen wie auch an lebensmitteltoxikologischen Vorgaben orientiert und darüber hinaus die soziale und umweltbezogene Dimension von Ernährung berücksichtigt und weiterentwickelt.

## 3.7
## Literatur

1 Brenner G, Altenhofen L, Weber I (2003) Nationale Gesundheitsziele: Diabetes mellitus Typ 2 als Zielbereich. *Bundesgesundheitsbl Gesundheitsforsch Gesundheitsschutz* **46**: 134–143.

2 Dürr H-P (1999) Vorwort: Wirklichkeit des Lebens. In: Fischbeck H-J (Hrsg.) Leben in Gefahr. Neukirchener Verlag

3 Rabenau H, Preiser W, Doerr HW 1995 Bovine Spongioforme Enzephalopathie-Gefährdung für den Menschen? *Labmed* **9**: 358–366.

4 Schipperges H (1970) Moderne Medizin im Spiegel der Geschichte. Georg Thieme Stuttgart, 121.

5 Schipperges H (1982) Anspruch und Wirklichkeit. In: Gesundheit für alle bis zum Jahr 2000. Schriftenreihe der Deutschen Zentrale für Volksgesundheit e.V. Band 39, 45–58.

6 Schipperges H (1986) Gesünder leben – eine Herausforderung für uns alle. In: Lebe gesünder – es lohnt sich. Bundesvereinigung für Gesundheitserziehung, Bonn, 17–22.

7 Uexküll J von (1973) Theoretische Biologie. Suhrkamp Frankfurt am Main.

# Rechtliche Grundlagen der Lebensmitteltoxikologie

## 4
## Europäisches Lebensmittelrecht

*Rudolf Streinz*

### 4.1
### Grundlagen

#### 4.1.1
#### Begriff und Gegenstand des Lebensmittelrechts

##### 4.1.1.1 Begriff „Lebensmittelrecht"

Das *Lebensmittelrecht im engeren Sinne* umfasst entsprechend seinen Schutzzwecken (Schutz des Verbrauchers vor Gesundheitsgefahren und Irreführung; Information des Verbrauchers; s. Abschnitt 4.1.2.1) alle Rechtsnormen, die die Gewinnung, Herstellung, Zusammensetzung, Beschaffenheit und Qualität von Lebensmitteln (zur Definition s. Abschnitt 4.2.2.2) sowie deren Bezeichnung, Aufmachung, Verpackung und Kennzeichnung regeln. Das deutsche LFGB [1] ordnete ihm auch die Normen über kosmetische Mittel und sog. Bedarfsgegenstände (nicht nur sog. Lebensmittelbedarfsgegenstände, d.h. solche, die dazu bestimmt sind, mit Lebensmitteln in Berührung zu kommen) zu (vgl. die Begriffsbestimmungen in § 2 LFGB). Das durch das LFGB vom 1. 9. 2005 seit 7. 9. 2005 abgelöste LMGB [2] erfasste zusätzlich Tabakerzeugnisse. Normen, die zwar primär eine andere Zielrichtung (z.B. die Landwirtschaftspolitik) haben, können als *„Lebensmittelrecht" im weiteren Sinne* bezeichnet werden, soweit sie indirekt dem Verbraucherschutz als Ziel des Lebensmittelrechts dienen (zu berührten Rechtsgebieten s. Abschnitt 4.1.3).

*Handbuch der Lebensmitteltoxikologie.* H. Dunkelberg, T. Gebel, A. Hartwig (Hrsg.)
Copyright © 2007 WILEY-VCH Verlag GmbH & Co. KGaA, Weinheim
ISBN: 978-3-527-31166-8

### 4.1.1.2 Das Lebensmittelrecht als intradisziplinäre und interdisziplinäre Materie

#### 4.1.1.2.1 Intradisziplinarität (erfasste Rechtsdisziplinen)

Der Schutz des Verbrauchers vor Gesundheitsgefahren und vor Täuschung wird durch materielle Vorgaben in Rechtsnormen (EG-Verordnungen und Richtlinien; Gesetze und Rechtsverordnungen der Mitgliedstaaten), durch die Kontrolle ihrer Einhaltung durch die Lebensmittelüberwachung und durch die Abwendung und Ahndung von Verstößen durch Sicherheitsmaßnahmen bzw. die Sanktionierung mit Bußgeld oder Strafe erreicht. Das Lebensmittelrecht ist insoweit ein Teil des besonderen Sicherheits- bzw. Polizei- und Ordnungsrechts [3]. Es ist aber auch ein Teil des Rechts der Wirtschaft, der es Beschränkungen auferlegt [4]. Dies wirft verfassungsrechtliche Fragen auf. Fragen der Produkthaftung und der Kennzeichnung und Bewerbung von Lebensmitteln (unlauterer Wettbewerb) betreffen das Zivilrecht, Grundsatzfragen der Sanktionierung (Bestimmtheit der Normen; ne bis in idem; Verhältnismäßigkeit) das Strafrecht. Das Lebensmittelrecht ist weitgehend europäisiert und war eines der wichtigsten Referenzgebiete für die Dogmatik des Europarechts (vgl. Abschnitt 4.1.3). Durch die Vorgaben des Welthandelsrechts der WTO (s. Abschnitt 4.1.4) wird auch das Völkerrecht einbezogen. Somit erfasst das Lebensmittelrecht alle großen Teildisziplinen der Rechtswissenschaft. Viele Fragen sind untrennbar miteinander verbunden, z. B. der lebensmittelrechtliche (vgl. § 11 LFGB) und der wettbewerbsrechtliche (vgl. § 3 UWG [5]) Täuschungsschutz [6]. Die wissenschaftliche Erfassung und Durchdringung des Lebensmittelrechts erfordert daher ein Zusammenwirken von Experten dieser Teildisziplinen.

#### 4.1.1.2.2 Interdisziplinarität

Vom Gegenstand her betrifft das Lebensmittelrecht Materien, die nur in Zusammenarbeit mit Naturwissenschaftlern der Fachrichtungen Biologie, Chemie, Lebensmitteltoxikologie und -chemie [7] und Veterinärmedizin zutreffend erfasst werden können. Ferner sind die ökonomischen Auswirkungen des Lebensmittelrechts zu berücksichtigen, um z. B. die Realität des Binnenmarkts zu erfassen.

### 4.1.2  
**Ziele und Instrumente des Lebensmittelrechts**

#### 4.1.2.1 Ziele (Schutzzwecke)

Ziele des Lebensmittelrechts sind seit jeher und in allen Staaten der Schutz des Verbrauchers vor Gesundheitsschäden und vor Täuschung. Beides setzt Informationen voraus, so dass die Verbraucherinformation hinzukommt. Diese allgemeinen Ziele setzt auch Art. 5 der VO (EG) Nr. 178/2002 (sog. BasisVO; s. Abschnitt 4.2.2) unter Einbeziehung weiterer Schutzgüter. Danach verfolgt das Lebensmittelrecht eines oder mehrere der allgemeinen Ziele eines hohen Maßes an Schutz für das Leben und die Gesundheit der Menschen, des Schutzes der Verbraucherinteressen einschließlich lauterer Handelsgepflogenheiten im Lebensmittelhandel, ggf. unter Berücksichtigung des Schutzes der Tiergesundheit, des Tierschutzes, des Pflanzenschutzes und der Umwelt. Im EG-Binnenmarkt soll dies den freien Verkehr von Lebensmitteln, die diesen Anforderungen entsprechen, ermöglichen.

#### 4.1.2.1.1 Gesundheitsschutz

Der Gesundheitsschutz wird präventiv durch allgemeine und spezielle Anforderungen an die Beschaffenheit der Produkte, durch Anforderungen an das Produktionsverfahren sowie durch Genehmigungsvorbehalte entsprechend dem Missbrauchsprinzip (s. Abschnitt 4.1.2.2.1) gewährleistet. Die Anforderungen an die Lebensmittelsicherheit sind allgemein in Art. 14 der VO (EG) Nr. 178/2002 (BasisVO; s. Abschnitt 4.2.2) geregelt. Danach dürfen Lebensmittel, die „nicht sicher" sind, nicht in Verkehr gebracht werden. Sie gelten als nicht sicher, wenn davon auszugehen ist, dass sie a) gesundheitsschädlich sind, b) für den Verzehr durch den Menschen ungeeignet sind. Die dafür relevanten Kriterien werden in Art. 14 Abs. 3–9 BasisVO aufgeführt. Einbezogen sind dabei u.a. die dem Verbraucher vermittelten Informationen (Abs. 3 lit. b), die wahrscheinlichen sofortigen und/oder kurzfristigen und/oder langfristigen Auswirkungen des Lebensmittels nicht nur auf die Gesundheit des Verbrauchers, sondern auch auf nachfolgende Generationen (Abs. 4 lit. a), die wahrscheinlichen kumulativen toxischen Auswirkungen (Abs. 4 lit. b), die besondere gesundheitliche Empfindlichkeit einer bestimmten Verbrauchergruppe, falls das Lebensmittel für diese Gruppe von Verbrauchern bestimmt ist (Abs. 4 lit. c). Lebensmittel, die spezifischen Bestimmungen der Gemeinschaft zur Lebensmittelsicherheit (die im Sekundärrecht festgelegt sind; s. dazu Abschnitt 4.2.3) entsprechen, gelten hinsichtlich der durch diese Bestimmungen abgedeckten Aspekte als sicher (Abs. 7). Für die Festlegung dieser Bestimmungen sind die Grundsätze der Risikobewältigung (s. Abschnitt 4.1.2.2.4) einschließlich des Vorsorgeprinzips (s. Abschnitt 4.1.2.2.5) maßgeblich. Besteht der begründete Verdacht, dass ein Lebensmittel trotz Einhaltung dieser Bestimmungen nicht sicher ist, hindert dies die zuständigen Behörden nicht, geeignete Maßnahmen zu treffen, um Beschränkungen für das Inverkehrbringen dieses Lebensmittels zu verfügen oder seine Rücknahme vom Markt zu verlangen (Abs. 8). Fehlen spezifische Bestimmungen der Gemeinschaft, so kommt das Lebensmittelrecht der Mitgliedstaaten zum Tragen, soweit es mit den Bestimmungen des EG-Vertrages, insbesondere über den freien Warenverkehr (Art. 28/30 EGV), vereinbar ist (Abs. 9). Art. 15 BasisVO legt die Anforderungen an die Futtermittelsicherheit fest. Dies entspricht dem „ganzheitlichen Ansatz", der Konsequenzen aus Lebensmittelskandalen zog und die Lebensmittelsicherheit „from farm to fork", „vom Acker auf den Tisch" erfassen will (s. Abschnitt 4.2.2).

Zwischen der Lebensmittelsicherheit und der Arzneimittelsicherheit gibt es (neben dem grundsätzlichen Abgrenzungsproblem, s. Abschnitt 4.2.2.3) Berührungspunkte, die ein Zusammenwirken der jeweiligen Behörden erfordern. Genannt sei nur die Sicherheit von Arzneimitteln, die für die Anwendung an den der Lebensmittelgewinnung dienenden Tieren vorgesehen sind.

#### 4.1.2.1.2 Verbraucherschutz

Der Schutz der Verbraucherinteressen wird allgemein in Art. 8 VO (EG) Nr. 178/2002 (BasisVO; s. Abschnitt 4.2.2) als Ziel des Lebensmittelrechts definiert. Dieses muss den Verbrauchern die Möglichkeit bieten, in Bezug auf die Lebensmittel, die sie verzehren, eine sachkundige Wahl zu treffen. Dabei müssen Praktiken des Betrugs oder der Täuschung, die Verfälschung von Lebensmitteln und alle sonstigen Praktiken, die den Verbraucher irreführen können, verhindert werden. Art. 16 BasisVO enthält entsprechende Anforderungen für Futtermittel.

#### 4.1.2.1.3 Verbraucherinformation

Sowohl der Verbraucherschutz als auch der Gesundheitsschutz erfordern eine Information des Verbrauchers. Auf diese Information zielt gerade ein Verbraucherschutz ab, der vom *Leitbild* eines *„verständigen Verbrauchers"* (s. Abschnitt 4.2.1.1.2) ausgeht. Die Bedeutung der Verbraucherinformation für den Gesundheitsschutz wird z. B. bei Allergikern deutlich, die über die Inhaltsstoffe eines Lebensmittels genau Bescheid wissen müssen. Ungeachtet des problematischen Begriffs der „Verbrauchererziehung", den die EG verwendet [8], ist die Aufklärung über eine ausgewogene und „gesunde" Ernährung angesichts der anerkannten Schäden durch Übergewicht und andere Folgen von Fehlernährung nicht nur legitim, sondern unverzichtbarer Bestandteil einer Gesundheitspolitik.

### 4.1.2.2 Prinzipien und Instrumente

Im Lebensmittelrecht unterscheidet man zwischen dem sog. Missbrauchsprinzip und dem sog. Verbotsprinzip.

#### 4.1.2.2.1 Missbrauchsprinzip

Nach dem Missbrauchsprinzip dürfen Lebensmittel vom Hersteller eigenverantwortlich, d.h. ohne Genehmigung, in den Verkehr gebracht werden. Er ist allerdings dafür verantwortlich, dass das Produkt den lebensmittelrechtlichen Vorschriften, d.h. den Anforderungen des Gesundheitsschutzes und des Verbraucherschutzes einschließlich der Verbraucherinformation entspricht.

#### 4.1.2.2.2 Verbotsprinzip

Nach dem Verbotsprinzip ist verboten, was nicht ausdrücklich erlaubt wird (Verbot mit Erlaubnisvorbehalt). Lebensmittel, die ihm unterliegen, bedürfen einer behördlichen Genehmigung.

#### 4.1.2.2.3 Eigenverantwortung des Unternehmers, Prävention und Lebensmittelüberwachung

Im Lebensmittelrecht gilt (noch) grundsätzlich das Missbrauchsprinzip. Es entspricht auch einer Rechts- und Wirtschaftsordnung, die auf die Eigenverantwortlichkeit des (selbstständigen, nicht des umfassend betreuten) Menschen vertraut. Wegen des stärkeren Eingriffs eines Genehmigungserfordernisses in Grundrechte (Berufsfreiheit und Wirtschaftsfreiheit des Unternehmers, aber auch Wahlfreiheit des Verbrauchers mit ggf. subjektiver Risikoabschätzung), das andererseits aber eine gewisse Rechtssicherheit bietet, bedarf das Verbotsprinzip einer besonderen Rechtfertigung. Diese liegt vor, wenn vor hinreichend qualifizierten potenziellen Risiken ein vorbeugender Gesundheitsschutz geboten ist, z. B. bei Zusatzstoffen und (teilweise) bei Novel Food. Fraglich ist die Genehmigungserfordernis bei sog. Health Claims (s. u. Abschnitt 4.2.3.3.8). Da eine effektive Lebensmittelüberwachung schon aus Kapazitätsgründen nur im Zusammenwirken mit den kontrollierten Unternehmen möglich ist, muss ein System der „Kontrolle der Kontrolle" entwickelt werden, das an der betrieblichen Eigenkontrolle ansetzt. Diese liegt im Interesse des Unternehmens selbst (Vermeidung von Verlusten durch Verderb und andere Mängel; Erhaltung des Vertrauens der Verbraucher in die Lebensmittelsicherheit). Konkrete Vorgaben für diese Eigenkontrolle sind die Erfordernisse der Rückverfolgbarkeit (Art. 18 VO (EG) Nr. 178/2002 – BasisVO) und der Meldepflicht (Art. 19 BasisVO) sowie vor allem das sog. HACCP-Konzept (Hazard Analysis on Critical Control Points), das bei der Lebensmittelhygiene zu beachten ist (s. Abschnitt 4.2.3.3.4). Qualifizierte, ggf. zertifizierte Eigenkontrollen sollten entsprechende Erleichterungen seitens der amtlichen Lebensmittelkontrolle ermöglichen (s. Abschnitt 4.2.3.3.3). Geboten ist auch eine angemessene, d. h. zielführende und verhältnismäßige Reaktion bei Krisen (s. Abschnitt 4.2.2.6).

#### 4.1.2.2.4 Grundsätze der Risikoentscheidung

Anknüpfend an Definitionen, die durch die Codex Alimentarius Commission und die Expertenberatung der FAO/WHO entwickelt wurden [8], enthält die VO (EG) Nr. 178/2002 (BasisVO) die Grundsätze der Risikoentscheidung mit der grundlegend wichtigen Trennung von Risikobewertung und Risikomanagement. Art. 3 Nr. 9–14 definieren die Begriffe
- „Risiko" (Funktion der Wahrscheinlichkeit einer die Gesundheit beeinträchtigenden Wirkung und der Schwere dieser Wirkung als Folge der Realisierung einer Gefahr),
- „Gefahr" (ein biologisches, chemisches oder physikalisches Agens in einem Lebensmittel oder Futtermittel oder einem Zustand eines Lebensmittels oder Futtermittels, der eine Gesundheitsbeeinträchtigung verursachen kann),
- „Risikoanalyse" als Prozess aus den drei miteinander verbundenen Einzelschritten Risikobewertung (wissenschaftlich untermauerter Vorgang mit den vier Stufen Gefahrenidentifizierung, Gefahrenbeschreibung, Expositionsabschätzung und Risikobeschreibung),

- „Risikomanagement" (von der Risikobewertung unterschiedener Prozess der Abwägung strategischer Alternativen in Konsultation mit den Beteiligten unter Berücksichtigung der Risikobewertung und anderer berücksichtigenswerter Faktoren und gegebenenfalls der Wahl geeigneter Präventions- und Kontrollmöglichkeiten) und
- „Risikokommunikation" (interaktiver Austausch im Rahmen der Risikoanalyse von Informationen und Meinungen über Gefahren und Risiken, risikobezogene Faktoren und Risikowahrnehmung zwischen Risikobewertern, Risikomanagern, Verbrauchern, Lebensmittel- und Futtermittelunternehmen, Wissenschaftlern und anderen interessierten Kreisen einschließlich der Erläuterung von Ergebnissen der Risikobewertung und der Grundlage für Risikomanagemententscheidungen).

Auf dieser Basis bestimmt Art. 6 BasisVO, dass sich das Lebensmittelrecht, um das allgemeine Ziel eines hohen Maßes an Schutz für Leben und Gesundheit der Menschen zu erreichen, grundsätzlich auf Risikoanalysen stützt (außer wenn dies nach den Umständen oder der Art der Maßnahme unangebracht wäre). Die Risikobewertung beruht auf den verfügbaren wissenschaftlichen Erkenntnissen und ist in einer unabhängigen, objektiven und transparenten Art und Weise vorzunehmen. Beim Risikomanagement, d.h. der politischen Entscheidung über den Umgang mit Risiken, die durch allgemeine Festlegungen (Gesetze; im EG-Rahmen Verordnungen, Art. 249 Abs. 2 EGV, und Richtlinien, Art. 249 Abs. 3 EGV, die in das Recht der Mitgliedstaaten umzusetzen sind; s. Abschnitt 4.2.3.2) oder konkrete Einzelfallentscheidungen (Verwaltungsakte; im EG-Rahmen Entscheidungen, Art. 249 Abs. 4 EGV) erfolgt, ist den Ergebnissen der Risikobewertung, insbesondere den Ergebnissen der Behörde über Lebensmittelsicherheit (EBLS, EFSA; s. Abschnitt 4.2.5.3), anderen angesichts des betreffenden Sachverhalts berücksichtigenswerten Faktoren sowie ggf. dem Vorsorgeprinzip (s. Abschnitt 4.1.2.2.5) Rechnung zu tragen, um die allgemeinen Ziele des Lebensmittelrechts (Art. 5 BasisVO; s. Abschnitte 4.1.2.1 und 4.2.2.4) zu erreichen.

#### 4.1.2.2.5 Das Vorsorgeprinzip (precautionary principle)

Art. 7 VO (EG) Nr. 178/2002 (BasisVO; s. Abschnitt 4.2.2) enthält das sog. „Vorsorgeprinzip" („precautionary principle"). Danach können in bestimmten Fällen, in denen nach einer Auswertung der verfügbaren Informationen die Möglichkeit gesundheitsschädlicher Auswirkungen festgestellt wird, wissenschaftlich aber noch Unsicherheit besteht, vorläufige Risikomanagementmaßnahmen (vgl. Abschnitt 4.1.2.2.4) zur Sicherstellung des in der Gemeinschaft gewählten hohen Gesundheitsschutzniveaus getroffen werden, bis weitere wissenschaftliche Informationen für eine umfassendere Risikobewertung vorliegen. Solche Maßnahmen müssen verhältnismäßig sein und dürfen den Handel nicht stärker beeinträchtigen, als dies zur Erreichung des in der Gemeinschaft gewählten hohen Gesundheitsschutzniveaus unter Berücksichtigung der technischen und wirtschaftlichen Durchführbarkeit und anderer angesichts des betreffenden Sachverhalts für berücksichtigenswert gehaltener Faktoren notwendig ist, und müssen innerhalb einer angemessenen Frist überprüft werden. Dieses Vorsorgeprinzip wurde für das Lebensmittelrecht als „Prinzip" auf internationaler Ebene entwickelt [9]. Die EG-Kommission hat in ihrer Mitteilung über die Anwendung des Vorsorgeprinzips [10] erläutert, welchen Ansatz sie dabei zugrunde legt, Leitlinien für seine Anwendung festgelegt und versucht, einen Grundkonsens darüber zu erzielen, wie wissenschaftlich noch nicht in vollem Umfang erfassbare Risiken eingeschätzt und bewertet werden können. Es geht darum, das Vorsorgeprinzip zu realisieren, ohne dass es zum Vorwand für protektionistische Maßnahmen wird.

### 4.1.3
**Berührte Rechtsgebiete**

#### 4.1.3.1 Agrarrecht
In der landwirtschaftlichen Urproduktion werden Futtermittel, die in das Lebensmittelrecht einbezogen worden sind (vgl. Art. 3 Nr. 4–6, Art. 15, Art. 20 VO (EG) Nr. 178/2002 – BasisVO; s. Abschnitt 4.2.2; LFGB, s. Abschnitt 4.3.1.4), und Lebensmittel erzeugt. Daher ist das EG-Agrarrecht auch teilweise Rechtsgrundlage für das Lebensmittelrecht. Gemäß Art. 37 Abs. 2 UAbs. 3 EGV erlässt der Rat mit qualifizierter Mehrheit (Art. 205 Abs. 2 EGV) nach Anhörung des Europäischen Parlaments Verordnungen, Richtlinien und Entscheidungen zur Verwirklichung der gemeinsamen Agrarpolitik. Auf dieser Basis wurde eine Reihe lebensmittelrechtlich relevanter EG-Verordnungen erlassen, die allgemeine Bezeichnungsvorschriften [11] und produktspezifische Bezeichnungsvorschriften [12] enthalten. Diese Bestimmungen dienen in erster Linie dem Schutz der Landwirtschaft, daneben aber (mehr oder weniger) auch dem Schutz des Verbrauchers, der über eine bestimmte Produktqualität informiert wird. Problematisch ist dies nur, wenn der Schutz der Landwirtschaft mit Verbraucherschutzargumenten kaschiert wird, da dies dogmatisch zu Systembrüchen führt [13].

#### 4.1.3.2 Wettbewerbsrecht
Sowohl das Lebensmittelrecht als auch das Wettbewerbsrecht (Lauterkeitsrecht) dienen u. a. dem Schutz des Verbrauchers vor Irreführung und Täuschung. Ungeachtet bestehender Unterschiede in den tatbestandlichen Voraussetzungen (der Anwendungsbereich des lebensmittelrechtlichen Irreführungsverbots ist einerseits weiter, da dieses keinen Wettbewerbszweck voraussetzt, andererseits enger, da auf Lebensmittel beschränkt) ergeben sich Parallelen und weitgehend ein Gleichklang zwischen Lebensmittelrecht und Wettbewerbsrecht (vgl. [6]). In der Praxis führen in erster Linie Streitigkeiten zwischen Wettbewerbern zur Überprüfung der Einhaltung des Irreführungsverbots [14].

## 4.1.4
## Die „Europäisierung" des Lebensmittelrechts – Folgen für die nationalen Lebensmittelrechte

### 4.1.4.1 Grundlagen und Ausmaß der Europäisierung

Das Lebensmittelrecht ist heute fast vollständig „europäisiert", d.h. durch das Europarecht geregelt (EG-Verordnungen) oder determiniert (Primärrecht, EG-Vertrag, und EG-Richtlinien) [15]. Dies verwundert auf den ersten Blick, weil der Begriff „Lebensmittel" im EG-Vertrag nicht vorkommt und die EG nach dem Prinzip der beschränkten Ermächtigung nur in den Bereichen tätig sein darf, in denen ihr der Vertrag eine Kompetenz zuweist (Art. 5 Abs. 1 EGV). Grundlage für die Europäisierung sind neben dem Ansatzpunkt der Agrarpolitik (Art. 32 ff., Art. 37 EGV; s. Abschnitt 4.1.3.1) die Bestimmungen über den freien Warenverkehr, der auch und in besonderem Ausmaß Lebensmittel erfasst (s. Abschnitt 4.2.1.1), ferner weitere Kompetenznormen des Sekundärrechts zur Rechtsangleichung (Art. 95 EGV; s. Abschnitt 4.2.1.2.1) sowie (ergänzend) zum Gesundheitsschutz (Art. 152 EGV) und zum Verbraucherschutz (Art. 153 EGV) als Beitragskompetenzen der EG (s. Abschnitt 4.2.1.2.2). Das EG-Recht hat Anwendungsvorrang vor dem Recht der Mitgliedstaaten, d.h. entgegenstehende nationale Normen dürfen nicht angewandt werden [16].

### 4.1.4.2 Folgen für die EU-Mitgliedstaaten

Diese Europäisierung hat zur Folge, dass der eigenständige Gestaltungsspielraum der 25 Mitgliedstaaten der EU (Belgien, Dänemark, Deutschland, Estland, Finnland, Frankreich, Griechenland, Irland, Italien, Lettland, Litauen, Luxemburg, Malta, Niederlande, Österreich, Polen, Portugal, Schweden, Slowakei, Slowenien, Spanien, Tschechische Republik, Ungarn, Vereinigtes Königreich von Großbritannien und Nordirland, Zypern) erheblich eingeschränkt ist. Ihr jeweiliges Lebensmittelrecht wird durch das EG-Recht überlagert (freier Warenverkehr, Art. 28/30 EGV; EG-Verordnungen) oder inhaltlich bestimmt (EG-Richtlinien). Das materielle Lebensmittelrecht dieser Staaten ist weitgehend harmonisiert (vgl. dazu Abschnitt 4.3). Für die zum 1.5.2004 beigetretenen Staaten bestehen unterschiedliche Übergangsvorschriften [17].

### 4.1.4.3 Folgen für Drittstaaten

Staaten, die nicht der EU angehören (sog. *Drittstaaten*) können durch völkerrechtliche Abkommen teilweise an das EG-Lebensmittelrecht gebunden sein oder im sog. autonomen Nachvollzug sich selbst an dieses binden. Dadurch erlangen sie nach Maßgabe der völkerrechtlichen Abkommen den Zugang zum Binnenmarkt der EU. Die Einhaltung der Standards des EG-Lebensmittelrechts ist Voraussetzung für die Verkehrsfähigkeit der Produkte in der EU.

#### 4.1.4.3.1 Völkerrechtliche Vereinbarungen (Assoziierungen)

Am stärksten eingebunden sind Liechtenstein, Norwegen und Island als Parteien des Vertrages über den Europäischen Wirtschaftsraum (*EWR-Vertrag*) vom 2. 5. 1992 (in Kraft seit 1. 1. 1994) [18], in denen wegen der Erstreckung des freien Warenverkehrs das EG-Lebensmittelrecht im Wesentlichen gilt. Die Europaabkommen mit den (noch) nicht der EU beigetretenen Staaten Mittel- und Osteuropas und andere Assoziierungsabkommen führen zwar nicht zur (unmittelbaren) Geltung des EG-Lebensmittelrechts in diesen, enthalten aber hinsichtlich des freien Warenverkehrs wichtige Erleichterungspflichten. Voraussetzung für den Zugang zum und die Verkehrsfähigkeit im EG-Binnenmarkt ist die Einhaltung der Standards des EG-Lebensmittelrechts (Art. 11 VO (EG) Nr. 178/2002 – BasisVO). Dies wird ggf. aufgrund entsprechender Vereinbarungen durch EG-Beamte in den Drittstaaten überprüft [19]. Staaten, die den EG-Binnenmarkt mit Lebensmitteln beliefern wollen (vgl. zur Schweiz Abschnitt 4.3.9), passen ihr Lebensmittelrecht aufgrund völkerrechtlicher Verträge oder aufgrund sog. autonomen Nachvollzugs an das EG-Recht an.

#### 4.1.4.3.2 Autonomer Nachvollzug

Sog. autonomer Nachvollzug bedeutet, dass ein Drittstaat, ohne rechtlich dazu verpflichtet zu sein, sein Recht dem EG-Recht dadurch anpasst, dass er EG-Verordnungen inhaltlich übernimmt und EG-Richtlinien umsetzt. Dies ist z. B. in Österreich vor dem Beitritt zum EWR bzw. zur EU geschehen und geschieht, über die Verpflichtungen aus den bilateralen Abkommen hinaus, auch in der Schweiz. Es ist Voraussetzung für die Eröffnung des EG-Marktes für Lebensmittel (Art. 11 VO (EG) Nr. 178/2002 – BasisVO).

### 4.1.5
### Lebensmittelrecht als Gegenstand des Völkerrechts (Welthandelsrecht – WTO-Recht)

Das europäische Lebensmittelrecht und damit auch das Lebensmittelrecht wird auch durch völkerrechtliche Vorgaben geprägt, und zwar sowohl durch rechtlich verbindliche (WTO-Recht; TBT- und SPS-Übereinkommen; s. Abschnitt 4.4.1.2) als auch durch autonom übernommene (Codex-Standards; s. Abschnitt 4.4.3).

## 4.2
## Das gemeinschaftliche Lebensmittelrecht der Europäischen Union

### 4.2.1
### Rechtsgrundlagen

#### 4.2.1.1 Freier Warenverkehr

##### 4.2.1.1.1 Tatbestand (Dassonville-Formel) und Einschränkungen (Keck-Formel)
Obwohl das Wort „Lebensmittel" im EG-Vertrag nicht vorkommt, gehört das Lebensmittelrecht zu den am stärksten „vergemeinschafteten" Materien. Grund dafür sind hauptsächlich (zu landwirtschaftlichen Produkten als Lebensmitteln vgl. Abschnitt 4.1.3.1) die Bestimmungen über den *freien Warenverkehr*, die mit Lebensmitteln als für den Verbraucher im wahrsten Sinne des Wortes lebensnotwendige Waren die umsatzstärkste Branche mit erheblichem Anteil am grenzüberschreitenden Handel umfassen. Der freie Warenverkehr ist neben dem freien Personenverkehr Kernstück des Binnenmarkts, damit Grundlage der Gemeinschaft und eine der sichtbarsten (und vielleicht deshalb als selbstverständlich gar nicht mehr wahrgenommene) Leistungen der Gemeinschaft. Art. 28 EGV verbietet mengenmäßige Einfuhrbeschränkungen und Maßnahmen gleicher Wirkung. Nach der weiten *Dassonville-Formel* fällt darunter „jede Handelsregelung der Mitgliedstaaten, die geeignet ist, den innergemeinschaftlichen Handel unmittelbar oder mittelbar, tatsächlich oder potenziell zu behindern" [20]. Diese Formel wurde, da zu weitgehend, durch die *Keck-Formel* [21] eingeschränkt, die „bestimmte Verkaufsmodalitäten" vom Tatbestand des Art. 28 EGV ausnahm, ist im Übrigen aber nach wie vor maßgebend [22]. Die Warenverkehrsfreiheit ist (wie alle Grundfreiheiten) nicht nur ein Diskriminierungsverbot, das Maßnahmen, die Inlands- und Importprodukte unterschiedlich behandeln, verbietet, sondern darüber hinaus ein Beschränkungsverbot, das auch hinsichtlich Inlands- und Importprodukten unterschiedslose Maßnahmen erfasst.

##### 4.2.1.1.2 Beschränkungsmaßnahmen: Art. 30 EGV und Cassis-Formel
Lebensmittel sind von besonderen Traditionen geprägt, die sich in den jeweiligen nationalen Vorschriften niederschlagen. Die kulinarische Vielfalt in Europa wird durch eine entsprechende Vielfalt an Normen begleitet, so dass lebensmittelrechtliche Vorschriften zutreffend als geradezu „klassische Fälle von *Maßnahmen gleicher Wirkung wie mengenmäßigen Beschränkungen*" im Sinne von Art. 28 EGV bezeichnet wurden [23] und die Dogmatik des freien Warenverkehrs nicht zufällig gerade anhand von Fällen aus dem Lebensmittelrecht entwickelt wurde. Solche Regelungen der Mitgliedstaaten bedürfen der gemeinschaftsrechtlichen Rechtfertigung aus den ausdrücklich in Art. 30 EGV genannten Gründen oder den „zwingenden Erfordernissen" des Allgemeinwohls gemäß der erweiterten *Cassis-Formel* [24], insbesondere Gründen des Verbraucherschutzes und der Lauterkeit des Handelsverkehrs. Diese Maßnahmen müssen dem Grundsatz der Verhältnismäßig-

keit entsprechen, d. h. sie müssen zur Erreichung des legitimen Zieles geeignet, erforderlich und angemessen sein, und dürfen nicht gegen die Gemeinschaftsgrundrechte verstoßen. Dies führt dazu, dass Verkehrsverbote grundsätzlich allein aus Gründen des Gesundheitsschutzes gerechtfertigt sein können, während zum Schutz des Verbrauchers vor Irreführung und Täuschung (Verbraucherschutz im engeren Sinne) in der Regel eine angemessene Etikettierung genügt [25]. Dabei geht der EuGH vom *Leitbild* eines *„verständigen Verbrauchers"* [26] aus, der willens und in der Lage ist, Informationen zur Kenntnis zu nehmen. Daher dürfen auch Kennzeichnungsanforderungen nicht unverhältnismäßig sein. In der Regel genügt die Angabe im Zutatenverzeichnis [27].

### 4.2.1.1.3 Folgen der Cassis-Rechtsprechung: Faktische gegenseitige Anerkennung

Das grundlegende Urteil Cassis de Dijon veranlasste die EG-Kommission zu einer *Mitteilung*, die die Rechtsprechung und ihre Folgen zusammenfasst:

„Jedes aus einem Mitgliedstaat eingeführte Erzeugnis ist grundsätzlich im Hoheitsgebiet der anderen Mitgliedstaaten zuzulassen, sofern es rechtmäßig hergestellt worden ist, d. h. soweit es den im Ausfuhrland geltenden Regelungen oder den dortigen verkehrsüblichen, traditionsgemäßen Herstellungsverfahren entspricht, und in diesem Land in Verkehr gebracht worden ist ... Nach den vom Gerichtshof aufgestellten Grundsätzen kann ein Mitgliedstaat den Verkauf eines in einem anderen Mitgliedstaat rechtmäßig hergestellten *und* in den Verkehr gebrachten Erzeugnisses grundsätzlich nicht verbieten, auch wenn dieses Erzeugnis nach anderen technischen oder qualitativen Vorschriften als den für die inländischen Erzeugnisse geltenden Vorschriften hergestellt worden ist" [28].

Diese Auffassung wurde den Mitgliedstaaten mitgeteilt und angekündigt, dass die Kommission ihre Rechtsordnungen auf ungerechtfertigte Handelshemmnisse durchforsten werde. Dies ist auch geschehen [29].

Diese Mitteilung, die insofern korrigiert werden muss, dass es statt „und" „oder in den Verkehr gebrachten" heißen muss, da auch korrekt in die Gemeinschaft eingeführte Drittlandsprodukte am freien Warenverkehr teilhaben (Art. 24 EGV), macht das sog. *Herkunftslandprinzip* deutlich: Grundsätzlich, d. h. wenn nicht eine gerechtfertigte Ausnahme vorliegt, ist die Rechtsordnung des Mitgliedstaates, in dem das Produkt hergestellt (oder aus einem Drittland korrekt importiert) wurde, maßgeblich. Dies führt faktisch zum Prinzip der gegenseitigen Anerkennung. Der deutsche Lebensmittelgesetzgeber hat dies deklaratorisch in § 54 LFGB (vormals § 47a LMBG) festgehalten (s. dazu Abschnitt 4.3.1.4).

### 4.2.1.2 Kompetenznormen des Sekundärrechts

#### 4.2.1.2.1 Überblick

Hauptsächliche Rechtsgrundlage für das gemeinschaftliche Lebensmittelrecht ist die Kompetenz zur Angleichung der Rechts- und Verwaltungsvorschriften der Mitgliedstaaten zur Herstellung des Binnenmarktes (Art. 95 EGV), die in Abs. 3

mit dem Gesundheitsschutz und dem Verbraucherschutz die beiden zentralen Ziele des Lebensmittelrechts aufführt. Auf sie verweist auch Art. 153 Abs. 3 lit. a EGV. Art. 37 Abs. 2 UAbs. 3 EGV ist Rechtsgrundlage für landwirtschaftsrechtliche Vorschriften mit lebensmittelrechtlichem (Neben-)Effekt, insbesondere für Marktordnungsvorschriften und Vermarktungsnormen, die Qualitätsstandards und Kennzeichnungsanforderungen für einzelne Produkte festlegen. Art. 152 Abs. 4 UAbs. 1 lit. b EGV ist insoweit lex specialis in einem engen Anwendungsbereich (die Maßnahmen in den Bereichen Veterinärwesen und Pflanzenschutz müssen „unmittelbar den Schutz der Gesundheit der Bevölkerung zum Ziel haben"). Für Organisationsvorschriften kommt (ergänzend) Art. 308 EGV in Betracht. Dadurch dürfen aber ausdrücklich festgelegte Limitierungen nicht umgangen werden. Weitere Vorschriften (z. B. Art. 133 EGV) können kumulativ hinzutreten, die Kumulation von Rechtsgrundlagen ist zulässig, soweit dabei die Vorschriften über das Rechtsetzungsverfahren beachtet werden.

#### 4.2.1.2.2 Rechtsangleichung (Art. 95 EGV)

Gemäß Art. 95 Abs. 1 EGV erlässt der Rat zusammen mit dem Europäischen Parlament (Verfahren der Mitentscheidung, Art. 251 EGV) nach Anhörung des Wirtschafts- und Sozialausschusses die Maßnahmen zur Angleichung der Rechts- und Verwaltungsvorschriften der Mitgliedstaaten, welche die Errichtung und das Funktionieren des Binnenmarktes, d.h. eines Raumes ohne Binnengrenzen, in dem u.a. der freie Warenverkehr zwischen den Mitgliedstaaten gewährleistet ist (Legaldefinition in Art. 14 Abs. 2 EGV), zum Gegenstand haben. Bei ihren Vorschlägen geht die Kommission, die das Initiativmonopol hat, gemäß Art. 95 Abs. 3 EGV in den Bereichen Gesundheit, Sicherheit, Umweltschutz und Verbraucherschutz von einem *„hohen Schutzniveau"* aus und berücksichtigt dabei „insbesondere alle auf wissenschaftliche Ergebnisse gestützten neuen Entwicklungen". Im Rahmen ihrer jeweiligen Befugnisse streben das Europäische Parlament und der Rat dieses Ziel ebenfalls an. Art. 95 EGV ermächtigt sowohl zum Erlass von Richtlinien, denen gemäß einer Erklärung zur Einheitlichen Europäischen Akte, die die Bestimmung als Art. 100a EWGV eingefügt hat, der Vorzug zu geben ist, als auch zum Erlass von Verordnungen. Die *Harmonisierung des Lebensmittelrechts* tritt im Rahmen der „neuen Strategie" neben die durch die Grundfreiheiten begründete gegenseitige Anerkennung (s. Abschnitt 4.2.1.1.3). Während hier lange Zeit der Rechtsetzungsform der Richtlinie der Vorzug gegeben wurde, schlägt die Kommission zunehmend Verordnungen vor, wobei Rat und Europäisches Parlament als Gemeinschaftsgesetzgeber (vgl. Art. 249 Abs. 1, Art. 95 i. V. m. Art. 251 EGV) diesem Ansatz folgen.

#### 4.2.1.2.3 Gesundheitsschutz (Art. 152 EGV) und Verbraucherschutz (Art. 153 EGV) als Beitragskompetenzen der EG

Durch den Vertrag von Maastricht wurden die Art. 152 EGV (ex-Art. 129 EGV) und Art. 153 EGV (ex-Art. 129a EGV) eingefügt, die ausdrücklich die Kompetenzen der EG für die Gesundheitspolitik und die Verbraucherpolitik regeln. Damit sind die beiden zentralen Ziele des Lebensmittelrechts (s. Abschnitt 4.1.2.1) betroffen. Die Sicherstellung eines hohen Gesundheitsschutzniveaus (Art. 152 Abs. 1 EGV) und der Verbraucherschutz (Art. 153 Abs. 2 EGV) werden zu *Querschnittsaufgaben* erklärt, die bei allen (anderen) Gemeinschaftspolitiken zu berücksichtigen sind. Es handelt sich in beiden Fällen um limitierte *Beitragskompetenzen*, d.h., dass die Kompetenz der EG ausdrücklich auf die Ergänzung der Tätigkeit der Mitgliedstaaten beschränkt wird. Dies führt zu Problemen der Bestimmung der Tragweite der EG-Kompetenz und der Abgrenzung zu weitergehenden Gemeinschaftskompetenzen.

Die *Gesundheitspolitik* der EG beschränkt sich im für das Lebensmittelrecht relevanten Bereich auf Maßnahmen in den Bereichen Veterinärwesen und Pflanzenschutz, die unmittelbar den Schutz der Bevölkerung zum Ziel haben; diese wurden von der Agrarkompetenz des Art. 37 EGV ausdrücklich ausgenommen (Art. 152 Abs. 4 UAbs. 1 lit. b EGV). Beispiel dafür sind die Schutzmaßnahmen gegen BSE (TSE) [30]. Fördermaßnahmen, die den Schutz und die Verbesserung der menschlichen Gesundheit zum Ziel haben, dürfen dagegen nur „unter Ausschluss jeglicher Harmonisierung der Rechts- und Verwaltungsvorschriften der Mitgliedstaaten" erfolgen (Art. 152 Abs. 4 UAbs. 1 lit. c EGV). Eine weitergehende Kompetenz kann insoweit nicht über Art. 308 EGV erreicht werden, sondern allein über Art. 95 EGV, der durch die Harmonisierungssperre des Art. 152 Abs. 4 UAbs. 1 lit. c EGV nicht erfasst wird, dessen Voraussetzungen aber vorliegen müssen, da das Harmonisierungsverbot des Art. 152 EGV nicht umgangen werden darf [31]. Dass die Harmonisierungsmaßnahmen gemäß Art. 95 EGV auch den Gesundheitsschutz betreffen, geht bereits aus Art. 95 Abs. 3 EGV hervor, der ihn ausdrücklich nennt. Wird der enge Anwendungsbereich des Art. 152 Abs. 4 UAbs. 1 lit. b EGV überschritten, ist neben Art. 152 EGV auch Art. 95 EGV heranzuziehen, dessen Voraussetzungen für den „überschießenden" Bereich dann allerdings voll erfüllt sein müssen.

Der „Beitrag" der EG zum *Verbraucherschutz* erfolgt im Lebensmittelrecht in erster Linie über Maßnahmen, die sie im Rahmen der Verwirklichung des Binnenmarktes nach Art. 95 EGV erlässt (Art. 153 Abs. 3 lit. a EGV), der in Abs. 3 das „hohe Verbraucherschutzniveau" ausdrücklich vorgibt (s. Abschnitt 4.2.1.2.1). Hier müssen die Voraussetzungen des Art. 95 EGV vorliegen, da Art. 153 Abs. 1 lit. a EGV keine (eigenständige) Kompetenznorm ist. Auch Art. 153 Abs. 3 lit. b EGV lässt allein Maßnahmen zur Unterstützung, Ergänzung und Überwachung der Mitgliedstaaten zu.

#### 4.2.1.2.4 Agrarpolitik (Art. 37 EGV)

Lebensmittelrechtlich relevant sind auch die Vorschriften über die Landwirtschaft (Art. 32 ff. EGV) mit der Kompetenznorm des Art. 37 Abs. 2 UAbs. 3 EGV, da auch landwirtschaftliche Erzeugnisse der Urproduktion „Lebensmittel" sind und das Lebensmittelrecht auch die Futtermittel erfasst (s. Abschnitt 4.1.3.1).

### 4.2.1.3 Die sog. „neue Strategie": Gegenseitige Anerkennung und Harmonisierung als ergänzende Instrumente zur Herstellung des Binnenmarktes

Ursprünglich versuchte man, die legislativen Handelshemmnisse der Mitgliedstaaten allein durch die Harmonisierung zu beseitigen, wobei unterschiedliche Ansätze (generelle/punktuelle; totale/optionelle Harmonisierung) ohne Gesamtkonzept verfolgt wurden. Dieses Konzept erwies sich nicht nur als undurchführbar, sondern auch rechtspolitisch nicht wünschenswert. Man wollte keinen „europäischen Einheitsbrei". Die Cassis-Rechtsprechung des EuGH, die eine faktische gegenseitige Anerkennung bewirkte (s. Abschnitt 4.2.1.1.3), ermöglichte die Entwicklung einer „*neuen Strategie*": Da die Ziele der nationalen Lebensmittelgesetzgebung (Gesundheitsschutz, Verbraucherschutz) der Mitgliedstaaten im Wesentlichen gleichwertig seien, könne die gegenseitige Anerkennung grundsätzlich die Basis zur Schaffung eines Gemeinsamen Marktes (Binnenmarktes) sein. Der Harmonisierung bedürfen danach nur noch diejenigen Bereiche, die der EuGH gemäß Art. 30 EGV bzw. „zwingenden Erfordernissen" noch für die (kontrollierte) Regelung durch die Mitgliedstaaten übrig gelassen hat sowie Bereiche, in denen eine EG-rechtliche Regelung rechtspolitisch geboten erscheint (z. B. Qualitätspolitik; landwirtschaftspolitische Interessen).

Dies führte zum Grundsatz, sich auf die Harmonisierung sog. „allgemeiner Fragen", die alle Lebensmittel betreffen, zu beschränken (sog. *horizontale Harmonisierung*). Dazu gehören die allgemeinen Regeln über die Aufmachung und Etikettierung von Lebensmitteln, über den Gesundheitsschutz (Hygiene; Zusatzstoffe) sowie die Lebensmittelüberwachung. Auf Vorschriften über die Zusammensetzung einzelner Produkte (Produktvorschriften, sog. *vertikale Harmonisierung*) sollte grundsätzlich verzichtet werden. Dies wurde nicht konsequent durchgehalten (s. Abschnitt 4.2.3.3). Schließlich sollte eine allgemeine Rahmenregelung für das gemeinschaftliche Lebensmittelrecht erlassen werden (s. Abschnitt 4.2.2).

## 4.2.2
### Die Basisverordnung

#### 4.2.2.1 Ziel und Entstehung

Die Harmonisierung des Lebensmittelrechts erfolgte zunächst punktuell, ohne Gesamtkonzept. Mit der „neuen Strategie" (s. Abschnitt 4.2.1.3) wurde ein grundsätzlicher Ansatz (Konzentration auf sog. horizontale Harmonisierung) entwickelt. Was fehlte und vermisst wurde, war eine *Rahmenregelung*, die für die EG einheitliche Grundbegriffe („Lebensmittel", „Inverkehrbringen" etc.), einheitliche Schutzkonzepte (Gesundheitsschutz, Verbraucherschutz, Verbraucherinformation) enthält und ein *„Dach"* für die verstreuten Einzelregelungen darstellt, die vereinfacht, konsolidiert und transparenter gemacht werden sollten. Aufbauend auf dem *Grünbuch* „Allgemeine Grundsätze des Lebensmittelrechts in der Europäischen Union" (Dok. KOM (97)176) und der Mitteilung über „Gesundheit des Verbrauchers und Lebensmittelsicherheit" (Dok. KOM (97)183 endg.) von 1997 und beschleunigt durch die Konsequenzen, die aus dem BSE-Skandal zu ziehen waren, veröffentlichte die Kommission am 12. 1. 2000 ein

*Weißbuch zur Lebensmittelsicherheit* mit einem Aktionsplan „Lebensmittelsicherheit" (Dok. KOM (1999)719 endg.), der 84 konkrete Maßnahmen und einen Zeitplan hierfür enthielt. Der Grundansatz des *Vorsorgeprinzips* („precautionary principle") wurde von der Kommission in einer Mitteilung über dessen Anwendbarkeit präsentiert (s. Abschnitt 4.1.2.2.5).

Die Umsetzung dieses Aktionsprogramms wurde relativ rasch angegangen. Kernstück und Basis ist die Verordnung (EG) Nr. 178/2002 des Europäischen Parlaments und des Rates vom 28. 1. 2002 zur Festlegung der allgemeinen Grundsätze und Anforderungen des Lebensmittelrechts, zur Errichtung der Europäischen Behörde für Lebensmittelsicherheit und zur Festlegung von Verfahren zur Lebensmittelsicherheit [32], die wegen ihrer grundlegenden Bestimmungen gebräuchlich (nicht amtlich) als *„Basisverordnung"* abgekürzt wird. Sie ist die zentrale gemeinschaftsrechtliche Regelung des Lebensmittelrechts und des korrespondierenden Futtermittelrechts. Ihr Ziel ist eine umfassende einheitliche Regelung der *Lebensmittelherstellungskette* „vom Erzeuger zum Verbraucher", „vom Stall zum Tisch", „from farm to fork".

### 4.2.2.2 Inhaltsübersicht

Die BasisVO gliedert sich gemäß ihrem Titel in drei große Teile (Kapitel II–IV), denen umfangreiche (66) Erwägungsgründe und in Kapitel I Bestimmungen über den *Anwendungsbereich* und *Definitionen* (insbesondere „Lebensmittel", Art. 2 BasisVO; s. Abschnitt 4.2.2.3; ferner z. B. – Art. 3 BasisVO – Lebensmittel bzw. Futtermittelunternehmer, Inverkehrbringen, Risikoanalyse, -bewertung, -management, -kommunikation, Gefahr, Rückverfolgbarkeit) vorangestellt sind. In Kapitel V werden *Verfahren* (Art. 58–60) und *Schlussbestimmungen* (Art. 61–65) geregelt, wobei die Einrichtung des *Ständigen Ausschusses für die Lebensmittelkette und Tiergesundheit* hervorzuheben ist. Dies ist ein sog. Regelungsausschuss gemäß Art. 5 des sog. Komitologiebeschlusses [33], der sich aus Vertretern der Mitgliedstaaten zusammensetzt und in dem der Vertreter der Kommission den Vorsitz führt. Das In-Kraft-Treten der BasisVO erfolgte stufenweise ab 21. 2. 2002; wichtige Bestimmungen traten erst zum 1. 1. 2005 in Kraft (Art. 65).

Als „Verordnung" hat die BasisVO gemäß Art. 249 Abs. 2 EGV unmittelbare Geltung in jedem Mitgliedstaat und bedarf an sich (anders als eine Richtlinie) keiner „Umsetzung" (vgl. Abschnitt 4.2.3.2). Die allgemeinen Bestimmungen (Kapitel I und II), die, wie ursprünglich vorgesehen, besser als Richtlinie erlassen worden wären, erfordern zum Teil eine Ergänzung in den Mitgliedstaaten, jedenfalls die Anpassung von deren Lebensmittelrecht (s. dazu unter Abschnitt 4.3).

### 4.2.2.3 Der gemeinschaftliche Lebensmittelbegriff – Abgrenzung zu Arzneimitteln

Die Zuordnung von Produkten zu den Kategorien „Lebensmittel" oder „Arzneimittel" ist von erheblicher wirtschaftlicher und rechtlicher Bedeutung. Während Arzneimittel einem zeitraubenden und kostenintensiven Genehmigungsverfahren unterliegen, dürfen Lebensmittel (grundsätzlich) eigenverantwortlich in den

Verkehr gebracht werden (sog. Missbrauchsprinzip; s. Abschnitt 4.1.2.2.1). Andererseits können Arzneimittel wegen ihrer Wirkungen besonders beworben werden, wodurch sich höhere Preise erzielen lassen. Daher gehörte die Abgrenzung von Arzneimitteln und Lebensmitteln zu den Hauptproblemen des Lebensmittel- bzw. Arzneimittelrechts. Die unvollständige Harmonisierung auf EG-Ebene einerseits und die unterschiedlichen Einschätzungen durch die Mitgliedstaaten andererseits, die teilweise durch die Einschätzungsprärogative im Bereich des Gesundheitsschutzes gedeckt war, führte zu einer Vielzahl von Gerichtsentscheidungen. Erst in letzter Zeit kam es zu Versuchen, die Frage sekundärrechtlich präziser zu regeln (vgl. zu Nahrungsergänzungsmitteln Abschnitt 4.2.3.3.7).

Zwischen Lebensmitteln und Arzneimitteln besteht im Gemeinschaftsrecht das Verhältnis der *Alternativität*: Ein Produkt ist entweder Arzneimittel oder Lebensmittel; es kann nicht zugleich beides sein. Daraus folgt, dass mögliche „Zwischenprodukte", wie z. B. in Österreich die (mittlerweile abgeschaffte) Kategorie der sog. „Verzehrprodukte", einer der beiden Kategorien zugeordnet werden mussten (s. dazu Abschnitt 4.3.2). Für Lebensmittel mit besonderen Eigenschaften wurden spezielle EG-Vorschriften erlassen (s. Abschnitt 4.2.3.3.7).

Art. 2 der VO (EG) Nr. 178/2002 (BasisVO) enthält erstmals eine *gemeinschaftsrechtliche Definition von „Lebensmittel"*. Im Sinne der BasisVO sind „Lebensmittel" alle Stoffe oder Erzeugnisse, die dazu bestimmt sind oder von denen nach vernünftigem Ermessen erwartet werden kann, dass sie in verarbeitetem, teilweise verarbeitetem oder unverarbeitetem Zustand von Menschen aufgenommen werden. Dazu zählen auch Getränke, Kaugummi sowie alle Stoffe – einschließlich Wasser –, die dem Lebensmittel bei seiner Herstellung oder Ver- oder Bearbeitung absichtlich zugesetzt werden. *Nicht* zu den Lebensmitteln gehören Futtermittel, lebende Tiere, soweit sie nicht für das Inverkehrbringen zum menschlichen Verzehr hergerichtet worden sind (z. B. Austern), Pflanzen vor dem Ernten, kosmetische Mittel, Tabak und Tabakerzeugnisse, Betäubungsmittel und psychotrope Stoffe, Rückstände und Kontaminanten (s. Abschnitt 4.2.3.3.6) sowie „*Arzneimittel* im Sinne der Richtlinien 65/65/EWG und 92/73/EWG des Rates". Ungeachtet dieser Verweisung ist der Arzneimittelbegriff des Art. 1 Nr. 2 der Richtlinie 2001/83/EG des Europäischen Parlaments und des Rates vom 6. 11. 2001 zur Schaffung eines *Gemeinschaftskodexes für Humanarzneimittel* [34] maßgeblich, da diese Richtlinie die RL 65/65/EWG ablöst.

Gemäß Art. 1 Nr. 2 RL 2001/83/EG sind „*Arzneimittel*" „alle Stoffe oder Stoffzusammensetzungen, die als Mittel mit Eigenschaften zur Heilung oder zur Verhütung menschlicher Krankheiten bestimmt sind" (sog. *Präsentationsarzneimittel*) oder „die im oder am menschlichen Körper verwendet oder einem Menschen verabreicht werden können, um entweder die menschlichen physiologischen Funktionen durch eine pharmakologische, immunologische oder metabolische Wirkung wiederherzustellen, zu korrigieren oder zu beeinflussen oder eine medizinische Diagnose zu erstellen" (sog. *Funktionsarzneimittel*). In Zweifelsfällen, in denen ein Erzeugnis unter Berücksichtigung aller seiner Eigenschaften sowohl unter die Definition von Arzneimittel als auch unter die Definition eines Erzeugnisses fallen kann, das durch andere gemeinschaftliche Rechtsvorschriften geregelt ist, gilt gemäß ihrem Art. 2 Abs. 2 die RL 2001/83/EG. Diese Regelung, die den Arzneimitteltatbestand als den spezielleren erklärt, ist allerdings wenig hilfreich, weil für die Frage, wann ein „Zweifelsfall" vorliegt, keine Kriterien gegeben werden, und es wenig sachgerecht wäre, vorschnell „im Zweifel" ein Arzneimittel anzunehmen. Der Begriff des Funktionsarzneimittels muss insbesondere in Abgrenzung zu sog. Nahrungsergänzungsmitteln (s. dazu Abschnitt 4.2.3.3.7) einschränkend ausgelegt werden, wobei auf das auf objektiver, naturwissenschaftlicher Basis ermittelte (pharmakologische oder ernährungsphysiologische) Wirkpotenzial abzustellen ist [35].

Die zur rechtlichen Qualifizierung eines Erzeugnisses notwendige Auslegung der Legaldefinitionen und die Abgrenzung zwischen Lebensmitteln und Arzneimitteln obliegt in erster Linie den Behörden und Gerichten der Mitgliedstaaten, die das Gemeinschaftsrecht grundsätzlich vollziehen (vgl. Abschnitt 4.3.1.1). Allerdings kann es wegen der erschöpfenden Regelungen im Gemeinschaftsrecht nur eine *EU-weit einheitliche Auslegung* geben. Dies ist bei der gemeinschaftsrechtskonformen Auslegung zu beachten; ggf. ist der EuGH gemäß Art. 234 EGV anzurufen.

Bei bestimmten Produkten, deren Zweckbestimmung sich mit den Tatbestandsmerkmalen von Arzneimitteln überschneiden, hat sich der Gemeinschaftsgesetzgeber für die Zuordnung zur Kategorie „Lebensmittel" entschieden, zugleich aber für diese Sonderkategorien spezielle Vorschriften erlassen, die dem Grenzbereich Rechnung tragen. Zu nennen sind die Richtlinien über *diätetische Lebensmittel* [36], über Lebensmittel für besondere medizinische Zwecke (*bilanzierte Diäten*), für *kalorienarme Ernährung* [37] zur Gewichtsverringerung. Zahlreiche Streitfälle hinsichtlich der Zuordnung, die zu Handelshemmnissen zwischen den Mitgliedstaaten führten [38], bewogen den Gemeinschaftsgesetzgeber zu Regelungen über sog. *Nahrungsergänzungsmittel* (s. Abschnitt 4.2.3.3.7) sowie über die *Anreicherung von Lebensmitteln* [39].

#### 4.2.2.4 Allgemeine Grundsätze des Lebensmittelrechts

Die *Allgemeinen Grundsätze des Lebensmittelrechts* (Kapitel II, Art. 4–21 BasisVO) enthalten die allgemeinen Ziele des Gesundheitsschutzes und des Verbraucherschutzes (Art. 5), die Grundsätze der Risikoanalyse (Art. 6), wozu insbesondere die Trennung von (wissenschaftlicher) Risikobewertung und (politischem) Risikomanagement gehört, was auf europäischer wie nationaler Ebene entsprechende Organisationsentscheidungen erforderte (s. Abschnitt 4.2.5.3 undt 4.3.1.4.3), das Vorsorgeprinzip (Art. 7; s. Abschnitt 4.1.2.2.5), die allgemeinen Verpflichtungen für den Lebensmittelhandel (Art. 11–13), die allgemeinen Anforderungen des Lebensmittelrechts (Art. 14–15: Lebensmittel- bzw. Futtermittelsicherheit), das Prinzip der Rückverfolgbarkeit in allen Produktions-, Verarbeitungs- und Vertriebsstufen (Art. 18) sowie die Meldepflicht des Lebensmittel- bzw. Futtermittelunternehmers, wenn er „erkennt" oder „Grund zu der Annahme hat", dass ein von ihm eingeführtes, erzeugtes, verarbeitetes, hergestelltes oder vertriebenes Lebensmittel den Anforderungen an die Lebensmittel- bzw. Futtermittelsicherheit nicht entspricht (Art. 18–19).

#### 4.2.2.5 Gründung der Europäischen Behörde für Lebensmittelsicherheit
Durch Art. 22–49 (Kapitel III) BasisVO wird die sog. *Europäische Behörde für Lebensmittelsicherheit* (s. Abschnitt 4.2.5.3) gegründet.

#### 4.2.2.6 Schnellwarnsystem, Krisenmanagement und Notfälle
Die erheblichen Abstimmungsprobleme zwischen den Einrichtungen der EG und den Behörden der Mitgliedstaaten, aber auch zwischen den Behörden der Mitgliedstaaten untereinander und auch innerhalb diesen (z. B. im föderalen System der Bundesrepublik Deutschland) haben gezeigt, dass *Schnellwarnverfahren* (Art. 50–52 BasisVO), *Krisenmanagement* (Art. 55–57 BasisVO) und Sofortmaßnahmen in *Notfällen* (Art. 53–54 BasisVO) eingeführt bzw. verbessert werden müssen. Problematisch ist dabei die Haftung für Folgen von „Fehlalarmen" [40].

### 4.2.3
**Wichtige Regelungsmaterien des Sekundärrechts**

#### 4.2.3.1 Durchführung der sog. „neuen Strategie"
Nach der „neuen Strategie" (s. Abschnitt 4.2.1.3) sollte nicht nur auf die sog. „vertikale Harmonisierung" durch neue Produktvorschriften verzichtet, sondern es sollten auch die bestehenden Produktvorschriften abgebaut werden. Letzteres wurde allenfalls eingeschränkt bei der Neufassung der bestehenden Produktvorschriften realisiert, die andererseits die vertikale Harmonisierung bestätigte. Zum Teil wurden sogar neue Produktvorschriften erlassen. Grund dafür waren zum einen wirtschaftliche Interessen der betroffenen Kreise, die die „bewährten" Vorschriften behalten wollten (Protektionismus der etablierten Unternehmen und Unternehmenszweige und nationaler Besonderheiten wie der Bezeichnung „marmalade"/Marmelade für ausschließlich aus Zitrusfrüchten hergestellte „Konfitüre"), zum anderen auch die Schutzinteressen der sog. Qualitätspolitik (s. Abschnitt 4.2.3.4).

#### 4.2.3.2 Rechtsetzungsinstrumente

##### 4.2.3.2.1 Überblick
Die Instrumente der Gemeinschaftsrechtsetzung sind in Art. 249 EGV aufgeführt: Als verbindliche Rechtsakte die unmittelbar in den Mitgliedstaaten geltende Verordnung, die der Umsetzung durch nationales Recht bedürftige Richtlinie und die Entscheidung; als nicht verbindliche, gleichwohl insbesondere als Auslegungsmaßstab rechtlich bedeutsame Akte die Empfehlung und die Stellungnahme. Nach dem Prinzip der begrenzten Ermächtigung (Art. 5 Abs. 1 EGV) darf nur

die in der einschlägigen Kompetenzgrundlage des EG-Vertrags vorgesehene Rechtsetzungsform verwendet werden. Die für das Lebensmittelrecht wichtigste Vorschrift, Art. 95 EGV, sieht „Maßnahmen" vor und eröffnet damit alle Rechtsetzungsformen. Die jeweilige Rechtsgrundlage bestimmt auch das Verfahren. Während Art. 37 Abs. 2 UAbs. 3 EGV nur die Anhörung des Europäischen Parlaments vorsieht, verweist Art. 95 EGV (und auch Art. 152 Abs. 2 UAbs. 1 lit. b EGV) auf das Verfahren der Mitentscheidung von Europäischem Parlament und Rat (Art. 251 EGV), das das Europäische Parlament zum gleichberechtigten Mitgesetzgeber macht und seine (oft immer noch unterschätzte) Bedeutung unterstreicht. Der Kommission kommt das Initiativrecht zu. Ferner hat sie abgeleitete Rechtsetzungsbefugnisse und Exekutivbefugnisse (s. Abschnitt 4.2.5.1).

Der am 29. Oktober 2004 unterzeichnete Vertrag über eine Verfassung für Europa [40], dessen Ratifikation durch alle Mitgliedstaaten noch aussteht und nach den negativen Referenden in Frankreich und den Niederlanden fraglich ist, sieht dieses Verfahren als „ordentliches Rechtsetzungsverfahren" vor. Die Rechtsakte werden durch Art. I-33 des Verfassungsvertrages umbenannt und neu strukturiert: Die Verordnung soll „Europäisches Gesetz" bzw. als Durchführungsverordnung „Europäische Verordnung" heißen, die Richtlinie „Europäisches Rahmengesetz", die Entscheidung „Europäischer Beschluss".

### 4.2.3.2.2 Richtlinien

Hauptsächliches Rechtsetzungsinstrument im EG-Lebensmittelrecht war bisher die Richtlinie. Diese ist für jeden Mitgliedstaat, an den sie gerichtet ist, hinsichtlich des zu erreichenden Zieles verbindlich, überlässt jedoch den innerstaatlichen Stellen die Wahl der Form und der Mittel (Art. 249 Abs. 2 EGV). Sie hat somit eine gestufte Verbindlichkeit und bedarf der Umsetzung in nationales Recht. Diese muss durch allgemein verbindlichen Rechtsakt (Rechtsnormvorbehalt) erfolgen.

Wichtige horizontale Richtlinien betreffen die *Lebensmittelkennzeichnung* (s. Abschnitt 4.2.3.3.2).

Zur Harmonisierung des *Gesundheitsschutzes* wurden für *Zusatzstoffe* eine Rahmenrichtlinie und Einzelrichtlinien über Süßungsmittel, Farbstoffe und andere Lebensmittelzusatzstoffe erlassen (s. Abschnitt 4.2.3.3.5). Ferner sind z.B. die *Diätrahmenrichtlinie* [36] und Einzelrichtlinien dazu, die Richtlinie über *Nahrungsergänzungsmittel* (s. Abschnitt 4.2.3.3.7) sowie die Richtlinien über die *Lebensmittelbestrahlung* [42] zu nennen, schließlich als generelle Regelung die Richtlinien zur *Lebensmittelüberwachung* (s. Abschnitt 4.2.3.3.3). Durch Richtlinien erfolgte auch grundsätzlich die vertikale Harmonisierung (s. Abschnitt 4.2.3.4).

### 4.2.3.2.3 Verordnungen

Während früher im gemeinschaftlichen Lebensmittelrecht (abgesehen vom Marktordnungsrecht und Weinrecht) die Richtlinie die dominierende Rechtsetzungsform war, wurden in letzter Zeit zunehmend Verordnungen erlassen, die unmittelbar in jedem Mitgliedstaat gelten und keiner Umsetzung oder Bestätigung bedürfen (Art. 249 Abs. 2 EGV). Dies bietet sich dort an, wo EG-Behörden errichtet werden oder es um die Errichtung eines Kooperationssystems zwischen EG und Mitgliedstaaten geht, wie z. B. in Kapitel III und IV (anders als Kapitel I und II) der *BasisVO* (s. Abschnitt 4.2.2); ferner in „neuen" Materien, zumal wenn auch der Kommission Exekutivbefugnisse übertragen werden, wie z. B. *Novel Food* (s. Abschnitt 4.2.3.3.9). Zunehmend bevorzugt der Gemeinschaftsgesetzgeber generell die Rechtsetzungsform der Verordnung bei der „Kodifizierung", d. h. der zusammenfassenden Neuordnung und Bereinigung eines gemeinschaftsrechtlich bereits geregelten Bereichs. Dem Nachteil der fehlenden Einfügung in die nationale Rechtsordnung steht der Vorteil der unmittelbaren Geltung gegenüber, die Umsetzungsprobleme (fehlende, verspätete, fehlerhafte Umsetzung) vermeidet. Zu nennen ist insbesondere die Neuordnung des EG-*Lebensmittel-Hygienerechts* (s. Abschnitt 4.2.3.3.4). Auch das Recht der *Lebensmittelüberwachung* soll durch Verordnungen „kodifiziert" werden (s. Abschnitt 4.2.3.3.3). Auch das wegen paternalistischer Tendenzen (sog. „Nährwertprofile") umstrittene Vorhaben der sog. *Health Claims* soll durch eine Verordnung geregelt werden (s. Abschnitt 4.2.3.3.8). Verordnungen wurden auch über die *Bezeichnung* bestimmter *Produktgruppen* erlassen.

Durch Verordnungen wurden die auch landwirtschaftspolitisch motivierten horizontalen *Qualitätsprogramme* eingeführt, nämlich zum Schutz von *geographischen Angaben und Ursprungsbezeichnungen* für Agrarerzeugnisse und Lebensmittel [43], über den *ökologischen Landbau* und die entsprechende Kennzeichnung der landwirtschaftlichen Erzeugnisse und Lebensmittel vom 24. 6. 1991 [11] und über *Bescheinigungen besonderer Merkmale* von Agrarerzeugnissen und Lebensmitteln vom 14. 7. 1992 [44].

### 4.2.3.2.4 Entscheidungen

Entscheidungen (Art. 249 Abs. 4 EGV) sind als *Verwaltungsakte* das Instrument des unmittelbaren Vollzugs des EG-Rechts durch die Gemeinschaftsorgane, in der Regel durch die Kommission. Im Lebensmittelrecht betrifft dies insbesondere die Festlegung von *technischen Einzelheiten* aufgrund sekundärrechtlicher Ermächtigungen [45], die Erteilung von *Genehmigungen* von Novel Food gemäß der Novel Food-Verordnung sowie der Verordnung über genetisch veränderte Lebensmittel und Futtermittel (s. Abschnitt 4.2.3.3.9), ferner z. B. die *Zulassung von Betrieben in Drittstaaten*, aus denen die Einfuhr frischen Fleisches in die EG zugelassen ist, Organisations- und Verfahrensentscheidungen in der *Lebensmittelüberwachung* [46], Anordnungen gemäß der sog. *Informationsrichtlinie* (s. Abschnitt 4.2.4) [47] und die Anordnung *seuchenrechtlicher Maßnahmen*, z. B. zur Bekämpfung von BSE (TSE) [48].

#### 4.2.3.2.5 Sonstige Rechtshandlungen
Weitere Rechtshandlungen sind die nicht verbindlichen, gleichwohl auch rechtlich bedeutsamen Empfehlungen und Stellungnahmen, ferner Aktionsprogramme, Programme und Mitteilungen [49].

### 4.2.3.3 Horizontale Regelungen

#### 4.2.3.3.1 Überblick
Die sog. horizontalen Regelungen (horizontale Harmonisierung; vgl. Abschnitt 4.2.1.3) betreffen zum einen die Kennzeichnung und Aufmachung von Lebensmitteln sowie Organisation und Verfahren der Lebensmittelüberwachung und der Lebensmittelhygiene (s. Abschnitte 4.2.3.3.2–4.2.3.3.4).

Über das auch hinsichtlich der „allgemeinen Fragen" umfangreich gewordene materielle EG-Lebensmittelrecht kann hier (wie generell) nur ein Überblick gegeben werden [50]. Besonders wichtige Materien werden in den Abschnitten 4.2.3.3.5–4.2.3.3.9 behandelt.

#### 4.2.3.3.2 Kennzeichnung und Aufmachung
Allgemein gilt die Richtlinie 2000/13/EG zur Angleichung der Rechtsvorschriften der Mitgliedstaaten über die *Etikettierung und Aufmachung von Lebensmitteln sowie die Werbung hierfür* [51]. Sie enthält u.a. ein Irreführungs- und Täuschungsverbot (Art. 2), schreibt die zwingenden Angaben vor (Art. 3) und regelt diese im Einzelnen (Verkehrsbezeichnung, Verzeichnis der Zutaten, Zutatenmenge, Nettofüllmenge, Mindesthaltbarkeitsdatum bzw. Verbrauchsdatum, Gebrauchsanweisung, Alkoholgehalt, Sprache). Spezielle horizontale (zu vertikalen Kennzeichnungsvorschriften s. Abschnitt 4.2.3.4) Regelungen enthält z.B. die *Nährwertkennzeichnungsrichtlinie* [52].

#### 4.2.3.3.3 Lebensmittelüberwachung
Die für die Akzeptanz der gegenseitigen Anerkennung unerlässliche Harmonisierung der Grundlagen der *Lebensmittelüberwachung* (Standards, Kooperation, Kontrollen) erfolgte in der Richtlinie 89/397/EWG des Rates vom 14.6.1989 über die amtliche Lebensmittelüberwachung [53], ergänzt durch die Richtlinie 93/99/EWG des Rates vom 29.10.1993 über zusätzliche Maßnahmen [54]. Die Richtlinie 89/397/EWG enthält allgemeine Grundsätze für die Durchführung der amtlichen Lebensmittelüberwachung und schreibt (allgemein) den Überwachungsumfang, die Überwachungsarten, die Inspektionsobjekte, aber auch die Rechte der Überwachten [55] vor. Die Richtlinie 93/99/EWG konkretisiert diese Anforderungen (Personal, Laboratorien, Analyseverfahren, Zusammenarbeit der Behörden, Amtshilfe, Datenschutz). Die Neuordnung und Kodifizierung dieses Rechtsbereichs wurde mit der Verordnung (EG) Nr. 882/2004 des Europäischen Parlaments und des Rates über amtliche Kontrollen zur Über-

prüfung der Einhaltung des Lebensmittel- und Futtermittelrechts sowie Bestimmungen über Tiergesundheit und Tierschutz vom 29. 4. 2004 [56] begonnen. Gemäß deren Art. 61 werden durch diese Verordnung die genannten Richtlinien zum 1. 1. 2008 aufgehoben und ersetzt.

#### 4.2.3.3.4 Lebensmittelhygiene

Für das gegenseitige Vertrauen und die gegenseitige Anerkennung ist auch die Festlegung einheitlicher Standards für die Lebensmittelhygiene erforderlich. Diese wurden schon bald produktspezifisch in einzelnen Bereichen, insbesondere für Fleisch und Fleischerzeugnisse, aber auch für Milch und Milcherzeugnisse, Hackfleisch, Geflügelfleisch, Fisch und Fischerzeugnisse, Muscheln und Eiprodukte geschaffen [57]. Eine allgemeine Hygieneregelung wurde im Rahmen des Binnenmarktprogramms durch die Richtlinie 94/43/EWG des Rates über Lebensmittelhygiene [58] erreicht, wodurch auch die Verpflichtung auf das HACCP-System erfolgte [59]. Das durch die produktspezifischen Regelungen unübersichtlich gewordene EG-Lebensmittelhygienerecht wurde unter Übergang von der Richtlinie auf die Rechtsetzungsform der Verordnung im „EG-Hygienepaket" von 2004, die am 1. 1. 2006 in Kraft trat, neu geordnet („kodifiziert") [60].

#### 4.2.3.3.5 Zusatzstoffe

Die Regelungen über Zusatzstoffe dienen dem vorbeugenden Gesundheitsschutz (Verbotsprinzip) und können seitens der Mitgliedstaaten durch Art. 30 EGV gerechtfertigt werden, wobei ihnen angesichts von Unsicherheiten in der Bewertung im Risikomanagement ein Beurteilungsspielraum zukommt [61]. Daher gehörte diese Materie nach der „neuen Strategie" (s. Abschnitt 4.2.3.1) zu den Gebieten, die der Harmonisierung bedürfen. Dies gelang, begünstigt durch das in Art. 95 EGV eröffnete Mehrstimmigkeitsprinzip, im Rahmen des Binnenmarktprogramms durch eine Rahmenrichtlinie für Zusatzstoffe [62] und Einzelrichtlinien über Süßungsmittel [63], Farbstoffe [64] und andere Lebensmittelzusatzstoffe [65] sowie ergänzende Vorschriften, z. B. über Reinheitskriterien [66].

#### 4.2.3.3.6 Rückstände und Kontaminanten

Zum Teil die Produktionsbedingungen, zum Teil aber auch sog. ubiquitäre, d. h. überall verbreitete Belastungen (die unvermeidbar sind und mit denen daher auch in „naturreinen" Lebensmitteln gerechnet werden muss [67]) führen dazu, dass Lebensmittel unerwünschte Stoffe enthalten. Dies sind Rückstände aus Pflanzenschutzmitteln und Tierarzneimitteln, Verunreinigungen mit Schadstoffen („Kontaminanten"), schließlich Belastungen durch nukleare Unfälle oder andere radiologische Notstandssituationen. Für all dies wurden durch EG-Verordnungen und EG-Richtlinien Höchstwerte bzw. Höchstmengen festgelegt [68].

#### 4.2.3.3.7 Nahrungsergänzungsmittel

Nahrungsergänzungsmittel sind gemäß der Definition der einschlägigen EG-Richtlinie [69] Lebensmittel, die dazu bestimmt sind, die normale Ernährung zu ergänzen und die aus Einfach- oder Mehrfachkonzentraten von Nährstoffen oder sonstigen Stoffen mit ernährungsspezifischer oder physiologischer Wirkung bestehen und in dosierter Form in den Verkehr gebracht werden, d. h. in Form von z. B. Kapseln, Pastillen, Tabletten, Pillen und anderen ähnlichen Darreichungsformen, Pulverbeuteln, Flüssigampullen, Flaschen mit Tropfeinsätzen und ähnlichen Darreichungsformen von Flüssigkeiten und Pulvern zur Aufnahme in abgemessenen kleinen Mengen. Sie müssen den in der Richtlinie festgelegten Reinheitskriterien entsprechen. Für Vitamine und Mineralstoffe, die in Nahrungsergänzungsmitteln enthalten sind, werden Höchstmengen festgelegt. Die Kennzeichnung muss über die Etikettierungsrichtlinie 2000/13/EG (s. Abschnitt 4.2.3.3.2) hinaus bestimmte Anforderungen, insbesondere das Sachlichkeitsgebot, erfüllen.

#### 4.2.3.3.8 Health Claims

Die Diskussion über nährwert- und gesundheitsbezogene Angaben über Lebensmittel dauerte schon mehr als ein Jahrzehnt an, als die ersten Entwürfe der Kommission dazu vorgelegt wurden. Sie ist kontrovers, weil es zum einen über Grundsatzfragen wie die Reichweite des Verbotsprinzips, Verbraucherleitbild und Staats- bzw. Gemeinschaftsaufgaben geht, zum anderen die Interessenlage auch innerhalb der Wirtschaft unterschiedlich ist. Nach dem von der Kommission vorgelegten Vorschlag einer Verordnung über nährwert- und gesundheitsbezogene Angaben über Lebensmittel sollten gesundheitsbezogene Angaben nur verwendet werden dürfen, wenn sie in eine EG-Liste zulässiger Angaben aufgenommen oder in einem (zeit- und kostenaufwändigen) Verfahren zugelassen worden sind. Bestimmte implizit gesundheitsbezogene Angaben sollten generell untersagt werden. Besonders umstritten sind die sog. „Nährwertprofile", denen Lebensmittel entsprechen müssen, um mit Hinweisen auf den Nährstoffgehalt oder dessen Wirkungen auf die Gesundheit beworben werden zu dürfen. Zwischen der Kommission, dem Rat und dem Europäischen Parlament bestanden sehr unterschiedliche Auffassungen. Das Europäische Parlament lehnte die Nährwertprofile ab und plädierte generell für ein Notifizierungs- statt einem Genehmigungsverfahren [70], während der Rat den (modifizierten) Vorschlag der Kommission auch hinsichtlich der Nährwertprofile unterstützte [71]. Am 16. 5. 2006 stimmte das Europäische Parlament einem Kompromiss mit dem Rat zu, wonach spezifische Nährwertprofile einschließlich der Ausnahmen festgelegt werden. Unterschieden wird zwischen nährwertbezogenen und gesundheitsbezogenen Angaben. Nährwertbezogene Angaben wie „fettarm", „fettfrei/ohne Fett", „hoher Belaststoffgehalt" dürfen nur verwendet werden, wenn sie den in einer geschlossenen Liste mit 24 gemeinschaftsweit zulässigen genau definierten Angaben und deren Verwendungsbedingungen entsprechen. Gesundheitsbezogene Angaben wie „unterstützt das Immunsystem" sind verboten, es sei denn, sie befinden sich auf einer von der EBLS/EFSA (s. Abschnitt 4.2.5.3) herausgegebenen Positivliste. Generell müssen mit Health Claims beworbene Lebensmittel ein bestimmtes Nährwertprofil aufweisen (d. h. sie dürfen z. B. einen bestimmten Gehalt an Fett, Zucker oder Salz nicht überschreiten). Die Verordnung dürfte im Herbst 2006 erlassen werden und ab Anfang 2007 anwendbar sein. Es bestehen Übergangsfristen für bisher nach nationalem Recht zulässige Produkte (3 Jahre) und für Produkte mit bestehenden Handelsmarken oder Markennamen (15 Jahre) [71a].

#### 4.2.3.3.9 Novel Food – Genetisch veränderte Lebensmittel und Futtermittel

Die potenziellen Gefahren, die von sog. „neuartigen Lebensmitteln" („Novel Food") ausgehen können, ließen die Anwendung des Verbotsprinzips mit einem modifizierten Genehmigungsverfahren angezeigt erscheinen. Dieses sieht die Verordnung (EG) Nr. 258/97 des Europäischen Parlaments und des Rates vom 27. 1. 1997 über neuartige Lebensmittel und neuartige Lebensmittelzutaten [72] vor. Die bedeutendste Gruppe der in Art. 1 VO (EG) Nr. 258/97 definierten Novel Food, die gentechnisch veränderten Lebensmittel, wurden aus dem Anwendungsbereich dieser Verordnung später (mit Wirkung vom 18. 4. 2004) herausgenommen und in der Verordnung (EG) Nr. 1829/2003 des Europäischen Parlaments und des Rates vom 22. 9. 2003 über genetisch veränderte Lebensmittel und Futtermittel [73] gesondert dahingehend geregelt, dass sie jetzt einheitlich einem Genehmigungsverfahren unterliegen. Diese Verordnung wird durch die Verordnung (EG) Nr. 1830/2003 des Europäischen Parlaments und des Rates vom 22. 9. 2003 über die Rückverfolgbarkeit und Kennzeichnung von genetisch veränderten Organismen und über die Rückverfolgbarkeit von aus genetisch veränderten Organismen hergestellten Lebensmitteln und Futtermitteln sowie zur Änderung der Richtlinie 2001/18/EG [74] ergänzt.

### 4.2.3.4 Wichtige vertikale Regelungen (Produktvorschriften)

Neu gefasst wurden u. a. folgende *vertikale Richtlinien* des Europäischen Parlaments und des Rates (Rechtsgrundlage Art. 95 EGV): Richtlinie 1999/4/EG vom 22. 2. 1999 über *Kaffee- und Zichorien-Extrakte* [75]; Richtlinie 2000/36/EG vom 23. 6. 2000 über *Kakao- und Schokoladenerzeugnisse* für die menschliche Ernährung [76]; Richtlinie 2001/113/EG vom 20. 12. 2001 über *Konfitüren, Gelees, Marmeladen und Maronenkrem* für die menschliche Ernährung [77]; bzw. des Rates (Rechtsgrundlage Art. 37 EGV): Richtlinie 2001/110/EG vom 20. 12. 2001 über *Honig* [78]; Richtlinie 2001/111/EG vom 20. 12. 2001 über bestimmte *Zuckerarten* für die menschliche Ernährung [79]; Richtlinie 2001/112 vom 20. 12. 2001 über *Fruchtsäfte* und bestimmte gleichartige Erzeugnisse für die menschliche Ernährung [80].

Nach und ungeachtet der „neuen Strategie" wurde u. a. die Verordnung (EWG) des Rates vom 2. 7. 1987 über den *Schutz der Bezeichnung der Milch und Milcherzeugnisse* bei ihrer Vermarktung [12] beibehalten und mit Durchführungsvorschriften versehen [81], ihre Schutzfunktion vom EuGH (mit zum Teil zweifelhaften Argumenten) besonders betont [82]. Neu erlassen wurde u. a. die Verordnung (EG) Nr. 2991/94 des Rates vom 5. 12. 1994 mit Normen für *Streichfette* [83]. Hinzu kommen die Produktvorschriften, die in den *EG-Marktordnungen* [84] enthalten sind sowie die umfangreichen Vorgaben des *EG-Weinrechts* [85].

### 4.2.4
**Der Vollzug des EG-Lebensmittelrechts**

Nach der allgemeinen Kompetenzverteilung gemäß dem Prinzip der begrenzten Ermächtigung (Art. 5 Abs. 1 EGV) sind für den Vollzug des EG-Lebensmittelrechts grundsätzlich die *Mitgliedstaaten* zuständig (dezentraler Vollzug). Diese sind gemäß Art. 10 EGV zum ordnungsgemäßen und effektiven Vollzug verpflichtet und haben diesen sicherzustellen. Nach dem Grundsatz der sog. Organisations- und Verfahrensautonomie der Mitgliedstaaten sind dafür deren Behörden nach nationalem Recht zuständig. Allgemeine gemeinschaftsrechtliche Vorgaben folgen aus dem Effizienzgebot (Sicherstellung der Wirksamkeit des Gemeinschaftsrechts) und dem Äquivalenzgebot (Vollzug wie in rein nationalen Angelegenheiten, nicht nachlässiger). Dies führt nicht nur zu einer Einschränkung der Verwaltungsautonomie der Mitgliedstaaten im Verwaltungsverfahrensrecht, sondern hat auch Auswirkungen auf die Verwaltungsorganisation [86]. Konkrete Vorgaben bestehen hinsichtlich der Lebensmittelüberwachung (s. Abschnitt 4.2.3.3.3). Die Kommission hat im Lebensmittelrecht begrenzte Exekutivbefugnisse (Genehmigung von Novel Food), im Übrigen Aufsichts- und Koordinierungsbefugnisse (s. Rn. 4.2.5.1).

Die Mitgliedstaaten und ihre Organe der Gesetzgebung, Verwaltung und Rechtsprechung haben die Vorgaben des vorrangigen Gemeinschaftsrechts zu beachten und diesem zur Durchsetzung zu verhelfen. Das (primäre und sekundäre) EG-Recht entfaltet eine Sperrwirkung gegenüber entgegenstehendem nationalem Recht und schränkt insoweit die eigene politische Gestaltungsfreiheit der Mitgliedstaaten ein. Dies betrifft vor allem auch das Lebensmittelrecht [87]. Zur Sicherung u.a. der Warenverkehrsfreiheit wurde die Richtlinie 83/189/EWG des Rates vom 28. 3. 1983 über ein *Informationsverfahren* auf dem Gebiet der Normen und technischen Vorschriften [88] erlassen, die zur präventiven Verhinderung von Handelshemmnissen die Mitgliedstaaten verpflichtet, den Erlass von Vorschriften der Kommission zu notifizieren; diese prüft ihre Vereinbarkeit mit dem EG-Recht. Die Richtlinie hat unmittelbare Wirkung mit der Folge, dass nicht notifizierte nationale Vorschriften Individuen nicht entgegengehalten werden können [89] und die richtlinienkonforme Auslegung auch auf Privatrechtsverhältnisse Auswirkungen haben kann [90].

### 4.2.5
**Organisation: EG-Behörden im Bereich des Lebensmittelrechts**

#### 4.2.5.1 **Die Kommission**
Die „Europäische Kommission" ist im EG-Lebensmittelrecht in erster Linie als *Initiativorgan* im Rahmen der Rechtsetzung tätig (vgl. Art. 250 Abs. 1 EGV), und zwar in der Regel im Mitentscheidungsverfahren (Art. 251 EGV), auf das

die wichtigste Rechtsgrundlage, nämlich Art. 95 EGV verweist. Ferner hat sie *Rechtsetzungsbefugnisse*, die ihr in Rechtsakten des Rates bzw. des Europäischen Parlaments und des Rates übertragen worden sind (vgl. Art. 211, 4. Spiegelstrich EGV i.V.m. dem sog. Komitologie-Beschluss, s. Abschnitt 4.2.2.2) [33]. Schließlich überwacht sie als „Hüterin der Verträge" die Einhaltung des gemeinschaftlichen Lebensmittelrechts durch die Mitgliedstaaten (Art. 226 EGV), aber auch durch den Gemeinschaftsgesetzgeber (vgl. Art. 230 EGV). In beschränktem Umfang (z.B. Genehmigungsverfahren bei Novel Food) hat sie *Exekutivbefugnisse*. Sanktionsbefugnisse gegenüber Individuen bestehen im Agrarrecht. Im Lebensmittelrecht bestehen bislang allein *Überwachungsbefugnisse*. Ferner *vertritt* die Kommission die EG in Internationalen Organisationen (Art. 302 EGV), hier in der WTO und der Codex-Alimentarius-Kommission.

Das Lebensmittelrecht hat Anknüpfungspunkte zu mehreren Generaldirektionen (GD) der Kommission. Von besonderer Bedeutung ist die *GD Gesundheit und Verbraucherschutz*, die in sechs Direktionen untergliedert ist (Allgemeine Angelegenheiten; Verbraucherangelegenheiten; Volksgesundheit und Risikobewertung; Lebensmittelsicherheit: Produktion und Vertriebskette; Lebensmittelsicherheit: Pflanzengesundheit, Tiergesundheit und Tierschutz, Internationale Fragen; Lebensmittel- und Veterinäramt) [91].

### 4.2.5.2 Die Dubliner Behörde (Lebensmittel- und Veterinäramt)

Das in Dublin (Irland) angesiedelte Lebensmittel- und Veterinäramt (daher auch „Dubliner Behörde" genannt) ist seit 1.4.1997 in die Generaldirektion für *Gesundheit und Verbraucherschutz* (s. Abschnitt 4.2.5.1) eingegliedert. Das Amt soll der Kommission einen Überblick über die Anwendung des Lebensmittelrechts, insbesondere die Lebensmittelüberwachung, in den Mitgliedstaaten verschaffen. Hierzu führt es als kommissionseigener Inspektionsdienst regelmäßige *Audits und Kontrollen* in den Mitgliedstaaten (sowie auf Grundlage völkerrechtlicher Vereinbarungen auch in Drittstaaten, die Lebensmittel in die EU exportieren) durch. Dies betrifft die *Bereiche* Lebensmittel tierischen und pflanzlichen Ursprungs, unzulässige Stoffe und Rückstände, Tiergesundheit, Tierschutz und Tierzucht sowie Pflanzenzucht. Die Inspektoren prüfen einerseits die Kontrollsysteme der besuchten Mitgliedstaaten, führen aber auch bei Lebensmittelproduzenten selbst Inspektionen durch. Dadurch soll ein gemeinschaftsweit möglichst einheitliches Schutzniveau für die Verbraucher erreicht werden. Die *Ergebnisse der Untersuchungen*, die in der Regel auch Empfehlungen zur Beseitigung festgestellter Missstände enthalten, werden den Institutionen der Mitgliedstaaten und der EG zur Verfügung gestellt und sind auch der Öffentlichkeit zugänglich.

### 4.2.5.3 Die Europäische Behörde für Lebensmittelsicherheit (EBLS, EFSA) in Parma

Die Europäische Behörde für Lebensmittelsicherheit (EBLS – European Food Safety Agency – EFSA), deren Grundlagen, Aufgaben und Arbeitsweise in Art.

22–49 BasisVO (s. Abschnitt 4.2.2) geregelt sind, erhielt ihren Sitz in Parma. Sie besteht aus einem Verwaltungsrat, dem Geschäftsführenden Direktor, einem Beirat und einem Wissenschaftlichen Ausschuss nebst Wissenschaftlichen Gremien. Es handelt sich bei der EBLS um keine „Behörde" im Sinne der Terminologie des deutschen Verwaltungsrechts, da sie keine Verwaltungsmaßnahmen im Außenverhältnis zum Bürger erlässt, sondern um eine EG-Agentur mit eigener Rechtspersönlichkeit des Typs *Regulierungsagentur*, da sie die Kommission als das eigentliche Exekutivorgan (s. Abschnitt 4.2.5.1) durch Stellungnahmen und Empfehlungen, die die fachliche und wissenschaftliche Basis für deren Entscheidungen sein sollen, unterstützen soll. Dabei soll die EBLS mit den korrespondierenden Stellen der Mitgliedstaaten eng zusammenarbeiten. Obwohl ein Novum für das Europäische Lebensmittelrecht, gliedert sich die EBLS in die bestehenden Institutionen Kommission, Dubliner Behörde und (hinsichtlich des Arzneimittelrechts) Europäische Arzneimittelagentur (European Medicines Agency, EMA, früher EMEA) in London [92] ein. Der Unterscheidung des Art. 6 BasisVO zwischen Risikobewertung und Risikomanagement (s. Abschnitt 4.1.2.2.4) folgend, ist die EBLS für Erstere, die Kommission für Letzteres zuständig. Im Hinblick auf die Gewinnung des Verbrauchervertrauens soll die EBLS nach den Prinzipien der Unabhängigkeit und der Transparenz unter Beachtung der Vertraulichkeit, aber mit weitgehenden Informationspflichten arbeiten. Hier zeigen sich strukturelle Probleme, die zu lösen sind.

### 4.2.5.4 Organisatorische Vernetzung mit den Behörden der Mitgliedstaaten im Mehrebenensystem

Der Vollzug des Gemeinschaftsrechts durch die Mitgliedstaaten (dezentraler Vollzug; s. Abschnitt 4.2.4) wird durch die Kommission überwacht (Art. 211, 1. Spiegelstrich EG; Art. 226 EG). Gegenüber den nationalen Verwaltungsbehörden hat sie keine Weisungsbefugnisse. Es bestehen aber allgemeine (Art. 10 EGV) und spezielle Kooperationspflichten, insbesondere durch die Richtlinien zur Lebensmittelüberwachung (s. Abschnitt 4.2.3.2.2). Bei dieser Überwachung wird die Kommission durch das Lebensmittel- und Veterinäramt (Dubliner Behörde, s. Abschnitt 4.2.5.2) unterstützt. Dessen Inspektoren prüfen die Kontrollsysteme in den besuchten Staaten, führen aber auch bei Lebensmittelproduzenten selbst Inspektionen durch. In Teilbereichen des Lebensmittelrechts obliegt der Vollzug des Gemeinschaftsrechts der EG selbst (unmittelbarer Vollzug). Zuständig dafür ist die Kommission (s. Abschnitt 4.2.5.1), die dabei von dezentralen Einrichtungen mit eigener Rechtspersönlichkeit, insbesondere der EBLS (s. Abschnitt 4.2.5.3), unterstützt wird.

Die Kommission und die sie unterstützenden Agenturen (EBLS, Dubliner Behörde) und die Behörden der Mitgliedstaaten müssen eng zusammenarbeiten, um die Lebensmittel- einschließlich Futtermittel- sowie die Arzneimittelsicherheit zu gewährleisten. Dies gilt generell (Art. 10 EG) und speziell in der Lebensmittelüberwachung. An den Genehmigungsverfahren, die der Kommission obliegen (z. B. Novel Food; Genetisch veränderte Lebensmittel), sind die

Behörden der Mitgliedstaaten beteiligt. Dies setzt eine Abstimmung der Mehrebenenverwaltung voraus, die auch eine entsprechende Behördenstruktur erfordert [93].

## 4.3
## Das (nationale) Lebensmittelrecht ausgewählter europäischer Staaten

### 4.3.1
### Bundesrepublik Deutschland

#### 4.3.1.1 **Kompetenzen**
Die innerstaatliche Organisation des Vollzugs des Gemeinschaftsrechts überlässt dieses, abgesehen von gewissen Vorgaben zur Sicherung der Effizienz (s. Abschnitt 4.2.4), den Mitgliedstaaten selbst nach deren Verfassungsrecht. In Deutschland ist für den legislativen Vollzug (Umsetzung von Richtlinien, s. Abschnitt 4.2.3.2.2; Ergänzung von Verordnungen, s. Abschnitt 4.3.1.3.2) der Bund in konkurrierender Gesetzgebung (Art. 74 Abs. 1 Nr. 20 GG) zuständig. Er hat davon hauptsächlich durch das Lebensmittel- und Bedarfsgegenständegesetz (LMBG) [2] Gebrauch gemacht, das am 1. 9. 2005 mit Wirkung vom 7. 9. 2005 durch das LFGB [1] ersetzt wurde (s. Abschnitt 4.1.1.1). Der administrative Vollzug obliegt gemäß Art. 30, Art. 83 ff. GG (hinsichtlich Bundesgesetzen, die EG-Richtlinien umsetzen) bzw. Art. 30, Art. 83 ff. GG analog (hinsichtlich EG-Verordnungen) den Ländern. Diese vollziehen auch die Landesgesetze, die das Bundesrecht ergänzen [94]. Um zu einem einheitlichen Vollzug der lebensmittelrechtlichen und weinrechtlichen Vorschriften in der Überwachung beizutragen, wurde die *Allgemeine Verwaltungsvorschrift* über Grundsätze zur Durchführung der amtlichen Überwachung lebensmittelrechtlicher und weinrechtlicher Vorschriften (AVV Rahmen-Überwachung – AVV RÜb) vom 21. 12. 2004 [95] erlassen.

#### 4.3.1.2 **Zuständige Behörden**
Der Vollzug des EG-Lebensmittelrechts erfolgt in Deutschland hauptsächlich durch Behörden der Länder (s. Abschnitt 4.3.1.1). Die *Organisationsstruktur* in diesen ist unterschiedlich [94]. Als Bundesbehörden sind im Rahmen der Neuorganisation des gesundheitlichen Verbraucherschutzes [96] das Bundesinstitut für Risikobewertung (BfR) und das Bundesamt für Verbraucherschutz und Lebensmittelsicherheit (BVL) errichtet worden. Das BfR ist im Rahmen seiner Bewertungen und Forschungen weisungsunabhängig, unterliegt aber der Aufsicht des Bundesministeriums für Ernährung, Landwirtschaft und Verbraucherschutz (BMELV). Das BVL ist eine selbstständige Bundesoberbehörde, die funktional aus dem BMELV ausgegliedert, aber diesem unterstellt ist. Diese beiden Behörden und die Behörden von Bund und Ländern bedürfen der gegenseitigen Abstimmung und der Abstimmung mit den EG-Einrichtungen (s. Abschnitte 4.2.5.4 und 4.3.1.4).

### 4.3.1.3 Verzahnung des deutschen mit dem europäischen Lebensmittelrecht

#### 4.3.1.3.1 Legislative Umsetzung von Richtlinien

Richtlinien bedürfen der Umsetzung in nationales Recht (Art. 249 Abs. 3 EGV) [97]. Dabei sind die Mitgliedstaaten an die Vorgaben des Gemeinschaftsrechts gebunden, können eröffnete *Umsetzungsspielräume* aber nutzen und müssen dies ggf. aus verfassungsrechtlichen Gründen auch. Für die Umsetzung sind nach der Kompetenzverteilung des Grundgesetzes (s. Abschnitt 4.3.1.1) in erster Linie der Bund, in geringem Umfang auch die Länder zuständig. Ob ein formelles Gesetz erforderlich ist oder eine Rechtsverordnung genügt, bestimmt sich nach der sog. „Wesentlichkeitstheorie" des BVerfG. Da lebensmittelrechtliche Vorschriften zu Belastungen der Unternehmen führen, kommt bei (nicht seltener) verspäteter Umsetzung die unmittelbare Wirkung von Richtlinien in Betracht, die geringere Anforderungen stellen [98]. Umgekehrt kommt eine auf eine nicht umgesetzte Richtlinie gestützte Bestrafung nicht in Frage [99].

#### 4.3.1.3.2 Legislative Ergänzung von Verordnungen

Verordnungen bedürfen wegen ihrer unmittelbaren Geltung (Art. 249 Abs. 2 EGV) *keiner Umsetzung*. Selbst eine „Bestätigung" durch deklaratorisch wiederholendes nationales Recht (nationale Parallelgesetzgebung) ist grundsätzlich unzulässig. Allerdings dürfen nationale Bestimmungen anlässlich ihrer Anpassung an das EG-Recht im Interesse ihres inneren Zusammenhangs und ihrer Verständlichkeit für den Adressaten einzelne Aspekte der EG-Verordnungen wiederholen. Kann ein bestimmtes „System" von Regelungen nur durch „das Zusammentreffen einer ganzen Reihe gemeinschaftsrechtlicher, einzelstaatlicher und regionaler Vorschriften" verwirklicht werden, darf der nationale Gesetzgeber eine zersplitterte Rechtslage ausnahmsweise durch den Erlass eines zusammenhängenden Gesetzeswerks bereinigen, auch wenn dadurch punktuelle Normwiederholungen nötig sind [100], wobei auf den EG-rechtlichen Ursprung dieses Teils der Kodifikation hinzuweisen ist. Dies kommt bei der Basis-VO (4.2.2) in Betracht [101].

Die legislative Ergänzung einer Verordnung ist erlaubt, wenn die Verordnung dies vorsieht. Sie kann sogar geboten sein. Dies ist bei lebensmittelrechtlichen Verordnungen in der Regel insoweit der Fall, als sie durch Straf- oder Bußgeldtatbestände gegen Verstöße bewehrt werden müssen. Die EG hat insoweit nämlich allein eine Anweisungskompetenz. In Deutschland ist dies in §§ 58 ff. LFGB (vormals §§ 56 ff. LMBG) erfolgt.

#### 4.3.1.3.3 Administrativer Vollzug durch deutsche Behörden

Die nach deutschem (Verfassungs-)Recht zuständigen deutschen Bundes- und Landesbehörden (s. Abschnitt 4.3.1.2) haben das EG-Lebensmittelrecht und das deutsche Umsetzungs- (s. Abschnitt 4.3.1.3.1) und Ergänzungsrecht (s. Abschnitt 4.3.1.3.2) grundsätzlich nach nationalem Verwaltungsrecht unter Beachtung der gemeinschaftsrechtlichen Vorgaben (s. Abschnitt 4.2.4) zu vollziehen.

#### 4.3.1.3.4 Wahrung des EG-Lebensmittelrechts durch deutsche Gerichte als „Gemeinschaftsrechtsgerichte"

Die generelle Pflicht der deutschen Gerichte, als „Gemeinschaftsrechtsgerichte" das durch deutsche Behörden vollzogene Gemeinschaftsrecht zu wahren, betrifft besonders auch das stark „vergemeinschaftete" Lebensmittelrecht. Dies gilt für den Vollzug von EG-Verordnungen, die richtlinienkonforme Auslegung und den Vorrang des Primärrechts, der die Anwendung entgegenstehenden nationalen Rechts hindert.

#### 4.3.1.3.5 Beachtung der primärrechtlichen Vorgaben des freien Warenverkehrs, insbesondere der Anforderungen des Bier-Urteils des EuGH: § 47a LMBG (seit 7. 9. 2005 § 54 LFGB)

Die Vorgaben des EG-Primärrechts müssen in der lebensmittelrechtlichen Praxis beachtet werden. Um dies zu erleichtern, wurden die Folgen der maßgeblichen Cassis-Rechtsprechung (s. Abschnitt 4.2.1.1.3), insbesondere die wichtigen Konkretisierungen des Bier-Urteils [61], das eine Regelung wie die des deutschen Reinheitsgebots für Bier, das diese Bezeichnung für Produkte mit bestimmten Ausgangsstoffen vorbehält, wegen der Reservierung einer Gattungsbezeichnung und der als unverhältnismäßig angesehenen fehlenden Eröffnung eines Zulassungsverfahrens für Zusatzstoffe als im Hinblick auf Produkte aus anderen Mitgliedstaaten gegen die Warenverkehrsfreiheit (Art. 28/30 EGV) verstoßend erklärte, deklaratorisch in § 47a LMBG aufgenommen. Dies ist nicht nur zulässig, sondern bei erkennbaren Vollzugsproblemen in einem Mitgliedstaat sogar durch Art. 10 EGV geboten. Danach dürfen Erzeugnisse im Sinne des LFGB, also vor allem Lebensmittel, die in einem anderen Mitgliedstaat der EG oder des Europäischen Wirtschaftsraums (EWR) rechtmäßig hergestellt oder rechtmäßig in den Verkehr gebracht werden oder als Drittlandsware sich rechtmäßig im Verkehr befinden, auch dann in Deutschland in den Verkehr gebracht werden, wenn sie den in Deutschland geltenden lebensmittelrechtlichen Vorschriften nicht entsprechen (gegenseitige Anerkennung nach dem Herkunftslandprinzip gemäß der Cassis-Rechtsprechung, s. Abschnitt 4.2.1.1.3). Ausgenommen sind Produkte, die Verboten zum Schutz der Gesundheit (§§ 8, 24, 30 LMBG) nicht entsprechen oder anderen zum Schutz der Gesundheit erlassenen Vorschriften nicht entsprechen, soweit nicht die Verkehrsfähigkeit der Erzeugnisse in der Bundesrepublik Deutschland durch eine Allgemeinverfügung im Bundesanzeiger bekannt gemacht worden ist [102]. Um Letzteres zu erreichen, muss ein Antrag gemäß § 54 Abs. 2–3 LFGB (vormals § 47a Abs. 2–3 LMBG) gestellt werden. Das dort beschriebene Verfahren zieht die Folgerungen aus dem Bier-Urteil des EuGH (s. Abschnitt 4.2.3.3.5) [61]. Die Abweichungen vom deutschen Lebensmittelrecht müssen gemäß § 54 Abs. 4 LFGB (vormals

§ 47a Abs. 4 LMBG) kenntlich gemacht werden, soweit dies zum Schutz des Verbrauchers erforderlich ist.

Zuständig für den Erlass der Allgemeinverfügungen ist das BVL (s. Abschnitt 4.3.1.2) im Einvernehmen mit dem Bundesamt für Wirtschaft und Ausfuhrkontrolle.

### 4.3.1.4 Die „Umsetzung" der EG-Basisverordnung durch das Lebensmittel- und Futtermittelgesetzbuch (LFGB) vom 1. 9. 2005

#### 4.3.1.4.1 „Umsetzungsbedarf" der Verordnung

Obwohl die BasisVO (s. Abschnitt 4.2.2) als unmittelbar in Deutschland geltendes Recht keiner „Umsetzung" bedarf, besteht bei ihr ein „Umsetzungs-", zumindest Anpassungsbedarf für das nationale Lebensmittelrecht. Die Definitionen in Kapitel I (Art. 2–3 BasisVO) und die Bestimmungen über das allgemeine Lebensmittelrecht in Kapitel II (Art. 4–21 BasisVO) betreffen die allgemeinen Teile der nationalen Lebensmittelrechte (in Deutschland die §§ 1–7, ferner die §§ 8–19 LMBG), die in der Tragweite des Regelungsumfangs der BasisVO weichen müssen bzw. allein im Rahmen eines zusammenhängenden Gesetzeswerks unter Bezugnahme der BasisVO aufrecht erhalten bleiben dürfen (vgl. Abschnitt 4.3.1.3.2). Die Wahl der Rechtsetzungsform der Verordnung statt einer Richtlinie stellt hier besondere Anforderungen an die Rechtsetzungstechnik und zwar nicht nur hinsichtlich der „Ästhetik" der Normen, sondern auch hinsichtlich der inhaltlichen Klarheit und Konformität mit dem Gemeinschaftsrecht. Anpassungsbedarf besteht hinsichtlich der Koordination der nationalen Behörden mit der EBLS und der Verfahren der Lebensmittelsicherheit (Kapitel IV, Art. 50–57 BasisVO).

Diese Anpassung erfolgte im Lebensmittel-, Bedarfsgegenstände- und Futtermittelgesetzbuch (Lebensmittel- und Futtermittelgesetzbuch – LFGB) vom 1. 9. 2005 [1], auf das sich nach langen Kontroversen der Vermittlungsausschuss geeinigt hat. Dieses Gesetz dient gemäß § 1 Abs. 2 LFGB ausdrücklich (auch) der Umsetzung und Durchführung von Rechtsakten der Europäischen Gemeinschaft, die Sachbereiche dieses Gesetzes betreffen, wie (insbesondere) durch ergänzende Regelungen zur VO (EG) Nr. 178/2002 (BasisVO). In seinen Begriffsbestimmungen (§§ 2–3 LFGB) verweist es auf die Definitionen der VO (EG) Nr. 178/2002, soweit diese dort ausdrücklich enthalten sind (Lebensmittel, Futtermittel, Inverkehrbringen, Verbraucher, Lebensmittel- bzw. Futtermittelunternehmen, Lebensmittel- bzw. Futtermittelunternehmer, Futtermittelzusatzstoffe, Vormischungen). Gleiches gilt für den Begriff der Bedarfsgegenstände hinsichtlich der sog. „Lebensmittelbedarfsgegenstände", die in Art. 1 Abs. 2 der VO (EG) Nr. 1935/2004 des Europäischen Parlaments und des Rates vom 27. 10. 2004 über Materialien und Gegenstände, die dazu bestimmt sind, mit Lebensmitteln in Berührung zu kommen [103], definiert sind. Eigene Begriffsbestimmungen enthält das LFGB nur, soweit die BasisVO dafür keine Definitionen vorsieht. Dabei müssen freilich die Vorgaben von EG-Richtlinien beachtet werden, z.B. beim Zusatzstoffbegriff (§ 2 Abs. 3 LFGB).

### 4.3.1.4.2 Gemeinschaftsrechtliche Vorgaben und Ausgestaltungs- sowie Ergänzungsbedarf bzw. Ausgestaltungsfreiheit

Die VO (EG) Nr. 178/2002 (s. Abschnitt 4.2.2) wird abgekürzt verbreitet als „Basisverordnung" bezeichnet. Dieser Begriff und die ebenfalls verwendete Bezeichnung „Rahmenverordnung" und die hinsichtlich der Kapitel I und II suboptimale Rechtsetzungsform dürfen nicht zu dem Fehlschluss verleiten, es handle sich dabei (wie bei einer „Rahmenrichtlinie") um eine bloße Rahmenvorgabe, die den Mitgliedstaaten weite „Umsetzungs-" oder Ausgestaltungsspielräume lasse. Vielmehr trifft die Verordnung als unmittelbar geltendes Recht in zentralen Bereichen einheitliche und abschließende Regelungen, die das bisherige nationale Recht verdrängen. Dies gilt insbesondere für den Lebensmittelbegriff, der in Art. 2 BasisVO mit Wirkung vom 21. 2. 2002 abschließend definiert ist. Daher verweist § 2 Abs. 2 LFGB allein auf die Definition in Art. 2 BasisVO (eine im Rahmen einer systematischen Gesamtregelung zulässige Normwiederholung, vgl. Abschnitt 4.3.1.3.2, ist hier nicht erforderlich, weil die bloße Verweisung hinreichend klar ist). Abschließend geregelt ist ferner z. B. die Rückverfolgbarkeit (Art. 18 BasisVO), deren Konkretisierung gemeinschaftlichem „Tertiärrecht", das im Komitologieverfahren (vgl. [33]) zu erlassen ist, vorbehalten wird (Art. 18 Abs. 5 BasisVO). Das LFGB enthält daher dazu keine Regelungen. Offenbar ausgestaltungsbedürftig ist die Bestimmung des Art. 10 BasisVO über die Information der Öffentlichkeit, was in § 40 LFGB unter Bezugnahme auf Art. 10 BasisVO geschieht. Ergänzungsbedarf (und insoweit eine Ergänzungspflicht) besteht insbesondere hinsichtlich der Bewehrung von Verstößen gegen das EG-Lebensmittelrecht (s. Abschnitt 4.3.1.3.2). Dies erfolgt in §§ 58 ff. LFGB (bislang §§ 56 ff. LMBG).

### 4.3.1.4.3 Die Anpassung der Behördenstruktur in Deutschland an die Vorgaben der EG-Basisverordnung

Die BasisVO sieht bei der Risikoanalyse in Art. 6 die Trennung von Risikobewertung und Risikomanagement (s. Abschnitt 4.1.2.2.4) vor. Dem wird auf Gemeinschaftsebene durch die Aufgabenverteilung zwischen der EBLS, die für die wissenschaftliche Risikobewertung zuständig ist, und der Kommission bzw. dem Gemeinschaftsgesetzgeber, denen die (rechtlich gebundenen) politischen Entscheidungen des Risikomanagements zukommen, Rechnung getragen. Dem muss im Mehrebenensystem der Lebensmittelsicherheit die Organisationsstruktur auf nationaler Ebene entsprechen. Daher wurde in Deutschland im Rahmen der Neuorganisation des gesundheitlichen Verbraucherschutzes das Bundesinstitut für gesundheitlichen Verbraucherschutz und Veterinärmedizin (BgVV) aufgelöst und an dessen Stelle für die Risikobewertung das BfR und für das Risikomanagement das dem BMELV unterstellte BVL eingerichtet (s. Abschnitt 4.3.1.2).

Eine Reihe von „Lebensmittelskandalen" hat Probleme der Koordination im Mehrebenensystem zwischen EG, Bund und Ländern offenbart [104]. Dem soll auf Gemeinschaftsebene zum einen durch die Errichtung der EBLS (Kapitel III BasisVO), zum anderen durch die Verfahren zur Krisenbewältigung (Kapitel IV BasisVO), auf deutscher Ebene durch die Neuorganisation des gesundheitlichen Verbraucherschutzes und die damit verbundene Vernetzung der Institutionen begegnet werden. Sowohl im Verhältnis der EG zu den Mitgliedstaaten als auch im Verhältnis des Bundes zu den Ländern im Bundesstaat Bundesrepublik Deutschland bedarf dieser Ansatz der Bewährung in der Praxis, ggf. mit entsprechenden Anpassungen [105].

#### 4.3.1.4.4 Gliederung des LFGB

Das LFGB enthält nach den allgemeinen Bestimmungen in Abschnitt 1 (§§ 1–4: Zweck, Begriffsbestimmungen unter Verweis auf die BasisVO) die grundlegenden Vorschriften über den Verkehr mit Lebensmitteln (Abschnitt 2, §§ 5–16) mit den Verboten zum Schutz der Gesundheit (§ 5) und dem Verbotsprinzip (s. Abschnitt 4.1.2.2.2) hinsichtlich Lebensmittelzusatzstoffen (§§ 6, 7). § 15 hält an den von der Deutschen Lebensmittelbuch-Kommission (§ 16) grundsätzlich einstimmig zu beschließenden Leitsätzen des Deutschen Lebensmittelbuches fest, in denen die Herstellung, die Beschaffenheit und sonstige Merkmale von Lebensmitteln, die für ihre Verkehrsfähigkeit von Bedeutung sind, festgelegt sind. Dem Ansatz der BasisVO entsprechend wird in Abschnitt 3 (§§ 17–25) der Verkehr mit Futtermitteln einbezogen. Abschnitt 4 (§§ 26–29) regelt den Verkehr mit kosmetischen Mitteln, Abschnitt 5 (§§ 30–33) den Verkehr mit sonstigen (d. h. nicht Lebensmittel-)Bedarfsgegenständen. Nicht vor, sondern nach die Klammer gezogen folgen „gemeinsame Vorschriften für alle Erzeugnisse" (Abschnitt 6, §§ 34–37). Abschnitt 7 (§§ 38–49) regelt die Lebensmittelüberwachung, die nach der Kompetenzverteilung des Grundgesetzes grundsätzlich den Ländern obliegt (s. Abschnitt 4.3.1.2), Abschnitt 8 das Monitoring (§§ 50–52), Abschnitt 9 das Verbringen in das und aus dem Ausland, wobei zwischen Drittländern (§ 53) und anderen Mitgliedstaaten (§ 54) zu unterscheiden ist. § 56 enthält eine Vielzahl von Verordnungsermächtigungen. Abschnitt 10 (§§ 58–62) enthält die auch zur Bewehrung des EG-Rechts erforderlichen Straf- und Bußgeldbestimmungen [106].

### 4.3.2
### Österreich

Das österreichische Lebensmittelrecht war bislang hauptsächlich im Lebensmittelgesetz (LMG) von 1975 geregelt [107, 108]. Dieses wurde den jeweiligen gemeinschaftsrechtlichen Vorgaben angepasst. So wurde z. B. aufgrund der EG-Richtlinie über Nahrungsergänzungsmittel von 2002 [69] durch Bundesgesetz von 2003 die Kategorie der sog. Verzehrprodukte gestrichen und durch diese ersetzt. Zur Anpassung an die EG-BasisVO (s. Abschnitt 4.2.2) und zur Umsetzung und Durchführung (neuerer) Rechtsakte der EG wurden das LMG 1975 sowie weitere Gesetze und Verordnungen durch das Bundesgesetz über das Inverkehrbringen und die Anforderungen an die Sicherheit von pflanzlichen und tierischen Lebensmitteln entlang der Lebensmittelkette, von Gebrauchsgegenständen und kosmetischen Mitteln (Lebensmittelsicherheits- und Verbraucherschutzgesetz – LMSVG) von 2005 ersetzt [109]. Dieses Gesetz knüpft an die Ziele der EG-BasisVO an und nennt die herkömmlichen Ziele des Gesundheitsschutzes und des Täuschungsschutzes, aber auch die Grundsätze der Risikoanalyse, des Vorsorgeprinzips und der Transparenz. Somit soll „den neuen gemeinschaftsrechtlichen Anforderungen im Lebensmittelbereich" Rechnung getragen werden, indem die gesamte Lebensmittelkette einschließlich der Primärproduktion berücksichtigt wird, d. h. auch die Regelungen zur Fleischuntersuchung ebenso wie die Hygienevorschriften für Lebensmittel und deren Kontrolle [110]. Der Lebensmittelbegriff verweist auf die Definition in Art. 2 der VO (EG) Nr. 178/2002 (BasisVO) und bezieht Nahrungsergänzungsmittel, Lebensmittelzusatzstoffe und Verarbeitungshilfsstoffe ein. Auch die übrigen Definitionen verweisen, soweit sie nicht österreichische Spezifika wie z. B. den „Amtlichen Fachassistenten" betreffen, auf die entsprechenden Bestimmungen der BasisVO (§ 3 LMSVG 2005). Im ersten Hauptstück des Gesetzes folgen nach den allgemeinen Bestimmungen (§§ 1–3) die Abschnitte über den Verkehr mit Lebensmitteln (§§ 4–9), Hygiene im Lebensmittelverkehr (§§ 10–15) in Anknüpfung an das neue EG-Hygienerecht (s. Abschnitt 4.2.3.3.4), Bestimmungen betreffend Tiere und Pflanzen zur Produktion von Lebensmitteln (§ 16) und über den Verkehr mit Gebrauchsgegenständen und kosmetischen Mitteln (§§ 17–19). Das zweite Hauptstück regelt die amtliche Kontrolle (§§ 20–63), das dritte Hauptstück die Untersuchungs- und Sachverständigentätigkeit (§§ 64–81), wobei die Verknüpfung mit den EG-Institutionen (vgl. Abschnitt 4.2.5) hergestellt wird (vgl. § 76 LMSVG), während das vierte Hauptstück Strafbestimmungen (§§ 82–89) und Bestimmungen über Verwaltungsstrafen (§§ 90–94) enthält. Das vom Bundesministerium („der Bundesministerin") für Gesundheit und Frauen unter Beratung der Codexkommission herausgegebene Österreichische Lebensmittelbuch (Codex Alimentarius Austriacus) wird beibehalten (§§ 77 f. LMSVG). Gesondert geregelt sind in § 81 LMSVG die Beziehungen zur FAO/WHO Codex Alimentarius-Kommission (s. dazu Abschnitt 4.4.2). Die Vollziehung des Gesetzes obliegt den in § 107 LMSVG genannten Bundesministerien.

### 4.3.3
**Frankreich**

Das französische Lebensmittelrecht ist nicht durch ein spezielles Rahmengesetz, sondern durch mehrere horizontale und vertikale Produktvorschriften geregelt. So definierte vor der jetzt gemeinschaftsweit einheitlichen Regelung durch die BasisVO (s. Abschnitt 4.2.2.3) Art. R-112-1 des Verbrauchergesetzes (Code de Consommation) den Lebensmittelbegriff. Die schon lange vor der gemeinschaftsrechtlichen Regelung durch Richtlinien bestehenden speziellen Vorschriften über diätetische Lebensmittel, Lebensmittelzusatzstoffe (produktspezifische Regelungen) wurden den EG-Vorgaben angepasst, was zum Teil zu größerer Übersichtlichkeit führte. Das Produktrecht ist nach wie vor stark zersplittert [111]. Die besonders strenge Sprachvorschrift mit der Forderung, dass Lebensmittel uneingeschränkt in französischer Sprache etikettiert werden müssen, wurde vom EuGH als gemeinschaftsrechtswidrig erklärt [112].

### 4.3.4
### Vereinigtes Königreich

Im Vereinigten Königreich wird das Lebensmittelrecht hauptsächlich in drei Gesetzen (statutes) geregelt: dem Food and Environment Protection Act von 1985, der vor allem Vorschriften hinsichtlich der Kontamination von Lebensmitteln enthält, dem Food Safety Act (Lebensmittelsicherheitsgesetz) von 1990 und dem Food Standards Act von 1999, der die Aufgaben und Befugnisse der Food Standards Agency regelt. Der Food Safety Act ist ein Rahmengesetz, das die Sicherheit von Lebensmitteln, den Verbraucherschutz, die Durchführung von EG-Vorschriften, die Registrierung von Lebensmittelbetrieben, die Sanktionierung von Verstößen regelt sowie Ermächtigungsgrundlagen enthält. Die das Lebensmittelrecht wie in allen Mitgliedstaaten bestimmenden Vorgaben des EG-Rechts werden, soweit sie der Umsetzung bzw. Ergänzung bedürfen, durch Verordnungen (regulations) der Ministerien (Secretary of State) vollzogen, in erster Linie des Minister of Agriculture, Fisheries and Food. Durchführungsbefugnisse können auf die Food Standards Agency übertragen werden. Teilweise liegen die Kompetenzen dezentralisiert bei der National Assembly for Wales, den schottischen Ministern oder einem nordirischen Department. Die Lebensmittelüberwachung obliegt dezentralisiert den Behörden der Grafschaften (Counties) [113].

### 4.3.5
### Niederlande

Das niederländische Lebensmittelrecht ist nicht in einem zentralen Gesetz geregelt, sondern ergibt sich vor allem aus dem Warengesetz (Warenwet), dem Fleischbeschaugesetz (Vleeskeuringswet), dem Landwirtschaftsqualitätsgesetz (Landbouwkwaliteitswet) und dem Schädlingsbekämpfungsmittelgesetz (Bestrijdingsmiddelenwet). Das Warengesetz regelt als Rahmengesetz wie andere Produkte auch Lebensmittel, verbietet unmittelbar den Verkauf von gesundheitsschädlichen Lebensmitteln und Angaben über medizinische Eigenschaften von Lebensmitteln und enthält Kompetenzen für Durchführungserlasse. Die Lebensmittelüberwachung obliegt dem Gesundheitsministerium. Sie wird durch den Staatlichen Warenprüfdienst und die nachgeordneten Regionalstellen durchgeführt [114].

## 4.3.6
### Italien

Das horizontale Lebensmittelrecht Italiens wurde durch die Durchführungsverordnung vom 26. 3. 1980 zum Lebensmittelgesetz von 1962 übersichtlicher gemacht, während das Produktrecht relativ unübersichtlich in Verordnungen, Erlassen und Rundschreiben, die oft geändert und nicht konsolidiert wurden, nach wie vor zersplittert ist [115].

## 4.3.7
### Spanien

Rahmengesetz der horizontalen wie der vertikalen (produktspezifischen) Normen ist der Codigo Alimentario von 1967, der sich am Codex Alimentarius (s. Abschnitt 4.4.2) orientiert und 1974 in Kraft getreten ist. Die Einzelheiten werden in einer fast unüberschaubaren Vielzahl von Verordnungen der Regierung, ergänzt durch Ministerialerlasse festgelegt. Die Gesetzgebungs- und die Vollzugskompetenz, insbesondere die Lebensmittelkontrolle, sind zwischen dem Zentralstaat, den Autonomen Gemeinschaften und den lokalen Körperschaften aufgeteilt. Alle Lebensmittelbetriebe und -geschäfte, aber auch bestimmte Lebensmittelprodukte müssen in einem Lebensmittelregister registriert werden. Verstöße gegen das Lebensmittelrecht werden verwaltungsrechtlich und strafrechtlich geahndet [116].

## 4.3.8
### Die der Europäischen Union 2004 beigetretenen (mittel- und osteuropäischen) Staaten

Das Lebensmittelrecht der zum 1. 5. 2004 beigetretenen zehn neuen Mitgliedstaaten Tschechische Republik, Estland, Zypern, Lettland, Litauen, Ungarn [117], Malta, Polen, Slowenien und Slowakei unterliegt seither den Vorgaben des EG-Rechts. Seit der grundsätzlichen Entscheidung für die Erweiterung der Europäischen Union begann die Heranführung der Beitrittskandidaten an den Gemeinsamen Markt bzw. Binnenmarkt und damit auch an die entsprechenden Erfordernisse des Lebensmittelrechts mit Anpassungshilfen, insbesondere auch Finanzhilfen. Dieser Prozess wird durch befristete und bedingte Übergangsregelungen, die im Einzelnen, nach Mitgliedstaaten differenziert und sehr detailliert in der Beitrittsakte festgelegt sind, fortgesetzt. Dies ist erforderlich, um die Lebensmittelwirtschaft, insbesondere die Landwirtschaft, zu vertretbaren Bedingungen in den europäischen Markt einzugliedern. Dabei dürfen die erforderlichen Gesundheitsstandards nicht aufgeweicht werden. Soweit Übergangsregelungen zugelassen werden, sind die betreffenden Produkte grundsätzlich nur für den jeweiligen heimischen Markt, nicht für den Binnenmarkt zugelassen. Dies erfordert eine entsprechende Kennzeichnung und Kontrolle [118].

### 4.3.9
### Schweiz

Die Bevölkerung der Schweiz hat den Beitritt zum Europäischen Wirtschaftsraum abgelehnt, weshalb auch ein Beitrittsantrag zur Europäischen Union nicht aktuell ist. Seit Gründung der EWG hat sich die Schweiz aber im Wege des sog. „autonomen Nachvollzugs" [119] um möglichst EG-kompatible Lösungen im schweizerischen Lebensmittelrecht bemüht, ohne weitergehende eigene Vorstellungen aufzugeben [120]. Durch eine Reihe bilateraler Abkommen (Freihandelsabkommen 1972; „Bilaterale I" 1999 und „Bilaterale II" 2004) sollen (intensiviert nach Scheitern des Beitritts zum EWR) binnenmarktähnliche Verhältnisse durch den Abbau von Schranken im grenzüberschreitenden Verkehr und Harmonisierung von Rechtsvorschriften (Liberalisierungs- und Harmonisierungsverträge) geschaffen werden [121]. Hier ist insbesondere das Agrarabkommen von 1999 [122] zu nennen, das zu einer Liberalisierung des Handels mit Käse und zu einem Zollabbau bei zahlreichen anderen Agrarprodukten und zum Abbau technischer Handelshemmnisse im Agrarbereich durch gegenseitige Anerkennung der Gleichwertigkeit führt. Im Rahmen der Bilateralen II wird dies auf verarbeitete Landwirtschaftsprodukte ausgedehnt [123]. Das bislang bestehende schweizerische Lebensmittelrecht, nämlich die Rahmenregelung des Bundesgesetzes über Lebensmittel- und Gebrauchsgegenstände vom 9. 10. 1992 [124] sowie die dieses Gesetz ergänzenden Verordnungen, wurde zum 1. 1. 2006 grundlegend reformiert. Die Lebensmittel- und Gebrauchsgegenständeverordnung (LGV) des Bundesrats ersetzt acht Bundesratsverordnungen, darunter die Lebensmittelverordnung (LMV) vom 1. 3. 1995 [125] und die Gebrauchsgegenständeverordnung (GebrV) sowie drei Bundesratsbeschlüsse über das Lebensmittelbuch. Sie orientiert sich ausdrücklich an der EG-Basisverordnung Nr. 178/2002 (s. Abschnitt 4.2.2) und den entsprechenden Folgeverordnungen der EG. Neu wurden erlassen die Verordnung des Eidgenössischen Departements des Innern (EDI) über den Vollzug der Lebensmittelgesetzgebung, die Verordnung des EDI über Speiseöl, Speisefett und daraus hergestellte Erzeugnisse und die Verordnung des EDI über gentechnisch veränderte Lebensmittel. Mit der Verordnung des EDI über die Kennzeichnung und Anpreisung von Lebensmitteln (Lebensmittelkennzeichnungsverordnung, LKV) sollte eine grundsätzlich neue, horizontale Departementsregelung geschaffen werden, in der sämtliche Kennzeichnungsvorschriften, die Lebensmittel betreffen, zusammengefasst werden [126]. Insbesondere wurde das EG-Hygienerecht (s. Abschnitt 4.2.3.3.4) durch die Hygieneverordnung (HyV) des Eidgenössischen Departements des Innern übernommen [127]. Dies betrifft vor allem die Verpflichtung zur Rückverfolgung und Nachverfolgung von Lebensmitteln, die Verpflichtung, die Selbstkontrolle schriftlich zu dokumentieren, die Betriebsbewilligungspflicht für bestimmte Betriebe, die Lebensmittel tierischer Herkunft herstellen, verarbeiten und lagern sowie die Regelung der Art und Weise der Durchführung der Lebensmittelkontrolle. Damit soll nicht nur der EG-Markt für schweizerische Produkte und umgekehrt der schweizerische Markt für EG-Produkte weiter geöffnet werden, sondern sich die Schweiz einem System zur Gewährleistung der Lebensmittelsicherheit anschließen, das heute in ganz Europa gilt. Dies erlaubt zugleich, die Koordination des Vollzugs zu verbessern und Doppelspurigkeiten abzubauen. Die Revision sieht auch eine Neustrukturierung der auf das Lebensmittelgesetz gestützten Verordnungen vor, um in Zukunft auf Änderungen des EG-Rechts flexibler zu reagieren und notwendig werdende Rechtsanpassungen rascher und stufengerecht durchzuführen.

## 4.4
## Welthandelsrecht

### 4.4.1
### Grundlagen

#### 4.4.1.1 Grundsätze des WTO-Übereinkommens

Das europäische Lebensmittelrecht (und damit auch das Lebensmittelrecht der Mitgliedstaaten) werden auch durch das Welthandelsrecht (Recht der Welthandelsorganisation – World Trade Organization – WTO) beeinflusst. Das Allgemeine Zoll- und Handelsabkommen (General Agreement on Tariffs and Trade – *GATT*) vom 30. 10. 1947 [128] wurde durch das Übereinkommen zur Errichtung der Welthandelsorganisation (*WTO*) vom 15. 4. 1994 [129] auf eine neue Grundlage gestellt. Prinzipien des Welthandelsrechts sind nach wie vor das Ziel der Liberalisierung (insbesondere durch Reduzierung der Zölle sowie die Beseitigung nichttarifärer Handelshemmnisse) und das Meistbegünstigungsprinzip (Most-Favoured-Nation Principle), das allerdings eine Reihe von Ausnahmen kennt (historische Präferenzen; allgemeines Präferenzsystem für Entwicklungsländer; Zollunionen und Freihandelszonen; weitere Ausnahmen infolge von sog. Waivern, d.h. Ausnahmegenehmigungen) sowie die friedliche Beilegung von Streitigkeiten.

Während im EG-Recht Streitfälle durch den EuGH verbindlich entschieden werden (vgl. Art. 220, Art. 230 ff. EGV), kommt im Bereich der WTO die Vereinbarung über Regeln und Verfahren zur *Beilegung von Streitigkeiten* (Understanding on Rules and Procedures Governing the Settlement of Disputes – *DSU*) [130] zum Tragen. Dadurch hat die WTO im Gegensatz zum GATT einen mehr rechtlichen Charakter erlangt, wobei die Beibehaltung traditioneller völkerrechtlicher Elemente nicht außer Acht gelassen werden darf. So steht das freiwillige Streitbeilegungsverfahren im Vordergrund. Die Umsetzung und ggf. Durchsetzung der vom Dispute Settlement Body (*DSB*) angenommenen Berichte der Streitbeilegungsorgane (*Panel* und *Appellate Body*), die Verstöße gegen WTO-Recht verbindlich feststellen, obliegt den Streitparteien, wobei eine gewisse Flexibilität besteht. Letzteres bewog den EuGH dazu, die unmittelbare Wirkung von WTO-Übereinkommen grundsätzlich zu verneinen (s. Abschnitt 4.4.1.3).

### 4.4.1.2 SPS- und TBT-Übereinkommen

Für Lebensmittel sind das Übereinkommen über technische Handelshemmnisse (Agreement on Technical Barriers to Trade – *TBT-Übereinkommen*) [131] und insbesondere das Übereinkommen über die Anwendung gesundheitspolizeilicher und pflanzenschutzrechtlicher Maßnahmen (Agreement on the Application of Sanitary and Phytosanitary Measures – *SPS-Übereinkommen*) [132] von Bedeutung. Durch das SPS-Übereinkommen sollen die nachteiligen Auswirkungen auf den Welthandel, die mit der (einseitigen) Festlegung gesundheitspolizeilicher oder pflanzenschutzrechtlicher Maßnahmen verbunden sind, reduziert und diese Festlegung diszipliniert werden. Dabei handelt es sich in der Sache um die Bewältigung derselben Problematik, die sich im EG-Recht hinsichtlich Maßnahmen stellt, die auf Art. 30 EGV bzw. immanente Schranken der Cassis-Formel als Ausnahme bzw. Einschränkung von Art. 28 EGV (s. Abschnitt 4.2.1.1.2) gestützt werden. Freilich bestehen in der Bewältigung der Probleme erhebliche Unterschiede, sowohl hinsichtlich der Festlegung der Standards als auch hinsichtlich der Streitschlichtung.

### 4.4.1.3 TRIPS

Das Übereinkommen über handelsbezogene Aspekte des geistigen Eigentums (Trade-Related Aspects of Intellectual Property Rights) [133] schützt u. a. Marken (Art. 15–21) und geographische Angaben (Art. 22–24) und ist damit auch für das Lebensmittelrecht von Bedeutung. Für geographische Angaben für Weine und Spirituosen sieht Art. 23 TRIPS einen zusätzlichen Schutz vor.

### 4.4.2
**Die Bedeutung des Codex Alimentarius**

Hinsichtlich des *Prüfungsmaßstabs* für die Rechtfertigung von Handelshemmnissen, die die Mitglieder der WTO (im Lebensmittelrecht wegen der weitgehenden Kompetenz die EG durch Richtlinien und Verordnungen) errichten, kommt den Regeln des Codex Alimentarius besondere Bedeutung zu. Denn gemäß Art. 3 Abs. 2 SPS-Übereinkommen gelten gesundheitspolizeiliche und pflanzenschutzrechtliche Maßnahmen, die sich auf internationale Normen stützen können, als „notwendig" und als im Einklang mit dem SPS-Übereinkommen. Der *Codex Alimentarius* enthält eine Sammlung internationaler Lebensmittelstandards, die von der Codex Alimentarius Kommission ausgearbeitet werden, um einerseits nichttarifäre Handelshemmnisse abzubauen, die durch unterschiedliche Produktstandards verursacht werden, andererseits diese Produktstandards so auszugestalten, dass der Schutz der Gesundheit der Verbraucher und faire Praktiken im Handel mit Lebensmitteln gewährleistet werden [134]. Durch Letzteres wird auch der Täuschungsschutz erfasst. Die Codex Alimentarius Kommission ist eine 1961 gegründete gemeinsame Unterorganisation der beiden Sonderorganisationen *FAO* (Food and Agricultural Organization) und *WHO* (World Health Organization) der Vereinten Nationen mit 168 Mitgliedern, einschließlich der EG. Wichtigstes Mittel sind die *Codex-Standards*, die umfassende Anforderungen an Zusammensetzung, Behandlung, Qualität, Kennzeichnung und Angebot aller hauptsächlich zur Abgabe an den Verbraucher bestimmten Lebensmittel aufstellen. Es gibt weltweite und regionale, allgemeine (horizontale) und Produktstandards (vertikale Standards). Die Standards sind Empfehlungen an die Mitgliedstaaten (Unterschied zu EG-Richtlinien), die erst durch deren förmliche Annahme bzw. Umsetzung (wegen der innergemeinschaftlichen Kompetenz die Annahme bzw. Umsetzung durch die EG) innerstaatliche bzw. innergemeinschaftliche Rechtsgeltung erhalten. Ungeachtet dessen sind wichtige Bereiche des EG-Lebensmittelrechts durch Codex-Standards beeinflusst worden. Weitere Instrumente des Codex Alimentarius sind Codes of practice („Verfahrens-Kodizes"), Guidelines („Codex-Leitlinien") und sonstige Regelungen.

Problematisch sind die Maßstäbe für die *Rechtfertigung darüber hinausgehender Schutzmaßnahmen*. Diese sind gemäß Art. 3 Abs. 3 SPS-Übereinkommen ausdrücklich zulässig. Erste Leitlinien zur Lösung des Problems, berechtigte Schutzmaßnahmen von unberechtigtem Protektionismus abzugrenzen, hat die Entscheidung des Appellate Body der WTO im sog. Hormonstreit zwischen Kanada und den USA einerseits und der EG andererseits gegeben. Danach sind die Mitglieder der WTO bei ihrer Risikobewertung nicht auf rein naturwissenschaftlich nachweisbare Gesundheitsgefahren beschränkt, sondern können auch Fragen des „Risikomanagements" wie z. B. das Missbrauchsrisiko und Kontrollprobleme berücksichtigen. Die naturwissenschaftliche Ermittlung und Bewertung von Risiken ist zwar der Ausgangspunkt, aber nicht bereits das Ergebnis. Die Maßnahme muss durch die Ergebnisse wissenschaftlicher Studien hinreichend untermauert sein, so dass zwischen der Risikoabschätzung und der darauf beruhenden Regelung ein vernünftiger Zusammenhang („rational relationship") besteht. Dabei ist nicht erforderlich, dass die vorgelegten Studien der „herrschenden Meinung" entsprechen; auch eine abweichende Expertise einzelner qualifizierter und respektierter Wissenschaftler, die die Gefahr sorgfältig untersucht haben, genügt. Dies ist aber kein Freibrief für eine oberflächliche, auf wenig substantielle Studien gestützte Risikoabschätzung. Das Vorsorgeprinzip setzt die Bestimmungen der Art. 5 Abs.1 und 2 SPS-Übereinkommen nicht außer Kraft, sondern findet Berücksichtigung in Art. 5 Abs. 7 SPS-Übereinkommen. Wichtig ist, dass die getroffenen Maßnahmen systemgerecht und konsequent sind. Beispiel: Die sachlich nicht begründete Unterscheidung zwischen dem Einsatz von Hormonen in der Schweine- und in der Rindermast durch die EG wurde vom Appellate Body als willkürlich, das Hormonverbot insoweit als WTO-widrig angesehen [135].

4.4.3
**Die EG und das EG-Recht im Rahmen der WTO**

Die EG war aufgrund ihrer ausschließlichen Kompetenzen im Bereich der *Zölle* (Art. 23 ff. EGV) und der *Gemeinsamen Handelspolitik* (GHP; Art. 133 EGV) bereits im GATT nach und nach in Funktionsnachfolge an die Stelle der Mitgliedstaaten getreten. In der WTO ist die EG selbst Mitglied neben den Mitgliedstaaten (Art. XI: 1 WTO-Übereinkommen), in deren Kompetenz Teile der WTO-Materien verblieben sind.

Trotz der erheblichen Unterschiede zum GATT gehören die WTO-Übereinkünfte nach gefestigter Rechtsprechung des EuGH grundsätzlich nicht zu den Vorschriften, an denen der EuGH die Rechtmäßigkeit von Handlungen der Gemeinschaftsorgane misst (*WTO-Recht kein Prüfungsmaßstab für sekundäres EG-Recht*). Eine Ausnahme besteht, soweit die EG eine bestimmte, im Rahmen der WTO übernommene Verpflichtung umsetzt oder wenn die Gemeinschaftshandlung ausdrücklich auf spezielle Bestimmungen der WTO-Übereinkünfte verweist. Entscheidender Grund dafür ist, dass andernfalls den Legislativ- und Exekutivorganen der EG die im DSU der WTO eingeräumte Befugnis genommen würde, auf dem Verhandlungsweg die durch die Flexibilität des Streitschlichtungssystems (DSU, s. Abschnitt 4.4.1.1) eröffneten Lösungen zu erreichen, wodurch wegen des bestehenden Spielraums der Organe der Handelspartner ein Ungleichgewicht entstünde. Hier zeigt sich das völkerrechtliche Prinzip der Reziprozität. Nach der Rechtsprechung des EuGH können sich grundsätzlich weder Individuen noch Mitgliedstaaten auf das WTO-Recht berufen, um sekundäres Gemeinschaftsrecht, das sich an völkerrechtlichen Vorgaben messen lassen muss (Art. 300 Abs. 7 EGV), mit der Nichtigkeitsklage (Art. 230 Abs. 1 bzw. Abs. 4 EGV) oder (inzident) im Rahmen einer Vorabentscheidung (Art. 234 EGV) anzugreifen [136]. Allerdings ist EG-Sekundärrecht WTO-konform auszulegen, soweit dieses ausdrücklich zur Umsetzung von WTO-Verpflichtungen dient oder auf das WTO-Recht verweist [137]. Maßnahmen der Mitgliedstaaten misst der EuGH dagegen an völkerrechtlichen Übereinkommen, die die EG geschlossen hat, als Integralbestandteil des Gemeinschaftsrechts [138]. Beispiel: Verstoß Deutschlands gegen die Internationale Übereinkunft über Milcherzeugnisse, einem Teil der Tokio-Runde des GATT, durch die Bewilligung der Einfuhr von Milcherzeugnissen im Rahmen des aktiven Veredelungsverkehrs, obwohl deren Zollwert unter den durch die Internationale Übereinkunft vorgeschriebenen Mindestpreisen lag [139].

## 4.5
## Zukunft des Lebensmittelrechts

Die Europäisierung des Lebensmittelrechts schreitet weiter voran. Drittstaaten wie die Schweiz werden durch autonomen Nachvollzug und völkerrechtliche Abkommen einbezogen. Bei alledem gilt es, darauf zu achten, dass nicht durch Überreglementierungen, die die durch die Folgen des freien Warenverkehrs beseitigten ungerechtfertigten Regelungen der Mitgliedstaaten noch in den Schatten stellen, die Akzeptanz des gemeinschaftlichen Lebensmittelrechts schwindet.

## 4.6
## Zusammenfassung

Das Lebensmittelrecht dient allgemein dem Schutz des Verbrauchers vor Gesundheitsgefahren und vor Täuschung. Es ist somit Bestandteil des Verbraucherschutzrechts. Seine Einhaltung wird präventiv kontrolliert, Verstöße werden sanktioniert. Insoweit ist das Lebensmittelrecht Teil des Sicherheits- bzw. Polizei- und Ordnungsrechts. Es ist eine juristisch intradisziplinäre und durch seine Regelungsgegenstände eine interdisziplinäre (Lebensmittelchemie, -toxikologie, -technologie; Ernährungswissenschaften) Materie. Grundsätzlich gilt das sog. Missbrauchsprinzip, d. h. Lebensmittel dürfen in eigener Verantwortung des Herstellers in den Verkehr gebracht werden. In besonderen Fällen gilt zur präventiven Abwehr potenzieller Gefahren das sog. Verbotsprinzip, d. h. Lebensmittel bzw. Zusätze zu diesen bedürfen zu ihrer Verkehrsfähigkeit der vorherigen Genehmigung (Zusatzstoffe, Novel Food, genetisch veränderte Lebensmittel). Im Rahmen des Gemeinsamen Marktes (Binnenmarktes), der durch gegenseitige Anerkennung und Harmonisierung hergestellt wurde und fortentwickelt wird, ist das Lebensmittelrecht weitgehend „europäisiert", d. h. durch EG-Recht (EG-Verordnungen) selbst geregelt oder durch seine Vorgaben des Primärrechts (Freier Warenverkehr, Art. 28/30 EGV) und des Sekundärrechts (EG-Richtlinien) bestimmt. Daher stimmt das Lebensmittelrecht der 25 Mitgliedstaaten der EU (mit Übergangsvorschriften für die 2004 beigetretenen Staaten) inhaltlich weitgehend überein. Drittstaaten (z. B. die Schweiz) passen sich durch sog. autonomen Nachvollzug oder aufgrund bilateraler Abkommen an. Weltweite Vorgaben liefert das Welthandelsrecht (insbesondere der Codex Alimentarius von WHO/FAO sowie die im Rahmen der WTO abgeschlossenen Abkommen). Die EG hat am 28.1.2002 die sog. Basisverordnung als allgemeine Grund- und Rahmenvorschrift für das Lebensmittelrecht erlassen. Diese legt die allgemeinen Grundsätze und Anforderungen des Lebensmittelrechts fest (Ziele des Lebensmittelrechts, Risikoanalyse, Vorsorgeprinzip, Lebensmittel- und Futtermittelsicherheit, Verantwortlichkeit, Rückverfolgbarkeit), errichtet die Europäische Behörde für Lebensmittelsicherheit (EBLS/EFSA in Parma) und legt Verfahren zur Lebensmittelsicherheit fest. Dies erfordert eine Anpassung der nationalen Lebensmittelrechte der Mitgliedstaaten, die in Deutschland durch das Lebensmittel- und Futtermittelgesetzbuch (LFGB) vom 1.9.2005 erfolgt ist.

## 4.7 Literatur

1. Lebensmittel-, Bedarfsgegenstände- und Futtermittelgesetzbuch (Lebensmittel- und Futtermittelgesetzbuch – LFGB) vom 1. 9. 2005, Bundesgesetzblatt (BGBl.) I, S. 2618 (Art. 1 des Gesetzes zur Neuordnung des Lebensmittel- und des Futtermittelrechts). In Kraft seit 7. 9. 2005, einen Tag nach der Verkündung im BGBl. vom 6. 7. 2005 (Art. 8 Neuordnungsgesetz). Neubekanntmachung in der ab 25. 4. 2006 geltenden Fassung (BGBl. I S. 945).
2. Gesetz über den Verkehr mit Lebensmitteln, Tabakerzeugnissen, kosmetischen Mitteln und sonstigen Bedarfsgegenständen (Lebensmittel- und Bedarfsgegenständegesetz – LMBG) i.d.F.d. Bek. vom 9. 9. 1997 (BGBl. I S. 2296), zuletzt geändert durch Art. 5 ÄnderungsG vom 13. 5. 2004 (BGBl. I S. 934).
3. Streinz, R. (2000) Lebensmittelrecht, in: Achterberg/Püttner/Würtenberger (Hrsg.), Besonderes Verwaltungsrecht, Bd. II, 2. Aufl., Heidelberg, § 24.
4. Stober, R. (2004) Besonderes Wirtschaftsverwaltungsrecht, 13. Aufl., § 53: Lebensmittelwirtschaftsrecht.
5. Gesetz gegen den unlauteren Wettbewerb (UWG) vom 3. 7. 2004 (BGBl. I S. 1414).
6. Streinz, R. (1996) Werbung für Lebensmittel – Verhältnis Lebensmittel- und Wettbewerbsrecht, Gewerblicher Rechtsschutz und Urheberrecht (GRUR) S. 16–31.
7. Vgl. z. B. die interdisziplinären Dissertationen von Gelbert, J. (2001) Die Risikobewältigung im Lebensmittelrecht, Bayreuth, und Unland, P. (2002) Die Auslegung des Begriffes „gleichwertig" in Art. 8 Novel Food-Verordnung, Bayreuth.
8. Vgl. dazu Gelbert (2001), S. 78 ff.
9. Vgl. dazu Streinz, R. (1998) The Precautionary Principle in Food Law, European Food Law Review (EFLR) S. 413 ff.
10. Dok. KOM (2000) 0001 endg.
11. Vgl. z. B. die Verordnung (VO) (EWG) Nr. 2092/91 des Rates über den ökologischen Landbau und die entsprechende Kennzeichnung von landwirtschaftlichen Erzeugnissen und Lebensmitteln vom 24. 6. 1991, Amtsblatt der Europäischen Gemeinschaften/Europäischen Union (ABl. Nr. L 198/3), zuletzt geändert durch Art. 1 ÄnderungsVO (EG) 699/2006 vom 5. 5. 2006 (ABl. Nr. L121/36). Weitere Beispiele bei Streinz, R., in: Streinz, R. (2006), Lebensmittelrechts-Handbuch, III.C, Rn. 84.
12. Vgl. z. B. die VO (EWG) Nr. 1898/87 des Rates über den Schutz der Bezeichnung der Milch und Milcherzeugnisse bei ihrer Vermarktung vom 2. 7. 1987, ABl. Nr. L 182/36. Weitere Beispiele bei Streinz [11], III.C, Rn. 84a.
13. Vgl. z. B. Gerichtshof der Europäischen Gemeinschaften (EuGH), Rechtssache (Rs) C-306/93 (SMW Winzersekt/Land Rheinland Pfalz – „Méthode champenoise"), Sammlung der Rechtsprechung (Slg.) 1994, I-5555, Rn. 21 (im Ergebnis zutreffend entschieden wegen des Schutzes der Herkunftsbezeichnung „Champagner"); EuGH, Rs C-101/98 (Union Deutsche Lebensmittelwerke/Schutzverband gegen Unwesen in der Wirtschaft – „Diätkäse"), Slg. 1999, I-8841, Rn. 26 ff. (Abweichung vom Verbraucherleitbild).
14. Vgl. z. B. EuGH, Rs C-470/93 (Verein gegen Unwesen in Handel und Gewerbe Köln/Mars), Slg. 1995, I-1923.
15. Vgl. zum Europäischen Lebensmittelrecht Streinz, R. (1994) Europäisches Lebensmittelrecht unter Berücksichtigung der Auswirkungen auf Österreich, Linz; Nentwich, M. (1994) Das Lebensmittelrecht der Europäischen Union, Wien; O'Rourke, R. (2005) European Food Law, 3. Aufl., London; van der Meulen, B., van der Velde, M. (2004) Food Safety Law in the European Union. An Introduction, Wageningen. Über die aktuelle Rechtsentwicklung informieren die Jahresberichte „In Sachen Lebensmittel" des Bundes für Lebensmittelrecht und Lebensmittelkunde (BLL) sowie die Berichte der CIAA.
16. Grundlegend EuGH, Rs 6/64 (Costa/ENEL), Slg. 1964, 1251/1269; vgl. zum Anwendungsvorrang deutlich EuGH, verb. Rs C-10/97 bis C-22/97 (Ministero delle Finanze/INCOGE'90 Srl. u. a.), Slg. 1998, I-6307, Rn. 21 gegenüber EuGH, Rs 106/77 (Simmenthal II), Slg. 1978,

17 Vgl. dazu Streinz, R. (2005) Ablauf und Konsequenzen der EU-Erweiterung für das Lebensmittelrecht, Zeitschrift für das gesamte Lebensmittelrecht (ZLR), S. 161–190.
18 BGBl. 1993 II S. 267; BGBl. 1993 II S. 1294.
19 Vgl. dazu Fuchs, L. O. (2004) Lebensmittelsicherheit in der Mehrebenenverwaltung der Europäischen Gemeinschaft, Bayreuth, S. 187 ff.
20 EuGH, Rs 8/74 (Staatsanwaltschaft/Dassonville), Slg. 1974, 827, Rn. 5.
21 EuGH, verb Rs C-267/91 und 268/91 (Keck und Mithouard), Slg. 1993, I-6097, Rn. 16 f.
22 Bestätigt z. B. in EuGH, Rs C-470/93 (Verband gegen Unwesen in Handel und Gewerbe Köln/Mars), Slg. 1995, I-1923, Rn. 12 ff.
23 Eckert, D., Die Auswirkungen gemeinschaftsrechtlicher Vorgaben auf das deutsche Lebensmittelrecht, ZLR (1990), S. 518–542, S. 520.
24 EuGH, Rs. 120/78 (Rewe/Bundesmonopolverwaltung für Branntwein – „Cassis de Dijon"), Slg. 1979, 649, Rn. 8.
25 Grundlegend EuGH, Rs 120/78 (Cassis de Dijon), Slg. 1979, 649, Rn. 12 f.
26 So ausdrücklich EuGH, Rs C-470/93 (Mars), Slg. 1995, I-1923, Rn. 24.
27 Vgl. EuGH, Rs C-51/94 (Kommission/Deutschland – „Sauce hollandaise"), Slg. 1995, I-3599, Rn. 38 ff.
28 ABl. 1980 Nr. C 256/2.
29 Vgl. die (nicht vollständige) Liste in ABl. 1989 Nr. C 271/14 und die Sammlung von Meier, G. (1996) Die Cassis-Rechtsprechung des Gerichtshofs der Europäischen Gemeinschaften (Loseblatt), 7. Aufl., Hamburg. Überblick über die (neuere) Rechtsprechung des EuGH zu gerechtfertigten und ungerechtfertigten Handelshemmnissen im Verkehr mit Lebensmitteln Rützler, H., in: Streinz [11], II.A, Rn. 61 b.
30 Vgl. VO (EG) Nr. 999/2001 des Europäischen Parlaments und des Rates vom 22. 5. 2001 mit Vorschriften zur Verhütung, Kontrolle und Tilgung bestimmter transmissibler spongiformer Enzephalopathien (ABl. Nr. L 147/1), zuletzt geändert durch Art. 1 ÄndVO (EG) Nr. 1974/2005 vom 2. 12. 2005 (ABl. Nr. L 317/4).
31 EuGH, Rs 376/98 (Kommission/Deutschland – „Tabakwerbeverbot"), Slg. 2000, I-8498, Rn. 77 ff.
32 ABl. Nr. L 31/1. Geändert durch VO (EG) Nr. 1642/2003 des Europäischen Parlaments und des Rates vom 22. 7. 2003 (ABl. Nr. L 245/4) und zuletzt durch Art. 1 ÄnderungsVO (EG) Nr. 575/2006 vom 7. 4. 2006 (ABl. Nr. L 100/3). Vgl. dazu Gorny, D. (2003) Grundlagen des europäischen Lebensmittelrechts. Kommentar zur Verordnung (EG) Nr. 178/2002, Hamburg.
33 Beschluss 1999/468/EG des Rates zur Festlegung der Modalitäten für die Ausübung der der Kommission übertragenen Durchführungsbefugnisse vom 28. 6. 1999 (ABl. Nr. L 184/23).
34 ABl. Nr. L 311/67. Geändert durch Richtlinie (RL) 2002/98/EG vom 27. 1. 2003 (ABl. Nr. L 33/30), RL 2003/63/EG vom 25. 6. 2003 (ABl. Nr. L 159/46; ber. ABl. Nr. L 302/40), RL 2004/27/EG vom 31. 3. 2004 (ABl. Nr. L 136/34) und RL 2004/24 EG vom 31. 3. 2004 (ABl. Nr. L 136/85).
35 Ausführlich dazu Klaus, B. (2005) Der gemeinschaftsrechtliche Lebensmittelbegriff. Inhalt und Konsequenzen für die Praxis insbesondere im Hinblick auf die Abgrenzung von Lebensmitteln und Arzneimitteln, Bayreuth, S. 127 ff. Vgl. zuletzt EuGH, verb. Rs C-211/03, C-299/03 und C-316/03 bis C-318/03 (HLH Warenvertriebs GmbH/Orthica BV – Lactobact omni FOS), ZLR 2005, 435; vgl. dazu Schroeder, W. (2005) Die rechtliche Einstufung von Nahrungsergänzungsmitteln als Lebens- oder Arzneimittel – eine endlose Geschichte?, ZLR S. 411–426.
36 RL 89/398/EWG des Rates vom 3. 5. 1989 zur Angleichung der Rechtsvorschriften der Mitgliedstaaten über Lebensmittel, die für eine besondere Ernährung bestimmt sind (ABl. Nr. L 186/27), zuletzt geändert durch Art. 1 ÄnderungsRL 1999/41/EG vom 7. 6. 1999 (ABl. Nr. L 172/38).
37 RL 1999/21/EG der Kommission vom 25. 3. 1999 über diätetische Lebensmittel für besondere medizinische Zwecke (ABl.

Nr. L 91/29; ber. ABl. 2000 Nr. L 2/79). Vgl. dazu Streinz, R., Fuchs, L. O. (2003) Ergänzende bilanzierte Diäten – Möglichkeiten und Grenzen, Bayreuth.

38 Vgl. z. B. EuGH, Rs C-192/01 (Kommission/Dänemark – „angereicherte Lebensmittel"), Slg. 2003, I-9693, Rn. 38 ff.; Analyse von Streinz, R. (2004) Juristische Schulung (JuS) S. 333–336; EuGH, Rs C-95/01 (Greenham und Abel), Slg. 2004, I-1333 und EuGH, Rs C-24/00 (Kommission/Frankreich – „Red Bull"), Slg. 2004, I-1277 mit Anm. Streinz, ZLR 2004, S. 203–208.

39 Vgl. dazu von Danwitz, T. (2005) Werbe- und Anreicherungsverbot: Stand und Perspektiven der Auseinandersetzung, ZLR S. 201–223; Sosnitza, O. (2004) Der Verordnungsvorschlag über nährwert- und gesundheitsbezogene Angaben für Lebensmittel, ZLR S. 1–20.

40 ABl. 2004 Nr. C 310. Vgl. dazu Streinz, R./Ohler, C./Herrmann, C. (2005) Die neue Verfassung für Europa. Einführung mit Synopse, München.

41 Vgl. dazu Gericht erster Instanz (EuG), Rs T-177/02 (Malagutti Vezinhet/Kommission), Slg. 2004, II-827, Rn. 51 ff. Vgl. dazu Moelle, Amtshaftung der EU-Kommission wegen Meldungen über Produktgefahren im EU-Schnellwarnsystem? Stoffrecht (StoffR) 2004, 237 ff.

42 RL 1999/2/EG und RL 1999/3/EG des Europäischen Parlaments und des Rates vom 22. 2. 1999 zur Angleichung der Rechtsvorschriften über mit ionisierenden Strahlen behandelte Lebensmittel und Lebensmittelbestandteile (ABl. Nr. L 66/16) sowie über die Festlegung einer Gemeinschaftsliste dafür (ABl. Nr. L 66/24).

43 VO (EWG) Nr. 2081/92 des Rates vom 14. 7. 1992 zum Schutz von geographischen Angaben und Ursprungsbezeichnungen für Agrarerzeugnisse und Lebensmittel (ABl. Nr. L 208/1). Aufgehoben und ersetzt durch VO (EG) Nr. 510/2006 des Rates vom 20. 3. 2006 zum Schutz von geografischen Angaben und Ursprungsbezeichnungen für Agrarerzeugnisse und Lebensmittel (ABl. Nr. L 93/12).

44 VO (EWG) Nr. 2082/92 des Rates vom 14. 7. 1992 über Bescheinigungen besonderer Merkmale von Agrarerzeugnissen und Lebensmitteln (ABl. Nr. L 208/9). Aufgehoben und ersetzt durch VO (EG) Nr. 509/2006 des Rates vom 20. 3. 2006 über die garantiert traditionellen Spezialitäten bei Agrarerzeugnissen und Lebensmitteln (ABl. Nr. L 93/1).

45 Vgl. z. B. Entscheidung Nr. 93/256/EWG der Kommission vom 14. 4. 1993 über die Verfahren zum Nachweis von Rückständen von Stoffen mit hormonaler bzw. thyreostatischer Wirkung (ABl. Nr. L 118/64).

46 Vgl. z. B. Entscheidung 94/652/EG der Kommission vom 20. 9. 1994 zur Festlegung der Liste der Aufgaben und der Aufgabenzuteilung im Rahmen der Mitwirkung der Mitgliedstaaten bei der wissenschaftlichen Prüfung von Lebensmittelfragen (ABl. Nr. L 253/29), laufend angepasst. Vgl. dazu und zu weiteren Entscheidungen Streinz, R./Hammerl, C., in: Streinz [11], IV.A, Rn. 17.

47 Vgl. z. B. die Entscheidung der Kommission vom 8. 7. 1993 mit der Aufforderung an die Italienische Republik, die Verabschiedung ihrer Entwürfe von Verordnungen über die Kennzeichnung schutzgasverpackter Lebensmittel und Zubereitungen für Säuglinge zurückzustellen (ABl. Nr. L 173/31).

48 Vgl. z. B. die in Anhang XI, D der VO (EG) Nr. 999/2001 des Europäischen Parlaments und des Rates mit Vorschriften zur Verhütung, Kontrolle und Tilgung bestimmter transmissibler spongiformer Enzephalopathien (EG-TSE-ÜberwachungsVO) vom 22. 5. 2001 (ABl. Nr. L 147/1), zuletzt geändert durch Art. 1 ÄnderungsVO (EG) 688/2006 vom 4. 5. 2006 (ABl. Nr. L 120/10).

49 Vgl. dazu Schübel-Pfister, I. (2004) Kommissionsmitteilungen im Lebensmittelrecht, ZLR S. 403–428.

50 Die wichtigsten EG-Richtlinien sind chronologisch geordnet mit knapper Inhaltsangabe zusammengestellt von Bertling, L., in: Streinz [11], III.C, Rn. 160 ff. Wichtige EG-Verordnungen und Richtlinien sind in aktueller Fassung in den Textsammlungen von Meyer, A. H. (2006) Lebensmittelrecht. Textsammlung mit Anmerkungen und Sachverzeichnis, 2 Bde (Loseblatt), München, Rabe, H.-J./Horst, M. (Hrsg.) Textsammlung Lebens-

mittelrecht, 3 Bde (Loseblatt), Hamburg und Tolkmitt, B. (2005) Ausländisches Lebensmittelrecht. EG-Vorschriften, 6 Bde (Loseblatt), Hamburg sowie zum Teil in Ehlermann, C.-D./Bieber, R. (2006), Handbuch des Europäischen Rechts (Loseblatt), Baden-Baden, I A 61 enthalten.
51 RL des Europäischen Parlaments und des Rates vom 20. 3. 2000 (ABl. Nr. L 109/29), zuletzt geändert durch RL 2003/89/EG vom 10. 11. 2003 (ABl. Nr. L 308/15).
52 RL 90/496/EWG des Rates vom 24. 9. 1990 über die Nährwertkennzeichnung von Lebensmitteln (ABl. Nr. L 276/40; ber. ABl. 1991 Nr. L 140/22), geändert durch Art. 1 ÄnderungsRL 2003/120/EG (ABl. Nr. L 333/51).
53 ABl. Nr. L 186/23.
54 ABl. Nr. L 290/14.
55 Vgl. EuGH, Rs-276/01 (Bußgeldverfahren gegen Joachim Steffensen), Slg. 2003, I-3735, Rn. 60 mwN: Recht auf Einholung eines Gegengutachtens.
56 ABl. Nr. L 165, Nr. L 191/1.
57 Vgl. die 16 Richtlinien, die durch die RL 2004/41/EG des Europäischen Parlaments und des Rates vom 21. 4. 2004 zur Aufhebung bestimmter Richtlinien über Lebensmittelhygiene und Hygienevorschriften für die Herstellung und das Inverkehrbringen von bestimmten, zum menschlichen Verzehr bestimmten Erzeugnissen tierischen Ursprungs sowie zur Änderung der RL 89/662/EWG und 92/118/EWG des Rates und der Entscheidung 95/408/EG des Rates (ABl. 2004 Nr. L 157/33, ber. in ABl. 2004 Nr. L 195/12) aufgehoben wurden.
58 ABl. Nr. L 175/1. Vgl. dazu Streinz [15], S. 142.
59 Art. 3 Abs. 2 RL 93/43/EWG. Vgl. dazu Bertling, in: Streinz [11], II.C Rn. 168 m. w. N.
60 Das „EG-Hygienepaket" besteht aus der VO (EG) Nr. 852/2004 des Europäischen Parlaments und des Rates vom 29. 4. 2004 über Lebensmittelhygiene (ABl. Nr. L 139/1; ber. ABl. 226/3), der VO (EG) Nr. 853/2004 des Europäischen Parlaments und des Rates vom 29. 4. 2004 mit spezifischen Hygienevorschriften für Lebensmittel tierischen Ursprungs (ABl. 139/55, ber. ABl. Nr. L 226/22, zuletzt geändert durch Art. 20 ÄnderungsVO (EG) Nr. 2076/2005 vom 5.12.2005, ABl. Nr. L 338/83) und der VO (EG) Nr. 854/2004 mit besonderen Verfahrensvorschriften für die amtliche Überwachung von zum menschlichen Verzehr bestimmten Erzeugnissen tierischen Ursprungs vom 29. 4. 2004 (ABl. 139/206; ber. ABl. Nr. L 226/83) sowie der sog. Aufhebungsrichtlinie (RL 2004/41/EG [57]). Vgl. dazu Stähle, S. (2004) Das neue europäische Hygienerecht, ZLR, S. 742–748; O'Rourke [15], S. 75 ff. Auf die VO (EG) Nr. 852/2004 wurden die VO (EG) Nr. 2073/2005 der Kommission vom 15.11. 2005 über mikrobiologische Kriterien für Lebensmittel (ABl. Nr. L 338/1) und die VO (EG) Nr. 401/2006 der Kommission vom 23. 2. 2006 zur Festlegung der Probenahmeverfahren und Analysemethoden für die amtliche Kontrolle des Mykotoxingehalts von Lebensmitteln (ABl. Nr. L 70/12) gestützt.
61 Grundlegend EuGH, Rs 174/82 (Sandoz), Slg. 1983, 2445 und EuGH, Rs 178/84 (Kommission/Deutschland – Reinheitsgebot für Bier), Slg. 1987, 1227.
62 RL 89/107/EWG des Rates vom 21. 12. 1988 zur Angleichung der Rechtsvorschriften der Mitgliedstaaten über Zusatzstoffe, die in Lebensmitteln verwendet werden dürfen (ABl. 1989 Nr. L 40/27), zuletzt geändert durch Anhang III Nr. 12 ÄnderungsVO (EG) Nr. 1882/2003 vom 29.9.2003 (ABl. Nr. L 284/1).
63 RL 94/35/EG des Europäischen Parlaments und des Rates vom 30. 6. 1994 (ABl. Nr. L 237/3; ber. ABl. 2002 Nr. L 325/51), zuletzt geändert durch ÄnderungsRL 2003/115/EG vom 22. 12. 2003 (ABl. 2004 Nr. L 24/65).
64 RL 94/36/EG des Europäischen Parlaments und des Rates vom 30. 6. 1994 (ABl. Nr. L 237/13), geändert durch Anhang III Nr. 49 ÄnderungsVO (EG) Nr. 1882/2003 vom 29. 9. 2003 (ABl. Nr. L 284/1).
65 RL 95/2/EG des Europäischen Parlaments und des Rates vom 20. 2. 1995 (ABl. Nr. L 61/1), zuletzt geändert durch ÄnderungsRL 2003/114/EG vom 22. 12. 2003 (ABl. 2004 Nr. L 24/58).
66 Vgl. dazu Gorny, D./Kuhnert, P. (2001) Zusatzstoff-Recht. Kommentar der europäischen und der deutschen Rechtsvorschriften, Hamburg.

**67** Vgl. EuGH, Rs C-465/98 (Verein gegen Unwesen in Handel und Gewerbe Köln/Darbo AG), Slg. 2000, I-2297, Rn. 26 ff.: Die Bezeichnung „naturrein" für eine Erdbeerkonfitüre steht dem Vorhandensein von Spuren oder Rückständen von Blei, Cadmium oder Pestiziden in bestimmten (deutlich unter den zulässigen Höchstwerten liegenden) Mengen nicht entgegen.

**68** Vgl. zu Kontaminanten und Rückständen: VO (EWG) Nr. 315/93 des Rates vom 8. 2. 1993 zur Festlegung von gemeinschaftlichen Verfahren zur Kontrolle von Kontaminanten in Lebensmitteln (ABl. Nr. L 37/1), zuletzt geändert durch Anhang III Nr. 34 ÄnderungsVO (EG) Nr. 1882/2003 vom 29. 9. 2003 (ABl. Nr. L 284/33), mit Ermächtigungsgrundlage in Art. 2 Abs. 3; darauf gestützt VO (EG) Nr. 466/2001 der Kommission vom 8. 3. 2001 zur Festsetzung der Höchstgehalte für bestimmte Kontaminanten in Lebensmitteln (ABl. Nr. L 77/1), zuletzt geändert durch Art. 1 ÄnderungsVO (EG) Nr. 199/2006 vom 3. 2. 2006 (ABl. Nr. L 32/34); Verordnung (EG) Nr. 396/2005 des Europäischen Parlaments und des Rates vom 23. 2. 2005 über Höchstgehalte an Pestizidrückständen in oder auf Lebens- und Futtermitteln pflanzlichen und tierischen Ursprungs und zur Änderung der Richtlinie 91/414/EWG des Rates (ABl. Nr. L 70/1), geändert durch Art. 1 ÄnderungsVO (EG) Nr. 178/2006 vom 1. 2. 2006 (ABl. Nr. L 29/3); RL 98/53/EG der Kommission vom 16. 7. 1998 zur Festlegung von Probenahmeverfahren und Analysemethoden für die amtliche Kontrolle bestimmter Lebensmittel auf Einhaltung der Höchstgehalte für Kontaminanten (ABl. Nr. L 201/93); RL 2002/71/EG der Kommission vom 19. 8. 2002 zur Änderung der Anhänge der Richtlinien 76/895/EWG, 86/362/EWG, 86/363/EWG und 90/642/EWG des Rates hinsichtlich der Festsetzung von Höchstgehalten an Rückständen von Schädlingsbekämpfungsmitteln (Formothion, Dimethoat und Oxydemetonmethyl) auf und in Getreide, Lebensmitteln tierischen Ursprungs und bestimmten Erzeugnissen pflanzlichen Ursprungs, einschließlich Obst und Gemüse; VO (EWG) Nr. 2377/90 des Rates vom 26. 6. 1990 zur Schaffung eines Gemeinschaftsverfahrens für die Festsetzung von Höchstmengen für Tierarzneimittelrückstände in Nahrungsmitteln tierischen Ursprungs (ABl. Nr. L 224/1), zuletzt geändert durch Art. 1 ÄnderungsVO (EG) Nr. 205/2006 vom 6. 2. 2006 (ABl. Nr. L 34/21). Zu den Folgen von Nuklearunfällen: VO (EURATOM) Nr. 3954/87 des Rates vom 22. 12. 1987 zur Festlegung von Höchstwerten an Radioaktivität in Nahrungsmitteln und Futtermitteln im Falle eines nuklearen Unfalls oder einer anderen radiologischen Notstandssituation (ABl. Nr. L 371/11), geändert durch ÄnderungsVO (EURATOM) Nr. 2218/89 vom 18. 7. 1989 (ABl. Nr. L 211/1). Zum Problem der Festsetzung von Grenzwerten (Schwellenwerten) vgl. Gelbert [7], S. 226 ff.; Streinz, R. (2002) Wie viel ist Nichts? Ist Nichts zu viel? – Rechtliche Probleme der Definition von Grenzwerten im Lebensmittelrecht, ZLR S. 689–707. Eine aktuelle Übersicht über das EG-Recht im Einzelnen geben die Jahresberichte „In Sachen Lebensmittel" des Bundes für Lebensmittelrecht und Lebensmittelkunde.

**69** RL 2002/46/EG des Europäischen Parlaments und des Rates vom 10. 6. 2002 zur Angleichung der Rechtsvorschriften der Mitgliedstaaten über Nahrungsergänzungsmittel (ABl. Nr. L 183/51), geändert durch Art. 1 ÄnderungsRL 2006/37 (EG) vom 30. 3. 2006 (ABl. Nr. L 94/32). Vgl. dazu Klaus [35], S. 258 ff. Zur Unhaltbarkeit der deutschen „3-fach Tagesdosis"-Formel vgl. EuGH, Rs C-387/99 (Kommission/Deutschland), Slg. 2004, I-3751; Analyse von Streinz, R. (2004), JuS S. 905–910.

**70** Vgl. EU Food Law Weekly 2005, No. 212, S. 1 ff.

**71** Vgl. EU Food Law Weekly 2005, No. 214, S. 1 ff.

**71a** Vgl. EU Food Law Weekly 2006, No. 256, S. 1 ff.

**72** ABl. Nr. L 43/1; zuletzt geändert durch Anhang III Nr. 70 ÄnderungsVO (EG) Nr. 1882/2003 vom 29. 9. 2003 (ABl. Nr. L 284/1).

**73** ABl. Nr. L 268/1. Vgl. dazu O'Rourke [15], S. 182 ff.

**74** ABl. Nr. L 268/24.

75 ABl. Nr. L 66/26; geändert durch Anhang III Nr. 84 ÄnderungsVO (EG) Nr. 1882/2003 vom 29.9.2003 (ABl. Nr. L 284/1).
76 ABl. Nr. L 197/19; geändert durch Anhang II 1.J.6. der EU-Beitrittsakte 2003 vom 16. 4. 2003 (ABl. Nr. L 236/33).
77 ABl. 2002 Nr. L 10/67.
78 ABl. 2002 Nr. L 10/47.
79 ABl. 2002 Nr. L 10/53.
80 ABl. 2002 Nr. L 10/58.
81 VO (EG) Nr. 577/97 der Kommission vom 1. 4. 1997 mit bestimmten Durchführungsbestimmungen zur VO (EG) Nr. 2991/94 (ABl. 1994 Nr. L 316/2) und zur VO (EG) Nr. 1898/87 (ABl. 1987 Nr. L 87/3, ber. ABl. Nr. L 356/66); zuletzt geändert durch Art. 1 ÄnderungsVO (EG) Nr. 568/1999 vom 16. 3. 1999 (ABl. Nr. L 70/11).
82 EuGH, Rs C-101/98 (Union Deutsche Lebensmittelwerke/Schutzverband gegen Unwesen in der Wirtschaft – „Diät-Käse"), Slg. 1999, I-8841, Rn. 26 ff.
83 ABl. Nr. L 316/2.
84 Vgl. die in Ehlermann, C.-D./Bieber, R. (2006) Handbuch des Europäischen Rechts (Loseblatt), Baden-Baden, Bd I. A 25 gesammelten Texte.
85 Vgl. die in Meyer, A. H. (2006) Lebensmittelrecht Textsammlung (Loseblatt), München, Nr. 7150 ff. enthaltenen Texte sowie Koch, H.-J. (2006) Weinrecht-Kommentar (Loseblatt), Frankfurt/Main.
86 Vgl. dazu z. B. Streinz, R., in: Streinz, R. (2003) Vertrag über die Europäische Union und Vertrag zur Gründung der Europäischen Gemeinschaft. Kommentar, München, Art. 10 EGV, Rn. 25 ff. mwN; Hatje, A., in: Schwarze, J. (2000) EU-Kommentar, Baden-Baden, Art. 10 EGV, Rn. 35 ff. mwN.
87 Vgl. dazu Streinz, R. (2000) „Gemeinschaftsrecht bricht nationales Recht". Verlust und Möglichkeiten nationaler politischer Gestaltungsfreiheit nach der Integration in eine supranationale Gemeinschaft, aufgezeigt am Beispiel des Lebensmittelrechts, insbesondere der sog. Novel Food-Verordnung, in: Köbler/Heinze/Hromadka (Hrsg.) Festschrift für Alfred Söllner zum 70. Geburtstag, München, S. 1139–1169 (S. 1149 ff.).
88 ABl. Nr. L 109/8; durch RL 88/182/EWG des Rates vom 22. 3. 1988 (ABl. Nr. L 81/75) auf lebensmittelrechtliche Vorschriften erstreckt; konsolidiert durch RL 98/34/EG vom 22. 6. 1998 (ABl. Nr. L 204/37), geändert durch RL 98/48/EG (ABl. Nr. L 217/18). Zu den Folgen für das Lebensmittelrecht vgl. Streinz, in: Streinz [11] III.C, Rn. 81 c.
89 Vgl. EuGH, Rs C-194/94 (CIA Security International/Signalson und Securitel), Slg. 1996, I-2201, Rn. 54.
90 Vgl. EuGH, Rs C-443/98 (Unilever Italia SpA/Central Food SpA), Slg. 2000, I-7535, Rn. 45 ff.; Analyse von Streinz (2001) JuS S. 809–811. Näher dazu Herrmann, C. (2003) Richtlinienumsetzung durch die Rechtsprechung, Berlin, S. 69 ff.
91 Vgl. das Organigramm der DG Health and Consumer Protection (GD Verbraucher und Gesundheitsschutz), Europäische Kommission, www.europa.er.int/comm/dgs/health_consumer/general_info/organigramme_en.pdf.
92 Die Europäische Arzneimittel-Agentur (European Medicines Agency – EMA) mit Sitz in London wurde 1993 als Europäische Agentur für die Beurteilung von Arzneimitteln – European Agency for Evaluation of Medicinal Products – EMEA) durch die VO (EWG) Nr. 2309/93 (ABl. 1993 Nr. L 214/1) gegründet und durch die VO (EG) Nr. 726/2004 des Europäischen Parlaments und des Rates vom 31. 3. 2004 zur Festlegung von Gemeinschaftsverfahren für die Genehmigung und Überwachung von Human- und Tierarzneimitteln und zur Errichtung einer Europäischen Arzneimittel-Agentur (ABl. Nr. L 136/1) umbenannt.
93 Vgl. dazu Fuchs [19], S. 35 ff.; O'Rourke [15], S. 193 ff., 199 ff.
94 Vgl. zum Verwaltungsvollzug des Lebensmittelrechts in Deutschland Streinz, R./Hammerl, C., in: Streinz, R. [11], IV.A.
95 Gemeinsames Ministerialblatt (GMBl.) 2004 S. 1169.
96 Gesetz zur Neuorganisation des gesundheitlichen Verbraucherschutzes und der Lebensmittelsicherheit vom 6. 8. 2002, BGBl. I S. 3082.
97 Vgl. die Umsetzung der oben zitierten Richtlinie [51] durch die Lebensmittel-Kennzeichnungsverordnung – LMKV

i.d. F.d. Bek. vom 15. 12. 1999 (BGBl. I, S. 2464), zuletzt geändert durch Dritte ÄnderungsVO vom 10. 11. 2004 (BGBl. I, S. 2799), [51] durch die Nährwert-Kennzeichnungsverordnung – NKV vom 25. 11. 1994 (BGBl. I, S. 3526), [61–65] durch die Zusatzstoff-Zulassungsverordnung – ZZulV vom 29. 1. 1998 (BGBl. I, S. 230), zuletzt geändert durch Art. 1 ÄnderungsVO vom 20. 1. 2005 (BGBl. I, S. 128), der Richtlinien [36–37] durch die Diätverordnung i.d. F.d. Bek. vom 25. 8. 1988 (BGBl. I, S. 1713), zuletzt geändert durch VO vom 9. 9. 2004 (BGBl. I, S. 2326), [69] durch die Nahrungsergänzungsmittelverordnung – NemV vom 24. 5. 2004, BGBl. I, S. 1011, der Richtlinie [42] durch die Lebensmittelbestrahlungsverordnung – LMBestrV vom 14. 12. 2000 (BGBl. I, S. 1730), [52–53] durch das LMBG, der Richtlinie [75] durch die Verordnung über Kaffee, Kaffee- und Zichorien-Extrakte vom 15. 11. 2001 (BGBl. I, S. 3107), geändert durch Art. 3 ZusatzStoffRechtsÄnderungsVO 2002 vom 20. 12. 2002 (BGBl. I, S. 4695), [76] durch die Verordnung über Kakao- und Schokoladenerzeugnisse (Kakaoverordnung) vom 15. 12. 2003 (BGBl. I, S. 2738), [77] durch die Verordnung über Konfitüren und einige ähnliche Erzeugnisse (Konfitürenverordnung – KonfV) vom 23. 10. 2003 (BGBl. I, S. 2151), geändert durch Art. 2 ÄndVO vom 6. 10. 2004 (BGBl. I, S. 2580), [78] durch die Honigverordnung (HonigV) vom 16. 1. 2004 (BGBl. I, S. 92), [79] durch die Verordnung über einige zur menschlichen Ernährung bestimmte Zuckerarten (Zuckerartenverordnung) vom 23. 10. 2003 (BGBl. I, S. 2098), [80] durch die Verordnung über Fruchtsaft, einige ähnliche Erzeugnisse und Fruchtnektar (Fruchtsaftverordnung) vom 24. 5. 2004 (BGBl. I, S. 1016).

98 Vgl. z.B. EuGH, Rs 88/79 (Staatsanwaltschaft/Grunert), Slg. 1980, 1827, Rn. 12 ff.: Der Angeklagte, dem vorgeworfen wurde, ohne die nach nationalem Recht erforderliche Genehmigung ein Konservierungsmittel verwendet zu haben, konnte sich auf EG-Richtlinien berufen, die den Mitgliedstaaten nicht gestatteten, jegliche Verwendung eines der in den Listen ihrer Anhänge enthaltenen konservierenden Stoffe in Lebensmitteln zu verbieten.

99 Vgl. EuGH, Rs 80/86 (Strafverfahren gegen Kolpinghuis Nijmegen BV), Slg. 1987, 3969, Rn. 11 ff., 13 (Verkauf von mit Kohlensäure versetztem Leitungswasser als „Mineralwasser", was gegen die damals in den Niederlanden noch nicht umgesetzte RL 80/777/EWG (ABl. Nr. L 229/1) verstieß.

100 EuGH, Rs 272/83 (Kommission/Italien), Slg. 1985, 1057, Rn. 27.

101 Vgl. Schroeder, W., in: Streinz, R. [86] Art. 249 EGV, Rn. 65.

102 Die Bekanntmachungen sind abgedruckt bei Zipfel, W./Rathke, K.-D. (2006) Lebensmittelrecht. Loseblatt-Kommentar, München, § 47a, Anhang.

103 ABl. Nr. L 338/4.

104 Vgl. Fuchs [19] S. 35 ff. mwN.

105 Vgl. mit eigenen Verbesserungsvorschlägen Fuchs [19] S. 157 ff.

106 Vgl. dazu Schroeder, W./Kraus, M. (2005) Das neue Lebensmittelrecht – Europarechtliche Grundlagen und Konsequenzen für das deutsche Recht, EuZW S. 423–428.

107 BGBl. Nr. 86/1975.

108 Vgl. dazu z.B. Barfuß, W./Smolka, K./Onder, G. (2001) Lebensmittelrecht, 2. Aufl., Loseblatt, Wien; Kert, R. (2004) Lebensmittelstrafrecht im Spannungsfeld des Gemeinschaftsrechts, Berlin/Wien/Zürich, S. 35 ff.

109 Gesetz in Kraft seit 21. 1. 2006 (BGBl. I Nr. 13/2006; geändert durch Gesetz vom 2. 8. 2006, BGBl. I Nr. 136/2006). Vgl. dazu Schroedes, W. (2006) LFGB und LMSVG – Ein Vergleich, Ernährung/Nutrition, S. 266–274.

110 Vorblatt der Erläuterungen zum LMSVG.

111 Vgl. dazu Tolkmitt, H.B. (1995) Ausländisches Lebensmittelrecht. Europäische Länder, Loseblatt, Hamburg, F(rance); Obermann, S. (1978) Das französische Lebensmittelrecht, Köln/Berlin/Bonn/München; Coutrelis, N. (1998) The Marketing of Foodstuffs in France, Food and Drug Journal, S. 543–554.

112 EuGH, Rs. C-366/98 (Yannick Geffroy und Casino France SNC), Slg. 2000, I-6579, Rn. 28. Es genügt, wenn die

Sprache „leicht verständlich" ist. Analyse von Streinz, R. (2001), JuS S. 493–495.

113 Vgl. dazu Halsbury's Laws of England (2000), Bd 18(2), mit Aktualisierungen 2001–2004; Luigt, M. (1999) Enforcing European and National Food Law in the Netherlands and England, Utrecht, S. 117 ff.; Painter, A. A. (1992) Butterworths Food Law; O'Rourke [15], S. 199 f.; Tolkmitt [111] GB; Roberts, D. (1992/1993) Food enforcement in the United Kingdom, EFLR 1992, S. 1–11; 1993, S. 365–374.

114 Vgl. dazu Luigt [113] S. 53 ff.; Rood, E. (1993) Overzicht EEG-en Nederlands Levensmiddelenbeleid en -recht, Apeldoorn/Antwerpen, S. 103 ff.; Tolkmitt [111], NL (Nederland).

115 Vgl. dazu Tolkmitt [111], I(talia).

116 Vgl. dazu Leible, S./Lösing, N. (1992) Grundzüge des spanischen Lebensmittelrechts, ZLR S. 1–30, S. 479–519; Tolkmitt [111], E(spana).

117 Zum ungarischen Lebensmittelrecht vor dem Beitritt vgl. Tolkmitt, B. (1992) Das derzeitige ungarische Lebensmittelrecht, ZLR S. 571–576.

118 Vgl. dazu Streinz, R. [17].

119 Vgl. dazu Jaag, T. (2003) Europarecht. Die europäischen Institutionen aus schweizerischer Sicht, Zürich/Basel/Genf, §§ 42.

120 Rossier, P. (1992) Das schweizerische Lebensmittelrecht im europäischen Integrationsprozess, EFLR, S. 27–39.

121 Vgl. dazu Jaag, T. [119] §§ 40–41 mwN.

122 Abkommen zwischen der Schweizerischen Eidgenossenschaft und der Europäischen Gemeinschaft über den Handel mit landwirtschaftlichen Erzeugnissen vom 21. 6. 1999, Systematische Sammlung des Bundesrechts (SR) 0.916.026.81.

123 Abkommen zwischen der Schweizerischen Eidgenossenschaft und der Europäischen Gemeinschaft. Vgl. dazu Jaag, T. [119], Rn. 4106.

124 Lebensmittelgesetz, LMG, Stand vom 15. 2. 2005, SR 817.0.

125 Stand 22. 2. 2005, SR 817.02.

126 Vgl. die Erläuterungen zu den Verordnungsentwürfen. Zum neuen Schweizerischen Lebensmittelrecht seit 1. 1. 2006 (BGBl. 2005 S. 5451 ff.) vgl. Streinz, R. (2006) Die Europäisierung des Lebensmittelrechts unter Berücksichtigung der Auswirkungen auf die Schweiz, in: Poledna, T./Arter, O./Gattiker, M. (Hrsg.), Lebensmittelrecht, Bern S. 151–210 (204 ff.). Die neuen Verordnungen sind ebd., S. 273–685 abgedruckt.

127 Eidgenössisches Departement des Innern/Eidgenössisches Volkswirtschaftsdepartement, Anhörungsverfahren Übernahme des EG-Hygienerechts im Lebensmittelbereich und Neustrukturierung des Verordnungsrechts zum Lebensmittelgesetz.

128 BGBl. 1951 II S. 173.

129 BGBl. 1994 II S. 1625; ABl. 1994 Nr. L 336/3. In Kraft seit 1. 1. 1995. Vgl. zum WTO-Recht Weiß, W./Herrmann, C. (2003) Welthandelsrecht, München.

130 BGBl. 1994 II S. 1749; ABl. 1994 Nr. L 336/234. Vgl. zum WTO-Lebensmittelrecht O'Rourke [17], S. 209 ff.

131 ABl. 1994 Nr. L 336/86.

132 ABl. 1994 Nr. L 336/40.

133 BGBl. 1994 II S. 1730; ABl. 1994 Nr. L 336/213.

134 Die Dokumente des Codex Alimentarius (Verfahren, Codex Standards, Leitsätze, Individuelle Standards) sind gesammelt in Tolkmitt, H. B., fortgeführt von Nieslony, S. (2005) Ausländisches Lebensmittelrecht. Codex Alimentarius (Loseblatt), 4 Bde, Hamburg.

135 EuZW 1998, S. 157 ff.

136 EuGH, Rs C-149/96 (Portugal/Rat), Slg. 1999, I-8395, Rn. 47; Analyse dazu von Streinz, R. (2000), JuS S. 909–912; EuGH, Rs C-307/99 (OGT Fruchthandelsgesellschaft mbH/HZA Hamburg St. Annen), Slg. 2001, I-3159, Rn. 22 ff.; Analyse dazu von Streinz, R. (2001), JuS S. 1221–1223.

137 EuGH, verb. Rs C-300/98 und C-329/98 (Parfums Christian Dior), Slg. 2000, I-11307, Rn. 47.

138 Vgl. EuGH, Rs C-53/96 (Hermès/FAT Marketing Choice), Slg. 1998, I-3603, Rn. 22 ff.

139 EuGH, Rs C-61/94 (Kommission/Deutschland – Internationale Übereinkunft über Milcherzeugnisse), Slg. 1996, I-3989, Rn. 29 ff.

# 5
# Das Recht der Lebensmittel an ökologischer Landwirtschaft

*Hanspeter Schmidt*

## 5.1
**Die gesetzliche Definition der Öko-Lebensmittel in Europa**

### 5.1.1
**Verwendung nicht chemisch-synthetischer Stoffe**

Das Recht der Europäischen Union definiert den ökologischen Landbau als „eine besondere Art der Agrarerzeugung". Die Verordnung (EWG) Nr. 2092/91 über den ökologischen Landbau und die entsprechende Kennzeichnung der landwirtschaftlichen Erzeugnisse und Lebensmittel, im Folgenden EU-Ökolandbau-VO genannt, legt ein „Anbauverfahren … unter begrenzter Zufuhr nicht chemischer und wenig löslicher Dünge- und Bodenverbesserungsmittel" fest. „Verwendungsbedingungen für bestimmte nicht chemisch-synthetische Stoffe" sind ein wichtiges Element dieser verfahrensbezogenen Definition.

Die Unterschreitung der für Lebensmittel gesetzlich festgelegten Rückstandshöchstwerte gehört nicht zur gesetzlichen Definition. Ökolandbau zielt aber nach den Erwägungen des Gesetzgebers auf die Vermeidung von Rückständen in Lebensmitteln durch „erhebliche Einschränkungen bei der Verwendung von Dünge- und Schädlingsbekämpfungsmitteln, die sich ungünstig auf die Umwelt auswirken oder zu Rückständen in den Agrarerzeugnissen führen können" (Absatz 9 der Erwägungsgründe der EU-Ökolandbau-VO).

### 5.1.2
**Die signifikant geringe Belastung der Öko-Lebensmittel**

Auch wenn Ökoprodukte nicht rechtsnormativ durch strengere Grenzwerte für Pestizidspuren von anderen Lebensmitteln abgegrenzt sind, bewirkt die Einhaltung der Ökoproduktionsregeln eine im Vergleich zu Produkten aus konventioneller Landwirtschaft deutlich verringerte Präsenz von Pflanzenschutzmittelspuren in den Produkten des ökologischen Landbaus.

In einem auf fünf Jahre angelegten Monitoring untersuchten die baden-württembergischen Untersuchungsämter in Stuttgart und Karlsruhe von 2002 bis 2006 Öko-Lebensmittel auf Pestizide und radioaktive Bestrahlung. 93 Prozent der Ökoprodukte wiesen 2002 gar keine Pestizidrückstände auf. Bei konventioneller Ware waren dagegen nur ein Viertel der Proben rückstandsfrei, in den restlichen 75 Prozent wurden oft mehrere Wirkstoffe auf einmal nachgewiesen [7]. 300 Pestizide wurden von diesem Screening erfasst.

In der Gegenüberstellung von Proben aus ökologischem und konventionellem Anbau wird deutlich, wie sehr sich die Richtlinien des kontrollierten biologischen Anbaus (kbA) auf die Qualität unserer Lebensmittel auswirken und dass der konventionelle Anbau in den Pflanzen vergleichsweise höhere Rückstände an chemischen Fremdstoffen zurücklässt. Die Rückstandsgehalte in Lebensmitteln aus ökologischem Landbau unterschieden sich in den Untersuchungen von konventionell erzeugten Lebensmitteln signifikant.

Die mittlere Pestizidbelastung von Öko-Obst und -Gemüse lag 2003 bei 0,006 mg/kg, sofern alle mit einem Hinweis auf die Herkunft aus ökologischem Landbau gekennzeichneten Proben in die Berechnung einbezogen wurden. Wenn die Berechnung unter Ausschluss der beanstandeten Proben erfolgte, bei denen der Verdacht bestand, dass es sich ganz oder teilweise um konventionelle, also um Betrugsware handelte, lag die mittlere Pestizidbelastung mit 0,002 mg/kg sogar noch niedriger. Konventionelles Obst und Gemüse enthielt dagegen im Mittel 0,3 mg Pestizidrückstand pro Kilogramm. Bei der Berechnung wurden jeweils Bromid und Oberflächenkonservierungsstoffe nicht mit einbezogen [8]. Dass sich Lebensmittel aus ökologischem Landbau und aus konventioneller Produktion hinsichtlich Pestizidrückstände in pflanzlichen Lebensmitteln wesentlich unterscheiden, bestätigten die Werte des Monitoring 2004 deutlich [9].

Dennoch können Ökoprodukte wegen der allgemeinen Umweltkontamination und aufgrund von Abdrift Spuren von Kontaminanten aus der konventionellen Agrarproduktion aufweisen. Diese Spuren sind jedoch kein zwingender Hinweis darauf, dass die Regeln des ökologischen Landbaus bei der Produktion nicht eingehalten wurden.

Das Projekt „Monitoring-System für Obst und Gemüse im Naturkostfachhandel" des Bundesverbands Naturkost Naturwaren Herstellung und Handel e.V. (BNN) prüft Ökoprodukte seit 2004: 475 Proben – von Ananas bis Zwiebel – wurden auf jeweils mindestens 250 verschiedene Pestizide geprüft. Das Ergebnis stellt der Naturkostbranche ein brillantes Zeugnis aus: Bei 92 Prozent aller Proben wurden keine Rückstände oder nur Spuren an der Nachweisgrenze entdeckt. In vielen Obst- und Gemüsesorten, die in konventioneller Produktion regelmäßig Pflanzenschutzmittelrückstände aufweisen, wurde im ersten Projektjahr überhaupt kein Rückstand festgestellt: Dazu zählen z. B. Äpfel, Bananen, Blumenkohl, Broccoli, Erdbeeren, Fenchel, Heidelbeeren, Hokkaido-Kürbis, Kiwis, Kohlrabi, Mangos, Melonen, Nektarinen und Pfirsiche, Spinat, Trauben, Zucchini und Zwiebeln [5].

Der BNN beschloss 2001 „Rückstandswerte für chemisch-synthetische Pflanzenschutz-, Schädlingsbekämpfungs- und Vorratsschutzmittel" als „Orientierungswerte" für Ökoprodukte. Ein Überschreiten dieser „Orientierungswerte" führt zu einem Handelsstopp für BNN-Mitgliedsbetriebe. Dem Beschluss zufolge dürfen nur Ökoprodukte gehandelt werden, welche diese Orientierungswerte einhalten. Zugrundegelegt wurde hierbei, dass die Anwendung von chemisch-synthetischen Lagerschutz- und Schädlingsbekämpfungsmitteln – insbesondere bei Transport, Lagerhaltung und Verarbeitung – durch die EU-Öko-Verordnung nicht ausreichend geregelt sei und dieses gesetzliche Vakuum von Behörden und Kontrollstellen unterschiedlich interpretiert werde. Die Orientierungswerte sollen diese Lücke schließen, indem sie auch für chemisch-synthetische Lagerschutz- und Schädlingsbekämpfungsmittel, unabhängig vom jeweiligen Verwendungszweck, gelten. Weiter wurde der Beschluss mit dem Schutz vor Betrug begründet: „(Es) wurde deutlich, dass in der Praxis ein konkreter Wert erforderlich ist, um bei Rückstandsfunden Spuren von überhöhten Werten zu unterscheiden. An der Auffassung, dass sich Biolebensmittel durch ihren Anbau definieren und nicht über Rückstandswerte, wird weiterhin festgehalten. Jedoch gibt es in der Praxis Situationen, in denen ein Instrument benötigt wird, um bei Rückständen beurteilen zu können, ob sie durch Anwendung, Abdrift, Altlast, Vermischung, Kontamination oder andere Umstände verursacht worden sind. Bei Überschreitung des Orientierungswertes muss recherchiert werden, woher die Belastung stammt und ob die Vorschriften der EU-Öko-Verordnung eingehalten wurden. Durch die Einhaltung der Orientierungswerte sollen die Erwartungen der Kunden und der Verbraucher erfüllt werden. In der Kommunikation nach außen kann deutlich gemacht werden, dass sich die Handelsbeziehungen der Mitglieder des *BNN Herstellung und Handel* durch ein gesteigertes Qualitätsbewusstsein vom restlichen Markt abheben".

Die statistische Auswertung dreier Datensätze aus den USA mit Analysewerten von insgesamt 94 000 Lebensmittelproben zeigte, dass Spuren toxischer Wirksubstanzen der Agrochemikalien in Ökoprodukten seltener und in geringerem Maße vorhanden sind, als in den Erzeugnissen der konventionellen Landwirtschaft (vgl. [3]). Die diskutierte Auswertung von Brian Baker et al. (2002) schloss Datensätze des Pesticide Data Programs des US-Agrarministeriums (USDA), des Market Place Surveillance Programs des California Departments of Pesticide Regulation und aus privaten Untersuchungen der Consumers Union ein. Sie zeigte, dass ein hoher Anteil von Ökoprodukten in der Nahrung zu geringerer Aufnahme von Pflanzenschutzmittelspuren führt. 73% der Erzeugnisse aus konventioneller Landwirtschaft wiesen nach Daten des US-Agrarministeriums wenigstens ein Pestizid auf, während nur 23% der Ökoprodukte Pflanzenschutzmittelspuren enthielten.

Mehr als 90% der untersuchten Äpfel, Pfirsiche, Birnen, Erdbeeren und Sellerieproben aus konventioneller Produktion wiesen Pestizidspuren auf. Dass sich Spuren mehrerer Pflanzenschutzmittel finden, ist in Ökoprodukten nach diesen Ergebnissen sechsmal weniger wahrscheinlich, als in konventionellen Agrarerzeugnissen. Nach den Daten der kalifornischen Staatsverwaltung, die mit weniger empfindlichen Testmethoden erhoben wurden, finden sich in etwa einem Drittel der konventionell erzeugten Lebensmittel Pflanzenschutzmittelspuren, aber nur in 6,5% der Ökoprodukte. Spuren mehrerer Pflanzenschutzmittel fanden sich in dieser Testreihe in konventionellen Produkten 9-mal häufiger als in Ökoprodukten. Untersuchungen der Consumer Union zeigten Spuren in 79% der konventionellen und 27% der Ökoprodukte. Hier traten Spuren mehrerer Pflanzenschutzmittel 6-mal häufiger in konventionellen als in Ökoprodukten auf.

Der persönliche Gesundheitsschutz ist für die Kaufentscheidung von Verbrauchern das vorrangige Motiv. Sie streben eine Verringerung der Aufnahme von Pestizidrückständen aus konventioneller Agrarproduktion an. Dieses Ziel wird, wie die Auswertungen von Spurenanalysen in konventionell und ökologisch erzeugten Produkten zeigen, erreicht. Das Motiv der Landwirte war schon zu Beginn der Ökolandbaubewegung in Deutschland, ihre eigene Arbeitssicherheit durch Vermeidung der Belastung beim Einsatz von synthetischen Pflanzenschutzmitteln zu erhöhen. Für alle ist der mit dem Nichteinsatz von Pflanzenschutzmitteln und dem Einsatz ressourcenschonender Techniken verbundene Umweltschutz wichtig. Das Ziel, die Aufnahme von Pestizidrückständen aus konventioneller Landwirtschaft mit der Nahrungsaufnahme zu verringern, wird mit dem Konsum von Ökoprodukten erreicht, wie der Vergleich von Spurenanalytik in Bioprodukten und konventionell erzeugten Lebensmitteln zeigt.

### 5.1.3
**Die gesetzliche Kontrolle in Europa**

„Der Begriff „Bio" (wird) – wie auch in den Medien häufig dargestellt – hemmungslos verwandt […], da bisher keine gesetzliche Definition vorhanden ist". Dies war im Sommer 2000 die Antwort eines Staatsanwalts in Nordrhein-Westfalen auf eine Strafanzeige wegen Verbrauchertäuschung gegen den Vertreiber eines als „Bio-Joghurt" etikettierten Produktes, für das ausschließlich Milch aus konventioneller Tierhaltung verarbeitet worden war. Der Staatsanwalt irrte jedoch. Die Biokennzeichnung von Lebensmitteln ist in den Mitgliedstaaten der Europäischen Union seit 1991 gesetzlich geregelt.

Die EU-Ökolandbau-Verordnung galt nach ihrem Erlass 1991 zunächst nur für Lebensmittel, die im Wesentlichen, also zu mehr als der Hälfte ihrer landwirtschaftlichen Zutaten, aus pflanzlichen Erzeugnissen bestanden. Erst zum August 2000 wurde der Anwendungsbereich auf die Lebensmittel mit wesentlichen tierischen Zutaten erweitert. Die Verordnung gilt für Lebensmittel, die als Erzeugnisse aus ökologischem Landbau gekennzeichnet sind.

Die EU-Ökolandbau-Verordnung wirkt in den Mitgliedstaaten unmittelbar wie ein Gesetz und nicht – wie eine EU-Richtlinie – nur als Rechtsetzungsprogramm, das durch den nationalen Gesetzgeber noch umgesetzt werden muss. Die deutschen Bundesländer vollziehen die Verordnung durch ihre Behörden, wie sie auch deutsche Bundesgesetze vollziehen. Die EU-Ökolandbau-Verordnung geht den deutschen Gesetzen als höherrangige Norm vor. Der deutsche Gesetzgeber darf nichts, was in den Ordnungsbereich der Verordnung fällt, anders oder auch nochmals mit gleichem Inhalt regeln, weil die entstehende Normenparallelität Ursache für eine in der Europäischen Gemeinschaft uneinheitliche Vollzugspraxis werden könnte.

Die EU-Ökolandbau-Verordnung gilt für Erzeugnisse, sofern sie als Erzeugnisse aus ökologischem Landbau gekennzeichnet sind, sie geht also von der Etikettierung eines Produktes aus (Artikel 1). Sie ordnet in Artikel 5 an, dass die Ökokennzeichnung nur unter den dort aufgeführten Bedingungen zulässig ist. Eine dieser Bedingungen ist, dass die Agrarproduktion so durchgeführt werden muss, wie in Artikel 6 niedergelegt. Eine andere ist, dass die Erzeugung, die Herstellung und der Großhandel mit Ökoprodukten dem gemeinschaftsrechtlichen Kontrollsystem des ökologischen Landbaus gemäß Artikel 8 und 9 unterstellt sind.

Die Kombination von ökologischen Erzeugungsregeln und definierter, objektiver Kontrolle macht die besondere Strenge der gesetzlichen Regelung aus. Getreide darf vom Landwirt nur als Ökogetreide vermarktet werden, wenn er seinen Hof von einer zugelassenen Kontrollstelle auf die Einhaltung der Verordnung prüfen lässt. Die Mühle, die dieses Getreide vermahlt, kann das gemahlene Mehl nur als Ökomehl anbieten, wenn sie selbst auch kontrolliert wurde. Der Bäcker darf nicht angeben, dass seine Brötchen mit Ökomehl gebacken wurden, wenn die Bäckerei nicht von einer der zugelassenen Ökokontrollstellen geprüft wird.

Artikel 5 enthält auch die Vorgabe, dass weder gentechnisch veränderte Organismen noch deren Derivate eingesetzt werden dürfen, ebenso wenig wie die Lebensmittelbestrahlung.

### 5.1.4
**Die Naturbelassenheit der Öko-Lebensmittel**

Artikel 5 der EU-Ökolandbau-Verordnung regelt die Verarbeitung von Ökoprodukten nicht durch besondere Verfahrensanweisungen, sondern durch die Begrenzung der zugelassenen Zusatz- und Verarbeitungshilfsstoffe auf eine im Verhältnis zu anderen Lebensmitteln kleine Zahl. Nur etwa ein Zehntel der in der allgemeinen Lebensmittelwirtschaft sonst zulässigen Stoffe dürfen in der Verarbeitung für Öko-Lebensmittel verwandt werden. So dürfen in der Verarbeitung nur die Stoffe eingesetzt werden, die in den „Positivlisten" des Anhang VI der Verordnung aufgeführt sind. Die Begrenzung der Stofflisten führt zugleich zum Ausschluss vieler Lebensmittelverarbeitungstechniken, so dass auf diesem Wege das Ziel erreicht wird, Öko-Lebensmittel weniger zu verarbeiten als konventionelle Lebensmittel. Sie sind also eher naturbelassen.

### 5.1.5
**Das Prinzip der Positivlisten**

Die Bedingungen der landwirtschaftlichen Erzeugung werden in Artikel 6 der EU-Ökolandbau-Verordnung durch den Hinweis auf die Grundregeln in Anhang I und die Positivlisten in Anhang II definiert. Wichtiger Bestandteil der

Regelung ist auch hier eine Liste der Stoffe, die ein Biobetrieb „von außen" beziehen darf. So dürfen in der ökologischen Produktion nicht alle in der konventionellen Landwirtschaft üblichen Stoffe verwendet werden, sondern nur die begrenzte Auswahl der in den „Positivlisten" aufgeführten Stoffe.

Dabei ist es nicht richtig, zu sagen, Ökolandbau sei eine „Landwirtschaft ohne Chemie", denn beispielsweise können zur Pilzbekämpfung im Obstbau anorganische Kupferverbindungen eingesetzt werden und als Dünger anorganische Phosphorverbindungen. Richtig ist, dass im ökologischen Landbau entsprechend der Positivlisten der Einsatz der organo-synthetischen Pestizide und der Einsatz der synthetischen Stickstoffdünger vollständig ausgeschlossen ist. Im Anhang I der Öko-Verordnung werden die Grundregeln des ökologischen Landbaus beschrieben. Die Förderung der Bodenfruchtbarkeit als Grundlage nachhaltiger Landwirtschaft steht dabei im Vordergrund. Das „Herz" der Abgrenzung ökologischer von konventioneller Betriebsweise findet sich in den Positivlisten des Anhang II für Dünge-, Pflanzenschutz- und Futtermittel.

### 5.1.6
**Gesetzliches Regime für alle Öko-Lebensmittel seit 2000**

Zurück zur Meinung des eingangs erwähnten Staatsanwalts: Da die EU-Öko-Verordnung direkt wirkte, war seine Ansicht schon am Tag nach Veröffentlichung der Verordnung 1991 für die im Wesentlichen pflanzlichen Produkte unrichtig. Durch eine im August 1999 verkündete Änderungsverordnung (1804/99/EG) war seine Ansicht auch für die im Wesentlichen tierischen Erzeugnisse falsch. Durch die Änderung wurden auch die Früchtejoghurts und andere Erzeugnisse, deren landwirtschaftliche Zutaten überwiegend von Tieren stammen, in den Anwendungsbereich einbezogen, ebenso wie die gänzlich aus tierischen Zutaten bestehenden Erzeugnisse. Diese Ergänzung trat am 24. August 2000 in Kraft.

Artikel 11 der EU-Ökolandbau-VO verlangt die Gleichbehandlung von Ökoprodukten aus Nicht-EU-Staaten, wenn die dortigen Produktions- und Kontrollbedingungen den EU-Bedingungen gleichwertig (äquivalent) sind.

### 5.1.7
**Das Verbot des Graubereichs**

Die Verordnung grenzt zunächst ihren eigenen Anwendungsbereich ab. Dies geschieht in Artikel 1, der an die pflanzliche oder tierische Herkunft anknüpft und an die Kennzeichnung des Produkts mit einem Hinweis auf die Herkunft des Erzeugnisses aus ökologischem Landbau. Dabei bedeuten „ökologische" oder „biologische" Landwirtschaft das Gleiche. Die beiden Begriffe werden gesetzlich als Synonyme behandelt.

Artikel 2 stellt in der gesetzlichen Festlegung, wann ein Produkt als Ökoprodukt gekennzeichnet ist, auf den „Eindruck" der Käufer ab.

Wann wird der Eindruck erweckt, ein Erzeugnis stamme aus ökologischem Landbau? Dies ist nicht nur dann der Fall, wenn ausdrücklich von „ökologischem Landbau" oder „biologischer Landwirtschaft" gesprochen wird. Auch Angaben wie „aus natürlichem Anbau", „alternativ erzeugt" oder „organischer Anbau" vermitteln in der Regel den Eindruck, das Erzeugnis stamme aus ökologischem Landbau.

## 5.1.8
**Die Kennzeichnung der wirklichen Ökoprodukte**

Warum gibt es noch keine umfassende europäische Biokennzeichnung? Es gibt seit Februar 2000 ein EU-Öko-Logo. Es ist farbig, mit einer symbolisierten Getreideähre umgeben von einem Kranz mit 12 Sternen und einem grünen Ring mit Zacken. Im grünen Ring steht „Ökologischer Landbau". Allerdings ist das Siegel keine Pflichtetikettierung für Ökoprodukte. Es wird derzeit noch kaum genutzt. Die Attraktivität des EU-Öko-Zeichens leidet darunter, dass es den EU-Zeichen für die „geschützte Ursprungsbezeichnung" sowie die „geschützte geographische Herkunft" zum Verwechseln ähnlich ist.

Welche Etikettierungsbestandteile geben Hinweise auf wirkliche Bioprodukte? Seit dem Januar 1997 müssen alle Erzeugnisse in ihrer Etikettierung den Namen oder die Codenummer der Kontrollstelle tragen, die für die Überwachung des letzten Erzeugungs- oder Aufbereitungsschrittes zuständig war. Das Problem liegt nun darin, dass die Mitgliedstaaten ganz unterschiedlich gestaltete Kennzeichnungen gewählt haben (Informationen hierzu im Internet unter www.soel.de). Für Ökoprodukte, die in Deutschland etikettiert werden, ist die Wiedergabe einer Nummer „DE-000-Öko-Kontrolle" vorgeschrieben. Wie eine finnische Kontrollnummer aussieht, werden auch die meisten Beamten der deutschen Lebensmittelaufsicht nicht wissen: „FI-A". Die Französischen Codes lauten „FR-ABOO", die italienischen „IT ASS", „IT BAC" usw. Für Produkte, die aus einem Drittstaat nach Deutschland eingeführt und in Deutschland nicht nochmals neu etikettiert, sondern mit ihrem Ursprungsetikett vertrieben werden, gibt es keine Pflicht, die zuständige Kontrollstelle anzugeben. Dies bewirkt, dass die Kontrollstellennummer zwar für Produkte, die in Deutschland etikettiert werden, einen guten Hinweis auf die wirkliche Ökoeigenschaft gibt, nicht aber für die vielen anderen Produkte, die aus anderen EU-Mitgliedstaaten oder aus Drittstaaten importiert werden.

Die Verbandszeichen der ökologischen Anbauverbände geben, wenn der Verbraucher sie kennt, einen sicheren Hinweis auf die Herkunft aus ökologischer Produktion. Die EU-Öko-Verordnung gibt eine gesetzliche Definition, was die Besonderheit der ökologischen Wirtschaftsweise ausmacht. Diese stimmt weitgehend mit dem überein, was die Verbände der ökologischen Erzeuger und Verarbeiter entwickelt haben. Es ist zulässig, dass Verbände ihre Richtlinien so entwickeln, dass sie zusätzlich ein „Mehr" an Ökoqualität gewährleisten. Sie können sich Richtlinien setzen, die den Erzeugungsprozess strengeren Vorschriften unterwerfen als dem gesetzlichen Minimum. Diese besondere Ökoqualität darf dann auch ausgelobt werden. In den USA ist die Zulässigkeit einer solchen so genannten Premium-Ökoauslobung umstritten, in der Europäischen

Union aber allgemein als Teil der verfassungsrechtlich geschützten Rede- und Berufsfreiheit akzeptiert.

## 5.1.9
### Die Herkunft des weltweiten Konsens

Über das, was den ökologischen Landbau als eine besondere Art der Landwirtschaft ausmacht, gibt es einen erstaunlich geschlossenen, weltweiten Konsens. In wesentlichen Punkten kann man eher globale Konvergenz als ein Auseinanderstreben beobachten, dies auch bezüglich so neuartiger Punkte wie der einhelligen Ablehnung der Gentechnik. Die Richtlinien des ökologischen Landbaus sind heute weltweit praktisch die Gleichen.

Der Begriff „Organic Farming" wurde von Lord Northbourne in seinem Text „Look to the land" 1940 gebraucht. „The best can only spring from that kind of biological completeness which has been called wholeness. If it is to be attained, the farm itself must have a biological completeness; it must be a living entity, it must be a unit which has within itself a balanced organic life. Every branch of work is interlocked with all others. The cycle of conversion of vegetable products through the animal into manure and back to vegetables is of great complexity, and highly sensitive, especially over long periods, to any disturbance of its proper balance. The penalty for failure to maintain this balance, is in the long run, a progressive impoverishment of the soil. Real fertility can only be built up gradually under a system appropriate to the conditions of each particular farm, and by adherence to the essentials of that system, whatever they may be in each case, over long periods". Dabei ging es nicht nur um Stoffkreisläufe, sondern um die Konzeption einer Landwirtschaft als ein System, das Boden, Menschen und Tiere, aber auch die Gesellschaft, einschließt. Das systemische Prinzip wird heute als Herzstück des ökologischen Landbaus angesehen [17]. Aus diesem an Gedanken der Systemintegrität orientierten Ansatz erklärt sich auch die heutige Ablehnung der Gentechnik.

Ökologische Landbaubewegungen entstanden in den Industriestaaten während der 1930er Jahre. Es ging um die Entwicklung von Gegenbildern zur wachsenden Entfremdung der Landwirtschaft von den natürlichen Prozessen. In den 1920er Jahren war die Herstellung von Stickstoffdüngern durch die Haber-Bosch-Synthese industriell möglich geworden. In der Folge trat die Zufuhr von synthetischem Stickstoff in den Vordergrund, während die Förderung der Bodenfruchtbarkeit durch nachhaltige Maßnahmen unter Berücksichtigung des Bodenlebens (Edaphons) in den Hintergrund trat.

Eine der ersten Initiativen, noch vor der breiten Einführung der Stickstoffdüngung, war die von Rudolf Steiner 1924 im landwirtschaftlichen Kurs. Er begründete den biologisch-dynamischen Landbau, der besondere Kompostzubereitungen vorsieht und dessen Verfahren metaphysische Aspekte einschließen.

Im angelsächsischen Raum inspirierten die Veröffentlichungen von Albert Howard, zum Beispiel „An Agricultural Testament" (1940) [13], mit ihrer Betonung der Bodenfruchtbarkeit und der durch künstliche Stickstoffdüngung in die Bodenbewirtschaftung eingeführten Schwächen die ersten Ökofarmen. Howard hatte in Indien die Arbeit lokaler Bauern beobachtet und die „Indore"-Kompostierung bekannt gemacht, die sich auf die Rückführung von hochwertigen Nährstoffen in den Boden durch erstklassigen Humus konzentrierte. Ähnlich trugen Eve Balfour mit „The Living Soil" (1943) und Jeromy Irving Rodale mit „Pay Dirt: Farming & Gardening with Composts" (1945) [14] zur Entwicklung der globalen Ökolandbaubewegung bei. Das Schließen von Stoffkreisläufen in der Landwirtschaft trat in den Vordergrund.

In den 1960er Jahren wuchsen die ersten Zertifizierungsorganisationen für den ökologischen Landbau, so „Bioland" und „Demeter" in Deutschland. Sie orientierten sich an der Arbeit von Hans-Peter Rusch, Hans und Maria Müller und Rudolf Steiner. In Japan hatte Mokichi Okada ähnliche Ansätze entwickelt. 1976 wurde die International Federation of Organic Agriculture Movements (IFOAM) gegründet. Schon in den 1970er Jahren gab es in praktisch allen Industriestaaten private Zertifizierungsorganisationen. Ihre Zahl stieg in den 1980er Jahren in die Hunderte. Die schlichte Versicherung einzelner Bauern, man wirtschafte nach Bioregeln, genügte dem steigenden Verbraucherinteresse nicht. Auch zur Herstellung fairen Wettbewerbs wurden die ersten Zertifizierungssysteme auf der Basis kollegialer Kontrolle (peer review) eingerichtet. Erst Jahrzehnte später erfolgte die Professionalisierung mit dem Einsatz von Berufsinspekteuren.

## 5.1.10
### Die Gründe für gesetzliche Regelungen

Anfang der 1990er Jahre erfasste die Europäische Union ein gesteigertes Interesse an alternativen Agrarkulturtechniken. Preisstützende Maßnahmen wurden durch solche, die eine Extensivierung der Landnutzung anstoßen sollten, ersetzt. Die EU-Verordnung 2078/92 über eine am Umweltschutz orientierte Agrarförderung ist daher praktisch als die wirtschaftliche Grundlage für die Zertifizierungsverordnung 2092/91 zu sehen, die im Frühjahr 1992 in Kraft trat.

Sie war von den Ökolandbauorganisationen in Europa ganz überwiegend gewünscht worden, denn in den 1980er Jahren waren sie von der konventionellen Lebensmittelindustrie mit dem Vorwurf angegriffen worden, „Bio" sei eine Lüge, weil auch diese Produkte Spuren von ubiquitären Umwelttoxen enthielten. So war man an einer gesetzlichen Definition des Ökolandbaus interessiert, die Bioprodukte verfahrensbezogen als Produkte einer besonderen Landwirtschaft bestimmt.

1988 war der Ökolandbau in bedrängter Lage. Ökoanbieter wurden angegriffen: Es fänden sich Spuren von Umweltgiften in Bioprodukten. Der Verbraucher erwarte aber Naturreinheit. Wenn „Bio" gesagt werde und es seien solche Spuren im Bioprodukt, werde gegen das Verbot der Werbung mit Naturreinheit verstoßen (§ 17 Absatz 1 Nr. 4 LMBG). Also: Wer in den 1980er Jahren ein Bioprodukt anbot, musste damit rechnen, dass irgendeine Spur eines ubiquitären, persistierenden Pestizids, beispielsweise DDT, insbesondere in tierischen Fetten, nachgewiesen und er mit Klagen überzogen wurde.

Ökologischer Landbau und konventionelle Landwirtschaft standen und stehen als zwei konkurrierende Produktionsweisen im Wettbewerb nebeneinander. Die konventionelle Landwirtschaft klagte, dass die Ökobauern nicht wirklich etwas Besonderes leisten würden, weil ja auch in den Bioprodukten Pestizidspuren seien. Die Ökobauern erwiderten, sie würden sehr wohl etwas Besonderes leisten, weil sie auf viele der umweltschädigenden Techniken und Agrochemikalien verzichten, die konventionelle Bauern einsetzen. Dies sei ihr Beitrag zur Risikominimierung, zum Umweltschutz und zur Wahlfreiheit des Verbrauchers. Dies wurde aber Ende der 1980er Jahre von der konventionellen Konkurrenz nicht akzeptiert. Es kam zu wettbewerbsrechtlichen Streitverfahren und daher suchte der Ökolandbau Schutz beim EU-Verordnungsgeber. Er erhielt ihn durch die EU-Ökolandbau-Verordnung aus 1991.

Die EU-Verordnung ist die normative Abgrenzung zweier konkurrierender Landwirtschaftsformen. Gesetzgeberisches Ziel der Verordnung ist die Befriedung im Kampf der Wettbewerber mit Öko- auf den einen und konventionellem Landbau auf der anderen Seite. Die Verordnung ist ein *lex specialis*, ein Spezialgesetz im Verhältnis zum lebensmittelrechtlichen Irreführungsverbot. Wer die Verordnung einhält, betrügt nicht – er führt nicht irre – gleich welche Vorstellungen der konkret angesprochene Verbraucher mit „Bio" verknüpft. Die Verordnung schützt die Verfahrensbezogenheit der Bioauslobung.

Diese reine Verfahrensbezogenheit der Ökoauslobung ist aber nicht unumstritten. So wurde im Sommer 2002 von Behörden in Stuttgart angekündigt: Wenn in Ökoprodukten Spuren von Substanzen gefunden würden, die als Pflanzenschutzmittel bekannt sind, liegt in der „Bio"-Kennzeichnung Irreführung, denn der Verbraucher erwartet ein naturreines Produkt (§ 17 Abs. 1 Nr. 5 LMBG alt).

Pestizide im Bioprodukt, wenn auch nur Spuren davon, führen den Verbraucher irre, weil sie seine Erwartung enttäuschen, war aber nur die erste der von den Behörden in Stuttgart entwickelten Positionen. Es folgte eine Abwandlung dahin, dass Spuren von Pflanzenschutzmitteln nahe der Nachweisgrenze regelmäßig deren unzulässigen Einsatz im ökologischen Anbau indizieren, so dass bis zum Beweis des Gegenteils keine Fremdeinwirkung als Ursache angenommen oder vermutet werden dürfe. Da ein Negativbeweis praktisch nie zu führen ist, käme diese Rechtsansicht dem Verbot des Inverkehrbringens von Bioprodukten mit jedwelchen wie auch geringen Pestizidspuren aus ubiquitärem Eintrag gleich. Eine so strenge Rechtsauslegung scheint aber nicht geboten, da die Ökoprodukte ohnehin schon durchweg signifikant geringere Pestizidspuren aufweisen als konventionelle Agrarerzeugnisse.

Eine Neuregelung, die im März 2002 in den Anhang III der EU-Ökolandbau-VO aufgenommen wurde, legt fest, dass jeder, dem Tatsachen bekannt werden, die Anstoß für seine Vermutung geben, eines der von ihm hergestellten oder vertriebenen Ökoprodukte sei unter Verstoß gegen die Verordnung produziert worden, erst einmal den Vertrieb selbst sistieren muss. Außerdem muss er es seiner Kontrollstelle melden. Diese kann entscheiden, ob sie das weitere Verfahren dem Unternehmen überlässt oder ihm auferlegt, erst einmal Einvernehmen mit der Kontrollstelle herzustellen, bevor nach der Aufklärung des Verdachts das Produkt weiter vertrieben wird. Die Kontrollstelle kann die Problematik auch der Aufsichtsbehörde weiter melden. Diese kann, wenn sie sich nicht sicher ist, ob das betroffene Unternehmen seiner Selbstsistierungspflicht genügt, anordnen, dass während einer bestimmten, von vornherein festzulegenden Frist, vielleicht zwei oder drei Wochen, das Produkt nicht weiter vertrieben werden darf.

Dann aber – und dies ist entscheidend – ist diese Sistierung aufzuheben, wenn sich der Verdacht nicht als begründet erweist. Was heißt das? Das heißt, dass derjenige, der ein zertifiziertes Ökoprodukt in der Hand hält, eben nicht das Risiko der Unaufklärbarkeit eines Verdachts trägt, sondern was er ertragen muss ist, dass die Vermutung zu einer Aussetzung der Vermarktbarkeit führt, nicht aber, wenn sich das Gegenteil nicht beweisen lässt, zu einem Verlust der Vermarktbarkeit. Dies ist auch deshalb richtig, weil die verfahrensbezogene Biozertifizierung für alle, die mit Bioprodukten zu tun haben, verlässlich wirken soll.

Für die globale Konvergenz der Ökolandbaustandards war insbesondere die International Federation of Organic Agriculture Movements (IFOAM) wichtig. Es handelt sich um eine private, nicht gewinnorientierte Vereinigung mit knapp 800 Mitgliedorganisationen aus über 100 Ländern. Die „IFOAM Basic Standards for Organic Production, Processing, and Distribution" wurden seit der Gründung von IFOAM in den 1970er Jahren laufend weiterentwickelt. Sie dienen als Orientierungsrahmen für die Richtlinien von Ökozertifizierungssystemen. IFOAM ist heute als Verein in Deutschland eingetragen. Sein globales Head Office ist heute in Bonn (http://www.ifoam.org/).

Yussafi und Willer liefern in ihrem jährlich erscheinendem Band „The World of Organic Agriculture" [27] einen Überblick in den Kapiteln Afrika, Asien, Australien und Ozeanien, Europa, Lateinamerika und Nordamerika. Der „Organic Perspectives Newsletter" mit den Berichten der US-Agrar-Attaches über die Ökomärkte in wichtigen Verbraucherstaaten ist über eine Webseite des US-Agrarministeriums zugänglich [25].

1992 gründete IFOAM das IFOAM Accreditation Program. Es dient zur Prüfung nationaler oder privater Zertifizierungsorganisationen. Das IFOAM Akkreditierungsprogramm wird von einer in den USA (Delaware) eingetragenen und von Jamestown, North Dakota, aus geführten Firma verwaltet, den International Organic Accreditation Services (IOAS) [15].

Codex Alimentarius ist der dritte Akteur auf der globalen Ebene. Codex Alimentarius, lateinisch für „Lebensmittelrecht", ist die Bezeichnung für eine Einrichtung der Vereinten Nationen, in der die Nationalstaaten an der Entwicklung von technischen Vorschriften für die Lebensmittelherstellung zusammenarbeiten. Es handelt sich um ein 1962 bestehendes Gemeinschaftsprogramm der Weltgesundheitsorganisation (WHO) und der Welternährungsorganisation (FAO).

Codex Alimentarius unterhält in Rom am Sitz der FAO ein ständiges Büro, um an der Aufstellung von internationalen Standards für den Handel mit allen Arten von Lebensmittelprodukten zu arbeiten. Die Arbeit betrifft Regeln für unzulässige Pflanzenschutzmittel- und andere Schadstoffspuren, den Nährstoffgehalt und die

Kennzeichnung von Lebensmitteln. Codex Alimentarius entwickelt Maßstäbe für die Beurteilung nationaler lebensmittelrechtlicher Vorschriften im WTO-Rechtssystem. Die Uruguay Verhandlungsrunde, durch welche die WTO eingerichtet wurde, benannte die Codex Alimentarius Kommission dafür als Einrichtung für die Entwicklung internationaler Lebensmittelstandards.

Dieses Lebensmittelrichtlinienprogramm soll einen internationalen Konsens dokumentieren. Richtlinien für die Produktion, die Verarbeitung, die Kennzeichnung und das Vermarkten von Ökoprodukten wurden im Codex Alimentarius System 1999 verabschiedet. Es handelt sich beim Codex nicht um rechtlich streng verbindliche Normen. Wenn allerdings Streit über den Einsatz von nationalen Ökozertifizierungssystemen als nichttarifäre Handelsschranken entsteht, kann im Schlichtungsverfahren vor der World Trade Organisation auf die Codex-Dokumente als Beleg für ein international gemeinsames Verständnis zurückgegriffen werden.

Das Codex Committee on Food Labelling (Komitee für Lebensmittelkennzeichnung) entwickelte „Guidelines for the Production, Processing, Labelling and Marketing of Organically Produced Foods" (Richtlinien für die Produktion, Verarbeitung, Kennzeichnung und Vermarktung ökologisch hergestellter Lebensmittel). Sie sollen dazu dienen, die internationale Harmonisierung der Ökolandbaurichtlinien zu unterstützen und Regierungen, die nationale Regeln entwickeln möchten, helfen: „The *Guidelines* are intended to facilitate the harmonization of requirements for organic products at the international level, and may also provide assistance to governments wishing to establish national regulations in this area". Bei den Guidelines handelt es sich, anders als bei Codex Standards und ähnlich wie bei den Codes of Practice, um Vorgaben mit empfehlendem Charakter. Guidelines dienen dazu, einen globalen Konsens zu den wichtigsten Aspekten für einen neuen Arbeitsbereich zu dokumentieren, der strukturell nicht geeignet[1] oder noch nicht reif[2] für Verbindlichkeit ist. Die Guidelines für die Ökolandbaukennzeichnung folgen der 1991 in der EU-Ökolandbau-Verordnung gewählten Struktur. Diese lehnte sich ihrerseits an die IFOAM-Richtlinien an. „The aims of these guidelines are: to protect consumers against deception and fraud in the market place and unsubstantiated product claims; to protect producers of organic produce against misrepresentation of other agricultural produce as being organic; to ensure that all stages of production, preparation, storage, transport and marketing are subject to inspection and comply with these guidelines; to harmonize provisions for the production, certification, identification and labelling have organically grown produce; to provide

---

1) Die Überlegung, dass Codex-Ökolandbauregeln an Eurozentrismus leiden könnten und daher nur als Leitlinie, aber nicht als „harte" Pflichtnorm geeignet sein könnten, findet sich in den Vorbemerkungen zu den Guidelines: „Moreover, consumer perception on the organic production method may, in certain detailed but important provisions, differ from region to region in the world".

2) „These guidelines are at this stage a first step into official international harmonization of the requirements for organic products in terms of production and marketing standards, inspection arrangements and labeling requirements. In this area the experience with the development of such requirements and their implementation is still very limited".

international guidelines for organic food control systems in order to facilitate recognition of national systems as equivalent for the purposes of imports; and to maintain and enhance organic agricultural systems in each country so as to contribute to local and global preservation".

Das einführende Kapitel grenzt den Geltungsbereich der Guidelines ab und gibt Definitionen vor. Es folgen Kapitel zur Kennzeichnung, zu den Produktions- und Verarbeitungsbedingungen, zum Kontrollsystem und – ganz besonders wichtig – Anhänge, die nach dem Prinzip der „Positivlisten" Stoffe enthalten, die im ökologischen Landbau eingesetzt werden dürfen, etwa als Pflanzenschutz- oder Düngemittel. Auch die Codex-Guidelines folgen dem von den Ökolandbauverbänden entwickelten Prinzip, den ökologischen Landbau von der konventionellen Landwirtschaft nicht dadurch abzugrenzen, dass bestimmte besonders toxische Einsatzstoffe durch Negativlisten von der Verwendung ausgeschlossen werden. Das System der Positivlisten sorgt dafür, dass der ökologische Landbau insbesondere auch dadurch charakterisiert ist, dass der bei weitem größte Teil der in der konventionellen Landwirtschaft ausgeschlossenen Einsatzstoffe nicht verwendet werden darf.

Die Vollversammlung der Codex Alimentarius Kommission verabschiedete in ihrer 23. Sitzung 1999 in Rom die *"Guidelines for the Production, Processing, Labelling and Marketing of Organically Produced Foods"* in einer Fassung, die Regeln für die Tierhaltung noch nicht einschloss. In ihrer 24. Sitzung 2001 in Genf verabschiedete sie Ergänzungen für die Tierhaltung und tierische Ökoerzeugnisse sowie für die Bienenhaltung. Der zu Beginn des Dokuments niedergelegte Zweck ist es, einen „agreed approach" bezüglich der Ökokennzeichnung zu dokumentieren. Als Ziele werden der Schutz der Verbraucher gegen Täuschung und Betrug genannt sowie die Erleichterung des internationalen Handels durch Erleichterung der Anerkennung nationaler Systeme als äquivalent.

Die Guidelines stellen klar, dass sie zwar einen globalen Konsens darüber dokumentieren, dass Ökokennzeichnungssysteme in nationalen Rechtsordnungen so vorgesehen werden können, wie die Guidelines dies vorstellen, dass sie aber nicht die „Implementierung restriktiverer Anforderungen und detaillierterer Regelungen durch die Mitgliedstaaten präjudizieren", die dazu dienen, „den guten Glauben der Verbraucher zu schützen und Betrug zu verhindern". „Therefore, the following is recognized at this stage: … – the guidelines do not prejudice the implementation of more restrictive arrangements and more detailed rules by member countries in order to maintain consumer credibility and prevent fraudulent practices, and to apply such rules to products from other countries on the basis of equivalency to such more restrictive provisions". Den Mitgliedstaaten wird ausdrücklich erlaubt, die eigenen, nationalen Anforderungen auch dann, wenn sie strenger sind als die Codex-Vorgaben, auf fremde Produkte anzuwenden.

Ein weiterer internationaler Standard, der von der International Organisation for Standardization [16] für die Anforderungen an Zertifizierungsstellen entwickelt wurde, die verfahrensorientierte Produktzertifizierungssysteme betreiben, wurde von der Europäischen Union und in USA den eigenen Ökokontrollanforderungen zugrunde gelegt. Es handelt sich um den ISO-Guide 65. Er beschreibt in einer offenen, allgemeinen Weise Anforderungen, beispielsweise an die Objektivität, Aktualität und Folgerichtigkeit des Verhaltens von Zertifizierern.

### 5.1.11
**Biozide und Pflanzenstärkungsmittel**

Biozide dürfen in der Ökotierhaltung zur Entwesung von Stallgebäuden nur eingesetzt werden, wenn sie positiv in der Verordnung gelistet sind. Für die pflanzliche Produktion findet sich diese Positivlistungsbedürftigkeit für die Schädlingsentfernung aus leeren Räumen nicht. Pflanzliche Produkte müssen gelagert werden, nicht nur in den Ökobetrieben, sondern zum Beispiel auch in der Kette des Großhandels sowie beim Verarbeiter. Es müssen Lastwagen, Schiffe, Förderanlagen, Lagerräume entwest werden. Entwest werden die leeren Räume und es werden keine Pestizide, wie bei konventionellen Produkten, direkt in den Förderstrom des Getreides gesprüht. Die Belastung ist daher bei weitem geringer, aber klar ist auch, dass Spuren bleiben. Wenn ein Schiff entwest wird, kann es bei Liegegebühren von vielen zehntausend Dollar täglich nach einer Begasung nicht viele Karenztage liegen, sondern nur die Zeitspanne, die wirtschaftlich und organisatorisch vertretbar und verhältnismäßig ist. Der Biozideinsatz bei der Lagerung von ökologischen Pflanzenprodukten und ihrem Transport bedarf also zukünftig einer rechtlichen Regelung.

1999 qualifizierten Beamte der EU-Kommission das Thema der Reduktion des Einsatzes von Kupferverbindungen im Obstbau und im Weinbau als besonders wichtig. Für sie war wichtig, die Zustimmung der Mitgliedstaaten für ein Programm der schrittweisen Reduktion zu erhalten, so wie es die deutschen Ökoanbauverbände schon nach ihren eigenen Regeln betrieben. Nur wurde diese Zustimmung politisch dadurch erkauft, dass die Kommission den zögernden Mitgliedstaaten sagte, das Kupfer könne durch Pflanzenstärkungsmittel ersetzt werden, denn diese seien als Zweckbestimmung in der EU-Ökolandbau-Verordnung nicht aufgeführt und damit nicht positivlistungspflichtig. Niemand hatte zuvor je diesen Gedanken einer allgemeinen, beliebigen Zulässigkeit aller Pflanzenstärkungsmittel im Ökolandbau gefasst. Alle waren davon ausgegangen, dass der Begriff des Pflanzenschutzmittels, das nur eingesetzt werden darf, wenn es gelistet ist, als weiter europarechtlicher Begriff auch die Pflanzenstärkungsmittel umfassen solle. Laut EU-Kommission dürfen Substanzen als Pflanzenstärkungsmittel in Deutschland eingesetzt werden, wenn sie für diesen Zweck geeignet sind. Eine Substanz kann als Pflanzenschutzmittel wirken, wenn sie relativ hoch konzentriert ist, denn dann schädigt sie den Schadorganismus. Sie wirkt aber als Pflanzenstärkungsmittel, wenn ihre Konzentration und ihre Anwendungshäufigkeit verringert werden und sie also nicht primär den Schadorganismus, beispielsweise den Pilz, angreift und vernichtet, sondern systemisch, abwehrstärkend in der Pflanze wirkt. Was wie wirkt, steht in der Beurteilung des anwendenden Bauern. Es gibt keine Zulassungspflicht für den Einsatz von Pflanzenstärkungsmitteln. Nur der Handel ist geregelt. Pflanzenstärkungsmittel dürfen nur angeboten werden, wenn sie in einer Liste genannt sind, die von der BBA (Biologische Bundesanstalt) geführt wird.

## 5.2 Öko-Lebensmittel in den USA

### 5.2.1 Der Wunsch nach gesetzlicher Regelung

Die Umsätze mit Ökoprodukten in den USA und die Steigerungsraten entsprechen ungefähr denen in Europa (vgl. die Marktdaten in [12], Kapitel 7.3). Aktuelle Marktdaten und die geltenden Rechtsnormen finden sich auf den Webseiten des Washingtoner Agrarministeriums und der privaten Organisationen [24]. In den Bundesstaaten der USA gibt es oft mehrere Jahrzehnte zurückreichende, private oder staatliche Ökolandbau-Zertifizierungsprogramme (s. den Überblick bei [1]). 1973 erließ Oregon das erste staatliche Gesetz. 1990 gab es in 22 Bundesstaaten Gesetze über die Kennzeichnung von Lebensmitteln als aus ökologischem Landbau stammend. Einige beschränkten sich auf die Festlegung der Produktionsrichtlinien, sahen aber die Zertifizierung der Einhaltung durch objektive Dritte nicht zwingend vor. In den 28 Bundesstaaten ohne staatliche Ökokontrollgesetzgebung erfolgte die Verfolgung falscher Ökoauslobungen gestützt auf das Verbot der Irreführung und des Betrugs. Die Uneinheitlichkeit der Praxis führte zu dem breit aus der Ökolandbaubewegung an den US-Kongress herangetragenen Wunsch nach einer nationalen, einheitlichen und gesetzlichen Regelung für die Ökoprodukte.

### 5.2.2 Das Nationale Rahmengesetz

1990 erließ der US-Kongress den Organic Food Production Act (OFPA) als Teil der 1990 Farm Bill. Er delegierte damit seine Rechtsetzungsbefugnis an das Agrarministerium. Das Department of Agriculture (USDA) wurde beauftragt, Richtlinien für den ökologischen Landbau und die Verarbeitung seiner Produkte sowie für die Kontrolle der Herstellung von Ökoprodukten zu entwickeln (vgl. [6]). Der OFPA verpflichtete das USDA ein Beratungsgremium mit externen Experten heranzuziehen. Es wurde das National Organic Standards Board (NOSB) eingerichtet. Die Mitglieder wurden vom Minister ausgewählt, vier waren Geschäftsführer oder Eigentümer von Ökolandbau-Betrieben und zwei von Verarbeitungsunternehmen. Die weiteren Mitglieder stammten aus dem Umwelt- und Naturschutz, der Vertretung von Konsumenteninteressen, der Lebensmittelwissenschaft und der Zertifizierung. Die Besetzung des fünfzehnköpfigen Komitees durch den Agrarminister wurde als zufällig und nicht repräsentativ kritisiert.

Das NOSB erhielt eine nicht nur beratende, sondern die Bedingungen des ökologischen Landbaus und der Verarbeitung seiner Produkte zentral steuernde

Funktion. Diese werden wesentlich durch die Listen der in der Landwirtschaft erlaubten und verbotenen Substanzen bestimmt. Die „National List of Allowed and Prohibited Substances" ist zwar etwas anders angelegt als die Positivlisten in Anhang II der EU-Ökolandbau-VO 2092/91, sie hat aber eine ähnliche Zentralfunktion für die Abgrenzung des Ökolandbaus von konkurrierenden Formen der Landwirtschaft: Nach der Struktur der US-Liste sind nichtsynthetische Stoffe erlaubt, es sei denn, sie seien ausdrücklich ausgeschlossen, während synthetische Stoffe ausgeschlossen sind, es sei denn, sie seien aufgeführt. Die EU-Liste muss hingegen auch die nichtsynthetischen Einsatzstoffe, zum Beispiel Gesteinsmehle oder Pflanzenöle aufführen, wenn diese beispielsweise gegen Schädlinge eingesetzt werden. Aufnahmen in die „National List" der USA müssen den Vorschlägen des NOSB entsprechen. Der Kongress delegierte also die Rechtsetzungsbefugnis bezüglich der National List mit der Bedingung, dass der Agrarminister diese Befugnis nur auf der Grundlage der Vorschläge des NOSB ausübt (7 U.S.C. § 6517). Ein Teil der Rechtsetzungsbefugnis ist damit an das NOSB delegiert.

### 5.2.3
**Die Umsetzung durch die Exekutive**

Das USDA sollte die Ökorichtlinien unter Beratung des NOSB in drei Jahren entwickeln, aber erst nach sieben Jahren, im Dezember 1997, legte das USDA seinen ersten Entwurf vor. Er stieß auf Empörung und Ablehnung, weil er vielen als radikale Abwendung von der Praxis des ökologischen Landbaus erschien (vgl. [10, 18, 26]).

Das USDA schlug zwei verschiedene Vorgehensweisen bezüglich der Einsatzstoffe, die in der ökologischen Produktion verwendet werden, vor. Eine für zugelassene Pestizide und eine andere für alle anderen Einsatzstoffe. Die Behandlung der Pestizide sollte sich am schwächsten praktizierten Standard der Ökoprogramme der Einzelstaaten orientieren. Das Vorgehen für alle anderen Einsatzstoffe sollte, abweichend von der Praxis der eingeführten Ökozertifizierung, all jene Einsatzstoffe zulassen, die nach dem Stand der Wissenschaft als „inert" im Sinne von „reaktionsträge" eingestuft werden. Dieses Konzept wurde als Einfallstor für unabsehbar viele neue Einsatzstoffe kritisiert (vgl. [20]).

Weitere Streitpunkte waren die Bestrahlung von Ökoprodukten mit einer Cobaltquelle, die vom USDA-Entwurf nicht ausgeschlossen wurde (vgl. [21]). Schließlich schlug das USDA kein klares Verbot des Einsatzes gentechnisch veränderter Organismen im ökologischen Landbau vor, sondern stellte die Frage nach eindeutigen Kriterien zur Beurteilung der Vereinbarkeit der Gentechnik mit dem ökologischen Landbau (vgl. [22]). Ähnlich forderte das USDA zu Stellungnahmen zum Einsatz von Klärschlamm auf und zu kompostierten Haushaltsabfällen aus kommunaler Sammlung (vgl. [23]).

Der USDA-Entwurf von 1997 wurde als Versuch der Verwaltung gewertet, dem ökologischen Landbau sein eigenes Profil zu nehmen und von der eingeführten, anerkannten Praxis des ökologischen Landbaus abzuweichen. Drei Jahre später legte das USDA einen überarbeiteten Entwurf vor. Dieser trat im Oktober 2002 nach Ablauf einer Umsetzungsfrist von achtzehn Monaten mit wenigen Änderungen in Kraft.

### 5.2.4
### Die Ökokontrolle in den USA

Innerhalb des Agrarministeriums ist das National Organic Program (NOP), das beim Agriculture Marketing Service des USDA angesiedelt ist, mit dem Vollzug beauftragt (vgl. [19]). Wer die oft schwerfällige, ungewichtete und daher knappe Ressourcen auf Unerhebliches verschwendende Praxis der EU-Kommission und einiger Behörden der Mitgliedstaaten beim Vollzug der EU-Ökolandbau-Verordnung 2092/91 kritisiert hatte, musste bei der Lektüre dieses Dokuments zugestehen, dass die US-Rechtsordnung nichts Besseres leistet. Es werden staatliche Kontrollbehörden und private Kontrollstellen zur Zertifizierung von Ökobauern und Verarbeitern ökologischer Produkte akkreditiert. Die National Organic Standards führten ein rundes, grün-weißes „USDA Organic" Prüfzeichen ein. Es ist ein Zeichen, das verwendet werden kann, auch neben anderen Prüfzeichen, aber nicht verwendet werden muss. Es darf auf Produkten verwendet werden, die als „100% Organic" gekennzeichnet werden dürfen, was voraussetzt, dass die Zutaten aus nicht ökologischem Landbau nicht enthalten sind.

Das USDA betont auch zutreffend den verfahrensorientierten Charakter der Ökokontrolle und die Tatsache, dass der wesentliche Unterschied zur konventionellen Produktion in der andersartigen Produktionsweise und einem anderen Umgang mit den Produkten, auch in der Verarbeitung, liegt: „USDA makes no claims that organically produced food is safer or more nutritious than conventionally produced food. Organic food differs from conventionally produced food in the way it is grown, handled, and processed" (vgl. [4]). Die Autoren beschreiben die Entwicklung der Ökozertifizierung in den USA als vom Staat geprägt: „In the U.S., the Federal Government controls Standardisation". Dies sehen sie als Gegensatz zur Lage in Schweden und dem Vollzug der EU-Ökolandbauverordnung 2092/91 dort. Der interessante Vergleich versucht Unterschiede zu benennen, die jedoch meines Erachtens nicht gegeben sind.

### 5.2.5
### Die Kritik am Recht der Ökoprodukte in den USA

Der Aspekt von vermeidbaren „Food Miles" steht im Vordergrund. Er wird durch ein Streben nach räumlicher und zeitlicher Nähe von Produktion und Verzehr der Ökoprodukte und dem Versuch der Richtliniendefinition dieser Nähe angesprochen (so z.B. in [11]).

Eine besondere Rolle spielt auch das Verbot, den Begriff „Organic" für private Prüfsiegel zu verwenden, die höhere Anforderungen als das NOP stellen. Über dieses Verbot wird erbittert gestritten. OFPA 1990 sieht vor, dass jeder Einzelstaat der USA ein eigenes Zertifizierungsprogramm einrichten und dem USDA zur Anerkennung vorstellen kann (7 U.S.C. § 6507).

Für die staatlichen Ökozertifizierungsprogramme sind strengere Anforderungen bezüglich des ökologischen Anbaus und der Verarbeitung der Produkte zur Bewältigung von regionalen Besonderheiten gestattet, sofern sie nicht den bundeseinheitlichen Regeln widersprechen und die Ökoprodukte aus anderen US-Bundesstaaten nicht willkürlich diskriminieren.

Keine Zertifizierungsstelle darf aber Ökoprüfsiegel verwenden, die strengere Maßstäbe an die ökologische Produktion anlegen, als das Bundesprogramm (7 CFR § 205.501(b); Voraussetzung für die Zulassung als Kontrollstelle ist, dass für diese zutrifft: „does not require compliance with any production or handling practices other than those provided for in the Act and the regulations in this part as a condition of use of its identifying mark"). Ein Bezirksgericht in Maine entschied diesen Streit im Januar 2004 auf die Klage des Ökolandwirts und Ökoinspektors Arthur Harvey. Es wies seine Klage zurück [2]. Harvey trug vor, er sei als Blaubeerenanbauer von der Maine Organic Farmers and Gardeners Association (MOFGA) zertifiziert worden. Nach deren Regeln sei der Gebrauch von Hexazinone, einem Herbizid, verboten gewesen, jetzt aber sei es unter dem NOP erlaubt. Ihm werde so die Möglichkeit genommen, sich durch bessere ökologische Leistungen und Teilnahme an einem strengeren Ökozertifizierungsprogramm am Markt von Konkurrenten zu unterscheiden. Letztlich erlaube das NOP Ökobeerenanbauern, die das Herbizid einsetzen, mit ihm unlauter zu konkurrieren.

Er argumentierte, dass das USDA seine Kompetenzen überschritt, als es seine eigenen NOP-Standards als absolutes Maximum einführte, „suppressing any private certifier, who would put into the market place a stricter Organic Standard". Die Agrarministerin antwortete, es sei die Frage höherer Produktionsstandards der privaten Zertifizierer erwogen, aber diese seien bewusst nicht zugelassen worden. Das USDA berief sich auf eine Formulierung des Kongresses, die ausführte, dass ein konsistenter nationaler Ökostandard entwickelt werden solle. „We believe the positions advocated by the commentors are inconsistent with section 6501(2) of the Act, which provides that the stated purpose of the Act is to assure consumers, that organically produced products meet a consistent National Standard". Vor diesem Hintergrund vertritt das USDA die Ansicht, dass akkreditierte Zertifizierungsstellen keine eigenen Öko-Richtlinien, also keine zusätzlichen Anforderungen entwickeln dürften. Akkreditierte Kontrollstellen dürften andere Standards außerhalb des NOP einrichten, aber eben nur und ausdrücklich als solche, die sich nicht auf den ökologischen Landbau beziehen („They may not, however, refer to them as organic standards …"; S. 36). Das Gericht entschied, dass der Ausschluss strengerer privater Ökokontrollstandards durch den Agrarminister zumindest nicht willkürlich (arbitrary and capricious) sei, was aber Voraussetzung für die richterliche Kontrolle des NOP wäre. Das USDA berief sich auch darauf, dass die nationalen Regeln strenger gefasst werden können, wenn aus den interessierten Kreisen dieser Wunsch erhoben werde. Die Argumente der Parteien und die Erwägungen des Gerichts zeigen, dass die Definition dessen, was ein Ökoprodukt ausmacht, als Verantwortung des Staates, der wohlwollend die Meinung der betroffenen Kreise berücksichtigt, gesehen wird. In der Europäischen Union definiert die EU-

Ökolandbau-Verordnung 2092/91 das Minimum für Produktion und Kontrolle. Private Kontrollstellen müssen nach diesen Vorgaben zertifizieren, aber sie sind nicht gehindert, Zertifizierungen auch nach anderen privaten Regeln vorzunehmen, sei es den eigenen oder Regeln von Ökobauernverbänden. Diese dürfen auch ausdrücklich als Ökolandbau-Prüfzeichen verstanden und bezeichnet werden. Anders die Lage in den USA, wo, zumindest nach dem Selbstverständnis des USDA, gemeint wird, private Prüfsiegel der Ökokontrollstellen dürfe es schon geben, nur dürften diese nicht auf den ökologischen Landbau Bezug nehmen, sondern müssten anders bezeichnet werden. Die europäische Praxis nimmt gegenwärtig mehr Rücksicht auf die Wirtschafts- und Redefreiheit, was nach der Verfassungstradition der USA dann doch überrascht.

Auch in Europa werden private Ökozertifizierungen von der Politik zunehmend mit dem Argument angegriffen, sie würden Handelshemmnisse bewirken. Private Zertifizierungen würden weitere Verhaltensanforderungen an Ökobauern formulieren oder eine strengere Kontrollpraxis einführen, was dann bewirke, dass Produkte, die nach dem gesetzlichen Niveau ökozertifiziert sind, nur mit einer zusätzlichen Zertifizierung oder, wenn sie die weitergehenden Kriterien nicht erfüllen, gar nicht in bestimmten Zielmärkten vermarktet werden können. Die Kommission der Europäischen Gemeinschaften legte daher im Dezember 2005 den Entwurf für eine vollständige Novellierung der EU-Ökolandbau-Verordnung vor [3]. Artikel 20 dieses Novellierungsentwurfs zielt nach Aussage der Kommissionsmitarbeiter auf die Unterdrückung privater Zertifizierungssysteme, denn es solle nicht so sein, dass Verbraucher aus Deutschland oder Belgien Biojoghurt mit einer Verbandszertifizierung dem Biojoghurt aus Dänemark der dort staatlichen nationalen Ökozertifizierung vorziehen. Die Gegner dieses Vorschlags fürchten, dass damit der praktische Fortschritt im Bereich des ökologischen Landbaus und ein Wettbewerb hin zum geringstvertretbaren Ökostandard ausgelöst wird. Die EU-Kommission strebt die Novellierung für 2009 mit dem Argument an, es müsse gewährleistet sein, dass die gestiegene Nachfrage nach Ökoprodukten auch tatsächlich durch einen vollkommen barrierefreien, gemeinschaftsweiten Ökomarkt befriedigt werde. Dazu gehöre auch, dass der Import aus Drittstaaten erleichtert wird.

## 5.3
**Literatur**

1 Amaditz, K.C. (1997), The Organic Foods Production Act of 1990 and its impending regulations: A big zero for organic food? *Food Drug Law Journal* **52**(4): 537–559.

2 Artur Harvey v. Veneman, Secretary of Agriculture; United States District Court, District of Maine, Civil No. 02-216-p-h, 07.01.2004, und Recommend Decision on Cross Motions for Summary Judgement, 10.10.2003, http://www.med.uscourts.gov/Site/opinions/hornby/2004/DBH_01072004_2-02cv216_HARVEY_V_VENEMAN.pdf und http://www.med.uscourts.gov/Site/opinions/kravchuk/2003/MJK_10102003_2-02cv216_Harvey_v_Veneman_AFFIRMED_IN_PART_AND_REJECTED_IN_PART_01072004.pdf

3 Atkinson, D., F. Burnett, G.N. Foster, A. Litterick, M. Mullay und C.A. Watson (2003), The Minimisation of Pestizide Resi-

---

[3] http://europa.eu.int/eur-lex/lex/LexUriServ/site/de/com/2005/com2005_0671de01.pdf

dues in Food: A Review of the Published Literature, Edinburgh, http://www.food.gov.uk/multimedia/pdfs/pesticideslitreview.pdf, S. 42 ff. Current levels of pesticides in organic products.
4 Boström, M. et. al. (2003) Framing, Debating, and Standardising "Natural Food" in Two Different Political Contexts: Sweden and the U.S., Stockholm Center for Organizational Research, Stockholm School of Economics, Score Rapportserie 2003: 3, http://www.score.su.se/pdfs/2003-3.pdf
5 Bundesverband Naturkost Naturwaren Herstellung und Handel e.V., BNN-Monitoring _Jahresbericht 2004, http://www.n-bnn.de
6 Clark, J. B. (1995) Impact and analysis of the U.S. Organic Food Production Act of 1990, *Univ. Toledo L. Review* 26: 323–346.
7 CVUA Stuttgart (Chemisches und Veterinäruntersuchungsamt Stuttgart), Bericht über das Öko-Monitoring-Programm Baden-Württemberg 2002, http://www.untersuchungsaemter-bw.de
8 CVUA Stuttgart, Bericht über das Öko-Monitoring-Programm Baden-Württemberg 2003, http://www.untersuchungsaemter-bw.de
9 CVUA Stuttgart, Bericht über das Öko-Monitoring-Programm Baden-Württemberg 2004, http://www.untersuchungsaemter-bw.de
10 Frankel, G. C. und Borque, M. 1998, Certified Organic: Recent Developments in the Proposed Rule for a National "Organic" Standard in the U.S http://www.foodfirst.org/progs/global/susag/
11 Gerschau, M. et al. (2002) Ansatzpunkte für eine regionale Nahrungsmittelversorgung, Freising, www.fh-weihenstephan.de/le/projekte/am/ regionale-nahrungsmittelversorgung.pdf
12 Haumann, B. (2003) in Yussefi, M. und Willer ,H., The World of Organic Agriculture 2003, Statistics and Future Prospects, S. 107–115, vgl. o. Fußnote 14, http://www.soel.de/inhalte/publikationen/s/74/7_6_northamerica.pdf
13 http://journeytoforever.org/farm_library/howardAT/AT1.html
14 http://journeytoforever.org/farm_library/paydirt/paydirt_7.html
15 International Organic Accreditation Services (IOAS) (http://www.ioas.org/)
16 International Organisation for Standardization (http://www.iso.org/iso/en/ISOOnline.frontpage)
17 Lampkin, N. H., Padel, S. (1994) Organic Farming: Sustainable Agriculture in Practice, in: The Economics of Organic Farming, Wallingford, S. 3–8.
18 Lilliston, B. und Cummins, R. July (1997) Whose organic standards? USDA prepares for an "unfriendly takeover of the natural foods industry, http://www.inmotionmagazine.com/usda.html
19 National Organic Program, http://www.ams.usda.gov/nop/indexNet.htm, dort insbesondere unter Regulations & Policies. Ein pdf-Dokument von 554 Seiten mit der Final Rule, mit der das NOP eingerichtet wurde, findet sich unter http://www.ams.usda.gov/nop/NOP/standards/FullText.pdf
20 Organic Materials Review Institute (OMRI), Comments on Active and Inert Ingredients, http://www.omri.org/A&I_ingredients.pdf
21 Organic Materials Review Institute (OMRI), Comments on Ionizing Radiation and Organic Food, http://www.omri.org/ionizing_radiation.pdf
22 Organic Materials Review Institute (OMRI), Genetic Engineering and the December 1997 Proposed National Organic Program Rule, http://www.omri.org/K1.pdf
23 Organic Materials Review Institute (OMRI), Use of Manure, Compost, and Sewage Sludge, http://www.omri.org/sludge.pdf
24 Organic Trade Association (OTA). Diese Organisation führt auf ihrer Webseite ein Linkverzeichnis für die Rechtsnormen, http://www.ota.com/standards.html; hier findet sich auch ein Verzeichnis „Organic Industry Resources" von Webseiten mit produktspezifischen Informationen, http://www.ota.com/links/resources.html; Marktdaten führt die Webseite des Economic Service im Agrarministerium, http://www.ers.usda.gov/briefing/Organic/; während Zertifizierungsfragen auf der Webseite des National Organic Program im Agrarministerium behandelt werden, http://www.ams.usda.gov/nop/indexNet.htm)
25 US-Agrarministerium, www.fas.usda.gov/agx/organics/organics.html und…/attache.html
26 USDA, http://www.ams.usda.gov/nop/glickremarks.htm, USDA Secretary Glickman sprach von 275 603 praktisch durchgehend ablehnenden Stellungnahmen aus der Öffentlichkeit.
27 Yussafi, M. und Willer, H., „The World of Organic Agriculture" (ca. 120 Seiten, verfügbar als pdf-Datei im Internet – IFOAM-Webseite www.ifoam.org und unter www.soel.de/inhalte/puplikationen/s/S_74.pdf die Ausgabe 2004 sowie unter http://orgprints.org/4297/01/willer-yussefi-2005-organic-world-1-2.pdf die Eingangskapitel der Ausgabe 2005.

Lebensmitteltoxikologische Untersuchungsmethoden,
Methoden der Risikoabschätzung
und Lebensmittelüberwachung

# 6
# Allgemeine Grundsätze der toxikologischen Risikoabschätzung und der präventiven Gefährdungsminimierung bei Lebensmitteln

*Diether Neubert*

## 6.1
## Einleitung

Mit der *natürlichen Nahrung* nehmen wir jeden Tag Zehntausende von unbekannten Substanzen auf, wahrscheinlich sogar Hunderttausende. Von der überwiegenden Mehrzahl kennen wir die vorhandene Konzentration nicht, ja nicht einmal die chemische Struktur. Offenbar sind jedoch die *Dosis* und die *akute Toxizität* der meisten dieser nahezu unzählbaren Verbindungen so gering, dass fast nie eine unmittelbare Gesundheitsgefährdung resultiert. Die Jahrtausende alte Erfahrung hat nur für wenige definierte Nahrungsmittel (Pflanzen, Pilze, Fische, etc.) und bestimmte Inhaltsstoffe eine toxikologische Gefährdung überliefert. Hingegen können wir naturgemäß wegen der komplexen Situation nur wenige konkrete Aussagen über mögliche, negative oder positive, *chronische* Wirkungen der Komponenten in unserer Nahrung machen. Dafür sind die Konsumgewohnheiten der meisten menschlichen Gesellschaften zu komplex und zu variabel.

Neben den natürlichen Nahrungsbestandteilen können toxikologisch auch *vom Menschen manipulierte Faktoren* in Lebensmitteln eine zunehmende Rolle spielen. Vielen dieser Komponenten wird primär eine „günstige" Wirkung zugeschrieben, und deshalb werden sie Lebensmitteln zugesetzt und vom Verbraucher konsumiert. Ob die *stetige* Konfrontation gegenüber zunächst unterschwelligen Stoffmengen, z. B. von karzinogenen Stoffen (insbesondere aus der Nahrungs*zubereitung* wie Kochen, Braten, Grillen, Frittieren, etc.), in praxi einen deutlichen schädlichen Einfluss auf die menschliche Gesundheit ausübt, muss heute noch weitgehend offen bleiben. Jedenfalls hat die Tatsache, dass hier mutagene und karzinogene Substanzen vorliegen, die durchaus zu den potenten gehören, bisher in unserer Gesellschaft zu keiner drastischen Konsequenz geführt: Wir kochen, braten und grillen unsere Nahrung weiterhin. Man kann davon ausgehen, dass nach jeder Mahlzeit in den Leberzellen Tausende von DNA-Addukten aufgetreten sind und noch sehr viel mehr Addukte an Proteinen. Wir vertrauen weitgehend auf die bekannten und offensichtlich sehr effektiven *Reparatursysteme* in unserem Organismus, die solche Noxen fast immer wieder unschädlich machen.

Vom Standpunkt der Toxikologie aus (d.h. der Schädlichkeit), und vielleicht auch der Pharmakologie (d.h. der Nützlichkeit), kann man zusammenfassend mehrere Gruppen von *Komponenten* in der Nahrung unterscheiden:

- *natürliche*, in bestimmten Nahrungsmitteln bevorzugt vorkommende, chemische Substanzen. Dies stellt bei weitem die größte Gruppe dar. Die Toxizität einiger konkreter Substanzen ist uns heute geläufig. Mögliche Wirkungen der weitaus meisten Bestandteile der Nahrung bleiben unbekannt;
- *angereicherte natürliche* Komponenten, in Konzentrationen, die in der natürlichen Nahrung so nicht vorkommen (z.B. Vitamine, Aminosäuren, Spurenelemente, Flavonoide, aber auch Salz, Zucker, Gewürze, etc.);
- bei der *Zubereitung* der Speisen entstehende Stoffe (beim Kochen, Braten, Grillen, z.B. polycyclische aromatische Kohlenwasserstoffe bzw. aromatische Amine, heterocyclische Amine, Nitrosamine, Acrylamid, etc.);
- zur *Konservierung* usw. zugesetzte oder bei diesem Vorgang entstehende Stoffe (z.B. Nitrite und andere Salze, durch Räuchern entstehende Stoffe, Ameisensäure und andere Säuren, Antioxidantien).
- *Rückstände* in pflanzlichen und tierischen Nahrungsmitteln (z.B. von Pflanzenschutzmitteln, aber auch von Substanzen aus der Tiermast oder von notwendiger (und unnötiger) veterinärmedizinischer Behandlung).
- Stoffe aus *Kontaminationen* (Methylquecksilber in manchen Fischen, „Dioxine" und PCB im tierischen Fett, Aflatoxine in Erdnüssen, im Trinkwasser Blei oder Arsen; letzteres auch als „natürliche" Verunreinigung).

Alle diese Gruppen von Substanzen mit toxikologischem Potenzial zeigen, mindestens bei exzessiver Exposition, eine spezielle Problematik, und sie bedürfen einer besonderen Beurteilung. *Die allgemeinen Prinzipien zur Beurteilung der toxikologischen Sicherheit* (engl.: safety evaluation) *sind für alle Agenzien gleich*. In der folgenden kurzen Darstellung kann nicht auf die speziellen Gegebenheiten der einzelnen Substanzen eingegangen werden, sondern es sollen vielmehr die *Voraussetzungen* und *Prinzipien* der Toxikologie, anhand von typischen Beispielen, diskutiert werden.

Nicht zu unterschätzen ist natürlich auch die Bedeutung der Ernährung als solche. Der direkte und indirekte Zusammenhang zwischen z.B. Übergewicht und Herz-/Kreislauf-Erkrankungen muss nach guten epidemiologischen Studien als wahrscheinlich gelten [15, 48, 56, 60].

### 6.1.1
**Aufgaben der Toxikologie**

Im hier zu diskutierenden Zusammenhang kann man die Toxikologie in drei Gebiete unterteilen:
- Die *humanmedizinische* Toxikologie hat die Aufgabe, Gesundheitsschädigungen des Menschen im Zusammenhang mit Lebensmitteln zu erkennen und zu verhindern. Sie stellt das bei weitem größte Gebiet dar.
- Die *Veterinär*toxikologie hat die Aufgabe, unerwünschte Agenzien in Lebensmitteln tierischen Ursprungs zu erkennen und den entsprechenden Konsum des Menschen zu minimieren.
- Die *Ökotoxikologie* hat die Aufgabe, schädigende Einflüsse auf die Natur zu analysieren, und mögliche Wege zur Minimierung aufzuzeigen. Im Zusammenhang mit Lebensmitteln spielt dieser Aspekt der Toxikologie eine untergeordnete Rolle, aber die „ökologische" *Kontamination* von Lebensmitteln ist ein wichtiger Zweig der medizinischen Toxikologie.

Diese drei Gebiete der Toxikologie haben recht verschiedene Zielsetzungen, sie benutzen unterschiedliche Methoden zur Erkennung entsprechender Wirkungen, und die Aussagekraft spezifischer Daten ist ebenfalls nicht gleich. Hier sollen nur die Gebiete mit *medizinischer* Fragestellung diskutiert werden, denn in die komplexe Ökotoxikologie fließen noch viele zusätzliche, z. B. überwiegend politische, Aspekte ein.

Es ist die wissenschaftliche Aufgabe der *medizinischen Toxikologie*, für den Menschen, Gesundheitsgefährdungen, die von exogenen chemischen oder physikalischen Noxen ausgehen können, durch entsprechende Verfahren zu erkennen, wenn möglich zu quantifizieren und Wege aufzuzeigen, entsprechende Schädigungen zu verhindern sowie aufgetretene Intoxikationen zu behandeln.

Als Grundlage für das Verständnis der Toxikologie dient in erster Linie die *Pharmakologie*, weil viele entscheidende Prinzipien (Dosis-Wirkungsbeziehung, Pharmakodynamik, Pharmakokinetik, Metabolismus, Wirkungsmechanismen, etc.) primär in diesem Fach erforscht wurden und noch werden. Maßstäbe für eine sinnvolle Interpretation toxikologischer Daten stammen zudem meistens aus der *Arzneimittel*toxikologie.

### 6.1.2
**Strategien in der Toxikologie**

Die Veterinärtoxikologie hat gegenüber der Toxikologie mit humanmedizinischer Zielsetzung den Vorteil, dass Untersuchungen immer *direkt* am entsprechenden Objekt durchgeführt werden können. Dies ist bei der humanmedizinischen Toxikologie nur begrenzt der Fall, denn die Erkenntnisse stützen sich auf *zwei* Informationsquellen mit sehr unterschiedlicher Aussagekraft:
(1) In geringem Umfang werden *klinische* Studien und *epidemiologische* Erhebungen beim *Menschen* durchgeführt.

(2) Weitere Abschätzungen basieren auf *Extrapolationen* von Daten aus *Tierexperimenten* oder zum Teil auch *in-vitro*-Versuchen, auf die möglicherweise beim Menschen vorliegenden bzw. vermuteten Verhältnisse.

Zur Erkennung, Beurteilung und Gefährdungsminimierung möglicher toxikologischer Wirkungen beim *Menschen* werden also zwei *völlig verschiedene* Strategien angewandt (Abb. 6.1):
(1) eine, die sich auf *direkte* Beobachtungen beim Menschen stützt (Risikoabschätzung), und
(2) eine *indirekte*, die versucht, für den Menschen relevante Schlüsse aus tierexperimentellen Daten zu ziehen (Extrapolation).

Die zuletzt genannte Strategie wird überwiegend zur *administrativen Prävention* eingesetzt („vorsorglicher Verbraucherschutz"). Entsprechende Schlussfolgerungen müssen jedoch so lange Spekulation bleiben, bis Daten vom Menschen verfügbar sind.

Wenn Daten für eine toxikologische Beurteilung erhoben werden sollen wird in der Regel versucht, das *Studiendesign* so übersichtlich wie möglich zu gestalten. *In praxi* wird jedoch die Wirkung zusätzlicher exogener Noxen durch eine größere Zahl allgemeiner Faktoren im Organismus beeinflusst, die bei einer pauschalen Beurteilung nicht berücksichtigt werden. Bereits die Zufuhr der Nahrung und ihre Verwertung verändert im Organismus eine Fülle von Vorgängen, von der Umverteilung der Blutzufuhr zu bestimmten Organen bis zu Ver-

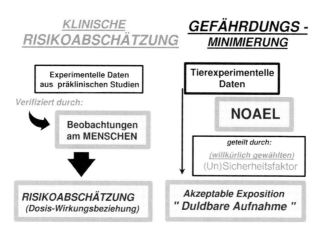

**Abb. 6.1** Unterschied zwischen toxikologischer Risikoabschätzung und präventiver Gefährdungsminimierung. Die klinische *Risikoabschätzung* mit Relevanz für den Menschen basiert auf Beobachtungen beim Menschen. Es resultiert eine *Zahlenangabe* (Inzidenz bei definierter Exposition). Durch Extrapolation von tierexperimentellen Daten wird eine (präventive) *Gefährdungsminimierung* versucht; es wird ein *Bereich* abgeschätzt, in dem toxikologische Wirkungen nicht mehr sehr wahrscheinlich sind. Die wirkliche Inzidenz beim Menschen muss letztlich unbekannt bleiben (modifiziert aus: Neubert, in: Marquardt/Schäfer, 2004).

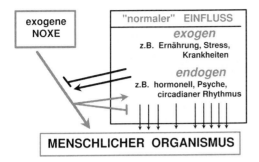

**Abb. 6.2** Wechselwirkung zwischen exogenen und endogenen Faktoren. Faktoren wie Ernährung und Krankheiten können die Wirkung exogener Noxen ähnlich modifizieren wie endogene Variable, z. B. hormoneller Status und Psyche.

änderungen im allgemeinen Stoffwechsel und dem der Zellen. Besonders im Niedrigdosisbereich werden solche Vorgänge die Wirkung von exogen zugeführten Substanzen modifizieren (Abb. 6.2). Es kommt hinzu, dass bestimmte Nahrungsbestandteile die Wirkung und Metabolisierung von Medikamenten und anderen Fremdstoffen beeinflussen können. Der Einfluss von Grapefruitsaft auf Prozesse der Pharmakon-Metabolisierung, und der Einfluss Vitamin-K-reicher (oder auch -armer) Nahrung auf das Ausmaß der Hemmung der Blutgerinnung durch Phenprocoumon (Marcumar®) sind einige Beispiele.

### 6.1.2.1 Dosis-Wirkungsbeziehungen

Der Nachweis von Dosis-Wirkungsbeziehungen ist ein wesentliches Argument für das Vorhandensein einer spezifischen *toxikologischen* Wirkung. Beim Fehlen einer Dosis-Wirkungsbeziehung sollte man stutzig werden: Es mag sich um einen „Pseudoeffekt" handeln, der nicht entscheidend vom untersuchten Agens abhängt.

Es ist das heute *unumstrittene Dogma* der Pharmakologie und Toxikologie, dass *alle* Effekte *dosisabhängig* auftreten. Die *zweite* Erfahrung besteht darin, dass bei Erhöhung der Dosis fast immer *mehr* Effekte hinzutreten. Das erklärt auch, warum es für nahezu alle Substanzen Dosisbereiche gibt, in denen Wirkungen auftreten, die mit dem Leben nicht vereinbar sind: *Letaldosen*.

Es gibt noch eine weitere Erkenntnis in der Medizin, nämlich dass *geringgradige* Wirkungen („*borderline effects*") *nicht* mit hinreichender Sicherheit zu *verifizieren* sind. Berücksichtigung dieser Erkenntnis könnte uns viele unnötige und frustrierende Diskussionen ersparen, die überwiegend von medizinischen Laien angezettelt werden.

Wenn man eine resultierende Wirkung gegen die Dosis aufträgt, erhält man eine *Dosis-Wirkungs-*(*Dosis-Effekt-*)*Kurve*. Solche Kurven können recht unterschiedliche Formen aufweisen und eine unterschiedliche Steilheit besitzen. In der Regel sind Dosis-Wirkungskurven *nicht linear* oder nur in einem sehr kleinen (mittleren) Dosisbereich geradlinig. Meist verlaufen sie S-förmig (Abb. 6.3).

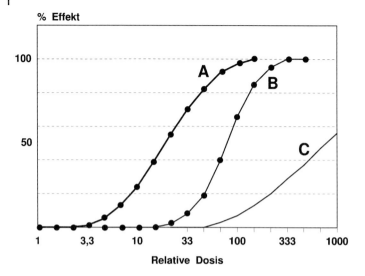

**Abb. 6.3** Beispiele für Dosis-Wirkungskurven. Die meisten Dosis-Wirkungskurven haben einen S-förmigen Verlauf. Dargestellt sind die Kurven für drei Wirkungen der gleichen Substanz. Bei Dosiserhöhung muss mit *mehr* Wirkungen gerechnet werden (hier: B und C), deren Dosis-Wirkungskurven in der Regel andere Steilheiten aufweisen. Einige dieser Wirkungen sind mit dem Leben nicht vereinbar (Bereich von Letaldosen). (Modifiziert aus: Neubert, in: Marquardt/Schäfer, 2004).

Entsprechende Kurven beziehen sich auf *eine* Wirkung. Bei verschiedenen Wirkungen des gleichen Agens wird man Dosis-Wirkungsbeziehungen mit unterschiedlichem Kurvenverlauf und verschiedener Steilheit erwarten.

Auch bei der Analyse der *gleichen* Wirkung bei verschiedenen *Tierspezies* kann man *keine* identischen Dosis-Wirkungskurven erwarten.

### 6.1.2.1.1 Übliche Form von Dosis-Wirkungskurven

Der S-förmige Verlauf von Dosis-Wirkungskurven ergibt sich z. B. aus der Rezeptortheorie. Der nahezu geradlinige Abschnitt in der Nähe des 50%-Wertes erscheint verlängert und tritt häufig deutlicher hervor, wenn der *Logarithmus* der Dosis gegen den *Prozentsatz* (besser noch gegen den *Probit*) der Wirkung aufgetragen wird.

In einer „klassischen" Dosis-Wirkungskurve existiert also sowohl ein *Bereich* der „100%-Wirkung" als auch der „Null-Wirkung" (Abb. 6.3). Dies ist an Hunderten von Arzneimitteln, auch beim Menschen, verifiziert worden. Da sich die Kurve aber asymptotisch dem 0- bzw. 100%-Bereich nähert, sind diese beiden *Werte* in der Regel nicht genau zu definieren (besonders bei flachen Dosis-Wirkungskurven). Dies spielt in der Praxis für die pharmakologischen und für die meisten toxikologischen Wirkungen keine Rolle.

Für bestimmte *stochastische* Effekte wird häufig angenommen, zu Recht oder zu Unrecht, dass sich die Inzidenz einer Wirkung bei Reduktion der Exposition immer weiter vermindert. In praxi gibt es aber auch für diese Effekte (z. B. Karzinogenität) eine Exposition mit nicht mehr nachweisbarer oder nicht mehr relevanter Wirkung. Karzinogene Wirkungen zeigen besonders klare Dosis-Wirkungsbeziehungen.

#### 6.1.2.1.2 U-förmige oder J-förmige Dosis-Wirkungskurven

Durch Fremdstoffe im Organismus induzierte *primäre* Veränderungen lösen sehr häufig Folgereaktionen aus oder sogar Gegenreaktionen. Wegen dieser Tatsache müssen komplexe Dosis-Wirkungsbeziehungen resultieren, d. h. die dann komplexe Dosis-Wirkungskurve repräsentiert die Resultante aus mehreren Effekten. Angesprochen ist hier das Problem komplexer Wirkungen (und damit auch komplexer Dosis-Wirkungsbeziehungen), die bei gleichzeitiger Wirkung auf das gleiche Organsystem aber über verschiedene Mechanismen auftreten.

Bei manchen pharmakologischen oder toxikologischen Effekten verläuft die Dosis-Wirkungskurve gegensinnig, d. h. „U- oder besser ausgedrückt J-förmig". Dies ist seit langem bekannt, auch bei bestimmten Wirkungen einiger Umweltsubstanzen, z. B. „Dioxinen" [69, 90]. In jüngster Zeit ist das Phänomen erneut aufgefallen, z. B. bei hormonellen Wirkungen von Fremdstoffen.

Ein biphasischer Verlauf einer Dosis-Wirkungskurve ist unter zwei Bedingungen bekannt:
- bei verschiedenen Dosierungen von *Partialantagonisten* (z. B. beim Nalorphin) oder wenn die Konzentration des gleichzeitig anwesenden Agonisten verändert wird;
- wenn eine Substanz den gleichen Endeffekt über zwei verschiedene Mechanismen auslöst (Abb. 6.4), z. B. an zwei Rezeptoren aber mit unterschiedlicher Affinität. Ein altbekanntes Beispiel ist das Verhalten des Blutdrucks nach Gabe von Adrenalin.

Im Gegensatz zur S-förmigen Kurve ergeben sich beim J-förmigen Verlauf natürlich zwei „no observed adverse effect level" (NOAEL), weil die Nulllinie zweimal erreicht wird.

Experimentell und klinisch sind seit langer Zeit Substanzen bekannt, die auf *hormonelle* Systeme gleichzeitig oder dosisabhängig über verschiedene Rezeptoren (besonders solche für Sexualhormone) unterschiedliche Wirkungen auslösen können. Das gilt bereits für die physiologischen Hormone (Estrogene, Progesteron, Testosteron), die periphere Rezeptoren *stimulieren*, aber über das Hypothalamus-/Hypophysensystem entsprechende hormonelle Wirkungen *hemmen*. Fast alle klinisch benutzten hormonellen halbsynthetischen oder synthetischen Substanzen besitzen mehr als eine hormonelle Wirkung, sehr häufig von entgegengesetztem Charakter: gestagen/androgen, antiestrogen/estrogen, usw. (s. z. B. [70]). Es ist für Experten daher nicht überraschend, dass auch *Fremdstoffe* mit gewissem hormonellen Potenzial bei entsprechenden Effekten keinen „klassischen" Dosis-Wirkungskurven gehorchen. Auch bestimmten *Nahrungsbestandteilen* wird heute eine gewisse *hormonelle* Wirkung zugeschrieben (z. B. Soja-Inhaltsstoffen), und es sind auch komplexe Dosis-Wirkungskurven zu erwarten.

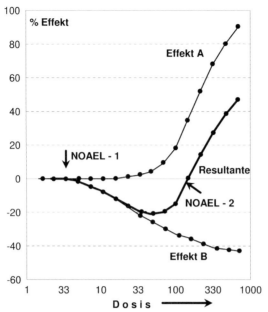

**Abb. 6.4** Beispiel für den biphasischen Verlauf einer Dosis-Wirkungskurve. Die resultierende Wirkung (Resultante) kommt durch Überlagerung von zwei verschiedenen Wirkungen (A und B, hier additiv) zustande. Beim „J"-förmigen Verlauf existieren zwei NOAEL-Werte. Wirkung B tritt bereits bei einer geringeren Dosis auf als Wirkung A. (Modifiziert aus: Neubert, in: Marquardt/Schäfer, 2004).

Es ist auch denkbar, dass sich bei relativ hoher Dosierung zwei Wirkungen kompensieren, während bei niedriger Exposition eine Wirkung (z. B. eine unerwünschte) dominiert. Vom Mechanismus her wird man in der Regel eine Resultante von Wirkungen annehmen, die an mehr als einem Angriffspunkt ansetzen. Sinnvolle Aussagen sind nur möglich, wenn (1) genaue Daten zu Dosis-Wirkungsbeziehungen vorgelegt werden (einschließlich NOAEL, es existiert für solche Effekte immer auch ein *unterer* NOAEL (Abb. 6.4!), (2) ausreichend große Gruppen von Versuchstieren untersucht wurden, (3) der Effekt auch in anderen Laboratorien reproduziert werden kann, und (4) der Wirkungsmechanismus analysiert wurde. Wenn diese Kriterien nicht erfüllt werden, verbleiben für die toxikologische Bewertung weitgehend wertlose Spekulationen. Zur Beurteilung der möglichen Relevanz für den Menschen ist (5) auch der Nachweis wichtig, dass das postulierte Verhalten bei mehreren Versuchstierspezies und -stämmen reproduziert werden kann, und dass (6) beim Menschen eine ausreichende Exposition zu erwarten ist (vergleichende Untersuchungen zur Kinetik).

Die veränderte oder entgegengesetzte Wirkung im Niedrigdosisbereich *ist aber keine allgemeine Eigenschaft aller oder vieler Substanzen, wie in der Homöopathie angenommen wird*. Eine solche Behauptung ist inzwischen hinreichend widerlegt worden, und eine solche Anschauung wäre, wenn sie heute noch vertreten würde, sicher falsch.

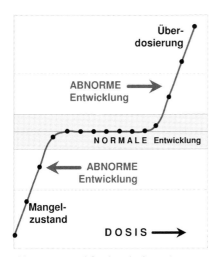

**Abb. 6.5** Beispiel für den „biphasischen" Verlauf unerwünschter Wirkungen beim Mangel und im toxischen Bereich. Als Beispiel kann Vitamin A (Retinoide) dienen: Beim Vitaminmangel können experimentell *multiple* Fehlbildungen ausgelöst werden. Das Vitamin ist eine für die pränatale Entwicklung essenzielle Substanz (mittlerer Expositionsbereich). Die Applikation sehr hoher Dosen führt *ebenfalls* zu *multiplen* Fehlbildungen, weil wesentliche Entwicklungsvorgänge gestört werden. Der Typ von Fehlbildungen muss in beiden Bereichen nicht identisch sein.

Ein *scheinbar* biphasisches Resultat kommt auch bei *essenziellen Substanzen* vor, z. B. Vitaminen oder Spurenelementen, wenn diese in hoher Dosierung toxisch wirken. In Abbildung 6.5 ist als Beispiel die teratogene Wirkung von Vitamin A angegeben: Bei Vitamin A-Mangel während der Trächtigkeit (oder Schwangerschaft) kommt es zu Fehlbildungen des Keimes [121]. Innerhalb eines gewissen Dosisbereiches ist Vitamin A für die Entwicklung essenziell, und bei Überdosierung werden wiederum Fehlbildungen induziert, dann durch toxikologische Fehlsteuerung. Dieser teratogene Effekt tritt auch nach Gabe anderer Retinoide auf (z. B. [51, 52]). Im Mangelbereich und bei der toxischen Wirkung muss durchaus nicht der gleiche Typ von Fehlbildungen auftreten. Natürlich handelt es sich bei der Mangelsituation nicht um eine pharmakologische oder toxikologische Wirkung. Eine solche „biphasische" Wirkung ist bei *allen* essenziellen Substanzen zu erwarten, wenn ein toxischer Bereich erreicht werden kann. Im Gegensatz zu anderen beschriebenen biphasischen Effekten kann bei der Mangelsituation kein unterer NOAEL existieren. *Alle* Dosierungen unterhalb der minimal notwendigen Dosis sind schädlich.

#### 6.1.2.2 Toxikologische Wirkungen verglichen mit allergischen Effekten

Die Gesundheit betreffende unerwünschte Wirkungen fallen oft nicht in den Bereich der Toxizität, sondern es handelt sich um *allergische* Wirkungen. Das gilt insbesondere auch für das Gebiet der unerwünschten Wirkungen von Lebensmitteln, weil *Nahrungsmittelallergien* recht häufig sind (z. B. [18, 41]), sicher *viel* häufiger als toxikologische Wirkungen von Lebensmitteln.

Allergische Wirkungen werden in der Medizin von toxischen Effekten klar *abgegrenzt*, weil sie anderen Gesetzmäßigkeiten gehorchen. Dies betrifft sowohl die Dosisabhängigkeit, den zeitlichen Ablauf, und den Wirkungsmechanismus. Das klinische Bild von allergischen und von toxikologischen Wirkungen mag jedoch in vielen Fällen als recht ähnlich imponieren (Blutbildveränderungen, Kreislaufzusammenbruch (bis zum letalen Ausgang), Lungenveränderungen, etc.). Dies ist verständlich, weil der Organismus nur mit einer limitierten Anzahl von Reaktionen antworten kann.

Es ist zu beachten, dass sich toxikologische Effekte selbstverständlich auch am Immunsystem manifestieren können, wie an jedem Organsystem. Darum können und müssen *immuno-toxische* (bzw. immuno-pharmakologische) Wirkungen klar gegenüber *allergischen* Effekten abgegrenzt werden.

## 6.2
## Gefährdung und Risiko

Es ist viel über toxikologisches „Risiko" diskutiert und publiziert worden. Viele Missverständnisse im täglichen Leben, aber auch bei manchen toxikologischen Beurteilungen, insbesondere von Behörden, entstehen, weil zwei völlig verschiedene Begriffe, *Gefährdung* und *Risiko*, mit dem gleichen gemeinsamen Ausdruck, nämlich *Risiko*, belegt werden. Zu dieser Konfusion haben auch „Experten" auf dem Gebiet der Toxikologie maßgeblich beigetragen. Klarheit können wir uns nur verschaffen, wenn wir die beiden Begriffe klar auseinander halten. Auch im internationalen Sprachgebrauch ist die Definition nicht immer eindeutig. In diesem Kapitel werden die Definitionen der WHO benutzt, die heute weitgehend akzeptiert sind.

Eine toxikologische *Gefährdung* (engl.: hazard) bezeichnet die *Möglichkeit*, dass eine unerwünschte Wirkung eintreten *könnte* (eine ausreichende Dosis vorausgesetzt), aber unter den gegebenen Umständen durchaus *nicht* eintreten *muss* und wird. Unbeantwortet bleibt sowohl die Frage, ob beim Menschen *überhaupt* ein Effekt zu erwarten ist, und vor allem bei welcher Exposition (*Dosis*) und in welchem Ausmaß (*Inzidenz*). Es wird also ein *Verdacht* geäußert.

Angaben zur Gefährdung sind wichtig, aber letztlich interessiert uns, insbesondere auch als Mediziner, das toxikologische *Risiko*. Dies beinhaltet eine *quantitative* Aussage[1], d.h. eine *Zahlenangabe*. Das Risiko kann grundsätzlich nur auf der Basis von Daten von der Spezies abgeschätzt werden, für welche

---

[1] Eine entsprechende Aussage zum Risiko wäre z. B.: Bei einer Dosis von xx mg des Agens tritt bei yy% der Exponierten der Effekt zz auf. Oder z. B.: Das Risiko ist 1 : 1000 bei der Dosis xx. Neuerdings wird auch die Angabe: *„number needed to harm"* (NNH)- benutzt: Um bei *einem* Individuum einen Effekt zu beobachten müssen durchschnittlich yy Individuen exponiert werden (auch als 100/absolute Risikoveränderung [%] zu berechnen). Das entspricht der *„number needed to treat"* (NNT) der Klinischen Pharmakologie.

die Angabe gemacht werden soll. Dies bedeutet: *das toxikologische Risiko für den Menschen kann nur nach Daten vom Menschen abgeschätzt werden*!

Unter einem toxikologischen *Risiko* (engl.: risk) versteht man die Häufigkeit des Auftretens einer *spezifischen* unerwünschten Wirkung bei einer klar *definierten* Exposition oder Dosis bei einer definierten Spezies. Bei Exposition gegenüber dem gleichen Agens wird darum das Risiko für *verschiedene* unerwünschte *Effekte* durchaus unterschiedlich sein (wenn das Agens mehrere Effekte auslöst). Für verschiedene Subpopulationen der gleichen Spezies mag ebenfalls ein unterschiedliches Risiko bestehen. Natürlich ist meistens auch das Risiko gegenüber dem gleichen Agens bei verschiedenen Spezies nicht gleich!

Bei einer Fülle von Expositionsszenarien reicht die verfügbare Datenbasis *nicht* aus, um konkrete Angaben zum Risiko für den Menschen zu machen. Zur Minimierung der Gefährdung benutzt man dann pragmatisch Strategien, um Expositions*bereiche* abzuschätzen, bei denen eine *Gefährdung* entweder sehr *unwahrscheinlich* ist, oder aber als noch „akzeptabel" angesehen wird (engl.: hazard evaluation). Diese Strategien stützen sich immer auf *Annahmen* (häufig: *worst-case*-Annahmen) und *Extrapolationen*, mit allen damit verbundenen Unsicherheiten.

### 6.2.1
**Toxikologische Risikoabschätzung**

Das Ausmaß eines Effektes unter definierten Bedingungen (d. h. die *Inzidenz*) entspricht der *Potenz*[2)] der toxischen Wirkung des Agens bei der betreffenden Spezies. Das *Risiko* ist die statistische *Häufigkeit* (*Inzidenz*) mit der das Ereignis bei einer definierten *Exposition* (Dosis) in einer definierten Population beobachtet wurde. Risiko ist also: ein *Zahlenwert*, d. h. eine Dosis-Wirkungsbeziehung, häufig nur bei einer Dosis[3)]. Eine Risikoabschätzung setzt demnach zwei Informationen voraus, über die möglichst gute Daten vorgelegt werden müssen:
- ausreichende Angaben zur *Inzidenz* der *unerwünschten Wirkung* bei der betreffenden Spezies, und[3)]
- ausreichende Angaben zur *individuellen Exposition* (Dosis und Expositionsdauer) bei der betreffenden Spezies.

Für viele Arzneimittel wird eine derartige Risikoabschätzung laufend auf der Basis klinischer und epidemiologischer Studien mit Erfolg durchgeführt. Es muss daran erinnert werden, dass immer bereits ein gewisser Schaden eingetreten sein muss, um eine unerwünschte Wirkung beim Menschen zu erkennen, bzw. zum Ausschluss eines Risikos muss immer eine massive Exposition vieler Menschen stattgefunden haben. Risikoabschätzung ist also *immer* mit einer ab-

---

[2)] Potenz und Risiko bezeichnen einen *quantitativen* Umstand, Potential und Gefährdung sind *qualitative* Bezeichnungen.

[3)] Da „Risiko" einen Zahlenwert darstellt, machen auch Ausdrücke wie: Risikominimierung, Risiko*management*, usw. keinen Sinn, weil man eine Zahl weder minimieren noch managen kann. Gemeint ist das Management der *Gefährdung*, nicht des Risikos, bzw. eine Verminderung oder Verhinderung der Exposition.

sichtlichen oder unabsichtlichen Exposition des Menschen gegenüber dem zu beurteilenden Agens verbunden!

Es ist klar, dass die Aussage zum Risiko um so zuverlässiger wird, je umfangreicher und qualitativ hochwertiger die Datenbasis der Beobachtungen beim Menschen ist. Da eine Risikoabschätzung grundsätzlich nur nach den Daten der entsprechenden Spezies durchgeführt werden kann, ist bei unzureichender Datenlage *keine* entsprechende verlässliche Abschätzung der Häufigkeit unerwünschter Wirkungen möglich. *Viele Missverständnisse und Fehlinterpretationen beruhen auf der Verkennung dieser Tatsache.*

Wenn man davon ausgeht, dass toxikologisches *Risiko*, per definitionem, einen *Zahlenwert* darstellt (nämlich: Inzidenz bei definierter Exposition), sind einige Schlussfolgerungen logisch:

- Wenn die *Inzidenz* unerwünschter Effekte, bei der zu beurteilenden Spezies, nicht bekannt ist, oder die individuelle *Exposition* nicht zufriedenstellend definiert und gemessen werden kann, muss das Ausmaß des Risikos (d.h. der verlässliche Zahlenwert) *unbekannt* bleiben.
- Die Annahme, man könnte *immer* ein Risiko für bestimmte Expositionen abschätzen, ist sicher falsch. Für die *meisten* Situationen gelingt dies wegen ungenügender Datenbasis *nicht* in zufriedenstellender Weise. Man begnügt sich mit dem Hinweis (z.B. aus Experimenten) auf eine mögliche *Gefährdung* und versucht, diese gering zu halten.
- In der Regel bezieht sich das beschriebene Risiko auf die untersuchte Gruppe von Menschen. Es ist durchaus möglich, dass für bestimmte Subpopulationen oder andere Bevölkerungsgruppen ein höheres (oder auch ein geringeres) Risiko besteht (beim Vorliegen genetischer Polymorphismen, bei verschiedenen Altersgruppen, beim Vorliegen von Vorerkrankungen, etc.).
- Wir gehen im täglichen Leben laufend Risiken ein, und wir sind auch *bereit* dies zu tun. Leben mit einem *Nullrisiko* gibt es nicht. Wir können nur versuchen, überschaubare Gefährdungen und unnötig hohe Gefährdungen wenn möglich zu vermeiden. Die Risikobereitschaft ist individuell verschieden und nicht klar definierbar[4]. Bei geringem Nutzen sollte auch das Risiko gering sein (bei fehlendem Nutzen vernachlässigbar klein)[5].
- Versuche, eine mögliche *Gefährdung* auf der Basis tierexperimenteller Daten zu *quantifizieren*, sind *keine* Risikoabschätzung. Entsprechende Zahlenangaben (z.B. die meisten wissenschaftlich fundierten „Grenzwerte") entsprechen *keinem* Risiko für den Menschen. Dies mindert nicht den Wert derartiger pragmatisch-administrativer Abschätzungen zu „akzeptablen" oder „wahr-

---

4) In den meisten Industriestaaten scheint die jährliche Rate von etwa 5000 Verkehrstoten akzeptabel zu sein. Ein Zehntel dieser Häufigkeit durch ein wirksames Arzneimittel hervorgerufen würde wahrscheinlich als nationales Desaster angesehen werden.

5) Auch das trifft für das tägliche Leben *nicht* zu. Der Nutzen von Kriegen ist für die meisten Menschen praktisch null, und das Risiko sehr hoch. Trotzdem werden Kriege nicht ausgeschlossen. Auch Hunger hat keinen Nutzen und gilt trotzdem nicht als vermeidbar. Die Aufzählung könnte beliebig verlängert werden.

scheinlich weitgehend ungefährlichen" *Bereichen* der Exposition (*präventive Gefährdungsminimierung* oder *"Vorsorglicher Verbraucherschutz"*).
- Begriffe wie „karzinogenes Risiko" sind meistens missverständlich, es sei denn die Inzidenz bei definierter Exposition kann für den Menschen angegeben werden (z. B. etwa für Arsen). Das ist selten der Fall. Meistens reicht eine semiquantitative Angabe zur Gefährdung (z. B. *"... kann beim Menschen Krebs auslösen ..."*) auch als Warnhinweis aus. In der Umwelttoxikologie wird, der oben gegebenen Definition entsprechend, meist *"karzinogene Gefährdung"* gemeint sein, da sich Angaben fast immer nur auf Resultate von Tierversuchen stützen. Dann ist nur eine *qualitative* Aussage auf der Basis einer *Extrapolation* möglich und keine verlässliche Angabe für den Menschen. Deshalb können trotzdem *präventive* Maßnahmen geboten erscheinen. Ob sie tatsächlich sinnvoll waren, wird man in der Regel nie erfahren.
- Das toxikologische Risiko bezieht sich in der Regel auf *einen* definierten *Effekt*. Es wird für andere medizinische Endpunkte einen anderen Zahlenwert besitzen, auch wenn die verschiedenen Effekte von der gleichen Substanz ausgelöst werden.
- Der Zahlenwert für das Risiko ist *unabhängig* von einem möglichen *Nutzen* der Exposition. Eine medizinische *"Nutzen-Risiko"-Abschätzung* gelingt bei klaren medizinischen Sachverhalten verhältnismäßig leicht. Aber der Nutzen kann auch weniger eindeutig oder z. B. ökonomisch sein. Da ein solcher Nutzen in der Regel nicht mit der gleichen Genauigkeit abgeschätzt und eindeutig definiert werden kann, muss eine derartige Nutzen-Risiko-Abschätzung immer ein erhebliches Maß an *Willkür* beinhalten. Verschiedene Menschen und Institutionen werden, ohne Absprache, zu voneinander abweichenden Einschätzungen gelangen.
- Wenn man gegenüber einem bekannten toxikologischen Risiko die *Exposition* deutlich *vermindert*, kann man (bei unbekannter Dosis-Wirkungsbeziehung) den *Wert* für das neue *Risiko* nicht abschätzen. Aber man reduziert in der Regel das Risiko.
- Die Anzahl von Individuen mit unerwünschten Wirkungen ist klein oder zu vernachlässigen (Tab. 6.1), wenn entweder das toxikologische Risiko sehr gering oder die Anzahl der Exponierten verhältnismäßig klein ist (es sei denn das Risiko ist sehr hoch).

Die Häufigkeit, mit der eine bestimmte unerwünschte Wirkung in einer exponierten Gruppe auftritt, hängt also sowohl vom entsprechenden *toxikologischen Risiko* (d. h. der Inzidenz bei der betreffenden Exposition) als auch von der *Größe der exponierten Gruppe* ab (Tab. 6.1). Selbst bei einem relativ hohen Risiko (z. B. Situation I (Risiko 1:100)) wird bei sehr wenigen Exponierten (hier: $n=80$ im Beispiel I a) kaum ein zusätzlicher Fall einer unerwünschten Wirkung zu registrieren sein. Wird eine große Zahl von Menschen exponiert und eine entsprechend sehr große Gruppe untersucht (Beispiel I c), so ist das Risiko verifizierbar. Das gilt auch dann, wenn das Risiko sehr klein ist, aber eine sehr große Zahl von Menschen exponiert wurde und untersucht wird (Beispiele II b und III c).

**Tab. 6.1** Beispiele für die Aussagekraft einer Studie bei verschiedenem toxikologischem Risiko und unterschiedlicher Größe der exponierten bzw. der untersuchten Populationen. Die Beurteilung hängt auch wesentlich von der *Art* der unerwünschten Wirkung ab sowie von der „Spontanrate" in der nicht exponierten Population. Zehn zusätzliche Fälle eines seltenen Krebstyps im Beispiel II könnten inakzeptabel sein, zehn zusätzliche Fälle von Kopfschmerz wären meistens weitgehend unbedenklich. Bei Arzneimitteln wird eine unerwünschte Wirkung von ≥1% bereits als „häufig" bezeichnet. In der Umwelttoxikologie kann Beispiel Ia (kleine Gruppe Exponierter) durchaus eine realistische Konstellation darstellen.

| | Absolutes Risiko[a] | Anzahl Exponierter | Anzahl Exponierter in der Studie | Beurteilung |
|---|---|---|---|---|
| Ia | 1 : 100 | 80 | ≈ 80 | *keine* Chance unerwünschte Wirkung zu erkennen |
| Ib | 1 : 100 | 10 000 | ≈ 80 | *keine* Chance unerwünschte Wirkung zu erkennen |
| Ic | 1 : 100 | 1 000 | ≈ 800 | *deutliche* Chance unerwünschte Wirkung zu erkennen[b] |
| IIa | 1 : 1000 | 1 000 | ≈ 800 | *keine* Chance unerwünschte Wirkung zu beobachten |
| IIb | 1 : 1000 | 10 000 | ≈ 8 000 | *deutliche* Chance unerwünschte Wirkung zu erkennen[b] |
| IIIa | 1 : 10 000 | 8 000 | ≈ 8 000 | *keine* Chance unerwünschte Wirkung zu erkennen |
| IIIb | 1 : 10 000 | 100 000 | ≈ 8 000 | *keine* Chance unerwünschte Wirkung zu erkennen |
| IIIc | 1 : 10 000 | 80 000 | ≈ 80 000 | *deutliche* Chance unerwünschte Wirkung zu erkennen[b] |

[a] Zusätzliches Risiko (zusätzlich zur „Spontanrate").
[b] Wenn die „Spontanrate" (Referenzpopulation) niedrig und der Effekt sehr ausgeprägt (z. B. Tod) ist.

Es ist zu bedenken, dass die Risikoabschätzung für den Menschen in der Regel *keine* ganz *genaue* Zahl ergibt, und verschiedene Studien können und werden zu voneinander abweichenden Angaben führen. Je geringer das Risiko, umso ungenauer die Zahlenangabe.

### 6.2.1.1 Vergleich mit einer Referenzgruppe

Das Risiko wird häufig nicht als *absolutes*, sondern als *relatives Risiko*, d. h. im *Vergleich* der Inzidenz mit einer nicht exponierten Population, angegeben. In einem derartigen klassischen Studiendesign werden zwei Gruppen, eine exponierte und eine Referenzgruppe (oder Kontrollgruppe), z. B. im randomisierten, doppelten Blindversuch miteinander verglichen. Der Vergleich mit einer Referenzpopulation und die doppeltblinde Anordnung sowie die Definition strikter Ein- und Ausschlusskriterien sind notwendig, weil (a) „Spontanraten" ohne zusätzliche Exposition meist bereits in der Referenzgruppe vorhanden sind, (b) eine Beeinflussung einerseits durch das bloße Bekanntwerden der Exposition als solche und andererseits durch den Untersucher möglich ist und (c) so viele Störfaktoren („*confounding factors*") wie möglich ausgeschlossen werden müssen.

In Tabelle 6.2 sind einige Beispiele für Risikoabschätzungen nach klinischen oder epidemiologischen Daten aufgeführt. Neben dem *absoluten Risiko* (der Inzidenz pathologischer Fälle in einer Gruppe Exponierter) kann das *relative Risiko* (rR) berechnet werden (der Quotient aus der Inzidenz in der Gruppe Exponierter und der Häufigkeit in der Referenzgruppe). Die Inzidenz der pathologischen Fälle ist allerdings beim rR *nicht* mehr erkennbar. Aus der Veränderung (z. B. als Prozent) der absoluten Risiken (Zunahme oder Reduktion) zwischen Exponierten und Referenzen kann die *Veränderung des absoluten Risikos* (aR-V) berechnet werden, und diese Aussage wird heute in der Pharmakologie häufig zu

**Tab. 6.2** Beispiele für Risikoabschätzungen nach Daten vom Menschen. Die Inzidenz in der Referenzgruppe könnte z. B. etwa der spontanen Häufigkeit der Summe aller Fehlbildungen in einer Population entsprechen. Diese Angaben sagen zunächst nichts über die statistische Signifikanz zwischen den Gruppen aus. Nur bei den Differenzen der beiden Beispiele 5. und 6. ist $p<0{,}05$ ($\chi^2$-Test).

| | Beobachte Effekte (absolutes Risiko) | | rR $b/a$ | VaR $b-a$ | NNH $100/\text{VaR}$ |
|---|---|---|---|---|---|
| | Referenzgruppe betroffen/gesamt (%) $a$ | Exponierte Gruppe betroffen/gesamt (%) $b$ | | | |
| 1. | 8/200 (4,0) | 9/200 (4,5) | 1,13 | +0,50% | 200 n.s. |
| 2. | 8/200 (4,0) | 10/200 (5,0) | 1,25 | +1,00% | 100 n.s. |
| 3. | 8/200 (4,0) | 12/200 (6,0) | 1,50 | +2,00% | 50 n.s. |
| 4. | 8/200 (4,0) | 16/200 (8,0) | 2,00 | +4,00% | 25[a)] n.s. |
| 5. | 8/200 (4,0) | **10/100** (10,0) | 2,50 | +6,00% | 17 s. |
| 6. | 8/200 (4,0) | **16/100** (16,0) | 4,00 | +12,00% | 8 s. |
| 7. | 8/200 (4,0) | 4/200 (2,0) | 0,50 | −2,00% | 50 n.s. |

rR: Relatives Risiko ($b\%/a\%$), VaR: *Veränderung* des *absoluten* Risikos ($b\%$ minus $a\%$). NNH: „*number needed to harm*" (Anzahl zu Exponierender, um *einen* zusätzlichen pathologischen Fall zu beobachten), NNH = 100/VaR. n.s.: nicht statistisch signifikant, s.: statistisch signifikant.

a) Trotz eines relativen Risikos von 2,0 wird noch keine statistische Signifikanz erreicht ($p=0{,}09$), obgleich es sich bereits um eine ziemlich große Studie handelt!

der *"number needed to treat"* (NNT) umformuliert (100/aR-V). Dieser Begriff gibt in der „evidence-based medicine" an, wie viele Patienten behandelt werden müssen, um *einen* Krankheitsfall zu *vermeiden*. Ein analoger Begriff kann auch in der *Toxikologie* benutzt werden: Wie viele Menschen müssen exponiert werden, um *einen* zusätzlichen pathologischen Fall zu *beobachten* („number needed to harm", NNH)?

Ob die mit einem *relativen Risiko* ausgedrückte Differenz zwischen zwei Gruppen statistisch *signifikant* und medizinisch *relevant* ist, hängt nicht nur von der Höhe des Wertes ab, sondern auch entscheidend von der Anzahl untersuchter Personen. Abhängig von der Güte des Studiendesigns darf man häufig erst bei Werten für das relative Risiko (rR) von deutlich über 2 mit einem medizinisch relevanten Effekt rechnen. Das liegt daran, dass bei dem meist komplizierten Studiendesign *confounding factors* nie völlig auszuschließen sind. Aus diesem Grund sind Resultate von Studien mit geringgradigen Effekten häufig nicht reproduzierbar.

Es liegt im Wesen klinischer Studien bzw. epidemiologischer Erhebungen, dass die *Wahrscheinlichkeit* des Auftretens einer bestimmten Wirkung innerhalb der untersuchten *Population* erkannt wird, zunächst aber *nicht* das Risiko für ein bestimmtes *Individuum* abgeschätzt werden kann. Das gilt insbesondere dann, wenn das Risiko innerhalb der untersuchten Population nicht gleichmäßig verteilt ist. Das ist leider sehr häufig, und bei sehr seltenen Ereignissen praktisch immer der Fall. Es handelt sich um, mehr oder minder große, *Subpopulationen* innerhalb der Bevölkerung, die eine spezielle *erhöhte Empfindlichkeit* zeigen. Dies kann, meist genetisch bedingte, *pharmakodynamische* oder *pharmakokinetische* Gründe haben (z. B. *Polymorphismen*, etc.).

Das Ziel in der Zukunft muss sein, Subpopulationen mit einer *Gefährdung* für bestimmte Erkrankungen oder gegenüber der Wirkung definierter Agenzien zu definieren. Für eine solche Population kann dann die Inzidenz, d. h. das genaue erhöhte Risiko, abgeschätzt werden oder es können gezielte präventive Maßnahmen zur Verhinderung unerwünschter Wirkungen eingeleitet werden. Untersuchungen einer großen Population besitzen zwar erhebliche statistische Vorteile, die Inzidenz bei Subpopulationen mit erhöhtem Gefährdungspotenzial kann aber stark „verdünnt" werden, insbesondere wenn es sich um sehr kleine empfindliche Subgruppen handelt.

Aus den genannten Gründen ist es schwierig, und oft unmöglich, im *Einzelfall* retrospektiv zu entscheiden, ob ein unerwünschtes Ereignis *„spontan"* aufgetreten ist oder durch die Exposition gegenüber einem spezifischen Agens ausgelöst wurde. Das gilt sinngemäß natürlich in der Medizin auch für „positive" Entwicklungen, d. h. zur Entscheidung der Frage ob eine bestimmte Medikation geholfen hat oder ob eine Spontanheilung verantwortlich war. Bei einem *relativen Risiko* unter 2,0 ist, per definitionem, die Wahrscheinlichkeit für einen *spontanen* Effekt >50% (Tab. 6.3).

**Tab. 6.3** Beispiele für die Wahrscheinlichkeit, dass ein Effekt substanzinduziert oder spontan aufgetreten ist. Ein unerwünschter Effekt (z. B. Krebs oder Fehlbildungen) kann bei einem Individuum entweder durch ein Agens oder als „spontanes" Ereignis ausgelöst sein.

| Beobachtungen beim Menschen | | | | Auslösung der Wahrscheinlichkeit im Einzelfall | | |
|---|---|---|---|---|---|---|
| pathologische Fälle Exponiert-Referenz | Relatives Risiko | 95% KI | | Effektes durch das Agens ist: | induziert durch die Substanz | „spontan" induziert |
| 5%   4% | 1,25 | 0,8[a]–2,3 | | statistisch *nicht* signifikant | *nicht* nachzuweisen | |
| 5%   4% | 1,25 | 1,1–2,6 | | trotzdem unwahrscheinlich | 20% | 80% |
| 6%   4% | 1,50 | 0,8[a]–2,4 | | statistisch *nicht* signifikant | *nicht* nachzuweisen | |
| 6%   4% | 1,50 | 1,2–2,7 | | trotzdem unwahrscheinlich | 33% | 67% |
| 8%   4% | 2,00 | 0,9[a]–2,7 | | statistisch *nicht* signifikant | *nicht* nachzuweisen | |
| 8%   4% | 2,00 | 1,3–3,0 | | Wahrscheinlichkeit: 50% | 50% | 50% |
| 16%  4% | 4,00 | 2,1–6,3 | | sehr wahrscheinlich | 75% | 25% |

KI: Konfidenzintervall.
a) Wenn bei Zunahme des rR der untere Wert des KI <1,0 ist, kann man ein zufallsbedingtes Resultat nicht ausschließen.

### 6.2.1.2 Interpretation von klinischen bzw. epidemiologischen Daten

Zweifellos stellen vom Menschen stammende Daten die beste Informationsquelle zur Beurteilung von möglichen Gesundheitsgefährdungen dar. Die Interpretation toxikologischer Daten ist aber durchaus nicht immer einfach, und es ist eine erhebliche medizinische Expertise notwendig, um verlässliche Schlussfolgerungen zu ziehen. Bei einer Risikoabschätzung müssen im Wesentlichen fünf Aspekte beurteilt werden:

- Das Studiendesign bzw. die Aussagekraft der benutzten Methodik:
  Hier kann man bereits häufig erkennen, dass die Aussagekraft nicht dazu ausreicht, weitgehende Schlüsse zu ziehen oder dass man nur massive Effekte erkennen kann.
- Die Dokumentation der Daten:
  Eine befriedigende toxikologische Beurteilung durch Dritte (z. B. den Leser einer Publikation) ist nur möglich, wenn die erhobenen Originaldaten vorgelegt werden. Leider hat es sich vielfach eingebürgert, nur noch stark manipulierte Daten bzw. Mittelwerte und Standardabweichungen zu publizieren. Der Wert solcher Arbeiten ist auf dem Gebiet der Toxikologie sehr stark eingeschränkt, da Schlussfolgerungen der Autoren nur schwer oder gar nicht nachvollzogen werden können.
- Die quantitative Abschätzung der individuellen Exposition:
  Da alle toxikologischen Effekte dosisabhängig auftreten, sind nur Aussagen sinnvoll, die sich auf einen definierten Dosisbereich beziehen. Langzeitexpositionen gegenüber variablen Dosen lassen sich nicht mit ausreichender Ge-

nauigkeit beurteilen (bzw. nur bei sehr persistenten Substanzen). Man kann nur (z. B. in der Arbeitsmedizin) bestimmte Expositionsszenarien definieren. Dies wird arbeitsmedizinisch hilfreich sein, ist aber keine zufriedenstellende toxikologische Risikoabschätzung.
- Die Abschätzung der Inzidenz definierter medizinischer Endpunkte:
Da toxikologisches Risiko = Inzidenz bei definierter Dosis ist, muss die Inzidenz des definierten toxikologischen Effektes genau bestimmt werden. Die Aussagekraft ist dann besonders hoch, wenn *ein* Endpunkt, oder wenige Variable, direkt für die Studie erhoben werden.
- Die Beurteilung der medizinischen Plausibilität des Ergebnisses:
Eine wesentliche Frage ist, ob bekannte Störfaktoren („confounding factors") weitgehend ausgeschlossen oder kontrolliert werden konnten. Häufig sind bereits Zweifel an der Validität eines Resultates berechtigt, wenn eine „Wirkung" medizinisch nicht plausibel ist.

Bei der Beurteilung auftretende Probleme können hier nur an wenigen Beispielen illustriert werden. Erwähnt werden sollen:
- Aussagekraft verschiedener Studien bzw. epidemiologischer Erhebungen,
- Unterschied zwischen Exposition und Körperbelastung,
- unbefriedigende Abschätzung der individuellen Exposition,
- Probleme bei der Auswahl der Referenzgruppe,
- Veränderungen innerhalb des Referenzbereiches,
- Berücksichtigung von „confounding factors",
- Bedeutung statistisch signifikanter Unterschiede,
- Risikopopulationen gegenüber definierten Expositionen,
- Risiko für eine Population und individuelles Risiko,
- Problem der Beurteilung von Substanzkombinationen,
- Problem einer Polyexposition.

### 6.2.1.2.1 Aussagekraft verschiedener Typen von Untersuchungen am Menschen

Mit Bezug auf die toxikologische Aussagekraft ergibt sich für die verschiedenen Typen von Untersuchungen am Menschen eine Rangfolge, wie in Tabelle 6.4 veranschaulicht. Dies muss bei einer Beurteilung der Daten berücksichtigt werden. Die Aussagen vieler „Studien" oder Erhebungen sind nicht überzeugend. Deshalb müssen sich die Ergebnisse verschiedener Studien zum gleichen Thema auch häufig widersprechen, insbesondere wenn geringgradige Effekte beurteilt werden. Aber auch viele Studien, die zum gleichen Ergebnis kommen, sind nicht sehr aussagekräftig, wenn alle die gemeinsamen erheblichen Schwächen im Studiendesign aufweisen.

**Tab. 6.4** Beispiele für die Aussagekraft von Studien über toxikologische Wirkungen beim Menschen. (Die Aussagekraft der Untersuchung nimmt in der angegebenen Reihenfolge ab. Der Nachweis einer Dosis-Wirkungsbeziehung vergrößert die Aussagekraft von Untersuchungen.)

| Typ der Untersuchung | Aussagekraft für Risikoabschätzung |
| --- | --- |
| 1. kontrollierte klinische Studie [a] | kann recht hoch sein |
| 2. größere klinische Anwendungsbeobachtung [b] | gut zur Formulierung eines Verdachtes |
| 3. größere ambulante Multicenterbeobachtung [c] | gut bei ausgeprägtem Effekt |
| 4. größere Querschnittsstudie [d], mit Referenzgruppe | kann recht hoch sein |
| 5. größere Langzeitstudie [e], mit Referenzgruppe | kann recht hoch sein |
| 6. ausreichend große Kohortenstudie [f] | gut bei ausgeprägtem Effekt |
| 7. ausreichend große Fall-Kontrollstudie [g] | nur ausreichend bei ausgeprägtem Effekt |
| 8. ausreichend große Interventionsstudie [h] | gut bei ausgeprägtem Effekt |
| 9. größere Querschnittserhebung [i], *ohne* individuelle Expositionsmessung | nicht sehr hoch |
| 10. größere Langzeiterhebung [j], *ohne* individuelle Expositionsmessung | recht mäßig |
| 11. gehäufte Kasuistiken [k] | ausreichend nur bei sehr ausgeprägtem Effekt |
| 12. einzelne Kasuistik [l] | gewisser Verdacht, immer weitere Daten erforderlich |

Wesentliche Kriterien für die betreffende Untersuchung:
a) Doppelt-blind, placebokontrolliert, Quantifizierung der individuellen Exposition, Einschluss- und Ausschlusskriterien, wenige relevante Endpunkte, deutliche Wirkung.
b) Quantifizierung der individuellen Exposition, ein definierter medizinischer Endpunkt.
c) Doppelt-blind, Compliance gesichert, definierte Exposition, objektive medizinische Endpunkte.
d) Quantifizierung der individuellen *akuten* Exposition, ein definierter medizinischer Endpunkt, *wenige* confounding factors, deutliche Wirkung.
e) Prospektiv, Quantifizierung der individuellen *konstanten* Langzeitexposition, *wenige* definierte medizinische Endpunkte, *wenige* (gut kontrollierbare) confounding factors.
f) Quantifizierung der individuellen Exposition, ein definierter medizinischer Endpunkt, ausgeprägter Effekt.
g) Häufig keine Quantifizierung der individuellen Exposition, ein definierter medizinischer Endpunkt.
h) Compliance gesichert, wenige definierte medizinische Endpunkte.
i) *Keine* Quantifizierung der individuellen Exposition, *mehrere* definierte medizinische Endpunkte, *mehrere* confounding factors.
j) *Schwierige* Quantifizierung der individuellen und *variablen* Exposition, *mehrere* definierte medizinische Endpunkte, *mehrere* confounding factors
k) Quantifizierung der individuellen Exposition (praktisch *keine* Aussagekraft bei mangelhafter Angabe zur Exposition), *ein* definierter medizinischer Endpunkt, in der Regel *mehrere* confounding factors, (ausreichende Aussage nur bei massivem Effekt, z. B. Fehlbildungen nach Thalidomid).
l) Quantifizierung der individuellen Exposition, *ein* definierter medizinischer Endpunkt, in der Regel *mehrere* auch unbekannte confounding factors (allein sehr geringe Aussagekraft).

Die höchste Aussagekraft besitzen: ausreichend große klinische placebokontrollierte, doppelblinde Studien, mit wenigen medizinisch wichtigen Endpunkten, klaren Einschluss- und Ausschlusskriterien und quantifizierter bzw. definierter individueller Exposition. Jede Abweichung von diesen Kriterien vermindert die Aussagekraft, es sei denn es handelt sich um *massive Effekte* [6].

#### 6.2.1.2.2 Unterschied zwischen Exposition und Körperbelastung

Per definitionem bezieht sich der Begriff „Exposition" auf eine Konzentration oder „Dosis" bis zur äußeren oder inneren Körper*oberfläche* (Haut, Lunge, Darmlumen). Es ist zunächst *nicht* definiert, wie viel von dem Agens in den Organismus aufgenommen, d. h. *resorbiert*, wird.

Ob überhaupt eine Wirkung eintritt und mit welcher Intensität hängt zunächst vom *Ausmaß* der Aufnahme des Agens in den Organismus ab (Abb. 6.6). Als Maß für die aufgenommene Menge dient die *„Körperbelastung"* („innere Dosis"). Letztlich entscheidend für eine erwünschte oder unerwünschte Wirkung ist die Konzentration des betreffenden Agens am *Wirkort* (z. B. am Rezeptor), in der Regel innerhalb des Organismus.

Die Beziehung zwischen Exposition und resultierender Körperbelastung ist z. B. bei der Mehrzahl akut *parenteral* verabreichter Arzneimittel eindeutig. Bei oraler Aufnahme sind die Verhältnisse bereits deutlich komplizierter, da die Re-

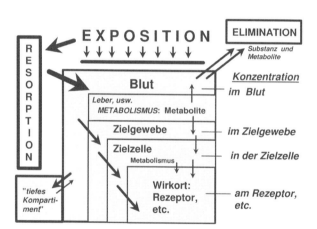

**Abb. 6.6** Wichtige Faktoren der Pharmakokinetik: Exposition, Resorption, Verteilung, Metabolismus, Elimination. Resorption und Verteilung bestimmen das Ausmaß der Wirkung und zum Teil auch die Organotropie. Entscheidend sind die Konzentration des Agens am Wirkort und die Dauer der Anwesenheit, die von der Elimination bestimmt wird. Als Maß für die Körperbelastung („innere Dosis") dient meistens die Konzentration im Blut (beachte: Einfluss eines „tiefen" Kompartiments). (Modifiziert aus: Neubert, in: Marquardt/Schäfer, 2004).

6) Die teratogene Wirkung von Thalidomid (Contergan®) wurde erkannt, obgleich nur gehäufte Kasuistiken vorlagen. Allerdings waren, als der Kausalzusammenhang erkannt wurden bereits viele tausend fehlgebildete Kinder geboren worden (s. z. B. [81]).

sorptionsrate bei verschiedenen Substanzen irgendwo zwischen 0 (z. B. viele großmolekulare und hydrophile Substanzen) und 100% (z. B. bei vielen lipophilen Verbindungen) liegen kann, und sich auch „first pass"-Effekte auswirken werden. Bei inhalativer Exposition ist die Menge des resorbierten Gases neben der Konzentration in der Atemluft vom Ausmaß der Lungenventilation abhängig (d. h. bei schwerer körperlicher Arbeit wird viel, in Ruhe wenig aufgenommen). Die Beurteilung der Beziehung zwischen Exposition und resultierender Körperbelastung ist bei einmaliger Exposition relativ einfach. Bei Langzeitexposition werden die Verhältnisse meistens sehr unübersichtlich, insbesondere wenn Enzyminduktionen auftreten oder wenn bei Substanzen mit relativ kurzer Eliminations-Halbwertszeit das Ausmaß der Exposition stark variiert.

Die Konzentration am eigentlichen Ort der Wirkung (z. B. am Rezeptor) kann im Experiment nur selten, beim Menschen eigentlich nie bestimmt werden. Man begnügt sich darum bei der Abschätzung der Körperbelastung mit Messungen in leicht zugänglichen Geweben. Dies ist in erster Linie das *Blut* (Abb. 6.6). Es wird vorausgesetzt, dass ein Gleichgewicht (nicht unbedingt eine identische Konzentration) zwischen der Konzentration im Blutplasma oder Serum und der Konzentration am Wirkort besteht. Diese Annahme wird in der Regel berechtigt sein, es gibt aber auch *Ausnahmen*. Die bekannteste Abweichung von dieser Regel ist das Vorliegen eines „tiefen Kompartimentes" (engl.: deep compartment): bei Mehrfachgabe, und nur dann reichert sich die Substanz in diesem Gewebe an und die Konzentration im *deep compartment* kann wesentlich höher sein als die im Blut. Das Fettgewebe kann häufig als typisches tiefes Kompartiment dienen. Auch die feste *Bindung* eines Agens an bestimmte Strukturen, z. B. Strontium an Knochengewebe, führt zur Diskrepanz zwischen der angereicherten Menge in bestimmten Bereichen und der Konzentration im Blut. Auch die intrauterine Exposition ist im Experiment nur schwer, beim Menschen eigentlich nie, zu quantifizieren.

Interessanterweise wurde festgestellt, dass nahezu identische Konzentrationen sehr lipophiler Verbindungen wie im Fettgewebe auch im *Milchfett* gefunden werden. Neben den analytischen Möglichkeiten spielt dies auch bei der Risikoabschätzung des gestillten *Säuglings* eine Rolle.

Ein Beispiel zu diesem Problem: Für den Erwachsenen wurde eine akzeptable Dioxinaufnahme" von *1 pg I-TEq*/kg Körpergewicht pro Tag festgesetzt, und diese Menge wird von der Normalbevölkerung kaum überschritten. Für einen gestillten Säugling wurde um 1990 eine tägliche Aufnahme bis zu *350 pg I-TEq*/kg Körpergewicht über die Frauenmilch berechnet. Das wäre eine Exposition bis zum >300fachen eines Erwachsenen. Diese Menge veranlasste einige Mitbürger voreilig und unberechtigt vor dem Stillen zu warnen. Allerdings hatten sie die Pharmakokinetik nicht berücksichtigt. Während beim Erwachsenen bei einer Eliminations-Halbwertszeit von etwa sieben Jahren die tägliche Dosis bis zum 3000fachen kumuliert, wird ein Säugling höchstens 1/2 Jahr gestillt (meistens leider sogar kürzer). Entsprechende Kalkulationen von Experten schätzten die Körperbelastung des Säuglings damals auf höchstens das 3–4fache der mütterlichen Werte. Dies wurde durch entsprechende Messungen der erreichten Konzentrationen im Blutfett bestätigt [1]. Durch Körperwachstum und verminderte Aufnahme reduziert sich diese Körperbelastung in den nächsten Monaten und Jahren weiter.

Um nicht missverstanden zu werden: Wir wollen natürlich möglichst keine Fremdstoffe in der Frauenmilch haben. Hier geht es aber um die *medizinische Beurteilung*, und alle nationalen und internationalen Gremien haben betont, dass die Vorteile des Stillens deutlich überwiegen gegenüber möglichen Nachteilen. Erfreulicherweise beträgt die heutige I-TEq-Konzentration an polyhalogenierten *Dibenzo-p-dioxinen* und *Dibenzofuranen* (PCDD/PCDF), nach deutlicher Reduktion der Emissionen, nur noch etwa die Hälfte der früheren Werte.

**Tab. 6.5** Beispiele für die Kumulation einiger „Dioxin"-Kongenere bei gestillten Säuglingen. Zwei Säuglinge wurden vier Monate gestillt und die Konzentration der PCDD/PCDF im Blut im Alter von elf Monaten gemessen. Vergleich mit zwei Säuglingen nur mit Flaschennahrung. A) Daten nach Abraham et al. [1], B): Daten nach Kreuzer et al [53].

| A) Kongener | (ppt [pg/g] im Blutfett) | | | | | | | |
|---|---|---|---|---|---|---|---|---|
| | gestillt (1) | | gestillt (2) | | Flasche (1) | | Flasche (2) | |
| | Mutter | Kind | Mutter | Kind | Mutter | Kind | Mutter | Kind |
| 2,3,7,8-**TCDD** | 1,9 | 3,7 | 1,8 | 4,3 | 2,0 | <1 | 1,8 | – |
| *Verhältnis: Kind/Mutter* | | 2,0 | | 2,4 | | >0,5 | | |
| 2,3,4,7,8-**PeCDF** | 8,6 | 23,1 | 7,1 | 31,5 | 11,7 | 1,5 | 9,7 | 3,5 |
| *Verhältnis: Kind/Mutter* | | 2,7 | | 4,4 | | 0,1 | | 0,4 |
| I-TEq | 12,3 | 29,2 | 10,5 | 37,5 | 16,9 | 2,4 | 13,8 | 2,6 |
| *Verhältnis: Kind/Mutter* | | 2,4 | | 3,6 | | 0,1 | | 0,2 |
| *Verhältnis: Brust/Flasche* | | | ca. 20 | | | | | |
| **B) Lebensalter** | n= | | ppt TCDD (im Fett) | | | | | |
| Neugeborene | 3 | | 1,3–2,1 | | | | | |
| gestillte Säuglinge | 13 | | 0,2–4,1 [a] | | | | | |
| Adoleszenten | 4 | | 2,0–3,4 | | | | | |
| Erwachsene | 26 | | 1,1–6,2 [b] | | | | | |

TCDD = Tetrachlordibenzo-*p*-dioxin, PeCDF = Pentachlordibenzofuran.
I-TEq = Summe PCDD/PCDF als Internationale Toxizitätsäquivalente.
a) Dauer des Stillens im Gegensatz zu (A) nicht angegeben.
b) Werte von der allgemeinen Population, nicht die zu den Kindern gehörenden Mütter.

Es ist bemerkenswert, dass die I-TEq-Werte von Säuglingen nach Flaschennahrung deutlich *unter* den mütterlichen Werten liegen (Tab. 6.5) und nur etwa 5–10% der Werte gestillter Kinder erreichen. Dies beruht einmal darauf, dass die Kuhmilch nur etwa 1/10 der „Dioxine" enthält, verglichen mit der Frauenmilch. Allein könnte dies allerdings die sehr geringe Belastung des Säuglings nur erklären, wenn die Körperbelastung bei der Geburt sehr viel geringer ist als bei der Mutter. Das ist wahrscheinlich der Fall, aber es wurde auch in Bilanzuntersuchungen nachgewiesen, dass bei geringer Exposition besonders höher chlorierte Kongenere unverändert in den Darm *sezerniert* und damit zusätzlich eliminiert werden können [42]. Dieses Phänomen ist auch aus tierexperimentellen Untersuchungen mit PCDD/PCDF bekannt [2].

Die Beispiele zeigen, dass Beurteilungen, die sich allein auf Messungen der Exposition stützen ohne die Pharmakokinetik zu berücksichtigen, leicht zu Fehlschlüssen führen können.

### 6.2.1.2.3 Unbefriedigende Abschätzung der individuellen Exposition

Eine medizinisch-toxikologische Beurteilung setzt qualitativ und quantitativ ausreichende Daten zu den zu beurteilenden medizinischen Endpunkten und insbesondere zur *individuellen Exposition* (bzw. Dosis) voraus. Ohne diese Information müssen alle Versuche zur Risikoabschätzung Spekulation bleiben.

Gerade auf dem Gebiet der „Umwelttoxikologie" ist, im Gegensatz zur Arzneimitteltoxikologie, die quantitative Abschätzung der Exposition häufig schwierig, wenn nicht sogar unmöglich. Einige Probleme sind in Tabelle 6.6 wiedergegeben. Entscheidend für den Erfolg der Quantifizierung ist insbesondere die *Eliminations-Halbwertszeit* des zu untersuchenden Agens. Probleme treten vor allem bei Agenzien mit kurzer Halbwertszeit auf. Die *Körperbelastung* ist dann bei akuter Einwirkung nur schwer abzuschätzen (insbesondere retrospektiv), weil sie sich zeitabhängig dauernd ändert. Bei variabler chronischer Exposition gegenüber solchen Agenzien ist die tatsächliche Körperbelastung gar nicht verlässlich zu ermitteln. Besonders Spitzenkonzentrationen (bzw. Dosierungen), die toxikologisch von erheblicher Bedeutung sein können, sind retrospektiv nicht zu rekonstruieren. In solchen Fällen werden oft mehr oder minder komplizierte mathematische Kalkulationen zur Abschätzung der Exposition vorgelegt. Man kann vereinfacht feststellen, dass alle solche Bestrebungen weitgehend unbrauchbar sind. Sie gaukeln Information vor, die nicht erfassbar ist. Es ist allerdings möglich, ein bestimmtes *Expositionsszenarium* zu definieren, wie das in der Arbeitsmedizin geschieht und eine Aussage zu einem typischen Arbeitsplatz oder einem Konsumverhalten zu machen. Solche Aussagen sind zwar immer „semiquantitativ" sowie ohne verlässliche Zahlenangabe, und viele *confounding factors* sind in der Regel nicht berücksichtigt, aber sie sind pragmatisch.

Bei Substanzen, besonders den ausgeprägt lipophilen, mit extrem *langer* Eliminations-Halbwertszeit gelingt die Abschätzung der Körperbelastung dagegen relativ leicht. Einige solcher sehr persistenten Verbindungen können jahrelang im Fettgewebe verbleiben und sehr langsam freigesetzt werden. Hierzu gehören eini-

**Tab. 6.6** Zuverlässigkeit, mit der bestimmte individuelle Expositionen quantifiziert werden können.

| Eliminations-Halbwertszeit | Quantifizierung der Exposition | Zuverlässigkeit der Abschätzung |
|---|---|---|
| Akute Exposition: | | |
| a) kurz | Messung der Exposition | *gering*, Körperbelastung ändert sich schnell |
| b) kurz | nach Körperbelastung | *gering*, nur Momentaufnahme bei einer Messung |
| c) lang | nach Körperbelastung | *befriedigend*, Quantifizierung ist möglich |
| d) sehr lang | nach Körperbelastung | *sehr hoch*, Quantifizierung gelingt optimal |
| Chronische Exposition: | | |
| e) kurz | Messung der Exposition | *extrem gering*, da Exposition sehr variabel |
| f) lang | Messung der Exposition | *ausreichend*, nur bei konstanten Gewohnheiten |
| g) lang | nach Körperbelastung | *ausreichend*, Quantifizierung ist möglich |
| h) sehr lang | nach Körperbelastung | *sehr hoch*, Quantifizierung gelingt optimal |

Da die Quantifizierung der Körperbelastung meist im Blut oder Urin erfolgt, sind eine Reihe von Voraussetzungen zu beachten:
- Die Substanz darf nicht in bestimmten Organen *abgelagert* werden („deep compartments").
- Kinetik und Metabolismus sollten bekannt sein.
- Quantifizierung einer Exposition über *sehr lange* Zeiträume ist nur bei sehr konstanten Gewohnheiten möglich (sie gelingt leichter bei d) und h)).
- Wird lediglich die äußerliche Konzentration gemessen, muss die *Resorptionsrate* bekannt sein, oder sie muss als konstant vorausgesetzt werden können.
- Die toxikologisch relevanten Komponenten (auch Metabolite) müssen messbar sein.

ge ältere Pestizide wie DDT und seine Metabolite sowie andere polychlorierte Substanzen wie PCB und „Dioxine". Diese Fremdstoffe können auch in einigen Lebensmitteln (Milch, Eier, Fleisch, etc.) toxikologisch bedeutsam sein [11, 89].

#### 6.2.1.2.4 Probleme bei der Auswahl der Referenzgruppe

Bei relativ geringgradigen Effekten kann die Auswahl einer akzeptablen und repräsentativen Vergleichsgruppe (Referenz- oder Kontrollgruppe[7]) eine entscheidende Rolle spielen, weil die Aussage letztlich auf dem Vergleich mit dieser Referenzgruppe beruht. Deshalb ist es zweckmäßig, sich einige Gedanken zu Kontrollgruppen zu machen. Dies betrifft nicht nur die notwendige *Gruppengröße*, sondern auch die Auswahl einer *repräsentativen* Stichprobe und die Erkenntnis, dass auch Referenzgruppen (in Abhängigkeit von der Größe) im Hinblick auf

---

[7] In klinischen, epidemiologischen oder auch experimentellen Untersuchungen spricht man meist von Kontrollgruppen. Werte z. B. in der klinischen Chemie werden im Bezug auf Referenzwerte des betreffenden Labors angegeben. Der Referenzbereich kann von einem Labor zum anderen deutlich verschieden sein. Häufig wählt man den Referenzbereich zwischen 5% und 95% der Werte „Gesunder".

bestimmte medizinische Endpunkte eine, teilweise ganz erhebliche, Streuung aufweisen. Dies wird häufig verkannt.

Wenn eine vergleichsweise *kleine* Kontrollgruppe gewählt wird, muss man damit rechnen, dass sie in mancher Hinsicht nicht repräsentativ ist, d.h. mit einer anderen Kontrollgruppe hätte man eventuell ein anderes Resultat erhalten. Verschiedene Kontrollgruppen streuen also untereinander und die Variation ist umso größer, je kleiner die Gruppe ist. Dies ist der Grund, warum geringgradige Effekte in der Medizin kaum zu verifizieren sind, und warum unter solchen Bedingungen mit voneinander abweichenden Endresultaten in verschiedenen Studien gerechnet werden muss.

Nun könnte man, was häufig in der Epidemiologie geschieht, die exponierte (vergleichsweise kleine) Gruppe mit der *Gesamtpopulation* vergleichen. Damit ist die Kontrollgruppe relativ stabil, aber sie passt nicht zu der kleinen Verum-Gruppe, die natürlich (insbesondere bei geringgradigen Unterschieden) bereits in der „Spontanrate" eine entsprechende Streuung aufweisen muss. Eine scheinbar pragmatische Lösung des Problems wird häufig darin gesehen, nur *eine* Studie durchzuführen und gleich Schlussfolgerungen zu ziehen. Dann braucht man keine Streuung zu berücksichtigen (es darf allerdings auch niemand auf die Idee kommen, die Studie zu wiederholen).

Als Fazit bleibt, dass in der Medizin nur relativ ausgeprägte Effekte eindeutig zu verifizieren sind. Bei der Demonstration geringgradiger Wirkungen und bei fehlenden Dosis-Wirkungsbeziehungen ist immer eine gesunde Skepsis angebracht, auch weil „confounding factors" und „Spontanraten" schwer zu kontrollieren sind (sie mögen sogar unbekannt bleiben). Diese Feststellung gilt natürlich nicht nur für Studien am Menschen, sondern sie ist uns aus Tierversuchen seit langem hinreichend bekannt.

#### 6.2.1.2.5 Relevanz von Veränderungen, die im Referenzbereich bleiben
Wichtig für eine Risikoabschätzung ist die Beantwortung der Fragen:
(1) Wie viele Werte von Probanden oder Patienten aus der exponierten Gruppe bleiben innerhalb des Referenzbereiches (Abb. 6.7) bzw. wie viele liegen außerhalb dieses Bereiches?
(2) Welche Besonderheiten weisen die Probanden/Patienten auf, deren Werte *außerhalb* des Referenzbereiches liegen, und kann man eine besonders empfindliche *Subpopulation* erkennen?

Antworten auf beide Fragen gelingen nur selten. Das liegt zum Teil daran, dass fast nie *individuelle* Daten in Publikationen dokumentiert und ausgewertet werden (z.B. als „scatter-plots"). Die Werte des in der Abbildung 6.7 gezeigten Beispiels überlappen stark mit den Kontrollwerten, d.h. die meisten Exponierten (9 von 12) weisen *keine* pathologischen Werte auf. Entscheidend ist die Beantwortung der Frage: Welche Individuen sind betroffen, und warum? Man sieht, dass die Angabe von Mittelwerten und SD (oder sogar Medianwerten und Range) medizinisch oft nicht sehr hilfreich ist. Es soll das individuelle Verhal-

# 142 | 6 Allgemeine Grundsätze der toxikologischen Risikoabschätzung

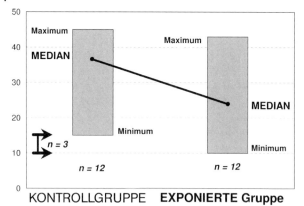

**Abb. 6.7** Beispiel für das Resultat einer klinischen Studie. Es ergibt sich ein statistisch gerade signifikanter Unterschied, aber die Werte der beiden Gruppen zeigen eine ausgeprägte Überlappung. Nur drei der zwölf Werte Exponierter (zwischen den Pfeilen) liegen außerhalb des Bereiches der Kontrollgruppe.

ten analysiert werden, und deshalb müssen die Werte für alle *Individuen* dokumentiert sein. In der Abbildung 6.8a und b sind als Beispiel zwei Interpretationen der in Abbildung 6.7 dargestellten Daten angegeben. Wenn Vordaten bekannt sind oder ein „cross-over"-Design gewählt wurde, könnte zwischen diesen beiden prinzipiellen Möglichkeiten entschieden werden, denn jedes Individuum wird zur eigenen Kontrolle: Bei der ersten Möglichkeit (Abb. 6.8a) reagieren alle Probanden/Patienten in ähnlicher Weise. Trotz pauschal erniedrigter Werte verbleiben bei dieser Exposition die meisten Wertepaare im Referenzbereich. Es liegt in diesem Fall ein *gleichmäßiger*, aber sehr geringer Effekt bei allen Individuen vor. Die medizinische Relevanz ist bei dieser Exposition gering. Bei der zweiten Möglichkeit (Abb. 6.8b) reagieren viele der Individuen *nicht* auf diese Exposition, aber eine *Subgruppe* zeigt eine, recht ausgeprägte, Veränderung. Bei Probanden mit initial hohen Werten spielt sich die Veränderung zwar noch im Referenzbereich ab, aber man kann damit rechnen, dass die Werte dieser Individuen bei erhöhter Exposition ebenfalls in den pathologischen Bereich gelangen. Es muss das Ziel sein, diese Subgruppe mit höherem Risiko als die Gesamtgruppe zu definieren. Bei den meisten Studien ohne Vordaten kann zwischen beiden Möglichkeiten nicht unterschieden werden, und eine besonders empfindliche Subpopulation wird nicht erkannt.

Bei der Darstellung klinischer oder experimenteller Daten als „scatter-plot" oder „dot-plot" können auch bei einer sehr großen Zahl von Probanden/Patienten diejenigen erkannt und näher definiert werden, die aus dem Rahmen der festgelegten Referenzwerte fallen. Deshalb muss man eine solche oder eine ähnliche Dokumentation der individuellen Daten fordern.

Im Beispiel der Abbildung 6.7 könnten nur dann eindeutige Schlussfolgerungen über einen entsprechenden substanzbezogenen Effekt gemacht werden,

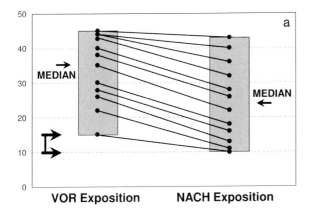

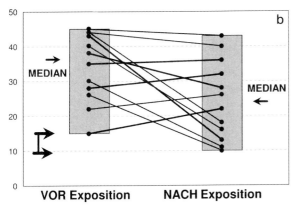

**Abb. 6.8** Zwei mögliche Interpretationen der Daten aus der klinischen Studie (Abb. 6.7). Zwei Situationen könnten vorliegen, die aus den ursprünglichen Daten nicht erkannt werden: Möglichkeit (a): Nahezu alle Individuen zeigen einen geringen Effekt. Möglichkeit (b): Einige Mitglieder der Gruppe reagieren empfindlicher, d. h. sie haben ein deutlich höheres Risiko ($p=0{,}008$) als die gesamte Gruppe ($p=0{,}04$). Nur Daten bei einer höheren Exposition oder Untersuchungen einer größeren Population könnten endgültige Klarheit verschaffen.

wenn zusätzliche Daten bei einer *höheren* Exposition oder von einem größeren Kollektiv vorgelegt werden. Ohne Kenntnis der individuellen Daten vor der Exposition könnte der „Effekt" (bei $n=12$), trotz statistischer Signifikanz, immer noch zufallsbedingt sein (z. B. durch unbekannte „confounding factors" verursacht).

### 6.2.1.2.6 Problem der Berücksichtigung von „confounding factors"

Es ist selten, dass in der Medizin eine Erkrankung oder ein Effekt von nur *einem* Faktor abhängt. Die meisten Erkrankungen sind multifaktoriell. So wurden über hundert kardiovaskuläre Risikofaktoren angegeben [87]. Im Falle der Toxikologie sind wir zudem häufig gegenüber mehr als einer Noxe exponiert. In klinischen Studien oder epidemiologischen Erhebungen ist es darum essenziell, genau wie bei experimentellen Untersuchungen, alle möglichen „confounding factors" zu erkennen, sie möglichst von vornherein zu vermeiden (Einschluss- und Ausschlusskriterien, Standardisierung, etc.), oder *wenige* Confounder ausreichend zu kontrollieren. Das gelingt im Experiment, einschließlich dem Versuch am Menschen, relativ leicht. Insbesondere in der Epidemiologie ist der Ausschluss von „confounding factors" aber häufig nicht möglich, und die Aussagekraft der Erhebung ist *a priori* erheblich eingeschränkt. Oft wird dann versucht, mit mathematischen Manipulationen den Sachverhalt der unzureichenden Aussagekraft zu verdecken, und dem Leser müssen die erheblichen Mängel der Erhebung unbekannt bleiben. Dies wird besonders kritisch bei geringgradigen „Effekten". Ehrliche und kritische Untersucher werden darum bei ihren Schlussfolgerungen mögliche nicht kontrollierbare Confounder erwähnen und die erhebliche Unsicherheit der Aussage betonen.

### 6.2.1.2.7 Medizinische Relevanz von statistisch signifikanten Unterschieden

Die medizinische Statistik spielt bei der Planung, Begleitung und Auswertung von Studien eine wesentliche Rolle. Darum wird die Mitarbeit eines Biostatistikers auf einer frühen Stufe der Planung einer Studie oder eines Versuches empfohlen oder sogar gefordert.

Bei der Beurteilung pharmakologischer und toxikologischer Daten, klinischer wie experimenteller, hat sich allerdings eine „*Statistikgläubigkeit*" entwickelt. Eine pharmakologische oder toxikologische Beurteilung ist aber mehr als nur Statistik! Entgegen einer weitverbreiteten Meinung können schlechte oder fehlende Daten nicht durch statistische Manipulationen ersetzt werden. Das gilt insbesondere auch für die Abschätzung der individuellen Exposition.

Statistisch signifikante Unterschiede können durchaus *medizinisch irrelevant* sein. Ein fiktives Beispiel ist in Tabelle 6.7 angegeben. Ein identisches Studiendesign ist vorausgesetzt. Zwischen der exponierten *Gruppe I* und der entsprechenden Referenzgruppe I wird ein statistisch signifikanter Unterschied berechnet, aber man wird aus den Daten medizinisch *keine* Wirkung der Exposition ableiten können, denn alle Werte bleiben innerhalb des Referenzbereiches I. Wird die exponierte *Gruppe II* mit der entsprechenden Referenzgruppe II verglichen, erscheint der statistisch signifikante Unterschied auch medizinisch plausibel: Ein wesentlicher Teil der Werte liegt außerhalb des Referenzbereiches. Zwischen den beiden Referenzgruppen besteht statistisch kein signifikanter Unterschied, aber wenn die exponierte Gruppe II mit dem Referenzbereich I verglichen wird, verschwindet die Signifikanz (obgleich man nach wie vor eine mögliche medizinische Relevanz vermutet (die Daten könnten auf eine Risikogruppe innerhalb der Gruppe hindeuten)). Die Daten der exponierten Gruppe II unterscheiden sich von denen der exponierten Gruppe I.

Obgleich sich statistische Unterschiede ergeben, sind die Gruppen bei dem zu erwartenden geringen Effekt für eine vernünftige medizinische Beurteilung zu klein. Das Beispiel entspricht durchaus Daten aus üblichen Publikationen.

**Tab. 6.7** Beispiel für einen statistisch signifikanten Unterschied, der medizinisch irrelevant ist, und einen möglicherweise relevanten Effekt, der statistisch nicht signifikant ist. Es sollen die Werte für den Blutzucker einer exponierten Gruppe mit Werten einer Referenzgruppe verglichen werden (*definierter Referenzbereich*: 85–115 mg/dL).

| Gruppe | Einzelwerte (Blutzucker, mg/dL) | Median | M ± SD | Q1/Q3 |
|---|---|---|---|---|
| Exponierte Gruppe I: | 101, 98, 98, 97, 97, 96, 96, 96, 96, 95, 95, 95 | 96,0 | 96,7 ± 1,7 | 95,3/97,8 |
| Exponierte Gruppe II: | 135, 129, 126, 121, 101, 100, 99, 98, 98, 98, 98, 97 | 99,5 | 108,3 ± 14,6 | 98/124,8 |
| Referenzgruppe I: | 101, 100, 100, 99, 99, 98, 98, 98, 97, 97, 96, 95 | 98,0 | 98,2 ± 1,8 | 97,0/99,8 |
| Referenzgruppe II: | 100, 100, 100, 99, 98, 97, 95, 94, 93, 92, 92, 91 | 96,0 | 95,9 ± 3,5 | 92,3/99,8 |
| exp. I/Referenz-I, *p*=0,040 (Mann-Whitney Test) | | Statistisch signifikant ↓ | Medizinisch irrelevant | |
| exp. II/Referenz-II, *p*=0,013 | | signifikant ↑ | relevant | |
| exp. II/exp. I, *p*=0,001 | | signifikant ↑ | evtl. relevant | |
| exp. I/Referenz-II, *p*=0,644 | | *nicht* signifikant | *nicht* relevant | |
| exp. II/Referenz-I, *p*=0,079 | | *nicht* signifikant | evtl. relevant | |
| Referenz-I/Referenz-II, *p*=0,154 | | *nicht* signifikant | wohl nicht verschieden[a] | |

*M*: Mittelwert, *SD*: Standardabweichung, *Q1/Q3*: 1. und 3. Quartile.
a) Da alle Werte innerhalb des Referenzbereiches liegen.

Es muss zunächst offen bleiben, ob sich bei einem größeren Kollektiv der Trend zur Erhöhung insbesondere bei der exponierten Gruppe II bei einigen Probanden verstärken könnte, d. h. eine Risikopopulation erkennbar wird. Aber auch der Referenzbereich wird sich bei Erhöhung der *n*-Zahl vergrößern oder verändern. Bereits sehr geringe Veränderungen im Kollektiv (z. B. ein weiterer Proband mit dem Wert 100 in der exponierten Gruppe I statt des Wertes 95 oder ein weiterer Wert von 95 in der Referenzgruppe I anstatt eines Wertes 100) verkehren den „Unterschied" zwischen den Gruppen von statistisch „signifikant" in „nicht signifikant" oder umgekehrt.

Eine ähnliche Problematik existiert natürlich auch bei *tierexperimentellen* Studien. Hier versucht man allerdings, durch die Benutzung von Inzucht- oder Auszuchtstämmen die genetische Variabilität im Rahmen zu halten, und man standardisiert auch möglichst viele andere Versuchsbedingungen. Das bringt jedoch den erheblichen Nachteil mit sich, dass bei Wiederholung eines Versuches mit einem anderen Stamm der gleichen Spezies oft andere Resultate zu erwarten sind (z. B. wegen anderer Pharmakokinetik). Entsprechende Konsequenzen für eine Extrapolation zu einer anderen Spezies (z. B. dem Menschen) liegen auf der Hand.

Der Beurteilung der medizinischen *Plausibilität* kommt bei toxikologischen Beurteilungen eine erhebliche Rolle zu. In diesem Zusammenhang ist auch die Beantwortung der Frage essenziell, ob der mögliche Einfluss von Confoundern in zufriedenstellender Weise ausgeschlossen wurde. Nicht alle beobachteten Assoziationen machen einen Sinn. Einige ganz offensichtliche „*Nonsens-Assoziationen*" aus einer sehr sorgfältigen großen Studie sind in der Tabelle 6.8 wiedergegeben. Die Assoziationen im oberen Teil der Tabelle sind nicht plausibel, sondern eher absurd, denn man wird durch Änderung der Konfession kein toxikologisches Risiko vermindern oder das toxikologische Risiko durch Nichtrauchen erhöhen. Andererseits wird niemand die Einnahme der beiden Substanzen im unteren Teil der Tabelle empfehlen, um das teratogene Risiko zu vermindern. Hier hat vermutlich der Zufall eine Rolle gespielt bzw. unbekannte Confounder. Es ist bei keinem Studiendesign möglich, solche falschen Beziehungen ganz zu vermeiden. Die hier wiedergegebenen scheinbaren Korrelationen (d. h. Assoziationen) sind leicht als unberechtigt zu erkennen, auch wenn sie statistisch „signifikant" wären. Das mag bei vielen anderen Confoundern nicht so klar ersichtlich sein. Je mehr medizinische Endpunkte in eine Studie eingeschlossen werden, umso größer wird die Chance, dass einzelne der gefundenen Beziehungen nicht kausal sind. Darum begründen in der Epidemiologie einzelne Assoziatio-

**Tab. 6.8** Beispiele von Assoziationen, die wahrscheinlich durch Zufall zustande gekommen sind oder als „Nonsens-Assoziationen" gelten können. Daten aus einer Studie zur Arzneimittelgabe in der Schwangerschaft zusammengestellt (Daten modifiziert nach Heinonen et al. [30]).

| Substanzklasse oder Faktor | Inzidenz, relatives Risiko (SRR) und Konfidenzintervall (K.I.) | | | |
| --- | --- | --- | --- | --- |
| | beurteilter Defekt | beobachtet/ (erwartet) | SRR[a] | 95% K.I. |
| Rauchte niemals[b] | Down Syndrom | 31 | 1,6 | n.a. |
| Plazentagewicht unbekannt[c] | Down Syndrom | 10 | 2,1 | n.a. |
| Gewichtszunahme unbekannt[d] | Down Syndrom | 5 | 2,5 | n.a. |
| Andere als Protestantische Religion[e] | Down Syndrom | 28 | 1,6 | n.a. |
| Katholisch (unter Afroamerikanern)[e] | Fehlbildungen | | 1,4 | n.a. |
| Nitrofurazon | grobe Fehlbildungen | 1/(6,7) | 0,2 | (0,00–0,82) |
| Phenazopyridin | grobe Fehlbildungen | 1/(6,2) | 0,2 | (0,00–0,89) |

a) Standardisiertes relatives Risiko, *n.a.*: nicht angegeben (*aber auch nicht relevant*).
b) Referenz: jetzige Raucherinnen: SRR 1,0.
c) Referenz: ≥400 g.
d) Referenz: 5–12,4 kg.
e) Nach einer multiplen logistischen Risikoanalyse.

nen zunächst auch noch keinen kausalen Zusammenhang. Befunde einzelner Erhebungen müssen immer durch weitere unabhängige Untersuchungen bestätigt werden.

Auch die Variabilität zwischen *Kontrollgruppen* kann für einen statistisch signifikanten „Effekt" verantwortlich sein, der wissenschaftlich *irrelevant* ist. Wenn *mehrere* Kontrollgruppen nebeneinander (was selten geschieht) oder hintereinander untersucht werden, ergeben sich fast immer Abweichungen. Diese Situation ist in der Tabelle 6.7 mit den zwei Kontrollgruppen angenommen. Bezieht man die Berechnung der Differenzen nicht auf die Referenzgruppe I sondern auf die Referenzgruppe II, so kehrt sich das Ergebnis um, obgleich zwischen den beiden Referenzgruppen kein signifikanter Unterschied besteht. Die Kenntnis von „historischen Kontrollen" und damit eine Abschätzung der Streubreite von Kontrollen ist in vielen Fällen der experimentellen Forschung für eine zuverlässige Aussage unerlässlich. Falls keine Dosisabhängigkeit in einer Studie gefunden wird, sollte man immer daran denken, dass der Unterschied durch einen atypischen Kontrollwert zustande gekommen sein kann.

Weit verbreitet ist auch die Aussage eines *„statistisch nicht signifikanten Unterschiedes"*. Eine solche Bezeichnung ist meistens unberechtigt, häufig sogar irreführend. Bei einem *statistisch nicht signifikanten* Unterschied ist per definitionem ein zufallsbedingtes Ereignis nicht mit hinreichender Sicherheit auszuschließen. Dies bedeutet nicht, dass eine solche Veränderung nicht bestehen mag, und mit *geeignetem* Studiendesign nachweisbar ist. Die Gründe für die *fehlende* statistische Signifikanz in der vorgelegten Studie können mannigfaltig sein: Das Studiendesign war ungeeignet, die Anzahl untersuchter Individuen zu klein, die Kontrollen nicht repräsentativ oder der Effekt ist außerordentlich gering, etc. Die vorgelegten Daten reichen für eine eindeutige Aussage jedenfalls nicht aus, es könnte statt einer Erniedrigung sogar eine „Erhöhung" vorliegen oder gar kein Effekt bei dieser Exposition. Zur Klärung würde man bei experimentellen Studien immer Daten bei höherer Dosierung fordern. Eine *Metaanalyse* könnte hilfreich sein, wenn mehrere Studien mit zweifelhaftem Resultat vorliegen. Aber das Studiendesign muss dazu weitgehend vergleichbar sein, was oft nicht der Fall ist. Dann führen auch die Ergebnisse von Metaanalysen zu einem falschen Schluss.

### 6.2.1.2.8 Definierte Exposition und Risikopopulationen

Angaben zum toxikologischen Risiko beziehen sich zunächst auf die untersuchte Population. Häufig wird vorausgesetzt, dass die untersuchte Auswahl von Patienten oder Probanden charakteristisch für eine *größere* Population ist. Bei ausgeprägten Effekten ist diese Annahme auch oft gerechtfertigt.

Besonders bei seltenen Wirkungen kann sich die beobachtete Wirkung nur auf einen *kleinen Teil* der untersuchten Menschen beziehen. Der Bezug auf die gesamte Population mag dann problematisch sein, denn es kann sich bei den Betroffenen um eine *Risikopopulation* mit spezieller Empfindlichkeit handeln (und entsprechend hoher Inzidenz). Andererseits kann bei „fehlender" Wirkung ein unerwünschter Effekt bei einer anderen Populationsgruppe (Kinder, Senioren, speziell Erkrankte, etc.) nicht ausgeschlossen werden (was häufig automatisch geschieht). Es ist medizinisch von erheblicher Bedeutung, besonders gefährdete Individuen in der Gesamtpopulation zu erkennen und dann entsprechend zu schützen.

Bereits das *Alter*, im Extrem Säuglinge verglichen mit Greisen (s. z. B. [54]), kann einen solchen Unterschied begründen. So ist z. B. die glomeruläre Filtrationsrate, und damit die renale Elimination entsprechender Substanzen, im Alter vermindert (z. B. [23, 57]). Andererseits ist die Metabolisierung vieler Substanzen, z. B. Coffein, von der Aktivität der P450-abhängigen mischfunktionellen Oxygenasen (CYP) abhängig. Diese metabolisierenden Systeme sind bei Säuglingen, ähnlich wie bei vielen neugeborenen Versuchstieren, noch nicht oder unvollkommen ausgebildet [27, 31, 40, 92]. Allerdings bestehen auch erhebliche Speziesunterschiede, einerseits in der Fähigkeit zur Metabolisierung unterschiedlicher Xenobiotica, andererseits verläuft die peri-postnatale Ausbildung entsprechender enzymatischer Systeme bei verschiedenen Spezies nicht synchron (z. B. [67, 105]).

Spezielle Empfindlichkeiten können auch auf einer spezifischen *genetischen* Konstellation beruhen, die man in diesem Zusammenhang als *Polymorphismus* bezeichnet. Dies kann auf toxiko*dynamischen* (z. B. speziellen Stoffwechselveränderungen oder modifizierten Rezeptoren) oder pharmako*kinetischen* Aspekten (unterschiedliche Fähigkeit zum Metabolismus von Xenobiotika) beruhen. Im Hinblick auf Unterschiede in der Pharmakokinetik wird Cytochrom-P450-abhängigen hepatischen Monooxygenasen (CYP2C9, CYP2C19, CYP2D6, etc.) eine wichtige Rolle zugewiesen (s. z. B. [68, 106]).

Gegen Ende des 20. Jahrhunderts wurde insbesondere in den USA der Begriff der *„multiplen Chemikaliensensitivität"* (MCS, *engl.*: multiple chemical sensitivity) geprägt, der sich auf Patienten bezieht, die gegenüber einer Vielzahl von Chemikalien (insbesondere auch Nahrungsmitteln) bei Expositionen, die in der Allgemeinbevölkerung ohne Symptome vertragen werden, mit einer Vielzahl von Befindlichkeitsstörungen und Erkrankungen reagieren. Da in der etablierten Medizin ein solches Krankheitsbild nicht bekannt ist, sind weitere eingehende Studien erforderlich, um eine Abgrenzung gegenüber psychischen Erkrankungen und Placeboeffekten (oder besser Noceboeffekten) zu ermöglichen, und gegebenenfalls das Krankheitsbild (falls es existiert) zu definieren (s. z. B. [16, 99]). Zweifellos leiden die Patienten, und sie bedürfen einer sinnvollen Behandlung.

### 6.2.1.2.9 Risiko für eine Population und individuelles Risiko

In mancher Beziehung ähnelt das toxikologische Risiko einer Lotterie, nur mit umgekehrtem Vorzeichen. Bei der Lotterie hoffen sehr viele, dass sie zu den sehr wenigen Gewinnern gehören. Beim toxikologischen Risiko ist die Situation oft so, dass viele hoffen, nicht zu den wenigen Verlierern zu gehören.

Bei den meisten klinischen Untersuchungen und epidemiologischen Erhebungen resultiert heute noch eine *statistische* Aussage, d. h. es wird die *Wahr-*

*scheinlichkeit* ermittelt, mit der ein bestimmter unerwünschter Effekt in einer Population auftritt. Da wir aber kaum z. B. zwischen einem Risiko von 1:1000 und 1:100 000 unterscheiden können (beides ist „selten"), hat dieser 100fache Unterschied für das Individuum keine wesentliche Konsequenz.

Nehmen wir das Beispiel III in Tabelle 6.1 mit einem Risiko von 1:10 000 an. Für den einzelnen Menschen wäre dieses Risiko, auch wenn es sehr schwerwiegend wäre, vernachlässigbar klein, und er wäre geneigt, es einzugehen (wir tun dies fast jeden Tag in ähnlicher Größenordnung im Straßenverkehr und bei vielen anderen Gelegenheiten).

Angenommen, es handele sich um ein Agens, dem gegenüber sehr viele Menschen, z. B. 10 Millionen, ausgesetzt sind. Dann wären bei dem genannten Risiko in einer solchen Population 1000 pathologische Fälle zu erwarten. Die Frage ist, wie eine Gesundheitsbehörde reagieren würde oder müsste. Zusätzliche 1000 Todesfälle pro Jahr sind für viele Arzneimittel sicher völlig inakzeptabel, und das Mittel würde schnell aus dem Handel genommen werden (Chloramphenicol wird wegen Schädigungen in der Größenordnung 1:10 000 nicht mehr therapeutisch benutzt). Die politische Entscheidung hängt aber zweifellos auch wesentlich vom *Nutzen* ab (Nutzen-/Risikoabschätzung). Die Todesrate durch anaphylaktischen Schock nach Penicillin wird auf 1:0,5–1 Million geschätzt. Die Zahl Exponierter summiert sich inzwischen sicher auf viele hundert Millionen, was Hunderte bis Tausende von Toten bedeuten würde. Trotzdem käme keine Behörde auf die Idee, Penicillin zu verbieten.

Es besteht die Hoffnung, dass man in absehbarer Zeit entsprechende genetisch bedingte Besonderheiten erkennen wird, und dann in der Lage ist, *individuelle* toxikologische Risiken vorherzusagen. Das wäre eine Revolution in der Medizin, mit deutlichen Vorteilen für einige Personen, aber auch mit erheblichen Problemen (z. B. mit der Krankenversicherung von Problempatienten).

#### 6.2.1.2.10 Problem der Beurteilung von Substanzkombinationen

Wenn eine mögliche Wirkung nach Exposition gegenüber mehr als einem Agens abgeschätzt werden soll, treten meist Probleme auf. Grundsätzlich können vier Situationen vorliegen:
(1) Die gleichzeitige Anwesenheit eines zweiten Agens verändert die *Wirkung* des ersten Agens *nicht*.
(2) Es resultiert eine *Addition* der Einzelwirkungen.
(3) Es resultiert eine *überadditive* Wirkung („Potenzierung").
(4) Es resultiert ein *antagonistischer* Effekt.

Diese Resultate sind keine absolute Eigenheit der betreffenden Kombination von Agenzien, sondern der Effekt hängt entscheidend von den *Dosierungen* ab. Bei sehr niedriger Dosierung wird immer der Effekt (1) möglich sein, manchmal wird bei Erhöhung der Dosis eine Veränderung der Wirkung auftreten ((2), (3) oder (4)), und bei bestimmter Kombination sind sogar, *dosisabhängig*, alle drei verschiedenen Effekte möglich (z. B. (1), (2) und (4)).

Das bei weitem *häufigste* Resultat stellt die Möglichkeit (1) dar: D.h. eine Kombination von Substanzen, auch von sehr vielen, verursacht *keinen* Effekt bzw. verändert keine bestehende Wirkung einer anderen Komponente. Täglich nehmen wir *Tausende* von Substanzen mit unserer *Nahrung* auf, bei den meisten wissen wir nicht einmal welche es sind und welche Effekte sie (bei ausreichender Dosierung) auslösen könnten. Aber wir erwarten keine ausgeprägte unerwünschte Wirkung. Der Grund ist, dass die Mengen der meisten dieser Substanzen unterschwellig sind. Das bedeutet natürlich nicht, dass entsprechende unerwünschte Wirkungen unter bestimmten Bedingungen, z.B. bei stark wirkenden Komponenten oder sehr einseitigem Konsum, nicht auftreten *können*. Aber das steht auf einem anderen Blatt.

Bei ausreichender Dosierung sind uns *additive* Effekte aus Pharmakologie und Toxikologie durchaus geläufig, *überadditive* Wirkungen sind hingegen *selten*.

Überadditive Effekte treten nicht auf, wenn beide Komponenten auf den gleichen Rezeptor wirken. Sie sind aber *möglich*, wenn das gleiche Endresultat über zwei verschiedene Mechanismen gleichzeitig ausgelöst werden kann. Diese Situation liegt z.B. bei vielen Wirkungen auf das ZNS vor. Ein anderer Typ einer *überadditiven* Wirkung kann resultieren, wenn eine Substanz den *Metabolismus* einer anderen beeinflusst, d.h. die Inaktivierung hemmt. Die verstärkte Wirkung beruht auf der erhöhten Konzentration der „wirkenden" Substanz, und die „beeinflussende" Substanz ist nicht *direkt* am pharmakodynamischen Effekt beteiligt ($x+0 \neq > x$). So existiert z.B. inzwischen eine umfangreiche Literatur über die Beeinflussung der Wirkung einer Reihe von Medikamenten durch *Grapefruitsaft*, ausgelöst durch die Hemmung des intestinalen CYP3A4 [58, 88], und wohl auch noch anderer Effekte, Wechselwirkungen mit „Umweltsubstanzen" sind offenbar nicht untersucht.

Nach den allgemeinen Erfahrungen der Pharmakologie und Toxikologie treten gegenseitige *Beeinflussungen* von Wirkungen nur dann auf, wenn die Komponenten in *wirksamer* Dosierung vorliegen, oder wenn die Exposition *wenig darunter* liegt. Eine Verstärkung ist *nicht* zu erwarten, wenn alle Dosen *weit unterhalb* des Wirkungsbereiches der jeweiligen Agenzien liegen. Genaue Analysen können nur gelingen, wenn die Dosis-Wirkungskurven für alle Einzelkomponenten bekannt sind. Alle additiven oder überadditiven wie auch antagonistischen Effekte müssen *dosisabhängig abnehmen*, und es muss immer ein Dosisbereich erreicht werden, in dem keine Beeinflussung mehr stattfindet. Das gilt auch für die oben erwähnte Beeinflussung des Pharmakon-Metabolismus (Hemmung oder auch Enzyminduktion), weil auch diese Effekte streng dosisabhängig sind.

### 6.2.1.2.11 Problem von „Äquivalenz-Faktoren" für Substanzkombinationen

Bei einigen Gruppen von Substanzen wurde die, überwiegend administrative, Notwendigkeit gesehen, die Exposition gegenüber *variablen* Mischungen einer größeren Zahl von biologisch *ähnlich* oder qualitativ sogar identisch wirkenden Verbindungen zu beurteilen und ihre Emission zu reglementieren. Es handelt sich um polyhalogenierte *Dibenzo-p-dioxine* und *Dibenzofurane* (PHDD/PHDF), die sich heute insbesondere im Fett tierischer Lebensmittel finden. Zu der Gruppe gehören Hunderte von Kongeneren.

Nach *tierexperimentellen* Befunden wurde die *relative* biologische Wirkung abgeschätzt und in Relation zu einer Vergleichssubstanz festgelegt. Als Vergleich für die Wirkung diente der wirksamste Vertreter dieser Gruppe, das 2,3,7,8-Tetrachlordibenzo-*p*-dioxin (*TCDD*), und seine Wirkung wurde als *1,0* definiert. Man einigte sich für *alle* 2,3,7,8-chlorsubstituierten Kongenere (Tab. 6.9) auf „Internationale TCDD Toxizitäts-Äquivalenz-Faktoren" (I-TE-Faktoren). Die nach der biologischen Wirkung gewichtete *Menge* (I-TEq) ergibt sich aus der *Summe* aller mit dem jeweiligen I-TE-Faktor multiplizierten Einzelkomponenten. Diese Art der Berechnung der Exposition ist inzwischen in die Gesetzgebung vieler Staaten eingegangen. Ein Beispiel für die so summierte Hintergrundbelastung der Bevölkerung an PCDD/PCDF in der Bundesrepublik Deutschland 1995 ist in Tabelle 6.9 wiedergegeben.

**Tab. 6.9** Beispiel der Beurteilung einer Mischung verschiedener PCDD/PCDF mithilfe der Internationalen TCDD Toxizitäts-Äquivalente (I-TEq) (Medianwerte, 134 Blutproben als Hintergrundbelastung in der Bundesrepublik Deutschland, Daten aus Päpke et al. [89]).

| Gemessene Kongenere | Gemessene Konzentration (in ppt) | I-TE Faktor | I-TEq (in ppt) | % (von $\Sigma$ I-TEq) |
|---|---|---|---|---|
| 2,3,7,8-TCDD | 2,8 | 1,0 | 2,8 | 17 |
| 1,2,3,7,8-P5CDD | 6,0 | 0,5 | 3,0 | 18 |
| 1,2,3,4,7,8-H6CDD | 6,2 | 0,1 | 0,6 | 4 |
| 1,2,3, 6,7,8-H6CDD | 23,2 | 0,1 | 2,3 | 14 |
| 1,2,3, 7,8,9-H6CDD | 4,5 | 0,1 | 0,5 | 3 |
| 1,2,3,4,6,7,8-H7CDD | 40,8 | 0,01 | 0,4 | 2 |
| 1,2,3,4,6,7,8,9-OCDD | 336 | 0,001 | 0,3 | <1 |
| 2,3, 7,8-TCDF | 1,9 | 0,1 | 0,2 | 1 |
| 1,2,3,7,8-P5CDF | 0,5 | 0,05 | 0,03 | <1 |
| 2,3,4,7,8-P5CDF | 10,8 | 0,5 | 5,4 | 32 |
| 1,2,3,4,7,8-H6CDF | 7,3 | 0,1 | 0,7 | 4 |
| 1,2,3, 6,7,8-H6CDF | 5,2 | 0,1 | 0,5 | 3 |
| 2,3,4,6,7,8-H6CDF | 2,3 | 0,1 | 0,2 | 1 |
| 1,2,3,4,6,7,8-H7CDF | 10,0 | 0,01 | 0,1 | <1 |
| 1,2,3,4,6,7,8,9-OCDF | 2,5 | 0,001 | 0,003 | ≪1 |
| Summe: | | | 17,0 ppt I-TEq | 100% |

I-TEq = Internationale TCDD Toxizitäts-Äquivalente (NATO/CCMS 1988), d.h. die biologische Wirkung der verschiedenen Kongenere wird verglichen mit der von TCDD (d.h. TCDD = 1). ppt = ng/kg (oder pg/g), ppt sind bezogen auf das Blutfett, Alter: 22–69 Jahre.

Es ist wichtig zu betonen, dass es sich um eine *administrative* Methode zur Beurteilung der *Menge* einer Mischung von 2,3,7,8-substituierten poly*chlor*ierten Dibenzo-*p*-dioxinen und Dibenzofuranen (PCDD/PCDF) handelt, und um *keine* Grundlage zur Abschätzung einer medizinisch relevanten *Risikoabschätzung* für den *Menschen* [69]. Hierzu wären sowohl pharmakodynamische und insbesondere auch pharmakokinetische Daten vom Menschen notwendig, die *überhaupt* nicht in die Überlegungen eingegangen sind. Einige grundsätzliche Schwachpunkte des Verfahrens sind in Tabelle 6.10 zusammengestellt. Man muss anerkennen, dass es sich um den ersten Versuch handelt, *überhaupt* die Exposition

**Tab. 6.10** Einige Voraussetzungen für die wissenschaftliche Akzeptanz von „TCDD-Toxizitäts-Äquivalenz"-Faktoren (modifiziert nach Neubert [69]).

(1) Alle Kongenere sollten ein *identisches* toxikologisches Potenzial und Wirkungsmuster (d. h. die gleiche Organotropie) aufweisen, einzelne Kongenere sollten keine zusätzlichen Wirkungen zeigen.
(2) Die Effekte der Kongeneren sollten nur *additiv* sein (nicht z. B. antagonistisch).
(3) Die empfindlichste Wirkung sollte bei allen Spezies die gleiche sein.
(4) Es sollte nur ein Typ von Rezeptor bzw. nur eine begrenzende Reaktion in verschiedenen Organen und bei den unterschiedlichen Spezies für die Wirkung verantwortlich sein.
(5) Dosis-Wirkungskurven für verschiedene Endpunkte sollten bei der gleichen Spezies parallel verlaufen, sonst hängt der Faktor vom Endpunkt und der Dosierung ab.
(6) Das Muster der Effekte sollte im Hoch- und im Niedrigdosisbereich identisch sein.
(7) Dosis-Wirkungskurven für den gleichen Endpunkt sollten bei verschiedenen Spezies parallel verlaufen, sonst ist ein Vergleich der Spezies nicht möglich.
(8) Die *Pharmakokinetik* sollte bei verschiedenen Spezies identisch, oder wenigstens vergleichbar, sein.
(9) Die *Pharmakokinetik* sollte bei allen Spezies bei erwachsenen Tieren, jungen Individuen und während der Schwangerschaft identisch, oder wenigstens vergleichbar, sein.
(10) Tierexperimentell beobachtete Wirkungen sollten auch für den *Menschen* relevant sein.
(11) Eine *quantitative* Übertragbarkeit der tierexperimentellen Befunde auf den *Menschen* sollte möglich sein.

zu (1): Diese Voraussetzung ist für PCDD/PCDF weitgehend erfüllt, für PCB nicht unbedingt.
zu (2): Die additive Wirkung wird bei niedrigen PCDD/PCDF Dosen eher überschätzt, hohe Dosen müssen zu antagonistischen Wirkungen führen (Rezeptortheorie), bei PCB sind sie beschrieben.
zu (3), (5), (6), (7), (9), (11): Dies ist nicht der Fall.
zu (4): Das ist schwer zu beurteilen. Es könnte aber mehr als ein Rezeptor verantwortlich sein.
zu (8): Dies ist nicht der Fall, mag aber bei ausreichender Information berücksichtigt werden.
zu (10): Dies ist nur sehr bedingt der Fall, der Mensch scheint unempfindlicher zu sein.

gegenüber sehr variablen Mischungen zu beurteilen, und das Resultat hat sich für gesetzgeberische Absichten zweifellos bewährt.

Inzwischen ist versucht worden, die zunächst für die polychlorierten Verbindungen (PCDD/PCDF) entwickelte Strategie auf andere 2,3,7,8-substituierte *polyhalogenierte* Substanzen, z. B. poly*bromierte*, auszudehnen. Wegen der offenbar kurzen Verweildauer im Säugetierorganismus [35, 104] ist das Verfahren für poly*fluorierte* Verbindungen ungeeignet bzw. unnötig. Aus den pharmakokinetischen Gründen ist bei diesen polyfluorierten Substanzen eine viel geringere Toxizität zu erwarten als man aus der Affinität zum Rezeptor (nicht wesentlich von der poly*chlorierter* Verbindungen verschieden) erwarten würde. 2,3,7,8-substituierte poly*bromierte* und *gemischt*halogenierte (chlor- plus bromsubstituierte) Substanzen sind im Hinblick auf I-TE-Faktoren den entsprechenden chlorierten Verbindungen weitgehend angeglichen worden. Allerdings tritt hier das Problem auf, dass I-TE-Faktoren auf Gewicht bezogen sind, Wechselwirkungen mit dem verantwortlichen Rezeptor aber auf molarer Basis stattfinden. Die Molekulargewichte vergleichbarer chlorierter und bromierter Verbindungen, und damit auch die Wirkungen, können bis zum Faktor 2 differieren. Auch das zeigt, dass die Äquivalenzfaktoren nur recht grobe Näherungswerte darstellen können.

Auf harsche Kritik ist der Versuch von einigen Behörden gestoßen [4], auch eine Gruppe von polychlorierten Biphenylen (*PCB*), nämlich die „dioxin-ähnlichen" co-planaren Kongenere, ebenfalls mit TCDD-Äquivalenz-Faktoren zu versehen, und diese Gruppe von Verbindungen in die Summe der „Dioxine" einzubeziehen [12]. Die wissenschaftliche Grundlage für ein solches Vorgehen ist kaum vorhanden, und entsprechende Bemühungen degradieren das für PCDD/PCDF gerade noch akzeptable Verfahren zum weitgehend politischen Unternehmen. Die meisten der I-TE-Faktoren für PCB sind ziemlich willkürlich festgesetzt worden, die (z. B. pränatale) Kinetik der PCB ist anders als die von PCDD/PCDF, und es ist fraglich, ob die wesentlichen Wirkungen der co-planaren PCB *nur* über *Rh*-Rezeptoren ausgelöst werden. Über Wirkungen auf den Menschen sagen derartige summierte Werte sicher *gar nichts* aus, sie verwirren eher. Das Verfahren ist ad absurdum geführt worden, als I-TE-Faktoren für einige PCB unter 0,001 festgelegt wurden. Erstens sind solche Faktoren auch experimentell nicht zu verifizieren, da wesentliche Verunreinigungen messtechnisch nicht mehr ausgeschlossen werden können, und zweitens würden möglicherweise auch einige *nicht*-2,3,7,8-substituierte poly*chlorierte* Kongenere in diesen Bereich fallen. Es muss bei den PCB auch bevorzugt mit antagonistischen Effekten gerechnet werden.

Das beschriebene Verfahren der I-TE-Faktoren eignet sich aus vielen Gründen *nicht generell* für die toxikologische Beurteilung von Mischungen oder von Substanzkombinationen. Der Hauptgrund ist, dass die Substanzen nur auf einen, und nur auf den gleichen Rezeptor (oder Mechanismus) wirken dürfen und keine gegenseitige Beeinflussung stattfinden darf. Diese Voraussetzung trifft auf kaum eine andere Substanzklasse zu.

Die resultierende Wirkung von *Zweifach*kombinationen kann in der Pharmakologie und Toxikologie durchaus analysiert werden, wenn für beide *Einzel*komponenten verwertbare Dosis-Wirkungskurven für die entsprechende Spezies vorliegen. Beim Menschen sind erwünschte und unerwünschte Wirkungen von Zweifachkombinationen zu beurteilen, wenn für *definierte Dosen* ausreichende klinische Erfahrungen vorliegen. Bei der Kombination von mehr als zwei Komponenten gelingt es kaum, mögliche Wechselwirkungen und damit Risiken für einen größeren Dosisbereich vorauszusagen.

#### 6.2.1.2.12 Problem einer Polyexposition auf verschiedenen Gebieten der Toxikologie

Neben der Beurteilung *bekannter* Kombinationen von Fremdstoffen[8] kann sich die Notwendigkeit ergeben, eine toxikologische Gefährdung durch ein Expositionsszenarium zu beurteilen, bei dem wesentliche Komponenten unbekannt bleiben und die Dosis der Einzelkomponenten oft nicht bestimmt wurde. Insbesondere wären auch Wechselwirkungen dann nicht abzuschätzen. Derartige Situationen ergeben sich z. B. (Abb. 6.9) bei der Ernährung und dem Konsum von Genussmitteln, in der Arbeitsmedizin sowie in der „Umweltmedizin"[9]. Die Problematik ist auf den genannten Gebieten ähnlich, aber nicht identisch.

In der *Arbeitsmedizin* (Abb. 6.9, II) kann eine pauschale Gefährdung an einem Arbeitsplatz verifiziert werden, auch wenn keine exakten individuellen Messungen der Exposition vorliegen (Abb. 6.9a). Dies war eine früher häufig geübte Praxis, und viele toxikologische Wirkungen und Situationen sind so erkannt worden. Die *gezielte* Verminderung einer *spezifischen* Komponente erfordert jedoch die Analyse der betreffenden Konzentration am Arbeitsplatz (Abb. 6.9b), wie es heute in industrialisierten Ländern überwiegend gehandhabt wird. Maximale Arbeitsplatz-Konzentrationen (MAK-Werte) helfen, eine solche Sicherheit zu gewährleisten.

Auch auf dem Gebiet der Toxikologie von *Lebensmitteln* und *Genussmitteln* reicht die Kenntnis einer pauschalen Gefährdung *manchmal* zur Gefährdungsminimierung aus. Ein typisches Beispiel ist das *Rauchen*. Es können konkrete Angaben zur Gesundheitsgefährdung des Zigarettenrauchens gemacht werden, auch wenn die spezielle Toxikologie der meisten der weit über Tausend im Tabakrauch vorhandenen Komponenten unbekannt bleibt. Als grobe Dosisangabe dient hier die Anzahl der gerauchten Zigaretten. Die Abschätzung gelingt nur, weil das gesundheitliche Risiko relativ groß ist, und selbst in diesem Fall widersprechen sich viele Studien im Hinblick auf die Inzidenz.

---

8) Fremdstoff (oder Xenobiotikum oder auch Pharmakon) bezeichnet in der Toxikologie jede körperfremde Substanz oder körpereigene Substanzen in unphysiologisch hoher Dosierung. Die Bezeichnung „Schadstoff" wird in der Medizin, und speziell der Toxikologie, nicht benutzt (da nicht definierbar). Schaden kann nicht mit einer Substanz, sondern höchstens mit einer Dosis, assoziiert werden (jede Substanz kann „schädlich" sein).

9) In diesem Zusammenhang ist „Umwelt" sehr atypisch definiert, denn medizinisch besonders wichtige Aspekte der Umwelt sind ausgeschlossen: Mikroorganismen, Arzneimittel, Ernährung, Genußmittel, Arbeitsplatz, etc. Da es nur gute und schlechte Medizin gibt, wird Umweltmedizin von vielen für entbehrlich gehalten.

**Abb. 6.9** Probleme der Polyexposition auf verschiedenen Gebieten der klinischen Toxikologie. Häufig sind Individuen einer weitgehend undefinierten Vielzahl von Stoffen ausgesetzt (Polyexposition), auf verschiedenen Gebieten durchaus unterschiedlich. Im einfachsten Fall kann man sich mit einer qualitativen oder semiquantitativen Beschreibung des Expositionsszenarios begnügen (A). Für eine gezielte Minimierung der Gefährdung (B) ist jedoch die Analyse der Einzelkomponenten der Exposition unerlässlich.

Bei vermuteten geringgradigen Effekten resultiert beim Versuch der Quantifizierung der Gesundheitsgefährdung durch komplexe Faktoren eine erhebliche Unsicherheit, weil die vielen „confounding factors" nicht kontrolliert werden können. Eine große Variabilität in der Zusammensetzung der vielen zu beurteilenden Komponenten und erhebliche Unterschiede in der Empfindlichkeit der Exponierten kommen hinzu. Dies hat bisher z. B. die genauere Analyse der Gefährlichkeit von Zubereitungen der Speisen (Kochen, Braten, Grillen, Frittieren, etc.) verhindert. Wir können das genaue Risiko bis heute nicht abschätzen. Zur Beurteilung der Wirkung von Rückständen von Pestiziden und von toxikologisch relevanten Fremdstoffen in Nahrungsmitteln ist die Kenntnis entsprechender Konzentrationen bzw. der individuell aufgenommenen Dosen essenziell.

### 6.2.2
**Präventive Gefährdungsminimierung**

Für viele Substanzen, eigentlich sogar für die meisten, und auch für viele physikalische Faktoren (z. B. bestimmte Strahlungen oder elektromagnetische Wellen) existieren nur unvollkommene toxikologische Daten für den Menschen, oder sie fehlen sogar vollständig. Dies gilt in ganz besonderem Maße für die Vielzahl von „Umweltsubstanzen", zu denen wir hier einmal auch bestimmte *Lebensmit-*

*tel* rechnen wollen. Der Mangel betrifft sowohl ausreichende Angaben zur individuellen Exposition als auch verlässliche Daten zu medizinischen Symptomen.

Als *Notbehelf* wird darum in der medizinischen Toxikologie beim Fehlen entsprechender Daten vom Menschen ein *völlig anderer Weg* beschritten: *Man appliziert das betreffende Agens Versuchstieren, und es wird anschließend versucht, aus den tierexperimentellen Daten gewisse Rückschlüsse auf den Menschen zu ziehen.*

Dies ist ein völlig anderes Procedere als die geschilderte Risikoabschätzung, und wir haben für diese Strategie (Abb. 6.1) den Begriff *präventive Gefährdungsminimierung* vorgeschlagen [72, 73]. Meistens ist mit diesem Vorgehen eine *primäre* Prävention beabsichtigt. Bereits *vor* der Exposition von Menschen soll eine postulierte Gefährdung weitgehend verhindert werden. Dabei muss man, in Ermangelung weitgehender und *direkter* toxikologischer Erkenntnisse, viele *Unsicherheiten* in Kauf nehmen. Von einigen Behörden wird für ein ähnliches Vorgehen der Begriff *„Vorbeugender Verbraucherschutz"* benutzt.

Der wesentlichste Aspekt der Toxikologie ist die Verminderung der *Unsicherheit*. Diese Unsicherheit der toxikologischen Beurteilung ist beim *Fehlen* von Daten maximal (in diese Gruppe gehört die Mehrzahl aller heute bekannten und unbekannten Agenzien), und mit verbesserter Datenlage kann die Unsicherheit der Aussagen zur Gefährdung oder zum Risiko verringert werden. Unsicherheit bezieht sich auch auf die Aussagekraft der benutzten Methodik bzw. die Verlässlichkeit der verfügbaren Information.

Die Absicht einer präventiven Gefährdungsminimierung ist sicher *nicht*, die Inzidenz unerwünschter Wirkungen beim Menschen bei definierter Exposition zu erkennen (Risikoabschätzung), denn das ist mit dieser Strategie gar nicht möglich. Es geht vielmehr darum, entweder das *Potenzial* entsprechender unerwünschter Effekte des Agens *qualitativ* zu erkennen (z. B. Karzinogenität, Teratogenität, Mutagenität, Hepatotoxizität, etc.) oder einen Expositions*bereich* abzuschätzen, bei dem eine entsprechende toxikologische Wirkung *unwahrscheinlich* zu sein scheint, weil die Exposition weit unterhalb einer im Experiment gefundenen wirksamen Exposition liegt. In der Mehrzahl der Fälle kann die Richtigkeit dieser Annahme für den Menschen *nicht* überprüft werden, insbesondere im Extremfall nicht, wenn aufgrund der Befunde präventive Maßnahmen eingeleitet werden, die eine Exposition von Menschen weitgehend vermeiden.

Bei tierexperimentellen toxikologischen Untersuchungen werden meist definierte Dosen des Agens über definierte, kurze oder längere, Zeiträume definierten Tierspezies appliziert, und man registriert alle Veränderungen. Der Vorteil des Verfahrens ist, dass man die Versuchsbedingungen weitgehend standardisieren kann. Der Nachteil ist, dass streng genommen die gewonnenen Erkenntnisse über Substanzwirkungen zunächst nur für den benutzten *Tierstamm* gelten, häufig nicht einmal für einen anderen Stamm der gleichen Spezies!

Wird im Tierexperiment ein spezieller Typ einer pathologischen Veränderung nachgewiesen, so *könnte* von dem betreffenden Agens auch für den Menschen eine bestimmte *Gefährdung* (engl.: hazard) ausgehen. Es mag sich z. B. um die Fähigkeit für eine „karzinogene" oder eine „teratogene" Wirkung handeln, oder die Substanz besitzt ein „hepatotoxisches" oder „nephrotoxisches" *Potenzial*[10], bezogen auf die betreffende Tierspezies. Von medizinischen Laien wird in dieser Situation unterstellt, dass ein solches Potenzial eine integrale Eigenschaft der Substanz wäre, und auch für alle anderen Spezies gelten würde. Eine solche Annahme wäre in dieser pauschalen und absoluten Form sicher falsch.

Mit dem Ausgang des Tierexperimentes ist noch nichts darüber ausgesagt, ob die entsprechende unerwünschte Wirkung im konkreten Fall der definierten Bedingungen einer bestimmten Exposition beim Menschen *überhaupt* eintritt, und wenn sie auftritt, in welchem *Ausmaß*. Unter den Bedingungen einer „normalen" Exposition mag, selbst bei Langzeitexposition, beim Menschen überhaupt kein Effekt nachweisbar sein.

Das Vorgehen der Gefährdungsminimierung schließt in der Regel folgende Schritte ein:
- Eine (oder mehrere) *Versuchstierspezies* (bzw. ein Tierstamm) werden ausgewählt.
- Ein Versuchs*protokoll* wird erstellt (Auswahl von: Tierzahl, Applikationsart, Dosis, Behandlungsdauer, Festlegung der zu beurteilenden Endpunkte, etc.).
- Ein „no observed adverse effect level" (*NOAEL*), bzw. Dosen, die definierte unerwünschte Effekte auslösen, und Dosis-Wirkungsbeziehungen werden erkannt.
- Durch *Extrapolation* der im Tierexperiment gewonnenen Daten wird versucht, Schlüsse auf niedrigere Expositions*bereiche* beim Menschen zu ziehen, bei denen entsprechende Wirkungen *vermutlich unwahrscheinlich* sind. Der Datenpool erlaubt es *nicht*, die Wahrscheinlichkeit oder sogar die *Inzidenz* unerwünschter Wirkungen für den Menschen *abzuschätzen*.

Der letzte dieser vier Aspekte ist besonders wichtig, und Nichtbeachtung dieser Grundlagen hat zu zahlreichen Fehlinterpretationen und auch Irreführungen der Bevölkerung geführt.

Der unbesonnene Gebrauch von Begriffen wie „krebserregend" (gemeint ist: *„kann bei bestimmten ausgewählten Tieren, unter gewissen experimentellen Bedingungen, d.h. meist sehr hohen Dosierungen, die Häufigkeit von Tumoren erhöhen"*), „teratogen" (gemeint ist: *„kann bei bestimmten Tieren, unter gewissen experimentellen Bedingungen, die Häufigkeit von Fehlbildungen erhöhen"*) und von vielen anderen Schlagworten, ohne Hinweise auf fehlende Daten vom Menschen, unterstützt unkritisches Denken und induziert falsche Schlussfolgerungen. Es bleibt jeweils *unmöglich*, den Schluss zu ziehen, dass es beim Menschen *tatsächlich* zu derartigen Veränderungen kommt, und falls dies der Fall sein sollte, in welcher Häufigkeit.

Dies schließt nicht aus, dass unter bestimmten Bedingungen ein „*vorsorglicher* Verbraucherschutz" praktiziert werden soll und muss. Der *politische Charakter* eines solchen Vorgehens (unabhängig von der unzureichenden wissenschaftlichen Grundlage) sollte aber immer betont werden, z.B. durch Benutzung des Zusatzes *vorsorglich*.

---

[10] Potential und Gefährdung bezeichnen einen *qualitativen* Umstand.

Einige der fundamentalen Vorteile, Unterschiede und Nachteile zwischen einer präventiven *Gefährdungsminimierung*, d.h. *Extrapolation*, im Gegensatz zu einer Risikoabschätzung mit Relevanz für den Menschen, sind Folgende:

- *Vorteil 1*: Im Gegensatz zur Risikoabschätzung, bei der *immer* bereits eine Exposition von Menschen stattgefunden haben muss, ist bei der Gefährdungsminimierung eine *primäre Prävention* möglich, d.h. es soll verhindert werden, dass Menschen *überhaupt* gegenüber einer wirksamen Dosis eines potenziell gefährlichen Agens exponiert werden.
- *Vorteil 2*: Eine Gefährdungsminimierung kann auch für *Endpunkte* durchgeführt werden, die beim Menschen erst nach jahrelangen Beobachtungen beurteilt werden können (Karzinogenität, pränatale Toxizität, etc.).
- *Vorteil 3*: Es kann untersucht werden, ob der bei einer Spezies gefundene pathologische Effekt auch bei *anderen* Spezies in einem ähnlichen Dosisbereich verifiziert werden kann. Ein bei mehreren Spezies reproduzierbares Potenzial bestärkt den Verdacht, dass das Potenzial auch für den Menschen relevant sein könnte.
- *Vorteil 4*: Versuchsbedingungen, z.B. Applikationsart und Applikationsdauer, können gezielt variiert werden, um mehr Information über den pathologischen Effekt zu erhalten. Dosis-Wirkungsbeziehungen können analysiert werden. Diese experimentellen Möglichkeiten werden nicht immer ausgeschöpft.
- *Vorteil 5*: Experimentelle Untersuchungen zum *Wirkungsmechanismus* spielen eine ganz große Rolle beim Verständnis von unerwünschten Wirkungen. Solche Experimente sind in der Regel nur mit tierexperimentellen Methoden oder geeigneten *in-vitro*-Systemen möglich. Hier liegt die wesentliche Existenzberechtigung der Tierversuche!
- *Nachteil 1*: Meist werden im Tierexperiment überhöhte Dosierungen benutzt, die für den Menschen nicht relevant sind. Dies erfordert eine, meist schwierige, *Extrapolation* zu niedrigeren Dosierungen bei der gleichen Versuchstierspezies.
- *Nachteil 2*: Wenn Schlüsse auf den Menschen gezogen werden sollen, ist immer eine *Extrapolation* von einer Spezies auf die andere notwendig. Solche Abschätzungen sind für qualitative Aussagen schwierig, für quantitative Schlüsse im Hinblick auf die Inzidenz beim Menschen *gar nicht* möglich.
- *Nachteil 3*: Wenn mehr als eine Spezies experimentell untersucht wird, treten häufig divergente Resultate auf. Dann wird in der Regel eine „worst case"-Annahme bevorzugt. Das ist pragmatisch, aber nicht wissenschaftlich fundiert. Es muss zunächst unbekannt bleiben, ob die Verhältnisse beim Menschen der empfindlichen oder der unempfindlichen Spezies ähneln.
- *Nachteil 4*: Es wird meist ein weitgehend definierter Tierstamm benutzt. In der Regel bleibt unbekannt, ob sich der toxikologische Effekt selbst bei der *gleichen* Spezies bei einem *anderen* Stamm reproduzieren lässt, weil dies nicht untersucht wird. Manchmal werden für entsprechende Versuche (z.B. zur Karzinogenität) besonders empfindliche (z.B. gentechnologisch veränderte) Tiere benutzt. Damit wird die Extrapolation auf den Menschen sicher nicht vereinfacht.

- *Unterschied 1*: Während bei einer Risikoabschätzung eine *Zahlenangabe* resultiert (Inzidenz bei definierter Exposition), wird bei der Gefährdungsminimierung durch Extrapolation ein *Bereich abgeschätzt* (z. B. durch Benutzung von Unsicherheitsfaktoren), unterhalb dessen das Auftreten einer bestimmten unerwünschten Wirkung *wenig wahrscheinlich* ist (Abb. 6.10). Die Wahl des Unsicherheitsfaktors ist weitgehend willkürlich.
- *Unterschied 2*: Trotz weitgehend identischer *grundlegender* physiologischer und biochemischer Abläufe im Organismus aller höheren Tiere, den Menschen eingeschlossen, existieren auch *erhebliche Unterschiede* in der Reaktionsweise, die bei einer toxikologischen Extrapolation *entscheidende* Bedeutung bekommen können. Die meisten dieser Unterschiede sind nicht von vornherein überschaubar.
- *Unterschied 3*: In der Regel ist die *Pharmakokinetik* beim Versuchstier und beim Menschen verschieden. Dies führt dazu, dass bei gleicher Dosierung bei verschiedenen Spezies (und sogar verschiedenen Tierstämmen) unterschiedlich hohe Plasmaspiegel auftreten und unterschiedlich lange aufrecht erhalten werden. An sich sollte die Kinetik im Tierexperiment den Verhältnissen beim Menschen angepasst werden. Dies ist meistens nicht der Fall.
- *Unterschied 4*: Der *Metabolismus* des Xenobiotikums ist häufig beim Tier und dem Menschen nicht identisch. Es können verschiedene Hauptmetabolite auf-

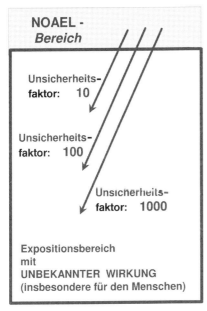

**Abb. 6.10** Prinzip der „Gefährdungsminimierung". Von einem im Tierexperiment gefundenen NOAEL (oder evtl. auch LOAEL) wird unter Benutzung eines willkürlich gewählten „Unsicherheitsfaktors" (z. B. zwischen 10 und 1000) pragmatisch ein Bereich abgeschätzt, unterhalb dessen auch für den Menschen eine entsprechende Wirkung kaum noch als wahrscheinlich angesehen wird. Das wahre *Risiko* für den Menschen kann so nicht abgeschätzt werden.

treten. Die Aufklärung von entsprechenden *Speziesunterschieden* ist darum bei der präventiven Gefährdungsminimierung von großer Bedeutung.
- *Unterschied 5*: Als Vorteil von Tierexperimenten wird angesehen, dass streng kontrollierte Versuchsbedingungen eingehalten werden (z. B. gesunde Tiere, definierter Tierstamm, standardisierte Ernährung und Haltungsbedingungen). Die menschliche Population ist genetisch *heterogen*, Lebensbedingungen sind recht verschieden, es existieren viele Krankheiten. Insofern mögen beim Menschen Bedingungen vorkommen, die der Tierversuch nicht berücksichtigen kann.
- *Unterschied 6*: Ein „negatives" Resultat im konkreten Tierexperiment schließt nicht aus, dass entsprechende unerwünschte Wirkungen bei einem anderen Versuchstierstamm oder einer anderen Spezies (z. B. auch dem Menschen) doch auftreten.

#### 6.2.2.1 Voraussetzungen der präventiven Gefährdungsminimierung

Die präventive *Gefährdungsminimierung* basiert also auf zwei Prinzipien, die nur bedingt kontrolliert und verifiziert werden können:
(1) dem *Dosis-Wirkungsprinzip*: Es wird unterstellt, meist berechtigt, dass die Inzidenz einer bestimmten *Wirkung* bei *Reduktion* der Dosis *abnimmt*,
(2) der Annahme, dass unerwünschte Wirkungen, die im *Tierversuch* als bedeutsam angesehen werden, auch für den *Menschen* relevant sind bzw. auch beim Menschen in dieser oder ähnlicher Form auftreten.

Punkt (1) ist die Basis für die Benutzung von „Unsicherheitsfaktoren": Wenn man die Exposition *drastisch* reduziert (z. B. um Zehnerpotenzen unter den im Experiment messbaren Bereich), wird ein möglicher Effekt irgendwann vernachlässigbar gering werden (Abb. 6.10). Da die Dosis-Wirkungsbeziehung meistens bereits für die Versuchstierspezies unklar ist, muss sie völlig unklar im Bezug auf den Menschen bleiben (identische Dosis-Wirkungskurven für Tier und Mensch sind nicht zu erwarten).

Die als Punkt (2) erwähnte Voraussetzung ist besonders problematisch. Im konkreten Einzelfall (d. h. Daten von *einer* Spezies) ist die Vermutung spekulativ, d. h. es mag eine Speziesübereinstimmung geben oder auch nicht. Wirksame Dosis und Inzidenz für eine andere Spezies müssen unbekannt bleiben, ebenso wie die Antwort auf die Frage, ob beim Menschen (aus welchen Gründen auch immer) *überhaupt* ein Effekt auftritt. Die Aussagekraft dieser Extrapolation zwischen mehreren Spezies wird noch geringer, wenn der Effekt bei einer Versuchstierspezies beobachtet wird, aber *nicht* bei einer anderen (Tab. 6.11). Auf der anderen Seite muss man auch berücksichtigen, dass im Experiment sicher *nicht alle* für den Menschen relevanten unerwünschten Wirkungen erkannt werden können. Seltene unerwünschte Wirkungen z. B. von Arzneimitteln, auch sehr schwerwiegende, werden regelmäßig erst erkannt, wenn viele Tausend Menschen exponiert wurden. Im Rahmen einer „worst-case"-Extrapolation wird beim vorsorglichen Verbraucherschutz angenommen, die im

Tab. 6.11 Beispiele für kontroverse Resultate von Studien zur Karzinogenität an verschiedenen Spezies und Geschlechtern. (Die Liste enthält einige Substanzen, die als Rückstände eventuell auch in Lebensmitteln vorkommen könnten, Daten aus *Environ. Health Perspect.* **101**, Suppl 1, 1993).

| Substanz | Ratte | | Maus | |
|---|---|---|---|---|
| | Männlich | Weiblich | Männlich | Weiblich |
| Chlordan | negativ | negativ | positiv | positiv |
| p,p'-DDE | negativ | negativ | positiv | positiv |
| N,N'-Diethylthioharnstoff | positiv | positiv | negativ | negativ |
| 2,4-Dinitrotoluol | positiv | positiv | negativ | negativ |
| p-Nitrosodiphenylamin | positiv | negativ | positiv | negativ |
| Trimethylphosphat | positiv | negativ | negativ | positiv |
| Dicofol | negativ | negativ | positiv | negativ |
| 2-Nitro-p-phenylendiamin | negativ | negativ | negativ | positiv |

„Positiv": Tumorinzidenz in der Studie erhöht,
„Negativ": Tumorinzidenz nicht erhöht.

Tierexperiment gefundene unerwünschte Wirkung würde auch beim Menschen auftreten *können*. Dann bleibt der wahre Sachverhalt verborgen, oder es müssen doch Menschen exponiert werden (entweder akzidentell oder absichtlich).

### 6.2.2.2 Wann ist eine präventive Gefährdungsminimierung notwendig?

Die Notwendigkeit für eine präventive Gefährdungsminimierung kann sich einmal für bestimmte *Substanzklassen*, und zum anderen für bestimmte *Endpunkte* ergeben. Dabei kann es sich um *vorläufige* Ergebnisse handeln (Beobachtungen am Menschen sind geplant), oder um weitgehend *endgültige* Schlussfolgerungen.

In dieser Hinsicht nehmen die heute gesetzlich vorgeschriebenen *vorklinischen* Untersuchungen bei Arzneimitteln, insbesondere die zur *Organtoxizität*, eine Sonderstellung ein. Die aus tierexperimentellen Langzeitstudien abgeleiteten Resultate sollen *vorläufige* Hinweise ergeben, auf welche möglicherweise kritischen unerwünschten Wirkungen in den anschließenden Phase-I- bis -III-Studien beim Menschen besonders geachtet werden muss. Die entsprechenden tierexperimentellen Daten *verlieren* ihre Bedeutung, wenn ausreichende Daten beim Menschen vorliegen.

Im Gegensatz zu Arzneimitteln stehen für viele Klassen von „*Umweltsubstanzen*" keine am Menschen erhobenen Daten zur Verfügung, und es sind in absehbarer Zeit auch keine zu erwarten. In diesen Fällen versucht die präventive Gefährdungsminimierung *alle* toxikologischen Aspekte dieses Agens zu berücksichtigen. Da bei diesen Agenzien überwiegend auch keine pharmakokinetischen Daten verfügbar sind, bleibt nur die unbefriedigende Extrapolation auf der Basis von Dosierungen übrig. Dieser ungünstigen Konstellation wird meist durch Benutzung von großen Unsicherheitsfaktoren (mehr als 100) Rechnung getragen. Häufig sind entsprechende Gefährdungsminimierungen langfristig gültig, da ausreichende Daten für den Menschen niemals verfügbar werden.

Aber auch bei an sich gut untersuchten *Arzneimitteln* ergeben sich zunächst Probleme bei der Risikoabschätzung für *einige Endpunkte*. Aus verschiedenen Gründen ist eine ausreichend große Datenbasis vom Menschen für einige Endpunkte *nicht* zu erhalten, oder die Zusammenstellung der entsprechenden Information erfordert viele Jahre oder sogar Jahrzehnte. In diesem Zusammenhang handelt es sich z. B. um Aussagen zu *teratogenen* oder anderen embryotoxischen Effekten oder Wirkungen auf die Reproduktion, zu *karzinogenen* Wirkungen oder zu Wirkungen auf das Immunsystem. Spärliche Daten zur Toxikologie beim Menschen finden sich insbesondere bei seltenen Indikationen. Die Gefährdungsminimierung mag sich in solchen Fällen bei einem definierten Agens nur auf bestimmte medizinische Endpunkte beziehen, während bei anderen Endpunkten des gleichen Agens durchaus eine regelrechte Risikoabschätzung möglich ist.

### 6.2.2.3 Das Problem der Extrapolation in der Toxikologie

Beim Versuch, für den Menschen eine präventive Gefährdungsminimierung auf der Basis von Daten aus Tierversuchen durchzuführen, sind immer *Extrapolationen* (meistens mehrere) notwendig. In den letzten Jahrzehnten ist viel Mühe darauf verwandt worden, die notwendigen Extrapolationen mit Hilfe mathematischer Verfahren zu verfeinern. Häufig resultieren jedoch „Pseudogenauigkeiten", denn schlechte oder fehlende wissenschaftliche Daten können nicht durch Mathematik kompensiert werden. Allerdings erhält man bei derartigen Berechnungen immer *Zahlenwerte*, denen der Laie und meist auch der Fachmann dann nicht mehr ansehen kann, wie zweifelhaft oder sogar unbrauchbar sie sind.

Grundsätzlich muss man in der Toxikologie zwei ganz verschiedene Typen von Extrapolationen unterscheiden: (a) solche innerhalb der gleichen Spezies, und (b) solche von einer Spezies zu einer anderen.

### 6.2.2.3.1 Extrapolation innerhalb der gleichen Spezies

Bei der präventiven Gefährdungsminimierung wird häufig bereits eine Extrapolation der erhaltenen Daten innerhalb der *gleichen* Spezies notwendig, meist von *hohen* Dosierungen auf *niedrigere* Expositionen, die mehr denen des Menschen entsprechen.

Den Nachteil der Verwendung einer *kleinen* Tierzahl versucht man durch Anwendung *hoher* Dosierungen wenigstens partiell zu kompensieren. Dieses Vorgehen ist wissenschaftlich problematisch, aber pragmatisch. Obgleich derartige Dosierungen häufig *unrealistisch* im Vergleich mit Expositionen des Menschen sind, verspricht man sich davon die Erkennung eines *toxikologischen Potenzials* des Agens, d.h. die Aufdeckung aller möglichen toxikologischen Wirkungen. Diese Hoffnung ist natürlich nur teilweise berechtigt, weil bekannt ist, dass bestimmte unerwünschte Wirkungen nur bei bestimmten Spezies beobachtet werden können und bei anderen auch bei hoher Dosierung nicht zu erkennen sind. Das hängt auch davon ab, bei welcher Dosis bei der betreffenden Spezies bestimmte Effekte auftreten, die nicht mehr mit dem Leben vereinbar sind. Solche Letaleffekte und spezifische Organmanifestationen brauchen bei verschiedenen Spezies nicht die gleichen zu sein, d.h. es sind uns erhebliche Speziesunterschiede in der Organotropie[11] geläufig.

Eine Extrapolation in einen niedrigen Dosisbereich, der experimentell oder klinisch nicht mehr zu verifizieren ist, spielt sich immer in einer „black box" ab (Abb. 6.11). Die Form der *Dosis-Wirkungskurve* muss im nicht verifizierbaren Bereich *unbekannt* bleiben, und sie ist innerhalb der black box auch aus dem bekannten Teil der Dosis-Wirkungskurve nicht zu erahnen.

Da in den meisten Fällen von Routineuntersuchungen ohnehin nicht genügend Dosierungen untersucht wurden (selten mehr als drei oder vier), um eine einigermaßen verlässliche Dosis-Wirkungskurve zu konstruieren, geht man bei der Extrapolation meist von einem NOAEL aus. Es wurde auch vorgeschlagen, statt des NOAEL eine messbare „Benchmark" zu wählen, z.B. eine Dosis bei 10% Effekt ($ED_{10}$).

Im Wesentlichen gibt es drei Strategien der Extrapolation:
(1) Die Benutzung eines *Sicherheits-Faktors*[12], eigentlich ein Maß für die *Unsicherheit*, in Verbindung mit einem NOAEL oder einem „Benchmark"-Wert.
(2) Die Extrapolation gegen „null" oder gegen eine sehr niedrige Inzidenz (z.B. 1:1 Million) in Verbindung mit einem NOAEL oder einem „Benchmark"-Wert.
(3) Die Benutzung mathematischer Transformationen in Verbindung mit Informationen zu Dosis-Wirkungsbeziehungen aus dem messbaren Bereich.

Alle Strategien beruhen auf der Voraussetzung, dass die *Inzidenz* unerwünschter Wirkungen bei *Reduktion* der Exposition *abnimmt*. Das Ausmaß der Abnahme hängt natürlich von der Steilheit der Dosis-Wirkungskurve ab. Diese Steilheit muss jedoch im *nicht messbaren* Bereich der Dosis-Wirkungsbeziehung („black box") unbekannt bleiben.

---

[11] Unter Organotropie versteht man die Manifestation der Wirkung an einem definierten Organ, innerhalb eines bestimmten Dosisbereiches. Pharmakologische Wirkungen beruhen auf der Organotropie, und auch toxikologische Wirkungen zeigen, in Abhängigkeit von der Dosis, eine Bevorzugung bestimmter Organsysteme.

[12] Der Unsicherheitsfaktor ist eigentlich ein Divisor, weil der NOAEL dadurch geteilt wird. Die Größe des Unsicherheitsfaktors wird *willkürlich* festgelegt. In der Regel wird der Faktor umso kleiner gewählt, je besser die Datenbasis ist. Von der US-EPA wird eine Strategie mit dem Vielfachen von 10 benutzt: 1) $UF_A$ für „Tier zum Menschen", 2) $UF_H$ für „Variabilität beim Menschen", 3) $UF_S$ für „Dauer der Exposition", 4) $UF_L$ für „LOAEL zum NOAEL". Je nach Datenbasis werden einige oder alle dieser Faktoren zum „Unsicherheitsfaktor" multipliziert, z.B.: $UF_A \times UF_H \times UF_S = 10 \times 10 \times 10 = 1000$.

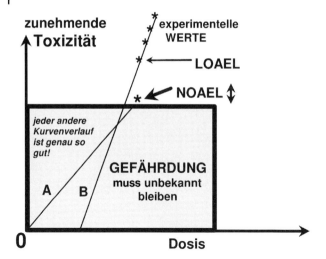

**Abb. 6.11** Beispiele für mögliche Extrapolationen in einem Bereich („black-box"), für den keine Messwerte existieren oder erstellt werden können. Jeder Kurvenverlauf ist möglich. Der wahre Verlauf der Dosis-Wirkungskurve innerhalb der „black-box" muss unbekannt bleiben. (Modifiziert aus: Neubert, in: Marquardt/Schäfer, 2004).

#### 6.2.2.3.2 Gibt es einen „Schwellenbereich"?

Im Zusammenhang mit Extrapolationen wird oft die Frage aufgeworfen, ob es bei toxikologischen Effekten einen Dosisbereich gibt, unterhalb dessen die unerwünschte Wirkung nicht weiter abnehmen kann, weil sie praktisch „null" ist. Dies hätte eine praktische Bedeutung, weil eine weitere Reduktion der Exposition keinen Vorteil bringen würde, es könnte aber der Aufwand größer und damit evtl. unvertretbar werden. Wenn es keinen „Schwellenbereich" gäbe, müsste die verbleibende Inzidenz unerwünschter Wirkungen mit zunehmender Größe des Unsicherheitsfaktors immer weiter abnehmen.

Wenn man einmal von dem Problem von *Risikogruppen* (z. B. Polymorphismen) absieht, ist die Frage eigentlich *akademisch* und von geringem praktischen Interesse. Natürlich gibt es theoretisch keinen „Schwellenwert", weil sich die meisten Dosis-Wirkungskurven asymptotisch dem Nullwert nähern.

Aber es gibt Schwellen*bereiche*. Es wird so gut wie immer einen Bereich geben, in dem die Inzidenz, falls überhaupt noch eine Wirkung vorhanden ist, so klein ist, dass der Effekt *praktisch* keine Rolle mehr spielt. Die Erfahrung mit Tausenden von Substanzen in unserer Nahrung sowie die Erkenntnisse mit Hunderten von gut untersuchten Arzneimitteln unterstreichen diese Aussage.

Es soll betont werden, dass hier toxikologische Effekte diskutiert werden, und keine allergischen Wirkungen. Aber selbst bei allergischen Wirkungen gibt es unwirksame Dosisbereiche, die im Einzelnen aber nicht genau bekannt und definierbar sind.

### 6.2.2.3.3 Extrapolation von einer Spezies zu einer anderen

Dies ist das größere Problem und eigentlich gar nicht zu lösen. Letztlich sollten vier verschiedene Fragen beantwortet werden:

(1) *Qualitativer Aspekt:* Tritt der bei einer Spezies beobachtete Effekt *überhaupt* auch bei anderen Spezies auf (insbesondere natürlich beim Menschen)?
(2) *Quantitativer Aspekt:* In welchem Dosisbereich tritt der beobachtete Effekt bei anderen Spezies auf (insbesondere natürlich beim Menschen), wenn er eintritt?
(3) *Diskordanz der Resultate:* Bei unterschiedlichen Resultaten bei verschiedenen Versuchstierspezies: Gibt es Hinweise dafür, dass das Resultat bei einer Spezies den Verhältnissen beim Menschen eher entspricht als das andere Ergebnis? Soll das *ungünstigere* Resultat berücksichtigt werden („worst case"-Extrapolation)?
(4) *Aspekt der vollständigen Erkennung:* Falls beim Versuchstier *kein* Effekt nachgewiesen wurde, kann mit hinreichender Zuverlässigkeit geschlossen werden, dass auch beim *Menschen kein* entsprechender unerwünschter Effekt auftritt?

Es liegt in der Natur der Sache, dass die *ersten drei* Fragen in der Regel *nicht* beantwortet werden können. Meistens wird Zuflucht zu „worst case"-Annahmen genommen, und häufig werden sogar mehrere solcher extremen Annahmen gemacht. So geht man fast immer davon aus, dass entsprechende Effekte auch für den Menschen *relevant* sind, auch wenn Versuchstierspezies unterschiedlich reagieren. Immer wird der Mensch als *empfindlicher* als das Versuchstier angesehen („Unsicherheitsfaktoren" <1 gibt es nicht).

Problematisch ist auch die Beantwortung der Frage (4). „Negative" Resultate von Tierversuchen lösen immer große Befriedigung aus, und *in praxi* hüten sich viele Institutionen, Versuche mit solchen Resultaten zu wiederholen, denn man fürchtet *doch* unerwünschte Ergebnisse zu erhalten, wenn etwas *andere* experimentelle Bedingungen gewählt werden. Das kann z. B. bei der Testung auf Karzinogenität oder Pränataltoxikologie eine Rolle spielen. Von manchen Untersuchern wird darum vorgeschlagen, *überempfindliche* Systeme, z. B. bestimmte Mutanten, zur Testung einzusetzen. Eine solche Strategie ist kaum empfehlenswert, weil sie zu vielen „falsch positiven" Ergebnissen führen muss (geringe Spezifität).

Obgleich es eigentlich *unzulässig* ist, werden häufig die beiden verschiedenen Extrapolationen *zusammen* durchgeführt. Man geht wohl davon aus, dass bei genügend großem „Unsicherheitsfaktor" beiden Typen von Extrapolationen Genüge getan ist, und der Effekt (falls er überhaupt vorhanden ist) sehr unwahrscheinlich wird (Abb. 6.10). Diese Annahme ist zwar nicht unbedingt falsch, sie kann aber auch kaum als wissenschaftlich begründet gelten. Eine beliebte Strategie ist z. B. für beide Typen von Extrapolationen je den Faktor *10* anzusetzen, und deshalb einen „Sicherheitsfaktor" von *100* zu benutzen. Überzeugende Argumente für den Faktor 10 gibt es nicht (8 oder 12 wären genau so akzeptabel), die Wahl ist pragmatisch.

#### 6.2.2.3.4 Art und Anzahl von Versuchstierspezies

Eigentlich sollte für spezielle Zwecke der medizinischen Toxikologie die Versuchstierspezies ausgewählt werden können, deren Reaktionsweise der des Menschen am nächsten kommt. Es wird auch häufig betont, dass dieses Ziel angestrebt würde.

*De facto* spielen *Pragmatik* und eingefahrene Gleise die größere Rolle. Man würde nicht den Elefanten oder den Wal als Versuchstier auswählen, wenn diese in bestimmten Funktionen dem Menschen am ähnlichsten wären, und auch Affen werden routinemäßig vergleichsweise selten benutzt, obgleich die Ähnlichkeit der Reaktionsweise unter Primaten zweifellos am größten ist. Auch Hund und Katze sind relativ wenig benutzte Versuchstiere, da viele Menschen zu ihnen ein besonderes Verhältnis entwickelt haben.

Bei einem zunächst toxikologisch weitgehend unbekannten Agens kann man auch gar nicht wissen, welche Tierspezies eine dem Menschen besonders ähnliche Reaktionsweise zeigen würde, sowohl im Hinblick auf die Pharmakokinetik als auch im Bezug auf Wechselwirkung mit definierten Rezeptoren und Körperzellen. So sind heute bestimmte *Nagetiere*, d.h. Ratte und Maus, die bevorzugten Versuchstiere. Sie sind leicht zu züchten, haben kurze Generationszeiten, sind klein, d.h. sie benötigen wenig Versuchssubstanz (besonders bei Bioprodukten ein wichtiger Aspekt), ihr Stoffwechsel und die Pathologie sind besonders gut untersucht und bekannt, und nur wenige Menschen haben eine enge Bindung an diese Spezies (häufig werden sie sogar als „unangenehm" empfunden).

Bedeutungsvoll ist die Entscheidung, *wie viele* Spezies für eine Untersuchung benutzt werden sollen. Würde die Vorstellung von einer vergleichbaren Reaktion zwischen Tier und Mensch stimmen, müsste *eine* Spezies zur Voraussage für den Menschen ausreichen. Offenbar traut man dieser Vorstellung aber gar nicht, denn für nahezu alle toxikologischen Untersuchungen wird mehr als eine Spezies benutzt. Die Chance, eine unerwünschte Wirkung zu entdecken, wird anscheinend größer, wenn man zwei Spezies in die Untersuchungen einsetzt. Dann müssten drei noch besser als zwei sein, usw. Allerdings vergrößert man die Chance für divergente Resultate, und man wird bei der Extrapolation automatisch die Notwendigkeit der „worst-case"-Annahmen in Kauf nehmen. Das ist der derzeitige Stand der heutigen Strategie.

Besonders problematisch ist weiterhin die *Zahl* der eingesetzten Versuchstiere (für die meisten Routineversuche < 30/Gruppe). Auch hier regiert mehr die Pragmatik als wissenschaftliche oder statistische Überlegungen. Warum gibt man sich im Versuch zur Aufdeckung einer Reproduktionstoxizität mit 15 Kaninchen zufrieden, aber es werden 20 Ratten/Gruppe gefordert (obgleich die Würfe der Ratten größer sind)? Die Anzahl eingesetzter Affen ist regelmäßig noch kleiner (bei häufig nur einem Nachkommen).

Mit dem üblichen toxikologischen Versuchsdesign kann man generell eine *geringe* toxikologische Potenz nicht *ausschließen* (ganz abgesehen davon, dass ein „negativer Beweis" ohnehin nicht gelingt). Es wurde berechnet, dass zur Erkennung einer Erhöhung der Tumorinzidenz auf 20% (Annahme: Irrtumswahrscheinlichkeit 90%, Spontanrate 10%, $p=0,05$) etwa 250 Tiere pro Dosisgruppe notwendig wären [102], für eine Erhöhung auf 15% wären es über 800 Tiere. Eine irrationale Vorstellung, denn tatsächlich werden im Versuch zur Erkennung von Karzinogenität nur etwa 50 Tiere pro Gruppe benutzt. Es können also nur *deutliche* Wirkungen erkannt werden (bei 50 Tieren eine Erhöhung von 10% auf 40%).

### 6.2.2.3.5 Bedeutung der Pharmakokinetik bei der Extrapolation

Der *zeitliche Verlauf* der Konzentration einer in den Organismus aufgenommenen Substanz hängt von der Geschwindigkeit der Resorption, insbesondere aber von der Schnelligkeit der *Elimination* ab. Die Substanz verbleibt noch im Organismus, in Abhängigkeit von der Eliminations-Halbwertszeit ($t_{1/2}$), auch wenn keine Exposition mehr stattfindet. Dann wird die Körperbelastung, mindestens zeitlich, meist *nicht* identisch mit der aktuellen Exposition sein, es sei denn die Eliminations-Halbwertszeit ($t_{1/2}$) ist extrem kurz.

Viele Substanzen werden im Organismus metabolisch *umgewandelt*. Die Elimination hängt dann, neben anderen Faktoren, vom Ausmaß der Metabolisierung ab, z.B. der Umwandlung lipophiler Verbindungen in hydrophile und damit nierengängige Substanzen. Außerdem muss die zur Wirkung kommende Komponente nicht unbedingt mit dem resorbierten Agens identisch sein (Abb. 6.6). Dann unterscheiden sich die wirksame Körperbelastung und die aktuelle Exposition ohnehin.

Da die Eliminations-Halbwertszeiten bei verschiedenen Tierspezies recht unterschiedlich sind, darf die *Pharmakokinetik* bei einer Extrapolation zur *Gefährdungsminimierung* nicht vernachlässigt werden. Es wird darum heute gefordert, dass Vergleiche zwischen Spezies auf der Basis von kinetischen Daten (z.B. Konzentrationen im *Blutplasma*) bei der Versuchstierspezies und dem Menschen durchgeführt werden. Extrapolationen auf der Basis von *Dosierungen*, wie sie früher üblich waren (z.B. ADI-Werte), entsprechen *nicht* mehr dem Stand der Wissenschaft.

Als besonders deutliches Beispiel für erhebliche Speziesunterschiede in der Pharmakokinetik soll das 2,3,7,8-Tetrachlordibenzo-p-dioxin (TCDD) dienen. Werden bei der Ratte oder beim Menschen gleiche tägliche Dosen von TCDD verabreicht, so resultieren recht verschiedene Körperbelastungen, weil die Eliminations-Halbwertszeiten sehr verschieden sind: etwa drei Wochen bei der Ratte, und etwa sieben Jahre beim Menschen. Deshalb kumuliert TCDD, und das gilt auch für viele andere Kongenere der „Dioxine", beim Menschen viel stärker als bei der Ratte, und im chronischen Versuch erreicht die Körperbelastung beim Menschen etwa das 100fache der Konzentrationen bei der Ratte. Das Kumulationsgleichgewicht (es muss sich bei einer logarithmischen Elimination immer ein Gleichgewicht einstellen) wird aber beim Menschen viel später erreicht als bei der Ratte. Im vorliegenden Fall würde also theoretisch bereits ein Unsicherheitsfaktor von 100 verbraucht werden, nur um den Unterschied in der Pharmakokinetik zu kompensieren. Beim TCDD funktioniert die quantitative Extrapolation tierexperimenteller Daten auf die Verhältnisse beim Menschen für viele Endpunkte ohnehin schlecht oder gar nicht (z. B. [71]).

### 6.2.3
### Spezielle Probleme bei bestimmten Typen der Toxizität

Bei der Beurteilung bestimmter Typen toxikologischer Effekte treten *spezielle* Probleme auf, die eine besondere Expertise erfordern, und teilweise bisher kaum lösbar sind. Viele dieser Probleme betreffen pharmakokinetische Aspekte und Fragen der individuellen, und häufig variablen, Exposition. Andere Probleme betreffen pharmakodynamische Speziesunterschiede und Unterschiede in der Fähigkeit zum „repair".

Es sind im Wesentlichen drei toxikologische Problemgebiete, die heute im Mittelpunkt der Diskussion stehen:
- toxische Effekte auf die Reproduktion und die prä- und früh-postnatale Entwicklung,
- karzinogene (und in geringerem Maße mutagene) Wirkungen sowie
- immunotoxische und, ganz besonders, allergische Wirkungen (Letztere betrifft keine Toxizität).

#### 6.2.3.1 Gefährdung durch Reproduktionstoxizität

Die Reproduktionstoxikologie stellt das umfangreichste und in vieler Hinsicht auch komplizierteste Gebiet der Toxikologie dar. Im anglo-amerikanischen Schrifttum wird zwischen „reproduction" und „development" unterschieden. Bei uns schließt gewöhnlich der Begriff Reproduktionstoxikologie sowohl Effekte auf die Reproduktion als auch solche auf die prä- und früh-postnatale Entwicklung ein.

Die Vielfalt der möglichen Angriffspunkte, von der befruchteten Eizelle bis zum Säugling und sogar der Reproduktion der nächsten Generation sowie bekannte Speziesunterschiede in der Reproduktion und der Entwicklung erschweren die Gewinnung relevanter experimenteller Ergebnisse und ihre Interpretation. Selbst bei der für den Menschen eindeutig teratogen wirkenden Substanz Thalidomid (z. B. Contergan®) hat es, trotz intensivster Bemühungen, über 30 Jahre gedauert, bis nach dem massiven Unglück 1961/62 einigermaßen verlässliche Anhaltspunkte zum *Wirkungsmechanismus* vorgelegt wurden [76, 80]. Mehrere Jahrzehnte lang haben die zur Analyse notwendigen Techniken und Erkenntnisse gefehlt. Die Beurteilung erschwert weiterhin, dass in der Mehrzahl der Fälle entsprechende exogen ausgelöste Einzelfehlbildungen bei allen Spezies, auch beim Menschen, in relativ geringer Inzidenz auftreten (Thalidomid und nur wenige weitere Agenzien sind die Ausnahme). Zudem existieren „Spontanraten" (z. B. [39, 61]), so dass zur Erkennung relativ große Studien für aussagekräftige Beurteilungen notwendig sind.

Zur Teratogenität sollen hier nur vier Beispiele erwähnt werden, die etwas mit Ernährung zu tun haben: Vitamin A und *Retinoide*, die Alkoholembryopathie, pränatale Toxizität von Quecksilber sowie die Interventionsstudien mit *Folsäure*.

*Vitamin A* kann als ein Beispiel für die dosisabhängige Dualität unerwünschter Wirkungen dienen (s. Beispiel in Abb. 6.5): Obgleich durch einen *Mangel* an Vitamin A Fehlbildungen ausgelöst werden können [121], ist es bedeutsamer, dass im Experiment (auch bei nicht-menschlichen Primaten) auch durch *Überdosen* von diesem Vitamin multiple teratogene Effekte reproduzierbar induziert werden (z. B. [33, 50, 52, 66]). Offenbar spielt Vitamin A bei der morphogenetischen Differenzierung eine wichtige Rolle (z. B. [22, 29, 107, 123]). Nach therapeutischer Anwendung bestimmter Retinoide, d. h. von Vitamin-A-Derivaten, sind leider auch beim Menschen Fehlbildungen aufgetreten [55], obgleich das teratogene Potenzial aus Tierexperimenten hinreichend bekannt war.

Ein anderes Vitamin, die *Folsäure*, hat beim Menschen zu erfreulichen Resultaten geführt, weil Neuralrohrdefekte, die offenbar genetisch determiniert waren, in Interventionsstudien verhindert werden konnten (z. B. [24, 117]).

Als Beispiel für pränatale Schädigung nach chronischem Konsum großer Mengen eines Genussmittels kann die *Alkoholembryopathie* dienen. Die lange nicht erkannten Symptome und die Langzeitkonsequenzen sind inzwischen gut untersucht (z. B. [44, 45, 95, 96, 110, 111]). Das Reproduzieren entsprechender Veränderungen im Tierexperiment war und ist noch problematisch.

Kontaminationen von verzehrten Fischen oder von Brotgetreide mit *Methylquecksilber* sind Beispiele für Unglücksfälle erheblichen Ausmaßes. Besonders die pränatale Exposition hat zu schwerwiegenden Störungen der perinatalen Ausbildung bestimmter Gehirnareale bei den betroffenen Kindern geführt [19, 64, 65, 93].

Die ausführliche Darlegung von Problemen der Reproduktionstoxikologie ist in diesem engen Rahmen nicht möglich, und es wird auf entsprechende Übersichten oder Kapitel in Lehrbüchern der Toxikologie verwiesen (z. B. [43, 46, 74, 75]).

### 6.2.3.1.1 Substanzen mit hormonartiger Wirkung

Da auch eine Reihe von Inhaltsstoffen von *Lebensmitteln* (Genistein, Daidzain, etc.) und auch einige Kontaminationen (Zearalon, etc.) in ausreichend hoher Dosierung hormonartige Wirkungen entfalten können, soll dieses Problem kurz erwähnt werden. Es könnte auch eine Beziehung zur Reproduktionstoxikologie haben.

Endokrinologische Wirkungen von Sexualhormonen sind sowohl experimentell als auch klinisch sehr gut untersucht. Eindeutig unerwünschte Effekte sind nach Gabe des hochpotenten Estrogens Diethylstilbestrol (DES) während der Schwangerschaft bei weiblichen (Scheidenkarzinome) und bei männlichen Nachkommen gut dokumentiert [14, 34]. Man muss bedenken, dass DES appliziert wurde, *um* bestimmte hormonelle Wirkungen auszulösen, natürlich nicht die bei den Nachkommen. Es ist ein sehr wirksames Estrogen.

Es gibt gute Hinweise darauf, dass bestimmte Substanzen, die aus einer massenhaften Verunreinigung durch Industrieabwässer stammen, hormonartige Wirkungen (z. B. spezifische Fehlbildungen an den Genitalien) bei wild lebenden Tieren entfalten können. Im Ökosystem sind an verschiedenen Spezies größere Zahlen von geschlechtshormon-spezifischen Veränderungen registriert worden. Auch einige Pestizide (z. B. DDT oder seine Metabolite) können offenbar in *experimentellen* Systemen sexualhormonartige Effekte auslösen (z. B. [25]).

Bei sehr einseitiger Ernährung könnten bestimmte unerwünschte Effekte auch beim Menschen möglich sein. Bekannt ist das Beispiel von Kindern, die über längere Zeit das Fleisch des gleichen Kalbes, das mit Estrogenen behandelt war, verzehrten. In solchen Fällen wurde Gynäkomastie bei Jungen beschrieben. Es ist interessant, dass einige pflanzliche Präparate zur Behandlung klimakterischer Beschwerden angepriesen werden. Es sind also nicht alle Effekte „unerwünscht". Da bei hormonellen Systemen erhebliche Speziesunterschiede bekannt sind, ist es empfehlenswert, insbesondere Untersuchungen am Menschen durchzuführen. Dies ist bei vielen Problemen durchaus möglich.

Es stellt sich die Frage, ob *übliche* Konzentrationen derartiger Substanzen in unserer Umwelt oder Nahrung ausreichen, um beim Menschen entsprechende Störungen hervorzurufen. Neben dem natürlichen Vorkommen in bestimmten pflanzlichen Lebensmitteln (z. B. Soja) kommen Spuren von kontaminierenden Verbindungen auch im Fleisch und besonders in der Milch vor, meistens Rückstände von Pestiziden. Bisher wurde kein ernst zu nehmender Hinweis für interferierende Wirkungen beim Menschen vorgelegt.

Es wäre jedoch zu diskutieren, ob *Vergiftungen* mit bestimmten „Umweltsubstanzen" oder eine sehr einseitige Ernährung solche unerwünschten Wirkungen auslösen könnten. Einen sehr vagen Hinweis könnte die Beobachtung liefern, dass nach dem Unglück in *Seveso* (Italien) bei Eltern mit besonders hoher TCDD-Belastung nur Mädchen geboren wurden [62]. Bei gesunden Nachkommen kann das Resultat kaum als „toxisch" bezeichnet werden. Ein Bezug zur Lebensmitteltoxikologie ergibt sich, weil die erhöhte Körperbelastung der Bewohner dieser Gegend wohl auch durch den Genuss TCDD-kontaminierter Lebensmittel hervorgerufen wurde.

Im experimentellen Bereich interessieren besonders solche Effekte, die als hormon-induziertes „*Imprinting*" bezeichnet werden. Dies betrifft spät-prä- oder früh-postnatale Reifungsvorgänge, die in einer bestimmten Zeitspanne der Entwicklung erfolgen müssen. Eine versäumte Differenzierung kann nicht nachgeholt werden. So ist auch beim Menschen die hormonabhängige perinatale „Reifung" der hypothalamo-hypophysären Feedback-Steuerung der Bildung von Sexualhormonen in den Gonaden durch entsprechende Ausfallserkrankungen gut belegt. Obgleich experimentell das androgenabhängige perinatale Imprinting des Sexual*verhaltens* (z. B. Änderung des männlichen Sexualverhaltens nach Gabe von Antiandrogenen) seit langem unstrittig ist (z. B. [86]), erfolgt die Assoziation entsprechender Verhaltensweisen beim Menschen mit Störungen des perinatalen Imprintings nur zögernd. Solche funktionellen defizitären Manifestationen werden als perinatal induzierte Dysfunktionen bezeichnet (der auch benutzte Ausdruck „behavioral teratology" ist weniger zweckmäßig).

Nach einigen experimentellen Berichten wurde spekuliert (z. B. [115]), dass bestimmte pränatal induzierte unerwünschte Wirkungen auf hormonell-gesteuerte

Vorgänge (z. B. Vergrößerung der Prostata) nur bei *kleinen* Dosierungen auftreten sollen und *nicht* bei höherer Exposition. Außerdem wurde behauptet, dass bestimmte Wirkungen keinen NOAEL besitzen würden. Beide Aussagen sind nicht überzeugend belegt und die bisher vorliegenden Daten sind für die beiden weitgehenden Schlussfolgerungen, insbesondere auch zur Gefährdungsminimierung mit Relevanz für den Menschen, ungeeignet. Von der Gruppe um Vom Saal wurden z. B. keine ausreichend niedrigen Dosierungen systematisch untersucht, keine anderen Mäusestämme in die Tests einbezogen, andere Spezies nicht getestet, das Futter nicht umfangreich genug modifiziert, andere wichtige hormonell-gesteuerte Variable nicht parallel untersucht, usw., um die gewagten Behauptungen zu stützen. Offenbar sind die Verhältnisse komplizierter (z. B. [20, 21, 103, 113]), und selbst die Reproduzierbarkeit der Daten ist problematisch [6, 7].

Anderseits sind, wie bereits erwähnt (s. auch Abb. 6.4), *biphasische* Effekte in der Pharmakologie/Toxikologie durchaus möglich. Bei den Wirkungen von *Sexualhormonen*, oder Substanzen mit entsprechendem Potenzial, sind uns solche nur scheinbar widersprüchlichen Wirkungen deshalb geläufig, weil viele dieser Substanzen auf mehr als einen Rezeptor wirken können, häufig in Abhängigkeit von der Dosis und dem Zielorgan (Übersicht z. B. bei Neubert [70]).

### 6.2.3.1.2 Ist die Erkennung von Störungen der Ausbildung des Immunsystems nötig?

Es wurde kürzlich die Frage diskutiert [122], ob *routinemäßig* (entweder kombiniert mit üblichen reproduktions-toxikologischen Untersuchungen oder separat) die mögliche Wirkung von Agenzien auf die *Entwicklung* des Immunsystems experimentell untersucht werden sollte. Es wäre theoretisch denkbar, dass drei Situationen auftreten könnten:

(1) Ein Agens, das auch beim Erwachsenen eine unerwünschte Wirkung auf das Immunsystem ausübt, induziert einen vergleichbaren Effekt prä- oder perinatal in sehr viel geringerer Dosis.
(2) Ein Agens entfaltet prä- oder perinatal (auch reversibel) eine unerwünschte Wirkung auf das Immunsystem, die beim Erwachsenen nicht beobachtet wird.
(3) Ein Agens interferiert mit der *Entwicklung* bestimmter Komponenten oder Funktionen des Immunsystems, so dass ein irreparabler Defekt entsteht (z. B. Interferenz mit einem „Imprinting"-Prozess).

Ad (1): Es handelt sich hier nicht um einen qualitativen, sondern lediglich um einen *quantitativen* Unterschied. Da die quantitative Übertragung auf die Verhältnisse beim Menschen ohnehin praktisch nie gelingt, ist ein entsprechender zusätzlicher Aufwand vermutlich nicht gerechtfertigt. Die Situation ist analog zur transplazentaren Karzinogenese, für die (obgleich das Phänomen gut bekannt ist) *keine* separate Routinetestung für notwendig gehalten wird.

Ad (2): Es ist bisher keine Substanz bekannt, für die ein solches Postulat zutrifft. Bisher untersuchte Agenzien wirken auch auf das Immunsystem erwachsener Tiere [36, 108]. Beim erwachsenen Tier reversible Effekte könnten unter Umständen während der Entwicklung *irreversibel* sein (s. Punkt (3)). Trotzdem erscheint es zur Zeit wenig überzeugend, auf bloßen Verdacht hin routinemäßige Untersuchungen durchzuführen.

Ad (3): Dies wäre eine wesentliche Annahme. Die Voraussetzung wäre allerdings, dass entsprechende „Imprinting"-Prozesse bei der Entwicklung des Immunsystems bekannt sind (d.h. bei allen Spezies später nicht kompensierbare Differenzierungen), um sie dann gezielt zu untersuchen. Weiterhin muss gezeigt werden, dass solche Prozesse, falls sie beim Nagetier gefunden werden, auch für den Menschen relevant sind. Keine dieser Voraussetzungen ist bis heute erfüllt.

Für die Testung kommt ganz praktisch hinzu, dass uns bereits bei Versuchen der klassischen Reproduktionstoxikologie viele Speziesunterschiede, und damit divergierende Resultate, geläufig sind. Diese ungünstige Situation wird noch weiter erschwert, wenn immunologische Variable, bei denen Speziesunterschiede ebenfalls eher die Regel sind, mit in die Versuchsanordnung eingehen. Außerdem werden in der Reproduktionstoxikologie routinemäßig Ratte und Kaninchen benutzt. Viele immunologische Experimente wurden hingegen an der Maus durchgeführt, die zur Reproduktionstoxikologie nur bedingt geeignet ist. Immunologische Erfahrungen beim Kaninchen fehlen praktisch vollständig. Da außerdem die Relevanz der erhobenen experimentellen Daten für den Menschen kaum zu beurteilen sein wird, muss vor einer übereilten Einführung solcher Routineuntersuchungen gewarnt werden. Falls in speziellen Situationen die Notwendigkeit für entsprechende Daten bestehen sollte, könnten solche Untersuchungen heute eher gezielt und direkt beim Menschen durchgeführt werden [84, 85].

### 6.2.3.2 Gefährdung durch Karzinogenität

In der öffentlichen Diskussion besitzt ein mögliches karzinogenes Potenzial von Substanzen einen hohen Stellenwert. Gerade auf diesem Gebiet ist die Extrapolation tierexperimenteller Daten auf die möglicherweise beim Menschen vorliegenden Verhältnisse jedoch besonders unsicher. Im Gegensatz zu vielen Agenzien, die im Tierexperiment Tumoren erzeugen können, ist die Zahl der beim Menschen als sichere Karzinogene erkannten Agenzien klein. Das hat natürlich überwiegend methodische Gründe.

Die Aussagekraft tierexperimenteller Daten im Hinblick auf die Übertragbarkeit eines im Tierexperiment erkannten karzinogenen Potenzials auf die Verhältnisse beim Menschen wird immer mehr in Frage gestellt (z.B. [5, 47, 98]). Aber es gibt zur Zeit keine bessere Strategie. Entsprechende Untersuchungen beim Menschen sind kostspielig und langwierig, es muss bereits eine entsprechende Exposition vieler Menschen stattgefunden haben und der Aussagewert der erhaltenen Resultate ist häufig gering (es sei denn, es handelt sich um eine sehr ausgeprägte karzinogene Wirkung).

Während für einige Stoffe ausreichende quantitative Daten vom Menschen für eine Risikoabschätzung vorliegen (z.B. Arsen), existieren für viele andere nur *qualitative* Angaben. Selbst wenn ein karzinogenes Potenzial für den Menschen erkannt wurde, meist bei überhöhter Exposition (z. B. nach Unfällen oder unzureichendem Schutz am Arbeitsplatz), lässt sich die genaue Inzidenz bei definierter Exposition nur selten abschätzen. Es kommt hinzu, dass das Risiko sicher nicht gleichmäßig über die menschliche Population verteilt ist. Die genetische Disposition („Risikopopulation") und andere Faktoren spielen eine erhebliche Rolle.

Im Hinblick auf Lebensmittel könnte der Zubereitung von Speisen (Kochen, Braten, Grillen, Pökeln, Räuchern, etc.) eine besondere Bedeutung zukommen. Es gibt viele Hinweise darauf, dass bei solchen Prozessen Substanzen mit erheblichem karzinogenen Potenzial gebildet werden, aber das Risiko (und insbesondere das *individuelle* Risiko) ist bis heute nicht abzuschätzen. Genetische Variationen, im Hinblick auf die Bildung reaktiver Metabolite, eine erleichterte Tumorauslösung, aber auch die Fähigkeit zur „Reparatur" und die Funktion von Tumor-Suppressorgenen (z. B. [37]), stellen wahrscheinlich auch in diesen Fällen die wesentlichen Faktoren dar. Durch die von Behörden geforderten überhöhten Dosierungen im Experiment wird die Beurteilung der Relevanz für den Menschen ebenfalls nicht erleichtert, insbesondere dann nicht, wenn Tumore nur in Organen beobachtet wurden, in denen auch ausgeprägte chronische Veränderungen, z. B. auch Nekrosen und ihre Folgen, aufgetreten sind.

Die experimentelle Testung auf Karzinogenität wird in der Regel an zwei Nagetierspezies (meist Ratte und Maus) durchgeführt, d. h. das sonst verfochtene Prinzip der Verwendung von Nagetier- plus Nicht-Nagetierspezies gilt (aus welchen Gründen auch immer) hier nicht. Eine Extrapolation von experimentellen Daten auf die möglicherweise beim Menschen vorliegenden Verhältnisse wird auf diesem Gebiet besonders durch häufig vorkommende kontroverse Resultate bei verschiedenen Spezies erschwert (Tab. 6.11). Der Begriff eines „allgemeinen karzinogenen Potenzials" von entsprechenden Substanzen wird damit problematisch (Begriff des „Nagetier-Karzinogens" [5]).

Der Begriff Karzinogenität ist auch deshalb schwer zu definieren, weil recht verschiedene Ursachen über sehr verschiedene Mechanismen zur malignen Entartung führen können. Neben den bekannten Vorstellungen wie „Initiation" und „Promotion" spielen zweifellos auch Vorgänge wie chronische Entzündungen bzw. das Proliferationsverhalten von Zellen eine erhebliche Rolle, bei entsprechender genetischer Disposition. Immer mehr treten auch Faktoren der allgemeinen „Lebensführung" (einschließlich einer „gesunden" Ernährung) in den Vordergrund der Betrachtung (z. B. [120]).

Es wurde versucht, verschiedene Substanzen nach ihrem karzinogenen Potenzial vergleichend zu katalogisieren (z. B. „Unit-risk"-Vergleiche), um zu einer gewissen Klassifizierung der Wirkstärke zu kommen. Dies kann nur gelingen, wenn Resultate von Versuchen unter identischen Bedingungen (z. B. mit dem gleichen Rattenstamm) miteinander verglichen werden, und der Vergleich gilt natürlich *nur* für die Versuchstierspezies (bzw. den benutzten Tierstamm). Weil die Bedingungen der Testung, insbesondere auch die fehlende Berücksichtigung *pharmakokinetischer* Aspekte, gar nicht auf die Verhältnisse beim Menschen extrapoliert werden können, ist eine *quantitative* Auswertung mit Relevanz für den Menschen unmöglich. Etwa angegebene Zahlenwerte sind auf den Menschen bezogen eher irreführend. Wegen dieser Unsicherheiten gehört die Beurteilung der Karzinogenität durch exogene Faktoren heute noch zu den größten ungelösten Problemen in der Toxikologie. Meistens begnügt man sich mit *qualitativen* Aussagen, die natürlich auf dem Gebiet der Toxikologie besonders unbefriedigend sind[13]. Man muss akzeptieren, dass zur Entstehung von Tumoren beim Menschen viele andere Faktoren als exogene chemische Substanzen beitragen, z. B. chronische Entzündungen, Viren, und vor allem Ernährungsgewohnheiten, die je nach Art des Neoplasmas unterschiedlich dominieren. Wahrscheinlich ist die dominierende Bedeutung der chemischen Karzinogenese, vielleicht abgesehen vom Rauchen und einigen früheren Expositionen am Arbeitsplatz (z. B. Asbest), viele Jahrzehnte lang überschätzt worden. Aber natürlich wollen wir auf unnötige Agenzien mit karzinogenem Potenzial in unserer Umwelt falls möglich verzichten.

Die Meinung, dass im Bezug auf eine Extrapolation die chemische oder physikalische Karzinogenese anders zu behandeln wäre als die sonstigen Effekte in der Toxikologie ist fragwürdig. Wahrscheinlich sind die Möglichkeiten der Extrapolation zum Menschen eher dadurch eingeschränkt, dass bei der Spezies Mensch besondere *individuelle* Empfindlichkeiten zu erwarten sind, die zur Zeit noch sehr unvollkommen berücksichtigt werden können. Genetische Faktoren, die in hohem Maße zur Karzinogenese disponieren, sind inzwischen für viele Lokalisationen von Tumoren beschrieben worden.

Es gibt verschiedene *qualitative* Klassifikationen von karzinogenen Agenzien, die von nationalen bzw. internationalen Institutionen benutzt werden[14]. Die Schemata sind pragmatisch, besitzen aber den gemeinsamen Nachteil, zu versuchen, komplexe und individuell sehr unterschiedliche Sachverhalte in simple Kategorien zu drängen, anstatt die jeweiligen Tatsachen eindeutig zu beschreiben. Die Klassifizierung einiger Substanzen ist bei IARC durch Abstimmung zustande gekommen.

---

[13] In der Presse regelmäßig benutzte Ausdrücke wie „krebserregend" oder „krebserzeugend" induzieren beim Laien die Vorstellung, dass diese Substanzen auch in geringsten Dosen bei ihm Krebs auslösen können. Diese Angst ist natürlich für die überwiegende Zahl von entsprechenden Substanzen unberechtigt oder mindestens unbewiesen. Würde man allerdings richtig formulieren: „... hat bei der Ratte in hoher Dosierung die Häufigkeit von Tumoren erhöht ...", würde dies sehr viel weniger publikumswirksam sein. Eigenartigerweise haben Menschen vor einer ungesunden Lebensweise, einschließlich ungesunder Ernährung, weniger Angst als vor „karzinogenen Substanzen".

[14] Am einfachsten ist die Klassifizierung der Deutschen *MAK*-Kommission: A1) karzinogen für Menschen, A2) karzinogen im Tierversuch, B) Verdacht auf Karzinogenität, aber weitere Information notwendig. Komplizierter ist die Klassifizierung der *IARC* (Lyon): 1) karzinogen für Menschen, 2a) wahrscheinlich karzinogen für Menschen, 2b) möglicherweise karzinogen für Menschen, 3) als Karzinogen für den Menschen nicht klassifizierbar, 4) wahrscheinlich nicht karzinogen.

### 6.2.3.2.1 Stochastische Effekte

Man hört häufig den Ausspruch: „*… für die Karzinogenese gibt es keine unwirksame Dosis …*", oder: „*… Dosis-Wirkungsbeziehungen gelten nicht für die chemische Karzinogenese …*" Die erste Aussage ist *missverständlich*, die zweite ist *völlig falsch*.

Im Hinblick auf die erste Aussage geht es wie auch in anderen Bereichen der Toxikologie *nicht* darum, ob es eine „unwirksame" Exposition gibt, sondern allein darum, ob ein Expositions*bereich* existiert, bei dem das Risiko vernachlässigbar *gering* ist. Selbstverständlich existiert ein solcher Bereich.

Die zweite Aussage hängt lose mit der ersten zusammen, und sie ist eindeutig *falsch*. Die Karzinogenese stellt ein klassisches Beispiel für dosisabhängige Wirkungen dar, wie seit den fundamentalen Arbeiten von Druckrey und seiner Arbeitsgruppe bekannt ist (z. B. [28, 91]). Die Inzidenz des Auftretens von Tumoren nimmt *natürlich* ab, wenn die Dosis des auslösenden chemischen oder physikalischen Agens wesentlich reduziert wird. *Die chemische und die physikalische Karzinogenese sind streng dosisabhängig.* Dies ist in hunderten von Versuchen immer wieder bestätigt worden.

Unter einer *„stochastischen"* Wirkung versteht man einen durch den *Zufall* bedingten Effekt. Es geht dabei um die *Wahrscheinlichkeit,* mit der ein Effekt auftritt. Auch stochastische Effekte sind natürlich dosisabhängig.

Das stochastische Prinzip kann man sich an einem simplen Beispiel, der Analogie mit einer *Schrotflinte,* klar machen: Wenn man dicht vor einer Zielscheibe steht und eine bestimmte Anzahl von Schrotkugeln abfeuert, wird man viele Treffer erzielen, aber die Lokalisation der einzelnen Einschläge ist nicht vorhersehbar („stochastisch"). Bei mehrfacher Wiederholung mag man eine sehr ähnliche Anzahl von Treffern erzielen, aber mit durchaus unterschiedlicher Lokalisation. Diese zufälligen Ereignisse sagen jedoch noch nichts zur Dosisabhängigkeit aus. Wenn man immer weiter zurücktritt („die Dosis reduziert"), werden mit zunehmender Entfernung immer weniger Treffer auftreten. Wo genau getroffen wird, bleibt weiterhin nicht voraussagbar, aber es ergibt sich eine für jede Entfernung („Dosis") typische mittlere Anzahl von Treffern. Bei einer bestimmten Entfernung wird die Chance auch nur *einen* Treffer zu erzielen sehr gering, und wenn man sich noch weiter entfernt kommt *kein* Treffer mehr zustande.

Zu berücksichtigen ist insbesondere die gut bekannte Tatsache, dass mutagene Läsionen (und auch Addukte und damit die „Initiation") *repariert* werden können. Hierzu hat der höhere Organismus eine ganze Reihe von mehr oder weniger spezifischen Mechanismen entwickelt. Die Mehrzahl der mutagenen Läsionen führt darum *nicht* zur Karzinogenese. Auch die Tumor*promotion* ist natürlich ein dosisabhängiger Vorgang, hier sogar sicher mit „Schwellenbereich".

#### 6.2.3.2.2 Kann bereits ein Molekül Krebs auslösen?

Manchmal wird die laienhafte Meinung vertreten, es gäbe für eine karzinogene Wirkung *keine unwirksame* Dosis, und selbst *ein einziges Molekül* eines „Karzinogens" oder nur ein Strahlenteilchen könnte beim Menschen *Krebs* auslösen. Ein solches Postulat würde bedeuten, dass für den Menschen ein deutliches und erkennbares zusätzliches Risiko durch diese minimalste Dosis bestände. Inzwischen sind jedoch auch für mehrere karzinogene Substanzen im Experiment „nicht-lineare" Dosis-Wirkungsbeziehungen nachgewiesen worden sowie Hinweise für Schwellenbereiche [118, 119]. Die Unhaltbarkeit der Behauptung des völligen Fehlens eines „Schwellenwertes" verdeutlicht zudem ein einfaches Gedankenexperiment:

Unterstellt man, es gäbe eine genotoxische Substanz (MG: 300 D), die in einer einmaligen Dosis von 300 pg ($10^{-12}$ Mole) beim Menschen in 100% Tumore auslösen könnte (eine so wirksame Substanz ist selbstverständlich nicht bekannt), so würde diese Dosis eine Menge von $6 \times 10^{11}$ Molekülen enthalten (entsprechend der Avogadro'schen Zahl, $6 \times 10^{23}$). Bei einem Molekül/Mensch müsste sich die Dosis von 300 pg auf $6 \times 10^{11}$ Menschen verteilen (so viele gibt es gar nicht).

Nimmt man weiterhin die Richtigkeit einer extremen Beziehung zwischen der Dosis und der Karzinogenese an, nämlich ein *lineares* Verhalten bis gegen null (was heute kein Experte mehr tut), so kann man für die Dosis von *einem* Molekül eine Wahrscheinlichkeit für ein einzelnes DNA-Addukt im Organismus berechnen: Diese läge bei höchstens einem von $6 \times 10^{11}$ Menschen, das wäre ein einziger Tumor beim 100fachen der jetzigen Erdbevölkerung. Bei diesem Gedankenexperiment mit vielen „worst-case"-Annahmen ist weder berücksichtigt, dass die meisten elektrophilen Substanzen ausgeprägter mit Proteinen als mit DNA reagieren, noch dass eine Reparatur stattfindet, noch ist die Tatsache in Rechnung gestellt, dass aus den meisten mutierten Zellen *keine* Krebszelle entsteht. Außerdem besitzen nicht alle Zellen die notwendige enzymatische Ausstattung zur Aktivierung aller Vorstufen von „Pro-Karzinogenen".

Selbst bei der Annahme von $10^6$ Molekülen pro Organismus wäre die theoretische Wahrscheinlichkeit nach dem Gedankenexperiment immer noch fast: 1 zu $10^6$. Da in den industrialisierten Ländern 25% der Bevölkerung an Krebs sterben, wäre auch dieser „Zuwachs" nicht verifizierbar, und er ist bei den vielen „worst-case"-Annahmen der Abschätzung medizinisch unerheblich. Wir haben wichtigere Probleme als dieses!

#### 6.2.3.3 Beeinflussungen des Immunsystems

Reaktionen des Immunsystems, die durch Komponenten der Nahrung ausgelöst werden, sind häufig [124]. Entsprechende Noxen können aus dem Pflanzenreich stammen (s. z. B. [17]) oder auch in bestimmten Lebewesen, z. B. Meerestieren, enthalten sein (z. B. [101]). Auch die Induktion durch Lebensmittelzusätze oder Verunreinigungen der Nahrung ist möglich. Bei den Reaktionen handelt es sich häufig um *Allergien* (s. z. B. [18, 63]), seltener um andere Wechselwirkungen mit dem Immunsystem (s. z. B. [41]), oder um toxische Effekte mit anderer Organotropie (Tetrodotoxin oder Saxitoxin [94, 114]).

Es ist zweckmäßig, zwei ganz verschiedene Beeinflussungen des Immunsystems zu unterscheiden:

- Wie jedes andere Organsystem kann auch das Immunsystem durch *toxische* Noxen beeinflusst werden, „Immunotoxizität" [82, 83]. In der Regel resultiert eine *Immunsuppression*, die bei der Organtransplantation therapeutisch ausgenutzt wird. Cyclosporin A, Tacrolimus und ähnlich wirkende Substanzen sind gute Beispiele. Die meisten dieser therapeutisch genutzten Substanzen stammen aus der Natur (z. B. aus Mikroorganismen). Auch höhere Dosen des körpereigenen Glucocorticoids oder seiner Derivate wirken immunosuppressiv (z. B. [8]).
- Zwei andere pathologische Reaktionen sind *allergische* Manifestationen und *Autoimmun*erkrankungen. Hierbei handelt es sich um eine Überreaktion oder eine falsche Reaktion des Immunsystems. Allergische Reaktionen werden immer durch exogene Noxen ausgelöst, und auch Autoimmunerkrankungen können durch Fremdstoffe verursacht werden. Allergische Manifestationen gehorchen anderen Gesetzmäßigkeiten als toxische Reaktionen.

Da auch im Hinblick auf die Ansprechbarkeit des Immunsystems Speziesunterschiede bekannt sind, empfiehlt es sich (falls tierexperimentelle Untersuchungen für notwendig gehalten werden), bevorzugt Versuche zur Immuntoxikologie an nicht menschlichen Primaten durchzuführen. Die Voraussetzungen hierfür sind im letzten Jahrzehnt sowohl für Altweltaffen [32] als auch für Neuweltaffen geschaffen worden. Allerdings sind auch Unterschiede in der Ansprechbarkeit des Immunsystems von nicht menschlichen Primaten und dem Menschen bekannt [77]. Aus der Literatur gibt es zudem Hinweise, dass auch das Immunsystem von Ratten und Mäusen gegenüber bestimmten Agenzien unterschiedlich reagieren kann [109]. Das kompliziert Extrapolationen experimenteller Daten auf den Menschen. Viele entsprechende Untersuchungen am Immunsystem können heute direkt am Menschen durchgeführt werden und auch für solche Studien sind viele Voraussetzungen geschaffen worden.

Die ausführliche Diskussion von Beeinflussungen des Immunsystems würde den Rahmen dieser Zusammenstellung überschreiten. Es wird wieder auf die ausführlichen Darstellungen in einschlägigen Lehrbüchern der Toxikologie verwiesen (z. B. [82, 83]).

### 6.2.3.3.1 Verschiedene Typen allergischer Wirkungen

Allergische Reaktionen auf Lebensmittel und entsprechende Zusätze sind insgesamt häufiger als toxische Effekte durch Lebensmittel [18, 41, 63]. Nach neueren Schätzungen sind Lebensmittelallergien in den USA jährlich für etwa 30 000 anaphylaktische Reaktionen und mehrere Hundert Todesfälle verantwortlich. Allergien gegen Nüsse und Erdnüsse sind für einen großen Teil der Reaktionen und der Todesfälle auslösende Ursache (z. B. [59]). Etwa 1 % aller Amerikaner soll gegen Nüsse allergisch sein, betroffen sind auch Kinder unter vier Jahren [100].

Es ist nicht bekannt, warum manche Menschen allergisch reagieren, und die meisten anderen nicht. Wahrscheinlich spielt eine genetische Disposition eine gewisse Rolle, aber die weltweite Zunahme der Häufigkeit allergischer Reaktionen, insbesondere in den industrialisierten Ländern, wird auch mit einer verminderten Häufigkeit von Infekten (gegenüber Parasiten und wohl auch anderen Mikroorganismen) in Verbindung gebracht (z. B. [116]). In Entwicklungsländern mit vielen parasitären Erkrankungen sind allergische Reaktionen selten. Vielleicht gibt es dort aber auch weniger Allergene, die in den industrialisierten Ländern verbreitet sind (z. B. Kosmetika, Waschmittel, Haarfärbemittel, aber auch Nahrungsmittelzusätze).

Viele Allergien gegenüber Lebensmitteln sind *Typ I*-Reaktionen, d. h. sie werden dem IgE-abhängigen „Soforttyp" zugerechnet, so wie atopische Erkrankungen (Neurodermitis, Heuschnupfen, bestimmte Formen des *Asthma bronchiale*). In den letzten Jahrzehnten haben atopische Erkrankungen anscheinend zugenommen [13]. Offenbar neigen Patienten mit Atopien eher zu Allergien gegenüber Lebensmitteln und Naturstoffen. Weit verbreitet sind auch Allergien gegen *Latex*-Proteine [97] und gegen bestimmte Pollen, oft verbunden mit Reaktionen gegen Nüsse und bestimmte Steinobstsorten. In Lebensmitteln kommen aber noch viele andere Allergene mit Kreuzreaktionen vor. Eine weitere Rolle spielen allergische Reaktionen vom Typ IV (Kontaktdermatitis) vom „Spättyp" [49].

Die Ursache vieler immunologischer Erkrankungen ist multifaktoriell. Bei *Asthma* ist selbstverständlich eine Exazerbation durch Entzündungen wesentlich. Zunehmend wird auch über eine Beziehung zwischen dem ZNS und dem Immunsystem berichtet [3, 9, 112], aber bereits „physiologischer Stress" wie normale Geburt [26] oder Belastungssport und UV-Strahlen verändern Komponenten des Immunsystems.

Per definitionem kann ein allergischer Effekt erst nach einer Zweitexposition auftreten. Es ist aber beobachtet worden, dass manche Kinder bereits bei der ersten offensichtlichen Exposition mit einer Allergie reagieren. Man muss in solchen Fällen annehmen, dass der erste Kontakt bereits *in utero* oder durch die Milch erfolgt ist.

Es gibt verschiedene Techniken, ein starkes allergisches Potenzial im Tierversuch zu erkennen (z. B. [10, 38]). Für medizinisch relevante Aussagen ist aber die Testung am Menschen am aussagekräftigsten.

### 6.2.4
**Verschiedene Typen von „Grenzwerten" und ihre Ableitung**

Es ist die Aufgabe von Experten, entsprechende Informationen aus klinischen oder experimentellen Daten zu analysieren, die Resultate zu interpretieren und ihre Verlässlichkeit zu beurteilen. Eine wesentliche Größe ist in diesem Zusammenhang der „no observed adverse effect level" (NOAEL), der sich aus der entsprechenden experimentellen Testung ergibt. Bei der Beurteilung von Tierversuchen ist zu beachten, dass entsprechende Werte zunächst nur für die benutzten experimentellen Bedingungen, insbesondere für die verwendete Versuchstierspezies und den speziellen Versuchstierstamm, sowie für die anderen ausgewählten Versuchsbedingungen, gelten. In quantitativer Hinsicht sind die Resultate selbst bei einem anderen Stamm der gleichen Spezies häufig nicht reproduzierbar. Eine ähnliche Zurückhaltung bei der Interpretation sollte sich eigentlich auch beim *Fehlen* unerwünschter Wirkungen bei einem bestimmten experimentellen Studiendesign empfehlen.

Man muss berücksichtigen, dass ein NOAEL nur einen Näherungswert darstellt. Er liegt in jedem Versuch irgendwo zwischen dem LOAEL und dem gemessenen NOAEL. Die Genauigkeit der Bestimmung hängt, unter anderem, vom Intervall der gewählten Dosierungen ab (häufig eine Zehnerpotenz). Bei zwei nacheinander durchgeführten Versuchen ist zudem nicht unbedingt mit völlig identischen Werten für den NOAEL zu rechnen.

Die wissenschaftliche Basis zu weitergehenden toxikologischen Schlussfolgerungen hängt vom Ausmaß der verfügbaren Daten vom Menschen ab. Jedes „Management" und alle sich nur auf tierexperimentelle Daten stützenden generalisierenden regulativen Bemühungen beinhalten eine deutliche politische Komponente, abhängig von der Güte der Datenbasis und dem Ausmaß der Extrapolation, d.h. die Benutzung von, immer willkürlich festgelegten, „Unsicherheitsfaktoren" und den Bezug auf Dosen. Die Pharmakokinetik unterscheidet sich sehr häufig beim Nagetier und dem Menschen, und auch die Annahme der gleichen Steilheit von Dosis-Wirkungskurven bei verschiedenen Spezies ist zunächst Spekulation.

Es ist von erheblicher *praktischer* Bedeutung, verschiedene Typen von festgelegten „Grenzwerten" zu unterscheiden und zu definieren, was man unter einem Grenzwert verstehen möchte.

Nehmen wir an, dass für ein bestimmtes Agens ausreichende Information für eine *Risikoabschätzung* beim *Menschen* existiert, einige Erkenntnisse zur Dosis-Wirkungsbeziehung eingeschlossen. Auf dieser Basis könnte eine Exposition festgelegt werden, bei der unerwünschte Wirkungen, medizinisch einigermaßen sicher, weitgehend vermieden werden (*medizinisch begründbare „akzeptable" Dosis oder Exposition*). Ein „Nullrisiko" ist nur bei Vermeidung der Exposition sicher möglich, weil einige wenige genetisch besonders empfindliche Individuen existieren können. Dieses Vorgehen und die entsprechende Problematik sind aus der Anwendung stark wirkender Arzneimittel in der Humanmedizin hinreichend bekannt. Man kann mit einiger Sicherheit voraussagen, dass bei deutlicher *Überschreitung* des kritischen Wertes unerwünschte Effekte vermehrt und verstärkt zu erwarten sind.

Nehmen wir an, für ein anderes Agens würden *keine* Daten beim Menschen existieren, aber ausreichende Befunde aus *Tierversuchen*:

Beispiel 1: Wegen einiger toxikologisch bedenklicher Befunde soll für den Menschen das Gefährdungspotenzial kenntlich gemacht werden. Die *qualitativen* Bezeichnungen als karzinogen, teratogen, mutagen sind Beispiele. Dies könnte zu einer präventiven Gefährdungsminimierung führen (z.B. Einschränkung oder Verbot der Anwendung), ohne dass für den Menschen eine entsprechende Wirkung nachgewiesen oder sogar wahrscheinlich gemacht worden ist (weitgehend *politische* Gefährdungsminimierung).

Beispiel 2: Für einen toxikologisch bedenklichen tierexperimentellen Befund soll ein „Grenzwert" (eigentlich ein akzeptabler *Bereich*) festgelegt werden. Hierfür wird die NOAEL/Sicherheitsfaktor-Methode benutzt (z. B. für einen „ADI-Wert (*acceptable daily intake*)). Wie erwähnt, kann aus einer Extrapolation auf der Basis von Dosierungen *keine* quantitative Risikoabschätzung für den Menschen erwartet werden. Bei ausreichend großem, immer ziemlich willkürlich gewähltem, Unsicherheitsfaktor könnte die Gefährdung auch für den Menschen sehr klein gehalten werden. Aussagen zur Inzidenz sind nicht möglich. Man kann mit einiger Sicherheit voraussagen, dass bei gewisser und mäßiger *Überschreitung* des Grenzwertes *keine* vermehrten unerwünschten Effekte auftreten werden. Der (Un)Sicherheitsfaktor sollte ausreichend groß gewählt sein.

Beispiel 3: Es soll angenommen werden, dass *weder* aussagekräftige Daten für den Menschen existieren *noch* ausreichende Resultate entsprechender Tierversuche vorliegen. Da sich ein Verdacht für eine möglicherweise schwerwiegende toxikologisch relevante Assoziation ergeben hat (z. B. aus mehreren unklaren Kasuistiken beim Menschen), soll die Anwendung des Agens begrenzt werden (vorsorglicher Verbraucherschutz). Dies ist eine, in vielen Fällen sicher notwendige, weitgehend *politische* Entscheidung. Sie mag auch zum Verbot oder zur Festlegung eines „*politischen Grenzwertes*" führen.

Häufig ist auch bei einem vierten Szenarium die Abschätzung der *Exposition* von Konsumenten kritisch. Große Mengen mit Nitrofen oder Sexualhormonen verunreinigtes Tierfutter, wie dieses im Jahre 2002 in der Bundesrepublik verfüttert wurde, werfen erhebliche politische und kriminologische Probleme auf, da solche absichtlichen oder fahrlässigen Kontaminationen nicht in die zum Menschen führende Nahrungskette gehören. Weil die Frage, wie viele Menschen durch diese verunreinigten Nahrungsmittel wie hoch exponiert wurden, nicht zufriedenstellend beantwortet werden kann, ist eine überzeugende toxikologische Beurteilung (Risikoabschätzung) nicht möglich. In vielen derartigen Fällen drängt sich eine scheinbar widersprüchliche Doppelantwort auf: (a) allgemein politisch: „*... die Verunreinigung ist unentschuldbar, es mag sogar eine kriminelle Handlung vorliegen ...*", aber (b) vom medizinischen Standpunkt aus: „*... wahrscheinlich (genau ist es nicht abzuschätzen) ist die Exposition so gering, dass keine erkennbaren Schäden befürchtet werden müssen ...*" Man wird trotzdem versuchen, die kontaminierte Nahrung aus dem Verkehr zu ziehen. Auch liefert das glücklicherweise geringe Potenzial der Schädigung natürlich keinen Freibrief für ähnliche Kontaminationen. Das wäre ein typisches Beispiel für erforderlichen „*vorsorglichen Verbraucherschutz*", der zu großzügig angewandt allerdings auch erhebliche Nachteile mit sich bringen kann.

In der Regel wird eine Beurteilung und Entscheidung zur möglichen Gefährdung „case-by-case" erfolgen. Eine pharmazeutische Firma wird kaum die Entwicklung eines Mittels gegen Kopfschmerzen weiter verfolgen, bei dem sich in niedriger Dosierung bei der Ratte massive Leberschädigungen gezeigt haben oder Ratten die Haare verlieren. Es gibt genügend Medikamente, bei denen das nicht auftritt. Andererseits hat man bei vielen Cytostatika lange Zeit selbst schwerwiegende unerwünschte Wirkungen in Kauf genommen (einschließlich der Alopezie), weil bessere Mittel nicht verfügbar waren. Bei Lebensmitteln wird man ein gewisses und vertretbares Maß an Rückständen von Pestiziden oder Konservierungsmitteln akzeptieren, ohne die eine großflächige Versorgung der Bevölkerung mit vielen hochwertigen Nahrungsmitteln kaum möglich ist. Mit den heute verfügbaren außerordentlich empfindlichen Messmethoden kann man von bestimmten Substanzen selbst Spuren nachweisen, denen sicher keine biologische Wirkung zukommt. Nicht alles was irgendwo vorkommt ist „giftig".

Die Pflicht zur Kennzeichnung von Nahrungsmitteln als „gentechnisch verändert", auch wenn z. B. im Öl oder anderen Bestandteilen gar keine gentechnisch veränderte Komponente (wie z. B. Protein) enthalten sein *kann*, ist ein Beispiel der heute leider auch stattfindenden Verunsicherung und Verwirrung der Bevölkerung durch Parlamente und Behörden.

## 6.3
## Literatur

1 Abraham K, Knoll A, Ende M, Päpke O, Helge H (1996) Intake, fecal excretion, and body burden of polychlorinated dibenzo-*p*-dioxins and dibenzofurans in breast-fed and formula-fed infants, *Pediatr Res* **40**:671–679.

2 Abraham K, Wiesmüller T, Brunner H, Krowke R, Hagenmaier H, Neubert D (1989) Elimination of various polychlorinated dibenzo-p-dioxins and dibenzofurans (PCDDs and PCDFs) in rat faeces, *Arch Toxicol* **63**:75–78.

3 Ader R, Felten D, Cohen N (1990) Interactions between the brain and the immune system, *Ann Rev Pharmacol Toxicol* **30**:561–602.

4 Ahlborg UG, Becking GC, Birnbaum LS, Brouwer A, Derks HJGM, Feeley M, Golor G, Hanberg A, Larsen JC, Liem AKD, Safe SH, Schlatter C, Waern F, Younes M, Yrjänheikki E (1994) Toxic equivalency factors for dioxin-like PCBs, *Chemosphere* **28**:1049–1067.

5 Ames BN, Gold LS (1990) Too many rodent carcinogens: mitogenesis increases mutagenesis, *Science* **249**:970–971.

6 Ashby J, Elliott BM (1997) Reproducibility of endocrine disruption data, *Regul Toxicol Pharmacol* **26**:94–95.

7 Ashby J, Tinwell H, Haseman J (1999) Lack of effects for low dose levels of bisphenol A and diethylstilbestrol on the prostate gland of CF1 mice exposed in utero, *Regul Toxicol Pharmacol* **30**:156–166.

8 Auphan N, DiDonato JA, Rosette C, Helmberg A, Karin M (1995) Immunosuppression by glucocorticoids: inhibition of NF-κB activity through induction of IκB synthesis, *Science* **270**:286–290.

9 Basedovsky HO, del Rey AE, Sorkin E (1983) What do the immune system and the brain know about each other? *Immunol Today* **4**:342–346.

10 Basketter DA, Bremmer JN, Kammüller ME, Kawabata T, Kimber I, Loveless SE, Magda S, Pal THM, Stringer DA, Vohr HW (1994) The identification of chemicals with sensitizing and immunosuppressive properties in routine toxicology, *Food Chem Toxicol* **32**:289–296.

11 Beck H, Droß A, Ende M, Fürst C, Fürst P, Hille A, Mathar W, Wilmers K (1991) Polychlorierte Dibenzofurane und -dioxine in Frauenmilch, *Bundesgesundheitsblatt* **34**:564–568.

12 Beck H, Heinrich-Hirsch B, Koss G, Neubert D, Roßkamp E, Schrenk D, Schuster J, Wölfle D, Wuthe J (1996) An-

wendbarkeit von 2,3,7,8-TCDD-TEF für PCB für Risikobewertungen, *Bundesgesundheitsblatt* **39**:141–147.

13 Bergmann KE, Bergmann RL, Bauer CP, Dorsch W, Forster J, Schmidt E, Schulz J, Wahn U (1993) Atopie in Deutschland, *Dtsch Ärzteblatt* **90**:B956–960.

14 Bibbo M, Gill WB, Azizi F, Blough R, Fang VS, Rosenfield RL, Schumacher GFB, Sleeper K, Sonek MG, Wied GL (1977) Follow-up study of male and female offspring of DES-exposed mothers, *Obstetr Gynecol* **49**:1–8.

15 Blair SN, Brodney S (1999) Effects of physical inactivity and obesity on morbidity and mortality: current evidence and research issues, *Med Sci Sports Exerc* **31**:646–662.

16 Bock KW, Birbaumer N (1998) Multiple chemical sensitivity, Schädigung durch Chemikalien oder Nozeboeffekt, *Dtsch Ärzteblatt* **95**:B-75–78.

17 Breiteneder H, Schreiner O (2000) Molecular and biochemical classification of plant-derived food allergens, *J Allergy Clin Immunol* **106**:27–36.

18 Bruckbauer HR, Karl S, Ring J (1999) Nahrungsmittelallergien, in Bisalski HK et al. (Hrsg) Ernährungsmedizin, Georg Thieme, Stuttgart, 468–479.

19 Budtz-Jorgensen E, Grandjean P, Keiding N, White RF, Wheihe P (2000) Benchmark dose calculations of methylmercury-associated neurobehavioral deficits, *Toxicol Lett* **112**:113, 193–199.

20 Chahoud I, Fialkowski O, Talsness CE (2001) The effects of low and high dose in utero exposure to bisphenol A on the reproductive system of male rat offspring, *Reprod Toxicol* **15**:589.

21 Chahoud I, Gies A, Paul M, Schönfelder G, Talsness C (2001) Bisphenol A: low dose – high dose effects (proceedings), *Reprod Toxicol* **15**:587–599.

22 Chambon P (1994) The retinoid signaling pathway: molecular and genetic analyses, *Semin Cell Biol* **5**:115–125.

23 Cockcroft DW, Gault MH (1976) Prediction of creatinine clearance from serum creatinine, *Nephron* **16**:31–41.

24 Czeizel AE (1993) Prevention of congenital abnormalities by periconceptional multivitamin supplementation, *Brit Med J* **306**:1645–1648.

25 Daston GP, Gooch JW, Breslin WJ, Shuey DL, Nikiforov AI, Fico TA, Gorsuch FW (1997) Environmental estrogens and reproductive health: a discussion of the human and environmental data, *Reproduct Toxicol* **11**:465–481.

26 Delgado I, Neubert R, Dudenhausen JW (1994) Changes in white blood cells during parturition in mothers and newborn, *Gynecol Obstet Invest* **38**:227–235.

27 Dohmeier H-R, Schmidt H, Hauser R, Neubert D (1978) Measurement of expiration of $^{14}C$-$CO_2$ originating from $^{14}CH_3$-labelled xenobiotics in animals during early postnatal development – a tool for estimating drug demethylation in vivo, in Neubert D, Merker H-J, Nau H, Langman J (Hrsg) Role of Pharmacokinetics in Prenatal and Perinatal Toxicology, Georg Thieme, Stuttgart, 193–209.

28 Druckrey H, Preussmann R, Ivankovic S, Schmähl D (1967) Organotrope carcinogene Wirkungen bei 65 verschiedenen N-Nitroso-Verbindungen an BD-Ratten, *Z Krebsforsch* **69**:103–201.

29 Forrester L, Nagy A, Sam M, Watt A, Stevenson L, Bernstein A, Joyner AL, Wurst W (1996) An induction gene trap screen in ES cells: identification of genes that respond to retinoic acid in vitro, *Proceedings Natl Acad Sci USA* **93**:1677–1682.

30 Heinonen OP, Slone D, Shapiro S (1977) Birth Defects and Drugs in Pregnancy, Publ Science Group Inc, Littleton, Mass, 1–516.

31 Helge H, Jäger E (1978) Pharmacokinetics in the human neonate, in Neubert D, Merker H-J, Nau H, Langman J (Hrsg) Role of Pharmacokinetics in Prenatal and Perinatal Toxicology, Georg Thieme, Stuttgart, 167–182.

32 Hendrickx AG, Makori N, Peterson P (2002) The nonhuman primate as a model of developmental immunotoxicity, *Hum Exper Toxicol* **21**:537–542.

33 Hendrickx AG, Peterson P, Hartmann D, Hummler H (2000) Vitamin A teratogenicity and risk assessment in the ma-

caque retinoid model, *Reprod Toxicol* **14**:311–323.

34 Herbst AL, Cole P, Colton T, Robboy SJ, Scully RE (1977) Age-incidence and risk of diethylstilbestrol-related clear cell adenocarcinoma of the vagina and cervix, *Am J Obstet Gynecol* **128**:43–48.

35 Herzke D, Thiel R, Rotard WD, Neubert D (2002) Kinetics and organotropy of some polyfluorinated dibenzo-p-dioxins (PFDD/PFDF) in rats, *Life Sciences* **71**:1475–1486.

36 Holladay SD, Smialowicz RJ (2000) Development of the murine and the human immune system: different effects of immunotoxicants depend upon time of exposure, *Environ Health Perspect* **106** (suppl. 3):463–473.

37 Hollstein M, Sidransky D, Vogelstein B, Harris CC (1991) p53 mutations in human cancers, *Science* **253**:49–53.

38 Ikarashi Y, Tsuchiya T, Nakamura A (1993) A sensitive mouse lymph node assay with two application phases for detection of contact allergens, *Arch Toxicol* **67**:629–636.

39 International Clearinghouse (1991) Congenital Malformations Worldwide. A Report from the International Clearinghouse for Birth Defects Monitoring Systems. Elsevier Science Publ., Amsterdam, NY, Oxford, 1–220.

40 Jäger E, Gregg B, Knies S, Helge H, Bochert G (1978) Postnatal development of human liver N-demethylation activity measured with the $^{13}CO_2$ breath test after application of $^{13}C$-dimethylaminopyrine. In: Role of Pharmacokinetics, in Neubert D, Merker H-J, Nau H, Langman J (Hrsg) Prenatal and Perinatal Toxicology, Georg Thieme, Stuttgart, 211–214.

41 Jäger L, Wüthrich B (2002) Nahrungsmittelallergien und -intoleranzen, Immunologie, Diagnostik, Therapie, Prophylaxe. Urban & Fischer, München, Jena.

42 Jödicke B, Ende M, Helge H, Neubert D 1992 Fecal excretion of PCDDs/PCDFs in a 3-month-old breast-fed infant, *Chemosphere* **25**:1061–1065.

43 Jödicke B, Neubert D (2004) Reproduktion und Entwicklung, in Marquardt H, Schäfer S (Hrsg) Lehrbuch der Toxikologie, 2. Auflage, Wissenschaftliche Verlagsgesellschaft mbH, Stuttgart, 491–544.

44 Jones KL, Smith DW (1975) The fetal alcohol syndrome, *Teratology* **12**:1–10.

45 Jones KL, Smith DW, Ulleland CN, Streissguth AP (1973) Pattern of malformation in offspring of chronic alcoholic mothers, *Lancet* **1**:1267–1271, and **2**:999–1001.

46 Kavlock RJ, Daston GP (1997) Drug Toxicity in Embryonic Development. Handbook of Experimental Pharmacology 124/I und 124/II, Springer, Berlin, Heidelberg, NY.

47 Kayajanian G (1997) Dioxin is a promotor blocker, a promotor, and a net anticarcinogen, *Regul Toxicol Pharmacol* **26**:134–137.

48 Kenchaiah S, Evans JC, Levy D, Wilson PWF, Benjamin EJ, Larson MG, Kannel WB, Vasan RS (2002) Obesity and the risk of heart failure, *N Engl J Med* **347**:305–313.

49 Klaschka F, Voßmann D (1994) Kontaktallergene, Chemische, Klinische und Experimentelle Daten (Allergenliste), Erich Schmidt, Berlin.

50 Klug S, Lewandowski C, Wildi L, Neubert D (1989) All-trans retinoic acid and 13-cis-retinoic acid in the rat whole-embryo culture: abnormal development due to the all-trans isomer, *Arch Toxicol* **63**:440–444.

51 Kochhar DM (1997) Retinoids in Drug Toxicity *in* Kavlock RJ, Daston GP (Hrsg) Handbook Experim Pharmacol 124/II: Embryonic Development II, Springer, Berlin, Heidelberg, NY:3–39.

52 Kochhar DM, Satre MA (1993) Retinoids and fetal malformations *in* Sharma RP (Hrsg) Dietary Factors and Birth Defects, Pacific Division AAAS, San Francisco, 134–230.

53 Kreuzer PE, Kessler W, Päpke O, Baur C, Greim H, Filser JG (1993) A pharmacokinetic model describing the body burden of 2,3,7,8-tetrachlorodibenzo-p-dioxin (TCDD) in man over the entire lifetime validated by measured data, *Toxicologist* **13**:196.

54 Lambert GH, Flores C, Schoeller DA, Kotake AN 1986 The effect of age, gender, and sexual maturation on the caf-

feine breath test, *Dev Pharmacol Ther* **9**:375–388.

55 Lammer EJ, Chen DT, Hoar RM, Agnish ND, Benke PJ, Brasun JT, Curry CJ, Fernhoff PM, Grix AW, Lott IT, Richard JM, Sun SC (1985) Retinoic acid embryopathy, *N Engl J Med* **313**:837–841.

56 Lauer MS, Anderson KM, Kannel WB, Levy D (1991) The impact of obesity on left ventricular mass and geometry: the Framingham Study, *JAMA* **266**:231–236.

57 Levey AS, Bosch JP, Lewis JB, Greene T, Rodgers N, Roth D (1999) A more accurate method to estimate glomerular filtration rate from serum creatinine: a new prediction equation, *Ann Intern Med* **130**:461–470.

58 Lilja JJ, Neuvonen M, Neuvonen PJ (2004) Effects of regular consumption of grapefruit juice on the pharmacokinetics of simvastatin, *Br J Clin Pharmacol* **58**:56–60.

59 Long A (2002) The nuts and bolts of peanut allergy, *N Engl J Med* **346**:1320–1322.

60 Massie BM (2002) Obesity and heart failure – Risk factor or mechanism? *N Engl J Med* **347**:358–359.

61 Miller JF, Williamson E, Glue J (1980) Fetal loss after implantation: a prospective study, *Lancet* **2**:554–556.

62 Mocarelli P, Brambilla P, Gerthoux PM, Patterson DG, Needham LL (1996) Change in sex ratio with exposure to dioxin. Talking points (dioxin changes sex ratio?), *Lancet* **348**:409.

63 Mühlemann RJ, Wüthrich B (1991) Nahrungsmittelallergien 1983–1987, *Schweiz Med Wschr* **121**:1696–1700.

64 Murakami U (1972) The effect of organic mercury on intrauterine life, *Adv Exp Med Biol* **27**:301–336.

65 National Academy of Sciences (2000) Toxicologic Effects of Methylmercury, National Research Council, Washington, DC, USA.

66 Nau H, Chahoud I, Dencker L, Lammer EJ, Scott WJ (1994) Teratogenicity of vitamin A and retinoids, in Blomhoff R (Hrsg) Vitamin A in Health and Disease, Marcel Dekker, NY, 615–663.

67 Nau H, Scott WJ (Hrsg) (1986) Pharmacokinetics in Teratogenesis, I and II. CRC Press, Boca Raton, Florida, USA.

68 Nelson DR, Kamataki T, Waxman DJ, Guengerich FP, Estabrook RW, Fegerelsen R, Gonzalez FJ, Coon MJ, Gunsalus IC, Gotoh O, Okuda K, Nebert D (1993) The P450 superfamily: update on new sequences, gene mapping, accession number, early trivial names of enzymes, and nomenclature, *DNA Cell Biol* **12**:1–51.

69 Neubert D (1992) TCDD toxicity-equivalencies for PCDD/PCDF congeners: Prerequisites and limitations, *Chemosphere* **25**:65–70.

70 Neubert D (1997) Vulnerability of the endocrine system to xenobiotic influence, *Regul Toxicol Pharmacol* **26**:9–29.

71 Neubert D (1998) Reflections on the assessment of the toxicity of "dioxins" for humans, using data from experimental and epidemiological studies, *Teratog Carcinog Mutagen* **17**:157–215.

72 Neubert D (1999) Risk assessment and preventive hazard minimization, in Marquardt H, Schäfer SG, McClellan RO, Welsch F (Hrsg) Toxicology. Academic Press, San Diego, London, Boston, NY, Sydney, Tokyo, Toronto, 1153–1190.

73 Neubert D (2004) Möglichkeiten der Risikoabschätzung und der präventiven Gefährdungsminimierung, in Marquardt H, Schäfer S (Hrsg) Lehrbuch der Toxikologie, 2. Auflage, Wissenschaftliche Verlagsgesellschaft, Stuttgart, 1209–1261.

74 Neubert D, Barrach H-J, Merker H-J (1980) Drug-induced damage to the embryo or fetus (Molecular and multilateral approach to prenatal toxicology), in Grundmann E (Hrsg) Current Topics Pathology 69, Springer, Berlin, Heidelberg, New York, 241–331.

75 Neubert D, Jödicke B, Welsch F (1999) Reproduction and development, in Marquardt H, Schäfer SG, McClellan RO, Welsch F (Hrsg) Toxicology. Academic Press, San Diego, London, Boston, NY, Sydney, Tokyo, Toronto, 491–558.

76 Neubert D, Neubert R (1997) The various facets of thalidomide, *DGPT-Forum* **21**:37–45.

77 Neubert R, Brambilla P, Gerthoux PM, Mocarelli P, Neubert D (1999) Relevant data as well as limitations for assessing possible effects of polyhalogenated dibenzo-*p*-dioxins and dibenzofurans on

77. the human immune system, in Ballarin-Denti A, Bertazzi PA, Facchetti R, Fanelli R, Mocarelli P (Hrsg) Chemistry, Man and Environment. The Seveso accident 20 years on: monitoring, epidemiology and remediation, Elsevier Science Ltd., Amsterdam, Lausanne, NY, Oxford, Shannon, Singapore, Tokyo, 99–123.
78. Neubert R, Golor G, Stahlmann R, Helge H, Neubert D (1992) Polyhalogenated dibenzo-*p*-dioxins and dibenzofurans and the immune system. 4. Effects of multiple-dose treatment with 2,3,7,8-tetrachlorodibenzo-*p*-dioxin (TCDD) on peripheral lymphocyte subpopulations of a non-human primate (Callithrix jacchus), *Arch Toxicol* **66**:250–259.
79. Neubert R, Helge H, Neubert D (1995/96) Down-regulation of adhesion receptors on cells of primate embryos as a probable mechanism of the teratogenic action of thalidomide, *Life Sciences* **58**:295–316.
80. Neubert R, Helge H, Neubert D (1996) Nonhuman primates as models for evaluating substance-induced changes in the immune system with relevance for man, in Smialowicz RJ, Holsapple MP (Hrsg) Experimental Immunotoxicology, CRC Press, Boca Raton, NY, London, Tokyo, 63–98.
81. Neubert R, Neubert D (1997) Peculiarities and possible mode of actions of thalidomide, in Kavlock RJ, Daston GP (Hrsg) Handbook Experim Pharmacol 124/II: Embryonic Development II, Springer, Berlin, Heidelberg, NY:41–119.
82. Neubert R, Neubert D (1999) Immune system development, in Marquardt H, Schäfer SG, McClellan RO, Welsch F (Hrsg) Toxicology. Academic Press, San Diego, London, Boston, NY, Sydney, Tokyo, Toronto, 371–437.
83. Neubert R, Neubert D (2004) Immunsystem, in Marquardt H, Schäfer S (Hrsg) Lehrbuch der Toxikologie, 2. Auflage, Wissenschaftliche Verlagsgesellschaft, Stuttgart, 405–439.
84. Neubert RT, Delgado I, Webb JR, Brauer M, Dudenhausen JW, Helge H, Neubert D (2000) Assessing lymphocyte functions in neonates for revealing abnormal prenatal development of the immune system, *Teratogenesis Carcinog Mutagen* **20**:171–193.
85. Neubert RT, Webb JR, Neubert D (2002) Feasibility of human trials to assess developmental immunotoxicity, and some comparison with data on New World monkeys, *Human Exp Toxicol* **21**:543–567.
86. Neumann F, Steinbeck H (1974) Antiandrogens, *Handbook Exp Pharmacol* **35**:235–484.
87. Omura Y, Lee AY, Beckman SL, Simon R, Lorberboym M, Duvvi H, Heller SI, Urich C (1996) 177 cardiovascular risk factors, classified in 10 categories, to be considered in the prevention of cardiovascular diseases: an update of the original 1982 article containing 96 risk factors, *Acupunct Electrother Res* **21**:21–76.
88. Paine MF, Criss AB, Watkins PB (2004) Two major grapefruit juice components differ in intestinal CYP3A4 inhibition kinetic and binding properties, *Drug Metab Disposit* **32**:1146–1153.
89. Päpke O, Ball M, Lis A (1995) PCDD/PCDF und coplanare PCB in Humanproben. Aktualisierung der Hintergrundbelastung, Deutschland 1994, *Organohalogen Compounds* **22**:275–280.
90. Pitot HC, Goldsworth TL, Moran S, Kennan W, Glauert HP, Maronpot RR, Campbell HA (1987) A method to quantitate the relative initiating and promoting potencies of hepatocarcinogenic agents in their dose-response relationships to altered hepatic foci, *Carcinogenesis* **8**:1491–1499.
91. Preussmann R, Schmähl D, Eisenbrand G (1977) Carcinogenicity of *N*-Nitrosopyrrolidine: dose-response study in rats, *Z Krebsforsch* **90**:161–166.
92. Rane A, Sundwall A, Tomson G (1978) Oxidative and synthetic drug-metabolic pathways in the newborn infant. Studies on the neonatal kinetics of oxazepam, in Neubert D, Merker H-J, Nau H, Langman J (Hrsg) Role of Pharmacokinetics in Prenatal and Perinatal Toxicology, Georg Thieme, Stuttgart, 183–191.
93. Report (2001) Blood and hair mercury levels in young children and women in childbearing age – United States, 1999, *MMWR* **50**:140–143.

94 Ritchie JM (1980) Tetrodotoxin and saxitoxin and the sodium channels of excitable tissues, *Trends Pharmacol Sci* 1:275–279.
95 Rogers JM, Daston GP (1997) Alcohols: Ethanol and Methanol, in Kavlock RJ, Daston GP (Hrsg) Handbook Experim Pharmacol 124/II: Embryonic Development II, Springer, Berlin, Heidelberg, NY, 333–405.
96 Roman E, Beral V, Zuckerman B (1988) The relation between alcohol consumption and pregnancy outcome in humans. A critique, in Kalter H (Hrsg) Issues and Reviews in Teratology, vol 4, Plenum Press, NY, London, 205–235.
97 Ruëff F, Schöpf P, Huber R, Lang S, Kapfhammer W, Przybilla B (2001) Naturlatexallergie, eine verdrängte Berufskrankheit, *Dtsch Ärzteblatt* 96:B 934–937.
98 Salsburg D (1989) Does everything cause cancer, an alternative interpretation of the "carcinogenesis bioassay", *Fund Appl Toxicol* 13:351–358.
99 Salvaggio JE, Terr AI (1996) Multiple chemical sensitivity, multiorgan dysesthesia, multiple symptom complex, and multiple confusion: problems in diagnosing the patient presenting with unexplained multisystemic symptoms, *Crit Rev Toxicol* 26:617–631.
100 Sampson HA (2002) Peanut allergy, *N Engl J Med* 346:1294–11299.
101 Schaper A, Ebbecke M, Rosenbusch J Desel H (2002) Fischvergiftung, *Dtsch Ärzteblatt* 99:B 958–962.
102 Schmähl D (1988) Combination Effects in Chemical Carcinogenesis. VCH Verlagsgesellschaft, Weinheim, 1–279.
103 Schönfelder G, Flick B, Mayr E, Talsness C, Paul M, Chahoud I (2002) In utero exposure to low doses of bisphenol A lead to long-term deleterious effects in the vagina, *Neoplasia* 4:98–102.
104 Schrenk D, Weber R, Schmitz HJ, Hagenmaier A, Poellinger L, Hagenmaier H (1994) Toxicological characterization of 2,3,7,8-tetrafluorodibenzo-p-dioxin (TFDD), *Organohalogen Compounds* 21:217–222.
105 Schulz T, Neubert D (1993) Peculiarities of biotransformation in the pre- and postnatal period, in Ruckpaul K, Rein H (Hrsg) Frontiers in Biotransformation 9, Regulation and Control of Complex Biological Processes by Biotransformation, Akademie Verlag, Berlin, 162–214.
106 Schwab M, Marx C, Zanger UM, Eichelbaum M (2002) Pharmakogenetik der Zytochrom-P-450-Enzyme, *Dtsch Ärzteblatt* 99:C 377–387.
107 Simeone A, Acampora D, Nigoro V, Faiella A, D'Esposito M, Stornaiuolo A, Mavilio F, Boncinelli E (1993) Differential regulation by retinoic acid of the homeobox genes of the four HOX loci in human carcinoma cells, *Mech Dev* 33:215–228.
108 Smialowicz RJ (2002) The rat as a model in developmental immunotoxicology, *Hum Exper Toxicol* 21:513–519.
109 Smialowicz RJ, Riddle MM, Williams WC, Diliberto JJ (1994) Effects of 2,3,7,8-tetrachlorodibenzo-p-dioxin (TCDD) on humoral immunity and lymphocyte subpopulations: differences between mice and rats, *Toxicol Appl Pharmacol* 124:248–256.
110 Spohr H-L, Steinhausen HC (1987) Follow-up studies of children with fetal alcohol syndrome, *Neuropediatr* 18:13–17.
111 Spohr H-L, Willms J, Steinhausen H-C (1993) Prenatal alcohol exposure and long-term developmental consequences, *Lancet* 341:907–910.
112 Straub RH, Westermann J, Schölmerich J, Falk W (1998) Dialogue between the CNS and the immune system in lymphoid organs, *Immunology Today* 19:409–413.
113 Talsness C, Fialkowski O, Gericke C, Merker H-J, Chahoud I (2000) The effects of low and high doses of Bisphenol A on the reproductive system of female and male rat offspring, *Congen Anomal* 40:94–107.
114 Terlau H, Heinemann SH, Stühmer W, Pusch M, Conti F, Imoto K, Numa S (1991) Mapping in site of block by tetrodotoxin and saxitoxin of sodium channel II, *FEBS Lett* 293:93–96.

115 vom Saal FS, Timms BG, Montano MM, Palanza P, Thayer KA, Nagel SC, Dhar MD, Ganjam VK, Parmigiani S, Welshons WV (1997) Prostate enlargement in mice due to fetal exposure to low doses of estradiol or diethylstilbestrol and opposite effects at high doses, *National Acad Sci USA* **94**:2056–2061.

116 von Mutius E, Fritzsch C, Weiland SK, Roll G, Magnussen H (1992) Prevalence of asthma and allergic disorders among children in united Germany, *Br Med J* **305**:1395–1399.

117 Wald N (1993) Folic acid and the prevention of neural tube defects, *Ann NY Acad Sci* **678**:112–129.

118 Williams GM, Iatropoulos MJ, Jeffrey AM (2000) Mechanistic basis for nonlinearity and thresholds in rat liver Carcinogenesis by DNA-reactive carcinogens 2-acetylaminofluorene and diethylnitrosamine, *Toxicol Pathol* **28**:388–395.

119 Williams GM, Iatropoulos MJ, Jeffrey AM, Luo FQ, Wang CX, Pittman B (1999) Diethylnitrosamine exposure-responses for DNA ethylation, hepatocellular proliferation, and initiation of carcinogenesis in rat liver display non-linearities and thresholds, *Arch Toxicol* **73**:394–402.

120 Williams GM, Williams CL, Weisburger JH (1999) Diet and cancer prevention: the fiber first diet, *Toxicol Sci* **52**:72–86.

121 Wilson JG, Roth CB, Warkany J (1953) An analysis of the syndrome of malformations induced by maternal vitamin A deficiency. Effects of restoration of vitamin A at various times during gestation, *Am J Anat* **92**:189–217.

122 Workshop on Developmental Immunotoxicology (2002 *Human Exp Toxicol* **21**:469–572.

123 Wurst W, Karasawa M, Forrester LM (1997) Induction gene trapping in embryonic stem cells, in Klug S, Thiel R (Hrsg) Methods in Developmental Toxicology and Biology, Blackwell Science, Berlin, Wien, 151–159.

124 Young E, Stoneham MD, Petruckevitch A, Barton J, Rona R (1994) A population study of food intolerance, *Lancet* **343**:1127–1130.

## Zusätzliche weiterführende Literatur

Adami H-O, Lipworth L, Titus-Ernstoff L, Hsieh C-C, Hanberg A, Ahlborg U, Baron J, Trichopoulos D (1995) Organochlorine compounds and estrogen-related cancers in women. *Cancer Causes Control* **6**:551–566.

Albert RE (1994) Carcinogen risk assessment in the US environmental agency. *Crit Rev Toxicol* **24**:75–85.

Barlow SM, Sullivan FM (1982) Reproductive Hazards of Industrial Chemicals. Academic Press, London, 1–610.

Bass R, Henschler D, König J, Lorke D, Neubert D, Schütz E, Schuppan D, Zhinden G (1982) LD$_{50}$ versus acute toxicity. Critical assessment of the methodology currently in use. *Arch Toxicol* **51**:183–186.

Bass R, Neubert D, Stötzer H, Bochert G (1985) Quantitative dose-response models in prenatal toxicology. In: Methods for Estimating Risk of Chemical Injury: Human and Non-human Biota and Ecosystems (Vouk VB, Butler GC, Hoel DG, Peakall DB (Hrsg) SCOPE, 437–453.

Bouié J, Philippe E, Giroud A, Bouié A (1976) Phenotypic expression of lethal chromosomal anomalies in human abortuses. *Teratology* **14**:3–20.

Bradford Hill A (1965) The environment and disease: association or causation? *Proc Royal Soc Med* **58**:295–300.

Brown NA, Fabro S (1983) The value of animal teratogenicity testing for predicting human risk. *Clin Obstetr Gyn* **26**:467–477.

Burleson GR, Lebrec H, Yang YG, Ibanes JD, Pennington KN, Birnbaum LS (1996) Effect of 2,3,7,8-tetrachlorodibenzo-p-dioxin (TCDD) on influenza viral host resistance in mice. *Fundam Appl Toxicol* **29**:40–47.

Burney P, Nield JE, Twort CHC, et al. (1989) The effect of changing dietary sodium on the response to histamine. *Thorax* **44**:36–41.

Chahoud I, Krowke R, Schimmel A, Merker H-J, Neubert D (1989) Reproductive toxicity and toxicokinetics of 2,3,7,8-terachlorodibenzo-*p*-dioxin. 1. Effects of high doses on the fertility of male rats. *Arch Toxicol* **66**:567–572.

Cohrssen JJ, Covello VT (1989) Risk Analysis: a Guide to Principles and Methods for Analyzing Health and Environmental Risks. Natl Techn Inform Serv, US Dep of Commerce, 1–407.

Concato J, Feinstein AR, Holford TR (1993) The risk of determining risk with multivariable models. *Ann Internal Med* **118**:201–210.

Crouch E, Wilson R (1979) Interspecies comparison of carcinogenic potency. *J Toxicol Environ Health* **5**:1095–1118.

Daston GP, Rogers JM, Versteeg DJ, Sabourin TD, Baines D, Marsh SS (1991) Interspecies comparison of A/D ratios: A/D ratios are not constant across species. *Fund Appl Toxicol* **17**:696–722.

Day NE (1988) Epidemiological methods for the assessment of human cancer risk. In: Toxicological Risk Assessment, Vol. II (Clayson DB, Krewski D, Munro I (Hrsg), CRC Press, Boca Raton, Florida, 3–15.

Diwan BA, Rice JM, Ohshima M, Ward JM (1986) Interstrain differences in susceptibility to liver carcinogenesis initiated by N-nitrosodiethylamine and its promotion by phenobarbital in C57BL/6NCr, C3H/HeNCr$^{MTVV-}$ and DBA/2NCr mice. *Carcinogenesis* **7**:215–220.

ECOTOC (1992) "Toxic to reproduction" guidance on classification (EC 7$^{th}$ amendment). ECOTOC Techn Rep #47:1–45.

Emanuel EJ, Miller FG (2001) The ethics of placebo-controlled trials – a middle ground. *N Engl J Med* **345**:915–919.

Foerster M, Delgado I, Abraham K, Gerstmayer S, Neubert R (1997) Comparative study on age-dependent development of surface receptors on peripheral blood lymphocytes in children and young non-human primates (marmosets). *Life Sciences* **60**:773–785.

Foerster M, Kastner U, Neubert R (1992) Effect of six virustatic nucleoside analogues on the development of fetal rat thymus in organ culture. *Arch Toxicol* **66**:688–699.

Freireich EJ, Gehan EA, Rall DP, Schmidt LH, Skipper HE (1966) Quantitative comparison of toxicity of anticancer agents in mouse, rat, hamster, dog, monkey, and man. *Cancer Chemother Reports* **50**:219–244.

Greenland S (1994) A critical look at some popular meta-analytic methods. *Am J Epidemiol* **140**:290–296.

Habermann E (1995) Vergiftet ohne Gift. Glauben und Ängste in der Toxikologie. *Skeptiker* **3**:92–100.

Hayes WA (Hrsg) (1989) Principles and Methods in Toxicology. Raven Press, NY.

Hendrickx AG, Sawyer RH (1978) Developmental staging and thalidomide teratogenicity in the green monkey (*Cercopithecus aethiops*). *Teratology* **18**:393–404.

Hróbjartsson A, Gøtzsche PC (2001) Is the placebo powerless? An analysis of clinical trials comparing placebo with no treatment. *N Engl J Med* **344**:1594–1602.

Kirkland DJ, Müller L (2000) Interpretation of the biological relevance of genotoxicity test results: the importance of thresholds. *Mutation Res* **464**:137–147.

Klaassen CD, Amdur MO, Doull J (Hrsg) (1991) Casarett and Doull's Toxicology. The Basic Science of Poisons, Pergamon Press, NY, 1–1111.

Klug S, Thiel R (Hrsg) (1997) Methods in Developmental Toxicology and Biology. Blackwell Science, Berlin, Vienna, 1–275.

Kroes R, Galli C, Munro I, Schilter B, Tran I, Walker R, Wurtzen G (2000) Threshold of toxicological concern for chemical substances present in the diet: a practical tool for assessing the need for toxicity testing. *Food Chem Toxicol* **38**:255–312.

Lamb DJ (1997) Hormonal disruptors and male infertility: are men at serious risk? *Regul Pharmacol Toxicol* **26**:30–33.

Lasagna L, Mosteller F, von Felsinger JM, Beecher HK (1954) A study of the placebo response. *Am J Med* **16**:770–779.

Lipshultz LI, Ross CE, Ehorton D, Milby T, Smith R, Joyner RE (1980) Dibromomonochloropropane and its effect on testicular function in man. *J Urology* **124**:464–468.

Löscher W, Marquardt H (1993) Sind Ergebnisse aus Tierversuchen auf den Menschen übertragbar? *Dtsch Med Wschr* **118**:1254–1263.

Luster MI, Portier C, Pait DG, White KL, Gennings C, Munson AE, Rosenthal GJ (1992) Risk assessment in immunotoxicology. 1. Sensitivity and predictability of immune tests. *Fundam Appl Toxicol* **18**:200–210.

Lynch JW, Kaplan GA, Cohen RD, Tuomilehto J, Salonen JT (1996) Do cardiovascular risk factors explain the relation between socioeconomic status, risk of all-cause mortality, cardiovascular mortality, and acute myocardial infarction? *Am J Epidemiol* **144**:934–942.

Mallidis C, Howard EJ, Baker HWG (1991) Variation of semen quality in normal men. *Int J Androl* **14**:99–107.

Mantel N (1980) Limited usefulness of mathematical models for assessing the carcinogenic risk of minute doses. *Arch Toxicol Suppl* **3**:305.

Marquardt H, Schäfer S (Hrsg) (2004) Lehrbuch der Toxikologie, 2. Auflage. Wissenschaftliche Verlagsgesellschaft mbH, Stuttgart, 1–1348.

Marquardt H, Schäfer SG, McClellan RO, Welsch F (Hrsg) (1999) Toxicology. Academic Press, San Diego, London, Boston, NY, Sydney, Tokyo, Toronto, 1–1330.

Mastroiacovo P, Spagnolo A, Marni E, Meazza L, Bertoleini R, Segni G (1988) Birth defects in the Seveso area after TCDD contamination. *JAMA* **259**:1668–1672.

Meyer ME, Pernon A, Jingwei J, Bocquel MT, Chambon P, Gronemeyer H (1990) Agonistic and antagonistic activities of RU486 on the functions of the human progesterone receptor. *EMBO J* **12**:3923–3932.

Müller L, Kasper P (2000) Human biological relevance and the use of threshold-arguments in regulatory genotoxicity assessment: experience with pharmaceuticals. *Mutation Res* **464**: 19–34

Naghma-E-Rehan, Sobrero AJ, Fertig JW (1975) The semen of fertile men: statistical analysis of 1300 men. *Fertil Steril* **26**:492–502.

Neubert D (1993) Current efforts to use mechanistic information for risk assessment in carcinogenesis and its relevance to man. In: Somogyi A, Appel KE, Katenkamp A (Hrsg) Chemical Carcinogenesis. The Relevance of Mechanistic Understanding in Toxicological Evaluation, MMV Medizin Verlag (bga-Schriften), München, 169–194.

Neubert D (2001) Problems associated with epidemiological studies to evaluate possible health risks of particulate air pollution (especially $PM_{10}/PM_{2,5}$). *VGB PowerTech* **81**:69–74.

Neubert D, Bochert G, Platzek T, Chahoud I, Fischer B, Meister R (1987) Dose-response relationships in prenatal toxicology. *Congen Anom* **27**:275–302.

Neubert D, Chahoud I (1985) Significance of species and strain differences in pre- and perinatal toxicology. *Acta Histochem* **31**:23–35.

Neubert D, Kavlock RJ, Merker H-J, Klein J (Hrsg) (1992) Risk Assessment of Prenataly-induced Adverse Health Effects. Springer-Verlag, Berlin, Heidelberg, NY, London, Paris, Tokyo, Hong Kong, Barcelona, Budapest, 1–565.

Neubert D, Merker H-J, (Hrsg) (1981) Culture Techniques. Applicability for Studies on Prenatal Differentiation and Toxicity. Walter de Gruyter, Berlin, 7–621.

Neubert D, Merker H-J, Hendrickx AG (Hrsg) (1988) Non-Human Primates, Developmental Biology and Toxicology. Ueberreuter Wissenschaft, Wien, Berlin, 3–606.

Neubert D, Merker H-J, Kwasigroch TE, Kreft R, Bedürftig A, (Hrsg) (1977) Methods in Prenatal Toxicology. Georg Thieme, Stuttgart, 1–474.

Neubert R, Nogueira AC, Neubert D (1992) Thalidomide and the immune system. 2. Changes in receptors on blood cells of a healthy volunteer. *Life Sciences* **51**:2107–2117.

Nishimura H, Takano K, Tanimura T, Yasuda M (1968) Normal and abnormal development of human embryos: first report of the analysis of 1213 intact embryos. *Teratology* **1**:281–290.

O'Rahilly R, Müller F (1992) Human Embryology and Teratology. Wiley-Liss Inc, NY, Chichester, Brisbane, Toronto, Singapore.

Orth JM, Gunsalus G, Lamperti AA (1988) Evidence from Sertoli cell-depleted rats indicates that spermatid number in adults depends on number of Sertoli cells produced during perinatal development. *Endocrinol* **122**:787–794.

Platzek T, Meister R, Chahoud I, Bochert G, Krowke R, Neubert D (1986) Studies on mechanisms and dose-response relationships of prenatal toxicity. In: Welsch F (Hrsg) Approaches to Elucidate Mechanisms in Teratogenesis. Hemisphere Publ Co, Washington, New York, London, 59–81.

Sackett DL, Haynes RB, Guyatt GH, Tugwell P (1991) Clinical Epidemiology, A Basic Science for Clinical Medicine, 2$^{nd}$ ed. Little, Brown and Co, Boston, Toronto, London, 3–444.

Shepard TH (1992) Catalog of Teratogenic Agents. 7th edn., Johns Hopkins Univ Press, Baltimore, London, 1–529.

Sikorski EE, Kipen HM, Selner JC, Miller CM, Rodgers KE (1995) Roundtable summary: the question of multiple chemical sensitivity. *Fund Appl Toxicol* **24**:22–28.

Skrabanek P, McCormick J (1993) Torheiten und Trugschlüsse in der Medizin, 3. Auflage. Kirchheim, Mainz.

Smialowicz RJ, Holsapple MP (Hrsg) (1996) Experimental Immunotoxicology. CRC Press, Boca Raton, NY, London, Tokyo, 1–487.

Smialowicz RJ, Riddle MM, Rogers RR, Leubke RW, Copeland CB, Ernest GG (1990) Immune alterations in rats following subacute exposure to tributyltin oxide. *Toxicology* **64**:169–178.

Smith GD, Neaton JD, Wentworth D, Stamler R, Stamler J (1996) Socioeconomic differentials in mortality risk among men screened for the multiple risk factor intervention trial: I white men. *Am J Public Health* **86**:486–496.

Somogyi A, Appel KG, Katenkamp A (1992) (Hrsg) Chemical Carcinogenesis. The Relevance of Mechanistic Understanding in Toxicological Evaluation. *BGA Schriften 3*, MMV Medizin, München.

Springer TA 1990 Adhesion receptors of the immune system. *Nature* **346**:425–434.

Stavric B, Gilbert SG (1990) Caffeine metabolism: a problem in extrapolating results from animal studies to humans. *Acta Pharm Jugosl* **40**:475–489.

Thun MJ, Peto R, Lopez AD, Monaco JH, Henley SJ, Heath CW, Doll R (1997) Alcohol consumption and mortality among middle-aged and elderly US adults. *N Engl J Med* **337**:1705–1714.

Trichopoulos D, Li FP, Hunter DJ (1996) What causes cancer? The top two causes – tobacco and diet – account for almost two thirds of all cancer deaths and are among the most correctable. *Scientific American (September)*:50–57.

Van Loveren H, Schuurman H-J, Kampinga J, Vos JG (1991) Reversibility of thymic atrophy induced by 2,3,7,8-tetrachlorodibenzo-p-dioxin (TCDD) and bis(tri-n-butyltin)oxide (TBTO). *Int J Immunopharmacol* **13**:369–377.

Vang O, Jensen MB, Autrup H (1990) Induction of cytochrome P450IA1 in rat colon and liver by indole-3-carbinol and 5,6-benzoflavone. *Carcinogenesis* **11**:1259–1263.

Vos J, van Loveren H, Wester P, Vethaak D (1989) Toxic effects of environmental chemicals on the immune system. *TIPS* **10**:289–292.

Welling PG (1977) Influence of food and diet on gastrointestinal drug absorption: a review. *J Pharmacokin Biopharmaceut* **5**:291–334.

WHO (1984) Principles for Evaluating Health Risks to Progeny with Exposure to Chemicals During Pregnancy. (IPCS) Geneva, *Environ Health Criteria* **30**:1–177.

WHO (1996) Principles and Methods for Assessing Direct Immunotoxicity Associated with Exposure to Chemicals. (IPCS) Geneva, *Environ Health Criteria* **180**:1–390.

WHO (1999) Principles and Methods for Assessing Allergic Hypersensitization Associated with Exposure to Chemicals. (IPCS) Geneva, *Environ Health Criteria* **212**:1–399.

WHO (2000) Human Exposure Assessment. (IPCS) Geneva, *Environ Health Criteria* **214**:1–375.

WHO (2000) Safety Evaluation of Certain Food Additives and Contaminants. (IPCS) Geneva, *WHO Food Additives Series* **44**:1–537.

Winneke G (1992) Cross-species extrapolation in neurotoxicology: neurophysiological and neurobehavioral aspects. *NeuroToxicol* **13**:15–26.

# 7
# Ableitung von Grenzwerten in der Lebensmitteltoxikologie

*Werner Grunow*

## 7.1
### Einleitung

Von besonderer Bedeutung für die Lebensmitteltoxikologie ist die Frage, welche Mengen von in Lebensmitteln enthaltenen Stoffen gesundheitlich unbedenklich sind. Für ihre Beantwortung müssen die Obergrenzen des duldbaren Aufnahmebereiches der betreffenden Stoffe auf der Basis toxikologischer Daten abgeschätzt werden. Dies erfolgt vor allem durch internationale wissenschaftliche Gremien wie das Joint FAO/WHO Expert Committee on Food Additives (JECFA), den Wissenschaftlichen Lebensmittelausschuss der EU (Scientific Committee on Food, SCF) und seine Nachfolgegremien, die Scientific Panels der European Food Safety Authority (EFSA). Die von diesen Gremien aufgestellten Grenzwerte für die duldbare Aufnahme haben keinen rechtlich verbindlichen Charakter, dienen aber als weithin anerkannte wissenschaftliche Grundlage für rechtlich verbindliche Höchstmengen in Lebensmitteln, die im Rahmen von Rechtsvorschriften festgelegt werden. Sie werden auch bei der Aufstellung von internationalen Standards durch den Codex Alimentarius berücksichtigt und bilden gelegentlich die Basis für weniger rechtswirksame Richtwerte und an den Verbraucher gerichtete Verzehrsempfehlungen.

In manchen Fällen, wie bei Stoffen, die karzinogen und genotoxisch wirken, kann kein unbedenklicher Aufnahmebereich definiert werden. Dies bedeutet, dass toxikologisch begründete Grenzwerte nicht angegeben werden können und stattdessen eine Minimierung der Aufnahme empfohlen werden muss.

Die Ableitung von toxikologischen Grenzwerten für die unbedenkliche Aufnahme erfolgt im Rahmen einer Risikobewertung auf der Grundlage der Dosis-Wirkungsbeziehungen der betreffenden Stoffe. Im Einzelnen wird jedoch bei Lebensmittelzusatzstoffen, in Lebensmitteln natürlich vorkommenden Stoffen, Aromastoffen, Kontaminanten und Rückständen in Lebensmitteln unterschiedlich vorgegangen. Auch werden nicht überall dieselben Begriffe verwendet.

*Handbuch der Lebensmitteltoxikologie.* H. Dunkelberg, T. Gebel, A. Hartwig (Hrsg.)
Copyright © 2007 WILEY-VCH Verlag GmbH & Co. KGaA, Weinheim
ISBN: 978-3-527-31166-8

## 7.2
## Lebensmittelzusatzstoffe

Der Zulassung von Lebensmittelzusatzstoffen, zu denen unter anderem Konservierungsstoffe, Antioxidantien und Farbstoffe, aber auch Süßstoffe und Zuckeraustauschstoffe gehören, geht eine gründliche Risikobewertung voraus. Diese führt, wenn ausreichende toxikologische Untersuchungen vorliegen, zur Ableitung einer duldbaren täglichen Aufnahmemenge, dem ADI-Wert (acceptable daily intake), der beim Verzehr von Lebensmitteln, die den betreffenden Zusatzstoff enthalten, längerfristig nicht überschritten werden sollte. Liegen keine ausreichenden Daten für die Risikobewertung vor oder ist die mögliche Aufnahme auf Grund vorliegender Daten bedenklich, kommt eine Zulassung nicht infrage oder wird gegebenenfalls zurückgenommen.

### 7.2.1
### ADI-Wert

Nach der Definition von JECFA ist der ADI-Wert diejenige Menge eines Lebensmittelzusatzstoffes in mg/kg Körpergewicht, die täglich lebenslang aufgenommen werden kann, ohne dass damit ein merkliches Gesundheitsrisiko verbunden ist („amount of a food additive, expressed on a body weight basis, that can be ingested daily over a lifetime without appreciable health risk") [1, 23]. Er wird von JECFA nach der Gleichung

$$\text{ADI-Wert} = \frac{\text{Dosis ohne beobachtete Wirkung}}{\text{Sicherheitsfaktor}}$$

aus der höchsten Dosis in mg/kg Körpergewicht, bei der in Tierversuchen keine Wirkung des Zusatzstoffes beobachtet wurde (no observed effect level, NOEL), und einem Sicherheitsfaktor abgeleitet und wird immer als von 0 beginnender akzeptabler Aufnahmebereich angegeben (Tab. 7.1).

Nach dieser Definition sind ADI-Werte das Ergebnis einer Risikobewertung mit der Angabe der höchsten Aufnahmemenge, für die sich noch kein merkliches Risiko erkennen lässt. Dabei werden wie bei jeder anderen Risikobewertung die Schritte der Gefahrenidentifizierung und -charakterisierung unter besonderer Beachtung der Dosis-Wirkungsbeziehung durchlaufen, dann aber nicht nach Expositionsabschätzung die jeweiligen Risiken beschrieben, sondern gleichsam umgekehrt für das Nichtvorhandensein eines merklichen Risikos die Expositionsbedingungen angegeben. Dieser Definition und Art der Ableitung der ADI-Werte haben sich andere nationale und internationale Gremien, insbesondere auch der SCF angeschlossen.

Grundsätzlich soll der ADI-Wert durch den Sicherheitsfaktor alle Gruppen der Bevölkerung einschließlich unterschiedlicher Altersgruppen abdecken. Liegen allerdings spezielle Hinweise auf besondere Empfindlichkeit von Bevölkerungsgruppen vor, können diese ausgenommen und gesondert behandelt wer-

**Tab. 7.1** ADI-Werte wichtiger Lebensmittelzusatzstoffe (SCF/EFSA).

| Substanz | ADI-Wert [mg/kg Körpergewicht/Tag] | |
|---|---|---|
| *Konservierungsstoffe:* | | |
| Benzoesäure | 0–5 | Gruppen-ADI (Benzoesäure, Salze, Benzylalkohol und verwandte Benzylderivate) |
| *para*-Hydroxyben-zoesäureester | 0–10 | Gruppen-ADI (Methyl-, Ethylester) |
| Sorbinsäure | 0–25 | Gruppen-ADI (Sorbinsäure, Ca-, K-Salz) |
| *Antioxidantien:* | | |
| BHA | 0–0,5 | |
| BHT | 0–0,05 | |
| Gallate | 0–0,5 | Gruppen-ADI (Propyl-, Octyl-, Dodecylester) |
| Schwefeldioxid | 0–0,7 | |
| *Süßstoffe:* | | |
| Aspartam | 0–40 | |
| Cyclamat | 0–7 | Gruppen-ADI (Cyclohexansulfamidsäure, Ca-, Na-Salz als freie Säure) |
| Na-Saccharin | 0–5 | Gruppen-ADI (Saccharin, Ca-, Na-, K-Salz) |

den. So gilt der ADI-Wert grundsätzlich nicht für Kleinkinder im Alter bis zu 12 Wochen [12].

Nicht immer wird der ADI-Wert numerisch angegeben. Manchmal trägt er nur die Bezeichnung „not specified", die den früheren Begriff „not limited" abgelöst hat. Ein ADI-Wert „not specified" wird aber nur Zusatzstoffen mit sehr geringer Toxizität erteilt, wenn die Gesamtaufnahme aus verschiedenen Quellen nicht zu einer Gesundheitsgefährdung führen kann und deshalb ausdrücklich ein numerischer Wert unnötig erscheint. Die Bezeichnung „not specified" bedeutet nicht, dass die Verwendung beliebig hoher Mengen solcher Stoffe akzeptiert wird. Um Missverständnissen vorzubeugen, hat JECFA darauf verwiesen, dass auch in diesem Fall die Verwendung in Lebensmitteln nach guter Herstellerpraxis erfolgen sollte, das heißt in den niedrigsten technologisch notwendigen Mengen. Sie sollte auch weder minderwertige Lebensmittelqualität verbergen noch ernährungsmäßige Imbalanzen verursachen [23].

In einigen Fällen gilt der ADI-Wert nicht nur für einen einzelnen Zusatzstoff, sondern für eine ganze Gruppe von Verbindungen, um die kumulative Aufnahme der zur Gruppe gehörenden Verbindungen zu begrenzen. Ein solcher Gruppen-ADI-Wert wird zum Beispiel abgeleitet, wenn es sich um Substanzen handelt, die ähnliche Wirkungen besitzen. Auch wenn Stoffe zu demselben toxischen Stoffwechselprodukt metabolisiert werden können, kann die Aufstellung eines Gruppen-ADI-Wertes angebracht sein (Tab. 7.1).

ADI-Werte sind natürlich vom aktuellen Kenntnisstand abhängig und können sich, wie in der Vergangenheit häufig geschehen, im Laufe der Zeit mit fortschreitender Erkenntnis ändern. Außerdem beruhen sie auf einer bei ihrer Aufstellung getroffenen Entscheidung, welche Dosis ohne Wirkung aus welchem Tierversuch zugrunde gelegt und welcher Sicherheitsfaktor verwendet wird. Damit unterliegen sie bis zu einem gewissen Grad subjektiven Einschätzungen. Dies erklärt, warum nur ADI-Werte, die von kompetenten wissenschaftlichen Gremien, wie JECFA, SCF und den Scientific Panels der EFSA aufgestellt wurden, als anerkannt gelten und warum sich selbst ADI-Werte solcher Gremien manchmal unterscheiden.

Die vom Verbraucher aufgenommenen Zusatzstoffmengen sollten längerfristig nicht zur Überschreitung von ADI-Werten führen. Da sich aber ADI-Werte auf lebenslange Exposition beziehen, sind einmalige oder kurzfristige Aufnahmen, die geringfügig darüber liegen, kein Anlass zur Besorgnis [23].

### 7.2.2
**Dosis ohne beobachtete Wirkung**

Zur Ableitung von ADI-Werten wird die höchste Dosis ohne beobachtete Wirkung, vorzugsweise aus Langzeitfütterungsversuchen an der empfindlichsten der untersuchten Tierarten, verwendet. Nur wenn Daten zum Stoffwechsel oder zur Kinetik zeigen, dass eine andere Tierart für die Risikoabschätzung beim Menschen geeigneter ist, geht man nicht von der empfindlichsten, sondern von der geeignetsten Tierart aus.

JECFA bezeichnet nach wie vor die für die Ableitung von ADI-Werten benutzte Dosis als „no observed effect level" (NOEL), berücksichtigt aber nicht jeden beobachteten Effekt, sondern nur toxische (adverse) Wirkungen. Zum Beispiel gelten Diarrhöen auf Grund osmotischer Effekte, geringere Körpergewichtszunahme oder Caecumerweiterung durch hohe Dosen nicht nutritiver Substanzen sowie geringere Wachstumsrate und verminderter Futterverbrauch bei Verfütterung geschmacklich unangenehmer Substanzen als normale physiologische Reaktionen, die nicht zur Ableitung von ADI-Werten herangezogen werden [23]. In anderen Gremien ist es deshalb üblich geworden, den Begriff „no observed adverse effect level" (NOAEL) zu verwenden.

### 7.2.3
**Sicherheitsfaktor**

Um eine ausreichende Sicherheit zu gewährleisten, wird bei der Ableitung der ADI-Werte der in Langzeitfütterungsversuchen ermittelte NOAEL durch einen Sicherheitsfaktor geteilt, der in der Regel 100 beträgt. Dieser Faktor soll berücksichtigen, dass der Mensch möglicherweise um den Faktor 10 empfindlicher reagiert als die untersuchte Tierart und auch die Empfindlichkeit innerhalb der menschlichen Population um den Faktor 10 variiert [23].

Die Unterschiede in der Toxizität eines Stoffes zwischen den Spezies und zwischen den einzelnen Individuen innerhalb einer Spezies beruhen auf unterschiedlicher Metabolisierung und Kinetik des Stoffes (Toxikokinetik) und seiner unterschiedlichen Wirkung am Zielorgan (Toxikodynamik). Daher lassen sich die Faktoren für die Interspezies-Differenzen und die interindividuellen Unterschiede in Einzelfaktoren unterteilen [15, 16], die beim Interspeziesfaktor 4 für den toxikokinetischen und 2,5 für den toxikodynamischen Anteil betragen und beim interindividuellen Faktor mit jeweils 3,2 gleiche Größe haben [24, 25].

Liegen nur unzureichende Daten aus Tierversuchen vor, kann ein höherer Sicherheitsfaktor als 100 verwendet werden. Dies geschieht zum Beispiel, wenn statt der normalerweise verlangten Langzeitfütterungsversuche über zwei Jahre an Ratten oder über 18 Monate an Mäusen nur Untersuchungen über 90 Tage Fütterungsdauer vorliegen oder wenn die niedrigste geprüfte Dosis nicht völlig wirkungslos war, sondern noch einen geringen toxischen Effekt zeigte und deshalb nicht als NOAEL, sondern höchstens als „lowest observed adverse effect level" (LOAEL) gelten kann.

Sind dagegen ausreichende Erfahrungen über Dosis und Wirkung am Menschen verfügbar, ist eine Extrapolation aus Tierversuchen nicht notwendig und ein Sicherheitsfaktor von 10, der die Variationsbreite beim Menschen berücksichtigt, kann ausreichen.

## 7.2.4
**Prüfanforderungen**

Wesentliche Voraussetzung für die Aufstellung von ADI-Werten ist die ausreichende toxikologische Untersuchung der betreffenden Stoffe. Anforderungen an die toxikologische Prüfung von Lebensmittelzusatzstoffen, die für die Risikoabschätzung und mögliche Ableitung eines ADI-Wertes erfüllt sein müssen, sind zum Beispiel vom SCF genannt worden [21].

Danach wird zwischen Studien, die als Kerndatensatz („core set") verlangt werden (Tab. 7.2), und zusätzlichen Untersuchungen unterschieden. Letztere können von Fall zu Fall notwendig werden, wenn Hinweise aus der chemischen Struktur oder aus den Ergebnissen der für den Kerndatensatz durchgeführten toxikologischen Studien vorliegen, die auf bestimmte Wirkungen hindeuten. Solche zusätzlichen Untersuchungen können zum Beispiel zur Immuntoxizität, Allergenität oder Neurotoxizität erforderlich sein. Auch spezielle Untersuchungen zum Mechanismus der Toxizität sowie über bestimmte in den Studien des Kerndatensatzes aufgefallenen und nicht geklärten Befunde können notwendig werden. Unter Umständen können bestimmte Fragestellungen auch durch Untersuchungen an freiwilligen Probanden abgeklärt werden. In jedem Fall sind alle Erkenntnisse am Menschen in die Risikobewertung einzubeziehen, die in anderem Zusammenhang, zum Beispiel am Arbeitsplatz, gewonnen wurden.

In manchen Fällen, zum Beispiel bei Stoffen, die zwar Zusatzstoffe, aber auch natürliche Lebensmittelbestandteile sind, bei sehr geringen Aufnahmemengen oder wenn geeignete toxikologische Daten chemisch sehr verwandter Verbindungen vorliegen, muss allerdings nicht immer das volle Programm der aufgezählten Studien durchgeführt werden. Ein Verzicht auf die Durchführung bestimmter Studien muss jedoch von den Antragstellern ausdrücklich und überzeugend begründet werden.

**Tab. 7.2** Kerndatensatz der Prüfanforderungen an Lebensmittelzusatzstoffe (SCF/EFSA).

*Metabolismus/Toxikokinetik*

*Subchronische Toxizität*
  in einer Nager- und Nichtnagerspezies über mindestens 90 Tage

*Genotoxizität*
  Test auf Induktion von Genmutationen in Bakterien
  Test auf Induktion von Genmutationen in Säugerzellen *in vitro*
  Test auf Induktion von Chromosomenaberrationen in Säugerzellen *in vitro*
  (bei positivem Ausgang eines der Tests Prüfung auf Genotoxizität *in vivo*)

*Chronische Toxizität und Karzinogenität*
  in zwei Tierarten (Ratte 24 Monate, Maus 18 oder 24 Monate)

*Reproduktionstoxizität*
  Multigenerationsstudien
  Entwicklungstoxizität in einer Nager- und Nichtnagerspezies

## 7.2.5
## Höchstmengen

Höchstmengen für Lebensmittelzusatzstoffe müssen die Bedingung erfüllen, dass die Gesamtaufnahme des betreffenden Stoffes aus Lebensmitteln nicht zur langfristigen Überschreitung des für ihn gültigen ADI-Wertes führt. Ihre Festlegung gehört nicht mehr zur lebensmitteltoxikologischen Risikobeurteilung, sondern ist unter Abwägung der lebensmitteltechnischen Notwendigkeit sowie verbraucherpolitischer und ökonomischer Aspekte Aufgabe des Risikomanagements.

Bei der Aufstellung von Höchstmengen muss von der möglichen Exposition der Verbraucher ausgegangen werden, die sich aus den notwendigen Einsatzmengen der Zusatzstoffe und den Verzehrsmengen der betreffenden Lebensmittel ergibt. Dabei sind auch extreme Verzehrsgewohnheiten zu berücksichtigen und nicht nur der statistische Durchschnitt des Lebensmittelverbrauchs. Außerdem ist zu vermeiden, dass die ADI-Werte ohne Grund ausgeschöpft werden. Deshalb sollten Höchstmengen nicht nur die Bedingung erfüllen, dass der ADI-Wert eingehalten wird, sondern auf die niedrigst möglichen Werte festgelegt werden. Dazu müssen sie sich an den für die erforderlichen Zwecke unbedingt notwendigen Mindestmengen der Zusatzstoffe orientieren, die meist nur zu Aufnahmemengen führen, die deutlich unter den ADI-Werten liegen.

Vor allem bei Lebensmittelzusatzstoffen, für die ein ADI-Wert „not specified" aufgestellt wurde, werden häufig keine zahlenmäßig limitierten Höchstmengen festgelegt. Stattdessen wird in rechtlichen Regelungen der Begriff „quantum satis" verwendet. Darunter wird verstanden, dass die betreffenden Zusatzstoffe zwar keiner bezifferten Mengenbeschränkung unterliegen, nach guter Herstellungspraxis aber nur in Mengen eingesetzt werden dürfen, die erforderlich sind, um die gewünschte Wirkung zu erzielen.

## 7.3
### Natürliche Lebensmittelbestandteile

Lebensmittel sind in der Regel außerordentlich komplex zusammengesetzt. Sie enthalten Makronährstoffe, Mikronährstoffe, Ballaststoffe und viele andere im pflanzlichen und tierischen Stoffwechsel gebildete Substanzen, wie Alkaloide, biogene Amine, Enzyme, natürliche Farbstoffe und Geschmacksstoffe.

Die große Vielfalt der natürlichen Lebensmittelbestandteile erklärt, warum sie unterschiedlich zu beurteilen sind. Dass Makronährstoffe, wie lebensmitteltypische Proteine, Kohlenhydrate und Fette, abgesehen von der Allergenwirkung vieler Proteine, als toxikologisch unbedenklich gelten, versteht sich von selbst. Bei Vitaminen oder Mineralstoffen kann die Unbedenklichkeit schon nicht mehr ohne weiteres vorausgesetzt werden, wenn sie in größeren Mengen aufgenommen werden, als dem Bedarf entspricht. Erst recht sind bei anderen natürlichen Lebensmittelbestandteilen bedenkliche Wirkungen nicht von vornherein auszuschließen, besonders wenn sie in funktionellen Lebensmitteln angereichert oder in größeren Mengen in isolierter Form in Nahrungsergänzungsmitteln aufgenommen werden.

Zahlreiche Beispiele zeigen, dass pflanzliche und tierische Produkte toxische Stoffe enthalten können, die im Extremfall sogar so giftig wirken, dass sich die Verwendung solcher Produkte als Lebensmittel, wie im Fall von Giftpilzen, verbietet. In anderen Fällen wird die toxische Wirkung nicht ohne weiteres wahrgenommen, kann aber bei ständigem Verzehr größerer Mengen ernstzunehmende Krankheits- oder Vergiftungserscheinungen hervorrufen.

Außer bei Vitaminen und Mineralstoffen sowie Aromabestandteilen, die besondere Stoffgruppen darstellen, sind Grenzwerte oder Höchstmengen für natürlich vorkommende Lebensmittelbestandteile nur in Ausnahmefällen aufgestellt worden. Ein aktuelles Beispiel ist die in Süßholz und damit in Lakritzwaren vorkommende Glycyrrhizinsäure, für die der SCF eine duldbare tägliche Aufnahmemenge von 100 mg aufgestellt hat. Dieser Wert wurde aus einer Studie mit freiwilligen Versuchspersonen abgeleitet.

Bei der Aufstellung von Grenzwerten für solche Stoffe besteht meist die Schwierigkeit, dass im Unterschied zu Zusatzstoffen meist nur unvollständige toxikologische Daten vorliegen. Außerdem ist häufig der Abstand zwischen den als toxisch aufgefallenen Dosen und der durch das Vorkommen in Lebensmitteln bedingten Exposition sehr gering. Deshalb können oft die üblichen Sicherheitsfaktoren nicht eingehalten werden, wenn die betreffenden traditionellen Lebensmittel weiter verkehrsfähig bleiben sollen. In solchen Fällen kann oft nur empfohlen werden, die Gehalte der betreffenden Stoffe in Lebensmitteln, z. B. durch Züchtung, Sortenwahl oder Zubereitungsart, so weit wie möglich zu reduzieren.

## 7.4
### Vitamine und Mineralstoffe

Für Vitamine und Mineralstoffe als besondere Gruppe der natürlich vorkommenden Lebensmittelbestandteile existieren seit langem wissenschaftliche Angaben über die tägliche Aufnahmemenge, die nicht unterschritten werden sollte, um Mangelerscheinungen zu vermeiden. Auch diese Angaben können als Grenzwerte angesehen werden, für die in vielen Ländern unterschiedliche Bezeichnungen gelten. In der EU hat der SCF zwischen dem durchschnittlichen Bedarf der Bevölkerung (average requirement), dem unteren Grenzwert des Bedarfs, der nur bei wenigen Individuen ausreicht (lowest threshold intake), und dem oberen Grenzwert des Bedarfs unterschieden, der für nahezu alle Individuen ausreichend ist (population reference intake) [18]. Die „population reference intake"-Werte entsprechen im Wesentlichen den in den USA üblichen „recommended daily allowances" (RDA-Werte) und den von den Fachgesellschaften in Deutschland, Österreich und der Schweiz im Rahmen von Referenzwerten für die Nährstoffaufnahme aufgestellten Empfehlungen bzw. Schätzwerten [4]. Alle diese Werte haben den Charakter von Empfehlungen und dienen zum Beispiel als Grundlage für die Aufstellung von Tagesdosen bei der Nährwertkennzeichnung und von Mindest- und Höchstmengen von Vitaminen und Mineralstoffen in diätetischen Lebensmitteln wie Säuglingsnahrung oder bilanzierten Diäten.

Erst in den letzten Jahren ist damit begonnen worden, Grenzwerte für Vitamine und Mineralstoffe aufzustellen, die nicht überschritten werden sollten und die Aufnahme angeben, die nicht mehr als tolerabel anzusehen ist (Tab. 7.3 und 7.4). Bei der Ableitung dieser Grenzwerte, die „tolerable upper intake level" (UL) genannt werden, spielen lebensmitteltoxikologische Gesichtspunkte eine wesentliche Rolle. Die Kriterien für die Aufstellung dieser Werte sind in Richtlinien des SCF festgelegt [20]. Danach folgt ihre Ableitung dem Prozess der Risikobewertung und geht nach Gefahrenidentifizierung und -charakterisierung von der aus den vorliegenden Daten erkennbaren Dosis-Wirkungsbeziehung bei Versuchstieren oder vorzugsweise beim Menschen aus, um möglichst aus den Dosen, die keine Wirkung gezeigt haben, unter Einbeziehung eines geeigneten Faktors, der hier Unsicherheitsfaktor genannt wird, einen Wert für den UL abzuschätzen.

Tab. 7.3 Tolerable upper intake levels (UL) von Vitaminen für Erwachsene (SCF/EFSA).

| Substanz | UL [mg/Tag] | Substanz | UL [mg/Tag] |
| --- | --- | --- | --- |
| Vitamin A | 3 | Vitamin E | 300 |
| β-Carotin | kein UL | Vitamin K | kein UL |
| Vitamin $B_1$ | kein UL | Biotin | kein UL |
| Vitamin $B_2$ | kein UL | Folsäure | 1 |
| Vitamin $B_6$ | 25 | Nicotinsäure | 10 |
| Vitamin $B_{12}$ | kein UL | Nicotinamid | 900 |
| Vitamin C | kein UL | | |
| Vitamin D | 0,05 | Pantothensäure | kein UL |

**Tab. 7.4** Tolerable upper intake levels (UL) einiger Mineralstoffe für Erwachsene (SCF/EFSA).

| Substanz | UL [mg/Tag] | Substanz | UL [mg/Tag] |
| --- | --- | --- | --- |
| Bor | 9,6 | Magnesium | 250 |
| Calcium | 2500 | Mangan | kein UL |
| Chrom(III) | kein UL | Molybdän | 0,6 |
| Eisen | kein UL | Selen | 0,3 |
| Fluorid | 8 | Zink | 25 |
| Jod | 0,6 | Vanadium | kein UL |
| Kupfer | 5 | | |

Die Größe des Unsicherheitsfaktors hängt davon ab, ob ausreichende Daten vom Menschen vorliegen oder Tierversuche herangezogen werden müssen und ob eine Dosis ohne schädliche Wirkung gefunden wurde oder auf die niedrigste Dosis zurückgegriffen werden muss, bei der noch schädliche Wirkungen beobachtet wurden. Die hier verwendeten Unsicherheitsfaktoren sind nicht mit den bei Lebensmittelzusatzstoffen und anderen Substanzen üblichen Sicherheitsfaktoren gleichzusetzen. Bei essenziellen Vitaminen und Mineralstoffen dürfen die zur Bedarfsdeckung nötigen Aufnahmemengen nicht unterschritten werden. Deshalb lassen sich, wenn der Sicherheitsabstand zwischen den Dosen ohne schädliche Wirkung und dem notwendigen Bedarf sehr gering ist, nur relativ kleine Unsicherheitsfaktoren verwenden, die allerdings mit den vorliegenden toxikologischen Daten vereinbar sein müssen.

In manchen Fällen lassen sich keine UL-Werte angeben. Dies ist bei vielen Vitaminen der Fall, bei denen keine Hinweise auf toxische Wirkungen vorliegen. Es ist aber auch bei Stoffen der Fall, die merkliche Toxizität besitzen, ohne dass die Dosen ohne Wirkung, aus denen UL-Werte abgeleitet werden könnten, bekannt sind. Mit welchen Risiken in solchen Fällen unter Umständen zu rechnen ist, muss den Erläuterungen zur Ableitung der UL-Werte entnommen werden. Hier finden sich Angaben über mögliche Risiken und Risikogruppen.

Besonders kritisch ist die Situation, wenn der Dosisabstand zwischen dem Bereich, in dem toxische oder unerwünschte Wirkungen auftreten und den mit Lebensmitteln normalerweise aufgenommenen Mengen gering ist. So besteht beim β-Carotin nur ein sehr geringer Abstand zwischen der bei Rauchern gesundheitsschädlichen Dosis (20 mg/Tag) und der Gesamtaufnahme aus dem natürlichen Gehalt in Lebensmitteln und der Verwendung zur Lebensmittelfärbung (bis zu 10 mg/Tag). Auch beim Mangan ist der Sicherheitsabstand zwischen toxischen Dosen und der normalen Aufnahme aus Lebensmitteln sehr gering. Ein Problemfall ist auch Eisen, bei dem wichtige Risikofragen noch nicht befriedigend geklärt sind und manche Verbrauchergruppen durch zusätzliche Aufnahme aus Nahrungsergänzungsmitteln oder angereicherten Lebensmitteln gefährdet sein könnten.

Die vom SCF abgeleiteten UL-Werte entsprechen den UL-Werten des Food and Nutrition Boards in den USA [9–11] und den „safe upper levels" und „guidance values" der Expert Group for Vitamins and Minerals in Großbritannien [5]. In manchen Fällen unterscheiden sich die von den verschiedenen Gremien abgeleiteten Werte allerdings erheblich, was sich aus unterschiedlichen Auffassungen über die Eignung der zugrunde gelegten experimentellen und epidemiologischen Studien und/oder die Höhe des Unsicherheitsfaktors erklärt.

Bei künftigen Regelungen über Höchstmengen an Vitaminen und Mineralstoffen in Nahrungsergänzungsmitteln und angereicherten Lebensmitteln sollten die Unsicherheiten der UL-Werte und die möglichen Risiken berücksichtigt werden. Außerdem ist zu beachten, dass UL-Werte ähnlich wie ADI-Werte für die Gesamtaufnahme aus dem natürlichen Vorkommen in Lebensmitteln, einschließlich Trinkwasser und Mineralwasser, sowie aus Nahrungsergänzungsmitteln und angereicherten Lebensmitteln gelten.

## 7.5
### Aromastoffe

Aromastoffe nehmen eine Sonderstellung zwischen Zusatzstoffen und natürlichen Bestandteilen ein. Sie werden einerseits Lebensmitteln zur Aromatisierung zugesetzt, kommen meistens aber auch als geschmacksbildende Bestandteile natürlicherweise in Lebensmitteln vor. Dies erklärt zusammen mit den in der Regel kleinen Aufnahmemengen die von Zusatzstoffen abweichende Vorgehensweise bei der Risikobewertung und lebensmittelrechtlichen Regulierung.

Ursprünglich waren in der Bundesrepublik nur in Lebensmitteln nicht vorkommende synthetische Aromastoffe zulassungspflichtig und die übergroße Mehrheit der Aromastoffe war nicht geregelt. Auch heute müssen Letztere noch nicht zugelassen werden. Sie sind aber in einer etwa 2000 Stoffe umfassenden Inventarliste aufgeführt und werden zur Zeit von der European Food Safety Authority einer Risikobewertung unterzogen.

In der Expertengruppe Aromastoffe des Europarates wurden schon früher Stoffe, die Lebensmitteln zur Aromatisierung zugesetzt werden, toxikologisch beurteilt und dabei so genannte „practical upper limits" angegeben. Diese Grenzwerte waren aber nicht rechtswirksam und stellten in der Regel nichts anderes als die von den Herstellern genannten höchsten Einsatzmengen dar, sofern diese toxikologisch unbedenklich erschienen.

Von JECFA wird zur Zeit für die Risikobewertung von Aromastoffen ein Verfahren angewandt, das vor einigen Jahren speziell für diesen Zweck entwickelt wurde [13]. Das Verfahren geht von einer Einteilung der Aromastoffe nach Strukturmerkmalen aus, wie sie von Cramer et al. (1978) [3] vorgeschlagen wurde. Die Substanzen der Strukturklasse I haben Strukturen, die auf geringe Toxizität schließen lassen. Bei Substanzen der Strukturklasse II lässt sich eher eine mittlere Toxizität annehmen und zur Strukturklasse III zählen Substanzen, deren Strukturen keine Vorhersage der Toxizität erlauben oder bei denen mit höherer Toxizität zu rechnen ist. Auf der Grundlage einer großen Datenbasis von mehr als 600 Substanzen wurden aus den NOAELs von chronischen und subchronischen Tierversuchen unter Einbeziehung der Sicherheitsfaktoren 100 bzw. 300 „thresholds of concern" für diese Strukturklassen in Höhe von 1800, 540 und 90 µg/Person/Tag abgeleitet. Diese Werte stellen Aufnahmeschwellen dar, unterhalb derer keine Sicherheitsbedenken bestehen.

In einer abgestuften Vorgehensweise werden Informationen zum Stoffwechsel, zur Exposition und zur Toxizität der betreffenden Stoffe und strukturverwandter Substanzen in die Bewertung einbezogen. Dem Verfahren wird eine Exposition zugrundegelegt, die auf Angaben zum jährlichen Produktionsvolumen zurückgeht (maximised survey-derived daily intake, MSDI). Da sich daraus meist sehr geringe Aufnahmemengen ergeben, besteht der Endpunkt dieser Risikobewertung in aller Regel in der Feststellung, dass keine Sicherheitsbedenken bestehen („no safety concern"). Im SCF und bei der EFSA ist diese Vorgehensweise mit einigen Änderungen übernommen worden. Unter anderem wird die Exposition nicht nur mit der MSDI-Methode, sondern auch mit anderen Verfahren abgeschätzt. Außerdem sollen genotoxische Wirkungen in die Risikobewertung einbezogen werden. Die Beratungen sind allerdings noch im Gange.

Gegenwärtig gibt es nur Höchstmengen für einige natürlich vorkommende „active principles", wie Agarizinsäure, Aloin, $\beta$-Asaron, Chinin, Cyanid, Hypericin, Safrol und Thujon. Diese Höchstmengen sind nicht aus toxikologisch begründeten Grenzwerten für die duldbare Aufnahme abgeleitet worden. Sie sind vielmehr Gehalte, die zum Zeitpunkt des Erlasses der Aromen-Verordnung bzw. Aromen-Richtlinie als Bestimmungsgrenze galten oder Gehalte, die nicht weiter herabgesetzt werden konnten, ohne die Verkehrsfähigkeit der betreffenden Lebensmittel in Frage zu stellen. In jedem Fall sind es aber Gehalte in Lebensmitteln, die nach vorliegenden Kenntnissen auch unter Annahme größerer Verzehrsmengen mehr oder weniger weit unter dem toxischen Bereich liegen.

## 7.6
**Lebensmittelkontaminanten**

Lebensmittelkontaminanten sind Stoffe, die aus der Umwelt oder bei Herstellung, Verarbeitung, Aufbewahrung und Zubereitung unabsichtlich in Lebensmittel gelangen. Toxikologische Grenzwerte für solche Kontaminanten werden ganz ähnlich wie bei Lebensmittelzusatzstoffen aus der höchsten Dosis ohne beobachtete Wirkung abgeleitet, die durch einen Sicherheitsfaktor geteilt wird. Die Grenzwerte werden aber nicht als akzeptable oder duldbare, sondern nur als tolerable Aufnahmemengen bezeichnet, weil Kontaminationen grundsätzlich unerwünscht sind und vermieden werden sollten. Sie gelten außerdem oft nur als vorläufig festgelegt, weil bei Kontaminanten in der Regel Datenlücken bestehen, die noch keine endgültige Risikobewertung erlauben.

In Abhängigkeit von den kumulativen Eigenschaften der Kontaminanten werden für Grenzwerte unterschiedliche Begriffe verwendet. Nach der von JECFA formulierten Definition ist der PMTDI-Wert (provisional maximum tolerable daily intake) die vorläufig als tolerabel geltende tägliche Aufnahmemenge von Kontaminanten, die im Körper nicht akkumulieren. Im Unterschied dazu wird der Begriff des PTWI-Wertes (provisional tolerable weekly intake) für Kontaminanten verwendet, die wie einige Schwermetalle kumulative Eigenschaften besitzen und bei denen es deshalb nicht so sehr auf die tägliche Aufnahmemenge ankommt, sondern auf die über einen längeren Zeitraum erfolgende Gesamtaufnahme [23]. Aus demselben Grund wurde im Fall polychlorierter Dibenzodioxine (PCDD) und verwandter Verbindungen ein weiterer Begriff, der PTMI-Wert (provisional tolerable monthly intake), gewählt.

Der SCF hat bei Schwermetallen den Begriff des PTWI-Wertes übernommen, spricht aber im Fall der PCDD von einem TWI-Wert (tolerable weekly intake), der nicht als provisorisch betrachtet wird (Tab. 7.5). Bei nicht akkumulierenden Stoffen wird generell der Begriff des TDI-Wertes (tolerable daily intake) verwendet, der auch temporärer Natur sein kann (tTDI-Wert).

Da bei Kontaminanten anders als bei zuzulassenden Zusatzstoffen in vielen Fällen Erfahrungen mit zum Teil über längere Zeit exponierten Verbrauchern vorliegen, spielen epidemiologische Studien für die Ableitung von tolerablen Grenzwerten für Kontaminanten eine große Rolle. Falls solche Studien vorliegen und zuverlässige Aussagen liefern, wird anstelle von Tierversuchen oder zusätzlich zu ihnen auch von Humandaten ausgegangen. So wurde zum Beispiel der PTWI-Wert für Methylquecksilber auf der Basis von zwei epidemiologischen Studien abgeleitet, in denen die Beziehung zwischen mütterlicher Exposition und der Entwicklung des Nervensystems bei Kindern als empfindlichstem Parameter der Methylquecksilber-Toxizität untersucht wurde. Auch die PTWI-Werte von Blei und Cadmium gehen auf Befunde am Menschen zurück.

Tab. 7.5 Tolerable Aufnahmemengen wichtiger Lebensmittelkontaminanten (SCF/EFSA).

| Substanz | Tolerable Aufnahmemenge | |
|---|---|---|
| | PTWI-Werte [µg/kg Körpergewicht/Woche] | |
| Blei | 25 | |
| Cadmium | 7 | |
| Methylquecksilber | 1,6 | |
| | Gruppen-TWI-Wert [pg TEQ[a]/kg Körpergewicht/Woche] | |
| PCDDs, PCDFs und coplanare PCBs | 14 | |
| | TDI-Werte [µg/kg Körpergewicht/Tag] | |
| 3-MCPD | 2 | |
| Zearalenon | 0,2 | tTDI |
| DON | 1 | |
| Nivalenol | 0,7 | tTDI |
| T-2 und HT-2 Toxin | 0,06 | Gruppen-tTDI |
| Fumonisine B1, B2, B3 | 2 | Gruppen-TDI |

a) Toxizitätsäquivalente.

Viele Kontaminanten in Lebensmitteln, wie Acrylamid, Aflatoxin, Ethylcarbamat, *N*-Nitroso-Verbindungen oder polycyclische aromatische Kohlenwasserstoffe besitzen karzinogene und genotoxische Eigenschaften. In diesen Fällen lässt sich keine Schwellendosis definieren und ein toxikologisch begründeter Grenzwert nicht ableiten. Stattdessen kann nur empfohlen werden, die Exposition so weit wie technologisch möglich herabzusetzen. Diese Minimierungsempfehlung wird auch als ALARA-Prinzip (as low as reasonably achievable) bezeichnet und bei vielen Kontaminanten angewendet. Die im Interesse des Verbraucherschutzes erforderliche Festsetzung von Höchstmengen kann in solchen Fällen nicht von toxikologisch abgeleiteten Grenzwerten ausgehen, sondern muss andere Gesichtspunkte, wie Bestimmungsgrenzen oder die praktische Realisierbarkeit, heranziehen. Dies gilt auch für Ziel- und Auslösewerte, die eine Zielvorgabe für die Reduktion oder Minimierung der Kontaminantenkonzentration in Lebensmitteln darstellen bzw. bestimmte Maßnahmen des Verbraucherschutzes in Gang setzen sollen. Auch hier ist aber eine Risikobeurteilung durchzuführen, die das Risiko näher beschreibt und möglichst quantifiziert, das mit der möglichen Exposition verbunden ist.

## 7.7
**Materialien im Kontakt mit Lebensmitteln**

Eine besondere Gruppe von Lebensmittelkontaminanten sind Stoffe, die in Materialien enthalten sind, die in Kontakt mit Lebensmitteln kommen und in Lebensmittel migrieren können. Sie müssen deshalb darauf geprüft werden, ob ihre in Lebensmittel gelangenden Anteile gesundheitlich unbedenklich sind. Unter Umständen sind sie auf bestimmte Gehalte im betreffenden Material oder Lebensmittel zu begrenzen. Zu solchen Stoffen gehören zum Beispiel die Bestandteile von Verpackungen aus Kunststoffen, aber auch Metalle wie Blei, Cadmium, Zink, Zinn, Nickel und Aluminium, die bei Aufbewahrung von Lebensmitteln in Metallbehältern oder Keramikgefäßen oder im Kontakt mit Küchenutensilien in Lösung gehen können.

Von besonderer Bedeutung sind Stoffe, die als Monomere oder Additive in Materialien und Gegenständen aus Kunststoff eingesetzt werden, die dazu bestimmt sind, mit Lebensmitteln in Berührung zu kommen. Der SCF teilt diese Stoffe je nach Datenlage und Beurteilungsergebnis in neun verschiedene Listen ein [1, 17]:

- *Liste 1* umfasst z. B. Stoffe, für die ein ADI- oder MTDI-Wert existiert,
- *Liste 2* Stoffe, für die der SCF aus toxikologischen Daten tolerable Tagesaufnahmen abgeleitet hat, die er im Unterschied zu den ADI-Werten der Lebensmittelzusatzstoffe als Tolerable Daily Intake (TDI-Wert) bezeichnet,
- *Liste 3* Stoffe, die als duldbar angesehen werden, für die aus verschiedenen Gründen jedoch kein solcher Wert aufgestellt wurde,
- *Liste 4* Stoffe, bei denen a) eine Migration mit einer validierten, empfindlichen Methode nicht nachweisbar sein oder b) so weit wie möglich reduziert werden sollte,

- *Liste 5* Stoffe, die überhaupt nicht eingesetzt werden sollten,
- *Liste 6* Stoffe, bei denen hauptsächlich auf Grund ihrer Verwandtschaft zu karzinogenen oder besonders toxischen Stoffen Verdachtsmomente vorliegen, die Verwendungsbeschränkungen notwendig machen, und
- *Listen 7–9* Stoffe, bei denen für eine Beurteilung und Klassifizierung weitere Daten verschiedener Art benötigt werden.

### 7.7.1
**Prüfanforderungen**

Die Prüfanforderungen für diese Klassifizierung sind nach Höhe der Migration gestaffelt. Bei sehr hoher Migration im Bereich über 5 mg/kg Lebensmittel bzw. Lebensmittelsimulanz werden eine orale 90-Tage-Studie, drei verschiedene Mutagenitätstests und Daten über Stoffwechsel und Kinetik, Reproduktionstoxizität, Teratogenität und Langzeittoxizität (Karzinogenität) gefordert. Im Bereich von 0,05–5 mg/kg sind eine orale 90-Tage-Studie, drei Mutagenitätstests und Daten über mögliche Bioakkumulation ausreichend. Bei Migrationen unter 0,05 mg/kg werden schließlich nur drei Mutagenitätstests verlangt [22].

### 7.7.2
**Grenzwerte**

Als Grenzwert für die Gesamtheit der aus Kunststoffmaterialien in Lebensmittel migrierenden Stoffe ist ein Wert von 10 mg/dm$^2$ Oberfläche bzw. 60 mg/kg Lebensmittel oder Lebensmittelsimulanz festgelegt [2]. Für einzelne Stoffe oder Stoffgruppen gibt es spezifische Migrationsgrenzwerte (SML) in mg/kg Lebensmittel oder Lebensmittelsimulanz, die aus den vorliegenden ADI- oder TDI-Werten durch Multiplikation mit 60 abgeleitet werden. Dabei wird davon ausgegangen, dass eine Person mit 60 kg Körpergewicht 1 kg Lebensmittel verzehren könnte, das in Kontakt mit dem betreffenden Kunststoffmaterial stand. In manchen Fällen wird statt dessen eine Begrenzung im Kunststoff vorgenommen, ausgedrückt in mg/kg Kunststoff (QM-Wert) oder, bezogen auf die Kontaktfläche mit dem Lebensmittel, in mg/6 dm$^2$ des Kunststoffmaterials (QMA-Wert).

Außerdem gibt es auch SML-Werte bei Stoffen, die zwar aufgrund geringer Migration als duldbar angesehen werden, für die aber die toxikologischen Daten nicht ausreichen, um einen TDI-Wert aufzustellen (Stoffe aus Liste 3). In diesem Fall orientieren sich die SML-Werte an den für die Prüfanforderungen geltenden Migrationsgrenzen und betragen 5 oder 0,05 mg/kg Lebensmittel oder Lebensmittelsimulanz. Sie sollen sicherstellen, dass keine höheren Migrationen auftreten, als der Umfang der vorliegenden toxikologischen Daten erlaubt.

Eine andere, sehr weitgehende Art von Begrenzung wird insbesondere bei Stoffen angewandt, die genotoxisch und karzinogen sind. Ihre Migration in Lebensmittel sollte mit einer validierten und empfindlichen Analysenmethode nicht nachweisbar sein. Als Grenzwert wird hier die Nachweisgrenze der Analysenmethode benutzt.

## 7.7.3
### Threshold of Regulation

Um den Aufwand für eine toxikologische Prüfung der großen Zahl von in Kunststoffen verwendeten Substanzen zu reduzieren und unnötige Untersuchungen zu vermeiden, ist in den USA das Konzept der „Threshold of Regulation" entwickelt worden, das seit einigen Jahren von der Food and Drug Administration (FDA) praktiziert wird [7, 8]. Nach diesem Konzept werden für die Zulassung von Substanzen keine toxikologischen Daten verlangt, wenn gezeigt wurde, dass die Migration aus Materialien im Kontakt mit Lebensmitteln unter ungünstigen Bedingungen zu Konzentrationen von weniger als 0,5 µg/kg in Lebensmitteln führt. Die Konzentration von 0,5 µg/kg entspricht einer Aufnahme von 1,5 µg/Person/Tag, wenn ein Verzehr von 1,5 kg Lebensmitteln und 1,5 kg Getränken angenommen wird, die diese Konzentration enthalten. Die Konzentration von 0,5 µg/kg wurde von der FDA mit einem Sicherheitsfaktor von 200 aus Erfahrungen mit ursprünglich 220 Chemikalien abgeleitet, die in 2-Jahres-Fütterungsstudien in Dosierungen unter 100 µg/kg Futter in keinem einzigen Fall toxische Wirkungen gezeigt hatten. Die FDA stellte allerdings zur Bedingung, dass die chemische Struktur keinen Anlass für den Verdacht bietet, dass die Substanz ein Karzinogen sei.

Vom SCF und damit in der EU wurde diesem Konzept bisher noch nicht gefolgt [19]. Dies gilt auch für einen neueren Vorschlag über „thresholds of toxicological concern", die auf der Grundlage einer umfangreicheren Datenbasis abgeleitet und generell für Substanzen in Lebensmitteln empfohlen wurden [14]. Die Diskussion darüber ist noch nicht abgeschlossen.

## 7.8
### Rückstände in Lebensmitteln

Unter Rückständen werden im Lebensmittelrecht Restmengen von Pflanzenbehandlungsmitteln und in Tierarzneimitteln eingesetzten pharmakologisch wirksamen Stoffen verstanden. Es umfasst nicht nur die Ausgangssubstanzen, sondern auch ihre Umwandlungsprodukte, Metaboliten und Verunreinigungen.

Anders als bei Kontaminanten kann bei Rückständen von Pflanzenschutzmitteln und Tierarzneimitteln sowie bei Lebensmittelzusatzstoffen weitgehend auf Untersuchungen zurückgegriffen werden, die von den Herstellern durchgeführt und bei der Zulassung vorgelegt werden müssen. Auf der Basis dieser meist umfangreichen Daten werden als toxikologische Grenzwerte auch hier ADI-Werte im Rahmen einer Risikobewertung abgeleitet. Dafür gelten ähnliche Regeln wie bei Zusatzstoffen.

Zusätzlich ist für Rückstände ein weiterer Grenzwert zur Beurteilung der akuten Exposition eingeführt worden. Diese so genannte „acute reference dose" (ARfD) ist als diejenige Substanzmenge definiert, die mit der Nahrung innerhalb eines Tages oder einer kürzeren Zeitspanne ohne merkliches Gesundheitsrisiko aufgenommen werden kann [6]. Sie wird wie beim ADI-Wert in der Regel aus dem NOAEL einer geeigneten Untersuchung unter Einbeziehung eines Sicherheitsfaktors abgeleitet. Dabei werden Untersuchungen zugrunde gelegt, die einen Bezug zu akuten Wirkungen haben, und häufig kleinere Sicherheitsfaktoren verwendet, als es beim ADI-Wert üblich ist.

Bei der Festlegung von Höchstmengen, die bei Rückständen als „maximum residue limits" (MRL-Werte) bezeichnet werden, wird von der Rückstandssituation bei Anwendung Guter Landwirtschaftlicher Praxis ausgegangen. Vor allem gilt aber die Bedingung, dass unter Berücksichtigung durchschnittlicher Verzehrsmengen der betreffenden Lebensmittel und üblicher Verarbeitungseinflüsse Rückstände in Höhe der MRL-Werte nicht zu Aufnahmemengen führen dürfen, die die ADI-Werte und/oder ARfD-Werte überschreiten.

Bei Pflanzenschutzmitteln, die aufgrund ihrer hohen Persistenz und/oder Toxizität als zu bedenklich gelten, wird auch von der Möglichkeit Gebrauch gemacht, zur Minimierung ihrer Aufnahme vollständige oder bezüglich bestimmter Einsatzgebiete eingeschränkte Anwendungsverbote zu erlassen. Dies ist unter anderem bei Aldrin, Dieldrin, Chlordan, DDT und Hexachlorbenzol geschehen. Unabhängig davon gibt es aber auch für solche Stoffe Höchstmengen, weil Rückstände trotz des in Deutschland geltenden Verbotes z. B. in importierten Lebensmitteln nicht auszuschließen sind.

## 7.9
**Literatur**

1 Barlow SM (1994) The role of the Scientific Committee for Food in evaluating plastics for packaging, *Food Additives and Contaminants* 11: 249–259.
2 CEC (1990) Richtlinie der Kommission über Materialien und Gegenstände aus Kunststoff, die dazu bestimmt sind, mit Lebensmitteln in Berührung zu kommen (90/128/EWG) vom 23. Februar 1990, *Amtsblatt der Europäischen Gemeinschaften* Nr. **L 75** vom 21. März 1990 und **L349/26** vom 13. Dezember 1990.
3 Cramer GM, Ford RA, Hall RL (1978) Estimation of toxic hazard – a decision tree approach, *Food and Cosmetic Toxicology* 16: 255–276.
4 DACH (2000) Referenzwerte für die Nährstoffzufuhr, Umschau/Braus Frankfurt/Main, ISBN 3-8295-7114-3.
5 EVM (2003) Safe upper levels for vitamins and minerals. Report of an Expert Group on Vitamins and Minerals, published by Foods Standards Agency, London, ISBN 1-904026-11-7.
6 FAO/WHO (2002) Pesticide residues in food – 2002, Report of the Joint Meeting of the FAO Panel of Experts on Pesticide Residues in Food and the Environment and the WHO Core Assessment Group on Pesticide Residues, *FAO Plant Production and Protection Paper* 172.
7 FDA (1993) Threshold of regulation for substances used in food-contact articles, Federal Register Vol. 58, No 195 (12 October 1993): 52719–52729.
8 FDA (1995) Threshold of regulation for substances used in food-contact articles; Final Rule, Federal Register Vol. 60, No 136 (17 July 1995): 36582–36596.
9 FNB (1997) Dietary Reference Intakes for calcium, phosphorus, magnesium, vitamin D, and fluoride, Institute of Medicine, National Academic Press, Washington D.C.
10 FNB (2000) Dietary Reference intakes for vitamin C, vitamin E, selenium, and carotenoids, Institute of Medicine, National Academy Press, Washington D.C.

11 FNB (2001) Dietary reference intakes for vitamin A, vitamin K, arsenic, boron, chromium, copper, iodine, iron, manganese, molybdenum, nickel, silicon, vanadium and zinc, Institute of Medicine, National Academy Press, Washington D.C.

12 JECFA (1978) Evaluation of certain food additives. Twenty-first report of the Joint FAO/WHO Expert Committee on Food Additives, WHO Technical Report Series 617.

13 JECFA (1999) Evaluation of certain food additives and contaminants, Forty-ninth report of the Joint FAO/WHO Expert Committee on Food Additives, WHO Technical Report Series 884.

14 Kroes R, Renwick AG, Cheeseman M, Kleiner J, Mangelsdorf I, Piersma A, Schilter B, Schlatter J, van Schothorst F, Vos JG, Würtzen G (2004) Structure-based thresholds of toxicological concern (TTC): Guidance for application to substances present at low levels in the diet, *Food and Chemical Toxicology* **42**: 65–83.

15 Renwick AG (1991) Safety factors and establishment of acceptable daily intakes, *Food Additives and Contaminants* **8**: 135–150.

16 Renwick AG (1993) Data-derived safety factors for the evaluation of food additives and environmental contaminants, *Food Additives and Contaminants* **10**: 275–305.

17 SCF (1987) Certain monomers and other starting substances to be used in the manufacture of plastic materials and articles intended to come into contact with foodstuffs (Opinion expressed on 14 December 1984), Reports of the Scientific Committee for Food (Seventeenth Series), European Commission, Luxembourg.

18 SCF (1993) Nutrient and energy intakes for the European Community (Opinion expressed on 11 December 1992), Reports of the Scientific Committee for Food (Thirty-first series), European Commission, Luxembourg.

19 SCF (1996) Opinion on the scientific basis of the concept of threshold of regulation in relation to food contact materials (expressed on 8 March 1996), Reports of the Scientific Committee for Food (Thirty-ninth Series), European Commission, Luxembourg.

20 SCF (2000) Guidelines of the Scientific Committee on Food for the development of tolerable upper intake levels for vitamins and minerals (adopted on 19 October 2000).

21 SCF (2001) Guidance on submissions for food additive evaluations by the Scientific Committee on Food (Opinion expressed on 11 July 2001).

22 SCF (2001) Guidelines of the Scientific Committee on Food for the presentation of an application for safety assessment of a substance to be used in food contact materials prior to its authorization (updated on 13 December 2001).

23 WHO (1987) Principles for the safety assessment of food additives and contaminants in food, *Environmental Health Criteria* **70**.

24 WHO (1994) Assessing human health risks of chemicals: Derivation of guidance values for health-based exposure limits, *Environmental Health Criteria* **170**.

25 WHO (1999) Principles for the assessment of risks to human health from exposure to chemicals, *Environmental Health Criteria* **210**.

# 8
# Hygienische und mikrobielle Standards und Grenzwerte und deren Ableitung

*Johannes Krämer*

## 8.1
### Einleitung

Oberstes Ziel der mikrobiologischen Analytik von Lebensmitteln ist neben der Kontrolle auf Verderbniserreger vor allem die Bestätigung ihrer gesundheitlichen Unbedenklichkeit. Diese Unbedenklichkeit ist dann gegeben, wenn das Lebensmittel frei von pathogenen Erregern und von Fäkal- bzw. Hygieneindikatoren ist. Von besonderer Bedeutung ist bei diesen Untersuchungen, dass keine Toxin bildenden Mikroorganismen oder deren Toxine im Lebensmittel vorhanden sind. In der Präambel der Verordnung (EG) 2073-2005 über mikrobiologische Kriterien für Lebensmittel heißt es deshalb auch, dass „mikrobiologische Gefahren in Lebensmitteln eine Hauptquelle lebensmittelbedingter Krankheiten beim Menschen darstellen. Lebensmittel sollten keine Mikroorganismen oder deren Toxine oder Metaboliten in Mengen enthalten, die ein für die menschliche Gesundheit unannehmbares Risiko darstellen".

## 8.2
### Untersuchungsziele

#### 8.2.1
#### Untersuchung auf pathogene Mikroorganismen

Für den Nachweis der gesundheitlichen Unbedenklichkeit eines Lebensmittels kann die Abwesenheit pathogener Mikroorganismen in dem Lebensmittel gefordert werden (Anwesenheits/Abwesenheitstest = „Presence/Absence"-Test). Die Untersuchungsmenge des Lebensmittels ist abhängig von praktischen Möglichkeiten und einer Risikoabschätzung. Für die Untersuchung auf Salmonellen in Milchprodukten (VO-2073-2005) wird z. B. eine Untersuchungsmenge von 25 g Produkt gefordert [16]. Zur Erhöhung der Aussagekraft werden im industriellen Bereich häufig größere Stichprobenmengen untersucht. Zum Ausschluss von

*Handbuch der Lebensmitteltoxikologie.* H. Dunkelberg, T. Gebel, A. Hartwig (Hrsg.)
Copyright © 2007 WILEY-VCH Verlag GmbH & Co. KGaA, Weinheim
ISBN: 978-3-527-31166-8

Salmonellen in Schokolade und Kuvertüre werden z. B. nach dem Foster-Stichprobenplan von jeder Charge mindestens 30 Einzelproben zu je 25 g, d. h. 750 g, eingesetzt. In der Schweiz müssen zum Salmonellennachweis in Säuglingsnahrung jeweils 50 g untersucht werden [9, 18].

## 8.2.2
**Fäkalindikatoren**

Über fäkale Verunreinigungen eines Lebensmittels können außer den Salmonellen noch zahlreiche andere Erreger übertragen werden. Dazu gehören auch Viren (z. B. Norovirus und Hepatitis-A-Virus) und Parasiten (z. B. die Oozysten der Cryptosporidien). Da die Untersuchung auf derart unterschiedliche Erreger nicht möglich ist, wird routinemäßig nur auf Indikatororganismen untersucht, die eine fäkale Verunreinigung anzeigen. Dazu gehört primär *E. coli*, der als einziger Vertreter der Enterobacteriaceae ausschließlich im Darm des Menschen und des Tieres vorkommt. In der geltenden Trinkwasserverordnung wird deshalb gefordert, dass *E. coli* nicht nachweisbar sein darf (Untersuchungsmenge Wasser: 100 mL). Obwohl *E. coli* gegenüber Umwelteinflüssen relativ empfindlich ist, kann er nach einer fäkalen Kontamination auch im Umfeld der Betriebe (Gerätschaften, Flächen) über einen längeren Zeitraum durchaus lebensfähig bleiben. In vielen gesetzlichen Vorgaben wird *E. coli* deshalb nicht als Fäkalindikator, sondern nur als allgemeiner Hygieneindikator angesehen. Konkret heißt das, dass eine bestimmte Anzahl von *E. coli* im Produkt akzeptiert wird. Beispielsweise werden in der EU-Verordnung „Mikrobiologische Kriterien für Lebensmittel" für Produkte wie Hackfleisch (m: 50 KBE *E. coli*/g), Fleischzubereitungen (m: 500 KBE *E. coli*/g), Käse aus wärmebehandelter Milch (m: 100 KBE *E. coli*/g), Butter und Sahne (m: 10 KBE *E. coli*/g), lebende Muscheln (m: < 230 KBE *E. coli*/100 g) und gekochte Krebs- und Weichtiere ohne Panzer/Schale (m: 1 KBE *E. coli*/g) eine z. T. beträchtliche Anzahl von *E. coli* akzeptiert [16].

Da beim Nachweis von *E. coli* auch in diesen Produkten eine direkte fäkale Verunreinigung nicht ausgeschlossen werden kann, sollte in jedem Fall die eigentliche Kontaminationsquelle ermittelt werden. Ergänzt werden müssen diese Untersuchungen mit dem Ausschluss möglicher pathogener *E. coli*-Stämme (STEC/EHEC, EPEC u. a.).

Der Nachweis von *E. coli* im Trinkwasser ist ein sicheres Indiz für eine fäkale Verunreinigung. Die Abwesenheit von *E. coli* bedeutet jedoch nicht immer das Fehlen einer derartigen Kontamination, da die Keime relativ empfindlich gegen extreme Lager- und Umweltbedingungen (z. B. Einfrieren oder Trocknen) sind. Enterokokken sind wesentlich umweltresistenter, können jedoch gelegentlich auch außerhalb des Darmbereiches in der Umwelt gefunden werden. Der Nachweis von coliformen Keimen als Indikator für eine fäkale Verunreinigung ist nur mit Einschränkungen zu verwenden, da zahlreiche dieser Enterobacteriaceae (z. B. aus den Gattungen *Klebsiella* und *Enterobacter*) zur natürlichen Flora der Blattoberfläche oder der Rhizosphäre von Pflanzen gehören.

## 8.2.3
**Verderbniserreger bzw. Hygieneindikatoren**

Jedes Lebensmittel hat in Abhängigkeit von seiner Zusammensetzung und von seinen Herstellungsbedingungen eine charakteristische Mikroflora. Die Anzahl bestimmter, in der Regel leicht nachweisbarer Mikroorganismen dieser Flora kann einen Hinweis auf die Qualität der „Guten Herstellungsbedingungen" (GMP) und der „Guten Hygienepraxis" und damit einen Ausblick auf die Haltbarkeit des Lebensmittels geben.

Hygiene- und GMP-Indikatoren können z. B. Enterobacteriaceae und die aerob wachsenden mesophilen Bakterien (aerobe mesophile Gesamtkeimzahl) sein. Diese Mikroorganismen können als Indikatoren für die ordnungsgemäße Arbeit im Betrieb bezeichnet werden. In der VO (EG) 2073/2005 werden die Enterobacteriaceae z. B. als Indikator für die Wirksamkeit der Wärmebehandlung und als Indikator für die Vermeidung von Rekontaminationen nach dem Erhitzungsprozess verwendet. Als Nachweiskeim für mangelnde Herstellungshygiene wird in dieser Verordnung *E. coli* genannt. Die Anzahl von *E. coli* darf z. B. in Käse aus wärmebehandelter Milch den Wert von $10^3$/g (M) nicht überschreiten.

Betriebsintern und im Rahmen von vereinbarten Spezifikationen werden eine Vielzahl unterschiedlicher Mikroorganismen als GMP- und Hygieneindikatoren eingesetzt. Dazu gehören z. B. Hefen (Milchprodukte, Feinkostsalate, Zucker u. a.), Milchsäurebakterien (Fleischprodukte, Feinkostsalate, Bier, Milchprodukte u. a.) oder Schimmelpilze.

## 8.2.4
**Untersuchungen auf Toxine**

Lebensmittelintoxikationen können durch Schimmelpilze oder Bakterien ausgelöst werden. Die Toxizität beruht auf der Bildung von Exo- oder Endotoxinen. Endotoxine sind hitzestabile Lipopolysaccharide (LPS), die natürliche Komponenten der Zellwand gramnegativer Bakterien sind (z. B. *Salmonella*). Beim Absterben der Zellen werden sie freigesetzt. Sie bewirken bereits in sehr geringer Konzentration Diarrhöen, Fieber, Blutdruckabfall und andere Effekte. Bei der Beurteilung von Lebensmitteln können die Endotoxine im Limulustest als Indikator auch bei erhitzten und damit keimfreien Lebensmitteln für eine Vorbelastung des Lebensmittels vor der Erhitzung (z. B. Milch- und Eiprodukte) mit gramnegativen Bakterien dienen. Im Limulustest können bis zu 0,05 ng LPS/mL im Lebensmittel nachgewiesen werden, das entspricht einer minimalen Konzentration an gramnegativen Bakterien von $10^2$ bis $10^3$/mL.

Die häufigsten bakteriellen Toxine und alle Mykotoxine werden als Exotoxine aus der Zelle ausgeschieden. Während die Mykotoxine zu sehr unterschiedlichen Stoffklassen gehören, handelt es sich bei den bakteriellen Toxinen um vorwiegend hitzelabile, seltener um hitzstabile (z. B. *Staphylococcus aureus*-Enterotoxin) Proteine. Je nach Wirkungsweise werden die bakteriellen Exotoxine als Enterotoxine (Wirkung auf den Darmbereich) oder Neurotoxine (Wirkung auf das Nervensystem) bezeichnet. Der überwiegende Teil der bakteriellen Exotoxine wird bereits im Lebensmittel, seltener im Menschen selbst (Choleratoxin, Enterotoxin von *Clostridium perfringens*) gebildet.

Gesetzliche Vorgaben hinsichtlich der Höchstmenge in Lebensmitteln gibt es lediglich für die Mykotoxine (Mykotoxin-Höchstmengenverordnung, Rückstands-Höchstmengenverordnung sowie Diätverordnung). Hinsichtlich der zahlreichen bakteriellen Toxine wird in den gesetzlichen Vorgaben nur allgemein gefordert, dass sie nicht in einer Konzentration vorhanden sein dürfen, die die menschliche Gesundheit beeinträchtigt. Konkret wird in der VO (EG) 2073/2005 lediglich gefordert, dass beim Nachweis von erhöhten Mengen an koagulasepositiven Staphylokokken in Milchprodukten (> 25 KBE/g), die Partie auf Staphylokokken-Enterotoxine untersucht werden muss (in 25 g Produkt nicht nachweisbar). Weiterhin sind Grenzwerte für Histamin in Fischereierzeugnissen (m: 100 mg/kg; M: 200 mg/kg) bzw. in gereiften Fischereierzeugnissen (m: 200 mg/kg; M: 400 mg/kg) festgelegt worden.

## 8.3
### Beurteilung mikrobiologischer Befunde

Mikrobiologische Befunde können nur vergleichend beurteilt werden, wenn für die Untersuchung einheitliche Parameter vereinbart und die Analytik von Laboratorien mit einer guten Laborpraxis durchgeführt wurde. Auf Grundlage der Analysenergebnisse müssen einheitliche Beurteilungskriterien, z.B. für die Zurückweisung einer Partie oder für die amtliche Beanstandung einer Probe, festgelegt werden.

Zu den wichtigsten Parametern, die für ein Beurteilungsschema festzulegen sind, gehören:
- Art der Mikroorganismen, auf die untersucht werden soll (pathogene Keime, Fäkalindikatoren, GMP/Hygieneindikatoren),
- Art des zu untersuchenden Lebensmittels und Produktstatus des Lebensmittels (Zeitpunkt der Untersuchung, Bearbeitungsstufe),
- validiertes Untersuchungsverfahren (ISO-Methoden),
- Stichprobenplan,
- mikrobiologische Kriterien und
- Maßnahmen bei Nichterfüllung der Kriterien.

## 8.4
### Stichprobenpläne

Die mikrobiologische Qualität eines Lebensmittels ist durch die alleinige Kontrolle der Endprodukte nicht zu gewährleisten. Erst bei sehr großen Stichprobenumfängen, die in der Praxis häufig nicht zu realisieren sind, ist eine akzeptable statistische Sicherung der Befunde gewährleistet. Eine gute Übersicht über Anforderungen an Stichprobenpläne für mikrobiologische Untersuchungen gibt die ICFMH [9]. Grundlage für allgemein akzeptierte Probenamepläne können die relevanten Standards der ISO (International Organisation for Standardization) sowie die Empfehlungen der Codex Alimentarius Kommission sein [2, 3]. Ein Problem bei der Ziehung einer repräsentativen Stichprobenmenge ist die häufig zu beobachtende Nesterbildung in festeren Lebensmitteln. Insbesondere die Untersuchung auf Schimmelpilze und deren Mykotoxine wird dadurch sehr erschwert. Nähere Ausführungsbestimmungen für die Probenahme und Analysenverfahren für Mykotoxine sind im Rahmen der Mykotoxinhöchstmengen-Verordnung § 4 (Richtlinie 98/53/EG; RL 2004/43/EG und RL 98/53/EG) geregelt. Erfasst werden dabei die Aflatoxine, Ochratoxin A, Deoxynivalenol, Fumonisine und Zearalenon. Danach beträgt z. B. die Menge einer Einzelprobe für die Untersuchung von Pistazien auf Aflatoxine bei einer Partiegröße von 100 t jeweils 300 g, wobei 100 Proben (d. h. insgesamt 30 kg) untersucht werden müssen.

Ausgehend von europäischen Richtlinien hat sich als Stichprobenplan und Beurteilungsschema für amtliche Untersuchungen der 3-Klassen-Plan durchgesetzt. Der Plan verlangt die Untersuchung von $n$ Proben einer Charge (in der Regel ist $n=5$) und setzt für ein bestimmtes Lebensmittel die mikrobiologischen Kriterien $m$ und $M$ fest. In der Regel ist $M = 10 \cdot m$. Das Ergebnis gilt als zufrieden stellend, wenn keine der $n$ Proben die Keimzahl $m$ übersteigt (erste Kontaminationsklasse: Keimzahl 0 bis $m$). Die Keimzahl $M$ ist ein Höchstwert, der von keiner der $n$ Proben überschritten werden darf (zweite Kontaminationsklasse: Keimzahl $> M$). Neben $m$ und $M$ wird die Anzahl der $n$ Proben ($c$), deren Keimzahl in den Bereich zwischen $m$ und $M$ fallen dürfen, ohne dass die Charge beanstandet wird, festgelegt (dritte Kontaminationsklasse: Keimzahl zwischen $m$ und $M$). Beispielsweise ist in der VO (EG) 2073/2005 für koagulasepositive Staphylokokken (*Staphylococcus aureus*) in Frischkäse aus wärmebehandelter Milch festgelegt: $m=10/g$; $M=100/g$; $n=5$ und $c=2$. Das heißt, dass das Ergebnis nicht beanstandet wird, wenn von den fünf untersuchten Proben maximal zwei Proben Keimzahlen zwischen $m$ und $M$ aufweisen und die Keimzahlen der anderen drei Proben $< m$ sind [7–10].

## 8.5
## Mikrobiologische Kriterien

### 8.5.1
### Risikobewertung

Grundlagen für eine einheitliche Festlegung von mikrobiologischen Kriterien sind die Empfehlung der Codex Alimentarius Kommission („Guidelines for the application of microbiological criteria for foods") [2]. Der erste Schritt bei der Festlegung von Werten muss eine Risikobewertung sein. Ob ein über Lebensmittel übertragbarer Mikroorganismus eine Erkrankung verursacht, ist von vielen Faktoren abhängig. Dazu gehören die Fähigkeiten im Lebensmittel infektiös zu bleiben oder sich im Lebensmittel vermehren zu können, die Anwesenheit bestimmter spezifischer Pathogenitätsfaktoren wie die Fähigkeit zur Bildung von Toxinen (Toxizität) und/oder die Fähigkeit zur Ausbreitung im Gewebe (Invasivität) sowie eine ausreichende Infektionsdosis. Beeinflusst wird die Erkrankung auch von der Art des Lebensmittels. Für Salmonellen gilt z. B. eine hohe Infektionsdosis von $10^5$ bis $10^6$ Erreger, die in der Regel nur nach einer längeren Vermehrung im Lebensmittel zwischen 7 °C und 48 °C erreicht wird. In Lebensmitteln wie Schokolade, Speiseeis oder Eiprodukten bilden die Inhaltsstoffe (vor allem Fett und Eiweiß) um die Salmonellen ein Schutzkolloid, das die Erreger vor der Einwirkung der Säfte des Verdauungstraktes (Magensäure, Galle) schützt und die Infektionsdosis dramatisch erniedrigt. Es sind Salmonella-Ausbrüche mit derartigen Lebensmitteln bekannt, bei denen nur wenige Erreger zur Auslösung einer akuten Erkrankung ausreichen.

Signifikant erniedrigt werden kann die Infektionsdosis auch durch die veränderbare Resistenzlage der Erreger gegenüber Umwelteinflüssen. Erreger wie die Salmonellen aktivieren unter Stressbedingungen (z. B. Austrocknung) ihre zahlreichen Schutzfaktoren. Das führt dazu, dass auch diese Erreger u. a. der bakteriziden Einwirkung der Verdauungssäfte wesentlich besser widerstehen können. Die gehäuften Salmonella-Erkrankungen von Säuglingen durch Tees (Fenchel, Kamille) wurden durch derartige Resistenz erhöhte Erreger ausgelöst.

Rechnungen ergaben, dass nur ein bis wenige Erreger von den erkrankten Kindern aufgenommen wurden.

Ein weiterer wichtiger Einfluss auf das Krankheitsgeschehen ist die momentane Resistenzlage des Verbrauchers. Dieser Faktor sollte nicht unterschätzt werden.

Die für Erkrankungen besonders empfängliche Verbrauchergruppe wird auch unter dem Begriff „YOPI" zusammengefasst: „Y" für „young" (junge Kinder unter sechs Jahren), „O" für „old" (ältere Personen über 60 Jahre), „P" für „pregnant" (schwangere Frauen/Embryonen) und „I" für „immunocompromised" (Personen, deren Immunsystem durch eine Erkrankung oder Therapie reduziert ist). Diese YOPI-Gruppe umfasst bereits etwa 30 % der deutschen Bevölkerung – aufgrund der Alterspyramide mit steigender Tendenz.

Als Grundlage für die Festlegung von mikrobiologischen Kriterien auf europäischer Ebene [16] wurden entsprechend den dargelegten Einflussfaktoren auf das Krankheitsgeschehen umfangreiche Risikobewertungen („Opinions") einzelner Erreger durchgeführt. Dazu gehören verotoxinogene *E. coli*, Staphylokokken-Enterotoxine, *Salmonella*, *Listeria monocytogenes*, *Vibrio vulnificus* und *V. parahaemolyticus* sowie Norovirus.

Ein Beispiel für die Notwendigkeit einer sorgfältigen Risikobewertung ist der Weg, der zur Festlegung gesetzlich verbindlicher mikrobiologischer Kriterien für *Listeria monocytogenes* geführt hat. Listerien sind in der Umwelt weit verbreitet. Sie sind primär Erdbewohner. Besonders reich an Listerien ist die Oberfläche von Brachflächen. Sie lassen sich jedoch auch im Schlamm, auf Pflanzen, im Stuhl gesunder und erkrankter Tiere und zu einem geringen Umfang auch im Stuhl gesunder Menschen nachweisen. Entsprechend ihrer ubiquitären Verbreitung können die Listerien in allen rohen Lebensmitteln (Fleisch, Geflügel, Gemüse, Milch, Meerestiere), im Erdboden und in Oberflächenwasser vorkommen. Die Listerien können beim Menschen sehr unterschiedliche akute und chronische septische Erkrankungen verursachen. Sie rufen Eiterungen oder Abszesse bzw. tuberkuloseähnliche Granulome im Gehirn, in Leber, Milz und anderen Organen hervor. In der Schwangerschaft kann die intrauterine Infektion des Fetus zu Fehl- und Frühgeburten sowie zu neonatalen Erkrankungen des Neugeborenen führen.

Das ubiquitäre Vorkommen von *L. monocytogenes* lässt zur Bewertung mikrobiologischer Befunde nur eine differenzierte Betrachtungsweise zu, die die nachgewiesene Anzahl an Erregern im Lebensmittel und die Art des Lebensmittels sowie seine weitere Verwendung berücksichtigt. Von besonderer Bedeutung ist deshalb die Frage, ob sich die Listerien unter den vorgegebenen Bedingungen bis zum Erreichen des Mindesthaltbarkeitsdatums (MHD) im Lebensmittel noch auf Konzentrationen vermehren können, die zur Auslösung einer Erkrankung ausreichen (minimale Infektionsdosis). In der neuen EU-Verordnung über mikrobiologische Kriterien in Lebensmitteln werden deshalb die Lebensmittelgruppen (tischfertige Lebensmittel, in denen sich *L. monocytogenes* vermehren kann) besonders kritisch betrachtet. Grundsätzlich wird für diese Lebensmittel eine Nulltoleranz gefordert: Auf Ebene der Herstellung dürfen in 25 g dieser Produkte keine *L. monocytogenes* nachgewiesen werden.

Problematischer ist die Frage, welche Konzentrationen für den Verbraucher noch akzeptabel sind. Da Daten zur wissenschaftlichen Berechnung von Dosis-Wirkungsbeziehungen bei *L. monocytogenes* bisher fehlen, ist die minimale Infektionsdosis (MID) für Personen, die keiner bekannten Risikogruppe angehören, nur schwer abzuschätzen. Epidemiologische Analysen weisen darauf hin, dass die MID in einem Bereich von 10 000 *L. monocytogenes* liegt. Diese Abschätzung korreliert mit dem Befund, dass die mikrobielle Kontamination von Lebensmitteln, die als Ursache von Listeriose-Ausbrüchen identifiziert wurden, in einem Bereich zwischen 100 und $10^6$ *L. monocytogenes*/g lag. Auf Basis dieser Daten wird angenommen, dass die Aufnahme von *L. monocytogenes* bis zu einer Konzentration von 100 Erregern/g Lebensmittel kein Gesundheitsrisiko für die oben genannte Personengruppe darstellt. Auf europäischer Ebene wird deshalb für im Handel befindliche tischfertige Lebensmittel, die eine Vermehrung von *L. monocytogenes* zulassen, ein Höchstwert von 100 KBE *L. monocytogenes*/g Lebensmittel gefordert, der bis zum Erreichen des MHDs nicht überschritten werden darf. Für empfindliche Verbraucher wie Säuglinge und Kleinkinder wird bis zum Erreichen des MHDs sogar eine Nulltoleranz (nicht nachweisbar in 25 g Produkt) gefordert [10, 16, 19].

## 8.5.2
### Definitionen

Gesetzlich festgelegte mikrobiologische Grenzwerte (Standards, Warnwerte, verbindliche Kriterien) dürfen nicht überschritten werden. Sie schreiben z. B. die Abwesenheit von pathogenen Mikroorganismen oder von Indikatororganismen in einer bestimmten Menge eines Lebensmittels vor. Beispielsweise müssen 25 g eines Eiproduktes frei von Salmonellen [16] und 100 mL Trinkwasser frei von *E. coli* sein (Trinkwasser-Verordnung). Als Grenzwert gilt auch die in der Mykotoxin-Höchstmengenverordnung genannte Höchstmenge an Aflatoxinen in Lebensmitteln. In diesem Sinne ist auch der in den 3-Klasse-Plänen aufgeführte Wert „*M*" als Grenzwert zu verstehen.

Mikrobiologische Richtwerte (Toleranzwerte, „guidelines") sind allgemein gültige Keimzahlen mit empfehlendem Charakter, die nicht überschritten werden sollen. Sie dienen z. B. der innerbetrieblichen Kontrolle von Roh-, Zwischen- und Endprodukten. Ein gesetzlich festgelegter Richtwert ist z. B. die Gesamtzahl von 100 aeroben Keimen, die in 1 mL Trinkwasser nicht überschritten werden soll und der in den 3-Klassen-Plänen aufgeführte Wert „*m*".

Mikrobiologische Spezifikationen sind Richtwerte mit einem beschränkten Geltungsbereich. Sie werden z. B. zwischen Abnehmer und Lieferanten festgelegt und können Inhalt von Lieferverträgen sein.

## 8.5.3
### Gesetzliche Kriterien und Empfehlungen

**Deutschland/Europäische Union**
Gesetzlich festgeschriebene Normen liegen in Deutschland vor allem für Lebensmittel tierischen Ursprungs (Milch und Milchprodukte, Hackfleisch, gekochte Krusten- und Schalentiere, Eiprodukte) sowie für Mineralwasser, Quell- und Tafelwasser sowie für diätetische Lebensmittel unter Verwendung von Milch- und Milcherzeugnissen vor. Hinzugekommen sind in der Verordnung (EG) 2073/2005 die pflanzlichen Produkte vorzerkleinertes Obst und Gemüse (verzehrsfertig) sowie nicht pasteurisierte Obst- und Gemüsesäfte (verzehrsfertig). In der Verordnung (EG) 2073/2005 werden folgende Mikroorganismen bzw. Mikroorganismengruppen berücksichtigt:
- aerobe Gesamtkeimzahl,
- *Salmonella*,
- *Listeria monocytogenes*
- koagulasepositive Staphylokken,
- *E. coli*,
- Enterobacteriaceae,
- *Listeria monocytogenes*,
- Staphylokokken-Enterotoxine und
- Histamin.

Die Verordnung konzentriert sich dabei nur auf besonders gefährdete Lebensmittelgruppen:
- tischfertige Lebensmittel für Säuglinge und Kleinkinder mit besonderem medizinischen Zweck,
- alle übrigen tischfertigen Lebensmittel mit besonderem medizinischen Zweck,
- tischfertige Lebensmittel, die rohes Ei enthalten,
- alle übrigen tischfertigen Lebensmittel,
- Hackfleisch/Faschiertes,
- Fleischzubereitungen,
- Geflügelfleischerzeugnisse, die keinem Salmonella abtötenden Verfahren unterzogen wurden,
- frische fermentierte Wurstwaren,
- Gelatine und Kollagen,
- Milch und bearbeitete Milcherzeugnisse,
- Eiererzeugnisse,
- lebende Muscheln, Stachelhäuter, Manteltiere und Schnecken,
- gekochte Krebs- und Weichtiere,
- übrige Fischereierzeugnisse,
- Keimlinge,
- nicht pasteurisierte Obst- und Gemüsesäfte,
- vorgeschnittenes Obst und Gemüse,
- Schlachtkörper und
- Innereien.

**Schweiz**

In der Schweiz sind in der „Verordnung über die hygienisch-mikrobiologischen Anforderungen an Lebensmitteln" (Hygieneverordnung) mikrobiologische Toleranz- und Grenzwerte für zahlreiche Lebensmittel und Mikroorganismen festgelegt [16]. Hinsichtlich pathogener Mikroorganismen in genussfertigen Lebensmitteln gelten folgende Toleranzwerte:

| | |
|---|---|
| *Bacillus cereus* | $10^4$/g Lebensmittel |
| *Clostridium perfringens* | $10^4$/g Lebensmittel |
| koagulasepositive Staphylokokken | $10^4$/g Lebensmittel |
| *Listeria monocytogenes* | n.n. /25 g Lebensmittel |
| *Salmonella* | n.n./25 g Lebensmittel |
| *Campylobacter* | n.n./25 g Lebensmittel |

**Mikrobiologische Richt- und Warnwerte der Deutschen Gesellschaft für Hygiene und Mikrobiologie (DGHM) [4]**

Die Arbeitsgruppe „Mikrobiologische Richt- und Warnwerte für Lebensmittel" der Fachgruppe Lebensmittelmikrobiologie und -hygiene der DGHM veröffentlicht seit 1988 für verschiedene Lebensmittelgruppen mikrobiologische Richt- und Warnwerte zur Beurteilung von Lebensmitteln. Sie sollen als objektivierte

# 8 Hygienische und mikrobielle Standards und Grenzwerte und deren Ableitung

Grundlage zur Beurteilung des mikrobiologisch-hygienischen Status eines Lebensmittels oder einer Lebensmittelgruppe zu verstehen sein und werden durch Arbeitsgruppenmitglieder aus Wirtschaft, Wissenschaft und der amtlichen Überwachung in gemeinsamer Beratung unter Berücksichtigung geltender nationaler und europäischer Gesetzgebung erarbeitet.

Die Werte sind rechtlich nicht bindend, geben aber sowohl den Herstellern und Inverkehrbringern als auch der amtlichen Lebensmittelüberwachung Anhaltspunkte hinsichtlich der Zuordnung zu allgemeinen rechtlichen (Hygiene-) Anforderungen.

Grundlage der Richt- und Warnwerte sind die Art und die Anzahl bestimmter Mikroorganismen, die für den gesundheitlichen Verbraucherschutz und für die Beurteilung der spezifischen Beschaffenheit eines Produktes relevant sind. Die Empfehlungen gelten für Angebotsformen mit der Zielgruppe Endverbraucher; Roh- und Zwischenerzeugnisse bleiben in der Regel unberücksichtigt.

In den Tabellen 8.1 bis 8.5 sind die mikrobiologischen Richt- und Warnwerte zusammengefasst, die ab 2004 neu erarbeitet oder überarbeitet und zum Teil noch nicht veröffentlicht wurden.

**Tab. 8.1** Richt- und Warnwerte zur Beurteilung von Feinkostsalaten [b].

|  | Richtwert [KbE[a]/g] | Warnwert [KbE[a]/g] |
|---|---|---|
| aerobe mesophile Koloniezahl [c] | $1 \cdot 10^6$ | – |
| Milchsäurebakterien [c] | $1 \cdot 10^6$ | – |
| präsumptive *Bacillus cereus* | $1 \cdot 10^3$ | $1 \cdot 10^4$ |
| Sulfit reduzierende Clostridien | $1 \cdot 10^2$ | $1 \cdot 10^3$ |
| koagulasepositive Staphylokokken | $1 \cdot 10^2$ | $1 \cdot 10^3$ |
| *Escherichia coli* [d] | $1 \cdot 10^2$ | $1 \cdot 10^3$ |
| Salmonellen | – | n.n. in 25 g |
| Enterobacteriaceae | $1 \cdot 10^3$ | $1 \cdot 10^4$ |
| *Listeria monocytogenes* [e] | – | $1 \cdot 10^2$ |
| Hefen [f] | $1 \cdot 10^5$ | – |

a) KbE: Kolonie bildende Einheiten.
b) Die aufgeführten Werte beziehen sich auf Untersuchungen auf Handelsebene. Die Werte müssen bis zum Erreichen des MHDs eingehalten werden.
c) Werden lebende Mikroorganismen als Starterkulturen zugesetzt oder Zutaten wie Käse, die lebende Organismen enthalten, muss dies bei der Beurteilung berücksichtigt werden.
d) Beim Nachweis von *E. coli* ist der Kontaminationsquelle nachzugehen.
e) Für den Nachweis und die Bewertung von *L. monocytogenes* sind Forderungen der Verordnung (EG) 2073/2005 sowie die Empfehlungen des BgVV vom Juli 2000, insbesondere die Anlagen 2–4 anzuwenden.
f) Der Richtwert bezieht sich auf eine Bebrütungstemperatur von 25 °C.

**Tab. 8.2** Richt- und Warnwerte zur Beurteilung von Patisseriewaren mit nicht durchgebackener Füllung.

| | Richtwert [KbE[a)]/g] | Warnwert [KbE[a)]/g] |
|---|---|---|
| aerobe mesophile Koloniezahl | $1 \cdot 10^6$ | – |
| Salmonellen | – | n.n. in 25 g |
| präsumtive *Bacillus cereus* | $1 \cdot 10^3$ | $1 \cdot 10^4$ |
| Enterobacteriaceae | $1 \cdot 10^3$ | $1 \cdot 10^4$ |
| *Escherichia coli*[b)] | $1 \cdot 10^1$ | $1 \cdot 10^2$ |
| Hefen | $1 \cdot 10^4$ | – |
| Schimmelpilze | $1 \cdot 10^3$ | – |
| koagulasepositive Staphylokokken | $1 \cdot 10^2$ | $1 \cdot 10^3$ |
| *Listeria monocytogenes* | – | $1 \cdot 10^2$ [c)] |

a) KbE: Kolonie bildende Einheiten.
b) Beim Nachweis von *E. coli* ist der Kontaminationsquelle nachzugehen.
c) Für den Nachweis und die Bewertung von *L. monocytogenes* sind die Forderungen der Verordnung (EG) 2073/2005 sowie die Empfehlungen des BgVV vom Juli 2000, insbesondere die Anlagen 2–4 anzuwenden.

Für die aufgeführten mikrobiologischen Kriterien für Fleischwaren, die in Zusammenarbeit mit der mikrobiologischen Arbeitsgruppe der staatlichen Untersuchungsämter von Nordrhein-Westfalen (ASVUA und CVUA) erarbeitet wurden, gelten folgende Hinweise:

- Die aufgeführten Werte beziehen sich auf Untersuchungen auf Handelsebene. Die Werte müssen bis zum Erreichen des MHDs eingehalten werden.
- Thermophile *Campylobacter*-Spezies sind zu einem hohen Prozentsatz in rohem Geflügelfleisch nachweisbar. Es wird deshalb empfohlen, bei Produkten, die rohes Geflügelfleisch enthalten oder roh verzehrt werden, die *Campylobacter*-Problematik zu beachten.
- Die in den Richt- und Warnwerten angeführten Werte für *Escherichia coli* gelten als Hygieneindikatoren. Beim Nachweis von *E. coli* sollte allerdings der Kontaminationsquelle nachgegangen werden. Sollte das Ziel der Untersuchungen der Ausschluss von pathogenen *E. coli*-Spezies sein, sind die Richt- und Warnwerte nicht anzuwenden. Die Isolate müssen in diesem Fall hinsichtlich des Auftretens bestimmter Pathogenitätseigenschaften untersucht werden. Enterohämorrhagische *E. coli* (STEC/EHEC) werden durch die Routinemethodik zum Nachweis von *E. coli* nicht mit erfasst, sondern erfordern ggf. einen gesonderten Untersuchungsgang.

**Tab. 8.3** Richt- und Warnwerte zur Beurteilung von Brühwurst, Kochwurst, Kochpökelwaren sowie Sülzen und Aspikwaren (St = vakuumverpackte Stückware; A = Aufschnittware) auf Handelsebene[b)].

|  | Ware | Richtwert [KbE[a)]/g] | Warnwert [KbE[a)]/g] |
|---|---|---|---|
| aerobe mesophile Gesamtkeimzahl | ST | $5 \cdot 10^4$ | – |
|  | A | $5 \cdot 10^6$ |  |
| Enterobacteriaceae | ST | $1 \cdot 10^2$ | $1 \cdot 10^3$ |
|  | A | $1 \cdot 10^3$ | $1 \cdot 10^4$ |
| Escherichia coli[c)] | ST | $1 \cdot 10^1$ | $1 \cdot 10^2$ |
|  | A | $1 \cdot 10^1$ | $1 \cdot 10^2$ |
| koagulasepositive Staphylokokken | ST | $1 \cdot 10^1$ | $1 \cdot 10^2$ |
|  | A | $1 \cdot 10^1$ | $1 \cdot 10^2$ |
| Milchsäurebakterien | ST | $5 \cdot 10^4$ | – |
|  | A | $5 \cdot 10^6$ | – |
| Hefen | A | $1 \cdot 10^4$ | – |
| Salmonellen | ST | – | n.n. in 25 g |
|  | A | – |  |
| Listeria monocytogenes[c)] | ST | – | $1 \cdot 10^2$ |
|  | A | – |  |
| Sulfit reduzierende Clostridien[d)] | ST | $1 \cdot 10^2$ | – |
|  | A | $1 \cdot 10^2$ |  |

a) KbE: Kolonie bildende Einheiten.
b) Die Hinweise in der Präambel zum Abschnitt „Fleischerzeugnisse" (s. Text) sind zu beachten.
c) Für den Nachweis und die Bewertung von L. monocytogenes sind Forderungen der Verordnung (EG) 2073/2005 sowie die Empfehlungen des BgVV vom Juli 2000, insbesondere die Anlagen 2–4 anzuwenden.
d) Bei nachpasteurisierter Ware sowie Kochwürsten sollte auf Sulfit reduzierende Clostridien untersucht werden.

**Tab. 8.4** Richt- und Warnwerte zur Beurteilung von Rohwürsten und Rohpökelware auf Handelsebene[b)].

|  |  | Richtwert [KbE[a)]/g] | Warnwert [KbE[a)]/g] |
|---|---|---|---|
| Enterobacteriaceae | ausgereift + schnittfest | $1 \cdot 10^2$ | $1 \cdot 10^3$ |
|  | streichfähig | $1 \cdot 10^3$ | $1 \cdot 10^4$ |
| koagulasepositive Staphylokokken |  | $1 \cdot 10^3$ | $1 \cdot 10^4$ |
| Escherichia coli |  | $1 \cdot 10^1$ | $1 \cdot 10^2$ |
| Salmonellen |  | – | n.n. in 25 g |
| Listeria monocytogenes[c)] |  | – | $1 \cdot 10^2$ |

a) KbE: Kolonie bildende Einheiten.
b) Die Hinweise in der Präambel zum Abschnitt „Fleischerzeugnisse" sind zu beachten.
c) Für den Nachweis und die Bewertung von L. monocytogenes sind die Forderungen der Verordnung (EG) 2073/2005 sowie die Empfehlungen des BgVV vom Juli 2000, insbesondere die Anlagen 2–4 anzuwenden.

**Tab. 8.5** Richt- und Warnwerte zur Beurteilung von ungewürztem und gewürztem Hackfleisch auf Handelsebene [b].

|  | Richtwert [KbE[a]/g] | Warnwert [KbE[a]/g] |
|---|---|---|
| aerobe mesophile Gesamtkeimzahl | $5 \cdot 10^6$ | – |
| Pseudomonaden | $1 \cdot 10^6$ | – |
| Enterobacteriaceae | $1 \cdot 10^4$ | $1 \cdot 10^5$ |
| Escherichia coli         ungewürzt | $1 \cdot 10^2$ | $1 \cdot 10^3$ |
| gewürzt | $1 \cdot 10^3$ | $1 \cdot 10^4$ |
| koagulasepositive Staphylokokken | $5 \cdot 10^2$ | $5 \cdot 10^3$ |
| Salmonellen [c] | – | n.n. in 25 g |
| Listeria monocytogenes [d] | – | $1 \cdot 10^2$ |

a) KbE: Kolonie bildende Einheiten.
b) Die Hinweise in der Präambel zum Abschnitt „Fleischerzeugnisse" (s. Text) sind zu beachten.
c) Gesetzliche Regelungen können andere Untersuchungsmengen vorschreiben.
d) Für den Nachweis und die Bewertung von L. monocytogenes sind die Forderungen der Verordnung (EG) 2073/2005 sowie die Empfehlungen des BgVV vom Juli 2000, insbesondere die Anlagen 2–4 anzuwenden.

**Bedeutung der DGHM-Richt- und Warnwerten**

Richtwerte geben eine Orientierung, welches produktspezifische Mikroorganismenspektrum zu erwarten und welche Mikroorganismengehalte in den jeweiligen Lebensmitteln bei Einhaltung einer guten Hygienepraxis akzeptabel sind. Proben mit Keimgehalten unter oder gleich dem Richtwert sind stets verkehrsfähig. In dieser Eigenschaft entspricht der Richtwert dem Wert „m" der „Sampling for microbiological analysis: Principles and specific applications", University of Toronto Press 1986 (ICMSF).

Im Rahmen der betrieblichen Kontrollen zeigt eine Überschreitung des Richtwertes Schwachstellen im Herstellungsprozess und die Notwendigkeit an, die Wirksamkeit der vorbeugenden Maßnahmen zu überprüfen und Maßnahmen zur Verbesserung der Hygienesituation einzuleiten. Die Feststellung einer Richtwertüberschreitung durch die amtliche Lebensmittelüberwachung kann einen Hinweis oder eine Belehrung, die Entnahme von Nachproben oder eine außerplanmäßige Betriebskontrolle zur Folge haben.

Warnwerte geben Mikroorganismengehalte an, deren Überschreitung einen Hinweis darauf gibt, dass die Prinzipien einer guten Hygienepraxis verletzt wurden und zudem eine Gesundheitsgefährdung des Verbrauchers nicht auszuschließen ist. Die amtliche Lebensmittelüberwachung ergreift bei Überschreitung des Warnwertes unter Wahrung der Verhältnismäßigkeit die erforderlichen lebensmittelrechtlichen Maßnahmen. Dabei wird die Zusammensetzung des Lebensmittels, die weitere Zubereitung für den Verzehr sowie die Zweckbestimmung berücksichtigt. Der Warnwert entspricht dem Wert „M" der „Sampling for microbiological analysis: Principles and specific applications", University of Toronto Press 1986 (ICMSF).

**Weitere Empfehlungen zur mikrobiologischen Beurteilung von Lebensmitteln**
Mikrobiologische Kriterien wurden für zahlreiche Lebensmittel veröffentlicht. Dazu gehören z. B. Werte für verzehrsfertige Lebensmittel [13] oder marinierte Fleischzubereitungen [14]. Eine gute Übersicht aktueller Vorschriften aus Deutschland und der Schweiz gibt das Buch „Mikrobiologische Kriterien für Lebensmittel" [5]. Sehr umfangreich sind die von der Landesuntersuchungsanstalt Sachsen veröffentlichten Werte [12].

## 8.6
## Literatur

1 Bundesinstitut für Risikobewertung (vormals BgVV) (2000) Empfehlungen zum Nachweis und zur Bewertung von *Listeria monocytogenes* in Lebensmitteln im Rahmen der amtlichen Lebensmittelüberwachung.
2 Codex Alimentarius Commission (1997) General principles for the establishment and application of microbiological criteria for foods. CAC/GL 21. www.codexalimentarius.net
3 Codex Alimentarius Commission (1999) Draft principles and guidelines for the conduct of microbiological risk assessment. www.codexalimentarius.net
4 Deutsche Gesellschaft für Hygiene und Mikrobiologie (DGHM) (2005) Mikrobiologische Richt- und Warnwerte für Lebensmittel auf Handelsebene (2005). *www.lm-mibi.uni-bonn.de*
5 Eisgruber, H. und Stolle, A. (2004) Mikrobiologische Kriterien für Lebensmittel. Behrs-Verlag, Hamburg.
6 Europäische Union: Rechtsvorschriften. www.europa.eu.int/comm/food
7 Frede, W. (Hrsg.) (2006) Taschenbuch für Lebensmittelchemiker. Springer-Verlag Berlin, Heidelberg.
8 Hildebrandt, G. (2006) Probenahme- und Prüfpläne. In: (Baumgart J.): Mikrobiologische Untersuchung von Lebensmitteln, Behr's Verlag (lose Blattsammlung).
9 ICMSF (2005) Sampling plans. In: Microorganisms in foods 7. Microbial testing in food safety management. Kluwer Academic/Plenum Publishers, New York.
10 Jay, J. M., Loessner, M. J. und Golden, D. A. (2005) The HACCP and FSO Systems for food safety. In: Modern Food Microbiology, Springer Science + Business Media. Inc. New York.
11 Krämer, J. (2002) Lebensmittel-Mikrobiologie, Verlag Eugen Ulmer.
12 Landesuntersuchungsanstalt für das Gesundheits- und Veterinärwesen des Freistaates Sachsen 2005: Sammlung Mikrobiologischer Grenz, Richt- und Warnwerte zur Beurteilung von Lebensmitteln und Bedarfsgegenständen. www.lua.sachsen.de
13 PHLS Advisory Committee for Food and Dairy Products (2000) Guidelines for the microbiological quality of some ready-to-eat foods sampled at the point of sale. *Communicable Disease and Public Health* **3**, 163–167.
14 Mahler, C, Babbel, I. und Stolle, A. (2004) Richtwerte; Mikrobiologische und sensorische Untersuchungen über die Qualität von marinierten Fleischzubereitungen zur Feststellung des Mindesthaltbarkeitsdatums. *Der Lebensmittelbrief* **1/2**, 19–21.
15 Verordnung (EG) 853/(2004) über spezifische Hygienevorschriften für Lebensmittel tierischen Ursprungs.
16 Verordnung (EG) 2073/(2005) über mikrobiologische Kriterien für Lebensmittel.
17 Verordnung zur Änderung tierseuchen- und lebensmittelrechtlicher Vorschriften zur Überwachung von Zoonosen und Zoonosenerreger (2004).
18 Schweizerische Verordnung des EDI über die hygienischen und mikrobiologischen Anforderungen an Lebensmittel, Gebrauchsgegenstände, Räume, Einrichtungen und Personal (Hygieneverordnung, HyV) (2002).
19 van Schotthorst, M (1999) Use and misuse of microbiological criteria. *ZLR* **1**, 79–82.

## Übersicht der veröffentlichten Empfehlungen der DGHM

1 Rohe, trockene Teigwaren
*Öffentliches Gesundheitswesen* **50**, 183–184 (1988).
*Bundesgesundheitsblatt* **31**, 93–94 (1988).
*Deutsche LM-Rundschau*, 84. Jahrg., Heft 4 (1988).

2 Gewürze
*Öffentliches Gesundheitswesen* **50**, 183–184 (1988).
*Bundesgesundheitsblatt* **31**, 93–94 (1988).
*Deutsche LM-Rundschau*, 84. Jahrg., Heft 4 (1988).

3 Trockensuppen u. a. Trockenprodukte
*Öffentliches Gesundheitswesen* **50**, 183–184 (1988).
*Bundesgesundheitsblatt* **31**, 93–94 (1988).
*Deutsche LM-Rundschau*, 84. Jahrg., Heft 4 (1988).

4 Instantprodukte
*Öffentliches Gesundheitswesen* **50**, 183–184 (1988).
*Bundesgesundheitsblatt* **31**, 93–94 (1988).
*Deutsche LM-Rundschau*, 84. Jahrg., Heft 4 (1988).

5 Mischsalate
*Bundesgesundheitsblatt* **33**, 6–9 (1990).
*Lebensmitteltechnik* **11**, 662–669 (1990).

6 TK-Backwaren (durchgebacken)
*Öffentliches Gesundheitswesen* **53**, 191 (1991).
*Lebensmitteltechnik* **4**, 162 (1991).

7 TK-Backwaren (roh/teilgegart)
*Öffentliches Gesundheitswesen* **53**, 191 (1991).
*Lebensmitteltechnik* **4**, 162 (1991).

8 TK-Patisseriewaren
*Öffentliches Gesundheitswesen* **53**, 191 (1991).
*Lebensmitteltechnik* **4**, 162 (1991).

9 Feinkostsalate (am 9. 5. 2006 aktualisiert: Tab. 8.1)
*Öffentliches Gesundheitswesen* **54**, 110 (1992).
*Lebensmitteltechnik* **5**, 12 (1992).

10 TK-Fertiggerichte (roh/teilgegart u. gegart)
*Öffentliches Gesundheitswesen* **54**, 209 (1992).
*Lebensmitteltechnik* **3**, 89 (1992).

11 Sojaprodukte (Tofu)
*Öffentliches Gesundheitswesen* **56**, 643–644, (1994).
*Lebensmitteltechnik* **1–2**, 50 (1995).

12 Patisseriewaren mit nicht durchgebackener Füllung (am 25.05.2004 aktualisiert: Tab. 8.2)
*Lebensmitteltechnik* **6**, **52** (1996).

13 Feuchte Teigwaren (verpackt)
Feuchte Teigwaren (offen angeboten)
*Lebensmitteltechnik* **7–8**, 45–46 (1996).

14 Aufgeschlagene Sahne
*Lebensmitteltechnik* **3**, 60–61 (1999).

15 Kakaopulver
*Hygiene u. Mikrobiologie*, Mitteilungsblatt 2. Jahrg., **2**, 31 (1998).

16 Schokoladen (hell und dunkel), Kakaopulver
*Lebensmitteltechnik* **10**, 62–63 (1999).

17 Naturdärme
*Lebensmitteltechnik* **3**, 85–86 (2000).
*Fleischwirtschaft* **4**, 68–69 (2000).

18 Getr. Früchte inkl. Rosinen, Obstpulver, Nüsse u. Kokosflocken
*Lebensmitteltechnik* **9**, 72–73 (2000).

19 Fruchtpulpen
*Lebensmitteltechnik* **3**, 70–71 (2002).

20 Räucherlachs
*Lebensmitteltechnik* **6**, 67–68 (2001).

21 Graved Lachs
*Lebensmitteltechnik* **6**, 67–68 (2001).

22 Säuglingsnahrung auf Milchpulverbasis
*Lebensmitteltechnik* **3**, 70–71 (2002).

23 Getreidemahlerzeugnisse
*Lebensmitteltechnik* **10**, 68–69 (2003).

24 Seefische
*Lebensmitteltechnik* **11**, 70–71 (2004).

25 Fleischerzeugnisse (Stand: 25. 05. 2004)
Brühwurst, Kochwurst, Kochpökelwaren sowie Sülzen und Aspikwaren, Rohwürste und Rohpökelwaren, Hackfleisch: s. Tabellen 8.3, 8.4 und 8.5.

# 9
# Sicherheitsbewertung von neuartigen Lebensmitteln und Lebensmitteln aus genetisch veränderten Organismen

*Annette Pöting*

## 9.1
## Einleitung

Im Unterschied zu Lebensmittelzusatzstoffen sowie Rückständen und Kontaminanten werden traditionelle Lebensmittel in der Regel als sicher angesehen und nicht systematisch einer gesundheitlichen Bewertung unterzogen. Risikoabschätzungen werden meist nur dann vorgenommen, wenn Erfahrungen bei Menschen oder Tieren auf eine schädliche Wirkung bestimmter Erzeugnisse hindeuten und/ oder gesundheitlich bedenkliche Inhaltsstoffe nachgewiesen wurden.

Bei neuartigen Lebensmitteln und Erzeugnissen aus genetisch veränderten Organismen (GVO) liegen dagegen in der Europäischen Union (EU) keine Erfahrungen mit dem Verzehr vor. Außerdem muss bei ihnen damit gerechnet werden, dass völlig neue Inhaltsstoffe vorkommen und/oder die Gehalte bekannter Lebensmittelbestandteile verändert sind. Deshalb ist hier eine Sicherheitsbewertung vorzunehmen, für die erst kürzlich Strategien und Beurteilungskriterien erarbeitet wurden. Die erforderlichen Informationen sind im Rahmen gemeinschaftlicher Zulassungsverfahren von den Antragstellern vorzulegen. Eine Genehmigung für die Vermarktung wird nur erteilt, wenn die Bewertung keine Hinweise auf Risiken für die Gesundheit der Verbraucher ergibt beziehungsweise wenn bestehende Risiken durch angemessene Maßnahmen des Risiko-Managements, z. B. eine Kennzeichnung, vermieden werden können.

## 9.2
## Definitionen und rechtliche Aspekte

### 9.2.1
### *Novel Foods*-Verordnung

Mit dem Inkrafttreten der Verordnung (EG) Nr. 258/97 über neuartige Lebensmittel und Lebensmittelzutaten (*Novel Foods*-Verordnung) [18] wurde in den Mitgliedstaaten der Europäischen Union (EU) erstmals ein allgemeines Zulassungsverfahren für Lebensmittel eingeführt. Vorher unterlagen die Herstellung beziehungsweise der Import und die Vermarktung von Erzeugnissen den jeweiligen nationalen Regelungen, in Deutschland den Bestimmungen des Lebensmittel- und Bedarfsgegenständegesetzes (LMBG) [28].

Definitionsgemäß als neuartig gelten Lebensmittel und Lebensmittelzutaten, die in der EU vor dem Stichtag 15. Mai 1997 noch nicht in nennenswertem Umfang für den menschlichen Verzehr verwendet wurden und den folgenden Gruppen zuzuordnen sind:
Lebensmittel und Lebensmittelzutaten,
- die eine neue oder gezielt modifizierte primäre Molekularstruktur aufweisen,
- die aus Mikroorganismen, Pilzen oder Algen bestehen oder aus diesen isoliert wurden,
- die aus Pflanzen bestehen oder aus Pflanzen isoliert wurden sowie aus Tieren isolierte Lebensmittelzutaten (ausgenommen sind Erzeugnisse, die mit herkömmlichen Vermehrungs- oder Zuchtmethoden gewonnen wurden und erfahrungsgemäß als unbedenklich gelten können),
- bei deren Herstellung ein nicht übliches Verfahren angewandt wurde, und bei denen dieses Verfahren eine bedeutende Veränderung ihrer Zusammensetzung oder Struktur bewirkt, was sich auf den Nährwert, ihren Stoffwechsel oder auf die Menge unerwünschter Stoffe im Lebensmittel auswirkt.

Eine besondere Kategorie von Erzeugnissen bilden funktionelle Lebensmittel. Ein Lebensmittel kann als funktionell angesehen werden, wenn es über adäquate ernährungsphysiologische Effekte hinaus einen nachweisbaren positiven Effekt auf eine oder mehrere Zielfunktionen im Körper ausübt, so dass ein verbesserter Gesundheitsstatus oder gesteigertes Wohlbefinden und/oder eine Reduktion von Krankheitsrisiken erzielt wird [4]. Bisher existieren keine spezifischen gesetzlichen Regelungen für diese Erzeugnisse, sofern sie aber den Definitionen eines neuartigen Lebensmittels entsprechen, fallen sie in den Geltungsbereich der *Novel Foods*-Verordnung.

In der ursprünglichen Fassung galt die Verordnung auch für Erzeugnisse aus GVO. Diese werden jedoch seit dem Inkrafttreten spezifischer Rechtsvorschriften separat geregelt (s. Abschnitt 9.2.2). Ebenfalls nicht in den Geltungsbereich fallen Lebensmittelzusatzstoffe und Aromen sowie Extraktionslösemittel, für die jeweils eigene Rechtsvorschriften gelten. Diese Ausnahmen bestehen allerdings nur, solange die in den jeweiligen Richtlinien festgelegten Sicherheitsniveaus dem der *Novel Foods*-Verordnung entsprechen.

Will ein Hersteller oder Importeur ein neuartiges Lebensmittel auf den Markt bringen, kommen in Abhängigkeit von der Art des Erzeugnisses zwei Verfahren in Frage:

Beim Genehmigungsverfahren nach Artikel 4 der Verordnung ist in dem Mitgliedstaat, in dem das Erzeugnis erstmals in den Verkehr gebracht werden soll, ein Antrag zu stellen. Dieser muss unter anderem die für eine Sicherheitsbewertung erforderlichen Informationen enthalten. Die zuständige Lebensmittelprüfstelle des Mitgliedstaats ist dafür verantwortlich, dass innerhalb von drei

Monaten ein Bericht über die Erstprüfung des Antrags erstellt und an die Europäische Kommission übermittelt wird. Hält die Lebensmittelprüfstelle keine ergänzende Prüfung für notwendig und erheben die übrigen Mitgliedstaaten sowie die Kommission innerhalb von 60 Tagen keine begründeten Einwände, kann der Mitgliedstaat dem Antragsteller die Genehmigung für die Vermarktung des neuartigen Erzeugnisses in der gesamten EU erteilen.

Ist jedoch eine ergänzende Prüfung erforderlich oder werden Einwände erhoben, wird eine Entscheidung über die Genehmigung in einem gemeinschaftlichen Verfahren herbeigeführt. In diesem Fall holt die Kommission zu den gesundheitsrelevanten Fragen eine Stellungnahme der Europäischen Behörde für Lebensmittelsicherheit (*European Food Safety Authority* – EFSA) ein. Zuständig ist das Wissenschaftliche Gremium für diätetische Produkte, Ernährung und Allergien (Scientific Panel on Dietetic Products, Nutrition and Allergies – NDA). Vor Einrichtung der EFSA hat der Wissenschaftliche Ausschuss für Lebensmittel (*Scientific Committee on Food* – SCF) der Europäischen Kommission diese Funktion wahrgenommen. Wird das Erzeugnis als sicher bewertet, legt die Kommission einen Entscheidungsentwurf vor. Nach Beratung dieses Vorschlags entscheidet der mit Vertretern der Mitgliedstaaten besetzte Ständige Ausschuss für die Lebensmittelkette und Tiergesundheit mit qualifizierter Mehrheit (Ausschussverfahren). Im Fall einer Zustimmung erteilt die Kommission dem Antragsteller die Genehmigung für die Vermarktung. Kommt keine qualifizierte Mehrheit zustande, wird der mit Fachministern der Mitgliedstaaten besetzte Rat eingeschaltet. Hat auch dieser innerhalb von drei Monaten keinen Beschluss gefasst, entscheidet die Kommission über die Genehmigung. Die Entscheidungen werden im Amtsblatt der EU veröffentlicht.

Ein vereinfachtes Anmeldeverfahren (Notifizierung) nach Artikel 5 der Verordnung ist für neuartige Lebensmittel und Lebensmittelzutaten vorgesehen, die traditionellen Erzeugnissen hinsichtlich ihrer Zusammensetzung, ihres Nährwerts, ihres Stoffwechsels, ihres Verwendungszwecks und ihres Gehalts an unerwünschten Stoffen im Wesentlichen gleichwertig sind. Zusammen mit der Mitteilung an die Kommission über das Inverkehrbringen ist ein wissenschaftlicher Nachweis oder – so die übliche Praxis – eine Stellungnahme der zuständigen Lebensmittelprüfstelle eines Mitgliedstaates vorzulegen, anhand derer die wesentliche Gleichwertigkeit belegt wird. Eine Liste der Notifizierungen wird einmal jährlich im Amtsblatt der EU publiziert.

Neben den üblichen Anforderungen der gemeinschaftlichen Rechtsvorschriften für die Etikettierung von Lebensmitteln gelten für neuartige Erzeugnisse zusätzliche spezifische Anforderungen zur Unterrichtung der Verbraucher. Anzugeben sind alle Merkmale oder Ernährungseigenschaften wie Zusammensetzung, Nährwert oder nutritive Wirkungen sowie Verwendungszweck, die sie von traditionellen Produkten unterscheiden. Darüber hinaus sind neue Inhaltsstoffe anzugeben, die die Gesundheit bestimmter Bevölkerungsgruppen beeinflussen können oder gegen die ethische Vorbehalte bestehen.

In Deutschland ist gemäß dem Gesetz zur Neuorganisation des gesundheitlichen Verbraucherschutzes und der Lebensmittelsicherheit seit dem 1. November 2002 das Bundesamt für Verbraucherschutz und Lebensmittelsicherheit (BVL) die für die Antragsbearbeitung zuständige Behörde [30]. Die Sicherheitsbewertungen sowie die Prüfungen der wesentlichen Gleichwertigkeit nimmt das Bundesinstitut für Risikobewertung (BfR) vor, das sich dabei in speziellen Fragen von einer Sachverständigenkommission beraten lässt.

### 9.2.2
**Verordnung über genetisch veränderte Lebens- und Futtermittel**

Am 18. April 2003 trat die Verordnung (EG) Nr. 1829/2003 über genetisch veränderte Lebensmittel und Futtermittel [22] in Kraft, gleichzeitig mit der Verordnung (EG) Nr. 1830/2003 [23], welche die Rückverfolgbarkeit und Kennzeichnung von GVO und daraus hergestellten Erzeugnissen regelt. Durch Erlass dieser Rechtsvorschriften wurden Lebensmittel, die aus GVO gewonnen werden, aus der *Novel Foods*-Verordnung herausgelöst.

In den Geltungsbereich der Verordnungen fallen
- GVO, die zur Verwendung als Lebensmittel oder in Lebensmitteln bestimmt sind,
- Lebensmittel, die GVO enthalten oder aus GVO bestehen,
- Lebensmittel, die aus GVO hergestellt werden oder Zutaten enthalten, die aus GVO hergestellt werden.

Abgedeckt sind also Lebensmittel, die „aus" einem GVO, jedoch nicht solche, die „mit" einem GVO hergestellt werden. Entscheidend ist dabei, ob das Erzeugnis einen Stoff enthält, der aus einem genetisch veränderten Ausgangsmaterial stammt. Lebensmittel, die aus Tieren stammen, welche mit genetisch veränderten Futtermitteln gefüttert wurden, sind nicht erfasst.

Lebensmittelzusatzstoffe und Aromen, die GVO enthalten, daraus bestehen oder daraus hergestellt werden, fallen hinsichtlich der Sicherheitsbewertung der genetischen Veränderung in den Geltungsbereich der Verordnung über genetisch veränderte Lebens- und Futtermittel. Ansonsten unterliegen sie den derzeit geltenden europäischen beziehungsweise nationalen Rechtsvorschriften für diese Erzeugnisse.

Zulassungsanträge sind bei der zuständigen Behörde eines Mitgliedstaates zu stellen, welche diese an die EFSA weiterleitet. Letztere informiert die anderen Mitgliedstaaten sowie die Kommission und stellt ihnen alle vom Antragsteller gelieferten Informationen zur Verfügung. Innerhalb von sechs Monaten sollte die EFSA eine Stellungnahme abgeben. Sie kann dazu ihr Wissenschaftliches Gremium für genetisch veränderte Organismen (GVO-Gremium; Scientific Panel on Genetically Modified Organisms – GMO) oder eine der zuständigen nationalen Behörden ersuchen, eine Sicherheitsbewertung für die Verwendung zu Lebensmittel- und Futtermittelzwecken vorzunehmen. Im Fall von Lebensmitteln, die GVO enthalten oder aus solchen bestehen, ist darüber hinaus eine Prüfung der Umweltverträglichkeit gemäß Richtlinie 2001/18/EG über die absichtliche Freisetzung genetisch veränderter Organismen in die Umwelt [20] erforderlich. Diese Richtlinie regelt die Freisetzung zu Erprobungs- oder Forschungszwecken sowie das Inverkehrbringen von GVO, z. B. durch kommerziellen Anbau in der EU oder die Einfuhr aus Ländern außerhalb der EU.

Auf der Grundlage der Stellungnahme der EFSA legt die Kommission dem Ständigen Ausschuss für die Lebensmittelkette und Tiergesundheit einen Entscheidungsentwurf vor. Die endgültige Entscheidung wird im Ausschussverfahren getroffen (s. Abschnitt 9.2.1). Zulassungen sind auf zehn Jahre befristet und können auf Antrag für weitere zehn Jahre erneuert werden.

Für Erzeugnisse, die GVO enthalten, daraus bestehen oder aus GVO hergestellt wurden, gelten neben den anderen EU-Kennzeichnungsvorschriften für Lebensmittel spezifische Anforderungen. Sie müssen als „genetisch verändert", „aus genetisch verändertem ... hergestellt", „enthält genetisch veränderten ..." oder „enthält aus genetisch verändertem ... hergestellte(n) ..." ausgewiesen werden. Darüber hinaus sind alle Merkmale oder Eigenschaften anzugeben, die sie von traditionellen Erzeugnissen unterscheiden. Dies kann die Zusammensetzung, den Nährwert, Verwendungszweck sowie Auswirkungen auf die Gesundheit bestimmter Bevölkerungsgruppen betreffen. Des Weiteren ist anzugeben, wenn ein Lebensmittel Anlass zu ethischen oder religiösen Bedenken geben könnte.

In Deutschland ist nach dem EG-Gentechnik-Durchführungsgesetz das BVL die für die Antragsbearbeitung gemäß VO (EG) Nr. 1829/2003 zuständige Behörde. Stellungnahmen zur Sicherheit von Lebens- und Futtermitteln aus GVO ergehen im Benehmen mit dem BfR und dem Robert-Koch-Institut (RKI). Stellungnahmen zur Umweltverträglichkeit von GVO ergehen im Benehmen mit dem Bundesamt für Naturschutz (BfN) und dem RKI. Zu beteiligen sind darüber hinaus das BfR, die Biologische Bundesanstalt für Land- und Forstwirtschaft (BBA) und, wenn genetisch veränderte Wirbeltiere oder Mikroorganismen, die an Wirbeltieren angewendet werden, betroffen sind, das Friedrich-Loeffler-Institut (FLI) [29].

## 9.3
### Sicherheitsbewertung neuartiger Lebensmittel und Lebensmittelzutaten

Bei der Sicherheitsbewertung neuartiger Lebensmittel spielt die toxikologische Beurteilung einschließlich einer Einschätzung der möglichen Allergenität eine wichtige Rolle. Daneben sind Ernährungsaspekte und die mikrobiologische Sicherheit von Bedeutung.

### 9.3.1
#### Anforderungen

Nach den Bestimmungen der *Novel Foods*-Verordnung (s. Abschnitt 9.2.1) dürfen neuartige Lebensmittel und Lebensmittelzutaten
- keine Gefahr für den Verbraucher darstellen,
- den Verbraucher nicht irreführen,

- sich von Lebensmitteln oder Lebensmittelzutaten, die sie ersetzen sollen, nicht so unterscheiden, dass ihr normaler Verzehr Ernährungsmängel für den Verbraucher mit sich brächte.

Die Prüfung und Bewertung orientiert sich an den Empfehlungen des SCF [17]. Diese Leitlinien sollen die Antragsteller bei der Formulierung ihrer Anträge unterstützen und darüber hinaus zu einer Harmonisierung der Bewertung durch die zuständigen nationalen Behörden beitragen. Enthalten sind weiterhin Empfehlungen für die Beurteilung von Lebensmitteln aus genetisch veränderten Organismen, die mittlerweile durch spezifische Leitlinien ersetzt wurden (s. Abschnitt 9.4.1).

Aufgrund der Heterogenität neuartiger Lebensmittel und Lebensmittelzutaten erfolgt die Sicherheitsbewertung grundsätzlich in Form einer Einzelfallbetrachtung (*case-by-case*). Für die Beurteilung sind in der Regel Informationen zu folgenden Aspekten erforderlich:
- Spezifikation,
- Herstellungsverfahren und Auswirkungen auf das Produkt,
- frühere Verwendung und dabei gewonnene Erfahrungen,
- voraussichtlicher Konsum/Ausmaß der Nutzung,
- ernährungswissenschaftliche Aspekte,
- mikrobiologische Aspekte,
- toxikologische Aspekte.

### 9.3.2
**Spezifikation**

Durch die Spezifikation von Herkunft und Zusammensetzung wird gewährleistet, dass das geprüfte und bewertete neuartige Lebensmittel mit dem in den Handel kommenden übereinstimmt. Bei der Aufstellung einer Spezifikation sollten insbesondere solche Parameter berücksichtigt werden, die für die Beurteilung der Sicherheit sowie der ernährungsphysiologischen Eigenschaften bedeutsam sind.

Im Fall komplexer Lebensmittel und Lebensmittelzutaten ist eine taxonomische Klassifizierung des Organismus vorzunehmen, aus dem das Erzeugnis gewonnen wird. Darüber hinaus sollten die wesentlichen Makro- und Mikronährstoffe, Inhaltsstoffe mit toxischen, antinutritiven und pharmakologischen Wirkungen sowie mögliche chemische und mikrobielle Kontaminanten spezifiziert werden. Handelt es sich um Einzelsubstanzen oder Gemische, sind die bei Chemikalien üblichen Angaben erforderlich wie chemische Bezeichnung(en), chemische Formel(n), Strukturformel(n), Molekulargewicht(e) und Zusammensetzung. Darüber hinaus sind physikalisch-chemische Eigenschaften sowie Reinheitsgrad und mögliche Verunreinigungen zu spezifizieren.

### 9.3.3
**Herstellungsverfahren und Auswirkungen auf das Produkt**

Die Verfahren zur Herstellung beziehungsweise Gewinnung eines Erzeugnisses sowie die weitere Verarbeitung beeinflussen die Beschaffenheit des Endprodukts und können gesundheitlich relevante Auswirkungen haben. Daher müssen die einzelnen Verfahrensschritte unter Angabe der verwendeten Rohstoffe und Chemikalien sowie der Anlagen und Prozessparameter detailliert beschrieben werden. Wichtig ist dabei vor allem die Identifizierung und Quantifizierung möglicher Rückstände aus diesen Verfahren im Endprodukt.

### 9.3.4
**Frühere Verwendung und dabei gewonnene Erfahrungen**

Informationen über eine frühere und gegenwärtige Nutzung des neuartigen Erzeugnisses zum Zweck der Ernährung sowie die dabei gewonnenen Erfahrungen sind für die Bewertung von besonderer Bedeutung. Allerdings ist allein die Tatsache, dass ein Produkt in anderen Kulturkreisen als Lebensmittel genutzt wird, noch kein ausreichender Beleg dafür, dass es auch in der EU ohne Risiko für die Gesundheit verwendet werden kann. Bei pflanzlichen Erzeugnissen können z. B. die traditionellen Methoden der Gewinnung und Zubereitung zur Entfernung kritischer Pflanzenteile oder zur Inaktivierung toxikologisch bedenklicher Inhaltsstoffe führen. Entsprechende Angaben sind daher für die Bewertung unbedingt erforderlich.

Von Bedeutung sind auch Informationen über eine Verwendung im medizinischen Bereich. So lässt sich aus einer Nutzung als traditionelles Heilmittel in der Regel auf das Vorkommen pharmakologisch aktiver Inhaltsstoffe schließen, deren mögliche Wirkungen bewertet werden müssen.

### 9.3.5
**Voraussichtlicher Konsum/Ausmaß der Nutzung**

Die Abschätzung der Exposition des Verbrauchers ist ein essenzieller Bestandteil der Sicherheitsbewertung. Wichtig ist die Identifizierung von Bevölkerungsgruppen mit hohem Verzehr, wobei ein besonderes Augenmerk auf Kinder, Schwangere und ältere Menschen sowie Personen mit spezifischen gesundheitlichen Risiken zu richten ist. Auf der Grundlage aktueller Verzehrsdaten für vergleichbare traditionelle Produkte ist daher eine möglichst differenzierte Abschätzung der voraussichtlichen Aufnahmemengen bei durchschnittlichem und hohem Verzehr vorzunehmen.

## 9.3.6
### Ernährungswissenschaftliche Aspekte

Die Markteinführung neuartiger Lebensmittel mit veränderten ernährungsphysiologischen Eigenschaften eröffnet die Möglichkeit, den Ernährungsstatus von Individuen sowie der Gesamtbevölkerung zu verbessern. Dazu können z. B. Erzeugnisse mit hohen Gehalten an essenziellen Fettsäuren, bestimmten Vitaminen oder Mineralstoffen dienen. Andererseits können sich beabsichtigte oder durch die angewendeten Verfahren ausgelöste unbeabsichtigte Veränderungen der Inhaltsstoff-Zusammensetzung eines Lebensmittels nachteilig auswirken, wenn aus dem Verzehr Defizite in der Nährstoffaufnahme resultieren.

Gegenstand der ernährungswissenschaftlichen Bewertung sind daher insbesondere:
- die Nährstoff-Zusammensetzung,
- die biologische Wirksamkeit der Nährstoffe in dem betreffenden Erzeugnis sowie
- der voraussichtliche Verzehr und die daraus resultierenden Auswirkungen auf die Ernährung.

Die Grundlage der Beurteilung bilden umfangreiche Analysen der Zusammensetzung. Es sollten die Gehalte der wesentlichen Makro- und Mikronährstoffe bestimmt werden, das sind Proteine, Kohlenhydrate, Lipide, Fasermaterial, Vitamine und Mineralstoffe. Abzuschätzen ist der Einfluss anderer Lebensmittelbestandteile, welche die biologische Wirksamkeit der Nährstoffe einschränken oder verstärken können. Beispiele für Stoffe mit antinutritiver Wirkung sind Protease- und Amylase-Inhibitoren, die insbesondere in Getreidekörnern und Samen von Leguminosen vorkommen und die Verfügbarkeit von Proteinen beziehungsweise Kohlenhydraten im Verdauungstrakt reduzieren. Zu berücksichtigen sind dabei auch die Auswirkungen von Verarbeitungsprozessen, Lagerung und Zubereitungsverfahren. Protease-Inhibitoren z. B. werden im Allgemeinen durch Hitzebehandlung inaktiviert.

Für die Bewertung der möglichen Auswirkungen auf die Ernährung werden Angaben zur voraussichtlichen Verwendung und eine Abschätzung der daraus resultierenden Verzehrsmengen benötigt (s. Abschnitt 9.3.5). Dabei ist von Bedeutung, ob und in welchem Ausmaß das neuartige Erzeugnis entsprechende traditionelle Lebensmittel ersetzen soll. Unterscheidet sich ein neuartiges Erzeugnis in seinen ernährungsphysiologischen Eigenschaften wesentlich von vergleichbaren traditionellen Lebensmitteln, müssen die Auswirkungen seiner Verwendung auf die Versorgung mit Nährstoffen bewertet werden. In einigen Fällen kann dazu eine Marktbeobachtung nach dem Inverkehrbringen (s. Abschnitt 9.3.9) notwendig sein.

Bei funktionellen Lebensmitteln (s. Abschnitt 9.2.1) ist eine ernährungsphysiologische und -medizinische Prüfung besonders wichtig. Dabei können einige Fragestellungen in Studien an geeigneten Tiermodellen untersucht werden. Für eine umfassende Bewertung sind jedoch in der Regel Studien am Menschen erforderlich, die nach den Grundsätzen und ethischen Prinzipien der guten klinischen Praxis (GKP) und der guten Laborpraxis (GLP) durchzuführen sind. Gibt es Hinweise auf potenziell nachteilige gesundheitliche Auswirkungen, ist eine Bewertung der Risiken in Relation zum Nutzen vorzunehmen. So wurde im Fall neuartiger Lebensmittel mit Zusatz pflanzlicher Sterine (Phytosterine) verfahren, die eine Senkung des Cholesterinspiegels im Plasma herbeiführen. In seiner Bewertung von Studien am Menschen gelangte der SCF zu der Einschätzung, dass bei einer Phytosterin-Aufnahme von mehr als 2 g/Tag keine wesentliche weitere Steigerung der gewünschten Wirkung auftrat. Oberhalb dieser Aufnahmemenge wurden allerdings auch unerwünschte Effekte festgestellt, und zwar eine Senkung des Plasmaspiegels des Vitamin A-Vorläufers $\beta$-Carotin sowie möglicherweise anderer Carotinoide und fettlöslicher Vitamine. Durch angemessene Maßnahmen des Risiko-Managements sollte daher die Phytosterin-Aufnahme auf maximal 3 g/Tag zusätzlich zur Aufnahme aus natürlichen Quellen beschränkt werden [42]. Die Europäische Kommission hat dieser Empfehlung des SCF durch Erlass spezifischer Vorschriften über die Etikettierung von Lebensmitteln mit Phytosterin-Zusatz Rechnung getragen [25].

### 9.3.7
**Mikrobiologische Aspekte**

Neuartige Lebensmittel und Lebensmittelzutaten müssen in mikrobiologischer Hinsicht sicher sein. Grundsätzlich unterliegen sie denselben Hygienevorschriften wie vergleichbare traditionelle Erzeugnisse. Stammen die Lebensmittel aus anderen Kulturkreisen, wie z. B. exotische Früchte oder Nüsse, sollten insbesondere Prüfungen auf produktspezifische gesundheitlich relevante Mikroorganismen vorgenommen werden. Auch regionale Aspekte hinsichtlich des Vorkommens verschiedener Erreger sollten berücksichtigt werden.

Eine gesonderte Gruppe neuartiger Lebensmittel bilden Erzeugnisse, die aus Mikroorganismen oder durch Stoffwechselleistungen von Mikroorganismen gewonnen werden. Typische Beispiele sind hochmolekulare Polysaccharide wie das vom SCF bewertete bakterielle Dextran, das durch Fermentationsprozesse unter Beteiligung von *Leuconostoc mesenteroides*, *Saccharomyces cerevisiae* und *Lactobacillus plantarum* beziehungsweise *Lactobacillus sanfrancisco* gebildet wird [38]. Als Produktionsorganismen sollten grundsätzlich gut charakterisierte, nicht pathogene und nicht toxische Stämme mit bekannter genetischer Stabilität verwendet werden. Gleiches gilt, wenn lebende oder abgetötete Mikroorganismen Bestandteile von Lebensmitteln sind. Die Sicherheitsbewertung sollte eine Betrachtung mikrobieller Stoffwechselprodukte und ihrer möglichen Wirkungen einschließen. Eigenschaften und Funktionen der normalen gastrointestinalen Flora dürfen durch den Verzehr der Erzeugnisse nicht negativ beeinflusst werden.

Spezifische Kriterien wurden für die Beurteilung von Lebensmitteln mit probiotischen Mikroorganismen erarbeitet [1, 49, 52]. Probiotika sind definierte lebende Mikroorganismen, die in ausreichender Menge in aktiver Form in den Darm gelangen und dadurch positive gesundheitliche Wirkungen erzielen. Die wichtigsten

Vertreter sind Milchsäurebakterien, meist Vertreter der Gattungen *Lactobacillus* und *Bifidobacterium*. Neben dem Nachweis der postulierten positiven Wirkungen ist insbesondere die Sicherheit der Stämme zu belegen. Bei Probiotika sind unerwünschte Effekte wie eine systemische Infektion, nachteilige Stoffwechselleistungen, eine exzessive Immunstimulation bei empfindlichen Personen sowie die Übertragung von Genen in Betracht zu ziehen. In Lebensmitteln sollten daher bevorzugt Stämme solcher Spezies verwendet werden, die sich während ihres langfristigen Einsatzes in der Lebensmittelproduktion, beim Verzehr durch den Menschen oder als normale Kommensale der menschlichen Flora als sicher erwiesen haben. Für die Bewertung sind die taxonomische Charakterisierung sowie Informationen zur möglichen Infektiosität, Virulenz sowie Persistenz im Gastrointestinaltrakt erforderlich. Art und Umfang der notwendigen Untersuchungen hängen von den Eigenschaften des Mikroorganismus, den Informationen über mögliche Wirkungen sowie der zu erwartenden Exposition des Konsumenten ab. Im Einzelfall können Prüfungen hinsichtlich spezifischer, potenziell nachteiliger Stoffwechselleistungen oder Eigenschaften des Mikroorganismus notwendig sein. Beispiele sind die Bildung von biogenen Aminen oder Toxinen, die Aktivierung von Prokanzerogenen, die Beeinflussung der Blutgerinnung, hämolytische Aktivität, die Auslösung allergischer Reaktionen und andere Wirkungen auf das Immunsystem sowie die Übertragung von Antibiotikaresistenzen und Virulenzfaktoren.

### 9.3.8
**Toxikologische Aspekte**

Die toxikologische Prüfung und Bewertung erfolgt grundsätzlich in Form einer Einzelfallbetrachtung. Abhängig von der Komplexität des neuartigen Erzeugnisses kommen dabei in der Praxis zwei unterschiedliche Vorgehensweisen zur Anwendung. Einen Sonderfall stellen darüber hinaus Lebensmittel dar, die mit neuartigen Verfahren hergestellt wurden.

#### 9.3.8.1 Neuartige Lebensmittelzutaten
Diese große und sehr heterogene Kategorie neuartiger Erzeugnisse umfasst Einzelsubstanzen, einfache und komplexe Gemische, die aus Mikroorganismen, Pilzen, Algen oder Pflanzen gewonnen werden, sowie Verbindungen mit neuer Molekularstruktur.

Die Vorgehensweise entspricht dem traditionellen toxikologischen Ansatz, wobei die Leitlinien des SCF für die Bewertung von Lebensmittelzusatzstoffen [41] eine geeignete Grundlage bilden. In diesen Empfehlungen wird kein festes Prüfprogramm vorgeschrieben, sondern eine Einteilung vorgenommen in Untersuchungen, die der Antragsteller normalerweise vorzulegen hat (*core set*), und solche, die im Einzelfall darüber hinaus für den Nachweis der gesundheitlichen Unbedenklichkeit erforderlich sein können. Die Studien sollten nach international akzeptierten Empfehlungen [21, 36] und unter Anwendung der Prinzipien der Guten Laborpraxis (GLP) [24] durchgeführt werden.

Das *core set* bilden Studien zu Metabolismus und Toxikokinetik, zur Genotoxizität, subchronischen Toxizität, chronischen Toxizität und Kanzerogenität sowie Reproduktions- und Entwicklungstoxizität. Abweichungen von diesem Testprogramm sind möglich, wenn dies durch wissenschaftlich begründete Argumente gerechtfertigt wird. In bestimmten Fällen können zusätzliche Studien notwendig sein, z. B. zur Allergenität, Neurotoxizität und endokrinen Aktivität sowie zu Effekten auf den Gastrointestinaltrakt wie die Beeinflussung der Mikroflora oder die Resorption von Nährstoffen. In Abhängigkeit der in Tierstudien beobachteten Effekte sowie der sonstigen Erfahrungen können auch Studien am Menschen erforderlich sein.

Nach dieser Strategie geprüft wurden Phytosterine, die Lebensmitteln zur Cholesterinsenkung zugesetzt werden (s. Abschnitt 9.3.6). Auf der Grundlage einer breiten toxikologischen Datenbasis (Studien zu Metabolismus und Toxikokinetik, zur subchronischen Toxizität, Reproduktions- und Entwicklungstoxizität, Genotoxizität, Untersuchungen zur möglichen östrogenen Wirkung sowie zahlreiche Studien am Menschen) haben der SCF beziehungsweise das nun zuständige Wissenschaftliche Gremium für diätetische Produkte, Ernährung und Allergien der EFSA Sterinpräparationen unterschiedlicher Herkunft als sicher bewertet [5, 39, 42, 46–48]. Weitere Erzeugnisse, die nach einer umfassenden toxikologischen Prüfung akzeptiert wurden, sind der Fettersatzstoff „Salatrim", eine enzymatisch synthetisierte Triglycerid-Mischung mit relativ hohen Anteilen kurzkettiger Fettsäuren [44], und das im Wesentlichen aus Diglyceriden bestehende „Enova Öl" mit hohen Anteilen langkettiger ungesättigter Fettsäuren [8].

Nicht zugestimmt wurde dagegen der Verwendung von „Betain" (Trimethyl-Glycin) aus Zuckerrüben. Diese Substanz kommt im Stoffwechsel der meisten Organismen vor und soll Lebensmitteln zum Zweck einer Senkung des Homocystein-Spiegels im Plasma zugesetzt werden. Da erhöhte Homocystein-Spiegel mit einem erhöhten Risiko für Herz-Kreislauferkrankungen assoziiert wurden, könnte der Verzehr von „Betain" zu einer Minderung dieses Risikos beitragen. Wesentliche Gründe für die bisherige Ablehnung waren die in einer Studie zur subchronischen Toxizität an Labortieren aufgetretenen Effekte, insbesondere an der Leber, deren toxikologische Relevanz nicht zufriedenstellend geklärt werden konnte. Die Bestimmung einer Dosis ohne schädliche Wirkung (*no observed adverse effect level* – NOAEL), die zur Ableitung einer duldbaren täglichen Aufnahmemenge für den Menschen (*acceptable daily intake* – ADI-Wert) dienen könnte, war nicht möglich. Im Übrigen waren die Informationen aus Studien am Menschen nicht geeignet, die bestehenden Zweifel an der Sicherheit von „Betain" auszuräumen [12].

### 9.3.8.2 Komplexe neuartige Lebensmittel

In diese Kategorie fallen pflanzliche Lebensmittel, die in den Mitgliedstaaten der EU bisher nicht im Lebensmittelhandel erhältlich waren und daher nicht als erfahrungsgemäß unbedenklich angesehen werden können (s. Abschnitt 9.2.1).

Zunächst ist eine eingehende Charakterisierung der Ausgangspflanze einschließlich der taxonomischen Klassifizierung unter Angabe von Familie, Genus, Spezies, Subspezies und gegebenenfalls Sorte oder Zuchtlinie vorzunehmen (s. Abschnitt 9.3.2). Von besonderer Bedeutung für die Bewertung sind bisherige Erfahrungen bei der Nutzung des Erzeugnisses als Lebensmittel in anderen Kulturkreisen. Dabei sind auch Informationen über die Verfahren zur Gewinnung und Zubereitung des Erzeugnisses sowie Konservierungs-, Transport- und Lagerungsbedingungen zu berücksichtigen (s. Abschnitte 9.3.3 und 9.3.4).

Eine umfassende Literaturrecherche sollte Informationen darüber liefern, ob in der fraglichen Spezies sowie der entsprechenden Pflanzenfamilie toxikologisch bedenkliche Inhaltsstoffe vorkommen. Treten in nahe stehenden Spezies kritische Verbindungen auf, ist zu untersuchen, ob und in welchen Mengen diese in dem neuartigen Lebensmittel enthalten sind.

Liegen Hinweise auf mutagene Inhaltsstoffe vor, ist auf Genotoxizität zu prüfen, wobei die Endpunkte Gen- und Chromosomenmutationen abgedeckt werden sollten. Die Verwendung komplexer Lebensmittel bzw. daraus gewonnener Extrakte als Testmaterialien stellt allerdings ein spezielles technisches Problem dar. So ist der Standard-Test auf Genmutationen mit *Salmonella enterica* var. *typhimurium* (Ames-Test) nur bedingt geeignet. Dabei werden Stämme verwendet, die aufgrund von Mutationen in bestimmten Genen des Histidin-Biosynthesewegs diese Aminosäure nicht selbst synthetisieren können (auxotrophe Mutanten). Das Prinzip des Testsystems besteht darin, dass histidinabhängige Zellen durch eine Behandlung mit mutagenen Substanzen zur prototrophen Form revertieren. In Lebensmittelextrakten üblicherweise enthaltenes Histidin kann daher eine Verfälschung des Resultats bewirken. Als Alternative bieten sich Vorwärtsmutationssysteme an wie der Maus-Lymphoma-Test (L5178Y, TK+/–).

Das weitere toxikologische Prüfprogramm hängt davon ab, welche Bedenken aufgrund der verfügbaren Informationen bestehen. Kann die Sicherheit nicht ausreichend belegt werden, ist die Durchführung einer mindestens 90-tägigen (subchronischen) Fütterungsstudie an Labortieren erforderlich. Bei der Planung dieser Untersuchung ist der Wahl der Dosierungen sowie der Zusammensetzung der Diät besondere Aufmerksamkeit zu widmen. Ein Ungleichgewicht in der Nährstoffzufuhr muss unbedingt vermieden werden. In Abhängigkeit von den Ergebnissen dieser Fütterungsstudie können im Einzelfall weitere Untersuchungen notwendig sein, z. B. zu möglichen Wirkungen auf den Gastrointestinaltrakt, das endokrine System, das Immunsystem oder die Reproduktion und Entwicklung.

Darüber hinaus wird eine Einschätzung des allergenen Potenzials gefordert. Allerdings treten neue Allergien gegenüber Lebensmittelbestandteilen in der Regel erst nach längerer Verwendung auf, und validierte Testverfahren, mit denen sich die Allergenität bei oraler Exposition voraussagen lässt, sind derzeit nicht verfügbar. Sofern Seren von Atopikern zur Verfügung stehen, kann jedoch mittels immunologischer Verfahren wie ELISA (*Enzyme Linked Immuno Sorbent Assay*) oder *Western Blot* auf mögliche Kreuzreaktionen geprüft werden.

Typisches Beispiel für ein nach diesem Schema bewertetes neuartiges Erzeugnis ist „Noni-Saft" aus der Frucht der Pflanze *Morinda citrifolia*, die in Süd- und Südostasien sowie im pazifischen Raum beheimatet ist. Auf der Grundlage von Tests auf Genotoxizität, Studien zur subchronischen Toxizität an Labornagern sowie der bisherigen Erfahrungen am Menschen wurde der Verzehr des Safts als akzeptabel bewertet [45]. Die Verwendung von Nüssen des Ngali-Baums (*Canarium indicum* Linné), der in Regionen zwischen Westafrika und Polynesien vorkommt, wurde dagegen abgelehnt, im Wesentlichen weil keine toxikologischen Informationen vorlagen [40]. Blätter der Pflanze *Stevia rebaudiana* Bertoni, die das Süßungsmittel Steviosid enthalten, wurden ebenfalls nicht als neuartiges Lebensmittel akzeptiert. Die verfügbaren toxikologischen Studien wurden fast ausschließlich mit Extrakten oder reinem Steviosid durchgeführt und reichten zum Nachweis der Unbedenklichkeit der Blätter nicht aus. Darüber hinaus waren die Informationen zur Spezifikation der Testmaterialien sowie des kommerziellen Produkts unzureichend [37].

### 9.3.8.3 Sonderfall: Neuartige Verfahren

Zielsetzung der Entwicklung neuer Technologien im Lebensmittelbereich ist häufig eine schonende Konservierung. Die Verfahren sollen unerwünschte Mikroorganismen und Enzyme inaktivieren, nach Möglichkeit ohne dass bei den behandelten Erzeugnissen Qualitätseinbußen wie ein Verlust an Vitaminen oder Beeinträchtigungen von Geschmack und Aussehen eintreten. Als neuartig gelten thermische Verfahren wie die Hochfrequenzerhitzung oder die Ohmsche Erhitzung sowie nicht-thermische Verfahren wie die Hochdruckbehandlung oder das elektrische Hochspannungsimpulsverfahren.

Lebensmittel und Lebensmittelzutaten, die mit neuartigen Verfahren hergestellt wurden, bilden einen Sonderfall, da sie nur dann in den Geltungsbereich der *Novel Foods*-Verordnung fallen, wenn das Verfahren eine bedeutende Veränderung ihrer Zusammensetzung oder Struktur bewirkt, was sich auf ihren Nährwert und Stoffwechsel oder auf die Menge unerwünschter Stoffe im Lebensmittel auswirkt (s. Abschnitt 9.2.1). Andernfalls können die Erzeugnisse ohne Genehmigungsverfahren auf den Markt gebracht werden. Eine Aussage über entsprechende Veränderungen kann jedoch in der Regel erst nach einer umfassenden Bewertung erfolgen. Nach den Bestimmungen der *Novel Foods*-Verordnung ist die Zulassung von Erzeugnissen, bei deren Herstellung ein nicht übliches Verfahren angewendet wurde, vorgesehen, nicht aber die Zulassung des Verfahrens selbst.

Die Senatskommission zur Beurteilung der gesundheitlichen Unbedenklichkeit von Lebensmitteln (SKLM) der Deutschen Forschungsgemeinschaft (DFG) hat Kriterien für die Bewertung hochdruckbehandelter Erzeugnisse erarbeitet [50], die im Prinzip auch auf andere neuartige Technologien im Lebensmittelbereich angewendet werden können. Nach diesen Empfehlungen müssen die mit neuartigen Verfahren hergestellten Erzeugnisse einer fallweisen Prüfung und Bewertung unterzogen werden. Erforderlich sind genaue Angaben zum

Verfahren und den Prozessparametern sowie zu den verwendeten Anlagen und Verpackungsmaterialien. Dabei ist auch die Behandlung des Lebensmittels vor und nach der Anwendung des Verfahrens zu beschreiben, z. B. Konservierungsmethoden und Lagerungsbedingungen.

Unter Berücksichtigung der gesamten in der wissenschaftlichen Literatur verfügbaren Informationen sollten die möglichen Auswirkungen des Verfahrens auf die Struktur sowie auf die Inhaltsstoffe des Lebensmittels beschrieben werden. Diese Informationen bilden die Grundlage für die Einschätzung, ob verfahrensbedingte chemische oder biologische Veränderungen auftreten können, die sich auf die toxikologischen, ernährungsphysiologischen und hygienischen Eigenschaften des Lebensmittels auswirken. In der Folge ist mit geeigneten Methoden zu untersuchen, ob das Verfahren bei den behandelten Lebensmitteln tatsächlich Veränderungen der chemischen Zusammensetzung und/oder Struktur der Inhaltsstoffe bewirkt. Als Vergleichsprodukte dienen in der Regel die entsprechenden konventionell behandelten Erzeugnisse. Dabei können auch mögliche Vorteile der neuen Technologie, z. B. die Erhaltung wertgebender Vitamine, aufgezeigt werden. Des Weiteren ist zu belegen, dass der angestrebte Effekt, eine ausreichende Abtötung gesundheitlich relevanter Mikroorganismen, erzielt wird.

Bewirkt das Verfahren keine oder keine wesentlichen Änderungen der chemischen Zusammensetzung und/oder Struktur der Lebensmittelinhaltsstoffe, und werden die üblichen hygienischen Anforderungen eingehalten, kann das Erzeugnis ohne weitere Untersuchungen vermarktet werden. Dies war bei den bisher bewerteten hochdruckbehandelten Lebensmitteln, z. B. Fruchtzubereitungen, der Fall. Wird allerdings festgestellt, oder ist nicht auszuschließen, dass wesentliche Änderungen auftreten, sind weitere Untersuchungen erforderlich. Diese hängen von der Art der induzierten Effekte, dem erwarteten Verzehr des Erzeugnisses und der daraus resultierenden Exposition des Verbrauchers gegenüber den betroffenen Inhaltsstoffen ab. Bestehen Zweifel an der gesundheitlichen Unbedenklichkeit, ist eine mindestens 90-tägige (subchronische) Fütterungsstudie an Labortieren durchzuführen. Darüber hinaus muss sichergestellt werden, dass Bestandteile aus der Verpackung nicht in gesundheitlich relevanten Konzentrationen auf das Lebensmittel übergehen.

Enthält das Lebensmittel allergene Bestandteile, die erfahrungsgemäß durch konventionelle Erhitzung inaktiviert werden, sollte mit immunologischen Methoden (s. Abschnitt 9.3.8.2) untersucht werden, ob das neuartige Verfahren ebenfalls eine Inaktivierung bewirkt. Zum Vergleich dienen in der Regel die entsprechenden thermisch behandelten Erzeugnisse. Eine Erhöhung der Allergenität durch die Bildung neuer Allergene oder Epitope wird zwar als wenig wahrscheinlich angesehen, kann aber aufgrund der wenigen bisher durchgeführten Untersuchungen auch nicht völlig ausgeschlossen werden. Im Fall hochdruckbehandelter Erzeugnisse liegen allerdings bisher keine Hinweise auf eine erhöhte Allergenität vor.

## 9.3.9
**Post Launch Monitoring**

In bestimmten Fällen kann bei der Zulassung eines neuartigen Erzeugnisses die Durchführung eines *Post Launch Monitorings* (PLM), eine Marktbeobachtung nach dem Inverkehrbringen, zur Auflage gemacht werden. Das PLM kann kein Ersatz für eine umfassende Sicherheitsprüfung des Erzeugnisses vor der Vermarktung sein. Es dient vor allem der Überprüfung, ob die bei der Bewertung zugrunde gelegten Annahmen bezüglich des Verzehrs sowie der Zielgruppenspezifität zutreffen. So hat ein bei der Erstzulassung von Lebensmitteln mit Zusatz von Phytosterinen angeordnetes PLM ergeben, dass die vorgesehene Zielgruppe, ältere Menschen, die ihren Cholesterinspiegel senken möchten, erreicht wurde. Die tatsächlichen Verzehrsmengen waren aber meist niedriger als vom Antragsteller empfohlen [43]. Darüber hinaus kann ein PLM – wie das *Post Marketing Surveillance*-System im Fall von Arzneimitteln – Hinweise auf unerwartete gesundheitliche Effekte wie Allergien und andere Unverträglichkeiten geben.

Ein PLM sollte insbesondere dann durchgeführt werden, wenn das neuartige Erzeugnis ein verändertes Nährstoffprofil aufweist und/oder mit gesundheitsfördernden Wirkungen beworben wird. Aufgrund der Auslobung besonderer Eigenschaften könnte der Verzehr gegenüber vergleichbaren herkömmlichen Lebensmitteln so stark erhöht werden, dass langfristig Auswirkungen auf die Gesundheit der Verbraucher resultieren.

## 9.4
**Sicherheitsbewertung von Lebensmitteln aus GVO**

Bei der Beurteilung von Lebensmitteln aus GVO spielt die toxikologische Bewertung einschließlich einer Einschätzung der möglichen Allergenität eine zentrale Rolle. Neben Ernährungs- und mikrobiologischen Aspekten sind insbesondere die Art der genetischen Veränderung und die Auswirkungen der Modifizierung auf die Eigenschaften und Zusammensetzung des GVO von Bedeutung. Des Weiteren ist die Möglichkeit eines Transfers der eingebrachten genetischen Information auf Mikroorganismen oder Zellen des menschlichen Gastrointestinaltrakts in Betracht zu ziehen.

### 9.4.1
**Anforderungen**

Nach den Bestimmungen der Verordnung (EG) Nr. 1829/03 über genetisch veränderte Lebens- und Futtermittel [22] dürfen aus GVO gewonnene Lebensmittel
- keine nachteiligen Auswirkungen auf die Gesundheit von Mensch und Tier oder die Umwelt haben,
- die Verbraucher nicht irreführen,

- sich von den Lebensmitteln, die sie ersetzen sollen, nicht so stark unterscheiden, dass ihr normaler Verzehr Ernährungsmängel für den Verbraucher mit sich brächte.

Der Schwerpunkt der Anwendung gentechnologischer Methoden lag bisher im Bereich der Pflanzenzüchtung. Häufige Ziele sind die Erzeugung von Nutzpflanzen mit verbesserten agronomischen Eigenschaften, z. B. eine erhöhte Toleranz gegenüber spezifischen Pflanzenschutzmitteln sowie gesteigerte Widerstandskraft gegenüber Schadinsekten und pflanzenpathogenen Pilzen oder Viren. Des Weiteren wird eine Veränderung des Nährstoffgehalts, z. B. von Fettsäuren oder Vitaminen, angestrebt. Die folgenden Ausführungen beziehen sich daher im Wesentlichen auf die Sicherheitsbewertung von Lebensmitteln aus genetisch veränderten Pflanzen, die nach den Leitlinien des GVO-Gremiums der EFSA zur Sicherheitsbewertung von genetisch veränderten Lebensmitteln und Futtermitteln [6] erfolgt. In diese Leitlinien sind die Empfehlungen anderer internationaler Expertengruppen eingeflossen, insbesondere der Organisation für wirtschaftliche Zusammenarbeit und Entwicklung (OECD), der Welternährungs- und Weltgesundheitsorganisation (FAO und WHO), der Codex Alimentarius Kommission (CAC) sowie des von der EU geförderten Forschungsprojekts *European Network on Safety Assessment of Genetically Modified Food Crops* (ENTRANSFOOD) [3, 26, 34, 53]. Für die Beurteilung von Erzeugnissen aus genetisch veränderten Mikroorganismen und Tieren hat das GVO-Gremium spezifische Leitlinien erarbeitet [16].

### 9.4.2
**Strategie der Sicherheitsbewertung**

Bei der Bewertung kommt das Konzept der wesentlichen Gleichwertigkeit (*substantial equivalence*) zur Anwendung. Es basiert auf der Idee, dass die nicht modifizierte traditionelle Pflanze, die zur Gewinnung von erfahrungsgemäß sicheren Lebensmitteln verwendet wird, als Vergleichspartner für die genetisch modifizierte Pflanze und die daraus gewonnenen Erzeugnisse dienen kann.

Dabei ist zu berücksichtigen, dass durch den Prozess der genetischen Transformation neben den beabsichtigten auch unbeabsichtigte Effekte ausgelöst werden können. Beabsichtigte Effekte werden durch die Übertragung spezifischer DNA-Sequenzen gezielt herbeigeführt. Sie erfüllen die ursprüngliche Zielsetzung und sind in der Regel durch Nachweis der entsprechenden zusätzlich gebildeten Proteine oder anderer Inhaltsstoffe überprüfbar. Unbeabsichtigte Effekte sind solche, die über die primär erwarteten Wirkungen hinausgehen. Mögliche Ursachen können genetische Effekte oder Störungen des normalen zellulären Stoffwechsels sein. Erfolgt z. B. eine Insertion der DNA in Protein codierende Abschnitte im Genom der Empfängerpflanze, kann dies zur Bildung eines verkürzten und/oder veränderten Proteins führen, welches seine normale Funktion nicht mehr oder nur noch eingeschränkt ausüben kann. Bei einer Insertion in nicht codierende Abschnitte könnte die Expression benachbarter Gene beeinflusst werden. In einigen Fällen sind unbeabsichtigte Effekte vorhersehbar oder erklärbar, z. B. wenn aufgrund der genetischen Veränderung gezielt ein Protein gebildet wird, das als Regulator spezifischer pflanzlicher Stoffwechselwege bekannt ist. Grundsätzlich können sich unbeabsichtigte Effekte in Form von Unterschieden des Phänotyps oder der Inhaltsstoff-Zusammensetzung im Vergleich zu nicht modifizierten Kontrollpflanzen manifestieren.

Erstes Ziel der Bewertung ist die Identifizierung von Unterschieden zwischen der genetisch veränderten Pflanze und der nicht modifizierten Ausgangspflanze. Daher bildet eine vergleichende Analyse der molekularen, morphologischen und agronomischen Eigenschaften der Pflanzen den Ausgangspunkt der Beurteilung. Werden Unterschiede festgestellt, müssen diese im Hinblick auf ihre toxikologischen und ernährungsphysiologischen Auswirkungen bewertet werden. Unterscheidet sich die Pflanze abgesehen von den neuen Eigenschaften nicht wesentlich von dem traditionellen Vergleichspartner, und ergeben sich aus den gezielt herbeigeführten Veränderungen keine gesundheitlichen Risiken, werden die genetisch veränderte Pflanze sowie die daraus gewonnenen Lebensmittel als ebenso sicher wie die entsprechenden traditionellen Erzeugnisse bewertet.

### 9.4.3
**Empfänger- und Spenderorganismus**

In jedem Fall ist eine Charakterisierung der Organismen vorzunehmen, die als Empfänger beziehungsweise Spender des genetischen Materials dienen. Aus der taxonomischen Klassifizierung der Empfängerpflanze unter Angabe von Familie, Genus, Spezies, Subspezies, Sorte oder Zuchtlinie kann sich die Notwendigkeit gezielter Untersuchungen ergeben. Treten z. B. in der Familie spezifische natürliche Toxine auf, könnten die entsprechenden Biosynthesewege auch in der zu modifizierenden Sorte oder Zuchtlinie vorhanden sein. Daher ist nicht auszuschließen, dass durch die genetische Veränderung unbeabsichtigt die Synthese eines Toxins induziert wird, welches normalerweise nicht oder nur in unbedeutenden Mengen gebildet wird.

Für die Bewertung der Empfänger- und Spenderorganismen sind alle Informationen von Bedeutung, die Anlass zur Besorgnis geben könnten, insbesondere zum Vorkommen von Toxinen, antinutritiven Faktoren, Allergenen und Virulenzfaktoren. Wichtig sind darüber hinaus Informationen über eine frühere Verwendung der Organismen und die dabei gewonnenen Erfahrungen.

### 9.4.4
**Genetische Veränderung**

#### 9.4.4.1 Vektor und Verfahren
Die Verfahren, die bei der genetischen Veränderung der Pflanze angewandt werden, sind detailliert zu beschreiben. Wesentlich ist dabei eine Charakterisierung des zur Transformation verwendeten Vektors, aus der die Lokalisierung, Größe, Herkunft und Funktion aller genetischen Elemente wie Protein codierende und

regulatorische Sequenzen, gegebenenfalls Transposons und Replikationsursprung hervorgehen. Die gesamte DNA-Sequenz sowie Größe und Funktion aller für die Insertion vorgesehenen genetischen Elemente sollten bekannt sein. Sofern Modifizierungen der ursprünglichen Protein codierenden Sequenz vorgenommen wurden, die Änderungen der Aminosäuresequenz zur Folge haben, müssen die möglichen Auswirkungen eingeschätzt werden.

#### 9.4.4.2 Antibiotikaresistenz-Markergene

Grundsätzlich wird empfohlen, die für die Übertragung vorgesehenen DNA-Sequenzen auf die genetischen Elemente zu beschränken, die für die Ausbildung der neuen Merkmale erforderlich sind. Beim Prozess der genetischen Veränderung werden jedoch in der Regel Markergene zur Identifizierung und Selektion der Zellen, welche die gewünschte DNA aufgenommen haben, verwendet. Der Auswahl des Markergens sollte besondere Aufmerksamkeit gewidmet werden, insbesondere wenn es sich um Gene handelt, die den Pflanzen Resistenen gegenüber Antibiotika verleihen. Mit dem Ziel, die Verwendung von Antibiotikaresistenz-Markergenen, die schädliche Auswirkungen auf die menschliche Gesundheit und die Umwelt haben können, schrittweise auslaufen zu lassen, hat das GVO-Gremium der EFSA eine Bewertung der bisher üblicherweise genutzten Gene vorgenommen [9].

Wesentliche Kriterien waren dabei:
- die Wahrscheinlichkeit eines horizontalen Gentransfers von genetisch veränderten Pflanzen auf Mikroorganismen,
- die möglichen Auswirkungen eines horizontalen Gentransfers dort, wo bereits eine natürliche Resistenz gegenüber dem Antibiotikum im Gen-Pool der Mikroorganismen besteht,
- die derzeitige Verwendung des Antibiotikums in der Human- und Tiermedizin.

Aufgrund der bisherigen Erfahrungen wurde die Häufigkeit des horizontalen Gentransfers von genetisch veränderten Pflanzen auf andere Organismen für alle betrachteten Antibiotikaresistenz-Markergene als sehr niedrig eingeschätzt. Des Weiteren wurde gezeigt oder wird angenommen, dass die Gene – wenn auch in unterschiedlichem Ausmaß – bereits in Mikroorganismen in der Umwelt vorkommen. Hinsichtlich der klinischen Bedeutung der Antibiotika hat das GVO-Gremium daraufhin eine Einteilung in drei Gruppen vorgenommen.

**Gruppe I** enthält die Gene nptII und hph, welche die Enzyme Neomycin-Phosphotransferase (eine Typ II Aminoglycosid-3'-Phosphotransferase), beziehungsweise Hygromycin-Phosphotransferase codieren. Das spezifische nptII-Gen, welches üblicherweise in genetisch veränderten Pflanzen verwendet wird, verleiht Resistenz gegen Kanamycin, Neomycin und Geneticin. Das hph-Gen vermittelt Resistenz gegen Hygromycin.

Diese Antibiotika haben in der Humanmedizin keine oder nur geringe therapeutische Bedeutung und sind in der Veterinärmedizin auf spezifische Einsatzgebiete begrenzt. Die Gene sind in natürlich vorkommenden Mikroorganismen im menschlichen Gastrointestinaltrakt sowie in der Umwelt bereits weit verbreitet. Daher ist es äußerst unwahrscheinlich, dass die Verwendung in transgenen Pflanzen einen Einfluss auf ihre Verbreitung hat oder sich auf die Gesundheit von Mensch und Tier auswirkt. Diese Gene dürfen uneingeschränkt verwendet werden.

**Gruppe II** umfasst die Gene cm$^R$, amp$^r$ (bla$_{(TEM-1)}$) und aadA. Sie codieren Chloramphenicol-Acetyltransferase, TEM-1-Lactamase beziehungsweise Streptomycin-Adenyltransferase und verleihen Resistenz gegenüber Chloramphenicol, Ampicillin beziehungsweise Streptomycin und Spectinomycin. Auch diese Gene sind in Mikroorganismen des menschlichen Verdauungstrakts und der Umwelt bereits weit verbreitet. Aufgrund der Bedeutung der entsprechenden Antibiotika in bestimmten Bereichen der Human- und Veterinärmedizin sollten die Gene nicht in Pflanzen enthalten sein, die zur Vermarktung vorgesehen sind. Ihre Verwendung sollte auf experimentelle Freilandversuche beschränkt werden.

**Gruppe III** enthält die Gene nptIII und tetA. Ersteres codiert eine Typ III Aminoglycosid-3'-Phosphotransferase und verleiht Resistenz gegenüber Aminoglycosid-Antibiotika, darunter Amikacin. Das *tetA*-Gen codiert ein Membran-Protein, das den Efflux von Tetracyclinen aus der Zelle bewirkt. Aufgrund der besonderen Bedeutung dieser Antibiotika in der Humanmedizin – Amikacin gilt als wichtiges Reserveantibiotikum und Tetracycline werden gegen ein breites Erregerspektrum eingesetzt – empfiehlt das GVO-Gremium, diese Gene nicht in transgenen Pflanzen zu verwenden.

## 9.4.5
**Charakterisierung der genetisch veränderten Pflanze**

Erforderlich ist eine Beschreibung der aus der genetischen Modifizierung resultierenden neuen Eigenschaften sowie der phänotypischen Veränderungen der Pflanze. Den Schwerpunkt der Charakterisierung bilden aber die Auswirkungen auf molekularer Ebene. Dabei sind die Sequenzen, Kopienzahl und Organisation aller nachweisbaren vollständigen und unvollständigen DNA-Insertionen zu bestimmen. Des Weiteren ist zu untersuchen, ob eine Insertion in Zellkern-, Chloroplasten- oder Mitochondrien-DNA erfolgte oder ob das eingebrachte genetische Material in nicht-integrierter Form in der Zelle vorliegt. Wurden Deletionen herbeigeführt, sind Größe und Funktion(en) der entfernten DNA-Abschnitte anzugeben.

Durch Sequenzierung der die Insertionen flankierenden Pflanzen-DNA ist zu untersuchen, ob die Insertion zu einer Unterbrechung bestehender Protein codierender oder regulatorischer DNA-Sequenzen geführt hat. Wird ein offener Leserahmen (*open reading frame* – ORF) identifiziert, der zur Bildung eines durch Insert- und Pflanzen-DNA codierten Fusionsproteins führen könnte, ist mit bioinformatischen Methoden zu prüfen, ob die Aminosäuresequenz des potenziellen Fusionsproteins Ähnlichkeiten mit der Sequenz bekannter Proteintoxine oder Allergene aufweist (s. Abschnitte 9.4.8.1 und 9.4.9.1). Es sollte auch untersucht werden, ob das entsprechende Transkriptionsprodukt und das Protein tatsächlich gebildet werden.

Darüber hinaus ist zu belegen, dass die Vererbung der neuen Merkmale über mehrere Generationen stabil erfolgt und die eingebrachten Gene wie erwartet exprimiert werden. Für die Bewertung der aus der Pflanze gewonnenen Lebensmittel ist insbesondere von Bedeutung, ob und in welchen Mengen die aufgrund der genetischen Modifizierung gebildeten Proteine in den Pflanzenteilen enthalten sind, die zur Herstellung der Erzeugnisse genutzt werden.

### 9.4.6
### Vergleichende Analysen

Feldstudien, in denen die genetisch veränderten Pflanzen und geeignete nicht modifizierte Kontrollpflanzen unter gleichen Bedingungen angebaut werden, bilden die Grundlage für die vergleichenden Analysen. Bei Pflanzen, die sich wie z. B. die Kartoffel vegetativ vermehren, dient die nicht-modifizierte isogene Ausgangssorte als Kontrolle. Im Fall von Pflanzen, die sich sexuell vermehren, eignen sich nicht-modifizierte Linien mit vergleichbarem genetischen Hintergrund zum Vergleich. Um ein möglichst breites Spektrum an Umwelteinflüssen zu erfassen, sollten die Feldstudien an unterschiedlichen Standorten durchgeführt werden und sich über mehr als eine Anbauperiode erstrecken. Verglichen werden morphologische und agronomische Parameter, z. B. Entwicklung, Blütenfarbe, Fruchtform, Ertrag, Keimfähigkeit, Widerstandsfähigkeit gegenüber Schädlingen und Pflanzenpathogenen sowie die Reaktion auf Pflanzenschutzmaßnahmen.

Den Schwerpunkt des Vergleichs bilden Analysen der für die Pflanze relevanten Inhaltsstoffe, und zwar der Pflanzenteile, die direkt verzehrt werden oder als Rohmaterialien zur Herstellung von Lebensmitteln dienen. Die untersuchten Parameter sind von der betreffenden Spezies, dem Ziel der genetischen Veränderung und der Bedeutung des Erzeugnisses für die Ernährung abhängig. In der Regel werden die Gehalte der wesentlichen Nährstoffe bestimmt, das sind Proteine, Kohlenhydrate, Lipide, Fasermaterial, Vitamine und Mineralstoffe. Weitere Analysen ergeben sich aus der vorgesehenen Verwendung. So ist im Fall von Pflanzen, die zur Ölproduktion genutzt werden, das Fettsäureprofil und bei solchen, die als wichtige Proteinquelle dienen, das Aminosäuremuster zu untersuchen. Darüber hinaus sollten die Gehalte sekundärer Pflanzeninhaltsstoffe bestimmt werden, insbesondere von Stoffen mit toxischen und/oder antinutritiven Wirkungen. Zu Letzteren zählen Protease-Inhibitoren und Phytinsäure, die für eine reduzierte Bioverfügbarkeit von Nährstoffen aus Lebensmitteln verantwortlich sind. Beispiele für toxikologisch relevante Inhaltsstoffe sind Glykoalkaloide in Nachtschattengewächsen wie Tomaten und Kartoffeln, Glucosinolate und Erucasäure in Raps sowie pflanzliche Östrogene und natürlich vorkommende Allergene in Sojabohnen. Informationen zum Vorkommen von Nährstoffen, sekundären Pflanzeninhaltsstoffen und Allergenen in den wichtigsten Nutzpflanzen sowie Angaben zu den Gehalten und natürlichen Schwankungsbreiten finden sich in Konsens-Dokumenten [35], die von einer Expertengruppe der OECD im Hinblick auf eine Harmonisierung der Anforderungen erarbeitet wurden.

Die Analysenergebnisse sind mit geeigneten statistischen Methoden auszuwerten. Treten unter gleichen Anbaubedingungen bei einer genetisch modifizierten Linie statistisch signifikante Unterschiede gegenüber der Kontroll-Linie auf, die nicht auf die beabsichtigte Veränderung zurückzuführen sind, kann dies ein Hinweis auf unbeabsichtigte Effekte sein. Allerdings gelten Unterschiede, die nur an einem Standort oder während einer Anbauperiode auftraten, in der Regel nicht als biologisch relevant. Liegen die Gehalte spezifischer Inhaltsstoffe jedoch reproduzierbar außerhalb der natürlichen Schwankungsbreiten kommerzieller Linien, müssen die Änderungen im Hinblick auf ihre toxikologischen und ernährungsphysiologischen Auswirkungen bewertet werden.

Derzeit befinden sich neue Methoden in der Entwicklung, bei denen die Identifizierung von Unterschieden auf Vergleichen des zellulären RNA-, Protein- bzw. Metabolitenmusters beruht (*Transcriptomics*, *Proteomics* und *Metabolomics*) [19, 31]. Diese Profiling-Technologien erfassen ein breites Spektrum pflanzlicher Moleküle und bieten daher die Möglichkeit, die Datenbasis für die vergleichende Analyse wesentlich zu erweitern. Eine Nutzung im Rahmen der Sicherheitsbewertung ist jedoch erst nach erfolgreicher Validierung sinnvoll.

## 9.4.7
**Auswirkungen des Herstellungsverfahrens**

Lebensmittel aus genetisch veränderten Pflanzen können sehr heterogen beschaffen sein. Das Spektrum erstreckt sich von Einzelsubstanzen wie Zucker, Vitamine oder Aromastoffe über Mehle, Sirup und Speiseöle bis hin zu komplexen Lebensmitteln, z. B. Getreideprodukte, Früchte und Gemüse. Ebenso vielfältig sind die Methoden zur Herstellung beziehungsweise Gewinnung der Lebensmittel. Daher ist jeweils im Einzelfall abzuschätzen, ob und inwieweit die angewandten Verfahren die Eigenschaften des Erzeugnisses aus einer transgenen Pflanze im Vergleich zu dem traditionellen Produkt verändern könnten. Zu diesem Zweck müssen die Verfahren angemessen beschrieben werden, wobei der Schwerpunkt auf den Schritten liegt, die zu wesentlichen Änderungen der Zusammensetzung, Qualität oder Reinheit des Erzeugnisses führen können.

In jedem Fall ist die Konzentration der zusätzlich gebildeten Proteine in den Pflanzenteilen, die zum Verzehr vorgesehen sind, zu bestimmen. Dabei ist abzuschätzen, ob und in welchem Ausmaß die einzelnen Verarbeitungsschritte zur Konzentrierung oder Entfernung, Denaturierung oder zum Abbau dieser Proteine führen. Gleiches gilt für andere Metaboliten, die aufgrund der Modifizierung in veränderter Konzentration oder Form gebildet werden.

## 9.4.8
## Toxikologische Bewertung

Die toxikologischen Anforderungen hängen vom Einzelfall ab (*case-by-case*-Betrachtung). Art und Umfang der Untersuchungen, die für den Nachweis der Sicherheit eines Erzeugnisses aus einer genetisch veränderten Pflanze erforderlich sind, richten sich nach den Ergebnissen des Vergleichs mit dem entsprechenden traditionellen Lebensmittel (s. Abschnitt 9.4.2).

Im Prinzip sind drei Möglichkeiten in Betracht zu ziehen:
- die Anwesenheit neuer Proteine, die aufgrund der Modifizierung zusätzlich gebildet werden,
- Veränderungen der Gehalte natürlich vorkommender Inhaltsstoffe über die natürlichen Schwankungsbreiten hinaus sowie
- die Anwesenheit anderer neuer Inhaltsstoffe.

Wird ein hoher Grad an Gleichwertigkeit festgestellt, kann sich die weitere Prüfung auf die neuen Merkmale konzentrieren. Dies trifft aufgrund der bisherigen Erfahrungen auf Lebensmittel aus transgenen Nutzpflanzen mit neuen agronomischen Eigenschaften wie Herbizidtoleranz oder integriertem Insektenschutz zu. Aufgrund der genetischen Veränderung bilden die Pflanzen ein einziges oder nur wenige zusätzliche Proteine, in der Regel in relativ geringen Mengen. Wurden dagegen komplexe genetische Veränderungen vorgenommen, z. B. neue oder geänderte Stoffwechselwege eingeführt, ist darüber hinaus das veränderte Lebensmittel in seiner Gesamtheit zu untersuchen. Eine Entscheidung über die Sicherheit kann erst nach einer Bewertung der gefundenen Abweichungen und ihrer gesundheitlichen Auswirkungen getroffen werden.

### 9.4.8.1 Neue Proteine
Proteine sind ernährungsphysiologisch bedeutsame Lebensmittelinhaltsstoffe, die täglich in großen Mengen aus unterschiedlichen Quellen aufgenommen, durch Verdauungsprozesse abgebaut und vom Organismus verwertet werden. Darüber hinaus können Proteine und Peptide vielfältige Funktionen haben, z. B. enzymatische und endokrine Aktivität sowie strukturelle, immunologische und Transportfunktionen. Obwohl nur wenige Proteine nach oraler Aufnahme schädliche Effekte auslösen, sollten eine mögliche Toxizität und Allergenität immer in Betracht gezogen werden.

Voraussetzung für die Bewertung ist die molekulare und biochemische Charakterisierung des Proteins, die neben der genauen Kenntnis der Funktion die Bestimmung des Molekulargewichts, der Aminosäuresequenz sowie Untersuchungen zur post-translationalen Modifizierung erfordert. Im Fall von Enzymen sollten Haupt- und Nebenaktivitäten, Substratspezifität und Reaktionsprodukte bekannt sein. Hinweise auf eine mögliche Toxizität können Homologievergleiche mit Proteinen, die bekanntermaßen schädliche Wirkungen auslösen, ergeben. Zu diesem Zweck wird die Aminosäuresequenz mittels bioinformatischer (*in silico*) Methoden mit den Sequenzen bekannter Proteintoxine, die in spezifischen Datenbanken gespeichert sind, verglichen. Auch Homologievergleiche mit Proteinen, die normale metabolische oder strukturelle Funktionen haben, können wichtige Informationen liefern.

Die darüber hinaus erforderlichen Untersuchungen ergeben sich aus den verfügbaren Kenntnissen der Herkunft und Funktion beziehungsweise Aktivität des Proteins sowie aus den bisherigen Erfahrungen. Wird das Protein als Bestandteil anderer Lebensmittel bereits nachweislich sicher verzehrt, kann der Prüfumfang im Vergleich zu einem bisher nicht aufgenommenen Protein geringer ausfallen. Weitere Kriterien sind der Gehalt des Proteins im Lebensmittel und die aus dem Verzehr des Erzeugnisses resultierende Exposition des Verbrauchers.

In jedem Fall sollte die Stabilität des Proteins unter Bedingungen, welche die erwartete Verarbeitung, Lagerung und Zubereitung des Lebensmittels simulieren, untersucht werden. Dabei ist von Interesse, ob unter den entsprechenden Temperatur- und pH-Bedingungen eine Denaturierung oder ein Abbau des Proteins erfolgt. Darüber hinaus ist die Stabilität gegenüber proteolytischen Enzymen des Verdauungstrakts von Bedeutung. Entsprechende Informationen liefern in der Regel standardisierte *in vitro*-Studien mit simulierter Magen- und Intestinalflüssigkeit (*simulated gastric fluid* – SGF; *simulated intestinal fluid* – SIF). Werden in diesen Systemen stabile Proteinfragmente oder Peptide gebildet, müssen die möglichen gesundheitlichen Wirkungen bewertet werden.

Im Fall einer unzureichenden Datenlage oder wenn die verfügbaren Informationen Anlass zu Bedenken geben, sollte das Protein in einer Fütterungsstudie mit wiederholter Dosisgabe geprüft werden. Empfohlen wird eine 28-tägige Studie an Labornagern. Diese Kurzzeitstudie bietet gegenüber einer Studie zur akuten oralen Toxizität mit einmaliger Dosisgabe vor allem den Vorteil, dass ein breites Spektrum von Parametern geprüft wird (hämatologische und klinisch-chemische Untersuchungen, Urinanalysen, Bestimmung von Organgewichten und makroskopische sowie histopathologische Untersuchungen). Werden spezifische Wirkungen auf bestimmte Organe und Gewebe vermutet oder erwartet, sind zusätzlich gezielte Untersuchungen zur Abklärung der Organtoxizität erforderlich.

Ein Beispiel, bei dem die Anforderungen zum Nachweis der Sicherheit relativ hoch waren, ist das für bestimmte Insektenspezies toxische aus *Bacillus thuringiensis* stammende Cry1Ab-Protein (Bt-Toxin). Das entsprechende Gen wurde bereits in verschiedene Nutzpflanzen eingebracht und verleiht z. B. Mais einen Schutz gegen spezifische Lepidopteren-Arten wie den Maiszünsler (*Ostrinia nubilalis*). Die insektizide Wirkung beruht auf einer proteolytischen Spaltung des Protoxins im alkalischen Milieu des Insektendarms und die Bindung des aktivierten δ-Endotoxins an spezifische Rezeptoren der Darmepithelzellen, was letztendlich zu einer Perforation der Zellmembran und zur Zelllyse führt. Das Cry1Ab-Protein wurde in Studien zur akuten Toxizität sowie zur Kurzzeittoxizität an verschiedenen Tierarten geprüft, unter anderem in einer 28-tägigen Studie an Nagern. Gezielte *in vitro*- und *in vivo*-Untersuchungen haben darüber hinaus gezeigt, dass keine Bindung an Darmgewebe von Säugetieren erfolgte und keine schädlichen Effekte auftraten [13, 33].

Aufgrund der Schwierigkeit, ausreichende Mengen des Proteins aus der modifizierten Pflanze zu gewinnen, wird in den Untersuchungen in der Regel ein entsprechendes von Mikroorganismen synthetisiertes Protein als Testmaterial eingesetzt. Dies ist aber nur akzeptabel, wenn belegt wurde, dass das Testprotein zu dem in der Pflanze gebildeten strukturell, biochemisch und funktionell äquivalent ist. Dazu dienen Vergleiche des Molekulargewichts, der Aminosäuresequenz, physikalisch-chemischen Eigenschaften, posttranslationalen Modifizierung, immunologischen Reaktivität und, im Fall von Enzymen, der katalytischen Aktivität.

#### 9.4.8.2 Natürliche Lebensmittelinhaltsstoffe

Ein mögliches Ziel der genetischen Veränderung von Nutzpflanzen ist die Verbesserung des Nährstoffprofils. Typische Beispiele sind transgener Reis mit hohem Gehalt des Vitamin A-Vorläufers β-Carotin im Endosperm (*Golden Rice*) zum Ausgleich von Mangelernährung sowie die Modifizierung des Fettsäuremusters von Ölsaaten wie Soja zur Gewinnung ernährungsphysiologisch hochwertiger Speiseöle. Von agronomischem Interesse ist auch die Produktion neuer Linien beziehungsweise Sorten, die spezifische sekundäre Pflanzeninhaltsstoffe zur Abwehr von Schädlingen synthetisieren. Neben diesen beabsichtigten Veränderungen können durch die Modifizierung aber auch unbeabsichtigte Effekte (s. Abschnitt 9.4.2) auftreten wie ein Anstieg der Gehalte von Inhaltsstoffen mit toxischen und/oder antinutritiven Wirkungen.

Wurden die Gehalte natürlich vorkommender Bestandteile über die üblichen Schwankungsbreiten hinaus erhöht, müssen die möglichen Auswirkungen abgeschätzt werden. Dazu ist zunächst eine Sicherheitsbewertung vorzunehmen, die auf den Kenntnissen der physiologischen Funktion sowie den möglichen toxischen Eigenschaften dieser Inhaltsstoffe basiert. Aus dem Ergebnis dieser Beurteilung kann sich die Notwendigkeit weiterer Untersuchungen einschließlich toxikologischer Studien ergeben. Handelt es sich um Nährstoffe oder Inhaltsstoffe, die sich auf die Bioverfügbarkeit von Nährstoffen auswirken, ist eine ernährungsphysiologische Bewertung vorzunehmen. Diese Beurteilung erfolgt nach denselben Kriterien wie bei den neuartigen Lebensmitteln und Lebensmittelzutaten (s. Abschnitt 9.3.6).

#### 9.4.8.3 Andere neue Inhaltsstoffe

Theoretisch besteht die Möglichkeit, den Stoffwechsel einer Pflanze so zu verändern, dass Metaboliten gebildet werden, die natürlicherweise nicht in dem Organismus vorkommen. In diesen Fällen sind Einzelfallbetrachtungen vorzunehmen, die sich an den Leitlinien des SCF zur Bewertung von Lebensmittelzusatzstoffen orientieren können [41]. Nach diesen Empfehlungen sind eine genaue Charakterisierung der neuen Bestandteile sowie bestimmte toxikologische

Studien erforderlich. Abweichungen vom normalen Prüfprogramm sind möglich, wenn dies angemessen wissenschaftlich begründet wird (s. Abschnitt 9.3.8.1).

### 9.4.8.4 Prüfung des ganzen Lebensmittels

Nach den Leitlinien des GVO-Gremiums sind nicht nur die neuartigen Inhaltsstoffe, sondern auch der Lebensmittelrohstoff *per se* auf ihre Sicherheit zu prüfen, wenn die Zusammensetzung einer Pflanze gezielt wesentlich verändert wurde oder es Hinweise auf unbeabsichtigte Effekte gibt. Dazu wird in der Regel eine mindestens 90-tägige (subchronische) Fütterungsstudie an Labornagern verlangt. Zusätzliche Informationen können aus Fütterungsstudien an schnell wachsenden Spezies wie Hühnern gewonnen werden, die besonders empfindlich auf die Anwesenheit schädlicher Substanzen im Futter reagieren. Aufgrund der geringen Anzahl der dabei geprüften gesundheitsrelevanten Parameter und im Hinblick auf die Übertragbarkeit der Ergebnisse auf den Menschen sind diese Untersuchungen jedoch von begrenzter Aussagekraft. Ob darüber hinaus toxikologische Studien erforderlich sind, ist abhängig von der erwarteten Exposition des Verbrauchers, Art und Ausmaß der gefundenen Unterschiede zu traditionellen Lebensmitteln sowie den Ergebnissen der subchronischen Fütterungsstudie.

In der Praxis war bisher in den meisten Fällen die Vorlage einer subchronischen Fütterungsstudie wesentliche Voraussetzung für eine positive Beurteilung durch das GVO-Gremium. So wurde transgener Hybridmais MON863× MON810 mit integriertem Insektenschutz, vermittelt durch die *Bacillus thuringiensis*-Toxine Cry3Bb1 und Cry1Ab, aufgrund des Fehlens dieser Studie zunächst nicht akzeptiert, obwohl entsprechende Untersuchungen mit den transgenen Ausgangslinien MON863 und MON810 vorlagen [10]. Da sich in der nachträglichen Untersuchung keine Hinweise auf unerwünschte Wirkungen ergaben [11], wurde in vergleichbaren späteren Fällen, z.B. bei NK603×MON810 und 1507×NK603, keine subchronische Studie mit dem Hybridmais als notwendig erachtet [14, 15].

### 9.4.9
### Allergenität

Lebensmittelallergien sind krankhafte durch immunologische Mechanismen ausgelöste Reaktionen, welche in genetisch veranlagten Individuen die Bildung allergenspezifischer Antikörper induzieren, am häufigsten Immunglobuline vom Typ E (IgE). In den Mitgliedstaaten der Europäischen Union sind etwa 1–3% der Gesamtbevölkerung und 4–6% der Kinder betroffen. Von den Erwachsenen reagieren etwa 50% auf bestimmte Früchte und Gemüsesorten, Nüsse und Erdnüsse, von den Kindern etwa 75% auf Eier, Kuhmilch, Fisch, Nüsse und Erdnüsse [7]. Nahezu alle Lebensmittelallergene sind natürliche Proteine oder Glykoproteine. Man unterscheidet klassische Lebensmittelallergene, die über den gastrointestinalen Weg eine Sensibilisierung auslösen, und pollenassoziierte Lebensmittelallergene, die selbst keine Sensibilisierung bewirken, aber eine Homologie zu Pollenallergenen aufweisen. Letztere lösen erst dann Reaktionen aus, nachdem auf inhalativem Wege eine Sensibilisierung gegen das homologe Pollenallergen erfolgt ist.

Bei Lebensmitteln aus genetisch veränderten Pflanzen kann das allergene Potenzial sowohl durch das Einbringen neuer Proteine als auch durch Veränderungen des endogenen Proteinmusters beeinflusst werden. Die Vorgehensweise bei der Prüfung und Bewertung beruht im Wesentlichen auf Empfehlungen von Expertengruppen der WHO und der Codex Alimentarius Kommission [3, 54].

#### 9.4.9.1 Allergenität neuer Proteine

Validierte Testverfahren, mit denen sich die Allergenität eines Proteins bei oraler Aufnahme voraussagen lässt, sind derzeit nicht verfügbar. Da alle genutzten Methoden für sich betrachtet in ihrer Aussagekraft begrenzt sind, erfolgt die Abschätzung auf der Grundlage von Informationen, die durch eine Kombination unterschiedlicher Untersuchungsverfahren gewonnen werden. Die Bewertung beruht im Wesentlichen auf Vergleichen mit bereits bekannten Allergenen sowie Informationen zur Allergenität des Organismus, der als Quelle des eingebrachten genetischen Materials dient.

In jedem Fall ist zuerst eine Untersuchung auf Sequenz-Homologie und/oder strukturelle Ähnlichkeit mit bekannten Allergenen vorzunehmen. Bioinformatische Analysen (s. Abschnitt 9.4.8.2), in denen die Aminosäuresequenz des fraglichen Proteins abschnittsweise mit den in Datenbanken gespeicherten Sequenzen bekannter Allergene verglichen wird, können Übereinstimmungen oder Ähnlichkeiten mit linearen IgE-Bindungsepitopen aufzeigen. Die Länge der zu vergleichenden Sequenz ist dabei so zu wählen, dass die Möglichkeit falsch-positiver und falsch-negativer Ergebnisse minimiert wird. Aufgrund der vorhandenen Kenntnisse über Epitope wird im Allgemeinen eine Übereinstimmung von acht aufeinander folgenden identischen Aminosäuren als immunologisch signifikant angesehen. Eine Kreuzreaktivität sollte auch in Betracht gezogen werden, wenn mehr als 35% Sequenzidentität in einem Abschnitt von 80 oder mehr Aminosäuren besteht. Ein Nachteil dieses Verfahrens ist, dass nur lineare IgE-Bindungsepitope identifiziert werden können, und keine Epitope, bei denen die Antikörperbindung durch nicht-linear angeordnete Aminosäuren (Konformationsepitope) erfolgt [51].

Im zweiten Schritt sollte mithilfe immunologischer in vitro-Verfahren wie Immunoblot, RAST (*Radio-Allergo-Sorbent-Test*) oder ELISA (*Enzyme-Linked Immuno Sorbent Assay*) geprüft werden, ob spezifische IgE in Seren von Allergikern das Protein binden. Dabei hängt die Vorgehensweise davon ab, ob das entsprechende in die Pflanze eingebrachte Gen aus einer allergenen oder nicht allergenen Quelle stammt:

Wenn der Spenderorganismus als Allergie auslösend bekannt ist und keine Sequenz-Homologie zu einem allergenen Protein festgestellt wurde, ist ein so genanntes spezifisches Serum-Screening vorzunehmen. Dazu werden Seren von Personen benötigt, die gegen den Spenderorganismus sensibilisiert sind. Im Fall eines positiven Ergebnisses besitzt das Protein mit hoher Wahrscheinlichkeit ein allergenes Potenzial. Tritt keine IgE-Bindung auf, sollten zusätzliche Untersuchungen durchgeführt werden.

Ist der Spenderorganismus nicht als Allergie auslösend bekannt, gibt es jedoch Hinweise auf eine Sequenz-Homologie zu einem bekannten Allergen, sollte ein spezifisches Serum-Screening mit Seren von Patienten, die gegen dieses Allergen sensibilisiert sind, durchgeführt werden. Darüber hinaus sind zusätzliche Untersuchungen vorzunehmen.

An zusätzlichen Untersuchungen wird die Prüfung der Stabilität gegenüber der Protease Pepsin in simulierter Magenflüssigkeit (SGF, s. Abschnitt 9.4.8.1) empfohlen. Einige typische Lebensmittelallergene haben sich in diesem Test als relativ stabil erwiesen, wohingegen nicht allergene Proteine in der Regel schnell, das heißt innerhalb von Sekunden, abgebaut wurden [32]. Eine absolute Übereinstimmung besteht allerdings nicht [27]. Des Weiteren kann ein so genanntes gezieltes (*targeted*) Serum-Screening vorgenommen werden. In diesem Fall sind Seren von Personen erforderlich, die auf Lebensmittel allergisch reagieren, welche zu dem Spenderorganismus in Beziehung stehen. Die Anwendung dieser Methode sowie auch des spezifischen Serum-Screenings wird jedoch durch die begrenzte Verfügbarkeit geeigneter Seren limitiert. Grundsätzlich besteht die Notwendigkeit, weitere *in vitro*-Tests sowie Tiermodelle zu entwickeln, die nach erfolgreicher Validierung das derzeit verfügbare Methodenspektrum zur Abschätzung des allergenen Potenzials ergänzen oder ersetzen können.

Ergibt die Bewertung der Befunde in ihrer Gesamtheit, dass das Protein ein allergenes Potenzial besitzt, ist durch Maßnahmen des Risiko-Managements sicherzustellen, dass Personen mit einer genetischen Disposition für allergische Erkrankungen (Atopiker) eine Exposition vermeiden können. Nach den spezifischen Anforderungen für die Kennzeichnung von aus GVO gewonnenen Lebensmitteln (s. Abschnitt 9.2.1) müssten die Verbraucher auf die Anwesenheit des Proteins durch eine angemessene Kennzeichnung hingewiesen werden.

Wenn das in die Pflanze eingebrachte genetische Material aus Weizen, Roggen, Gerste, Hafer oder verwandten Getreidesorten stammt, sollte auch geprüft werden, ob das entsprechende Protein bei der Auslösung der durch das Klebereiweiß Gluten induzierten Enteropathie (Zöliakie) oder anderer Enteropathien eine Rolle spielt.

### 9.4.9.2 Endogene Pflanzenallergene

Ist die Ausgangspflanze beziehungsweise das daraus gewonnene Lebensmittel selbst als allergen bekannt, wie z. B. Sojabohnen, sollte auch untersucht werden, ob durch den Prozess der genetischen Veränderung das endogene Allergenmuster verändert wurde. Sojabohnen enthalten etwa 15 Proteine, die von Seren sensibilisierter Personen erkannt werden. Drei dieser Proteine wurden als die wesentlichen Allergene identifiziert, eines davon ist eine Untereinheit des Spei-

**Tab. 9.1** Liste der genetisch veränderten Pflanzen, die in der EU zur Herstellung von Lebensmitteln zugelassen sind (Stand: 31. 08. 2006).
Die Liste beruht auf dem öffentlichen Gemeinschaftsregister der zugelassenen genetisch veränderten Lebens- und Futtermittel, das die auf der Grundlage der Verordnung (EG) Nr. 1829/2003 zugelassen Erzeugnisse enthält. Darüber hinaus sind die Erzeugnisse enthalten, die vor dem Inkrafttreten der Verordnung am 18. 10. 2004 rechtmäßig auf dem Markt waren und bei der Europäischen Kommission gemäß Artikel 8 und 20 der Verordnung angemeldet wurden.

| Linie/Sorte | Eigenschaft(en) | Zulassungs-/Anmeldedatum |
| --- | --- | --- |
| Bt11 Gemüsemais | Insektenschutz | 19. 05. 04 Zulassung |
| NK603 Mais | Herbizid-Toleranz | 26. 10. 04 Zulassung |
| MON863 Mais | Insektenschutz | 13. 01. 06 Zulassung |
| GA21 Mais | Herbizid-Toleranz | 13. 01. 06 Zulassung |
| MON810 Mais | Insektenschutz | 12. 07. 04 Anmeldung |
| MON40-3-2 Sojabohnen | Herbizid-Toleranz | 13. 07. 04 Anmeldung |
| NK603xMON810 Mais | Herbizid-Toleranz und Insektenschutz | 15. 07. 04 Anmeldung |
| DAS1507 Mais | Herbizid-Toleranz und Insektenschutz | 03. 03. 06 Zulassung |
| GT73 Raps | Herbizid-Toleranz | 31. 08. 04 Anmeldung |
| MON1445 Baumwolle | Herbizid-Toleranz | 23. 09. 04 Anmeldung |
| MON531 Baumwolle | Insektenschutz | 23. 09. 04 Anmeldung |
| T25 Mais | Herbizid-Toleranz | 01. 10. 04 Anmeldung |
| MON531×MON1445 Baumwolle | Herbizid-Toleranz und Insektenschutz | 04. 10. 04 Anmeldung |
| Bt176 Mais | Herbizid-Toleranz und Insektenschutz | 04. 10. 04 Anmeldung |
| MS8, RF3, MS8×RF3 Raps | Herbizid-Toleranz u. männliche Sterilität | 05. 10. 04 Anmeldung |
| GA21×MON810 Mais | Herbizid-Toleranz und Insektenschutz | 06. 10. 04 Anmeldung |
| MS1, RF1, MS1×RF1 Raps | Herbizid-Toleranz u. männliche Sterilität | 07. 10. 04 Anmeldung |
| MS1, RF2, MS1×RF2 Raps | Herbizid-Toleranz u. männliche Sterilität | 08. 10. 04 Anmeldung |
| TOPAS19/2 Raps | Herbizid-Toleranz | 11. 10. 04 Anmeldung |
| MON863×MON810 Mais | Herbizid-Toleranz und Insektenschutz | 11. 10. 04 Anmeldung |
| T45 Raps | Herbizid-Toleranz | 13. 10. 04 Anmeldung |
| MON863×NK603 Mais | Herbizid-Toleranz und Insektenschutz | 13. 10. 04 Anmeldung |
| MON15985 Mais | Insektenschutz | 14. 10. 04 Anmeldung |
| MON15985×MON1445 Mais | Herbizid-Toleranz und Insektenschutz | 14. 10. 04 Anmeldung |

cherproteins β-Conglycinin. Im Fall einer transgenen Sojabohnen-Linie mit erhöhter Widerstandsfähigkeit gegenüber glyphosathaltigen Herbiziden unterschieden sich die endogenen Allergene qualitativ und quantitativ nicht wesentlich von denen in konventionellen Sojabohnen. In dieser Untersuchung wurden Proteinextrakte aus Sojabohnen mittels SDS-Polyacrylamid-Gelelektrophorese aufgetrennt und die allergenen Proteine im Immunoblot mit Seren von Personen, die gegen Sojabohnen sensibilisiert waren, nachgewiesen [2]. Zukünftig könnten auch *Profiling*-Techniken (s. Abschnitt 9.4.6) in Kombination mit immunologischen Nachweismethoden zum Nachweis von Proteinen und Peptiden mit allergenem Potenzial in genetisch modifizierten Pflanzen genutzt werden.

## 9.4.10
## Zulassungen

Werden eine genetisch modifizierte Pflanze und die daraus gewonnenen Lebensmittel als ebenso sicher bewertet wie vergleichbare traditionelle Erzeugnisse, kann die Genehmigung für ihre Vermarktung erteilt werden. Eine Zusammenstellung der bisher in der EU zugelassenen Linien/Sorten enthält Tabelle 9.1.

## 9.5
## Literatur

1 Arbeitsgruppe „Probiotische Mikroorganismenkulturen in Lebensmitteln" am Bundesinstitut für gesundheitlichen Verbraucherschutz und Veterinärmedizin (BgVV) (2000) Probiotische Mikroorganismenkulturen in Lebensmitteln, *Ernährungsumschau* **47**: 191–195.

2 Burks AW, Fuchs RL (1995) Assessment of the endogenous allergens in glyphosate-tolerant and commercial soybean varieties, *Journal of Allergy and Clinical Immunology* **96**: 1008–1010.

3 Codex Alimentarius Commission (2003) Codex Principles and Guidelines on Foods Derived from Biotechnology, Joint FAO/WHO Food Standards Programme, Food and Agriculture Organisation, Rome, http://www.fao.org/ag/agn/food/risk_biotech_taskforce_en.stm.

4 Diplock AT, Aggett PJ, Ashwell M, Bornet F, Fern ED, Roberfroid MB (1999) Scientific Concepts of Functional Foods in Europe: Consensus Document, *British Journal of Nutrition* **81** Suppl. 1.

5 EFSA (2003) Opinion of the Scientific Panel on Dietetic Products, Nutrition and Allergies on a request from the Commission related to a Novel Food application from Forbes Medi-Tech for approval of plant sterol-containing milk-based beverages, *The EFSA Journal* **15**: 1–12, http://www.efsa.europa.eu/en/science/nda/nda_opinions/216.html.

6 EFSA (2004) Guidance document of the Scientific Panel on Genetically Modified Organisms for the risk assessment of genetically modified plants and derived food and feed, *The EFSA Journal* **99**: 1–94, http://www.efsa.europa.eu/en/science/gmo/gmo_guidance/660.html.

7 EFSA (2004) Opinion of the Scientific Panel on Dietetic Products, Nutrition and Allergies on a request from the Commission relating to the evaluation of allergenic foods for labelling purposes, *The EFSA Journal* **32**: 1–197, http://www.efsa.europa.eu/en/science/nda/nda_opinions/341.html.

8 EFSA (2004) Opinion of the Scientific Panel on Dietetic Products, Nutrition and Allergies on a request from the Commission related to an application to market Enova oil as a novel food in the EU, *The EFSA Journal* **159**: 1–19,

http://www.efsa.europa.eu/en/science/nda/nda_opinions/752.html.

9 EFSA (2004) Opinion of the Scientific Panel on Genetically Modified Organisms on the use of antibiotic resistance genes as marker genes in genetically modified plants, *The EFSA Journal* **48**: 1–18, http://www.efsa.europa.eu/en/science/gmo/gmo_opinions/384.html.

10 EFSA (2004) Opinion of the Scientific Panel on Genetically Modified Organisms on a request from the Commission related to the safety of foods and food ingredients derived from insect-protected genetically modified maize MON863 and MON863×MON810, for which a request for placing on the market was submitted under Article 4 of the Novel Food Regulation (EC) No 258/97 by Monsanto, *The EFSA Journal* **50**: 1–25, http://www.efsa.europa.eu/en/science/gmo/gmo_opinions/383.html.

11 EFSA (2005) Opinion of the Scientific Panel on Genetically Modified Organisms on an application (Reference EFSA-GMO-DE-2004-03) for the placing on the market of insect-protected genetically modified maize MON 863×MON 810, for food and feed use, under Regulation (EC) No. 1829/2003 from Monsanto, *The EFSA Journal* **252**: 1–23, http://www.efsa.europa.eu/en/science/gmo/gmo_opinions/1031.html.

12 EFSA (2005) Opinion of the Scientific Panel on Dietetic Products, Nutrition and Allergies on a request from the Commission related to an application concerning the use of betaine as a novel food in the EU, *The EFSA Journal* **191**: 1–17, http://www.efsa.europa.eu/en/science/nda/nda_opinions/850.html.

13 EFSA (2005) Opinion of the Scientific Panel on Genetically Modified Organisms on a request from the Commission related to the notification (Reference C/F/96/05.10) for the placing on the market of insect resistant genetically modified maize Bt11, for cultivation, feed and industrial processing, under Part C of Directive 2001/18/EC from Syngenta Seeds, *The EFSA Journal* **213**: 1–33, http://www.efsa.europa.eu/en/science/gmo/gmo_opinions/922.html.

14 EFSA (2005) Opinion of the Scientific Panel on Genetically Modified Organisms on an application (Reference EFSA-GMO-UK-2004-01) for the placing on the market of glyphosate-tolerant and insect-resistant genetically modified maize NK 603×MON 810, for food and feed uses, under Regulation (EC) No. 1829/2003 from Monsanto, *The EFSA Journal* **309**: 1–22, http://www.efsa.europa.eu/en/science/gmo/gmo_opinions/1284.html.

15 EFSA (2006) Opinion of the Scientific Panel on Genetically Modified Organisms on an application (Reference EFSA-GMO-UK-2004-05) for the placing on the market of insect-protected and glyphosate-tolerant genetically modified maize 1507×NK 603, for food and feed uses, and import and processing under Regulation (EC) No. 1829/2003 from Pioneer Hi-Bred and Mycogen Seeds, *The EFSA Journal* **355**: 1–23, http://www.efsa.europa.eu/en/science/gmo/gmo_opinions/1482.html.

16 EFSA (2006) Guidance Document of the Scientific Panel on Genetically Modified Organisms for the risk assessment of genetically modified microorganisms and their derived products intended for food and feed use, *The EFSA Journal* **374**: 1–115, http://www.efsa.europa.eu/en/science/gmo/gmo_guidance/gmo_guidance_ej374_gmm.html.

17 Europäische Kommission (1997) Empfehlung der Kommission vom 23. Juli 1997 zu den wissenschaftlichen Aspekten und zur Darbietung der für Anträge auf Genehmigung des Inverkehrbringens neuartiger Lebensmittel und Lebensmittelzutaten erforderlichen Informationen sowie zur Erstellung der Berichte über die Erstprüfung gemäß der Verordnung (EG) Nr. 258/97 des Europäischen Parlaments und des Rates (97/618/EG), *Amtsblatt der Europäischen Gemeinschaften* **L 253**: 1–36.

18 Europäische Kommission (1997) Verordnung (EG) Nr. 258/97 des Europäischen Parlaments und des Rates vom 27. Januar 1997 über neuartige Lebensmittel und neuartige Lebensmittelzutaten, *Amtsblatt der Europäischen Gemeinschaften* **L 43**: 1–6.

19 Europäische Kommission (2000) Risk assessment in a rapidly evolving field: the case of genetically modified plants, Opinion expressed by the Scientific Steering Committee on 26/27 October 2000, http://ec.europa.eu/food/fs/sc/ssc/out148_en.pdf.

20 Europäische Kommission (2001) Richtlinie 2001/18/EG des Europäischen Parlaments und des Rates vom 12. März 2001 über die absichtliche Freisetzung genetisch veränderter Organismen in die Umwelt und zur Aufhebung der Richtlinie 90/220/EWG des Rates, *Amtsblatt der Europäischen Gemeinschaften* **L 106**: 1–39.

21 Europäische Kommission (2002) The directive on dangerous substances, Brussels, Belgium, http://ec.europa.eu/environment/dansub/home_en.htm.

22 Europäische Kommission (2003) Verordnung (EG) Nr. 1829/2003 des Europäischen Parlaments und des Rates vom 22. September 2003 über genetisch veränderte Lebensmittel und Futtermittel, *Amtsblatt der Europäischen Union* **L 268**: 1–23.

23 Europäische Kommission (2003) Verordnung (EG) Nr. 1830/2003 des Europäischen Parlaments und des Rates vom 22. September 2003 über die Rückverfolgbarkeit und Kennzeichnung von genetisch veränderten Organismen und über die Rückverfolgbarkeit von aus genetisch veränderten Organismen hergestellten Lebensmitteln und Futtermitteln sowie zur Änderung der Richtlinie 2001/18/EG, *Amtsblatt der Europäischen Union* **L 268**: 24–28.

24 Europäische Kommission (2004) Directive 2004/10/EC of the European Parliament and of the Council of 11 February 2004 on the harmonisation of laws, regulations and administrative provisions relating to the application of the principles of good laboratory practice and the verification of their applications for tests on chemical substances, *Amtsblatt der Europäischen Union* **L 50**: 44–59.

25 Europäische Kommission (2004) Verordnung (EG) Nr. 608/2004 der Kommission vom 31. März 2004 über die Etikettierung von Lebensmitteln und Lebensmittelzutaten mit Phytosterin-, Phytosterinester-, Phytostanol- und/oder Phytostanolesterzusatz. *Amtsblatt der Europäischen Union* **L 97**: 44–45.

26 European Network on Safety Assessment of Genetically Modified Food Crops (ENTRANSFOOD) (2004) Safety Assessment, Detection and Traceability, and Societal Aspects of Genetically Modified Foods, Kuiper HA, Kleter GA, Konig A, Hammes WP, Knudsen I (Hrsg), ISSN 0278 6915, *Food and Chemical Toxicology* **42**, issue 7: 1043–1202.

27 Fu T-J, Abbott UR, Hatzos C (2002) Digestibility of food allergens and non-allergenic proteins in simulated gastric fluid and simulated intestinal fluid – a comparative study, *Journal of Agricultural and Food Chemistry* **50**: 7154–7160.

28 Gesetz über den Verkehr mit Lebensmitteln, Tabakerzeugnissen, kosmetischen Mitteln und sonstigen Bedarfsgegenständen (Lebensmittel- und Bedarfsgegenständegesetz – LMBG) in der Fassung der Bekanntmachung vom 9. September 1997, *Bundesgesetzblatt I*: 2296–2319.

29 Gesetz zur Durchführung von Verordnungen der Europäischen Gemeinschaft auf dem Gebiet der Gentechnik und zur Änderung der Neuartige Lebensmittel- und Lebensmittelzutaten-Verordnung (EG-Gentechnik-Durchführungsgesetz) vom 22. 6. 2004, *Bundesgesetzblatt I* Nr. **29**: 1244–1247.

30 Gesetz zur Neuorganisation des gesundheitlichen Verbraucherschutzes und der Lebensmittelsicherheit vom 6. August 2002, *Bundesgesetzblatt I* Nr. **57**: 3082–3104.

31 Kuiper HA, Kok EJ, Engel KH (2003) Exploitation of molecular profiling techniques for GM food safety assessment, *Current Opinion in Biotechnology* **14**: 238–243.

32 Metcalfe DD, Ashwood JD, Townsend R, Sampson HA, Taylor SL, Fuchs RL (1996) Assessment of the Allergenic Potential of Foods Derived from Genetically Engineered Crop Plants, *Critical Reviews in Food Science and Nutrition* **36** (Supplement): 165–186.

33 Noteborn H (1994) Safety assessment of a genetically modified plant product. Case study: *Bacillus thuringiensis*-toxin

tomato. *Proceedings of the Basel Forum on Biosafety*, 19 October 1994, 18–20.

34 Organisation for Economic Co-operation and Development (1993) Safety Evaluation of Foods Derived by Modern Biotechnology: Concepts and Principles, OECD, Paris, http://www.oecd.org/dataoecd/57/3/1946129.pdf.

35 Organisation for Economic Co-operation and Development, Consensus Documents for the work on the Safety of Novel Foods and Feeds, OECD Environmental Health and Safety Publications, Series on the Safety of Novel Foods and Feeds, OECD Environment Directorate, Paris, http://www.oecd.org/document/9/0,2340,en_2649_34391_1812041_1_1_1_1,00.html.

36 Organisation for Economic Co-operation and Development, OECD Guidelines for the testing of chemicals, OECD, Paris, http://www.oecd.org/document/55/0,2340,en_2649_34377_2349687_1_1_1_1,00.html.

37 SCF (1999) Opinion on Stevia Rebaudiana Bertoni plants and leaves, adopted on 17/6/99, Brussels, http://ec.europa.eu/food/fs/sc/scf/out36_en.pdf.

38 SCF (2000) Opinion of the Scientific Committee on Food on a dextran preparation, produced using *Leuconostoc mesenteroides*, *Saccharomyces cerevisiae* and *Lactobacillus* spp, as a novel food ingredient in bakery products, expressed on 18 October 2000, Brussels, http://ec.europa.eu/food/fs/sc/scf/out75_en.pdf.

39 SCF (2000) Opinion of the Scientific Committee on Food on a request for the safety assessment of the use of phytosterol esters in yellow fat spreads, expressed on 6 April 2000, Brussels, http://ec.europa.eu./food/fs/sc/scf/out56_en.pdf.

40 SCF (2000) Opinion of the Scientific Committee on Food on the safety assessment of the nuts of the Ngali tree, expressed on 8 March 2000, Brussels, http://ec.europa.eu/food/fs/sc/scf/out54_en.pdf.

41 SCF (2001) Guidance on submissions for food additive evaluations by the Scientific Committee on Food, expressed on 11 July 2001, Brussels, http://ec.europa.eu/food/fs/sc/scf/out98_en.pdf.

42 SCF (2002) General view of the Scientific Committee on Food on the long-term effects of the intake of elevated levels of phytosterols from multiple dietary sources, with particular attention to the effects on $\beta$-carotene, expressed on 26 September 2002, Brussels, http://ec.europa.eu/food/fs/sc/scf/out143_en.pdf.

43 SCF (2002) Opinion of the Scientific Committee on Food on a report on Post Launch Monitoring of "yellow fat spreads with added phytosterol esters", expressed on 26 September 2002, Brussels, http://ec.europa.eu/food/fs/sc/scf/out144_en.pdf.

44 SCF (2002) Opinion of the Scientific Committee on Food on a request for the safety assessment of Salatrims for use as reduced calorie fats alternative as novel food ingredients, expressed on 13 December 2001, Brussels, http://ec.europa.eu/food/fs/sc/scf/out117_en.pdf.

45 SCF (2002) Opinion of the Scientific Committee on Food on Tahitian Noni juice, expressed on 4 December 2002, Brussels, http://ec.europa.eu/food/fs/sc/scf/out151_en.pdf.

46 SCF (2003) Opinion of the Scientific Committee on Food on an application from MultiBene for approval of plant-sterol enriched foods, expressed on 4 April 2003, Brussels, http://ec.europa.eu/food/fs/sc/scf/out191_en.pdf.

47 SCF (2003) Opinion of the Scientific Committee on Food on an application from ADM for approval of plant-sterol-enriched foods, expressed on 4 April 2003, Brussels, http://ec.europa.eu/food/fs/sc/scf/out192_en.pdf.

48 SCF (2003) Opinion of the Scientific Committee on Food on Applications for Approval of a Variety of Plant Sterol-Enriched Foods, expressed on 5 March 2003, Brussels, http://ec.europa.eu/food/fs/sc/scf/out174_en.pdf.

49 SKLM (2004) Kriterien zur Beurteilung Funktioneller Lebensmittel, in Deutsche Forschungsgemeinschaft, Kriterien zur Beurteilung Funktioneller Lebensmittel, Sicherheitsaspekte, Symposium/Kurzfassung, Senatskommission zur Beurteilung der gesundheitlichen Unbedenklichkeit von Lebensmitteln (Hrsg) Mittei-

lung 6, ISBN 3-527-27515-0, Wiley-VCH Verlag, Weinheim, 1–11.
50 SKLM (2005) Stellungnahme zur „Sicherheitsbewertung des Hochdruckverfahrens", verabschiedet am 06.12. 2004 in Deutsche Forschungsgemeinschaft, Lebensmittel und Gesundheit II, Sammlung der Beschlüsse und Stellungnahmen 1997–2004, Senatskommission zur Beurteilung der gesundheitlichen Unbedenklichkeit von Lebensmitteln (Hrsg) Mitteilung 7, ISBN 3-527-27519-3, Wiley-VCH Verlag, Weinheim, 102–125.
51 Wal JM (1999) Assessment of allergic potential of (novel) foods, *Nahrung* **43**: 168–174.
52 WHO/FAO (2002) Guidelines for the Evaluation of Probiotics in Food, Report of a Joint FAO/WHO Working Group on Drafting Guidelines for the Evaluation of Probiotics in Food, London, Ontario, Canada, April 30 and May 1, 2002, http://www.who.int/foodsafety/fs_management/en/probiotic_guidelines.pdf.
53 World Health Organization/Food and Agriculture Organization (2000) Safety aspects of genetically modified foods of plant origin, Report of a Joint FAO/WHO Expert Consultation on Foods Derived from Biotechnology, Geneva, 29 May – 2 June, 2000, http://www.fao.org/ag/agn/food/pdf/gmreport.pdf.
54 World Health Organization/Food and Agriculture Organization (2001) Evaluation of Allergenicity of Genetically Modified Foods, Report of a Joint FAO/WHO Expert Consultation on Allergenicity of Foods Derived from Biotechnology, 22–25 January 2001, Rome, Italy, http://www.who.int/foodsafety/publications/biotech/en/ec_jan2001.pdf.

# 10
# Lebensmittelüberwachung und Datenquellen

*Maria Roth*

## 10.1
## Einleitung

„Die Lebensmittelüberwachung hat festgestellt …" – so beginnt manche Schlagzeile in dpa-Berichten, aktuellen Reportagen und Zeitungsmeldungen. Sofern es sich bei diesen Meldungen um hygienische Unzulänglichkeiten bei der Produktion oder im Vertrieb handelt, berührt es die Toxikologie nur wenig: Nägel im Fleischsalat, Glassplitter im Brot, Mäuseteile im Gebäck etc. sind offensichtlich, und für jeden Verbraucher erkennbar, mit gesunden und einwandfreien Lebensmitteln nicht vereinbar. Anders liegt der Fall, wenn unzureichende Hygiene z. B. zu Schimmelpilzgiften in Lebensmitteln führt oder wenn chemische Substanzen wie Pflanzenschutzmittel- oder Tierarzneimittelrückstände, nicht zugelassene Zusatzstoffe oder auch unerwünschte Substanzen wie Acrylamid, 3-Monochlorpropandiol (3-MCPD) und Furan, die bei der Herstellung und Verarbeitung entstehen, in Lebensmitteln nachgewiesen werden. Häufig ist eine toxikologische Bewertung der Daten erforderlich, um das Risiko für den Verbraucher einzuschätzen, zu minimieren sowie letztendlich eine Gefahr abzuwenden. Für die Festlegung von Richt- und Grenzwerten ist eine toxikologische Einordnung erforderlich und meist sind erst nach der toxikologischen Bewertung rechtliche Schritte möglich.

### 10.1.1
### Wichtige Rechtsvorschriften für die deutsche Lebensmittelüberwachung

Das *Lebensmittel- und Bedarfsgegenstände-Gesetz (LMBG)* [6] war seit 1974 quasi das Grundgesetz für die deutsche Lebensmittelüberwachung. In Baden-Württemberg wurde 1991 mit dem Ausführungsgesetz zum LMBG (AGLMBG) [23] erstmals in Deutschland in einem Bundesland gesetzlich geregelt, wie der Verbraucher über belastete Ware zu informieren ist, wann ein Rückruf möglich ist und welche Forderungen an die Sorgfaltspflicht und Eigenkontrolle der Hersteller zu stellen sind.

Mit der *VO (EU) 178/2002* [7] – auch Basis-Verordnung genannt, schlug die Europäische Union 2002 ein neues Kapitel in der Lebensmittelüberwachung auf. Aufgrund der zahlreichen Lebensmittelskandale, die durch Futtermittel verursacht wurden (BSE, Dioxin, Tierarzneimittelrückstände) und die durch unzulängliche Kontrollen, mangelhafte Transparenz der wissenschaftlichen Bewertung, keine Rückverfolgbarkeit belasteter Ware, mangelhafte Information der Öffentlichkeit, unzureichende Sorgfaltspflicht der Hersteller das bekannte Ausmaß mit erheblichen wirtschaftlichen Schäden erreichte, wurde von der EU die Lebensmittel- und Futtermittelüberwachung grundsätzlich reformiert. Unter anderem wurde die unabhängige wissenschaftliche Bewertung durch Entkopplung von Risikobewertung und Risikomanagement sichergestellt. Für die Risikobewertung ist seit 2002 die EFSA (European Food Safety Authority) zuständig, das Risikomanagement obliegt den Kommissionsdienststellen. In Deutschland wurden analog 2003 das Bundesinstitut für Risikobewertung (BfR) und das Bundesinstitut für Verbraucherschutz und Lebensmittelsicherheit (BVL) eingerichtet. Weiter wurde mit der *VO (EU) 882/2004* [5] – Überwachungs-Verordnung – die amtliche Kontrolle zur Überprüfung der Einhaltung des Lebensmittel- und Futtermittelrechts sowie der Bestimmungen über Tiergesundheit und Tierschutz verschärft: Die Mitgliedstaaten müssen sicherstellen, dass regelmäßig auf Risikobasis und mit angemessener Häufigkeit amtliche Kontrollen durchgeführt werden.

Aufgrund der einschneidenden Rechtsänderungen der Basis-Verordnung und der Überwachungs-Verordnung muss das deutsche Lebensmittelrecht grundsätzlich geändert werden: Aus dem LMBG sollte bereits 2004 das *Lebensmittel- und Futtermittelgesetzbuch (LFGB)* [8] werden. Durch Abstimmungsschwierigkeiten zwischen Bund und Ländern verzögerte sich die Verabschiedung im Bundesrat und Bundestag bis Juni 2005.

Die Durchführung der Lebensmittelüberwachung ist Länderaufgabe. Mit allgemeinen Verwaltungsvorschriften sorgt der Bund für eine gewisse Einheitlichkeit. Eine wichtige Verwaltungsvorschrift ist die Allgemeine Verwaltungsvorschrift zur Datenübermittlung (*AVV-DÜb*) [21]: Meldungen von Untersuchungsdaten an den Bund müssen seit einigen Jahren in diesem einheitlichen EDV-Format gemeldet werden, damit bundesländerübergreifend Auswertungen möglich sind. Mit der Allgemeinen Verwaltungsvorschrift über Grundsätze zur Durchführung der amtlichen Überwachung lebensmittelrechtlicher und weinrechtlicher Vorschriften (*AVV-RÜb*) [22] wurde 2004 die risikoorientierte Probenahme festgelegt, ein bestimmter einwohnerbezogener Probenschlüssel vorgeschrieben sowie Bundesüberwachungsprogramme und Berichtspflichten festgelegt.

## 10.2
## Welche Produkte werden im Rahmen der Lebensmittelüberwachung untersucht?

### 10.2.1
### Lebensmittel

Europaweit ist der Begriff Lebensmittel in der EU-Verordnung 178/2002 Art. 2 (Basis-Verordnung) definiert worden: „Lebensmittel sind alle Stoffe oder Erzeugnisse, die dazu bestimmt sind oder von denen nach vernünftigem Ermessen erwartet werden kann, dass sie in verarbeitetem, teilweise verarbeitetem oder unverarbeitetem Zustand von Menschen aufgenommen werden" [7]. Arzneimittel, Futtermittel, Pflanzen vor der Ernte, lebende Tiere, kosmetische Mittel gehören laut Definition nicht zu den Lebensmitteln.

Ob Äpfel, Alcopops oder Austern – solange ein Produkt als Lebensmittel angeboten bzw. in den Verkehr gebracht wird, unterliegt es der amtlichen Lebensmittelüberwachung und wird *stichprobenartig* sowohl auf Qualitätsparameter wie Frische, Zusammensetzung, Inhaltsstoffe als auch auf Schadstoffe geprüft. Für Lebensmittel – Ausnahme neuartige Lebensmittel und Diätetische Lebensmittel – gibt es keine vorherige Prüfung, Zulassung oder Anerkennung, ob das Lebensmittel tatsächlich unbedenklich als Lebensmittel verzehrt werden kann. Die Verantwortung für das Produkt trägt der Hersteller/Importeur und er haftet auch für eventuelle Schäden.

Schwierigkeiten macht die Abgrenzung der Lebensmittel von den Arzneimitteln bei den *Nahrungsergänzungsmitteln*. Obwohl es wissenschaftlich eindeutig bewiesen ist, dass eine ausgewogene Ernährung sämtliche wichtigen Nährstoffe enthält, wird dem Verbraucher suggeriert, dass er nur dann gesund lebt, wenn er seine Nahrung „ergänzt". Nahrungsergänzungsmittel sind rechtlich eindeutig Lebensmittel. Da sie im Prinzip selten notwendig sind, lassen sie sich nur verkaufen, wenn sie extrem beworben werden und ihnen Wirkungen beigelegt werden, die sie als Lebensmittel gar nicht haben dürfen. Zur Nahrungsergänzung wird eine Vielzahl von Wundermitteln angeboten, die häufig über dubiose, nicht zu kontrollierende Vertriebswege (Internet, quasi-private Strukturen) in den Handel gelangen. Die Beanstandungsquote liegt seit Jahren bei 60–70%. Solange es sich um Vitamin- und Mineralstoffmischungen zur Nahrungsergänzung handelt, ist lediglich eine Überversorgung durch die Einnahme mehrerer Präparate unter Umständen problematisch. Toxikologisch bedenklich wird es dagegen, wenn arzneilich wirkende Stoffe oder Stoffe, die in den Hormonstoffwechsel eingreifen via Internet bezogen werden und gutgläubig vom Verbraucher verzehrt werden, weil die Produkte z. B. als „rein pflanzlich und damit ohne Nebenwirkungen" oder „traditionelle Mittel aus dem ostasiatischen Raum" angeboten werden. Für die Lebensmittelüberwachung ist es schwierig, diese Produkte zu fassen. Selbst wenn man über eine Internetrecherche auf diese problematischen Produkte stößt, ein findiger Lebensmittelkontrolleur die Ware sogar bezieht, sind doch dem Vollzug enge Grenzen gesetzt: Nur im Inland lassen sich wirksam dubiose Produkte verbieten. Durch eine verstärkte Zusammenarbeit mit dem Zoll wird inzwischen versucht, dass die Zollbeamten derartige problematische Ware erkennen und dann die Lebensmittelüberwachungsbehörden einschalten.

### 10.2.2
**Bedarfsgegenstände**

Die deutsche Lebensmittelüberwachung erfasst auch die Gruppe der Bedarfsgegenstände. Anders als bei Lebensmitteln gibt es nur eine indirekte Definition für Bedarfsgegenstände. Bedarfsgegenstände werden über den Kontakt mit der Haut und den Schleimhäuten sowie über den Kontakt mit den Lebensmitteln definiert, da sich über den Kontakt die jeweiligen Eintrags- und Belastungswege – Haut, Atemwege, Lebensmittel – ergeben. In § 2 Absatz 6 des Lebensmittel- und Futtermittelgesetzbuches (LFGB) [8] bzw. § 5 LMBG [6] werden beispielhaft Gegenstände und Mittel aufgezählt, die zu den Bedarfsgegenständen zählen:
- Materialien mit Lebensmittelkontakt (z. B. Verpackungsmaterialien, Geschirr, Maschinen zur Lebensmittelherstellung)
- Gegenstände mit Mundschleimhautkontakt (z. B. Zahnbürste, Zahnseide)
- Gegenstände zur Körperpflege (z. B. Schwamm, Handtücher)
- Materialien mit Körperkontakt (z. B. Bekleidung inkl. Imprägnier- und sonstigen Ausrüstungsmitteln, Schmuck, Masken, Rucksäcke)
- Spielwaren und Scherzartikel inkl. Hobbyartikel und Gegenstände zur Freizeitgestaltung (z. B. Strickwolle, Seidenmalfarben)
- Reinigungs- und Pflegemittel für den häuslichen Bedarf oder für Lebensmittelbedarfsgegenstände (z. B. Spülmittel, Möbelpolituren, WC- oder Backofenreiniger)
- Mittel und Gegenstände zur Geruchsverbesserung für Räume (z. B. WC-Sprays, Duft- und Lampenöle)

Im Gesetz (§ 30 LFGB bzw. § 30 LMBG) ist festgeschrieben, dass von Bedarfsgegenständen bei bestimmungsgemäßem und bei vorsehbarem Gebrauch keine gesundheitliche Gefährdung ausgehen darf. Ferner dürfen gemäß § 31 dieses Gesetzes keine Stoffe von Bedarfsgegenständen auf Lebensmittel übergehen, die geeignet wären, die Gesundheit zu gefährden oder die sensorische Qualität des Lebensmittels negativ zu beeinflussen.

Die Schwierigkeiten bei der Untersuchung von Bedarfsgegenständen liegen darin, dass praktisch alle denkbaren Materialien sich theoretisch auch für den Einsatz als Bedarfsgegenstand eignen. Je nach Einsatzgebiet und Einsatzart kann ein Bedarfsgegenstand gesundheitlich bedenklich sein oder nicht. Zum Beispiel eignen sich PVC-Folien nicht für fetthaltige Lebensmittel, da die Gefahr des Übergangs des Weichmachers in das Lebensmittel besteht. Polyethylenhaltige Folien können ohne Weichmacher hergestellt werden; sie sehen für den Verbraucher gleich aus, können aber unbedenklich verwendet werden.

Bei der toxikologischen Betrachtung von Bedarfsgegenständen ist der Gesamtgehalt an einem schädlichen Stoff nur bedingt relevant; wichtiger ist, wie viel von diesem schädlichen Stoff unter den vorhersehbaren Einsatzbedingungen aus dem Bedarfsgegenstand heraus und auf das Lebensmittel oder die Haut oder die Mundschleimhäute übergeht. Bislang wird der Gesamt-Stoffübergang als sogenannter Migrationswert bestimmt. Global dürfen in der Summe 60 mg Substanz in 1 kg Lebensmittel übergehen. Bei Materialien, wie z. B. Folien, die nicht befüllt werden können, ist der Migrationsgrenzwert auf 10 mg Substanz auf 1 dm$^2$ Folie festgelegt. Die Globalmigrationswerte werden gravimetrisch bestimmt und enthalten sowohl anorganische als auch organische Stoffe. Flüchtige Substanzen werden mit den bisherigen Methoden nicht erfasst. Es gibt keinen Zusammenhang zwischen Globalmigrationswerten, sensorischer Beeinträchtigung und Grenzwertüberschreitungen einzelner toxikologischer Substanzen wie nachfolgende Beispiele zeigen:

2004 wurden im CVUA Stuttgart Bratschläuche darauf geprüft, ob der Globalmigrationsgrenzwert eingehalten wurde und ob das Füllgut sensorisch beeinflusst wird. Obwohl der Migrationswert bei Bratschläuchen aus Polyamid nur bei wenigen mg/dm$^2$ lag, wurden bei der sensorischen Prüfung von allen Prüfern eklatante Geruchs- und Geschmacksbeeinflussungen (fischig) bemerkt. Bratschläuche aus Polyethyltherephthalat (PET), die in etwa die gleichen Migrationswerte aufwiesen, waren sensorisch einwandfrei. Dies zeigt, dass auch immer das richtige Material für den Einsatzzweck entscheidend ist (s. o. PVC/PE).

Bei der Untersuchung von Lebensmitteln, die in Gläsern mit Twist-off-Deckeln verpackt wurden, fiel auf, dass Weichmacher aus der PVC-Dichtung der Deckel v.a. in ölhaltige Lebensmittel wie z. B. Pesto migrierten. Einer dieser Weichmacher war z. B. epoxidiertes Sojaöl (ESBO), das toxikologisch relativ unbedenklich ist. Dennoch wurde in einzelnen Fällen der Gesamtmigrationswert von 60 mg/kg überschritten, insbesondere bei Gläschen mit kleinen Füllmengen. Bei diesen Lebensmitteln ist nicht mit großen Verzehrsmengen zu rechnen, so dass keine gesundheitliche Gefahr bestand.

In anderen Fällen wurde der Weichmacher Di-(2-Ethylhexyl)-adipat (DEHA) bei in Öl eingelegten Gemüsekonserven festgestellt. Der Globalmigrationsgrenzwert wurde bei diesen Produkten zwar nicht überschritten, allerdings ist DEHA toxikologisch weitaus problematischer, so dass für diesen Stoff EU-weit ein spezifischer (= einzelstoffbezogener) Migrationsgrenzwert von 18 mg/kg festgelegt wurde, welcher bei manchen Konserven überschritten wurde. Da Gemüsekonserven sehr viel häufiger verzehrt werden, war hier ein gesundheitliches Risiko gegeben. Bei allen Lebensmitteln wurde allerdings keine sensorische Veränderung festgestellt, was an der Art der Lebensmittel (scharf würzig) lag, hier ist eine Veränderung nur sehr schwer nachzuweisen.

## 10.2.3
**Kosmetika**

Sonnenschutzmittel, Zahnpasten, Duftstoffe, Haarfärbemittel, Hautcreme, Tätowierfarben – sie fallen alle unter den Begriff „Kosmetische Mittel"; diese sind nach § 2 Abs. 5 LFGB bzw. § 4 LMBG Stoffe oder Zubereitungen aus Stoffen, die dazu bestimmt sind, äußerlich am Körper des Menschen oder in seiner Mundhöhle zur Reinigung, zum Schutz, zur Erhaltung eines guten Zustandes, zur Parfümierung, zur Veränderung des Aussehens oder des Körpergeruchs angewendet zu werden. Der Begriff „Kosmetische Mittel" umfasst also nicht nur dekorative Kosmetika, sondern auch pflegende Mittel oder Mittel zur Körperreinigung wie Seifen, Haarshampoos etc.

Kosmetische Mittel sind nicht zulassungs-, wohl aber anzeigepflichtig. EU-weit zugelassen werden müssen jedoch bestimmte Inhalts- und Zusatzstoffe wie Farbstoffe, Konservierungsstoffe und UV-Filter. Die Bewertung der gesundheitlichen Unbedenklichkeit erfolgt europaweit durch den wissenschaftlichen Ausschuss für Konsumentenprodukte (Scientific Committee for Consumer Products, SCCP) und national durch die Kosmetik-Kommission am BfR. Die Zulassung der Stoffe wird mittels des Gesetzgebungsverfahrens der EU durchgeführt, indem die Kosmetikrichtlinie aus dem Jahr 1976 [1] ständig an den technischen und wissenschaftlichen Fortschritt angepasst wird. Jeder Hersteller oder Importeur von Kosmetischen Mitteln muss seine Rahmenrezeptur dem Bundesamt für Verbraucherschutz und Lebensmittelsicherheit übermitteln (§ 5 d Kosmetikverordnung [9]). Die dortige Giftinformationszentrale sammelt alle diese Daten, um sie bei Vergiftungsfällen rasch den behandelnden Ärzten und den zuständigen Behörden zur Verfügung stellen zu können.

Toxikologisch problematische Produkte gibt es im Grauzonenbereich zwischen Kosmetika und Arzneimitteln. Vielfach werden auf Messen, Märkten und Sonderverkäufen Produkte mit zweifelhaften Heilwirkungen angeboten. Zum Beispiel wurde für Pflege-Gels mit Teufelskralle damit geworben, dass es zur Linderung von rheumatischen Beschwerden geeignet sei. Auch Einreibungsprodukte mit Methylsalicylat und Kampfer, die durch ihre stark durchblutungsfördernden und schmerzlindernden Eigenschaften als Arzneimittel bei rheumatischen Beschwerden eingesetzt werden, wurden als Pflege-Vitalkomposition beworben, die die Haut frei atmen ließe und damit die darunter liegenden Gelenke, Sehnen und Muskeln mit Sauerstoff versorgen könne. Medizinische Rheumaeinreibungen mit diesen Wirkstoffen müssen mit Warnhinweisen darauf aufmerksam machen, dass Methylsalicylat/Kampfer nach den gefahrstoffrechtlichen Bestimmungen augen- und schleimhautreizend sind und nicht auf wunde Hautstellen aufgetragen werden dürfen.

## 10.3
**Datengewinnung im Rahmen der amtlichen Lebensmittelüberwachung**

Die amtliche Lebensmittelüberwachung verfügt über eine riesige Anzahl an chemischen, physikalischen, mikrobiologischen und molekularbiologischen Untersuchungsergebnissen. Jährlich werden allein in Deutschland in den staatlichen und kommunalen Untersuchungsämtern pro 1000 Einwohner fünf Lebensmittel und 0,5 Bedarfsgegenstände/Kosmetika/Tabak untersucht, d. h. ca. 413 000 Lebensmittel und 41 000 Bedarfsgegenstände, Kosmetika und Tabak.

Geht man üblicherweise von 5–10 untersuchten Parametern pro Probe aus, die sich jedoch bei Pestiziduntersuchungen bis zu 300 Parameter pro Probe steigern, so werden in Deutschland jährlich annähernd 8 Millionen Analysenergebnisse produziert.

Grundsätzlich gibt es im Bereich der amtlichen Lebensmittelüberwachung zwei verschiedene Herangehensweisen, um Lebensmittel zu untersuchen, die letztendlich auch zu verschiedenen Datenquellen führen. Einmal handelt es sich um Ergebnisse der Lebensmittel- und Veterinärüberwachung der Bundesländer, die überwiegend aus *zielorientiert entnommen Proben* stammen, mit denen Verstöße gegen geltendes Lebensmittelrecht aufgedeckt werden sollen, d.h. es werden die Proben entnommen, von denen bekannt ist, dass häufige Verstöße vorkommen wie z. B. Erdbeeren im Januar/Februar, Spielzeug aus Fernost, Fische im Sommer. Bei nachgewiesenen Verstößen werden von den verantwortlichen Behörden der Länder entsprechende Maßnahmen ergriffen und der Missstand – wenn möglich – abgestellt. Die zielorientierte Probenahme ermöglicht ein schnelles Eingreifen.

Im anderen Fall handelt es sich um *Lebensmittel-Monitoringproben*, die statistisch repräsentativ über den Warenkorb entnommen werden und auf unerwünschte Stoffe wie Pflanzenschutzmittel, Schwermetalle, Mykotoxine, Nitrat und andere Kontaminanten in und auf Lebensmitteln untersucht werden. Ziel ist hier, repräsentative Daten über unerwünschte Stoffe zu gewinnen, mit denen frühzeitig eventuelle Gefährdungspotenziale durch Lebensmittel erkannt werden können. Die Probenahmepläne werden jährlich von der Bundesregierung gemeinsam mit den 16 Bundesländern festgelegt.

Bei allen Überwachungsprogrammen ist mindestens eine Planungsphase von einem wenn nicht zwei Jahren im Vorfeld erforderlich. Auch sollen jeweils möglichst viele verschiedene Untersuchungslaboratorien beteiligt werden, was naturgemäß eine Einigung auf den kleinsten analytischen Nenner bedingt. Neue Analysenmethoden, neue Wirkstoffe, tiefere Nachweisgrenzen spielen eine eher untergeordnete Rolle.

### 10.3.1
**Zielorientierte Probenahme**

Nach § 10 der bundeseinheitlichen allgemeinen Verwaltungsvorschrift zur amtlichen Lebensmittelüberwachung (AVV-RÜb) [22] beruht die Untersuchung von Lebensmitteln, Bedarfsgegenständen und Kosmetika auf einem risikoorientierten Probenschlüssel. Die Probenplanung erfordert den spezifischen wissenschaftlichen Sachverstand der Untersuchungsämter. In Baden-Württemberg sind deshalb die Chemischen und Veterinäruntersuchungsämter (CVUÄ) für die Probenplanung und Probenanforderung laut Gesetz federführend verantwortlich (§ 21 AGLMBG) [23].

Ziel ist es, rasch die vorhandenen gesundheitlichen Gefahren, Verunreinigungen und Verfälschungen zu erkennen und die Ergebnisse so aufzubereiten und zusammenzufassen, dass die Verantwortlichen in den Behörden und Firmen

**Tab. 10.1** Fallbeispiele für zielorientierte Probenahme.

| Jahr | Fall | Toxikologisch wirksame Substanz |
|---|---|---|
| 2000 | Organozinnverbindungen in Textilien (Radlerhosen, Sportlerhemden) | Tributylzinn |
| 2000 | Hormone in Nahrungsergänzungsmittel (Sportlernahrung) | Nandrolon |
| 2000 | Tätowierfarben | Pigmente, Azofarbstoffe |
| 2001 | Wachstumsregulatoren in Birnen und Karotten | Chlormequat |
| 2001 | Oliventresteröle mit Verbrennungsschadstoffen | polycyclische aromatische Kohlenwasserstoffe |
| 2001 | Tierarzneimittelrückstände in Shrimps | Chloramphenicol |
| 2002 | Schadstoffe in erhitzten Lebensmitteln | Acrylamid, 3-Monochlorpropandiol |
| 2002 | Altlasten in Ökoweizen | Nitrofen |
| 2002 | Pflanzenschutzmittel in türkischem Paprika | Methamidophos |
| 2003 | Verbotene künstliche Farbstoffe in Chilipulver | Sudan I–IV (Azofarbstoffe) |
| 2003 | Rückstände von Kunststoffdichtungsmaterialien und Tierarzneimitteln in Babynahrung | Semicarbazid (Abbauprodukt des Nitrofurazon) |
| 2004 | Kaolin in Filterhilfsmitteln | Dioxin |

entsprechende Maßnahmen zum Verbraucherschutz ergreifen können. Die zielorientierte Probenahme muss also am Puls der Zeit sein, sachkundig die neuesten technologischen Entwicklungen verfolgen, globale Veränderungen in der Herstellung beobachten, mit kriminalistischem Gespür toxikologisch bedenkliche Verfälschungen aufspüren und Ernährungsgewohnheiten langfristig im Blick haben.

Mit zielorientierten Proben lassen sich Risiken durch Produktions- und Anbaumethoden, durch bestimmte Lieferanten, durch neue Wirkstoffkombinationen, wirkungsvoll aufdecken, wie die Fälle in Tabelle 10.1 beispielhaft zeigen.

Nachfolgende Beispiele sollen deutlich machen, wie verschieden der Fokus ist, unter dem eine zielorientierte Probennahme stattfinden kann.

#### 10.3.1.1 Art des Lebensmittels

Für die Beurteilung eines Schadstoffes ist es ein Unterschied, ob dieser in einem Grundnahrungsmittel (Brot, Fleisch, Milch, Trinkwasser) oder in einem exotischen Lebensmittel (Sojasauce, Seetang, Bärlauch) auftritt. Grundnahrungsmittel werden in ganz anderen Mengen verzehrt und sind in der Regel auch nicht durch andere Lebensmittel ersetzbar.

Verbraucher, die ihren Grundbedarf an Kohlenhydraten über *Getreideprodukte* (Brot, Gebäck, Müsli, Cornflakes, Teigwaren) decken, sind von Schimmelpilzen, die das Getreide befallen und zu erhöhten Mykotoxingehalten führen können, betroffen. Der Sommer 2003 führte aufgrund seiner Trockenheit dazu, dass die Mutterkörner mit ihren extrem giftigen Alkaloiden sehr klein ausfielen und damit bei der mühlentechnischen Verarbeitung nicht ausreichend entfernt wurden. In Roggenmehlen ließen sich deshalb deutlich erhöhte Gehalte an Mutterkornalkaloiden nachweisen [24].

Verbraucher, die eher *Kartoffelprodukte* bevorzugen, werden von Substanzen, die bei der technologischen Herstellung von Pommes Frites, Rösti etc. entstehen können, wie z. B. Acrylamid stärker belastet [15].

Schadstoffe in Futtermitteln können sehr rasch zu Schadstoffen in tierischen Lebensmitteln werden. Beispiele dafür sind PCB-haltige Silo-Anstrichfarben, die via Silagefutter in die *Milch* gelangten; dioxinbelastetes Transformatorenfett führte über das Futtermittel zu erhöhten Dioxingehalten in *Eiern*; mit Nitrofen belastetes Ökogetreide verursachte ebenfalls in Eiern erhöhte Nitrofengehalte.

Grundwasserverunreinigungen mit chlorierten Lösemitteln und Pflanzenschutzmitteln, die zu einer *Trinkwasser*verunreinigung führten, sorgten in den 1980er Jahren für Aufregung; die Missstände sind inzwischen weitgehend behoben. Gesundheitsschädliche Trinkwasser-Bleileitungen findet man jedoch in vielen norddeutschen Großstädten noch heute. Bleileitungen geben bei jedem Trinkwasser Blei ab; es bilden sich auch bei hartem, kalkhaltigen Trinkwasser keine „Schutzschichten" und deshalb hilft gegen die schleichende Bleivergiftung nur, radikal alle Bleileitungen zu entfernen oder als Trinkwasser nur abgepacktes Wasser zu verwenden. Die TrinkwasserVO von 2003 [10] sorgt hier für die wünschenswerte Klarheit, indem der Trinkwasser-Bleigrenzwert jetzt am Zapfhahn des Verbrauchers eingehalten werden muss.

### 10.3.1.2 Gesundheitliches Gefährdungspotenzial

Chronisch toxisch wirken kanzerogene, erbgutverändernde und fruchtschädigende Stoffe. Sie können langfristige gesundheitsschädliche Folgen haben, weshalb hier zum Teil sehr geringe Höchstmengen vom Gesetzgeber festgelegt wurden. Gerade bei den Grundnahrungsmitteln ist es deshalb notwendig, auf diese Stoffe zu prüfen (z. B. Dioxin in Milch und Eiern, Mykotoxine in Getreide, Pflanzenschutzmittelrückstände in Obst und Gemüse, Schwermetalle am Trinkwasserzapfhahn, Übergang von organischen Stoffen aus Verpackungsmaterial auf Lebensmittel).

Akute Toxizität ist bei den Kontaminanten im Lebensmittelbereich aufgrund der geringen Gehalte eher nicht gegeben, dagegen können mikrobielle Lebensmittelvergifter wie z. B. Salmonellen, Shigellen, Campylobacter, Staphylokokken usw. relativ rasch Krankheitssymptome wie Durchfall und Erbrechen auslösen. Die Krankheitserscheinungen können sowohl alleine durch die gebildeten bakteriellen Toxine (z. B. Staphylokokken-Enterotoxin) als auch durch die Vermehrung der pathogenen Keime im Organismus (Infektion) hervorgerufen werden (s. a. Kapitel II-2). Lebensmittel, die mikrobiologisch anfällig sind, müssen deshalb regelmäßig darauf überprüft werden, ob die Herstellung, die Lagerung und der Vertrieb mikrobiologisch einwandfrei sind und die Kühlkette auch im Sommer eingehalten wird.

In Baden-Württemberg werden jährlich zahlreiche lebensmittelbedingte Erkrankungsfälle mit 1 bis über 100 Erkrankten gemeldet. Die verdächtigen Le-

**Tab. 10.2** Lebensmittelbedingte Erkrankungsfälle in Baden-Württemberg (Quelle: Jahresberichte CVUA Stuttgart 2001–2004).

|  | 2004 | 2003 | 2002 | 2001 |
|---|---|---|---|---|
| Erkrankungsfälle (1 bis über 100 Erkrankte) | 394 | 432 | 630 | 314 |
| Salmonellen | 20 | 17 | 9 | 23 |
| Staphylococcus aureus | 1 | 8 | 4 | – |
| Bacillus cereus | 3 | 6 | – | 1 |
| Clostridium perfringens | – | 2 | – | – |
| Listeria monocytogenes | 2 | 1 | 2 | 1 |
| Noroviren | 1 | 1 | – | – |
| Histamin | 8 | 4 | 2 | 6 |

bensmittelproben werden zentral am CVUA Stuttgart untersucht. Als Erkrankungsursache wurden in den letzten Jahren folgende gesundheitsschädlichen Keime und Substanzen nachgewiesen (s. Tab. 10.2).

### 10.3.1.3 Aktuelle Erkenntnisse

Lebensmittel werden weltweit auf Rückstände und Schadstoffe untersucht, weltweit wird an neuen Herstellungsverfahren gearbeitet und weltweit werden neue Stoffe als Lebensmittel eingesetzt. Es ist deshalb erforderlich, die Untersuchungsergebnisse der anderen Länder im Blick zu haben. Gut aufbereitet findet man z. B. die Beanstandungen aus anderen EU-Ländern über das Schnellwarnsystem der EU [19]. Täglich werden die Daten aktualisiert, wöchentlich werden sie durch das BVL in übersichtlichen Listen zusammengestellt (s. Tab. 10.11).

Auf diese Weise fiel im Mai 2003 in Frankreich auf, dass zur Färbung von rotem Chilipulver (meist aus Südostasien) verbotene künstliche Azofarbstoffe (Sudan I und IV) eingesetzt und in ganz Europa verteilt wurden. Das Färben von Gewürzen ist schon seit Hunderten von Jahren eine beliebte Methode, um altem, überlagertem Gewürz den Anschein von Frische zu geben. Früher färbte man mit Bleimennige rot, heute mit wasserunlöslichen, kanzerogenen Azofarbstoffen. Die aus früherer Zeit bekannten Mennige-Verfälschungen traten kurz nach der Öffnung der Ostblockstaaten Anfang der 1990er Jahre nochmals auf.

Erkenntnisse aus einem Bereich sollten konsequent auf andere Bereiche übertragen werden. Zum Beispiel werden die gesundheitlichen Risiken von *trans*-Fettsäuren, die bei der Fetthärtung entstehen und als Risikofaktor für Arteriosklerose und Herzinfarkt gelten, seit Jahren diskutiert. Bei Margarinen liegen die *trans*-Fettsäuren inzwischen unter 1%, anders sieht es dagegen bei Süßwaren aus. In Schokolade- und Keksfüllungen wurden 2004 vom CVUA Stuttgart noch Gehalte von bis zu 60% *trans*-Fettsäuren nachgewiesen. In Deutschland gibt es für *trans*-Fettsäuren weder eine Deklarationspflicht noch einen Grenzwert. In Dänemark sind die *trans*-Fettsäuren seit 2004 auf max. 2% des Gesamtfetts begrenzt.

Aktuelle Erkenntnisse bei Bedarfsgegenständen müssen aufgrund der Vielzahl der eingesetzten Substanzen und Einsatzmöglichkeiten mehr als bisher berücksichtigt werden. Beispielsweise fielen in den letzten Jahren verstärkt die Deckeldichtungen für Lebensmittel auf. Diese Verschlüsse müssen hohe Drücke und Temperaturen aushalten. Entsprechend aufwändig sind die Rezepturen für Dichtungsmaterialien. Die Hersteller haben bislang jedoch dem Übergang dieser Stoffe auf das Lebensmittel zu wenig Beachtung geschenkt. So wurden allein in den letzten Jahren Semicarbazid, 2-Ethylhexansäure und epoxidiertes Sojaöl in Gläschenkost für die Säuglingsnahrung nachgewiesen.

Aktuelle Erkenntnisse über neue Methoden sind außerdem über gezielte Abfragen großer Datenbanken (z. B. Sci-Finder, Pubmed) erhältlich.

### 10.3.1.4 Verfälschungen

Mit gefälschten Lebensmitteln soll Geld verdient werden. Also sind in erster Linie Produkte im höheren Preissegment anfällig für eine Fälschung. Sämtliche Weinfälschungen der letzten Jahrzehnte machten durch Zugabe von diversen Substanzen (Diethylenglykol, Glykol, Aromastoffe, Glycerin) aus einfachen Tropfen scheinbar wertvolle Weine. Toxikologisch sind Verfälschungen dann problematisch, wenn gesundheitsschädliche Stoffe eingesetzt werden, wie z. B. Methanol in Wein.

Umfangreichen Honigverfälschungen aus der Türkei kam die Lebensmittelüberwachung 2003 auf die Spur. Neben Zucker-, Fructose- und Glucosesirupzusatz wurden auch zu einem erheblichen Prozentsatz bebrütete Wabenteile im Honig gefunden. Auch Schinken ist seit Jahren ein beliebtes Ziel für Verfälschungen: Durch Zusatz von Proteinhydrolysaten aus tierischen und pflanzlichen Ausgangsstoffen wird neben der Erhöhung des Gesamt-Stickstoffs das Wasserbindevermögen des Fleisches erhöht und damit letztendlich Wasser als Schinken verkauft.

Bio- und konventionelle Ware sind ebenfalls unter Verfälschungsgesichtspunkten zu sehen. Bei Pflanzenschutzmittelrückständen findet man einen eindeutigen Unterschied. Nach Untersuchungen des CVUA Stuttgart haben konventionell erzeugtes Obst und Gemüse im Mittel 0,3 mg/kg Pflanzenschutzmittel, Ökoware weist dagegen nur 0,002 mg/kg an Pflanzenschutzmittelrückständen auf [17]. Aufgrund des höheren Preises für Ökoware muss man jedoch damit rechnen, das konventionelle Ware „umdeklariert" wird.

### 10.3.1.5 Hersteller im eigenen Überwachungsgebiet

Im eigenen Überwachungsgebiet überprüft der Sachverständige der Lebensmittelchemie und der Veterinärmedizin die Produktion und Herstellung von Lebensmitteln, Bedarfsgegenständen und Kosmetika. Erst wenn man vor Ort sieht, wie

die Ware produziert wird, welche technologischen Verfahren angewendet werden, lassen sich unter Umständen die richtigen fachlichen Schlüsse ziehen:
- Beispielsweise wurde auf dem Höhepunkt der BSE-Krise vermehrt rindfleischfreie Wurst hergestellt. Als Parameter für die unzulässige Verwendung von Rindfleisch diente der Nachweis von Rindereiweiß. Bei einem positiven Befund von Rindereiweiß musste zusätzlich vor Ort geprüft werden, ob tatsächlich Rindfleisch eingesetzt wurde, denn im Labor lässt sich mittels DNA-Analyse lediglich feststellen, dass Eiweiß vom Rind enthalten ist. Ob dieses Eiweiß über die verwendeten Rinderdärme in geringsten Spuren nachweisbar war oder über unzureichend gereinigte Kutter verschleppt wurde oder ob tatsächlich eine Verfälschung mit Rindfleisch vorlag, ließ sich nur über eine Betriebskontrolle klären.
- Bei der handwerklichen Herstellung von Lebkuchenteig wurde festgestellt, dass der Teig wochenlang zum Ruhen liegengelassen wird. Die enzymatische Veränderung des Getreideeiweißes führte beim anschließenden Backen zu stark erhöhten Acrylamidwerten [18].
- Auch bei Einsatz von Schädlingsbekämpfungsmitteln erkennt man erst vor Ort, wie sorgsam die Aktion vorbereitet wurde, ob die Lebensmittel ausreichend abgedeckt oder ganz aus den Räumen entfernt wurden. Erhöhte Gehalte im Lebensmittel sind bei unsachgemäßer Schädlingsbekämpfung nachweisbar [16].

### 10.3.1.6 Ware aus Ländern mit veralteten oder problematischen Herstellungsmethoden

In manchen Ländern wird der Rauch noch direkt auf das zu trocknende Gut geleitet. Je nachdem was verbrannt wird (Abfallholz, ölgetränkte Späne, Altöl etc.), kommen mit dem Rauch polycyclische aromatische Kohlenwasserstoffe (PAK), polychlorierte Biphenyle oder Dioxine in die Lebensmittel. Beispielsweise müssen Traubenkerne zur Gewinnung des Traubenkernöles getrocknet werden. Durch unsachgemäße Trocknung der Traubenmaische sowie durch eine fehlende Raffination wurden 1994 bis zu 127 µg/kg Benzo(a)pyren in Traubenkernöl aus Italien gemessen. Während die hohen PAK-Gehalte in Fischkonserven aus Marokko nach 2002 deutlich reduziert wurden, sind die ölhaltigen Konserven aus den baltischen Staaten noch nicht in Ordnung. Gehalte bis zu 53 µg Benzo(a)pyren pro Kilogramm wurden 2003 nachgewiesen.

In Aquakulturen lassen sich Fische, Shrimps und Muscheln in großen Mengen produzieren, allerdings sind die Tiere aufgrund des engen Besatzes anfällig für Krankheiten, weshalb der Einsatz von Tierarzneimitteln wie Antibiotika oder Antiparasitika notwendig ist. Vereinzelt werden deshalb immer wieder Tierarzneimittelrückstände in solchen Produkten – insbesondere bei Waren aus dem asiatischen Raum – festgestellt. Bei Shrimps häuften sich die Chloramphenicol-Befunde; hier wurden deshalb die Einfuhrkontrollen verstärkt.

Gewürze wie Pfeffer, Paprika, Muskatnüsse etc. werden teilweise unter hygienisch problematischen Bedingungen getrocknet. Die Folge sind einmal hohe,

Tab. 10.3 Gemüsepaprika 2001–2004 (CVUA Stuttgart).

| Herkunftsland | Anzahl Proben | mit Rückständen | Proben > Höchstmenge (HM) | Anzahl Stoffe > HM | Stoffe über der HM | Proben mit Mehrfachrückständen |
|---|---|---|---|---|---|---|
| Belgien | 2 | 1 | 0 | | | 0 |
| Deutschland | 4 | 1 | 0 | | | 0 |
| Griechenland | 3 | 3 | 2 | 3 | Methiocarb; Fenhexamid | 3 |
| Israel | 19 | 15 (79%) | 1 (5%) | 2 | Fenpropathrin; Pyridaben | 9 (47%) |
| Italien | 3 | 2 | 2 | 2 | Myclobutanil | 1 |
| Marokko | 2 | 2 | 2 | 2 | Carbendazim | 2 |
| Niederlande | 29 | 11 (38%) | 3 (10%) | 5 | Chlormequat; Acetamiprid; Myclobutanil; Tebuconazol; Quinoxyfen | 6 (21%) |
| ohne Angabe | 8 | 7 (88%) | 5 (63%) | 7 | Methamidophos; Acetamiprid; Clothianidin | 5 (63%) |
| Spanien | 194 | 191 (99%) | 91 (47%) | 144 | Chlormequat; Bromid; Monocrotophos; Pirimiphosmethyl; Chlorfenapyr; Thiamethoxam; Acetamiprid; Clothianidin; Methomyl; Oxamyl, Σ-Methiocarb; Σ-Carbendazim; Diethofencarb; Flufenoxuron; Lufenuron; Myclobutanil; Teflubenzuron; Thiacloprid; Buprofezin; Fludioxonil; Pyridaben; Pyrimethanil; Tebufenozid; Cyfluthrin; Acrinathrin; Cyprodinil; Pyriproxifen | 187 (96%) |
| Türkei | 107 | 92 (86%) | 65 (61%) | 82 | Chlormequat; Metalaxyl; Monocrotophos; Methamidophos; Thiamethoxam; Acetamiprid; Carbendazim; Carbofuran; Methiocarb; Oxamyl; Myclobutanil; Diniconazol; Etridiazol; Fludioxonil; Flusilazol; Quintozen; Cyprodinil; Pyriproxifen; Trifloxystrobin; Fenhexamid | 64 (60%) |
| unbekanntes Ausland | 7 | 7 (100%) | 6 (86%) | 11 | Thiamethoxam; Acetamiprid; ΣO-Methiocarb; Lufenuron; Thiacloprid | 7 (100%) |
| Ungarn | 6 | 3 (50%) | 1 (17%) | 5 | Acephat; Methamidophos; Fludioxonil; Cyprodinil; Fenhexamid | 2 (33%) |
| SUMME | 384 | 335 (88%) | 178 (46%) | 263 | | 286 (75%) |

z. T. auch pathogene Keimgehalte; werden diese Gewürze bei der Zubereitung von nicht durcherhitzten Speisen wie Kartoffelsalat, Füllungen, Cremes verwendet, können leicht gesundheitlichschädliche Keimkonzentrationen entstehen. Zum Zweiten können sich bei der unsachgemäßen Trocknung Schimmelpilze vermehren, die dann zu erhöhten Mykotoxingehalten führen.

Die Anwendung von Pflanzenschutzmitteln wird ebenfalls von Land zu Land unterschiedlich gehandhabt. Derzeit ist Ware aus Spanien und der Türkei mit am höchsten belastet, während die holländische Ware in der Regel einwandfrei ist, wie aus Tabelle 10.3 ersichtlich ist.

#### 10.3.1.7 Jahreszeitliche Einflüsse

Eine saisongerechte Erzeugung führt in der Regel zu niedrigeren Pflanzenschutzmittelrückständen, während beim Anbau unter Glas die Pflanzen anfälliger sind und häufig bereits vorsorglich gespritzt werden. Wie das Beispiel Erdbeeren zeigt, nimmt der Verbraucher bei Erdbeeren im Januar etwa sechsmal so viel Pflanzenschutzmittelrückstände zu sich als im Mai (s. Abb. 10.1).

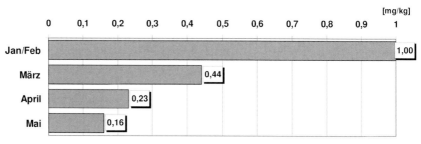

**Abb. 10.1** Mittlerer Pestizidgehalt in Erdbeeren in Abhängigkeit von der Jahreszeit (2001–2004, CVUA Stuttgart).

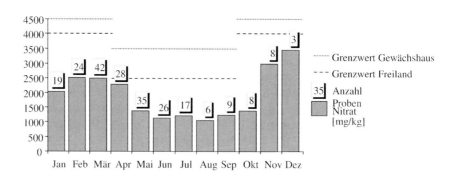

**Abb. 10.2** Mittlerer Nitratgehalt in Kopfsalat in Abhängigkeit von der Jahreszeit (2000–2004, CVUA Stuttgart).

Auch bei Nitrat im Kopfsalat (s. Abb. 10.2) ist eine deutliche jahreszeitliche Abhängigkeit zu sehen, wobei hier noch Effekte zwischen Gewächshaus und Freiland zu berücksichtigen sind. Die Grenzwerte für Sommer und Winter sind unterschiedlich hoch, insgesamt sind sie jedoch vom Gesetzgeber so gewählt, dass sie im Mittel sehr gut eingehalten werden können. Von Mai bis Oktober bewegt sich der Nitratgehalt im Kopfsalat im Bereich von 1100 mg/kg.

Bei der zielorientierten jahreszeitlichen Probenanforderung sollte jedoch nicht nur auf landwirtschaftliche Produkte geachtet werden, sondern auch auf sonstige Saisonartikel wie z. B. Fastnachtsartikel, Nahrungsergänzungsmittel und Spielzeug von Rummelplätzen und Krämermärkten und sommerliche Freizeitartikel zum Baden oder Wandern.

### 10.3.1.8 Einflüsse der Globalisierung, Welthandel

Häufig werden Zutaten aus Kostengründen aus Niedriglohnländern bezogen, wo sowohl hygienisch, technologisch als auch hinsichtlich der Rückstände an Schadstoffen ein anderes Bewusstsein herrscht. Die Citrustrester in Brasilien, welche mit dioxinbelastetem Kalk neutralisiert und danach zu Futtermittel verarbeitet wurden, führten zu erhöhten Dioxingehalte in der Milch im Schwarzwald.

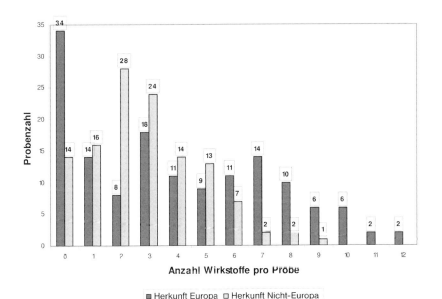

**Abb. 10.3** Anzahl verschiedener Pestizidwirkstoffe pro Probe in Tafeltrauben, differenziert nach Herkunft (Monitoring-Projekt 2003).

Andererseits gibt es auch Beispiele, dass Ware aufgrund günstiger klimatischer Bedingungen in anderen Erdteilen besser erzeugt werden kann: Trauben von der Südhalbkugel wiesen eine signifikant geringere Anzahl an Pflanzenschutzmitteln auf als die von der Nordhalbkugel (s. Abb. 10.3), d. h. es werden auf der Südhalbkugel weniger verschiedene Pflanzenschutzmittel bei Trauben eingesetzt [12].

#### 10.3.1.9 Transport- und Lagerungseinflüsse

Nüsse und Gewürze wachsen im mittleren Osten im trockenen Bergland, werden jedoch im feucht-warmen Tropenklima an den Häfen des persischen Golfs gelagert und von dort mit dem Schiff nach Europa verbracht. Schimmelpilze bilden unter diesen Bedingungen Mykotoxine.

Ein Beispiel für eine unsachgemäße Lagerung sind die vielen offenen Essig- und Ölfläschchen im Gastronomiebereich. Bei einem Drittel der Speiseöle wurde 2004 vom CVUA Stuttgart hochgradige Ranzigkeit festgestellt. In der Regel werden die Ölfläschchen immer wieder nachgefüllt und nicht gereinigt. Das frische Öl wird quasi beimpft und so ebenfalls rasch ranzig.

Wie aus der beispielhaften Darstellung in den Abschnitten 10.3.1.1–10.3.1.9 ersichtlich ist, müssen bei der zielorientieren Probenanforderung eine Vielzahl von Überlegungen im Vorfeld angestellt und berücksichtigt werden. Wie bei allen polizeilichen Aufgaben ist die Chance, Missstände zu entdecken durch eine möglichst flexible und wechselnde Untersuchung am größten.

### 10.3.2
### Untersuchungsprogramme

Neben den zielorientierten Proben gibt es eine Vielzahl von in der Regel gesetzlich vorgeschriebenen Untersuchungsprogrammen. Allen Untersuchungsprogrammen gemeinsam ist eine langwierige Abstimmung über Untersuchungsobjekte und Untersuchungsparameter, über Analysenmethoden, Nachweis- und Bestimmungsgrenzen sowie teilnehmende Laboratorien. Ein Vorlauf von ein bis zwei Jahren ist üblich. Aktuelle Fragestellungen lassen sich deshalb im Rahmen der Untersuchungsprogramme kaum bearbeiten.

Neben der repräsentativen Datengewinnung über einen weiten Bereich z. B. über ganz Deutschland bzw. EU-weit ist ein weiteres Ziel der Untersuchungsprogramme, möglichst viele amtliche Laboratorien – national und international – in die Untersuchungen einzubinden und so für einen Gleichklang der Untersuchungen zu sorgen. Die Einigung erfolgt in der Regel auf dem Level, den die meisten erfüllen.

#### 10.3.2.1 Lebensmittel-Monitoring

Das Lebensmittel-Monitoring ist ein im Rahmen der amtlichen Lebensmittelüberwachung gemeinsam von Bund und Ländern seit 1995 durchgeführtes systematisches Mess- und Beobachtungsprogramm. Dabei werden Lebensmittel repräsentativ für Deutschland auf Gehalte an gesundheitlich unerwünschten Stoffen untersucht. Das Lebensmittel-Monitoring dient dem vorbeugenden gesundheitlichen Verbraucherschutz. Mit seiner Hilfe können mögliche gesundheitliche Risiken für die Verbraucher durch Umweltschadstoffe, Rückstände von Pflanzenschutzmitteln und andere unerwünschte Substanzen im Prinzip frühzeitig erkannt und gegebenenfalls durch gezielte Maßnahmen abgestellt werden. Grundlage des jährlich durchgeführten Monitoring ist ein von Bund und Ländern aufgestellter Plan, der die Auswahl der Lebensmittel und der darin zu untersuchenden Stoffe detailliert festlegt, das Handbuch des Lebensmittel-Monitoring. Die gewonnenen Daten werden vom BVL erfasst und ausgewertet. Die Ergebnisse des Monitorings werden jährlich in einer Berichtsreihe publiziert [14].

Seit 1995 werden jährlich ca. 4700 Einzelproben untersucht. Dies entspricht einer Probe je 17 000 Einwohner. In der Regel werden pro Lebensmittel 240 Proben analysiert. Die Auswahl der Lebensmittel erfolgt auf der Grundlage eines Warenkorbs mit ca. 120 Lebensmitteln (§ 5 (2) AVV LM) [20]. Pro Jahr werden 15 bis 20 Lebensmittel dieses Warenkorbes aus folgenden Bereichen untersucht:
- tierische/pflanzliche Lebensmittel
- Säuglingsnahrung
- Lebensmittel aus dem koordinierten Überwachungsprogramm der EU (s. Abschnitt 10.3.2.3)

Je nachdem, welches Lebensmittel untersucht wird, wird eine Auswahl der möglichen Stoffe getroffen, die als Rückstände in dem Lebensmittel vorkommen können. Dies können sein:
- Rückstände von Pflanzenschutzmitteln
- organische Kontaminanten (z. B. PCBs)
- Elemente (z. B. Schwermetalle)
- Nitrat/Nitrit
- Mykotoxine (Aflatoxine, Ochratoxin A, Zearalenon, Desoxynivalenol, Fumonisine, Patulin)
- metallorganische Verbindungen
- polycyclische aromatische Verbindungen

Um die langwierige Planung bei aktuellen Fragestellungen zu verkürzen, wird seit 2003 ein Teil der Proben in Projekten untersucht. 2003 wurden folgende Projekte ausgewählt:
- Deoxynivalenol (DON) in Hartweizengrieß, Teigwaren und Brot
- Deoxynivalenol (DON) in Vollkorn- und Mehrkornerzeugnissen für Säuglinge und Kleinkinder
- Fumonisine in Maismehl, Maisgrieß und Cornflakes
- Ochratoxin A in getrockneten Weintrauben
- Pflanzenschutzmittelrückstände und Rückstände von Benzoyl-Harnstoffen in Tafelweintrauben
- Pflanzenschutzmittelrückstände in Olivenöl, Weizenkeimöl und Maiskeimöl

- Rückstände von Chlormequat und Mepiquat in Lebensmitteln
- zinnorganische Verbindungen in Binnenfischen

### 10.3.2.2 Nationaler Rückstandskontrollplan (NRKP)

Der Nationale Rückstandskontrollplan (NRKP) wird seit 1989 gemeinsam von Bund und Ländern durchgeführt [4]. Ziel ist die Überwachung von gesundheitlich unerwünschten Stoffen in Lebensmitteln tierischer Herkunft. Die Überwachung erfolgt auf allen Produktionsstufen, sei es im Tierbestand, im Schlachthof oder im Lebensmittelbetrieb. Das Programm wird in der gesamten Europäischen Union nach einheitlich festgelegten Maßstäben durchgeführt, wobei der Rückstandskontrollplan jährlich neu erstellt wird. Er enthält für jedes Bundesland je nach Tierbeständen, Schlacht- und Produktionszahlen konkrete Vorgaben über die Anzahl der zu untersuchenden Tiere oder tierischen Erzeugnisse, die zu untersuchenden Stoffe, die anzuwendende Methodik und die Probenahme. Die Probenahme berücksichtigt regionale Gegebenheiten aber auch Hinweise auf unzulässige oder vorschriftswidrige Tierbehandlungen. Durch diese Möglichkeit einer zielorientierten Probenahme ist im Prinzip mit einer größeren Anzahl an positiven Rückstandsbefunden zu rechnen, als wenn rein statistisch repräsentativ beprobt würde.

2002 wurden annähernd 330 000 Untersuchungen an rund 44 900 Tieren und tierischen Erzeugnissen durchgeführt. Insgesamt wurde auf 728 Stoffe geprüft (vgl. Tab. 10.4).

Der Prozentsatz der positiven Rückstandsbefunde liegt seit Jahren sehr niedrig: 2002 wurden 0,19%, 2001 0,22% und 2000 lediglich 0,16% positive Proben festgestellt.

Die in Tabelle 10.5 aufgeführten antibakteriell wirkenden Stoffgruppen wurden 2002 nachgewiesen. Andere Tierarzneimittelrückstände wurden 2002 nicht festgestellt.

Bei Wildtieren wurden in sieben von 132 Proben erhöhte Gehalte organischer Chlorverbindungen sowie in drei Fällen erhöhte Bleigehalte nachgewiesen. Ein

**Tab. 10.4** Anzahl der untersuchten Tiere und tierische Erzeugnisse (NRKP 2002) [11].

| | |
|---|---|
| Rind | 15 105 |
| Schwein | 20 370 |
| Schaf | 539 |
| Pferd | 73 |
| Geflügel | 4 313 |
| Fische aus Aquakulturen | 459 |
| Kaninchen | 30 |
| Wild | 176 |
| Milch | 1 890 |
| Eier | 771 |
| Honig | 169 |

**Tab. 10.5** Positive Rückstandsbefunde im NRKP 2002.

| Stoffgruppe | Anzahl positiver Proben | Tierart/Erzeugnis |
| --- | --- | --- |
| Sulfonamide | 11 (von 2462) | Rind, Schwein, Honig |
| Macrolide | 1 (von 1555) | Eier |
| Tetracycline | 2 (von 4234) | Schwein |
| Aminoglykoside | 3 (von 1305) | Schwein, Honig, Kaninchen |

Fischzuchtbetrieb fiel durch nachweisbare Gehalte an dem Farbstoff Malachitgrün auf.

### 10.3.2.3 Koordinierte Überwachungsprogramme der EU (KÜP)

Seit 1993 werden von der EU Untersuchungsprogramme mit den Mitgliedsstaaten im Lebensmittelbereich koordiniert [3]. Ziel dieser Programme ist es, zu überprüfen, ob gemeinschaftsweit die lebensmittelrechtlichen Vorschriften eingehalten und der Schutz des Verbrauchers und des redlichen Herstellers gewährleistet wird. Die Programme umfassen Parameter, die von jedem Mitgliedsland und von jedem Labor bestimmt werden können (z. B. Nitrat in Babynahrung, Salmonellen in Gewürzen) bis zu komplizierteren Parametern (z. B. Ochratoxin A in Kaffee, Benzo(a)pyren in geräuchertem Speck), die nicht alle Laboratorien nachweisen können. Tabelle 10.6 gibt einen Auszug über die koordinierten Programme der letzten Jahre. Hier ist deutlich eine Verschiebung hin zu den mikrobiologischen Fragestellungen erkennbar.

**Tab. 10.6** Auszug aus den koordinierten Überwachungsprogrammen der EU.

| Jahr | Parameter | Untersuchungsziel |
| --- | --- | --- |
| 2000 | quantitative Bestimmung der Nährwertangaben | Nährwertkennzeichnung bei Milchgetränken, Joghurt und alkoholfreien Erfrischungsgetränken |
| 2001 | Betriebskontrollen | Einhaltung der Etikettierungsvorgaben bezüglich der mengenmäßigen Angabe der Zutaten („Quantitative Ingredients Declaration", QUID) |
| 2001 | *Listeria monocytogenes* | bakteriologische Qualität von Räucherfisch |
| 2002 | GVO | Erkennung von gentechnisch veränderten Zutaten |
| 2002 | pathogene Mikroorganismen | bakteriologische Sicherheit von vorzerkleinerten Salaten und Keimlingen |
| 2003 | Histamin | Histamingehalte in Fischarten der Familien Scombridae, Clupeidae, Engraulidas und Coryphaenidae |
| 2004 | Campylobacter | bakteriologische Sicherheit von frischem gekühltem Geflügelfleisch |
| 2004 | pathogene Mikroorganismen, Aflatoxine | bakteriologische und toxikologische Sicherheit von Gewürzen |

Mit den koordinierten Programmen werden nicht nur Analysenwerte berichtet, sondern auch Maßnahmen mitgeteilt, wie einem eventuell festgestellten Missstand abgeholfen wurde. Da die koordinierten Überwachungsprogramme der EU bislang freiwillig sind, ist die Teilnahme der Mitgliedstaaten sehr unterschiedlich. Deutschland stellt je nach Programm in der Regel 30–50% der Proben. Bislang sind Auswertungen der Programme von 1994–1997 verfügbar.

#### 10.3.2.4 Bundesweite Überwachungsprogramme (BÜP)

Aufgrund der allgemeinen Verwaltungsvorschrift zur Lebensmittelüberwachung (AVV-Rüb) wird erstmals ab 2005 jährlich ein bundesweiter Überwachungsplan erstellt, in dem u.a. die Gesamtprobenzahl, die Art der zu beprobenden Erzeugnisse, die Aufteilung auf die Länder sowie die zu untersuchenden Stoffe aufgeführt sind. Im ersten bundesweiten Überwachungsprogramm, welches 13 Untersuchungsziele aufgreift, sind u.a. die in Tabelle 10.7 aufgeführten Parameter enthalten.

Im Rahmen einer schlagkräftigen, rasch durchgreifenden, sich ständig an neuen Herausforderungen orientierenden Lebensmittelüberwachung haben veröffentlichte Untersuchungsprogramme in den Amtsblättern der EU oder in allgemeinen Verwaltungsvorschriften des Bundes nur einen mittelbaren Wert. Bereits Monate vor Untersuchungsbeginn werden die Untersuchungsprogramme veröffentlicht, bereits mehr als ein Jahr vorher werden die Programme in den einschlägigen Gremien auf Bundes- und EU-Ebene beraten. Die betroffenen Erzeuger, Hersteller, Importeure oder Händler wissen Bescheid, was die Lebensmittelüberwachung demnächst flächendeckend repräsentativ untersuchen wird. Es ist nicht von der Hand zu weisen, dass der eine oder andere für die

**Tab. 10.7** Bundesüberwachungsprogramm 2005.

| Parameter | Untersuchungsziel |
|---|---|
| Schwefeldioxid | Schwefeldioxidgehalt in Lebensmitteln, für die diese Konservierung zugelassen ist; Datensammlung, um anhand der Verzehrsmengen ggfs. eine Überschreitung des ADI-Wertes erkennen zu können |
| allergene Duftstoffe in kosmetischen Mitteln | Datenerhebung zur Beurteilung der Situation |
| Kohlenmonooxidbehandlung von Lachs und Thunfisch | Datenerhebung; unzulässiges Behandlungsverfahren, täuscht Frische durch rote Farbe vor |
| *Listeria monocytogenes* in feinen Backwaren | Datenerhebung; feine Backwaren mit nicht durcherhitzten Füllungen haben insbesondere bei handwerklicher Produktion häufig hohe Keimgehalte, z.T. auch pathogene Keime |
| 2-Ethylhexansäure in Deckeldichtungen von Säuglingsnahrung | Datenerhebung; Bewertung des Gesundheitsrisikos als Grundlage für eine Minimierungsstrategie |

**Tab. 10.8** Rückstandssituation in Gemüsepaprika, Ergebnisse des CVUA Stuttgart 2000 im Vergleich zum Deutschen Monitorings 1999.

| Paprika | CVUA Stuttgart Frühjahr 2000 | Deutsches Monitoring 1999 |
|---|---|---|
| Probenzahl | 39 | 246 |
| Proben mit Rückständen | 39 (100%) | 137 (56%) |
| Anzahl gefundene Pestizide | 264 | 294 |
| Höchstmengenüberschreitungen | 27 | 11 |
| mittlere Anzahl Rückstände pro Probe | 6,7 | 1,2 |

Zeit des Untersuchungsprogramms bestimmte Tierarzneimittel, bestimmte Pflanzenschutzmittel nicht mehr einsetzt. Dass deutlich unterschiedliche Ergebnisse erzielt werden können, je nachdem ob eine risikoorientierte oder repräsentative Probenahme erfolgt ist, zeigt Tabelle 10.8. Paprika wurde im Jahr 1999 im Rahmen des Lebensmittel-Monitorings und im Jahr 2000 zielorientiert im Rahmen der Lebensmittelüberwachung untersucht.

Folgendes Fazit zwischen zielorientierter Probenahme und Untersuchungsprogrammen lässt sich ziehen: So sinnvoll die Untersuchungsprogramme im Einzelfall auch sein mögen, es muss auch in Zukunft gewährleistet sein, dass in den Untersuchungsämtern genügend Kapazität vorhanden ist, Proben nach sachverständiger Wahl „frei" zu untersuchen. Im Rahmen der zielorientierten, freien Untersuchungen werden die Probleme sichtbar, die dann später in einem Programm flächendeckend untersucht werden können. Eine Verselbstständigung der Untersuchungsprogramme, eine Überwachung von oben wäre das Ende einer innovativen Lebensmitteluntersuchung.

## 10.4 Datenbewertung

Die toxikologische Bewertung nimmt das *Bundesinstitut für Risikobewertung (BfR)* vor. Das BfR ist die wissenschaftliche Einrichtung der Bundesrepublik Deutschland, die auf der Grundlage international anerkannter wissenschaftlicher Bewertungskriterien Gutachten und Stellungnahmen zu Fragen der Lebensmittelsicherheit und des gesundheitlichen Verbraucherschutzes erarbeitet. Die Bewertungsergebnisse sind unter www.bfr.bund.de öffentlich zugänglich (vgl. Tab. 10.9).

**Tab. 10.9** Beispiele für toxikologische Bewertungen des BfR aus dem Jahr 2004.

| | |
|---|---|
| 9.11.04 | Gesundheitliches Risiko von Milch, Fett und Muskelfleisch nach der Verfütterung von dioxinbelasteten Futtermittelausgangserzeugnissen (Dioxinrückstände in Kartoffelnschalen durch Kaolin) |
| 13.9.04 | Gesundheitsschädliche Stoffe in Scoubidou-Bändern (Spielzeug) |
| 15.8.04 | Verwendung verschreibungspflichtiger Substanzen in kosmetischen Mitteln |
| 20.7.04 | 2-Ethylhexansäure in glasverpackter Babynahrung und Fruchtsäften |
| 10.6.04 | Vorkommen von Furan in Lebensmitteln |
| 29.3.04 | Quecksilber und Methylquecksilber in Fischen und Fischprodukten – Bewertung durch die EFSA |
| 26.3.04 | Bewertung von Nitrosaminen in Luftballons |
| 22.3.04 | Gesundheitsgefahren durch Tätowierungen und Permanent Make-up |
| 18.3.04 | Pestizidbelastung durch Früherdbeeren |
| 03.3.04 | Uran in Mineral- und anderen zum Verzehr bestimmten Wässern |
| 22.1.04 | Mutterkornalkaloide in Roggenmehlen |

## 10.5
## Berichtspflichten

### 10.5.1
### EU-Berichtspflichten

Seit 1989 müssen bestimmte Lebensmitteluntersuchungsdaten in aggregierter Form an die EU berichtet werden [2]. Für das Jahr 2003 meldete die Bundesrepublik an die Europäische Kommission insgesamt 415 903 im Labor untersuchte Proben (www.bvl.bund.de). Beispielhaft werden die tabellarischen Daten von 2003 für Deutschland aufgeführt (s. Tabelle 10.10).

Erkennbar ist, dass die mikrobiologischen Untersuchungen von Lebensmitteln tierischer Herkunft die größte Gruppe darstellen. 15% der Proben wurden beanstandet, wobei die höchste Beanstandungsquote bei Eis und Desserts lag. Fast die Hälfte der Beanstandungen ist auf Kennzeichnungsmängel zurückzuführen. Mikrobiologische Beanstandungen lagen bei 16,3%, sonstige Verunreinigungen bei 9,5% der Gesamtproben.

### 10.5.2
### Nationale Berichterstattung „Pflanzenschutzmittel-Rückstände"

Rückstände von Pflanzenschutzmitteln können die Sicherheit von Lebensmitteln gefährden. Deshalb werden Höchstmengen für sie gesetzlich festgelegt, die nicht überschritten werden dürfen. Von der amtlichen Lebensmittelüberwachung wird ihre Einhaltung überprüft.

Die aktuelle Situation hinsichtlich der Rückstände von Pflanzenschutzmitteln in Lebensmitteln wird jährlich umfangreich ausgewertet und an das Bundesministerium für Verbraucherschutz, Ernährung und Landwirtschaft (BMVEL)

**Tab. 10.10** Berichterstattung zur amtlichen Lebensmittelüberwachung (gemäß Artikel 14, Abs. II der Richtlinie des Rates 89/397/EWG). Mitgliedstaat: Bundesrepublik Deutschland, Jahr: 2003. Ergebnisse der im Labor untersuchten Planproben.

| | Produktgruppe | Mikrobiologische Verunreinigungen | Andere Verunreinigungen | Zusammensetzung | Kennzeichnung/ Aufmachung | Andere | Zahl der Proben mit Verstößen | Gesamtzahl der Proben | Prozentualer Anteil der Proben mit Verstößen |
|---|---|---|---|---|---|---|---|---|---|
| 1 | Milch und Milchprodukte | 1446 | 330 | 880 | 2400 | 1394 | 5715 | 47080 | 12,1% |
| 2 | Eier und Eiprodukte | 86 | 109 | 73 | 609 | 336 | 1056 | 7766 | 13,6% |
| 3 | Fleisch, Wild, Geflügel und Erzeugnisse daraus | 3006 | 992 | 2665 | 7745 | 2579 | 14647 | 78317 | 18,7% |
| 4 | Fische, Krusten-, Schalen-, Weichtiere | 557 | 569 | 441 | 1035 | 752 | 2891 | 20409 | 14,2% |
| 5 | Fette und Öle | 13 | 593 | 119 | 410 | 85 | 1140 | 8791 | 13,0% |
| 6 | Suppen, Brühen, Saucen | 228 | 96 | 343 | 1136 | 246 | 1807 | 11785 | 15,3% |
| 7 | Getreide und Backwaren | 643 | 803 | 643 | 2195 | 708 | 4561 | 34260 | 13,3% |
| 8 | Obst und Gemüse | 287 | 1002 | 530 | 1647 | 846 | 3843 | 36240 | 10,6% |
| 9 | Kräuter und Gewürze | 25 | 107 | 192 | 805 | 230 | 1164 | 7527 | 15,5% |
| 10 | alkoholfreie Getränke | 411 | 295 | 216 | 1567 | 486 | 2657 | 19723 | 13,5% |
| 11 | Wein | 30 | 57 | 2166 | 1847 | 563 | 4287 | 23653 | 18,1% |
| 12 | alkoholische Getränke (außer Wein) | 197 | 86 | 177 | 1245 | 348 | 1750 | 11163 | 15,7% |
| 13 | Eis und Desserts | 1337 | 59 | 254 | 1077 | 2408 | 4953 | 25471 | 19,4% |
| 14 | Schokolade, Kakao und kakaohaltige Erzeugnisse, Kaffee Tee | 116 | 121 | 125 | 452 | 196 | 882 | 10164 | 8,7% |
| 15 | Zuckerwaren | 17 | 131 | 105 | 1091 | 457 | 1536 | 10983 | 14,0% |
| 16 | Nüsse, Nusserzeugnisse, Knabberwaren | 66 | 201 | 65 | 323 | 821 | 1380 | 7471 | 18,5% |
| 17 | Fertiggerichte | 245 | 150 | 203 | 791 | 305 | 1504 | 11054 | 13,6% |

Tab. 10.10 (Fortsetzung)

| | Produktgruppe | Mikrobiologische Verunreinigungen | Andere Verunreinigungen | Zusammensetzung | Kennzeichnung/ Aufmachung | Andere | Zahl der Proben mit Verstößen | Gesamtzahl der Proben | Prozentualer Anteil der Proben mit Verstößen |
|---|---|---|---|---|---|---|---|---|---|
| 18 | Lebensmittel für besondere Ernährungsformen | 21 | 86 | 348 | 1322 | 409 | 1731 | 12534 | 13,8% |
| 19 | Zusatzstoffe | 7 | 5 | 19 | 78 | 55 | 145 | 1653 | 8,8% |
| 20 | Gegenstände und Materialien mit Lebensmittelkontakt | 26 | 71 | 809 | 433 | 121 | 1499 | 11862 | 12,6% |
| 21 | Andere | 1347 | 59 | 441 | 550 | 519 | 3041 | 17997 | 16,9% |
| | Gesamt | 10111 | 5922 | 10814 | 28758 | 13864 | 62189 | 415903 | 15,00% |

berichtet. Diese Berichte werden auch an die EU weitergegeben, die Informationen aus allen Mitgliedstaaten sammelt, veröffentlicht und dazu nutzt, notwendige Änderungen in der Lebensmittelüberwachung einzuführen, um die Sicherheit der Lebensmittel zu garantieren (http://europa.eu.int/comm/food/fs/inspections/fnaoi/reports/annual_eu/index_en.html).

## 10.6 Datenveröffentlichung

Die Lebensmittel-Monitoring-Daten werden über das Bundesamt für Verbraucherschutz und Lebensmittelsicherheit (BVL) sowohl jährlich als auch in mehrjährigen Zusammenfassungen veröffentlicht [13].

Die Daten der risikoorientierten Probenahmen werden aus aktuellem Anlass (z. B. Acrylamid) sowie bei Pflanzenschutzmitteln ebenfalls bundesweit durch das BVL zusammengefasst, alle anderen in der Lebensmittelüberwachung produzierten Daten sind bislang jedoch nur über die Länderberichte bzw. über die Jahresberichte der einzelnen Untersuchungsämter zugänglich:

- Bayerisches Landesamt für Gesundheit und Lebensmittelsicherheit (www.lgl.bayern.de)
- Landesuntersuchungsamt Rheinland-Pfalz (http://www.lua.rlp.de/)
- Landesuntersuchungsanstalt Sachsen (http://www.lua.sachsen.de/)
- Landesbetrieb Hessisches Landeslabor (http://www.hmulv.hessen.de/verbraucherschutz_veterinaerwesen/untersuchung/amt_hessen/)
- Niedersächsisches Landesamt für Verbraucherschutz und Lebensmittelsicherheit (http://www.laves.niedersachsen.de/)
- Hamburger Landesinstitut für Lebensmittelsicherheit, Gesundheitsschutz und Umweltuntersuchungen (http://www.hygiene-institut-hamburg.de/)

Im Dezember 2004 wurden mit § 21 AVV-Rüb die rechtlichen Voraussetzungen geschaffen, dass zukünftig das BVL auf der Grundlage der von den zuständigen Behörden übermittelten Daten einen Bundesjahresbericht herausgeben kann.

Einzelne Bundesländer stellen ihre Untersuchungsdaten zusammengefasst und aufbereitet auf die jeweiligen Internetseiten. Beispielsweise sind seit 2004 jeweils saisonal aktuell die Untersuchungsergebnisse der Rückstandsuntersuchung von pflanzlichen Lebensmitteln bei www.cvua-stuttgart.de bzw. unter www.untersuchungsaemter-bw.de zu finden.

### 10.6.1 Das europäische Schnellwarnsystem

Rasch werden europaweit Warnungen und Informationen über gesundheitlich bedenkliche Lebensmittel und Futtermittel sowie Bedarfsgegenstände und Kosmetika weitergegeben. Für Deutschland nimmt das BVL die Organisation dieses europäischen Netzes wahr, so dass aktuelle Meldungen, Zusammenfassungen,

**Tab. 10.11** Auszug aus Alert-Notification week 2004/51, www.bvl.bund.de.

| DATE: | NOTIFIED BY: | REF: | REASON FOR NOTIFYING: | COUNTRY OF ORIGIN: |
|---|---|---|---|---|
| 13/12/2004 | SLOVAKIA | 2004.659 | aflatoxins in sweet paprika powder | HUNGARY |
| 13/12/2004 | SWEDEN | 2004.660 | Campylobacter in rucola lettuce | ITALY |
| 13/12/2004 | ITALY | 2004.661 | colour Sudan 4 in palm oil | VIA UNITED KINGDOM |
| 13/12/2004 | ITALY | 2004.662 | dioxins and PCB's in single feed | SPAIN |
| 15/12/2004 | GERMANY | 2004.663 | high content of iodine in algae | JAPAN VIA THE NETHERLANDS |

Auswertungen auf den Internetseiten des BVL zu finden sind. Die Informationen der Bundesländern werden vom BVL auf Richtigkeit und Vollständigkeit geprüft und dann an die Mitgliedstaaten der Europäischen Union weitergeleitet. Die Meldungen enthalten Informationen zur Art des Produkts, zu seiner Herkunft, den Vertriebswegen, zur Gefahr, die von ihm ausgeht und zu den getroffenen Maßnahmen. Meist liegen den Meldungen weitere Informationen wie Analysengutachten oder Vertriebslisten bei.

Meldungen, die von den Mitgliedsstaaten in das Schnellwarnsystem eingestellt wurden, leitet das BVL an die Bundesländer weiter. In Tabelle 10.11 ist ein Auszug aus Warnmeldungen einer Woche zusammengestellt. Warnmeldungen (alert notification) werden dann ausgesprochen, wenn die Lebens- oder Futtermittel bereits im Verkehr sind und von ihnen eine Gesundheitsgefahr ausgeht. Maßnahmen wie Rückruf der Ware, Information der Verbraucher über die Presse, etc. erfolgen je nach Art, Umfang und Bedeutung der Warnung.

## 10.7
### Zulassungsstellen und Datensammlungen

Unter toxikologischen Aspekten können Zulassungen, Ausnahmegenehmigungen, Anzeigeverfahren und Prüfergebnisse von bestimmten Lebensmitteln von Interesse sein. Für folgende Verfahren ist das BVL zuständig und bereitet die Daten in entsprechenden Datensammlungen auf:

- *Ausnahmegenehmigungen* von bestimmten Vorschriften des LFGB für deutsche Ware (§ 72) sowie *Allgemeinverfügungen* für ausländische Ware (§ 53 LFGB), die den hiesigen Vorschriften nicht entsprechen, jedoch in einem anderen Mitgliedstaat rechtmäßig im Verkehr sind. Eine Allgemeinverfügung muss immer dann erteilt werden, wenn keine zwingenden Gründe des Gesundheitsschutzes entgegenstehen. Aufgrund der vielen nicht harmonisierten Höchstmengen für Pflanzenschutzmittelrückstände wurden in den letzten Jahren insbesondere Allgemeinverfügungen für die Überschreitung hier geltender Höchstmengen ausgesprochen.

- Bestimmte *diätetische Lebensmittel* unterliegen einem *Anzeigeverfahren*. Nach der Regelung in § 4a Diätverordnung müssen Hersteller oder Einführer grundsätzlich vor dem ersten Inverkehrbringen von diätetischen Lebensmitteln dies unter Vorlage des verwendeten Etiketts anzeigen. Auch *neuartige Lebensmittel* müssen nach § 1 Abs. 1 Nr. 2 der Neuartige Lebensmittel- und Lebensmittelzutaten-Verordnung beim BVL vor dem ersten Inverkehrbringen *geprüft* werden.
- Nach dem Pflanzenschutzgesetz müssen Pflanzenschutzmittel *zugelassen* werden.
- Zulassungsverfahren für Tierarzneimittel.
- Gentechnisch veränderte Organismen (GVO) müssen zunächst ein Genehmigungsverfahren positiv durchlaufen, ehe sie freigesetzt werden dürfen. So bewertet das BVL die Risiken gentechnisch veränderter Organismen und gentechnischer Arbeiten und führt eine Datenbank zu bereits bewerteten gentechnischen Arbeiten.

## 10.8 Zusammenfassung

Im vorliegenden Kapitel wird die Funktionsweise der Lebensmittel- und Bedarfsgegenständeüberwachung in Deutschland aus der Perspektive eines Untersuchungsamtes beschrieben: Ausgehend von den gesetzlichen Grundlagen über die Erhebung der richtigen Proben bis zur Untersuchung auf die richtigen Parameter. Auf den Vollzug – Beseitigung der festgestellten Missstände – wird nicht eingegangen.

Ausführlich und mit vielen Beispielen wird die Bedeutung der zielorientiert entnommenen Proben dargestellt. Mit diesen Proben, die in eigener Verantwortung des Sachverständigen untersucht werden, wurden bislang viele Probleme aufgedeckt. Anhand dieser Erkenntnisse werden zum Teil Jahre später repräsentativ und flächendeckend verschiedene Untersuchungsprogrammen durchgeführt. Diese Untersuchungsprogramme dienen insbesondere dazu, das Datenmaterial auf eine breitere Basis zu stellen und z.B. die Notwendigkeit eines neuen Grenzwertes zu untermauern. Die unterschiedliche Aussagekraft der Daten wird dargestellt, die verschiedenen Datensammlungen des Bundes und der EU werden erläutert und Fundstellen aufgeführt.

## 10.9 Literatur

1 Amtsblatt der Europäischen Gemeinschaften (1976) Richtlinie 76/768/EWG des Rates vom 27. Juli 1976 zur Angleichung der Rechtsvorschriften der Mitgliedstaaten über kosmetische Mittel. Vol. L 262.

2 Amtsblatt der Europäischen Gemeinschaften (1989) Richtlinie 89/397/EWG

des Rates vom 14. Juni 1989 über die amtliche Lebensmittelüberwachung. Vol. L 186.
3 Amtsblatt der Europäischen Gemeinschaften (1993) Richtlinie 93/99/EWG des Rates vom 29. Oktober 1993 über zusätzliche Maßnahmen im Bereich der amtlichen Lebensmittelüberwachung. Vol. L 290.
4 Amtsblatt der Europäischen Gemeinschaften (1996) Richtlinie 96/23/EG des Rates (Stand: 29.04.1996). Vol. L 125.
5 Amtsblatt der Europäischen Gemeinschaften (2004) Verordnung (EG) Nr. 882/2004 des Europäischen Parlaments und des Rates (Überwachungs-Verordnung, Stand: 29.04.2004). Vol. L 165.
6 Beck'sche Textsammlung Lebensmittelrecht (2004) Lebensmittel- und Bedarfsgegenstände-Gesetz (LMBG, Stand 14.10.2004), München: C. H. Beck.
7 Beck'sche Textsammlung Lebensmittelrecht (2004) Verordnung (EG) Nr. 178/2002 des Europäischen Parlaments und des Rates (Basis-Verordnung, Stand: 14.10.2004), München: C. H. Beck.
8 Beck'sche Textsammlung Lebensmittelrecht (2004) Entwurf für ein Lebensmittel- und Futtermittelgesetzbuch (LFGB, Stand 14.10.2004), München: C. H. Beck.
9 Beck'sche Textsammlung Lebensmittelrecht (2004) Verordnung über kosmetische Mittel (KosmetikV, Stand: 14.10.2004), München: C. H. Beck.
10 Beck'sche Textsammlung Lebensmittelrecht (2004) Trinkwasser-Verordnung (TrinkwV, Stand: 14.10.2004), München: C. H. Beck.
11 Bundesamt für Verbraucherschutz und Lebensmittelsicherheit (BVL). Nationaler Rückstandskontrollplan Ergebnisse 2002
12 Bundesamt für Verbraucherschutz und Lebensmittelsicherheit (BVL). Lebensmittel-Monitoring 2003.
13 Bundesamt für Verbraucherschutz und Lebensmittelsicherheit (BVL). Lebensmittel-Monitoring 1995–2002.
14 Bundesamt für Verbraucherschutz und Lebensmittelsicherheit (BVL). Lebensmittel-Monitoring 2002.
15 Bundesamt für Verbraucherschutz und Lebensmittelsicherheit (2005) (*www.bvl.bund.de*). Aktuelle Informationen zu Acrylamid.
16 Buschmann R., Kuntzer J., Scherbaum E. (1996) Kontamination von Lebensmitteln durch Insektizide bei der Bekämpfung von Schädlingen. *Deutsche Lebensmittel-Rundschau* 2: 51 ff.
17 CVUA Stuttgart. Ökomonitoring-Bericht 2003.
18 CVUA Stuttgart (*www.cvua-stuttgart.de*). Empfehlungen zur Vermeidung extrem hoher Gehalte an Acrylamid beim Backen von Lebkuchen und ähnlichen Erzeugnissen im Privathaushalt und bei der handwerklichen Herstellung.
19 Europäische Union (EU) (2005) Schnellwarnsystem der EU (*http://europa.eu.int/comm/food/index_de.htm*).
20 Gemeinsames Ministerialblatt (1995) Allgemeine Verwaltungsvorschrift zur Durchführung des Lebensmittel-Monitoring (AVV-LM, Stand: 30.05.1995). Vol. 19.
21 Gemeinsames Ministerialblatt (1999) Allgemeine Verwaltungsvorschrift zur Datenübermittlung (AVV DÜb, Stand: 08.03.1999). Vol. 6.
22 Gemeinsames Ministerialblatt (2004) Allgemeine Verwaltungsvorschrift über Grundsätze zur Durchführung der amtlichen Überwachung lebensmittelrechtlicher und weinrechtlicher Vorschriften (AVV RÜb, Stand: 21.12.2004). Vol. 58.
23 Gesetzblatt für Baden-Württemberg 1991. Gesetz zur Ausführung des Lebensmittel- und Bedarfsgegenständegesetzes (AGLMBG, Stand: 09.07.1991).
24 Lauber, U. (2004) Ergebnisse der Untersuchung von Roggenkörnern und Roggenmehlen auf Mutterkornalkaloide (Besatz mit Mutterkorn). (*www.cvua-stuttgart.de*).

# 11
# Verfahren zur Bestimmung der Aufnahme und Belastung mit toxikologisch relevanten Stoffen aus Lebensmitteln

*Kurt Hoffmann*

## 11.1
### Einleitung

Die Quantifizierung der Aufnahme eines toxikologisch relevanten Stoffes über den Ernährungspfad ist ein wichtiger Bestandteil der populationsbezogenen Risikobewertung in der Lebensmitteltoxikologie. Für die populationsbezogene Risikobewertung ist weniger die aufgenommene Stoffmenge einer konkreten Person von Bedeutung, sondern vielmehr die Variationsbreite und die Häufigkeitsverteilung der Aufnahmemengen über die gesamte Population. Erst eine gute Schätzung der Aufnahmeverteilung ermöglicht die gesicherte Abschätzung des Anteils der Personen, deren Aufnahmemenge einen festgelegten Grenzwert überschreitet. Sofern kein Grenzwert für die Stoffaufnahme festgelegt wurde, liefern ausgewählte Perzentile der Verteilung Informationen über hoch exponierte Probanden und deren Aufnahmemengen. Häufig wird das 95. Perzentil der Expositionsverteilung zur Abgrenzung einer Risikogruppe verwendet. Es stellt eine Aufnahmemenge dar, die nur von 5% der Personen erreicht oder überschritten wird. Die Aufnahmeverteilung, d.h. die Gesamtheit aller Perzentile und weiterer statistischer Verteilungsparameter, stellt die beste Beschreibung der in der Population vorhandenen Exposition dar. Sie kann nicht nur zur Risikobewertung herangezogen werden, sondern auch zur quantitativen Abschätzung des Nutzens möglicher Präventivmaßnahmen. Um differenzierte Betrachtungen für verschiedene Personengruppen wie Kleinkinder oder ältere Personen zuzulassen, müssen Schätzungen stratifizierter Verteilungen vorgenommen werden.

Das Schätzen von Häufigkeitsverteilungen für die über die Nahrung aufgenommenen Stoffe in einer Population erfordert die Durchführung umfangreicher Studien. Diese Studien müssen auf relativ große Stichproben zurückgreifen, die zur Sicherung der Repräsentativität randomisiert gezogen werden sollten. Prinzipiell gibt es zwei verschiedene Ansätze, die über die Lebensmittel aufgenommenen Stoffmengen zu erfassen. Die erste und naheliegende Möglichkeit ist die der direkten Messung der Stoffmengen in der zugeführten

*Handbuch der Lebensmitteltoxikologie.* H. Dunkelberg, T. Gebel, A. Hartwig (Hrsg.)
Copyright © 2007 WILEY-VCH Verlag GmbH & Co. KGaA, Weinheim
ISBN: 978-3-527-31166-8

Nahrung. Dieser Ansatz wird jedoch selten verfolgt, da er mit hohen Kosten und großem logistischen Aufwand verbunden ist. Der übliche Weg ist der, die Verzehrsmengen verschiedener Lebensmittel zu bestimmen und über die Konzentrationen des Stoffes in den Lebensmitteln die Gesamtaufnahme des Stoffes zu berechnen. Sei $m_i$ die verzehrte Menge des $i$-ten Lebensmittel (in g) und $c_i$ die Konzentration des Stoffes in diesem Lebensmittel, so lässt sich die gesamte Aufnahmemenge des Stoffes formal als Summe

$$\sum_i c_i \cdot m_i$$

berechnen. Die Lebensmittelmengen und die Stoffkonzentrationen werden dabei in der Regel mit verschiedenen Daten bestimmt. Während Lebensmittelmengen in Ernährungssurveys geschätzt werden, was Gegenstand des nachfolgenden Abschnitts 11.2 ist, sind Konzentrationsdaten bereits vorliegenden Datenbanken zu entnehmen oder durch ergänzende Untersuchungen zu messen.

Bei der Zusammenführung von Lebensmittelmengen und Konzentrationsmessungen nach der obigen einfachen Formel unterstellt man, dass ein Lebensmittel unabhängig von regionaler und saisonaler Variation, der Produktqualität, dem Transport, der Lagerung, der Lagerungsdauer, der Verarbeitung und weiterer Faktoren immer die gleiche Stoffkonzentration aufweist. Diese Annahme ist unrealistisch und führt zu einer Unterschätzung der Variation der Stoffaufnahme. Um diese Unterschätzung zu vermeiden, ist die Stoffkonzentration im Lebensmittel nicht als deterministische, sondern als stochastische Größe zu behandeln. In Abschnitt 11.3 werden das deterministische, das semiprobabilistische und das probabilistische Verfahren der Kopplung von Verzehrs- und Konzentrationsdaten ausführlich dargestellt und miteinander verglichen.

Für die Toxikologie ist die Quantifizierung der Körperbelastung von ebenso großer Bedeutung wie die Quantifizierung der Stoffaufnahme. Da häufig nur ein geringer Teil des aufgenommenen Stoffes resorbiert wird, können sich Stoffaufnahme und Körperbelastung stark unterscheiden. Die Körperbelastung kann als innere Dosis und damit als vermittelnde Größe zwischen aufgenommener Stoffmenge und toxischer Wirkung aufgefasst werden. Um die Körperbelastung einer Population zu beschreiben, werden Stoffgehalte in leicht zugänglichen Geweben wie dem Blut gemessen, wobei man wiederum auf eine repräsentative Stichprobe von Personen zurückgreift. Ähnlich wie bei der Stoffaufnahme kommt es darauf an, die gesamte Verteilung von Substanzgehalten in der Population zu schätzen. Auf dieser Grundlage kann abgeschätzt werden, wie hoch der Prozentsatz von Personen in der Population oder in einer bestimmten Teilpopulation ist, deren Substanzgehalt im Körpermedium höher als ein festgelegter Grenzwert ist. Dieser Problematik ist Abschnitt 11.4 gewidmet.

## 11.2
### Bestimmung des Lebensmittelverzehrs

Lebensmittelaufnahmen können durch Ernährungserhebungen bestimmt oder zumindest abgeschätzt werden. Ernährungserhebungen lassen sich grob in drei Gruppen unterteilen:
- Verfügbarkeitserhebungen,
- Verbrauchserhebungen,
- Verzehrserhebungen.

Verfügbarkeitserhebungen basieren auf nationalen Agrarstatistiken, die meist jährlich durchgeführt werden. Sie berücksichtigen die erzeugten Mengen landwirtschaftlicher Produkte im Inland sowie die Lebensmittelmengen, die exportiert und importiert werden. Die Verfügbarkeitszahlen beziehen sich generell auf die Gesamtbevölkerung und können als Pro-Kopf-Verfügbarkeit angegeben sein. In den berechneten Mengen sind sowohl nicht verzehrbare Anteile als auch für Tierfutter verwendete Lebensmittel enthalten. Somit geben sie keine Information darüber, wie viel der national verfügbaren Lebensmittel auch wirklich verbraucht werden und wie stark der Verbrauch variiert.

Um den Lebensmittelverbrauch zu erfassen, werden Haushaltssurveys genutzt. In Deutschland führt das Statistische Bundesamt im Abstand von fünf Jahren bundesweite Erhebungen in etwa 50 000 Haushalten durch, in denen u. a. der Verbrauch verschiedener Lebensmittel erfasst wird. Mithilfe von Haushaltsbüchern werden einen Monat lang die Mengen der eingekauften Lebensmittel protokolliert. Die haushaltsbezogenen Angaben geben keinen genauen Aufschluss darüber, welche Mengen von den einzelnen im Haushalt lebenden Personen verzehrt werden. Eine Division der gekauften Lebensmittelmengen durch die Anzahl der Haushaltsmitglieder würde zu einer Vernachlässigung der inter-individuellen Variation zwischen den Personen im Haushalt führen. Würde man den Konsum von Lebensmitteln aus Haushaltssurveys berechnen, so käme es zu einer systematischen Überschätzung, da Abfälle und Essensreste nicht quantifiziert und von eingekauften Lebensmittelmengen abgezogen werden.

Die genauesten Angaben zur Lebensmittelaufnahme lassen sich durch Verzehrserhebungen gewinnen. Hier wird der Verzehr von Lebensmitteln auf individueller Ebene erfasst. Da diese Erhebungsart am besten geeignet ist, relevante Daten zur Schätzung von Verzehrsmengenverteilungen bereitzustellen, soll im Folgenden näher auf die einzelnen in Verzehrserhebungen verwendeten Verfahren eingegangen werden.

### 11.2.1
### Methoden der Verzehrserhebung

Aufgrund unterschiedlicher Zielstellungen und in Abhängigkeit von verfügbaren finanziellen und personellen Mitteln wurden und werden in ernährungsbezogenen Studien eine Reihe von unterschiedlichen Methoden der Verzehrser-

**Tab. 11.1** Methoden der Verzehrserhebung.

| Methode | Üblicher Erfassungszeitraum | Teilnehmeraufwand | Genauigkeit |
| --- | --- | --- | --- |
| Doppelportionstechnik (duplicate portion method) | gegenwärtiger Tag | sehr hoch | hoch |
| Verzehrsprotokoll (dietary records) | 1–7 Tage (Parallelerfassung) | | |
| – Schätzprotokoll | | hoch | mittelmäßig |
| – Wiegeprotokoll | | sehr hoch | hoch |
| 24-Stunden-Erinnerungsprotokoll (24 h dietary recall) | zurückliegender Tag | gering (15–30 min) | mittelmäßig |
| Verzehrshäufigkeiten-Fragebogen (food frequency questionnaire) | zurückliegendes Jahr | gering (20–60 min) | gering |
| Ernährungsgeschichte (diet history) | 2–4 Wochen | hoch | mittelmäßig |

hebung angewendet. Tabelle 11.1 gibt eine Übersicht über die meist verwendeten Methoden, den üblichen Zeitraum, über den der Lebensmittelverzehr durch die jeweilige Methode erfasst wird, die zeitliche Belastung der Probanden und die Genauigkeit, mit der die verzehrten Mengen bestimmt werden. Im Folgenden soll auf die einzelnen Methoden genauer eingegangen werden.

**Doppelportionstechnik**

Bei der Doppelportionstechnik, auch Duplikatmethode genannt, muss jeder Studienteilnehmer alle Lebensmittel, die er an einem Tag konsumiert, in doppelter Anzahl kaufen und zubereiten. Auch außer Haus verzehrte Speisen müssen als Duplikatproben gesammelt werden. Ein Exemplar, das Duplikat, wird für die Mengenerfassung bereitgestellt. Die Doppelportionstechnik ist eine sehr genaue Methode, verzehrte Mengen von Lebensmitteln zu messen. Gleichzeitig besitzt sie den großen Vorteil, dass in der Nahrung enthaltene Stoffe mit entsprechender Analysetechnik direkt gemessen werden können. Somit sind keine Konzentrationsangaben aus anderen Datenquellen notwendig, um die aufgenommene Menge einer Substanz abzuschätzen. Die Doppelportionstechnik nimmt deshalb eine gewisse Sonderrolle ein, weil sie das einzige direkte Verfahren zur Messung toxikologisch relevanter Stoffe in der Nahrung darstellt und eine Kopplung separat bestimmter Verzehrs- und Konzentrationsdaten nicht notwendig ist. Allerdings setzt die Schätzung der Häufigkeitsverteilung der Stoffaufnahme mittels Doppelportionstechnik voraus, dass man über eine große Anzahl von Probanden verfügt, die repräsentativ für die interessierende Population sind.

**Tab. 11.2** Anwendung der Doppelportionstechnik: Aufnahme (mg/Tag) ausgewählter Schadstoffe und Mineralstoffe über die Nahrung (aus dem 2. Umweltsurvey 1990/1 in Deutschland, $n=318$).

| Stoff | BG [mg/kg] | $n<$BG | P5 | P50 | P95 | Max | GM | 95% KI |
|---|---|---|---|---|---|---|---|---|
| Blei | 0,005 | 77 | 0,006 | 0,037 | 0,192 | 1,500 | 0,032 | 0,028–0,036 |
| Calcium | 0,05 | 0 | 320 | 790 | 1820 | 3490 | 769 | 725–815 |
| Chrom | 0,01 | 184 | 0,010 | 0,018 | 0,128 | 0,515 | 0,025 | 0,023–0,027 |
| Eisen | 0,5 | 0 | 4,0 | 7,9 | 20,3 | 60,0 | 8,16 | 7,74–8,60 |
| Kalium | 0,3 | 0 | 1450 | 2890 | 4840 | 7620 | 2785 | 2684–2890 |
| Kupfer | 0,05 | 4 | 0,2 | 0,8 | 1,8 | 3,7 | 0,75 | 0,70–0,80 |
| Magnesium | 0,3 | 0 | 150 | 300 | 540 | 3780 | 294 | 281–307 |
| Mangan | 0,05 | 0 | 1,6 | 3,5 | 7,3 | 18,0 | 3,45 | 3,26–3,65 |
| Natrium | 3 | 0 | 1430 | 3120 | 5690 | 8750 | 3041 | 2908–3180 |
| Nickel | 0,002 | 23 | 0,004 | 0,100 | 0,252 | 0,740 | 0,082 | 0,073–0,092 |
| Nitrat | 1 | 0 | 19 | 68 | 214 | 1110 | 67,9 | 62,6–73,7 |
| Nitrit | 0,1 | 159 | 0,1 | 0,2 | 0,9 | 1,7 | 0,25 | 0,23–0,27 |
| Zink | 0,005 | 0 | 4,2 | 9,3 | 18,0 | 32,0 | 8,97 | 8,56–9,40 |

BG = Bestimmungsgrenze, $n<$BG = Anzahl der Werte unterhalb der Bestimmungsgrenze, P5, P50, P95 = Perzentile, Max = Maximum, GM = geometrischer Mittelwert, 95% KI = 95% Konfidenzintervall für den geometrischen Mittelwert.

Die Doppelportionstechnik ist sehr arbeits- und zeitintensiv. Sie erfordert zum einen einen hohen Aufwand zur Gewinnung der Duplikatproben und zum anderen die Nutzung meist teurer Messtechnik. Die sich daraus ergebenden hohen Gesamtkosten sind der Grund dafür, dass diese Methode selten in großen Studien angewendet wird.

Ein positives Beispiel ist die Anwendung der Doppelportionstechnik in dem 1990/1 durchgeführten 2. Umweltsurvey in Deutschland. Hier wurde eine Teilstichprobe von ca. 300 Probanden gezogen, die zusätzlich zu den Standarduntersuchungen des Surveys eine Duplikatprobe ihrer Nahrung abgaben, welche auf verschiedene Substanzgehalte hin untersucht wurde. Einige statistische Kennwerte zur Charakterisierung der Häufigkeitsverteilung ausgewählter Schadstoffe und Spurenelemente sind in Tabelle 11.2 wiedergegeben. Der Stichprobenumfang dieser Studie erlaubt z. B. die Schätzung des 5. und 95. Perzentils, auch wenn die Genauigkeit dieser Schätzungen geringer ist als die zentraler Lagemaße, wie Median oder geometrisches Mittel. Für das geometrische Mittel, welches bei solchen schiefen Verteilungen von Aufnahmemengen das prädestinierte Lagemaß darstellt, ist das 95% Konfidenzintervall hinzugefügt. Weitere wichtige Schadstoffe wie Arsen, Cadmium und Quecksilber wurden zwar gleichfalls in den Duplikatproben des 2. Umweltsurveys gemessen, doch lagen über 90% der gemessenen Schadstoffgehalte unter der jeweiligen Bestimmungsgrenze. Letzteres zeigt, dass eine gute Schätzung der Aufnahmeverteilung nur möglich ist, wenn eine Messtechnik zur Verfügung steht, die den üblichen Messbereich der Stoffgehalte in Lebensmitteln abdeckt.

**Verzehrsprotokoll**

Bei dieser Methode werden die Mengen aller Lebensmittel, die während und zwischen den Mahlzeiten verzehrt werden, durch den Probanden protokolliert. Dabei unterscheidet man zwischen Schätz- und Wiegeprotokollen, je nachdem ob der Proband die aufgenommenen Mengen mittels Haushaltsmaßen (z. B. Tasse, Glas, Esslöffel, Teelöffel) schätzt oder mittels Präzisionswaage wiegt. Das Wiegen der Lebensmittel sollte, wenn möglich, durch geschultes Untersuchungspersonal durchgeführt werden, um Messfehler gering zu halten. Bei Gerichten müssen die einzelnen Zutaten aufgeführt und quantifiziert werden, die dann proportional auf die konsumierten Mengen übertragen werden, wobei Essensreste zu berücksichtigen sind.

Üblicherweise erfolgt die Protokollierung über mehrere aufeinander folgende Tage, wobei eine randomisierte Ziehung der Erhebungstage über ein ganzes Jahr verteilt zur Vermeidung saisonaler Effekte noch besser ist. Wiegeprotokolle über sieben Tage gelten als präzise und werden häufig als „Goldstandard" der Verzehrserhebung angesehen. Allerdings kann der recht hohe Arbeits- und Zeitaufwand der Probanden dazu führen, dass Zwischenmahlzeiten nicht protokolliert oder bestimmte Ernährungsgewohnheiten während der Protokolltage unterlassen werden. In den 1980er und 1990er Jahren wurden Schätzprotokolle häufig als Erhebungsinstrument bei nationalen Ernährungssurveys eingesetzt.

So griff die 1985–88 durchgeführte Nationale Verzehrsstudie, der bisher größte in Deutschland durchgeführte Ernährungssurvey, auf 7-Tage-Schätzprotokolle als Erhebungsinstrument zurück.

**24-Stunden-Erinnerungsprotokoll**
Hierbei handelt es sich um ein Interview, das in direktem Kontakt oder telefonisch durchgeführt wird. Der Studienteilnehmer wird detailliert befragt, welche Lebensmittel er während der einzelnen Hauptmahlzeiten und zwischendurch am vorangegangenen Tag gegessen hat und in welchen Mengen. Zur besseren Abschätzung der verzehrten Mengen wird häufig Bildmaterial, auf dem unterschiedliche Portionsgrößen erkennbar sind, eingesetzt. Der Zeitaufwand der Erhebungsmethode ist gering und variiert in der Regel zwischen 15 und 30 Minuten. In Ausnahmefällen kann ein Interview auch bis zu einer Stunde dauern. Die Genauigkeit der Erfassung hängt stark von der Erfahrung und dem Geschick des Interviewers ab. Der Proband wird erst an dem auf den Erhebungstag folgenden Tag kontaktiert und interviewt, so dass eine durch die Studie veranlasste Abweichung von der üblichen Ernährungsweise auszuschließen ist. Durch den geringen zeitlichen Abstand zum Erhebungstag werden Fehlangaben aufgrund lückenhafter Erinnerung weitgehend vermieden. Zur Schätzung der Verzehrsmengenverteilung sind wiederholte 24-Stunden-Erinnerungprotokolle vorzunehmen, bei denen die Erhebungstage sich möglichst über einen längeren Zeitraum erstrecken sollten.

24-Stunden-Erinnerungsprotokolle werden heute häufig in Ernährungssurveys eingesetzt. EFCOSUM (European Food Consumption Survey Method), ein Projekt der EU, das sich mit der Standardisierung europäischer Ernährungssurveys beschäftigt, hat unlängst vorgeschlagen, 24-Stunden-Erinnerungsprotokolle als Standard-Erhebungsinstrument einzusetzen, wobei mindestens zwei nicht aufeinander folgende Erhebungstage vorzusehen sind [2, 20]. Auch neue amerikanische Surveys, wie NHANES III (Third National Health and Nutrition Examination Survey) und CSFII (Continuing Survey of Food Intake by Individuals) greifen auf 24-Stunden-Erinnerungsprotokolle zurück. Für die neue in Deutschland geplante Nationale Verzehrsstudie sind gleichfalls wiederholte 24-Stunden-Erinnerungsprotokolle vorgesehen. In großen epidemiologischen Studien werden von einem Teil der Probanden zusätzlich 24-Stunden-Erinnerungsprotokolle erhoben, die zur Kalibrierung von Fragebogendaten eingesetzt werden. Dabei haben sich computergestützte Versionen durchgesetzt, um eine effektive Dateneingabe zu ermöglichen und eine einheitliche Datenstrukturierung zu unterstützen. Am meisten genutzt wird das im Rahmen der EPIC (European Prospective Investigation into Cancer and Nutrition)-Studie entwickelte Programm EPIC-Soft [38, 39]. In verschiedenen Sprachen verfügbar, klassifiziert und codiert EPIC-Soft durchschnittlich 2000 Lebensmittel und 250 Rezepte [37].

**Verzehrshäufigkeiten-Fragebogen**

Diese Methode der Fragebogenerhebung zielt auf die Angabe durchschnittlicher Verzehrshäufigkeiten einzelner Lebensmittel oder in Gruppen zusammengefasster Lebensmittel über einen längeren Zeitraum. Zur besseren Quantifizierung der Aufnahmen werden häufig verschiedene Portionsgrößen bildlich oder durch Haushaltsmaße beschrieben vorgegeben, von denen der Proband eine geeignete auswählen muss. Einer Portionsgröße hinterlegt ist eine feste Grammzahl, die mit der angegebenen Verzehrshäufigkeit multipliziert die Aufnahmemenge ergibt. In der Regel enthalten Verzehrshäufigkeiten-Fragebögen 50 bis 150 Fragen. Der zeitliche Aufwand zum Ausfüllen solcher Fragebögen liegt etwa zwischen 20 und 60 Minuten. Bei jeder Häufigkeitsfrage gibt es teilweise bis zu zehn vorgegebene Antwortmöglichkeiten von „nie" bis „mindestens fünfmal täglich" sowie bis zu sechs wählbare Portionsgrößen. Ergänzend sind Fragen wie z. B. zum Fettgehalt von Milchprodukten oder zur Zubereitung von Fleisch und Fisch möglich.

Die Genauigkeit der Fragebogenangaben muss insgesamt als gering eingestuft werden. Dies liegt zum einen daran, dass das Erinnerungsvermögen und die Fähigkeit, Verzehrshäufigkeiten über einen längeren Zeitraum zu mitteln individuell sehr verschieden sind. Hinzu kommen saisonale Schwankungen im Verzehr, die zu Verzerrungen führen können, wenn der Proband sich stark an dem Verzehr in der aktuellen Saison orientiert. Aufgrund der Zusammenfassung von Lebensmitteln zu Gruppen, die wegen der Begrenztheit verfügbarer Interviewzeit und verfügbarer Druckseiten unumgänglich ist, sind Fragebögen oft nicht detailliert genug. Beispielsweise wird im deutschen Fragebogen der EPIC-Studie nicht zwischen Bierschinken, Lyoner, Jagdwurst und Schinkenwurst unterschieden und nur die zusammengefasste Verzehrshäufigkeit erfragt. Fragebögen erfassen ferner nicht vollständig die aufgenommene Nahrung, da insbesondere neue und selten konsumierte importierte Lebensmittel durch die Items nicht überdeckt werden. Es besteht nicht die Möglichkeit, konsumierte Lebensmittel hinzuzufügen, da Verzehrshäufigkeiten-Fragebögen gewöhnlich automatisch eingelesen werden und somit nur vorgegebene Antwortmöglichkeiten zugelassen sind, denen intern bestimmte Werte von Variablen zugewiesen werden.

Da Verzehrshäufigkeiten-Fragebögen nicht geeignet sind, die absoluten Aufnahmen von Lebensmitteln und Inhaltsstoffen gut zu erfassen, werden sie in der Regel nicht in Ernährungssurveys eingesetzt. Jedoch große epidemiologische Studien wie EPIC mit etwa 500 000 Probanden oder die amerikanischen Nurses' Health Study und Health Professionals Follow-up Study mit ca. 120 000 bzw. 50 000 Probanden greifen auf Fragebögen zur Erfassung der Lebensmittelaufnahme zurück. Neben den geringen Kosten und dem vertretbaren logistischen Aufwand ist der Hauptgrund für diese breite Anwendung, dass der durchschnittliche Verzehr über einen großen Zeitraum von häufig einem Jahr erfasst wird. Für epidemiologische Studien ist die Langzeitexposition ohne Zweifel wichtiger als die Kurzzeitexposition. Die Verzehrsmenge an einem Tag, und mag sie noch so genau gemessen worden sein, ist epidemiologisch bedeutungslos, zumal die Auswahl des Erhebungstages zufällig erfolgt und die erfasste Exposition meist deutlich unter der maximalen Tagesexposition liegt. Auf der anderen Seite ist anzunehmen, dass der über einen Fragebogen geschätzte Durchschnittsverzehr über ein Jahr, auch wenn er den wahren Verzehr systematisch unter- oder überschätzt, Personen herausfiltert, die deutlich mehr Mengen bestimmter Lebensmittel verzehren als andere. Die konzeptionelle Stärke, Personen hinsichtlich ihrer Langzeitexposition einzuordnen (ranking), ist der eigentliche Vorteil von Verzehrshäufigkeiten-Fragebögen gegenüber anderen Methoden der Verzehrserhebung.

**Ernährungsgeschichte**
Diese Erhebungsmethode wurde 1947 von Burke [3] eingeführt. Sie stellt eine Kombination von einem vorausgehenden 24-Stunden-Erinnerungsprotokoll, einem nachfolgenden Verzehrshäufigkeiten-Fragebogen und einem abschließenden Verzehrsprotokoll dar. Heutzutage gibt es mehrere neue Varianten der Originalmethode. Im Rahmen des deutschen Ernährungssurveys wurde eine Kombination von Verzehrshäufigkeiten-Fragebogen und einem vierwöchigen Erinnerungsprotokoll eingesetzt, die durch die spezielle Software Dishes98 unterstützt wird [30].

Solche Kombinationsmethoden erfordern einen hohen Arbeitsaufwand bei der Organisation und Durchführung der Erhebung und bürden den Studienteilnehmern eine hohe zeitliche Belastung auf. Dem gegenüber steht keine höhere Genauigkeit der bestimmten Verzehrsmengen im Vergleich zu Schätzprotokollen und 24-Stunden-Erinnerungsprotokollen. Es gibt auch kein überzeugendes Konzept für eine effiziente statistische Auswertung von Ernährungsdaten, die teilweise redundant sind und sich teilweise ergänzen.

## 11.2.2
**Methodische Probleme bei der Verzehrsmengenbestimmung**

Die Bestimmung der verzehrten Lebensmittelmengen wird durch mehrere methodische Schwierigkeiten erschwert, die bei den einzelnen Erhebungsmethoden teilweise von unterschiedlicher Relevanz sind. Ein Überblick über die wichtigsten methodischen Probleme gibt Tabelle 11.3. Im Folgenden sollen die einzelnen Probleme ausführlicher dargestellt werden.

**Unter- oder Überschätzung der Mengen**
Die Erfassung der Lebensmittelmengen in Verzehrserhebungen erfolgt über die in die Studie einbezogenen Personen. Somit ist die Genauigkeit der gewonnenen Daten stark davon abhängig, inwieweit die einzelnen Studienteilnehmer bereit und in der Lage sind, ihre eigene Ernährung präzise zu erfassen. Da die meisten Personen über verschiedene Medien gut informiert sind, welchen Lebensmitteln positive und welchen eher negative Wirkungen zuzuordnen sind,

**Tab. 11.3** Methodische Probleme bei der Bestimmung von Verzehrsmengen.

| Problem | Erläuterung |
| --- | --- |
| Unter- oder Überschätzung der Mengen | Als ungesund geltende Lebensmittel werden häufig unterschätzt und Lebensmittel, deren Verzehr empfohlen wird, werden überschätzt. |
| Veränderung der Ernährung | Während des Erhebungszeitraumes wird die Ernährungsweise verändert, um den mit der Erhebung verbundenen Aufwand zu verringern. |
| Fehlende Repräsentativität | Die Stichprobe ist kein gutes Abbild der Population, z. B. aufgrund der vorgenommenen Stichprobenziehung oder der geringen Ausschöpfungsrate. |
| Kürze des Erfassungszeitraumes | Der Langzeitverzehr ist schwer abschätzbar aufgrund starker temporaler Schwankungen und kurzer Erfassungszeit. |

ist eine durch dieses Wissen bewusste oder unbewusste Beeinflussung auf die Erhebung der eigenen Verzehrsdaten nicht auszuschließen. Es ist davon auszugehen, dass der Verzehr von frischem Obst und Gemüse oder von Vollkornprodukten eher überschätzt wird, während der Verzehr von Schweinefleisch, Rindfleisch, Innereien, Wurst, Bier und Spirituosen eher unterschätzt wird. Dies hat auch Auswirkungen auf die Abschätzung von Nährstoffaufnahmen. So haben mehrere Studien nachgewiesen, dass die Aufnahme von Fett und von Alkohol mittels verschiedener Methoden der Verzehrserhebung unterschätzt wird [12, 15].

Die Unter- oder Überschätzung der verzehrten Mengen ist individuell sehr verschieden. Personen, die gesundheitsbewusst sind, neigen dazu, bei Verzehrshäufigkeiten-Fragebögen die von ihnen angestrebte Ernährungsweise zu beschreiben und nicht die im Erhebungszeitraum durchschnittliche. Personen mit starkem Übergewicht möchten dieses nicht unbedingt als Folge übermäßigen Lebensmittelverzehrs eingestehen. Deshalb tendieren Personen mit hohem BMI (Body Mass Index, berechnet als Verhältnis des Gewichts zum Quadrat der Körpergröße in kg/m$^2$) dazu, die insgesamt verzehrte Nahrungsmenge zu unterschätzen [27]. Dies lässt sich daran erkennen, dass die aus den Lebensmittelmengen berechnete Energieaufnahme deutlich unter der zur Aufrechterhaltung des Körpergewichts notwendigen liegt. Hierfür kann man den Grundumsatz (basal metabolic rate) berechnen, der den Energiebedarf im Ruhezustand in Abhängigkeit von Geschlecht, Alter und Körpergewicht darstellt [36]. Bei dieser Berechnung ist die körperliche Aktivität der Person nicht berücksichtigt worden. Ein besseres, allerdings sehr aufwändiges und teures Verfahren zur Bestimmung des individuellen Gesamtenergieumsatzes, welcher die Summe von Grundumsatz, Energieverbrauch für körperliche Aktivität und Thermogenese darstellt, ist die Methode des doppelt stabil markierten Wassers (doubly labeled water method). Hierbei wird den Probanden Wasser verabreicht, das die stabilen

Isotope Deuterium ($^2$H) und Sauerstoff-18 ($^{18}$O) in festgelegter Proportion enthält. Während die markierten Wasserstoffisotope nur als Wasser ausgeschieden werden, ist dies bei Sauerstoff-18 nicht der Fall. Die unterschiedlichen Ausscheidungen beider Isotope im Urin geben über die $CO_2$-Produktion Auskunft, aus der sich der Gesamtenergieumsatz berechnen lässt [35, 40].

In der OPEN (Observing Protein and Energy Nutrition) Studie, einer 1999/2000 in den USA durchgeführten Studie zur Untersuchung von Messfehlern bei Verzehrserhebungen, wurden generell starke Unterschätzungen der Energieaufnahme festgestellt [41]. Durch die Anwendung der Methode des doppelt stabil markierten Wassers wurde nachgewiesen, dass 24-Stunden-Erinnerungsprotokolle die Energieaufnahme um 12–20% und Verzehrshäufigkeiten-Fragebögen sogar um 30–36% unterschätzen. Für die Eiweißaufnahme wurden mittels Stickstoffmessungen im Urin [21] systematische Unterschätzungen ähnlicher Größenordnung gezeigt. Der Anteil von Personen, die ihre Energie- und Eiweißaufnahme unterschätzen, ist bei adipösen Personen (BMI≥30) deutlich höher als bei normalgewichtigen Personen (BMI<25).

### Veränderung der Ernährung

Ernährungserhebungsmethoden, bei denen die verzehrten Mengen sofort erfasst werden, wie die Doppelportionstechnik und Verzehrsprotokolle, können einen Einfluss auf die Ernährung während der Erhebungszeit haben. Dieses vom Normalen abweichende Verhalten bei Probanden, die sich beobachtet fühlen oder ihr Verhalten protokollieren sollen, wird allgemein als Hawthorne-Effekt bezeichnet [5]. Bei Einsatz der Doppelportionstechnik oder bei Erstellung von Verzehrsprotokollen kann es zu einem Verzicht auf Essgewohnheiten und zu einer Veränderung von Verhaltensweisen kommen. Zum Beispiel werden Restaurantbesuche und Grillabende verschoben, fettreiche Hausmannskost wird gemieden, Portionen werden verkleinert oder alkoholische Getränke werden in geringerem Maße getrunken. Zieht sich die Erhebung über mehrere Tage hin, wie bei Verzehrsprotokollen üblich, so lässt die Motivation der Studienteilnehmer nach, was zu einer unvollständigen Protokollierung der Lebensmittelaufnahme führen kann. Erfahrungen zeigen, dass die berechnete Energieaufnahme am ersten Tag eines 7-Tage-Verzehrsprotokolls durchschnittlich am höchsten ist und in den nachfolgenden Erhebungstagen abnimmt. Deshalb werden mitunter Adjustierungen vorgenommen, die die mittleren Aufnahmemengen der Folgetage auf die des 1. Tages anheben.

### Fehlende Repräsentativität

Aus Sicht der Risikobewertung ist die Verzehrsmengenverteilung in der Population von eigentlichem Interesse, wobei es sich bei der Population nicht unbedingt um die Gesamtbevölkerung eines Landes handeln muss, sondern häufig Spezifikationen auf bestimmte Regionen, Altersklassen oder Geschlechter vorgenommen werden. So ist es z. B. nicht sinnvoll, den Verzehr von Lebensmitteln für Kleinkinder, Jugendliche, Erwachsene im arbeitsfähigen Alter und Senioren zusammen zu beschreiben, da der Nährstoffbedarf und die Wirkung gesundheitsschädlicher Stoffe in den einzelnen Altersklassen sehr unterschiedlich sind. In großen Studien strebt man an, die Verzehrsmengenverteilung für mehrere Teilpopulationen, die sich nicht überschneiden und in sich homogen sein sollten, separat zu beschreiben und somit auch einen Vergleich zwischen den Teilpopulationen zu ermöglichen.

Die genaue Bestimmung der Verzehrsmengenverteilung in der Population ist im Prinzip nur durch eine Totalerhebung erreichbar. Da eine Totalerhebung jeglichen Kostenrahmen sprengen würde und meist aus logistischen Gründen nicht realisierbar ist, muss eine Stichprobe aus der Population gezogen werden, für welche die Verzehrsmengenverteilung bestimmt wird. Die Verzehrsmengenverteilung der Stichprobe kann als eine Schätzung der entsprechenden Verteilung in der Population angesehen werden. Die Schätzung ist nur dann akzeptabel, wenn die Stichprobe ein gutes Abbild der Population darstellt. Eine akzeptable Abbildung ist gegeben, wenn die relativen Häufigkeiten von Untergruppen in der Stichprobe denen in der Population annähernd entsprechen. In einem solchen Fall nennt man die Stichprobe repräsentativ. In deutschen Bevölkerungsstudien werden meist die Proportionen von Geschlechts- und Altersklassen mit denen des Statistischen Bundesamtes verglichen, wobei Abweichungen von bis zu 5% toleriert werden.

Entscheidend bei der Planung einer Studie ist die Frage, wie man die Stichprobe ziehen muss, damit diese repräsentativ für die Zielpopulation (target population) ist. Eine universelle Möglichkeit zum Erreichen der Repräsentativität ist die randomisierte Ziehung, d.h. die Erzeugung einer so genannten einfachen Zufallsstichprobe (simple random sample). Nach einem Gesetz aus der Wahrscheinlichkeitstheorie strebt der Prozentsatz einer Teilgruppe in der Stichprobe mit wachsendem Stichprobenumfang gegen den Prozentsatz dieser Teilgruppe in der Population. Damit sichert die randomisierte Stichprobenziehung nicht nur die Proportionalität von Geschlechts- und Altersklassen, sondern auch die proportionale Verteilung von Studienteilnehmern hinsichtlich aller anderen denkbaren Klasseneinteilungen entsprechend den zumeist unbekannten Proportionen in der Grundgesamtheit. Eine wichtige Voraussetzung für diese generelle Repräsentativität ist allerdings, dass der Stichprobenumfang nicht zu klein gewählt wird, da ansonsten das Argument der Konvergenz wenig überzeugend ist. Ein Stichprobenumfang von 1000 ist sicher ausreichend, sofern keine sehr seltenen Untergruppen in der Stichprobe repräsentiert werden sollen. Bei einem Umfang von 100 hingegen können größere Abweichungen zwischen den Proportionen der Stichprobe und der Population bereits bei Klassenhäufigkeiten von 5–10% auftreten.

Leider ist es oft nicht möglich, eine einfache Zufallsstichprobe zu ziehen, da die technische Voraussetzung einer zentralen Datei, in der alle Personen der Zielpopulation zusammengefasst sind, nicht gegeben ist. Die Stichprobenziehung muss sich zwangsläufig nach der Verfügbarkeit von Personenregistern richten. In Deutschland sind es die Gemeinden, die Einwohnermeldekarteien verwalten, welche eine randomisierte Ziehung auf Gemeindeebene ermöglichen. Bundesweite Surveys, wie z. B. der vom Robert-Koch-Institut in Berlin durchgeführte Gesundheitssurvey, führen eine zweistufige Zufallsstichprobenziehung durch, bei der zunächst Gemeinden und dann Personen in den Gemeinden gezogen werden. Um die Repräsentativität hinsichtlich Alter und Geschlecht zu verbessern, wird nach Altersklassen und Geschlecht geschichtet gezogen, wobei die Proportionen der Schichten aus der Population übernommen werden. Abweichungen von den Proportionen, die sich nach der Stichprobenerhebung durch Absagen und Ausfälle von Personen ergeben, lassen sich durch eine anschließende Datengewichtung kompensieren. Prinzipiell haben mehrstufig gezogene Zufallsstichproben allerdings eine geringere Power als einfache Zufallsstichproben gleichen Umfangs. Deshalb wurden Korrekturfaktoren hergeleitet, mit deren Hilfe man den Powerverlust durch die Mehrstufigkeit des Ziehungsverfahrens abschätzen kann [5, 23].

Ein generelles Problem in Surveys ist die geringe Ausschöpfungsrate (response rate). Unter der Ausschöpfungsrate versteht man das Verhältnis der Anzahl tatsächlicher Studienteilnehmer (Umfang der Nettostichprobe) zur ursprünglich geplanten Teilnehmerzahl (Umfang der Bruttostichprobe). Die Ausschöpfungsrate großer nationaler Surveys liegt meist zwischen 60% und 70%, mit einer leicht fallenden Tendenz in den letzten Jahren. Eine niedrige Ausschöpfungsrate ist problematisch, da man davon ausgehen muss, dass sich Personen, die eine Studienteilnahme abgelehnt haben, von den Studienteilnehmern unterscheiden. Diese Unterscheidung kann sich auf soziale und demographische Charakteristika wie Bildungsstand, Einkommen und Familiengröße beziehen. Aber auch Unterschiede in der untersuchten Exposition, wie z. B. in den Aufnahmemengen toxikologisch relevanter Stoffe mit der Nahrung, sind nicht auszuschließen. Zwar wurden in einigen Surveys spezielle Untersuchungen in der Gruppe der Nichtteilnehmer (non-response analysis) vorgenommen, doch ist die Aussagekraft dieser ergänzenden Analysen beschränkt, da sie gleichfalls nicht den harten Kern der Totalverweigerer einbeziehen. Ungeachtet der Unwägbarkeiten sind verstärkte Anstrengungen zum Erreichen einer möglichst hohen Ausschöpfungsrate nötig, etwa durch verstärkte Propagierung der Studienziele, zeitnahe Übermittlung von Studienergebnissen oder durch finanzielle Aufwandsentschädigungen für die Studienteilnehmer.

**Kürze des Erfassungszeitraumes**

Für toxikologische und epidemiologische Fragestellungen ist die Quantifizierung einer dauerhaften Exposition häufig von primärer Bedeutung. Im Gegensatz dazu erfassen Erhebungsmethoden, wie die Doppelportionstechnik oder 24-Stunden-Erinnerungsprotokolle, nur den Lebensmittelverzehr über einen sehr kurzen Zeitraum. Es ist nicht möglich, von der beobachteten Kurzzeitexposition einer Person auf deren Langzeitexposition zu schließen. Der Lebensmittelverzehr an den Erhebungstagen kann vollkommen atypisch für den Probanden sein. Saisonale und kurzzeitige Schwankungen in den bevorzugten Lebensmitteln können starken Einfluss auf die verzehrten Mengen haben. Eine Reihe von Lebensmitteln, die der Proband selten isst, werden gewöhnlich bei einer kurzen Erfassungszeit nicht berücksichtigt.

Trotz der Unmöglichkeit individuelle Langzeitexpositionen durch Kurzzeitmessungen abzuschätzen, lässt sich durchaus die Verteilung der Langzeitexpositionen in der Population gut schätzen, sofern man über Wiederholungen der Kurzzeitmessungen verfügt. Dies klingt paradox, ist es aber keineswegs. Im folgenden Abschnitt wird ein geeignetes Schätzverfahren für diese in Ernährungssurveys typische Konstellation beschrieben.

### 11.2.3
**Schätzung von Verzehrsmengenverteilungen**

Die günstigsten Daten zur Verteilungsschätzung des Langzeitverzehrs sind ohne Zweifel individuelle Mittelwerte von exakt gemessenen Verzehrsmengen über alle Tage eines Jahres oder gar mehrerer Jahre bei einer großen Anzahl von zufällig gezogenen Personen aus der Population. Leider verfügt man in der Regel nicht über derart viele, einen langen Zeitraum vollständig überdeckende, Messungen, sondern eher über eine geringe Anzahl von Kurzzeitmessungen. Verwendet man die Mittelwerte der wenigen Kurzzeitmessungen zur Beschreibung der Langzeitexposition des Probanden, so muss man sich darüber im Klaren sein, dass diese Mittelwerte von der wahren Langzeitexposition mehr oder weniger stark abweichen können. Würde man die Untersuchung wiederholen und andere Erhebungstage wählen, so würden die berechneten mittleren Verzehrsmengen sicher nicht mit den zuvor bestimmten übereinstimmen. Die sich für ein Individuum ergebenden Mittelwerte bei mehrfacher Durchführung der Studie unterliegen also selbst noch einer Schwankung, d.h. sie enthalten einen gewissen Anteil der so genannten intra-individuellen Variation. Dieser Anteil wird groß sein, wenn nur zwei Erhebungstage geplant sind und wird mit wachsender Anzahl der Erhebungstage immer mehr abnehmen.

Tabelle 11.4 verdeutlicht dieses Problem. Hier ist die Verteilung des Gemüseverzehrs, berechnet mit wiederholten 24-Stunden-Erinnerungsprotokollen der Potsdamer EPIC-Kohorte, dargestellt. Von den zwölf Tagesmessungen, die sich zufällig über ein ganzes Jahr verteilten, wurden zunächst zwei, dann vier, acht und letztendlich alle zwölf Messwerte ausgewählt und zur Berechnung des mittleren Gemüseverzehrs für jeden Proband verwendet. Es ist deutlich erkennbar, dass die Verteilung der Mittelwerte bei nur zwei Tagesmessungen am weitesten ist, während sie mit steigender Anzahl von Erhebungstagen immer enger wird. So fällt die Standardabweichung, die das übliche Maß zur Beschreibung der Variation stetiger Messwerte ist, von 93 bei zwei Erhebungstagen auf 65 bei zwölf Erhebungstagen. Offenbar werden obere Verteilungskennwerte wie das 95. Perzentil bei geringer Anzahl von Messtagen klar überschätzt, während untere Verteilungskennwerte wie das 5. Perzentil unterschätzt werden. Es ist davon auszugehen, dass die Verteilung der Mittelwerte selbst bei Nutzung aller 12 Tagesmessungen immer noch zu weit ist und dass die gesuchte Langzeitverteilung stärker konzentriert sein muss.

**Tab. 11.4** Verteilung des Gemüseverzehrs: Verwendung gemittelter Verzehrsmengen und Schätzung der Verteilung des Langzeitverzehrs.

| Daten[1)] | P5 | P10 | P25 | P50 | P75 | P90 | P95 | AM | SD |
|---|---|---|---|---|---|---|---|---|---|
| 2 Tage | 30 | 49 | 92 | 143 | 207 | 269 | 338 | 157 | 93 |
| 4 Tage | 46 | 69 | 97 | 140 | 194 | 272 | 319 | 155 | 84 |
| 8 Tage | 57 | 79 | 104 | 138 | 206 | 251 | 300 | 156 | 72 |
| 12 Tage | 58 | 85 | 109 | 150 | 192 | 240 | 282 | 156 | 65 |
| Langzeit[2)] | 72 | 84 | 113 | 148 | 191 | 232 | 279 | 157 | 63 |

Pm = m-tes Perzentil, AM = arithmetischer Mittelwert, SD = Standardabweichung.
1) Datengrundlage sind wiederholte 24-Stunden-Erinnerungsprotokolle, die 1995/96 von 134 Teilnehmern der Potsdamer EPIC-Kohorte erhoben wurden.
2) Die Langzeitverteilung wurde mit dem im Text beschriebenen Stauchungsverfahren bestimmt, wobei nur zwei 24-Stunden-Erinnerungsprotokolle genutzt wurden.

Wie kann man die Langzeitverteilung schätzen, ohne dass man eine große Anzahl von Wiederholungsmessungen durchführen muss? Ein effizienter Ansatz zur Lösung dieses Problems beruht auf einem statistischen Verfahren, bei dem die Standardabweichung der gemittelten Messungen auf die geschätzte Standardabweichung der Langzeitverteilung gestaucht wird. Zur Beschreibung des Verfahrens benötigt man einige Symbole und statistische Beziehungen. Bezeichne $T_i$ die unbekannte Langzeitaufnahme der $i$-ten Person und $X_{ij}$ die $j$-te Kurzzeitmessung für diese Person, so gilt formal die Zerlegung

$$X_{ij} = T_i + \varepsilon_{ij} \,,$$

wobei $\varepsilon_{ij}$ ein zufälliger Fehler mit einer Standardabweichung von $\sigma_\varepsilon$ ist. Wenn man nun $k$ Wiederholungen der Kurzzeitmessung vornimmt und davon das arithmetische Mittel bildet, so lässt sich dieses Mittel wiederum in zwei Komponenten zerlegen, nämlich

$$\bar{X}_{i.} = T_i + \bar{\varepsilon}_{i.} \,.$$

Bezeichne $\sigma_X$ die Standardabweichung des Mittelwertes und $\sigma_T$ die unbekannte Standardabweichung der Langzeitexposition in der Population, so muss wegen der oberen Mittelwertdarstellung die folgende Varianzzerlegung gelten:

$$\sigma_X^2 = \sigma_T^2 + \frac{1}{k}\sigma_\varepsilon^2 \,.$$

Damit ist der benötigte Stauchungsquotient darstellbar als

$$q = \frac{\sigma_T}{\sigma_X} = \frac{\sqrt{\sigma_X^2 - \frac{1}{k}\sigma_\varepsilon^2}}{\sigma_X}.$$

Die beiden auf der rechten Seite vorkommenden Varianzen lassen sich aus den wiederholten Kurzzeitmessungen mittels der statistischen Prozedur ANOVA schätzen. Somit erhält man auch einen Schätzwert für den Stauchungsquotient $q$, mit dem man die individuellen Mittelwerte der Wiederholungsmessungen an den Mittelwert aller Messungen heranzieht, gemäß der Formel

$$Z_i = \hat{q}(\bar{X}_{i.} - \bar{X}_{..}) + \bar{X}_{..}.$$

Die gestauchten individuellen Mittelwerte $Z_i$ stellen die Daten dar, mit denen man die Langzeitverteilung der Population schätzt. Das Ergebnis des dargestellten Stauchungsverfahrens ist in der untersten Zeile von Tabelle 11.4 am Beispiel des Gemüseverzehrs wiedergegeben. Dabei wurden nur zwei 24-Stunden-Erinnerungsprotokolle verwendet und die Verzehrsmengen der zehn anderen Erhebungstage nicht berücksichtigt. Man erkennt, dass wie erwartet die geschätzte Langzeitverteilung noch stärker konzentriert ist als die Mittelwertverteilung bei zwölf Wiederholungsmessungen. Würde man das Stauchungsverfahren auf die Mittelwerte aller zwölf Tagesmessungen anwenden, so ergäbe sich eine ähnliche Verteilung, wobei der Stauchungsquotient größer ist, d.h. die Stauchung etwas schwächer ausfällt.

Das Stauchungsverfahren ist etwas vereinfacht dargestellt worden und sollte in dieser Form nur angewendet werden, wenn die Kurzzeitmessungen annähernd normalverteilt sind oder zumindest eine symmetrische Verteilung aufweisen. Bei schiefen Verteilungen ist zunächst eine Datentransformation notwendig, um die Symmetrie zu erreichen. Nach Bildung der individuellen Mittelwerte und Stauchung auf Basis der transformierten Daten erfolgt eine Rücktransformation auf die Originalskala. Dieses universell anwendbare Verfahren wurde von Wissenschaftlern der Iowa-Universität entwickelt [31] und ist unter dem Namen Nusser-Methode bekannt. Entsprechende Softwarepakete, SIDE und C-SIDE, werden von der Iowa-Universität vertrieben. Für europäische Ernährungssurveys wurde ein simplifiziertes Nusser-Verfahren konzipiert [20], welches ohne spezielle Softwarepakete auskommt.

Da das Stauchungsverfahren bereits bei zwei Kurzzeitmessungen anwendbar ist, geht die Tendenz dahin, für neue Ernährungssurveys nur zwei 24-Stunden-Erinnerungsprotokolle zu erheben [2, 7] und damit eine deutliche Kostenersparnis gegenüber früheren Surveys zu erreichen. Um aber eine gute Verteilungsschätzung des Langzeitverzehrs aus den zwei Tagesaufnahmen zu bestimmen, ist es notwendig, dass sowohl die Probanden repräsentativ für die Population als auch die Erhebungstage repräsentativ für eine lange Expositionszeit sind. Für Letzteres sollte man die beiden Erhebungstage randomisiert über ein ganzes Jahr ziehen, um sicher zu stellen, dass der relative Anteil von den einzelnen Wochen- und Wochenendtagen etwa 1/7 ist und die Erhebungen sich gleichmäßig auf die vier Jahreszeiten verteilen.

## 11.3
### Kopplung von Verzehrs- und Konzentrationsdaten

Die Gesamtmenge eines Stoffes, der durch eine Person mit der Nahrung aufgenommen wird, ergibt sich formal als Summe aller über die einzelnen Lebensmittel aufgenommenen Stoffanteile, d. h.

$$\text{Stoffaufnahme} = \sum_{\text{Lebensmittel}} \text{Stoffkonzentration} \cdot \text{Verzehrsmenge}.$$

Diese einfache Summenformel ist anwendbar, wenn man von einer Person die verzehrten Mengen der einzelnen Lebensmittel kennt und zugleich die Stoffkonzentrationen in den tatsächlich konsumierten Lebensmitteln misst. Eine derart vollständige Information über die individuellen Verzehrsmengen und die dazugehörenden Konzentrationsdaten besitzt man in der Regel jedoch nicht. Einzige Ausnahme sind Daten, die mit der Doppelportionstechnik (vgl. Abschnitt 11.2.1) gewonnen wurden. Aufgrund der hohen Kosten und dem großen logistischen Aufwand scheidet die Doppelportionstechnik als anwendbare Methode in der Praxis meist jedoch von vornherein aus.

Weitaus kostengünstiger als die Doppelportionstechnik ist der Rückgriff auf vorhandene Datenquellen. Hier stehen zum einen Daten aus Ernährungssurveys zur Verfügung, welche die individuellen Verzehrsmengen von Lebensmitteln in einer Population beschreiben. Zum anderen werden zunehmend Datenbanken aufgebaut, die Messungen der Stoffkonzentration in einzelnen Lebensmittelproben enthalten. Bei Nährstoffen existieren schon seit langem nationale Datenbanken, die ständig aktualisiert und erweitert werden. In Deutschland ist es der Bundeslebensmittelschlüssel (BLS), der vom Bundesinstitut für Verbraucherschutz und Veterinärmedizin herausgegeben wird [9]. Für bisher nicht untersuchte Stoffe, darunter verschiedene Kontaminanten und bei starker zeitlicher Veränderung der Lebensmittel wird man gegebenenfalls neue Konzentrationsmessungen vornehmen müssen. Das Problem besteht nun darin, Daten zum Lebensmittelverzehr mit Daten zur Stoffkonzentration miteinander zu koppeln, um die individuelle Stoffaufnahme in ihrer gesamten Variation so gut wie möglich zu schätzen.

Um das Problem der Datenkopplung zu veranschaulichen, soll ein einfaches Beispiel mit fiktiven Daten herangezogen werden. Bei zehn Personen aus einer Studie sei mittels der Doppelportionstechnik deren durchschnittlicher Verzehr von Äpfeln in g/Tag erfasst worden sowie die Konzentration von Carbaryl, einem zu den Carbamaten zählenden Insektizid, in den Äpfeln bestimmt worden (Tab. 11.5). Man kann durch Multiplikation der Verzehrsmenge mit der Carbarylkonzentration für jede einzelne Person deren aufgenommene Carbarylmenge ermitteln. Daraus ergibt sich eine Aufnahmeverteilung für Carbaryl, die man zum Schätzen verschiedener statistischer Kennwerte verwenden kann. Für die Daten aus Tabelle 11.5 erhält man eine mittlere Aufnahmemenge von 0,078 mg/Tag bei einer Standardabweichung von 0,065.

**Tab. 11.5** Carbarylaufnahme durch Verzehr von Äpfeln (fiktive Daten).

|  | Apfelverzehr (g/Tag) | Carbarylkonzentration (mg/kg) | Carbarylaufnahme (mg/Tag) |
|---|---|---|---|
| 1. Person | 20 | 0,6 | 0,012 |
| 2. Person | 40 | 0,3 | 0,012 |
| 3. Person | 60 | 0,8 | 0,048 |
| 4. Person | 80 | 1,5 | 0,120 |
| 5. Person | 100 | 0,1 | 0,010 |
| 6. Person | 120 | 0,2 | 0,024 |
| 7. Person | 140 | 0,9 | 0,126 |
| 8. Person | 160 | 0,7 | 0,112 |
| 9. Person | 180 | 1,1 | 0,198 |
| 10. Person | 200 | 0,6 | 0,120 |
| Mittelwert | 110 | 0,68 | 0,078 |
| Standardabweichung | 61 | 0,43 | 0,065 |

Man stelle sich nun vor, dass die Verzehrsmengen und die Carbarylkonzentrationen nicht bei ein und den gleichen Personen bestimmt wurden, sondern dass vielmehr zwei unterschiedliche Studien vorliegen, die getrennte Verzehrs- und Konzentrationsdaten bereitstellen. Es gibt also keine Zuordnung mehr zwischen einer Verzehrsmenge und einer Konzentrationsmessung. Wie kann man nun vorgehen, um die beiden Datenbestände zu verknüpfen? Ziel der Verknüpfung muss es sein, eine möglichst gute Schätzung der Aufnahmeverteilung von Carbaryl abzuleiten und zwar ohne Kenntnis der Datenzuordnung.

Prinzipiell gibt es drei verschiedene Ansätze der Datenkopplung, die sich hinsichtlich ihrer Genauigkeit und dem notwendigen Rechenaufwand voneinander unterscheiden. Dies sind:
- deterministischer Ansatz,
- semiprobabilistischer Ansatz,
- probabilistischer Ansatz.

Auf die einzelnen Verfahren soll im Folgenden näher eingegangen werden.

### 11.3.1
**Deterministisches Verfahren**

Beim deterministischen Ansatz behandelt man sowohl die verzehrte Lebensmittelmenge als auch die Stoffkonzentration im Lebensmittel als Konstante, d. h. man ignoriert sämtliche Variationen. Für die Wahl der Konstanten bieten sich aus der Statistik bekannte Lagemaße an, wie das arithmetische Mittel, das geometrische Mittel oder der Median. Wendet man zum Beispiel auf die Daten aus Tabelle 11.5 das arithmetische Mittel an, so ergibt sich ein mittlerer Apfelverzehr über alle zehn Personen von 110 g/Tag und eine mittlere Carbarylkonzentration von 0,68 mg/kg. Im deterministischen Ansatz werden die Mengenkonstante und die Konzentrationskonstante einfach miteinander multipliziert. Dies ergibt beim Carbaryl-Beispiel einen Wert von 0,075 mg/Tag, der als mittlere Aufnahmemenge von Carbaryl über das Lebensmittel Apfel interpretiert werden kann. Er unterscheidet sich offenbar nur geringfügig vom wirklichen Mittelwert 0,078 mg/Tag. Wenn man nach gleichem Schema die mittlere Carbarylaufnahme über andere Lebensmittel bestimmt, wobei man sich auf die Carbaryl enthaltenden Lebensmittel, wie z. B. Äpfel, Birnen, Pfirsiche und Nektarinen, beschränken kann, so kann man durch Summation dieser Mittelwerte die durchschnittliche Gesamtaufnahme von Carbaryl abschätzen.

Die Schwäche des deterministischen Ansatzes besteht darin, dass er nur geeignet ist, einen einzelnen Kennwert der Stoffaufnahme-Verteilung zu schätzen. Natürlich kann man alternativ zum Mittelwert andere Konstanten für die Verzehrsmenge und für die Stoffkonzentration einsetzen, allerdings ist das Ergebnis dann nicht direkt interpretierbar. Dies kann man am Beispiel nicht zentraler Perzentile gut erkennen. Multipliziert man das 95. Perzentil der Verzehrsmengenverteilung mit dem 95. Perzentil der Konzentrationsverteilung, so ergibt sich ein Wert, der deutlich größer als das 95. Perzentil der Aufnahmeverteilung sein kann, dessen genaue Position in der Verteilung man aber nicht kennt. So ist das Produkt der 95. Perzentile beider Ausgangsverteilungen im Beispiel gleich 0,3 mg/Tag und entspricht dem ungünstigsten Fall (worst-case), dass die Person 10 mit dem höchsten Apfelverzehr auch die Äpfel mit der höchsten gemessenen Carbarylkonzentration konsumiert. Das tatsächliche 95. Perzentil der Verteilung der Carbarylaufnahme ist mit 0,198 mg/Tag jedoch deutlich kleiner.

Generell kann man feststellen, dass das deterministische Verfahren zu einer sehr groben Abschätzung der Stoffaufnahme hoch belasteter Personen in der Population führt. Da es sich um eine Überschätzung der wirklichen Exposition handelt, ist man auf der sicheren Seite, wenn man mit diesen Überschätzungen weitergehende Risikobetrachtungen vornimmt. Dieses konservative Vorgehen, das „worst-case"-Szenarien ähnelt, bietet sich als vorausgehende Untersuchung an, da es einfach ist und keine großen Kosten verursacht. Mehrfache Anwendung des deterministischen Verfahrens, die sich aufgrund der Kontamination verschiedener Lebensmittel in der Regel nicht vermeiden lässt, kann allerdings mit einer erheblichen Überschätzung der Stoffaufnahme hoch Belasteter verbunden sein.

Der deterministische Ansatz wurde früher zur Bestimmung theoretischer Maxima bei Lebensmittelzusatzstoffen [11] und bei Aromastoffen [4] angewendet. Unter dem theoretischen Maximum versteht man einen Wert, der aus theoretischen Überlegungen hergeleitet wurde und über dem zu erwartenden Maximum liegt. So wurden im Fall der Aromastoffe sehr große Mengenkonstanten von 160 g/Tag für aromatisierte Lebensmittel und 324 g/Tag für aromatisierte Getränke angesetzt sowie für den jeweils untersuchten Aromastoff der maximal zugelassene Konzentrationswert verwendet [4]. Der sich so ergebende Wert für die aufgenommene Menge des Aromastoffs liegt in der Regel deutlich über der maximalen bisher gemessenen Aufnahmemenge. Es ist allerdings nicht klar, wie groß das Maß der Überschätzung ist, da die unterschiedlich häufige Verwendung der einzelnen Aromastoffe in den Lebensmitteln genauso wie die Angaben der Produkthersteller und deren Marktanteile keine Berücksichtigung finden. Ergeben sich mit dem deterministischen Verfahren theoretische Maxima, die aus gesundheitlicher Sicht unbedenklich sind, so sind in der Regel keine weiteren Abschätzungen notwendig. Im umgekehrten Fall, d.h. wenn deterministisch bestimmte theoretische Maxima gesundheitlich bedenklich erscheinen weil sie z.B. knapp unter oder sogar über dem ADI-(acceptable daily intake-)Wert liegen, sollte ein genaueres Verfahren zur quantitativen Abschätzung hoher Aufnahmemengen verwendet werden.

### 11.3.2
**Semiprobabilistisches Verfahren**

Im Unterschied zum deterministischen Ansatz werden hier die individuellen Verzehrsmengen nicht durch eine einzelne Konstante charakterisiert, sondern bleiben in ihrer vollen Variation erhalten. Man geht demzufolge von einer Verteilung der individuellen Verzehrsmengen aus, die durch Multiplikation mit einer Konzentrationskonstanten in eine Verteilung der Stoffaufnahmemengen übergeht. Beim semiprobabilistischen Verfahren ist das $m$-te Perzentil der Aufnahmeverteilung stets proportional zum $m$-ten Perzentil der Verzehrsmengenverteilung, wobei die Konzentrationskonstante der Proportionalitätsfaktor ist. Üblicherweise wählt man als Konzentrationskonstante die mittlere Konzentration aller Messungen. Auch Konzentrationsdaten aus Datenbanken wie der deutschen Nährstoffdatenbank BLS stellen Mittelwerte dar, die sich für das semiprobabilistische Verfahren eignen.

Für das Beispiel ergibt sich eine mittlere Carbarylkonzentration von 0,68 mg/kg, mit der man die individuellen Verzehrsmengen an Äpfeln multiplizieren muss. Der Mittelwert der so berechneten Aufnahmemengen ist 0,075 mg/Tag und damit identisch mit dem Mittelwert, der sich bei dem deterministischen Verfahren ergab. Im Gegensatz zum deterministischen Ansatz kann man jedoch jetzt auch Perzentile der Aufnahmeverteilung schätzen, indem man die entsprechenden Perzentile der Verzehrsmengenverteilung mit der Konzentrationskonstanten 0,68 multipliziert. Für das 90. und das 95. Perzentil der Carbarylaufnahme erhält man so Werte von 0,129 mg/Tag bzw. 0,136 mg/Tag, die allerdings die beobachteten Perzentile der Aufnahmeverteilung unterschätzen (Tab. 11.6). Der Gefahr der Unterschätzung hoher Perzentile kann man entgegenwirken, indem man eine größere Carbarylkonstante als die mittlere Konzentration verwendet. Allerdings führt ein solches Vorgehen schnell zur Überschätzung kleiner Perzentile.

Eine Schwachstelle des semiprobabilistischen Ansatzes ist die systematische Unterschätzung der Variabilität der Stoffaufnahme, da die Variation der Stoffkonzentration nicht berücksichtigt wird. Erkennbar ist diese Unterschätzung an der Standardabweichung der Stoffaufnahme, die sich bei diesem Ansatz als Produkt der Standardabweichung der Verzehrsmengen und der Konzentrationskon-

**Tab. 11.6** Geschätzte Kennwerte der Carbarylaufnahme: Vergleich verschiedener Verfahren der Datenkopplung.

|  | AM | SD | P90 | P95 |
| --- | --- | --- | --- | --- |
| Beobachtete Daten | 0,078 | 0,065 | 0,162 | 0,198 |
| Deterministisches Verfahren | 0,075 |  |  |  |
| Semiprobabilistisches Verfahren | 0,075 | 0,041 | 0,129 | 0,136 |
| Probabilistisches Verfahren | 0,075 | 0,064 | 0,161 | 0,204 |

AM = arithmetischer Mittelwert, SD = Standardabweichung,
Pm = m-tes Perzentil.

stanten ergibt. Im Carbarylbeispiel ist die Standardabweichung der Aufnahmemengen nach Anwendung des beschriebenen Verfahrens gleich 0,041, während die der beobachteten Aufnahmeverteilung 0,065 ist (Tab. 11.6).

Das semiprobabilistische Verfahren, mitunter auch Verfahren der einfachen Verteilung (simple distribution) genannt, wurde z. B. von der EPA (Environmental Protection Agency) zur Quantifizierung akuter Ernährungsexposition angewendet. Es ist für Expositionsabschätzungen von toxikologisch relevanten Stoffen, die in bestimmten Lebensmitteln in annähernd gleich bleibender Konzentration vorkommen, geeignet. Bestimmte Kontaminanten, wie beispielsweise Pestizide, können allerdings in sehr unterschiedlicher Konzentration in einem Lebensmittel vorhanden sein. So wurden maximale Carbarylkonzentrationen in einzelnen Birnen gefunden, die das 20 fache der mittleren Carbarylkonzentration in diesem Lebensmittel übertrafen [18]. Für solche Schadstoffe muss die Variation der Konzentration in der Expositionsabschätzung Berücksichtigung finden.

## 11.3.3
### Probabilistisches Verfahren

Bei diesem Ansatz werden sowohl die individuelle Verzehrsmenge als auch die Stoffkonzentration im Lebensmittel als variierende Größen betrachtet. Die Aufnahmeverteilung des Stoffes wird demzufolge nicht nur durch die Verteilung der Verzehrsmengen bestimmt, sondern auch durch die Verteilung der Konzentrationen. Da für das probabilistische Verfahren keine mathematische Formel existiert, mit deren Hilfe man die Perzentile der Aufnahmeverteilung aus den Perzentilen der Verzehrs- und Konzentrationsverteilungen bestimmen kann, muss man die Aufnahmeverteilung durch Simulation erzeugen. Dies kann man sich so vorstellen, dass jede mögliche Verzehrsmenge mit jeder möglichen Stoffkonzentration kombiniert wird und für jede Kombination das Produkt von Menge und Konzentration gebildet wird. Die sich ergebende Verteilung der Produkte stellt eine Schätzung der unbekannten Aufnahmeverteilung dar. Kommen bestimmte Mengen- oder Konzentrationswerte in den Ausgangsdaten gehäuft vor, so müssen diese auch entsprechend häufig simuliert werden. Die Simulation muss die beobachteten Verzehrs- und Konzentrationsverteilungen so gut wie möglich abbilden. Die eben beschriebene Vorgehensweise, Variabilität von Eingangsdaten zu simulieren, um Variabilität von Ausgangsdaten zu erzeugen, wird manchmal Monte-Carlo-Methode genannt [33]. Die Monte-Carlo-Methode stellt heute ein eigenständiges Gebiet der experimentellen Mathematik dar, in dem Experimente durch die Erzeugung von Zufallszahlen nachgestellt werden und komplexe Zusammenhänge durch die computergestützte Verarbeitung der Zufallszahlen abgebildet werden [28].

Im Beispiel aus Tabelle 11.5 gibt es zehn verschiedene Verzehrsmengen und neun verschiedene Carbarylkonzentrationen, von denen eine doppelt vorkommt. Folglich gibt es bei Berücksichtigung der doppelt beobachteten Konzentration 100 Kombinationen und 100 mögliche Aufnahmemengen für Carbaryl, wenn man wiederum von der Unkenntnis der Zuordnung der Messwerte zu den zehn Personen ausgeht. Mit den 100 Produktwerten erhält man eine simulierte Aufnahmeverteilung, die zur Schätzung von Kennwerten geeignet ist. Der Mittelwert der Stoffaufnahme ist analog zu den beiden vorhergehenden Ansätzen gleich 0,075 mg/Tag. Die Standardabweichung als übliches Maß für die Variation beträgt 0,064 und entspricht somit etwa der wahren Standardabweichung von 0,065. Auch das 95. Perzentil der simulierten Aufnahmeverteilung ist mit 0,204 nur geringfügig größer als das der beobachteten Carbarylaufnahme. Das 90. Perzentil der simulierten Aufnahmeverteilung liegt gleichfalls nahe am 90. Perzentil der beobachteten Aufnahmeverteilung (Tab. 11.6).

Das probabilistische Verfahren ist die einzige Methode der Datenkopplung, mit der man Aufnahmeverteilungen von toxikologisch relevanten Stoffen über den Ernährungspfad hinreichend gut schätzen kann. Sie ist universell anwendbar und kann sowohl für die Expositionsabschätzung als auch zur Einschätzung des Nutzens möglicher Präventivmaßnahmen herangezogen werden. Allerdings erfordert die Umsetzung des probabilistischen Verfahrens den Zugriff auf umfangreiche Dateien verschiedener Quellen und den Einsatz spezieller Software zur Datensimulation. Die Einsicht und der Wunsch, diesen sehr komplexen Ansatz möglichst schnell und wirksam in der Praxis anwenden zu können, hat zur Förderung entsprechender Forschungsvorhaben in internationaler Kooperation geführt. Hier ist vor allem das im Jahr 2000 begonnene Projekt „Monte Carlo" zu nennen. In diesem Projekt wurde kommerziell verfügbare Software zur probabilistischen Modellierung wie @RISK [32] genutzt und durch weitere Programmbausteine ergänzt, die verschiedene Besonderheiten der benötigten Daten und Datenstrukturen berücksichtigen. Erste Validierungsstudien im Monte-Carlo-Projekt haben gezeigt, dass die mit dem probabilistischen Ansatz erhaltenen Schätzungen für hohe Perzentile etwas größer als die wirklichen Stichprobenperzentile sind, aber zugleich die deterministischen Punktschätzungen deutlich unterbieten. Für verschiedene Pestizide war der mit dem deterministischen Ansatz berechnete Wert mehr als 50fach größer als der probabilistisch ermittelte. Dies zeigt, dass die Berücksichtigung der Variabilität von Verzehrsmengen und Konzentrationsdaten bei der Datenkopplung zu deutlich realistischeren Schätzungen aufgenommener Stoffmengen führt.

**Tab. 11.7** Ergänzungen zum probabilistischen Verfahren.

| Aspekt | Problembeschreibung | Vorgehen |
| --- | --- | --- |
| Empirische oder parametrische Verzehrsverteilung | Simulation der Verzehrsvariabilität mit der empirischen Verteilung erzeugt häufig keine hohen Verzehrsmengen | bevorzugte Verwendung parametrischer Verteilungen bei kleinen und mittleren Stichproben |
| Differenzierung nach Markennamen | Große Unterschiede in der Stoffkonzentration zwischen verschiedenen Produktmarken ein und des gleichen Lebensmittels | zweistufige Simulation: zunächst der Absatzverteilung der Marken und dann der markenspezifischen Stoffkonzentration |
| Nichtkonsumenten und Nullkonzentrationen | Verzehrs- und Konzentrationsdaten mit Häufungen der Null lassen sich nicht gut durch parametrische Verteilungen anpassen. | separate Schätzung der Verteilung ohne Nullhäufung und anschließende Mischung mit der geschätzten Nullhäufigkeit |
| Typische Lebensmittelkombinationen | Bestimmte Lebensmittel werden häufig zusammen oder alternativ konsumiert, so dass deren Verteilungen voneinander abhängen. | Simulation der Verzehrskombination von Lebensmitteln unter Berücksichtigung der Abhängigkeitsstruktur |
| Genauigkeit und Sensitivität der geschätzten Aufnahmeverteilung | Die Genauigkeit der geschätzten Aufnahmeverteilung hängt stark von den getroffenen Annahmen und den verfügbaren Daten ab | wiederholte Simulation der Aufnahmeverteilung unter gleichen und unter veränderten Annahmen |

Im fiktiven Beispiel der Carbarylaufnahme wurde das probabilistische Verfahren etwas vereinfacht dargestellt. Einige der bisher nicht beachteten Aspekte und Komplikationen sowie mögliche Erweiterungen des Verfahrens sind in Tabelle 11.7 zusammengestellt und sollen nachfolgend beschrieben werden.

**Empirische oder parametrische Verzehrsmengenverteilung**
Es ist naheliegend, die empirische Verteilung, d. h. die tatsächlich beobachtete Verteilung der Verzehrsmengen, zu simulieren. Allerdings wird im Fall kleiner Stichproben die Variabilität des Verzehrs in der Zielpopulation nur unzureichend widergespiegelt. Die Spannweite, definiert als Differenz zwischen maximaler und minimaler Verzehrsmenge, sowie die Differenz extremer Perzentile werden in der Population deutlich größer sein als in den erfassten Verzehrsdaten. Dies ist bedenklich, da sich Expositionsabschätzungen für Risikoanalysen auf hohe Populationsperzentile beziehen sollten, die durch empirische Verteilungen eventuell nicht überdeckt werden.

Eine andere Möglichkeit ist die Simulation so genannter parametrischer Verteilungen, die sich über den gesamten Bereich möglicher Verzehrsmengen erstrecken. Parametrische Verteilungen sind theoretische Verteilungen der Statistik, die sich durch Formeln beschreiben lassen. Die Anpassung einer theoretischen Verteilung an vorhandene Daten erfolgt über die freien Parameter, die durch die Stichprobe geschätzt werden. Damit sind parametrische Verteilungen immer geglättet und weniger empfindlich gegenüber Ausreißern im Datenmaterial als empirische Verteilungen. Bekannte parametrische Verteilungen sind die auf C. F. Gauss zurückgehende Normalverteilung, die Lognormalverteilung und die Gammaverteilung. Im Rahmen des Monte-Carlo-Projekts wurde eine Reihe von parametrischen Verteilungen zur Modellierung von 35 verschiedenen Lebensmitteln verwendet. Beim anschließenden Vergleich der Anpassungsgüte zeigte sich, dass vor allem die Lognormalverteilung und die Pearson-VI-Verteilung zur Beschreibung von Verzehrsmengenverteilungen gut geeignet sind [14, 26]. Die in anderen Anwendungsgebieten häufig verwendete Normalverteilung schnitt bei diesem Vergleich weniger gut ab, da sie die Schiefe der Verzehrsmengenverteilung nicht widerspiegeln kann.

**Differenzierung nach Markennamen**
Da die Stoffkonzentration in einem Lebensmittel stark von dem jeweiligen Produkt und vom Produkthersteller abhängt, könnte eine Differenzierung der Verzehrsmengen eines Lebensmittels nach Markennamen zu einer verbesserten Schätzung der Stoffaufnahmeverteilung führen. Eine Datenerfassung auf Markenebene (brand level) würde zudem den Vorteil haben, dass Angaben des Produktherstellers auf der Produktverpackung und Labormessungen der Lebensmittelindustrie verwendet werden können. Unterschiede zwischen Stoffkonzentrationen in verschiedenen Lebensmittelmarken können bei hoher Markentreue (brand loyalty) eine starke inter-individuelle Variation in der aufgenommenen Stoffmenge nach sich ziehen; selbst in dem Fall, dass der Verzehr des Lebensmittels in der Population wenig variiert. Die Erfassung der Konzentrationsdaten auf Markenebene muss durch Angaben zur Markenpräsenz ergänzt werden, da sicher der Einfluss einiger weniger Markenführer dominant ist und Marken mit geringerem Verbreitungsgrad eine kleinere Gewichtung erhalten müssen. Die Einbindung der genaueren Information zur markenspezifischen Stoffkonzentration in das probabilistische Verfahren erfolgt durch eine zweistufige Simulation. Erst wird die Marke randomisiert erzeugt, dann die Stoffkonzentration. Ersteres erfolgt auf Grundlage der Verkaufszahlen der Marken (Markenverteilung), Letzteres aufgrund der markenspezifischen Konzentrationsverteilung.

Die technischen Voraussetzungen für die automatisierte Erfassung markenspezifischer Verzehrsmengen sind heute vorhanden. Der Studienteilnehmer müsste die gekauften Lebensmittel durch ein Barcode-Lesegerät protokollieren und den Anteil der verzehrten Mengen benennen. Allerdings ist es schwierig, nicht verpackte oder außer Haus verzehrte Lebensmittel detailliert zu erfassen. Ein weiteres Hindernis ist der technische Aufwand der Datenerfassung, der dazu führen kann, dass vor allem ältere und technisch weniger erfahrene Personen an der Studie nicht teilnehmen wollen und als Folge die gezogene Stichprobe nicht repräsentativ ist.

**Nichtkonsumenten und Nullkonzentrationen**

Bestimmte Lebensmittel werden nur von einem Teil der Bevölkerung konsumiert. Dazu gehören vor allem alkoholische Getränke wie Bier, Wein, Sekt, Likör, Weinbrand und Whisky. Aber auch Lebensmittel wie Fleisch und Wurst, Milch und Milchprodukte, Pilze oder Knoblauch werden von Teilen der Zielpopulation grundsätzlich nicht verzehrt. Der Anteil der Nichtkonsumenten kann dabei in Abhängigkeit von der untersuchten Altersklasse, dem Geschlecht oder der betreffenden Region stark variieren und durchaus in speziellen Studien über 50% liegen. Das probabilistische Verfahren muss neben den Konsumenten eines Lebensmittels auch die Gruppe der Nichtkonsumenten berücksichtigen, so dass die geschätzte Aufnahmeverteilung für die Population den Anteil der Nichtkonsumenten adäquat widerspiegelt.

Die typischen parametrischen Verteilungen zur Modellierung stetiger Variablen wie Normal-, Lognormal- oder Gammaverteilung sind nicht geeignet, Einzelwerten wie der Null ein höheres Gewicht zuzuordnen. Verzehrsdaten, die viele Nullwerte enthalten, lassen sich deshalb nicht gut durch parametrische Standardverteilungen anpassen. Man kann aber durch ein zweistufiges Vorgehen eine gute Anpassung erreichen. In der ersten Stufe wird die Verzehrsmengenverteilung der Konsumenten durch eine parametrische Funktion angepasst und in der zweiten Stufe wird diese mit der auf der Null konzentrierten Einpunktverteilung gemischt. Das Mischungsverhältnis spiegelt die Proportionen der Konsumenten und Nichtkonsumenten in der Stichprobe wider. Wenn man gemäß dieser Mischverteilung im Rahmen des probabilistischen Verfahrens Nullwerte und positive Verzehrsmengen simuliert, so ergibt sich nach Kopplung mit den Konzentrationsdaten eine Aufnahmeverteilung, die als Schätzung für die gesamte Population betrachtet werden kann. Verwendet man empirische Verteilungen, so ist eine Mischung von Verteilungen nicht nötig, da man hier Nullwerte genauso wie positive Verzehrsmengen behandelt und entsprechend der beobachteten Häufigkeit randomisiert erzeugt.

Allerdings stehen nicht immer geeignete Daten zur Verfügung, um Nichtkonsumenten sicher zu identifizieren. Dies gilt insbesondere für Verzehrserhebungen, die auf 24-Stunden-Erinnerungsprotokolle oder Verzehrsprotokolle zurückgreifen. In solchen Studien wird beispielsweise der Anteil der Personen, die während der wenigen Protokolltage keine alkoholischen Getränke zu sich nehmen, weit höher als der Anteil der Abstinenzler in der Population sein. Es wäre fatal, die empirische Verteilung der Kurzzeitmessungen für die Simulation der Verzehrsdaten zu verwenden, da der Anteil der Nichtkonsumenten systematisch überschätzt wird. Eine Möglichkeit, das methodische Problem zu umgehen, besteht in der zusätzlichen Befragung der Probanden, ob sie bestimmte Lebensmittel generell nicht konsumieren. Mit dieser Information kann man die Konsumenten von den Nichtkonsumenten trennen. Aus den separierten Kurzzeitmessungen der Konsumenten lässt sich anschließend eine Langzeitverteilung schätzen (s. Abschnitt 11.2.3), die mit Nullwerten der Nichtkonsumenten zu mischen ist.

Mit einem ähnlichen Problem kann man bei der Modellierung und Simulation von Konzentrationsdaten konfrontiert werden. Auch hier können gehäuft Nullwerte auftreten, die eine gute Anpassung durch eine parametrische Verteilung verhindern. Formal kann man wiederum die Parameter der theoretischen Verteilung aus den positiven Daten schätzen und anschließend diese Verteilung mit der auf Null konzentrierten Einpunktverteilung mischen. Jedoch kommt bei Konzentrationsdaten erschwerend hinzu, dass gemessene Nullkonzentrationen keine wirklichen Nullwerte darstellen, sondern vielmehr Konzentrationen sind, die unter der Bestimmungsgrenze (BG) der verwendeten Analytik liegen. Ist die Analytik nicht geeignet, um den für die Stoffkonzentration relevanten Messbereich zu überdecken, so kann ein großer Teil der Messungen unter der BG liegen. Dies trifft beispielsweise für die gemessenen Chrom- und Nitratkonzentrationen im 2. Umweltsurvey zu (Tab. 11.2). Deutet man die unter der BG liegenden Konzentrationen als Nullwerte, so wird die mittlere Stoffkonzentration und damit auch die mittlere Aufnahmemenge unterschätzt. Werden die unterhalb der BG liegenden Konzentrationen gleich der BG gesetzt, ergibt sich eine Überschätzung. Der vermeintlich goldene Mittelweg, Konzentrationen unterhalb der BG als 0,5 BG zu verrechnen, führt in der Regel ebenfalls zu einer Verzerrung und zwar zu einer moderaten Unterschätzung. Aufgrund der annähernden Lognormalität vieler Konzentrationsverteilungen erweist sich ein etwas höherer Wert, nämlich 0,7 BG als besser [17]. Eine für das probabilistische Verfahren prädestinierte Behandlung der unter der BG liegenden Konzentrationen ist die Simulation von Werten zwischen Null und BG, die eine Variation der Konzentration unterhalb der BG zulässt.

**Typische Lebensmittelkombinationen**

In der bisherigen Darstellung wurde die Verzehrsmengenverteilung eines einzelnen Lebensmittels getrennt von anderen Lebensmitteln simuliert. Dabei wurde angenommen, dass der individuelle Verzehr des Lebensmittels unabhängig davon ist, welche anderen Lebensmittel durch die gleiche Person konsumiert werden. Eine solche Annahme ist restriktiv und nicht realistisch, da die Menschen habituell bestimmten Ernährungsmustern (dietary pattern) folgen. So ist es eine Tradition, dass Fleisch und Sauce sowie Kuchen und Schlagsahne oft zusammen während einer Mahlzeit verzehrt werden. Dies ist in empirischen Studien durch große positive Korrelationen zwischen den jeweiligen Lebensmitteln belegbar. Genauso empirisch nachweisbar ist, dass einige Lebensmittel alternativ verzehrt werden. Typische Beispiele sind Kartoffeln und Reis sowie Butter und Margarine, deren Korrelationen negativ sind. Die separate Simulation von in Kombination oder alternativ gegessenen Lebensmitteln ignoriert vorhandene Korrelationen und unterstellt eine vollständige Unabhängigkeit der Lebensmittelmengen. Ist der interessierende Stoff in mehreren Lebensmitteln enthalten, die in Kombination oder alternativ gegessen werden, so kann sich bei separater Simulation eine starke Verzerrung der Aufnahmeverteilung ergeben.

Eine genauere Schätzung der Aufnahmeverteilung für einen toxikologisch relevanten Stoff erhält man, wenn die Abhängigkeitsstruktur des Lebensmittelverzehrs in die Simulation integriert wird. Anstelle der separaten Erzeugung von Verzehrsmengen für einzelne Lebensmittel gemäß derer Häufigkeitsverteilung werden simultan Verzehrsmengen für in Kombination gegessene Lebensmittel randomisiert erzeugt. Bezieht man sich dabei auf empirische Verteilungen, so werden häufig beobachtete Kombinationen dementsprechend oft gezogen, während alternativ konsumierte Lebensmittel entsprechend selten gleichzeitig gezogen werden. Allerdings erfordert ein solches Vorgehen den Zugriff auf große Dateien, damit weniger häufige Lebensmittelkombinationen erfasst sind. Sofern parametrische Verteilungen zur Modellierung von Verzehrsdaten verwendet werden, benötigt man mathematische Formeln für die mehrdimensionalen Verteilungen, die im Falle der Normal- und Lognormalverteilung vorhanden sind.

**Genauigkeit und Sensitivität der geschätzten Aufnahmeverteilung**
Unter der Genauigkeit der geschätzten Aufnahmeverteilung versteht man die Nähe zur Aufnahmeverteilung der Population. Eine hohe Genauigkeit ist dann gegeben, wenn alle Perzentile der geschätzten Verteilung gar nicht oder nur geringfügig von den jeweils entsprechenden Perzentilen der wahren Verteilung abweichen. Da man die wahre Aufnahmeverteilung in der Zielpopulation nicht kennt, ist die Genauigkeit der geschätzten Verteilung nicht direkt erfassbar. Man kann sie nur teilweise beschreiben und bewerten. Dafür ist es zweckmäßig, die drei wesentlichen Fehlerquellen zu betrachten, die die Genauigkeit der Verteilungsschätzung beeinträchtigen. Dies sind:
1. zufällige Fehler bei der Simulation der Aufnahmemengen,
2. systematische Fehler (Bias) in den verwendeten Eingangsdaten,
3. falsche oder zu stark vereinfachende Annahmen während der Simulation.

Von diesen drei Fehlerquellen lässt sich nur der Einfluss der ersten auf die geschätzte Aufnahmeverteilung quantitativ beschreiben. Dazu führt man die Simulation mehrfach durch. Die sich dabei ergebende Variabilität in den Perzentilen der geschätzten Aufnahmeverteilung kann zur Berechnung von Konfidenzintervallen genutzt werden. Würde man z. B. die Simulation 100-mal hintereinander durchführen und die Schätzungen des 50. Perzentils (Median) der Aufnahmeverteilung der Größe nach ordnen, so ergäben der 5. und der 95. Wert in dieser geordneten Stichprobe die Grenzen eines 90% Konfidenzintervalls.

Die stärkste Quelle möglicher Ungenauigkeit in der geschätzten Aufnahmeverteilung sind ohne Zweifel fehler- und lückenhafte Eingangsdaten. Die Qualität der Ausgangsdaten kann nicht besser als die Qualität der Eingangsdaten sein. Verzerrungen, die sich aus der fehlenden Repräsentativität der Stichprobe, der Unzulänglichkeit des Erhebungsinstrumentes oder der Ungenauigkeit der verwendeten Analysegeräte ergeben, lassen sich nicht im Nachhinein während der simulierten Kopplung von Verzehrs- und Konzentrationsdaten korrigieren. Leider lässt sich nicht einmal der durch fehlerhafte Eingangsdaten entstandene Schätzfehler quantifizieren.

Etwas anders verhält es sich mit der dritten Fehlerquelle, die sich auf die im Rahmen des Kopplungsverfahrens getroffenen Annahmen bezieht. Hier ist es prinzipiell möglich, Annahmen fallen zu lassen bzw. durch andere Annahmen zu ersetzen. Solche ergänzenden Untersuchungen nennt man Sensitivitätsanalysen. Ziel einer Sensitivitätsanalyse ist es, den Einfluss einzelner Annahmen auf das Ergebnis, hier die geschätzte Aufnahmeverteilung, zu untersuchen. Wurden beispielsweise Verzehrsmengen im probabilistischen Verfahren unter der Annahme einer Lognormalverteilung erzeugt, so kann die Sensitivität dieser Annahme untersucht werden, indem anstelle der Lognormalverteilung eine andere parametrische Verteilung oder die empirische Verteilung verwendet wird. Man sollte dabei allerdings nur solche parametrischen Verteilungen als Alternative zulassen, die durch einen statistischen Verteilungstest (Kolmogorov-Smirnov-Test oder Shapiro-Wilk-Test) nicht signifikant abgelehnt werden.

### 11.3.4
### Gegenüberstellung der Kopplungsverfahren

Die drei Verfahren zur Kopplung von Verzehrs- und Konzentrationsdaten unterscheiden sich sowohl in der benötigten Detailliertheit der Eingangsdaten als auch in der Art und Qualität der Ausgangsdaten (Tab. 11.8). Während das deterministische Verfahren mit komprimierten Informationen arbeitet und jeweils nur einen einzelnen statistischen Kennwert für den Lebensmittelverzehr und für die Stoffkonzentration benötigt, basiert das probabilistische Verfahren auf einer Vielfalt von Messdaten, die die Variabilität und Verteilung der Verzehrsmengen und Stoffkonzentrationen widerspiegeln sollen. Das semiprobabilistische Verfahren kann als eine Zwischenstufe zwischen dem deterministischen und

Tab. 11.8 Zusammenfassende Gegenüberstellung der Kopplungsverfahren.

| Verfahren | Eingangsdaten | | Ausgangsdaten | |
|---|---|---|---|---|
| | Lebensmittelverzehr | Stoffkonzentration | Art | Qualität |
| Deterministisch | Einzelkennwert | Einzelkennwert | Punktschätzung | nur für Mittelwert gut |
| Semiprobabilistisch | Verteilung | Einzelkennwert | Verteilung | zu geringe Streuung |
| Probabilistisch | Verteilung | Verteilung | Verteilung | gut |

dem probabilistischen Verfahren angesehen werden, da es die Konzentrationsdaten deterministisch und die Verzehrsdaten probabilistisch einbezieht.

Das deterministische Kopplungsverfahren liefert nur eine einzelne Punktschätzung für die Stoffaufnahme, die als mittlere Stoffaufnahme interpretiert werden kann, sofern Mittelwerte zur Beschreibung der Verzehrs- und Konzentrationsdaten verwendet wurden. Bei Verwendung anderer Kennwerte für die Eingangsdaten ergeben sich Größen, die keinen direkten Bezug zur Aufnahmeverteilung haben und somit schwer interpretierbar sind. Im Gegensatz dazu liefern das semiprobabilistische und das probabilistische Verfahren stets Schätzungen für die gesamte Aufnahmeverteilung. Aufgrund der Nichtberücksichtigung der Konzentrationsvariation ist jedoch die mit dem semiprobabilistischen Verfahren geschätzte Aufnahmeverteilung zu stark gestaucht. Das probabilistische Kopplungsverfahren ist die einzige Methode, Stoffaufnahmemengen in ihrer gesamten Variation gut zu schätzen. Es erlaubt, verschiedene zusätzliche Variationsquellen, wie die Variation zwischen Produktmarken eines Lebensmittels oder die Differenzierung zwischen Konsumenten und Nichtkonsumenten eines Lebensmittels, in die Simulation einzubauen. Hervorzuheben ist, dass das probabilistische Verfahren auch hohe Perzentile der Aufnahmeverteilung mit ausreichender Qualität schätzt. Deshalb ist davon auszugehen, dass künftige Risikoanalysen zunehmend auf solche Perzentilschätzungen zurückgreifen und damit realistischere Aussagen erzielen im Vergleich zum stark konservativen Vorgehen der Vergangenheit.

## 11.4
## Bestimmung der Belastung mit toxikologisch relevanten Stoffen

Die Quantifizierung der über Lebensmittel aufgenommenen Stoffe beschreibt eine äußere Exposition, die sich aus der notwendigen Ernährung des Menschen ergibt. Sie ist zweifellos ein wichtiger Bestandteil einer weiterführenden Risikoanalyse. Die Höhe der äußeren Exposition lässt jedoch nicht unmittelbar auf das Ausmaß der inneren Exposition, d.h. der korporalen Belastung des Menschen durch Schadstoffe, schließen. Zwar ist davon auszugehen, dass mit steigender äußerer auch die innere Exposition zunimmt, doch hängt die Stärke dieses Zusammenhanges wesentlich von der Resorptionsrate ab, die wiederum für die einzelnen Stoffe sehr unterschiedlich sein kann. Auch muss man individuelle Unterschiede berücksichtigen, aus denen sich eine differenzierte korporale Belastung bei gleicher äußerer Exposition ergibt.

Aus toxikologischer Sicht ist die innere Exposition bedeutsamer als die äußere, da sie die effektive Dosis in der zu untersuchenden Dosis-Wirkungsbeziehung darstellt. Sie kann als intermediate oder vermittelnde Größe betrachtet werden, da sie zwischen äußerer Exposition und toxischer Wirkung steht und den Expositionseffekt überträgt. Die Quantifizierung der korporalen Schadstoffbelastung ist allerdings sehr komplex und mit einer Reihe von methodischen Schwierigkeiten behaftet. Einige dieser methodischen Probleme sind in Tabelle 11.9 zusammengestellt und werden im Folgenden diskutiert.

**Tab. 11.9** Methodische Probleme der Quantifizierung korporaler Schadstoffbelastung.

| Problem | Beschreibung | Vorgehen |
|---|---|---|
| Wahl des Körpermediums | Schadstoffkonzentrationen sind lokal verschieden und oft nicht direkt messbar | Konzentrationen in zugänglichen Medien (Blut, Urin, Haar) messen |
| Mehrere Expositionsquellen | Neben der Lebensmittelaufnahme können andere Expositionen die korporale Belastung beeinflussen | Ausschaltung der anderen Expositionsquellen durch Analyse in Teilpopulationen |
| Intraindividuelle Variation | Starke zeitliche Schwankungen der gemessenen Stoffbelastung spiegeln meist nur Kurzzeitexpositionen wider | Bestimmung oder Schätzung mittlerer Stoffbelastungen zur Widerspiegelung der Langzeitexposition |
| Modellierung der Schadstoffbelastung | Untersuchung des Zusammenhangs zwischen äußerer Exposition und korporaler Schadstoffbelastung | Verwendung von Regressionsmodellen oder Anwendung der Monte-Carlo-Methode |

## 11.4.1
## Wahl des Körpermediums

Der Schadstoff kann in verschiedenen Kompartimenten des Menschen in unterschiedlicher Konzentration auftreten. Er wird weder überall gleichmäßig gespeichert noch baut er sich in allen Kompartimenten in gleicher Zeit ab. Es ist in der Regel nicht klar, welche der Konzentrationen aus toxikologischer Sicht bedeutsam sind. Noch wichtiger als die toxikologische Bedeutsamkeit ist die Zugänglichkeit, da z. B. Konzentrationsmessungen in menschlichen Organen bei lebenden Menschen nicht möglich sind. Die Beschränkung auf leicht zugängliche Körpermedien, wie Blut, Urin oder Haare, kann allerdings dazu führen, dass nur ein unscharfes Abbild der komplexen korporalen Schadstoffbelastung erreichbar ist. Hinzu kommt, dass es keine standardisierte Probenentnahme gibt, die international in allen Studien eingehalten wird. Im Deutschen Umweltsurvey wurden Vollblutproben, Morgenurinproben (gesamte Morgenurinmenge) und Kopfhaarproben, entnommen am Hinterkopf (4 cm proximal), verwendet. Insbesondere die Entnahme von Urinproben ist nicht standardisiert. So werden häufig so genannte Spontanurinproben genommen, die in der Regel einen geringeren Kreatiningehalt haben. Um die Analyseergebnisse verschiedener Urinproben vergleichbar zu machen, wird häufig die gemessene Stoffkonzentration durch den Kreatiningehalt dividiert [24]. Es ist allerdings bekannt, dass diese Normierung nicht immer den Einfluss des Kreatiningehaltes ausschaltet und verschiedenartige Proben immer noch signifikante Konzentrationsunterschiede aufweisen. So wurden in der Vergangenheit verbesserte Normierungsverfahren vorgeschlagen, die auch die Flussrate berücksichtigen und schadstoffspezifische Exponenten für den Kreatiningehalt verwenden [1, 16].

## 11.4.2
**Mehrere Expositionsquellen**

Die korporale Schadstoffbelastung wird häufig durch mehrere Quellen der äußeren Exposition beeinflusst und es sind verschiedene Expositionspfade möglich. Daraus ergibt sich, dass die Quantifizierung der korporalen Belastung, die sich nur aus der Aufnahme des toxikologisch relevanten Stoffes mit der Nahrung ergibt, selten möglich ist. Wird der gleiche Schadstoff auch über einen anderen Expositionspfad aufgenommen, so addieren sich die pfadspezifischen inneren Expositionen und werden nur als Summe messbar.

Als Beispiel sei hier Cadmium angeführt. Es ist bekannt, dass Cadmium mit der Nahrung aufgenommen wird und zwar vor allem über pflanzliche Produkte, da Pflanzen leicht verfügbares Cadmium aus dem Boden akkumulieren. Die Aufnahmemenge beträgt etwa 10 bis 25 µg/Tag [10], was ungefähr 80% der aufgenommenen Cadmiummenge bei Nichtrauchern darstellt [8]. Allerdings kommt bei Rauchern eine starke zusätzliche Expositionsquelle hinzu. Da die pulmonale Resorptionsrate mit 50% deutlich größer als die Resorptionsrate im Gastrointestinaltrakt (5%) ist, hat das Rauchen auch einen stärkeren Einfluss auf den Cadmiumgehalt im Blut und Urin als die Ernährung [19]. Deshalb ist es schwierig, die sich aus der Lebensmittelaufnahme ergebende Cadmiumbelastung bei Rauchern zu erfassen.

Ein anderes Beispiel ist die Quecksilberkonzentration im Blut. Eine hohe im Blut gemessene Konzentration von Quecksilber kann aus der Aufnahme organischen Quecksilbers, vor allem durch den Konsum von Fisch [34], oder aus der Aufnahme anorganischen Quecksilbers bei Personen mit Amalgamfüllungen [22] resultieren. Lässt sich eine der beiden starken Expositionsquellen ausschließen, so ist eine relativ starke Beziehung zwischen der verbleibenden äußeren Exposition und der Quecksilberkonzentration im Blut erkennbar.

## 11.4.3
**Intraindividuelle Variation**

Die im Blut oder Urin gemessene Stoffkonzentration kann einer sehr starken zeitlichen Schwankung unterliegen, d. h., dass die zu verschiedenen Zeitpunkten vorgenommenen Konzentrationsmessungen bei ein und der gleichen Person deutlich differieren. Diese Instabilität kann mehrere Gründe haben. Die häufigste Ursache ist, dass die im Körpermedium gemessene Stoffkonzentration im Wesentlichen nur von der unmittelbar vorangegangenen Kurzzeitexposition abhängt, welche von Tag zu Tag sehr verschieden sein kann. Als Beispiel sei hier die Arsenkonzentration im Urin aufgeführt. Nach Verzehr von Fisch steigt die Arsenkonzentration deutlich an und fällt, sofern keine weitere Exposition erfolgt, wieder schnell ab.

Da man in der Regel weniger an der Messung einer sich zufällig ergebenden kurzzeitigen Schadstoffbelastung, sondern mehr an der Charakterisierung der inneren Langzeitexposition interessiert ist, sind vor allem Körpermedien von

Bedeutung, in denen die Schadstoffbelastung langsamer abgebaut wird. Blut ist diesbezüglich besser geeignet als Urin. So lässt sich die Quecksilberbelastung bei regelmäßigem Fischverzehr besser durch die Messung der Konzentration von Quecksilber im Blut als im Urin beschreiben.

Ein mit der intraindividuellen Variation verbundenes Problem ist die Überschätzung der Variation zwischen den Individuen (interindividuelle Variation), sofern man einen einzelnen Messwert zur Charakterisierung der Langzeitexposition verwendet. Dieses Problem ist bereits im Zusammenhang mit der Verteilungsschätzung des Langzeitverzehrs von Lebensmitteln bei Ernährungssurveys behandelt worden (vgl. Abschnitt 11.2.3). Allerdings wurde die Bedeutung der intraindividuellen Variation von Blutmesswerten lange nicht erkannt. Um den Einfluss der Tagesvariation zu verringern, kann man wiederholte Konzentrationsmessungen vornehmen und den Mittelwert als Maß der individuellen Belastung verwenden. Dieses Vorgehen ist aus Kostengründen jedoch schwer realisierbar. Ein konstruktiver Ansatz, von einer Verteilung von einmal gemessenen Konzentrationen im Blut zu einer Verteilung mittlerer Konzentrationen überzugehen, wurde kürzlich von Gillespie und Kollegen vorgeschlagen [13]. Zur Anwendung des vorgeschlagenen Verfahrens benötigt man jedoch wiederholte Konzentrationsmessungen für Personen aus einer repräsentativ gezogenen Teilstichprobe oder aus einer anderen vergleichbaren Studie.

## 11.4.4
### Modellierung der Schadstoffbelastung

Da die Stoffkonzentration im Körpermedium eine intermediate Stellung zwischen der aufgenommenen Stoffmenge und der toxischen Wirkung hat, ist die Modellierung der inneren Exposition in Abhängigkeit von der äußeren Exposition wichtig. Ein traditioneller Ansatz, der in der Mathematischen Statistik entwickelt wurde, ist die Verwendung eines so genannten Regressionsmodells, bei dem die Stoffkonzentration im Körpermedium, meist logarithmiert, als Zielgröße und die mit der Nahrung aufgenommene Schadstoffmenge, ebenfalls häufig logarithmiert, als Einflussgröße gewählt werden. Beispiele hierfür findet man in der Fachliteratur [29, 34]. Der Vorteil dieses Ansatzes besteht in der Möglichkeit, weitere Expositionspfade, individuelle Besonderheiten und Verhaltensweisen sowie andere Einflussgrößen, die mit der Nahrungsaufnahme im Zusammenhang stehen (so genannte Confounder), in das Modell aufzunehmen. Leider zielt die regressionsanalytische Modellierung nicht darauf, die Verteilung der Stoffkonzentration im Körpermedium gut zu schätzen.

Zur Schätzung der Belastungsverteilung eignet sich wiederum die Monte-Carlo-Methode, bei der die Verteilung der aufgenommenen Lebensmittelmengen simuliert wird. Als Beispiel diene erneut Quecksilber im Blut. Hier genügt es, den Verzehr von Fisch in der Population zu simulieren. Dabei muss man allerdings über Verzehrsdaten für die einzelnen Fischarten verfügen, weil die Quecksilberkonzentration über die Fischarten stark variiert. Die höchsten durchschnittlichen Konzentrationen kommen beim Haifisch mit 1,33 µg Hg/g und beim Schwertfisch mit 0,95 µg Hg/g vor, während der Hering z. B. nur eine Konzentration von durchschnittlich 0,01 µg Hg/g aufweist [29]. Bisherige Monte-Carlo-Studien gehen davon aus, dass die tägliche Aufnahme von 1 µg Methylquecksilber zu einer durchschnittlichen Quecksilberkonzentration von 0,8 µg/L im Blut führt, welche jedoch individuell verschieden sein kann und deshalb durch eine entsprechende Verteilung um den Wert 0,8 µg/L simuliert werden muss. Mithilfe eines solchen Monte-Carlo-Ansatzes gelang es, die Verteilung der Quecksilberkonzentration im Blut bei amerikanischen Frauen und Kindern sehr gut zu schätzen, was sich durch den Vergleich mit Blutmesswerten belegen lässt [6, 42].

## 11.5
## Zusammenfassung

Die Beschreibung der korporalen Schadstoffbelastung in einer Population ist eine wesentliche Voraussetzung für eine valide Risikobewertung. Sie wird durch mehrere methodische Probleme erschwert. Die in Körperflüssigkeiten gemessene Schadstoffkonzentration kann wesentlich durch die mit der Nahrung aufgenommenen Stoffmengen bestimmt sein, andere Expositionspfade können aber gleichfalls bedeutsam sein. Zielstellung sollte es sein, die Verteilung der korporalen Schadstoffbelastung möglichst gut zu schätzen und den Einfluss der Lebensmittelaufnahme auf diese Verteilung zu modellieren. Die Anwendung der Monte-Carlo-Methode kann am besten dieser Zielstellung gerecht werden, setzt allerdings repräsentative Daten zur Stoffaufnahme und Stoffbelastung voraus.

## 11.6
## Literatur

1 Araki S, Sata F, Murata K (1990) Adjustment for urinary flow rate: an improved approach to biological monitoring, *International Archives of Occupational and Environmental Health* **62**: 471–477.

2 Brussaard JH, Löwik MRH, Steingrimsdottir L, Moller A, Kearney J, De Henauw S, Becker W (2002) A European food consumption survey method – conclusions and recommendations, *European Journal of Clinical Nutrition* **56** (Supplement 2): S89–S94.

3 Burke BS (1947) The dietary history as a tool in research, *Journal of the American Dietetic Association* **23**: 1041–1046.

4 Cadby P (1996) Estimating intakes of flavouring substances, *Food Additives and Contaminants* **13**: 453–460.

5 Callahan MA, Clickner RP, Whitmore RW, Kalton G, Sexton K (1995) Overview of important design issues for a national human exposure assessment survey, *Journal of Exposure Analysis and Environmental Epidemiology* **5**: 257–282.

6 Carrington CD, Bolger MP (2002) An exposure assessment for methyl mercury from seafood for consumers in the United States, *Risk Analysis* **22**: 689–699.

7 Carriquiry AL (2003) Estimation of usual intake distributions of nutrients and

food, *Journal of Nutrition* **133**: 601S–608S.
8 Christensen JM (1995) Human exposure to toxic metals: factors influencing interpretation of biomonitoring results, *Science of Total Environment* **166**: 89–135.
9 Dehne LI, Klemm C, Henseler G, et al. (1999) The German Food Code and Nutrient Data Base (BLSII.2), *European Journal of Epidemiology* **15**: 255–259.
10 Elinder CG, Friberg L, Kjelström T, Nordberg G, Oberdoerster G (1994) Biological monitoring of metals, Chemical Safety Monographs, WHO, Genf.
11 FAO/WHO (Food and Agriculture Organization/World Health Organization) (1989) Supplement 2 to Codex Alimentarius Volume XIV: Guidelines for Simple Evaluation of Food Additive Intake, Rome, FAO.
12 Feunekes GL, Van't Veer P, Staveren WA, Kok FJ (1999) Alcohol intake assessment: the sober facts, *American Journal of Epidemiology* **150**: 105–112.
13 Gillespie C, Ballew C, Bowman BA, Donehoo R, Serdula MK (2004) Intraindividual variation in serum retinol concentrations among participants in the third National Health and Nutrition Examination Survey, 1988–1994, *American Journal of Clinical Nutrition* **79**: 625–632.
14 Gilsenan MB, Lambe J, Gibney MJ (2003) Assessment of food intake distributions for use in probabilistic exposure assessments of food additives, *Food Additives and Contaminants* **20**: 1023–1033.
15 Goris AH, Westerterp-Plantenga MS, Westerterp KR (2000) Undereating and underrecording of habitual food intake in obese men: selective underreporting of fat intake, *American Journal of Clinical Nutrition* **71**: 130–134.
16 Greenberg GN, Levine RJ (1989) Urinary creatinine excretion is not stable: a new method for assessing urinary toxic substance concentrations, *Journal of Occupational and Environmental Medicine* **31**: 832–838.
17 Hallez S, Derouane A (1982) Novelle méthode de traitement de séries de données tronquées dans l'étude de la pollutions atmosphérique, *Science of the Total Environment* **22**: 115–123.
18 Hamey PY, Harris CA (1999) The variation of pesticide residues in fruits and vegetables and the associated assessment of risk, *Regulatory Toxicology and Pharmacology* **30**: S34–S41.
19 Hoffmann K, Becker K, Friedrich C, Helm D, Krause C, Seifert B (2000) The German environment survey 1990/1992 (GerES II): cadmium in blood, urine and hair of adults and children, *Journal of Exposure Analysis and Environment Epidemiology* **10**: 126–135.
20 Hoffmann K, Boeing H, Dufour A, Volatier JL, Telman J, Virtanen M, Becker W, De Henauw S (2002) Estimating the distribution of usual dietary intake by short-term measurements, *European Journal of Clinical Nutrition* **56** (Supplement 2): S53–S62.
21 Isaksson B (1980) Urinary nitrogen output as a validity test in dietary surveys, *American Journal of Clinical Nutrition* **33**: 4–5.
22 Kingman A, Albertini T, Brown LJ (1998) Mercury concentrations in urine and whole blood associated with amalgam exposure in a U.S. military population, *Journal of Dental Research* **77**: 461–471.
23 Korn EL, Graubard BI (1995) Analysis of large health surveys: accounting for the sample design, *Journal of the Royal Statistical Society* Series A **158**: 263–295.
24 Krause C, Babisch W, Becker K, et al. 1996 Umwelt-Survey (1990/92), Band Ia, Studienbeschreibung und Human-Biomonitoring: Deskription der Spurenelementgehalte in Blut und Urin der Bevölkerung in der Bundesrepublik Deutschland, Umweltbundesamt, WaBoLu-Hefte 1/1996.
25 Kroes R, Müller D, Lambe J, Löwik MRH, van Klaveren J, Kleiner J, et al. (2002) Assessment of intake from the diet, *Food and Chemical Toxicology* **40**: 327–385.
26 Lambe J (2002) The use of food consumption data in assessments of exposure to food chemicals including the application of probabilistic modeling, *Proceedings of the Nutrition Society* **61**: 11–18.

27 Macdiarmid J, Blundell J (1998) Assessing dietary intake: who, what, and why of underreporting, *Nutrition Research Reviews* **11**: 231–253.
28 Madras N (2002) Lectures on Monte Carlo Methods, Fields Institute monographs, American Mathematical Society, Providence, Rhode Island.
29 Mahaffey KR, Clickner RP, Bodurow CC (2004) Blood organic mercury and dietary mercury intake: National Health and Nutrition Examination Survey, 1999 and 2000, *Environmental Health Perspectives* **112**: 562–570.
30 Mensink GBM, Thamm M, Haas K (1999) Die Ernährung in Deutschland 1998, *Gesundheitswesen* **61** (Sonderheft 2): S200–S206.
31 Nusser SM, Carriquiry AL, Dodd KW, Fuller WA (1996) A semiparametric transformation approach to estimating usual daily intake distributions, *Journal of the American Statistical Association* **91**: 1440–1449.
32 Palisade (1997) @RISK Advanced Risk Analysis for Spreadsheets, Newfield, NY, Palisade Corporation.
33 Petersen BJ (2000) Probabilistic modeling: theory and practice, *Food Additives and Contaminants* **17**: 591–599.
34 Sanzo JM, Dorronsoro M, Amiano P, Amurrio A, Aguingalde FX, Aspiri MA (2001) Estimation and validation of mercury intake associated with fish consumption in an EPIC cohort of Spain, *Public Health Nutrition* **4**: 981–988.
35 Schöller DA, van Santen E (1982) Measurement of energy expenditure in humans by doubly labeled water method, *Journal of Applied Physiology* **53**: 955–959.
36 Schofield WN, Schofield C, James WPT (1985) Basal metabolic rate, *Human Nutrition and Clinical Nutrition* **39C** (Supplement): 1–96.
37 Slimani N, Deharveng G, Charrondiere RU, van Kappel AL, Ocke MC, Welch A, et al. (1999) Structure of the standardized computerized 24-h diet recall interview used as reference method in the 22 centres participating in the EPIC project, *Computer Methods and Programs in Biomedicine* **58**: 251–258.
38 Slimani N, Ferrari P, Ocke M, Welch A, Boeing H, van Liere M, et al. (2000) Standardization of the 24-hour diet recall calibration method used in the European Prospective Investigation into Cancer and Nutrition (EPIC): general concepts and preliminary results, *European Journal of Clinical Nutrition* **54**: 900–917.
39 Slimani N, Valsta L (2002) Perspectives of using the EPIC-SOFT program in the context of pan-European nutritional monitoring surveys: methodological and practical implications, *European Journal of Clinical Nutrition* **56** (Supplement 2): S63–S74.
40 Speakman JR, Nair KS, Goran MI (1993) Revised equations for calculating $CO_2$ production from doubly labeled water in humans, *American Journal of Physiology* **264**: E912–917.
41 Subar AF, Kipnis V, Troiano RP, Midthune D, Schöller DA, Bingham S, et al. (2003) Using intake biomarkers to evaluate the extent of dietary misreporting in a large sample of adults: the OPEN study, *American Journal of Epidemiology* **158**: 1–13.
42 Tran NL, Barraj L, Smith K, Javier A, Burke TA (2004) Combining food frequency and survey data to quantify long-term dietary exposure: a methyl mercury case study, *Risk analysis* **24**: 19–30.

# 12
# Analytik von toxikologisch relevanten Stoffen

*Thomas Heberer und Horst Klaffke*

## 12.1
## Einleitung

Die Möglichkeiten der Analytik lebensmitteltoxikologisch relevanter Substanzen sind vielfältig und hängen von einer Reihe stofflicher Parameter, aber auch von anderen möglichen Fragestellungen ab, die mit den erzielten Messergebnissen beantwortet werden sollen. Zu den entscheidenden stofflichen Parametern zählen u. a. die physiko-chemischen Eigenschaften der zu untersuchenden Stoffe, deren toxisches Potenzial, die Wahrscheinlichkeit ihres Auftretens, gesetzliche Vorgaben oder Regelungen und zusätzlich auch gesellschaftspolitische Aspekte wie die Akzeptanz anthropogener Rückstände in Trinkwasser und anderen Lebensmitteln. So ist eine erste zu klärende Frage die, inwieweit der zu untersuchende Stoff ein so genannter Haupt-, Neben- bzw. Spurenbestandteil ist und damit verbunden die weitergehende Frage, in welchen Konzentrationen dieser in dem zu untersuchenden Lebensmittel enthalten ist.

Ein weiteres wichtiges Kriterium für die Auswahl eines geeigneten Analysenverfahrens ist, ob lediglich nach einem Stoff oder nach verschiedenen Gruppen von Verbindungen gesucht und deren Vorhandensein qualitativ bzw. halbquantitativ in Form einer so genannten Screening- oder Suchanalyse festgestellt werden soll oder ob noch weitergehend die gezielte Analyse einer Einzelsubstanz bzw. einer Substanzgruppe benötigt wird, deren exakte Gehalte im Lebensmittel quantitativ erfasst werden sollen.

In jedem der oben geschilderten Fälle muss auf eine einzelne Fragestellung eine gezielte Antwort gefunden werden. Die zu wählende chemische Analytik soll dafür das geeignete Hilfsmittel darstellen. Eine Analyse bzw. Analysenmethode von Lebensmittel- aber auch von Umweltproben setzt sich aus immer wiederkehrenden Einzelsegmenten zusammen, wie sie in Abbildung 12.1 wiedergegeben sind, wobei sich die möglichen Fehlerbeiträge für ein Ergebnis sehr unterschiedlich verteilen.

Der erste Verfahrensschritt einer jeden Analyse ist die fragestellungsorientierte Probenahme. Sie stellt den ersten und oft wichtigsten Verfahrensschritt dar,

**Abb. 12.1** Einzelsegmente und Fehlerquellen in der Analytik von Lebensmittelproben.

da dieser Analysenschritt meist den höchsten Fehlerbeitrag liefert. Denn abhängig davon, ob nach einem Hauptbestandteil oder einem Spurenbestandteil gesucht wird, nimmt die Verteilung des gesuchten Stoffes im Lebensmittel direkten Einfluss auf die Richtigkeit des Messwertes. Ist ein Stoff gleichmäßig, d. h. homogen in einem Lebensmittel verteilt – wie es z. B. bei Schwermetallen in Wein der Fall ist – so muss der Analytiker nur diese Verteilung durch ein sachgerechtes Umgehen mit der Probe (Lagerung, Konservierung) bewahren, um die Repräsentanz der Untersuchungsprobe zu gewährleisten. Ist aber ein Analyt ungleichmäßig, d. h. inhomogen in einem Lebensmittel verteilt, wobei dies von oberflächlichem Vorhandensein (z. B. Oberflächenbehandlungsmittel bei Zitrusfrüchten) bis hin zu stark lokalen so genannten Nesterkonzentrationen (z. B. Aflatoxinen bei Pistazien) reichen kann, so ist der Analytiker gefordert durch eine repräsentative Probenahme (Probenahmepläne), die Homogenisation der Untersuchungsmuster/-ware (z. B. durch Vermahlen und Mischen) und die Probenteilung (z. B. Segmentverfahren) eine repräsentative und homogene Probe zu erhalten. Da hierbei immer wieder Ungenauigkeiten auftreten können, ist der Beitrag der Probenahme am Gesamtfehler am größten. Diese Ungenauigkeit ist dann besonders weitreichend, wenn Substanzen im Spurenbereich wie Rückstände oder Kontaminanten analysiert werden sollen. Um hierbei auf europäischer Ebene eine Harmonisierung zu erzielen, wurden sowohl für Rückstände als auch für Kontaminanten (z. B. EG 98/53) in Lebens- und auch Futtermitteln entsprechende Richtlinien verfasst.

Eine weitere Fehlerquelle in der Analyse von Substanzen stellt die Probenaufbereitung dar. Der durch diesen Verfahrensschritt erzeugte Fehler ist meist zufällig und sehr viel kleiner als der Fehler der Probenahme. Dieser Analysenschritt setzt sich aus weiteren Unterschritten zusammen, wobei diese jeweils von der analytischen Fragestellung verschieden sein können. Der erste Schritt ist stets die großzügige Abtrennung der begleitenden Lebensmittelmatrix. Bei diesen Abtrennmethoden werden die begleitenden Matrixbestandteile entweder

**Table 12.1** Häufig verwendete Aufarbeitungs- und Aufreinigungsverfahren.

| Methode | Verfahren | Verfahren | Beispiel |
| --- | --- | --- | --- |
| Aufschluss | Physikalischer Aufschluss | UV-Aufschluss | Wasserproben |
|  | Biologischer Aufschluss | Enzymatische Hydrolyse | Steroidanalytik |
|  | Chemischer Aufschluss | Säureaufschluss mit thermischer Konvektion | Mikrowellen- oder Druckaufschluss für Schwermetalle in Lebensmitteln |
| Extraktion | Flüssig-Flüssig-Extraktion | Ausschütteln oder MSLLE | Arzneimittelrückstände und Pestizide in Lebensmitteln (z. B. DFG S19 Methode) |
|  | Flüssig-Fest-Extraktion | Festphasenextraktion (SPE) | Pestizide, Arzneimittelrückstände und endokrine Verbindungen in Wasserproben |
|  | Extraktion mit überkritischen Gasen oder Lösungsmitteln | SFE, ASE | Fumonisine in Lebensmitteln |
|  | Fest-Gas-Extraktion | Headspace-Verfahren SPME-Verfahren | Analyse chlororganischer Lösungsmittel |

durch einen physikalischen, biologischen oder chemischen Aufschluss zerstört oder der zu analysierende Analyt wird durch geeignete Verfahren abgetrennt oder aus der Matrix herausgelöst (Extraktion), um eine störungsfreie Erfassung des Analyten zu gewährleisten. Weiterhin kann bei diesem Schritt eine Aufkonzentrierung, wie es oft für Spurenbestandteile notwendig ist, in Form einer Anreicherung erfolgen. In Tabelle 12.1 sind die häufigsten Aufarbeitungs- und Aufreinigungsverfahren (Clean-up-Verfahren) wiedergegeben.

Den geringsten Beitrag zum Gesamtfehler erbringt die eigentliche Messmethode. Bei den Messmethoden sind spektrometrische, chromatographische und elektrochemische Verfahren und Kombinationen dieser einzelnen Verfahren miteinander zu betrachten. Hierzu liegt in der Literatur eine Vielzahl von Monographien vor, so dass die einzelne Abhandlung aller möglichen Verfahren den Umfang des vorliegenden Kapitels sprengen würde. In den Abschnitten 12.3 und 12.4 sollen einzelne Analysenverfahren am Beispiel einiger besonders relevanter Substanzgruppen näher betrachtet werden.

## 12.2
### Qualitätssicherung und Qualitätsmanagement (QS/QM)

Aufgrund der oft beträchtlichen Konsequenzen ist es wichtig, die Richtigkeit der ermittelten Analysenergebnisse sowohl qualitativ (Vermeidung falsch positiver *und* falsch negativer Ergebnisse) als auch quantitativ sicherzustellen. Entscheidend für die Validität der ermittelten Analysenergebnisse sind geeignete Verfahren zur Qualitätssicherung (QS), die vom jeweiligen Labor in sog. SOP's (*standard operation procedures*) niedergelegt werden. SOP's sind ein wichtiger Teil des Qualitätsmanagements (QM). Computergestützte laborinterne Probenmanagementsysteme ermöglichen zudem die Rückverfolgung der Probe von deren Eingang bis zum Erstellen des Analysenberichts. Der Einsatz standardisierter Verfahren nach CEN und ISO und die Akkreditierung des jeweiligen Labors sorgen zusätzlich für Transparenz und für die Vergleichbarkeit der Analysenergebnisse. Wichtige Kenngrößen für die QS sind die im Rahmen der Methodenentwicklung bzw. -validierung für die einzelnen Analyten z. B. die ermittelten Nachweis- bzw. Bestimmungsgrenzen (s. Abschnitt 2.1) und die matrixabhängigen Wiederfindungsraten und deren Variationskoeffizienten. Letztere sind ein Maß für die Reproduzierbarkeit der Analysenmethode und können mithilfe geeigneter Standards (s. Abschnitt 2.2) in der Routineanalytik überwacht werden.

### 12.2.1
### Nachweis-, Erfassungs- und Bestimmungsgrenzen

Die Nachweisgrenze (NG, *engl. limit of detection (LOD)*) stellt eine wichtige Kenngröße für die Spurenanalytik dar. Sie charakterisiert sowohl die Leistungsfähigkeit als auch die Limitierungen von Analysenverfahren im Bereich niedriger Konzentrationen [53] und macht sie miteinander vergleichbar. Die Definition der NG und die daraus resultierenden Vorschriften zu deren praktischer Bestimmung sind in der Literatur jedoch nicht immer einheitlich beschrieben [42, 43]. Ausdruck der Unsicherheit im Umgang mit der NG ist, dass in den wenigen Publikationen über neue Analysenverfahren die Methode angegeben wird, nach der die für das Analysenverfahren ermittelten Nachweisgrenzen berechnet wurden, was gleichzeitig den Vergleich verschiedener Analysenmethoden erschwert.

Gemäß DIN 32645 gilt eine Substanz als nachgewiesen, wenn ihre Konzentration einen bestimmten Wert $x_{NG}$ überschreitet und sich gerade noch signifikant vom Messwert (Leerwert) einer Probe unterscheidet, welche die gesuchte Verbindung nicht enthält [43]. Das gewählte Signifikanzniveau $a$ entscheidet dabei über die Anzahl der Fälle, in der eine Verbindung als nachgewiesen akzeptiert wird, obwohl sie in der Probe gar nicht vorhanden ist (Fehler 1. Art) [25, 26, 43, 53]. Bei der Analyse von Proben, die den gesuchten Analyten in der Konzentration der Nachweisgrenze enthalten, ist unter dem Postulat einer symmetrischen Verteilung der Zufallsabweichungen die Hälfte aller Proben jenseits des kritischen Wertes der Messgröße zu erwarten. Das heißt, dass in diesem

Fall eine vorhandene Verbindung mit einer Wahrscheinlichkeit von 50% (Signifikanzniveau β) nicht nachgewiesen wird (Fehler 2. Art) [25, 26, 43, 53]. In der DIN 32645 wird deshalb zusätzlich der Begriff der Erfassungsgrenze (EG) als so genannte Garantiegrenze angeführt. Die EG ist doppelt so groß wie die NG, sofern für die Signifikanzniveaus α und β derselbe Wert festgelegt wird [43]. Informationen zur NG und EG sind jedoch allein auf rein qualitative Fragestellungen anwendbar. Quantitative Ergebnisse können erst ab der Bestimmungsgrenze (BG, *engl. limit of quantitation (LOQ)*) mit einer definierten statistischen Sicherheit angegeben werden. Bei Unterschreitung der Bestimmungsgrenze gilt eine Angabe eines Zahlenwertes als unzulässig [43]. Gehalte an Analyten, die zwischen der NG und der BG liegen, gelten daher als nachgewiesen, aber als nicht bestimmbar [43]. NG, EG und BG eines Analysenverfahrens hängen dabei u. a. von der Aufarbeitungs- und Detektionsmethode, den gewählten Analysenparametern und nicht zuletzt von der Matrixeigenschaften der zu analysierenden Probe ab.

In einer Reihe von Publikationen ist anstelle der NG (*engl. LOD*) bzw. der BG (*engl. LOQ*) der sog. „reporting level" (RL) für die jeweilige Substanz angegeben. Der RL stellt ebenfalls eine quantitative Grenze dar, ab der ein Analysenwert mit einer ausreichenden Sicherheit vom jeweiligen Labor als valide angesehen wird. Ungeachtet dessen, werden Werte unterhalb des RL oft trotzdem mit dem Zusatz „estimated" (abgeschätzt) in diesen Artikeln veröffentlicht. Die Definitionen von RL und BG unterscheiden sich deutlich und die Ermittlung des jeweiligen Wertes für den RL bleibt dabei oft unklar. Eine Vergleichbarkeit von RL und BG ist somit (wenn überhaupt) nur begrenzt gegeben, Werte für die qualitativen Grenzen des Analysenverfahrens vergleichbar der NG fehlen oft ganz.

Zur Ermittlung der NG, EG und BG werden in der DIN 32645 zwei unterschiedliche Verfahren genannt, die Leerwert- und die Kalibriergeradenmethode. Erstere kann laut Huber [43] nicht für chromatographische Methoden angewendet werden. Die NG, EG und BG lassen sich nach der Kalibriergeradenmethode wie folgt mathematisch berechnen [43, 53]:

Nachweisgrenze (NG): $x_{NG} = (s_{x,y}/a_1) \cdot t_{f,a} \cdot \sqrt{\frac{1}{m} + \frac{1}{n} + \frac{\bar{x}^2}{Q_x}}$

Erfassungsgrenze (EG): $x_{EG} = 2 \cdot x_{NG}$ $(\alpha = \beta)$

Bestimmungsgrenze (BG): $x_{BG} = k \cdot (s_{x,y}/a_1) \cdot t_{f,a} \cdot \sqrt{\frac{1}{m} + \frac{1}{n} + \frac{(x_{BG} - x)^2}{Q_x}}$

Zur Lösung der quadratischen Gleichung für die BG wird im Wurzelglied vereinfacht für $X_{BG}$ der Term $k \cdot x_{NG}$ eingesetzt, da die Abweichung vom genauen Wert nicht signifikant ist [43].

$a_1$   Ordinatenabschnitt der Kalibriergeraden
$m$   Anzahl der Bestimmungen für die Analysenprobe

$n$     Anzahl der Kalibriermessungen
$Q_x$     Summe der Abweichungsquadrate von $x$ bei der Kalibrierung
$s_{x,y}$     Reststandardabweichung der Kalibrationsmesswerte
$t_{f,\alpha}$     Tabellenwert der Quantile der $t$-Verteilung für $f$ Freiheitsgrade und das Signifikanzniveau $\alpha$
$\bar{x}$     arithmetisches Mittel der Gehalte aller Kalibrierproben
$x_{NG}$     Nachweisgrenze
$x_{EG}$     Erfassungsgrenze
$x_{BG}$     Bestimmungsgrenze

Um die Vergleichbarkeit der Resultate zu gewährleisten, werden in der DIN 32645 verschiedene Standardparameter genannt, die sich wie folgt zusammensetzen [43]: Signifikanzniveau $\alpha=\beta=0{,}01$; $n=10$; $m=1$; $k=3$ (was einer maximalen relativen Ergebnisunsicherheit von 33% auf dem vorgegebenen Signifikanzniveau $\alpha$ entspricht). Bei der Rundung aller Konstanten ergibt sich somit ein Wert für die NG von $x_{NG} \approx 4 \cdot s_{y,x}/a_1$ [43], was in etwa auch dem Wert der per Definition von der IUPAC (International Union of Pure and Applied Chemistry) festgesetzten NG ($3s$) entspricht [42]. Für die BG ergibt sich der Wert $x_{BG} \approx 11 \cdot s_{y,x}/a_1$ [43].

Es sei nochmals darauf hingewiesen, dass sich Nachweisgrenzen von Standards teilweise deutlich von denen aufgearbeiteter Proben unterscheiden, was vor allem auf Matrixeinflüsse, aber auch auf die teilweise mit den Matrixgehalten korrelierenden Wiederfindungsraten der Analyten bei der Aufarbeitung zurückgeht.

### 12.2.2
**Prozesskontrolle/Verwendung interner Standards**

In der Routineanalytik ist es wichtig, eine gleich bleibende Qualität der Analysen auch für Proben mit unterschiedlichen Matrixgehalten, bei schwankenden Detektorempfindlichkeiten und variierenden Wiederfindungen zu gewährleisten. Mithilfe des Standardadditionsverfahrens kann solchen Einflüssen Rechnung getragen werden, indem neben der eigentlichen Probe zusätzlich dotierte Proben untersucht werden, die vor der Probenaufarbeitung mit unterschiedlichen Gehalten des zu bestimmenden Analyten versetzt werden. Der Gehalt des Analyten in der Probe kann dann z. B. graphisch extrapoliert werden. Dieses in der anorganischen Analytik gängige Verfahren ist prinzipiell auch für die organische Analytik anwendbar, wird aufgrund seines dort oft übermäßig hohen Zeitaufwands wenn möglich vermieden. In der Spurenanalytik organischer Verbindungen werden deshalb oft sog. interne Standards (ISTDs) verwendet. Diese werden den zu analysierenden Proben meist vor der Probenaufarbeitung zugesetzt. Unterschiedliche ISTDs können den Proben jedoch auch parallel an verschiedenen Stellen des Analysenverfahrens hinzugefügt werden, um einzelne Analysenschritte (Extraktion, Derivatisierung, Injektion etc.) unabhängig voneinander zu kontrollieren und Schwachstellen des Analysenverfahrens aufzudecken. Letzteres macht vor allem bei der Entwicklung neuer Methoden Sinn. Zur Unterscheidung des Zeitpunkts der Dotierung des internen Standards wurde deshalb zusätzlich der aus dem englischen Sprachraum stammende Begriff des „Surrogate Standards" eingeführt, bei dem es sich um einen ISTD handelt, der den Proben immer vor der eigentlichen Analyse hinzugefügt wird. An den Surrogate Standard werden dabei verschiedene Ansprüche gestellt: (a) Er darf nicht in den Proben zu erwarten sein, (b) er muss unter den gegebenen Rahmenbedingungen des Analysenverfahrens quantitativ aus den Proben wiedergefunden werden und (c) er sollte den gesuchten Analyten strukturell weitestgehend ähnlich sein und sich in allen Schritten der Probenvorbereitung möglichst gleich wie diese verhalten. Insofern stellt in den meisten Fällen ein Struktursomer oder, soweit kommerziell erhältlich, ein Isotopen-markiertes (z. B. deuteriertes oder $^{13}$C-markiertes) Analogon eines Analyten den am besten geeigneten Surrogate Standard dar.

Eine weitere Form der internen Qualitätssicherung ist die Verwendung von zertifizierten Referenzmaterialien. Solche Materialien enthalten den Analyten in einer bekannten Konzentration einschließlich Variationsbreite, wobei diese durch geeignete Verfahren wie z. B. Validierungsstudien im Rahmen eines Ringversuches ermittelt wurde [94]. In der anorganischen Analytik sind solche Referenzmaterialien weit verbreitet und stehen für unterschiedliche Untersuchungsmatrizes zur Verfügung. Anders verhält es sich in der organischen Rückstands- bzw. Kontaminantenanalytik. Hierbei sind nur für wenige Analyten und auch nicht für alle Matrices zertifizierte Referenzmaterialien verfügbar.

Zuletzt sei auch noch darauf verwiesen, dass neben den internen auch externe QS-Maßnahmen in Form von Laborvergleichsuntersuchungen (*engl. proficiency tests*) zur Kontrolle der Richtigkeit und Vergleichbarkeit der verwendeten Analysenmethoden und der damit erhaltenen Ergebnisse [25] verwendet werden.

## 12.3
### Nachweis anorganischer Kontaminanten

#### 12.3.1
**Schwermetalle**

Eine wichtige Aufgabe in der analytischen Chemie ist die Erfassung von umweltbedingten Kontaminationen wie Schwermetallen in Lebensmitteln als auch im Wasser, im Boden und in der Luft, um die mögliche gesundheitliche Belastung des Menschen durch diese Quellen abschätzen zu können. Zur Elementanalytik bzw. zu dem Nachweis von Schwermetallen und auch Spurenelementen werden in der Praxis eine Vielzahl von verschiedenen Methoden angewandt, die auch umfassend in der Literatur beschrieben sind [18, 28, 70]. Zur rückstandsanalytischen Metallbestimmung werden routinemäßig Messmethoden eingesetzt wie die Atomabsorptionsspektrometrie (AAS) [107], die Atomemissionsspektrometrie (AES) [15, 98], die Atomfluoreszenzspektrometrie (AFS) [54] und, bei sehr speziellen Fragestellungen, auch die Neutronenaktivierungsanalyse, die eine besondere Probenbehandlung erfordert [27] sowie verschiedene elektrochemische Analysenmethoden [64], wie z. B. die Polarographie. Die Leistungsfähigkeit der einzelnen Verfahren ist sehr unterschiedlich, so dass abhängig von der Fragestellung z. B. von der Nachweisempfindlichkeit stets das geeignete Verfahren anzuwenden ist. In Tabelle 12.2 sind die Nachweisgrenzen der in der Lebensmittelanalytik oft eingesetzten atomspektrometrischen Verfahren für einige Elemente zusammengefasst.

Vor jeder Bestimmung der Metalle erfolgt die Probenvorbereitung, in deren Verlauf der Analyt aus der begleitenden Matrix herausgelöst bzw. die Matrix durch geeignete Verfahren entfernt wird. Zur besseren Erfassung sind die auch organisch gebundenen Metalle in anorganische Salze zu überführen, wobei z. T. auch deren Oxidationsstufe im jeweiligen Medium vereinheitlicht wird. Dies wird für die meisten der oben stehenden Verfahren durch physikalische oder chemische Aufschlüsse erreicht [14]. Der Einsatz von physikalischen Aufschlüssen ist primär auf die Schwermetallanalytik in nur mit geringen organischen Anteilen behafteten Lebensmittelmatrices wie z. B. Wasser bzw. Trinkwasser beschränkt. So werden Wasserproben unter Zugabe von Wasserstoffperoxid mittels so genannter UV-Aufschlussgeräte (Abb. 12.2) aufgearbeitet und können anschließend direkt vermessen werden.

Für die meisten übrigen Lebensmittel müssen chemische Aufschlüsse vor der Messung durchgeführt werden, um die organische Begleitmatrix zu entfernen. Dies wird durch Veraschungen bzw. Aufschlüsse vorgenommen, wobei sowohl Trocken- als auch Nassaufschlüsse eingesetzt werden. Der Trockenaufschluss ist ein einfaches, kostengünstiges und sicheres Aufschlussverfahren, wobei probenabhängig die so genannte Veraschungstemperatur und gegebenenfalls zusätzliche Zusatzreagenzien wie Rückhaltemittel, z. B. Magnesiumoxid, oder Oxidationshilfsmittel, z. B. Magnesiumnitrat, zu verwenden sind. Nachteil dieses Verfahrens ist oft der Verlust an leicht flüchtigen Schwermetallen wie Quecksilber oder Blei. Weiterhin nachteilig ist der mit der Vollständigkeit der Mineralisierung verbundene große Zeitaufwand. Trotz ihrer Einfachheit werden Trockenveraschungen heutzutage nur noch selten eingesetzt und zunehmend durch Nassveraschungen bzw. Aufschlussverfahren ersetzt. Bei allen Nass-Aufschlussverfahren erfolgt die Mineralisierung unter Einsatz von Salpetersäure, der teilweise andere oxidierende Säuren wie z. B. Schwefelsäure, Flusssäure oder oxidierende Reagenzien wie Wasserstoffperoxid zugesetzt werden. Bei den Aufschlusssystemen wird weiterhin unterschieden, ob diese offen, z. B. in Kjehldal-Kolben, bzw. geschlossen in so genannten Aufschlussbomben durchgeführt werden. Vorteil der offenen Systeme ist die Drucklosigkeit, d. h. es können in solchen Systemen auch zur Verpuffung neigende Säuren wie die Perchlorsäure eingesetzt werden. Nachteilig sind die oft langwierigen mit den Trockenveraschungen vergleichbaren Aufschlusszeiten und die Gefahr des Analytverlustes bei leicht flüchtigen Metallen wie z. B. Quecksilber. Aus diesen Gründen werden zur Bestimmung von Schwermetallen in Lebensmitteln zumeist geschlossene Aufschlusssysteme eingesetzt, wie die in Abbildung 12.3 wiedergegebenen Bombenaufschlusssysteme in Form einer Hochdruckaufschlussapparatur.

**Tab. 12.2** Nachweisgrenzen (in µg/L) einiger ausgewählter Elemente bei Anwendung atomspektrometrischer Verfahren (FL-AAS: Flammen-AAS; GF-AAS: Elektrothermal-AAS; Hyd. AAS: Hydridtechnik-AAS; FL-AES: Flammenphotometrie; ICP-MS: Induktivplasma-Massenspektrometrie; Induktivplasma, AFS: Atomfluoreszenzspektrometrie. Die fett gekennzeichneten Zahlen geben für das jeweilige Element die niedrigste Nachweisgrenze an). Reproduziert aus Callman [18].

| Element | AAS | | | AES | | | AFS |
|---|---|---|---|---|---|---|---|
| | FL-AAS | GF-AAS | Hyd-AAS | FL-AES | ICP-OES | ICP-MS | |
| Ag | 1 | **0,01** | – | – | – | – | – |
| Al | 30 | **0,02** | – | 10 | 0,05 | 0,2 | 0,5 |
| As | 20 | 0,6 | **0,02** | 50000 | 20 | 0,05 | – |
| Au | 6 | **0,2** | – | – | – | – | – |
| Ba | 10 | **0,08** | – | 1 | 0,5 | – | – |
| Be | 2 | **0,06** | – | – | – | – | – |
| Bi | 20 | 0,2 | 0,02 | 40000 | 20 | **0,005** | – |
| Ca | 1 | 0,1 | – | 0,1 | **0,03** | – | – |
| Cd | 0,5 | **0,006** | – | 2000 | 0,2 | 0,05 | – |
| Co | 6 | **0,04** | – | 50 | 0,5 | – | – |
| Cr | 2 | 0,02 | – | 5 | 0,5 | **0,005** | – |
| Cu | 1 | 0,04 | – | 10 | 1 | 0,01 | **0,002** |
| Fe | 5 | 0,04 | – | 50 | 0,5 | – | **0,003** |
| Hg | 200 | – | **0,001** [a] | – | 0,2 | 0,02 | – |
| K | 1 | **0,004** | – | 0,1 | 1,5 | – | – |
| Li | 0,5 | 0,4 | – | **0,03** | – | – | – |
| Mg | 0,1 | 0,008 | – | 5 | **0,01** | 0,5 | – |
| Mn | 1 | **0,02** | – | 5 | 0,07 | – | – |
| Mo | 30 | **0,04** | – | 100 | 0,07 | – | – |
| Na | 0,2 | 0,02 | – | **0,01** | 0,3 | – | – |
| Ni | 4 | 0,04 | – | 30 | 0,5 | **0,005** | – |
| Pb | 10 | 0,1 | – | 200 | 2 | 0,05 | **0,00003** |
| Pt | 40 | **0,4** | – | – | – | – | – |
| Sb | 30 | 0,2 | **0,1** | – | – | – | – |
| Se | 100 | 2 | **0,02** | 0,1 | 5,9 | – | – |
| Si | 50 | **0,2** | – | – | – | – | – |
| Sn | 20 | **0,2** | 0,5 | 300 | 30 | – | 3 |
| Te | 20 | 0,2 | **0,02** | – | | | – |
| Ti | 50 | 1 | – | 200 | 2 | **0,01** | 1 |
| Tl | 10 | 0,2 | – | 200 | 2 | **0,01** | 5 |
| V | 40 | **0,4** | – | 10 | 5 | – | 3 |
| Zn | 1 | **0,002** | – | 50000 | 0,13 | 0,2 | – |

[a] Hg-NWG für Kaltdampf-Hydridtechnik.

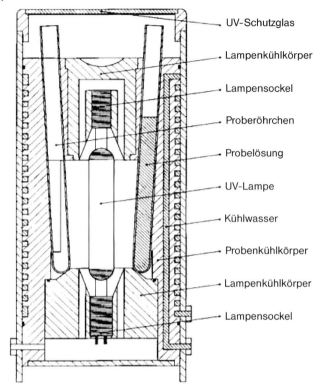

**Abb. 12.2** Apparatur zum UV-Aufschluss von Wasserproben (reproduziert mit Genehmigung aus Matter [63]).

Das dargestellte System wird, wie viele andere auch, durch einfache elektrische Beheizung konvektiv erwärmt. Die hierfür nötigen Aufwärm- und Abkühlungszeiten verlängern die Aufschlusszeit. Heutzutage werden vermehrt direkt heizende Systeme eingesetzt, bei denen der Aufschluss mithilfe der Mikrowellenstrahlung erfolgt und so die Bearbeitungsdauer verkürzt wird.

Für mikrowellenunterstützte Systeme (Abb. 12.4) sind in der Literatur und bei den standardisierten Verfahren nach CEN und ISO eine Vielzahl von Aufschlüssen beschrieben, wie z. B. für Cadmium- und Bleinachweise in Fisch, Fleisch, Gemüse, Honig, Mehlen und Milchpulver [70]. Bedingt durch die geschlossenen einzelnen Aufschlussbehälter ist der Einsatz dieser Systeme auch für den Nachweis von Quecksilber in unterschiedlichen Lebensmittelmatrices gebräuchlich. Als Messverfahren haben sich in der Lebensmittelanalytik vor allem die Atomabsorptionsspektrometrie (AAS) und die Atomemissionsspektrometrie (AES) durchgesetzt. Bei der AAS wird das Licht einer elementspezifischen Lampe bzw. eine Bande einer definierten Wellenlänge durch eine Atomisierungseinheit gestrahlt und dann anschließend die Schwächung (d. h. die Absorption) des eingestrahlten Lichtes durch die Atome, die sich selbst im

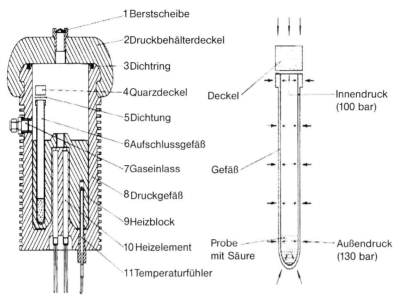

**Abb. 12.3** Aufbau eines Bombenaufschlusssystems (links) und die Druckverhältnisse im System (rechts), reproduziert mit Genehmigung aus Matter [63].

Labels (links):
1 Berstscheibe
2 Druckbehälterdeckel
3 Dichtring
4 Quarzdeckel
5 Dichtung
6 Aufschlussgefäß
7 Gaseinlass
8 Druckgefäß
9 Heizblock
10 Heizelement
11 Temperaturfühler

Labels (rechts): Deckel, Gefäß, Probe mit Säure, Innendruck (100 bar), Außendruck (130 bar)

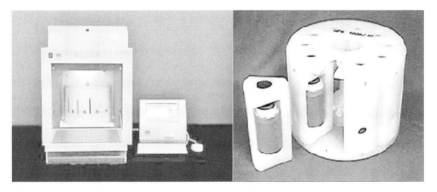

**Abb. 12.4** Mikrowellengestütztes, geschlossenes Aufschlusssystem (mit freundlicher Genehmigung der Firma MWS).

Grundzustand befinden, gemessen. Als Atomisierungseinheiten dienen in der AAS Langeschlitzbrenner (Flammen-AAS), elektrothermal beheizte Graphitrohre (Graphitrohr-AAS oder GF-AAS, *engl. graphit furnace*) oder Gaskuvetten (beheizt z. B. bei der Arsenbestimmung, unbeheizt bei Quecksilber), in die die separat gebildeten Metallhydride geleitet werden. In Abbildung 12.5 sind ein Flammen-AAS und dessen Aufbau wiedergegeben.

Für Schwermetalle wie Blei, Cadmium, Quecksilber und Arsen sind international anerkannte, genormte CEN- bzw. ISO-Methoden [56, 101, 102] auf Basis

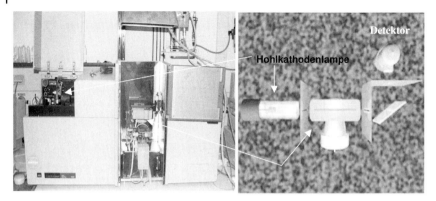

**Abb. 12.5** Flammen-AAS-System (mit freundlicher Genehmigung der Firma Perkin Elmer).

der Atomabsorptionsspektrometrie verfügbar. AAS-Verfahren haben den Vorteil, dass sie sehr empfindlich und spezifisch sind. Der Nachteil der AAS ist, dass meist nur eine geringe Anzahl von Elementen parallel bei einer so genannten „Multielementdetektion" bestimmt werden kann.

Eine andere Entwicklung ist im Bereich der Wasseranalytik zu beobachten. Hier sind in den letzten Jahren vermehrt die ICP-OES- bzw. ICP-MS-Systeme zum Einsatz gekommen, die als Multielementbestimmungsmethoden die Erfassung von mehreren Elementen parallel zulassen und damit die herkömmliche Einzelelementbestimmung mittels AAS ersetzen. Bei der ICP-OES (Atomemissionsspektrometrie mit Plasmaanregung) werden die Atome, nach erfolgreicher Verdampfung, nicht im Grundzustand belassen wie bei der AAS, sondern in angeregte Zustände versetzt. Das emittierte Licht definierter Wellenlänge der wieder in den Grundzustand übergehenden Atome wird mittels Photomultiplier detektiert.

Bei der ICP-MS (Abb. 12.6) wird der Analyt aus der verdampften Probe im Plasma ionisiert und nach Trennung mittels Quadrupol- oder Sektorfeldmassenspektrometer nachgewiesen. Auf die Funktionsweise der Detektion mittels Massenspektrometrie (MS) wird im Rahmen der Analytik organischer Verbindungen noch näher eingegangen (s. auch Abschnitt 12.4.1). Aufgrund der Detektion sind ICP-MS-Geräte meist empfindlicher als ICP-OES-Systeme. Obgleich beide Systeme eine reale Multielementbestimmung ermöglichen, ist der Einsatz der Geräte in der Lebensmittelanalytik derzeit noch gering. Dies gründet sich zum einen darauf, dass ICP-OES- und besonders ICP-MS-Geräte gegenüber der AAS teurer in der Anschaffung und durch den hohen Verbrauch von Argon als Plasmagas auch im Betrieb sehr kostenintensiv sind. Zum anderen sind ICP-Geräte besonders empfindlich für Reaktionen im Plasma, einerseits durch Matrixeffekte, andererseits durch so genannte Clusterbildung, wodurch Messungen verfälscht bzw. unmöglich gemacht werden können. Tabelle 12.3 zeigt die Interferenzen für bestimmte Ionen in der ICP-MS. Hierbei ist erkennbar, dass z.B. die Massenspur des Arsens (Masse: $m/z$ 75) durch das Argonchlorid (ArCl-Mas-

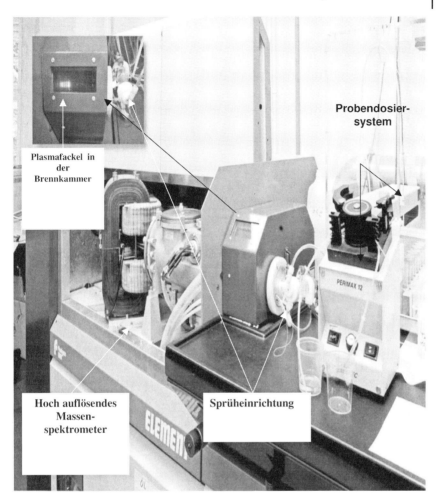

**Abb. 12.6** Hochauflösendes ICP-MS (mit freundlicher Genehmigung der Firma Thermoquest-Finnigan).

se: $m/z$ 75) gestört wird, welches in der Plasmaflamme durch das in der Lebensmittelprobe enthaltene Chlorid und mit dem Plasmagas entsteht. Beim Eisennachweis können bei sämtlichen Eisenisotopen unter Umständen Interferenzen beobachtet werden ($m/z$ 54 $[^{40}\text{Ar}^{14}\text{N}]^+$ u.a.; $m/z$ 56 $[^{40}\text{Ar}^{16}\text{O}]^+$). Diese oder ähnliche Effekte erschweren auch den Einsatz der so genannten Isotopenverdünnungsanalyse in der IPC-MS.

Gemäß den bisherigen wissenschaftlichen Erkenntnissen stellen die Schwermetalle Cd, Pb, Hg und As die Hauptbelastung des Menschen dar [22]. Zur Abschätzung der Belastungssituation werden nach der EU-Richtlinie 98/53 diese Schwermetalle nach vollständiger Mineralisierung quantitativ bestimmt. Neuere Forschungsergebnisse der letzten Jahre zeigen aber, dass es zum Teil aus toxiko-

**Tab. 12.3** Störungen der Isotopenmassen von Eisen und Arsen durch Cluster der Matrix mit dem Plasmagas (entnommen aus [18]).

| Detektionsmasse/ detektiertes Isotop | Häufigkeit [%] | Hauptinterferenzen |
| --- | --- | --- |
| $^{54}$Fe | 5,82 | $^{54}$Cr$^+$; [$^{40}$Ar$^{14}$N]$^+$; [$^{38}$Ar$^{16}$O]$^+$; [$^{37}$Cl$^{16}$O$^1$H]$^+$; [$^{40}$Ca$^{14}$N]$^+$; [$^{40}$Ar$^{13}$C$^1$H]$^+$ |
| $^{56}$Fe | 91,66 | [$^{40}$Ar$^{16}$O]$^+$; [$^{40}$Ca$^{16}$O]$^+$; [$^{39}$K$^{16}$O$^1$H]$^+$ |
| $^{57}$Fe | 2,19 | [$^{40}$Ar$^{16}$O$^1$H]$^+$; $^{40}$Ca$^{16}$O$^1$H]$^+$; |
| $^{58}$Fe | 0,33 | $^{58}$Ni$^+$; [$^{23}$Na$^{35}$Cl]$^+$; [$^{40}$Ar$^{16}$O$^1$H$_2$]$^+$; [$^{40}$Ca$^{16}$O$^1$H$_2$]$^+$ |
| $^{75}$As | 100,0 | [$^{40}$Ar$^{35}$Cl]$^+$; [$^{14}$N$^{16}$O$^{35}$Cl]$^+$; [$^{38}$Ar$^{37}$Cl]$^+$ |

logischen Bewertungsgründen wichtig ist, bei Cadmium und Arsen, aber besonders bei Quecksilber, nach anorganischen und organisch-gebundenen Anteilen zu differenzieren. Zu diesem Zweck werden seit einigen Jahren Kopplungen (offline- und online-Verfahren) der elementspezifischen Analysensysteme (insbesondere die atomspektrometrischen Verfahren AAS, AES) mit chromatographischen Verfahren eingesetzt.

Ein Beispiel hierfür ist die Bestimmung der unterschiedlichen Organo-Quecksilberverbindungen. Diese Verbindungen kommen gegenüber dem anorganischen Quecksilber sehr oft in Meeresfischen vor (ca. 5% anorganisch-gebundenes Quecksilber, ca. 95% organisches Quecksilber z. B. als Methylquecksilber). Da Organo-Quecksilberverbindungen gegenüber dem anorganischen Quecksilberanteil als besonders toxisch einzustufen sind, ist eine differenzierte Erfassung bei Meeresfischen dringend erforderlich. Hierfür werden die organischen Quecksilberverbindungen extrahiert und nach gaschromatographischer Trennung separat nachgewiesen bzw. quantifiziert. Da Organo-Quecksilberverbindungen leicht durch die Temperaturen im Injektor zersetzt werden, ist nach Extraktion der Verbindungen vor der Injektion in den Gaschromatographen eine Derivatisierung erforderlich. Als Detektionssysteme für die Derivate werden sowohl Kapillargaschromatographie (GC) mit MS-Detektion (s. auch Abschnitt 12.4.1) als auch Kopplungen mit Kaltdampf-AAS/AFS und spezielle Detektorsysteme in Form des mikrowellenunterstützten Atomemissionsdetektors (kurz MIP-AED) verwendet. Im Falle des MIP-AED wurde in verschiedenen Studien die Einsetzbarkeit für die Bestimmung der verschiedenen Organo-Quecksilberverbindungen in Weichtieren und Meeresfischen, aber auch in Getreide, Getreideprodukten, Früchten und Gemüse belegt [70].

## 12.4
### Nachweis organischer Rückstände und Kontaminanten

Die moderne instrumentelle Analytik organischer Rückstände und Kontaminanten in Lebensmittel- und Umweltproben beruht auf dem Einsatz hoch empfindlicher und selektiver Detektionsmethoden, wobei sich in den letzten Jahren die Detektion mittels Massenspektrometrie (MS) immer stärker als das universelle Standardverfahren etabliert hat. Dieser Methode ist aufgrund ihrer Bedeutung der folgende Abschnitt gewidmet, der sowohl die Grundlagen dieses Analysenverfahrens als auch dessen Vorzüge erläutern soll.

### 12.4.1
### Anwendung und Bedeutung der Massenspektrometrie in der Rückstandsanalytik

In den letzten beiden Jahrzehnten hat die Detektion von Analyten mithilfe der MS für die Rückstandsanalytik stetig an Bedeutung gewonnen. Anfänglich wurde die MS vor allem zur Absicherung von Analysenergebnissen verwendet, die mit anderen herkömmlichen, aber weniger selektiven, dafür kostengünstigeren Techniken ermittelt wurden. Durch sinkende Gerätepreise, verbesserte Empfindlichkeiten und nicht zuletzt durch die gestiegenen Anforderungen an die Rückstandsanalytik ist die MS immer mehr zu einem universell einsetzbaren, hoch empfindlichen und zuverlässigen Detektionsverfahren geworden, das für die moderne Routineanalytik unverzichtbar geworden ist.

Neben der kernmagnetischen Resonanzspektroskopie (NMR), der Röntgenstrukturanalyse (XRD) und der Infrarotspektroskopie (IR) ist die Massenspektrometrie das instrumentelle Verfahren zur chemischen Strukturaufklärung. Im Gegensatz zu diesen Techniken ist sie jedoch in der Lage, die zum eindeutigen Nachweis von Rückständen und Kontaminanten nötigen Strukturinformationen auch noch im Ultraspurenbereich mit Substanzmengen bis in den Femto- oder Attogrammbereich zu liefern [44]. In der Kopplung mit der GC (vgl. auch Abschnitt 12.4.6) oder der HPLC (vgl. auch Abschnitt 12.4.5) ist die analytische Auftrennung von Stoffgemischen und die sichere Detektion einzelner Verbindungen in Lebensmittel- und Umweltproben bis in den ng/kg- oder sogar bis in den pg/L-Bereich möglich. Einige Beispiele für die Leistungsfähigkeit der Analytik mittels GC bzw. HPLC und massenspektrometrischer Detektion (GC-MS bzw. HPLC-MS oder HPLC-MS/MS) werden in nachfolgenden Abschnitten vorgestellt.

Wichtige Begriffe und Abkürzungen in der Massenspektrometrie sind in Tabelle 12.4 aufgeführt.

#### 12.4.1.1 Funktionsweise des massenspektrometrischen Nachweises

Nachdem die Analyten mithilfe der GC bzw. der HPLC aufgetrennt wurden, erreichen sie das Massenspektrometer, in dem aus der Probensubstanz mithilfe verschiedener Interfaces/Ionenquellen zunächst gasförmige Ionen erzeugt wer-

**Tab. 12.4** Wichtige Begriffe und Abkürzungen in der Massenspektrometrie.

| | |
|---|---|
| amu | atom mass unit(s); 1 amu entspricht $1/12$ der Masse des $^{12}$C-Atoms |
| Auflösungsvermögen | kleinste Massendifferenz, bei der die Auflösung zweier Ionensignale >90% ist |
| Basepeak | Ion/Ionenpeak mit der höchsten Intensität im Massenspektrum |
| CI | chemische Ionisation |
| EI | Elektronenstoßionisation: *engl. electron (impact) ionization* |
| Fragmentionen | Folgeionen, die aus dem Zerfall anderer Ionen größerer Masse (nicht immer größerer *m/z*!) hervorgehen, z. B. beim Zerfall eines radikalischen Molekülkations |
| Full Scan | Abtastung eines gewählten Massenbereiches innerhalb einer definierten Zeitperiode |
| Isotopencluster | Ionenpeaks mit unterschiedlichen *m/z*-Werten, die vom gleichen Molekül- oder Fragmention abstammen, aber durch verschiedene Isotopenzusammensetzungen hervorgerufen wurden (z. B. $^{12}$C und $^{13}$C) |
| MID | Multiple Ion Detection, Detektion der Summe aller im SIM aufgenommenen Ionen |
| NCI | Nachweis negativer Ionen bei der chemischen Ionisation |
| PCI | Nachweis positiver Ionen bei der chemischen Ionisation |
| PFTBA | Perfluortributylamin: Kalibriersubstanz für das Massenspektrometer |
| RIC | Rekonstruierte Ionenchromatogramme: Extraktion einzelner Ionenströme/-chromatogramme aus einem im Full Scan Modus aufgenommenen TIC-Chromatogramm |
| SIM (SID/MID) | Selected Ion Monitoring: Abtastung ausgewählter Ionen innerhalb einer definierten Zeitperiode („dwell time") |
| SRM (MRM) | Selected Reaction Monitoring (=SIM/SIM), Abtastung ausgewählter Produkt-/Fragmentionen (*engl. „product ions", auch „daughter ions"*) eines Vorläuferions (*engl. „precursor ion", auch „parent ion"*) bei der Messung mittels MS/MS |
| Totalionenstrom/TIC | Total Ion Chromatogram (TIC); Summe aller einzelnen Ionenströme; wird meist im Zusammenhang mit dem Full Scan Modus benutzt |

den, die anschließend beschleunigt und zu einem Ionenstrahl gebündelt werden. In einem elektrischen und/oder magnetischen Feld werden die Ionen entsprechend ihres Masse-zu-Ladungsverhältnisses (*m/z*) abgelenkt und mit einem Detektor registriert. Als Detektor wird zumeist ein Sekundärelektronenvervielfacher (SEV) verwendet, an dessen photonenempfindlicher Schicht beim Auftreffen der Ionen ein Entladungsstrom ausgelöst und an ein Datenverarbeitungssystem weitergeleitet wird. Bei dem so erhaltenen Massenspektrum ist die Häufigkeit jedes einzelnen Ions als Ordinate gegen den entsprechenden *m/z*-Wert als Abszisse aufgetragen.

### 12.4.1.2 Kapillargaschromatographie-Massenspektrometrie (GC-MS)

Bei der Analytik mittels GC-MS ist die Bildung mehrfach geladener Ionen im Verhältnis zu den einfach geladenen Ionen selten, weshalb die Ladungszahl normalerweise eins ist und der Wert von $m/z$ in den meisten Fällen die Masse des Ions ergibt [110]. Im Fall der Kapillar-GC ist die direkte Kopplung mit dem Massenspektrometer möglich. Hierbei werden zumeist Quadrupolmassenspektrometer eingesetzt, die im Vergleich zu den Sektorfeldinstrumenten einfacher aufgebaut und somit kostengünstiger, leichter zu bedienen und zu warten sind. Anders als bei den hoch auflösenden Sektorfeldinstrumenten ist mit Quadrupolgeräten i. d. R. nur eine Trennung nach nominellen Massen (ganzen Massenzahlen, Einheitsmassenauflösung) möglich, was diese Technik für die Strukturaufklärung nur bedingt einsetzbar macht, da die Elementzusammensetzungen der einzelnen Ionen aus der detektierten Massenzahl nicht direkt hervorgehen. Mithilfe von Isotopenpeaks und durch die Interpretation der Massenspektren ist es jedoch oft möglich, sowohl eine Elementarzusammensetzung als auch die Struktur unbekannter Verbindungen abzuleiten.

### 12.4.1.3 Elektronenstoßionisation (EI)

Die Ionisierung der Verbindungen erfolgt in der Ionenquelle bei einem Vakuum von etwa $10^{-6}$ mbar, welches von einer Turbomolekular- oder einer Öldiffusionspumpe erzeugt wird. Bei der EI werden die gasförmigen Substanzen in der Ionenquelle mit aus einer Glühkathode emittierten Elektronen beschossen, die mittels einer Potenzialdifferenz von etwa 70 V zu einer Anode hin beschleunigt werden. Die Elektronen, die eine Energie von 70 eV besitzen, ionisieren nicht nur die Probenmoleküle unter Erzeugung so genannter Molekülionen (hierfür sind nur etwa 7–10 eV notwendig), sie führen auch zu einer ausgiebigen Fragmentierung der Molekülionen [16, 45], da die Ionisierung der organischen Verbindungen beim Herausschlagen eines Elektrons aus den Orbitalen der Probenmoleküle ein ungepaartes Elektron hinterlässt, aus dem ein instabiles Radikalkation hervorgeht. Der Elektroneneinfang, der zu einem Radikalanion führt, ist unter den in der EI verwendeten Bedingungen (zu hohe Translationsenergie der Elektronen) sehr viel unwahrscheinlicher und praktisch bedeutungslos. Die Molekülionen können durch den Verlust eines Radikals oder durch den Verlust eines Fragments, in dem alle Elektronen gepaart sind, weiter zerfallen und führen so zu einem für die jeweilige Substanz charakteristischen Fragmentierungsmuster, das zur Charakterisierung oder Identifizierung der betreffenden Verbindung verwendet werden kann [65]. Die standardmäßig verwendete Ionisierungsenergie von 70 eV ermöglicht sowohl hohe Ionenausbeuten als auch die gute Reproduzierbarkeit der Massenspektren, da die Ionenausbeutekurve für organische Moleküle zwischen 50 und 100 eV ein Maximum durchläuft, aber in diesem Bereich auch so flach ist, dass Schwankungen der Ionisierungsenergie auf die Ausbeute der Ionen nur einen geringen Einfluss haben [66].

Ein Nachteil der EI ist das häufige Fehlen oder die geringe Intensität der Molekülionen in den Massenspektren. Molekülionen bzw. Quasimolekülionen können allerdings mithilfe der negativen oder positiven chemischen Ionisation (NCI/PCI) erhalten werden, bei der die Probenmoleküle nicht durch direkten Elektronenbeschuss, sondern Ionenmolekül-Reaktionen mit einem im Überschuss zugesetzten Reaktandgas (CI-Plasma) „sanft" ionisiert werden [31, 66]. Was die Rückstandsanalytik mittels GC-MS betrifft, so hat die chemische Ionisation nur eine geringe Bedeutung, da aufgrund der fehlenden oder nur geringen Fragmentierung oft die für den eindeutigen Nachweis der Verbindungen nötigen Bestätigungsionen in den Massenspektren fehlen. Für die Kopplung der MS mit der HPLC hat die chemische Ionisation jedoch inzwischen eine herausragende Bedeutung erlangt, da die dafür verwendeten modernen Interfaces nur die chemische Ionisation der Verbindungen zulassen. Letzteres bedeutet für die Kopplung mit der HPLC, dass eine eindeutige Identifizierung der Verbindungen oft nur dann möglich ist, wenn die mittels HPLC-MS erzeugten Quasimolekülionen nochmals fragmentiert und in einem weiteren Massenspektrometer detektiert werden. Man spricht in diesem Fall von der sog. Tandemmassenspektrometrie (MS/MS), für die heutzutage vor allem die später noch beschriebenen Triple-Quadrupol-Massenspektrometer oder Iontrap-Massenspektrometer bzw. Kopplungen aus Quadrupol und Flugzeitmassenspektrometer (QTOF) verwendet werden.

#### 12.4.1.4 Isotopen-Peaks

Eine Reihe von Atomen weist einen natürlichen Gehalt an Isotopen auf. Kohlenstoff besteht beispielsweise zu 98,9% aus $^{12}C$- und zu 1,1% aus $^{13}C$-Isotopen. Im Massenspektrum organischer Verbindungen werden die einfach geladenen kohlenstoffhaltigen Ionen somit von einem korrespondierenden Ion begleitet, dessen Signal als Satellitenpeak bezeichnet wird und um eine Masseneinheit erhöht ist. Kohlenstoff wird deshalb auch als A+1-Element bezeichnet [66]. Die Intensität des Kohlenstoffisotopenpeaks errechnet sich aus der Anzahl der im Ion enthaltenen Kohlenstoffatome $n$ multipliziert mit 1,1% der Intensität des $^{12}C$-Peaks. Die Kohlenstoff-Satellitenpeaks fallen vor allem bei großen Ionen sehr kohlenstoffhaltiger Moleküle wie den intensiven Molekülionen vielkerniger polyzyklischer aromatischer Kohlenwasserstoffe ins Gewicht, wie beispielsweise beim Benzo(a)pyren: $C_{20}H_{12}^{+\bullet}$ → Satellitenpeak: 22% des $^{12}C$-Peaks.

In der Rückstandsanalytik werden auch häufig halogenierte organische Verbindungen (Pestizide, PCB, Phenole etc.) untersucht. Von den Halogenen sind Fluor und Iod isotopenrein, während Chlor aus $^{35}Cl$ und $^{37}Cl$ im Verhältnis von etwa 3:1 und Brom aus $^{79}Br$ und $^{81}Br$ im Verhältnis von ca. 1:1 besteht. Molekül- und Fragmentionen, die Chlor- und Bromatome in verschiedener Anzahl und/oder Zusammensetzung enthalten, zeigen die in Abbildung 12.7 dargestellten Intensitätsverhältnisse und bilden sog. Clusterionen. Alle Ionenpeaks sind hierbei durch zwei Masseneinheiten getrennt, weshalb man bei Chlor und

## 12.4 Nachweis organischer Rückstände und Kontaminanten | 341

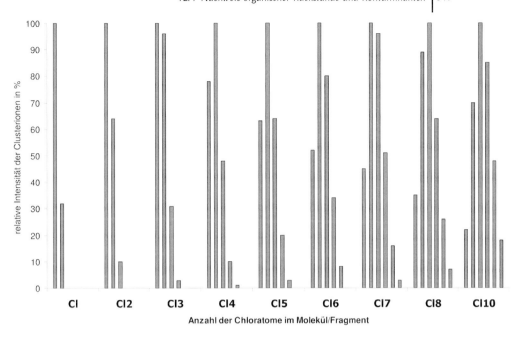

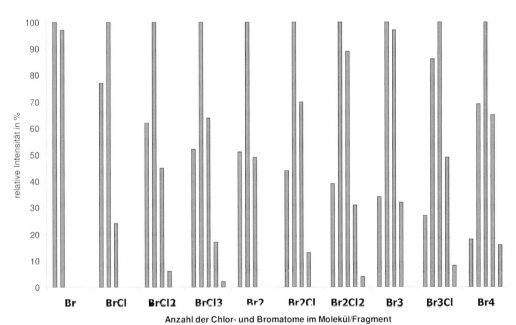

**Abb. 12.7** Intensitätsverteilung verschiedener chlor- und bromhaltiger Clusterionen.

Brom auch von sog. A+2-Elementen spricht. Aus den charakteristischen Chlor- bzw. Bromclusterionen wird zumeist die intensivste Masse zur Quantifizierung verwendet. Zudem wird zur Absicherung des Ergebnisses das zweitintensivste Clusterion und oft noch ein weiteres Ion mitdetektiert. Grundsätzlich gilt eine Verbindung als nachgewiesen, wenn die Retentionszeit und das Chlor-Isotopenverhältnis von Standard und Probe übereinstimmen. Zur sicheren Identifizierung einer Verbindung ist wichtig, dass die zur Absicherung verwendeten Ionen nicht gleicher Spezies sind, was im Fall der Isotopenclusterionen gegeben ist. Im Gegensatz zu den Fragmentionen treten die Isotopenionen auch unter leicht veränderten Ionisierungsbedingungen innerhalb eines Clusters immer in den gleichen, durch ihr natürliches Vorkommen vorgegebenen und unveränderlichen Intensitätsverhältnissen auf.

### 12.4.1.5 Full Scan Modus

Mithilfe der Massenspektrometrie kann jede mit der GC oder der HPLC chromatographierbare Substanz detektiert (universelle Einsetzbarkeit) und gleichzeitig eine für jede Substanz charakteristische Strukturinformation (hohe Selektivität) erhalten werden. Im „Full Scan Modus" wird während des Chromatographielaufes ein vom Anwender festgelegter Massenbereich zyklisch (meist etwa ein Zyklus pro Sekunde) vermessen. Der Massenbereich, der z. B. bei der GC zur Erfassung der wichtigsten Ionen von organischen Verbindungen nötig ist, liegt im Bereich von $m/z$ 35–600. Die Ionenströme der einzelnen Massen werden mithilfe der EDV aufsummiert und als Totalionenchromatogramm (TIC) dargestellt, aus dem dann bei einer bestimmten Retentionszeit die jeweiligen Massenspektren oder über einen bestimmten Zeitbereich die „rekonstruierten Ionenchromatogramme" (RICs) für die einzelnen Ionen extrahiert werden können.

**EI-Massenspektrenbibliotheken und -interpretation**
Die aus der Elektronenstoßionisation resultierenden charakteristischen EI-Massenspektren können in Massenspektrenbibliotheken abgelegt werden, gegen die dann computergestützt in nachfolgenden MS-Analysen gesucht werden kann. Es gibt inzwischen eine Reihe von kommerziell erhältlichen Spektrenbibliotheken, die teilweise mehr als 275 000 EI-Massenspektren von Umweltkontaminanten, Pestiziden, aber auch vielen anderen organischen Verbindungen enthalten (z. B. die Wiley-Massenspektrenbibliothek). Spezielle Massenspektrenbibliotheken wie die HP Pesticide Library [92] (enthält etwa 700 EI-Massenspektren von Pestiziden und verschiedenen Derivaten von Pestiziden) oder die Bibliothek von *Pfleger und Maurer* sind ebenfalls erhältlich. Wichtig für die Vergleichbarkeit der Massenspektren mit den in den Spektrenbibliotheken abgelegten Massenspektren ist die regelmäßige Kalibrierung des Massenspektrometers. Mithilfe einer Kalibriersubstanz (für die GC-MS meist Perfluortributylamin (PFTBA)) werden hierbei neben der Linearität des Analysators, z. B. Quadrupols, unter anderem die Potenziale an den Fokussierlinsen des Massenspektrometers und die Multi-

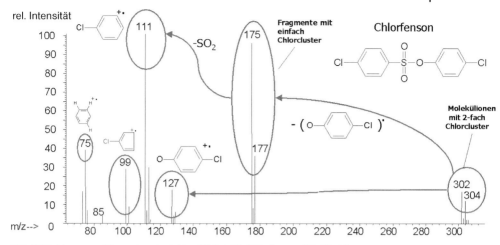

**Abb. 12.8** Massenspektrum des akariziden Wirkstoffs Chlorfenson (EI, 70 eV).

plierspannung des Sekundärelektronenvervielfachers optimiert. Um das Massenspektrometer in dem in der Rückstandsanalytik relevanten Massenbereich zu optimieren (engl. *tuning*) verwendet das Massenspektrometer meist die Massen mit $m/z$ 69, 209 und 502 aus dem Spektrum des PFTBA.

Die Identität von Substanzen kann durch die Interpretation der EI-Massenspektren jedoch auch direkt, ohne Zuhilfenahme von Massenspektrenbibliotheken, anhand ihres Fragmentierungsmusters ähnlich eines Fingerabdrucks (engl. *fingerprint*) ermittelt werden. Das Potenzial der Detektion mittels MS soll am Beispiel des in Abbildung 12.8 gezeigten EI-Massenspektrums verdeutlicht werden. Allein durch die Interpretation dieses Massenspektrums war dessen vollständige Aufklärung und die Zuordnung dieses Spektrums zu der Verbindung mit der chemischen Bezeichnung (4-Chlorphenyl)-4-chlorbenzolsulfonat (MW = 303,2 g/mol) möglich. Die als Akarizid verwendete Verbindung ist auch besser unter ihrem Wirkstoffnamen Chlorfenson bekannt. Regeln und detaillierte Hinweise zur Interpretation von Massenspektren finden sich u.a. bei McLafferty und Tureček [66].

Die Analyten haben vor der Bestimmung mittels GC-MS oft bereits eine intensive Probenbehandlung inklusive Aufkonzentrierungs- und Aufreinigungsschritten hinter sich, die zu Verunreinigungen der Probeneluate aus Schlifffetten und Ähnlichem führen können [36, 93]. Störionen können zusätzlich jedoch auch aus der GC-Analyse (z.B. von der stationären Phase) resultieren. In Tabelle 12.5 sind beispielhaft Massenpeaks von Störionen aufgeführt, die auf weit verbreiteten Verunreinigungen bzw. Säulenmaterialien beruhen können.

**Tab. 12.5** Mögliche Störionen bei massenspektrometrischen Bestimmungen mittels GC-MS (verändert nach [36]).

| Mögliche Störionen (m/z) | Potentielle Ursache der Störungen |
|---|---|
| 135, 197, 209, 259, 333, 345, 408, 465, 527 | stationäre Phase der GC-Säule (OV-17, OV-11) |
| 75, 91, 135, 156, 169, 183, 253, 352, 389, 449, 458, 502, 511, 520 | stationäre Phase der GC-Säule (OV-225) |
| 39, 45, 51, 65, 91, 92 | Lösungsmittel (Toluol) |
| 149, 167, 279 | Weichmacher (Phthalate) |
| 129, 185, 259, 329 | Weichmacher (Tri-n-butylacetylcitrat) |
| 99, 155, 211 | Weichmacher (Tributylphosphat) |
| 73, 133, 147, 207, 221, 281, 355, 429, 503 | Silicon-Fett, stationäre Phase der GC-Säule (SE-30, SE-54, OV-101, OV-1, SF-96) |
| 89 | $[(CH_3O)Si(CH_3)_2]^+$ von Festphasenmaterialien auf Kieselgelbasis |
| 29, 43, 57,...; 41, 55, 69,...; 53, 67, 81,... | Kohlenwasserstoffe |

#### 12.4.1.6 Selected Ion Monitoring

Mithilfe des „Selected Ion Monitoring" (SIM) können innerhalb eines Messzyklus wenige vom Anwender individuell ausgewählte Ionen gemessen werden. Im Gegensatz zum Full Scan Modus, bei dem innerhalb eines etwa eine Sekunde langen Messzyklus die Ionen des gesamten voreingestellten Massenbereichs (z. B. $m/z$ 50–550) detektiert werden, steht im SIM, abgesehen von den Umschaltzeiten zwischen den individuellen Scans (insgesamt < 100 ms), fast die gesamte Scanzeit für die wenigen ausgewählten Ionen zur Verfügung. Die Verlängerung der individuellen Scanzeiten („*dwell times*") der Ionen (*typische Werte: 100 bis 300 ms je Ion*) führt im Vergleich zum Full Scan Modus (*ca. 2 ms je Ion*) zu deutlich verbesserten Signal/Rausch-Verhältnissen, was wiederum eine erhebliche Empfindlichkeitssteigerung um einen Faktor von bis zu 100 zur Folge hat. Nachteil des SIM gegenüber dem Full Scan Modus ist jedoch der mit der Auswahl definierter Ionen verbundene Informationsverlust und damit verbunden die Gefahr, ebenfalls chromatographierbare Rückstände anderer, Nicht-Zielverbindungen (*engl. non-target compounds*) auszublenden. Die Detektion mittels SIM ist jedoch bei der gezielten Spurenanalyse von Schadstoffen (*engl. target analysis*), bei der die Erzielung minimaler Nachweisgrenzen im Vordergrund steht, dem Full Scan Modus deutlich überlegen. Die Transparenz der resultierenden Probenchromatogramme ist zudem vor allem im Routinebetrieb von Vorteil, wenn nur die An- oder Abwesenheit bzw. die Menge der gesuchten Verbindungen und nicht vollständige Massenspektren interessieren [93]. Grundsätzlich ist für den sicheren Nachweis einer Verbindung im SIM die Übereinstimmung der Retentionszeiten sowie der relativen Peakverhältnisse von mindestens zwei, besser drei Ionen von Standard und Probe nötig. Die Empfindlichkeit einer Analyse mittels SIM hängt dabei maßgeblich von der Auswahl charakteristischer Ionen aus den Massenspektren der jeweiligen Analyten ab.

Die resultierenden Ionenspuren sollten im relevanten Retentionszeitbereich auch in matrixreichen Proben nicht von Matrixbestandteilen oder anderen Störionen, wie den in Tabelle 12.5 aufgeführten, gestört sein. Für die Auswahl von Ionen ist es i.d.R. günstig, solche mit hoher Masse zu wählen, da diese substanzcharakteristischer sind und meist weniger Störungen und die besten Signal/Rausch-Verhältnisse aufweisen. Bei einigen Substanzklassen können durch gezielte Derivatisierung der Analyten die Massen der Molekül- und Fragmentionen der Verbindungen in höhere Massenbereiche verschoben werden, in denen eine ungestörte Detektion auch noch in niedrigen Konzentrationsbereichen möglich ist. Sind die Retentionszeiten der Analyten bekannt, so können mittels Selected Ion Monitoring mit Zeitfensterprogrammierung mehr als 30 Verbindungen in einem Chromatographielauf erfasst und sehr empfindlich nachgewiesen werden [93]. Die Ionenströme aller Analyten werden anschließend zu einem so genannten Multiple Ion Detection-(MID-)Chromatogramm aufsummiert, aus dem die charakteristischen Ionenspuren extrahiert und die Substanzen eindeutig identifiziert werden können.

### 12.4.1.7 Grundlagen der LC-MS bzw. der LC-MS/MS

Trotz der vielen zuvor beschriebenen Vorteile unterliegt die GC-MS einigen Limitierungen, die vor allem darin bestehen, dass nur gaschromatographierbare Verbindungen der Detektion mittel MS zugänglich sind. Sollten die zu untersuchenden Verbindungen aufgrund ihres hohen Molekülgewichts, ihrer hohen Polarität oder ihrer thermischen Instabilität auch nach vorheriger Derivatisierung nicht GC-gängig sein, so ist deren Analyse mittels GC-MS nicht möglich. Deshalb wurde seit vielen Jahren versucht, die HPLC mit der MS zu koppeln. Dabei besteht das größte Problem in der Entfernung des überschüssigen Lösungsmittels, das vor bzw. bei der Erzeugung der Ionen in der Gasphase stark expandiert. Von den über die Jahre entwickelten Interfacetypen wird in der Rückstandsanalytik organischer Verbindungen hauptsächlich nur noch das Electro-Spray-Interface (kurz ESI) bzw. seine Modifikation, das Atmospheric-Pressure-Chemical-Ionization-Interface (APCI), eingesetzt. Beide Interfaceformen zeichnen sich durch eine sehr schonende Ionisierung aus, wodurch in den Massenspektren im positiven Modus meist nur Adduktionen mit Protonen bzw. einfach geladenen Kationen beobachtet werden. Eine Fragmentierung ist meist nicht zu beobachten, außer es wird durch extreme Spannungspotenziale eine Quellenfragmentierung angestrebt. Abbildung 12.9 zeigt den schematischen Aufbau eines solchen Interfaces.

Das Eluat wird aus der Kapillare mithilfe von Stickstoff unter Atmosphärendruck in eine Kammer versprüht. Durch einen beheizten Stickstoffgegenstrom (Stickstoffvorhang, *engl. nitrogen curtain*) werden die Eluattropfen getrocknet, wobei sich aus dem Eluat die zugemischten Ionen (Protonen oder andere einfach geladene Kationen im positiven Modus) auf der Oberfläche des Analytenmoleküls anlagern. Durch die starke Ladungsdichte auf den Tropfen und der

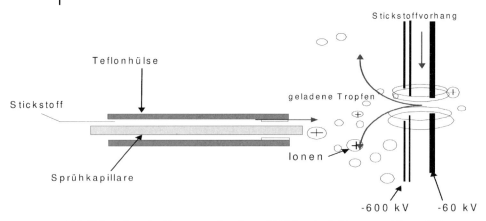

**Abb. 12.9** Aufbau des Electrospray-Interfaces (Abbildung in Anlehnung an Nissen [72]).

anliegenden Hochspannung kommt es zu der sog. Coulomb-Explosion, bei der Clusterionen vom Analyten und den vorhandenen Ionen entstehen, die als „Quasimolekülionen" detektiert werden können. Hinter der Eintrittsöffnung befindet sich ein schwaches Vakuum, in dem ungeladene Gasmoleküle entfernt werden, während der Ionenstrahl durch Skimmer und Bündelungsquadrupole fokussiert wird. Wird eine Quellenfragmentierung angestrebt, kann das Potenzial zwischen Quelleneingang und Skimmer soweit erhöht werden, dass nicht nur die geladenen Cluster des Analyten mit den Eluentenbestandteilen wie z. B. den Ionisierungszusätzen (im einfachsten Fall Wasser) zerstört werden, sondern dass bei den Analyten auch eine spontane Fragmentierung eintritt. Die entstehenden Ionen werden weiter durch angelegte Potenzialdifferenzen in Richtung der Linsensysteme des Massenspektrometers beschleunigt, wobei das Hochvakuum bis zum Analysator hin schrittweise aufgebaut wird. Als Analysatoren werden meistens ein bzw. zwei Quadrupolsegmente oder eine Ionenfalle eingesetzt. Mit dieser Geräteanordnung können sowohl positive wie auch negative Ionen erzeugt und auch erfasst werden.

Um die Selektivität und Spezifität noch weiter für die Analytik der Verbindungen zu erhöhen, wird neben der LC-MS mit Quellenfragmentierung oder Aufnahme der massenspektrometrischen Daten im SIM-Modus vermehrt die MS/MS mit der Flüssigkeitschromatographie gekoppelt. Hierbei erfolgt in einem zweiten Quadrupolsegment eine kollisionsinduzierte Fragmentierung (CID: *collisionally induced decay*) mithilfe eines Reaktantgases (z. B. Stickstoff oder Argon).

Die so entstehenden Ionen können anschließend mit einem dritten Quadrupol selektiert werden. Mit dieser Messanordnung kann in verschiedenen Modi gearbeitet werden:
- Vorläufer-Ionenscan
- Produkt-Ionenscan
- Neutralmolekülverlustscan
- Einzel-Ionenreaktionsproduktdetektion (kurz SRM: *single reaction monitoring*)

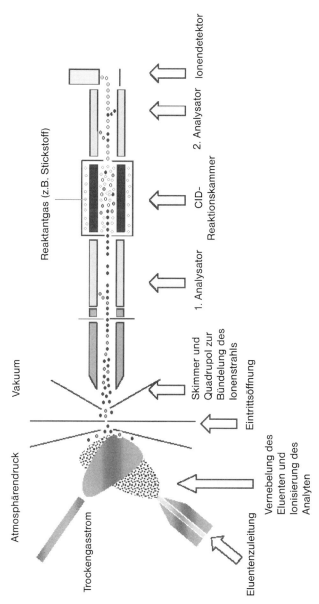

**Abb. 12.10** Schematischer Aufbau des Tandemmassenspektrometers API 2000 mit Turboionsprayquelle (in Anlehnung an Applied Biosystem [87]).

In Abbildung 12.10 sind der Aufbau und die Funktionsweise eines ESI-Triplequad-Massenspektrometers schematisch dargestellt.

Auch bei der Kopplung von ESI mit Ionenfallen können „Quasi-Tandem"-Aufzeichnungen durchgeführt werden, bei denen ein selektiertes Ion stufenweise bzw. mehrfach innerhalb der Falle durch Einstrahlung zusätzlicher Energie fragmentiert wird, wodurch auch $MS^n$-Analysen möglich sind. Literatur zum Thema ESI-Spray und den Techniken von LC-MS und LC-MS/MS sind bei Hoffman et al. [41] und Niessen [72] zu finden.

### 12.4.2
**Nachweis von Pestizidrückständen in Lebensmittel- und Umweltproben**

Der Nachweis von Pestiziden in Lebensmittel- oder Umweltproben ist für die Rückstandsanalytik von besonderer Bedeutung. Die routinemäßige Überprüfung der z.T. sehr niedrigen Grenzwerte bzw. Höchstmengen für eine Vielzahl chemisch stark unterschiedlicher Wirkstoffe bzw. Wirkstoffmetabolite stellt hohe Anforderungen an die Leistungsfähigkeit der instrumentellen Analytik. Insbesondere die EU-weite Festsetzung eines einheitlichen (Vorsorge-)Grenzwertes von 100 ng/L für Trinkwasser [82, 103], die auf eine durch alle EU-Mitgliedsstaaten umzusetzende EU-Richtlinie aus dem Jahr 1980 [23] zurückgeht, gilt als eine Art Initialzündung für die verstärkte Entwicklung von hoch empfindlichen Analysenmethoden zur Überprüfung dieses Grenzwerts, von der jedoch auch die Analytik anderer in diesem Kapitel erwähnter organischer Rückstände bzw. Kontaminanten durchgreifend profitierte.

Für ein möglichst umfassendes und dennoch kostengünstiges Screening bzw. Monitoring von Pestizidrückständen wird die Verwendung sog. Multimethoden angestrebt, bei denen eine möglichst große Zahl von Analyten sofern möglich mit einer Methode erfasst wird [24, 36, 91]. Eine solche Multimethode stellt die chemisch-analytische Untersuchungsmethode DFG S19 dar, die sich in Deutschland zum Standardverfahren entwickelt hat und die in die Methodensammlung nach § 64 des Lebensmittel- und Futtermittelgesetzbuches unter der Nummer L 00.00-34 aufgenommen wurde. Diese Untersuchungsmethode erlaubt den Nachweis von mehr als 350 Pestiziden in pflanzlichen Lebensmitteln. Bei dem Analysenverfahren mit der DFG-Methode S19 wird die zu untersuchende Lebensmittelprobe zunächst homogenisiert, mit einem geeigneten internen Standard versetzt und mit Aceton extrahiert (ggf. wird der Probe dest. Wasser zur Einstellung eines definierten Wassergehalts hinzugesetzt). Die Verbindungen werden anschließend unter Zusatz von Natriumchlorid in eine organische Phase überführt. Für die Flüssigverteilung kann sowohl Dichlormethan (klassische S19-Methode [89, 90]) als auch ein Extraktionsgemisch aus Ethylacetat und Cyclohexan (modifizierte Methode [88, 91]) verwendet werden. Nach dem Abdekantieren und Einrotieren der organischen Phase, wird diese einer Aufreinigung mittels Gelpermeationschromatographie (zur Abtrennung natürlicher Pflanzenbestandteile wie Chlorophylle und Fette) und einer Kieselgelauftrennung in Fraktionen unterschiedlicher Polarität unterzogen. Die erhaltenen Extrakte werden nach dem Einrotieren und nach Aufnahme in einem definierten Volumen (0,1–1 mL) eines für die GC geeigneten Lösungsmittels (z. B. Toluol) einer gaschromatographischen Analyse mittels GC mit konventionellen Detektoren wie dem ECD (Elektoneneinfangdetektor), dem PND (Stickstoff-Phosphor-Detektor) und dem FPD (flammenphotometrischer Detektor) zugeführt. Die Absicherung positiver Befunde erfolgt anschließend mittels GC-MS, die Eluate können für das Screening jedoch auch direkt mittels GC-MS vermessen werden.

Das nachfolgende Beispiel soll die Vorgehensweise bei der Absicherung von mittels konventionellen Detektoren (ECD/PND) erhaltenen Ergebnissen zeigen. Die Analyse mittels GC-ECD/PND eines nach Aufarbeitung importierter Birnenproben erhaltenen Extraktes ergab den Verdacht auf das Vorhandensein der Fungizide Procymidon (chem. Bez.: N-(3,5-Dichlorphenyl)-1,2-dimethyl-1,2-cyclopropandicarboximid) und Dichlofluanid (chem. Bez.: N-(Dichlorfluormethyl)-thio]-N',N'-dimethyl-N-phenylsulfamid), die anhand ihrer mit den der Standardsubstanzen identischen Retentionszeiten nachgewiesen wurden. Wie in den Abbildungen 12.11 und 12.12 gezeigt, werden für die Absicherung der Ergebnisse mittels GC-MS im SIM zunächst die für den eindeutigen und empfindlichen Nachweis geeigneten, charakteristischen und möglichst intensiven Ionen aus den in der Massenspektrenbibliothek für beide Verbindungen abgelegten EI-Massenspektren ausgewählt. Diese werden dann im SIM in bestimmten Zeitfenstern mit einer individuell definierten Scanzeit (dwell time: ca. 100 bis 300 ms/Scanzyklus) vermessen (s. Abb. 12.13).

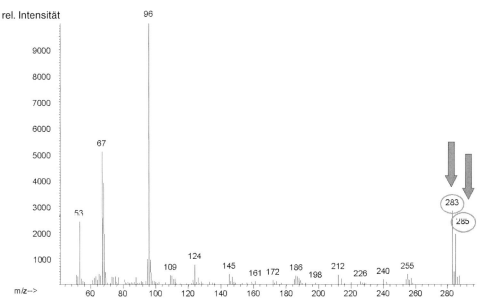

**Abb. 12.11** Massenspektrum (EI, 70 eV) für das Fungizid Procymidon und Auswahl geeigneter Ionen für die Analyse mittels SIM.

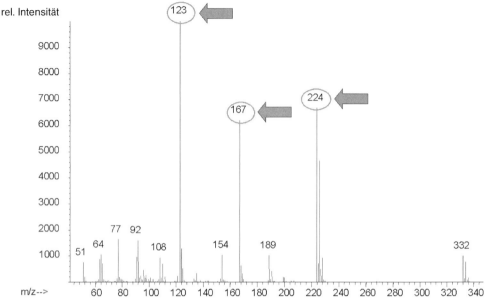

**Abb. 12.12** Massenspektrum (EI, 70 eV) für das Fungizid Dichlofluanid und Auswahl geeigneter Ionen für die Analyse mittels SIM.

Abbildung 12.13 zeigt den eindeutig positiven Nachweis der Fungizide Procymidon (MW = 284,1 g/mol) und Dichlofluanid (MW = 333,2 g/mol). Für die zuvor ausgewählten Ionen wurden in beiden Fällen Signalpeaks bei den erwarteten Retentionszeiten gemessen. Der eindeutige Nachweis wird zusätzlich über die Intensitätsverhältnisse, welche die jeweiligen Peaks in den Ionenspuren zueinander aufweisen, gesichert. Diese müssen, sofern sie nicht durch coeluierende Verbindungen gestört sind, mit denen aus den o. g. EI-Massenspektren übereinstimmen. Mithilfe der in der selben Sequenz vermessenen Kalibrierstandards wurden Rückstände von 0,3 mg/kg Procymidon bzw. 0,5 mg/kg Dichlofluanid auf den importierten Birnenproben gefunden. Beide Werte unterschreiten die derzeit für die BR Deutschland gültigen Höchstmengen von 1 bzw. 5 mg/kg, was die Leistungsfähigkeit der Analytik mittels GC-MS für das Monitoring von Pestizidrückständen in Lebensmittelproben unterstreicht.

Wie bereits erwähnt, ist die Bestimmung der Pestizide im Rahmen eines Monitorings oder Screenings auch direkt mittels GC-MS möglich. Diese kann automatisiert für alle gaschromatographierbaren Verbindungen im Full Scan Modus erfolgen [91] oder aber für eine begrenzte und zuvor definierte Anzahl von Verbindungen im empfindlichen zeitprogrammierten SIM. Letzteres macht immer dann Sinn, wenn Verbindungen in komplexen Matrices noch in Spurenkonzentrationen nachgewiesen werden sollen. So ist beispielsweise die Bestimmung von mehr als 30 sauren Herbiziden in Wasserproben in Konzentrationen

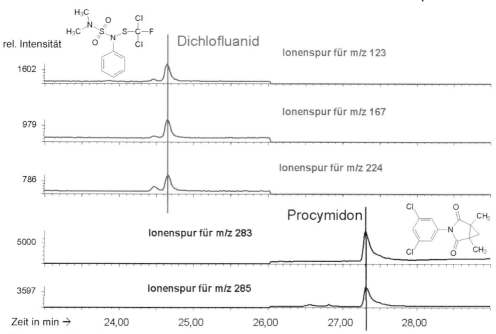

**Abb. 12.13** Nachweis der Fungizide Dichlofluanid und Procymidon in Birnenproben mittels GC-MS im SIM anhand ihrer charakteristischen Molekül- bzw. Fragmentionen.

von bis zu 1 ng/L möglich [33, 34], also weit unterhalb des in der EU gültigen Grenzwerts für Pestizide von 100 ng/L in Trinkwasser [82]. Abbildung 12.14 zeigt beispielhaft den positiven Spurennachweis (gemessene Konzentration: 0,5 ng/L) des Herbizids Dichlorprop in einer kommunalen Abwasserprobe. Trotz der sehr komplexen Probenmatrix wurden auch hier für alle ausgewählten Ionen Signale in den jeweiligen Ionenspuren mit den erwarteten Intensitätsverhältnissen gemessen.

Trotz der hohen Leistungsfähigkeit der GC-MS stößt auch diese bei der Bestimmung von Pestizidrückständen an ihre physikalischen Grenzen. So ist eine Reihe von Pestiziden mit dieser Technik nicht oder nur sehr aufwändig (z. B. nach gezielter Derivatisierung) zu erfassen. In den letzten Jahren hat sich deshalb die HPLC-MS/MS-Technik, mit der auch sehr polare Verbindungen und potenzielle Metaboliten meist ohne vorherige Derivatisierung analysierbar sind, immer mehr für die Analyse solcher Verbindungen etabliert. So beschreiben Klein und Alder [52] die Bestimmung von mehr als 100 Pestiziden bzw. von deren Metaboliten in pflanzlichen Lebensmitteln unter Verwendung der HPLC-ESI-MS/MS.

Mit der von Jansson et al. [49] beschriebenen Multimethode ist die Bestimmung von insgesamt 57 Pestizidrückständen in Frucht- und Gemüseproben mittels HPLC-ESI-MS/MS möglich. Die Analyten wurden dabei anhand der

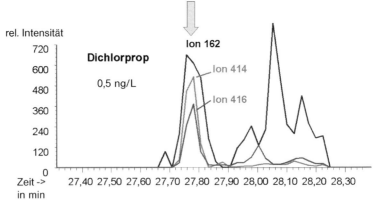

**Abb. 12.14** Nachweis von Dichlorprop als Pentafluorbenzyl-ester in dem Extrakt einer kommunalen Abwasserprobe. Identifizierung und Quantifizierung (0,5 ng/L) mittels GC-MS im SIM über die charakteristischen Ionenspuren mit m/z 414, 416 und 162. Mit Genehmigung aus Heberer et al. [33].

charakteristischen Massenübergänge vom Vorläufer- zum Produktion (SRM: *selected reaction monitoring*) zweifelsfrei in den Proben identifiziert und quantifiziert. Abbildung 12.15 zeigt das Beispiel einer Orangenprobe, die mit je 0,01 mg/kg der jeweiligen Verbindung dotiert und mittels HPLC-MS/MS vermessen wurde.

Bei der Quantifizierung von Rückständen mit der massenspektrometrischen Detektion stellen Matrixeffekte ein spezielles Problem dar. Diese Matrixeffekte unterscheiden sich teilweise deutlich von denen auch aus der klassischen Analytik mittels HPLC bzw. GC mit konventionellen Detektoren (FID, ECD, PND etc.) bekannten Matrixeffekten [29], die z.T. (z.B. die Überlagerung von Analytenpeaks durch Matrixbestandteile) durch den Einsatz der Detektion mittels MS vermieden werden können. Sie treten insbesondere bei der Analyse von Proben auf, die umfangreiche und/oder komplexe Matrices aufweisen und können sowohl zu einer Erhöhung als auch zu einer Unterdrückung des Analytensignals führen. Verantwortlich hierfür sind matrixinduzierte Unterschiede bei der Ionisierung der Analytmoleküle in den Ionenquellen und damit verbunden Unterschiede in den Intensitäten der entstehenden Molekül- bzw. Fragmentionen. Da sich die Zusammensetzung der die Analyten begleitenden Probenmatrix mit der Zeit ändert, sind die resultierenden Matrixeffekte ebenfalls zeitabhängig und können anders als Analytverluste bei der Probenvorbereitung oder der Probeninjektion nicht über einen einzigen universell nutzbaren internen Standard kompensiert werden. Zwar sind solche Matrixeffekte bei der Ionisierung auch bei der Analyse mittels GC-MS möglich, dennoch sind sie speziell für die Analytik mittels HPLC-MS oft von großer Bedeutung (Beispiel in Abb. 12.16).

Matrixeffekte lassen sich u.a. mithilfe coeluierender markierter Standards (deuteriert oder $^{13}$C-markiert) bzw. durch Verwendung des Standardadditions-

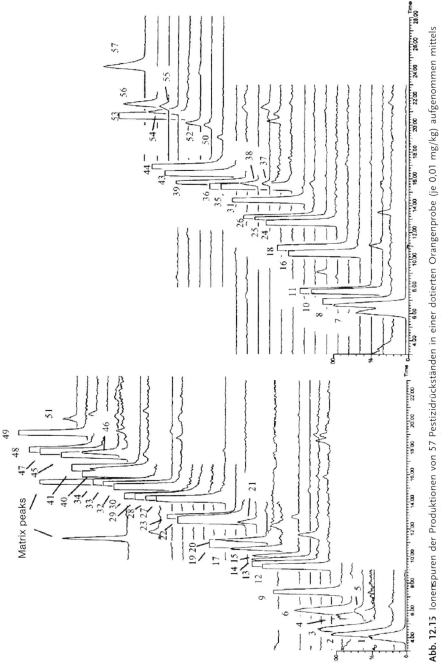

**Abb. 12.15** Ionenspuren der Produktionen von 57 Pestizidrückständen in einer dotierten Orangenprobe (je 0,01 mg/kg) aufgenommen mittels HPLC-ES-MS/MS im SRM. Reproduziert mit Genehmigung aus Jansson et al. [49].

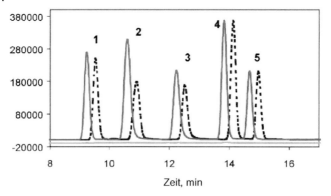

**Abb. 12.16** Beispiel für die durch Matrixeffekte verursachte selektive Unterdrückung von Analytensignalen innerhalb eines Chromatographielaufs bei der Bestimmung von Ethiofencarb-sulfoxid (1), Carbendazim (2), Thiabendazol (3), Propoxur (4) und Carbaryl (5) in einer Erdbeerprobe (je 0,05 mg/kg) mittels HPLC-ESI(+)-MS/MS im SRM. MID-Chromatogramme für die Standards (durchgehende Linie), den Blindwert (Basislinie) und die Probe (gestrichelte Linie). Nur bei Peak 2 und 3 wurde eine signifikante Signalunterdrückung beobachtet. Reproduziert mit Genehmigung aus Jansson et al. [49].

verfahrens kompensieren [3, 29, 113]. Beide Techniken haben jedoch ihre Grenzen, die im Fall der markierten Substanzen vor allem in der Verfügbarkeit und in den oft hohen Beschaffungskosten für diese Verbindungen begründet sind. Das Verfahren der Standardaddition ist für die Routineanalytik zeit- und somit auch zu kostenintensiv. Als neues alternatives Verfahren wurde die ECHO-Technik beschrieben [3, 29, 113], bei der die Standardsubstanzen der zu analysierenden Verbindungen leicht zeitversetzt zur Probe von der Säule eluieren, wodurch bei der Quantifizierung etwaige Matrixeffekte kompensiert werden sollen. In dem von Alder et al. [3] beschriebenen Analysenverfahren wird die zeitversetzte Elution der Standardverbindungen dadurch erreicht, dass die Probe und eine alle Analyten enthaltende Standardmischung simultan vor bzw. hinter einer der zur Auftrennung verwendeten HPLC-Säule vorgeschalteten Vorsäule injiziert werden (Abb. 12.17).

Abbildung 12.18 zeigt für drei ausgewählte Verbindungen das Beispiel einer Zitronenprobe, die mit insgesamt 58 Pestiziden in Gehalten von je 0,1 mg/kg dotiert und mittels HPLC-ESI-MS/MS in der ECHO-Technik vermessen wurde. Insgesamt wurde die Anwendbarkeit der ECHO-Technik an 22 Pestiziden bei der Vermessung mittels HPLC-APCI-MS/MS sowie an 58 Pestiziden bei der Vermessung mittels HPLC-ESI-MS/MS für verschiedene Probenmatrices getestet [3]. Dabei wurden Matrixeffekte in beiden Ionisierungsmodi vor allem für Zitronenproben beobachtet, die im Fall der APCI zu einer Signalverstärkung, bei der ESI jedoch zur Unterdrückung der Signale führten. In beiden Fällen konnten diese Matrixeffekte mithilfe der ECHO-Technik erfolgreich kompensiert werden [3].

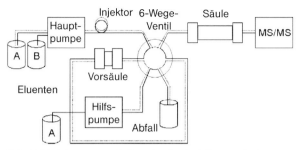

**Abb. 12.17** Schema zum Aufbau der für die ECHO-Technik verwendeten HPLC-MS/MS-Apparatur. Reproduziert mit Genehmigung aus Alder et al. [3].

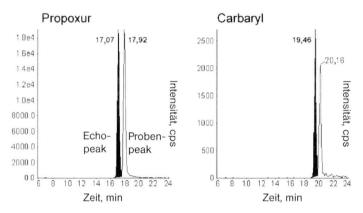

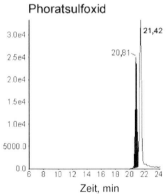

**Abb. 12.18** Substanzpeaks der mittels HPLC-ESI-MS/MS im MRM-Modus in einer dotierten Zitronenprobe bestimmten Pestizide Propoxur, Carbaryl und Phoratsulfoxid (je 0,1 mg/kg). Die hellen Substanzpeaks stammen aus der dotierten Probe, die schwarz-markierten Peaks aus der simultan injizierten Standardmischung. Reproduziert mit Genehmigung aus Alder et al. [3].

## 12.4.3
**Nachweis von Arzneimittelrückständen in Lebensmittel- und Umweltproben**

Während die Analytik von Arzneimittelrückständen in Lebensmitteln tierischer Herkunft zu den klassischen Aufgaben der Lebensmittelchemie zählt, ist die Untersuchung des Vorkommens und Verhaltens von Arzneimittelrückständen in der Umwelt erst in den letzten Jahren in den Blickpunkt des wissenschaftlichen und des öffentlichen Interesses getreten [20, 32]. Die oft komplexen Probenmatrices stellen jedoch in beiden Fällen besonders hohe Anforderungen an die instrumentelle Analytik. In zwei kürzlich erschienenen Übersichtsartikeln geben Balizs und Hewitt [5] bzw. Stolker und Brinkman [95] einen umfassenden Überblick über die Analytik von für Lebensmittel tierischer Herkunft relevanter Veterinärpharmaka (Antibiotika, Antiparasitika, Tranquilizer, Wachstumsförderer u.a.). Stolker und Brinkman [95] kommen zu dem Schluss, dass die Analytik mittels HPLC-MS/MS unter Verwendung eines Triplequadrupol- oder eines Iontrap-MS für den überwiegenden Teil der zu analysierenden Verbindungen die zu bevorzugende Analysentechnik zum Nachweis von Veterinärpharmaka in tierischen Proben darstellt. Abbildung 12.19 zeigt das Beispiel einer mit der als Antiparasitikum verwendeten Benzimidazolverbindung Mebendazol und seiner Hauptmetaboliten dotierten Schafmuskelfleischprobe, die mittels HPLC-ESI(+)-MS/MS vermessen wurde [21].

Für den Spurennachweis von Arzneimittelrückständen in Umweltproben wurde in den letzten Jahren ebenfalls eine Reihe von Analysenmethoden entwickelt, die fast ausschließlich auf der Detektion mittels MS basieren [96]. Das Substanzspektrum der zu untersuchenden Verbindungen ist hierbei noch größer als bei der Analytik der Veterinärpharmaka in Lebensmittelproben, da die in der Umwelt auftretenden Arzneimittelrückstände sowohl aus dem Einsatz in der Veterinärmedizin jedoch auch und in noch größerem Umfang aus der Humanmedizin herrühren. Primärer Eintragspfad in die Umwelt ist dabei der Eintrag von persistenten Arzneimittelrückständen über kommunale Kläranlagen in die angrenzenden Vorfluter [20]. Für die Bestimmung der Arzneimittelrückstände werden entsprechend der individuellen physiko-chemischen Eigenschaften der Analyten sowohl die GC-MS [35, 57, 73, 80, 86, 96] als auch die HPLC-MS bzw. die HPLC-MS/MS [2, 17, 37–39, 58, 67, 68, 75, 96, 97, 114, 115] eingesetzt. Die Analysentechniken müssen aufgrund der niedrigen zu erwartenden umweltrelevanten Konzentrationen (von < 1 ng/L bis ca. 10 µg/L) sehr empfindlich und aufgrund der oft komplexen Matrices (z. B. Abwasser oder Klärschlamm) auch besonders selektiv sein, um die Verbindungen zweifelsfrei nachzuweisen.

Wirkstoffe aus den Klassen der Analgetika, Antiepileptika, $\beta$-Blocker, Lipidsenker u.a. können meist nach vorheriger Derivatisierung empfindlich und zuverlässig mittels GC-MS nachgewiesen werden. Neben den geringeren Anschaffungskosten bietet die Analyse mittels GC-MS oft auch die zuverlässigeren quantitativen Ergebnisse, da Matrixeffekte hier weniger ausgeprägt sind. Reddersen und Heberer [80] beschreiben zwei Multimethoden, mit denen 19 Arz-

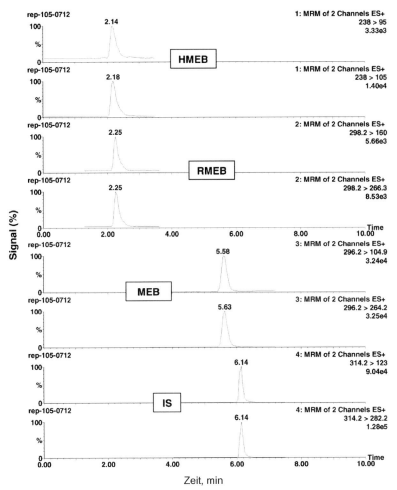

**Abb. 12.19** SRM-Chromatogramme einer mit Mebendazol (MEB) und seinen hydrolisierten bzw. reduzierten Metaboliten (HMEB/Aminomebendazol bzw. RMEB/Hydroxymebendazol) (je 10 µg/kg) und dem internem Standard Flubendazol (50 µg/kg) dotierten, aufgearbeiteten Schafmuskelfleischprobe aufgenommen mittels HPLC-ESI(+)-MS/MS. Reproduziert mit freundlicher Genehmigung aus De Ruyck et al. [21].

neimittelrückstande aus unterschiedlichen Wirkstoffklassen bis in den unteren ng/L-Bereich auch in stark matrixhaltigen Wasserproben mittels GC-MS im SIM-Modus sicher und reproduzierbar bestimmt werden können. Die zu analysierenden Proben werden dafür zunächst meist mittels Festphasenextraktion angereichert, bevor sie dann einer Derivatisierung und der Vermessung mittels GC-MS zugeführt werden. Dabei kann es in Einzelfällen jedoch auch bereits bei der Probenvorbereitung zu matrixinduzierten Veränderungen der Analyten kommen. So wurde berichtet [79], dass abhängig von der jeweiligen Matrix, bei

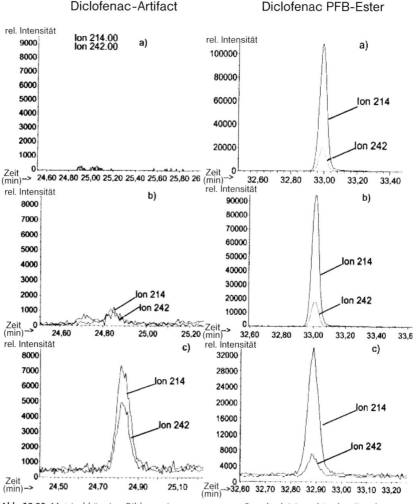

**Abb. 12.20** Matrixabhängige Bildung eines cyclisierten Artefakts bei der Analyse von Diclofenac-Rückständen. Chromatogramme der Ionen 214 und 242 des Artefakts (links) und des pentafluorbenzylierten Wirkstoffs (rechts) im mittels GC-MS im SIM vermessenen Standard (a) und in den Extrakten einer mit 200 ng Diclofenac je Liter dotierten destillierten Wasserprobe (b) bzw. einer matrixhaltigen Oberflächenwasserprobe (c). Reproduziert mit freundlicher Genehmigung aus Reddersen und Heberer [79].

der für die Festphasenextraktion an Umkehrphasenmaterialien nötigen Ansäuerung der Wasserproben auf einen pH-Wert < 2 aus dem Antiphlogistikum Diclofenac durch Wasserabspaltung und nachfolgende Zyklisierung ein Artefakt entsteht, das bei der Bestimmung dieses mengenmäßig wichtigen Analyten zu berücksichtigen ist (Abb. 12.20).

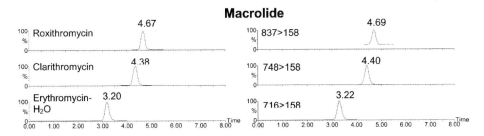
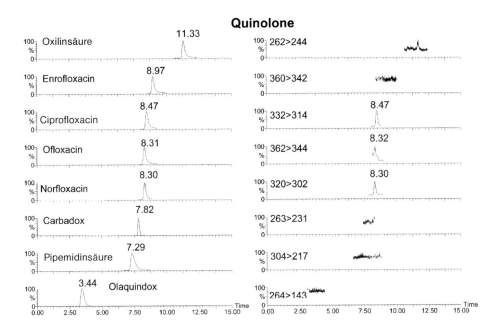
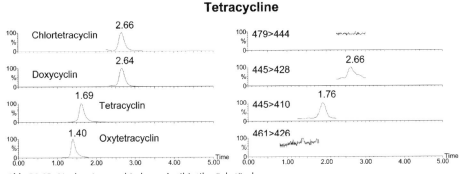

**Abb. 12.21** Nachweis verschiedener Antibiotikarückstände mittels HPLC-MS/MS. SRM-Chromatogramme von Standards (links) und Abwasserproben verschiedener Makrolide, Quinolone und Tetracycline. Reproduziert mit freundlicher Genehmigung aus Miao et al. [67].

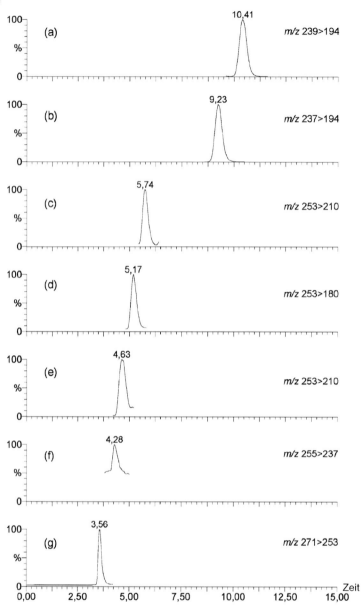

**Abb. 12.22** SRM-Chromatogramme für den internen Standard Dihydrocarbamazepin (a) sowie für Carbamazepin (b) und seine hydroxylierten bzw. epoxilierten Metabolite (c–g) in einer mittels HPLC-MS/MS vermessenen kommunalen Abwasserprobe. Reproduziert mit freundlicher Genehmigung aus Miao und Metcalfe [68].

Andere Verbindungen wie Antibiotika, die als Diagnostika eingesetzten iodierten Röntgenkontrastmittel oder besonders polare Arzneimittelmetabolite, die entweder nach ihrer Resorption im Zielorganismus entstehen oder aber in den Kläranlagen, der Umwelt oder der Trinkwasseraufbereitung gebildet werden können, sind nicht oder nur vereinzelt mittels GC-MS nachweisbar, lassen sich jedoch sehr empfindlich mittels HPLC-MS/MS nachweisen [2, 17, 37–39, 58, 67, 68, 75, 97, 114, 115]. Beispiele hierfür sind in den Abbildungen 12.21 und 12.22 dargestellt.

In Abwasser-, Oberflächen-, Grund- und Trinkwasserproben wurden Rückstände von als Analgetika verwendeten Phenazonderivaten und ihren Metaboliten nachgewiesen, die z. T. erst in der Umwelt oder bei der Trinkwasseraufbereitung entstehen [81, 97, 115]. Der Nachweis der Verbindungen gelang sowohl mittels GC-MS [81, 115] als auch mittels HPLC-APCI(+)-MS/MS [114]. Letztere erwies sich bei vergleichbarem Substanzspektrum was den Zeitaufwand betrifft der Analytik mittels GC-MS, bei der sowohl eine *in-situ*-Derivatisierung zur Extraktion der Analyten als auch eine Umderivatisierung für die gaschromatographische Bestimmung erforderlich sind, als überlegen. Wie in Abbildung 12.23 gezeigt, ist der Nachweis der Phenazonderivate und ihrer Metaboliten bis in den unteren ng/L-Bereich möglich.

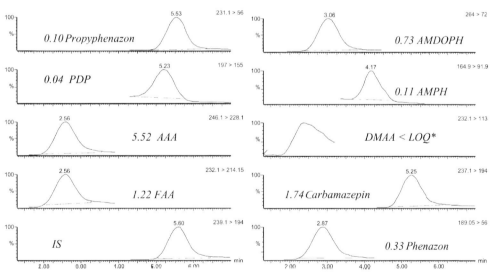

**Abb. 12.23** SRM-Chromatogramme von im Kläranlagenzulauf mittels HPLC-APCI(+)-MS/MS gemessenen Phenazonderivaten und -metaboliten und für das Antiepileptikum Carbamazepin. Konzentrationsangaben in µg/L. PDP: 4-(2-Methylethyl)-1,5-dimethyl-1,2-dehydro-3-pyrazolon, AAA: Acetoaminoantipyrin, FAA: Formylaminoantipyrin, AMDOPH: 1-Acetyl-1-methyl-2-dimethyloxamoyl-2-phenylhydrazid, AMPH: 1-Acetyl-1-methyl-2-phenylhydrazid, IS: interner Standard. *Der Wirkstoff DMAA (Dimethylaminophenazon) wurde nicht in den Proben gefunden, der scheinbare Peak resultiert aus der Erhöhung der Grundlinie durch deren Normierung auf 100%. Reproduziert mit freundlicher Genehmigung aus Zühlke et al. [114].

Die als Kontrazeptiva eingesetzten steroiden Verbindungen Ethinylestradiol, Mestranol oder das auch natürlich gebildete Estron lassen sich sowohl mittels GC-MS als auch mittels HPLC-MS oder -MS/MS nachweisen. Nähere Details zur Analytik dieser Verbindungen finden sich in Abschnitt 12.4.4.

## 12.4.4
### Nachweis endokriner Disruptoren

Die Analyse von Verbindungen mit hormonellen bzw. hormonähnlichen Wirkungen hat in den vergangenen Jahrzehnten immer mehr an Bedeutung gewonnen. Diese Verbindungen, die auch als „endokrin wirksame Verbindungen" oder als „endokrine Disruptoren" bezeichnet werden, kommen oft nur in Spurenkonzentrationen in der Umwelt oder in Lebensmitteln vor, können jedoch aufgrund ihrer oft hohen Wirkpotenz umwelt- und/oder humantoxikologisch von Bedeutung sein. Die Weltgesundheitsorganisation (WHO) definiert eine Substanz, die als endokriner Disruptor bezeichnet wird wie folgt: „An endocrine disruptor is an exogenous substance or mixture that alters function(s) of the endocrine system and consequently causes adverse health effects in an intact organism, or its progeny, or (sub)populations" [112]. Die Definition für einen potentiellen endokrinen Disruptor lautet entsprechend wie folgt: „A potential endocrine disruptor is an exogenous substance or mixture that possesses properties that might be expected to lead to endocrine disruption in an intact organism, or its progeny, or (sub)populations" [112]. Endokrine Disruptoren stellen somit keine eigenständige Verbindungsklasse dar (Abb. 12.24), sondern definieren sich allein über ihre Wirkung auf das endokrine System lebender Organismen. Tabelle 12.6 gibt einen Überblick über chemische Substanzen, die

**Abb. 12.24** Verbindungen mit endokrinen Eigenschaften sind nicht einzelnen Verbindungsklassen zuzuordnen, da sie allein über ihre Wirkung am/im lebenden Organismus definiert sind.

**Tab. 12.6** Beispiele chemischer Substanzen verschiedener Verbindungsklassen, für die endokrine Wirkungen in der Umwelt bzw. in Labortests beschrieben wurden und die als endokrine Disruptoren bzw. als potentielle endokrine Disruptoren gelten.

| Verbindungsklasse | Substanzen mit endokrinen Eigenschaften |
| --- | --- |
| Pestizide (Biozide und Pflanzenschutzmittel) | Alachlor, Aldrin, Atrazin, $p,p'$-DDE, $o,p'$-DDT, $p,p'$-Methoxychlor, Chlordan, Dieldrin, Endosulfan, ETU, HCH, HCB, Kepon, Linuron, Mirex, Nitrofen, Phosmet, Toxaphenkongenere, Vinclozolin … |
| Bedarfsgegenstände | BHA, Bisphenol A, Butylparaben, Moschusverbindungen, Phthalate, (Nonylphenol) … |
| Arzneimittel | Ethinylestradiol (EE2), DES, 17$\beta$-Estradiol (E2), Testosteron, Aminoglutethimid, Mestranol, Flutamid, Cyproteronacetat, Tamoxifen, Prasteron, Mesterolon … |
| Industriechemikalien | Bisphenol A, Nonylphenol, Phthalate, TBT, Triphenylmethankongenere … |
| natürlich vorkommende Verbindungen | 17$\beta$-Estradiol (E2), Estron (E1), Estriol (E3), Indol-3-carbinol, Indol-[3,2-b]-carbazol, Mykotoxine (Zearalenon, Zearalenol), Phytoestrogene ($\beta$-Sitosterol, Daidzein, Genistein …), Testosteron … |
| Kontaminanten | Zearalenon, Zearalenol, PCB-, PCT-, PAK-, PCDF-, PCDD-Kongenere |

als endokrine Disruptoren bzw. als potentielle endokrine Disruptoren beschrieben wurden.

Die endokrine Wirksamkeit ist stark strukturabhängig, so dass unterschiedliche Strukturisomere des selben Wirkstoffs oder verschiedene Kongenere eines Wirkstoffgemisches sich, was ihre endokrinen Eigenschaften betrifft, signifikant voneinander unterscheiden können. So wurde $o,p'$-DDT bereits Ende der 1960er bzw. Anfang der 1970er Jahre als estrogen wirksame Verbindung beschrieben [13, 71, 106], wohingegen das Hauptisomer $p,p'$-DDT keine oder nur eine sehr geringe estrogene Aktivität besitzt. Kelce et al. [50] identifizierten wiederum das $p,p'$-DDE, ein Hauptmetabolit des DDT-Abbaus, das sich ins Fettgewebe einlagert, als einen potenten Inhibitor der Androgenbindung. $o,p'$-DDT und $p,p'$-DDE verfügen nur über eine sehr geringe Wirkpotenz bzw. eine geringe Ligandenbindungsaffinität [11, 12, 104, 105]. Was die individuellen endokrin wirksamen Verbindungen betrifft, so ist der Bereich der für die Umwelt bzw. den Menschen relevanten Konzentrationen sehr unterschiedlich. Routledge et al. [83] bzw. Purdom et al. [78] berichten beispielsweise, dass die Exposition von Fischen mit 1–10 ng/L 17$\beta$-Estradiol (E2) bzw. mit 0,1 ng/L 17$\alpha$-Ethinylestradiol (EE2) in In-vitro-Studien bereits eine Verweiblichung wild lebender männlicher Fische in vielen Spezies hervorrufen kann. Letzteres hat für die Analytik die Konsequenz, dass einige besonders wirkpotente Stoffe wie das E2 oder das EE2 bereits im Ultraspurenbereich zweifelsfrei nachweisbar sein müssen und das in z. T. sehr komplexen Matrices wie z. B. in Kläranlagenabläufen.

**364** | *12 Analytik von toxikologisch relevanten Stoffen*

Das in Abbildung 12.25 gezeigte Beispiel zeigt die Ionenchromatogramme einer mittels Festphasenextraktion aufgearbeiteten und mittels HPLC-ESI-MS/MS im SRM-Modus vermessenen Mischprobe eines kommunalen Kläranlagenablaufes. Neben den zugesetzten Surrogate Standards (E2-$D_2$ und E1-$D_4$) konnten auch Estron (E1), E2 und EE2 eindeutig anhand der Ionenspuren ihrer bei der MS/MS entstehenden Produktionen nachgewiesen und quantifiziert werden.

In einer in Berlin durchgeführten, umfangreichen Studie von kommunalen Abwässern lagen die für EE2, E2 und E1 in den Zu- bzw. Abläufen gemessenen Konzentrationen im Mittel bei 0,8, 11,8 und 188 ng/L bzw. bei 1,7, 0,8 und 12,6 ng/L [116]. Mit einer ähnlichen Analytik ermittelten Baronti et al. [7] eine Durchschnittskonzentration von 0,45 ng/L für EE2 in Proben von Klärwerksabläufen in Italien.

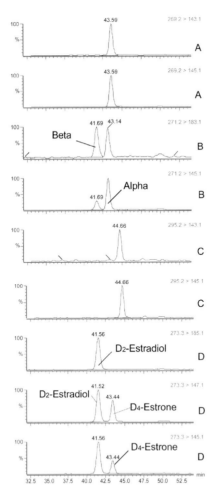

**Abb. 12.25** Chromatogramme der Ionenspuren von E1 (A), E2 (B), EE2 (C) und der Surrogate Standards (E2-$D_2$ bzw. E1-$D_4$) aufgenommen mittels LC-MS/MS im Selected Reaction Monitoring (SRM). Reproduziert mit freundlicher Genehmigung aus Zühlke et al. [116].

Aufgrund ihrer chemischen Struktur und der damit verbundenen physikochemischen Eigenschaften adsorbieren estrogene Steroide leicht an aquatischen Sedimenten, weshalb deren Übergang vom Oberflächenwasser ins Uferfiltrat/Grundwasser auch unter influenten Bedingungen eher unwahrscheinlich erscheint und in umfangreichen Studien auch nicht beobachtet wurde [117]. Andere kürzlich publizierte positive Nachweise von EE2 in Grund- und Trinkwasserproben in Deutschland [1, 55] erscheinen nach heutigen Erkenntnissen zweifelhaft, zumal die erwähnten Resultate lediglich mittels GC-NCI-MS bzw. mittels HPLC-MS und nicht mittels MS/MS ermittelt bzw. abgesichert wurden.

## 12.4.5
### Mykotoxine

In der wissenschaftlichen Literatur sind über 450 Mykotoxine beschrieben. Von diesen sind aber derzeitig nur die Folgenden von Bedeutung:
- Aflatoxine
- Ochratoxine, insbesondere Ochratoxin A
- Trichothecene, insbesondere Deoxynivalenol und T-2
- Fumonisine
- Zearalenone
- Mutterkornalkaloide
- Patulin

Die wichtigste Einflussgröße in der Mykotoxinanalytik ist, wie bei allen rückstandsanalytischen Fragestellungen, die Probenahme. So muss die Probenahme für die Untersuchung stets dem Mykotoxin angepasst durchgeführt werden, da einige Mykotoxine wie Aflatoxine als Stoffwechselprodukte primärer Lagerpilze eher zur so genannten Nesterbildung im Lebensmittel neigen, während andere wie die Fusarientoxine als Produkte von Feldpilzen eher homogen in einem Lebensmittel verteilt sind. Zur Problematik der Probenahme bei Mykotoxinen sei auf die einschlägige Literatur verwiesen [19, 109].

Bei der Bestimmung von Mykotoxinen kommen sowohl chromatographische Verfahren (DC, HPLC, GC) mit unterschiedlichen Detektionen, spektroskopische (UV-Vis-Spektroskopie, Fluoreszenzspektroskopie) als auch biochemische Methoden und Kombinationen dieser Techniken zum Einsatz. Eine umfangreiche Literatur zu diesem Thema ist seit Jahren verfügbar [9, 60, 100, 111]. In Tabelle 12.7 sind die üblichen Verfahren mit ihren Vor- und Nachteilen zusammengefasst. Zum schnellen Nachweis auf dem Feld oder in der Lebensmittelanlieferung werden qualitative und halbquantitative Testverfahren oder Screeningverfahren eingesetzt, wobei die Analyten zumeist nach Extraktion mittels immunochemischer Verfahren als Schnelltests oder ELISA analysiert werden [62, 69, 109].

Bei vielen dieser Tests (Dippsticks, Komperatorentest, Immunocards) ist das erhaltene Ergebnis qualitativ bzw. nur zur großzügigen Einordnung der untersuchten Probe in belastete und unbelastete Chargen möglich. Weiterhin können mit einigen Tests auch halbquantitative Aussagen über die ungefähre Belas-

**Tab. 12.7** Zusammenfassung der in der Mykotoxinanalytik gebräuchlichen Bestimmungsmethoden.

| Methode | Vorteile | Nachteile |
| --- | --- | --- |
| Dünnschichtchromatographie (DC) | einfach, preiswert, schnell, viele Mykotoxine können detektiert werden, Parallelbestimmung mehrerer Proben | – Bestätigung der Banden muss mittels anderer Verfahren erfolgen<br>– zu unempfindlich bei einigen Mykotoxinen<br>– in einigen Fällen zu geringe Trennung (daher 2D-Technik)<br>– geringe Wiederholbarkeit |
| Hochleistungsdünnschichtchromatographie (HPTLC) | quantitativ mittels Densidometrie, Parallelbestimmung mehrerer Proben | – zu unempfindlich bei einigen Mykotoxinen |
| Hochleistungsflüssigchromatographie (HPLC) | sensitive und selektive Methode, einfach zu automatisieren | die detektierten Mykotoxine müssen eine UV-VIS-Absorption, Fluoreszenz aufweisen oder Pre- oder postcolumn derivatisiert werden |
| HPLC-MS oder HPLC-MS/MS | ermöglicht die höchste Selektivität, Multi-Mykotoxin-Detektion, sehr empfindlich | sehr teuer in der Anschaffung, der Betrieb bedarf eines Spezialisten |
| Gaschromatographie (GC) und GC-MS | ermöglicht eine hohe Selektivität, GC-MS ist auch sehr empfindlich | die Mykotoxine müssen eine gewisse Verdampfbarkeit aufweisen oder zuvor geeignet derivatisiert werden<br>einfache GC-Systeme mit herkömmlichen Detektoren sind meist zu unempfindlich<br>sehr teuer in der Anschaffung, der Betrieb bedarf eines Spezialisten |
| Kapillarzonenelektrophorese (CE) | geringe Probenvolumina nötig, alternative Trenntechnik, schnelle Methode | sehr instabile und unreproduzierbare Trennungen, schwer validierbar |
| Enzymimmunotest (ELISA) | sensitive und selektive Methode, einfach zu automatisieren | Matrixbestandteile können das Ergebnis verfälschen.<br>empfindlich gegenüber zu hohen Konzentrationen organischer Lösungsmittel,<br>Kreuzreaktivität der Antikörper |

tungssituation wiedergegeben werden. Quantitative Ergebnisse können nach derzeitigem Kenntnisstand nur mit so genannten ELISA-Systemen (*Enzyme Linked Immunosorbent Assay*) erzielt werden. Diese Systeme sind schnell und kostengünstig wie am Beispiel von Deoxynivalenol von Schneider et al. [84] dargestellt wird. In einigen Untersuchungen wurde auch festgestellt, dass einige ELISA – trotz der z.T. durch monoklonale Antikörper bedingten hohen Selektivität und Spezifität – zu Überfunden bei Lebensmitteln führen können. Ein Beispiel für einen routinemäßig eingesetzten ELISA für Fumonisine in Lebensmitteln ist in Abbildung 12.26 wiedergegeben.

Als Standard- bzw. Bestätigungsverfahren werden bei den Mykotoxinen vielfach HPLC und GC mit herkömmlichen Detektoren eingesetzt, wobei in der HPLC UV-Vis-Absorption und Fluoreszenzdetektion mit und ohne Derivatisierung (sowohl pre- als auch postcolumn-Derivatisierung) zum Einsatz kommen. Bei der GC von Mykotoxinen werden meist aufwändige Derivatisierungen durchgeführt, um die Verbindungen hinreichend flüchtig für die Trennung zu machen. Weiterhin können durch die Derivatisierung Gruppen eingeführt werden, die eine Detektion, z. B. mittels ECD (Elektroneneinfangdetektor), erst ermöglichen. Allen diesen Verfahren sind Aufkonzentrierung bzw. Aufreinigungsverfahren vorgeschaltet, wobei sich in den letzten Jahren die Verwendung von so genannten Immunoaffinitätssäulen (kurz IAC: *immuno affinity columns*) besonders bewährt hat. Auf diesen Säulen beruhende IAC-HPLC-Verfahren

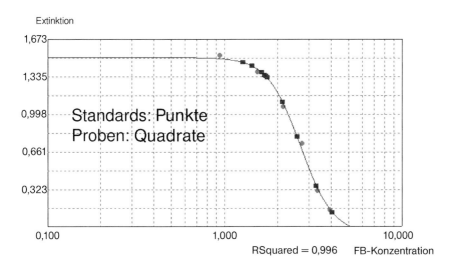

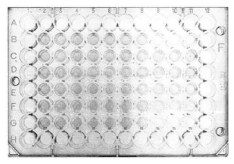

**Abb. 12.26** Entwickelte ELISA-Platte für Fumonisine (rechts) mit resultierender Kalibrierfunktion (linke Graphik), reproduziert aus Klaffke [51].

konnten soweit validiert werden, dass sie als Normverfahren der CEN und ISO aufgenommen werden konnten.

Als Alternative oder auch als Referenzverfahren werden seit wenigen Jahren in der Mykotoxinanalytik die HPLC-MS und vermehrt auch die HPLC-MS/MS eingesetzt. Aufgrund der hohen Selektivität und Spezifität ist für die meisten HPLC-MS- und HPLC-MS/MS-Verfahren nur eine geringe Aufreinigung notwendig, so dass in manchen Fällen die vom Lebensmittel mit geeigneten Lösungsmitteln gewonnenen Extrakte direkt ohne vorheriges Cleanup verwendet werden können. In Tabelle 12.8 ist ein Vergleich der gebräuchlichen Standardverfahren, Normverfahren und HPLC-MS bzw. HPLC-MS/MS dargestellt.

Inwieweit die Ergebnisse von ELISA-Verfahren und HPLC-Standardverfahren mit denen von HPLC-MS/MS übereinstimmen, konnte in der Literatur am Beispiel der Fumonisine belegt werden [51]. Die Kreuzkorrelationen zeigen, wie in Abbildung 12.27 dargestellt, dass der ELISA im Vergleich zur HPLC-MS/MS zu etwas erhöhten Werten neigt, während die Korrelation zwischen HPLC und HPLC-MS/MS sehr stark gegeben ist.

Ein gutes Beispiel für die Absicherung von potentiell falsch positiven Proben mittels HPLC-MS/MS wurde von Majerus et al. [61] veröffentlicht. So wurde in einer Lakritzprobe (Abb. 12.28) mittels IAC-HPLC-FLD ein positiver Befund für Ochratoxin A ermittelt. Bei der Untersuchung derselben Probe mittels HPLC-MS/MS konnte belegt werden, dass kein Ochratoxin A nachweisbar war (HPLC-MS/MS-Chromatogramm, Abb. 12.28).

Ausgehend von den Bemühungen, sehr viele Mykotoxine mittels HPLC-MS/MS zu erfassen, werden vermehrt auch wieder Bestrebungen aufgenommen,

**Tab. 12.8** Vergleich der gebräuchlichen chemisch-analytischen Standardverfahren, Normverfahren und HPLC-MS bzw. HPLC-MS/MS in der Mykotoxinanalytik.

| Mykotoxingruppe | Mykotoxine | Standardverfahren | CEN/ISO | HPLC-MS oder HPLC-MS/MS |
|---|---|---|---|---|
| Alternarien | Alternariol | SPE – HPLC-UV | – | (–)ES/MS |
|  | AAL Toxins | SPE – HPLC-FLD | – | (+)ES-MS/MS |
|  | Tenuazonsäure | SPE – HPLC-UV | – | (–)ES/MS |
| Aflatoxine | $G_1, G_2, B_1, B_2$ | IAC-HPLC-FLD | IAC-HPLC-FLD | (+)ES-MS |
|  | $M_1, M_2$ | IAC-HPLC-FLD | – | – |
| Ochratoxine | OTA, OTB | IAC-HPLC-FLD | SPE oder IAC-HPLC-FLD | (+)ES-MS/MS |
| Fumonisine | $B_1, B_2, B_3, (B_4)$ | IAC-HPLC-FLD | IAC-HPLC-FLD | (+)ES-MS/MS |
| Patulin | PAT | LLE-HPLC-UV | LLE-HPLC-UV | (–)ES-MS/MS |
| Citrinin |  | SPE-HPLC-FLD | – | (–)ES/MS |
| Trichothecene | DON | IAC-HPLC-UV | in Vorbereitung | (–,+)ES-MS/MS |
|  | DON, NIV | SPE-HPLC-FLD | – | (–,+)ES-MS/MS |
|  | A,B | IAC, SPE-GC/ECD oder GC/MS | – | (–,+)ES-MS/MS |
| Zearalenon | ZEA, ZAN … | IAC-HPLC-FLD | in Vorbereitung | (–,+)ES–MS/MS |

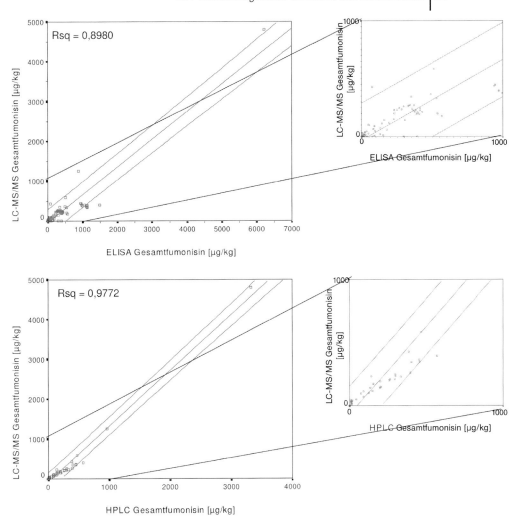

**Abb. 12.27** Kreuzkorrelation der Messergebnisse von ELISA bzw. HPLC mit denen der HPLC-MS/MS. Reproduziert aus Klaffke [51].

vergleichbar der Pestizidanalytik so genannte Multi-Mykotoxin-Analysenmethoden zu entwickeln. Erste Veröffentlichungen zu dem Thema zeigen [10, 76], dass hierbei das Problem nicht bei der Trennung und Detektion der verschiedenen Mykotoxine liegt, sondern in der sowohl reproduzierbaren als auch hinreichenden Extraktion/Aufreinigung mittels eines einfach handhabbaren Systems aus verschiedenen Lebensmittelmatrices. Denkbare und zum Teil auch experimentell belegte Möglichkeiten der Aufreinigung sind die Verwendung unspezifischer Aufreinigungssysteme, die nur die begleitende Lebensmittelmatrix bin-

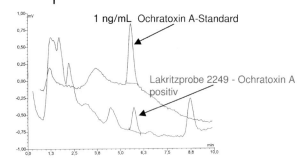

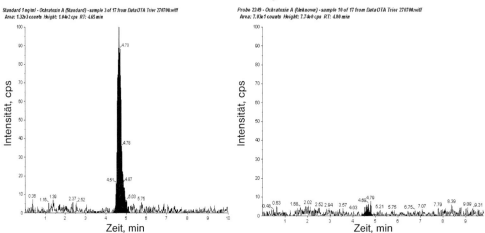

**Abb. 12.28** Verifizierung eines falsch positiven Ergebnisses in einer Lakritzprobe mittels LC-MS/MS (obere Abbildung IAC-HPLC-FLD-Overlaychromatogramm, untere Abbildungen MRM-Spur des Standards (links) und der Lakritzprobe (rechts), reproduziert aus Majerus et al. [61].

den, oder der Einsatz von Multi-Mykotoxin-IACs, die verschiedene Mykotoxine simultan aus einer Lebensmittelmatrix isolieren können.

## 12.4.6
**Phycotoxine**

Unter dem Begriff der Phycotoxine werden alle Algen-, Muschel- und Fischgifte zusammengefasst. Diese heterogene Gruppe setzt sich somit aus den unterschiedlichsten Klassen an Verbindungen zusammen, so dass bisher keine Universalmethoden für diese Gruppe zur Verfügung stehen. Zur besseren Kategorisierung werden die Verbindungen nach ihrer Wirkung bzw. ihrer Struktur in weitere Untergruppen unterteilt. Somit ergeben sich die in Tabelle 12.9 dargestellten Gruppen.

Für Erfassung der DSP, PSP und ASP werden heutzutage vielfach so genannte Mouse-Bioassays eingesetzt, wobei Algenextrakte bzw. Extrakte der zu untersuchenden Muschelprobe direkt der Maus injiziert bzw. oral appliziert werden. Es werden dann über einen bestimmten Zeitraum die Reaktionen der Versuchstiere beobachtet und deren Reaktionen protokolliert. So wird z. B. bei PSP die Sterblichkeitsrate der Tiere aufgezeichnet und daraus z. B. die Muschelbelastung berechnet. Es ist klar nachvollziehbar, dass diese Testsysteme bedingt durch ihre geringe Spezifität sehr störanfällig sind, denn es werden die Gruppen z. B. PSP in Summe erfasst und können nicht von begleitenden anderen Gruppen wie ASP oder DSP differenziert werden. Weiterhin sind diese Testsysteme durch ihre geringe Empfindlichkeit z. T. nicht ausreichend, um rechtliche Regelungen in vollem Umfang abzudecken. Hinzu kommt, dass diese Bioassays einen aus heutiger Sicht unnötigen Tierversuch darstellen, da alternative biochemische als auch chemische Methoden zur Verfügung stehen. So werden zur Analyse der in der Tabelle aufgeführten Gruppen neben ELISA-Verfahren vor allem HPLC-Systeme mit UV-Detektion oder Fluoreszenzdetektion eingesetzt [46, 59]. Alle nationalen bzw. internationalen Referenzverfahren beruhen auf dem Prinzip der HPLC. Die HPLC – high performance liquid chromatography – ist ein Verfahren der Säulen-Flüssigkeits-Chromatographie. Sie stellt ein Trennverfahren dar, bei dem die Probenflüssigkeit mittels einer flüssigen Phase (Eluent) unter hohem Druck über die stationäre Phase (Trennsäule) transportiert wird. Je nach Art der Wechselwirkung zwischen stationärer Phase, mobiler Phase und Probe unterscheidet man in der Flüssigkeitschromatographie folgende Trennmechanismen: Adsorptions-, Verteilungs-, Ionenaustausch-, Ausschluss- und Affinitätschromatographie.

**Tab. 12.9** Gruppen der Phycotoxine.

| Gruppe | Wichtigster Vertreter/ Gruppen | Vorkommen |
| --- | --- | --- |
| Paralytic Shellfish Poisons (PSP) | Saxitoxin, Gonyautoxine | Meeresmuscheln, Seeschnecken |
| Diarrheic Shellfish Poisons (DSP) | Okadasäure, Pectonotoxine, Yessotoxine | Meeresmuscheln, Seeschnecken |
| Neurotoxic Shellfish Poisons (NSP) | Brevetoxine | Meeresmuscheln, Seeschnecken |
| Amnesic Shellfish Poisons (ASP) | Domoinsäure | Meeresmuscheln, Seeschnecken |
| Ciguatera | Ciguatoxine Maitotoxine | Korallenrifffische wie Barakuda |
| Tetrodotoxin | Tetrodotoxin | Kugelfisch |
| Cyanobakterientoxine | Microcystine | Süßwasser |

Bei der HPLC finden hauptsächlich die Verfahren der Adsorptions- und Verteilungschromatographie Anwendung, bei der die unterschiedliche Löslichkeit der zu trennenden Substanzen in den beiden Phasen ausgenutzt wird. In der Normalphasen-Verteilungs-Chromatographie ist die stationäre Phase polarer als die mobile Phase, in der Reversed-Phase-(RP-Umkehrphase-)Chromatographie ist die mobile Phase polarer als die stationäre Phase. Die stationäre Phase kann an ein Trägermaterial chemisch gebunden werden oder das Trägermaterial wird einfach mit der stationären Phase belegt. Ein HPLC-Gerät (Abb. 12.29) besteht aus vier Hauptteilen: Pumpe, Einspritzsystem, Trennsäule und Detektor mit Auswertsystem. Bei der Probenaufgabe wird die Probe zunächst drucklos in eine Probenschleife injiziert, die sich in einem 6-Wege-Ventil befindet. Durch Umschalten wird der Elutionsmittelstrom dann durch die Probenschleife geführt, wodurch die Probe in die Säule gelangt. Die analytische Trennsäule, meist aus Edelstahl, sollte thermostatisierbar sein. Zur Detektion werden UV/VIS-, Fluoreszenzspektrometer, Brechungsindex (RI), elektrochemische (amperometrische) und Leitfähigkeits-Detektoren mit Durchflusszellen verwendet [85].

Aufgrund ihrer chemisch-physikalischen Eigenschaften lassen sich Algentoxine wie Okadasäure nicht direkt detektieren. Sie müssen vor der eigentlichen Trennung (pre-column) oder nach der Trennung (post-column) vor der Detektion mittels geeigneter Derivatisierungsreagenzien in detektierbare Verbindungen (UV- oder fluoreszenzaktiv) umgesetzt werden. Hierfür stehen eine Vielzahl von unterschiedlichen Reagenzien zur Verfügung [99]. Eine mögliche Derivatisierung für DSP-Toxine ist die Umsetzung zu fluoreszierenden Verbindungen mit-

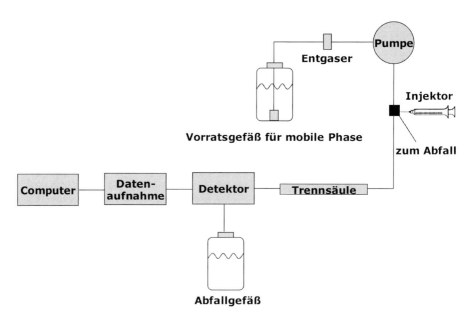

**Abb. 12.29** Allgemeiner Aufbau einer HPLC-Anlage.

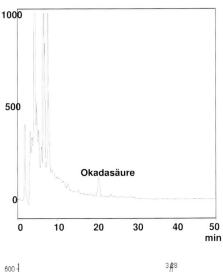
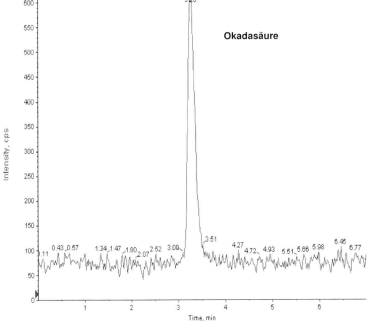

**Abb. 12.30** Chromatogramme von Okadasäure in Muscheln (oben: ADAM-Derivat, unten: LC-MS/MS-Chromatogramm; Probenkonzentration 400 µg/kg Okadasäure bezogen auf Hepatopankreas [74]).

**Tab. 12.10** Vergleich unterschiedlicher Kalibrierverfahren in der DSP-Analytik mittels LC-MS, reproduziert aus Ardrey [4].

| Kalibrierungsmethode | Gehalt ± Standardabweichung im Hepatopancreas[a] | | | |
|---|---|---|---|---|
| | PTX 6 | OA | YTX | DTX 1 |
| theoretischer Gehalt | 200 | 200 | 200 | 200 |
| externe Kalibrierung | 170 ± 8 | 134 ± 14 | 135 ± 8 | 138 ± 6 |
| Standardadditionsmethode | 197 ± 9 | 213 ± 20 | 215 ± 12 | 214 ± 10 |

[a] Standardabweichungen bei sechs Proben.

tels ADAM-Reagenz. Die dabei entstehenden Ester sind sehr instabil, so dass die Analyse sehr zügig erfolgen muss.

Um solch instabile bzw. auch sehr zeitintensive Derivatisierungen zu umgehen, werden bei der Analytik der Algentoxine vermehrt LC-MS- und LC-MS/MS-Verfahren eingesetzt [46]. Ein Vergleich der Chromatogramme einer Muschelprobe, aufgenommen als ADAM-Derivat mittels RP-HPLC-Fluoreszenzdetektion und Analyse des nur aufgereinigten Extraktes, ist in Abbildung 12.30 wiedergegeben.

Ein besonderes Problem bei der chemischen Analytik vieler Phytotoxine stellt die Abtrennung der Matrix dar. So konnte vielfach beobachtet werden, dass durch coextrahierte Matrixbestandteile die Analysenergebnisse verfälscht wurden. Aus diesem Grund hat sich, da geeignete isotopenmarkierte interne Standardsubstanzen bis heute fehlen, der Einsatz von Standardadditionsverfahren für diesen Analysenbereich, wie auch in der Schwermetallanalytik, sehr bewährt. Ein Beispiel für die unterschiedlichen Ergebnisse bei externer und Standardadditions-Kalibrierung ist in Tabelle 12.10 für das Beispiel der einzelnen DSP-Toxine (Okadasäure (OA), Yessotoxin (YTX), Dinophysitoxin (DTX1) und Pectonotoxin (PTX6)) wiedergegeben [47].

Es ist an dem Beispiel gut erkennbar, dass bei externer Kalibrierung Unterbefunde festgestellt wurden, die wahrscheinlich durch Matrixsuppression bei der LC-MS hervorgerufen wurden. Durch den Gebrauch des Standardadditionsverfahrens konnten die wahren Gehalte sehr viel besser bestimmt werden.

### 12.4.7
### Herstellungsbedingte Toxine

Als herstellungsbedingte Toxine (*engl. food-borne toxicants*) werden alle Substanzen und Verbindungen bezeichnet, bei denen im Tierversuch eine toxische Wirkung nachgewiesen werden konnte und die aus Lebensmittelinhaltsstoffen während der Herstellung oder der Vor- und Zubereitung eines Lebensmittels entstehen. Zu dieser Gruppe zählen die in Tabelle 12.11 aufgeführten Verbindungen bzw. Verbindungsgruppen. Weiterhin sind die durch diese Verbindungen potentiell belasteten Lebensmittelgruppen mit aufgeführt.

**Tab. 12.11** Herstellungsbedingte Toxine und die potentiell belasteten Lebensmittelgruppen.

| Herstellungsbedingte Toxine | Mögliche belastete Lebensmittelgruppe |
| --- | --- |
| Acrylamid | kohlenhydratreiche/Asparagin-haltige LM, z. B. Kartoffelprodukte, Backwaren, Kaffee, Kakao |
| Chlorpropanole (3-MCPD) | Hydrolyseprodukte (z. B. Suppenwürze, Sojasoße), Käse, Räucherwaren, Backwaren |
| heterocyclische, aromatische Amine | gebratene Fleischprodukte |
| Premelanoidine (Furan) | kohlenhydratreiche Lebensmittel, z. B. Gemüsesäfte, Sojaprodukte, Gemüsekonserven, Kaffee, gebratenes Fleisch, Räucherfisch |
| Polyaromatische Kohlenwasserstoffe | gegrillte/geräucherte stark fetthaltige Fleischwaren, Räucherfisch |
| Nitrosamine | nitrat-/nitrithaltige Lebensmittel, z. B. Fleisch und Fleischprodukte, Eier, Gemüse (Sojabohnen, Mais), Käse, Fischprodukte |
| Lysinalanine | Milch- und Eierprodukte, Eiweißhydrolysate |
| Trans-Fettsäuren | bestrahlte Lebensmittel (Mikrowellenerhitzung), |
| Acrolein | frittierte Produkte (z. B. Pommes Frites) |
| Ethylcarbamat | fermentierte oder durch alkoholische Gärung hergestellte Lebensmittel z. B. Wein, Destillate, Spirituosen |

Für alle diese Verbindungen werden vor allem chromatographische Verfahren eingesetzt. Unter dem Begriff Chromatographie werden physikalische Trennverfahren verstanden, bei denen die unterschiedlich fortschreitende Verteilung der Komponenten eines Gemisches in zwei nicht mischbare Phasen, eine ruhende (stationäre) und eine sich bewegende (mobile) Phase, ausgenutzt wird. Die Einteilung der chromatographischen Methoden erfolgt nach verschiedenen Gesichtspunkten. So kann nach den physikalisch-chemischen Vorgängen, die für die Trennwirkung bestimmend sind, in zwei Hauptgruppen unterteilt werden:

- *Adsorptionschromatographie*, bei der durch die Adsorption eine Verteilung an der Oberfläche eines Feststoffes als stationäre Phase resultiert
- *Verteilungschromatographie*, bei der durch Lösevorgänge eine Verteilung in beide, nicht miteinander mischbare Phasen resultiert.

Eine weitere Kategorisierung ist anhand der Aggregatzustände der verschiedenen Phasen möglich. So kann der Aggregatzustand der stationären Phase fest oder flüssig, der mobilen Phase flüssig oder gasförmig sein. Demzufolge ergeben sich vier verschiedene Chromatographiearten, die in Tabelle 12.12 aufgeführt sind [18, 85].

Die für diese Verbindungen eingesetzten Verfahren sind sehr verschieden, beruhen aber meist auf der chromatographischen Trennung mittels HPLC oder GC und einer spezifischen Detektion mittels Selektivdetektoren (im Falle der Nitrosamine mittels Thermo-Energie-Detektor) oder der Massenspektrometrie. In Tabelle 12.13 sind die derzeit eingesetzten Analysenverfahren für herstellungsbedingte Toxine zusammengefasst.

**Tab. 12.12** Übersicht der verschiedenen Chromatographiearten.

| Mobile Phase | Stationäre Phase | Trennwirkung | Chromatographie art |
|---|---|---|---|
| flüssig | fest | Adsorption | DC |
| flüssig | flüssig | Verteilung | HPLC |
| gasförmig | fest | Adsorption | GSC (selten) |
| flüssig | flüssig | Verteilung | HPLC |
| gasförmig | fest | Adsorption | GSC (selten) |
| gasförmig | flüssig | Verteilung | GLC |

**Tab. 12.13** Analysenverfahren für herstellungsbedingte Toxine.

| Herstellungsbedingtes Toxin | Methode | Nachweisgrenze | Literatur |
|---|---|---|---|
| Acrylamid | HPLC-MS/MS | 30 µg/kg | [108] |
|  | GC-MS | 10 µg/kg |  |
|  | GC-MS/MS | 5 µg/kg | [40] |
| Chlorpropanol (3-MCPD) | HFBI-Derivatisierung/ GC-MS | 10 µg/kg | [30] |
| heterocyclische aromatische Amine (MeIQ) | HPLC-MS, HPLC-MS/MS | 5 pg/25 µL Injektion | [6] |
| Furan | Headspace-GC-MS | 1 µg/kg | [8] |
| Nitrosamine | GC-TEA |  | [77] |

Eine beim Grillen oder Räuchern oft entstehende Gruppe von herstellungsbedingten Toxinen sind die polyaromatischen Kohlenwasserstoffe (PAK). Sie können aber auch als Rückstände von unvollständigen Verbrennungen in der Umwelt in das Lebensmittel gelangen. In beiden Fällen werden die PAK, allen voran die Markersubstanz Benz[a]pyren (B[a]P), in Lebensmitteln nach geeigneter Aufreinigung mittels RP-HPLC und Fluoreszensdetektion bestimmt. In Abbildung 12.31 sind die Trennung eines Standardgemisches und ein Chromatogramm von einer Fischprobe dargestellt.

Die Problematik der herstellungsbedingten Toxine ist, wie am Beispiel der polyaromatischen Kohlenwasserstoffe zu sehen, seit Jahren in der Wissenschaft bekannt, wurde aber nie unter der Gesamtheit der herstellungsbedingten Toxine zusammengefasst. Diese Zusammenführung ist erst seit der Acrylamidproblematik erfolgt.

Der erste Bericht über das Vorkommen von Acrylamid in Lebensmitteln wurde von schwedischen Behörden ausgelöst. Auf Grundlage dieser Meldungen wurden verschiedene Erfassungssysteme für die Bestimmung von Acrylamid in Lebensmitteln entwickelt [108]. Eine Problematik war die selektive Detektion der Verbindung. So wurden anfänglich vermehrt HPLC-MS/MS-Systeme etabliert, wobei es hier aufgrund der geringen Ionenmasse des Acrylamids (72 $m/z$

12.4 Nachweis organischer Rückstände und Kontaminanten | 377

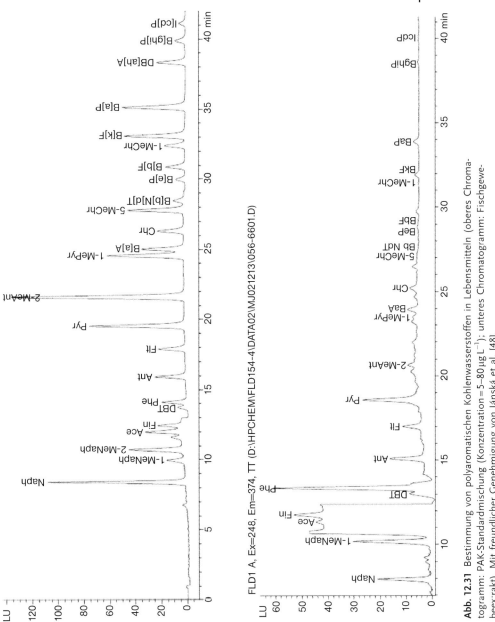

**Abb. 12.31** Bestimmung von polyaromatischen Kohlenwasserstoffen in Lebensmitteln (oberes Chromatogramm: PAK-Standardmischung (Konzentration = 5–80 µg L$^{-1}$); unteres Chromatogramm: Fischgewebeextrakt). Mit freundlicher Genehmigung von Jánská et al. [48].

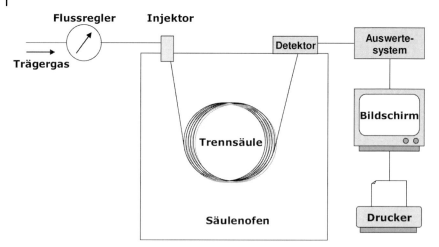

**Abb. 12.32** Aufbau eines Gaschromatographen.

für M+H$^+$) früh zu Beobachtungen von Störungen kam. Auch GC-Systeme mit herkömmlichen Detektoren wurden getestet.

Bei der GC (Abb. 12.32) strömt ein hoch reines Gas in den Injektor, anschließend durch die Trennsäule und verlässt das System durch den Detektor. Die Probe wird mit einer Spritze in den mit 150–300 °C temperierten Injektor injiziert, wobei die einzelnen Komponenten verdampfen und von dem strömenden Trägergas in die sich im Ofen befindliche analytische Säule gespült werden. Die Komponenten treten mit der stationären Phase in Wechselwirkung und werden dabei unterschiedlich retardiert. Die Fließgeschwindigkeit der einzelnen Probenbestandteile durch die Säule ist abhängig vom Säulentyp, der chemischen Natur der Probenkomponenten, der Fließgeschwindigkeit des Trägergases und der Ofentemperatur. Sobald eine Komponente die Säule verlässt, wird diese im Detektor erfasst und nach Konversion in ein elektrisches Signal zur Aufnahmeeinheit weitergeleitet. Die Intensität der Signale, aufgetragen gegen die Zeit, erscheint als eine Serie von Peaks in einem Chromatogramm [85].

Zur Detektion werden neben Flammenionisationsdetektoren (FID), Elektroneneinfangdetektoren (ECD) und elementspezifischen Detektoren wie dem Stickstoff-Phosphor-Detektor auch massenselektive Detektoren (GC-MS oder GC-MSD) (s. hierzu Abschnitt 12.4.1.2) eingesetzt. Bei den Letztgenannten werden die in einer Quelle ionisierter Moleküle durch elektrische Quadrupole, Ionenfallen, Flugrohre und magnetische Sektorfelder getrennt und anschließend erfasst. Mit den GC-MS-Systemen ist es auch möglich, das Acrylamid zu erfassen, wobei hierbei durch eine selektivere Detektion mittels negativer chemischer Ionisation (NCI) die Störanfälligkeit des Systems vermindert wird. In Abbildung 12.33 ist die Selektivitätssteigerung beim Acrylamid durch Verwendung unterschiedlicher Ionisierungen in der GC-MS dargestellt. Wie erkennbar ist, steigt die Selektivität bis zur negativen chemischen Ionisation, während die In-

12.4 Nachweis organischer Rückstände und Kontaminanten

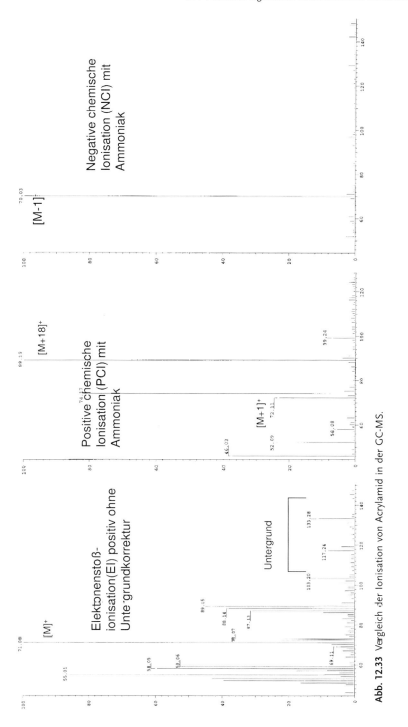

Abb. 12.33 Vergleich der Ionisation von Acrylamid in der GC-MS.

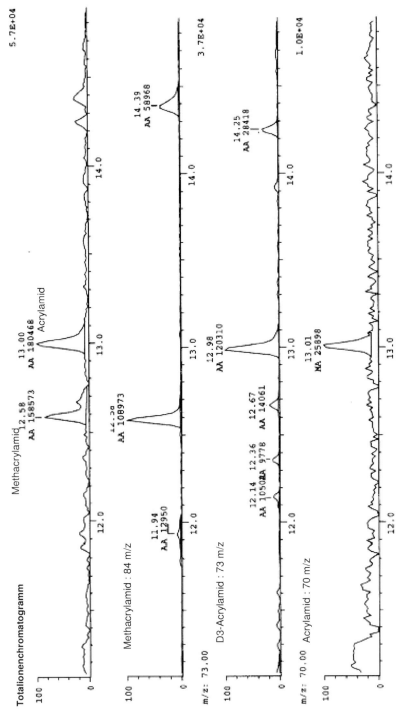

Abb. 12.34 Chromatogramm der jeweiligen Ionenspuren einer Knäckebrotprobe.

formationsgehalt abnimmt. Aus diesen Ergebnissen abgeleitet wurde eine GC-MS-Methode erstellt. Die Messergebnisse einer realen Knäckebrotprobe, die mittels GC-NCI-MS vermessen wurde, sind in Abbildung 12.34 wiedergegeben.

## 12.5
## Literatur

1 Adler P, Steger-Hartmann T, Kalbfus W (2001) Distribution of natural and synthetic estrogenic steroid hormones in water samples from Southern and Middle Germany. *Acta Hydrochimica et Hydrobiologica* **29** (4): 227–241.

2 Ahrer W, Scherwenk E, Buchberger W (2001) Determination of drug residues in water by the combination of liquid chromatography or capillary electrophoresis with electrospray mass spectrometry. *J. Chromatogr. A* **910** (1): 69–78.

3 Alder L, Luderitz S, Lindtner K, Stan HJ (2004) The ECHO technique – the more effective way of data evaluation in liquid chromatography-tandem mass spectrometry analysis. *J. Chromatogr. A* **1058** (1/2): 67–79.

4 Ardrey B (2003) Liquid chromatography – mass spectrometry. Kapitel 5.6.4, The method of standard addition to overcome matrix effects, Chichester, Wiley 218–222.

5 Balizs G, Hewitt A (2003) Determination of veterinary drug residues by liquid chromatography and tandem mass spectrometry. *Analytica Chimica Acta*, **492** (1/2): 105–131.

6 Barceló-Barrachina E, Moyano E, Puignou L, Galceran MT (2004) Evaluation of reversed-phase columns for the analysis of heterocyclic aromatic amines by liquid chromatography–electrospray mass spectrometry, *J. Chromatography B* 802. 45–59.

7 Baronti C, Curini R, D'Ascenzo G, Di Corcia A, Gentili A, Samperi R (2000) Monitoring natural and synthetic estrogens at activated sludge sewage treatment plants and in a receiving river water. *Environmental Science & Technology* **34** (24): 5059–5066.

8 Becalski A, Seaman St (2005) Furan Precursors in Food: A model study and development of a simple headspace method for determination of Furan, *J. AOAC Intern.* **88** (1): 102–106.

9 Betina V (1993) Chromatography of Mycotoxins – Techniques and Applications, Amsterdam, Elsevier.

10 Biselli S, Wegner H, Hummert C (2005) A multicomponent method for Fusarium toxins in cereal based food and feed samples using HPLC-MS/MS. *Mycotoxin Research* **1**: 18–22.

11 Bitman J, Cecil HC (1970) Estrogenic activity of DDT analogs and polychlorinated biphenyls. *J. Agric. Food Chem.* **18** (6): 1108–1112.

12 Bitman J, Cecil HC, Harris SJ, Feil VJ (1978) Estrogenic activity of o,p'-DDT metabolites and related compounds. *J. Agric. Food Chem.* **26**: 149–151.

13 Bitman J, Cecil HC, Harris SJ, Fries GF (1968) Estrogenic activity of o,p'-DDT in the mammalian uterus and avian oviduct. *Science* **162**: 371–372.

14 Bock R (2001) Handbuch der analytisch-chemischen Aufschlussmethoden, Wiley-VCH, Weinheim.

15 Broekaert, JAC (2005) Analytical Atomic Spectrometry with Flames and Plasmas, Wiley-VCH, Weinheim.

16 Budzikiewicz H (1992) Massenspektrometrie. Eine Einführung. 3. Auflage. VCH, Weinheim.

17 Cahill JD, Furlong ET, Burkhardt MR, Kolpin D, Anderson LG (2004) Determination of pharmaceutical compounds in surface- and ground-water samples by solid-phase extraction and high-performance liquid chromatography-electrospray ionization mass spectrometry. *J. Chromatogr. A* **1041** (1/2): 171–180.

18 Cammann K (Hrsg) (2001) Instrumentelle Analytische Chemie – Verfahren, Anwendungen und Qualitätssicherung

1. Auflage. Spektrum Akademischer Verlag GmbH, Heidelberg, Berlin.
19 Coker R (1998) Design of Sampling Plans for Determination of Mycotoxins in Foods and Feeds, in K Sinha, D Bhatnagar (Hrsg) Mycotoxins in Agriculture and Food Safety, Marcel Dekker, New York.
20 Daughton CG, Ternes TA (1999) Pharmaceuticals and personal care products in the environment: Agents of subtle change? *Environmental Health Perspectives* **107**: 907–938.
21 De Ruyck H, Daeseleire E, De Ridder H, Van Renterghem R (2003) Liquid chromatographic-electrospray tandem mass spectrometric method for the determination of mebendazole and its hydrolysed and reduced metabolites in sheep muscle. *Analytica Chimica Acta* **483**: 111–123.
22 Directorate-General Health and Consumer Protection (2004) Assessment of the dietary exposure to arsenic, cadmium, lead and mercury of the population of the EU Member States Reports on tasks for scientific cooperation, Report of experts participating in Task 3.2.11; URL: http://europa.eu.int/comm/food/food/chemicalsafety/contaminants/scoop_3-2-11_heavy_metals_report_en.pdf (Stand Juli 2005).
23 EG-Richtlinie 80/778/EWG über die Qualität von Wasser für den menschlichen Gebrauch vom 15. Juli 1980, Amtsblatt EG Nr. L 229/11.
24 Fillion J, Hindle R, Lacroix M, Selwyn J (1995) Multiresidue determination of pesticides in fruit and vegetables by gas chromatography mass-selective detection and liquid chromatography with fluorescence detection. *J. AOAC Int.* **78** (5): 1252–1266.
25 Funk W, Dammann V, Donnevert G (2005) Qualitätssicherung in der Analytischen Chemie: Anwendungen in der Umwelt-, Lebensmittel- und Werkstoffanalytik, Biotechnologie und Medizintechnik. 2. Aufl. VCH, Weinheim.
26 Funk W, Dammann V, Vonderheid C, Oehlmann G (1985) Statistische Methoden in der Wasseranalytik. Begriffe, Strategien, Anwendungen. VCH, Weinheim.
27 Günzler H (Hrsg) (1996) Elementanalytik – Highlights aus dem Analytiker Taschenbuch, Springer, Berlin.
28 Günzler H, Williams A (Hrsg) 2001 Handbook of analytical Techniques, Wiley-VCH, Weinheim.
29 Hajslova J, Zrostlikova J (2003) Matrix effects in (ultra)trace analysis of pesticide residues in food and biotic matrices. *J. Chromatogr. A* **1000** (1/2): 181–197.
30 Hamlet CG, Sadd PA, Crews C (2002) Occurrence of 3-chloro-propane-1,2-diol (3-MCPD) and related compounds in foods: a review, *Food Additives and Contaminants*, **19**: 619–631.
31 Harrison AG (1983) Chemical Ionization Mass Spectrometry. CRC Press Inc., Boca Raton.
32 Heberer T (2002) Occurrence, fate, and removal of pharmaceutical residues in the aquatic environment: a review of recent research data. *Toxicol. Lett.* **131** (1/2): 5–17.
33 Heberer T, Butz S, Stan HJ (1994) Detection of 30 acidic herbicides and related-compounds as their pentafluorobenzylic derivatives using gas-chromatography mass-spectrometry. *J. AOAC Int.* **77** (6): 1587–1604.
34 Heberer T, Butz S, Stan HJ (1995) Analysis of phenoxycarboxylic acids and other acidic compounds in tap, ground, surface and sewage water at the low ng/L level. *Int. J. Environmen. Analyt. Chem.* **58** (1–4): 43–53.
35 Heberer T, Schmidt-Baumler K, Stan HJ (1998) Occurrence and distribution of organic contaminants in the aquatic system in Berlin. Part 1: Drug residues and other polar contaminants in Berlin surface and groundwater. *Acta Hydrochimica et Hydrobiologica* **26** (5): 272–278.
36 Heberer TH (1995) Identifizierung und Quantifizierung von Pestizidrückständen und Umweltkontaminanten in Grund- und Oberflächenwässern mittels Kapillargaschromatographie – Massenspektrometrie. TU Berlin, Diss., W&T, Berlin, 333 S.
37 Hernando MD, Petrovic M, Fernandez-Alba AR, Barcelo D (2004) Analysis by liquid chromatography-electro spray ionization tandem mass spectrometry and acute toxicity evaluation for beta-blockers

and lipid-regulating agents in wastewater samples. *J. Chromatogr. A* **1046** (1/2): 133–140.

38  Hilton MJ, Thomas KV (2003) Determination of selected human pharmaceutical compounds in effluent and surface water samples by high-performance liquid chromatography-electrospray tandem mass spectrometry. *J. Chromatogr. A* **1015** (1/2): 129–141.

39  Hirsch R, Ternes TA, Haberer K, Mehlich A, Ballwanz F, Kratz KL (1998) Determination of antibiotics in different water compartments via liquid chromatography electrospray tandem mass spectrometry. *J. Chromatogr. A* **815** (2): 213–223.

40  Hoenicke K, Gatermann R, Harder W, Hartig L (2004) Analysis of acrylamide in different foodstuffs using liquid chromatography–tandem mass spectrometry and gas chromatography–tandem mass spectrometry, *Analytica Chimica Acta* **520**: 207–215.

41  Hoffmann E, Stroobant V, Charette J (2001) Mass Spectrometry: Principles and Applications, 2. Aufl., John Wiley and Sons, Chichester.

42  Holland PT (1989) IUPAC Reports on Pesticides. Mass Spectrometric Determination of Pesticide Residues. International Union of Pure and Applied Chemistry. Applied Chemistry Division Commission on Agrochemicals. *Pure & Appl. Chem.* Vol. **61**.

43  Huber W (1994) Nachweis-, Erfassungs- und Bestimmungsgrenze. In: Günzler H, Borsdorf R, Danzer K, Fresenius W, Huber W, Lüderwald I, Tölg G, Wisser H (Hrsg) Analytiker Taschenbuch. Band 12. Springer, Berlin.

44  Hübschmann H-J (1994) Das Massenspektrometer als Detektor in der Kapillar-GC. Möglichkeiten der Elektronenstoß- (EI) und der chemischen Ionisierung (CI) bei der Kopplung mit der Kapillar-Gaschromatographie. Kapitel 4. In: Matter L (Hrsg) Lebensmittel- und Umweltanalytik mit der Kapillar-GC. Tips, Tricks und Beispiele für die Praxis. VCH, Weinheim; 117–172.

45  Hübschmann H-J (2001) Handbuch der GC/MS. Wiley-VCH, Weinheim.

46  Hui YH, Kitts D, Stanfield P (2001) Foodborne Disease Handbook – Volume 4: Seafood and environmental toxins, Marcel Dekker, New York.

47  Ito S, Tsukada K (2002) Matrix effect and correction by standard addition in quantitative liquid chromatographic-mass spectrometric analysis of diarrhetic shellfish poisoning toxins, *J. Chromatography A* **943**: 39–46.

48  Jánská M, Tomaniová M, Hajšlová J, Kocourek V (2004) Appraisal of „classic" and „novel" extraction procedure efficiencies for the isolation of polycyclic aromatic hydrocarbons and their derivatives from biotic matrices, *Analytica Chimica Acta* **520**: 93–103.

49  Jansson C, Pihlstrom T, Osterdahl BG, Markides KE (2004) A new multi-residue method for analysis of pesticide residues in fruit and vegetables using liquid chromatography with tandem mass spectrometric detection. *J. Chromatogr. A* **1023** (1): 93–104.

50  Kelce WR, Stone CR, Laws SC, Gray LE, Kemppainen JA, Wilson EM (1995) Persistent DDT metabolite p,p′-DDE is a potent androgen receptor antagonist. *Nature* **375**, 581–585.

51  Klaffke H (2002) Bestimmung von Fumonisinen in Lebensmitteln, Heft 05, BgVV.

52  Klein J, Alder L (2003) Applicability of gradient liquid chromatography with tandem mass spectrometry to the simultaneous screening for about 100 pesticides in crops. *J. AOAC Int.* **86** (5): 1015–1037.

53  Kolb M, Bahr A, Hippich S, Schulz W (1993) Ermittlung der Nachweis-, Erfassungs- und Bestimmungsgrenze nach DIN 32645 mit Hilfe eines Programms. *Acta hydrochim. hydrobiol.* **21** (6): 308–311.

54  Krivan J (1985) Neutronenaktivierungsanalyse, in W. Fresenius et al. „Analytiker Taschenbuch" Band 5, Springer, Berlin, 35–68.

55  Kuch HM, Ballschmiter K (2001) Determination of endocrine-disrupting phenolic compounds and estrogens in surface and drinking water by HRGC-(NCI)-MS in the picogram per liter range. *Environ-*

mental Science & Technology **35** (15): 3201–3206.

56 Lebensmittel – Bestimmung von Elementspuren – Bestimmung von Gesamtarsen und Selen mit Atomabsorptionsspektrometrie-Hydridtechnik (HGAAS) nach Druckaufschluss; Deutsche Fassung EN 14627:2005, Beith, Berlin, 2005.

57 Lin WC, Chen HC, Ding WH (2005) Determination of pharmaceutical residues in waters by solid-phase extraction and large-volume on-line derivatization with gas chromatography-mass spectrometry. *J. Chromatogr. A* **1065** (2): 279–285.

58 Löffler D, Ternes TA (2003) Determination of acidic pharmaceuticals, antibiotics and ivermectin in river sediment using liquid chromatography-tandem mass spectrometry. *J. Chromatogr. A* **1021** (1/2): 133–144.

59 Lukas B (1999) Vorkommen und Analytik von Algentoxinen, in Günzler H (Hrsg) Analytiker-Taschenbuch, Band 20, Springer, Berlin, 215–247.

60 Magan N, Olson M (Hrsg) (2004) Mycotoxins in Food – Detection and Control, CRC Press, Boca Raton.

61 Majerus P, Max H, Klaffke H, Palavinskas R (2000) Ochratoxin A in Süßholz, Lakritze und daraus hergestellten Produkten. *Deutsche Lebensmittelrundschau* **96**: 451–454.

62 Märtlbauer E (2004) Immunochemische Methoden. In Baltes W (Hrsg) Schnellmethoden zur Beurteilung von Lebensmitteln und ihren Rohstoffen. 3. Auflage. Behrs, Hamburg; 289–304.

63 Matter L (Hrsg) (1997) Elementspurenanalytik in biologischen Matrices. Spektrum Akademischer Verlag, Heidelberg.

64 Matter L (1994) Lebensmittel- und Umweltanalytik anorganischer Spurenbestandteile, Wiley-VCH, Weinheim.

65 McLafferty FW, Turecek F (1993) Interpretation of Mass Spectra. University Science Books, Mill Valley (CA).

66 McLafferty FW, Turecek F (1995) Interpretation von Massenspektren, 4. Ed., Spektrum Akademischer Verlag GmbH, Heidelberg.

67 Miao X-S, Bishay F, Chen M, Metcalfe CD (2004) Occurrence of Antimicrobials in the Final Effluents of Wastewater Treatment Plants in Canada. *Environ. Sci. Technol.* **38**(13): 3533–3541.

68 Miao X-S, Metcalfe CD (2003) Determination of Carbamazepine and Its Metabolites in Aqueous Samples Using Liquid Chromatography-Electrospray Tandem Mass Spectrometry. *Anal. Chem.* **75**(15): 3731–3738.

69 Miraglia M, Debegnach F, Brera C (2004) Mycotoxins: Detection and Control, in D Watson (Hrsg) Pestizide, veterinary and other residues in food, CRC Press, Boca Raton.

70 Monoro R, Vélrez D (2004) Detecting Metal Contamination, in D. Watson (Hrsg), Pestizide, veterinary and other residues in food, CRC Press, Boca Raton.

71 Nelson, J (1974) Effects of dichlorodiphenyltrichloroethane (DDT) analogs and polychlorinated biphenyl (PCB) mixtures on 17beta-(3H)estradiol binding to rat uterine receptor, *Biochem. Pharmacol.* **23**: 447–451.

72 Niessen W (1999) Liquid-chromatography-mass spectromety, Marcel Dekker, New York.

73 Öllers S, Singer HP, Fassler P, Muller SR (2001) Simultaneous quantification of neutral and acidic pharmaceuticals and pesticides at the low-ng/l level in surface and waste water. *J. Chromatogr. A* **911** (2): 225–234.

74 Persönliche Mitteilung vom NRL für Marine Biotoxine des Bundesinstitut für Risikobewertung, 2005.

75 Petrovic M, Hernando MD, Diaz-Cruz MS, Barcelo D (2005) Liquid chromatography-tandem mass spectrometry for the analysis of pharmaceutical residues in environmental samples: a review. *J. Chromatogr. A* **1067** (1/2): 1–14.

76 Pierard J-Y, Depasse Ch, Delafortie A, Motte J-C (2004) Multi-mycotoxin determination methodology, in Barug D, van Egmond H, Lopez-Garcia R, van Osenbruggen, Visconti A; Meeting the mycotoxin menace, Den Haag, Wageningen Academic Publishers, 255–268.

77 Preussmann R (Hrsg) (1983) DFG. Das Nitrosamin-Problem. VCH, Weinheim.

78 Purdom CE, Hardiman PA, Bye VJ, Eno NC, Tyler CR, Sumpter JP (1994) Estrogenic effects of effluents from sewage treatment works. *Chem. Ecol.* **8**: 275–285.

79 Reddersen K, Heberer T (2003) Formation of an artifact of diclofenac during acidic extraction of environmental water samples. *J. Chromatogr. A* **1011** (1/2): 221–226.

80 Reddersen K, Heberer T (2003) Multicompound methods for the detection of pharmaceutical residues in various waters applying solid phase extraction (SPE) and gas chromatography with mass spectrometric (GC-MS) detection. *Journal of Separation Science* **26** (15–16): 1443–1450.

81 Reddersen K, Heberer T, Dunnbier U (2002) Identification and significance of phenazone drugs and their metabolites in ground- and drinking water. *Chemosphere* **49** (6): 539–544.

82 Richtlinie 98/83/EG des Rates vom 3. November (1998) über die Qualität von Wasser für den menschlichen Gebrauch. Amtsblatt der Europäischen Gemeinschaften L330/32–L330/55 vom 5.12.98.

83 Routledge EJ, Sheahan D, Desbrow C, Brighty GC, Waldock M, Sumpter JP (1998) Identification of estrogenic chemicals in STW effluent. 2. In vivo responses in trout and roach. *Environmental Science & Technology* **32** (11): 1559–1565.

84 Schneider E, Curtui V, Seidler C, Dietrich R, Usleber E, Märtlbauer E (2004) Rapid methods for deoxynivalenol and other trichothecenes. *Toxicology Lett.* **153**: 13–121.

85 Skoog DA, Leary JA (1996) Instrumentelle Analytik, 1. Auflage, Springer.

86 Soliman MA, Pedersen JA, Suffet IH 2004 Rapid gas chromatography-mass spectrometry screening method for human pharmaceuticals, hormones, antioxidants and plasticizers in water. *J. Chromatogr. A* **1029** (1/2): 223–237.

87 Sommer H (Hrsg) (2001) Leipziger LC-MS Treffen vom 18.05.2001; Applied Biosystems (MDS Sciex); Weiterstadt.

88 Specht W, Pelz S, Gilsbach W 1995 Gas-chromatographic determination of pesticide-residues after cleanup by gel-permeation chromatography and mini-silica gel-column chromatography. *Fresenius J. Analyt. Chem.* **353** (2): 183–190.

89 Specht W, Tillkes M (1980) Gas-chromatographic determination of pesticide-residues after cleanup by gel-permeation chromatography and mini-silica gel-column chromatography. 3. Communication – cleanup of foods and feeds of vegetable and animal origin for multiresidue analysis of fat-soluble and watersoluble pesticides. *Fresenius Zeitschr. Analyt. Chem.* **301** (4): 300–307.

90 Specht W, Tillkes M (1985) Gas-chromatographic determination of pesticide-residues after cleanup by gel-permeation chromatography and mini-silica-gel-column chromatography. 5. Cleanup of foods and feeds of vegetable and animal origin for multiresidue analysis of fat-soluble and water-soluble pesticides. *Fresenius Zeitschr. Analyt. Chem.* **322** (5): 443–455.

91 Stan HJ (2000) Pesticide residue analysis in foodstuffs applying capillary gas chromatography with mass spectrometric detection – State-of-the-art use of modified DFG-multimethod S19 and automated data evaluation. *J. Chromatogr. A* **892** (1/2): 347–377.

92 Stan H-J et al. (1995) HP Pesticide Library, Hewlett Packard Company/Agilent Technologies, Palo Alto, USA.

93 Stan H-J, Heberer TH (1995) Identification and Confirmatory Analysis based on Capillary GC-Mass Spectrometry. In: Stan H-J (Hrsg) Analysis of Pesticides in Ground and Surface Water I – Progress in Basic Multiple Residue Methods. Springer, Berlin, 141–184.

94 Stoeppler M, Wolf W, Jenks P (Hrsg) (2001) Reference materials for chemical analysis, Wiley-VCH, Weinheim.

95 Stolker AAM, Brinkman UATh (2005) Analytical strategies for residue analysis of veterinary drugs and growth-promoting agents in food-producing animals – a review, *J. Chromatogr. A* **1067** (1/2): 15–53.

96 Ternes TA (2001) Analytical methods for the determination of pharmaceuticals in aqueous environmental samples. *TRAC – Trends in Analytical Chemistry* **20** (8): 419–434.

97 Ternes TA, Bonerz M, Herrmann N, Löffler D, Keller E, Lacida BB, Alder AC (2005) Determination of pharmaceuticals, iodinated contrast media and musk fragrances in sludge by LC/tandem MS and GC/MS. *J. Chromatogr. A* **1067** (1/2): 213–223.

98 Thomson M, Walsh J (1993) Handbook of Inductive Couples Plasma Spectrometry, Blackie, London.

99 Toyóoka T (1999) Modern derivatization methods for separation sciences. Wiley & Sons, Chichester.

100 Trucksess M, Pohland A (Hrsg) (2001) Mycotoxin Protocols, Humana Press, Totowa.

101 Untersuchung von Lebensmitteln – Bestimmung von Elementspuren – Bestimmung von Blei, Cadmium, Chrom und Molybdän mit Graphitofen-Atomabsorptionsspektrometrie (GFAAS) nach Druckaufschluss; Deutsche Fassung EN 14083:2003, Beuth, Berlin, 2003.

102 Untersuchung von Lebensmitteln – Bestimmung von Elementspuren – Bestimmung von Quecksilber mit Atomabsorptionsspektrometrie (AAS) – Kaltdampftechnik nach Druckaufschluss; Deutsche Fassung EN 13806:2002, Beuth, Berlin, 2002.

103 Verordnung zur Novellierung der Trinkwasserverordnung vom 21. Mai 2001. Bundesgesetzblatt, 2001, Teil I, Nr. 24, ausgegeben zu Bonn am 28. Mai 2001, 959–980.

104 Waller CL, Juma BW, Gray LE, Kelce, WR (1996) Three-dimensional quantitative structure-activity relationships for androgen receptor ligands. *Toxicology and Applied Pharmacology* **137** (2): 219–227.

105 Waller CL, Oprea TI, Chae K, Park HK, Korach KS, Laws SC, Wiese TE, Kelce WR, Gray LE (1996) Ligand-based identification of environmental estrogens. *Chemical Research in Toxicology* **9**: 1240–1248.

106 Welch RM, Levin W, Conney AH (1969) Estrogenic action of DDT and its analogs. *Toxicol. Appl. Pharmacol.* **14**: 358–367.

107 Welz B, Sperling M (1997) Atomabsorptionsspektrometrie, Wiley-VCH, Weinheim.

108 Wenzl T, Beatriz de la Calle M, Anklam E (2003) Analytical methods for the determination of acrylamide in food products: a review. *Food Additives and Contaminants* **10**: 885–902.

109 Whitaker T, Slate A, Johansson A (2005) Sampling Feeds for mycotoxin Analysis, in D. Diaz, The Mycotoxin Blue Book, Nottingham, Nottingham University Press.

110 Williams DH, Flemming I (1991) Strukturaufklärung in der organischen Chemie. Kapitel 4. Massenspektren. 6. Auflage. Georg Thieme, Stuttgart, 191–255.

111 Wilson D, Sydenham E, Lombaert G, Trucksess M, Abramson D, Bennett G (1998) Mykotoxin Analytical Techniques, in K. Sinha, D. Bhatnagar (Hrsg) Mycotoxins in Agriculture and Food Safety, Marcel Dekker, New York.

112 World Health Organization (2002) Global Assessment of the State of the Science of Endocrine Disruptors. International Programme on Chemical Safety (IPCS). Hrsg.: Damstra T, Barlow S, Bergman A, Kavlock R, Van Der Kraak G, Genf, 2002, 180 S.

113 Zrostlikova J, Hajslova J, Poustka J, Begany P (2002) Alternative calibration approaches to compensate the effect of co-extracted matrix components in liquid chromatography-electrospray ionisation tandem mass spectrometry analysis of pesticide residues in plant materials. *J. Chromatogr. A* **973** (1/2): 13–26.

114 Zuehlke S, Dünnbier U, Heberer T (2004) Determination of polar drug residues in sewage and surface water applying liquid chromatography-tandem mass spectrometry. *Anal. Chem.* **76** (22): 6548–6554.

115 Zühlke S, Dünnbier U, Heberer T (2004) Detection and identification of phenazone-type drugs and their microbial metabolites in ground and drinking water applying solid-phase extraction and gas chromatography with mass spectrometric detection. *J. Chromatogr. A* **1050** (2): 201–209.

**116** Zühlke S, Dünnbier U, Heberer T (2005) Determination of estrogenic steroids in surface water and wastewater by liquid chromatography-electrospray tandem mass spectrometry. *Journal of Separation Science* **28** (1): 52–58.

**117** Zühlke S, Dünnbier U, Heberer T, Fritz B (2004) Analysis of endocrine disrupting steroids: Investigation of their release into the environment and their behavior during bank filtration. *Ground Water Monitoring and Remediation* **24** (2): 78–85.

# 13
# Mikrobielle Kontamination

*Martin Wagner*

## 13.1
### Mikroben und Biosphäre

Mikroben gelten als die ältesten Lebewesen der Erde und sie machen >99% der Biomasse aus. Die Diversität der mikrobiellen Welt ist unzureichend erfasst. Es wird geschätzt, dass abhängig von der Ökosphäre nur etwa 0,01 bis max. 15% der darin lebenden Mikroorganismenspezies kulturell angezüchtet werden können, womit eine vollständige Beschreibung der mikrobiellen Diversität eines Ökosystems mit traditionellen Methoden undurchführbar erscheint („the Great Plate Count Anomaly" [3]).

Die aus der Sicht der Lebensmittelsicherheit relevante Frage nach dem Entstehen eines mikrobiellen Bedrohungspotenzials für den Menschen durch Lebensmittelkontamination ist von überragender Aktualität, wenn man die 145 231 in Europa und Norwegen im Jahre 2002 gemeldeten Salmonellosefälle beim Menschen bedenkt [4]. Sowohl pathogene wie auch nicht pathogene Mikroorganismen können zur natürlichen mikrobiellen Flora eines Lebensmittels zählen, da ein Lebensmittel, aus mikrobieller Sicht, als ein Ökosystem wie viele andere angesehen werden kann.

Jüngste Forschungsergebnisse haben gezeigt, dass sich genetische Pathogenitätsmerkmale schon an endosymbiotisch lebenden Umweltchlamydien nachweisen lassen und dass schon vor etwa 700 Millionen Jahren der gemeinsame Vorfahr der pathogenen und symbiotisch lebenden Chlamydien viele Virulenzfaktoren heutiger gramnegativer Mikroorganismen besaß [13].

## 13.2
### Die Kontamination von Lebensmitteln

Die mikrobielle Kontamination von Lebensmitteln ist entweder aufgrund von möglichen Gesundheitsstörungen oder von Verderbsvorgängen unerwünscht und der Begriff somit negativ konnotiert. Gesetzliche Regulative sind in ihrer

Entwicklung gegenüber wissenschaftlichen Erkenntnissen häufig verzögert [19]. Neben den unerwünschten Kontaminationsfolgen gibt es aber auch vom Menschen gesteuerte „Keimeintragsprozesse", die erst die Prozessierung eines Rohsubstrates zu einem von einem spezifischen Genusswert charakterisierten Lebensmittel kennzeichnen. Während diese Vorgänge seit alters her ungerichtet eingesetzt wurden, hier könnte man als Beispiel die Natursäuerung von Rohmilch anführen, wurden diese Prozesse durch biotechnologische Entwicklungen in den letzten Jahrzehnten, z. B. durch den Einsatz von Starterkulturen, standardisiert. Die Verwendung von Starterkulturen liefert aber nicht nur einen Beitrag zur Veredelung eines Rohstoffes, sondern spielt auch eine immanent wichtige Rolle bei der Sicherstellung unbedenklicher und verkehrsfähiger Lebensmittel.

## 13.3
### Ökonomische Bedeutung der mikrobiellen Kontamination von Lebensmitteln

Die Auswirkungen von Lebensmittelinfektionen und -intoxikationen auf die Volkswirtschaften sind statistisch schwierig zu erfassen. Daten aus dem amerikanischen Food Net belegen, dass mit 0,72 Episoden akuter Gastroenteritis in den USA pro Person und Jahr zu rechnen ist und dass etwa 20% der Betroffenen medizinischer Unterstützung bedürfen [14].

Neben der verstärkten Verantwortlichkeit des Produzenten für die Herstellung sicherer Lebensmittel, wie im General Feed and Food Law indiziert, werden in jüngster Zeit vermehrt Präventionsprogramme auf Konsumentenebene durchgeführt. Statistische Kosten/Nutzenanalysen zur Durchführung von Präventivprogrammen auf Haushaltsebene ergeben, dass etwa 80 000 lebensmittelbezogene Infektionen in den USA zu verhindern wären, was einen, im Verhältnis zum Aufwand solcher Kampagnen, positiven Effekt auf die Gesundheitskosten des Landes hätte [8].

Neben den Überlegungen zur Lebensmittelsicherheit sind die Probleme des mikrobiellen Lebensmittelverderbs, vor allem in Ländern, die unter erschwerten klimatischen Bedingungen produzieren, besorgniserregend. Schätzungen der Food and Agriculture Organization sprechen von 36 Ländern, die ihren Nahrungsmittelbedarf nicht decken können und weiteren elf Ländern, die am Rande von Nahrungsmittelengpässen stehen. Diese Mangelsituationen führen dazu, dass 850 Millionen Menschen weltweit chronisch unternährt sind, mit nur geringen Verbesserungen der weltweiten Verhältnisse in der letzten Dekade [6]. Neben den von Menschen verursachten Gründen wie Krieg und Vertreibung sind die Pflanzenwachstumsbehinderung durch Wassermangel oder Hitzeperioden und mikrobieller Lebensmittelverderb durch Bevorratungs- und Transportprobleme Auslöser von Mangelsituationen [5]. Mit der Entwicklung von differenzierten Lebensmittelproduktionssystemen, die in der Regel weg von regionalen, auf Selbstversorgung basierenden Bewirtschaftungssystemen, hin zu überregional agierenden Produktionsnetzwerken führen, kann mit einer Verschärfung der Situation gerechnet werden.

## 13.4
**Kontaminationswege**

Als Kontaminationswege bezeichnet man die Eintragsmöglichkeiten, entlang derer Lebensmittel von Keimen besiedelt werden könnten. Ausgehend von einem Ökosystem, in dem der Keim natürlicherweise vorkommt, bei gramnegativen Keimen häufig der Darm von warm- und kaltblütigen Tieren und bei grampositiven Keimen häufig die Umwelt, wird er an verwundbaren Stellen der Lebensmittelproduktionskette eingebracht. Dies findet häufig im Bereich der Gewinnung der Rohstoffe (im so genannten Harvest-Bereich wie der Schlachtung, Milchgewinnung) oder im Bereich der Lebensmittelbe- und -verarbeitung (im so genannten Post-Harvest-Bereich) statt.

Grundsätzlich sind gesunde Tier- und Pflanzenbestände eine unumstößliche Voraussetzung dafür, einen hohen Grad an mikrobieller Lebensmittelsicherheit zu erzielen. Viele pathogene Mikroorganismen sind an die Tierbestände adaptiert, ohne bei Nutztieren Erkrankungen hervorzubringen. Werden solche Tierbestände einer Gewinnung der Rohprodukte zugeführt, kommt es bei mangelhafter Hygiene zwangsweise zu einem Keimübertrag vom besiedelten Tier auf den zur Lebensmittelproduktion bestimmten Schlachtkörper oder auf die vom Tier produzierte Milch.

Weitere zusätzliche Gefahrenmomente bezüglich des Eintrags und der Verschleppung von Lebensmittelinfektionen und -kontaminationen liegen einerseits in den erweiterten Ansprüchen von Konsumenten, kaum oder wenig prozessierte Lebensmittel offeriert zu bekommen, aber auch in den veränderten Kauf- und Konsumgewohnheiten, die Importlebensmittel aus allen Teilen der Welt einschließen. Vor allem die Lebensmittelproduktion in tropischen Ländern ist aus Sicht hygienischer Anforderungen anspruchsvoll und lange Transportwege können das Risiko, ein kontaminiertes Produkt anzuliefern, potenzieren.

Es gibt aber auch lebensmittelunabhängige Faktoren, die zu einer höheren Kontaminations- und Infektionswahrscheinlichkeit führen. Dazu gehören die sich ändernde globale Klimalage, bei der Modellrechnungen davon ausgehen, dass die Erderwärmung nachteilige Effekte auf die Entstehung von wasser- und nahrungsmittelassoziierten Infektionskrankheiten haben wird [16], und die Veränderungen in der Alterspyramide. Lebensmittelinfektionen und -intoxikationen können häufig bei Personen auftreten, die eine geschwächte Immunabwehr besitzen. Daher steigt durch die Erhöhung der Lebenserwartung die Anzahl jener, die als potenziell empfänglich für Lebensmittelinfektionen anzusehen sind, und Daten zur Entwicklung der Bevölkerungsdynamik in den industrialisierten Ländern gehen davon aus, dass etwa 20–25% der Gesamtbevölkerung in diesen Staaten als immunkomprimiert angesehen werden müssen [10].

Für viele lebensmittelassoziierte pathogene Keime sind die Eintragswege in die Lebensmittelkette dann bestimmbar, wenn es sich um Ausbrüche handelt, bei denen mehrere Menschen erkranken. Treten Lebensmittelinfektionen oder -intoxikationen sporadisch auf, bleibt der Eintragsweg meist unbekannt, da eine gemeinsame Quelle nicht eruierbar ist oder das kontaminierte Lebensmittel schon verzehrt oder entsorgt wurde. Eine verminderte Infektketten-Aufklärungswahrscheinlichkeit gilt auch für Lebensmittelinfektionen, die von einer langen Inkubationszeit geprägt sind. So konnten in den USA drei Ausbrüche von Humanlisteriose, die den Gesundheitsbehörden entgangen waren, erst durch konsequentes Genotypisieren aller verfügbaren Humanisolate belegt werden [18].

In vielen Ländern fehlt es aber an Kapazitäten auf Seiten des Risikomanagements, Einsatzteams zur Infektkettenabklärung zur Verfügung stellen zu können. So ist es etwa in Österreich nur in wenigen lebensmittelhygienisch relevanten Fällen geglückt, EHEC-Infektionen, ausgelöst durch den Konsum von kontaminierter Rohmilch, und Campylobacteriose, verursacht durch den Konsum von kontaminiertem Geflügelfleisch, ätiologisch abzuklären [1, 2].

## 13.5
**Beherrschung der Kontaminationszusammenhänge durch menschliche Intervention**

Der Begriff der Kontaminationsvermeidung insinuiert, dass es kontaminationslose oder weitgehend dekontaminierte Lebensmittel, unter real-technischen Voraussetzungen und mit unprozessierten Lebensmitteln vergleichbaren Nährwerteigenschaften, geben könnte. Technologische Eingriffe verschieben aber nur die Balance zwischen den Keimspezies einer mikrobiellen Kommunität auf oder in einem Lebensmittel, indem sie die Überlebens- und Vermehrungschancen empfänglicher Keime reduzieren und direkt oder indirekt die Überlebens- und Vermehrungschancen nicht empfänglicher Keimspezies vermehren. Keime reagieren physiologisch auf technologische Stimuli mit mikrobiellen Adaptionsereignissen oder sie vermehren sich ohne Nährstoffkonkurrenz einer vergesellschafteten Spezies effizienter, um im Endprodukt verderbs- oder sicherheitsrelevant zu werden. Auch beeinflussen technologische Prozesse der Reinigung und Desinfektion von Produktionsumfeldern die Zusammensetzung der mikrobiellen Kommunitäten auf lebensmitteltechnologisch relevanten Oberflächen. Untersuchungen in der fischverarbeitenden Industrie konnten zeigen, dass die Zusammensetzung der mikrobiellen Kommunitäten in Biofilmen auf lebensmittelberührten Oberflächen denen der Zusammensetzung auf der Fischoberfläche entsprach und dass die Desinfektion der Anlagen sowohl die Zusammensetzung der Kommunitäten auf den lebensmittelberührten Oberflächen und auf dem Lebensmittel Fisch in eine vergleichbare Richtung verschob [7].

Aus diesen Überlegungen lässt sich ableiten, dass es ein unrealistisches Ziel ist, durch lebensmittel-technologische Prozesse alle mikrobiellen Gefahren ausschalten zu wollen. Dieser Umstand wird auch dadurch begründet, dass die keimreduzierenden Eingriffe, ausgenommen küchentechnische Eingriffe, eher am Anfang der gesamten Lebensmittelproduktions-, -vermarktungs- und -zubereitungskette stehen. Das bedeutet, dass es mannigfache Möglichkeiten gibt, während oder nach der Produktion Lebensmittel zu (re)kontaminieren und somit für den menschlichen Verbrauch ungeeignet zu machen. Qualitätssicherungskonzepte wie das produktionsorientierte Hazard Analysis and Critical Control Points (HACCP)-Konzept setzen ihre Überwachungspunkte unabhängig von der Überlegung, sie dort zu platzieren, wo die weiteren Lebensmittelmanipulationsstufen möglichst wenige sind [9]. Könnten daher die mikrobiellen Interaktionen so beeinflusst werden, dass ein stabiles mikrobielles Ökosystem entsteht, welches den Eintrag oder das Vorkommen von pathogenen Mikroorganismen in einer gefahrenmindernden Weise kontrolliert, wäre eine klare Verbesserung der Lebensmittelsicherheit möglich.

Es ist noch anzumerken, dass viele Gefahrenquellen nicht aufgrund von mangelnden Kenntnissen über die Kontaminationszusammenhänge entstehen, sondern durch das Missachten von an sich implementierten Hygienemaßnahmen. Ein Survey unter Lebensmittelversorgungsdienstleistern in den USA ergab, dass 60% der Arbeiternehmer manchmal auf den Handschutz verzichteten, auch wenn sie mit der Zubereitung von verzehrsfertigen Produkten beschäftigt waren. Von den befragten Personen gaben 53% an, dass sie keine objektive Temperaturkontrolle bei der Herstellung erhitzter Speisen durchführen, und 5% gingen auch zur Arbeit, obwohl sie krank waren und an Erbrechen oder Durchfall litten [12]. Diese Daten und unsere Erfahrungen weisen eindeutig darauf hin, dass es in der Lebensmittelproduktion und -zubereitung eben häufig außerplanmäßige Belastungen sind, durch die bewährte Hygienemaßnahmen vernachlässigt, und somit Möglichkeiten für den Eintrag, das Wachstum und die Verschleppung unerwünschter Keime eröffnet werden.

## 13.6
**Der Nachweis von Kontaminanten: ein viel zu wenig beachtetes Problem**

Alles Wissen über Kontaminationsformen und Kontaminationswege, wie auch über die Wirksamkeit präventiver Maßnahmen, basiert auf den Methoden, mit denen Kontaminanten nachweisbar werden. Der kulturelle Nachweis von mikrobiellen Kontaminanten ist in die Arbeitschritte Probenaufbereitung, Anreicherung des Zielkeims, Isolierung des Zielkeims und Zielkeimbestätigung gegliedert. Grundlage für jede repräsentative mikrobielle Untersuchung ist ein wissenschaftlich und statistisch fundiertes Probenentnahmekonzept, sowohl was die Auswahl des Probenmaterials und des Beprobungspunktes, die Häufigkeit der Beprobung, das Probenvolumen und die Beprobungstechnik betrifft.

Jedes kulturelle Untersuchungsprotokoll versucht, das Vermehrungspotenzial der Zielorganismen durch Steuerung der Vermehrungsbedingungen zu nutzen. Obwohl sich in der Theorie diese Bedingungen gut beschreiben lassen, sind *in praxi* viele Probleme ungelöst. Bezüglich der Probenaufbereitung gehören dazu die inhomogene Verteilung von Kontaminanten in und auf einem Lebensmittel und das Problem, Keime aus verschiedensten Lebensmittelmatrices so darzustellen, dass sie aus einem meist vorgeschädigten Zustand in eine Vermehrungsphase überzuführen sind. Das Phänomen des viable but not culturable (VBNC)-Stadiums von pathogenen und anderen Mikroorganismen ist weitgehend ungeklärt und führt, wie der Name schon sagt, dazu, dass vermehrungsfähige Bakterienzellen sich mittels Kulturmedien nicht darstellen lassen. Schlüsselfunktionen des kulturellen Nachweises nehmen daher die Anreicherungsmedien ein, deren jeweilige chemische Komposition gleichzeitig selektiv gegen Begleitkeime und produktiv für den Untersuchungskeim sein sollte. Für viele pathogene Mikroorganismen gilt, dass auch apathogene Lebensmittelkommensalen ähnliche Nährstoff- und Bebrütungserfordernisse aufweisen, so dass sie in ihrem Wachstum nur schwer unterdrückt werden können. Für manche Bakterien wie die Listerien sind auch artspezifische Wachstumseffekte während des Anreicherungsschrittes beschrieben, die zu einem Überwachsen einer pathogenen Spezies mit einer apathogenen Spezies des selben Genus führen können [11]. Werden dann im Anschluss an die Anreicherung keine Keimart differenzierenden Spezialmedien zur Isolierung verwendet, bleiben die wenigen Kolonien der pathogenen Spezies in der Menge der Kolonien der apathogenen Spezies unentdeckt. Das Problem der Isolierung der Zielkeime aus den Anreicherungen wurde mit der Entwicklung von chromogenen Medien in den letzten Jahren aber eindeutig verbessert.

Der meist zweiphasige Anreicherungsschritt bedeutet einen erhöhten Untersuchungszeitaufwand von 72–96 Stunden und die nachfolgenden Bestätigungstests erfordern in der Regel weitere 1–3 Tage, so dass etwa 6– 7 Tage bis zum Vorliegen eines abgesicherten positiven Ergebnisses veranschlagt werden müssen. Unter den gegebenen Produktionsbedingungen muss man erwarten, dass sich langwierige kulturelle Methoden zur Chargenfreigabe von leicht verderblichen Lebensmitteln wenig eignen. Werden die Kontrollen im Handel getätigt, dann führt eine 4–7-tägige Untersuchungszeit zu einer methodenbedingten „Überwachungslücke", in der möglicherweise kontaminierte Produkte verkauft und natürlich auch konsumiert werden. Neue Methodenentwicklungen, die on- oder at-line an den Lebensmittelproduktionslinien oder im Handel angewandt werden können, werden daher intensiv beforscht. Dazu zählen Methoden, die entweder auf impedimetrischen, immunologischen oder molekularbiologischen Prinzipien aufbauen [15, 17]. Während die Eignung solcher Methoden für Screeningzwecke schon seit mehreren Jahren beschrieben ist, ist die Standardisierung durch normative Gremien auf nationaler oder internationaler Ebene ein aktuelles Thema. Auch für die Schnellmethoden gilt, dass die Proben in der Regel einer Aufarbeitung (sample pre-test treatment) und die Zielkeime einer Anreicherung bedürfen. Das bedeutet, dass nur der Isolierungs- und der Bestätigungsschritt durch einen Schnellnachweis ersetzt werden. Somit ist der Einsatz von anreicherungsabhängigen Schnellmethoden on- oder at-line nicht gewährleistet. Die zukünftige methodische Forschung im Bereich der Lebensmittelmikrobiologie wird sich daher mit der Kombination von Kurzzeitanreicherungen (<6 h) und nachfolgendem Schnellnachweis, bzw. mit der Anwendung der Schnellnachweise direkt am Lebensmittel befassen.

## 13.7
## Literatur

1. Allerberger F, Al-Jazrawi N, Kreidl P, Dierich MP, Feierl G, Hein I, Wagner M (2003) Barbecued chicken causing a multi-state outbreak of *Campylobacter jejuni* enteritis. *Infection*, 31, 19–23.
2. Allerberger F, Friedrich AW, Grif K, Dierich MP, Dornbusch HJ, Mache CJ, Nachbaur E, Freilinger M, Rieck P, Wagner M, Capriolo A, Karch H (2003) Hemolytic uremic syndrome associated with enterohemorrhagic *Escherichia coli* O26:H-infection and consumption of unpasteurized cow's milk. *Int. J. Infect. Dis.* 7, 42–45.
3. Amann RI, Ludwig W, Schleifer KH (1995) Phylogenetic identification and in situ detection of individual microbial cells without cultivation. *Microbiol. Rev.* 59(1), 143–169.
4. Anonymus (2004) Trends and sources of zoonotic agents in animals, feedingstuffs, food and man in the European Union and Norway in 2002. SANCO 29/(2004, Part 1, 135.
5. Anonymus (2004) The state of food insecurity in the world (SOFI 2004). http://www.fao.org/documents/show_cdr.asp?url_file=/docrep/007/y5650e/y5650e00.htm
6. Anonymus (2005) http://www.fao.org/newsroom/en/news/2005/90082/index.html
7. Bagge-Ravn D, Ng Y, Hjelm M, Christiansen JN, Johansen C, Gram L (2003) The microbial ecology of processing equipment in different fish industries-analysis of the microflora during processing and following cleaning and disinfection. *Int. J. Food Microbiol.* 87(3), 239–250.
8. Duff SB, Scott EA, Mafilios MS, Todd EC, Krilov LR, Geddes AM, Ackerman SJ (2003) Cost-effectiveness of a targeted disinfection program in household kitchens to prevent foodborne illnesses in the United States, Canada, and the United Kingdom. *J. Food Prot.* 66(11), 2103–2115.
9. Fellner Ch, Riedl R (2004) HACCP nach dem FAO/WHO-Codex-Alimentarius. VJ Verlag Österreich, 160.
10. Gerba CP, Rose JB, Haas CN (1996) Sensitive populations: who is at the greatest risk? *Int. J. Food Microbiol.* 30, 113–123.
11. Gnanou Besse N, Audinet N, Kerouanton A, Colin P, Kalmokoff M (2005) Evolution of *Listeria* populations in food samples undergoing enrichment culturing. *Int. J. Food Microbiol.* (Epub ahead of print, www.sciencedirect.com).
12. Green L, Selman C, Banerjee A, Marcus R, Medus C, Angulo FJ, Radke V, Buchanan S, EHS-Net Working Group (2005) Food service workers' self-reported food preparation practices: an EHS-Net study. *Int. J. Hyg. Environ. Health* 208, 27–35.
13. Horn M, Collingro A, Schmitz-Esser S, Beier CL, Purkhold U, Fartmann B, Brandt P, Nyakatura GJ, Droege M, Frishman D, Rattei T, Mewes HW, Wagner M (2004) Illuminating the evolutionary history of chlamydiae. *Science*, 304(5671), 728–730.
14. Imhoff B, Morse D, Shiferaw B, Hawkins M, Vugia D, Lance-Parker S, Hadler J, Medus C, Kennedy M, Moore MR, Van Gilder T, for the Emerging Infections Program FoodNet Working Group (2004) Burden of self-reported acute diarrheal illness in FoodNet surveillance areas, 1998–1999. *Clin. Inf. Dis.* 38, 219–226.
15. Malorny B, Tassios P, Rådström P, Cook N, Wagner M, Hoorfar J (2003) Standardization of diagnostic PCR for the detection of foodborne pathogens. *Int. J. Food Microbiol.* 83(1), 39–48.
16. Rose JB, Epstein PR, Lipp EK, Sherman BH, Bernard SM, Patz JA (2001) Climate variability and change in the United States: potential impacts on water- and foodborne diseases caused by microbiologic agents. *Environ. Health Perspect.* 109 Suppl 2, 211–221.
17. Wagner M, Bubert A (1999) Detection of *Listeria monocytogenes* by commercial enzyme immunoassays. *In*: Batt CA, Patel

PD (Hrsg.) Encyclopedia in Food Microbiology, 1207–1214.

18 Wiedmann M (2002) Molecular subtyping methods for *Listeria monocytogenes*. *J. AOAC Int.* **85(2)**, 524–531.

19 Woteki CE, Kineman BD (2003) Challenges and approaches to reducing foodborne illness. *Ann. Rev. Nutr.* **23**, 315–344.

# 14
# Nachweismethoden für bestrahlte Lebensmittel

*Henry Delincée und Irene Straub*

## 14.1
## Einleitung

Die Behandlung von Lebensmitteln mit ionisierenden Strahlen – energiereiche Strahlung aus Gamma-Quellen ($^{60}$Co oder $^{137}$Cs), Röntgenanlagen oder Elektronenbeschleunigern – hat ihre praktische Hauptanwendung in der Abtötung von unerwünschten Mikroorganismen, Parasiten oder Insekten. Die Bestrahlung verbessert die hygienische Qualität der Lebensmittel: Sie verhindert Krankheiten, die sonst durch den Verzehr von mit Parasiten (Trichinen, Toxoplasmen, etc.) oder pathogenen Mikroorganismen (Salmonellen, Campylobacter, Shigellen, Listerien, EHEC-Bakterien, etc.) kontaminierten Nahrungsmitteln verursacht werden könnten. Die ionisierende Bestrahlung ermöglicht für bestimmte Lebensmittel eine Verbesserung der Haltbarkeit und kann außerdem die Ausbreitung von Pflanzenschädlingen verhindern und damit zur Erfüllung von Pflanzenquarantäne-Vorschriften (z. B. in den USA) beitragen. Über den Einsatz der Lebensmittelbestrahlung gibt es umfangreiche Literatur, aus der hier nur einige Übersichtsarbeiten zitiert werden können [28, 65, 77, 110, 111] (s. a. Kapitel II-10). In diesem Kapitel ist auch dargelegt, dass nach Ansicht der Weltgesundheitsbehörde WHO bestrahlte Lebensmittel gesundheitlich unbedenklich sind, keine wesentlichen Nährwertverluste aufweisen und die Lebensmittelbestrahlung ein Verfahren ist, um die Lebensmittelsicherheit zu verbessern. Fehlende Sachkenntnis hat bis dato in vielen Ländern zu einer mangelnden Akzeptanz des Verfahrens geführt und eine größere Verbreitung der Technologie verhindert. Dagegen wird die Zukunft für die Lebensmittelbestrahlung in den USA [83] positiv gesehen.

Über die Mengen an Lebensmitteln, die weltweit mit ionisierenden Strahlen behandelt werden, gibt es widersprüchliche Angaben, auch weil Informationen aus einigen Ländern, wie China und Russland, spärlich sind. Nach dem International Council on Food Irradiation (Stand 2004) [62] wurden in den letzten Jahren etwa 300 000 t/a bestrahlt, davon etwa je 100 000 t/a in den USA und China, während die übrigen 100 000 t/a sich größtenteils auf Länder wie Japan, Südafrika, Niederlande, Belgien und Frankreich verteilten.

*Handbuch der Lebensmitteltoxikologie.* H. Dunkelberg, T. Gebel, A. Hartwig (Hrsg.)
Copyright © 2007 WILEY-VCH Verlag GmbH & Co. KGaA, Weinheim
ISBN: 978-3-527-31166-8

In der EU wurde mittlerweile für mehr Transparenz [48] gesorgt: In der EG-Rahmenrichtlinie zur Lebensmittelbestrahlung [39] ist festgeschrieben, dass die EU-Mitgliedstaaten jährlich über Art und Menge der Lebensmittel, die mit ionisierenden Strahlen behandelt wurden, berichten. In den Jahren 2001 und 2002 betrug die Gesamtmenge an bestrahlten Lebensmitteln in der EU etwa 20000 t/a [44, 46]. Im Vergleich zum Gesamtumsatz an Lebensmitteln in der EU ist diese Menge äußerst gering; die Bedeutung der Lebensmittelbestrahlung sollte daher nicht überbewertet werden. Andererseits gewährleistet die Bestrahlung für eine Reihe von Risikoprodukten eine erhöhte Lebensmittelsicherheit und liegt deshalb im Interesse des Schutzes der öffentlichen Gesundheit. Die EG-Rahmenrichtlinie [39] schreibt vor, dass alle Lebensmittel, die als solche bestrahlt sind, oder die bestrahlte Bestandteile enthalten, mit einem Hinweis versehen sein müssen, dass sie „bestrahlt" sind bzw. „mit ionisierenden Strahlen behandelt" wurden. Ferner müssen die EU-Mitgliedstaaten jährlich die Ergebnisse der Kontrollen von Lebensmitteln, die sich im Handel befinden, mitteilen. Dabei sind die Methoden, die zum Nachweis der Bestrahlung eingesetzt wurden, anzugeben. Die Mitgliedstaaten stellen sicher, dass diese Methoden genormt oder validiert sind.

In der EG-Durchführungsrichtlinie [40] ist geregelt, dass in allen Mitgliedsländern die Bestrahlung von getrockneten aromatischen Kräutern und Gewürzen zulässig ist. Zurzeit dürfen die Mitgliedsländer im Rahmen einer Übergangsregelung außer den getrockneten aromatischen Kräutern und Gewürzen auch noch einige weitere Lebensmittel bestrahlen [45] (s. Kapitel II-10, Tab. 10.2). Diese bestrahlten Produkte dürfen jedoch nicht in Deutschland in Verkehr gebracht werden, denn nach der Lebensmittelbestrahlungsverordnung (LMBestrV) vom 14. Dezember 2000 [68], mit der die o.g. Europäischen Richtlinien in deutsches Recht umgesetzt wurden, ist nur die Behandlung von getrockneten aromatischen Kräutern und Gewürzen zulässig. Allerdings dürfen nach § 47a des Lebensmittel- und Bedarfsgegenständegesetzes (LMBG) auch andere bestrahlte Lebensmittel aus den Mitgliedsländern importiert werden. Voraussetzung hierfür ist jedoch, dass die Bestrahlung des Produktes in dem Mitgliedsland zulässig ist und eine entsprechende Allgemeinverfügung, die vom Bundesamt für Verbraucherschutz und Lebensmittelsicherheit (BVL) ausgesprochen wird, vorliegt. Auch diese Produkte müssen einen entsprechenden Hinweis tragen, dass sie mit ionisierenden Strahlen behandelt wurden.

Die Bestrahlung von Lebensmitteln darf nur in hierfür zugelassenen Anlagen erfolgen und unterliegt ausführlichen Aufzeichnungspflichten. Aus Drittländern dürfen bestrahlte, getrocknete aromatische Kräuter und Gewürze sowie Lebensmittel, die solche Zutaten enthalten, nur nach Deutschland importiert und in Verkehr gebracht werden, wenn die Bestrahlung in einer von der EU zugelassenen Bestrahlungsanlage durchgeführt worden ist. Mit Stand vom 03.09.2004 [49] sind in der EU insgesamt 23 Anlagen (5 in Deutschland) zugelassen. In Drittländern sind mit Stand vom 13.10.2004 [47] 5 Anlagen (Südafrika 3, Schweiz 1, Türkei 1) zugelassen.

Um zu prüfen, ob bestrahlte Lebensmittel mit dem Hinweis „bestrahlt" oder „mit ionisierenden Strahlen behandelt" versehen sind und auch, um zu kontrollieren, ob Bestrahlungsverbote eingehalten werden, besteht Bedarf an Nachweismethoden, mit denen festgestellt werden kann, ob ein Lebensmittel – oder eine Zutat im Lebensmittel – bestrahlt wurde. Gemäß der EG-Rahmenrichtlinie müssen, wie bereits oben erwähnt, die angewandten Nachweismethoden genormt oder validiert sein. In einer Erklärung zur Rahmenrichtlinie ist vermerkt, dass Kommission und Mitgliedsstaaten die Weiterentwicklung normierter oder validierter Analyseverfahren zum Nachweis der Bestrahlung von Lebensmitteln fördern, mit der Zielsetzung, dass derartige Verfahren für alle Erzeugnisse vorhanden sind.

Heute sind also durch die EU-Gesetzgebung [39, 48] validierte Nachweisverfahren anzuwenden. Es bestand jedoch schon Jahre vorher der Wunsch, strahlenbehandelte Lebensmittel als solche zu identifizieren.

## 14.2
### Entwicklung von Nachweismethoden

Ein bestrahltes Lebensmittel sieht nicht anders aus als ein unbestrahltes, es schmeckt auch nicht anders. Wie kann man also feststellen, ob es überhaupt behandelt worden ist? Diese Frage wurde im Zuge der Erforschung der Lebensmittelbestrahlung recht bald gestellt. Die damalige „Bundesforschungsanstalt für Lebensmittelfrischhaltung" (danach „für Ernährung" und heute „für Ernährung und Lebensmittel") in Karlsruhe, wurde – lt. Kabinettsbeschluss 1957 – als die „zentrale Forschungsstätte für Fragen der Anwendung der Kernenergie auf dem Gebiet der Ernährung" benannt. Deshalb wurde hier denn auch der Frage des Nachweises nachgegangen [17]. Im Jahre 1965 erschien die erste Übersichtsarbeit über die Erkennbarkeit einer erfolgten Bestrahlung bei Lebensmitteln [105]. In dieser Arbeit wurde auf das Fehlen zuverlässiger Erkennungsmerkmale hingewiesen. Ebenso schlussfolgerte Diehl 1973 [27], dass keine der vielen Methoden, die u.a. in von der EG Kommission geförderten Forschungsprojekten [2, 3] entwickelt wurden, einem Untersuchungsamt als Routinemethode empfohlen werden könne. Vermutlich würde keine dieser Methoden im Falle einer gerichtlichen Auseinandersetzung bestehen können.

Erst 1986, nachdem bereits in vielen Ländern Zulassungen für die Bestrahlung von bestimmten Lebensmitteln erteilt worden waren, wurde die Frage des Nachweises bei der Tagung einer internationalen Arbeitsgruppe der WHO in Neuherberg erneut thematisiert [24, 109].

Bei der „International Conference on the Acceptance, Control of, and Trade in Irradiated Food" in Genf 1988 [4] wurde argumentiert, dass „das Vorhandensein zuverlässiger Nachweismethoden dazu beitragen kann, das Vertrauen des Verbrauchers in eine korrekte Anwendung der Lebensmittelbestrahlung und ihre zuverlässige Überwachung durch die Behörden zu stärken". Bei dieser Konferenz wurden die Regierungen aufgefordert, die Entwicklung von Nachweismethoden zu fördern.

Als Folge davon wurden internationale Programme zur Entwicklung von Nachweismethoden initiiert, sowohl auf europäischer Ebene (BCR) als auch weltweit (IAEA). Im Jahre 1991 erschien als Startpunkt des ADMIT-Programms eine umfangreiche Literaturübersicht der bis dahin vorgeschlagenen Methoden [16]. Zudem wurde über die Ansprüche an eine Nachweismethode diskutiert (Tab. 14.1).

In der Praxis sind alle diese Anforderungen schwierig zu erfüllen. Im Wesentlichen sollte die Messgröße während der gesamten Haltbarkeitsdauer des Lebensmittels deutlich messbar sein, ohne dass eine identische unbestrahlte Vergleichsprobe erforderlich ist. Zusätzlich wäre von Vorteil, wenn der Nachweis einfach und schnell ist, nur geringe Kosten verursacht, bei vielen Lebensmitteln eingesetzt und genormt werden könnte.

**Tab. 14.1** Anforderungen an analytische Nachweismethoden für bestrahlte Lebensmittel.

| | |
|---|---|
| Diskriminierung | Bestrahltes Lebensmittel: messbare Veränderungen; unbestrahltes Lebensmittel: messbare Veränderungen nicht vorhanden, bzw. eindeutig charakterisiert und ausreichend verschieden von strahleninduzierten Veränderungen |
| Spezifität | Ähnliche Veränderungen nicht durch andere Lebensmittelverarbeitungsverfahren, Lagerung, Zucht- oder Sortenauswahl, geänderte Wachstumsbedingungen u. Ä. |
| Reichweite | Parameter messbar über den ganzen relevanten Dosisbereich des bestrahlten Lebensmittels |
| Stabilität | Messgröße stabil während der gesamten Haltbarkeitsdauer des Lebensmittels |
| Zuverlässigkeit | Reproduzierbarkeit, Präzision, Validierung mit Hilfe statistischer Methoden |
| Geringe Störanfälligkeit | Messgröße unempfindlich oder genau vorhersehbar bei unterschiedlichen Bedingungen, z. B. Veränderung der Bestrahlungsparameter (Dosisleistung, Temperatur, Gasatmosphäre, Feuchtigkeit, usw.), Störung durch andere Lebensmittelbestandteile, Störung durch zusätzliche Verfahrensschritte |
| Fälschungssicherheit | Verfälschungen schwer möglich. Deshalb vorteilhaft, wenn die Messgröße innere Lebensmitteleigenschaften widerspiegelt, z. B. Veränderungen an Proteinen, Fetten, Nucleinsäuren usw., statt an äußeren Merkmalen wie Verpackung, Sand- oder Staubkontamination usw. |
| Unabhängigkeit | Keine identische, unbestrahlte Vergleichsprobe erforderlich |
| Praktische Anwendbarkeit | Einfach, auch apparativ; geringe Kosten; schnelle Durchführung; geringe Probengröße; leicht standardisierbar, wenn möglich, zerstörungsfrei |
| Gerichtsfähigkeit | |
| Dosisabhängigkeit | Messung der aufgebrachten Strahlendosis |

Bis heute gibt es noch keine universelle Methode für alle Lebensmittel, um eine erfolgte Strahlenbehandlung nachzuweisen. Je nach Art des Produktes muss eine bzw. müssen mehrere Methoden eingesetzt werden. Die Kernfrage des Nachweises ist qualitativ: Ist das Lebensmittel bestrahlt oder unbestrahlt? Die Bestimmung der Strahlendosis ist daher zweitrangig. Dies ergibt sich allein durch die „selbst-limitierende" Eigenschaft des Bestrahlungsverfahrens: Die Dosis muss einerseits hoch genug sein, um den gewünschten Effekt, z. B. Abtötung von Salmonellen, zu erzielen. Andererseits darf die Dosis nicht so hoch sein, dass die sensorischen Eigenschaften des Lebensmittels beeinträchtigt werden. Eine Begrenzung der Dosis nach oben ergibt sich auch schon rein wirtschaftlich, da die Anwendung höherer Strahlendosen teurer ist. Deshalb wird in den meisten Fällen die angewandte Strahlendosis in einem relativ eng begrenzten Bereich liegen und braucht nicht nachträglich im Lebensmittel bestimmt zu werden.

Die nachträgliche quantitative Bestimmung der Strahlendosis direkt im Lebensmittel wird jedoch von einigen Fachleuten befürwortet, um z. B. eine mögliche Überschreitung der erlaubten Maximaldosis feststellen zu können. Eine solche quantitative Dosisbestimmung wird u. a. durch die häufig unbekannte Vorgeschichte des Lebensmittels erschwert: Die genauen Bestrahlungsbedingungen (z. B. Temperatur, Dosisleistung) sowie Lagerdauer und -bedingungen des Lebensmittels nach der Bestrahlung sind meist unbekannt. Ein geeignetes Verfahren ist daher hier zunächst die qualitative Analyse: bestrahlt oder unbestrahlt. Wenn bestrahlt, kann anhand der Begleitpapiere die Bestrahlungsanlage ausfindig gemacht werden. Vor Ort kann die aufgebrachte Strahlendosis über die vorgeschriebenen Aufzeichnungen der Dosismessungen kontrolliert werden.

Aufgrund dieser Überlegungen wurde vermehrt nach qualitativen Nachweisverfahren geforscht. Dabei führten die internationalen Bemühungen von BCR und IAEA Anfang der 1990er Jahre schließlich zum Erfolg. In den entsprechenden Abschlussberichten [74, 85] ist eine Fülle von verschiedenen Methoden beschrieben, mit deren Hilfe eine Strahlenbehandlung nachgewiesen werden kann. Inzwischen sind zahlreiche Arbeiten auf diesem Gebiet erschienen. In diesem Abschnitt können nicht alle Einzelarbeiten zitiert werden, stattdessen wird auf eine Reihe von Übersichtsartikeln verwiesen [18–21, 51, 53, 72, 84, 87, 88, 93, 96]. Auch die europäischen Normen zum Nachweis bestrahlter Lebensmittel [29–38] bieten einen guten Überblick über die vorhandene Literatur. Weitere Hinweise können in der Karlsruher Bibliographie über Lebensmittelbestrahlung [6] gefunden werden. Dort sind über 16 000 Arbeiten über bestrahlte Lebensmittel dokumentiert, davon über 1400 zu ihrer Identifizierung.

## 14.3
### Stand der Nachweisverfahren

Die Nachweisverfahren gehen auf verschiedene Veränderungen in bestrahlten Lebensmitteln zurück und können grob in physikalische, chemische und biologische Methoden unterteilt werden.

### 14.3.1
### Physikalische Nachweisverfahren

Die physikalischen Nachweisverfahren nutzen u.a. die ursächlichen Veränderungen der Materie durch die Strahleneinwirkung, wie die Bildung von freien Radikalen und angeregten Elektronen-Ladungszuständen, und sind in Tabelle 14.2 zusammengefasst.

### 14.3.2
### Chemische Nachweisverfahren

Große Vorteile der ionisierenden Bestrahlung von Lebensmitteln sind die vergleichsweise sehr geringen chemischen Veränderungen in den Inhaltsstoffen, während unerwünschte Organismen (mikrobielle Krankheitserreger, Insekten, Parasiten) effektiv inaktiviert werden. Zudem sind die strahleninduzierten chemischen Veränderungen denen, die bei anderen Lebensmittel verarbeitenden Prozessen auftreten, sehr ähnlich, was, zumindest teilweise, die fehlende Nachweisbarkeit einer erfolgten Bestrahlung bis etwa in die 1990er Jahre erklärt. Erst die jahrelange Erforschung von strahlenchemischen Veränderungen der Lebensmittelinhaltsstoffe [28, 41, 42, 97] und eine bessere Leistungsfähigkeit der analytischen Geräte mit besseren Nachweis- bzw. Bestimmungsgrenzen haben in den letzten 20 Jahren zum Erfolg geführt. In Tabelle 14.3 sind die wichtigsten chemischen Nachweisverfahren aufgelistet.

### 14.3.3
### Biologische Nachweisverfahren

Die ionisierende Strahlung ist auf lebende Organismen besonders wirksam. Deshalb könnte man glauben, dass Nachweisverfahren einfach zu entwickeln wären. Tatsächlich war es schwierig, Veränderungen festzustellen, die jedoch nur bei der Bestrahlung stattfinden und damit einen spezifischen biologischen Nachweis ermöglichen. Die wichtigsten biologischen Methoden sind in Tabelle 14.4 zusammengefasst.

Tab. 14.2 Physikalische Nachweisverfahren einer Strahlenbehandlung von Lebensmitteln.

| Verfahren | Messgröße | Anwendungsbereich |
|---|---|---|
| *Messung von freien Radikalen* | | |
| Elektronen-Spin-Resonanz-Spektroskopie (ESR) | Radikale in Knochen (Hydroxylapatit-Radikale) | Knochen- bzw. grätenhaltige Lebensmittel (Fleisch, Geflügel, Separatorenfleisch, Froschschenkel, Fisch) |
| ESR | Celluloseradikale | Cellulosehaltige Lebensmittel (Nüsse mit Schalen, Gewürze wie Paprika, Pfeffer u. a., Obst mit Kernen, Steinen, Nüsschen wie an Erdbeeren, Zellwände von Fruchtfleisch und Fruchtschalen, Trockenpilze, Trockengemüse, Samenschalen von Hülsenfrüchten, Getreide mit Spelzen) |
| ESR | Zuckerradikale | Lebensmittel mit kristallinem Zucker (Trockenobst) |
| ESR | Radikale von bioanorganischen Stoffen (Panzer und Muschelschalen, Eierschalen) | Krebs- und Weichtiere, Schnecken, Eier |
| Chemilumineszenz (CL) | Emittiertes Licht durch Radikalreaktionen bei Suspendierung des Lebensmittels im Lösungsmittel | Kräuter und Gewürze, Mehl, Gefrierfleisch, Krustentiere, Knochen von Fleisch, Geflügel |
| *Messung von angeregten Zuständen* | | |
| Thermolumineszenz (TL) | Emittiertes Licht beim Übergang von angeregten Ladungsträgern in den Grundzustand in anorganischen Stoffen (anhaftende Mineralpartikel, Sand, Staub) oder bioanorganische Stoffe (Muschelschalen, Schalen und Panzer von Krebs- und Weichtieren) | Lebensmittel, von denen Mineralpartikel isoliert werden können (Kräuter und Gewürze, frisches Obst und Gemüse, Trockenobst und -gemüse, Kartoffeln, Getreide, Krebs- und Weichtiere) bzw. bioanorganische Stoffe (Krebs- und Weichtiere) |
| Photostimulierte Lumineszenz (PSL) | Emittiertes Licht, angeregte Ladungsträger in Mineralien oder bioanorganischen Stoffen geben die durch Bestrahlung gespeicherte Energie bei Stimulation durch Infrarotlicht ab | Lebensmittel, von denen Mineralpartikel bzw. bioanorganische Stoffe isoliert werden können (Kräuter und Gewürze, frisches Obst und Gemüse, Trockenobst und -gemüse, Kartoffeln, Getreide, Krebs- und Weichtiere) |

**Tab. 14.2** (Fortsetzung)

| Verfahren | Messgröße | Anwendungsbereich |
|---|---|---|
| *Messung von physikalischen Größen* | | |
| Elektrische Impedanz | Impedanzveränderung durch Änderungen der Zellwände, Messung bei verschiedenen Frequenzen | Kartoffeln |
| Viskosimetrie | Viskositätsabnahme durch Fragmentierung polymerer Substanzen (Stärke, Cellulose, Pektin) | Kräuter und Gewürze Stärke, Gele |
| Nahe-Infrarot-Spektroskopie (NIR) | Spektrale Veränderungen | Gewürze |
| Thermische Analyse (DSC) | Gefrierpunkterniedrigung | Fisch, Garnelen, Eiklar |

Tab. 14.3 Chemische Nachweisverfahren einer Strahlenbehandlung von Lebensmitteln.

| Inhaltsstoff | Verfahren | Messgröße | Anwendungsbereich |
| --- | --- | --- | --- |
| Proteine | Gaschromatographie/Massenspektrometrie (GC-MS), Hochdruck-Flüssigkeitschromatographie (HPLC) | veränderte Aminosäuren, wie o-Tyrosin | Proteinhaltige Lebensmittel wie Fleisch, Geflügel, Fisch, Garnelen, Froschschenkel, Eiklar |
|  | HPLC | veränderte Aminosäuren, wie Tryptophanderivate | Geflügel, Garnelen, Eiklar |
|  | Gel-Elektrophorese mit Immunnachweis | Proteinfragmente | Eiklar, Geflügel, Garnelen |
|  | Kapillar-Elektrophorese | Proteinfragmente | Eiklar |
|  | Fluorimetrie | Proteinbruchstücke, wie Formaldehyd | Geflügel |
|  | GC, Gassensoren | Proteinbruchstücke wie $H_2S$, $NH_3$, $H_2$, CO | Geflügel, Fleisch, Garnelen, Gewürze |
|  | Gelfiltration | Proteinvernetzungen (Aggregate) | Fleisch |
|  | Elektrospray-Ionisation-MS | Aggregate | Eiklar |
| Lipide | Gaschromatographische GC bzw. gekoppelte Verfahren mit Flüssigkeitschromatographie (LC) oder Massenspektrometrie GC-MS, LC-GC-(MS), LC-LC-GC-(MS) | langkettige Kohlenwasserstoffe | fetthaltige Lebensmittel, wie Fleisch, Geflügel, Fisch, Garnelen, Froschschenkel, Trockenei, Camembert, Obst (Kerne bzw. Samen (Mango, Papaya)) oder Fruchtfleisch (Avocado), Nüsse, Gemüse (Bohnen), Gewürze |
|  | GC-MS, LC-GC-MS, bzw. Dünnschicht-Chromatographie (TLC) kombiniert mit HPLC oder GC-MS | 2-Alkylcyclobutanone | Fleisch, Geflügel, Fisch, Garnelen, Flüssigvollei, Käse (Camembert, Brie, Schafskäse), Obst (Kerne bzw. Samen (Mango, Papaya)) oder Fruchtfleisch (Avocado), Reis, Nüsse |
|  | Immunoassay | 2-Alkylcyclobutanone | Geflügel, Garnelen |
|  | Kolorimetrie | Lipidhydroperoxide | Fleisch, Geflügel, Trockenei |
|  | GC, TLC-GC | oxidierte Cholesterinderivate | Fleisch, Geflügel, Trockenei |

Tab. 14.3 (Fortsetzung)

| Inhaltsstoff | Verfahren | Messgröße | Anwendungsbereich |
|---|---|---|---|
| Kohlenhydrate | Colorimetrie | Stärkegehalt | Gewürze |
| | Polarimetrie | optische Isomere | |
| Nucleinsäuren | Alkalische Elution | DNA-Fragmente | Krustentiere |
| | Pulsfeld-Gel-Elektrophorese | DNA-Fragmente | Geflügel |
| | Durchfluss-Cytometrie | DNA-Fragmente | Zwiebeln |
| | Agarose-Gel-Elektrophorese | mitochondriale DNA (mt DNA) | Fleisch, Geflügel, Fisch, Garnelen |
| | Einzelzell-Mikrogel-Elektrophorese (Kometentest) | DNA-Fragmente | Fleisch, Geflügel, Fisch, Obst, getrocknete Früchte, Samen, Gewürze, Knoblauch |
| | Immunoassay | veränderte DNA-Basen (Dihydrothymidin) | Garnelen |
| Andere Inhaltsstoffe | GC | Aromaprofile | Gewürze |
| | HPLC | phenolische Substanzen | Obst und Gemüse, Gewürze |
| | Polarimetrie | Ethanolderivate | Branntwein |

Tab. 14.4 Biologische Nachweisverfahren einer Strahlenbehandlung von Lebensmitteln.

| Verfahren | Messgröße | Anwendungsbereich |
|---|---|---|
| *Histologische/morphologische Veränderungen* | | |
| Gewebekultur, Mikroskopie | Hemmung der Zellteilung | Kartoffeln, Zwiebeln, Knoblauch |
| Mikroskopie | Hemmung der Wundperidermbildung | Kartoffeln |
| Mikroskopie | Abnormale Keimbildung | Kartoffeln |
| Mikroskopie, Chromosomenanalyse | Chromosomen-Aberrationen | Getreide, Kartoffeln, Zwiebeln, Erdbeeren |
| Elektronen-Mikroskopie | Strukturveränderungen | Obst, Garnelen |
| Wurzelbildung | Hemmung der Wurzelbildung | Zwiebeln |
| Keimungstest (Halb-Embryo-Test) | Hemmung der Wurzel- und Sprossenbildung | Obstkerne, Getreide |
| Sporentest | Hemmung der Sporenbildung | Champignons |
| Hyphentest | Hemmung der Hyphenbildung | Champignons |
| *Veränderungen in der Mikroflora* | | |
| Keimzahlbestimmung | Hemmung von Bakterienwachstum | Fisch, Fleisch |
| Bestimmung der Mikroorganismen-Spezies | Ausbildung von Strahlenresistenz | Geflügel, Fisch, Garnelen |
| Bestimmung der Mikroorganismen-Spezies | Veränderung des mikrobiellen Profils | Erdbeeren, Fisch, Garnelen |
| Messung des flüchtigen Basenstickstoffs (TVBN) und der flüchtigen Säuren (TVA) | Hemmung von Bakterienwachstum | Fisch, Fleisch |
| Turbidimetrie | Hemmung von Bakterienwachstum | Fisch, Fleisch, Geflügel, Champignons, Gewürze |
| Epifluoreszenz-Filtertechnik kombiniert mit der Keimzahlbestimmung der aeroben mesophilen Mikroorganismen (DEFT/APC) | Vergleich der Zahl der keimfähigen Mikroorganismen mit der Gesamtzahl an sowohl toten als lebendigen Mikroorganismen | Kräuter und Gewürze |
| Limulus-Amöbenzellen-Lysat-Test kombiniert mit der Keimzahlbestimmung der gramnegativen Bakterien (LAL/GNB) | Vergleich der Zahl der keimfähigen gramnegativen Bakterien mit der Gesamtmenge an Endotoxin (sowohl tote als lebendige gramnegative Bakterien) | Geflügel |
| *Veränderungen an Insekten* | | |
| Mikroskopie | Verkleinerung des supra-ösophagealen Ganglions | Obst, Getreide |
| Polyphenoloxidase-Test | Hemmung von Enzymen | Obst, Getreide |

## 14.4
## Validierung und Normung von Nachweisverfahren

Im Rahmen der internationalen Zusammenarbeit von BCR und IAEA wurden Ringversuche zur Validierung besonders aussichtsreicher Nachweisverfahren durchgeführt. In den Jahren 1985–2000 wurden insgesamt 36 Ringversuche, sowohl auf nationaler als auch internationaler Ebene durchgeführt [20]. Insbesondere auf europäischer Ebene gelang es, verschiedene analytische Verfahren zu normen. Durch die Hilfe des Europäischen Komitees für Normung (CEN) – und dessen Sekretariat für diese Arbeit bei DIN in Berlin – liegen heute zehn genormte Nachweisverfahren vor, mit denen bei den meisten Lebensmitteln eine Strahlenbehandlung detektiert werden kann [29–38] (Tab. 14.5).

Diese Methoden sind inzwischen vom Codex Alimentarius als generelle Codex-Methoden anerkannt worden – mit Ausnahme der zuletzt erschienenen Norm DIN EN 14569:2005-01, die noch nicht eingereicht wurde. Im neuen revidierten „Codex General Standard for Irradiated Foods", Codex Stan 106-1983, rev. 1-2003 [9], wird im Abschnitt 6 „Post irradiation verification" speziell auf diese analytischen Nachweisverfahren hingewiesen.

## 14.5
## Prinzip und Grenzen der genormten Nachweisverfahren

### 14.5.1
### Physikalische Methoden

#### 14.5.1.1 Elektronen-Spin-Resonanz (ESR)-Spektroskopie

Bei der ESR-Spektroskopie werden paramagnetische Verbindungen (Moleküle oder Ionen mit einem oder mehreren ungepaarten Elektronen) nachgewiesen. Zu diesen zählen u.a. die durch Bestrahlung gebildeten freien Radikale in Lebensmitteln. Diese freien Radikale sind zumeist stabil in harten und trockenen Bestandteilen oder Bereichen der Lebensmittel. Im ESR-Spektrometer wird die meistens getrocknete Probe in einem starken Magnetfeld einer Mikrowelle mit sehr hoher Frequenz (z. B. 9,5 GHz) ausgesetzt. Ungepaarte Elektronen verhalten sich in dem starken externen Magnetfeld wie Magneten. Dabei können sie sich parallel oder antiparallel zum Magnetfeld ausrichten. Es entstehen die Elektronenspins $m_s = +\frac{1}{2}$ und $m_s = -\frac{1}{2}$ mit unterschiedlichen Energieniveaus. Wenn nun die Magnetfeldstärke kontinuierlich verändert wird, kommt es bei einer bestimmten Feldstärke zur Resonanz – die Spinrichtung kann sich verändern von $m_s = +\frac{1}{2}$ zu $m_s = -\frac{1}{2}$ oder umgekehrt. Die Absorption der eingestrahlten Mikrowellenenergie entspricht dabei der Differenz der unterschiedlichen Energieniveaus. Die absorbierte Energie wird im ESR-Spektrum meistens als erste Ableitung des Absorptionssignals in Abhängigkeit von der angewandten Magnetfeldstärke dargestellt. Der Wert der Magnetfeldstärke und der Mikrowellenfrequenz hängt von der experimentellen Anordnung (Probenvolumen und Probenhalterung) ab, während ihr Verhältnis, der so genannte g-Wert,

Tab. 14.5 Europäisch genormte Nachweismethoden für bestrahlte Lebensmittel [29–38].

| Norm Nr.: | Jahr – Monat | Verfahren | Anwendungsbereich | Validiert an |
|---|---|---|---|---|
| DIN EN 1784 | 2003–11 | gaschromatographische Untersuchung auf Kohlenwasserstoffe | fetthaltige Lebensmittel | Hähnchen-, Schweine- und Rindfleisch, Camembert Avocado, Papaya und Mango |
| DIN EN 1785 | 2003–11 | gaschromatographisch/massenspektrometrische Untersuchung auf 2-Alkylcyclobutanone | fetthaltige Lebensmittel | Hühner- und Schweinefleisch flüssiges Vollei Lachs Camembert |
| DIN EN 1786 | 1997–03 | ESR-Spektroskopie von Knochen bzw. Gräten | knochen- bzw. grätenhaltige Lebensmittel | Rinder- und Hähnchenknochen Forellengräten |
| DIN EN 1787 | 2000–07 | ESR-Spektroskopie von kristalliner Cellulose | cellulosehaltige Lebensmittel | Pistazienschalen Paprikapulver frische Erdbeeren |
| DIN EN 1788 | 2002–01 | Thermolumineszenz von Silicatmineralien | Lebensmittel, von denen Silicatmineralien isoliert werden können | Kräuter und Gewürze bzw. Gewürzmischungen Krebs- und Weichtiere einschl. Garnelen Frisch- und Trockenobst und Gemüse Kartoffeln |
| DIN EN 13708 | 2002–01 | ESR-Spektroskopie von kristallinem Zucker | Lebensmittel, die kristallinen Zucker enthalten | getrocknete Feigen getrocknete Mangos getrocknete Papayas Rosinen |

Tab. 14.5 (Fortsetzung)

| Norm Nr.: | Jahr – Monat | Verfahren | Anwendungsbereich | Validiert an |
|---|---|---|---|---|
| DIN EN 13783 | 2002–04 | mikrobiologisches Screeningverfahren mit Epifluoreszenz-Filtertechnik/aerober mesophiler Keimzahl (DEFT/APC) | Kräuter und Gewürze | Kräuter und Gewürze |
| DIN EN 13784 | 2002–04 | DNA-Kometentest (Einzelzell-Mikro-Gelelektrophorese) Screeningverfahren | Lebensmittel, die DNA enthalten | Knochenmark von Hähnchen Hähnchen- und Schweinefleisch getrocknete Früchte Samen und Gewürze |
| DIN EN 13751 | 2002–12 | photostimulierte Lumineszenz von Mineralpartikeln, wie Silicaten (Sand oder Staub) oder bioanorganischen Stoffen (Kalk, Hydroxylapatit) | Lebensmittel, die Mineralpartikel oder bioanorganische Stoffe enthalten | Kräuter, Gewürze und Gewürzmischungen Krebs- und Weichtiere |
| DIN EN 14569 | 2005–01 | mikrobiologisches Screeningverfahren mit Bestimmung der Endotoxinkonzentration mittels Limulus-Amöbenzellen-Lysat-Test und Zahl der keimfähigen gramnegativen Bakterien (LAL/GNB) | Geflügelfleisch | Hähnchenfleisch |

$g_{Signal} = 71{,}448 \times \nu_{ESR}/B$
$\nu_{ESR}$ = Mikrowellenfrequenz in GHz
$B$ = magnetische Flussdichte des Magnetfelds in Millitesla [mT]

eine charakteristische Größe des paramagnetischen Zentrums und seiner Umgebung ist. Für die Identifizierung bestrahlter Proben kann es hilfreich sein, die $g$-Werte der ESR-Signale zu bestimmen.

Beim ESR-Nachweis von bestrahlten knochen- bzw. grätenhaltigen Lebensmitteln (DIN EN 1786) [29] wird Knochenmaterial gut getrocknet und entweder in kleinen Stückchen oder pulverisiert in eine ESR-Küvette eingewogen. Probenvorbereitung, Einstellung der Geräteparameter und Durchführung der Messung sind in der Norm genau beschrieben. Typische ESR-Spektren für Hähnchenknochen sind in Abbildung 14.1 dargestellt.

Bestrahlte Proben erkennt man an einem typischen asymmetrischen Signal mit den $g$-Werten $g_1$ und $g_2$, welches auf $CO_2^-$-Radikale zurückgeführt wird, die durch Bestrahlung in der Hydroxylapatitmatrix des Knochens, bzw. der Gräten, gebildet werden. Ein symmetrisches Signal niedrigerer Intensität mit dem $g$-Wert $g_{sym}$ kann gelegentlich in den ESR-Spektren beobachtet werden. Es wird durch organische Bestandteile hervorgerufen und ist auch in unbestrahlten Proben zu finden. Es wurde deutlich beobachtet, wenn die Knochen noch Mark enthielten. Bei Strahlendosen größer als 1,5 kGy ist das symmetrische Signal meistens vernachlässigbar. Symmetrisches und asymmetrisches Signal treten bei den folgenden $g$-Werten auf:

$g_{sym}$ = 2,005 ± 0,001 (kein Beweis für eine erfolgte Bestrahlung)
$g_1$ = 2,002 ± 0,001 (bestrahlt)
$g_2$ = 1,998 ± 0,001 (bestrahlt)

Der Nachweis der Bestrahlung durch ESR-Messungen an Knochen ist eine sehr zuverlässige Methode, da die Dosis-Nachweisgrenze erheblich kleiner ist als die in der Praxis eingesetzte Strahlendosis. Bei stärkerer Mineralisierung der Knochen (große und/oder ältere Tiere) ist das ESR-Signal nach Bestrahlung noch höher. Umgekehrt nimmt das Signal bei wenig mineralisierten Proben, wie z. B. bei Gräten, deutlich ab. Auch nach 12-monatiger Lagerung kann dieses spezifische ESR-Signal noch gut beobachtet werden. In Knochen wird das Signal durch Erhitzen kaum beeinflusst, so dass selbst bei einem bestrahlten und anschließend gekochten oder gegrillten Hähnchen noch ein Nachweis über ESR geführt werden kann.

Nebenbei sei erwähnt, dass die ESR-Messung von Knochenmaterial nicht erst zum Nachweis von bestrahlten Lebensmitteln eingesetzt wird, sondern bereits früher – sowohl bei der Datierung von archäologischem Material als auch zur Dosimetrie bei kerntechnischen Unfällen – ihre Anwendung fand [63, 90, 91].

Die ESR-Spektroskopie kann auch auf andere bioanorganische Stoffe wie Panzer von Krebstieren, Schalen von Weichtieren oder Eierschalen angewendet werden. Die Versuche hierzu waren im Prinzip erfolgreich, da in den meisten Fällen deutliche Unterschiede zwischen bestrahlten und unbestrahlten Produkten

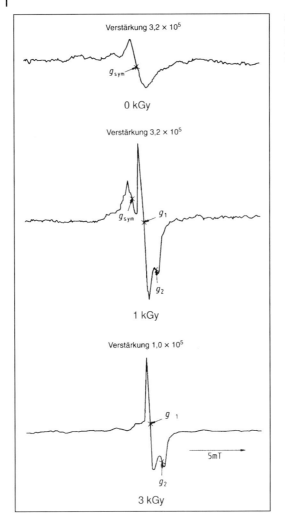

**Abb. 14.1** Typische ESR-Spektren von Hähnchenschenkel-Knochen [29] (Magnetfeld 350 mT ± 10 mT).

auftraten. Bemerkenswert war jedoch, dass je nach Herkunft der Garnelen (*Pandalus montagui*) die ESR-Signale nach Bestrahlung unterschiedlich waren [99]. Ein deutscher Ringversuch mit bestrahlten Nordseekrabben (*Crangon crangon*) und Kaisergranat (*Nephrops norvegicus*), bei dem nur wenige Proben falsch identifiziert wurden, führte zu einer Aufnahme der ESR-Spektroskopie zum Nachweis einer Strahlenbehandlung von Krebstieren in der Amtlichen Sammlung von Untersuchungsverfahren nach § 35 LMBG (L 12.01-1) [1]. Dagegen wurden bei einem britischen Ringversuch [100] zwar gute Ergebnisse für bestrahlten Kaisergranat und grüne Tigergarnelen (*Penaeus (Penaeus) semisulcatus*) erhalten, jedoch enttäuschende Resultate für Montagui-Garnelen (*Pandalus montagui*). Bei letzterer Spezies konnten nur 54% der Proben richtig identifiziert werden. Aufgrund dieser Ergebnisse wurde die Ausarbeitung eines europäischen Standards für den ESR-spektroskopischen Nachweis von bestrahlten Krebstieren zurückgestellt, bis weitere grundlegende Kenntnisse über die ESR-Spektren und ihre Abhängigkeit von Faktoren wie Sorte, Herkunft, Lagerung, usw. vorliegen.

Die zweite genormte Anwendung der ESR-Spektroskopie ist der Nachweis von Celluloseradikalen in bestrahlten pflanzlichen Lebensmitteln (DIN EN 1787) [30]. Probstückchen werden aus Schalen, Samen, Kernen und Steinen gewonnen; von Erdbeeren werden die Nüsschen (Achänen) isoliert, gröbere Gewürze zerkleinert oder pulverisiert, bei Bedarf schonend getrocknet und in ESR-Küvetten eingewogen.

Wichtig ist bei der Messung des Cellulosesignals, dass die Mikrowellenleistung nicht zu hoch ist (empfohlen werden 0,4 bis 0,8 mW), da sonst eine Sättigung eintritt und das Signal nicht mehr zu beobachten ist [26, 52]. Typische ESR-Spektren sind in Abbildung 14.2 wiedergegeben.

Ein zentrales Signal ist in allen ESR-Spektren, auch bei unbestrahlten Proben, sichtbar. Im Fall bestrahlter Proben ist die Intensität dieses Signals im Vergleich zu unbestrahlten Proben gewöhnlich sehr viel größer. Zusätzlich erscheint ein Linienpaar („Satellitenpeaks") links und rechts des zentralen Signals. Dieses Linienpaar wird auf Celluloseradikale zurückgeführt, die durch Bestrahlung gebildet werden. Der Abstand der beiden Linien voneinander beträgt etwa 6,0 mT (Millitesla).

Das Auftreten des Linienpaares ist eindeutiger Nachweis für eine Strahlenbehandlung, jedoch ist die Abwesenheit dieses Signals kein Beweis, dass die Probe unbestrahlt ist. Nachweisgrenzen und Stabilität dieses Signals werden nämlich durch den Gehalt an kristalliner Cellulose und durch die Feuchtigkeit der Probe beeinflusst. So kann in Paprikapulver kurz nach der Strahlenbehandlung das Celluloseradikal gut beobachtet werden, doch nach einigen Monaten – insbesondere in Abhängigkeit von der Feuchtigkeit der Probe – verschwinden. Auch bei noch genussfähigen bestrahlten Erdbeeren kann – wiederum abhängig von den Lagerungsbedingungen – das Celluloseradikal nicht mehr detektierbar sein. Um falsch negative Ergebnisse zu vermeiden, sollten cellulosehaltige Proben, die kein typisches Linienpaar aufweisen, mit einem anderen standardisierten Verfahren zum spezifischen Nachweis einer Bestrahlung geprüft werden.

Die dritte genormte Anwendung der ESR-Spektroskopie ist der Nachweis der Radikale von kristallinen Zuckern in bestrahlten getrockneten Früchten (DIN EN 13708) [33]. Hierzu werden zuckerhaltige Probestückchen aus den Früchten entnommen, evtl. schonend getrocknet, und in die ESR-Küvette eingewogen.

Wenn man Trockenfrüchte bestrahlt, die kristallinen Zucker enthalten, treten bei der ESR-Messung typische komplexe Multikomponenten-Spektren auf. Diese werden auf strahlenspezifische Zuckerradikale zurückgeführt. Da das gesamte ESR-Spektrum von der Zusammensetzung der Radikale der Mono- und Disaccharide und deren Kristallisationsgrad abhängt, treten – je nach Art der Früchte – unterschiedliche Spektren auf. Bei unbestrahlten Proben werden keine ESR-Signale oder nur ein breites Einzelsignal (Singulett) beobachtet.

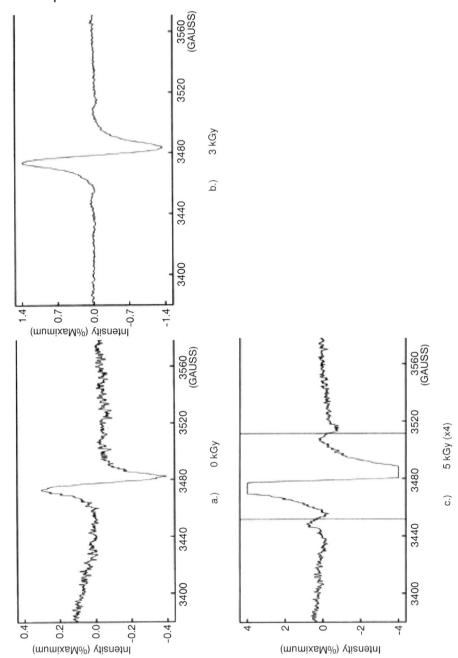

**Abb. 14.2** Typische ESR-Spektren von türkischem Paprikapulver [5].

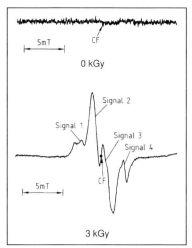

**Abb. 14.3** Typische ESR-Spektren von getrockneten Feigen [33].

Ein typisches ESR-Spektrum einer bestrahlten Trockenfrucht ist in Abbildung 14.3 wiedergegeben.

Die Gesamtspektrenbreite variiert von ∼ 7–9 mT und das Spektrum zeigt mehrere Signale. Wenn ein solches ESR-Spektrum auftritt, ist dies ein Beweis für eine Strahlenbehandlung. Dieser Nachweis wird durch Lagerung der Probe über mehrere Monate hinweg kaum beeinflusst. Wenn kein spezifisches Spektrum beobachtet werden kann, ist dies wiederum kein Beweis dafür, dass die Probe nicht bestrahlt wurde. Wenn nämlich in der Probe die Mono- und Disaccharide nicht in kristalliner, sondern in amorpher Form vorliegen, können auch nach einer Bestrahlung keine typischen ESR-Signale beobachtet werden. Ebenso wird der Nachweis durch die Aufnahme von Wasser beeinflusst, da dann der kristalline Zucker aufgelöst wird. Wenn also kein typisches ESR-Signal beobachtet werden kann, sollte die Probe mit einem anderen genormten Verfahren zum spezifischen Nachweis einer Bestrahlung getestet werden – ähnlich wie bei cellulosehaltigen Proben.

Auch durch andere Prozesse können im Lebensmittel freie Radikale gebildet werden, z. B. durch Erhitzen, Gefriertrocknen, Mahlen, Ultraschall oder bei Autoxidation der Fette. Die hier beschriebenen Knochen-, Cellulose- und Zuckerradikale sind jedoch weitgehend strahlenspezifisch. Ein großer Vorteil der ESR-Messungen ist, dass diese sehr einfach, schnell durchzuführen (∼ 30 Minuten) und zudem auch noch zerstörungsfrei sind (Wiederholungsmessungen sind möglich). Die Detektion der strahlenspezifischen Signale ist ein eindeutiger Nachweis einer erfolgten Bestrahlung. Nachteilig sind der mögliche schnelle Abbau der ESR-Signale durch Feuchtigkeit oder Lagerung und die hohen Anschaffungskosten für das ESR-Spektrometer.

### 14.5.1.2 Thermolumineszenz

Bei der Thermolumineszenz(TL)-Messung (DIN EN 1788) [31] werden zunächst Silicatmineralien, die Lebensmitteln anhaften (Sand oder Staub), von den Lebensmitteln isoliert. Dies geschieht z. B. durch einfaches Herauswaschen der Mineralienpartikel mit Wasser (evtl. mit Hilfe eines Ultraschallbades). Organische Bestandteile, die die anschließende Messung stören, werden durch eine Trennung im Dichtegradienten (unter Verwendung von Natriumpolywolframat-Lösung mit einer Dichte von 2 g/mL) entfernt. Durch Säurebehandlung werden die den Silicatmineralien (Quarz, Feldspat u. a.) anhaftenden Carbonate gelöst. Die Mineralienkörnchen werden auf spezielle Edelstahlplättchen oder -schälchen aufgebracht und in einem TL-Messgerät kontrolliert aufgeheizt. Das dabei emittierte Licht wird mit einem geeigneten Photomultiplier gemessen.

Durch eine Behandlung mit ionisierenden Strahlen wird in den anorganischen Strukturen der Silicatmineralien Energie gespeichert, indem Ladungsträger im angeregten Zustand eingefangen werden (Gitterdefekte). Durch Zufuhr von Energie – hier durch kontrolliertes Aufheizen – werden die angeregten Ladungsträger stimuliert, in den Grundzustand zurückzukehren. Dabei wird Licht emittiert, das in Abhängigkeit von der Temperatur als Glühkurve 1 aufgezeichnet wird. Da verschiedene Mineralienarten und/oder Mengen nach Bestrahlung sehr unterschiedliche TL-Intensitäten zeigen, ist eine Normalisierung der TL-Intensität erforderlich. Dazu werden dieselben Mineralien auf dem Plättchen nach der ersten TL-Messung mit einer definierten Dosis bestrahlt und einer zweiten TL-Messung unterzogen (Glühkurve 2). Zur Beurteilung, ob die Probe bzw. Probenbestandteile bestrahlt worden sind, werden das TL-Verhältnis (Quotient aus den Integralen der Glühkurven 1 und 2 über einen definierten Temperaturbereich) und die Form der Glühkurven herangezogen. Im empfohlenen Temperaturbereich (meistens im Bereich von 150–250 °C) ist das TL-Verhältnis bei bestrahlten Proben üblicherweise größer als 0,1 und bei unbestrahlten Proben kleiner als 0,1. Zusätzlich zeigt die Glühkurve 1 einer bestrahlten Probe im Allgemeinen ein Maximum zwischen 150–250 °C. Bei unbehandelten Proben, die nur der natürlichen Umweltradioaktivität ausgesetzt waren, findet man TL-Signale hauptsächlich im Temperaturbereich über 300 °C. Typische Glühkurven sind in Abbildung 14.4 wiedergegeben.

Um die unterschiedlichen Formen der Glühkurve 1 von unbestrahlten und bestrahlten Proben nochmals hervorzuheben, wird auf Abbildung 14.5 verwiesen.

In den Abbildungen 14.4 und 14.5 weist die Form der Glühkurve 1 bereits sehr deutlich auf Bestrahlung hin. Im speziellen Fall, z. B. bei Gewürzmischungen, die nur eine bestrahlte Komponente enthalten, bzw. unbestrahlten Lebensmitteln, die mit bestrahlten Zutaten gewürzt sind, kann das TL-Verhältnis deutlich kleiner sein als 0,1. Die Form und Lage der Glühkurve 1, mit einem Peak zwischen 150 °C und 250 °C, zeigt jedoch eindeutig dass bestrahlte Komponenten vorhanden sind.

Die Vorteile der TL-Messung sind die hohe Empfindlichkeit der strahlenspezifischen TL-Signale und deren Stabilität über mehrere Jahre hinweg. Zudem

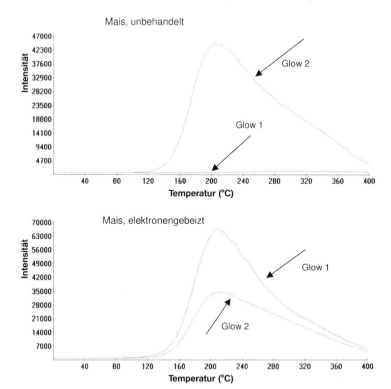

**Abb. 14.4** Typische Thermolumineszenz-Glühkurven von Mais, unbehandelt und bestrahlt mit niederenergetischen Elektronen (12 kGy, 125 keV) [14].

kann das TL-Verfahren zum Nachweis einer Strahlenbehandlung prinzipiell auf jedes Lebensmittel angewandt werden, von dem Silicatmineralien isoliert werden können. Bei der Verarbeitung von pflanzlichen Produkten, wie Kräutern und Gewürzen, Obst und Gemüse, Getreide, Knollen und Zwiebeln findet sich Sand bzw. Staub. Sand vom Meeresboden findet sich auch bei Meeresfrüchten und Garnelen. Die einzige Bedingung ist, dass ausreichende Mengen an Silicatmineralien von den Lebensmitteln isoliert werden können. Meist genügen ∼ 0,1–5 mg Mineralien. Nachteil der TL-Messung ist der manchmal hohe zeitliche Aufwand, um geringe Mengen von Mineralien zu isolieren. Die Messung ist zudem zeitaufwändig durch die Bestimmung von zwei Glühkurven (Gesamtanalysenzeit ∼ 72 Stunden). Soweit nicht die Möglichkeit besteht, die Bestrahlung der isolierten Mineralien im eigenen Labor durchzuführen, muss dieser Teil der Analyse extern vergeben werden, was die Analysenzeit entsprechend verlängert. Außerdem verursacht die Gerätebeschaffung erhebliche Kosten.

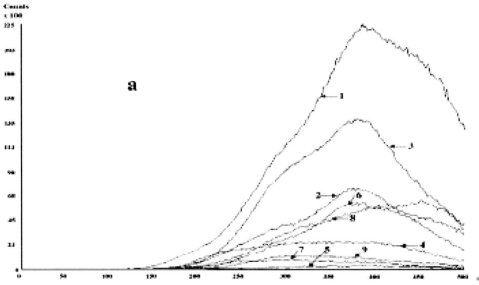

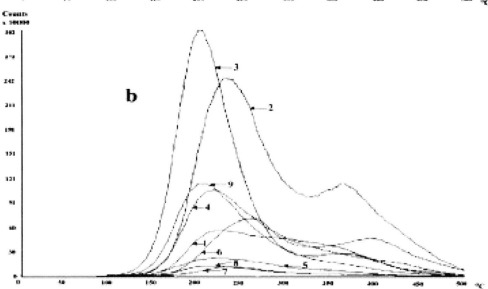

**Abb. 14.5** Typische TL-Glühkurven (Glühkurve 1) von unbestrahlten (a) und bestrahlten (b) polnischen Trockenpilzen [70]. (Bitte beachten, dass die Ordinaten unterschiedlich skaliert sind, bei den bestrahlten Pilzen um eine 100fache TL-Intensität). 1=Champignon, 2=Steinpilz, 3=Pfifferling, 4=Spitzmorchel, 5=Butterpilz, 6=Maronenröhrling, 7=Shiitake, 8=Judasohr, 9=Totentrompete.

#### 14.5.1.3 Photostimulierte Lumineszenz (PSL)

Eine preisgünstige Alternative zur TL-Messung ist die Messung der photostimulierten Lumineszenz (DIN EN 13751) [34]. Bei diesem Verfahren müssen aus den Lebensmitteln keine Silicatmineralien isoliert werden. Das Produkt, bzw. Teile davon, die Mineralienpartikel oder bioanorganische Stoffe enthalten, werden direkt in Petrischalen gefüllt und in die Messkammer des PSL-Gerätes gegeben. Die Bestrahlung verursacht eine Speicherung von Energie in den Gitterstrukturen und – anstelle von Aufheizen, wie bei der Thermolumineszenz – wird bei der photostimulierten Lumineszenz die Probe durch eine intensive Lichtquelle angeregt. Dadurch erfolgt ein Übergang der Ladungsträger zu Niveaus mit niedriger Energie, wobei gleichzeitig Licht emittiert wird. Dieses Licht hat zum Teil eine höhere Energie als das eingestrahlte Licht der Anregungslichtquelle und wird durch ein geeignetes Photonenzählsystem gemessen. PSL-Messungen zerstören die Probe nicht. Auch können die Proben wiederholt gemessen werden, wobei allerdings die PSL-Signale schwächer werden.

Die PSL-Messung ergibt eine PSL-Intensität (Photonen/Zeiteinheit); diese wird mit zwei Schwellenwerten verglichen: einem unteren Schwellenwert $T_1$ und einem oberen Schwellenwert $T_2$. Signale unterhalb des unteren Schwellenwertes deuten darauf hin, dass die Proben nicht bestrahlt sind. Signale über dem oberen Schwellenwert indizieren eine Bestrahlung. PSL-Intensitäten zwischen den beiden Schwellenwerten erfordern weitere Untersuchungen. Die Schwellenwerte werden durch eine große Anzahl von Messungen an unbestrahlten und bestrahlten Proben etabliert. Bei Ringversuchen hat sich gezeigt, dass – abhängig von der Beschaffenheit der verschiedenen Lebensmittelgruppen – unterschiedliche Schwellenwerteinstellungen eine bessere Klassifizierung ermöglichen können.

Die Anwendung von Schwellenwerten ermöglicht ein schnelles Screening und als solches wird das PSL-Verfahren meistens eingesetzt. „Verdächtige" Proben werden anschließend mit einem anderen genormten Nachweisverfahren, wie z. B. TL, überprüft.

Alternativ kann auch die „kalibrierte PSL" eingesetzt werden, um einem Verdacht bei der Screening-PSL nachzugehen. Hierzu wird die Probe nach der ersten PSL-Messung mit einer definierten Dosis bestrahlt und anschließend erneut gemessen. Bestrahlte Proben zeigen nur einen geringen Anstieg der PSL-Intensität nach dieser Kalibrierungsbestrahlung, während bei unbestrahlten Proben üblicherweise ein starker Anstieg des PSL-Signals zu beobachten ist.

Vorteile der Screening-PSL-Messung sind die schnelle und einfache Durchführung, die niedrigen Gerätekosten und die große Anwendungsbreite auf viele Lebensmittel. Nachteile sind, dass nur numerische Zahlenwerte miteinander verglichen werden und dadurch häufiger falsch negative und falsch positive Ergebnisse auftreten, so dass die Ergebnisse mit einem zweiten Verfahren überprüft werden müssen. Die Stabilität der PSL-Signale ist zudem wesentlich geringer als die der TL-Signale. Das Ergebnis wird durch die zufällige Präsenz von Mineralienpartikeln oder bioanorganischen Stoffen an der Oberfläche der gemessenen Probe stark beeinflusst und unterliegt daher erheblichen Schwankungen.

**Tab. 14.6** Messung der photostimulierten Lumineszenz (PSL) von einigen türkischen Gewürzen und Tees, bestrahlt mit 10 MeV-Elektronen (Impulse/60 s, Mittelwert aus Doppelbestimmungen ± Standardabweichung) [5].

| Lebensmittel | Strahlendosis | | | | |
|---|---|---|---|---|---|
| | 0 kGy | 1 kGy | 3 kGy | 5 kGy | 10 kGy |
| Paprika | 573 ± 131 (−)[a] | 1 214×10³ ± 430×10³ (+)[c] | 2943×10³ ± 785×10³ (+)[c] | 3497×10³ ± 2276×10³ (+)[c] | 3426×10³ ± 596×10³ (+)[c] |
| Chili | 291 ± 47 (−)[a] | 16 205×10³ ± 717×10³ (+)[c] | 11 532×10³ ± 2829×10³ (+)[c] | 5840×10³ ± 224×10³ (+)[c] | 9860×10³ ± 7109×10³ (+)[c] |
| Pfeffer (schwarz) | 412 ± 238 (−)[a] | 609 ± 269 (−)[a] | 689 ± 66 (−)[a] | 732 ± 134 (±)[b] | 845 ± 202 (±)[b] |
| Tee (schwarz) | 297 ± 38 (−)[a] | 1 207 ± 168 (±)[b] | 1414 ± 32 (±)[b] | 1737 ± 182 (±)[b] | 2450 ± 777 (±)[b] |
| Tee (aromatisiert) | 340 ± 24 (−)[a] | 641 ± 76 (−)[a] | 1035 ± 177 (±)[b] | 2298 ± 283 (±)[b] | 1117 ± 326 (±)[b] |

a) weniger als 700 Impulse/60 s (<unterer Schwellenwert $T_1$).
b) intermediär, zwischen 700–5000 Impulse/60 s.
c) mehr als 5000 Impulse/60 s (>oberer Schwellenwert $T_2$).

Tabelle 14.6 zeigt als Beispiel die PSL-Ergebnisse von einigen türkischen Lebensmitteln.

Bestrahltes Paprika- und Chilipulver zeigten deutlich positive PSL-Signale. Hingegen wiesen der bestrahlte schwarze Pfeffer sowie die beiden Teeproben, selbst bei Anwendung einer Dosis von 10 kGy, nur PSL-Intensitäten im Zwischenbereich oder unterhalb des unteren Schwellenwertes auf. Dies weist auf eine zu geringe PSL-Empfindlichkeit hin, die sich u.a. durch einen geringen Gehalt an Mineralien erklären lässt. In einem Ringversuch mit 40 verschiedenen Kräutern, Gewürzen und Würzzubereitungen konnten immerhin 93% der bestrahlten Proben korrekt identifiziert werden [92].

### 14.5.2
### Chemische Methoden

#### 14.5.2.1 Kohlenwasserstoffe

Geringe chemische Veränderungen in bestrahlten Lebensmitteln werden bei der gaschromatographischen Untersuchung auf Kohlenwasserstoffe genutzt (DIN EN 1784) [36]. Bei der Bestrahlung von fetthaltigen Lebensmitteln finden in den Fettsäuregruppen von Triglyceriden vorzugsweise Spaltungen in $\alpha$- und $\beta$-Stellung zur Carbonylgruppe statt (Abb. 14.6).

Dadurch entstehen die jeweiligen Kohlenwasserstoffe (KW), $C_{n-1}$ KW und $C_{n-2:1}$ KW, die ein bzw. zwei C-Atome weniger haben als die ursprüngliche Fettsäure. Dabei enthalten letztere KW zusätzlich eine Doppelbindung in Position 1 (s.a. Kapitel II-10). Um diese Haupt-Radiolyseprodukte vorhersagen zu können, muss die Fettsäurezusammensetzung der Probe bekannt sein (s. Tab. 14.7 als Beispiel).

Für den Nachweis von Kohlenwasserstoffen wird zunächst das Fett aus der Probe gewonnen, z.B. durch Soxhlet-Extraktion. Durch Adsorptionschromatographie an Florisil® wird aus diesem Fett die Kohlenwasserstoff-Fraktion isoliert und anschließend gaschromatographisch aufgetrennt. Die Kohlenwasserstoffe werden mit einem Flammenionisationsdetektor (FID) oder einem Massenspektrometer (MS) detektiert.

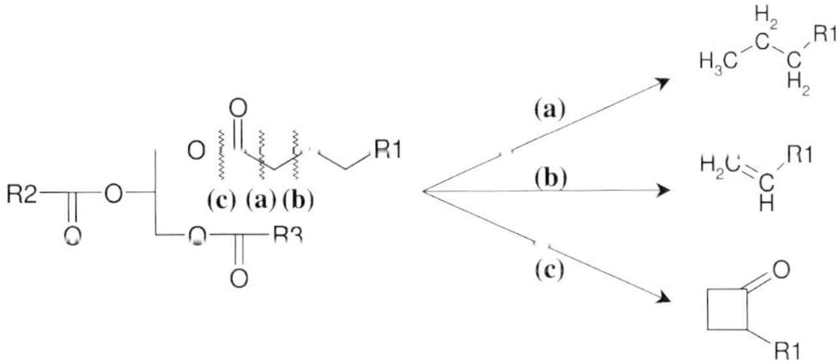

**Abb. 14.6** Strahleninduzierte Spaltungen in Triglyceriden (nach E. Marchioni, ULP, Strasbourg). a) $C_{n-1}$ Kohlenwasserstoffe, b) $C_{n-2:1}$ Kohlenwasserstoffe, c) 2-Alkylcyclobutanone.

**Tab. 14.7** Hauptfettsäuren in Hähnchen-, Schweine- und Rindfleisch und deren strahleninduzierte $C_{n-1}$ und $C_{n-2:1}$ Kohlenwasserstoffe [36].

| Fettsäure | Ungefährer Gehalt (%) pro Gesamtfett | | | Strahleninduzierte Kohlenwasserstoffe | |
|---|---|---|---|---|---|
| | Hähnchen | Schwein | Rind | $C_{n-1}$ | $C_{n-2:1}$ |
| Palmitinsäure (C 16:0) | 21 | 25 | 23 | 15:0 | 1–14:1 |
| Stearinsäure (C 18:0) | 6 | 11 | 10 | 17:0 | 1–16:1 |
| Ölsäure (C 18:1) | 32 | 35 | 43 | 8–17:1 | 1,7–16:2 |
| Linolsäure (C 18:2) | 25 | 10 | 2 | 6,9–17:2 | 1,7,10–16:3 |

Gesättigte Kohlenwasserstoffe können auch natürlich in Lebensmitteln vorkommen oder sie gelangen als Kontaminanten in die Produkte. Deswegen liegt bei der Auswertung der gaschromatischen Untersuchung der Schwerpunkt auf der Identifizierung von Kohlenwasserstoffen der ungesättigten Hauptfettsäuren.

Im Gaschromatogramm müssen alle $C_{n-1}/C_{n-2:1}$ KW in den – auf Grundlage der Fettsäurezusammensetzung der Probe – zu erwartenden Mengen und Verhältnissen detektiert werden.

Ein typisches Gaschromatogramm von bestrahltem Hühnerfleisch ist in Abbildung 14.7 gezeigt.

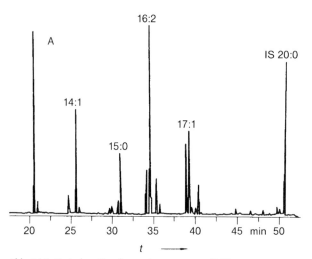

**Abb. 14.7** Typisches Gaschromatogramm von Kohlenwasserstoffen in bestrahltem (6,8 kGy) Hühnerfleisch [36] (Detektion durch FID).

## 14.5 Prinzip und Grenzen der genormten Nachweisverfahren

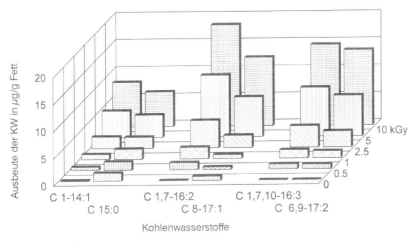

**Abb. 14.8** Strahleninduzierte Bildung von Kohlenwasserstoffen in brasilianischen Carioca-Bohnen [108].

Die Bildung von strahleninduzierten Kohlenwasserstoffen in brasilianischen Bohnen in Abhängigkeit von der angewandten Strahlendosis ist in Abbildung 14.8 gezeigt.

Die Norm DIN EN 1784 wurde an einigen tierischen und pflanzlichen Lebensmitteln validiert (Tab. 14.5). Bei niedrigen Strahlendosen – wie sie in der Praxis bei Früchten zur Insektenbekämpfung angewandt werden – können die Konzentrationen der Kohlenwasserstoffe jedoch so niedrig sein, dass sie unterhalb der Nachweisgrenze liegen. Die Nachweisgrenzen werden durch die übliche Lagerungszeit nicht beeinflusst.

Die Vorteile dieser chemischen Methode sind die vergleichsweise niedrigen apparativen Kosten, vorausgesetzt das Labor verfügt über GC- bzw. GC-MS-Geräte, die auch für andere analytische Fragestellungen eingesetzt werden. Spezielle Geräte, wie bei den physikalischen Nachweisverfahren der Bestrahlung, sind nicht erforderlich.

### 14.5.2.2 2-Alkylcyclobutanone (2-ACBs)

Ein weiteres Verfahren, das auf Abbauprodukten von Lipiden beruht, ist die GC/MS-Untersuchung auf 2-ACBs (DIN EN 1785) [37]. Durch die Spaltung der Acyl-Sauerstoff-Bindung in Triglyceriden bei der Bestrahlung fetthaltiger Lebensmittel werden spezifische 2-Alkylcyclobutanone gebildet (Abb. 14.6). Diese Verbindungen haben die gleiche Anzahl an C-Atomen wie die Ausgangsfettsäure, bilden einen Ring aus vier C-Atomen mit einer Ketogruppe und in Ringposition 2 befindet sich die Alkylgruppe. Jede Fettsäure bildet „ihr eigenes" 2-ACB (Tab. 14.8).

Wenn die Fettsäurezusammensetzung bekannt ist, kann daher vorausgesagt werden, welche 2-ACBs entstehen. Interessant ist, dass es zurzeit keine Hinweise gibt, dass die 2-ACBs auch in unbestrahlten Lebensmitteln nachgewiesen

**Tab. 14.8** Strahleninduzierte Bildung von 2-Alkylcyclobutanonen aus Fettsäuren bzw. Triglyceriden.

| Fettsäure | | 2-Alkylcyclobutanon |
|---|---|---|
| C 10:0 | Caprinsäure | 2-Hexyl-Cyclobutanon |
| C 12:0 | Laurinsäure | 2-Octyl-Cyclobutanon |
| C 14:0 | Myristinsäure | 2-Decyl-Cyclobutanon |
| C 16:0 | Palmitinsäure | 2-Dodecyl-Cyclobutanon |
| C 18:0 | Stearinsäure | 2-Tetradecyl-Cyclobutanon |
| C 18:1 | Ölsäure | 2-(Tetradec-5'-enyl)-Cyclobutanon |
| C 18:2 | Linolsäure | 2-(Tetradeca-5',8'-dienyl)-Cyclobutanon |

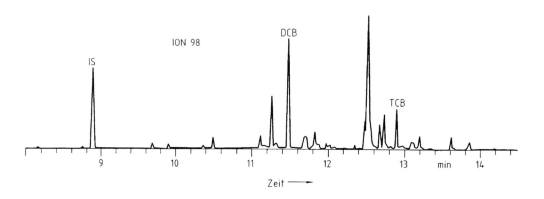

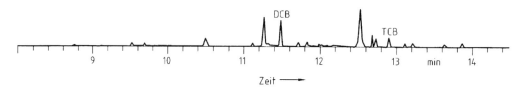

(IS = Innerer Standard, DCB = 2-Dodecylcyclobutanon, TCB = 2-Tetradecylcyclobutanon)

**Abb. 14.9** Typisches Chromatogramm der Ionen $m/z$ 98 und $m/z$ 112 von 2-Alkylcyclobutanonen in bestrahltem (4 kGy) Hühnerfleisch [37].

werden können. Sie werden daher als „Unique Radiolytic Products", also als strahlenspezifisch betrachtet (s. a. Kapitel II-10).

Ähnlich wie bei der Untersuchung auf Kohlenwasserstoffe wird zunächst das Fett aus dem Lebensmittel extrahiert. Danach wird durch Florisil®-Chromatographie die 2-ACB-Fraktion von den übrigen Fettbestandteilen abgetrennt. Die

2-ACBs werden gaschromatographisch aufgetrennt und mit einem Massenspektrometer detektiert.

Der große Vorteil dieses Verfahrens liegt darin, dass die Bildung der 2-ACBs strahlenspezifisch ist. So gilt die Probe bereits als bestrahlt, wenn ein einziges 2-ACB nachgewiesen werden kann. Ein typisches Chromatogramm für bestrahltes Hühnerfleisch zeigt sowohl das 2-Dodecylcyclobutanon aus Palmitinsäure als auch das 2-Tetradecylcyclobutanon aus Stearinsäure (Abb. 14.9).

Das Verfahren wurde für einige tierische Lebensmittel validiert (Tab. 14.5). Die Nachweisgrenze und Stabilität der 2-ACBs in diesen Erzeugnissen wurden durch Erhitzen oder Lagern nicht wesentlich beeinflusst. Die 2-ACB-Analytik war jedoch bei Mangos und Papayas nicht völlig zufriedenstellend [102], möglicherweise auch durch Störsubstanzen bei der Chromatographie und/oder eine geringere Stabilität (deutliche Abnahme der 2-ACBs im Verlauf der Lagerung bei Papayas) verursacht.

### 14.5.2.3
**DNA-Kometentest**

Der DNA-Kometentest zum Nachweis von bestrahlten Lebensmitteln (DIN EN 13784) [35] beruht auf Fragmentierung der DNA durch ionisierende Strahlen. Da auch verschiedene chemische oder physikalische Behandlungen eine DNA-Fragmentierung verursachen können, ist der DNA-Kometentest kein spezifischer Nachweis einer Bestrahlung. „Verdächtige" Proben sollten anschließend durch Einsatz eines anderen genormten, strahlenspezifischen Verfahrens überprüft werden.

Die Fragmentierung der DNA durch den Bruch von Einzel- oder Doppelsträngen kann durch Mikro-Gelelektrophorese an einzelnen Zellen oder Zellkernen untersucht werden. Dazu wird Gewebe aus Fleisch oder Pflanzen schonend zerkleinert und filtriert. Die Zellsuspension wird auf Mikroskop-Objektträgern in Agarose eingebettet. Danach werden die Zellen durch ein Detergens lysiert, um die Zellmembranen durchlässig zu machen. Nach Anlegen einer Spannung wird eine Elektrophorese durchgeführt. Dadurch werden die DNA-Fragmente gestreckt bzw. wandern aus den Zellen heraus. In Richtung „Anode" bildet sich ein Schweif, die geschädigten Zellen sehen aus wie Kometen. Die DNA wird auf dem Objektträger angefärbt und die Zellen können unter dem Mikroskop ausgewertet werden. Bestrahlte Zellen zeigen deutliche Kometenschweife, nicht bestrahlte Zellen sind rund oder haben nur einen schwach ausgeprägten Schweif (Abb. 14.10).

Der DNA-Kometentest wurde an einigen Lebensmitteln, sowohl tierischer als auch pflanzlicher Herkunft, validiert (Tab. 14.5). Der Vorteil des Verfahrens ist die relativ einfache und schnelle Durchführung; zudem handelt es sich um eine kostengünstige Methode, die prinzipiell auf alle DNA-haltigen Lebensmittel anwendbar ist. Nachteil ist, dass die Methode nur als Screeningverfahren eingesetzt werden kann. Zudem treten bei einigen pflanzlichen Lebensmitteln Probleme auf, da bereits bei nicht bestrahlten Zellen deutliche Kometenschweife zu be-

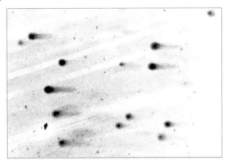

0 kGy

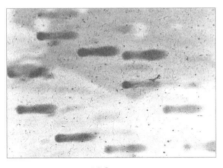

2 kGy

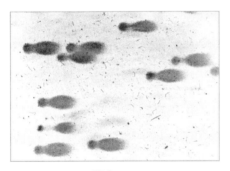

7 kGy

**Abb. 14.10** Typische DNA-Kometen von gefrorenem Rindfleisch [66] (Silberanfärbung; Anode rechts; Objektiv 20×).

obachten sind [25]. Auch bei einigen Fischarten war der Kometentest nicht erfolgreich. Bei Lachs und Forellen konnte jedoch der Nachweis geführt werden [66]. Wenn Frischfleisch gelagert wird und damit autolytischer Abbau von DNA stattfindet, können die unbestrahlten Proben leicht mit bestrahlten Proben verwechselt werden [8, 66, 107]. Obwohl eine Autolyse der DNA auch bei gefrorenem Fleisch eine Rolle spielt, konnten z. B. bestrahlte rohe, gefrorene Frikadellen (Hamburger) noch nach neun Monaten Gefrierlagerung identifiziert werden [22].

### 14.5.3
### Biologische Methoden

#### 14.5.3.1 DEFT/APC-Verfahren

Bei dem als erstes genormten mikrobiologischen Verfahren handelt es sich um ein Screeningverfahren, bei dem die Epifluoreszenz-Filtertechnik (Direct Epifluorescent Filter Technique, DEFT) und die Bestimmung der aeroben mesophilen Keimzahl (Aerobic Plate Count, APC) kombiniert werden (DIN EN 13783) [32]. Bei der DEFT wird ein definiertes Probevolumen unter reduziertem Druck durch ein Membranfilter filtriert, um die Mikroorganismen auf dem Filter zu konzentrieren. Die Mikroorganismen werden mit einem Fluorochrom – Acrinidinorange – angefärbt und unter einem Epifluoreszenzmikroskop ausgezählt. Dieses ergibt die DEFT-Keimzahl. Die APC-Keimzahl wird parallel dazu aus einem zweiten Anteil der gleichen Untersuchungsprobe im Plattengussverfahren bestimmt.

Zur Auswertung wird nun die DEFT-Keimzahl mit der APC-Keimzahl verglichen. Die DEFT-Keimzahl ist ein Indiz für die Gesamtzahl der in der Probe vorhandenen Mikroorganismen, einschließlich der nicht lebensfähigen. Die APC-Keimzahl bestimmt nur die Anzahl lebensfähiger Mikroorganismen.

Das DEFT/APC-Verfahren wurde in Ringversuchen an bestrahlten Kräutern und Gewürzen getestet. Die Differenz $\Delta$ zwischen der DEFT- Keimzahl und der APC-Keimzahl in Gewürzen, die mit Strahlendosen zwischen 5 und 10 kGy behandelt wurden, betrug in der Regel drei bis vier bzw. mehr logarithmische Einheiten. Für die Auswertung wurde daher festgelegt, dass eine Differenz $\Delta$ größer oder gleich vier logarithmische Einheiten auf eine Strahlenbehandlung hindeuten kann.

$$\Delta = \log_{10} \text{DEFT}/g - \log_{10} \text{APC}/g \geq 4{,}0$$

Ähnliche Differenzen zwischen DEFT- und APC-Keimzahl können jedoch auch durch andere Lebensmittelbehandlungsverfahren (z. B. Hitze oder Begasung) bewirkt werden. Deshalb muss ein positiver Befund durch Anwendung eines genormten spezifischen Verfahrens zum Nachweis einer Strahlenbehandlung abgesichert werden. Die Anwendung des DEFT/APC-Verfahrens stößt an seine Grenze, wenn die Probe zu wenige Mikroorganismen enthält. Ein Vorteil des Verfahrens ist, dass die hygienische Beschaffenheit der Probe vor der Strahlenbehandlung miterfasst wird. Damit kann kontrolliert werden, ob gegen den Grundsatz verstoßen wurde, dass die Bestrahlung nicht als Ersatz für eine gute Hygiene- oder Herstellungspraxis eingesetzt werden darf.

#### 14.5.3.2 LAL/GNB-Verfahren

Dieses zweite mikrobiologische Screening-Verfahren nutzt das gleiche Prinzip wie DEFT/APC – nämlich den Vergleich zwischen Gesamtzahl der toten und lebensfähigen Organismen und der Zahl der keimfähigen Organismen. Bezugsgrößen sind hier jedoch die gramnegativen Bakterien (GNB) (DIN EN 14569) [38]. Die Gesamtmenge an gramnegativen Bakterien – lebensfähig und tot – wird durch die Konzentration von bakteriellem Endotoxin auf der Oberfläche gramnegativer Bakterien, in Form von Lipopolysacchariden (LPS), erfasst. Diese Endotoxinkonzentration in der Probe wird mit dem einfachen *Limulus*-Amöbenzellen-Lysat (LAL)-Test bestimmt. Die Menge an lebensfähigen gramnegativen Bakterien in der Probe wird auf einem selektiven Agar-Medium erfasst. Die Differenz $\Delta$ zwischen den logarithmischen Einheiten der Endotoxin-Konzentration (EU) und die Zahl der koloniebildenden Einheiten (CFU) der gramnegativen Bakterien entscheidet, ob ein ungewöhnliches mikrobiologisches Profil vorliegt. Proben mit einer hohen Endotoxinkonzentration und einer geringen Menge an gramnegativen Bakterien weisen auf eine große Anzahl von toten Mikroorganismen hin. Wenn also

$$\Delta = \log_{10} \text{EU}/g - \log_{10} \text{CFU GNB}/g > 0,$$

ist dies ein Indiz für eine Strahlenbehandlung. Das Verfahren ist jedoch nicht spezifisch für Bestrahlung und „verdächtige" Proben sind zusätzlich durch Anwendung eines genormten, strahlenspezifischen Verfahrens zu überprüfen.

Ähnlich wie das DEFT/APC-Verfahren bietet das LAL/GNB-Verfahren den Vorteil, dass es Informationen über die mikrobiologische Qualität eines Produktes vor der Strahlenbehandlung liefert. Es stößt ebenfalls an seine Grenzen, wenn die Probe zu wenige Mikroorganismen enthält. Das LAL/GNB-Screeningverfahren wurde bis jetzt nur an Geflügelfleisch validiert.

## 14.6
### Neuere Entwicklungen

Hinweise auf neuere Entwicklungen sind in Tabelle 14.9 zusammengefasst. Sie sollen hier nicht näher kommentiert werden, sondern es wird auf die entsprechenden Literaturstellen verwiesen.

Erwähnt werden soll noch, dass auch geringe Mengen von bestrahlten Bestandteilen in ansonsten unbestrahlten Lebensmitteln nachgewiesen werden können. Sogar 0,1% bestrahlter Pfeffer oder 0,5% bestrahltes Separatorenfleisch als Zutat in Geflügelfleisch-Frikadellen können noch bestimmt werden [71].

## 14.7
### Überwachung

Nach der EG-Rahmenrichtlinie zur Lebensmittelbestrahlung [39] haben, wie unter Punkt 1 angeführt, die Mitgliedsländer der EU-Kommission jährlich über die Kontrollen in den Bestrahlungsanlagen zu berichten. Zusätzlich sind Ergebnisse der Untersuchung von Lebensmitteln, die sich im Handel befinden und

**Tab. 14.9** Fortschritte bei der Entwicklung von Nachweismethoden für bestrahlte Lebensmittel.

| Verfahren | Neuere Entwicklungen | Literatur |
|---|---|---|
| *Physikalische Verfahren* | | |
| ESR-Celluloseradikale | Anwendung von Fruchtfleisch, z. B. bei Erdbeeren, Kiwis, Papayas, Tomaten und Kräutern | [15, 23] |
| | unterschiedliche Hitzempfindlichkeit bzw. Mikrowellensättigung der Radikale in Kräutern und Gewürzen | [86, 112, 113] |
| | Einsatz von „spin-probes" bei Getreide | [103] |
| TL | Nutzung von Emissionsspektren | [11] |
| PSL | Nachweis einer Behandlung von Saatgut mit niederenergetischen Elektronen („elektronische Beizung") | [13] |
| *Chemische Verfahren* | | |
| Proteine | Messung niedermolekularer Gase (Wasserstoff) | [58] |
| | immunchemischer Nachweis von verändertem Protein (Rindfleisch) | [69] |
| | Messung einer veränderten Konformation durch „surface plasmon resonance" (Ovalbumin) | [73] |
| Fett-Abbauprodukte | verbesserte Extraktion des Fettanteils durch z. B. Festphasenextraktion, superkritisches Kohlendioxid (SFE) | [50, 54, 56, 59, 60, 71, 101] |
| | gekoppelte chromatographische Verfahren LC-GC, LC-LC-GC, DC-HPLC | [75, 79, 89, 94] |
| | Argentations-Chromatographie mit größerer Selektivität und Empfindlichkeit | [57, 71, 81] |
| | Nachweis auch von ungesättigten 2-ACBs | [50, 61, 104] |
| | fluorometrischer Nachweis von 2-ACBs | [78, 80] |
| | immunchemischer Nachweis von 2-ACBs | [82] |
| DNA-Kometentest | alkalische vs. neutrale Protokolle | [76] |
| | empfindlichere Farbstoffe (SYBR, YOYO) | [21] |
| veränderte DNA-Basen | Immunoassay auf Dihydrothymidin in bestrahlten Garnelen | [106] |
| Phenolsäuren | HPLC, Erdbeeren | [7] |
| flüchtige Substanzen | „Elektronische Nase" | [55, 67] |
| *Biologische Verfahren* | | |
| Wurzelbildung | Morphologie der Wurzelbildung in Zwiebeln (Anzahl und Länge der Wurzeln) | [95] |
| Keimungstest | Anwendung auf Knoblauch | [12] |
| Veränderungen an Insekten | DNA-Kometentest | [64] |

bei denen ein Nachweis der Lebensmittelbestrahlung geführt wurde, an die Kommission weiterzugeben.

Im Rahmen der amtlichen Lebensmittelüberwachung werden in Deutschland in den staatlichen Untersuchungseinrichtungen der einzelnen Bundesländer, welche entsprechend apparativ ausgerüstet sind, Produkte getestet. Dabei kommen größtenteils die spezifischen, anerkannten, validierten, bereits unter Punkt 5 beschriebenen Untersuchungsmethoden zur Anwendung, die größtenteils auch in die Amtliche Sammlung von Untersuchungsverfahren nach § 35 des Lebensmittel- und Bedarfsgegenständegesetzes übernommen wurden (TL, ESR, KW, 2-ACBs, PSL als Screening).

Eine Übersicht über Anzahl und Art der Lebensmittel, die von den Untersuchungsämtern in Deutschland untersucht wurden, ist den vorliegenden jährlichen Berichten der EU-Kommission zu entnehmen [44, 46]. Für den Berichtszeitraum September 2000 bis Dezember 2001 wurden fast 5500 Lebensmittel überprüft; das waren annähernd 82% der gesamten, in der EU überprüften Proben. Im Jahr 2002 waren es beinahe 5000 (67%). In beiden Berichtszeiträumen führten lediglich 8 der 15 Mitgliedsländer Kontrollen im Handel durch.

Das Hauptaugenmerk lag dabei insbesondere auf solchen Produkten wie Kräutern und Gewürzen, Gewürzzubereitungen oder auch Gewürzsalzen. Daneben wurde auch der Untersuchung von frischen, zumeist exotischen, Früchten und Krusten- und Schalentieren ein großer Stellenwert zugemessen.

Bei den Lebensmitteln, die in der EU in beiden Berichtszeiträumen positiv getestet wurden, handelte es sich um Erzeugnisse wie Kräuter und Gewürze, Erzeugnisse, die unter Verwendung von Kräutern und Gewürzen hergestellt werden, sowie tiefgefrorene Froschschenkel, Garnelen, getrocknete Pilze und Nahrungsergänzungsmittel.

Die Ergebnisse der Untersuchungen korrespondieren sehr gut mit denen des Chemischen- und Veterinäruntersuchungsamtes Karlsruhe (CVUA Karlsruhe), welches seit mehr als 18 Jahren im Rahmen der Lebensmittelüberwachung für ganz Baden-Württemberg zentral Untersuchungen auf Bestrahlung durchführt.

In den Jahren 1988–2004 wurden insgesamt mehr als 7800 Erzeugnisse untersucht. Die Anzahl der Lebensmittel, bei denen eine Bestrahlung in den zurückliegenden 17 Jahren nachgewiesen werden konnte, liegt bei 76. Dies entspricht einem Prozentsatz von weniger als 1%. Nachweislich (teil-)bestrahlt waren Erzeugnisse wie getrocknete Kräuter und Gewürze, Würzmittel, Gewürzzubereitungen sowie Lebensmittel, die unter Verwendung von Kräutern und Gewürzen hergestellt werden (Käse mit Kräutern bzw. teeähnliche Erzeugnisse unter Verwendung von Gewürzen), Garnelen und getrocknete Fische, Froschschenkel und Nahrungsergänzungsmittel (Abb. 14.11).

Wurden getrocknete aromatische Kräuter und Gewürze nachweislich bestrahlt, so fehlte in allen Fällen der seit September 2000 vorgeschriebene Hinweis, dass es sich um (teil-)bestrahlte Ware handelt.

Als Fazit der Kontrollen im Handel lässt sich sowohl für Deutschland als auch für alle anderen Mitgliedstaaten, die entsprechende Tests durchgeführt haben, zusammenfassend feststellen, dass sich nur sehr wenige bestrahlte Lebens-

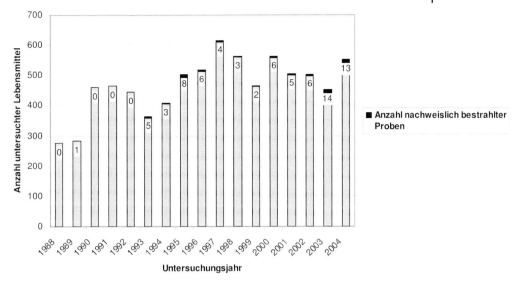

**Abb. 14.11** Untersuchung auf Bestrahlung am CVUA Karlsruhe.

mittel auf dem Markt befinden und dass die rechtlichen Vorgaben zur Lebensmittelbestrahlung weitestgehend eingehalten werden.

Die Kontrollen der Bestrahlungsanlagen in Deutschland werden in Einzelregie durch die zuständigen Behörden in den einzelnen Bundesländern durchgeführt. Inzwischen wurde von der Kommission ein Leitfaden zur Kontrolle von Bestrahlungsanlagen erstellt [43]. Dieser soll gewährleisten, dass die Kontrollen der Anlagen in allen Ländern gleichartig durchgeführt werden und insbesondere auch die Anforderungen der revidierten Codex Standards „General Standard For Irradiated Foods" [9] und „Recommended International Code Of Practice For Radiation Processing Of Food" [10] eingehalten werden. Koordinierende Stelle auf Bundesebene für die Zulassung von Bestrahlungsanlagen in Deutschland ist das Bundesministerium für Verbraucherschutz, Ernährung und Landwirtschaft (BMVEL). Die jährlichen Berichte für Deutschland zu den Kontrollen von Lebensmitteln im Handel werden vom Bundesamt für Verbraucherschutz und Lebensmittelsicherheit (BVL) zusammengefasst.

## 14.8
## Schlussfolgerung und Ausblick

In einer relativ kurzen Zeitspanne wurden Nachweisverfahren für bestrahlte Lebensmittel entwickelt. Vor 1985 gab es kaum Ansätze entsprechende Verfahren zu etablieren, aber heute stehen bereits zehn genormte Verfahren für die verschiedensten Produkte zur Verfügung. Viele dieser Verfahren werden in Handelslaboratorien zur Lebensmittelkontrolle, in der amtlichen Lebensmittelüberwachung u. a. Einrichtungen eingesetzt. Der Verbraucher kann sicher sein, dass die rechtlichen Vorgaben der Lebensmittelbestrahlung überwacht und somit Missbrauch verhindert werden kann. Probleme beim Nachweis können dort auftreten, wo bestrahlte Zutaten in sehr geringen Mengen zu unbestrahlten Lebensmitteln zugesetzt worden sind. In der EU-Gesetzgebung wurde jedoch keine prozentuale Mindestmenge festgesetzt, die bestimmt, wann bei einem aus bestrahlten und unbestrahlten Zutaten hergestellten Erzeugnis ein Hinweis auf die Bestrahlung erfolgen muss. Probleme bei dem Nachweis derartiger vermischter Erzeugnisse sind daher prinzipiell vorprogrammiert. Andererseits sollte der Nachweis geringster Mengen bestrahlter Zutaten nicht überstrapaziert werden, da nach heutigem Wissensstand die Lebensmittelbestrahlung nicht nur gesundheitlich unbedenklich ist, sondern im Gegenteil die Lebensmittelsicherheit verbessert. Ob es jedoch in nächster Zeit zu einer vermehrten Anwendung der Lebensmittelbestrahlung kommt – wie von der WHO befürwortet [111] – ist schwer vorherzusagen.

## 14.9
## Literatur

1 Amtliche Sammlung von Untersuchungsverfahren nach § 35 LMBG (2004) Untersuchung von Lebensmitteln – Nachweis einer Strahlenbehandlung (ionisierende Strahlen) von Krebstieren durch Messung des ESR (Elektronen-Spin-Resonanz)-Spektrums, L 12.01-1, 1996-02, Loseblattausgabe (Hrsg) Bundesamt für Verbraucherschutz und Lebensmittel (BVL), Beuth Berlin.

2 Anon (1970) The identification of irradiated foodstuffs, in Proc. Int. Colloq. Luxembourg, Oct. 27, 1970 Commission of the European Communities Luxembourg.

3 Anon (1974) The identification of irradiated foodstuffs, in Proc. Int. Colloq. Karlsruhe, Oct. 24–25, 1973 Commission of the European Communities Luxembourg.

4 Anon (1989) International Document on Food Irradiation, in Acceptance, Control of and Trade in Irradiated Food, Conf. Proceedings, Geneva, 12–16 Dec. 1988, jointly organized by FAO, WHO, IAEA, ITC-UNCTAD/GATT, IAEA Vienna, 135–143.

5 Bayram G, Delincée H (2004) Identification of irradiated Turkish foodstuffs combining various physical detection methods, *Food Control* **15**: 81–91.

6 BFEL (2005) Bibliographie zur Bestrahlung von Lebensmitteln www.bfa-ernaehrung.de

7 Breitfellner F, Solar S, Sontag G (2003) Radiation induced chemical changes of phenolic compounds in strawberries, *Radiation Physics and Chemistry* **67**: 497–499.

8 Cerda H, Koppen G (1998) DNA degradation in chilled fresh chicken studied with the neutral comet assay, *Zeitschrift für Lebensmittel-Untersuchung und -Forschung A* **207**: 22–25.

9 Codex Alimentarius Commission (2003) Codex general standard for irradiated foods, Codex STAN 106-1983, Rev. 1-2003, www.codexalimentarius.net/web/standard_list.do?lang=en

10 Codex Alimentarius Commission (2003) Codex recommended international code of practice for the operation of radiation facilities used for the treatment of food, CAC/RCP 19-1979, Rev. 1-2003, www.codexalimentarius.net/web/standard_list.do?lang=en

11 Correcher V, Muniz JL, Gomez-Ros JM (1998) Dose Dependence and Fading Ef-

fect of the Thermoluminescence Signals in γ-Irradiated Paprika, *Journal of Science of Food and Agriculture* **76**: 149–155.
12 Cutrubinis M, Delincée H, Bayram G, Villavicencio ALCH (2004) Germination test for identification of irradiated garlic, *European Food Research and Technology* **219**: 178–183.
13 Cutrubinis M, Delincée H, Stahl M, Röder O, Schaller HJ (2005) Detection methods for cereal grains treated with low and high energy electrons, *Radiation Physics and Chemistry* **72**: 639–644.
14 Cutrubinis M, Delincée H, Stahl M, Röder O, Schaller HJ (2005) Erste Ergebnisse zum Nachweis einer Elektronenbehandlung von Mais zur Beizung bzw. Entkeimung und Entwesung, *Gesunde Pflanzen* **57**: 129–136.
15 De Jesus EFO, Rossi AM, Lopes RT (1999) An ESR study on identification of gamma-irradiated kiwi, papaya and tomato using fruit pulp, *International Journal of Food Science and Technology* **34**: 173–178.
16 Delincée H (1991) Analytical detection methods for irradiated foods – A review of the current literature, IAEA Vienna, IAEA-TECDOC-587.
17 Delincée H (1991) Versuche zur Identifizierung bestrahlter Lebensmittel – Forschung an der Bundesforschungsanstalt für Ernährung, in: Lebensmittelbestrahlung. 1. Gesamtdeutsche Tagung, Leipzig, 24–26 Juni 1991, SozEp-Heft 7/1991, Institut für Sozialmedizin und Epidemiologie des Bundesgesundheitsamtes Berlin, 59–88.
18 Delincée H (1993) Internationale Zusammenarbeit zum Nachweis bestrahlter Lebensmittel, *Zeitschrift für Lebensmittel-Untersuchung und -Forschung* **197**: 217–226.
19 Delincée H (1998) Detection of food treated with ionizing radiation, *Trends in Food Science and Technology* **9**: 73–82.
20 Delincée H (1999) Nachweis bestrahlter Lebensmittel: Perspektiven, in Knörr M, Ehlermann DAE, Delincée H (Hrsg) Lebensmittelbestrahlung 5. Deutsche Tagung, Karlsruhe 11–12 Nov. 1998, Bundesforschungsanstalt für Ernährung Karlsruhe, BFE-R-99-01, 176–192.
21 Delincée H (2002) Analytical methods to identify irradiated food – a review, *Radiation Physics and Chemistry* **63**: 455–458.
22 Delincée H (2002) Rapid detection of irradiated frozen hamburgers, *Radiation Physics and Chemistry* **63**: 443–446.
23 Delincée H, Soika C (2002) Improvement of the ESR detection of irradiated food containing cellulose employing a simple extraction method, *Radiation Physics and Chemistry* **63**: 437–441.
24 Delincée H, Ehlermann DAE, Bögl W (1988) The feasibility of an identification of radiation processed food – an overview, in Bögl KW, Regulla DF, Suess MJ (Hrsg) Health Impact, Identification, and Dosimetry of Irradiated Foods, Report of a WHO Working Group, Neuherberg 17–21 Nov. 1986, Bericht des Instituts für Strahlenhygiene des Bundesgesundheitsamtes Neuherberg, ISH-Hefte 125, 58–127.
25 Delincée H, Khan AA, Cerda H (2003) Some limitations of the Comet Assay to detect the treatment of seeds with ionizing radiation, *European Food Research and Technology* **216**: 343–346.
26 Desrosiers M, Bensen D, Yaczko D (1995) Commentary on 'Optimization of experimental paramaters for the EPR detection of the cellulosic radical in irradiated foodstuffs', *International Journal of Food Science and Technology* **30**: 675–680.
27 Diehl JF (1973) Möglichkeiten der analytischen Erfassung einer Bestrahlung von Lebensmitteln, *Zeitschrift für Ernährungswissenschaft* Suppl. **16**: 111–125.
28 Diehl JF (1995) Safety of irradiated foods (2. Ausg.), Marcel Dekker, New York.
29 DIN EN 1786 1997 Lebensmittel – Nachweis von bestrahlten knochen- bzw. grätenhaltigen Lebensmitteln. Verfahren mittels ESR-Spektroskopie, Beuth Verlag Berlin.
30 DIN EN 1787 (2000) Lebensmittel – ESR-spektroskopischer Nachweis von bestrahlten cellulosehaltigen Lebensmitteln, Beuth, Berlin.
31 DIN EN 1788 (2001) Lebensmittel – Thermolumineszenzverfahren zum Nachweis von bestrahlten Lebensmitteln, von denen Silikatmineralien isoliert werden können, Beuth, Berlin.

32 DIN EN 13783 (2001) Lebensmittel – Nachweis der Bestrahlung von Lebensmitteln mit Epifluoreszenz-Filtertechnik/aerober mesophiler Keimzahl (DEFT/APC) Screeningverfahren, Beuth, Berlin.

33 DIN EN 13708 (2002) Lebensmittel – ESR-spektroskopischer Nachweis von bestrahlten Lebensmitteln, die kristallinen Zucker enthalten, Beuth, Berlin.

34 DIN EN 13751 (2002) Lebensmittel – Nachweis von bestrahlten Lebensmitteln mit Photostimulierter Lumineszenz, Beuth, Berlin.

35 DIN EN 13784 (2002) Lebensmittel – DNA-Kometentest zum Nachweis von bestrahlten Lebensmitteln – Screeningverfahren, Beuth, Berlin.

36 DIN EN 1784 (2003) Lebensmittel – Nachweis von bestrahlten fetthaltigen Lebensmitteln – Gaschromatographische Untersuchung auf Kohlenwasserstoffe, Beuth, Berlin.

37 DIN EN 1785 (2003) Lebensmittel – Nachweis von bestrahlten fetthaltigen Lebensmitteln – Gaschromatographisch/massenspektrometrische Untersuchung auf 2-Alkylcyclobutanone, Beuth, Berlin.

38 DIN EN 14569 (2005) Lebensmittel – Mikrobiologisches LAL/GNB-Screeningverfahren zum Nachweis von bestrahlten Lebensmitteln, Beuth, Berlin.

39 EG (1999) Richtlinie 1999/2/EG des Europäischen Parlaments und des Rates vom 22. Februar 1999 zur Angleichung der Rechtsvorschriften der Mitgliedsstaaten über mit ionisierenden Strahlen behandelte Lebensmittel und Lebensmittelbestandteile, *Amtsblatt der Europäischen Gemeinschaften* **L66**: 16–23 (13. 3. 1999).

40 EG (1999) Richtlinie 1999/3/EG des Europäischen Parlaments und des Rates vom 22. Februar 1999 über die Festlegung einer Gemeinschaftsliste von mit ionisierenden Strahlen behandelten Lebensmitteln und Lebensmittelbestandteilen, *Amtsblatt der Europäischen Gemeinschaften* **L66**: 24–25 (13. 3. 1999).

41 Elias P, Cohen AJ (Hrsg) (1977) Radiation Chemistry of Major Food Components, Elsevier, Amsterdam.

42 Elias PS, Cohen AJ (Hrsg) 1983 Recent Advances in Food Irradiation, Elsevier, Amsterdam.

43 EU Kommission (2002) Leitfaden für die zuständigen Behörden zur Überprüfung von Bestrahlungsanlagen nach Richtlinie 1999/2/EG, SANCO/10537/2002.

44 EU Kommission (2002) Bericht der Kommission über die Bestrahlung von Lebensmitteln im Zeitraum von September 2000 bis Dezember 2001, *Amtsblatt der Europäischen Gemeinschaften C* **255**: 2–12 (23. 10. 2002).

45 EU Kommission (2003) Verzeichnis der in Mitgliedsstaaten zur Behandlung mit ionisierenden Strahlen zugelassenen Lebensmittel und Lebensmittelzutaten, *Amtsblatt der Europäischen Union C* **56**: 5 (11. 3. 2003).

46 EU Kommission (2004) Bericht der Kommission über die Bestrahlung von Lebensmitteln für das Jahr 2002, KOM (2004) 69 endgültig.

47 EU Kommission (2004) Entscheidung der Kommission vom 7. Oktober 2004 zur Änderung der Entscheidung 2002/840/EG zur Festlegung der Liste der in Drittländern für die Bestrahlung von Lebensmitteln zugelassenen Anlagen, *Amtsblatt der Europäischen Union L* **314**: 14–15 (13. 10. 2004).

48 EU Kommission (2004) Lebensmittelbestrahlung http://europa.eu.int/comm/food/food/biosafety/irradiation/index_de.htm

49 EU Kommission (2004) Verzeichnis der zugelassenen Anlagen zur Behandlung von Lebensmitteln und Lebensmittelbestandteilen mit ionisierender Strahlung in den Mitgliedsstaaten, SANCO/1332/2000 – rev 14 (3. Sept. 2004).

50 Gadgil P, Hachmeister KA, Smith JS, Kropf DH (2002) 2-Alkylcyclobutanones as irradiation dose indicators in irradiated ground beef patties, *Journal of Agricultural and Food Chemistry* **50**: 5746–5750.

51 Giamarchi P, Pouliquen I, Fakirian A, Lesgards G, Raffi J, Benzaria S, Buscarlet LA (1996) Méthodes d'analyses permettant l'identification des aliments ionisés, *Annales des falsifications et de l'expertise chimique et toxicologique* **89**: 25–52.

52 Goodman BA, Deighton N, Glidewell SM (1994) Optimization of experimental parameters for the EPR detection of the

'cellulosic' radical in irradiated foodstuffs, *International Journal of Food Science and Technology* **29**: 23–28.

53 Haire DL, Chen G, Jansen EG, Fraser L, Lynch JA (1997) Identification of irradiated foodstuffs: a review of the recent literature, *Food Research International* **30** (3/4): 249–264.

54 Hampson JW, Jones KC, Foglia TA, Kohout KM (1996) Supercritical fluid extraction of meat lipids: an alternative approach to the identification of irradiated meats, *Journal of the American Oil Chemists' Society* **73**: 717–721.

55 Han K-Y, Kim J-H, Noh B-S (2001) Identification of the volatile compounds of irradiated meat by using Electronic Nose, *Food Science and Biotechnology* **10**: 668–672.

56 Hartmann M, Ammon J, Berg H (1996) Nachweis einer Strahlenbehandlung in weiterverarbeiteten Lebensmitteln anhand der Analytik strahleninduzierter Kohlenwasserstoffe. Teil 2: Ausarbeitung einer Festphasenextraktion (SPE)-Methode zur Analytik strahleninduzierter Kohlenwasserstoffe, *Deutsche Lebensmittel-Rundschau* **92**: 137–141.

57 Hartmann M, Ammon J, Berg H (1997) Determination of Radiation Induced Hydrocarbons in Processed Food and Complex Lipid Matrices. A New Solid Phase Extraction (SPE) Method for Detection of Irradiated Components in Food, *Zeitschrift für Lebensmittel-Untersuchung und -Forschung* A **204**: 231–236.

58 Hitchcock CHS (2000) Determination of hydrogen as a marker in irradiated frozen food. *Journal of the Science of Food and Agriculture* **80**: 131–136.

59 Horvatovich P, Miesch M, Hasselmann C, Marchioni E (2000) Supercritical fluid extraction of hydrocarbons and 2-alkylcyclobutanones for the detection of irradiated foodstuffs, *Journal of Chromatography* A **897**: 259–268.

60 Horvatovich P, Miesch M, Hasselmann C, Marchioni E (2002) Supercritical fluid extraction for the detection of 2-dodecylcyclobutanone in low dose irradiated plant foods, *Journal of Chromatography* A **968**: 251–255.

61 Horvatovich P, Miesch M, Hasselmann C, Delincée H, Marchioni E (2005) Determination of mono-unsaturated alkyl side-chain 2-alkylcyclobutanones in irradiated foods, *Journal of Agricultural Food and Chemistry* 53:5836–5841.

62 ICFI (2004) International Council on Food Irradiation www.icfi.org/foodtrade.php

63 Ikeya M (1993) New Applications of Electron Spin Resonance: Dating, Dosimetry and Microscopy, World Scientific Singapore.

64 Imamura T, Todoriki S, Sota N, Nakakita H, Ikenaga H, Hayashi T (2004) Effect of "soft-electron" (low-energy electron) treatment on three stored-product insect pests, *Journal of Stored Products Research* **40**: 169–177.

65 Josephson ES, Peterson MS (Hrsg) 1983 Preservation of Food by Ionizing Radiation, CRC Press, Boca Raton, USA, Vol. I–III.

66 Khan AA, Khan HM, Delincée H (2003) "DNA Comet Assay" – A Validity Assessment for the Identification of Radiation Treatment of Meats and Seafood, *European Food Research and Technology* **216**: 88–92.

67 Kim J-H, Noh B-S (1999) Detection of irradiation treatment for red peppers by an Electronic Nose using conducting polymer sensors, *Food Science and Biotechnology* **8**: 207–209.

68 Lebensmittelbestrahlungsverordnung (2000) Verordnung über die Behandlung von Lebensmitteln mit Elektronen-, Gamma- und Röntgenstrahlen, Neutronen oder ultravioletten Strahlen (Lebensmittelbestrahlungsverordnung – LMBestrV) vom 14.2.2000, Bundesgesetzblatt Teil I 55: 1730–1733 (20.12.2000) ergänzt durch Artikel 312, siebente ZuständigkeitsanpassungsVO vom 29.10.2001, Bundesgesetzblatt (2001) Teil I 55:2853 (6.11.2001).

69 Lee J-W, Yook H-S, Lee H-J, Kim J-O, Byun M-W (2001) Immunological assay to detect irradiated beef, *Journal of Food Science and Nutrition* **6**: 91–95.

70 Malec-Czechowska K, Strzelczak G, Dancewicz AM, Stachowicz W, Delincée H (2003) Detection of irradiation treatment

70 in dried mushrooms by photostimulated luminescence, EPR spectroscopy and thermoluminescence measurements, *European Food Research and Technology* **216**: 157–165.

71 Marchioni E, Horvatovich P, Ndiaye B, Miesch M, Hasselmann C (2002) Detection of low amount of irradiated ingredients in non-irradiated precooked meals, *Radiation Physics and Chemistry* **63**: 447–450.

72 Marx F (1998) Nachweis der Behandlung von Lebensmitteln mit ionisierenden Strahlen, in Kienitz H (Hrsg) Analytiker-Taschenbuch, Springer, Berlin, 19: 137–161.

73 Masuda T, Yasumoto K, Kitabatake N (2000) Monitoring the irradiation-induced conformational changes of ovalbumin by using antibodies and surface plasmon resonance, *Bioscience, biotechnology and biochemistry* **64**: 710–716.

74 McMurray CH, Stewart EM, Gray R, Pearce J (Hrsg) (1996) Detection Methods for Irradiated Foods – Current Status, Royal Society of Chemistry, Cambridge UK.

75 Meier W, Artho A, Nägeli P (1996) Detection of Irradiation of Fat-containing Foods by On-line LC-GC-MS of Alkylcyclobutanones, *Mitteilungen aus dem Gebiete der Lebensmitteluntersuchung und Hygiene* **87**: 118–122.

76 Miyahara M, Saito A, Ito H, Toyoda M (2002) Identification of low level gamma-irradiation of meats by high sensitivity comet assay, *Radiation Physics and Chemistry* **63**: 451–454.

77 Molins RA (Hrsg) (2001) Food Irradiation: Principles and Applications, Wiley & Sons, New York.

78 Mörsel J-T (1998) Chromatography of food irradiation markers, in: Hamilton RJ (Hrsg) Lipid Analysis in Oils and Fats, Blackie Academic & Professional, London, 250–264.

79 Mörsel J-T, Huth M, Seifert K (1995) Lebensmittelbestrahlung. Nachweis durch gekoppelte DC-HPLC, *Labor Praxis* **3**: 24–26.

80 Ndiaye B (1998) Les 2-Alkylcyclobutanones, molecules indicatrices d'un traitement ionisant des aliments, Ph.D. Thesis, University Louis Pasteur, Strasbourg.

81 Ndiaye B, Horvatovich P, Miesch M, Hasselmann C, Marchioni E (1999) 2-Alkylcyclobutanones as markers for irradiated foodstuffs: III. Improvement of the field of application on the EN 1785 method by using silver ion chromatography, *Journal of Chromatography* A **858**: 109–115.

82 Nolan M, Elliot CT, Pearce J, Stewart E M (1998) Development of an ELISA for the detection of irradiated liquid whole egg, *Food Science and Technology Today* **12**: 106–108.

83 Olson DG (2004) Food irradiation future still bright, *Food Technology* **58(7)**: 112.

84 Raffi JJ, Kent M (1996) Methods of Identification of Irradiated Foodstuffs, in: Nollet ML (Hrsg), Handbook of food analysis. Bd. 2: Residues and other food component analysis, Dekker, New York, 1889–1906.

85 Raffi J, Delincée H, Marchioni, E Hasselmann C, Sjöberg A-M, Leonardi M, Kent M, Bögl KW, Schreiber G, Stevenson H, Meier W (1994) Concerted action of the Community Bureau of Reference on methods of identification of irradiated foods. Final report. Commission of the European Communities Luxembourg, EUR-15261.

86 Raffi J, Yordanov ND, Chabane S, Douifi L, Gancheva V, Ivanova S (2000) Identification of irradiation treatment of aromatic herbs, spices and fruits by electron paramagnetic resonance and thermoluminescence, *Spectrochimica Acta Part A* **56**: 409–416.

87 Rahman R, Haque AKMM, Sumar S (1995) Chemical and biological methods for the identification of irradiated foodstuffs, *Nutrition and Food Science* **1**: 4–11.

88 Rahman R, Haque AKMM, Sumar S (1995) Physical methods for the identification of irradiated foodstuffs, *Nutrition and Food Science* **2**: 36–41.

89 Rahman R, Matabudal D, Haque AK, Sumar S (1996) A rapid method (SFE-TLC) for the identification of irradiated chicken, *Food Research International* **29**: 301.

90 Regulla D (2000) From dating to biophysics – 20 years of progress in applied ESR spectroscopy, *Applied Radiation and Isotopes* **52**: 1023–1030.

91 Rossi AM, Wafcheck CC, de Jesus EF, Pelegrini F (2000) Electron spin resonance dosimetry of teeth of Goiânia radiation accident victims, *Applied Radiation and Isotopes* **52**: 1297–1303.

92 Sanderson DCW, Carmichael LA, Fisk S (1998) Establishing luminescence methods to detect irradiated foods, *Food Science and Technology Today* **12**: 97–102.

93 Schreiber GA, Helle N, Bögl KW (1993) Detection of irradiated food – methods and routine applications, *International Journal of Radiation Biology* **63**: 105–130.

94 Schulzki G, Spiegelberg A, Bögl KW, Schreiber GA (1997) Detection of Radiation-Induced Hydrocarbons in Irradiated Fish and Prawns by Means on On-Line Coupled Liquid Chromatography – Gas Chromatography, *Journal of Agricultural and Food Chemistry* **45**: 3921–3927.

95 Selvan E, Thomas P (1999) A simple method to detect gamma irradiated onions and shallots by root morphology, *Radiation Physics and Chemistry* **55**: 423–427.

96 Stevenson MH, Stewart EM (1995) Identification of irradiated food: the current status, *Radiation Physics and Chemistry* **46**: 653–658.

97 Stewart EM (2001) Food Irradiation Chemistry, in Molins RA (Hrsg) Food Irradiation: Principles and Applications, John Wiley & Sons, New York, 37–76.

98 Stewart EM (2001) Detection Methods for Irradiated Foods, in Molins RA (Hrsg) Food Irradiation: Principles and Applications, John Wiley & Sons, New York, 347–386.

99 Stewart EM, Gray R (1996) A study on the effect of irradiation dose and storage on the ESR signal in the cuticle of pink shrimp (*Pandalus montagui*) from different geographical regions, *Applied Radiation and Isotopes* **47**: 1629–1632.

100 Stewart EM, Kilpatrick DJ (1997) An International Collaborative Blind Trial on Electron Spin Resonance (ESR) Identification of Irradiated Crustacea, *Journal of the Science of Food and Agriculture* **74**: 473–484.

101 Stewart EM, McRoberts WC, Hamilton JTG, Graham WD (2001) Isolation of lipid and 2-alkylcyclobutanones from irradiated foods by supercritical fluid extraction, *Journal of AOAC International* **84**: 973–986.

102 Stewart EM, Moore S, Graham WD, McRoberts WC, Hamilton JTG (2000) 2-Alkylcyclobutanones as markers for the detection of irradiated mango, papaya, Camembert cheese and salmon meat, *Journal of the Science of Food and Agriculture* **80**: 121–130.

103 Sünnetçioglu MM, Dadayli D, Çelik S, Köksel H (1999) Use of EPR spin probe technique for detection of irradiated wheat, *Applied Radiation and Isotopes* **50**: 557–560.

104 Tanabe H, Goto M, Miyahara M (2001) Detection of irradiated chicken by 2-alkylcyclobutanone analysis, *Food Irradiation (Japan)* **36**: 26–32.

105 Tuchscheerer Th, Kuprianoff J (1965) Die Erkennbarkeit einer erfolgten Bestrahlung bei Lebensmitteln, *Fette-Seifen-Anstrichmittel* **67**: 120–124.

106 Tyreman AL, Bonwick GA, Smith CJ, Coleman RC, Beaumont PC, Williams JHH (2004) Detection of irradiated food by immunoassay – development and optimization of an ELISA for dihydrothymidine in irradiated prawns, *International Journal of Food Science and Technology* **39**: 533–540.

107 Villavicencio ALCH, Araújo MM, Marin-Huachaca NS, Mancini Filho J, Delincée H (2004) Identification of irradiated refrigerated poultry with the DNA comet assay, *Radiation Physics and Chemistry* **71**: 187–189.

108 Villavicencio ALCH, Mancini-Filho J, Hartmann M, Ammon J, Delincée H (1997) Formation of Hydrocarbons in Irradiated Brazilian Beans: Gas Chromatographic Analysis To Detect Radiation Processing, *Journal of Agricultural Food and Chemistry* **45**: 4215–4220.

109 WHO (1988) Health Impact, Identification, and Dosimetry of Irradiated Foods, in: Bögl KW, Regulla DF, Suess MJ (Hrsg) Report of a WHO Working

Group, ISH-Hefte 125, Bericht des Instituts für Strahlenhygiene des Bundesgesundheitsamtes Neuherberg.
110 WHO (1994) Safety and nutritional adequacy of irradiated food, WHO Geneva.
111 WHO (1999) High-dose irradiation: wholesomeness of food irradiated with doses above 10 kGy, Report of a Joint FAO/IAEA/WHO Study Group, WHO Geneva, Technical Report Series No. 890.
112 Yordanov ND, Gancheva V (2000) A new approach for extension of the identification period of irradiated cellulose-containing foodstuffs by ESR spectroscopy, *Applied Radiation and Isotopes* **52**: 195–198.
113 Yordanov ND, Aleksieva K, Mansour I (2005) Improvement of the EPR detection of irradiated dry plants using microwave saturation and thermal treatment, *Radiation Physics and Chemistry* **73**: 55–60.

# 15
# Basishygiene und Eigenkontrolle, Qualitätsmanagement

*Roger Stephan und Claudio Zweifel*

## 15.1
### Einleitung

Lebensmittel sind das meist verbrauchte und benötigte Konsumgut des Menschen. Dabei ist die gesundheitliche Unbedenklichkeit der Lebensmittel fraglos die selbstverständlichste Erwartung. Meldungen, dass die menschliche Gesundheit durch ein bestimmtes Lebensmittel bedroht ist oder dass ein bestimmtes Produkt Erkrankungen hervorgerufen hat, stellen eine Firma schlagartig ins Rampenlicht der Öffentlichkeit. Solchen Ereignissen vorzubeugen liegt im Interesse aller: Industrie, Handel, Gewerbe und Lebensmittelüberwachung.

Dennoch sind Infektionen und Intoxikationen durch Lebensmittel weltweit noch immer auf dem Vormarsch. Experten schätzen, dass in den USA jährlich 76 Millionen Erkrankungen, 325 000 Krankenhausaufenthalte und 5000 Todesfälle durch den Verzehr von kontaminierten Lebensmitteln bedingt sind [8]. Daten einer aktuellen schwedischen Arbeit zeigen auf, dass ausgehend von einer Inzidenz von 38 Erkrankungen/1000 Einwohner und Jahr mit jährlichen volkswirtschaftlichen Kosten in der Größenordnung von 123 Millionen US Dollar zu rechnen ist [5].

Erkrankungen mikrobieller Ätiologie stehen dabei mit Abstand an erster Stelle. Gemäß FoodNet, dem aktiven Surveillance Netzwerk des Centre of Disease Control and Prevention in Atlanta (USA, http://www.cdc.gov/), stehen Campylobacter (Inzidenz beim Menschen 12/100 000), Salmonellen (Inzidenz beim Menschen 7/100 000), Shigatoxin bildende *Escherichia coli* (STEC) (Inzidenz beim Menschen 1/100 000) an der Spitze. Während in vielen Industrieländern salmonellenbedingte humane Darminfektionen noch überwiegen, übertreffen in der Mehrheit der EU Staaten und den USA Campylobacteriosen inzwischen die anderen Ursachen akuter bakterieller humaner Gastroenteritiden [2]. Ebenfalls wurde eine weltweite Zunahme der durch *Escherichia coli* O157 und non-O157 STEC hervorgerufenen Infektionen verzeichnet.

Da bei Campylobacter, Salmonellen und STEC vor allem Tiere, und im speziellen Nutztiere, das Reservoir für diese Erreger darstellen, sind es in erster Linie auch vom Tier stammende Lebensmittel, die hauptsächlich in Verbindung mit humanen Erkrankungen gefunden werden. Anders sieht die Situation bei *Staphylococcus aureus*, Noroviren, Listerien oder *Enterobacter sakazakii* aus. Hier stellt insbesondere der in der Verarbeitung tätige Mensch (*Staphylococcus aureus*, Noroviren) oder das Produktionsumfeld (Listerien, *Enterobacter sakazakii*) die Hauptkontaminationsquelle dar. Dabei ist insbesondere die Rekontamination prozessierter, das heißt z. B. hitzebehandelter Lebensmittel das Hauptproblem. Zudem verschärft der Trend zu immer mehr Convenienceprodukten diese Problematik.

## 15.2
### Eingliederung eines Hygienekonzeptes in ein Qualitätsmanagement-System eines Lebensmittelbetriebes

Ein umfassendes Qualitätsmanagement-Konzept eines Lebensmittel verarbeitenden Betriebes, das nach unterschiedlichsten Standards (ISO 9000, BRC Standard usw.) etabliert werden kann, beinhaltet neben qualitätssteuernden Elementen auch Elemente und Maßnahmen im Bereich der Lebensmittelhygiene beziehungsweise Lebensmittelsicherheit. Ein Hygienekonzept eines Betriebes lässt sich modellhaft mit dem Aufbau eines Gebäudes vergleichen (Abb. 15.1): Das Fundament bilden die räumlichen und technischen Voraussetzungen. Die tragenden Säulen stellen grundlegende Hygienemaßnahmen (Basishygiene) wie Reinigung und Desinfektion, Personalhygiene, Trennung von reinen und unreinen Bereichen, Aufzeichnung von Raumtemperaturen und Luftfeuchtigkeiten usw. dar. Das Dach bilden prozessspezifische Maßnahmen. Das HACCP-System (hazard analysis and critical control point) stellt dabei ein Konzept zur Vermeidung spezifischer Gesundheitsgefahren (hazards) für den Menschen dar und basiert auf sieben Prinzipien [4]. Zunächst werden im Rahmen einer Gefahrenanalyse (hazard analysis, Prinzip 1) spezifische biologische, chemische oder physikalische Gefahren für die Gesundheit des Konsumenten ermittelt (hazard identification) und bewertet (risk assessment); anschließend werden produkt- und produktionsspezifische präventive Maßnahmen festgelegt und durchgeführt, mit denen sich die ermittelten Gefahren bereits während der Herstellung des Lebensmittels verhüten, ausschalten oder zumindest auf ein akzeptables Maß vermindern lassen (risk management). Das präventive Management umfasst die Festlegung von Stufen, an denen es möglich ist, die spezifische Gefahr durch ein Lebensmittel unter Kontrolle zu bringen (controlling, Prinzip 2), die Festlegung von Grenzwerten (critical limits, Prinzip 3), die Festlegung eines Systems zur kontinuierlichen, zuverlässigen Überwachung (monitoring, Prinzip 4), die Festlegung von Korrekturmaßnahmen (corrective actions, Prinzip 5), die Festlegung von Verifizierungsverfahren, um die Erfüllung des HACCP-Plans nachzuweisen (verification, Prinzip 6) und die Einführung einer rückverfolgbaren Dokumentation (Prinzip 7).

Im Vergleich zur früheren Fokussierung auf die Endproduktekontrolle (mit Nachteilen wie der Stichprobenproblematik, der Beschränkung der Aussage auf

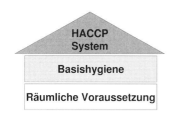

**Abb. 15.1** Modell der Struktur eines Betriebshygienekonzeptes am Beispiel des „Zürcher Hygienehauses".

das untersuchte Produkt und die untersuchten spezifischen Parameter), stellt das HACCP-System ein präventives prozessorientiertes System dar, wobei Endproduktekontrollen im Rahmen der Verifikation ihre Bedeutung behalten. Das HACCP-Konzept ersetzt aber nicht die Basishygiene, sondern baut auf einem wirksamen Grundhygienekonzept eines Lebensmittelbetriebes auf [10]. Es hat sich in der Vergangenheit gezeigt, dass vor allem Kleinbetriebe sehr große Schwierigkeiten mit der Umsetzung dieses Systems haben. Insbesondere bilden die „hazard analysis" und die Notwendigkeit von kontinuierlichen Aufzeichnungen (monitoring) die Hauptprobleme. Zudem findet man bei vielen Betriebskonzepten eine Vermischung von Basishygiene und HACCP. Was man früher im Rahmen der Grund-/Basishygienemaßnahmen durchgeführt hat, wird zum HACCP.

Die Bedeutung der Basishygiene soll an einem konkreten Beispiel (Rinderschlachtprozess) im Folgenden herausgearbeitet werden.

## 15.3
## Bedeutung der Basishygiene am Beispiel des Rinderschlachtprozesses

### 15.3.1
### Gefahrenermittlung und -bewertung

Im Gegensatz zu den klassischen Zoonoseerregern, die auch bei Tieren zu pathologisch-anatomischen Veränderungen führen (z. B. käsige, granulomatöse Lymphadenitis bei Tuberkulose, einer Infektion mit *Mycobacterium bovis* oder *Mycobacterium tuberculosis*; Backsteinblattern beim Hautrotlauf des Schweins durch eine Infektion mit *Erysipelothrix rhusiopathiae*), haben heute jene „foodborne pathogens" Bedeutung erlangt, die zu keinen klinischen Auffälligkeiten am Schlachttier oder pathologisch-anatomisch feststellbaren Veränderungen am Schlachttierkörper oder den Organen führen (latente Zoonosen) und daher im Rahmen der traditionellen Fleischkontrolle, die auf Adspektion, Palpation und Inzision basiert, nicht erkannt werden.

Erreger latenter Zoonosen kommen zum Teil in hoher Prävalenz bei Schlachttieren und infolge fäkaler Kontamination während des Schlachtprozesses auch auf Schlachttierkörpern vor. Große und kleine Wiederkäuer gelten z. B. weltweit als wichtigstes Reservoir für STEC (http://www.lugo.usc.es/ecoli/). Es muss somit am Schlachthof bei Rindern von einem relativ hohen STEC-Kontaminationsdruck ausgegangen werden.

Das Spektrum klinischer Erscheinungen bei STEC-Infektionen des Menschen ist sehr breit. STEC verursachen in erster Linie Diarrhö, die einen milden wässrigen bis schweren hämorrhagischen Verlauf nehmen kann [11]. Ursächlich dafür scheint eine Verstärkung des IP3-(Inositoltriphosphat-)vermittelten $Ca^{2+}$-Transportes zu sein, welcher die Darmfunktion über verschiedene Wege beeinflusst und zur Diarrhö führt [3]. Die Erkrankung beginnt nach einer Inkubationszeit von 3–4 Tagen mit kolikartigen Bauchkrämpfen und 1–2 Tage andauernder wässriger Diarrhö. Darauf kann blutige Diarrhö folgen. Etwa 5–10 % der infizierten Kinder (< 10 Jahren) und älteren Menschen entwickeln das Hämolytisch-Urämische-Syndrom (HUS), das sich ca. 3–12 Tage nach Beginn der Diarrhö manifestiert. Ursächlich dafür scheint die extraintestinale Wirkung der Shigatoxine zu sein, die cytotoxisch auf Endothelzellen wirken [7]. Das HUS ist durch eine schnelle intravasale Hämolyse mit typischer Fragmentierung der Erythrozyten, Thrombocytopenie und Nephropathie inklusive Hämaturie und Porphyrurie charakterisiert. Etwa 10–30 % der HUS-Fälle enden in einer Niereninsuffizienz, welche bei Kindern trotz Dialysemaßnahmen zum Tode führen kann [6]. Die vermutete minimale Infektionsdosis für STEC liegt im Bereich von 1–100 Kolonie bildenden Einheiten (KBE) [9] und somit viel tiefer als beispielsweise jene von Salmonellen. Dies bedeutet, dass für eine STEC-Infektion des Menschen keine Vermehrung der Erreger stattfinden muss.

Das Ausmaß der Keimkontamination von Schlachttierkörpern hängt sowohl von der Schlachttechnologie als auch vom Hygieneverhalten des Personals ab. Trotz zahlreicher technologischer Veränderungen an den Rinderschlachtlinien zur Verringerung des Kontaminationsdruckes während des Schlachtprozesses bleiben kritische Phasen bestehen. So stellen die manuelle Vorenthäutung und die mechanische Enthäutung, aber auch das Ausweiden des Tierkörpers jene Stationen im Schlachtprozess dar, die zu einer entscheidenden Kontamination der Oberfläche von Schlachttierkörpern führen können. Beim Vorliegen hygienischer Schwachstellen kann es daher zu einer Kontamination mit saprophytären Verderbniskeimen und/oder pathogenen Mikroorganismen kommen, die beim Verzehr von rohen oder unzureichend erhitzten Fleischerzeugnissen zu Erkrankungen führen können. Ebenso erfolgt mit dem Fleisch eine Verschleppung der Keime in die Verarbeitungsbetriebe und in die Haushalte der Konsumenten, wo sie durch Kreuzkontaminationen auf oder in andere Lebensmittel gelangen können. Hygienemaßnahmen dienen daher sowohl dem Gesundheitsschutz als auch der Qualitätserhaltung.

### 15.3.2
**Risikomanagement**

Ziel des Risikomanagements ist es nun, eine oder mehrere Stufen im Rahmen des Schlachtprozesses zu identifizieren, an denen es möglich ist, die Gefahr „Shigatoxin bildende *Escherichia coli*" unter Kontrolle zu bringen. Die Voraussetzungen für die Festlegung eines CCP (critical control point) sind jedoch nur dann erfüllt, wenn zuverlässige Maßnahmen oder Verfahren zur Beherrschung der Gefahr (controlling) sowie zuverlässige Verfahren oder Techniken zur kontinuierlichen Überwachung der Technologieschritte (monitoring) gegeben sind (Codex Alimentarius).

Im Rahmen der Rinderschlachtung lässt sich jedoch keine Prozessstufe finden, die diese Anforderungen erfüllt. Dies bedeutet, dass es im betrachteten Prozess betreffend der definierten Gefahr „Shigatoxin bildende *Escherichia coli*" keine CCP's gibt. Daher können im Schlacht- und Zerlegeprozess nur die HACCP-Prinzipien beachtet werden.

Im Rahmen eines Lebensmittelsicherheits-Konzeptes kommt somit bei der Gewinnung von Fleisch der strikten Einhaltung der Schlachthygiene als Maßnahme zur Verhinderung einer fäkalen Kontamination der Oberfläche von Schlachttierkörpern eine ganz besondere Bedeutung zu. Umso wichtiger wird eine möglichst gute Überwachung der grundsätzlichen Schlachthygiene und damit im Sinne des Zürcher-Hygienehauses die Stufe der grundlegenden Hygienemaßnahmen (Basishygiene).

## 15.4
**Eigenkontrollen im Rahmen des neuen Europäischen Lebensmittelrechtes**

Das neue Europäische Lebensmittelrecht hat die Zuständigkeiten und Verantwortlichkeiten klar und eindeutig festgelegt. Nach Art. 17 der Verordnung EG Nr. 178/2002 haben die Lebensmittel- und Futtermittelunternehmer auf allen Produktions-, Verarbeitungs- und Vertriebsstufen dafür zu sorgen, dass die Anforderungen des Lebensmittelrechtes eingehalten werden. Die beiden Verordnungen EG Nr. 852/2004 (alle Lebensmittel) und EG Nr. 853/2004 (Lebensmittel tierischer Herkunft: Fleisch, Eier, Milch) legen dabei das Aufgabenfeld der Lebensmittelunternehmer klar dar. In Analogie dazu werden in den Verordnungen EG Nr. 882/2004 und EG Nr. 854/2004 die Aufgabenfelder der Überwachung definiert.

In Art. 5 der Verordnung EG Nr. 853/2004 werden die Lebensmittelunternehmen direkt in die Verantwortung genommen: Lebensmittelunternehmer dürfen Erzeugnisse nur in Verkehr bringen, wenn die geltenden Vorschriften eingehalten werden. Auch für die Hygieneanforderungen gilt, dass die Lebensmittelunternehmer sicherstellen müssen, dass diese eingehalten werden. Damit ist auch die Verpflichtung zu Eigenkontrollen im Bereich der Hygieneüberwachung gegeben.

Für das Beispiel des Rinderschlachtprozesses ist dabei eine systematische Überwachung der Schlachthygiene auf allen Prozessstufen, aber insbesondere an Stellen, an denen von einem erhöhten Kontaminationsdruck auszugehen ist, gefordert. Diese Kontrollen schließen Einrichtungen, Arbeitsgeräte und Maschinen aller Produktionsstufen ein und sind durch mikrobiologische Analysen zu ergänzen. Die Entscheidung 2001/471/EG der EU-Kommission vom 8. Juni 2001 verpflichtete die Betreiber von Schlacht- und Zerlegebetrieben zu einer auf den HACCP-Grundsätzen basierenden regelmäßigen Überwachung der allgemeinen Hygienebedingungen durch betriebseigene Kontrollen. Vergleichbare Forderungen nach einem auf den HACCP-Prinzipien basierenden System werden auch vom Food Safety and Inspection Service (FSIS) des United States Departement of Agriculture (USDA) gestellt und haben für Ausfuhrbetriebe nach den USA Gültigkeit [1].

In der praktischen Umsetzung bedeutet dies für Schlachtbetriebe folgendes Vorgehen: Zunächst ist eine umfassende Schwachstellenanalyse im Prozessablauf durchzuführen. Basierend auf dieser muss sodann eine Risikoabschätzung und Risikobeurteilung erfolgen und es sind geeignete Maßnahmen, wie beispielsweise eine Mitarbeiterschulung oder bauliche Veränderungen, festzulegen und zu realisieren. Abschließend ist die Durchführung der Maßnahmen zu dokumentieren. Daher hat jeder Lebensmittel verarbeitende Betrieb ein eigenes System zur Überwachung seiner Produktionsprozesse zu erstellen und umzusetzen. Die amtlichen Vollzugsinstanzen nehmen dann überwiegend nur noch eine „Kontrolle der Kontrolle" vor. Die Identifizierung, Überwachung und Korrektur von Stufen im Schlachtprozess, die zur Schlachttierkörper-Kontamination beitragen, ist in Europa zudem von besonderem Interesse, da Dekontaminations-Maßnahmen für Schlachttierkörper, wie sie in den USA (z. B. Bedampfen der Rinderschlachttierkörper am Ende des Schlachtprozesses) häufig angewandt werden, in der EU nicht empfohlen oder nicht zugelassen sind.

In Ergänzung zu den visuellen Schlachtprozess-Kontrollen („In-Prozess-Kontrollen") sind zur Überwachung der „Guten Herstellungspraxis" und der Einhaltung der grundlegenden Hygieneanforderungen (Basishygiene) regelmäßige mikrobiologische Verifikationskontrollen von Schlachttierkörpern und der Umgebung durchzuführen. Im Folgenden wird die Umsetzung von mikrobiologischen Eigenkontrollen beispielhaft dargestellt.

## 15.5
### Umsetzung der Eigenkontrollen zur Verifikation der Basishygiene am Beispiel Schlachtbetrieb

### 15.5.1
#### Mikrobiologische Kontrolle von Schlachttierkörpern

Die Entscheidung 2001/471/EG legt erstmals in der EU die Probenentnahme (Verfahren, Häufigkeit, Anzahl Proben, Lokalisation und Größe der Entnahmestellen) bezüglich mikrobiologischer Verifikationskontrollen von Schlachttierkörpern fest und verlangt, die Proben jedes Tierkörpers zu poolen (vertikale Poolprobe) und auf die aerobe mesophile Gesamtkeimzahl als Hygieneindikator und auf *Enterobacteriaceae* als Indikator fäkaler Kontamination der Oberfläche von Schlachttierkörpern zu untersuchen. Zudem ist der Tagesdurchschnittswert der logarithmierten ($\log_{10}$) Ergebnisse zu berechnen, in Form von Prozesskontrolldiagrammen aufzuzeichnen und anhand von vorgegebenen Grenzlinien als „annehmbar", „kritisch" und „unannehmbar" zu beurteilen (Tab. 15.1). Ziel die-

**Tab. 15.1** Grenzlinien zur Beurteilung tagesdurchschnittlicher $\log_{10}$-Werte von Rinder-, Schaf- und Schweineschlachttierkörpern gemäß der EU-Entscheidung 2001/471/EG für das Nass-Trockentupferverfahren [13].

|  | Annehmbar | Kritisch | Unannehmbar |
|---|---|---|---|
| Gesamtkeimzahl | $<3{,}00\ \text{cm}^{-2}$ | $3{,}00\text{–}4{,}00\ \text{cm}^{-2}$ | $>4{,}00\ \text{cm}^{-2}$ |
| *Enterobacteriaceae* | $<1{,}00\ \text{cm}^{-2}$ | $1{,}00\text{–}2{,}00\ \text{cm}^{-2}$ | $>2{,}00\ \text{cm}^{-2}$ |

ser Untersuchungen ist es, Hinweise auf grundsätzliche Hygieneschwachpunkte bei der Fleischgewinnung innerhalb der einzelnen Betriebe zu finden.

Dabei ist zu berücksichtigen, dass eine mikrobiologische Verifikation der Schlachthygiene, die auf einer regelmäßigen Bestimmung der Gesamtkeimzahl und der *Enterobacteriaceae* von Schlachttierkörpern basiert, zumeist aussagekräftiger ist, als mit sehr großem Aufwand bestimmte Pathogene nachzuweisen. Allerdings werden durch Poolproben und Verlaufskurven von Durchschnittswerten die Ergebnisse eher nivelliert, die Auswirkungen von auf bestimmte Körperpartien lokalisierten Kontaminationen nicht berücksichtigt und daher erst gravierendere Mängel in der Schlachthygiene erkannt. Im Gegensatz dazu ist die Boxplotdarstellung besser geeignet, Streuungen, Extremwerte sowie Unterschiede zwischen den Betrieben zu analysieren (Abb. 15.2). Zudem eignet sich diese Darstellung auch für eine nach Entnahmestellen aufgetrennte Aufzeichnung von Ergebnissen und erlaubt in dieser Form, direkte Rückschlüsse auf Schwachstellen im Schlachtprozess zu ziehen [12].

Aufgrund von stark streuenden Untersuchungsmerkmalen sowie zur objektiven Beurteilung der Verifikationsparameter besteht in der mikrobiologischen Qualitätssicherung ein Bedarf an biometrisch fundierten Konzepten. Dabei bietet die auf betriebsspezifischen Daten und daraus berechneten Grenzlinien (Warn- und Eingriffsgrenzen) basierende Qualitätsregelkarten-Technik ein graphisch einprägsames, einfach umzusetzendes Konzept zur objektiven Beurteilung mikrobiologischer Ergebnisse von Schlachttierkörpern auf Betriebsebene. Ein Beispiel einer Mittelwert-Qualitätsregelkarte ist in Abbildung 15.3 dargestellt. Ergebnisse außerhalb der Eingriffsgrenzen weichen signifikant vom Prozessmittelwert ab. Beim Überschreiten der oberen Eingriffsgrenze ist daher eine Prozesskorrektur erforderlich (z. B. eine Neubeurteilung der Hygienemaßnahmen). Beim Überschreiten der oberen Warngrenze sollte der Prozess verstärkt überwacht und bei wiederholten Überschreitungen die Ursache abgeklärt werden. Die unteren Grenzlinien ermöglichen es, die Auswirkungen eingeleiteter Hygienemaßnahmen auf die Keimbelastung zu beurteilen.

Die Bewertung von Ergebnissen mikrobiologischer Verifikationskontrollen von Schlachttierkörpern sollte grundsätzlich auf der Basis betriebseigener, vergleichbarer Daten erfolgen. Die vorgegebenen, betriebsübergreifenden mikrobiologischen Beurteilungskriterien der Entscheidung 2001/471/EG resp. Verordnung 2005/2073/EG sollten nur als „Baseline" angesehen werden.

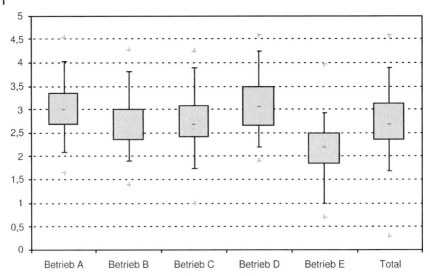

**Abb. 15.2** Gesamtkeimzahl-Ergebnisse ($\log_{10}$ KBE cm$^{-2}$) von Rinderschlachttierkörpern verschiedener Schlachtbetriebe ($n=800$).

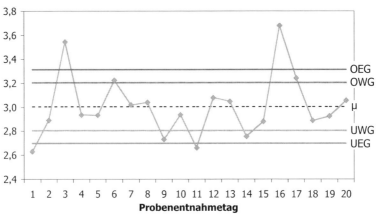

**Abb. 15.3** Mittelwert-Qualitätsregelkarte der Gesamtkeimzahl-Ergebnisse (Tagesdurchschnitt der $\log_{10}$-Werte) von 200 Rinderschlachttierkörpern eines Betriebes ($\mu$: Prozessmittelwert; OEG: obere Eingriffsgrenze; UEG: untere Eingriffsgrenze; OWG: obere Warngrenze; UWG: untere Warngrenze).

## 15.5.2
### Mikrobiologische Kontrolle der Reinigung und Desinfektion

Die Entscheidung 2001/471/EG fordert von Schlacht- und Zerlegebetrieben zusätzlich eine mikrobiologische Kontrolle der Reinigung und Desinfektion von Einrichtungsgegenständen und Arbeitsgeräten. Dabei sind innerhalb eines Monats vor Arbeitsbeginn 60 Proben zu erheben. Die Proben müssen insbesondere von Oberflächen erhoben werden, deren ungenügende Reinigung und Des-

**Tab. 15.2** Bewertungskriterien für Oberflächenkeimgehalte zur Kontrolle der Reinigung und Desinfektion gemäß der EU-Entscheidung 2001/471/EG.

|  | definierte Fläche | | nicht definierte Fläche | |
|---|---|---|---|---|
|  | annehmbar | nicht annehmbar | annehmbar | nicht annehmbar |
| Gesamtkeimzahl | 0–10 cm$^{-2}$ | >10 cm$^{-2}$ | Kein Keimwachstum | Keimwachstum |
| *Enterobacteriaceae* | 0–1 cm$^{-2}$ | >1 cm$^{-2}$ | Kein Keimwachstum | Keimwachstum |

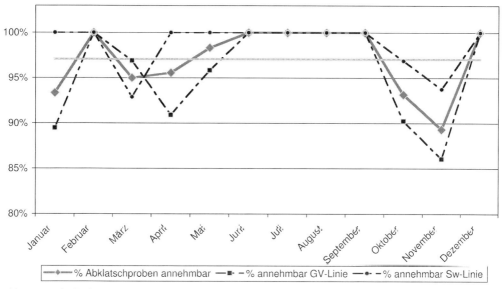

**Abb. 15.4** Mikrobiologische Kontrolle der Reinigung und Desinfektion von Einrichtungsgegenständen und Arbeitsgeräten: monatlicher Anteil annehmbarer Abklatschproben gemäß 2001/471/EG (n=720; GV: Großviehschlachtlinie, Sw: Schweineschlachtlinie).

infektion einen nachteiligen Einfluss auf die Produktqualität hat; das heißt Flächen, die mit den Produkten direkt oder indirekt in Kontakt kommen. An Probenentnahmestellen, die für das Abklatschverfahren (definierte Fläche) nicht zugänglich sind, wie beispielsweise kleine, uneben gewölbte oder kantige Stellen, ist das Tupferverfahren (nicht definierte Fläche) anzuwenden. Zu ermitteln und dokumentieren ist die Gesamtkeimzahl bei Abklatschproben und der qualitative Keimnachweis bei Tupferproben. Dabei werden die Ergebnisse gemäß den Vorgaben der Entscheidung 2001/471/EG in die Kategorien „annehmbar" und „nicht annehmbar" eingeteilt (Tab. 15.2). Zusätzlich empfiehlt es sich den Anteil annehmbarer Ergebnisse einer Probenserie in Form einer Verlaufskurve darzustellen (Abb. 15.4).

Analog zum Vorgehen bei Schlachttierkörpern ist es entscheidend, dass im Fall unbefriedigender Ergebnisse eine Schwachstellenanalyse sowie eine Risikoabschätzung und -beurteilung durchgeführt, geeignete Maßnahmen ergriffen und diese dokumentiert werden.

## 15.6
## Fazit

Das heute in der Lebensmittel gewinnenden und verarbeitenden Industrie breit eingeführte präventive Prozessmanagementsystem (HACCP-System) ersetzt nicht die Basishygiene, sondern baut auf einem wirksamen Grundhygienekonzept eines Lebensmittelbetriebes auf. Um qualitativ einwandfreie und sichere Lebensmittel zu produzieren, ist es notwendig, auf allen Stufen eines umfassenden betrieblichen Hygienekonzeptes die geeigneten und wirksamen Maßnahmen zu ergreifen und zu überwachen. Damit nimmt die Basishygiene, als statisch tragende Ebene im Modell des Züricher Hygienehauses, eine Schlüsselstellung im gesamten Hygienekonzept eines Betriebes ein. Die Überwachung auch dieses Bereiches liegt im Sinne der Eigenkontrolle heute eindeutig im Aufgabenfeld des Lebensmittelbetriebes. Die amtlichen Vollzugsinstanzen nehmen dann überwiegend nur noch eine „Kontrolle der Kontrolle" vor.

Neben geeigneten Strategien zur Durchführung solcher Eigenkontrollen ist es jedoch entscheidend, dass die resultierenden Daten systematisch ausgewertet und bei unbefriedigenden Ergebnissen aufgrund von Schwachstellenanalysen Maßnahmen ergriffen werden.

## 15.7
## Literatur

1 Anonymous (1996) Pathogen reduction; hazard analysis and critical control point (HACCP) systems, Finale Rule. United States Department of Agriculture (USDA), Food Safety Inspection Service (FISIS), Washington, D.C.
2 Anonymous (2004) Trends and sources of zoonotic agents in animals, feeding stuffs, food and man in the European Union and Norway in 2002. Part 1. European Commission, Directorate D-Food safety: Production and distribution chain, SANCO/29/2004.
3 Baldwin TJ, W Ward, A Aitken, S Knutton, and PH Williams (1991) Elevation of intracellular free calcium level in Hep-2 cells infected with enteropathogenic *E. coli. Infect. Immun.* **59**: 1599–1604.
4 Codex Alimentarius Commission (1997) Hazard analysis and critical control point (HACCP) system and guidelines for its application. Annex to CAC/RCP 1-1969, Rev. 2, FAO, Rome.
5 Lindqvist R, Y Andersson, J Lindbäck, M Wegscheider, Y Eriksson, L Tideström, A Lagerqvist-Widh, KO Hedlung, S Löfdahl, L Svensson, and A Norinder (2001) A one-year study of foodborne illnesses in the municipality of Uppsala, Sweden. *Emerg. Infect. Dis.* **7**: 588–592.
6 Martin DL, KL MacDonald, KE White, JT Soler, and MT Osterholm (1990) The epidemiology and clinical aspects of the hemolytic uremic syndrome in Minnesota. *N. Engl. J. Med.* **323**: 441–447.
7 Obrig TG, PJ Del Vecchio, JE Brown, TP Moran, BM Rowland, TK Judge, and SW Rothman (1988) Direct cytotoxic action of Shiga toxin on human vascular endothelial cells. *Infect. Immun.* **56**: 2373–2378.
8 Olsen SJ, LC MacKinnon, JS Goulding, NH Bean, and L Slutsker (2000) Surveillance for foodborne-disease outbreaks – United States, 1993–1997. *MMWR CDC Surveill. Summ.* **49**: 1–62.
9 Paton AW, R Ratcliff, RM Doyle, J Seymour-Murray, D Davos, JA Lanser, and JC Paton (1996) Molecular microbiological investigation of an outbreak of hemolytic uremic syndrome caused by fermented sausage contaminated with Shiga-like toxin-producing *Escherichia coli. J. Clin. Microbiol.* **34**: 1622–1627.
10 Untermann F (1998) Mit HACCP den Menschen schützen. *QZ Qualität und Zuverlässigkeit* **43**: 188–192.
11 Williams LD, PS Hamilton, BW Wilson, and MD Estock (1997) An outbreak of *E. coli* O157:H7 – Involving long term shedding and person to person transmission in a child care centre. *J. Environ. Health* **59**: 9–14.
12 Zweifel C, and R Stephan (2003) Microbiological monitoring of sheep carcass contamination in three Swiss abattoirs. *J. Food Prot.* **66**: 946–952.
13 Zweifel C, D Baltzer, R Stephan (2005) Microbiological contamination of cattle and pig carcasses at five abattoirs determined by swab sampling in accordance with EU Decision 2001/471/EC. *Meat Science* **69**: 559–566.

# II
# Stoffbeschreibungen

# 1
# Toxikologisch relevante Stoffe in Lebensmitteln – eine Übersicht

*Andrea Hartwig*

Wohl kaum ein Thema interessiert die Verbraucher mehr als möglichst gesunde Ernährung. Mit Recht – gehen doch Schätzungen beispielsweise des „World Cancer Research Fund" davon aus, dass insbesondere Herz-Kreislauf-Erkrankungen und Krebserkrankungen als häufigste Todesursachen in den Industrieländern zu einem nicht unerheblichen Anteil ernährungsbedingt sind. Grundlage für diese Abschätzungen sind beispielsweise Vergleiche von Tumorhäufigkeiten in industrialisierten Ländern und Ländern der sog. zweiten und dritten Welt. Hier zeigt sich unter anderem, dass bei uns bedeutsame Tumorarten wie Darm-, Brust- und Prostatatumoren in den Entwicklungsländern kaum eine Rolle spielen. Ähnliches gilt für asiatische Länder im Vergleich zu europäischen Ländern. Worin sind aber diese Unterschiede konkret begründet? Hier beginnt ein gewisses Dilemma, wünscht man sich doch sowohl als Wissenschaftler als auch als Verbraucher klare Auskünfte über Zusammenhänge zwischen Expositionen gegenüber Schadstoffen einerseits und dem Auftreten von definierten Krankheiten andererseits, um gezielte Strategien zur Prävention zu entwickeln und Krankheitsursachen zu bekämpfen. Aus Verbraucherperspektive erbrachte eine bereits 1980 durchgeführte Umfrage des Allensbach-Instituts Umweltkontaminanten als bedeutendste Risikofaktoren im Zusammenhang mit Lebensmitteln, gefolgt von Zusatzstoffen, Ernährungsverhalten, pathogenen Mikroorganismen und natürlichen Giftstoffen. Eine wissenschaftliche Bewertung ergab und ergibt noch heute jedoch eine deutlich andere Rangfolge, nämlich an erster Stelle das Ernährungsverhalten, pathogene Mikroorganismen, natürliche Giftstoffe, Umweltkontaminanten und erst an letzter Stelle Zusatzstoffe. Aufgrund der Komplexität von Ernährungsgewohnheiten und Lebensmitteln ist eine klare Aussage zu einzelnen Lebensmittelkomponenten insgesamt jedoch kaum möglich, und eine Vielzahl von Faktoren muss bei der toxikologischen Bewertung von Lebensmitteln mit einbezogen werden. Hinzu kommt, dass es sich sowohl bei Krebserkrankungen als auch bei Herz-Kreislauf-Erkrankungen um multifaktorielle Krankheiten handelt, bei denen genetische Faktoren wie Umwelt- und Ernährungsfaktoren gleichermaßen von Bedeutung sind.

Trotz dieser Komplexität ist es nicht minder wichtig, Einflussfaktoren in Lebensmitteln zu identifizieren, die mögliche negative Auswirkungen haben können.

*Handbuch der Lebensmitteltoxikologie.* H. Dunkelberg, T. Gebel, A. Hartwig (Hrsg.)
Copyright © 2007 WILEY-VCH Verlag GmbH & Co. KGaA, Weinheim
ISBN: 978-3-527-31166-8

Hier ist die Palette an Substanzen breit und spiegelt sich in den folgenden Themenblöcken wider. Sie umfasst zunächst Verbindungen, die auch aus Verbraucherperspektive zu den bekannten „Verdächtigen" gehören, wie Verunreinigungen, Rückstände und Lebensmittelzusatzstoffe. Von toxikologischer Relevanz können aber auch natürliche Lebensmittelinhaltsstoffe, Mineralstoffe und Spurenelemente sowie angereicherte Nährstoffe in sog. neuartigen Lebensmitteln sein.

Zu den Verunreinigungen zählen generell all die Substanzen, die ungewollt in Lebensmittel gelangen. Hierzu gehören beispielsweise anorganische Komponenten wie Arsen, Blei, Cadmium und Quecksilber. Dies sind natürlich vorkommende Elemente, deren Auftreten und Verbreitung in der Umwelt und damit auch in Lebensmitteln allerdings stark von anthropogenen Einflüssen abhängt. Am Beispiel Blei wird dies besonders deutlich: Durch den Einsatz von Blei in Kraftstoffen und einer damit verbundenen Bleibelastung von Böden und Lebensmitteln betrugen die Blutbleispiegel der Allgemeinbevölkerung noch vor ca. 15 Jahren ein Vielfaches von dem, was heute beobachtet wird; hier haben sich entsprechende Schutzmaßnahmen, in diesem Fall der Einsatz von Abgaskatalysatoren und der zunehmende Verbrauch unverbleiten Benzins, außerordentlich positiv ausgewirkt. Im Fall von Arsen spielt insbesondere die Belastung von Trinkwasser eine große Rolle: Während in großen Teilen Europas vergleichsweise niedrige Gehalte im Trinkwasser auftreten, findet man in weiten Teilen Asiens und Lateinamerikas, aber auch in einigen Gebieten Nordamerikas weit erhöhte Arsengehalte im Trinkwasser, was mit epidemiologisch gesicherten erhöhten Inzidenzen von Haut-, Lungen- und Blasentumoren einhergeht.

Werden in den ersten Kapiteln dieses Themenblocks Substanzen behandelt, die im weitesten Sinne durch Umweltbelastungen in Lebensmittel gelangen und deren Auftreten in den letzten Jahrzehnten mehr oder weniger deutlich gesenkt werden konnte, hört hier die Liste der toxikologisch relevanten Verunreinigungen nicht auf. Das Beispiel Acrylamid hat gezeigt, dass gerade auch Verbindungen, die bei der Herstellung, der Verarbeitung und Zubereitung von Lebensmitteln aufgrund von Reaktionen „natürlicher" Lebensmittelbestandteile entstehen, durchaus toxikologisch relevant sein können. Im Fall von Acrylamid ist dies die Reaktion von Asparagin, einer Aminosäure, mit Kohlenhydraten in stärkehaltigen Lebensmitteln beim Erhitzen. Erst 2002 wurden schwedische Wissenschaftler durch einen Zufall auf diese Problematik aufmerksam: Sie beobachteten, dass bei einer Untersuchung acrylamidexponierter Arbeiter auch die Kontrollgruppe eine deutlich nachweisbare Anzahl an acrylamidinduzierten Hämoglobin-Addukten aufwies; nachfolgende Untersuchungen identifizierten dann stark erhitzte und frittierte Lebensmittel als besonders mit Acrylamid belastet. Ähnliche Reaktionen sind aber auch schon aus weiteren Zusammenhängen bekannt, nämlich die Bildung von heterocyclischen aromatischen Aminen beim Kochen von proteinhaltigen Lebensmitteln und von polycyclischen aromatischen Kohlenwasserstoffen beim Grillen von Fleisch. Diese Substanzen sind potente Mutagene und/oder nachgewiesene Kanzerogene, die, würden sie als Zusatzstoffe in Erwägung gezogen, mit Sicherheit keine Zulassung erhalten würden. Hier wird ein weiteres Dilemma der Lebensmitteltoxikologie deutlich:

Durch die Tatsache, dass Lebensmittel aus natürlichen, hoch reaktiven Inhaltsstoffen bestehen, beispielsweise Proteinen und Kohlenhydraten, findet insbesondere beim Erhitzen eine Vielzahl von Reaktionen statt, die dem Lebensmittelchemiker als sog. „Maillard-Reaktion" bekannt sind. Die hierbei entstehenden Verbindungen sind für die Bräunung und die Aromabildung bei der Zubereitung von Lebensmitteln verantwortlich, können aber eben auch zu toxischen Produkten führen, die, isoliert betrachtet, sogar ein genotoxisches und/ oder kanzerogenes Potenzial besitzen. Hier kommt eine weitere Aufgabe der Lebensmitteltoxikologie zum Tragen, nämlich nicht nur die Identifizierung von möglichen Schadstoffen, sondern auch die Risikobewertung, d.h. die Berücksichtigung der Konzentrationen, die in Lebensmitteln auftreten, der Bioverfügbarkeit, d.h. die Resorption, Verteilung und Metabolisierung und der Vergleich mit den Konzentrationen, bei denen nachteilige Effekte zu erwarten sind. Darüber hinaus wird deutlich, dass selbst genotoxische Substanzen in Lebensmittel auftreten können; hier kommt dann das Minimierungsgebot zum Tragen, wo Herstellungs- bzw. Zubereitungsprozesse so optimiert werden, dass möglichst niedrige Konzentrationen an toxischen Stoffen entstehen können.

Während das Erhitzen von Lebensmitteln ein traditionelles Verfahren der Lebensmittelzubereitung und Haltbarmachung darstellt, das im Allgemeinen als toxikologisch unbedenklich angesehen wird, werden neuere Verfahren der Konservierung vom Verbraucher eher skeptisch betrachtet. Vergleichsweise wenig Akzeptanz erfährt die Lebensmittelbestrahlung; hier wird das Handbuch zwischen unbegründeten Ängsten und offenen toxikologischen Fragestellungen Aufschluss geben. Ein weiteres in Deutschland nicht generell zugelassenes Verfahren ist die Hochdruckbehandlung von Lebensmitteln. Prinzipiell laufen hier ähnliche Reaktionen ab, wie sie bereits für das Erhitzen von Lebensmitteln beschrieben wurden; dennoch ist eine abschließende toxikologische Bewertung aufgrund mangelnder Erfahrung derzeit noch nicht möglich und die Zulassung einiger weniger auf dem Markt befindlicher Produkte basiert auf Einzelfallprüfungen der hochdruckbehandelten Lebensmittel.

Eine weitere toxikologisch relevante Gruppe von Verunreinigungen sind bakterielle Toxine, Mykotoxine und Algentoxine. Während bakterielle Toxine und Algentoxine in der Regel zu akuten Infektionen und Vergiftungssymptomen unterschiedlichen Ausmaßes führen, handelt es sich bei Mykotoxinen um Stoffwechselprodukte von Pilzen, die das Erntegut befallen und bereits in geringen Konzentrationen zu chronischen Gesundheitsschäden führen können. Bekannte Beispiele sind Aflatoxine, die als Sekundärmetaboliten von bestimmten Schimmelpilzarten gebildet werden; diese befallen u.a. Erdnüsse, Pistazien, verschiedene Getreidesorten, Reis und Sojabohnen; entscheidende Faktoren sind hierbei insbesondere Lagerbedingungen und klimatische Verhältnisse. Innerhalb dieser Substanzklasse besitzt Aflatoxin $B_1$ das höchste toxische Potenzial; infolge einer metabolischen Aktivierung zu einem reaktiven Epoxid ist es ein starkes Mutagen und Kanzerogen, wobei hauptsächlich die Leber betroffen ist.

Mitte der 1990er Jahre tauchte ein weiteres Problem im Bewusstsein der Öffentlichkeit auf, nämlich die „bovine spongiforme Enzephalopathie", besser bekannt unter der Abkürzung BSE oder auch „Rinderwahnsinn". BSE gehört zu den sog. transmissiblen spongiformen Enzephalopathien, die zu einer schwammartigen Schädigung des Gehirngewebes führen. Ähnliche Erkrankungen wurden bereits im 18. Jahrhundert als sog. Traberkrankheit („Scrapie") bei Schafen beschrieben und seitdem bei einer Reihe weiterer Tierarten und auch beim Menschen (Creutzfeldt-Jacob-Krankheit) beobachtet. Eine große Aufmerksamkeit erfuhr diese Art der Erkrankungen aber erst durch das gehäufte Auftreten von BSE vor allem in Großbritannien, wo zwischen 1987 und 2001 über 175 000 Rinder erkrankten und der Verdacht eines Zusammenhangs zwischen BSE und dem Auftreten einer neuen Variante der Creutzfeldt-Jacob-Krankheit auftrat. Im Gegensatz zu mikrobiellen Verunreinigungen von Lebensmitteln handelt es sich hierbei sehr wahrscheinlich um eine bis dahin unbekannte Form der übertragbaren Erkrankungen, die durch sog. Prionen (proteinartige infektiöse Partikel) weitergegeben werden kann. Maßnahmen, die das Ausbreiten von BSE stark zurückdrängten, bestanden in dem Verbot der Verfütterung von Tiermehl und der Verwendung von sog. Risikomaterialien, d. h. der Körperteile und Organe von Rindern, die im Fall einer Infektion am stärksten mit Prionen befallen sind.

Bei den Rückständen spielen insbesondere Pflanzenschutzmittel und Tierarzneimittel eine Rolle. Pflanzenschutzmittel werden eingesetzt, um Pflanzen vor Schädlingsbefall zu schützen; im Fall von Herbiziden soll eine unerwünschte Begleitflora, sog. „Unkräuter", vernichtet werden. Waren es früher hauptsächlich die polychlorierten Kohlenwasserstoffe wie DDT und Hexachlorbenzol, die auch aufgrund ihrer langen Persistenz in der Umwelt und im menschlichen Körper seit den 1970er Jahren verboten sind, gibt es eine Reihe neuerer Wirkstoffe, die zwar schneller abbaubar sind, aber aufgrund ihrer erwünschten toxischen Wirkung gegenüber den abzutötenden Zielorganismen auch für den Menschen potenziell toxisch sind. Schutzmaßnahmen beziehen sich hier auf die Einhaltung von Höchstmengen, die sich aus den eingesetzten Substanzen und der Zeit zwischen der Pflanzenbehandlung und dem Zeitpunkt der Ernte ergeben. Dennoch werden von den Überwachungsbehörden immer wieder Überschreitungen an Pestizidgehalten in pflanzlichen Lebensmitteln festgestellt; hinzu kommt die Forderung nach Einbeziehung von Kombinationswirkungen in die toxikologische Bewertung, da in der Regel mehrere Pestizide eingesetzt werden, die unter Umständen ähnliche Angriffspunkte haben und so zu additiven oder verstärkenden Wirkungen führen können. Auch im Fall von Tierarzneimitteln ist es wichtig, dass nach der Behandlung Lebensmittel liefernder Tiere keine gesundheitsgefährdenden Mengen an Rückständen in den entsprechenden Lebensmitteln vorhanden sind. Besonders kritisch können Antibiotika sein; hier muss insbesondere die Problematik der Übertragung von Antibiotikaresistenzen auf den Menschen beachtet werden. Eine wichtige Schutzmaßnahme in diesem Zusammenhang besteht in dem schrittweisen Verbot der Anwendung von Antibiotika als Leistungsförderer.

Ein weiterer Themenblock sind die Vitamine, Spurenelemente und Mineralstoffe. Dies mag zunächst verwundern, hören wir doch täglich von der gesundheitsfördernden Wirkung dieser Substanzen, die mittlerweile in allen Apotheken und Supermärkten als sog. Nahrungsergänzungsmittel angeboten werden. Die essenziellen Funktionen dieser Substanzen sind zweifelsfrei geklärt, aber auch hier bleibt zu beachten, dass es auf die richtigen Mengen ankommt. War es früher die Mangelversorgung, die zu Besorgnis Anlass gab, ist es heute bis auf wenige Ausnahmen zumindest in den Industrienationen auch die mögliche Überversorgung durch Nahrungsergänzungsmittel, die zu unphysiologisch hohen Aufnahmemengen führen kann.

Darüber hinaus gehören Lebensmittelzusatzstoffe zu den Verbindungen, deren toxische Wirkungen im Interesse von Toxikologen und Verbrauchern stehen. Sie dienen in erster Linie technologischen Zwecken wie der Konservierung, der Färbung, der Aromatisierung oder der Verleihung einer bestimmten Konsistenz. Von Bedeutung ist auch der Einsatz von Geschmacksverstärkern und von Süßstoffen. Rechtlich gesehen dürfen Stoffe nur dann Lebensmitteln zugesetzt werden, wenn sie hierfür ausdrücklich zugelassen sind; Voraussetzungen hierfür sind umfangreiche Prüfungen zur akuten und chronischen Toxizität einschließlich der Abklärung eines möglichen genotoxischen bzw. kanzerogenen Potenzials. Damit gehören Lebensmittelzusatzstoffe, entgegen einem gewissen „Unbehagen" von Seiten der Verbraucher, aus toxikologischer Sicht sicherlich zu den am besten untersuchten Stoffen in Lebensmitteln. Aber auch hier verdeutlicht beispielsweise das Kapitel „Süßstoffe", dass sich die toxikologische Bewertung immer nur auf den aktuellen wissenschaftlichen Stand des Wissens beziehen kann und dass neue Untersuchungsergebnisse durchaus zu veränderten Bewertungen und Zulassungen führen können.

Schließlich sei auch noch auf natürliche Lebensmittelinhaltsstoffe verwiesen, die zwar im Allgemeinen positive Assoziationen hervorrufen, deren Wirkung aber unter toxikologischen Gesichtspunkten nicht unbedeutend sein muss. Dieser Aspekt wurde durch Bruce Ames und Mitarbeiter in das Bewusstsein der wissenschaftlichen Öffentlichkeit gerückt, als diese in der Zeitschrift Science 1987 unter dem Titel „Ranking possible carcinogenic hazards" aufgrund von veröffentlichten Tierversuchsdaten postulierten, dass die kanzerogene Potenz von Pestizidrückständen und Kontaminanten anthropogenen Ursprungs gering ist verglichen mit der von natürlichen Lebensmittelinhaltsstoffen wie sekundären Pflanzeninhaltsstoffen. Im Rahmen dieses Handbuchs wird die Problematik der natürlichen Lebensmittelinhaltsstoffe auch am Beispiel der sog. hormonwirksamen Verbindungen verdeutlicht, wie sie beispielsweise in Sojaprodukten vorkommen. Einerseits wird diesen Substanzen ein antikanzerogenes Potenzial, insbesondere in Bezug auf Brust- und Prostatakrebs, zugeschrieben. Diese Hypothese basiert vor allem auf der niedrigeren Inzidenz dieser Tumorerkrankungen in asiatischen Ländern, deren typische Ernährung hohe Konzentrationen an Isoflavon-Phytoestrogenen aufweist. Andererseits lohnt sich auch hier ein kritischer Blick, denn die Wirkung auf den Menschen hängt stark von den jeweiligen Verbindungen ab. So weisen einige Phytoestrogene wie Genestein und Cumesterol ein genotoxisches Potenzial in Säugerzellen auf, und auch unerwünschte hormonelle Wirkungen sind bei hohen Verzehrsmengen bei Mädchen vor der Pubertät und bei Frauen nach der Menopause nicht ausgeschlossen.

Eine ganz neue Herausforderung stellt die Bewertung sog. neuartiger Lebensmittel für den Toxikologen dar. Unter neuartigen Lebensmitteln versteht man solche, die entweder mit neuartigen Methoden, z. B. gentechnisch, verändert wurden, bei denen neuartige Verfahren der Haltbarmachung eingesetzt wurden (Bestrahlung, Hochdruckbehandlung) oder aber die mit einzelnen Wert gebenden, in geringen Konzentrationen in natürlichen Lebensmitteln vorkommenden Komponenten angereichert wurden. Diese neuartigen Lebensmittel werden einzeln dahingehend beurteilt, inwieweit eine Äquivalenz zu natürlichen Lebensmitteln gegeben ist. Hintergrund dieser sehr aufwändigen Zulassungsverfahren ist die Frage, ob einzelne, durchaus positiv zu bewertende Komponenten in höheren oder hohen Konzentrationen negative Auswirkungen in Bezug auf unterschiedliche biochemische Prozesse (beispielsweise hormonartige Wirkungen) haben oder unerwünschte Wechselwirkungen mit den übrigen Lebensmittelbestandteilen aufweisen können. Da hier im Gegensatz zu natürlichen Lebensmitteln keine breiten Erfahrungen zum Verzehr vorliegen, ist eine kritische Beurteilung besonders wichtig.

Diese und weitere Aspekte werden in den nun folgenden Kapiteln dieses Handbuchs angesprochen und ausführlich diskutiert. Dabei ist immer zu beachten, dass bei den einzelnen Substanzen beobachtete toxische Effekte nicht automatisch toxische Effekte beim Verzehr der jeweiligen Lebensmittel bewirken. Zu bedenken ist, dass Prüfungen auf toxische Wirkungen in der Regel mit isolierten Substanzen in vergleichsweise hohen Konzentrationen durchgeführt werden; ob derartige Wirkungen beim Verzehr von Lebensmitteln tatsächlich auftreten, hängt von vielen weiteren Parametern ab. Wichtig sind insbesondere die Dosis und damit die aus dem Lebensmittel aufgenommenen Mengen der jeweiligen Komponenten. Bei ausgewogener Ernährung weisen die heutzutage verfügbaren Lebensmittel eine hohe Qualität und einen hohen Sicherheitsstandard auf, zu dem gerade die toxikologische Forschung der letzten Jahrzehnte erheblich beigetragen hat. Dennoch machen das eingangs beschriebene auch ernährungsbedingte Auftreten von Tumorerkrankungen sowie Herz-Kreislauf-Erkrankungen weiterhin eine kritische toxikologische Begleitforschung, gerade auch unter Einbeziehung neuer Entwicklungen auf dem Gebiet der Lebensmitteltechnologie, dringend erforderlich.

# Verunreinigungen

## 2
## Bakterielle Toxine

*Michael Bülte*

### 2.1
### Einleitung

Bakterielle Toxine sind Stoffwechselprodukte von Bakterien, die in niedrigen Konzentrationen in Zellen oder Geweben von Mehrzellern die Struktur oder die Funktion der Zellen oder Gewebe schädigen. Von Bakterien werden die wirksamsten und giftigsten Toxine gebildet. Diese lassen sich grundsätzlich in zwei Hauptgruppen einteilen. Die Endotoxine sind zellwandgebunden und kommen fast ausschließlich bei gramnegativen Bakterien vor. Biochemisch handelt es sich um Lipopolysaccharide, die aufgrund ihrer fieberinduzierenden Wirkung auch als Pyrogene bezeichnet werden. Dem gegenüber steht die Gruppe der Exotoxine; darunter sind solche Toxine zu verstehen, die in der bakteriellen Zelle synthetisiert und entweder aktiv in die Umgebung sezerniert oder bei der Zelllyse freigesetzt werden. Ihrer biochemischen Struktur nach handelt es sich in aller Regel um Peptide oder Proteine. Diese rein logistische Einteilung besagt zunächst noch nichts über die Wirkungsweise des jeweiligen Toxins auf den Organismus.

Proteintoxine sind bei einer Vielzahl von gesundheitlich bedenklichen Bakterien nachzuweisen. Sie schädigen die Wirtszellen, schwächen die Immunabwehr und können gewebsinvasive Infektionsabläufe bahnen. Solche biogenen bakteriellen Toxine weisen eine – zumeist auch erheblich – höhere Toxizität als z. B. synthetisch hergestellte Substanzen auf [34]. Basierend auf Tierversuchen ($LD_{50}$ bei Mäusen) können Toxinproduzenten unterschiedlichen Toxizitätsklassen zugeordnet werden [34]. Demzufolge gehören das Botulinum- (0,001 µg/kg) sowie das Verotoxin (s. Shigatoxin (0,002 µg/kg)) zur höchsten Kategorie der als extrem toxisch zu kennzeichnenden Toxine.

*Handbuch der Lebensmitteltoxikologie.* H. Dunkelberg, T. Gebel, A. Hartwig (Hrsg.)
Copyright © 2007 WILEY-VCH Verlag GmbH & Co. KGaA, Weinheim
ISBN: 978-3-527-31166-8

**Tab. 2.1** Bezeichnungen für bakterielle Toxine.

| | |
|---|---|
| Endotoxin: | allgemeine Bezeichnung für Lipopolysaccharide von gramnegativen Bakterien |
| Exotoxin: | 1. ein Toxin, das von lebenden Zellen in die Umgebung abgegeben wird<br>2. jedes bakterielle Toxin, das erst nach Lysis der Bakterienzelle freigesetzt wird |
| Enterotoxin: | jedes Toxin, das entweder mit der Nahrung aufgenommen wird oder im Darm von Bakterien produziert wird und Darmgewebe schädigt |
| Zytotoxin/-lysin: | jedes Toxin, das Körperzellen schädigt oder zerstört |
| Neurotoxin: | jedes Toxin, das auf die Übertragung normaler nervöser Erregungen Einfluss nimmt |
| Hämotoxin/-lysin: | jedes Produkt, das durch Beschädigung der Cytoplasmamembran von Erythrocyten eine Hämolyse verursacht |

**Tab. 2.2** Genetische Verankerung von bakteriellen Toxinen (Auswahl).

| Spezies | Plasmid(e) | Chromosom | Bakteriophage(n) |
|---|---|---|---|
| *Escherichia coli* | hitzelabile u. hitzestabile Toxine (*elt, est*) | Verotoxin 2e (*vtx* 2e) | Verotoxine (syn. Shigatoxine) außer Variante 2e (*vtx*, syn. *stx*) |
| *Vibrio cholerae* | | | Choleratoxin (*ctx*) |
| *Staphylococcus aureus* | Enterotoxin D (*ent*D) | | Enterotoxin A (*ent*A) |
| *Clostridium botulinum* | Neurotoxin G (*bot*G) | Neurotoxine A, B, E, F (*bot*A, *bot*B, *bot*E, *bot*F) | Neurotoxine C1, D (*bot*C1, *bot*D) |
| *Clostridium perfringens* | Enterotoxin (*cpe*) | | |

Aufgrund der pathophysiologischen Auswirkungen auf Gewebszellen werden viele bakterielle Toxine auch als Zytotoxine (z. B. Choleratoxin, Enterotoxine, Verotoxine, Clostridientoxine) und Zytolysine (z. B. Hämolysine, einige Phospholipasen) charakterisiert. Entsprechend ihrem Gewebstropismus werden einige Toxine weitergehend in Neuro- (z. B. von *Clostridium* (*C.*) *botulinum*) und Enterotoxine (z. B. von *Staphylococcus* (*S.*) *aureus*) differenziert. Zu erwähnen sind weiterhin die in ihrer Bedeutung erst in jüngster Zeit erkannten und als „Moduline" bezeichneten bakteriellen Toxine (z. B. bei Shigellen, Salmonellen und Yersinien). Diese werden über ein Typ III-Sekretionssystem, das bei gramnegativen Pathogenen weit verbreitet und für die Produktion und Sekretion von virulenzassoziierten Proteinen verantwortlich ist, in das Cytosol der Wirtszellen ausgeschleust. Dort interagieren die Moduline letztendlich mit Komponenten der Apoptosekaskade. Dieses kann die Immunkompetenz des befallenen Wirtes unterhöhlen [40]. Eine Übersicht zur Nomenklatur wichtiger mikrobieller Toxine ist in Tabelle 2.1 enthalten.

**Tab. 2.3** Einteilung von Lebensmittelinfektions-/-intoxikationserregern nach Art und Bildung des Toxins [43].

| Kategorie | Merkmal(e) | Bakterienspezies |
|---|---|---|
| 1 | präformiertes Toxin | *Staphylococcus aureus*<br>*Clostridium botulinum*, Typ A, B, C1, E, F<br>*Bacillus cereus* (nur emetisches Toxin) |
| 2 | Enterotoxinbildung im Darm, ohne Haftung an Mukosazellen | *Bacillus cereus* (Diarrhötoxin)<br>*Clostridium perfringens* |
| 3 | Toxinbildung im Darm, mit Haftung an Mukosazellen | *Escherichia coli*<br>*Vibrio cholerae*<br>*Vibrio parahaemolyticus*<br>*Vibrio vulnificus* |
| 4 | Toxinbildung nach Invasion der Mukosazellen | *Salmonella* spp. (nicht typhoid)<br>*Shigella* spp.<br>*Yersinia enterocolitica*<br>*Campylobacter jejuni/coli* |

Die Gene für bakterielle Toxine können sowohl im Chromosom als auch auf extrachromosomalen Elementen, den sog. Plasmiden, liegen. Weiterhin können Toxine phagencodiert sein. Eine Übersicht über die genetische Lokalisation einiger Toxine ist für wichtige Lebensmittelintoxikations- bzw. Toxiinfektionserreger in Tabelle 2.2 enthalten.

Bei den über Lebensmittel als Vektoren bedingten bakteriellen Intoxikationen kann als schädigende Ursache ein präformiertes, d. h. in das Lebensmittel abgegebenes Toxin in Frage kommen (z. B. von *S. aureus*), aber auch Toxine, die erst im Verdauungstrakt sezerniert werden (z. B. von *C. perfringens*). In letzterem Fall sollte die treffendere Bezeichnung „Toxiinfektion" gewählt werden, da eine Infektion mit dem Erreger der eigentlichen Intoxikation vorausgeht und somit deren Voraussetzung darstellt. Der Begriff „Lebensmittelvergifter", der noch vielfach gebräuchlich ist, ist anachronistisch und sollte nicht mehr verwendet werden. Unter Berücksichtigung der speziesspezifischen Toxinbildung sowie der unterschiedlichen Pathogenitätsmechanismen können die Erreger in vier, in Tabelle 2.3 gelistete Kategorien eingeteilt werden (modifiziert nach [43]).

## 2.2
### *Staphylococcus aureus*

**Charakterisierung des Erregers** Die Spezies *Staphylococcus* (*S.*) *aureus* gehört dem Genus *Staphylococcus* und damit der Familie der Micrococcaceae an. Es handelt sich um grampositive, katalase- und koagulasepositive, unbewegliche Kokken, die im mikroskopischen Präparat typischerweise in Traubenform zusammenliegen. Sie sind in der Lage, fakultativ anaerob zu wachsen. Diese Spezies kann, entsprechend ihrer Herkunft, in sechs Biotypen eingeteilt werden, und zwar in human, nicht-$\beta$-hämolytisch-human, aviär, bovin, ovin sowie nicht spezifisch [27].

**Virulenzfaktoren** Lebensmittelintoxikationen werden nur durch solche *S. aureus*-Stämme verursacht, die Enterotoxine zu bilden vermögen. Dabei handelt es sich um Exotoxine, die während des Wachstums synthetisiert und als präformierte Toxine aktiv in das Lebensmittel ausgeschieden werden. Es handelt sich um Pyrotoxine, die weiterhin als Superantigene wirken können, d.h. sie führen zu einer unspezifischen T-Zellproliferation. Die *S. aureus*-Enterotoxine (SE) lassen sich nach derzeitigem Kenntnisstand in 19 Varianten differenzieren, wobei es allein vom SEG sieben Varianten gibt [67, 80]. Zu den seit langem bekannten und mit den Buchstaben A bis E bezeichneten Toxinen (SEA–SEE) kamen in den letzten Jahren, insbesondere aufgrund molekular basierter Verfahren, weitere Varianten (SEG–SEO) hinzu [7, 53, 93]. Eine Sonderstellung nimmt das SEF ein, das aufgrund des dadurch hervorgerufenem Schocksyndroms als „Toxic-Shock-Syndrome-Toxin" (TSST) bezeichnet wird. Es spielt bei Lebensmittelintoxikationen aber keine Rolle. Die SE werden in den Bakterienzellen als Vorläufertoxine, gehäuft nach Beendigung der exponentiellen Wachstumsphase, gebildet. Beim Sezernierungsvorgang in das Lebensmittel werden daraus die eigentlichen Toxine abgespalten. Biochemisch handelt es sich um Einzelstrangproteine, die durch einen hohen Gehalt an Tyrosin, Lysin, Asparagin- sowie Glutaminsäure gekennzeichnet sind. Viele SE besitzen einen so genannten „Cystein-Loop", der möglicherweise für die emetische Wirkung von Bedeutung ist. Primärer Angriffsort scheinen die Mikrovilli und Mitochondrien der Mukosazellen des Jejunums zu sein, in denen über Stimulierung des Vagus das Brechzentrum gereizt wird.

Im Gegensatz zu den vegetativen *S. aureus*-Zellen sind die Enterotoxine außerordentlich widerstandsfähig gegenüber Proteasen (Trypsin, Chymotrypsin, Rennin, Pepsin, Papain); sie zeichnen sich weiterhin durch eine sehr hohe Hitzeresistenz aus [12]. Darauf beruht die Gefährlichkeit für den Menschen, da sie weder durch die küchenüblichen Kochprozesse noch nach Ingestion durch Verdauungsenzyme des Darmtraktes ausgeschaltet werden können. So wurde biologisch aktives Toxin noch bei einem F-Wert von 8,0 in Vollkonserven nachgewiesen. Der F-Wert dient in der Konserventechnologie als kennzeichnende Größe für die Lebensmittelsicherheit und die Haltbarkeit, und zwar als Summe aller Letaleffekte, die bei der Erhitzung auf vorhandene Mikroorganismen einwirken (1 F = Letaleffekte bei 121,1 °C im Verlaufe von einer Minute). Die *dosis infectiosa minima* beträgt für SEA ca. 0,1–1 µg, für SEB ca. 20–27 µg. Dieses ist aber auch von der Art der verzehrten Gerichte und der individuellen Empfindlichkeit abhängig [32]. Die Symptome bei einer SEB-Intoxikation sind zumeist erheblich gravierender, weshalb das SEB unter den „dirty dozen" als biologisches Kampfmittel aufgeführt ist [52]. Für eine Erkrankung ausreichende Toxinmengen sind erst ab Keimzahlen von ca. $10^5$–$10^6$ Kolonie bildende Einheiten (KbE)/g bzw. mL Lebensmittel zu erwarten. Aufgrund dieser relativ hohen Dosis ist es vertretbar, für *S. aureus* Schwellenwerte in Lebensmitteln zu tolerieren. So werden bis zu $5 \cdot 10^2$ KbE/g in Hackfleisch bzw. $10^3$ KbE/g in Milch toleriert. International wird als FSO-Wert (**f**ood **s**afety **o**bjective) ein Gehalt von $10^3$ KbE/g bzw. mL Lebensmittel für gesundheitlich unbedenklich angesehen. Dieses ist jeweils produktspezifisch zu sehen und gilt beispielsweise nicht für Säuglingsnahrung oder diätetische Lebensmittel.

**Erkrankung** Eine *S. aureus*-Lebensmittelintoxikation äußert sich in Übelkeit, Erbrechen, krampfartigen Bauchschmerzen, Durchfall mit entsprechenden Folgesymptomen, vor allem Exsikkose und Kreislaufstörungen. Fieber tritt zumeist nicht auf, vielmehr kommt es häufig zu Untertemperaturen. Da präformierte Toxine mit dem Lebensmittel aufgenommen werden, ist die Inkubationszeit mit 0,5–8 Stunden (Durchschnitt: 2–4 Stunden) sehr kurz. In aller Regel klingen die Symptome nach ein bis zwei Tagen wieder ab. Es handelt sich somit um eine selbstlimitierende Intoxikation. Lebensbedrohlich kann sie bei immunkompromittierten Personen (v.a. Kleinkinder, ältere Menschen) verlaufen.

Von den lebensmittelbedingten Intoxikationen sind die durch *S. aureus* verursachten nosokomialen Infektionen, insbesondere durch methycillinresistente Stämme (MRSA), abzugrenzen, ebenso wie *S. aureus*-Stämme, die exfoliative Toxine (ETA, ETB) bilden und das „**s**taphylococcal **s**calded **s**kin **s**yndrome" („SSSS") verursachen, eine Erkrankung, die auch als „Morbus Ritter von Rittershain" bekannt ist.

**Vorkommen** Reservoir enterotoxinbildender *S. aureus*-Stämme sind Haut und Schleimhäute, insbesondere des Nasen-Rachen-Bereiches, von Mensch und Säugetieren. Der Mensch erweist sich zu 15–40% als Träger, wobei 15–54% der dabei zu isolierenden Stämme auch SE-Bildner sind [12]. Nicht zuletzt diesem Umstand ist die in Verbindung mit Lebensmittelintoxikationen durch *S. aureus* geprägte Bezeichnung „foodhandler disease" zuzuschreiben. Neben der rein manuellen besteht auch eine Kontaminationsgefahr durch Niesen oder Husten (Aerosolbildung!). Personen mit infizierten Wunden (*S. aureus*: Eitererreger!) sowie Erkältungskrankheiten sind daher von direktem Kontakt mit Lebensmitteln rechtsverpflichtend nach dem Bundesinfektionsschutzgesetz (BInfSG) auszuschließen. Die im Lebensmittel anzutreffenden *S. aureus*-Stämme sind zu ca. 25% Enterotoxinbildner [12]. Die in Zusammenhang mit Erkrankungen durch *S. aureus* am häufigsten nachzuweisenden Enterotoxine sind SEA und SED. Das hängt mit der größeren Resistenz bzw. Toleranz bezüglich der intrinsischen (pH-, $a_w$- und $E_h$-Wert) und der extrinsischen Faktoren (insbesondere Temperaturführung) zusammen. In den USA erwiesen sich 77% der Intoxikationen als durch SEA, 37,5% als durch SED und 10% als durch SEB bedingt [7]. Dabei sind auch Mischintoxikationen von SEA und SED enthalten.

Eine Vielzahl recht unterschiedlicher Lebensmittel ist an Intoxikationen beteiligt: Fertige Fleischgerichte, gekochter Schinken („ham"), Pasteten, Milch und -erzeugnisse, Käse, Eiprodukte und eihaltige Zubereitungen, Cremes, Kuchenfüllungen, Speiseeis, Teigwaren sowie küchen- oder tischfertige Gerichte.

Wegen ihrer Resistenz gegenüber niedrigen $a_w$-Werten sind auch Trockenprodukte, z.B. aus Milch oder aus Eiern, immer wieder inkriminiert worden. Entsprechend den jeweiligen Herstellungs- und/oder Verzehrsgewohnheiten können sich von Land zu Land bzw. auch kontinental Verschiebungen bezüglich der Lebensmittelvektoren ergeben. So rangierten gemäß einer Studie aus Großbritannien für die Jahre 1969–1990 [110] mit 53% Fleischerzeugnisse bzw. Gerichte mit Fleischbeilagen sowie gekochter Schinken an vorderster Stelle, gefolgt von Intoxikationen durch Geflügel bzw. -erzeugnisse enthaltende Mahlzeiten (22%). Es folgten Milch (8%), Fisch und Muscheln (7%) sowie Eier (3%). Eine 2-Jahres-Studie (1999–2000) aus Frankreich, die auf 16 Ausbrüchen mit immerhin über 1600 Erkrankten beruht, weist mit 32% Milch und -erzeugnisse einschließlich Käse als Hauptintoxikationsquelle aus [44]. Danach folgen Fleisch (22%), Fleischerzeugnisse und „Pie's" (19%), Fisch und Meeresfrüchte sowie Eier und -produkte (jeweils 11%) bzw. Geflügel (9,5%). Eine Zusammenstellung für die USA (1975–1982) [38] führt mit 35% Fleisch und -erzeugnisse an, gefolgt von Salatzubereitungen (12,3%), Geflügel (11,3%) und Feingebäck (5,1%). Lediglich 1,4% der Intoxikationen waren auf Milcherzeugnisse bzw. Fisch zurückzuführen. Der bisher größte Ausbruch in der Bundesrepublik im Jahre 2001 mit 297 Erkrankten, von denen 218 stationär behandelt werden mussten, trat in einer Kindertagesstätte auf [85]. Eigentliche Ursache war gekochter Schinken, der zuvor angebraten, aber anschließend nicht sachgerecht gekühlt gelagert wurde. Es handelte sich um eine Kontamination mit SEA.

Ein hoher Eiweiß- und Wassergehalt sowie Temperaturen zwischen 10 °C und 40 °C begünstigen das Wachstum von *S. aureus* und damit auch die Enterotoxinproduktion. Erst NaCl-Gehalte über 12% (Senkung des $a_w$-Wertes) sowie pH-Werte ≤5 erzeugen eine Hemmung. Die Inhibition ist stark abhängig von der zugesetzten Säure: Essigsäure hat einen größeren inhibitorischen Effekt auf die Enterotoxinbildung als Milchsäure, die wiederum eine stärkere Wirkung zeigt als Sorbinsäure, die wiederum der Benzoesäure überlegen ist. Kühltemperaturen <10 °C verhindern zuverlässig das Wachstum von *S. aureus* und damit die Enterotoxinbildung. Gegenüber Gefriertemperaturen, selbst bei <–20 °C besteht Resistenz. Eine zuverlässige Unterdrückung der Vermehrung gelingt mit entsprechenden Starter- bzw. Veredelungskulturen bei fermentierten Lebensmitteln. Das Ausmaß dieser Inhibierung ist jedoch sehr stark von der verwandten Spezies bzw. dem eingesetzten Stamm abhängig. Dieses gilt für fermentierte Fleisch- ebenso wie für fermentierte Milcherzeugnisse. Für Rohwurst können *S. carnosus*- bzw. *Lactobacillus curvatus*-Stämme empfohlen werden. Solche Mikroorganismen wirken äußerst kompetitiv, d.h. *S. aureus* wird im Rahmen mikrobiozönotischer Prozesse zurückgedrängt. Andererseits besteht grundsätzlich ein erhöhtes Risiko, wenn erhitzte Lebensmittel nachträglich kontaminiert werden; hier fehlt die konkurrierende saprophytäre Begleitflora, die das Wachstum von *S. aureus* sehr effektiv unterdrücken kann [38].

## 2.3
## Clostridium botulinum

**Charakterisierung des Erregers** *Clostridium* (*C.*) *botulinum* ist ein obligat anaerob wachsendes, sporenbildendes, grampositives Stäbchen. Es ist peritrich begeißelt, 3–8 µm lang und 0,9–1,2 µm breit mit abgerundeten Enden. Clostridien zählen zur Sektion „Endosporen bildende grampositive Stäbchen und Kokken". Die Bezeichnung „*Clostridium*" leitet sich vom gleich lautenden lateinischen Wort für „Spindelchen", diejenige für „*botulinum*" von „botulus" (lat.: Wurst) ab. In über Millionen von Jahren haben Clostridien mit Sporenbildung und vegetativer Vermehrung eine biphasische Überlebensstrategie entwickelt. Sie sind ubiquitär verbreitet und abhängig von anaeroben Bedingungen und organischen Nährsubstraten (z. B. Kadaver). Die Sporen sind oval und liegen unter Auftreibung des Zellleibes subterminal („Tennisschläger"-artig). Basierend auf der serologischen Differenzierung der von *C. botulinum* gebildeten Toxine werden sieben Stammformen unterschieden (Typ A–Typ G), die nach primär phänotypisch ausgerichteten Kriterien wiederum in vier Gruppen untergliedert werden (Tab. 2.4). Diese Einteilung spiegelt durchaus die auf DNA-Homologiestudien sowie Sequenzierung von 16S- und 23S-rRNA-Genen beruhenden Analysen wider. Typ A-Stämme sind grundsätzlich proteolytisch, Typ E-Stämme grundsätzlich nicht proteolytisch. Unter den Typ B- und F-Stämmen existieren sowohl proteolytische als auch nicht proteolytische Stammformen.

**Tab. 2.4** Lebensmittelhygienisch bedeutsame Eigenschaften unterschiedlicher *Clostridium botulinum*-Gruppen [11, 49].

| Toxintyp | Gruppe | | | |
|---|---|---|---|---|
| | I<br>A, B, F | II<br>B, E, F | III<br>$C_1$, D | IV<br>G |
| Proteolyse | + | – | –/(+) | (+) |
| Glucose | + [a] | + | + | – |
| Mannose | – | + | + | – |
| Lipolyse | + | + | + | – |
| Optimale Wachstumstemperatur (°C) | 35–40 | 26–30 | 40 | 37 |
| Minimale Wachstumstemperatur (°C) | 10–12 | 3 (E)<br>8–10 (B, F) | 15 | 37 |
| Unterer pH-Grenzwert | 3,4–4,6 | 5,0 | 5,1–5,6 | |
| Unterer $a_w$-Grenzwert | 0,94 | 0,97 | 2,5 | 0,96–0,99 (pH-abhängig) |
| Inhibitorische [NaCl] % | 10 | 5 | 3 | >3 |
| $D_{100°C}$ der Sporen (min) | 12–25 | <0,1 | 0,1–0,9 | 0,8–1,12 |
| $D_{121°C}$ der Sporen (min) | 0,1–0,2 | <0,001 | 0,1–0,2<br>0,01 | 0,45–0,54 |

a) Glucose: stammabhängig positiv.

**Virulenzfaktoren** Diese Spezies kann unterschiedliche Botulinum-Neurotoxine (BoNT) bilden. Es handelt sich um Metalloproteasen. Sie sind mit den Buchstaben A–G belegt, wobei Typ C-Stämme mit BoNT C1, C2 und C3 weitere Varianten bilden können, von denen nur das C1-Toxin von lebensmittelhygienischer Relevanz ist. Die proteolytischen *C. botulinum*-Stämme der Gruppe I bilden eigenständige Proteasen zur Freisetzung des aktiven Neurotoxins, während die *C. botulinum*-Stämme der Gruppe II (B, E und F) auf die Verdauungsenzyme (z. B. Trypsin) des Wirtes angewiesen sind. In Abhängigkeit vom Typ und Stamm weisen BoNT ein Molekulargewicht von 230–900 kDa auf. Die BoNT werden zunächst als Polypeptid-Einzelstrang gebildet und anschließend proteolytisch in einen leichten (L-) und einen schweren (H-) Strang getrennt, bleiben jedoch über eine Disulfidbrücke verbunden. Durch diese enzymatische Spaltung wird die Wirksamkeit des Toxins um ein Vielhundertfaches gesteigert. Die BoNT liegen zunächst als Progenitorkomplex, d. h. kovalent an nicht toxische Proteine (ANTP: **a**ssociated **n**euro**t**oxic **p**rotein) gebunden vor. Erst ab pH-Werten über 8 dissoziieren diese, wobei grundsätzlich eine Reassoziation erfolgt, wenn der pH-Wert wieder sinkt. Diese Zusammenhänge sind von unmittelbarer Bedeutung für das Intoxikationsgeschehen. Dieser Komplex schützt die BoNT vor der Magensäure und ermöglicht den Übergang der BoNT in Blut- und Lymphbahn. Der Wirkungsmechanismus der BoNT lässt sich als vierstufige Kaskade mit Bindung, Internalisierung, Membrantranslokation und intrazellulärer Wirkung darstellen [81]. Die BoNT-Rezeptoren liegen auf der Plasmamembran des Motoneurons im Bereich der neuromuskulären Endplatte. Die Gencluster für die BoNT der Gruppen I und II liegen chromosomal, die Toxin-Gene bei Stämmen der Gruppe III bakteriophagen-, und diejenigen der Gruppe IV plasmidcodiert vor.

Die BoNT sind relativ hitzeempfindlich; Kochtemperaturen zerstören sie innerhalb von wenigen Sekunden. Allerdings sind bei 80 °C schon 3 min und bei 75 °C 30 min zur Inaktivierung von BoNT erforderlich. Grundsätzlich ist die Hitzeresistenz in trockenen sowie in fettreichen Lebensmitteln heraufgesetzt, in sauren (pH-Wert <5) oder alkalischen (pH >8) herabgesetzt. Die Sporen sind die hitzeresistentesten Lebensdauerformen überhaupt (s. Tab. 2.4).

**Erkrankungen** Bei der als Botulismus bezeichneten Erkrankung inhibieren Botulinumtoxine die Exozytose des Neurotransmitters Acetylcholin. Die Intoxikation ist daher durch ein neuroparalytisches Krankheitsgeschehen gekennzeichnet, das mit gastrointestinalen Störungen einhergeht und mit einer hohen Letalität verbunden sein kann. Milde Verlaufsformen sind ebenfalls bekannt. Entsprechend ihrer Neurotropie bewirken die Toxine nach anfänglichen gastrointestinalen Beschwerden Trockenheit des Mund-Rachen-Bereiches mit Heiserkeit und Schluckbeschwerden. Dem folgen Lähmungserscheinungen, die sich in Akkommodationsstörungen, Doppelsehen, Schlaffheit der Gesichts- sowie Schwäche von Zungen-, Nacken- und Extremitätenmuskulatur äußern. Bei weiterhin klarem Sensorium kann es zu fortschreitenden Lähmungen, auch der an der Atmung beteiligten Nerven, bis zum Atemstillstand mit Exitus kommen. Die Inkubationszeit beträgt in der Regel 12–36 h, kann aber bis zu zwei Wochen dauern; es sind aber auch Intoxikationen durch Typ E-Stämme bekannt, die innerhalb von 20–24 Stunden *post ingestionem* Todesfälle verursacht haben. Neben dem klassischen, durch Aufnahme des präformierten Toxins verursachten Botulismus treten auch Fälle des so genannten „infant botulism" auf. Dabei werden Botulinumsporen aufgenommen, die im Darmtrakt in die vegetative Zellform übergehen. Aufgrund der noch unzureichend entwickelten physiologischen Darmflora mit Dominanz der Bifidobakterien beim Säugling fehlt ein funktionierender Implantationsantagonismus, so dass sich die *C. botulinum*-Zellen ansiedeln und hernach das Neurotoxin bilden können. Dieses wird resorbiert und führt zu den bekannten Ausfallserscheinungen. Weiterhin steht *C. botulinum* (überwiegend Typ E) im Verdacht, ätiologisch am „sudden infant death syndrome" (SIDS) beteiligt zu sein [15].

Eine Sonderform des humanen Botulismus stellt eine echte Infektion mit den vegetativen Zellformen bei den Gruppe 1-Stämmen dar (Typ A und B), vor allem bei Patienten mit chronischen Darmentzündungen, nach intestinalen chirurgischen Eingriffen sowie bei antimikrobieller Therapie. Hierbei kommt es zu nekrotisierenden Läsionen der Mukosa.

**Vorkommen** Aufgrund der ubiquitären Verbreitung sind *C. botulinum*-Stämme bzw. deren Sporen bei nahezu allen Lebensmitteln tierischen und pflanzlichen Ursprungs anzutreffen. Die Fähigkeit zur Sporenbildung verleiht ihnen eine außerordentliche Resistenz gegenüber Umwelteinflüssen wie Hitze, Trockenheit, Sauerstoff, Strahlung und Umweltgiften. Die Vielzahl kontaminierter Lebensmittel ist daher nicht verwunderlich: Zwiebeln, Spinat, Knoblauch, Kohlarten, Honig, Fische und -produkte, weitere Meerestiere, Fleisch und -produkte sowie Milch und -produkte. Zumeist handelt es sich um eine geringgradige Kontamination, Ausnahmen sind allerdings bekannt. Aus Tabelle 2.5 wird die gewissermaßen ubiquitäre Grundbelastung durch *C. botulinum*-Sporen ersichtlich. Der

**Tab. 2.5** Vorkommen von *Clostridium botulinum*-Sporen in Lebensmitteln [28, 70].

| Lebensmittel | Land | %positiv | Typ |
| --- | --- | --- | --- |
| Schellfisch | USA | 24 | E |
| Lachs | USA | 8 | E |
| Lachs | Alaska | 100 | A |
| Hering, geräuchert | Schweden | 13 | E |
| Lachs, geräuchert | Dänemark | 2 | B |
| Aal, geräuchert | Baltische See | 20 | E |
| Schweinefleisch, roh | UK | 0–14 | A, B, C |
| Bacon, vakuumiert | UK | 4–73 | A, B |
| Gemüse | Italien | 4 | B |
| Gemüse/Obst | USA | 13 | A, B |
| Gemüse/Gewürze | ehem. UdSSR | 43 | A, B |

Verarbeitung und Lagerung von Lebensmitteln kommt vor diesem Hintergrund eine besondere Bedeutung zu. Hier sind insbesondere „sous vide"- und MAP-(„**m**odified **a**tmosphere **p**ackaged"-)Lebensmittel anzuführen, die von einer wachsenden Verbraucherschaft als „schonend behandelt" und damit bekömmlicher nachgefragt werden. Die intrinsischen ebenso wie extrinsischen Faktoren solcher „REPFED" (**re**frigerated, **p**rocessed **f**oods of **e**nlarged **d**urability) begünstigen das Wachstum einmal vorhandener Clostridien in solchen Erzeugnissen [71].

Auffällig ist eine geographische Verteilung der unterschiedlichen Toxinvarianten [45]: Bei Erkrankungen des Menschen steht das BoNT A in Großbritannien, Amerika, China und Argentinien, das BoNT B in Europa, das BoNT E in USA, Europa und Japan sowie das BoNT F in den USA und Dänemark im Vordergrund. BoNT C und D spielen in erster Linie als Tierseuchenerreger eine Rolle, Typ G ist bisher nicht in Lebensmitteln nachgewiesen worden. Am weitesten verbreitet sind proteolytische *C. botulinum*-Stämme mit einer Prädominanz in aquatischen Bereichen, insbesondere der nördlichen Hemisphäre (Nordeuropa, Alaska, nördliche Landesteile der USA). Die nicht proteolytischen *C. botulinum*-Typen B und E sind grundsätzlich weiter in der Natur verbreitet als die Typ F-Stämme. Vorkommen und Sporengehalt von Typ E-Stämmen sind in nordischen grundsätzlich höher als in anderen europäischen Ländern, in denen wiederum der Typ B dominiert. Die Ostsee mit ihren Anrainerstaaten gilt weltweit als am höchsten kontaminierte Gegend für *C. botulinum* Typ E-Stämme [48].

Eine größere Rolle spielt der Botulismus in Ländern, in denen das Einwecken von Gemüse und Obst üblich ist. So wurden für Polen im Zeitraum von 1970–1998 immerhin über 9500 Fälle registriert, von denen 1,85% letal verliefen [37]. In der Bundesrepublik wurden für die Dekade von 1988–1998 177, in Italien 412 und in Spanien 92 Fälle von Botulismus gemeldet [84]. In der Bundesrepublik traten 2003 acht und 2002 elf Fälle auf, von denen im Jahre 2002 vier als Säuglingsbotulismus gemeldet wurden [87]. In den USA wurden im Zeitraum von 1976–1996 1442 Fälle von Kinderbotulismus erfasst [103]. Hauptinfektionsquelle stellt Honig dar, der z.B. als Süßungsmittel für Tees eingesetzt wird. Der Gehalt an Sporen in inkriminierten Honigchargen lag ca. drei Log-Stufen über dem als üblich anzusehenden Gehalt von ca. $10^1$ KbE/kg. Als auslösendes Agens werden überwiegend Typ-A- sowie proteolytische Typ-B-Stämme nachgewiesen. Auch *C. butyricum* ist als Auslöser des infantilen Botulismus nachgewiesen worden [6].

## 2.4
### Bacillus cereus

**Charakterisierung des Erregers**  Unter den aeroben Sporenbildnern des Genus Bacillus kommt als Lebensmittelintoxikations-Erreger der Spezies *B. cereus* die größte Bedeutung zu. Nur sehr selten ist von Erkrankungen durch *B. licheniformis*, *B. subtilis*, *B. pumilus*, *B. brevis* oder *B. thuringiensis* berichtet worden. Sie gehören der Gruppe der „Endosporen bildenden grampositiven Stäbchen und

Kokken" an. Sie sind fakultativ anaerob wachsend, ubiquitär verbreitet und finden sich regelmäßig im Erdboden. *B. cereus*-Stämme können zwei unterschiedliche Toxine bilden; die durch diese verursachte Symptomatik im Erkrankungsfalle prägte die Bezeichnung einmal als „emetisches Toxin" sowie weiterhin als „Diarrhötoxin".

**Virulenzfaktoren**   Das emetische Toxin (= Cereulid) weist ein Molekulargewicht von ca. 1,2 kDa auf und wirkt nicht antigen [3]. Es ist gekennzeichnet durch eine außerordentliche Hitzeresistenz (125 °C für 90 min) sowie pH-Wert-Stabilität (2–11). Durch digestive Enzyme wird es nicht abgebaut; es ist fast immer mit dem Verzehr von Reisgerichten gekoppelt. Das Erbrechen wird wahrscheinlich durch die Bindung des Toxins an 5-HT$_3$-Rezeptoren, die die afferenten Fasern des *Nervus vagus* stimulieren, hervorgerufen. Die *dosis infectiosa minima* liegt bei ca. 8 µg Toxin/kg Körpergewicht [51]. Das Diarrhötoxin besitzt ein Molekulargewicht von ca. 40 kDa, ist relativ hitzestabil (56 °C für 30 min) und wird beispielsweise durch Trypsin inaktiviert. Das Toxin wird erst nach Aufnahme der vegetativen Zellen im Darmlumen gebildet und sezerniert [42]. Nach derzeitigem Kenntnisstand existieren fünf unterschiedliche Enterotoxine, bzw. -komplexe, von denen zwei so genannte „three component"-Enterotoxine als Hauptvirulenzfaktor für Diarrhöen durch *B. cereus*-Stämme gelten können [10]. Als gesichert kann die enterotoxische Wirkung des sog. Hämolysin BL Enterotoxins (HBL) und des „Nicht hämolytischen Enterotoxins" (NHE) angesehen werden.

**Erkrankung**   Im Vordergrund der diarrhöischen Erkrankungsform steht eine, in aller Regel milde verlaufende Diarrhö, die aber auch mit Bauchschmerzen und Übelkeit, selten Erbrechen, verbunden sein kann. Die Inkubationszeit beträgt 6–24 Stunden; zwar kann dieses Enterotoxin auch im Lebensmittel gebildet werden, die für eine Intoxikation erforderliche Menge setzt allerdings so viele vegetative Zellen voraus, dass das Lebensmittel bereits sinnfällig als verdorben vom Verbraucher abgelehnt werden würde. Intoxikationen durch das emetische Toxin treten nach einer Inkubationszeit von 1,5–4,5 h (15 min–11 h) auf. Als Leitsymptome stehen Übelkeit und Erbrechen, gelegentlich Durchfall, im Vordergrund. Diese Intoxikation dauert zumeist nicht länger als 12–14 h.

**Vorkommen**   *B. cereus* ist ubiquitär verbreitet und wird insbesondere im Boden, in Cerealien, Tierhaaren, frischem Wasser und Sedimenten nachgewiesen [65]. Entsprechend häufig wird der Erreger auch in Lebensmitteln tierischen und pflanzlichen Ursprungs kultiviert, wie Milch und -erzeugnisse, Fleisch und -erzeugnisse, Gewürze, Kräuter, Obst, Gemüse sowie insbesondere Cerealien. Säuglings- und Kleinkindernahrung waren ebenfalls häufig mit *B. cereus* kontaminiert. In Untersuchungen in der Bundesrepublik erwiesen sich 54% von 261 Proben als belastet [9]. Die Kontamination lag zumeist < $10^2$ KbE/g [9]. Der Gehalt in Lebensmitteln liegt zumeist < $10^3$ KbE/g bzw. mL, häufig sogar unter $10^2$ KbE/g bzw. mL, und damit unterhalb der als allgemein angesehenen *dosis infectiosa minima*, die bei $10^5$ bis $10^6$ KbE/g bzw. mL liegt [65]. Eine Kontamination von $10^3$/g sollte aber grundsätzlich nicht überschritten werden, da gelegentlich knapp darunter liegende Gehalte zu Erkrankungen geführt haben [42]. Auf der anderen Seite existieren Stämme, deren Infektionsdosis bei ca. $10^9$ KbE/g liegt. Lebensmittelassoziierte Erkrankungen treten überwiegend nach nicht adäquater Hitzebehandlung und/oder Lagerung auf. Zumeist dienen sporenbehaftete Cerealien oder Gewürze als Vektoren.

Erkrankungen durch emetisches Toxin werden vor allem aus Japan berichtet, wo dieser Typ nahezu 10-mal häufiger als der Diarrhötyp vorkommt, der wiederum in Europa und Nordamerika dominiert [65]. Eine Intoxikation durch das präformierte Toxin tritt nahezu ausschließlich beim Verzehr von stärkehaltigen Lebensmitteln wie Nudel-, insbesondere aber Reisgerichten auf. Nach Daten der Deutschen Gesellschaft für Ernährung waren im Zeitraum von 1993 bis 1997 bei den lebensmittelassoziierten Erkrankungen *B. cereus*-Stämme zu ca. 1,5% beteiligt. Es liegen aber Hinweise vor, dass *B. cereus*-Stämme an Ausbrüchen von Lebensmittelinfektionen und -intoxikationen im Bereich der Gemeinschaftsverpflegung durchaus ca. 20% ausmachen können [61]. In Ländern mit hohem Reisverzehr wie Taiwan, Japan und Thailand sind *B. cereus*-Stämme bei fast 30% aller erfassten lebensmittelbedingten Gruppenerkrankungen nachgewiesen worden [31].

Durch die übliche küchenmäßige Hitzebehandlung werden die vegetativen Zellen zuverlässig abgetötet, doch überdauern die Sporen. Da eine kompetitive Mikroflora fehlt, können bei hygienewidriger Temperaturführung (Aufbewahrung in Thermophoren nicht länger als zwei Stunden und nicht $\leq 65\,°C$) die Sporen zu vegetativen Zellen auskeimen, sich vermehren und dabei Toxine bilden. Es sind auch psychrotrophe Stammformen beschrieben worden, deren minimale Wachstumstemperatur zwischen $4\,°C$ und $7\,°C$ lag. Dazu zählt z. B. die innerhalb der *B. cereus*-Gruppe als *B. weihenstephaniensis* bezeichnete Spezies, die bei Milch und -erzeugnissen eine Rolle spielen kann [66]. Die Hitzeresistenz der Sporen ist stark von der Lebensmittelmatrix abhängig; so lag der $D_{100\,°C}$-Wert in Magermilch bei ca. 3, in Pflanzenölen bei ca. 17,5–30 min.

## 2.5
### *Clostridium perfringens*

**Eigenschaften des Erregers** *Clostridium* (*C.*) *perfringens* ist ein weltweit verbreitetes, Sporen bildendes, anaerob wachsendes, unbewegliches grampositives Stäbchen. Die Sporen liegen zentral oder subterminal. *C. perfringens*-Stämme sind physiologische Inhabitanden des Darmtraktes von Mensch und vielen Säugetieren in einer Größenordnung von ca. $10^2$–$10^4$ KbE/g. Es können serologisch und biochemisch fünf unterschiedliche Typen differenziert werden (A–E).

**Virulenzfaktoren** Insgesamt sind bisher nicht weniger als 16 Toxinvarianten bekannt. Die vier Majortoxine werden als Alpha ($\alpha$), Beta ($\beta$), Epsilon ($\varepsilon$) sowie Iota ($\iota$) bezeichnet. Das die gefürchtete nekrotisierende Enteritis („Darmbrand") vorwiegend auslösende Beta(β)-Toxin (Phosphorlipase) wird durch Typ C-Stämme verursacht. Zusätzlich sind das Delta(δ)-Toxin (Haemolysin) sowie das Theta(θ)-Toxin (Perfringolysin O) beteiligt.

Als eigentlicher Virulenzfaktor bei lebensmittelassoziierten Erkrankungen ist das von *C. perfringens* Typ A-Stämmen gebildete Enterotoxin (CPE) anzusehen. Es ist relativ hitzeempfindlich, die biologische Aktivität wird bei 60 °C innerhalb von 5 min zerstört. Obgleich das korrespondierende Gen in allen Typ-Stämmen nachgewiesen werden kann, sind bisher nur Typ A- und C-Stämme als Toxiinfektionserreger des Menschen in Erscheinung getreten. Voraussetzung für eine Erkrankung sind sehr hohe vegetative Zellzahlen von immerhin $10^6$ bis $10^8$ KbE/g bzw. mL. Die mit der Nahrung aufgenommenen Zellen sporulieren im Dünndarm und bilden dabei gleichzeitig das CPE, das bei der Lysis der Mutterzelle freigesetzt wird. Dieses ca. 36 kDa große Toxin ist ein hitzelabiles und pH-empfindliches Protein. Es bindet an Proteinrezeptoren der Mukosazellen, was mit einer Porenbildung einhergeht und innerhalb von Minuten zu einer Diarrhö führt. Sie kommt durch eine gesteigerte Abgabe von $Na^+$-, $Cl^-$-Ionen sowie Wasser in das Darmlumen im Jejunum und Ileum zustande [77].

**Erkrankung** Die Inkubationszeit beträgt 6–24 h. Die Erkrankung verläuft zumeist als milde Diarrhö, die selbstlimitierend nach ca. 24 h beendet ist [41]. Als weitere Symptome können Bauchschmerzen, weitaus seltener Erbrechen, auftreten. Fieber tritt zumeist nicht auf. In ca. 75% der Fälle erfolgt die Erkrankung nach Verzehr von Fleisch und -produkten, also proteinreicher Nahrung [54]. Eine traurige Berühmtheit erlangte die durch Typ C-Stämme verursachte als „pig bel" oder „pig eater disease" bezeichnete Erkrankung auf Neuguinea. Dort sind Süßkartoffeln Hauptnahrungsmittel, die hitzeresistente Trypsininhibitoren enthalten. Das gleichzeitig verzehrte, aber durch mildes Grillen nicht ausreichend durcherhitzte Schweinefleisch ermöglichte die ungehemmte Vermehrung von *C. perfringens*-Zellen. Einer nach Ingestion entsprechend hohen Toxinproduktion kann nicht mehr durch Trypsin entgegengewirkt werden [41]. Das als Hauptvirulenzfaktor wirkende β-Toxin wird normalerweise beim Verdauungsvorgang inaktiviert. Die Erkrankung, obgleich in unserem Lebensbereich äußerst selten anzutreffen, tritt vorwiegend bei Menschen mit reduzierter Aufnahme an Proteinen und dadurch bedingtem Mangel an proteolytischen Enzymen auf (überwiegende vegetarische Ernährung; Veganer!).

**Vorkommen** Die als humanpathogen geltenden Stammformen gehören den Typen A und C an. In Europa und den USA überwiegen Typ A-Stämme, die milde Diarrhöen verursachen. *C. perfringens*-Erkrankungen treten relativ häufig in industrialisierten Staaten auf [41]. Insbesondere im Rahmen der Gemeinschaftsverpflegung, wenn große Essensportionen nach küchenmäßiger Zubereitung längere Zeit in Thermophoren aufbewahrt werden, kommt es zur Toxiinfektion. Vor allem Fleisch und Geflügelfleisch enthaltende Mahlzeiten sind hier anzuführen. Der Eintrag über Gewürze kann ebenfalls erheblich sein. Wegen der relativ kurzen Erkrankungsdauer und des häufig milden Verlaufs werden Betroffene beim Arzt nicht vorstellig, sodass von einer entsprechend hohen Dunkelziffer ausgegangen werden muss. Untersuchungen aus Großbritannien belegen, dass *C. perfringens* zu 15–30% an den lebensmittelbedingten Erkrankungen beteiligt sind. Diese Zahlen dürften auch für den kontinentaleuropäischen Raum bzw. die USA realistisch sein [104].

Eine Kontamination, sei es bedingt durch Erde, Staub, Abwässer oder Fäkalien, insbesondere der Vegetation, ist grundsätzlich gegeben. Entsprechend umfangreich ist auch die Palette der mit dem Erreger bzw. seinen Sporen belasteten Lebensmittel. Damit kommt einer adäquaten Temperaturführung bei Herstellung, Lagerung und Distribution ganz besondere Bedeutung zu. Insbesondere sind längere oder nicht ausreichende Warmhaltezeiten zu vermeiden, da sie das Wachstum begünstigen würden. Ein rasches Abkühlen auf und eine Aufbewahrung bei <10 °C weiter zu verwendender Speisen verhindert zuverlässig die Vermehrung.

*C. perfringens* kann sich bei Temperaturen zwischen 43 und 47 °C mit einer Generationszeit von ca. 15–20 min vermehren. In zuvor erhitzten Lebensmitteln gehen vorhandene Sporen sehr schnell in die vegetative Zellform über, die selbst allerdings sehr hitzeempfindlich ist. Diese wird bei üblichen Kochtemperaturen in wenigen Sekunden inaktiviert. Vegetative Zellen sind ebenfalls sehr empfindlich gegenüber Gefriertemperaturen. Unter einem $a_w$-Wert von 0,95 findet keine Vermehrung der vegetativen Zellen, unterhalb von 0,98 keine Versporung mehr statt. Die pH-Grenzwerte liegen bei 5,0 bzw. 9,0 für vegetative Zellen sowie bei 6,0 bzw. 7,0 für die Versporung. *C. perfringens* kann sich bei $E_h$-Werten zwischen –125 mV und +350 mV (!) vermehren. Die Hitzeresistenz der Sporen ist je nach Matrix sehr unterschiedlich ausgeprägt. Die D-Werte bei 100 °C können durchaus bei bis zu 30 min liegen.

## 2.6
*Escherichia coli*

**Taxonomie** *Escherichia* (*E.*) *coli* gehört als gramnegatives, katalasepositives, oxidasenegatives, fakultativ anaerob wachsendes Stäbchenbakterium der Familie der Enterobacteriaceae an. Die außerordentliche Vielfalt von unterschiedlichen Stammformen dieser Spezies spiegelt sich allein serologisch wider. So sind bisher 178 somatische (O), über 70 Geisel- bzw. Flagellen- (H) sowie mehr als 90 Kapselantigene (K) bekannt. Die serologische Feintypisierung von *E. coli*-Stämmen besitzt eine gewisse Bedeutung für die Zuordnung zu bestimmten Pathogruppen, insbesondere bei **entero**pathogenen *E. coli* (EPEC). Die überwiegende Mehrzahl der *E. coli*-Stämme ist jedoch kommensalisch und physiologischer Inhabitand des Darmtraktes nahezu aller Säugetiere, des Menschen und der Vögel.

**Toxinogene *E. coli*-Pathogruppen** Zu den in Lebensmitteln anzutreffenden *E. coli*-Pathogruppen zählen die **entero**toxischen *E. coli* (ETEC) sowie die Verotoxin

**Tab. 2.6** Einteilung enterovirulenter *E. coli*-Stämme.

| Akronym | Bezeichnung | Unterteilung | Virulenzfaktoren | Erkrankung |
|---------|-------------|--------------|------------------|------------|
| ETEC | Enterotoxinogene *E. coli* | LT+-Stämme[a], ST+-Stämme[b] | Enterotoxine, Haftungsfaktoren | Reisediarrhö |
| VTEC | Verotoxinogene *E. coli* („low/trace/high level toxin producer") | | Verotoxine | Diarrhö (HC[c], HUS[d]) |
| EHEC | Enterohämorrhagische *E. coli* | | Verotoxine, Haftungsfaktoren, Enterohämolysin, Virulenzplasmid | Diarrhö, HC, HUS, TTP[e] |
| EPEC | Enteropathogene *E. coli* | class I, class II | Haftungsfaktoren | Säuglingsdiarrhö |
| EIEC | Enteroinvasive *E. coli* | | Invasivität | Ruhrähnliche Erkrankung |
| EAggEC | Enteroaggregative *E. coli* | | Enterotoxine, Haftungsfaktoren | Diarrhö |
| DAEC | Diffuse adhering *E. coli* | | Adhäsion | (infantile Diarrhö) |
| CLDTEC | Cytolethal distending toxin-producing *E. coli* | | Adhäsion, Toxin | infantile Diarrhö |

a) hitzelabile Toxine.
b) hitzestabile Toxine.
c) Hämorrhagische Colitis.
d) Hämolytisch-urämisches Syndrom.
e) Thrombotisch thrombozytopenische Purpura.

bildenden *E. coli* (VTEC). Die letztere Gruppe wird synonym auch als Shigatoxin bildende *E. coli* (STEC) bezeichnet [1]. Es handelt sich bei diesen Stämmen um Toxiinfektionserreger, d.h. Toxine werden erst nach Aufnahme der vegetativen Zellen im Wirtsorganismus gebildet und abgegeben.

Als gelegentlich in Lebensmitteln anzutreffende Pathogruppen sind neben den bereits aufgeführten EPEC die enteroinvasiven *E. coli* (EIEC) zu erwähnen. Enteroadhärente *E. coli* (EAEC), enteroaggregative *E. coli* (EAggEC) sowie einige weitere, jeweils nach Art ihrer Haftung bzw. Bindung an spezifische Zelllinien zu charakterisierende Gruppen spielen als lebensmittelassoziierte Krankheitserreger keine bzw. nur eine sehr geringe Rolle. In ihrer Gesamtheit lassen sich die gesundheitlich bedenklichen *E. coli*-Stämme als enterovirulente *E. coli* (EVEC) zusammenfassen (Tab. 2.6).

ETEC-Stämme können unterschiedliche, plasmidcodierte hitzelabile (LT) und/ oder hitzestabile Toxine (ST) bilden [101]. Die hitzelabilen Toxine, die in eine LT1- und eine LT2-Gruppe unterschieden werden, zeigen eine enge biologische und immunologische Verwandtschaft zum Choleratoxin (CT) von *Vibrio cholerae*. LT besteht aus fünf B-Untereinheiten mit jeweils einem Molekulargewicht von ca. 11,5 kDa und einer A-Untereinheit mit einem Molekulargewicht von ca.

25 kDa. Während eine B-Untereinheit für die Bindung an die Epithelzellen des Darmes (GM1-Gangliosid) verantwortlich ist, aktiviert die A-Untereinheit nach Eindringen in die Mukosazelle die Adenylatcyclase. Durch Anhäufung von cyclischem Adenosinmonophosphat (cAMP) wird die Flüssigkeitssekretion aus den Kryptenzellen verstärkt und gleichzeitig die Flüssigkeitsresorption durch die Zottenzellen verhindert. Dieser Mechanismus führt zu einer starken Flüssigkeitsabsonderung in das Dünndarmlumen, mit der Folge einer sekretorischen Diarrhö. Sie kann choleraähnlich ausgeprägt sein. LT werden bei einer Erhitzung von 65 °C für 30 min zuverlässig inaktiviert.

Die ST-Gruppe umfasst zwei Haupttoxinvarianten, und zwar das ST1 und das ST2, auch als STa und STb bezeichnet. Es handelt sich um Polypeptide mit einem niedrigen Molekulargewicht (2–4 kDa), die daher nur schwach immunogen wirken. Aufgrund der ursprünglichen Isolation aus verschiedenen Spezies kann weiterhin STa in STaH (=human) und STaP (=porcin) unterteilt werden. Eine Hitzebehandlung von 100 °C über 30 min zerstört die ST nicht. Ihre Wirkung beruht auf einer Aktivierung der Guanylatcyclase; als Folge sammelt sich cyclisches Guanosinmonophosphat (cGMP) an, das eine Flüssigkeitsabgabe aus den Mukosazellen in das Darmlumen bewirkt. Bedeutender ist jedoch die gleichzeitig induzierte Behinderung der Flüssigkeitsresorption.

**Erkrankung**  Klinisch äußert sich diese Toxiinfektionskrankheit beim Menschen durch eine plötzlich einsetzende, choleraähnliche Diarrhö nach einer Inkubationszeit von 14–50 Stunden. Fieber und Erbrechen werden selten beobachtet. Betroffen sind vor allem Kleinkinder in Endemiegebieten sowie Reisende. ETEC gelten als Hauptverursacher der so genannten Reisediarrhö; 20–40% der Fälle werden diesem Erreger zugeschrieben.

**Vorkommen**  Als Vektor kommen vor allem kontaminierte Lebensmittel sowie Trinkwasser in Betracht [82]. Die Krankheit ist vor allem in Ländern mit warmem, feuchtem Klima endemisch. In industrialisierten Ländern mit hohem Hygienestandard wird nur vereinzelt von ETEC-Ausbrüchen berichtet. Unter den im Jahr 2003 nach BInfSG gemeldeten *E. coli*-Pathogruppen (ohne EHEC) entfielen 2,3% der Meldungen auf ETEC. Ausbrüche in den USA wurden auf den Verzehr von kontaminiertem Weichkäse, Salat bzw. Krabbencocktail zurückgeführt.

**Verotoxinogene E. coli (VTEC)**  Die VTEC-Gruppe ist erst seit relativ kurzer Zeit bekannt. Namensprägend ist das Vermögen zur Verotoxinbildung. Innerhalb der VTEC-Gruppe gibt es mit den enterohämorrhagischen *E. coli* (EHEC) hochpathogene Stammformen, die mit Abstand die bedeutendste *E. coli*-Pathogruppe darstellen. Die Erstbeschreiber [64] entdeckten ein bis dahin nicht bekanntes Toxin, das in den so genannten Verozellen irreversible cytopathomorphologische Defekte verursachte und nannten dieses, nur von bestimmten *E. coli*-Stämmen gebildete Toxin entsprechend Verotoxin (Vtx). Nach einer internationalen Vereinbarung können die Verotoxine (Vtx) alternativ auch als Shigatoxine (Stx), die diese bildenden Stämme als Shigatoxin bildende *E. coli* (STEC) bezeichnet werden [2]. Sie sind aufgrund der biologischen und immunologischen Verwandtschaft des von *Shigella dysenteriae* Typ 1 gebildeten Toxins so benannt. Dieses trifft für das Vtx1 weitgehend, für das Vtx2 nur bedingt zu. Die Bedeutung als Lebensmitteltoxiinfektions-Erreger wurde in Verbindung mit hämorrhagischen Diarrhöen nach dem Verzehr von unzureichend erhitzten „Hamburgern" in den USA erkannt [96]. Schwerwiegende Erkrankungen mit etlichen Todesfällen waren auf *E. coli*-Stämme des Serovars O157:H7 zurückzuführen, der als Protopathotyp der EHEC-Gruppe anzusehen ist. Inzwischen sind weit über 200 *E. coli*-Serovare in Verbindung mit menschlichen Erkrankungen bekannt [2].

Es gibt mittlerweile eine Vielzahl von VT-Varianten, die, mit Ausnahme des chromosomal verankerten VT2e, bakteriophagencodiert sind. Neben dem Botulinumtoxin gelten sie als die stärksten natürlichen Gifte überhaupt. Während die VT1-Gruppe in sich sehr homogen und von Shigatoxin nur durch drei Aminosäuren unterscheidbar ist, erweist sich die VT2-Gruppe als sehr heterogen. Vom VT1 sind bisher drei [91], vom VT2 nicht weniger als sechs Varianten bekannt [19, 69, 97].

Die Toxine bestehen zum einen aus einer aktiven Untereinheit A, wobei ein größerer Teil dieser Untereinheit (A1: 28 kDa) enzymatisch wirksam und der andere (A2: 4 kDa) für die Bindung an die B-Untereinheiten zuständig ist. Weiterhin existieren fünf B-Untereinheiten, die für die Bindung an die Zielzellen verantwortlich sind. Die Hauptrezeptoren für die Verotoxine sind die Globotriosylceramid-($Gb_3$-)Rezeptoren, die sich auf der Oberfläche von eukaryotischen Zellen befinden [72]. Nieren, Pankreas, Kolon und das zentrale Nervensystem sind mit einer besonders hohen Rezeptorendichte ausgestattet. Nach Bindung wird das Verotoxin über eine Rezeptor vermittelte Endocytose in die Zelle aufgenommen und durch den Golgi-Apparat zum eigentlichen Angriffsort transportiert. Verotoxine hemmen die Proteinbiosynthese auf Ebene der 60S ribosomalen Untereinheit der Wirtszellen, was letztendlich zum Zelltod führt. Diese Wirkung ist vergleichbar mit der durch das Pflanzengift Rizin verursachten irreversiblen Schädigung [30].

Bei den EHEC-Stämmen, die schwerwiegende Krankheitsbilder hervorrufen, kann, von wenigen Ausnahmen abgesehen, regelmäßig das *eae*-Gen („*E. coli* **a**ttaching and **e**ffacing"), das für einen als Intimin bezeichneten Haftungsfaktor codiert, nachgewiesen werden [56, 95]. Dieser Virulenzfaktor vermittelt eine innige Verbindung der Bakterien- mit der Mukosazelle, wobei der Bürstensaum irreversibel geschädigt wird. Dieses Gen ist bei bestimmten Serovaren wie O157:H7/H$^-$, O26:H11/H$^-$, O111:H2/H$^-$, O103:H2/H8/H$^-$, O145:H28/H$^-$ sowie O118:H16 regelmäßig anzutreffen. Stämme dieser Serovare werden in der Bundesrepublik zu über 90% bei schwerwiegenden Krankheitsverläufen nachgewiesen [14].

**Erkrankungen** Im Durchschnitt treten nach 3–5, mitunter bis zu 9 Tagen nach Infektion kolikartige Darmkrämpfe mit nachfolgender wässriger Diarrhö auf. Gelegentlich wird leichtes (!) Fieber und Erbrechen festgestellt. In etwa 20% der

Fälle kommt es zu einem blutigen Durchfall (hämorrhagische Colitis: HC). Bei Ausbleiben von Komplikationen heilt die Erkrankung nach etwa einer Woche ab. Ein blutiger Durchfall stellt stets einen Risikofaktor für extraintestinale Komplikationen dar. Bei ca. 5–10% bis hin zu 20% der Fälle, insbesondere bei Kindern unter sechs Jahren, entwickelt sich ein Hämolytisch-urämisches Syndrom (HUS). Seltener tritt eine Thrombotisch-thrombocytopenische Purpura (TTP; Synonym: Moschkowitz-Syndrom) auf und/oder neurologische Komplikationen [14]. Das klinische Bild eines HUS ist als eine Trias von akutem Nierenversagen, Thrombozytopenie und mikroangiopathischer hämolytischer Anämie definiert [57]. EHEC-Stämme der Serovare O157 und O26 besitzen eine minimale Infektionsdosis von einigen wenigen Zellen.

Neben den Hauptsymptomen wird eine Beteiligung von VTEC bei chronisch-entzündlichen Darmerkrankungen des Menschen (Morbus Crohn, Colitis ulcerosa) diskutiert. Zu den intestinalen Komplikationen zählen chronische Colitiden beim adulten Menschen sowie nekrotisierende Colitiden mit Möglichkeit einer Darminvagination beim Säugling. Extraintestinale Komplikationen stellen hämolytische Anämien, toxischer Myocardschaden, Pankreatitis und Multiorganversagen dar. 10–30% der HUS-Fälle enden mit lebenslangen Schäden wie Bluthochdruck oder terminaler Niereninsuffizienz, die zu einer Dialysepflicht oder Nierentransplantation führen kann und bei etwa 10% mit dem Tod des Patienten endet [83].

**Vorkommen** Das genuine Reservoir der VTEC- und darunter befindlicher EHEC-Stämme sind weltweit kleine und große Wiederkäuer, ebenso Wildwiederkäuer. Bezogen auf die Rinderbestände liegen die Prävalenzen in der Bundesrepublik teilweise bei 100%, wobei zwischen ca. 6% und ca. 90% der Einzeltiere symptomlose VTEC-Ausscheider sind [17, 39]. Vergleichbare Prävalenzdaten liegen aus Europa, den USA, Kanada und Japan vor [20, 111]. Eine besondere epidemiologische Situation ergibt sich für *E. coli* O157. Während Stämme dieses Serovars im kontinentaleuropäischen Raum relativ selten nachzuweisen sind, existieren in den USA, Kanada, Schottland sowie Japan ausgesprochene Endemiegebiete.

Hauptinfektionswege für den Menschen sind der direkte Tierkontakt, die Mensch-zu-Mensch-Übertragung („Schmierinfektion") sowie rohe bzw. nicht ausreichend erhitzte Lebensmittel von Wiederkäuern [79]. Auch Lebensmittel pflanzlichen Ursprungs (Obst, Gemüse, Kräuter) sowie daraus hergestellte Erzeugnisse (Säfte) ebenso wie Wasser haben wiederholt Erkrankungen verursacht. Zumeist waren die Kontaminationen mit EHEC auf fäkale Verunreinigungen aus dem Tierhaltungsbereich zurückzuführen. Dieser Kreislauf ist schwer zu durchbrechen, zumal er durch belebte (Fliegen, Schadnager, Vögel) und unbelebte Vektoren (Wasser, Futter) aufrecht erhalten wird [16].

Pathogene *E. coli*-Stämme werden durch küchenübliche Erhitzungen zuverlässig abgetötet. Damit kommt der Personalhygiene sowie der küchentechnischen Aufbewahrung und Aufbereitung der Speisen besondere Bedeutung zu. Der erste O157-Ausbruch in der Bundesrepublik ereignete sich in einer Kindertagesstätte durch symptomlos ausscheidendes Personal, das aufgrund hygienewidrigen Verhaltens eine Vielzahl von Lebensmitteln kontaminiert hatte [113].

## 2.7 Vibrio spp.

**Charakterisierung der Erreger**  Das Genus *Vibrio* gehört zur Familie der Vibrionaceae und weist innerhalb der insgesamt 41 Spezies mit *V. cholerae*, *V. parahaemolyticus* und *V. vulnificus* auch Krankheitserreger des Menschen auf. Vibrionen sind gramnegative, gekrümmt erscheinende Stäbchenbakterien, die aufgrund einer zumeist polar angeordneten Geißel beweglich sind. Sie sind fakultativ anaerob.

### 2.7.1 Vibrio cholerae

Als Krankheitserreger des Menschen sind innerhalb dieser Gattung am häufigsten *V. cholerae*-Stämme anzutreffen, die serologisch in drei Gruppen eingestuft werden können: Serogruppe O:1, non-O:1/non-O:139 sowie O:139-Stämme. Nur Stämme der Serogruppen O:1 sowie O:139 bilden das Choleratoxin (CT). Sie werden in zwei Biotypen unterteilt, nämlich *V. cholerae classical* und *V. cholerae eltor*.

**Virulenzfaktoren**  Hauptvirulenzfaktor ist bei den O:1- und O:139-Stämmen das Choleratoxin (CT), bei dem es sich um ein hitzelabiles, hochwirksames Enterotoxin handelt. Nach Aufnahme in die Dünndarmzellen aktiviert das CT die Adenylatcyclase, infolgedessen kommt es über den Anstieg des cAMP mit nachfolgender Aktivierungskaskade unterschiedlicher zellulärer Substanzen (Proteinkinasen, Prostaglandine, Neuropeptide) zu einer erheblichen Steigerung der $Cl^-$-Sekretion in das Darmlumen. Dabei werden durch osmotische Kräfte gleichzeitig $Na^+$-Ionen und Wasser entzogen, was letztendlich zu den typischen reiswasserartigen Durchfällen führt. Neben diesem Haupttoxin spielen im Virulenzgeschehen der O:1- und O:139-Stämme auch das „**Z**oonula **o**ccludens-**T**oxin" (Zot) sowie das „**a**ccessory **c**holera **t**oxin" (Ace) als weitere enterotoxische Faktoren eine Rolle [99]. Weiterhin ist ein 17 Aminosäuren umfassendes hitzestabiles Enterotoxin (NAG-ST) nachgewiesen worden, ebenso wie verschiedene Hämolysine (z. B. das El Tor-Hämolysin). Die initiale Kolonisation an die Dünndarmzellen dieser Stämme wird über einen als „**t**oxin **c**oregulated **p**ilus" (TCP) bezeichneten Virulenzfaktor vermittelt. Bei non-O:1/non-O:139-Stämmen kommt ein choleratoxinähnliches, jedoch weitaus schwächer wirkendes Toxin neben dem „NAG-ST" sowie Hämolysinen vor [99].

**Erkrankung**  Bereits 1884 beschrieb Robert Koch den „Komma-Bazillus" als Auslöser der asiatischen Cholera [62]. Dabei handelte es sich um *V. cholerae* O:1, der bisher in sieben Pandemien aufgetreten ist. Immer wieder ist es zu schwerwiegenden Ausbrüchen gekommen, wie z. B. 1994 in einem Flüchtlingslager mit mehr als 600 000 Erkrankten und ca. 45 000 Todesfällen [106]. Ein bis dahin unbekannter Serovar, *V. cholerae* O:139, verursachte 1992 eine Epidemie in Indien und Bangladesch mit über 100 000 Fällen sowie nahezu 1500 Toten, allein in den ersten drei Monaten [4]. Die globale Inzidenz wird mit ca. acht Millionen Fällen pro Jahr angegeben, wobei ca. 124 000 Todesfälle auftreten [13].

*V. cholerae* O:1 und O:139 verursachen nach einer dosisabhängigen Inkubationszeit von wenigen Stunden bis maximal sieben Tagen reiswasserähnliche profuse Durchfälle. Sie können innerhalb kürzester Zeit zur Dehydratation führen. Unbehandelt ist mit einer Letalität von bis zu 70% zu rechnen, wobei der Exitus bereits nach 6–8 Stunden eintreten kann. Wasserverluste von bis zu einem Liter pro Stunde sind keine Seltenheit. Bei rechtzeitiger und ausreichender Therapie (vor allem Elektrolyt- und Wasserersatz) kann die Letalität auf unter 1% gesenkt werden. Während der Erkrankung werden $10^7$–$10^8$ Erreger/mL Stuhl ausgeschieden. Die minimale Infektionsdosis liegt zwischen ca. $10^2$–$10^4$, abhängig vom Ernährungszustand des Betroffenen und auch einer gewissen individuellen Empfindlichkeit.

**Vorkommen** Vibrionen können der autochthonen Mikroflora von Küstengewässern zugerechnet werden; sie kommen im freien Wasser ebenso wie im Sediment vor. Innerhalb der zumeist CT-negativen Vibrionen können gesundheitlich bedenkliche Stämme in diesen Habitaten über Jahre persistieren. So findet sich z. B. ein bekannter CT-positiver O:1-Stamm seit mehr als 20 Jahren in Gewässerregionen der Golfküste der USA. *V. cholerae* besiedeln Plankton und verschiedene Meerestiere wie Fische, Krusten- und Schalentiere, insbesondere Garnelen und Muscheln. Eine gewisse Saisonalität ist durch unterschiedliche Wassertemperaturen bedingt. Sie lassen sich regelmäßig bei Temperaturen zwischen 20 °C und 35 °C nachweisen, während sie sich bei Temperaturen unterhalb von 16 °C oder anderen ungünstigen Umweltbedingungen dem kulturellen Nachweis entziehen („viable but non culturable state") [112]. Die Infektion erfolgt sowohl von Mensch zu Mensch als auch über – und dieses ist bei großen Seuchenzügen regelmäßig der Fall – fäkal kontaminiertes Trinkwasser und Lebensmittel. Vor allem müssen Rekontaminationen bereits verzehrsfertiger Speisen verhindert werden, weil sich Vibrionen auf gegarten Lebensmitteln, vor allem auf Reis, besonders gut vermehren, da die Konkurrenzflora abgetötet ist, und matrixbedingte Inhibitoren zerstört sind. *V. cholerae* übersteht problemlos niedrige Temperaturen, z. B. in Fisch bis zu 25 Tage; bei gefrorenem Fisch konnten *V. cholerae*-Zellen noch nach 180 Tagen nachgewiesen werden. In lebenden Austern und Muscheln halten sie sich wenigstens 1,5 Monate.

## 2.7.2
### *Vibrio parahaemolyticus*

Bei *V. parahaemolyticus* handelt es sich um eine obligat halophile Spezies, d. h. bei der Kultivierung muss den Medien NaCl (2–4%ig) zugesetzt werden. Die Pathogenität beruht auf verschiedenen Faktoren: Der primäre Virulenzfaktor ist ein als TDH (**t**hermostable **d**irect **h**emolysin) bezeichnetes Hämolysin, das auf dem sog. Wagatsuma-Agar (Blutagar mit humanen Erythrozyten und 7% NaCl-Zusatz) eine β-Hämolyse verursacht, die als Kanagawa-Phänomen charakterisiert wird. Es korreliert mit der Humanpathogenität. Es handelt sich um ein Enterotoxin, das eine Cl$^-$-Sekretion induziert, wobei interzellulär nicht cAMP, sondern Ca$^{++}$ als „second messenger" fungiert [92]. Dabei wird die Gefäßpermeabilität gesteigert. Dieses Enterotoxin ist auch kardiotoxisch. Als weitere Virulenzfaktoren sind ein Shiga-like-Cytotoxin sowie verschiedene Adhäsionsfaktoren nachgewiesen worden [26].

*V. parahaemolyticus* wurde erstmalig 1950 in Osaka, Japan, ermittelt. Eine Erkrankung durch diesen Erreger tritt nach einer Inkubationszeit von 4–96 Stunden auf und äußert sich als Gastroenteritis mit Durchfallgeschehen. Sie ist in aller Regel selbstlimitierend und dauert 2–5 Tage an. Regelmäßig treten starke Bauchschmerzen mit Krämpfen auf. Ca. 30% der Betroffenen zeigen leichtes Fieber sowie Erbrechen. Die Letalität ist, mit Ausnahme bei Kindern und älteren Menschen, sehr gering; sehr selten ist über Erkrankungen mit blutigem Durchfall berichtet worden. *V. parahaemolyticus* spielt vor allem im fernöstlichen Raum eine Rolle (Indien, Thailand, Philippinen, Vietnam), wobei Japan besonders hervorzuheben ist. Ca. 70% aller lebensmittelassoziierten bakteriellen Erkrankungen werden in diesem Land durch diesen Erreger verursacht. Auch in anderen Ländern ist es immer wieder zu Erkrankungen gekommen; so z. B. in den USA zwischen 1973 und 1987 mit über 20 Ausbrüchen und ca. 1600 Erkrankten. Rohe oder unzureichend erhitzte Seefische und Meeresgerichte (Austern, Muscheln, Krabben, Hummer) sind die häufigsten Vektoren, nicht selten auch über eine Rekontamination durchgegarter Lebensmittel. Zu Beginn des Jahres 2005 erkrankten über 6300 Menschen nach dem Verzehr von Austern, Muscheln und anderen Meerestieren in Chile [90]. Auch aus Spanien ist ein Ausbruch mit 64 Erkrankten nach dem Verzehr von rohen Austern bekannt geworden [74].

### 2.7.3
*Vibrio vulnificus*

Die Bezeichnung dieses Erregers (lat.: vulnus = Wunde) deutet bereits auf die primäre Infektionspforte hin. *V. vulnificus* ist seit Mitte der 1970er Jahre als Wundinfektionserreger durch Seewasser bekannt. Diese schwach halophile Spezies lässt sich in zwei Biotypen unterteilen, von denen bisher nur die indolpositive Variante als Lebensmittelinfektionserreger in Erscheinung getreten ist. Grundsätzlich zeichnen sich Stämme dieser Spezies durch ein außerordentlich hohes Invasionsvermögen aus. Einmal invadierte Zellen entziehen sich der Phagozytose und schützen sich aufgrund ihrer Polysaccharidkapsel vor der Komplementinaktivierung. Weiterhin verfügt dieser Erreger über ein Zytolysin.

Die Erkrankung, die nach einer Inkubationszeit von 7–24 Stunden, selten mehrere Tage, auftritt, verläuft als primäre Septikämie mit Fieber, Schüttelfrost, Schwindel und Übelkeit. Gastroenteritiden sind selten. Bei zwei Drittel der Betroffenen entwickeln sich infolge dieser Erkrankung schwere Hautläsionen, die gelegentlich Amputationen erforderlich machen. Die Letalität liegt mit 40–60% außerordentlich hoch. Es gibt eine gewisse Prädisposition bei Menschen mit chronischen Grunderkrankungen, die eine Immunkompromittierung bewirken (z. B. Diabetes mellitus, Alkoholabusus, Lebererkrankungen). Der Erreger wird vor allem in Muscheln, Krabben und Seefischen nachgewiesen, Hauptinfektionsquelle sind rohe Austern. Insbesondere bei hohen Aufbewahrungstemperaturen (>25 °C) kann sich dieser Erreger sehr schnell vermehren. In Nordamerika ist *V. vulnificus* für 95% aller durch den Genuss von Meeresfrüchten assoziierten Todesfälle verantwortlich. In Deutschland war der Erreger bis 1994 praktisch unbekannt: Über eine geringgradige Hautverletzung infizierte sich eine ältere Frau in der Ostsee beim Wassertreten. In der Folge entwickelte sich eine Septikämie. Mittlerweile sind diese Erreger in mehreren Küstenstaaten Europas nachgewiesen worden, allerdings nur bei Wassertemperaturen, die längere Zeit über 21 °C betrugen. So traten im sehr heißen Sommer 2003 zwei weitere Fälle an der deutschen Ostsee auf [88].

## 2.8
### *Salmonella* spp.

**Charakterisierung der Erreger** Der Familie der Enterobacteriaceae angehörig sind Salmonellen, gramnegative, oxidasenegative, fakultativ anaerob wachsende Glucose fermentierende Stäbchenbakterien. Mit Ausnahme der beim Geflügel als Tierseuchenerreger in Erscheinung tretenden *S. Gallinarum/Pullorum* sind sie peritrich begeißelt und somit beweglich. Von wesentlicher Bedeutung ist die Serotypisierung nach dem Kauffmann-White-Schema, demzufolge nahezu 2800 verschiedene Serovarietäten zu differenzieren sind. DNA-DNA-Hybridisierungen zeigen, dass den einzelnen Serovaren kein Speziesrang zukommt; vielmehr gibt es mit *S. enterica* und den Subspezies Enterica, Salamae, Arizonae, Diarizonae, Houtenae, Indica sowie *S. bongori* nur zwei Spezies [68]. Zur Feintypisierung sind weiterhin definierte Phagensätze üblich, die eine Unterteilung in Phagovare bzw. Lysotypen erlauben.

In diesem Abschnitt sollen nicht die invasiven *S. Typhi*- und *S. Paratyphi*-Infektionen abgehandelt werden, die in aller Regel als systemische Allgemeininfektion verlaufen, sondern die durch sog. enteritische Salmonellen verursachte Infektion des Verdauungstraktes.

**Virulenzfaktoren** Beim chromosomal codierten *Salmonella*-Enterotoxin handelt es sich um ein hitzelabiles Protein von ca. 100 kDa, das bezüglich der Quartärstruktur Ähnlichkeit mit dem Choleratoxin besitzt. Es wird, nach Invasion der Erreger in die Epithelzelle des Dünndarms, in das Zytoplasma der Wirtszelle abgegeben. Der ausgelöste Anstieg von cAMP bewirkt eine Sekretion von $Cl^-$-Ionen im Krypten- bei gleichzeitig reduzierter $Na^+$-Absorption im Zottenbereich, was letztendlich zu einer Flüssigkeitsabsonderung in das Darmlumen führt. Weiterhin exprimieren Salmonellen ein zytotoxisch wirkendes Protein von ca. 56–78 kDa, das zu einer Inhibibierung der Proteinsynthese in der Wirtszelle und somit zu deren Lysis führt. Damit wird die Ausbreitung der Salmonellen begünstigt.

Voraussetzung für die Entfaltung der Enterotoxinwirkung ist also die Invasion der betroffenen Gewebezellen. Primäre Zielzellen sind die M-Zellen innerhalb des Darmepithels über den Payer'schen Plaques, an die sie kolonisieren. Erst nach Aufnahme in die M-Zellen ist auch die Kolonisierung angrenzender Enterozyten möglich. Nach Anheftung an die Epithelzellen bilden sich beim Erreger Proteinfortsätze aus, die für die sich anschließende Endozytose Voraussetzung sind. Alle dazu erforderlichen Gene liegen auf einer chromosomal verankerten Pathogenitätsinsel. Unter den insgesamt 15 Genen des Invasionsgenoms (*inv*) spielt das *inv*A-Gen eine besondere Rolle, da es für ein Enzym mit Translokaseeffekt kodiert, das für den Transport von Invasionsproteinen (Typ-III-Sekretionssystem) erforderlich ist [75].

Im Gegensatz zu Yersinien, Shigellen und enteroinvasiven *E. coli* vermehren sich Salmonellen in den endosomalen Vakuolen und nicht im Zytoplasma der Wirtszellen. Sie werden dabei zum basalen Pol der Epithelzellen transportiert, in der *lamina propria* freigesetzt und von Phagozyten zerstört. Weiterhin finden sich bei einigen Serovaren Virulenzplasmide, die allerdings keinen Einfluss auf das primäre Krankheitsgeschehen nehmen, da sie keine Bedeutung für die Adhäsion und das Eindringen der Erreger in M- und Darmepithelzellen besitzen.

**Erkrankung** Zur Auslösung einer Erkrankung sind in aller Regel Zellzahlen von mindestens $10^5$–$10^6$ erforderlich. Allerdings sind inzwischen einige wenige Infektionen des Menschen mit erheblich niedrigeren Infektionsdosen beschrieben worden, insbesondere durch fettreiche Lebensmittel wie Schokolade oder bestimmte Käseprodukte [23]. Die enteritische Salmonellose ist die „klassische" Lebensmittelinfektion. Nach einer Inkubationszeit von 12–36 Stunden (selten: 5 Stunden bis 5 Tage) kommt es zu Unwohlsein, Bauchschmerzen, gelegentlich leichtem Fieber sowie Durchfällen, die bei Kleinkindern auch blutig sein können. Die Erkrankung ist in aller Regel selbstlimitierend und endet nach zwei bis fünf Tagen. Therapeutisch wichtig ist der Einsatz von Elektrolyten und Wasser, um einer, dann auch möglicherweise lebensbedrohlichen, Exsikkose, vorzubeugen. Die Inkubationszeit und die Schwere der Erkrankung ist stark abhängig von der Zahl der aufgenommenen Erreger. Die Letalität liegt bei ca. 0,1%, bei den bekannten Risikogruppen jedoch ca. eine Zehnerpotenz höher. Nach Genesung können Salmonellen, insbesondere von Kindern, bis zu einem Jahr ausgeschieden werden.

**Vorkommen** Im Vordergrund des Salmonellosegeschehens stehen weltweit nur ca. 20 Serovare. Nach Auswertung von Daten aus 191 WHO-Mitgliedstaaten erwiesen sich im Jahr 1995 zehn Serovare für 93% der ca. 264 000 näher untersuchten Fälle verantwortlich [47]. Während bis ca. Mitte der 1980er Jahre *S. Typhimurium* als der häufigste Erreger (über 50% aller Isolierungen über Jahrzehnte) beeindruckend dominierte, wurde dieser Serovar anschließend von *S.*

*Enteritidis* verdrängt, der mittlerweile für nahezu zwei Drittel aller Salmonellosefälle, nicht nur in der Bundesrepublik, verantwortlich ist. Der Anteil der durch *S. Typhimurium* verursachten Salmonellosen liegt bei etwas über 20%. Weitere Serovare, die in den letzten Jahren häufiger zu Erkrankungen geführt haben, sind *S. Infantis*, *S. Hadar* und *S. Bovismorbificans*.

Als Vektoren stehen die Lebensmittel tierischen Ursprungs, und hier seit Jahren Geflügel und vor allem Hühnereier, die roh oder nicht durcherhitzt wurden, im Vordergrund des Infektionsgeschehens. Nach wie vor erweisen sich ca. 0,5% aller Hühnereier als mit Salmonellen (nahezu ausschließlich: *S. Enteritidis*) kontaminiert. Mit Rohei kontaminiertes Speiseeis war auch Ursache für den bisher größten Salmonelloseausbruch im Jahr 1994 in den USA mit ca. 224 000 Erkrankten [46]. Bei einem täglichen Verbrauch in Deutschland von ca. 55 Millionen Eiern bedeutet dieses, dass täglich ca. 275 000 mit Salmonellen kontaminierte Eier in den Verkehr kommen. Verbraucheraufklärung, die Einführung der Impfpflicht für Legehennen sowie die 1993, nach dem im Jahre 1992 zu verzeichnenden Höhepunkt des Salmonellosegeschehens in Deutschland mit fast 200 000 Erkrankten, erlassene Hühnereier-Verordnung haben dazu beigetragen, dass die Erkrankung seitdem kontinuierlich jedes Jahr um ca. 10–15% zurückgedrängt werden konnte. Im Jahre 2004 erkrankten etwas mehr als 56 000 Personen [89].

Die nach wie vor hohe Prävalenz von Salmonellen bei den schlachtbaren Nutztieren hat ihre Ursache ganz wesentlich in der weiten Verbreitung des Erregers in der belebten und unbelebten Umwelt, insbesondere in landwirtschaftlichen Betrieben. In einer Studie in Nordamerika erwiesen sich 12% der Katzen, 8% der Vögel, 6% der Fliegen und 5% der Mäuse in der Umgebung von Schweineställungen als Salmonellen-positiv [8]. Salmonellen können bei nahezu allen wild lebenden Tierarten (Säugetiere, Vögel, Amphibien, Reptilien, Fische, Weichtiere, Insekten), und zwar weltweit, angetroffen werden. Somit wird ein permanenter Infektions- und Kontaminationszyklus unterhalten, wobei durch fäkale Ausscheidungen Böden, Gewässer und auch Futtermittel belastet werden können. In der Bundesrepublik von 1996–1998 durchgeführte Untersuchungen wiesen zwischen 5–10% aller Schlachtschweine als *Salmonella*-positiv aus. Die Tiere selbst erkranken nicht, so dass sie die vorgeschriebene Lebend- und Fleischuntersuchung unbeanstandet durchlaufen. Dieses gilt ebenso für andere Schlachttiere. Die zumeist erhebliche Belastung der Tiere im Vorfeld der Schlachtung (z. B. Transport), kann zu einer Schädigung der Darmschranke führen. In der anschließenden, als Translokation bezeichneten Phase, können die Erreger *intra vitam* lymphogen und hämatogen in Organe und Muskulatur gestreut werden [33].

## 2.9
## *Shigella* spp.

**Charakterisierung der Erreger**  Das Genus *Shigella* (*S.*) gehört der Familie der Enterobacteriaceae an und umfasst mit *S. dysenteriae* (Serogruppe A), *S. flexneri* (Serogruppe B), *S. sonnei* (Serogruppe D) und *S. boydii* (Serogruppe C) auch serologisch vier differente Spezies, von denen die ersten drei von lebensmittelhygienischer Relevanz sind. Shigellen sind gramnegative, oxidasenegative, unbewegliche, fakultativ anaerob wachsende Stäbchenbakterien. Es besteht eine sehr enge genetische Verwandtschaft zur Spezies *E. coli*.

**Virulenzfaktoren**  Bereits 1889 wurde von dem japanischen Mikrobiologen Shiga der später als *S. dysenteriae* bezeichnete Erreger in Zusammenhang mit einer Epidemie und letal endenden Erkrankungen beschrieben. Relativ frühzeitig wurde ein Toxin entdeckt, dessen genetische Struktur und biologischen Eigenschaften nunmehr bekannt sind. Das von *S. dysenteria* Typ I-Stämmen produzierte Shigatoxin (Stx) ist annähernd identisch mit dem Verotoxin 1 (Vtx1) und zeigt eine gewisse Verwandtschaft zum Vtx2 der von *E. coli*-Stämmen gebildeten Verotoxine. Es handelt sich beim Stx um ein hitzelabiles Polypeptid mit einem Molekulargewicht von ca. 70 kDa. Es besteht aus zwei Untereinheiten A und B, wobei die B-Einheit die Bindung des Toxins an den Rezeptor der Wirtszelle vermittelt. Die A-Untereinheit wird durch Endozytose in das Zellinnere aufgenommen; dort wird die Proteinbiosynthese ebenso wie die DNA-Synthese gehemmt [50]. Stx ist cyto-, entero- und neurotoxisch. Dieses hängt vor allem von der Rezeptorendichte der dabei betroffenen Gewebe ab. Als Rezeptor dient das Globotriosylceramid (Gb$_3$), das in hoher Dichte im Kolon, der Bauchspeicheldrüse, der Niere und im ZNS enthalten ist [82, 95]. Im Darm wirkt das Toxin auf die absorptiven Mikrovilli-Zellen und nicht auf die sekretorischen Kryptenzellen, was letztendlich zu einer Verringerung der Na$^+$-Absorption führt [55]. Als weitere, plasmidcodierte Virulenzfaktoren sind für das Invasionsgeschehen von *S. sonnei* und *S. flexneri* zwei Gene, und zwar „**i**nvasion **p**lasmid **a**ntigen" (ipa) sowie das „**i**ntra**c**ellular **s**pread" (ics) bekannt. Sie codieren mehrere Polypeptide, die die Anheftung der Bakterienzellen an die Glykoproteinrezeptoren der Epithelzellen vermitteln und eine Endozytose durch die Wirtszelle induzieren [76].

**Erkrankung**  Die als Shigellenruhr oder bazilläre Dysenterie bezeichnete Erkrankung tritt nach einer Inkubationszeit von ein bis vier Tagen auf. Sie ist durch abdominale Krämpfe und Durchfall gekennzeichnet. Fieber tritt bei etwa einem Drittel der Erkrankten auf. Der Stuhl enthält regelmäßig Schleim sowie auch Blutbeimengungen. Besonders schwere Krankheitsverläufe werden durch *S. dysenteriae*-Stämme verursacht. In aller Regel heilt die Erkrankung nach ein bis zwei Wochen von selbst aus. Die *dosis infectiosa minima* liegt mit lediglich 10–100 Zellen außerordentlich niedrig. Erkrankte scheiden immerhin bis zu $10^7$ Zellen/g Stuhl aus. Im Gegensatz zu Salmonellen und Yersinien findet die Invasion im Kolonbereich statt. Stämme von *S. dysenteriae* 1 sind besonders invasiv, produzieren in hoher Konzentration Stx und verursachen sehr schwere Krankheitsverläufe. Insbesondere bei Kindern bis zu 6 Jahren kann das Hämolytisch-urämische Syndrom (HUS) auftreten.

**Vorkommen** Die in der Bundesrepublik gemeldeten Shigellosen (2002: 1183, 2003: 793, 2004: 1117 Fälle) gehen vor allem auf Erkrankungen durch *S. sonnei* und *S. flexneri* zurück [89]. In der Mehrzahl der Fälle handelt es sich um importierte Erkrankungen, d.h. die Betroffenen infizieren sich bei Aufenthalten in Ländern mit einem niedrigen Hygienestandard. Von den 1601 im Jahr 1999 in der Bundesrepublik erfassten Shigellosen erwiesen sich 86% als importiert [86]. Sofern Lebensmittel als Vektoren involviert sind, handelt es sich überwiegend um sekundäre fäkale Kontaminationen. So wurden Erkrankungen regelmäßig durch Obst, Gemüse, Salate und Kräuter hervorgerufen, die mit fäkal verunreinigtem Wasser gewaschen wurden. Neben den Menschen selbst tragen auch Insekten zur Verbreitung der Erreger bei. Insofern kommt der Personal- und Umgebungshygiene eine ganz besondere Bedeutung bei der Prophylaxe zu. Nicht selten ist mit Shigellen kontaminiertes Trinkwasser, das zum Waschen von Gemüsen und Salaten verwendet wird, eigentliche Kontaminationsquelle. Der Mensch stellt dann das Reservoir dar. Shigellen kommen bei landwirtschaftlichen Nutztieren nicht, bei Hunden sehr selten und nur passager vor. Auch Primaten können positiv sein, spielen aber epidemiologisch kaum eine Rolle.

## 2.10
### *Yersinia enterocolitica*

**Charakterisierung des Erregers** Die Gattung *Yersinia* (*Y.*) gehört der Familie der Enterobacteriaceae an. Mit *Y. enterocolitica*, *Y. pestis* und *Y. pseudotuberculosis* umfasst dieses Genus auch potenziell menschenpathogene Spezies. Yersinien sind gramnegative, kokkoide bis pleomorphe kurze Stäbchen, die bei Temperaturen ≤30 °C eine peritriche Begeißelung ausbilden (Ausnahme: *Y. pestis*). Als Lebensmittelinfektionserreger steht *Y. enterocolitica* im Vordergrund. Diese Spezies umfasst 57 Sero- sowie sechs Biotypen [108]. Während Stämme des Biotyps 1A als so genannte Umweltstämme nicht humanpathogen sind, enthalten die weiteren Biotypen (1B: amerikanische; 2–5: europäische Stämme) einander ähnliche Serotypen, die als gesundheitsschädlich gelten. Eine Besonderheit stellt die Psychrophilie von *Y. enterocolita*-Stämmen dar, die sich bei haushaltsüblichen Kühlschranktemperaturen sehr gut vermehren können.

**Toxine und weitere Virulenzfaktoren** *Y. enterocolita*-Stämme können ein hitzestabiles Toxin (Y-ST) bilden. Die Bedeutung dieses Toxins im Virulenzgeschehen ist gelegentlich hinterfragt worden, da dieses Toxin *in vitro* nur bei Temperaturen unter 30 °C exprimiert wird. Allerdings konnte in Versuchsansätzen, die die physiologischen Gegebenheiten des Ileums imitierten, die Toxinsynthese auch bei 37 °C induziert werden [78]. Es existieren drei molekulare Subtypen (Y-STA,

Y-STB, Y-STC). Die in Verbindung mit humanen Erkrankungen isolierten Stämme gehören den Serovaren O:1,3, O:3, O:9 sowie O:5,27 (europäische Stämme) und O:4,32, O:8, O:13a, O:13b, O:18, O:20, O:21 (amerikanische Stämme) an [21, 58]. DNA-DNA-Hybridisierungsuntersuchungen belegen, dass bei den pathogenen Stämmen grundsätzlich das Y-STA-Gen nachzuweisen ist [24]. Allerdings gibt es offensichtlich Unterschiede bezüglich der Expression dieses Enterotoxins. Y-ST bewirkt über einen cGMP-Anstieg in den Mukosa-Epithelzellen, die über den Lymphfollikeln der Peyer'schen Platten liegen, eine Störung des Flüssigkeits- und Elektrolyttransportes, was letztendlich zu einer Diarrhö führt.

Unter den weiteren Virulenzgenen ist das *ail*-Gen („**a**ttachment **i**nvasion **lo**cus"), das sich nur in virulenten Stämmen findet, zu erwähnen. Das hier codierte Invasin ist ein 91 kDa großes äußeres Membranprotein, das die Endozytose induziert. Das Invasin wird in nennenswerten Konzentrationen nur über 30 °C gebildet. Infolgedessen muss ein virulenter Stamm vor Neuinfektion eines weiteren Wirtes zuvor eine kältere Phase in der Umwelt durchlaufen, um genügend Invasin bilden zu können. Weiterhin besitzen alle virulenten Stämme ein ca. 75 kb großes Virulenzplasmid (pYV), das mindestens elf äußere Membranproteine codiert (*Yersinia* outer-proteins=YOP), die nur bei einer Temperatur von 37 °C exprimiert werden. Unter diesen scheint das „*Yersinia* **ad**hesion protein **A**" (YadA) von besonderer Bedeutung im Pathogenitätsgeschehen zu sein [29]. Es vermittelt als Adhäsin, ebenso wie das Invasin, die Endozytose; gleichzeitig schützt es den Erreger auch vor einer Phagozytose.

**Erkrankung** Nach einer Inkubationszeit von 1–11 Tagen entwickelt sich eine Erkrankung des Darmes, wobei sowohl Dünn- als auch Dickdarm (Enterocolitis) betroffen sein können. Die regelmäßig mit leichtem Fieber einhergehende Erkrankung befällt am häufigsten Kinder bis zu sieben Jahren. Die Symptome mit sehr heftigen Bauchschmerzen bei Ausprägung im terminalen Ileum sind nicht selten Anlass für eine Fehldiagnose als „Blinddarmentzündung" mit anschließendem chirurgischen Eingriff. Septische Verlaufsformen sind ebenfalls bekannt; bei Erwachsenen können als Spätfolge eine reaktive Arthritis und, insbesondere bei Frauen, eine als *Erythema nodosum* bezeichnete Granulombildung auf der Haut auftreten.

**Vorkommen** *Y. enterocolitica* ist im Tierreich weit verbreitet, wobei Nagetieren eine Bedeutung als Reservoir zukommt. Aber auch Hunde und Katzen sind als symptomlose Ausscheider sehr häufig Träger von *Y. enterocolitica*. Dabei spielt offensichtlich die Verfütterung von rohem Schweinefleisch eine größere Rolle [36]. Unter den landwirtschaftlichen Nutztieren wurden *Y. enterocolitica*-Stämme am häufigsten und regelmäßig bei Schweinen nachgewiesen. Hier ist es vor allem der Mundhöhlen- und Rachenbereich, insbesondere Tonsillen, wobei Nachweisraten von 40–80% keine Seltenheit sind [35]. Allerdings finden sich die als Infektionserreger am häufigsten zu isolierenden pathogenen Serovare wie O:3, O:8 und O:9 nur recht selten darunter [18]. Erstaunlicherweise gibt es nur sehr wenige verbürgte Lebensmittelinfektionen durch *Y. enterocolitica*, gerade durch Lebensmittel der Tierart Schwein. Zumeist handelte es sich um eine Rekontamination bereits technologisch behandelter Lebensmittel. So lag die Ursache für den bisher größten lebensmittelassoziierten Ausbruch mit mehreren Tausend Erkrankten im Jahre 1982 in den USA in der Rekontamination bereits pasteurisierter Milch [102]. Tertiäre Kontaminationen von Lebensmitteln, sehr häufig über Brunnenwasser, konnten als ursächlich für Ausbrüche über Tofu, Gemüse und sogar Babynahrung nachgewiesen werden. In der Bundesrepublik stehen die durch *Y. enterocolitica* verursachten Infektionen gemäß BInfSG in den Jahren 2002–2004 nach den Salmonellosen und Campylobacteriosen kumulativ an immerhin dritter Stelle unter den bakteriell bedingten Magen-Darm-Erkrankungen.

## 2.11
### *Campylobacter jejuni/coli*

**Eigenschaften der Erreger** *Campylobacter* (*C.*) *jejuni* und *coli* gehören der Familie der Spirillaceae an. Es handelt sich um gramnegative mikroaerophile, sehr schlanke, gekrümmte bis spiralige Stäbchenbakterien, die zumeist polar begeißelt und daher beweglich sind. Die früher dem Genus *Vibrio* zugeordneten Spezies werden nunmehr in fünf Gruppen unterteilt, von denen aus der Gruppe der katalasepositiven Spezies vor allem *C. jejuni* (ca. 80%), *C. coli* (ca. 15%) sowie *C. laridis* (ca. 1–3%) als Zoonoseerreger regelmäßig in Erscheinung treten. *Campylobacter* besitzen eine außerordentliche serologische Variabilität; sie ist insbesondere durch die in der Zellwand vorkommenden Lipooligosaccharide bedingt, die genetisch hoch variabel sind.

**Virulenzfaktoren** Die mittlerweile vorliegende Gesamtsequenzierung des *C. jejuni*-Genoms zeigt, dass kaum Homologien zu „klassischen" Virulenzfaktoren anderer gesundheitlich bedenklicher Mikroorganismen bestehen [94]. Es gibt aber Anhaltspunkte für bestimmte Faktoren, die für die Pathogenese von Bedeutung sind: chemotaktisch gesteuerte Motilität, Adhäsion und Invasion sowie Bildung von Toxinen. Weiterhin wurden Hinweise für ein mikrobielles Typ III- sowie Typ IV-Sekretionssystem gefunden [105]. Geißelassoziierte Adhäsine sind bekannt, ebenso wie ein weiteres Adhärenzprotein, das eine Bindung an die Interzellularsubstanz Fibronektin vermittelt. Die Invasivität setzt die Synthese mehrerer invasionsassoziierter Proteine ebenso wie eine Wirtszell-eigene Signaltransduktion voraus [63]. Eine beachtliche Zahl von unterschiedlichen potenziellen Toxinen ist für *C. jejuni* beschrieben worden [107] wie Shigatoxine, Hepatotoxine und das „**c**ytolethal-**d**istending-**t**oxin" (CDT), das als einziges bisher auch molekulargenetisch charakterisiert werden konnte. Es wird vermutet, dass die toxische Wirkung auf einer Blockade des Zellzyklus in der G2-Phase beruht, wobei die Reifung von Kryptenzellen zu funktionsfähigen Villi-Epithelzellen unterdrückt wird.

Auf welche Weise Toxine sowie andere Pathogenitätsfaktoren im Sinne einer Virulenzkaskade zusammenwirken, ist bisher nicht abschließend geklärt, da es an einem geeigneten Tiermodell mangelt [107]. Die teilweise recht unterschiedlichen Symptome bei einer Campylobacteriose lassen vermuten, dass, auch in Abhängigkeit der individuellen Empfänglichkeit und Reaktionslage des Betroffenen, unterschiedliche Virulenzfaktoren zusammenspielen können.

**Erkrankung** Campylobacteriosen sind seit Jahren nach Salmonellosen die häufigsten nach dem BInfSG erfassten Darmerkrankungen (2002: 56 372, 2003: 47 876, 2004: 54 839) [89]. Die *dosis infectiosa minima* liegt mit ca. 500 Zellen außerordentlich niedrig. Eine Erkrankung kann sich als relativ milde verlaufende Diarrhö, aber auch lebensbedrohlich äußern. Als Symptome treten Fieber, Bauchkrämpfe mit Diarrhöen, die bis zu zehn Tage anhalten können, auf. In einigen Fällen kommt es zu extraintestinalen Komplikationen, vor allem Bakteriämie, Endokarditis, Meningitis, Pankreatitis, neonatale Sepsis und reaktive Arthritis. In einer Größenordnung von etwa 1:1000 tritt das gefürchtete Guillain-Barré-Syndrom (GBS) auf [60]. Diese Erkrankung kann lebensbedrohlich sein. Das GBS ist durch eine symmetrisch auftretende Paralyse, die häufig von sensorischen Ausfällen und postinfektiösen Lähmungen begleitet wird, charakterisiert [59]. Dabei kommt es zu einer multifokalen Entzündungsreaktion, insbesondere in den Markscheiden peripherer Nerven und der Spinalganglien. Bei GBS-Patienten werden sehr häufig Antikörper gegen das Gangliosid $GM_1$ gefunden, ein mit Sialinsäure substituiertes Glycosphingolipid, das vor allem in den axonalen Myelinscheiden der Nerven vorzufinden ist.

Campylobacter ist der häufigste Erreger der Reisediarrhö. Entsprechende Untersuchungen belegen, dass Durchfallerkrankungen, die zwei bis drei Wochen nach Rückkehr aus südlichen Ländern oder Asien auftraten, überwiegend durch diese Spezies verursacht wurden, da die Campylobacteriose in nahezu allen Ländern der Welt weit verbreitet ist [73].

**Vorkommen** *C. jejuni* und *C. coli* sind bei Haus- und Nutztieren ebenso wie in der Umgebung ubiquitär verbreitet. Sie sind als Kommensalen bei einer Vielzahl unterschiedlicher Tierarten anzutreffen. Der hohe Durchseuchungsgrad in der Tierwelt unterhält den kontinuierlichen Eintrag in die Umwelt, insbesondere ins Wasser und Abwasser im Einzugsbereich landwirtschaftlicher Betriebe. Ihr Temperaturoptimum liegt bei 42–43 °C, der physiologischen Körpertemperatur der Vögel, die das ursprüngliche Reservoir darstellen. Mit Ausnahme der Tierart Schwein, bei der überwiegend *C. coli* nachgewiesen wird, dominieren ansonsten *C. jejuni*-Stämme. Erst in den letzten Jahren hat man durch Verbesserung der Nachweistechniken dieser nicht ganz einfach anzuzüchtenden Erreger eine Fülle epidemiologischer Daten erhalten. Aufgrund der Thermotrophie des Erregers ist es nicht verwunderlich, dass die Prävalenzen beim Geflügel am höchsten liegen. Diesbezügliche Untersuchungen in Großbritannien, den Niederlanden und den USA weisen 80–90% aus. Aus nordeuropäischen Staaten werden konsistent geringere Prävalenzen berichtet [22]. In Frankreich erwiesen sich ca. 43% der lebenden Tiere sowie 17,5% der daraus hergestellten Geflügelfleischwaren als positiv [25]. Untersuchungen in Deutschland weisen Prävalenzen bis zu ca. 46% aus [5]. Als nahezu gleich hoch belastet erwies sich bei einer Zweijahresstudie in Dänemark Geflügel direkt vor der Schlachtung [109]. Neben der Übertragung durch Lebensmittel, vor allem rohe Milch, rohes Hackfleisch und nicht ausreichend durcherhitztes Geflügelfleisch, dürfte auch der Tierkontakt eine Rolle im Infektionsgeschehen spielen.

## 2.12
### Mikrobiologische Grenzwerte

Für einige wenige Erreger bzw. deren Toxine existieren rechtsverbindlich vorgeschriebene Grenzwerte. Zumeist findet sich der allgemeine Hinweis, dass Erreger bzw. deren Toxine „nicht in gesundheitlich bedenklichen Konzentrationen" vorhanden sein dürfen. In der Verordnung (EG) 2073 vom 23. 12. 2005 finden sich im Anhang 1, Kap. 1 („Lebensmittelsicherheitskriterien") produktbezogene Grenzwerte für Salmonellen („nicht nachweisbar in 25 g bzw. ml") sowie für Staphylokokken-Enterotoxine in Käse, Milch- und Molkepulver, sofern Keimzahlwerte an koagulasepositiven Staphylokokken $>10^5$ koloniebildenden Einheiten (KbE)/g festgestellt wurden.

Entgegen allen bisherigen Vorschriften, die ausnahmslos eine sog. Nulltoleranz für Salmonellen vorsehen, ist für diesen Erreger in der Verordnung (EG) 2073 ein Drei-Klassen-Plan bei Schlachttierkörpern von Nutztieren verankert. Dies bedeutet, dass bei jeweils 50 zu untersuchenden Proben einer Schlachtcharge der Tierart Rind, Schaf, Ziege oder Pferd maximal jeweils zwei, der Tierart Schwein maximal jeweils fünf sowie bei Hühner- und Putenschlachttierkörpern maximal jeweils sieben Proben positiv ausfallen dürfen. Für Fleischprodukte, ebenso wie für Milch und Milcherzeugnisse, Eier, Eierprodukte, Fische und Erzeugnisse daraus, Weich- und Schalentiere sowie Sprossen, Obst und Gemüse („ready to eat") gilt bezüglich der Salmonellen weiterhin eine Nulltoleranz. In dieser EU-Verordnung werden auch Grenzwerte für koagulasepositive Staphylokokken (als Synonym für: *Staphylococcus aureus*) geregelt. Dabei handelt es sich um Drei-Klassen-Pläne für bestimmte Milch und Milcherzeugnisse sowie Erzeugnisse von gekochten Krebs- und Weichtieren ohne Panzer bzw. Schale. Von jeweils fünf zu untersuchenden dürfen zwei Proben Keimzahlwerte aufweisen, die zwischen „m" als dem Wert, unter dem eine Charge als „befriedigend" gilt, und „M" als dem Wert, über dem eine Charge abzulehnen ist („unbefriedigend"), liegen. Diese Werte betragen z.B. für Frischkäse, Milch- und Molkepulver $10^1$ (m) sowie $10^2$ KbE/g (M). Höhere Grenzwerte finden sich mit $10^4$ (m) bzw. $10^5$ KbE/g (M) für Käse aus Rohmilch. Die Spezies *E. coli* ist in dieser Verordnung sowohl als Hygiene- als auch als Fäkalienindikator verankert, nicht hingegen als potenziell pathogener Mikroorganismus.

## 2.13
## Zusammenfassung

Lebensmittelassoziierte Erkrankungen durch toxinogene und pathogene Bakterien nehmen unter den Schadeinwirkungen einen ungebrochen hohen Rang ein. Nach den Gesundheitsgefahren durch falsche oder einseitige Ernährung stellen solche Zoonosen mit das größte Gefährdungspotenzial dar. Nachdem noch vor wenigen Jahrzehnten bedeutsame Erreger wie Mykobakterien, Brucellen und das Milzbrandbacillus durch systematische und konsequente tierseuchen- und fleischhygienerechtliche Maßregelungen aus den Nutztierbeständen beseitigt werden konnten, sind die dadurch entstandenen Nischen durch andere Mikroorganismen („new emerging pathogens") besiedelt worden. Diese neuartigen Erreger führen nahezu nie zu einer Erkrankung der Nutztiere, sodass sie die rechtsverpflichtende Schlachttier- und Fleischuntersuchung unbeanstandet durchlaufen. Umso wichtiger ist die hygienisch einwandfreie schlachttechnologische Herrichtung der Tierkörper, die Zerlegung sowie die weitere Verarbeitung. Die Eigenschaften der in Verbindung mit Lebensmittelinfektionen und -intoxikationen hauptsächlich anzutreffenden Erreger sind bekannt [49, 100]. Sie bilden die Basis für die Herstellung hygienisch einwandfreier Lebensmittel. Die kennzeichnenden Parameter sind in Tabelle 2.7 aufgeführt.

**Tab. 2.7** Intrinsische (pH-, $a_W$-Wert) und extrinsische (Temperatur, NaCl-Konzentration) Faktoren für die Vermehrung von gesundheitlich bedenklichen Bakterien in Lebensmitteln [100].

| Spezies | T (°C) min | T (°C) max | pH min | pH max | $a_W$ min | NaCl (%) max |
|---|---|---|---|---|---|---|
| S. aureus vegetativ | 7 | 48 | 4 | 10 | 0,83/0,9[a] | 12 |
| Toxinproduktion | 10 | 48 | 4,5/5[a] | 9,6 | 0,87/0,92[a] | 8 |
| Cl. botulinum Gruppe I | 10 | 50 | 46 | 8/9 | 0,94 | 10 |
| Gruppe II | 3 | 45 | 5 | 8/9 | 0,97 | 5 |
| B. cereus | 4 | 55 | 5 | 8,8 | 0,93 | 5 |
| Cl. perfringens | 12 | 50 | 5,5 | 8/9 | 0,93 | 5/8[b] |
| V. cholerae | 10 | 43 | 5 | 9,6 | 0,97 | 4 |
| V. parahaemolyticus | 5 | 43 | 4,8 | 11 | 0,94 | 10 |
| V. vulnificus | 8 | 43 | 5 | 10 | 0,96 | 5 |
| S. sonnei | 6 | 47 | 4,9 | 9,3 | 0,96 | 5,2 |
| S. flexneri | 7,9 | 45 | 5 | 9,2 | 0,96 | 3,8 |
| S. dysenteriae | 10 | 45 | 5,5 | 7,0 | 0,94 | 8 |
| C. jejuni/coli | 32 | 45 | 4,9 | 9 | 0,98 | 1,5 |
| Y. enterocolitica | −1 | 42 | 4,2 | 9,6 | 0,97 | 5 |
| Salmonella spp. | 5,2/7[b] | 46 | 3,8 | 9,5 | 0,94 | 8 |
| E. coli | 7/8 | 44/46 | 4,4 | 9 | 0,95 | 8,5[c] |

a) aerob/anaerob.
b) stammabhängig.
c) Serovar O157:H7.

## 2.14
## Literatur

1 Acheson D (1998) Nomenclature of enterotoxins, *Lancet* **351**: 1003.
2 Acheson DWK, Keusch GT (1996) Which Shiga toxin-producing types of *E. coli* are important?, *MSM News* **62**: 302–306.
3 Agata N, Mori M, Ohta M, Suwan S, Ohtani I, Isobe M (1994) A novel dodecadepsipeptide, cereulide, isolated from *Bacillus cereus* causes vacuole formation in HEp-2 cells, *FEMS Microbiological Letters* **121**: 31–34.
4 Albert MJ, Ansaruzza M, Barthan PK, Faruk ASG, Faruk SM, Islam MS, Mahalanabis D, Sack RB, Salam RA, Sidique AK, Junus MD, Zaman K (1993) Large epidemic of cholera like disease in Bangladesh caused by *Vibrio cholerae* O139 synonym Bengal, *Lancet* **342**: 387–390.
5 Atanassova V, Ring C (1999) Prevalence of *Campylobacter* spp. in poultry and poultry meat in Germany, *International Journal of Food Microbiology* **51**: 187–190.
6 Aureli P, Fenicia L, Pasolini P, Gianfranceschi M, McCroskey LM, Hatheway C (1986) Two cases of type E infant botulism caused by neurotoxigenic *Clostridium butyricum* in Italy, *Journal of Infectious Disease* **154**: 201–206.
7 Balaban N, Rassooly A (2000) Staphylococcal enterotoxins, *International Journal of Food Microbiology* **61**: 1–10.
8 Barber DA, Bahnson PB, Isaacson R, Jones CJ, Weigel RM (2002) Distribution of Salmonella in swine production ecosystems, *Journal of Food Protection* **65**: 1861–1868.
9 Becker H, Schaller G, von Wiese W, Terplan G (1994) *Bacillus cereus* in infant foods and dried milk products, *International Journal of Food Microbiology* **23**: 1–5.
10 Beecher DJ, Schoeni JL, Wong ACL (1995) Enterotoxic activity of hemolysin BL for *Bacillus cereus*, *Infection and Immunity* **63**: 4423–4428.
11 Bell C, Kyriakides A (2000) Clostridium botulinum: a practical approach to the organism and its control in foods, Blackwell Science, Oxford London.
12 Bergdoll MS (1989) *Staphylococcus aureus* in Doyle MP (Hrsg) Foodborne Bacterial Pathogens, Marcel Decker Incorporation, New York: 464–525.
13 Black RE (1986) The epidemiology of cholera and enterotoxigenic *E. coli* diarrheal disease, in Holmgreen RMJ, Holmgreen AL (Hrsg) Development of Vaccines and Drugs against Diarrhoe, Studentlitteratur Lund: 23–32.
14 Bockemühl J, Karch H, Tschäpe H (1998) Zur Situation der Infektionen des Menschen durch enterohämorrhagische *E. coli* (EHEC) in Deutschland 1997, *Bundesgesundheitsblatt* **41**: 2–5.
15 Böhnel H, Behrens S, Loch P, Lube K, Gessler F (2001) Is there a link between infant botulism and infant death? Bacteriological results obtained in central Germany, *European Journal of Pediatrics* **160**: 623–628.
16 Bülte M (2002) Veterinärmedizinische Aspekte der Infektionen durch enterohämorrhagische *E. coli*-Stämme (EHEC), *Bundesgesundheitsblatt* **45**: 484–490.
17 Bülte M (2004) Vorkommen von enterohämorrhagischen *E. coli*-Stämmen (EHEC) bei Nutztieren, *Deutsche Tierärztliche Wochenschrift* **111**: 314–317.
18 Bülte M, Klein G, Reuter G (1991) Schweineschlachtung: Kontamination des Fleisches durch menschenpathogene *Y. enterocolitica*-Stämme? *Fleischwirtschaft* **71**: 1411–1416.
19 Bürk C, Dietrich R, Acar G, Moraved M, Bülte M, Märtlbauer E (2003) Identification and characterization of a new variant of Shiga Toxin 1 in *E. coli* ONT:H109 of bovine origin, *Journal of Clinical Microbiology* **41**: 2106–2112.
20 Chapman PA, Cerdan MAT, Ellin M (2001) *E. coli* O157 in cattle and sheep at slaughter, on beef and lamb carcasses and in raw beef and lamp products in South Yorkshire, UK, *International Journal of Food Microbiology* **64**: 139–150.
21 Cornelis G, Laroche Y, Balklingad G, Sory MP, Wauters G (1987) *Yersinia enterocolitica*, a primary model for bacterial invasiveness, *Review Infection Disease* **9**: 64–87.

22 Corry JEL, Atabay HI (2001) Poultry as a source of *Campylobacter* and related organisms, *Journal of Applied Microbiology* **90**: 965–1145.

23 D'Aoust JY (1985) Infective dose of *Salmonella typhimurium* in Cheddar cheese, *American Journal of Epidemiology* **122**: 717–720.

24 Delor I, Kaeckenbeeck A, Wauters G, Cornelis GR (1990) Nucleotide sequence of *yst*, the *Yersinia enterocolitica* gene encoding the heat-stable enterotoxin, and prevalence of the gene among pathogenic and non-pathogenic *Yersinia*, *Infection and Immunity* **60**: 4269–4277.

25 Denis M, Refregier-Petton J, Laisney MJ, Ermel G, Salvat G (2001) *Campylobacter* contamination in French chicken production from farm to consumers. Use of a PCR assay for detection and identification of *Campylobacter jejuni* and *Campylobacter coli*, *Journal of Applied Microbiology* **91**: 255–267.

26 Desmachelier PM (1999) Vibrio, Introduction, including *Vibrio vulnificus* and *Vibrio parahaemolyticus*, in Robinson RK (Hrsg) Encyclopaedia of Food Microbiology Vol. 3, Academic Press, San Diego London, pp 2237–2241.

27 Devriese LA (1984) Simplified system for biotyping *Staphylococcus aureus* strains isolated from different animal species, *Journal of Applied Bacteriology* **56**: 215–220.

28 Dodds KL (1993) Worldwide incidence and ecology of infant botulism, in Hauschild AHW, Dodds KL (Hrsg) *Clostridium botulinum* ecology in control in foods, Marcel Decker, New York USA: 105–117.

29 El Tahir Y, Skurnik M (2001) *YadA*, the multifaceted Yersinia adhesin, *International Journal of Medical Microbiology* **3**: 209–218.

30 Endo Y, Zurgi K, Juzzodo T, Takeda Y, Igasawa RT, Igarashi E (1988) Side of action of verotoxin (vt2) from *E. coli* O157:H7 and of Shiga toxin on ribosomes, *European Journal of Biochemistry* **171**: 45–50.

31 Ernst C (2003) Optimierung von Desinfektionsverfahren in Verpflegungs- und Betreuungseinrichtungen der Bundeswehr im Hinblick auf die *Bacillus cereus*-Belastung von Oberfläche und Lebensmitteln, Inaugural-Dissertation an der Freien Universität Berlin, Journal Nr. 2729.

32 Evenson ML, Hinds MW, Bernstein RS, Bergdoll MS (1988) Estimation of human dose of staphylococcal enterotoxin A from a large outbreak of staphylococcal food poisoning involving chocolate milk, *International Journal of Food Microbiology* **7**: 311–316.

33 Fehlhaber K, Alter T (1999) Mikrobielle Folgen prämortaler Belastungen bei Schlachtschweinen, *Fleischwirtschaft* **79**: 86–90.

34 Franz DR (1977) Defense against toxin weapons, in Sidell FR (Hrsg) Textbook of military medicine Part 1, Medical aspects of chemical and biological warfare, Office of the surgeon General Department of the Army, Washington DC: 603–620.

35 Fredriksson-Ahomaa M, Hielm S, Korkeala H (1999) High prevalence of *yadA*-positive *Y. enterocolitica* in pig tongues and minced meat at retail level in Finland, *Journal of Food Protection* **62**: 123–127.

36 Fredriksson-Ahomaa M, Korte T, Korkeala H (2001) Transmission of *Y. enterocolitica* 4/O:3 to pets via contaminated pork, *Letters in Applied Microbiology* **6**: 375.

37 Galazka A, Przybylska A (1999) Surveillance of foodborne botulism in Poland: 1960–1998, *Eurosurveillance* **4**: 69–71.

38 Genigeorgis CA (1989) Present state of knowledge on staphylococcal intoxication, *International Journal of Food Microbiology* **9**: 327–360.

39 Geue L, Segura-Alvarez M, Conraths FJ, Kuczius T, Bockemühl J, Karch H, Gallien P (2002) A long-term study on the prevalence of shiga toxin-producing *E. coli* (STEC) on four German cattle farms, *Epidemiologie and Infection* **129**: 173–185.

40 Goebel W, Kuhn M (2004) Molekulare bakterielle Infektionsforschung – Gegenwart und Zukunft, *Biospektrum* **6**: 734–737.

41 Granum PE (1990) *Clostridium perfringens* toxins involved in food poisoning,

*International Journal of Food Microbiology* **10**: 101–112.

42 Granum PE (2001) *Bacillus cereus*, in Doyle MP, Beuchat LR, Montville TJ (Hrsg) Food Microbiology, Fundamentals and Frontiers, 2nd ed, pp 373–381.

43 Granum PE, Brynestad S (1999) Bacterial toxins as food poisons, in Alouf JE, Freer JH (Hrsg) The Comprehensive Sourcebook of Bacterial Toxins, Academic Press, London San Diego Boston New York Sidney Tokio Toronto: 669–681.

44 Haeghebaert S, Le Querrec F, Gallay A, Bouvet P, Gomez M, Vaillant V (2002) Les toxi-infections alimentaires collectives en France, en 1999 et 2000, *Bulletin Epidemiologie Hebdomadaire* **23**: 105–109.

45 Hauschild AHW (1989) *Clostridum botulinum*, in Doyle MP (Hrsg) Foodborne Bacterial Pathogens, Marcel Decker, New York: 111–189.

46 Hennessy TW, Hedberg CW, Slutsker L, White KE, Besser-Wiek JM, Moen ME, Feldman J, Coleman WW, Edmonson LM, MacDonald KL, Osterholm MT (1996) A national outbreak of *Salmonella enteritidis* infections from ice cream, *New England Journal of Medicine* **334**: 1281–1286.

47 Herigstadt H, Motarrjemi Y, Tauxe RV (2002) Salmonella surveillance: a globale service of public health serotyping, *Epidemiology and Infection* **129**: 1–8.

48 Hyytiä E, Kielm S, Korkeala H (1998) Prevalence of *Clostridium botulinum* type E in Finnish fish and fishery products, *Epidemiology and Infection* **120**: 245–250.

49 ICMSF (International Commission on Microbiological Specifications for Foods of the International Union of Microbiological Societies) (1996) Microorganisms in Foods 5. Microbiological Specifications of Food Pathogens, Blacky Academic and Professional, London New York.

50 Igarashi K, Ogasawara T, Ito K, Yutsudo T, Takada Y (1987) Inhibition of elongation factor 1-dependent aminoacyl-tRNA binding to ribosomes by Shiga-like toxin 1 (VT1) from *E. coli* O157:H7 and by Shiga toxin, *FEMS Microbiological Letters* **44**: 91–94.

51 Jääskeläinen EL, Häggblom MW, Andersson MA, Vanne L, Salkinoja-Salonen MS (2003) Potential of *Bacillus cereus* for producing an emetic toxin, cereulide, in bakery products: quantitative analysis by chemical and biological methods, *Journal of Food Protection* **66**: 1047–1054.

52 Jablonski LM, Bohack GA (1997) *Staphylococcus aureus*, in Doyle MP, Beuchat LP, Montville TJ (Hrsg) Food Microbiology: Fundamentals and Frontiers, ASM Press, Washington DC: 353–375.

53 Jarraud S, Peyrat MA, Lim A, Tristan A, Bes M, Mougel C, Vandenesch F, Bonneville M, Lina G (2001) *egc*, the highly prevalent operon of enterotoxin gene forms a putative nursery of superantigens in *Staphylococcus aureus*, *Journal of Immunology* **166**: 669–677.

54 Johnson S, Gerding D (1997) Enterotoxemic Infections, in Rood J, McClane BA, Songer JG, Titball RW (Hrsg) The Clostridia: Molecular Biology and Pathogenesis, Academic Press, London: 117–140.

55 Kandel G, Donohue-Rolfe A, Donowitz M, Keusch GT (1989) Pathogenesis of Shigella diarrhea XVI. Selective targeting of Shiga toxin to villus cells of rabbit jejunum explains the effect of the toxin on intestinal electrolyte transport, *Journal of Clinical Investigation* **84**: 1509–1517.

56 Karch H, Köhler B (1999) Neue Erkenntnisse zur Molekularbiologie der enterohämorrhagischen *E. coli* (EHEC) O157, *Gesundheitswesen* **61** (Suppl. 1): 46–51.

57 Karmali MA (1989) Infection by verocytotoxin-producing *E. coli*, *Clinical Microbiological Reviews* **2**: 15–38.

58 Kay BA, Wachsmuth K, Gemski P, Feeley JC, Quan TJ, Brenner DJ (1983) Virulence and phenotypic characterization of *Yersinia enterocolitica* isolated from humans in the United States, *Journal of Clinical Microbiology* **17**: 128–138.

59 Kist M (2002) Lebensmittelbedingte Infektionen durch *Campylobacter*, *Bundesgesundheitsblatt-Gesundheitsforschung-Gesundheitsschutz* **45**: 497–506.

60 Kist M, Bereswil (2001) *Campylobacter jejuni*, in Mühldorfer I, Schäfer KP (Hrsg) Emerging Bacterial Pathogens, Contribu-

tion Microbiology Vol 8, Karger, Basel pp 150–165.

61 Kleer J, Bartolomae A, Levezzo R, Reichelt T, Sinell HJ, Teufel P (2001) Bakterielle Lebensmittelinfektionen und -intoxikationen in Einrichtungen zur Gemeinschaftsverpflegung 1985–2000, *Archiv für Lebensmittelhygiene* **52**: 76–77.

62 Koch R (1884) A address on cholera and its bacillus, *British Medical Journal* **2**: 403–407.

63 Konkel ME, Kim BJ, Rivera-Amill V, Garvis SG (1999) Bacterial secreted proteins are required for the internalization of *Campylobacter jejuni* into cultured mammalian cells, *Molecular Microbiology* **32**: 691–701.

64 Konowalchuk J, Speirs JI, Stavric S (1977) Vero response to a cytotoxin of *E. coli*, *Infection and Immunity* **18**: 775–779.

65 Kramer M, Gilbert RJ (1989) *Bacillus cereus* and other *Bacillus* spp., in Doyle MP (Hrsg) Foodborne bacterial pathogens, Marcel Decker, New York Basel.

66 Lechner S, Mayr R, Francis KP, Prüß PM, Kaplan T, Wießner-Gunkel E, Stewart GSAB, Scherer S (1998) *Bacillus weihenstephaniensis* sp nov. is a new psychrotolerant species of the *Bacillus cereus* group, *International Journal of Systematic Bacteriology* **48**: 1373–1382.

67 LeLoir Y, Baron F, Gautier M (2003) *Staphylococcus aureus* and food poisoning, *Genetics and Molecular Research* **2**: 63–76.

68 LeMinor L, Popoff MY (1987) Designation of *Salmonella enterica* sp. nov. as the type and only species of the genus Salmonella. *International Journal of Systematic Bacteriology* **37**: 465–468.

69 Leung PHM, Peiris JSM, Ng WWS, Robins-Browne RM, Bettelheim KA, Yam WC (2003) A newly discovered Verotoxin variant, VT2g, produced by bovine verocytotoxigenic *E. coli*, *Applied and Environmental Microbiology* **69**: 7549–7555.

70 Lilly Jr T, Solomon HM, Rhodehamel EJ (1996) Incidence of *Clostridium botulinum* in vegetables packaged under vacuum or modified atmosphere, *Journal of Food Protection* **59**: 59–61.

71 Lindström M (2003) Diagnostics of *Clostridium botulinum* and thermal control of non-proteolytic *C. botulinum* in refrigerated processed foods, Dissertation University of Helsinki Finnland.

72 Lingwood CA, Law H, Richardson SE, Petric M, De Grandis JL, Karmali S & MA (1987) Glycolipid binding of natural and recombinant *E. coli* produced Verotoxin in vitro, *Journal of Biological Chemistry* **262**: 8834–8839.

73 Löscher T, Hoelscher M (2002) Reiseassoziierte Lebensmittelinfektionen, *Bundesgesundheitsblatt-Gesundheitsforschung-Gesundheitsschutz* **45**: 556–564.

74 Lozano-Leòn A, Torres J, Osorio CR, Martinez-Urlaza J (2003) Identification of *tdh*-positive *Vibrio parahaemolyticus* from an outbreak associated with raw oyster consumption, *FEMS Microbiological Letters* **226**: 281–284.

75 Marlorny B, Helmuth R (2002) Detection of *Salmonella* spp. in Sachse K, Frey J (Hrsg) Methods in Molecular Biology, vol 216: PCR detection of microbial pathogens: methods and protocols, Humana Press Inc, Totowa NJ: 275–287.

76 Maurelli AT, Lampel KA (1997) *Shigella* species in Doyle MP, Beuchat LR, Montville TJ (Hrsg) Food microbiology: Fundamentals and Frontiers, ASM Press, Washington DC, 216–227.

77 McClane BA (1982) *Clostridium perfringens* enterotoxin: structure, action and detection, *Journal of Food Safety* **12**: 237–252.

78 Mikulskis AV, Delor I, Thi VH, Cornelis GR (1994) Regulation of the *Yersinia enterocolitica* enterotoxin *yst* gene. Influence of growth phase, temperature, osmolarity, pH and bacterial host factors, *Molecular Microbiology* **14**: 905–915.

79 Miyao YY, Somura Y, Suzuki T, Kai A, Itoh T, Hirayama K, Itoh K (1996) Isolation of verocytotoxin-producing *E. coli* from rectum and cecum of healthy cattle, *Journal of the Japanese Veterinary Medicine Association* **49**: 46–54.

80 Monday SR, Bohach GA (1999) Properties of *Staphylococcus aureus* enterotoxins and toxic shock syndrome toxin-1, in Alouf JE, Freer JH (Hrsg) The Comprehensive Sourcebook of Bacterial Protein Toxins, Academic Press, London San Diego Boston New York Sidney Tokio Toronto: 669–681.

81 Montecucco C, Giaro G (1994) Mechanism of action of tetanus and botulinum neurotoxins, *Molecular Microbiology* **13**: 1–8.

82 Nataro JP, Kaper JB (1998) Diarrheagenic *E. coli*. *Clinical Microbiological Reviews* **11**: 142–201.

83 Neill MA (1991) *Escherichia coli* O157:H7 a pathogen of no small renown, *Infection and Disease Newsletter* **10**: 19–24.

84 NN (1999) Botulism in the European Union, *Eurosurveillance* **4**: 1–7.

85 NN (2000) Lebensmittelvergiftung durch toxinbildende Staphylokokken, Epidemiologisches Bulletin, Robert-Koch-Institut: 247–249.

86 NN (2001) Meldepflichtige Erkrankungen Fachserie 12 Reihe 2, Statistisches Bundesamt Eigenverlag, Wiesbaden.

87 NN (2004) Jahresstatistik meldepflichtiger Infektionskrankheiten 2003, *Epidemiologisches Bulletin* **165**: 137.

88 NN (2004) Zu zwei Infektionen mit *Vibrio vulnificus* nach Kontakt mit Ostseewasser, *Epidemiologisches Bulletin* **13**: 105–106.

89 NN (2005) Aktuelle Statistik meldepflichtiger Infektionskrankheiten, *Epidemiologisches Bulletin* **2**: 12–13.

90 NN (2005) *Vibrio parahaemolyticus* – seafood Chile, www.pro_medmail.

91 O'Brien AD, LaVeck GD, Thompson MR, Formal SB (1982) Production of *Shigella dysenteriae* type 1-like cytotoxin by *E. coli*, *Journal of Infectious Diseases* **146**: 763–769.

92 Oliver JD, Caper JB (1997) Vibrio species, in Food Microbiology Fundamentals and Frontiers, Doyle M, Borchat L, Montville T (Hrsg), ASM press, Washington DC: 228–264.

93 Orwin PM, Leung DYM, Donahue HL, Novik RP, Schlievert PM (2001) Biochemical and biological properties of staphylococcal enterotoxin K, *Infection and Immunity* **69**: 360–366.

94 Parkhill J, Wren BW, Mungall K (2000) The genome sequence of the food-borne pathogen *C. jejuni* reveals hypervariable sequences, *Nature* **403**: 665–668.

95 Paton JC, Paton AW (1998) Pathogenesis and diagnosis of shiga toxin-producing *E. coli* infections, *Clinical Microbiological Reviews* **11**: 450–479.

96 Riley LW, Remis RS, Helgerson SD, McGee HB, Wells JG, Davis BR, Herbert RJ, Olcott ES, Johnson LM, Hargrett NT, Blake PA, Cohen ML (1983) Hemorrhagic colitis associated with rare *E. coli* serotype, *New England Journal of Medicine* **308**: 681–685.

97 Schmidt H, Scheef M, Morabito S (2000) A new shiga toxin 2 variant (Stx2f) from *E. coli* isolated from pigeons, *Applied and Environmental Microbiology* **66**: 1205–1208.

98 Shere JA, Bartlett K, Kaspar C (1998) Longitudinal study of *E. coli* O157:H7 dissemination on four dairy farms in Wisconsin, *Applied and Environmental Microbiology* **64**: 1390–1399.

99 Shinoda S (1999) Haemolysins of *Vibrio cholerae* and other *Vibrio* spp., in Alouf JE, Freer JH (Hrsg) The Comprehensive Sourcebook of Bacterial Protein Toxins, Academic Press, London San Diego Boston New York Sidney Tokio Toronto: 373–385.

100 Sinell HJ (2004) Einführung in die Lebensmittelhygiene, Parey, Stuttgart.

101 Svennerholm AM, Holmgren J (1995) Oral B-subunit whole-cell vaccines against cholera and entertoxigenic *Escherichia coli* diarrhoea, in Alaàldeen DAA, Hormaeche CE (Hrsg) Molecular and Clinical Aspects of Bacterial Vaccine Development, John Wiley, Chichester: 205–232.

102 Tacket CO, Narain JP, Sattin R, Lofgren JP, Konigsberg C, Rendtorff RC, Rausa A, Davis BR, Cohen ML (1984) A multistate outbreak of infections caused by *Y. enterocolitica* transmitted by pasteurized milk, *Journal of the American Medical Association* **251**: 483–486.

103 Tanzi MG, Gabay MP (2002) Association between honey consumption and infant botulism, *Pharmacotherapy* **22**: 1479–1483.

104 Tauxe RV (2002) Emerging foodborne pathogens, *International Journal of Food Microbiology* **78**: 31–41.

105 Van Vliet AHM, Ketley JM (2001) Pathogenesis of enteric *Campylobacter* infection, *Journal of Applied Microbiology* **90**: 455–565.

106 Waldmann R (1998) Cholera vaccination in refugee settings, *Journal of the American Medical Association* **279**: 552–553.

107 Wassenaar TM (1997) Toxin production by *Campylobacter* spp., *Clinical Microbiological Reviews* **10**: 466–476.

108 Wauters G, Kandolo K, Janssens M (1987) Revised biogrouping scheme of *Y. enterocolitica*, *Contributions to Microbiology and Immunology* **9**: 14–21.

109 Wedderkopp A, Gradel KO, Jorgensen JC, Madsen M (2001) Pre-harvest surveillance of *Campylobacter* and *Salmonella* in Danish broiler flocks: a 2-year study, *International Journal of Food Microbiology* **68**: 53–59.

110 Wieneke AA, Roberts D, Gilbert RJ (1993) Staphylococcal food poisoning in the United Kingdom 1969–1990, *Epidemiology and Infection* **110**: 519–531.

111 Wilson JB, McEwen SA, Clarke RC, Leslie KE, Wilson RA, Walter-Toews D, Gyles CL (1992) Distribution and characteristics of verocytotoxigenic *E. coli* isolated from Ontario dairy cattle, *Epidemiology and Infection* **108**: 423–439.

112 Wong FYK, Desmarchelier PM (1999) *Vibrio, Vibrio cholerae,* in Robinson RK (Hrsg) Encyclopaedia of Food Microbiology Vol 3, Academic Press, San Diego London, pp 2242–2248.

113 Reida P, Wolff M, Pöhls HW, Kuhlmann W, Lehmacher A, Aleksic S, Karch H, Bockemühl J (1994) An outbreak due to enterohaemorrhagic Escherichia coli O157:H7 in a children day care centre characterized by person-to-person transmission and environmental contamination, *Zentralblatt Bakteriologie* **281**: 534–543

# 3
# Aflatoxine

*Pablo Steinberg*

## 3.1
## Allgemeine Substanzbeschreibung

Die Öffentlichkeit wurde auf die extrem stark ausgeprägte Toxizität dieser Stoffgruppe Anfang der 1960er Jahre durch ein Massensterben von Truthühnern in England („turkey X-disease") aufmerksam [60]. Die Tiere, die mit verschimmelten Erdnüssen aus Brasilien gefüttert worden waren, zeigten Wachstumsverzögerungen, eine Atrophie der Leber sowie Blutungen. Aflatoxine werden als Sekundärmetabolite vorwiegend von den Schimmelpilzarten *Aspergillus flavus* und *Aspergillus parasiticus* gebildet [14]. Die wichtigsten Vertreter dieser Mykotoxingruppe sind die Aflatoxine $B_1$, $B_2$, $G_1$, $G_2$, $M_1$ und $M_2$ und allen gemeinsam ist ein Furocumaringerüst (Abb. 3.1). Die Bezeichnung der o. g. Aflatoxine beruht auf der Tatsache, dass unter langwelligem UV-Licht die Aflatoxine $B_1$ und $B_2$ blau und die Aflatoxine $G_1$ und $G_2$ grün fluoreszieren, wohingegen die Aflatoxine $M_1$ und $M_2$ u. a. in der Milch von Kühen und Schafen sowie in der Frauenmilch auftreten [30].

## 3.2
## Vorkommen

Die Aflatoxin produzierenden Schimmelpilze befallen u. a. Erdnüsse und Erdnussprodukte, Haselnüsse, Muskatnüsse, Pistazien, Mandeln, Feigen, verschiedene Getreidesorten (Mais, Hirse, Weizen), Reis und Baumwollsamen [31]. Dies geschieht bei zu feuchter Lagerung, zu langen Abständen zwischen Ernte und Trocknen und ungenügendem Lüften. Besonders gefährdet sind Lebensmittel, die aus feucht-warmen Klimazonen stammen (die Aflatoxinsynthese erfolgt am besten bei Temperaturen von 25–30 °C) und von der Ernte bis zum Endverbraucher einen langen Verarbeitungs- und Transportweg haben. In Milch und Milchprodukte gelangen Aflatoxine über mit Schimmelpilzen kontaminierte Futtermittel (Abb. 3.2) [2].

*Handbuch der Lebensmitteltoxikologie.* H. Dunkelberg, T. Gebel, A. Hartwig (Hrsg.)
Copyright © 2007 WILEY-VCH Verlag GmbH & Co. KGaA, Weinheim
ISBN: 978-3-527-31166-8

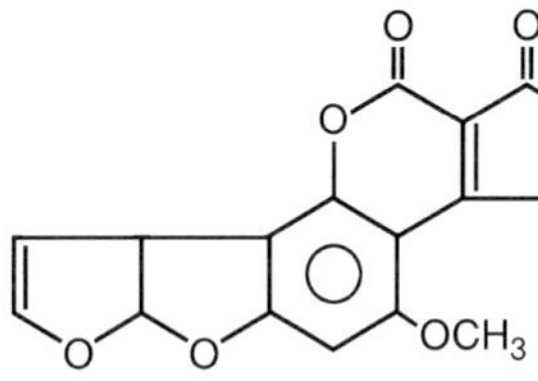

Aflatoxin $B_1$

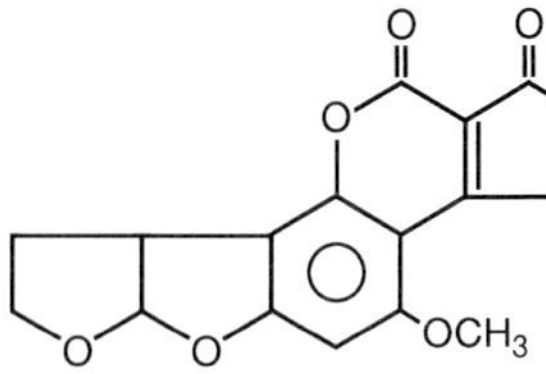

Aflatoxin $B_2$

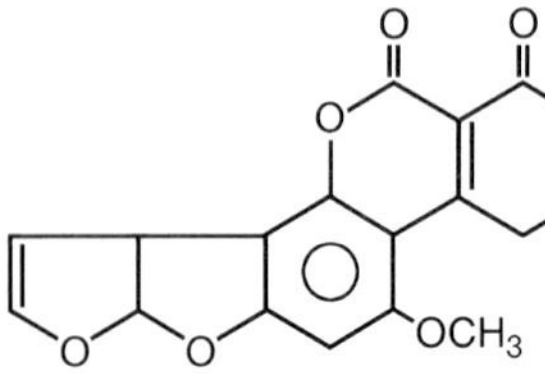

Aflatoxin $G_1$

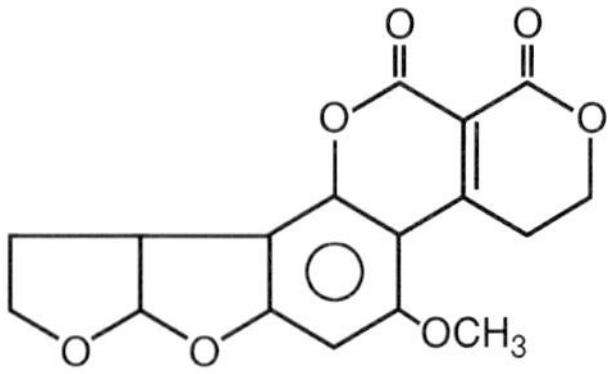

Aflatoxin $G_2$

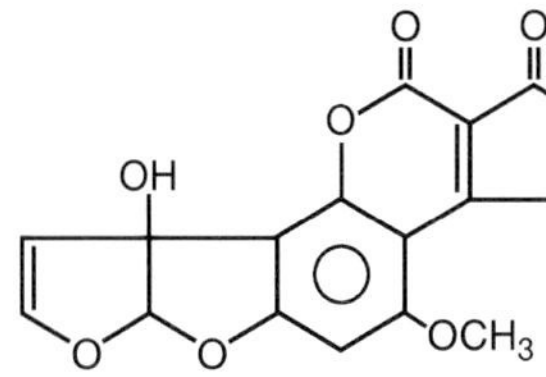

Aflatoxin $M_1$

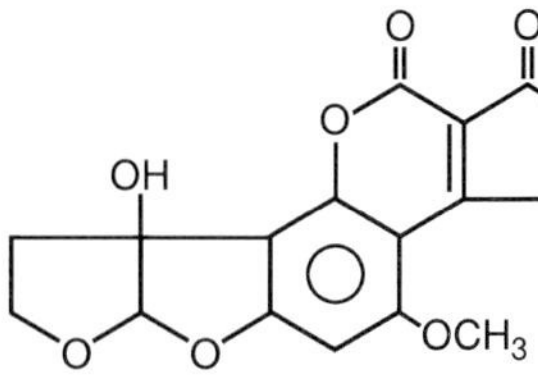

Aflatoxin $M_2$

**Abb. 3.1** Strukturformeln.

## 3.3
## Verbreitung in Lebensmitteln

Der analytische Nachweis von Aflatoxinen erfolgt nach Extraktion und Reinigung über Säulenchromatographie durch zweidimensionale Dünnschichtchromatographie oder Hochleistungsflüssigkeitschromatographie [30]. Mithilfe von immunologischen Verfahren (den sog. „enzyme-linked immunosorbent assay" oder ELISA) ist es auch möglich, Aflatoxine in Lebensmitteln zu bestimmen (z. B. Aflatoxin $M_1$ in Milch und Milchprodukten oder Aflatoxin $B_1$ in Chilischoten). Die Nachweisgrenze für Aflatoxine liegt in Abhängigkeit vom untersuchten Substrat und dem Nachweisverfahren im ng-Bereich pro kg Lebensmittel. Dem Lebensmittel-Monitoring-Bericht 1999 [37], der vom damaligen Bundesinstitut für gesundheitlichen Verbraucherschutz und Veterinärmedizin veröffentlicht wurde, ist zu entnehmen, dass Pistazien z. T. extrem hohe Aflatoxingehalte (bis zu 141 μg/kg)

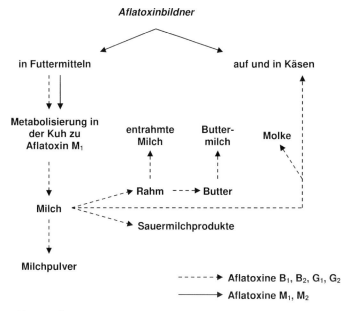

**Abb. 3.2** Aflatoxinkontamination von Milch und Milcherzeugnissen [62].

aufwiesen. Dieser Wert entspricht etwa dem 35fachen der zulässigen Höchstmenge (s. Abschnitt 3.7). Dabei treten die sehr hohen Aflatoxingehalte fast ausschließlich bei Pistazien iranischer Herkunft auf. Im Fall von Milchpulverzubereitungen für Säuglinge und Kleinkinder lag in sechs von 191 Proben (etwa 3% der Proben) der Gehalt an Aflatoxin $M_1$ über der nach der Diät-Verordnung angesetzten Höchstmenge von 0,01 µg Aflatoxin $M_1$/kg Lebensmittel [37]. Aktuelle Informationen zur Belastung von Lebensmitteln mit Aflatoxinen können nach der Teilung des Bundesinstitutes für gesundheitlichen Verbraucherschutz und Veterinärmedizin in das Bundesinstitut für Risikobewertung und das Bundesamt für Verbraucherschutz und Lebensmittelsicherheit unter den Internet-Adressen http://www.bfr.bund.de und http://www.bvl.bund.de gefunden werden.

## 3.4
## Kinetik und innere Exposition

Die Resorption von Aflatoxin $B_1$ im Dünndarm sowie der Übergang des Mykotoxins von der Blutbahn in die Hepatozyten und in Zellen anderer Organe erfolgen sehr schnell [6, 43, 47, 59]. Anschließend wird Aflatoxin $B_1$ fast vollständig verstoffwechselt (höchstens 5% des aufgenommenen Mykotoxins werden unverändert ausgeschieden) [8]. In einem ersten Schritt wird das Aflatoxin $B_1$ in das Aflatoxin $B_1$-8,9-epoxid umgewandelt (Abb. 3.3). An der Epoxidierung, die vorrangig in der Leber stattfindet, aber auch in extrahepatischen Geweben wie Lun-

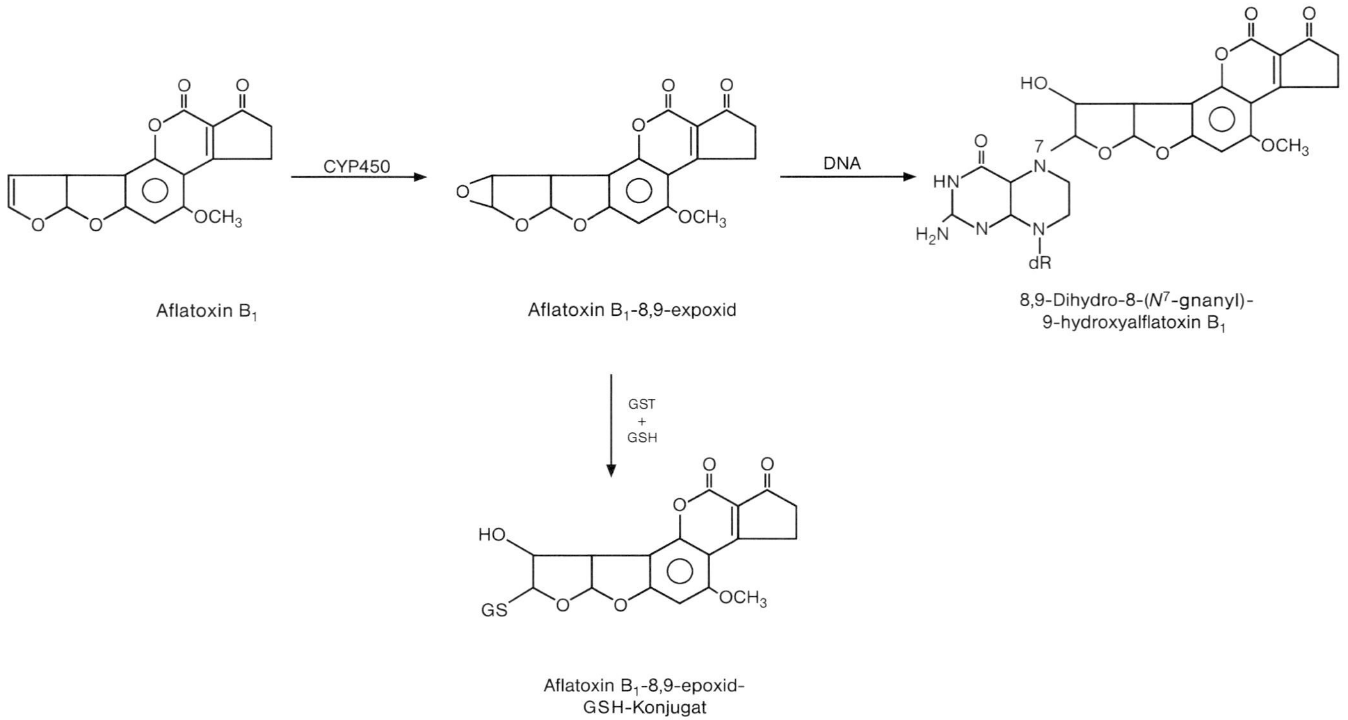

**Abb. 3.3** Vereinfachte Darstellung der Aktivierung und Detoxifizierung von Aflatoxin B$_1$. Aflatoxin B$_1$ wird durch eine Cytochrom P450-(CYP450-)katalysierte Reaktion zum Aflatoxin B$_1$-8,9-epoxid umgesetzt, das entweder an Guaninreste der DNA (dR, Desoxyribose) bindet oder aber in einer Glutathion-S-Transferase-katalysierten Reaktion mit Glutathion konjugiert und detoxifiziert werden kann.

ge und Dickdarm festgestellt worden ist, sind hauptsächlich die Cytochrome P4501A2 und P4503A4 beteiligt [22, 56]. Bei niedrigen Aflatoxin $B_1$-Konzentrationen, wie sie in der menschlichen Nahrung vorkommen, katalysiert vorwiegend das Cytochrom P4501A2, das eine sehr hohe Affinität zum Aflatoxin $B_1$ aufweist, die Epoxidierung des Mykotoxins in der Leber [22]. Darüber hinaus sind auch die Prostaglandinsynthase und die Lipoxygenase in der Lage, Aflatoxin $B_1$ zu epoxidieren [4, 38]. Die Umsetzung vom Aflatoxin $B_1$ zum Aflatoxin $M_1$ wird wiederum durch das Cytochrom P4501A2 katalysiert [22].

Bei der Detoxifizierung des Aflatoxin $B_1$-8,9-epoxids spielt die Gruppe der cytosolischen Glutathion-*S*-Transferasen eine herausragende Rolle. Sie katalysieren die Bildung einer Thioetherbindung zwischen dem elektrophilen $C^8$-Atom des Aflatoxin $B_1$-8,9-epoxids und der Sulfhydrylgruppe des Cysteins vom Tripeptid Glutathion (Abb. 3.3), wobei die Konjugationskapazität von Spezies zu Spezies sehr unterschiedlich ist. In der Maus wirkt Aflatoxin $B_1$ nur schwach kanzerogen, denn die Leber von Mäusen enthält ein Glutathion-*S*-Transferase-Isoenzym, das sehr effizient die Reaktion vom Aflatoxin $B_1$-8,9-epoxid mit Glutathion katalysiert [26]. Hingegen zeigen die in der Humanleber vorhandenen Glutathion-*S*-Transferase-Isoenzyme gegenüber dem Aflatoxin $B_1$-8,9-epoxid eine sehr geringe Aktivität [48].

Das Aflatoxin $B_1$-8,9-epoxid kann auch durch eine spontane Wasseraddition zum Aflatoxin $B_1$-8,9-dihydrodiol umgesetzt werden (Abb. 3.4). Die mikrosomale Epoxidhydrolase scheint bei dieser Ringöffnung keine signifikante Rolle zu spielen [32]. Das Dihydrodiol steht mit dem ringoffenen Dialdehyd im Gleichgewicht (Verbindung I, Abb. 3.4). Zum einen kann das Dialdehyd mit der $\varepsilon$-Aminogruppe des Lysins im Albumin reagieren und als Endprodukt entsteht ein Aminoketon (das sog. Aflatoxin $B_1$-Lysin-Addukt, Abb. 3.4) [52]. Im Serum ist Albumin das einzige Protein, das signifikante Mengen an Aflatoxin $B_1$-Metaboliten bindet [53, 55]. Zum anderen können aus dem Dialdehyd in einem Schritt, der von einer vor kurzem beschriebenen Aflatoxin $B_1$-Aldehydreduktase katalysiert wird, zwei Monoalkohole hervorgehen (Verbindungen II und II′, Abb. 3.4) [18, 25, 27]. In einer weiteren, von der Aflatoxin $B_1$-Aldehydreduktase katalysierten Stufe entsteht, ausgehend vor allem von der Verbindung II, der Dialkohol als Endprodukt (Verbindung III, Abb. 3.4) [18, 25, 27]. Die Aflatoxin $B_1$-Aldehydreduktase scheint in den Zellen als Schutzmechanismus gegen die Bildung von Proteinaddukten zu dienen und somit die akute und chronische Toxizität von Aflatoxin $B_1$ zu mildern [18, 27, 42].

Studien an verschiedenen Tierspezies haben ergeben, dass etwa 90% einer Einzeldosis Aflatoxin $B_1$ innerhalb von 24 Stunden nach der Applikation ausgeschieden werden, davon etwa 75% über Faeces und 15–20% über den Harn [8]. Untersuchungen von Aflatoxin $B_1$-exponierten Menschen haben gezeigt, dass Aflatoxine plazentagängig sind und sich in den Feten anreichern können [12, 36]. Die Anreicherung im Fetus kann nicht mit der noch nicht stark ausgeprägten Cytochrom P450-vermittelten Metabolisierungskapazität begründet werden, denn es ist nachgewiesen worden, dass in der Humanfetalleber Cytochrom P450-Formen vorhanden sind, die die Umsetzung des Aflatoxin $B_1$ zum Aflatoxin $B_1$-8,9-epoxid sehr

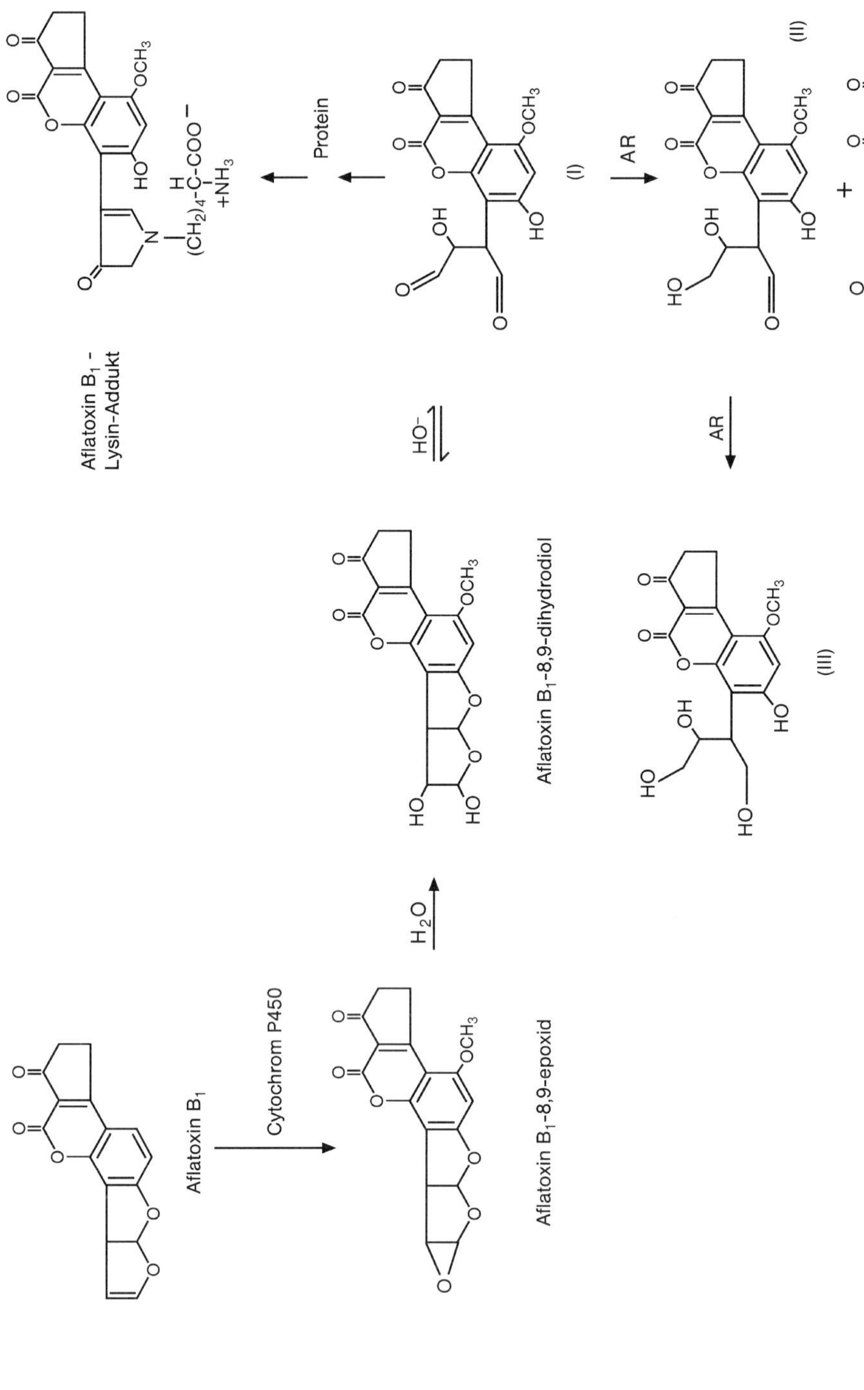

**Abb. 3.4** Die Rolle der Aflatoxin B$_1$-Aldehydreduktase (AR) in der Detoxifizierung des Aflatoxin B$_1$.

effizient katalysieren können [13, 34, 57]. Allerdings kann nicht ausgeschlossen werden, dass weitere Enzymaktivitäten, die an der Metabolisierung von Aflatoxinen beteiligt sind, aufgrund ihrer geringen Aktivität im Fetus zu der beobachteten Anreicherung beitragen könnten. Darüber hinaus tritt bei stillenden Müttern vorwiegend das Aflatoxin $M_1$ in die Frauenmilch über [36, 41].

Daten zur Resorption, Verteilung und Verstoffwechselung von Aflatoxin $B_2$, $G_1$, $G_2$, $M_1$ und $M_2$ sind nur in begrenztem Maße vorhanden. Die Resorption von Aflatoxin $B_2$, $G_1$ und $G_2$ im Dünndarm erfolgt sehr schnell [47]. Von den Aflatoxinen $G_1$ und $M_1$ ist bekannt, dass sie enzymatisch zu den entsprechenden Epoxiden umgesetzt werden können [5, 44, 56].

Zur Erfassung der Humanexposition gegenüber Aflatoxinen werden u. a. die Messungen des 8,9-Dihydro-8-($N^7$-guanyl)-9-hydroxyaflatoxin $B_1$ (das Additionsprodukt des Aflatoxin $B_1$-8,9-epoxids mit der $N^7$-Position des Guanins; s. Abb. 3.3) im Harn und der Aflatoxin $B_1$-Albumin-Addukte im Serum herangezogen [24, 63, 64]. In beiden Fällen konnte eine signifikante Korrelation zwischen der Höhe der Exposition und der Menge der o. g. gemessenen Addukte festgestellt werden. Allerdings spiegelt der erstgenannte Parameter nur die kurzfristige Exposition des Menschen gegenüber Aflatoxin $B_1$ wider. Die Konzentration der Aflatoxin $B_1$-Albumin-Addukte im Serum hingegen stellt aufgrund der Halbwertszeit des Albumins von 21 Tagen die längerfristige (2–3 Monate) Exposition dar. Offen bleibt die Frage, inwieweit verschiedene Krankheitsbilder, die zu einer Verminderung der Albuminkonzentration im Blut führen, die Bildung von Aflatoxin $B_1$-Albumin-Addukten stark beeinflussen und somit die Korrelation zwischen der Aflatoxinaufnahme mit der Nahrung und der Menge an Aflatoxin $B_1$-Albumin-Addukten im Serum verzerren können.

## 3.5
## Wirkungen

### 3.5.1
### Wirkungen auf den Mensch

Bei einer akuten Intoxikation mit Aflatoxinen kommt es beim Menschen zu einer fettigen Degeneration und zirrhotischen Veränderungen in der Leber. Die akut tödliche Dosis wird auf 1–10 mg/kg Körpergewicht geschätzt [45]. Bei Aflatoxinaufnahmen von 2–6 mg/Tag über einen Monat wurde ein hepatitisähnliches Krankheitsbild mit Gelbsucht, Aszites und Pfortaderstauung sowie eine erhöhte Mortalitätsrate beobachtet [35].

Kinder sind besonders empfindlich: Zeichen einer Leberzirrhose wurden bei Kindern festgestellt, die 9–18 µg Aflatoxin $B_1$/Tag mit kontaminierten Erdnüssen aufgenommen hatten [45]. Darüber hinaus sind in Leberbiopsien und in Urinproben von Kindern, die am Reye-Syndrom bzw. an Kwashiorkor erkrankt waren, Aflatoxine nachgewiesen worden [28, 54]. Allerdings ist in beiden Fällen bis zum heutigen Tag weder ein kausaler Zusammenhang zwischen der

**Tab. 3.1** Interaktion von Aflatoxin $B_1$ und Hepatitis-B-Viren in der Induktion von Humanlebertumoren [51].

| | Relatives Risiko, an einem Lebertumor zu erkranken in einer | | | |
| --- | --- | --- | --- | --- |
| | Aflatoxin $B_1$-freien Gegend | Probandenzahl | Aflatoxin $B_1$-verseuchten Gegend | Probandenzahl |
| Hepatitis-B-Virus-Infektion | | | | |
| nein | 1,0 | 4 | 1,9 (0,5–7,5)[a] | 6 |
| ja | 4,8 (1,2–19,7)[a] | 5 | 60,1 (6,4–561,8)[a] | 7 |

a) 95% Konfidenzintervall.

Aflatoxineinnahme und dem Krankheitsausbruch festgestellt noch ein auf die Aflatoxineinnahme zurückzuführender Mechanismus postuliert worden. Beim Reye-Syndrom handelt es sich um eine akute Enzephalopathie in Kombination mit fettiger Degeneration der Leber. Unter Kwashiorkor versteht man die tropische Form der Eiweißmangeldystrophie: Durch das Fehlen essenzieller Aminosäuren und Vitamine kommt es u.a. zu Anämie, Wachstumsstörungen, Muskelschwäche, Apathie, Hypoalbuminämie und Fettleber.

Epidemiologische Studien u. a. in Mosambik, Swasiland und der Volksrepublik China belegen, dass die chronische Aufnahme von Aflatoxin $B_1$ mit der Nahrung zur Bildung von Lebertumoren führt [30]. Häufig ist in den Gegenden, in denen die Nahrungskette stark mit Aflatoxin $B_1$ belastet ist (z. B. Zentralafrika, Südostasien) die Infektion mit Hepatitis-B-Viren beim Menschen stark verbreitet. Von den Hepatitis-B-Viren ist bekannt, dass sie im Laufe einer chronischen Infektion Leberentzündung, Leberzirrhosen und letztendlich auch Lebertumore hervorrufen können. In diesem Zusammenhang hat eine Studie von Ross et al. [51] in der Volksrepublik China gezeigt, dass das relative Risiko, an einem Lebertumor zu erkranken, bei Menschen, die unter einer Hepatitis-B-Virus-Infektion leiden und zeitgleich Aflatoxin $B_1$-belastete Nahrungsmittel zu sich nehmen, weitaus höher liegt als bei jenen, die nur einem der beiden o.g. Risikofaktoren für Leberkrebs ausgesetzt sind (Tab. 3.1). Obwohl in der Studie von Ross et al. [51] eine sehr begrenzte Probandenzahl untersucht worden ist, hat eine Reihe von danach erschienenen Arbeiten, in denen eine viel größere Zahl an Proben analysiert worden ist, die Ergebnisse von Ross et al. [51] eindeutig bestätigt.

3.5.2
**Wirkungen auf Versuchstiere**

Im Tierversuch führt die kurzzeitige Gabe von hohen Konzentrationen an Aflatoxin $B_1$ zu einer Reihe von Leberschäden wie z. B. Leberzellnekrosen, Proliferation der Gallengangsepithelzellen bis hin zu akutem Leberversagen [30]. Bei chronischer Aufnahme von Aflatoxin $B_1$ kommt es zur Bildung von Lebertumoren. Die hepatokanzerogene Wirkung des Aflatoxin $B_1$ ist in Nagetieren (Ratte, Hamster), Primaten sowie in Fischen nachgewiesen worden [30]. Darüber hinaus führt Aflatoxin $B_1$ unter bestimmten experimentellen Bedingungen zu Nieren- und Dickdarmtumoren. Von den verschiedenen Aflatoxinen besitzt das Aflatoxin $B_1$ das höchste kanzerogene Potenzial: Die Aflatoxine $B_2$, $G_1$ und $M_1$ zeigen eine viel geringere tumorfördernde Wirkung als das Aflatoxin $B_1$, die Aflatoxine $G_2$ und $M_2$ hingegen gelten als nicht kanzerogen [30].

Aflatoxine wirken in verschiedenen Tierspezies immunsuppressiv, indem sie sowohl die zelluläre als auch die humorale Immunantwort hemmen [46, 49]. Darüber hinaus können Aflatoxine in Mäusen und Ratten je nach Dosis und Art der Applikation reproduktionstoxisch wirken. In diesem Zusammenhang sind in Nagetieren, die mit Aflatoxine behandelt wurden, u. a. Hodendegeneration und eine gestörte Spermatogenese [16], Gaumenspalten [50, 58], Skelettdeformationen [58], Missbildungen des Zwerchfells und der Nieren [50] sowie neuronale Degeneration [7] beobachtet worden.

### 3.5.3
**Zusammenfassung der wichtigsten Wirkungsmechanismen**

Das Aflatoxin $B_1$ selbst ist biologisch inaktiv. Erst nach einer enzymatisch katalysierten Umwandlung des Aflatoxin $B_1$ in das Aflatoxin $B_1$-8,9-epoxid entfaltet sich die Hepatotoxizität des Mykotoxins. Das entstandene Aflatoxin $B_1$-8,9-epoxid ist elektrophil und damit in der Lage, an nucleophile Zentren der DNA, RNA und verschiedensten Proteine kovalent zu binden. Im Fall der DNA bindet das Epoxid bevorzugt an die $N^7$-Position von Guaninresten und es entsteht das 8,9-Dihydro-8-($N^7$-guanyl)-9-hydroxyaflatoxin $B_1$ (Abb. 3.3) [9–11, 19, 23, 38, 40, 61]. Dieses Additionsprodukt kann zu Fehlpaarungen während der DNA-Replikation und damit zur Anhäufung von vererbbaren Genmutationen führen. Darüber hinaus können die modifizierten Guaninbasen abgespalten werden und es entstehen apurinische Stellen im DNA-Doppelstrang, die wiederum Mutationen auslösen können [20, 21, 33]. Die zwei o. g. Mechanismen können letztendlich zur malignen Entartung von Leberzellen durch Aflatoxin $B_1$ beitragen. Im Fall der Aflatoxine $G_1$ und $M_1$ ist auch die Bindung der entsprechenden Epoxide an die $N^7$-Position von Guaninresten nachgewiesen worden [3, 17].

Die Aflatoxine $B_1$, $G_1$ und $M_1$ wirken nach metabolischer Aktivierung in verschiedenen Testsystemen mutagen [30]. Dabei weist Aflatoxin $B_1$ die stärkste mutagene Potenz auf; die Aflatoxine $G_1$ und $M_1$ hingegen zeigen weniger als 5% der mutagenen Wirkung des Aflatoxins $B_1$ [65]. Die Aflatoxine $B_2$ und $G_2$ wirken kaum genotoxisch. Dies deutet darauf hin, dass die 8,9-Doppelbindung, aus der letztendlich das mutagen wirkende 8,9-Epoxid hervorgeht (s. o.), von entscheidender Bedeutung für die Genotoxizität ist.

In etwa 30% aller hepatozellulären Karzinome werden Mutationen im Tumorsuppressorgen *p53* festgestellt [29]. Die Art und Häufigkeit der *p53*-Mutationen variiert jedoch stark mit der geographischen Herkunft der Tumore. In etwa 50% der hepatozellulären Karzinome von Patienten aus Qidong (VR China), Senegal, Mosambik und dem südlichen Afrika wurde eine spezifische Punktmutation im *p53*-Gen, eine G → T Transversion an der dritten Base des Codons 249, die zu einem Aminosäureaustausch von Arginin zu Serin führt, gefunden [15]. Im Gegensatz dazu sind *p53*-Mutationen in hepatozellulären Karzinomen von Patienten aus Gegenden mit geringer Belastung der Nahrung mit Aflatoxin $B_1$ insgesamt deutlich seltener und insbesondere die Codon 249-Mutation im *p53*-Gen nur in etwa 2% der Fälle beobachtet worden [15]. In weiterführenden Studien wurde festgestellt, dass die Codon 249-Mutation im *p53*-Gen auch in gesundem Lebergewebe von Patienten aus Gegenden mit hoher Aflatoxin $B_1$-Belastung der Nahrungskette vorzufinden ist [1]. Insgesamt zeigen die o.g. Befunde, dass die Codon 249-Mutation im *p53*-Gen zwar nicht notwendig für die maligne Transformation von Leberzellen ist, aber als „Fingerabdruck" für Aflatoxin $B_1$-induzierte hepatozelluläre Karzinome dienen kann.

## 3.6
### Bewertung des Gefährdungspotenzials

Die International Agency for Research on Cancer (IARC) der Weltgesundheitsorganisation bezeichnet mittlerweile die Beweislage als ausreichend, um das Aflatoxin $B_1$ als Humankanzerogen in die Gruppe 1 (nach IARC-Beurteilungskriterien) einzustufen [30]. Dagegen wird das Aflatoxin $M_1$ von der IARC als möglicherweise kanzerogen für den Menschen in die Gruppe 2B eingeordnet, d.h. die Beweise für die Humankanzerogenität des Aflatoxin $M_1$ sind zur Zeit unzureichend. Die Aflatoxine $B_1$, $G_1$ und $M_1$ gelten als kanzerogene Agenzien in Versuchstieren, wohingegen im Fall von Aflatoxin $B_2$ und $G_2$ nur in einem begrenzten bzw. nicht ausreichenden Umfang Hinweise für eine kanzerogene Wirkung in Versuchstieren vorliegen.

## 3.7
### Grenzwerte, Richtwerte, Empfehlungen, gesetzliche Regelungen

In der Europäischen Union sieht die Verordnung (EG) Nr. 466/2001, ergänzt durch die Verordnung (EG) Nr. 257/2002, bei für den direkten Verzehr oder zur Verwendung als Lebensmittelzutat bestimmten Erdnüssen, Nüssen und getrockneten Früchten sowie für Getreide/Getreideprodukte (außer Mais) Höchstmengen für Aflatoxin $B_1$ von 2 µg/kg und für Aflatoxine insgesamt (d.h. $B_1 + B_2 + G_1 + G_2$) von 4 µg/kg vor. Darüber hinaus wurde durch die Verordnung (EG) Nr. 466/2001 eine Aflatoxin $M_1$-Höchstmenge von 0,05 µg/kg in Milch sowie in Milcherzeugnissen festgesetzt. Die Verordnung (EG) 472/2002 sieht bei Gewürzen Höchstmengen für Aflatoxin $B_1$ von 5 µg/kg und für Aflatoxine insgesamt von 10 µg/kg vor.

Die Verordnung (EG) Nr. 683/2004 schreibt vor, dass der Gehalt an Aflatoxin $B_1$ in Getreidebeikost und anderer Beikost für Säuglinge und Kleinkinder den Wert von 0,1 µg/kg nicht überschreiten darf. In Säuglingsanfangsnahrung und

Folgenahrung einschließlich Säuglingsmilchnahrung und Folgenahrung wird eine Höchstmenge von 0,025 µg/kg für den Gehalt an Aflatoxin $M_1$ festgesetzt. In diätetischen Lebensmitteln für besondere medizinische Zwecke, die eigens für Säuglinge bestimmt sind, darf nach Inkrafttreten der Verordnung (EG) 683/2004 der Gehalt an Aflatoxin $B_1$ den Wert von 0,1 µg/kg und der Gehalt an Aflatoxin $M_1$ den Wert von 0,025 µg/kg nicht überschreiten.

Die in Deutschland geltende Mykotoxin-Höchstmengenverordnung sieht in Lebensmitteln, die nicht in den o.g. Verordnungen der Europäischen Union erfasst sind, Höchstmengen für Aflatoxin $B_1$ von 2 µg/kg und für Aflatoxine insgesamt von 4 µg/kg sowie bei Enzymen und Enzymzubereitungen Höchstmengen für Aflatoxine insgesamt von 0,05 µg/kg vor.

## 3.8 Vorsorgemaßnahmen

Aflatoxine sind chemisch sehr stabile Verbindungen, so dass dem Verbraucher keine handhabbaren Verfahren zur Dekontamination von verschimmelten Lebensmitteln zur Verfügung stehen. Daher gilt es zum einen, durch eine kühle und trockene Lagerung dem Befall von Lebensmitteln mit Schimmelpilzen vorzubeugen, zum anderen, bereits verschimmelte Lebensmittel zu meiden. Das Entfernen der sichtbar verschimmelten Lebensmittelteile und der näheren Umgebung reicht im Allgemeinen nicht aus (dies gilt insbesondere für flüssige Lebensmittel wie Saft und Kompott). In diesem Zusammenhang ist zu beachten, dass Aflatoxine hitzestabil sind (Schmelzpunkt: 237–299 °C). Daher kommt es bei längerem oder wiederholtem Kochen oder bei anderen Zubereitungsarten nicht zur Zerstörung der Aflatoxine. Darüber hinaus sollten verschimmelte Lebensmittel nicht an Tiere verfüttert werden.

## 3.9 Zusammenfassung

Aflatoxine werden v.a. von den Schimmelpilzarten *Aspergillus flavus* und *Aspergillus parasiticus* gebildet. In Mitteleuropa sind die Aflatoxine $B_1$, $B_2$, $G_1$ und $G_2$ hauptsächlich in importierten Lebensmitteln aus wärmeren Klimazonen nachzuweisen, da die Schimmelpilze zur Bildung der Aflatoxine Feuchtigkeit und Temperaturen von 25–40 °C benötigen. Die Aflatoxin produzierenden Schimmelpilze befallen u.a. Erdnüsse und Erdnussprodukte, Haselnüsse, Muskatnüsse, Pistazien, Mandeln, Feigen, verschiedene Getreidesorten (Mais, Hirse, Weizen), Reis und Baumwollsamen. Die Aflatoxine $M_1$ und $M_2$ kommen als Stoffwechselprodukte in der Milch von Nutztieren vor, deren Futter mit Aflatoxinen kontaminiert waren. Das Aflatoxin $B_1$ verfügt über eine besonders hohe Toxizität. Die Aufnahme größerer Mengen Aflatoxin $B_1$ führt zu akutem Leberversagen. Die chronische Aufnahme geringer Mengen kann zu Leberzirrhosen und Leberkrebs führen. Die in einigen Ländern Zentral- und Südafrikas sowie Südostasiens zu beobachtende hohe Rate von primärem Leberkrebs wird mit der in diesen Regionen vorhandenen hohen Belastung der Nahrungskette mit Aflatoxin $B_1$ und der chronischen Infektion der Bevölkerung mit Hepatitis-B-Viren in Zusammenhang gebracht. Wegen des von dieser Mykotoxingruppe ausgehenden gesundheitlichen Risikos ist europaweit der Aflatoxingehalt in Lebensmitteln streng begrenzt.

## 3.10
## Literatur

1 Aguilar F, Harris CC, Sun T, Hollstein M, Cerutti P (1994) Geographic variation of *p53* mutational profile in nonmalignant human liver, *Science* **264**: 1317–1319.

2 Applebaum RS, Brackett RE, Wiseman DW, Marth EH (1982) Aflatoxin: toxicity to dairy cattle and occurrence in milk and milk products. A review, *J Food Prot* **45**: 752–777.

3 Baertschi SW, Raney KD, Shimada T, Harris TM, Guengerich FP (1989) Comparison of rates of enzymatic oxidation of aflatoxin $B_1$, aflatoxin $G_1$, and sterigmatocystin and activities of the epoxides in forming guanyl-$N^7$ adducts and inducing different genetic responses, *Chem Res Toxicol* **2**: 114–122.

4 Battista JR, Marnett LJ (1985) Prostaglandin H synthase-dependent epoxidation of aflatoxin $B_1$, *Carcinogenesis* **6**: 1227–1229.

5 Bujons J, Hsieh DP, Kado NY, Messeguer A (1995) Aflatoxin $M_1$ 8,9-epoxide: preparation and mutagenic activity, *Chem Res Toxicol* **8**: 328–332.

6 Busbee DL, Norman JO, Ziprin RL (1990) Comparative uptake, vascular transport, and cellular internalization of aflatoxin-B1 and benzo(a)pyrene, *Arch Toxicol* **64**: 285–290.

7 Chentanez T, Glinsukon T, Patchimasiri V, Klongprakit C, Chentanez V (1986) The effects of aflatoxin $B_1$ given to pregnant rats on the liver, brain and the behaviour of their offspring, *Nutr Rep Int* **34**: 379–386.

8 Classen HG, Elias PS, Hammes WP (1987) Toxikologisch-hygienische Beurteilung von Lebensmittelinhalts- und -zusatzstoffen sowie bedenklicher Verunreinigungen, Paul Parey, Berlin, 220–224.

9 Croy RG, Essigmann JM, Reinhold VN, Wogan GN (1978) Identification of the principal aflatoxin $B_1$-DNA adduct formed *in vivo* in rat liver, *Proc Natl Acad Sci USA* **75**: 1745–1749.

10 Croy RG, Wogan GN (1981) Temporal patterns of covalent DNA adducts in rat liver after single and multiple doses of aflatoxin $B_1$, *Cancer Res* **41**: 197–203.

11 Croy RG, Wogan GN (1981) Quantitative comparison of covalent aflatoxin-DNA adducts formed in rat and mouse livers and kidneys, *J Natl Cancer Inst* **66**: 761–768.

12 Denning DW, Allen R, Wilkinson AP, Morgan MRA (1990) Transplacental transfer of aflatoxin in humans, *Carcinogenesis* **11**: 1033–1035.

13 Doe AM, Patterson PE, Gallagher EP (2002) Variability in aflatoxin $B_1$-macromolecular binding and relationship to biotransformation enzyme expression in human prenatal and adult liver, *Toxicol Appl Pharmacol* **181**: 48–59.

14 Dorner JW, Cole RJ, Diener UL (1984) The relationship of *Aspergillus flavus* and *Aspergillus parasiticus* with reference to production of aflatoxins and cyclopiazonic acid, *Mycopathologia* **87**: 13–15.

15 Eaton DL, Gallagher EP (1994) Mechanisms of aflatoxin carcinogenesis, *Ann Rev Pharmacol Toxicol* **34**: 135–172.

16 Egbunike GN, Emerole GO, Aire TA, Ikegwuonu FI (1980) Sperm production rates, sperm physiology and fertility in rats chronically treated with sublethal

doses of aflatoxin B1, *Andrologia* **12**: 467–475.

17 Egner PA, Yu X, Johnson JK, Nathasingh CK, Groopman JD, Kensley TW, Roebuck BD (2003) Identification of aflatoxin $M_1$-$N^7$-guanine in liver and urine of tree shrews and rats following administration of aflatoxin $B_1$, *Chem Res Toxicol* **16**: 1174–1180.

18 Ellis EM, Judah DJ, Neal GE, Hayes JD (1993) An ethoxyquin-inducible aldehyde reductase from rat liver that metabolizes aflatoxin $B_1$ defines a subfamily of aldo-keto reductases, *Proc Natl Acad Sci USA* **90**: 10350–10354.

19 Essigmann JM, Croy RG, Nadzan AM, Busby WF Jr, Reinhold VN, Buchi G, Wogan GN (1977) Structural identification of the major DNA adduct formed by aflatoxin $B_1$ in vitro, *Proc Natl Acad Sci USA* **74**: 1870–1874.

20 Foster PL, Eisenstadt E, Miller JH (1983) Base substitution mutations induced by metabolically activated aflatoxin $B_1$, *Proc Natl Acad Sci USA* **80**: 2695–2698.

21 Foster PL, Groopman JD, Eisenstadt E (1988) Induction of base substitution mutations by aflatoxin $B_1$ is mucAB dependent in *Escherichia coli*, *J Bacteriol* **170**: 3415–3420.

22 Gallagher EP, Wienkers LC, Stapleton PL, Kunze KL, Eaton DL (1994) Role of human microsomal and human complementary DNA-expressed cytochromes P4501A2 and P4503A4 in the bioactivation of aflatoxin $B_1$, *Cancer Res* **54**: 101–108.

23 Groopman JD, Croy RG, Wogan GN (1981) In vitro reactions of aflatoxin $B_1$-adducted DNA, *Proc Natl Acad Sci USA* **78**: 5445–5449.

24 Groopman JD, Wild CP, Hasler J, Junshi C, Wogan GN, Kensler TW (1993) Molecular epidemiology of aflatoxin exposures: validation of aflatoxin-N7-guanine levels in urine as a biomarker in experimental rat models and humans, *Environ Health Perspect* **99**: 107–113.

25 Guengerich FP, Cai H, McMahon M, Hayes JD, Sutter TR, Groopman JD, Deng Z, Harris TM (2001) Reduction of aflatoxin B1 dialdehyde by rat and human aldo-keto reductases. *Chem Res Toxicol* **14**: 727–737.

26 Hayes JD, Judah DJ, Neal GE, Nguyen T (1992) Molecular cloning and heterologous expression of a cDNA encoding a mouse glutathione S-transferase Yc subunit possessing high catalytic activity for aflatoxin $B_1$-8,9-epoxide, *Biochem J* **285**: 173–180.

27 Hayes JD, Judah DJ, Neal GE (1993) Resistance to aflatoxin $B_1$ is associated with the expression of a novel aldo-keto reductase which has catalytic activity towards a cytotoxic aldehyde-containing metabolite of the toxin, *Cancer Res* **53**: 3887–3894.

28 Hendrickse RG, Maxwell SM (1989) Aflatoxins and child health in the tropics, *J Toxicol-Toxin Rev* **8**: 31–41.

29 Hollstein M, Sidransky D, Vogelstein B, Harris CC (1991) *p53* mutations in human cancers, *Science* **253**: 49–53.

30 IARC (1993) IARC Monographs on the evaluation of carcinogenic risks to humans, Volume 56, Lyon, 245–395.

31 Jelinek CF, Pohland AE, Wood GE (1989) Review of mycotoxin contamination. Worldwide occurrence of mycotoxins in foods and feeds – an update, *J Assoc Off Anal Chem* **72**: 223–230.

32 Johnson WW, Yamazaki H, Shimada T, Ueng YF, Guengerich FP (1997) Aflatoxin $B_1$ 8,9-epoxide hydrolysis in the presence of rat and human epoxide hydrolase, *Chem Res Toxicol* **10**: 672–676.

33 Kaden DA, Call KM, Leong PM, Komives EA, Thilly WG (1987) Killing and mutation of human lymphoblast cells by aflatoxin B1. *Cancer Res* **47**: 1993–2001.

34 Kitada M, Taneda M, Ohi H, Komori M, Itahashi K, Nagao M, Kamataki T (1989) Mutagenic activation of aflatoxin $B_1$ by P-450 HFLa in human fetal livers, *Mutat Res* **227**: 53–58.

35 Krishnamachari KA, Bhat RV, Nagarajan V, Tilak TB (1975) Hepatitis due to aflatoxicosis. An outbreak in Western India, *Lancet* **I**: 1061–1063.

36 Lamplugh SM, Hendrickse RG, Apeagyei F, Mwanmut DD (1988) Aflatoxins in breast milk, neonatal cord blood, and serum of pregnant women (short report), *Br Med J (Clin Res Ed)* **296**: 968.

37 Lebensmittel-Monitoring (1999) Bundesinstitut für gesundheitlichen Verbrau-

cherschutz und Veterinärmedizin, Berlin, S. 25.

38 Lin JK, Miller JA, Miller EC (1977) 2,3-Dihydro-2-(guan-7-yl)-3-hydroxy-aflatoxin $B_1$, a major acid hydrolysis product of aflatoxin $B_1$-DNA or -ribosomal RNA adducts formed in hepatic microsome-mediated reactions and in rat liver *in vivo*, *Cancer Res* **37**: 4430–4438.

39 Liu L, Massey TE (1992) Bioactivation of aflatoxin $B_1$ by lipoxygenases, prostaglandin H synthase and cytochrome P450 monooxygenase in guinea-pig tissues, *Carcinogenesis* **13**: 533–539.

40 Martin CN, Garner RC (1977) Aflatoxin $B_1$-oxide generated by chemical or enzymic oxidation of aflatoxin $B_1$ causes guanine substitution in nucleic acids, *Nature* **267**: 863–865.

41 Maxwell SM, Apeagyei F, de Vries HR, Mwanmut DD, Hendrickse RG (1989) Aflatoxins in breast milk, neonatal cord blood and sera of pregnant women, *J Toxicol-Toxin Rev* **8**: 19–29.

42 McLeod R, Ellis EM, Arthur JR, Neal GE, Judah DJ, Manson MM, Hayes JD (1997) Protection conferred by selenium deficiency against aflatoxin $B_1$ in the rat is associated with the hepatic expression of an aldo-keto reductase and a glutathione S-transferase subunit that metabolize the mycotoxin, *Cancer Res* **57**: 4257–4266.

43 Müller N, Petzinger E (1988) Hepatocellular uptake of aflatoxin $B_1$ by non-ionic diffusion. Inhibition of bile acid transport by interference with membrane lipids, *Biochim Biophys Acta* **938**: 334–344.

44 Neal GE, Eaton DL, Judah DJ, Verma A (1998) Metabolism and toxicity of aflatoxins $M_1$ and $B_1$ in human-derived *in vitro* systems. *Toxicol Appl Pharmacol* **151**: 152–158.

45 Neumann HG (1983) Aflatoxin $B_1$ *Dtsch Apoth-Ztg* **123**: 1534.

46 Pier AC, McLoughlin ME (1985) Mycotoxic suppression of immunity, in Lacey J (Hrsg) Trichothecenes and Other Mycotoxins, John Wiley & Sons, New York, 507–519.

47 Ramos AJ, Hernandez E (1996) *In situ* absorption of aflatoxins in rat small intestine, *Mycopathologia* **134**: 27–30.

48 Raney KD, Meyer DJ, Ketterer B, Harris TM, Guengerich FP (1992) Glutathione conjugation of aflatoxin $B_1$ *exo-* and *endo*-epoxides by rat and human glutathione S-transferases, *Chem Res Toxicol* **5**: 470–478.

49 Richard JL (1991) Mycotoxins as immunomodulators in animal systems, in Bray GA, Ryan D (Hrsg) Mycotoxins, Cancer and Health, Louisiana State University Press, Baton Rouge, 197–220.

50 Roll R, Matthiaschk G, Korte A (1990) Embryotoxicity and mutagenicity of mycotoxins, *J Environ Pathol Toxicol Oncol* **10**: 1–7.

51 Ross RK, Yuan JM, Yu MC, Wogan GN, Qian GS, Tu JT, Groopman JD, Gao YT, Henderson BE (1992) Urinary aflatoxin biomarkers and risk of hepatocellular carcinoma, *Lancet* **339**: 943–946.

52 Sabbioni G (1990) Chemical and physical properties of the major serum albumin adduct of aflatoxin $B_1$ and their implications for the quantification in biological samples, *Chem Biol Interact* **75**: 1–15.

53 Sabbioni G, Ambs S, Wogan GN, Groopman JD (1990) The aflatoxin-lysine adduct quantified by high-performance liquid chromatography from human serum albumin samples, *Carcinogenesis* **11**: 2063–2066.

54 Shank RC, Bourgeois CH, Keschamras N, Chandavimol P (1971) Aflatoxins in autopsy specimens from Thai children with an acute disease of unknown aetiology, *Food Cosmet Toxicol* **9**: 501–507.

55 Sheabar FZ, Groopman JD, Qian GS, Wogan GN (1993) Quantitative analysis of aflatoxin-albumin adducts, *Carcinogenesis* **14**: 1203–1208.

56 Shimada T, Guengerich FP (1989) Evidence for cytochrome P-450NF, the nifedipine oxidase, being the principal enzyme involved in the bioactivation of aflatoxins in human liver, *Proc Natl Acad Sci USA* **86**: 462–465.

57 Shimada T, Yamazaki H, Mimura M, Wakamiya N, Ueng YF, Guengerich FP, Inui Y (1996) Characterization of microsomal cytochrome P450 enzymes involved in the oxidation of xenobiotic chemicals in human fetal liver and adult lungs, *Drug Metab Disp* **24**: 515–522.

58 Tanimura T, Kihara T, Yamamoto Y (1982) Teratogenicity of aflatoxin $B_1$ in the mouse, *Kankyo Kagaku Kenkyusho Kenkyu Hokoku (Kinki Daigaku)* **10**: 247–256.

59 Trucksess MW, Richard JL, Stoloff L, McDonald JS, Brumley WC (1983) Absorption and distribution patterns of aflatoxicol and aflatoxins $B_1$ and $M_1$ in blood and milk of cows given aflatoxin $B_1$, *Am J Vet Res* **44**: 1753–1756.

60 Van der Zijden ASM, Blanche Koelensmid WAA, Boldingh J, Barrett CB, Ord WO, Philp J (1962) *Aspergillus flavus* and turkey X disease (isolation in crystalline form of a toxin responsible for turkey X disease), *Nature* **195**: 1060–1062.

61 Wang TV, Cerrutti P (1980) Spontaneous reactions of aflatoxin $B_1$ modified deoxyribonucleic acid *in vitro*, *Biochemistry* **19**: 1692–1698.

62 Weidenbörner M (2000) Lexikon der Lebensmittelmykologie; Springer.

63 Wild CP, Hudson GJ, Sabbioni G, Chapot B, Hall AJ, Wogan GN, Whittle H, Montesano R, Groopman JD (1992) Dietary intake of aflatoxins and the level of albumin-bound aflatoxin in peripheral blood in The Gambia, West Africa, *Cancer Epidemiol Biomarkers Prev* **1**: 229–234.

64 Wild CP, Jiang YZ, Allen SJ, Jansen LA, Hall AJ, Montesano R (1990) Aflatoxin-albumin adducts in human sera from different regions of the world, *Carcinogenesis* **11**: 2271–2274.

65 Wong JJ, Hsieh DP (1976) Mutagenicity of aflatoxins related to their metabolism and carcinogenic potential, *Proc Natl Acad Sci USA* **73**: 2241–2244.

# 4
# Ochratoxine

*Wolfgang Dekant, Angela Mally und Herbert Zepnik*

## 4.1
## Allgemeine Substanzbeschreibung

Bei Pilzwachstum auf Lebens- und Futtermitteln wird praktisch nur Ochratoxin A von *Aspergillus ochraceus* und anderen Aspergillus- sowie Penicilliumarten gebildet. Weiter liegen für Ochratoxin A im Gegensatz zu den anderen Ochratoxinen umfangreiche Untersuchungsdaten vor. Daher konzentriert sich dieses Kapitel auf diese Verbindung.

Ochratoxin A ist ein Schimmelpilzgift, das von verschiedenen Penicillium- und Aspergillusarten gebildet wird. Im Gegensatz zu den Aflatoxinen tritt es auch in landwirtschaftlichen Produkten der gemäßigten Klimazonen als Kontaminanz auf. Ochratoxin A ist nephrotoxisch, induziert Nierentumoren in Nagern und wird daher als möglicherweise krebserregend für den Menschen eingestuft. Auch immunsuppressive und teratogene Wirkungen sind beschrieben. Ochratoxin A wurde erstmals 1965 aus einer Kultur von *Aspergillus ochraceus* isoliert. Ochratoxin A, (*N*-[(3*R*)-(5-Chloro-8-hydroxy-3-methyl-1-oxo-7-isochromanyl)-carbonyl]-L-phenylalanin, CAS [303-47-9]) besteht aus einer Dihydroisocoumarinuntereinheit, die über eine peptidische Bindung mit der Aminosäure Phenylalanin verknüpft ist. Die Synthese von Ochratoxin A erfolgt im Sekundärstoffwechsel über den Weg der Polyketidsynthese. Zunächst wird die Isocoumarineinheit gebildet, die als Ochratoxin *a* bezeichnet wird. Anschließend erfolgt enzymatisch die Bindung an Phenylalanin, das aus dem Aminosäurestoffwechselweg der Shikimisäure stammt [21, 22, 62, 111, 140]. Dank neuerer, sehr empfindlicher Analysemethoden wurde es möglich, durch Flüssigkeitschromatographie-gekoppelte Tandemmassenspektrometrie (LC-MS/MS) Ochratoxin A und weitere Ochratoxinderivate in den Extrakten aus Schimmelpilzen nachzuweisen und zu identifizieren [9, 27, 81, 148]. Die strukturverwandten Verbindungen sind Ochratoxin B (das halogenfreie Analogon des Ochratoxin A), Ochratoxin C (der Ethylester des Ochratoxin A), Ochratoxin A-Methylester und Ochratoxin B-Methylester [117], Ochratoxin *a* (Dihydroisocoumarinuntereinheit des Ochratoxin A) sowie Hydroxyderivate des Ochratoxin A (4-(*R*)- und 4-(*S*)-Hydroxyochratoxin A) und andere Ochratoxinderivate, die als Konjugate des Ochratoxin a mit den Aminosäuren Serin, Hydroxyprolin und Lysin identifiziert wurden [55].

In Benzol auskristallisiertes isoliertes Ochratoxin A hat einen Schmelzpunkt von etwa 169 °C. Sein relatives Molekulargewicht beträgt $M_r$ = 403,82 g/mol, die Summenformel lautet: $C_{20}H_{18}ClNO_6$. Ochratoxin A ist leicht löslich in polaren organischen Lösungsmitteln (Dimethylsulfoxid, Dichlormethan, Chloroform, Acetonitril, Ethanol, Tetrahydrofuran) und löslich in Wasser [116]. Der $pK_a$-Wert der Verbindung liegt bei 7,1. In stark sauren, wässrigen Lösungen findet eine Spaltung der peptidischen Bindung statt, in basischen wässrigen Lösungen wird der Lactonring in der Dihydroisocoumarinuntereinheit geöffnet. Diese Alkalibehandlung wird zur Beseitigung von Ochratoxin A in kontaminierten Materialien verwendet, jedoch ist diese Reaktion reversibel.

In der UV-Spektroskopie werden die Adsorptionen der chromophoren Systeme im Molekül ausgenutzt (Benzolring, Carbonyl- und Aminogruppe), um Ochratoxin A zu detektieren. Als geeignete Wellenlängen können $\lambda_{max}$ = 332 nm und $\lambda$ = 254 nm ausgewählt werden. Aufgrund der fluoreszierenden Eigenschaften kann Ochratoxin A auch mittels HPLC mit Fluoreszenzdetektion bestimmt werden. Hierbei dient das Isocoumaringerüst als Fluorophor. Die optimale Anregungswellenlänge beträgt $\lambda_{Ex}$ = 330 nm, die korrespondierende Emissionswellenlänge liegt bei $\lambda_{Em}$ = 460 nm. Eine makroskopische Detektion von Ochratoxin A auf Dünnschichtchromatographieplatten oder in Lösungen unter Verwendung einer UV-Lampe, die kurzwelliges Licht mit der Wellenlänge $\lambda$ = 254 nm ausstrahlt, ist ab einer Konzentration von etwa 2 µM möglich (türkisfarbene Banden bzw. Lösungen). Weiterhin wurden auch NMR-Kernresonanzspektroskopiemessungen zur Strukturaufklärung und Reinheitsbestimmung für Ochratoxin A und mögliche Metaboliten oder strukturverwandte Verbindungen angewandt [17, 26, 85, 137].

## 4.2
## Vorkommen

Seit seiner Identifizierung wurde das Vorkommen von Ochratoxin A in Lebensmitteln mithilfe empfindlicher Nachweis- und Analyseverfahren untersucht. Dabei wurde festgestellt, dass zahlreiche Nahrungs- und Genussmittel sowie Futtermittel für Nutztiere mit Ochratoxin A kontaminiert sind. Zu den Nahrungsmittelrohstoffen, die besonders anfällig für eine Kontamination mit Ochratoxin A produzierenden Schimmelpilzen sind, gehören vor allem Getreide (Weizen, Gerste, Hafer, Roggen), Mais, Reis, Weintrauben und Rosinen, Kaffeebohnen, Kakao und Tee. Die Verwendung dieser Grundstoffe in der Nahrungsmittelzubereitung führt zum Auftreten von Ochratoxin A in verschiedenen Lebensmitteln, wie Brot und anderen Backwaren, Nudeln, Müsli, Bier, Wein, Kaffee. Auch Fleisch bzw. Fleischprodukte können mit Ochratoxin A belastet sein, da ein so genanntes *cross-over* aus kontaminiertem Silagefutter in das Fleisch von Masttieren stattfinden kann. Die in den verschiedenen Nahrungsmitteln festgestellten Gehalte schwanken teilweise enorm. Durch entsprechende Verfahren der Probenentnahme sowie ausreichende Probenmengen muss das manchmal *cluster*-artige Auftreten von Schimmelpilzen ausgeglichen werden. Expertengremien haben daher die Vorgehensweise bei der Probennahme genau festgelegt, um international eine einheitliche Kontrolle gewährleisten zu können [35].

Das Ausmaß der Kontamination mit Ochratoxin A wird durch verschiedene Faktoren beeinflusst:
- Art des Ochratoxin A produzierenden Schimmelpilzes,
- Wachstumsbedingungen des Pilzes (Temperatur, Luftfeuchtigkeit, Nährstoffe),
- Lagerung, Behandlung und Reinigung der Nahrungsmittelrohstoffe,
- Herstellungsprozess der Nahrungsmittel,
- *cross-over*.

Die Hauptproduzenten von Ochratoxin A sind *Penicillium verrucosum* und *Aspergillus ochraceus*, wobei auch andere Aspergillusarten (z. B. *Aspergillus carbonarius*) einen Beitrag zur Gesamtbelastung liefern können.

## 4.3
### Verbreitung in Lebensmitteln

Im Rahmen mehrerer Studien wurde die Belastung des Menschen mit Ochratoxin A basierend auf dem Ochratoxin A-Gehalt verschiedener Nahrungsmittel, den Verzehrsgewohnheiten sowie dem Vorkommen von Ochratoxin A in Körperflüssigkeiten wie Blut und Muttermilch untersucht. Die in verschiedenen Lebensmitteln ermittelten Ochratoxin A-Konzentrationen sind in Tabelle 4.1 wiedergegeben. Bei der Betrachtung dieser Werte ist zu berücksichtigen, dass das Ausmaß der Kontamination mit Ochratoxin A stark von der geographischen Lage und der in den verschiedenen Ländern üblichen landwirtschaftlichen Praxis abhängt. Daher unterscheiden sich die in Deutschland bzw. Sachsen ermittelten Werte teilweise deutlich von denen der JECFA, bei deren Berechnung Daten aus insgesamt 13 Ländern berücksichtigt wurden.

In einer vom damaligen Bundesinstitut für gesundheitlichen Verbraucherschutz und Veterinärmedizin (BGVV) geförderten Studie wurden im Zeitraum von 1995–1998 6476 Lebensmittel und 927 Serumproben von gesunden Probanden aus ganz Deutschland untersucht [144]. Von den untersuchten Blutproben waren 98% positiv, wobei der Großteil aller Proben Konzentrationen im Bereich von 0,11–0,5 ng/mL aufwies. Vergleichbare Blutspiegel wurden auch in einer im Zeitraum von 1977–1994 durchgeführten Untersuchung der EU (0,45 ng/mL) sowie einer kürzlich veröffentlichten Studie (0,35 ng/mL) verschiedener Mitgliedstaaten der EU gefunden [110]. Auch in Muttermilch wurde Ochratoxin A nachgewiesen. Im Schnitt lagen die Werte hier bei 0,18 µg/L.

Basierend auf den ermittelten Ochratoxin A-Plasmaspiegeln (0,18–1,19 ng/mL) wurde in einigen EU-Ländern eine mittlere tägliche Aufnahme von Ochratoxin A aus der Nahrung berechnet. Diese lag zwischen 0,35 ng/kg KG/Tag (Norwegen) und 2,34 ng/kg KG (Spanien). Bei Säuglingen wurde eine tägliche

**Tab. 4.1** Konzentrationen von Ochratoxin A in verschiedenen Lebensmitteln.

| Untersuchtes Lebensmittel | Mittlere Konzentrationen in µg/kg (Anzahl der untersuchten Proben) | | |
|---|---|---|---|
| | JECFA [36] | BMG-Studie [144] | LUA-Sachsen [84] |
| Bier | 0,025 (660) | 0,03 (250) | <0,6 (23) |
| Getreide | 0,94 (2700) | 0,10 (204) | 2,5 (4/96) |
| Kaffee | 0,76 (1700) | 0,61 (113) | 1,4 (3/32) |
| Kakao | 0,18 (270) | 0,59 (40) [a] | <0,6 (21) |
| Müsli | 0,19 (1500) | 0,10 (115) [a] | 1–2,4 (27) |
| Rotwein | 0,4 (1300) | <0,01 (172) | 1,8 (19) |
| Weißwein | 0,1 (260) | <0,01 (58) [a] | – |
| Traubensaft | 0,44 (68) | 0,16 (91) [a] | <0,6 (9) |
| getrocknete Weintrauben | 2,3 (860) | 0,315 (106) [a] | < 10,25 (1/12) |
| Schweineniere | 0,12 (380) | 0,43 (61) | – |

[a] Median ermittelte Werte.

Ochratoxin A-Aufnahme über die Muttermilch von 1,0 ng/kg KG/Tag (Norwegen) bis 24,0 µg/kg KG (Italien) ermittelt [110].

In der für Deutschland repräsentativen BGVV-Studie wurden insgesamt 6476 Muster aus über 130 Lebensmittelgruppen untersucht (Tab. 4.1). In 57,2% aller Muster konnte Ochratoxin A nachgewiesen werden, wobei weniger als 7,3% der Proben Konzentrationen über 0,5 µg/kg, 1,0% über 3 µg/kg und 0,5% über 5 µg/kg aufwiesen. Zu den häufig belasteten Lebensmitteln gehören Getreideprodukte, Kaffee, Bier, Wein und Traubensaft, Kakao und Innereien aus dem Schwein. Im Vergleich zu Ochratoxin A-Konzentrationen weltweit zeigten jedoch Untersuchungen in Deutschland eine nur geringe Belastung von Getreide und Getreideprodukten mit Ochratoxin A. Vollkornprodukte und Roggen scheinen im Allgemeinen einen größeren Beitrag zur Ochratoxin A-Aufnahme des Verbrauchers zu leisten. Kaffee, insbesondere löslicher Kaffee, gehörte im Erhebungszeitraum dieser Studie zu den am stärksten kontaminierten Lebensmitteln. In etwa der Hälfte aller Proben konnte Ochratoxin A nachgewiesen werden, wobei Spitzenwerte von bis zu 9,5 µg/kg auftraten. Löslicher, koffeinhaltiger Kaffee wies die höchsten Werte auf. Es sei jedoch darauf hingewiesen, dass es der Kaffeeindustrie in den letzten Jahren gelungen ist, durch Präventionsmaßnahmen und gute landwirtschaftliche Praxis die Schimmelpilzbildung während der Ernte und Weiterverarbeitung von Kaffeebohnen deutlich zu reduzieren. Während im Zeitraum von 1995–1999 der Median der belasteten Proben noch bei etwa 0,43 µg/kg Rohkaffee lag, konnte im Zeitraum von 2000–2002 eine verringerte Belastung mit 0,17 µg/kg Rohkaffee gemessen werden [99]. In der Warengruppe Bier waren 50% aller untersuchten Proben mit Ochratoxin A belastet, wobei das nachgewiesene Ochratoxin A wahrscheinlich aus dem Malz stammt. Maximale Konzentrationen wurden in Weizenbier ermittelt (0,29 µg/kg). Andere Biersorten, vor allem alkoholfreies

Bier (<0,035 µg/kg) waren weniger kontaminiert. Durch den Eintrag über Futtermittel war Ochratoxin A auch in einigen tierischen Lebensmitteln nachweisbar, wobei Schweinefleisch, insbesondere Leber und Niere bzw. daraus hergestellte Fleischprodukte (z. B. Leberwurst, Blutwurst) einen Beitrag zur Gesamtbelastung leisten können. In Geflügel, Rindfleisch und Milch war Ochratoxin A praktisch nicht nachweisbar. In Müsli und Müsliriegeln wurden teilweise extrem hohe Konzentrationen an Ochratoxin A nachgewiesen, in Einzelfällen bis zu 31,8 µg/kg. Diese Werte sind wahrscheinlich auf die Verwendung von belasteten Vollkornprodukten und Trockenfrüchten zurückzuführen. Getrocknete Weintrauben können ein Problem darstellen, da oft schon wenige, dafür aber stark kontaminierte Früchte zu einer Erhöhung des Ochratoxin A-Gehaltes einer ganzen Charge und den daraus hergestellten Lebensmitteln führen können. Rotwein ist in der Regel stärker belastet als Weißwein. Ursache hierfür ist wahrscheinlich die längere Maischestandzeit bei Rotweinen. Ähnliches gilt für roten und weißen Traubensaft. In anderen Obst- und Gemüsesäften war Ochratoxin A nicht oder nur in sehr geringem Ausmaß nachweisbar.

Durch Auswertung der Nahrungsmittelgewohnheiten wurde ebenfalls eine Abschätzung der täglichen Aufnahme von Ochratoxin A durch den Verbraucher durchgeführt. In Tabelle 4.2 ist der Beitrag verschiedener Lebensmittel zur Ochratoxin A-Belastung der Bevölkerung in Deutschland basierend auf den Verzehrgewohnheiten eines durchschnittlichen Erwachsenen dargestellt. Trotz niedriger Ochratoxin A-Gehalte stellen Brot und Brötchen durch die hohen Verzehrmengen eine wichtige Aufnahmequelle dar. Auch Bier trägt wesentlich zur Ochratoxin A-Aufnahme bei. Insgesamt ergibt sich eine mittlere Gesamtaufnahme von 1,09 ng/kg KG/Tag. Für Kinder und Jugendliche liegt die tägliche Ochratoxin A-

**Tab. 4.2** Beitrag verschiedener Lebensmittel zur Gesamtbelastung des Menschen mit Ochratoxin A basierend auf Verzehrgewohnheiten in Deutschland [36, 110].

| | Tägliche Aufnahme in g/Person/Tag | Mittlere Konzentration Ochratoxin A in µg/kg | Tägliche Aufnahme an Ochratoxin in ng/kg KG/Tag |
|---|---|---|---|
| Bier | 192,29 | 0,03 | 0,08 |
| Kaffee (geröstet) | 16,06 | 0,54 | 0,12 |
| Kaffee (entkoffeiniert) | 1,97 | 0,60 | 0,02 |
| Brot/Brötchen | 146,99 | 0,17 | 0,36 |
| Weißwein | 16,65 | 0,10 | 0,02 |
| Traubensaft | 3,69 | 0,74 | 0,04 |
| Getreideprodukte, Müsli | 67,55 | 0,21 | 0,20 |
| Würste | 46,86 | 0,09 | 0,06 |
| Nudeln | 14,02 | 0,45 | 0,09 |
| Roséwein | 4,88 | 0,14 | 0,01 |
| Schokolade, Süßigkeiten | 51,82 | 0,10 | 0,07 |
| Rotwein | 4,88 | 0,23 | 0,02 |

Aufnahme von bis zu 3,14 ng/kg KG/Tag deutlich höher. Innerhalb der EU unterscheiden sich die abgeschätzten täglichen Aufnahmen durch unterschiedliche Verzehrgewohnheiten und Ochratoxin A-Konzentrationen in Lebensmitteln beträchtlich und liegen für Erwachsene zwischen 0,53 (Großbritannien) und 2,31 ng/kg KG/Tag (Frankreich). Von der WHO wurde 2001 ein PTWI (provisional tolerable weekly intake) von 100 ng Ochratoxin A/kg KG und Woche festgesetzt.

## 4.4
## Analytischer Nachweis

Früher wurden zum Nachweis von Ochratoxin A einfache Methoden wie UV-Spektroskopie und Dünnschichtchromatographie verwendet [8, 49, 51, 143]. Mithilfe von Gaschromatographie/Massenspektrometrie konnte Ochratoxin A nur nach Derivatisierung als Methylester nachgewiesen werden, da Ochratoxin A selbst mit der GC/MS-Analytik nur relativ unempfindlich nachzuweisen ist [66]. Später wurden Verfahren zur Bestimmung von Ochratoxin A mithilfe der Hochdruckflüssigkeitschromatographie gekoppelt mit Fluoreszenzspektroskopie entwickelt (HPLC-FLD, engl.: high pressure liquid chromatography with fluorescence detection). Diese Methode dient in der Routineanalytik heute noch als weit verbreitete Nachweismethode für Ochratoxin A (s. Tab. 4.3). Die Vorteile dieser Bestimmungsmethode liegen in den relativ niedrigen Kosten bei hoher Empfindlichkeit. Da sich hierbei jedoch Matrixeffekte als sehr störend auswirken können, muss in der Regel eine Vorbehandlung des zu untersuchenden Probenmaterials durchgeführt werden. Meist erfolgt die Extraktion des Analyten aus der Matrix durch Flüssig-Flüssig-Extraktion unter Verwendung von flüchtigen, polaren halogenierten Lösungsmitteln (Dichlormethan oder Chloroform) bzw. durch Festphasenextraktion (SPE, engl.: solid phase extraction). Die Festphasenextraktion erfolgt entweder unter Benutzung von unpolaren, silicabasierten Festphasenmaterialen oder mithilfe der Immunoaffinitätssäulenchromatographie (IAC, engl.: immunoaffinity column chromatography), bei denen Ochratoxin A von spezifischen Antikörpern gebunden wird. Im Handel werden solche „Ochratoxin A-Analysekits" von verschiedenen Herstellern angeboten (z. B. Ochratest$^{TM}$ von VICAM; Ochraprep$^{TM}$, Ochrascan$^{TM}$, RIDASCREEN Ochraplate$^{TM}$ von R-Biopharm Rhone Ltd; Veratox$^{TM}$ Ochratoxin; AgraQuant$^{TM}$ Ochratoxin von Romer Labs). Dabei kann es sich je nach Anwendungsgebiet um semiquantitative oder quantitative Methoden handeln. Die Verwendung der Immunaffinitätssäulen reduziert störende Matrixeffekte und bietet gleichzeitig eine hohe Sensitivität. Nachteile liegen jedoch in den relativ hohen Kosten für die angebotenen Kartuschen bei begrenzter Wiederverwendbarkeit sowie in der je nach Fragestellung erwünschten oder unerwünschten Kreuzreaktivität mit anderen Ochratoxinderivaten (Ochratoxin B, Ochratoxin C). Die Verwendung von Antikörpern wird ebenso bei der Benutzung von Mikroplatten zum sensitiven Nachweis von Ochratoxin A mittels ELISA-Reader angewendet (engl.: enzyme linked immunosorbent assay). Der Gebrauch von wesentlich preisgünstigeren,

**Tab. 4.3** Methoden zum Nachweis von Ochratoxin A in Lebensmitteln. Eine detailliertere Übersicht findet sich in [36, 37, 110].

| Methode | Evaluiert für | Aufarbeitung | Nachweisgrenze | Literatur |
|---|---|---|---|---|
| HPLC-Fluoreszenzdetektion | Wein, Traubensäfte, Fleischprodukte, Bier, Kaffee, Tee | Lösemittelextraktion und/oder Anreicherung über Festphasenextraktion/Immunoaffinitätssäule | bis 0,01 µg/kg | [36] |
| HPLC-Fluoreszenzdetektion | Getreide und Getreideprodukte | Lösemittelextraktion und/oder Anreicherung über Festphasenextraktion/Immunoaffinitätssäule | 0,01–0,1 µg/kg | [36] |
| Dünnschichtchromatographie | Mais, Erdnüsse, Bohnen, Reis | Lösemittelextraktion und/oder Anreicherung über Festphasenextraktion/Immunoaffinitätssäule | 10 µg/kg | [113] |
| HPLC-Fluoreszenzdetektion | Bier, Röstkaffee, Wein, Traubensaft, getrocknete Früchte | Anreicherung über Immunoaffinitätssäule nach Verdünnung | 0,001–0,1 µg/kg | [36] |

unpolaren Festphasensäulen ($C_{18}$-SPE Kartuschen) ist meist ausreichend, um störende Substanzen der Matrix zu entfernen. Diese Art der Probenvorbereitung wird für die Flüssigkeitschromatographie mit UV-, Fluoreszenzspektroskopie und Tandemmassenspektrometrie als Detektionsmethoden verwendet.

Mit der Flüssigkeitschromatographie gekoppelten Tandemmassenspektrometrie (LC-MS/MS, engl.: liquid chromatography-mass spectrometry) können sowohl Ochratoxin A selbst als auch seine Metabolite oder Analoga empfindlich nachgewiesen werden. Besonders vorteilhaft ist diese Methode beim Nachweis von Ochratoxin A in biologischem Material, z. B. in Urin oder Blutproben, da störende Matrixeffekte wie Eigenfluoreszenz endogener Stoffe keine Rolle spielen und eine eindeutige Charakterisierung und Bestimmung der Analyten über Retentionszeiten *und* Fragmentierungsmuster der entstandenen Ionen möglich ist.

## 4.5 Kinetik und innere Exposition

### 4.5.1 Biochemische Untersuchungen zur Kinetik im Tier

Ochratoxin A wird nach oraler Applikation teilweise bereits im Magen resorbiert [45, 137]; der überwiegende Anteil wird jedoch über den Dünndarm aufgenommen. Die Aufnahme von Ochratoxin A über die Mukosa des Jejunum ist abhängig vom pH-Wert der Schleimhautoberfläche und kann entgegen eines Konzentrationsgradienten erfolgen. Die Resorption von Ochratoxin A findet in seiner nicht ionisierten, lipidlöslichen Form statt [79, 80]. Die relative orale Bioverfügbarkeit in Nagern beträgt etwa 44% (Ratte) bzw. 97% (Maus) [56]. In weiteren Studien wurde eine orale Bioverfügbarkeit von 66% in Schweinen, 56% in Ratten und Kaninchen und 40% in Hühnern abgeschätzt [43, 126].

Nach der Aufnahme ins Blut bindet Ochratoxin A mit hoher Affinität an Plasmaeiweiße, wobei neben der unspezifischen Bindung an Serumalbumin auch eine Bindung an unbekannte Proteine im Blut nachgewiesen wurde [20, 41, 44, 65, 119]. Der Prozentsatz von freiem, nicht an Plasmaeiweiß gebundenem Ochratoxin A ist gering und liegt in Fischen bei 22%, in der Maus und im Schwein bei 0,1%, im Affen bei 0,08%, und in Mensch und Ratte bei lediglich 0,02%. Aufgrund der hohen Plasmaeiweißbindung wird Ochratoxin A nur langsam ausgeschieden. Untersuchungen zur Toxikokinetik zeigen, dass Ochratoxin A in albumindefizienten Ratten deutlich schneller eliminiert wird [78]; dies wird durch eine rasche Aufnahme von ungebundenem, freiem Ochratoxin A aus dem Blut in Leber- und Nierenzellen erklärt.

Die in verschiedenen Studien nach einmaliger oraler Applikation ermittelten maximalen Blutspiegel schwanken zum Teil stark und sind abhängig von der verwendeten Tierspezies, der applizierten Dosis, dem Applikationsweg, dem Vehikel sowie einer Reihe anderer Faktoren, die die Resorption oder Verteilung beeinflussen können. So wurden nach einmaliger oraler Applikation von Ochratoxin A an Schweine oder Ratten maximale Blutkonzentrationen im Zeitraum von 10–48 Stunden nach Applikation gemessen. Im Gegensatz dazu wurden maximale Blutspiegel beim Kaninchen bereits nach einer Stunde erreicht [36]. In einer kürzlich veröffentlichten Studie wurden nach oraler Applikation von 500 µg/kg KG an Ratten maximale Ochratoxin A-Konzentrationen im Blut nach 24–48 Stunden gemessen [148]. Im Gewebe scheint sich Ochratoxin A aufgrund seiner lipophilen Eigenschaften bevorzugt in fettreichen Kompartimenten anzureichern. In verschiedenen Spezies (Schwein, Ratte, Hühnern und Ziegen) durchgeführte Untersuchungen zur Verteilung von Ochratoxin A zeigten im Allgemeinen eine Rangfolge Niere > Leber > Muskel > Fettgewebe [73] bzw. die Kompartimente Niere, Leber, Muskel und Fettgewebe als Speicherorte für Ochratoxin A [3, 4, 45, 74–76]. Vergleichsweise hohe Konzentrationen wurden auch nach einmaliger oraler Applikation in der Niere von männlichen Ratten nachgewiesen. In der Niere von weiblichen Ratten bzw. in der Leber waren die Gewebekonzentrationen deutlich niedriger [148]. Man vermutet, dass organische Anionentransporter, die unter androgener Kontrolle vor allem in der Niere von männlichen Ratten gebildet werden, für diese geschlechts- und organspezifische Anreicherung verantwortlich sind. Möglicherweise liegt hierin auch ein Grund für die höhere Inzidenz an Nierentumoren in der männlichen Ratte. Der Transport von Ochratoxin A über organische Anionentransporter ist in verschiedenen in vitro-Studien untersucht worden. Sowohl in der Leber und der Niere der Ratte als auch im in vitro-Versuch mit gentechnisch exprimierten Transportersystemen des Menschen sind verschiedene Untertypen dieser Transporter identifiziert und beschrieben worden, für die Ochratoxin A als Substrat zur Verfügung steht.

Die Plasmahalbwertszeit von Ochratoxin A scheint ebenfalls stark speziesabhängig zu sein. Eine geringe Plasmahalbwertszeit von 4,1 bzw. 6,7 Stunden wurde in Hühnerküken und in Wachteln ermittelt. Bei Ratten lag die Halbwertszeit im Blut zwischen 55–230 Stunden, bei Schweinen zwischen 72–120 Stunden, und beim Affen bei 510 Stunden [43, 45, 46, 56, 148].

Zur Kinetik von Ochratoxin beim Menschen liegen nur wenige Daten vor. Nach oraler Verabreichung von 395 ng $^3$H-Ochratoxin A an einen freiwilligen Probanden wurde die Verteilung von Ochratoxin A untersucht. Die erhaltenen Daten werden am besten durch ein offenes Zwei-Kompartiment-Modell beschrieben. Auf eine rasche Eliminations- und Verteilungsphase mit einer Halbwertszeit von etwa 20 Stunden folgte eine langsame Elimination mit einer Halbwertszeit von 35 Tagen [125].

Problematisch bei der Bewertung der Toxikokinetik von Ochratoxin A ist, dass die Studien meist sehr uneinheitlich durchgeführt wurden. Unterschiede liegen vor allem in der Verwendung des Vehikels für Ochratoxin A, in der Art der Applikation – orale oder intraperitoneale Applikation – sowie in der verabreichten Dosis. So wurde beispielsweise eine Studie bei Ratten mit einer täglichen oralen Applikation einer Dosis, die etwa bei der Hälfte der Dosis des $LD_{50}$-Wertes liegt, über fünf Tage durchgeführt. Inwiefern dabei Resorptionsvorgänge und das Anfluten im Organismus berücksichtigt wurden, ist leider nicht bekannt [95].

Bei gemessenen Ochratoxin A-Gehalten im Darmlumen von Mäusen konnten mehrere Spitzenwerte nach einmaliger Applikation festgestellt werden. Diese Messungen legen den Verdacht nahe, dass Ochratoxin A wie viele andere Verbindungen einem enterohepatischen Kreislauf unterliegt. Bislang ist dies jedoch die einzige Studie, die einen enterohepatischen Kreislauf beschreibt. Andere Studien können aufgrund der gemessenen Blutspiegel dieses Ergebnis nicht bestätigen bzw. haben keine Messungen nach einer einmaligen Applikation, um diese Befunde zu belegen. Bewiesen wurde aber die hepatische Clearance über Gallenflüssigkeit [107].

Bei Untersuchungen an laktierenden Ratten und Kaninchen wurde ein Übertritt von Ochratoxin A in die Muttermilch beobachtet [16, 39]. Die nachgewiesenen Ochratoxin A-Konzentrationen in der Milch lagen unter den Blutspiegeln der Muttertiere. Auch in menschlicher Muttermilch wurde Ochratoxin A nachgewiesen. In trächtigen Mäusen konnte in Abhängigkeit vom Zeitpunkt der Exposition der Muttertiere ein unterschiedlicher Ochratoxin A-Gehalt in den Feten gemessen werden [3]. Hierbei spielt vermutlich die Entwicklung der Plazenta eine entscheidende Rolle, die zu späteren Zeitpunkten einen geringeren Übertritt aus dem Blut in die Feten erlaubte. Die Überwindung der Plazentaschranke wurde auch in Ratten festgestellt [59].

Ochratoxin A wird nur zu einem sehr geringen Anteil metabolisiert. Der Hauptmetabolit von Ochratoxin A ist das weniger toxische Ochratoxin α. Die Hydrolyse zu Ochratoxin α und Phenylalanin findet an verschiedenen Stellen im Organismus statt. Im Magen-Darm-Trakt von Ratten erfolgt die Hydrolyse teilweise bereits durch die Magensäure, hauptsächlich jedoch durch die bakterielle Mikroflora des Caecums. Für die Spaltung der peptidischen Bindung sind sowohl Carboxypeptidase A als auch Chymotrypsin verantwortlich. Bei Wiederkäuern wird Ochratoxin A durch die lang andauernden, bakteriellen Verdauungsvorgänge in den verschiedenen Vormägen sehr effektiv entgiftet. Daher gelten Kühe, Schafe und andere Wiederkäuer als relativ resistent gegenüber der Toxizität von Ochratoxin A. Wie Untersuchungen an Gewebehomogenaten von Ratten zeigen, kann die Hydrolyse von Ochratoxin A auch im Duodenum, Ileum und im Pankreas stattfinden, wohingegen Leber und Niere nur geringe Aktivitäten aufweisen [126].

Neben der Spaltung zu Ochratoxin α kann Ochratoxin A durch eine Cytochrom P450 vermittelte Reaktion zu (4R)-Hydroxyochratoxin A und (4S)-Hydroxyochratoxin A umgesetzt werden [122, 147]. Die Oxidation zu (4R)-Hydroxyochratoxin A und (4S)-Hydroxyochratoxin A findet in Lebermikrosomen, nicht aber in Nierenmikrosomen statt, allerdings mit einer sehr geringen Umsatzrate. Bevorzugt wird meist das (4R)-Epimer gebildet. Dieses gilt als weniger toxisch als Ochratoxin A. *In vivo* wurden (4R)-Hydroxyochratoxin A und (4S)-Hydroxyochratoxin A nicht oder nur in extrem niedriger Konzentration nachgewiesen. Durch Inkubation von Ochratoxin A mit Lebermikrosomen von Kaninchen entsteht 10-Hydroxyochratoxin A [123] (Abb. 4.1).

Aus der Struktur der Metaboliten lässt sich die Bildung reaktiver Metabolite nicht ableiten, Umwandlungsprodukte von Ochratoxin A mit einer chinoiden Struktur bzw. Radikale wurden zwar postuliert [26], ein Nachweis solcher Verbindungen in biologischen Systemen konnte jedoch nicht erbracht werden.

In neueren Studien wurden zwei neue Metaboliten in Hepatozytenkultur und Urin von Ratten identifiziert. Es handelt sich um ein Hexose- und ein Pentosekonjugat des Ochratoxin A, bei denen der Zucker über eine aminoacylische Bindung an die Carboxylgruppe des Phenylalanins gebunden ist [52, 148].

Die Ausscheidung von Ochratoxin A kann sowohl über die Galle als auch über die Niere erfolgen. Der relative Beitrag der biliären und renalen Elimination hängt von der Höhe der applizierten Dosis und der Art der Applikation ab. Weg und Ausmaß der Ausscheidung sind darüber hinaus von Spezies zu Spezies verschieden und werden von der unterschiedlichen Affinität von Ochratoxin A zu Serumproteinen sowie dem Ausmaß von Biotransformation und enterohepatischer Zirkulation beeinflusst. In Fütterungsversuchen mit Kälbern wurde Ochratoxin A, bedingt durch das bei Wiederkäuern ausgeprägte Gastrointestinalsystem und die darin enthaltenen Mikroorganismen, größtenteils zu Ochratoxin α hydrolysiert und zu über 85% als Ochratoxin α im Urin ausgeschieden [114]. Nach einmaliger oraler Applikation von Ochratoxin A an männliche Ratten wurden innerhalb von 96 Stunden weniger als 15% der applizierten Dosis in Urin und Faeces gefunden. Insgesamt wurden etwa gleiche Teile als Ochratoxin A bzw. Ochratoxin α ausgeschieden, wobei Ochratoxin A zu einem größeren Anteil über die Galle, Ochratoxin α vermehrt über den Urin eliminiert wurde [9]. Nach intraperitonealer Applikation wurden nur Spuren von Ochratoxin A und Ochratoxin α im Faeces gefunden [120].

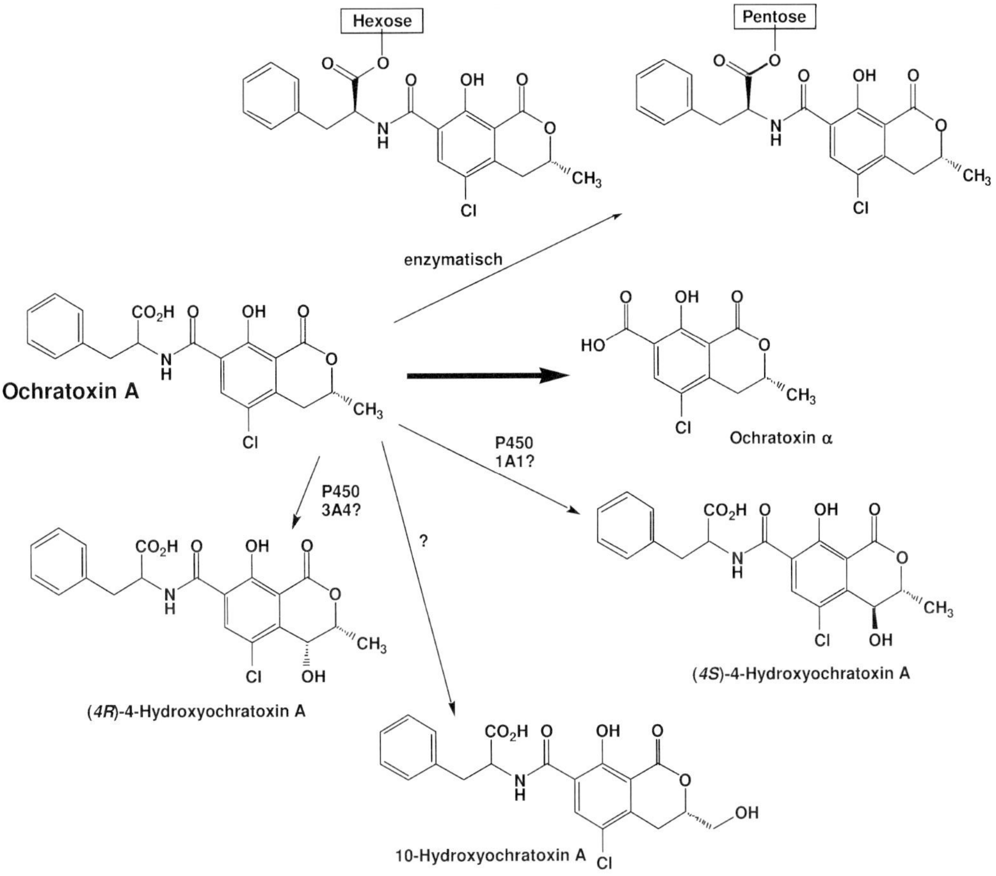

**Abb. 4.1** Biotransformation von Ochratoxin A.

Im Urin von mit Ochratoxin A behandelten Ratten wurden neben Ochratoxin α auch die bereits erwähnten Hexose- und Pentosekonjugate, in einigen Studien auch Spuren von (4R)-Hydroxyochratoxin A und (4S)-Hydroxyochratoxin A nachgewiesen [120–122, 146].

Die Ausscheidung von Ochratoxin A und seiner Metabolite wurde im Urin und in Faeces behandelter Ratten beobachtet. In einer Studie wurde Ochratoxin α mit über 25% der verabreichten Dosis ausgeschieden [120]. In keiner anderen Studie jedoch wurden diese Ergebnisse bestätigt. Daher müssen andere Faktoren berücksichtigt werden, die zu einem solchen Ergebnis führten. Die hepatische Elimination in Ratten zeigte nach Applikation von Ochratoxin A dieses Schimmelpilzgift selbst und Spuren von Ochratoxin α als Ausscheidungsprodukte in der Gallenflüssigkeit [126]. Die biliäre Elimination von Ochratoxin A wurde durch Vorbehandlung von Mäusen mit dem Enzyminduktor Phenobarbital erhöht, während die renale Elimination von Ochratoxin A und Ochratoxin α verringert wurde. Wegen der sehr langsamen Ausscheidung und der wenig effizienten Biotransformation zu polaren Metaboliten kann längerfristige Aufnahme von Ochratoxin A zur Anreicherung führen.

## 4.6
## Wirkungen

Ochratoxin A ist nephrotoxisch und induziert Nierentumoren in Nagern. Auch immunsuppressive und teratogene Wirkungen wurden beschrieben. In allen bisher untersuchten Spezies steht die nierenschädigende Wirkung von Ochratoxin A im Vordergrund, wobei deutliche Speziesunterschiede zwischen verschiedenen Tierarten auftreten. Besonders empfindlich gegenüber der akuten Toxizität von Ochratoxin A sind Hunde und Schweine mit einer $LD_{50}$ von 0,2 bzw. 1 mg/kg KG. Nager reagieren ($LD_{50}$ von 20–30 mg/kg KG in Ratten bzw. 46–58 mg/kg KG in Mäusen) etwas weniger empfindlich.

### 4.6.1
### Mensch

Informationen zu Wirkungen von Ochratoxin A im Menschen nach einmaliger Exposition beschränken sich auf einen einzigen Fallbericht über ein Landwirtehepaar, das über acht Stunden in einer Kornkammer verschimmelten Weizen siebte. Bei der Frau trat akutes Nierenversagen mit Tubulusnekrosen auf. Im verschimmelten Weizen wurde ein Ochratoxin A produzierender Aspergillusstamm nachgewiesen [29].

Eine in bestimmten Gegenden von Bulgarien, Rumänien und Teilen des früheren Jugoslawiens auftretende Nierenerkrankung, die so genannte endemische Balkan-Nephropathie, wird mit einer andauernden Exposition der betroffenen Individuen mit Ochratoxin A in Verbindung gebracht. Die meist tödlich endende Krankheit wurde erstmals in den 1950er Jahren beschrieben [105 a, b].

Im Gegensatz zu anderen malignen Erkrankungen, die durch chronische Exposition gegenüber definierten Substanzen verursacht werden, werden unter der Balkan-Nephropathie verschiedene Formen von Nierenschäden beim Menschen zusammengefasst. Die Balkan-Nephropathie zeigt im Allgemeinen einen sehr langsamen, progredienten Verlauf und ist gekennzeichnet durch fibrotische Veränderungen der äußeren Nierenrinde unter Hyalinisierung der Glomeruli, bilateraler, chronischer Nephropathie mit Degeneration der Nierentubuli sowie durch starke Schrumpfung und Gewichtsverlust der Niere bis hin zu terminaler Niereninsuffizienz [105]. Die Inzidenz von Tumoren der ableitenden Harnwege ist in Gebieten mit endemischer Balkan-Nephropathie gegenüber nicht betroffenen Gebieten erhöht. Obwohl in Bewohnern der betroffenen Regionen teilweise höhere Ochratoxin A-Blutspiegel gemessen wurden, ist es bisher wegen fehlender epidemiologischer Daten nicht möglich, auf einen kausalen Zusammenhang von Ochratoxin A und der endemischen Balkan-Nephropathie zu schließen [15, 69, 129, 130]. Auch aus Ländern, in denen die Balkan-Nephropathie nicht auftritt, wird über hohe durchschnittliche Ochratoxin A- Serumwerte berichtet.

Ebenso gibt es Hinweise auf genetische, familiär bedingte Prädispositionen [134, 142]. Als mögliche Auslöser für die Entstehung der Krankheit werden außerdem Schwermetalle wie Blei und Cadmium [138], Exposition gegen polycyclische aromatische Kohlenwasserstoffe [38], ernährungsbedingter Selenmangel [86], virale Erkrankungen (Hanta-Virus) [118] oder andere Mykotoxine in der Nahrung – wie Citrinin oder Viomellein – [19, 58] diskutiert. Es ist inzwischen bekannt, dass ähnlich verlaufende Erkrankungen des Urogenitaltraktes, die in China nach Einnahme pflanzlicher Heilmittel beobachtet wurden (CHN, engl.: chinese herbs nephropathy) durch die nierenschädigende Wirkung des Pflanzeninhaltsstoffes Aristolochiasäure verursacht wurden. Ein Zusammenhang zwischen Balkan-Nephropathie und der Aufnahme von Aristolochiasäure über pflanzliche Nahrungsmittel wird ebenfalls diskutiert [5–7].

### 4.6.2
**Wirkungen auf Versuchstiere**

Die Nephrotoxizität von Ochratoxin A in allen bisher untersuchten Spezies ist charakterisiert durch Polyurie und Proteinurie sowie typische histopathologische Veränderungen in den proximalen Tubuli. Bei genauerer Betrachtung der Histopathologie und klinischen Chemie unterscheiden sich allerdings die durch Ochratoxin A induzierten Effekte von denen anderer Stoffe, die auch toxisch auf den proximalen Tubulus der Niere wirken. Ochratoxin A induziert in Ratten bereits nach kurzzeitiger Applikation ausgeprägte Karyomegalie und Polyploidie und führt zur Induktion von Apoptose in proximalen Nierentubuluszellen [42, 70, 90]. Im Gegensatz dazu stehen bei anderen nephrotoxischen Verbindungen nekrotische Veränderungen des Tubulusepithels im Vordergrund [83].

Die für die toxikologische Bewertung bedeutsamste Wirkung von Ochratoxin A ist die krebserzeugende Wirkung in der Niere der Ratte, wobei tägliche Dosen von >70 µg/kg KG Ochratoxin A zu einer erhöhten Nierentumorinzidenz führten [14, 96]. Bei dieser Dosis zeigten 43% der behandelten Tiere Nierenzelladenome oder Nierenzelladenokarzinome, bei einer Dosis von 210 µg/kg KG lag die Tumorinzidenz bei fast 80%. Damit ist Ochratoxin A eines der potentesten Nierenkanzerogene, die bisher untersucht wurden. Die Tumorinzidenz bei gleicher Dosis war in männlichen Ratten signifikant höher als in weiblichen Ratten. Interessanterweise war in der Tumorinduktion eine ausgeprägte Nichtlinearität der Tumorhäufigkeit zu beobachten, da tägliche Dosen von 21 µg/kg KG keine Erhöhung der Spontantumorinzidenz von 2% bewirkten [14]. In der Maus treten ebenfalls nach langfristiger Ochratoxin A-Gabe Nierentumoren auf, jedoch ist die Maus weit weniger empfindlich als die Ratte [10, 64, 112].

Die durch Ochratoxin A induzierten Nierentumoren zeichnen sich durch aggressives Wachstum und hohes Metastasierungspotenzial aus. Der Mechanismus der nephrotoxischen und -kanzerogenen Wirkung von Ochratoxin A ist nicht geklärt. Aufgrund der fehlenden bzw. nur schwach ausgeprägten Genotoxizität (s. u.) und den sehr spezifischen histologischen Veränderungen bereits nach kurzzeitiger Applikation scheinen spezifische Mechanismen verantwortlich zu sein.

Neurotoxische, teratogene und reproduktionstoxische Wirkungen von Ochratoxin A in Säugetieren und Vögeln [18, 50, 60, 91, 127, 128, 141] ebenso wie immuntoxische Wirkungen sind in der Literatur zwar beschrieben [2, 13, 96, 104, 131–133], hinreichend gesicherte Aussagen über diese meist nach Gabe recht hoher Dosen auftretenden Effekte und ihre Relevanz für den Menschen lassen sich nicht machen.

### 4.6.3
### Wirkungen auf andere biologische Systeme

Die molekularen Mechanismen der toxischen Wirkung von Ochratoxin A sind bisher nicht geklärt. Ein wichtiger Effekt von Ochratoxin A scheint allerdings die Hemmung der Proteinbiosynthese zu sein. In Folge kann es auch zu Störungen der RNA- und DNA-Synthese kommen. Die Hemmung der Proteinsynthese ist spezifisch und findet auf posttranskriptioneller Ebene statt. Aufgrund seiner strukturellen Verwandtschaft mit Phenylalanin hemmt Ochratoxin A kompetitiv die Phenylalanin-tRNA-Synthetase, so dass die für die Proteinsynthese essenziellen Schritte der Aminoacylierung und Peptidelongation blockiert werden. Diese kompetitive Hemmung kann durch Phenylalanin aufgehoben werden. Ochratoxin hat keinen Effekt auf die Proteinbiosynthese. Dagegen führt die Inkubation mit Strukturanaloga von Ochratoxin A, in denen Phenylalanin durch andere Aminosäuren wie z. B. Tyrosin ersetzt wurde, zur Hemmung der entsprechenden aminosäurespezifischen tRNA-Synthetase [25]. Darüber hinaus wurde über Störungen der Calciumhomöostase durch Ochratoxin A und einen möglichen Zusammenhang mit dessen nephrotoxischer Wirkung berichtet [71, 106], auch die Bildung von reaktiven Sauerstoffspezies und Induktion von Lipidperoxidation durch Ochratoxin A wird als Mechanismus toxischer Wirkungen diskutiert [63, 68, 108].

Untersuchungen zur Genotoxizität von Ochratoxin A wurden von einer Vielzahl von Autoren in unterschiedlichen, teilweise jedoch nicht validierten Testsystemen durchgeführt (Tab. 4.4). Die überwiegende Mehrzahl der Studien zeigt jedoch, dass Ochratoxin A auch in Anwesenheit von metabolischer Aktivierung keine mutagene Wirkung besitzt. Ein positives Ergebnis wurde im Ames-Test mit Kulturmedium nach Behandlung von Rattenhepatozyten mit Ochratoxin A berichtet. Aus diesem Ergebnis lässt sich jedoch eine mutagene Wirkung von Ochratoxin A nicht ableiten, da diese Vorgehensweise nicht den akzeptierten Standards für die Durchführung von Mutagenitätstests in *Salmonella typhimurium* entspricht. Ebenso muss ein positiver Befund im Ames-Test in Gegenwart von Nierenmikrosomen aus der Maus und Arachidonsäure als Cofaktor für die Prostaglandin-H-Synthase als fraglich eingestuft werden, da dieser nicht konsistent mit den deutlichen Speziesunterschieden hinsichtlich der Tumorinduktion

**Tab. 4.4** Genotoxizität von Ochratoxin A in Bakterien und in Säugerzellen.

| Testsystem | Testergebnis (positiv/negativ) | Studie |
| --- | --- | --- |
| **AMES-Test** | | |
| S. typhimurium TA 98, 100, 1535, 1537, 1538 | negativ | [139] |
| S. typhimurium TA 102 | negativ | [145] |
| S. typhimurium TA 98, 100, 1535, 1537, 1538 | negativ | [11] |
| S. typhimurium TA 98, 100, 1535, 1538, 102, 104 | negativ | [40] |
| S. typhimurium TA 97, 98, 100, 1535 | negativ | [96] |
| S. typhimurium TA 100, 2638 | negativ | [147] |
| S. typhimurium TA 98, 1535, 1538 | positiv (nicht validiertes System) | [97] |
| S. typhimurium TA 100, 1535, 1538 | positiv (nicht validiertes System) | [61] |
| **SOS Chromotest** | | |
| E. coli PQ 35, 37 | negativ | [72] |
| E. coli PQ 35, 37 | positiv (toxische Konzentrationen) | [87] |
| **Mutagenität in Säugerzellen** | | |
| Maus-Lymphomzellen | negativ | [11] |
| HPRT | negativ | [136] |
| lacZ'-Test (3T3 Maus Fibroblasten mit humanem CYP450) | positiv | [28] |
| **DNA-Reparatur (UDS)** | | |
| Rattenhepatozyten | positiv | [93] |
| Maushepatozyten | (schwach ausgeprägt, teilweise toxische Konzentrationen) | |
| Rattenhepatozyten | negativ | [11] |
| Rattenhepatozyten | positiv | [32] |
| **DNA-Strangbrüche** | positiv | [115] |
| CHO-Zellen | | |
| Fibroblasten aus der Ratte | | |
| Milzzellen aus der Maus | positiv | [24] |
| MDCK Zellen | positiv | [82] |
| HepG2-Zellen | positiv | [33] |
| **Mikronuclei-Test** | | |
| SHE-Zellen | positiv | [31] |
| HepG2-Zellen | positiv | [33] |
| **SCE** | | |
| CHO-Zellen | negativ | [96] |
| humane Lymphozyten | positiv (?) | [61] |
| humane Lymphozyten | negativ | [23] |

Abkürzungen: SCE – Schwesterchromatidaustausch (engl.: sister chromatid exchange); UDS – unplanmäßige DNA-Synthese (engl.: unscheduled DNA synthesis); MN – Mikronucleus Test, Mikrokern Test.

durch Ochratoxin A in der Niere ist [97]. Obwohl Ratten bekanntlich um ein Vielfaches empfindlicher gegenüber Ochratoxin A reagieren, konnte im selben Testsystem in Anwesenheit von subzellulären Fraktionen aus der Niere von Ratten keine mutagene Wirkung nachgewiesen werden. Darüber hinaus war Ochratoxin A in einem anderen *Salmonella typhimurium*-Stamm, der als weitaus empfindlicher gilt, unter gleichen Bedingungen negativ. In Säugerzellen wurden widersprüchliche Ergebnisse zur Mutagenität erhalten. In Maus-Lymphomzellen sowie im HPRT-Test war Ochratoxin A negativ. Im Gegensatz dazu wurden mutagene Effekte in mit humanen Cytochrom P450 transfizierten NIH 3T3-Fibroblasten erzielt. Auch dieses Ergebnis ist schwierig zu beurteilen, da zahlreiche Metabolismusstudien darauf hinweisen, dass Bioaktivierung in der Toxizität und Kanzerogenität von Ochratoxin A keine Rolle spielt und einige Studien positive Ergebnisse in Abwesenheit von metabolischer Aktivierung zeigen. Entsprechende Untersuchungen zum Metabolismus in den Cytochrom P450 exprimierenden Zellen liegen nicht vor. Chromosomenaberrationen konnten in CHO-Zellen nicht nachgewiesen werden, doch deuten positive Ergebnisse im Mikrokerntest auf eine klastogene Wirkung hin. Induktion von Schwesterchromatidaustausch, DNA-Reparatur und DNA-Strangbrüchen wurde in verschiedenen Zellen beobachtet, allerdings meist schwach ausgeprägt und teilweise nur bei hohen, zytotoxischen Konzentrationen. Oft traten die Effekte auch in Abwesenheit metabolischer Aktivierung in Zellsystemen mit nur sehr geringer eigener Kapazität für die Biotransformation von Fremdstoffen auf. *In vivo* wurden DNA-Schäden in Leber, Milz und Niere von Ochratoxin A behandelten Mäusen mithilfe der alkalischen Elution nachgewiesen. Ähnliche Ergebnisse wurden kürzlich auch in männlichen Ratten gefunden, wobei hier anzumerken ist, dass die Induktion von DNA-Strangbrüchen in Leber und Niere zwar mit den hohen Ochratoxin A-Gewebekonzentrationen, nicht aber mit den organspezifischen histopathologischen Veränderungen, die nur in der Niere beobachtet wurden, korrelierte. Darüber hinaus wiesen Tiere, die mit gleichen Dosen des weit weniger toxischen Ochratoxin B behandelt wurden, ein vergleichbares Ausmaß an DNA-Schädigung auf. Inwieweit die beobachteten DNA-Strangbrüche in kausalem Zusammenhang mit der Induktion von Nierentumoren durch Ochratoxin A stehen, ist nicht gesichert [88].

Die Frage nach der Bildung von kovalenten DNA-Addukten wurde lange Zeit kontrovers diskutiert. Zahlreiche Studien belegen, dass Ochratoxin A keine reaktiven Metabolite bildet, die in der Lage wären, an DNA zu binden (Tab. 4.5). Im Einklang mit der fehlenden metabolischen Aktivierung zeigen Untersuchungen mithilfe von radioaktiv markierten Substanzen, dass weder Ochratoxin A noch Teile des Moleküls an DNA binden [48, 52, 89, 109]. Von einer Arbeitsgruppe wurden mittels Postlabelling vermeintliche DNA-Addukte detektiert, die auf kovalente Bindung von Ochratoxin an DNA-Basen zurückgeführt wurden [34, 54, 98, 101] (Tab. 4.6). Dies konnte aber von anderen Gruppen nicht bestätigt werden [48, 89]. Der Nachweis, dass es sich hierbei tatsächlich um kovalent gebundenes Ochratoxin A bzw. Teile des Ochratoxin A-Moleküls handelt, wurde auch nicht erbracht. Über die Zeit veröffentlichte Arbeiten der gleichen Arbeitsgrup-

**Tab. 4.5** Vergleich der Ergebnisse zur DNA-Bindung von Ochratoxin A unter Verwendung von radioaktiv markiertem Ochratoxin A.

| Behandlung | Ergebnis | Nachweisgrenze | Literatur |
| --- | --- | --- | --- |
| männliche Ratte, einmalige orale Applikation ($^3$H) von 1 mg/kg KG, 24 h | keine Addukte | $2,7/10^9$ DNA Basen | [48] |
| Ratten, einmalige orale Applikation ($^3$H) von 210 µg/kg KG, 24 h | keine Addukte | $1,3/10^{10}$ DNA Basen | [109] |
| männliche Ratte, einmalige orale Applikation ($^{14}$C) von 0,5 mg/kg KG, 72 h | keine Addukte | $4/10^9 - 1/10^{10}$ DNA Basen | [89] |

**Tab. 4.6** Vergleich der Ergebnisse zur DNA-Bindung von Ochratoxin A durch $^{32}$P-Postlabelling.

| Behandlung | Adduktanzahl | Literatur |
| --- | --- | --- |
| männliche Mäuse, orale Applikation von 2,5 mg/kg KG, 48 h | $103/10^9$ DNA Basen, keine Bestimmung des Hintergrunds | [102] |
| männliche Ratten, orale Applikation von 2 mg/kg KG, 48 h | $70/10^9$ DNA Basen, keine Bestimmung des Hintergrunds | [100] |
| männliche Ratten, orale Applikation von 5 mg/kg KG, 144 h | $42/10^9$ DNA Basen, keine Bestimmung des Hintergrunds | [92] |
| männliche Ratten, orale Applikation von 1 mg/kg KG, 24 h | $31–71/10^9$ DNA Basen, $6–24/10^9$ Hintergrund | [48] |
| männliche Ratten, orale Applikation von 0,5–2 mg/kg KG über 2 Wochen, 5 Tage/Woche | Kontrolle, $47/10^9$ DNA Basen 0,5 mg/kg, $35/10^9$ DNA Basen 2 mg/kg, $33/10^9$ DNA Basen | [88] |

pe weisen deutliche Inkonsistenzen auf. Die in den verschiedenen Studien gefundenen „Addukt"-Muster unterscheiden sich stark, auch die Anzahl der Addukte unterliegt großen Schwankungen. So wurden bis zu 19 unterschiedliche „Ochratoxin A-DNA-Addukte" beschrieben, mit einer Gesamtkonzentration von 40 bis 103 Addukten pro $10^9$ Nucleotide [53, 98, 101, 102]. Die Bildung der vermeintlichen DNA-Addukte unterlag auch keiner Dosisabhängigkeit und hohe Konzentrationen von „Addukten" wurden auch in der Leber gefunden. Dies steht nicht im Einklang mit der Organspezifität der kanzerogenen Wirkung von Ochratoxin A. Besonders kritisch ist anzumerken, dass entsprechende Messungen zur Hintergrundbelastung mit Addukten in Kontrollen oft nicht durchgeführt wurden und auch keine einheitlichen Muster der Flecken erhalten wurden.

## 4.6.4
**Zusammenfassung der wichtigsten Wirkungsmechanismen**

Hinsichtlich der zellulären Effekte wurden bereits verschiedene In-vitro-Untersuchungen beschrieben. Die verschiedenen Testmethoden liefern eine widersprüchliche Datenlage zum Ochratoxin A. Einige wenige positive Ergebnisse deuten auf ein (schwaches) genotoxisches Potenzial hin, aber die vielen negativen Ergebnisse zeigen deutlich, dass Ochratoxin A nicht direkt über Bildung reaktiver Metabolite an DNA bindet. Die geringe Genotoxizität wird durch oxidativen Stress ausgelöst [30, 47, 94]. Da wiederholte Gabe von Ochratoxin A sehr charakteristische Wirkungen auf die Rattenniere auslöst, ist die dauernde Nierenschädigung möglicherweise ursächlich über nicht genotoxische Mechanismen an der Tumorbildung beteiligt. Allerdings scheinen die Mechanismen nicht mit einer chronischen Gewebeschädigung, wie bei vielen anderen Stoffen mit krebserzeugendem Potenzial auf die Niere oft beobachtet, zusammenzuhängen. Entsprechende Wirkmechanismen in der Ratte und ihre mögliche Bedeutung für den Menschen bei viel niedrigerer Ochratoxin A-Exposition bedürfen weiterer experimenteller Abklärung.

Problematisch stellt sich der Vergleich der durchgeführten Studien dar, da kaum zwei gleiche Untersuchungen durchgeführt wurden. Entweder sind die verwendeten Testsysteme an gegebene technische Voraussetzungen angepasst worden, wurden Parameter der Tests abgeändert, wurden ganz unterschiedliche Testsysteme mit verschiedenen Endpunkten zur Beurteilung herangezogen oder die angewandten Ochratoxin A-Konzentrationen sind um mehrere Größenordnungen voneinander unterschiedlich.

## 4.7
**Bewertung des Gefährdungspotenzials bzw. gesundheitliche Bewertung**

Die krebserzeugenden Wirkungen von Ochratoxin A in Ratten und Mäusen und die Nephrotoxizität dieser Verbindung in allen anderen untersuchten Tierspezies lassen den Schluss zu, dass, bei ausreichender Exposition, Ochratoxin A auch im Menschen nephrotoxisch und tumorigen wirkt. Die recht konsistent, in allen sinnvoll geplanten Studien beobachtete fehlende Mutagenität bzw. direkte Genotoxizität von Ochratoxin A und auch die schon im Tierversuch beobachtete fehlende Erhöhung der Tumorinzidenz in der niedrigsten untersuchten Dosis deuten auf nicht lineare Dosis-Wirkungsbeziehungen hin. Die schwach ausgeprägte Genotoxizität von Ochratoxin A in Abwesenheit von metabolischer Aktivierung ist nach den vorhandenen Untersuchungen wahrscheinlich auf Bildung reaktiver Sauerstoffspezies zurückzuführen, auch für solche Effekte ist bei niedrigen Dosen eine Tumorinduktion als sehr unwahrscheinlich anzusehen.

Eine endgültige Bewertung des Gefährdungspotenzials ist allerdings nur dann möglich, wenn die voraussichtlich sehr komplexen Wirkmechanismen der Tumorinduktion von Ochratoxin A in der Niere von Nagern besser verstanden werden und für diese Effekte nutzbare Dosis-Wirkungsbeziehungen erarbeitet wurden.

## 4.8
### Grenzwerte, Richtwerte, Empfehlungen, gesetzliche Regelungen

Von der WHO wurde im Jahr 2001 ein PTWI (engl.: provisional tolerable weekly intake, vorläufige tolerierbare Höchstaufnahmemenge pro Woche) von 100 ng Ochratoxin A/kg KG in der Woche festgelegt [36]. Die Aufnahmemenge beruht auf dem NOAEL (no observed adverse effect level) für nephrotoxische Wirkungen von Ochratoxin A in der männlichen Ratte mit einem Sicherheitsfaktor von 1500. Für verschiedene Lebensmittel wurden zulässige Höchstmengen an Ochratoxin A festgelegt (Tab. 4.7).

Die nationalen Richtlinien über die maximalen Gehalte von Mykotoxinen in Lebensmitteln werden durch die Mykotoxinhöchstmengenverordnung (MhmV) festgelegt und dienen der Durchsetzung der EU-Grenzwerte, die in Richtlinien und Verordnungen des europäischen Parlaments vorgeschrieben werden. Durch EU-Recht werden auch Probenahmeverfahren und Analysemethoden für die amtliche Kontrolle in Lebensmitteln festgelegt.

## 4.9
### Vorsorgemaßnahmen

Ziel der Vorsorgemaßnahmen ist die Vermeidung eines Befalls von Lebensmitteln mit Ochratoxin A produzierenden Schimmelpilzen. Das Wachstum von Ochratoxin A bildenden Schimmelpilzen wird durch ungünstige Temperaturen und hohe Luftfeuchtigkeit während der Ernte, Trocknung, Lagerung, Verarbeitung und des Transports von Lebensmitteln begünstigt. Die Ochratoxin A produzierenden Schimmelpilze unterscheiden sich in ihrer Physiologie und Ökologie, so dass unterschiedliche Nahrungsmittel entsprechend ihrer Anbauregionen und den Wachstumsbedingungen der Pilze befallen werden.

**Tab. 4.7** Zulässige Höchstmengen Ochratoxin A in Lebensmitteln (Auszug aus: Verordnung über Höchstmengen an Mykotoxinen in Lebensmitteln (Mykotoxin-Höchstmengenverordnung – MHmV) vom 2. Juni 1999, mit Änderungen vom 4. Februar 2004).

| Mykotoxine | Erzeugnis | Höchstmenge in oder auf Lebensmitteln in µg/kg |
| --- | --- | --- |
| Ochratoxin A | löslicher Kaffee | 6 |
| | Röstkaffee | 3 |
| | Trockenobst, ausgenommen getrocknete Weintrauben und Feigen | 2 |
| | getrocknete Feigen | 8 |

*Bundesgesetzblatt* (2004), **I**(5), 151 f.

*Penicillium verruculosum* wächst bevorzugt in feuchten, kühlen Regionen bei Temperaturen von 0–31 °C, wie sie in Nord- und Zentraleuropa und in Kanada vorherrschen. Er kommt daher vorwiegend in Getreide und Getreideprodukten sowie in Fleisch aus mit kontaminiertem Getreide gefütterten Tieren vor. Die optimalen Wachstumsbedingungen für *Aspergillus carbonarius* liegen dagegen bei 32–35 °C, niedrigem pH-Wert und hohem Zuckergehalt. Aufgrund seiner Resistenz gegenüber Sonnenlicht gedeiht dieser Pilz in warmen Regionen, in denen häufig Weinbau betrieben wird, und findet sich somit überwiegend in Weintrauben. *Aspergillus ochraceus* wächst bevorzugt bei Temperaturen von 24–31 °C und kommt vor allem in getrockneten Lebensmitteln wie in Getreide, Trockenfrüchten, Sojabohnen, Sesam, und Gewürzen vor. Ein Befall von Pflanzen vor der Ernte wurde bisher nicht beschrieben. Auch Nüsse, v. a. Pecan-Nüsse und Pistazien, aber auch Walnüsse und Haselnüsse sind häufig von *A. ochraceus* befallen. *A. ochraceus* wurde in verschiedenen aus Südostasien stammenden Lebensmitteln nachgewiesen, wofür wahrscheinlich weniger die geographische Lage als die Dauer der Lagerung verantwortlich sind.

Beim Weinbau zielen die Präventionsmaßnahmen auf die Vermeidung von mechanischer, chemischer oder mikrobieller Schädigung der Weintrauben ab, da *A. carbonarius* zwar in geschädigte, nicht aber in intakte Trauben eindringen kann. Durch pathogene Keime, Aufplatzen der Trauben durch Regen kurz vor der Ernte oder durch mechanische Verletzung beim Ausschneiden der Pflanzen bzw. während der Ernte entstehen jedoch ideale Wachstumsbedingungen (niedriger pH-Wert, hoher Zuckergehalt, warme Temperaturen). Besonders Trauben, die im Anschluss an die Ernte getrocknet werden, können so hohe Gehalte an Ochratoxin A aufweisen. Weniger problematisch ist die Situation, wenn die Trauben gleich nach der Ernte zu Wein weiterverarbeitet werden.

Untersuchungen zum Vorkommen von Ochratoxin A in Kaffeebohnen zeigen, dass Pilzwachstum und Ochratoxin A-Produktion ausschließlich bei der Trocknung der grünen Kaffeekirschen auftreten. Die Kontamination von Kaffee mit Ochratoxin A kann entsprechend durch rasches, effektives Trocknen an der Sonne oder kombiniert mit mechanischen Entwässerungsverfahren minimiert werden. Durch gute landwirtschaftliche Praxis konnten so die Ochratoxin A-Konzentrationen im Kaffee in den letzten Jahren deutlich gesenkt werden. Eine gewisse Reduktion der Ochratoxin A-Gehalte scheint auch während der Reinigungs- und Röstprozesse möglich zu sein. Durch Entkoffeinierung lässt sich eine Verringerung um 92% erreichen.

Im Vordergrund der Präventionsmaßnahmen bei Getreide und Getreideprodukten steht der Schutz vor mikrobiellem Befall durch sorgfältige Trocknung und entsprechende Lagerbedingungen. Die maximale Lagerzeit des Getreides ist abhängig von Luftfeuchtigkeit und Temperatur. Eine Erhöhung des Feuchtigkeitsgehalt von Winterweizen bei der Ernte oder eine Erhöhung der Lagertemperatur um 5 °C können bereits zu einer um die Hälfte verminderten pilzfreien Lagerzeit führen. Ausreichende Ventilation der Lagergebinde reduziert Feuchtigkeit, verhindert Wasserkondensation und sorgt für gleichbleibend niedrige Temperaturen. In manchen Ländern eingesetzte hochtechnisierte Trocknungsverfahren, bei denen Temperaturen und Trocknungsraten durch Computer gesteuert werden, haben sich bei der Vermeidung von Ochratoxin A als vorteilhaft erwiesen. In weniger entwickelten Ländern und in tropischen und subtropischen Regionen vertraut man meist auf Begasung mit toxischen Gasen/Dämpfen wie Methylbromid und Phosphin, die fungizide Eigenschaften aufweisen. Bei der Weiterverarbeitung ist eine zusätzliche Reduktion durch Erhitzen möglich.

Insgesamt ist das Ausmaß der Kontamination am stärksten beeinflussbar durch die Kontrolle von optimalen Lagerbedingungen, um das Wachstum von Schimmelpilzen zu verhindern [1, 57, 103]. Spätere Prozesse der Behandlung (z. B. Waschen von Kaffeebohnen vor der Verarbeitung, Rösten von Kaffeebohnen, Backen von Teigwaren aus kontaminiertem Mehl, Kochen und Braten von kontaminierten Fleischwaren) führten im Allgemeinen nur zu einer teilweisen Degradation des enthaltenen Mykotoxins Ochratoxin A [12, 67, 77, 124, 135].

## 4.10
## Zusammenfassung

Wegen seiner sehr hohen chemischen Stabilität findet sich eine Ochratoxin-Kontamination in vielen Lebensmittelgruppen; empfindliche, aber zeitaufwändige Analysemethoden stehen zur Überwachung der Kontamination von Lebensmitteln und zur Bestimmung der Exposition der Bevölkerung gegen Ochratoxin A zur Verfügung. Wegen seiner nierentoxischen und nierenkanzerogenen Wirkungen in Nagern und der dabei beobachteten hohen Wirkstärke hat Ochratoxin viel Aufmerksamkeit in der Toxikologie erfahren. Sicher ist, dass Ochratoxin A nach andauernder Aufnahme wegen seiner sehr langsamen Ausscheidung aus dem Organismus eine Möglichkeit zur Anreicherung in fetthaltigen Geweben hat. Leider stehen im Moment noch keine aussagekräftigen Daten zu den Mechanismen der toxischen und krebserzeugenden Wirkungen von Ochratoxin A zur Verfügung, die eine Extrapolation der Daten aus Versuchstieren auf den Menschen unterstützen und zur Erstellung von Dosis-Wirkungsbeziehungen genutzt werden können. Die Datenlage zu genotoxischen Wirkungen von Ochratoxin A zeigt aber, dass direkte genotoxische Wirkungen sehr unwahrscheinlich sind und daher nicht lineare Dosis-Wirkungsbeziehungen mit Schwellenwerten für die krebserzeugenden Wirkungen wahrscheinlich sind. Aus den Daten zur Wirkstärke von Ochratoxin A in Nagern und der bestimmten durchschnittlichen Exposition des Menschen lässt sich ein Sicherheitsabstand von etwa 15 000 für Erwachsene in Deutschland ableiten. Diese Zahl basiert auf der mittleren täglichen Aufnahme von 1 ng Ochratoxin A/kg Körpergewicht/Tag und der niedrigsten Dosis im Tierversuch, die keine krebserzeugende Wirkung in der Ratte hatte (21 µg/kg, an 5 Tagen/Woche über die ganze Lebensspanne). Im Vergleich liegt der Sicherheitsabstand für das ebenfalls im Organismus zur Anreicherung neigende 2,3,7,8-Tetrachlor-dibenzo-$p$-dioxin (das auch über nicht genotoxische Mechanismen in der Ratte krebserzeugend wirkt) bei etwa 1000 unter gleichen Randbedingungen der Extrapolation.

## 4.11
## Literatur

1 Abramson D, Sinha RN, Mills JT (1982) Mycotoxin formation in moist wheat under controlled temperatures, *Mycopathologia* **79**: 87–92.

2 Alvarez L, Gil AG, Ezpeleta O, Garcia-Jalon JA, Lopez de Cerain A (2004) Immunotoxic effects of Ochratoxin A in Wistar rats after oral administration, *Food Chem Toxicol* **42**: 825–834.

3 Appelgren LE, Arora RG (1983) Distribution of 14C-labelled ochratoxin A in pregnant mice, *Food Chem Toxicol* **21**: 563–568.

4 Appelgren LE, Arora RG (1983) Distribution studies of 14C-labelled aflatoxin B1 and ochratoxin A in pregnant mice, *Vet Res Commun* **7**: 141–144.

5 Arlt VM, Ferluga D, Stiborova M, Pfohl-Leszkowicz A, Vukelic M, Ceovic S, Schmeiser HH, Cosyns JP (2002) Is aristolochic acid a risk factor for Balkan endemic nephropathy-associated urothelial cancer? *Int J Cancer* **101**: 500–502.

6 Arlt VM, Pfohl-Leszkowicz A, Cosyns J, Schmeiser HH (2001) Analyses of DNA adducts formed by ochratoxin A and aristolochic acid in patients with Chinese herbs nephropathy, *Mutat Res* **494**: 143–150.

7 Arlt VM, Stiborova M, Schmeiser HH (2002) Aristolochic acid as a probable human cancer hazard in herbal remedies: a review, *Mutagenesis* **17**: 265–277.

8 Balzer I, Bogdanic C, Pepeljnjak S (1978) Rapid thin layer chromatographic method for determining aflatoxin B1, ochratoxin A, and zearalenone in corn, *J Assoc Off Anal Chem* **61**: 584–585.

9 Becker M, Degelmann P, Herderich M, Schreier P, Humpf H-U (1998) Column liquid chromatography-electrospray ionisation-tandem mass spectrometry for the analysis of ochratoxin, *Journal of Chromatography A* **818**: 260–264.

10 Bendele AM, Carlton WW, Krogh P, Lillehoj EB (1985) Ochratoxin A carcinogenesis in the (C57BL/6J X C3H)F1 mouse, *J Natl Cancer Inst* **75**: 733–742.

11 Bendele AM, Neal SB, Oberly TJ, Thompson CZ, Bewsey BJ, Hill LE, Rexroat MA, Carlton WW, Probst GS (1985) Evaluation of ochratoxin A for mutagenicity in a battery of bacterial and mammalian cell assays, *Food Chem Toxicol* **23**: 911–918.

12 Blanc M, Pittet A, Munoz-Box R, Viani R (1998) Behavior of Ochratoxin A during Green Coffee Roasting and Soluble Coffee Manufacture, *J Agric Food Chem* **46**: 673–675.

13 Boorman GA, Hong HL, Dieter MP, Hayes HT, Pohland AE, Stack M, Luster MI (1984) Myelotoxicity and macrophage alteration in mice exposed to ochratoxin A, *Toxicol Appl Pharmacol* **72**: 304–312.

14 Boorman GA, McDonald MR, Imoto S, Persing R (1992) Renal lesions induced by ochratoxin A exposure in the F344 rat, *Toxicol Pathol* **20**: 236–245.

15 Bozic Z, Duancic V, Belicza M, Kraus O, Skljarov I (1995) Balkan endemic nephropathy: still a mysterious disease, *Eur J Epidemiol* **11**: 235–238.

16 Breitholtz-Emanuelsson A, Palminger-Hallen I, Wohlin PO, Oskarsson A, Hult K, Olsen M (1993) Transfer of ochratoxin A from lactating rats to their offspring: a short-term study, *Nat Toxins* **1**: 347–352.

17 Brow ME, Dai J, Park G, Wright MW, Gillman IG, Manderville RA (2002) Photochemically catalyzed reaction of ochratoxin A with D- and L-cysteine, *Photochem Photobiol* **76**: 649–656.

18 Brown MH, Szczech GM, Purmalis BP (1976) Teratogenic and toxic effects of ochratoxin A in rats, *Toxicol Appl Pharmacol* **37**: 331–338.

19 Castegnaro M, Chernozemsky IN, Hietanen E, Bartsch H (1990) Are mycotoxins risk factors for endemic nephropathy and associated urothelial cancers?, *Arch Geschwulstforsch* **60**: 295–303.

20 Chu FS (1971) Interaction of ochratoxin A with bovine serum albumin, *Arch Biochem Biophys* **147**: 359–366.

21 Ciegler A (1972) Bioproduction of ochratoxin A and penicillic acid by members of the *Aspergillus ochraceus* group, *Can J Microbiol* **18**: 631–636.

22 Ciegler A, Fennell DJ, Mintzlaff HJ, Leistner L (1972) Ochratoxin synthesis by Penicillium species, *Naturwissenschaften* **59**: 365–366.

23 Cooray R (1984) Effects of some mycotoxins on mitogen-induced blastogenesis and SCE frequency in human lymphocytes, *Food Chem Toxicol* **22**: 529–534.

24 Creppy EE, Kane A, Dirheimer G, Lafarge-Frayssinet C, Mousset S, Frayssinet C (1985) Genotoxicity of ochratoxin A in mice: DNA single-strand break evaluation in spleen, liver and kidney, *Toxicol Lett* **28**: 29–35.

25 Creppy EE, Stormer FC, Kern D, Roschenthaler R, Dirheimer G (1983) Effects of ochratoxin A metabolites on yeast phenylalanyl-tRNA synthetase and on the growth and in vivo protein synthesis of hepatoma cells, *Chem Biol Interact* **47**: 239–247.

26 Dai J, Park G, Wright MW, Adams M, Akman SA, Manderville RA (2002) Detection and characterization of a glutathione conjugate of ochratoxin A, *Chem Res Toxicol* **15**: 1581–1588.

27 Degelmann P, Becker M, Herderich M, Humpf H-U (1999) Determination of Ochratoxin A in Beer by High-Performance Liquid Chromatography, *Chromatographia* **49**: 543–546.

28 de Groene EM, Hassing IG, Blom MJ, Seinen W, Fink-Gremmels J, Horbach GJ (1996) Development of human cytochrome P450-expressing cell lines: application in mutagenicity testing of ochratoxin A, *Cancer Res* **56**: 299–304.

29 Di Paolo N, Guarnieri A, Garosi G, Sacchi G, Mangiarotti AM, Di Paolo M (1994) Inhaled mycotoxins lead to acute renal failure, *Nephrol Dial Transplant* **9** Suppl 4: 116–120.

30 Dogliotti E, DePalma N (2004) in preparation.

31 Dopp E, Muller J, Hahnel C, Schiffmann D (1999) Induction of genotoxic effects and modulation of the intracellular calcium level in syrian hamster embryo (SHE) fibroblasts caused by ochratoxin A, *Food Chem Toxicol* **37**: 713–721.

32 Dorrenhaus A, Follmann W (1997) Effects of ochratoxin A on DNA repair in cultures of rat hepatocytes and porcine urinary bladder epithelial cells, *Arch Toxicol* **71**: 709–713.

33 Ehrlich V, Darroudi F, Uhl M, Steinkellner H, Gann M, Majer BJ, Eisenbauer M, Knasmuller S (2002) Genotoxic effects of ochratoxin A in human-derived hepatoma (HepG2) cells, *Food Chem Toxicol* **40**: 1085–1090.

34 El Adlouni C, Pinelli E, Azemar B, Zaoui D, Beaune P, Pfohl-Leszkowicz A (2000) Phenobarbital increases DNA adduct and metabolites formed by ochratoxin A: role of CYP 2C9 and microsomal glutathione-S-transferase, *Environ Mol Mutagen* **35**: 123–131.

35 EU (2002) Richtlinie 2002/26/EG der Kommission vom 13. März 2002 zur Festlegung der Probenahmeverfahren und Analysemethoden für die amtliche Kontrolle der Ochratoxin-A-Gehalte in Lebensmitteln.

36 FAO/WHO (JECFA) (2001) Safety evaluation of certain mycotoxins in food, prepared by the fifty-sixth meeting of the Joint FAO/WHO Expert Committee on Food Additives, WHO Food Additives Series 47.

37 Feder GL, Radovanovic Z, Finkelman RB (1991) Relationship between weathered coal deposits and the etiology of Balkan endemic nephropathy, *Kidney Int Suppl* **34**: S9–S11.

39 Ferrufino-Guardia EV, Tangni EK, Larondelle Y, Ponchaut S (2000) Transfer of ochratoxin A during lactation: exposure of suckling via the milk of rabbit does fed a naturally-contaminated feed, *Food Addit Contam* **17**: 167–175.

40 Follmann W, Lucas S (2003) Effects of the mycotoxin ochratoxin A in a bacterial and a mammalian in vitro mutagenicity test system, *Arch Toxicol* **77**: 298–304.

41 Fukal L, Reisnerova H (1990) Monitoring of aflatoxins and ochratoxin A in Czechoslovak human sera by immunoassay, *Bull Environ Contam Toxicol* **44**: 345–349.

42 Galtier P, Alvinerie M (1976) In vitro transformation of ochratoxin A by animal microbial floras, *Ann Rech Vet* **7**: 91–98.

43 Galtier P, Alvinerie M, Charpenteau JL (1981) The pharmacokinetic profiles of ochratoxin A in pigs, rabbits and chickens, *Food Cosmet Toxicol* **19**: 735–738.

44 Galtier P, Camguilhem R, Bodin G (1980) Evidence for in vitro and in vivo interaction between ochratoxin A and three acidic drugs, *Food Cosmet Toxicol* **18**: 493–496.

45 Galtier P, Charpenteau JL, Alvinerie M, Labouche C (1979) The pharmacokinetic profile of ochratoxin A in the rat after oral and intravenous administration, *Drug Metab Dispos* **7**: 429–434.

46 Galtier P, More J, Alvinerie M (1976) Acute and short-term toxicity of ochratoxin A in 10-day-old chicks, *Food Cosmet Toxicol* **14**: 129–131.

47 Gautier JC, Holzhaeuser D, Markovic J, Gremaud E, Schilter B, Turesky RJ (2001) Oxidative damage and stress response from ochratoxin a exposure in rats, *Free Radic Biol Med* **30**: 1089–1098.

48 Gautier J, Richoz J, Welti DH, Markovic J, Gremaud E, Guengerich FP, Turesky RJ (2001) Metabolism of ochratoxin A: absence of formation of genotoxic derivatives by human and rat enzymes, *Chem Res Toxicol* **14**: 34–45.

49 Gertz C, Boschemeyer L (1980) (A screening method for the determination of various mycotoxins in food (author's transl)), *Z Lebensm Unters Forsch* **171**: 335–340.

50 Gilani SH, Bancroft J, Reily M (1978) Teratogenicity of ochratoxin A in chick embryos, *Toxicol Appl Pharmacol* **46**: 543–546.

51 Gimeno A (1979) Thin layer chromatographic determination of aflatoxins, ochratoxins, sterigmatocystin, zearalenone, citrinin, T-2 toxin, diacetoxyscirpenol, penicillic acid, patulin, and penitrem A, *J Assoc Off Anal Chem* **62**: 579–585.

52 Gross-Steinmeyer K, Weymann J, Hege HG, Metzler M (2002) Metabolism and lack of DNA reactivity of the mycotoxin ochratoxin *a* in cultured rat and human primary hepatocytes, *J Agric Food Chem* **50**: 938–945.

53 Grosse Y, Baudrimont I, Castegnaro M, Betbeder AM, Creppy EE, Dirheimer G, Pfohl-Leszkowicz A (1995) Formation of ochratoxin A metabolites and DNA-adducts in monkey kidney cells, *Chem Biol Interact* **95**: 175–187.

54 Grosse Y, Chekir-Ghedira L, Huc A, Obrecht-Pflumio S, Dirheimer G, Bacha H, Pfohl-Leszkowicz A (1997) Retinol, ascorbic acid and alpha-tocopherol prevent DNA adduct formation in mice treated with the mycotoxins ochratoxin A and zearalenone, *Cancer Lett* **114**: 225–229.

55 Hadidane R, Bacha H, Creppy EE, Hammami M, Ellouze F, Dirheimer G (1992) Isolation and structure determination of natural analogues of the mycotoxin ochratoxin A produced by *Aspergillus ochraceus*, *Toxicology* **76**: 233–243.

56 Hagelberg S, Hult K, Fuchs R (1989) Toxicokinetics of ochratoxin A in several species and its plasma-binding properties, *J Appl Toxicol* **9**: 91–96.

57 Haggblom P (1982) Production of ochratoxin A in barley by *Aspergillus ochraceus* and *Penicillium viridicatum*: effect of fungal growth, time, temperature, and inoculum size, *Appl Environ Microbiol* **43**: 1205–1207.

58 Hald B, Christensen DH, Krogh P (1983) Natural occurrence of the mycotoxin viomellein in barley and the associated quinone-producing penicillia, *Appl Environ Microbiol* **46**: 1311–1317.

59 Hallen IP, Breitholtz-Emanuelsson A, Hult K, Olsen M, Oskarsson A (1998) Placental and lactational transfer of ochratoxin A in rats, *Nat Toxins* **6**: 43–49.

60 Hayes AW, Hood RD, Lee HL (1974) Teratogenic effects of ochratoxin A in mice, *Teratology* **9**: 93–97.

61 Hennig A, Fink-Gremmels J, Leistner L (1991) Mutagenicity and effects of ochratoxin A on the frequency of sister chromatid exchange after metabolic activation, *IARC Sci Publ* 255–260.

62 Hesseltine CW, Vandegraft EE, Fennell DI, Smith ML, Shotwell OL (1972) Aspergilli as ochratoxin producers, *Mycologia* **64**: 539–550.

63 Hoehler D, Marquardt RR, McIntosh AR, Hatch GM (1997) Induction of free radicals in hepatocytes, mitochondria and microsomes of rats by ochratoxin A and its analogs, *Biochim Biophys Acta* **1357**: 225–233.

64 Huff JE (1991) Carcinogenicity of ochratoxin A in experimental animals, *IARC Sci Publ* 229–244.

65 Il'ichev YV, Perry JL, Ruker F, Dockal M, Simon JD (2002) Interaction of ochratoxin A with human serum albumin. Binding sites localized by competitive interactions with the native protein and its recombinant fragments, *Chem Biol Interact* **141**: 275–293.
66 Jiao Y, Blaas W, Ruhl C, Weber R (1992) Identification of ochratoxin A in food samples by chemical derivatization and gas chromatography-mass spectrometry, *J Chromatogr* **595**: 364–367.
67 Josefsson BG, Moller TE (1980) Heat stability of ochratoxin A in pig products, *J Sci Food Agric* **31**: 1313–1315.
68 Kamp GH, Eisenbrand G, Schlatter J, Wurth K, Janzowski C (2004) Ochratoxin A: induction of (oxidative) DNA damage, cytotoxicity and apoptosis in mammalian cell lines and primary cells, *Toxicology* in press.
69 Kanisawa M (1984) Pathogenesis of human cancer development due to environmental factors, *Gan No Rinsho* **30**: 1445–1456.
70 Kanisawa M, Suzuki S, Kozuka Y, Yamazaki M (1977) Histopathological studies on the toxicity of ochratoxin A in rats. I. Acute oral toxicity, *Toxicol Appl Pharmacol* **42**: 55–64.
71 Khan S, Martin M, Bartsch H, Rahimtula AD (1989) Perturbation of liver microsomal calcium homeostasis by ochratoxin A, *Biochem Pharmacol* **38**: 67–72.
72 Krivobok S, Olivier P, Marzin DR, Seigle-Murandi F, Steinman R (1987) Study of the genotoxic potential of 17 mycotoxins with the SOS Chromotest, *Mutagenesis* **2**: 433–439.
73 Krogh P, Elling F, Friis C, Hald B, Larsen AE, Lillehoj EB, Madsen A, Mortensen HP, Rasmussen F, Ravnskov U (1979) Porcine nephropathy induced by long-term ingestion of ochratoxin A, *Vet Pathol* **16**: 466–475.
74 Krogh P, Elling F, Gyrd-Hansen N, Hald B, Larsen AE, Lillehoj EB, Madsen A, Mortensen HP, Ravnskov U (1976) Experimental porcine nephropathy: changes of renal function and structure perorally induced by crystalline ochratoxin A, *Acta Pathol Microbiol Scand* [A] **84**: 429–434.
75 Krogh P, Elling F, Hald B, Jylling B, Petersen VE, Skadhauge E, Svendsen CK (1976) Experimental avian nephropathy. Changes of renal function and structure induced by ochratoxin A-contaminated feed, *Acta Pathol Microbiol Scand* [A] **84**: 215–221.
76 Krogh P, Elling F, Hald B, Larsen AE, Lillehoj EB, Madsen A, Mortensen HP (1976) Time-dependent disappearance of ochratoxin A residues in tissues of bacon pigs, *Toxicology* **6**: 235–242.
77 Krogh P, Hald B, Gjertsen P, Myken F (1974) Fate of ochratoxin A and citrinin during malting and brewing experiments, *Appl Microbiol* **28**: 31–34.
78 Kumagai S (1985) Ochratoxin A: plasma concentration and excretion into bile and urine in albumin-deficient rats, *Food Chem Toxicol* **23**: 941–943.
79 Kumagai S (1988) Effects of plasma ochratoxin A and luminal pH on the jejunal absorption of ochratoxin A in rats, *Food Chem Toxicol* **26**: 753–758.
80 Kumagai S, Aibara K (1982) Intestinal absorption and secretion of ochratoxin A in the rat, *Toxicol Appl Pharmacol* **64**: 94–102.
81 Lau BP, Scott PM, Lewis DA, Kanhere SR (2000) Quantitative determination of ochratoxin A by liquid chromatography/electrospray tandem mass spectrometry, *J Mass Spectrom* **35**: 23–32.
82 Lebrun S, Follmann W (2002) Detection of ochratoxin A-induced DNA damage in MDCK cells by alkaline single cell gel electrophoresis (comet assay), *Arch Toxicol* **75**: 734–741.
83 Lock EA, Hard GC (2004) Chemically induced renal tubule tumors in the laboratory rat and mouse: review of the NCI/NTP database and categorization of renal carcinogens based on mechanistic information, *Crit Rev Toxicol* **34**: 211–299.
84 LUA Sachsen (2003) Jahresbericht 2003 Landesuntersuchungsanstalt für das Gesundheits- und Veterinärwesen Sachsen, Teil Lebensmittelüberwachung, Verbraucherschutz und Pharmazie.
85 Maebayashi Y, Miyaki K, Yamazaki M (1972) Application of 13 C-NMR to the biosynthetic investigations. I. Biosynthe-

sis of ochratoxin A, *Chem Pharm Bull (Tokyo)* **20**: 2172–2175.
86. Maksimovic ZJ (1991) Selenium deficiency and Balkan endemic nephropathy, *Kidney Int Suppl* **34**: S12–S14.
87. Malaveille C, Brun G, Bartsch H (1991) Genotoxicity of ochratoxin A and structurally related compounds in *Escherichia coli* strains: studies on their mode of action, IARC Sci Publ 261–266.
88. Mally A, Pepe G, Ravoori S, Fiore M, Gupta R, Dekant W, Mosesso P (2005) Ochratoxin A causes DNA damage and cytogenetic effects but no DNA adducts in rats, *Chem Res Toxicol* **18**: 1253–1261.
89. Mally A, Zepnik H, Wanek P, Eder E, Dingley K, Ihmels H, Volke, W, Dekant W (2004) Ochratoxin A: lack of formation of covalent DNA adducts, *Chem Res Toxicol* **17**: 234–242.
90. Mantle PG, McHugh KM, Adatia R, Gray T, Turner DR (1991) Persistent karyomegaly caused by Penicillium nephrotoxins in the rat, *Proc R Soc Lond B Biol Sci* **246**: 251–259.
91. Mayura K, Reddy RV, Hayes AW, Berndt WO (1982) Embryocidal, fetotoxic and teratogenic effects of ochratoxin A in rats, *Toxicology* **25**: 175–185.
92. Miljkovic A, Pfohl-Leszkowicz A, Dobrota M, Mantle PG (2003) Comparative responses to mode of oral administration and dose of ochratoxin A or nephrotoxic extract of *Penicillium polonicum* in rats, *Exp Toxicol Pathol* **54**: 305–312.
93. Mori H, Kawai K, Ohbayashi F, Kuniyasu T, Yamazaki M, Hamasaki T, Williams GM (1984) Genotoxicity of a variety of mycotoxins in the hepatocyte primary culture/DNA repair test using rat and mouse hepatocytes, *Cancer Res* **44**: 2918–2923.
94. Mosesso P, Palitti F, Penna S, Pepe G, Ranaldi R, Cinelli S (2004) Cytogenetic profile of OTA in mammalian cells in vitro, Mutation Research in preparation.
95. Ngaha EO (1985) Biochemical changes in the rat during experimentally induced acute ochratoxicosis, *Enzyme* **33**: 1–8.
96. NTP (1989) Toxicology and carcinogenesis studies of ochratoxin A (CAS No. 303-47-9) in F344/N rats (gavage studies), National Toxicology Program, Technical Report TR 358.
97. Obrecht-Pflumio S, Chassat T, Dirheimer G, Marzin D (1999) Genotoxicity of ochratoxin A by Salmonella mutagenicity test after bioactivation by mouse kidney microsomes, *Mutat Res* **446**: 95–102.
98. Obrecht-Pflumio S, Grosse Y, Pfohl-Leszkowicz A, Dirheimer G (1996) Protection by indomethacin and aspirin against genotoxicity of ochratoxin A, particularly in the urinary bladder and kidney, *Arch Toxicol* **70**: 244–248.
99. Otteneder H, Gabel B (2003) Ochratoxin A (OTA) in Kaffee – Vergleichende Auswertung bundesweiter Daten der Jahre 1995–1999 und 2000–2002, *Mycotoxin Research* **19**: 14–19.
100. Pfohl-Leszkowicz A, Bartsch H, Azémar B, Mohr U, Estève J, Castegnaro M (2002) MESNA protects rats against nephrotoxicity but not carcinogenicity induced by ochratoxin A, implicating two separate pathways, Facta Universitatis, *Deries Medicine and Biology* **19**: 57–63.
101. Pfohl-Leszkowicz A, Chakor K, Creppy EE, Dirheimer G (1991) DNA adduct formation in mice treated with ochratoxin A, IARC Sci Publ 245–253.
102. Pfohl-Leszkowicz A, Grosse Y, Kane A, Creppy EE, Dirheimer G (1993) Differential DNA adduct formation and disappearance in three mouse tissues after treatment with the mycotoxin ochratoxin A, *Mutat Res* **289**: 265–273.
103. Pospisil O, Durakovic S (1982) The effect of substrate temperature and water content on the growth of the mold Aspergillus ochraceus 318 and the biosynthesis of ochratoxin A, *Arh Hig Rada Toksikol* **33**: 315–323.
104. Prior MG, Sisodia CS (1982) The effects of ochratoxin A on the immune response of Swiss mice, *Can J Comp Med* **46**: 91–96.
105a. Radonic M, Radosevic Z (1992) Clinical features of Balkan endemic nephropathy, *Food Chem Toxicol* **30**: 189–192.
105b. Tancev I, Evstatiev P, Dovosiev D, Panceva Z, Cvetkov G (1956) Provcavanje na nefrite v Vracanska okolija. *Savremena Med* **7**: 14–29 (bulgarisch).

106 Rahimtula AD, Chong X (1991) Alterations in calcium homeostasis as a possible cause of ochratoxin A nephrotoxicity, IARC Sci Publ 207–214.

107 Roth A, Chakor K, Creppy EE, Kane A, Roschenthaler R, Dirheimer G (1988) Evidence for an enterohepatic circulation of ochratoxin A in mice, *Toxicology* **48**: 293–308.

108 Schaaf GJ, Nijmeijer SM, Maas RF, Roestenberg P, de Groene EM, Fink-Gremmels J (2002) The role of oxidative stress in the ochratoxin A-mediated toxicity in proximal tubular cells, *Biochim Biophys Acta* **1588**: 149–158.

109 Schlatter C, Studer-Rohr J, Rasonyi T (1996) Carcinogenicity and kinetic aspects of ochratoxin A, *Food Addit Contam* **13** Suppl: 43–44.

110 SCOOP-REPORT (2002) Reports on tasks for scientific cooperation. Report of experts participating in Task 3.2.7, January 2002.

111 Searcy JW, Davis ND, Diener UL (1969) Biosynthesis of ochratoxin A, *Appl Microbiol* **18**: 622–627.

112 Shepherd EC, Phillips TD, Joiner GN, Kubena LF, Heidelbaugh ND (1981) Ochratoxin A and penicillic acid interaction in mice, *J Environ Sci Health B* **16**: 557–573.

113 Soares LM, Rodriguez-Amaya DB (1985) Screening and quantitation of ochratoxin A in corn, peanuts, beans, rice, and cassava, *J Assoc Off Anal Chem* **68**: 1128–1130.

114 Sreemannarayana O, Frohlich AA, Vitti TG, Marquardt RR, Abramson D (1988) Studies of the tolerance and disposition of ochratoxin A in young calves, *J Anim Sci* **66**: 1703–1711.

115 Stetina R, Votava M (1986) Induction of DNA single-strand breaks and DNA synthesis inhibition by patulin, ochratoxin A, citrinin, and aflatoxin B1 in cell lines CHO and AWRF, *Folia Biol (Praha)* **32**: 128–144.

116 Steyn PS (1984) Ochratoxins and related dihydroisocoumarines, Betina V. (Hrsg) Mycotoxins – production, isolation, separation and purification, Elsevier Science Publishers B.V. Amsterdam: 183–217.

117 Steyn PS, Holzapfel CW (1967) The synthesis of ochratoxins A and B metabolites of *Aspergillus ochraceus* Wilh, *Tetrahedron* **23**: 4449–4461.

118 Stoian M, Hozoc M, Iosipenco M, Nastac E, Melencu M (1983) Serum antibodies to papova viruses (BK and SV 40) in subjects from the area with Balkan endemic nephropathy, *Virologie* **34**: 113–117.

119 Stojkovic R, Hult K, Gamulin S, Plestina R (1984) High affinity binding of ochratoxin A to plasma constituents, *Biochem Int* **9**: 33–38.

120 Storen O, Holm H, Stormer FC (1982) Metabolism of ochratoxin A by rats, *Appl Environ Microbiol* **44**: 785–789.

121 Stormer FC, Kolsaker P, Holm H, Rogstad S, Elling F (1985) Metabolism of ochratoxin B and its possible effects upon the metabolism and toxicity of ochratoxin A in rats, *Appl Environ Microbiol* **49**: 1108–1112.

122 Stormer FC, Pedersen JI (1980) Formation of 4-hydroxyochratoxin A from ochratoxin A by rat liver microsomes, *Appl Environ Microbiol* **39**: 971–975.

123 Stormer FC, Storen O, Hansen CE, Pedersen JI, Aasen AJ (1983) Formation of (4R)- and (4S)-4-hydroxyochratoxin A and 10-hydroxyochratoxin A from Ochratoxin A by rabbit liver microsomes, *Appl Environ Microbiol* **45**: 1183–1187.

124 Studer-Rohr I, Dietrich DR, Schlatter J, Schlatter C (1995) The occurrence of ochratoxin A in coffee, *Food Chem Toxicol* **33**: 341–355.

125 Studer-Rohr I, Schlatter J, Dietrich DR (2000) Kinetic parameters and intraindividual fluctuations of ochratoxin A plasma levels in humans, *Arch Toxicol* **74**: 499–510.

126 Suzuki S, Satoh T, Yamazaki M (1977) The pharmacokinetics of ochratoxin A in rats, *Jpn J Pharmacol* **27**: 735–744.

127 Szczech GM, Hood RD (1978) Animal model of human disease: alimentary toxic aleukia, fetal brain necrosis, and renal tubular necrosis, *Am J Pathol* **91**: 689–692.

128 Szczech GM, Hood RD (1981) Brain necrosis in mouse fetuses transplacen-

tally exposed to the mycotoxin ochratoxin A, *Toxicol Appl Pharmacol* **57**: 127–137.
129 Tatu CA, Drugarin D, Paunescu V, Stanescu DI, Schneider F (1998) Balkan endemic nephropathy, the haematopoietic system and the environmental connection, *Food Chem Toxicol* **36**: 245–247.
130 Tatu CA, Orem WH, Finkelman RB, Feder GL (1998) The etiology of Balkan endemic nephropathy: still more questions than answers, *Environ Health Perspect* **106**: 689–700.
131 Thuvander A, Breitholtz-Emanuelsson A, Olsen M (1995) Effects of ochratoxin A on the mouse immune system after subchronic exposure, *Food Chem Toxicol* **33**: 1005–1011.
132 Thuvander A, Dahl P, Breitholtz-Emanuelsson A (1996) Influence of perinatal ochratoxin A exposure on the immune system in mice, *Nat Toxins* **4**: 174–180.
133 Thuvander A, Funseth E, Breitholtz-Emanuelsson A, Hallen IP, Oskarsson A (1996) Effects of ochratoxin A on the rat immune system after perinatal exposure, *Nat Toxins* **4**: 141–147.
134 Toncheva D, Dimitrov T (1996) Genetic predisposition to Balkan endemic nephropathy, *Nephron* **72**: 564–569.
135 Tsubouchi H, Yamamoto K, Hisada K, Sakabe Y, Udagawa S (1987) Effect of roasting on ochratoxin A level in green coffee beans inoculated with *Aspergillus ochraceus*, *Mycopathologia* **97**: 111–115.
136 Umeda M, Tsutsui T, Saito M (1977) Mutagenicity and inducibility of DNA single-strand breaks and chromosome aberrations by various mycotoxins, *Gann* **68**: 619–625.
137 van der Merwe KJ, Steyn PS, Fourie L, Scott DB, Theron JJ (1965) Ochratoxin A, a toxic metabolite produced by *Aspergillus ochraceus Wilh*, *Nature* **205**: 1112–1113.
138 Wedeen RP (1991) Environmental renal disease: lead, cadmium and Balkan endemic nephropathy, *Kidney Int Suppl* **34**: S4–S8.
139 Wehner FC, Thiel PG, van Rensburg SJ, Demasius IP (1978) Mutagenicity to *Salmonella typhimurium* of some Aspergillus and Penicillium mycotoxins, *Mutat Res* **58**: 193–203.
140 Wei RD, Strong FM, Smalley EB (1971) Incorporation of chlorine-36 into ochratoxin A, *Appl Microbiol* **22**: 276–272.
141 Wei X, Sulik KK (1993) Pathogenesis of craniofacial and body wall malformations induced by ochratoxin A in mice, *Am J Med Genet* **47**: 862–871.
142 Weitzman S, Maislos M, Bodner-Fishman B, Rosen S (1997) Association of diabetic retinopathy, ischemic heart disease, and albuminuria with diabetic treatment in type 2 diabetic patients. A population-based study, *Acta Diabetol* **34**: 275–279.
143 Wilson DM, Tabor WH, Trucksess MW (1976) Screening method for the detection of aflatoxin, ochratoxin, zearalenone, penicillic acid, and citrinin, *J Assoc Off Anal Chem* **59**: 125–127.
144 Wolff J, Bresch H, Cholmakow-Bodechtel C, Engel G, Erhardt S, Gareis M, Majerus P, Rosner H, Scheuer R (1999) Belastung des Verbrauchers und der Lebensmittel mit Ochratoxin A – Abschlussbericht (mit Anhang), Bundesministerium für Gesundheit und Soziale Sicherung.
145 Wurgler FE, Friederich U, Schlatter J (1991) Lack of mutagenicity of ochratoxin A and B, citrinin, patulin and cnestine in *Salmonella typhimurium* TA102, *Mutat Res* **261**: 209–216.
146 Xiao H, Marquardt RR, Abramson D, Frohlich AA (1996) Metabolites of ochratoxins in rat urine and in a culture of *Aspergillus ochraceus*, *Appl Environ Microbiol* **62**: 648–655.
147 Zepnik H, Pahler A, Schauer U, Dekant W (2001) Ochratoxin A-induced tumor formation: is there a role of reactive ochratoxin A metabolites? *Toxicol Sci* **59**: 59–67.
148 Zepnik H, Volkel W, Dekant W (2003) Toxicokinetics of the mycotoxin ochratoxin A in F 344 rats after oral administration, *Toxicol Appl Pharmacol* **192**: 36–44.

# 5
# Mutterkornalkaloide

*Christiane Aschmann und Edmund Maser*

## 5.1
## Allgemeine Substanzbeschreibung

Als Mutterkorn (*Secale cornutum*) bezeichnet man die Dauerform (Sklerotium) des parasitär auf Wildgräsern und Getreide, besonders auf Roggen wachsenden Schlauchpilzes *Claviceps purpurea*. Es bildet sich anstelle eines Getreidekorns in der Ähre, erreicht eine Größe von 2–5 cm und ist meist dunkel-violett gefärbt (Abb. 5.1). Früher wurden die Mutterkörner in Unkenntnis ihrer Toxizität mit dem Getreide zu Mehl verarbeitet und waren die Ursache für die bedeutendste Mykotoxikose früherer Jahrhunderte, den Ergotismus. Mutterkornbelastete Nahrungsmittel führten besonders im Mittelalter immer wieder zu oft tödlich verlaufenden Massenvergiftungen. Je nach Ausprägungsform ging die Krankheit entweder mit Krämpfen und epilepsieartigen Anfällen einher (Ergotismus convulsivus, „Kribbelkrankheit", „Krampfseuche") oder war durch Parästhesien, schmerzhafte Durchblutungsstörungen und Gangrän der Extremitäten gekennzeichnet (Ergotismus gangraenosus, „St. Antoniusfeuer", „Brandseuche") [72].

Seit dem 9. Jahrhundert wird über Ergotismusepidemien in Europa berichtet, die Hunderttausende von Todesopfern forderten. Doch erst im 17. Jahrhundert wurde der Zusammenhang zwischen dem Verzehr von mutterkornverseuchtem Getreide und den auftretenden Vergiftungen erkannt und 1853 wurde der Pilz als eigentliche Ursache entdeckt [65].

Noch im vergangenen Jahrhundert traten immer wieder alimentäre Mutterkornvergiftungen größeren Ausmaßes auf, z.B. in Russland, England [23], Frankreich [25] und zuletzt 1978 in Äthiopien [15]; heute haben sie aufgrund guter Getreidereinigungsverfahren so gut wie keine Bedeutung mehr.

Schon im Mittelalter erkannten Hebammen die Uterus kontrahierende Wirkung des Pilzes und setzten ihn als „Pulvis ad partum" zur Geburtseinleitung bzw. als Abtreibungsmittel ein; die im deutschen Sprachraum übliche Bezeichnung „Mutterkorn" ist darauf zurückzuführen [57]. Anfang des 20. Jahrhunderts wurden Alkaloide als die biologisch aktiven, pharmakologisch und toxikologisch hochwirksamen Inhaltsstoffe des Mutterkorns identifiziert. Heute fin-

**Abb. 5.1** Mutterkorn (*Secale cornutum*) auf Gerste, Weizen und Roggen [7].

den die gereinigten und zum Teil auch halbsynthetisch hergestellten Alkaloide in der Humanmedizin vielfältige therapeutische Verwendung; insbesondere bei der Behandlung der Migräne und anderem gefäßbedingten Kopfschmerz (Ergotamin) sowie postpartal zur Stimulation der Uteruskontraktion und zur Kontrolle von Blutungen (Methylergometrin), darüber hinaus bei der Behandlung von Hyperprolaktinämie, bei M. Parkinson (Bromocriptin) und bei Hirnleistungsstörungen im Alter (Dihydroergotoxin) [67].

Mutterkorn kann bis zu 1% Alkaloide (auch als Secale-, Ergolin-, Ergotalkaloide bezeichnet) enthalten, von denen bis heute mehr als 40 isoliert werden konnten [42].

Diese Substanzen sind chemisch Derivate des tetracyclischen 6-Methylergolins [57] und lassen sich in zwei Hauptgruppen unterteilen (Tab. 5.1):
- die *Aminalkaloide* mit den einfachen Derivaten der Lysergsäure bzw. Isolysergsäure (auch Ergolinalkaloide genannt) und den Clavinen (nicht dargestellt) sowie
- die *Aminosäurealkaloide*, in denen die Lysergsäure bzw. Isolysergsäure mit einem Tripeptid verknüpft ist (auch als Ergopeptine bzw. Peptidalkaloide bezeichnet).

Die Clavinalkaloide enthalten in Position C-8 eine Methyl- oder eine Hydroxymethylgruppe. Sie sind mengenmäßig von untergeordneter Bedeutung und spielen hinsichtlich der Toxizität des Mutterkorns keine Rolle.

Die Derivate der Lysergsäure hingegen sind physiologisch aktiv. Unter ihnen haben die Aminosäurealkaloide Ergotamin, Ergosin und Ergostin sowie das Ergotoxin, das sich aus den vier Alkaloiden Ergocornin, Ergocristin, $\alpha$-Ergocryptin und $\beta$-Ergocryptin zusammensetzt, mengenmäßig und toxikologisch die größte Bedeutung (Tab. 5.2).

Stark abgeschwächt wirksam sind die Derivate der Isolysergsäure (epimer an C-8), deren Vertreter durch die Namensendung -inin (z. B. Ergocristin/Ergocristinin) gekennzeichnet sind [72].

**Tab. 5.1** Natürliche und halbsynthetische Mutterkornalkaloide [57].

| Aminalkaloide | | | Aminosäurealkaloide | | |
|---|---|---|---|---|---|
| **Alkaloid** | **X** | **Y** | **Alkaloid** | **R** | **R'** |
| d-Lysergsäure | —COOH | —H | Ergotamin | —CH$_3$ | —CH$_2$—phenyl |
| d-Isolysergsäure | —H | —COOH | Ergosin | —CH$_3$ | —CH$_2$CH(CH$_3$)$_2$ |
| d-Lysergsäure-diethylamid (LSD) | —C(=O)—N(CH$_2$CH$_3$)$_2$ | —H | Ergostin | —CH$_2$CH$_3$ | —CH$_2$—phenyl |
| | | | Ergotoxingruppe: Ergocornin | —CH(CH$_3$)$_2$ | —CH(CH$_3$)$_2$ |
| Ergonovin (Ergometrin) | —C(=O)—NH—CH(CH$_3$)CH$_2$OH | —H | Ergocristin | —CH(CH$_3$)$_2$ | —CH$_2$—phenyl |
| | | | α-Ergocryptin | —CH(CH$_3$)$_2$ | —CH$_2$CH(CH$_3$)$_2$ |
| Methylergonovin | —C(=O)—NH—CH(CH$_2$CH$_3$)(CH$_2$OH) | —H | β-Ergocryptin | —CH(CH$_3$)$_2$ | —CH(CH$_3$)CH$_2$CH$_3$ |

Andere Inhaltsstoffe des Mutterkorns, wie z. B. Farbstoffe (Ergochrome), Lipide, Chitin, Ricinolsäure und verschiedene Aminosäuren scheinen an der Toxizität des Sklerotiums nicht beteiligt zu sein.

**Tab. 5.2** Mutterkornalkaloide vom Peptidtyp [65].

| Alkaloid | Summenformel | M [Dalton] | Schmp. [°C] | CAS-Nr. |
| --- | --- | --- | --- | --- |
| Ergotamin | $C_{33}H_{35}N_5O_5$ | 581,67 | 213–214 (Zers.) | 113-15-5 |
| Ergosin | $C_{30}H_{37}N_5O_5$ | 547,65 | 228 (Zers.) | 561-94-4 |
| Ergostin | $C_{34}H_{37}N_5O_5$ | 595,70 | 204–208 (Zers.) | 2854-38-8 |
| Ergocristin | $C_{35}H_{39}N_5O_5$ | 609,73 | 175 (Zers.) | 511-08-0 |
| $\alpha$-Ergocryptin | $C_{32}H_{41}N_5O_5$ | 575,71 | 214 (Zers.) | 511-09-1 |
| $\beta$-Ergocryptin | $C_{32}H_{41}N_5O_5$ | 575,71 | 173 | 20315-46-2 |
| Ergocornin | $C_{31}H_{39}N_5O_5$ | 561,68 | 182–184 (Zers.) | 564-36-3 |

## 5.2
## Vorkommen

Claviceps-Arten treten weltweit als Parasiten zahlreicher Gräser- und Getreidearten auf. Mehr als 600 Wirtspflanzen sind bekannt [91].

Unter den Kulturpflanzen spielt der Roggen die bedeutendste Rolle. Hinsichtlich der Anfälligkeit der verschiedenen Getreidearten gegenüber Infektionen mit *Claviceps purpurea* lässt sich folgende Reihung aufstellen: Hybridroggen > Populationsroggen > Triticale > Hartweizen ≫ Weichweizen ≫ Gerste [48, 69].

Ausschlaggebend für den Befall mit Mutterkorn sind die Bedingungen für den Entwicklungszyklus des Erregers *Claviceps purpurea*, der im Folgenden kurz skizziert werden soll. Die Fortpflanzung des Pilzes beginnt mit den Sklerotien, die mit der Reife der Gräser bzw. bei der Getreideernte aus den Ähren fallen und auf bzw. im Boden überwintern. Bei ausreichender Feuchtigkeit entwickeln sich im Frühjahr aus ihnen Fruchtkörper (Perithecien), in denen Ascosporen heranreifen (Abb. 5.2).

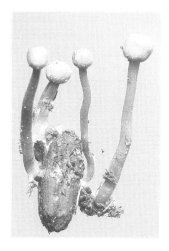

**Abb. 5.2** Auskeimendes Sklerotium mit Perithecien [7].

Diese werden ausgestoßen, gelangen mit dem Wind auf Gras- und Getreideblüten und beginnen dort auszukeimen und den Fruchtknoten mit einem dichten Mycel zu durchwachsen. Im weiteren Verlauf bedingt diese „Primärinfektion" die Bildung eines süßen, klebrigen Saftes, des so genannten „Honigtaus", der zahlreiche Konidien enthält, und durch Insekten oder Halmbewegung auf weitere Getreideblüten übertragen wird (Sekundärinfektion) (Abb. 5.3). Bei beiden Infektionsarten bildet sich in der Ähre anstelle des Korns das Mycel des Pilzes, aus dem sich das hornartige Sklerotium, das Mutterkorn, entwickelt [42, 48, 91].

Der Mutterkornbefall des Getreides wird durch Witterungsverhältnisse, Bestandsdichte, Anbaumaßnahmen, Wildgrasbestand an Feldrändern, Standort und Fruchtart beeinflusst.

Roggen ist besonders infektionsanfällig, da er als Fremdbefruchter erst beim Spreizen der Spelzen befruchtet wird, während bei den selbstbefruchtenden Ge-

**Abb. 5.3** Entwicklungszyklus des Pilzes *Claviceps purpurea* [7].

**Tab. 5.3** Vorkommen von Mutterkorn in verschiedenen Getreidearten aus Verdachtsgebieten (Anteil der infizierten Proben in %) [a)] [61].

| Getreideart | Erntejahr | | | |
|---|---|---|---|---|
| | 1987 [62] | 1988 [63] | 1986–1989 [35] | 1992–1994 [13] |
| Roggen | 73 | 58 | 33 | 68 |
| Triticale | 75 | 53 | 33 | 49 |
| Weizen | 55 | 6 | 13 | 12 |
| Gerste | 24 | 2 | 3 | 2 |
| Hafer | 29 | 0 | 1 | 4 |

a) Entspricht „Befallshäufigkeit": Anteil der von mehreren flächenmäßig definierten Getreideproben eines Feldes, in denen Mutterkorn nachweisbar ist; zu unterscheiden von „Befallsintensität": Gewichtsanteil Mutterkorn im Getreide der einzelnen Stichproben.

treidesorten die Fruchtentwicklung häufig schon begonnen hat, wenn die Blüten sich öffnen. Feucht-kühle Witterung zur Roggenblüte begünstigt die Infektion, da sie zu einer langen und wiederholten Öffnung der Roggenblüten führt, die den Zugang der Konidien erleichtert.

Künstliche Inokulationen von Versuchsfeldern haben darüber hinaus gezeigt, dass Hybridroggensorten stärker infektionsgefährdet sind als Populationsrog-

**Tab. 5.4** Mutterkornbefall in Roggenpartien (BEE-Untersuchungen) [40].

| | Gew.-Anteil in % (Mittelwert) | | % Anteil an befallenen Roggenpartien (Populationsroggen) | | % Anteil an befallenen Roggenpartien (Hybridroggen) | |
|---|---|---|---|---|---|---|
| Erntejahr | 2000 | 1998 | 2000 | 1998 | 2000 | 1998 |
| Bayern | 0,13 | 0,06 | 28,6 | 15,6 | 60,0 | 75,0 |
| Brandenburg | 0,05 | 0,06 | 14,8 | 1,4 | 35,7 | 17,6 |
| Hessen | 0,17 | 0,21 | 20,0 | 22,2 | 73,9 | 78,9 |
| Meckl.-Vorpommern | 0,12 | 0,06 | 41,0 | 5,4 | 46,2 | 52,9 |
| Niedersachsen | 0,13 | 0,05 | 36,4 | 40,0 | 50,0 | 60,9 |
| Nordrhein-Westfalen | 0,26 | 0,27 | 100 | 27,3 | 92,0 | 48,3 |
| Rheinland-Pfalz | 0,27 | 0,64 | 50,0 | 27,3 | 71,0 | 72,2 |
| Saarland | 0,27 | 0,91 | 70,6 | 60,0 | 90,9 | 87,5 |
| Sachsen | 0,09 | 0,05 | 23,0 | 8,7 | 42,6 | 25,0 |
| Sachsen-Anhalt | 0,06 | 0,04 | 0 | 0 | 28,0 | 31,6 |
| Schlesig.-Holstein | 0,33 | 0,11 | 100 | 20,0 | 65,4 | 71,4 |
| Thüringen | 0,32 | 0,06 | 33,3 | 30,8 | 73,7 | 60,0 |
| **Bundesgebiet** | **0,18** | **0,21** | **43,1** | **21,6** | **60,8** | **56,8** |

gensorten, wobei die Nachschosser einen deutlich höheren Mutterkornbesatz (bis zu 80%) aufweisen als die Ähren der Haupthalme [48].

Die jährlichen Schwankungen des Mutterkornvorkommens zeigt Tabelle 5.3 am Beispiel verschiedener Futtergetreide aus bayerischen Belastungsgebieten (bzw. Verdachtsproben) [61].

Während kontaminiertes Getreide, das die Ergotismus-Massenepidemien früherer Jahrhunderte ausgelöst hat, zum Teil mehr als 30 Gew.% Mutterkorn enthielt [42], liegen die Belastungen heute in der Regel deutlich unter 1 Gew.%, wie aus BEE-Untersuchungen („Besondere Ernteermittlung" auf Grundlage des Agrarstatistikgesetzes) an Roggenpartien in Deutschland ersichtlich ist (Tab. 5.4, [40]). Bei ungünstigen Witterungs- und Standortbedingungen kann der Mutterkornbefall jedoch durchaus mehrere Prozent betragen. So ergaben BEE-Untersuchungen aus dem Jahr 1993 Mutterkorngehalte in Roggenproben bis zu 3,9 Gew.% und Verluste durch Reinigungsverfahren in Höhe von mehr als 10% des Rohgetreides [91].

## 5.3
### Verbreitung und Nachweis

Der Alkaloidgehalt des Mutterkorns unterliegt sowohl hinsichtlich der Gesamtkonzentration als auch hinsichtlich der individuellen Alkaloide starken Schwankungen. Orientierende Untersuchungen aus Bayern in einem Erntejahr ergaben Gesamtalkaloidgehalte zwischen 0,01% und 0,34%. Für Zentraleuropa wird ein durchschnittlicher Gesamtalkaloidgehalt von 0,2% angenommen [61].

In umfangreichen Untersuchungen an verschiedenen Getreidesorten Kanadas wurde ein ähnlicher mittlerer Gesamtalkaloidgehalt (0,24%) gefunden, wobei in Einzelproben Höchstwerte von 1,04% (in Gerste) und 0,75% (in Triticale) gemessen wurden. Dabei variierte der Gesamtalkaloidgehalt zwischen den Sklerotien einer einzelnen Ähre, zwischen den Ähren innerhalb eines Feldes und zwischen Proben von verschiedenen Feldern zum Teil erheblich.

Hinsichtlich der einzelnen Alkaloide (die toxikologisch irrelevanten Isomere blieben unberücksichtigt) ergab sich für die gesamten Sklerotien aller untersuchten Getreidearten folgendes Verteilungsmuster: Ergocristin 31%, Ergotamin 17%, Ergocryptin 5%, Ergometrin 5%, Ergosin 4% und Ergocornin 2%. Die Variabilität der Alkaloidzusammensetzung erwies sich innerhalb der Sklerotien einer einzelnen Ähre als gering, war jedoch hoch zwischen verschiedenen Ähren eines Feldes [93–95]. So wurde z. B. in einer anderen Untersuchung in den Sklerotien eines Roggenfeldes bei einem Gesamtalkaloidgehalt von 0,16% ein Ergotaminanteil von 67% gemessen [6].

Bei der Vermahlung des gereinigten Getreides gelangen je nach Ausmahlungsgrad durchschnittlich 70–80% des verbliebenen Mutterkorns in die Mehle [86, 88]. In einer Schweizer Studie wurden in Weizenruchmehlen (Ausmahlungsgrad ca. 85%) mittlere Gesamtalkaloidgehalte von 103 µg/kg gemessen, in Weizenhalbweißmehlen 31 µg/kg und in Weizenweißmehlen (Ausmahlungsgrad ca. 40%) lediglich 4 μg/kg [8]. Roggenmehle sind erwartungsgemäß am stärksten belastet. Mittlere Gesamtalkaloidgehalte in Roggenmehlen des Schweizer Marktes betrugen 140 μg/kg (max. 397 μg/kg) [8], Mehle aus kanadischem Getreide enthielten durchschnittlich 239 μg/kg (Roggen), 86 μg/kg (Triticale) und 31 μg/kg (Weizen) [77]. Extrem hohe Alkaloidbelastungen, wie sie kürzlich in Deutschland in einzelnen Roggenmehlproben gemessen wurden, sind vermutlich auf eine fehlende Getreidereinigung vor dem Vermahlen zurückzuführen: Vier von fünf Mehlproben wiesen Gehalte zwischen 2308 und 3139 μg/kg auf, eine Probe enthielt sogar 7255 μg/kg [10].

Verarbeitungsprozesse wie Backen, Kochen und Braten können den Gesamtalkaloidgehalt deutlich verringern [76, 89, 96]. Dabei werden die einzelnen Alkaloide in unterschiedlichem Ausmaß reduziert: um 50–86% bei der Herstellung von Roggenbrot, um 70–100% bei Weizenbrot und um 25–74% bei der Herstellung von Triticale-Pfannkuchen [76]. Wesentliche Faktoren für die Reduzierung des Alkaloidgehaltes während der Brotherstellung scheinen einer anderen Untersuchung zufolge Brotform, Mehlmischung und die Teigführung zu sein [89]. Die Herstellung von Nudelteig und anschließende Verarbeitung zu Nudelgerichten aus mutterkornbelastetem Weizenmehl hatte hingegen kaum Einfluss auf den Alkaloidgehalt [22].

Tabelle 5.5 veranschaulicht am Beispiel einer kanadischen Studie die Variabilität der einzelnen Mutterkornalkaloide in Mehl verschiedener Getreidearten sowie den Einfluss von Verarbeitungsprozessen auf ihren Gehalt im Lebensmittel.

Die quantitative Bestimmung der Alkaloide im Mutterkorn und in Getreideprodukten erfolgt heute üblicherweise nach aufwändigen Extraktions- und Reinigungsschritten mittels Hochdruckflüssigkeitschromatographie über „Reversed-Phase"-$C_{18}$-Säulen und Fluoreszenzdetektion [22, 37, 75, 88]. Die Nachweisgrenze für die einzelnen Alkaloide wird mit 1 ppb angegeben. Untersuchungen, bei denen den Alkaloiden Mehlproben zugesetzt wurden, ergaben mit dieser Methode Wiederfindungsraten in Höhe von 66–72% für Ergometrin und 73–93% für Ergotamin, α-Ergocryptin, Ergocristin, Ergosin und Ergocornin

**Tab. 5.5** Vorkommen von Ergotalkaloiden in kanadischen Getreideprodukten von 1985–1991 [77]
(mittlere Alkaloidkonzentration (μg/kg) mit Höchstkonzentrationen ( ) positiver Proben).

| Ergotalkaloid | Weizenmehl | Triticalemehl | Roggenmehl | Roggenbrot/ Kräcker/ Knäckebrot |
|---|---|---|---|---|
| Ergocristin | 12 (73) | 39 (241) | 81 (847) | 9,2 (153) |
| Ergotamin | 7,5 (64) | 17 (99) | 63 (1454) | 16 (545) |
| Ergosin | 3,3 (44) | 5,9 (30) | 31 (718) | 9,4 (318) |
| α-Ergocryptin | 3,2 (27) | 8,0 (82) | 25 (271) | 2,8 (29) |
| Ergocornin | 2,3 (24) | 8,0 (53) | 22 (415) | 4,8 (136) |
| Ergometrin | 2,9 (16) | 8,4 (41) | 17 (314) | 3,4 (67) |

[75]. Zur Quantifizierung von Ergotamin in Humanplasma wird ebenfalls eine HPLC-Methode mit Fluoreszenzdetektion eingesetzt. Die Nachweisgrenze liegt hier bei 0,05–0,1 ng Ergotamin bzw. Ergotaminin pro mL Plasma [18]. Noch empfindlichere Methoden sind der Radioimmunoassay [66] und die Massenspektrometrie [29], mit denen im Plasma Ergotaminkonzentrationen von 9 bzw. 1 pg/mL erfasst werden können.

## 5.4
### Kinetik und innere Exposition

Die Toxikokinetik der Mutterkornalkaloide ist nur teilweise aufgeklärt. Erkenntnisse über Resorption, Biotransformation und Elimination wurden überwiegend durch Prüfungen der therapeutisch relevanten Alkaloide bzw. ihrer Methyl- und Dihydroderivate an gesunden Probanden bzw. Patienten gewonnen und sind in Übersichtsartikeln von Perrin [58] und Silberstein [80] zusammengefasst worden. Mutterkornalkaloide vom Amidtyp (Ergometrin) besitzen eine hohe orale Bioverfügbarkeit. Sie werden schnell und vollständig resorbiert, maximale Plasmaspiegel werden nach 60–90 Minuten erreicht [44]. Die Alkaloide vom Aminosäuretyp (Peptidtyp) wie z. B. Ergotamin haben hingegen eine sehr geringe und interindividuell stark variierende orale Bioverfügbarkeit (5% und weniger). Dies ist vor allem auf ihre hohe First-pass-Elimination zurückzuführen, in deren Folge nur ein sehr geringer Teil der Ausgangssubstanz in den systemischen Kreislauf gelangt. Maximale Plasmaspiegel werden ein bis zwei Stunden nach oraler Applikation erreicht. Nach einer einmaligen peroralen Gabe von 2 mg Ergotamin wurden in verschiedenen Untersuchungen mittlere Plasmaspitzenkonzentrationen von 0,02 ng/mL bzw. 0,36 ng/mL gemessen [3, 41, 70]. Allerdings wird auch über Migränepatienten berichtet, bei denen nach Einnahme einer wirksamen Dosis kein Ergotamin im Plasma nachweisbar war [4]. Die intestinale Resorption von Ergotamin wird durch Koffein erhöht [71].

Über die Biotransformation von Ergotamin ist nur wenig bekannt, nicht zuletzt deshalb, weil die Konzentrationen der Muttersubstanz und besonders die der Metaboliten im Blut und anderen Kompartimenten extrem niedrig und die in verschiedenen Untersuchungen verwendeten analytischen Verfahren häufig nicht empfindlich genug waren. Sicher scheint zu sein, dass in der Leber aus Ergotamin und Dihydroergotamin Metaboliten entstehen, die eine ähnliche biologische Aktivität besitzen wie die Ursprungssubstanz [45, 50, 52]. Monooxygenasen des Typs CYP 3A4 scheinen am Abbau beteiligt zu sein, da Hemmstoffe dieses Enzyms (z. B. Protease-Inhibitoren, Makrolid-Antibiotika aber auch Grapefruitsaft) die Metabolisierung von Ergotamin blockieren [30]. Aus Fallstudien ist bekannt, dass eine solche Arzneimittelinterferenz im ungünstigsten Fall schwere periphere oder auch zentrale Ergotismussymptome auslösen kann [9, 82].

Über die Gewebeverteilung von Ergotalkaloiden beim Menschen liegen keine Untersuchungen vor. Es ist anzunehmen, dass die Alkaloide in tieferen Kompartimenten gespeichert und verzögert ins Blut abgegeben werden, da in einem

Fall einer chronischen Intoxikation durch Inhalation von mutterkornhaltigem Getreidestaub auch noch Wochen nach Noxenkarenz anhaltend hohe Plasma-Ergotaminspiegel gemessen wurden [83].

In Tierversuchen konnte gezeigt werden, dass sich Ergotamin und Dihydroergotamin bzw. ihre Metaboliten in verschiedenen Geweben anreichern [85]. Nach peroraler bzw. intravenöser Gabe an Ratten wurden besonders hohe Konzentrationen in Leber und Lunge gemessen, niedrigere Konzentrationen waren in Niere, Herz und Gehirn nachweisbar [17, 58]. Ergotalkaloide können in die Muttermilch übergehen; dies ergab eine Untersuchung an Kindern stillender Mütter, denen nach der Entbindung aus therapeutischen Gründen Mutterkornextrakte verabreicht worden waren: 90% der gestillten Säuglinge zeigten Symptome von Ergotismus [38]. Mutterkornalkaloide und ihre Metaboliten werden überwiegend biliär ausgeschieden. Im Verlauf von 96 Stunden nach Verabreichung der Alkaloide an Versuchspersonen wurden mehr als 90%, meist als Metaboliten, in Galle und Faeces wiedergefunden; nur ein kleiner Teil wird unverändert mit dem Urin ausgeschieden [2, 58]. Die Plasmaelimination folgt einem biphasischen Verlauf. In einer Untersuchung über die Pharmakokinetik von neun verschiedenen Ergotalkaloiden in gesunden Probanden wurden Plasmaeliminations-Halbwertszeiten von 1,4–6,2 Stunden für die $\alpha$-Phase und 13–50 Stunden für die $\beta$-Phase ermittelt [2]. Für Ergotamin werden initiale und terminale Plasma-Halbwertszeiten von zwei und 20 Stunden angegeben [24].

## 5.5
### Wirkungen

Als Derivate der Lysergsäure besitzen die Mutterkornalkaloide strukturelle Ähnlichkeit mit den Transmittern Noradrenalin, Dopamin und Serotonin und können daher als partielle Agonisten oder auch Antagonisten an $\alpha$-adrenergen, dopaminergen und serotoninergen Rezeptoren wirken [53, 84]. Das Wirkungsspektrum dieser Substanzgruppe ist sehr komplex und im Hinblick auf die einzelnen Alkaloide nicht einheitlich. Im Vordergrund ihrer Toxizität steht jedoch die direkte Stimulation der glatten Muskulatur mit einer ausgeprägten vasokonstriktorischen Wirkung auf das periphere Gefäßsystem sowie die Erregung von Dopaminrezeptoren im ZNS [27, 31, 87].

Die Toxizität der Ergotalkaloide für Tiere ist durch Tierexperimente und Feldstudien recht gut untersucht. Die Erkenntnisse über ihre Humantoxizität beruhen auf Berichten über Massenvergiftungen durch kontaminierte Getreideprodukte – wobei Angaben über Menge und Art der aufgenommenen Alkaloide in der Regel fehlen –, auf Dokumentationen von Nebenwirkungen der therapeutisch genutzten Mutterkornalkaloide, wie sie schon bei vorschriftsmäßiger Dosierung auftreten können und auf Kasuistiken von Intoxikationen infolge chronischen Missbrauchs von Ergotderivaten.

### 5.5.1
**Wirkungen auf den Menschen**

Akute Vergiftungen mit Mutterkornalkaloiden äußern sich durch Übelkeit, Erbrechen (als Folge einer direkten Wirkung auf das emetische Zentrum im ZNS), Schwindel, Blutdruckanstieg, Kopfschmerz, Diarrhöen, Parästhesien (Kribbeln) und Taubheitsgefühl in den Extremitäten und Muskelschmerzen. Bei Schwangeren kann eine akute Ergotalkaloidvergiftung durch starke Stimulation der Uterusmuskulatur zum Spontanabort führen. Bei letalen Vergiftungen tritt der Tod durch Atemlähmung und Herzstillstand ein. Die Symptome der Vasokonstriktion können mit einer Latenz von 12–24 Stunden nach einer akuten Vergiftung auftreten und bis zu drei Tagen andauern. Zusätzlich zu den Gefäßspasmen kann es zu einer Schädigung des kapillären Endothels durch hyaline Degeneration kommen [30, 57, 87, 98]. Gehalte von 0,1% frischem Mutterkorn im Mehl gelten als unbedenklich, 1% als toxisch und 8–10% können lebensgefährlich sein. Der Verzehr von 5–10 g frischem Mutterkorn kann zum Tod führen [42, 87].

In zwei Kasuistiken wurde von akzidentellen Vergiftungen berichtet, bei denen ein 14 Monate altes Kind 14 Stunden nach der Einnahme von 12 mg Ergotamin starb, wohingegen ein 13-jähriges Mädchen die Einnahme von 15 mg Ergotamin trotz schwerster Vergiftungserscheinungen (Vasokonstriktion, Hemiplegie und Koma) überlebte [34].

Chronische Vergiftungen äußern sich je nach Art und Dosis der Alkaloide in unterschiedlicher Weise. Beim gangränösen Ergotismus dominiert die vasokonstriktorische Wirkung mit anhaltenden Spasmen der peripheren Gefäße, Ischämien und Nekrosen, die in schwersten Fällen zur Bildung trockener Gangräne und zum Abstoßen einzelner Glieder (insbesondere an den unteren Extremitäten) führen kann. Beim konvulsiven Ergotismus dominieren die Wirkungen auf das ZNS: Es kommt zu Kopfschmerzen, Übelkeit, Krämpfen und Psychosen [73, 87]. Die allgemeinen Symptome einer chronischen Vergiftung gleichen denen einer akuten Intoxikation: Schwäche, Schwindel, Erbrechen, Diarrhö, Kribbelgefühl der Haut. Weiteres Merkmal einer schweren chronischen Vergiftung ist das Ausbleiben der Laktation bei stillenden Frauen (Agalaktie), was auf die Hemmung der Prolaktinsekretion durch die Ergotalkaloide zurückzuführen ist. So verhungerten während der Ergotismusepidemie 1978 in Äthiopien 50–60 Kinder, weil sie von ihren Müttern nicht mehr ausreichend gestillt werden konnten [15, 36]. Mutterkornalkaloide sind fruchtschädigend. Eine chronische Intoxikation während der Gravidität kann durch anhaltenden uterinen Gefäßspasmus den plazentaren Sauerstoffaustausch behindern und dadurch fetale Anomalien und Totgeburten auslösen [57, 60].

Über einen Fall einer alimentären Mutterkornvergiftung in der Bundesrepublik wurde zuletzt 1985 berichtet: Ein 13-jähriges Mädchen klagte über chronische Kopfschmerzen und Sehstörungen, die mit dem monatelangen täglichen Verzehr von „Müsli" in Zusammenhang gebracht wurden. Dieses „Müsli" enthielt überwiegend Roggen, der aus einem „Bioladen" stammte und offensichtlich nicht den vorgeschriebenen Reinigungsverfahren unterworfen worden war. Die Analyse einer Probe dieses Getreides ergab mit 12% einen extrem hohen Mutterkorngehalt [59, 78]. Eine andere Kasuistik beschreibt einen Fall von vaskulärem Ergotismus durch chronische Inhalation von mutterkornbelastetem Getreidestaub. Bei einem Landwirt, bei dem anamnestisch keine kardiovaskulären Risikofaktoren vorlagen, wurden angiographisch im Abstand von zwei Monaten fortschreitende Stenosierungen der Unterschenkelarterien diagnostiziert. Der anfangs gemessene hohe Plasma-Ergotaminspiegel des Patienten (9 ng/mL) verringerte sich durch konsequente Noxenkarenz nur langsam und war erst nach vier Monaten nicht mehr nachweisbar. Parallel dazu verbesserte sich die Symptomatik stetig bis zu einer vollständigen Reperfusion fast aller Gefäße am Ende der Untersuchung [83].

Derartige akzidentelle Vergiftungsfälle beim Menschen sind sehr selten geworden, wohingegen iatrogene Intoxikationen mit Mutterkornalkaloiden aufgrund des vielfältigen Einsatzes der Ergotalkaloide in der Humanmedizin (s. Abschnitt 5.1) durchaus häufiger vorkommen.

Empfindliche Personen klagen schon bei therapeutischer Dosierung von Ergotaminpräparaten (2 mg pro Einzelgabe, maximal 6 mg pro Tag bzw. 10 mg pro Woche [67]) über Nebenwirkungen wie Kopfschmerzen, Übelkeit, Erbrechen und Durchfall. In den meisten publizierten Kasuistiken wird jedoch über Vergiftungen berichtet, die durch chronischen Missbrauch von ergotalkaloidhaltigen Medikamenten (meist Ergotamin) verursacht wurden. So entwickelten sich z. B. bei Patienten in Folge einer regelmäßigen Einnahme von 24–28 mg Ergotamin pro Woche Symptome einer Vasokonstriktion an den unteren Extremitäten [12, 21]. Während sich die Beschwerden in diesen Fällen nach Absetzen der Medikation allmählich besserten, verstarb in einem anderen Fall ein Patient, der aufgrund starker Migräneanfälle über Jahre einen Ergotaminabusus entwickelt hatte (8–15 mg Ergotamintartrat täglich), an den Folgen eines Mesenterialinfarkts mit ausgedehnten Nekrosen des Dünndarms und des Sigmoids. Als weitere Vergiftungssymptome wurden Ischämie an den Akren und eine Zungennekrose diagnostiziert [56]. Aufgrund der geschilderten möglichen Nebenwirkungen ist eine Therapie mit Ergotalkaloiden kontraindiziert bei Schwangerschaft und Stillzeit, bei Gefäßerkrankungen, Hypertonie sowie Leber- und Nierenschäden [67].

### 5.5.2
**Wirkungen auf Versuchstiere**

Bei Untersuchungen zur akuten Toxizität der Ergotalkaloide nach intravenöser Gabe wurden für Kaninchen $LD_{50}$-Werte zwischen 0,9 und 3,2 mg/kg Körpergewicht (KG) ermittelt (Tab. 5.6) [61]. Sie sind damit als „sehr toxisch" einzustufen. Bei Ratten war Ergotamin nach i.v. Gabe mit einem $LD_{50}$-Wert von 80 mg/kg KG deutlich weniger toxisch [46]. Entsprechende Daten ($LD_{50}$-Werte) zur akuten Toxizität von Mutterkornalkaloiden nach peroraler Gabe liegen nicht vor.

Aus Untersuchungen zur subakuten oralen Toxizität von $\alpha$-Ergocryptin bei Ratten beiderlei Geschlechts, bei denen die Tiere über einen Zeitraum von

**Tab. 5.6** Akute Toxizität von Mutterkornalkaloiden [61].

| Alkaloid | $LD_{50}$ [mg/kg KG] Kaninchen, i.v. |
|---|---|
| Ergometrin | 3,2 |
| Ergotamin | 3,0 |
| Ergocristin | 1,9 |
| Ergocornin | 0,9 |
| $\alpha$-Ergocryptin | 1,0 |

28–32 Tagen Dosierungen von 4–500 mg Ergocryptin/kg Futter erhielten, wurde ein NOAEL von 4 mg/kg Futter abgeleitet, was einer Ergocryptin-Dosis von 0,35 mg/kg KG und Tag entspricht [33]. Ergotalkaloide bewirkten eine signifikante Hemmung der Prolactinsekretion bei weiblichen Ratten. Der Effekt trat innerhalb einer Stunde nach Verabreichung des Alkaloids ein und persistierte bis zu 24 Stunden [54]. In zahlreichen Studien wurde die Fetotoxizität von Secale-Alkaloiden untersucht. Ergotamingabe während der Trächtigkeitsperiode (0,1 mg/kg KG i.p. bzw. 1–100 mg/kg KG p.o.) bewirkte bei Ratten eine erhöhte pränatale Mortalität sowie eine verminderte Überlebensrate bei den Nachkommen [26, 81]. In einer anderen Untersuchung führte eine einzige perorale Gabe von Ergotamin (10 mg/kg KG) an Ratten am 14. Tag der Gestation zum Absterben von 62% der Feten und zu Anomalien, die mit der Sauerstoffmangelversorgung in Zusammenhang gebracht wurden [74]. Auch bei Schafen, denen während der Trächtigkeitsperiode täglich ergotaminhaltiges Mutterkorn bzw. alkaloidfreies Mutterkorn plus Ergotamin (1 mg/kg KG) peroral verabreicht wurde, kam es zu einer deutlichen Erhöhung der fetalen Mortalität und der Abortrate [28]. Bei weiblichen Nerzen bewirkte die Verabreichung von Ergotalkaloiden (12 mg/kg Futter) eine verlängerte Tragzeit, reduzierte Wurfgröße, erhöhte pränatale Sterblichkeit und eine Verminderung des Plasma-Prolactinspiegels [79].

Tierexperimentelle Untersuchungen zur Kanzerogenität von Ergotalkaloiden liegen nicht vor.

Die Wirkungen von Mutterkornalkaloiden auf landwirtschaftliche Nutztiere sind durch Feldstudien und Fütterungsversuche vielfach dokumentiert und in einer Übersicht von Lorenz [42] zusammengestellt worden. Als Folgen einer Mutterkornvergiftung wurden bei Rindern reduzierte Milchleistung und Futteraufnahme, Fruchtbarkeitsstörungen, Aborte, Lähmungserscheinungen, Schwanznekrosen und Gangräne der Extremitäten beschrieben, bei Schweinen verlängerte Fresszeiten, Milchmangel, Ohr- und Schwanznekrosen gesäugter Ferkel sowie bei Geflügel reduzierte Futteraufnahme, geringere Legeleistung und Kammgangrän. Abhängig von der Tierart und der Alkaloidkonzentration und -komposition des Mutterkorns wurden erste unerwünschte Effekte schon bei 0,1% Mutterkorn im Futter beobachtet [5, 6, 32, 61, 73, 86, 92].

## 5.5.3
### Wirkungen auf andere biologische Systeme

Der Mechanismus der Wirkung von Mutterkornalkaloiden auf die Gefäßkontraktilität wurde in verschiedenen in vitro-Modellsystemen untersucht. Die Befunde sind nicht immer übereinstimmend. Aus Untersuchungen von Ergotamin an Streifen der Vena saphena des Hundes wurde hergeleitet, dass die lang andauernde venenkonstriktorische Wirkung von Ergotamin (halbmaximal wirksame Konzentration in diesem Venenstreifen-Modell: 2,5 nM) überwiegend $\alpha$-Adrenozeptor vermittelt ist und dass möglicherweise die vermehrte Bildung Prostaglandin E-ähnlicher Substanzen mit daran beteiligt ist [51]. An der Vena saphena des Kaninchens erwies sich Ergotamin bezüglich der Kontraktilitätssteigerung 30-mal potenter als 5-HT (5-Hydroxytryptamin, Serotonin). Der Einsatz selektiver Antagonisten führte zu der Schlussfolgerung, dass die kontraktile Antwort auf einer Aktivierung von sowohl $\alpha_1$- als auch 5-HT-Rezeptoren durch Ergotamin beruht [14]. Untersuchungen an humanen Mesenterialvenen haben hingegen gezeigt, dass Ergotamin Kontraktionen auslöst, die 5-HT-Rezeptor- aber nicht $\alpha_1$-Rezeptor-vermittelt sind und die vielmehr durch Reduktion extrazellulären Calciums bzw. in Gegenwart von Calcium-Blockern verhindert werden können. Im Gegensatz zu seiner Wirkung auf Mesenterialvenen hatte Ergotamin in humanen Mesenterialarterien eine stark relaxierende Wirkung, die durch die Blockade von $\alpha$-Rezeptoren vermittelt wurde [49]. An isolierten Segmenten von humanen Koronararterien wurde wiederum für eine Reihe von Migränetherapeutika (Ergotalkaloide und Triptane) eine Zunahme der Kontraktilität gezeigt [43]. Bemerkenswert ist, dass die Effekte von Ergotamin und Dihydroergotamin auch in diesen in vitro-Modellen sehr persistent waren und sich auch nach mehrmaligem Auswaschen nicht zurückbildeten [43, 49]. Am Vas deferens des Meerschweinchens konnten antiadrenerge Effekte von Ergotamin und Ergosin durch eine antagonistische Verringerung epinephrininduzierter Kontraktionen nachgewiesen werden [55].

In humanen Dünndarm- und Lebermikrosomen hemmte Ergotamin die CYP3A4 vermittelte Metabolisierung des Immunsuppressivums Tacrolimus [39].

Dihydroergocristin bzw. $\alpha$-Dihydroergocryptin wurden in verschiedenen „klassischen" in vitro-Testsystemen auf ihre Mutagenität bzw. eine chromosomenschädigende Wirkung geprüft. Als biologische Modelle dienten u. a. der Ames-Test mit verschiedenen Stämmen von *Salmonella typhimurium*, V79 Chinese Hamster Fibroblasten (beide Systeme mit und ohne metabolische Aktivierung) und Kulturen von menschlichen Lymphozyten. Beide Alkaloide erwiesen sich als nicht mutagen [1, 16]. Auch Ergotamintartrat zeigte im Ames-Test mit verschiedenen Salmonella-Stämmen keine mutagene Aktivität [97]. In einer Untersuchung mit menschlichen Lymphozytenkulturen bewirkten allerdings sowohl Ergotamin als auch Dihydroergotoxin in einem Konzentrationsbereich von 0,1 bis 0,5 µg/mL eine signifikante Induktion von Chromosomenschäden [64], während die Inkubation von Mäuse-Lymphoma-Zellen mit Ergotamintartrat (69–98 µg/mL, mit und ohne metabolische Aktivierung) einen negativen Befund ergab [11].

## 5.6
**Bewertung des Gefährdungspotenzials**

Während Ergotismus bei landwirtschaftlichen Nutztieren heute immer noch vorkommt, wenn die Tiere auf Weiden mit mutterkornbelasteten Wildgräsern gehalten werden oder wenn infizierter Roggen als betriebseigenes Kraftfutter verwendet wird, gehört diese Vergiftung beim Menschen der Vergangenheit an. Durch gezielte Anbaumaßnahmen und aufwändige Reinigungsverfahren wird die Kontamination des Getreides mit Mutterkorn vor der Vermahlung so weit reduziert, dass die vom Gesetzgeber festgesetzte Höchstmenge in der Regel eingehalten wird.

Die derzeit (2004) in der Europäischen Union geltende Höchstmenge von 0,05% Mutterkorn in Konsumgetreide wird nach heutigem Kenntnisstand als unbedenklich angesehen [10]. Allerdings ist die Expositionsermittlung und Risikobewertung, die sich nur auf den Mutterkorngehalt des Getreides stützt, aufgrund der Variabilität des Gesamtalkaloidgehalts als auch der individuellen Alkaloide in den Sklerotien mit einigen Unsicherheiten behaftet. Eine annähernde Vorstellung davon, in welcher Größenordnung die tägliche Aufnahme von Mutterkornalkaloiden über die Nahrung bei Ausschöpfung des Grenzwertes liegen kann, gibt die nachstehende Berechnung [10, 73]: Bei einem angenommenen mittleren Gesamtalkaloidgehalt von 0,2% im Mutterkorn [90], entsprechend 1000 µg/kg Mahlgetreide, bedeutet der tägliche Verzehr von 200 g dieses Getreides eine maximale Aufnahme an Gesamtalkaloiden in Höhe von 200 µg/Person und Tag bzw. 3,3 µg/kg KG und Tag. Wie schon in Abschnitt 5.3 ausgeführt, ist davon auszugehen, dass sich der Gesamtalkaloidgehalt durch die Ausmahlung des Getreides um ca. 30% und durch die Weiterverarbeitung zu Brot um weitere 50% verringert [86], was bei einem Konsum von 250 g Mehl pro Tag die maximale Alkaloidbelastung auf 2,9 bzw. 1,5 µg/kg KG und Tag reduziert.

Eine Einordnung dieser maximal zu erwartenden Expositionsmenge ist möglich durch den Vergleich mit den Dosisangaben für therapeutisch genutzte Ergotalkaloidpräparate, mit denen schon über Jahrzehnte klinische Erfahrungen gesammelt worden sind, sowie mit den Mutterkornkonzentrationen in der Nahrung, nach deren Konsum beim Menschen bzw. beim Tier mit ersten Krankheitssymptomen zu rechnen ist (Tab. 5.7). Dabei ist zu berücksichtigen, dass sich die von den Herstellern empfohlene Maximaldosis für Ergotaminpräparate – aufgrund der bei chronischem Gebrauch zunehmenden Nebenwirkungen – mit der Therapiedauer verringert: So wurde z. B. für das bis Ende 2003 zugelassene Migränemittel ergo sanol® eine maximale orale Gesamtdosis von 6 mg/Tag, 10 mg/Woche aber nur 20 mg/Monat und Person angegeben [67].

Aus Tabelle 5.7 geht hervor, dass die errechnete maximal zu erwartende tägliche Aufnahme von Ergotalkaloiden zwar deutlich niedriger ist als die Ergotamindosis, die bei einer eintägigen Einnahme als Höchstdosis empfohlen wird, dass der Abstand zur maximalen therapeutischen Tagesdosis, die bei einer 30-tägigen Medikation nicht überschritten werden darf, jedoch relativ gering ist (Faktor <10).

**Tab. 5.7** Vergleich der zu erwartenden Ergotalkaloidexposition nach Aufnahme von unterschiedlich mutterkornbelasteter Nahrung bzw. therapeutisch eingesetzten Ergotaminpräparaten.

| Alkaloidquelle | Anmerkungen – Berechnungsgrundlage | Ergotalkaloide[a] µg/kg KG u. Tag |
|---|---|---|
| 1% Mutterkorn im Getreide | erste Krankheitssymptome beim Menschen – 200 g Getreide/Tag | 67 |
| 0,1% Mutterkorn im Futter | erste Krankheitssymptome bei Nutztieren – Kuh mit 700 kg KG, 20 kg Futter/Tag | 57 |
| Ergotamintartrat (Kapseln) | ergo sanol®, Migränetherapeutikum; i. Allg. verträglich; besonders empfindliche Personen zeigen typische NW; cave: Risikofaktoren – max. Tagesdosis 6 mg | 100 |
| Ergotamintartrat (Kapseln) | ergo sanol®, Migränetherapeutikum – max. Monatsdosis 20 mg; umgerechnet auf mittlere Tagesdosis | 11 |
| 0,05% Mutterkorn im Getreide | gesetzlich festgelegter Höchstwert in Konsumgetreide, gilt als unbedenklich – 200 g Getreide/Tag | 3,3 (0,66)[b] |
| Mehl aus Getreide mit 0,05% Mutterkorn | 30% Verlust von Ergotalkaloiden durch Mahlprozess, 250 g Mehl/Tag | 2,9 (0,58)[b] |
| Brot aus Getreide mit 0,05% Mutterkorn | 50% Verlust von Ergotalkaloiden durch Backprozess, 250 g Mehl/Tag | 1,5 (0,3)[b] |

a) berechnet auf der Basis eines mittleren Gesamtalkaloidgehalts im Mutterkorn von 0,2%.
b) Ergotamin (mittlerer Anteil von 20% an den Gesamtalkaloiden).

Angesichts der Tatsache, dass Getreideprodukte nicht nur einen Monat, sondern ein Leben lang verzehrt werden und dass überempfindliche Personen schon bei therapeutischen Ergotamindosen typische Zeichen einer Ergotalkaloidvergiftung zeigen, ist dieser „Sicherheitsabstand" recht gering. Bei einer Überschreitung der zulässigen Höchstmenge an Sklerotien bzw. höheren Gesamtalkaloidgehalten im Getreide sind daher gesundheitliche Beeinträchtigungen nicht auszuschließen, insbesondere bei Personen mit Risikofaktoren wie

z. B. Gefäßerkrankungen, Hypertonie oder schweren Leber- und Nierenleiden sowie während Schwangerschaft und Stillzeit [10]. Folglich ist auch die therapeutische Gabe von ergotaminhaltigen Präparaten bei diesen Risikogruppen kontraindiziert [67]. Von dem Konsum ungereinigten Getreides muss ausdrücklich abgeraten werden, da akute oder chronische Vergiftungen nicht ausgeschlossen werden können.

## 5.7
### Grenzwerte, Richtwerte, Empfehlungen

Für Getreidechargen, die für den menschlichen Verzehr bestimmt sind, gilt derzeit (2004) in der Europäischen Union ein Höchstwert von 500 mg Mutterkornsklerotien pro kg (0,05%). In Futtergetreide werden 1000 mg Sklerotien pro kg (0,1%) akzeptiert [10, 20]. In den Interventionsbestimmungen über die Aufnahme von Überschussgetreide durch den Staat gilt ebenfalls ein Höchstgehalt von 0,05% Mutterkorn im Getreide als tolerabel [68]. Obwohl die Toxizität des Mutterkorns in Abhängigkeit vom Gesamtalkaloidgehalt und von der Zusammensetzung großen Schwankungen unterworfen sein kann, gibt es bisher für den Gehalt an Ergotalkaloiden in Konsum- oder Futtergetreide keine Höchstwerte. Allerdings strebt die Europäische Union an, in nächster Zukunft für Getreide und verzehrfertige Lebensmittel zulässige Maximalwerte für die Gesamtalkaloide sowie für die toxikologisch relevanten Einzelalkaloide festzusetzen [20].

## 5.8
### Vorsorgemaßnahmen

Maßnahmen zum Schutz der Verbraucher vor gesundheitlichen Risiken durch mutterkornbelastetes Getreide lassen sich auf drei Ebenen durchführen: An erster Stelle steht die Vermeidung der Infektion des Getreides (insbesondere des Roggens) mit *Claviceps purpurea*. Des weiteren muss durch industrielle Reinigungstechniken eine weitestgehende Entfernung des Mutterkorns und seiner Bruchstücke aus dem Mahlgetreide sichergestellt werden und schließlich muss der Mutterkorngehalt, besser noch der Alkaloidgehalt im Mahlgetreide und in den Getreideprodukten, regelmäßig kontrolliert werden.

Das Befallsrisiko für das Getreide kann sowohl durch züchterische als auch durch verschiedenste phytosanitäre und pflanzenbauliche Maßnahmen erheblich gesenkt werden [7, 19]. Da der Pilz seine Wirtspflanzen nur über ihre geöffneten Blüten und vor allem die unbefruchteten Narben infiziert (s. Abschnitt 5.2), zielen viele der getroffenen Maßnahmen darauf ab, die Blühphasen des Bestandes möglichst kurz zu halten und ein weitgehend homogenes Blühverhalten zu erreichen. Dies geschieht z. B. durch Züchtung von Sorten mit einem verbesserten Pollenschüttungsvermögen (erhöhter Pollendruck beschleunigt die Befruchtung der Blüten), durch Verwendung von Saatgutmischungen aus Hybrid- und Populationsroggen, durch eine frühere Aussaat und hohe Saatstärke. Als weitere Möglichkeiten zur Reduktion des Infektionsrisikos sind zu nennen: Verwendung einwandfreien Saatgutes, Vermeidung gefährdeter Standorte, Einhaltung sachgemäßer Fruchtfolgen, gründliche Bodenbearbeitung nach der Getreideernte (tiefes Umpflügen verhindert das Auskeimen des Mutterkorns) und mäßiger Einsatz von Wachstumsregulatoren. Als Hauptinfektionsquelle gelten mutterkornbefallene Wildgräser an den Feldrändern. Zur Pflege des Anbaugebietes gehört somit auch die Vermeidung von Wildgräsern im Bestand sowie das Abmähen der Feldränder vor der Getreideblüte. Im ökologischen Landbau muss grundsätzlich mit einem erhöhten Mutterkornbesatz des Getreides gerechnet werden, da die Verbreitung des Pilzes durch Schonung von Wildgräsern, Einsatz von ungebeiztem Saatgut, durch reduzierte Bestandsdichte und einen späten Saattermin begünstigt wird [7, 19, 47, 48, 73, 91].

Zur Getreidereinigung werden heutzutage aufwändige Mühlentechniken eingesetzt, die das Mutterkorn soweit entfernen, dass der Sklerotiengehalt im zur Vermahlung vorgesehenen Konsumgetreide den gesetzlich festgelegten Höchstwert von 0,05% nicht überschreitet. Dabei kommen Verfahren wie Sieben, Windsichtung des Korns (Trennung nach Dichte) sowie Farbscanner, mit deren Hilfe die dunkel gefärbten Körner aussortiert werden, zum Einsatz [42, 73]. Eine weitere Vorsorgemaßnahme besteht darin, das Getreide erst nach einer gewissen Wartezeit für den Konsum zuzulassen, da durch Lagerung während eines Jahres ca. 40% der Alkaloide abgebaut werden [61].

Der Verbraucher selbst hat keine Möglichkeit, Vorsorgemaßnahmen zu ergreifen, da Mutterkorn in Mehl und erst recht in weiter verarbeiteten Getreideprodukten kaum zu erkennen ist. Konsumenten, die Getreidekörner direkt vom Erzeuger beziehen, sollten das Getreide jedoch in jedem Fall vor dem Verzehr kontrollieren.

## 5.9
## Zusammenfassung

Ergotalkaloide sind die biologisch aktiven, sehr toxischen Inhaltsstoffe des Mutterkorns, der Dauerform des Schlauchpilzes *Claviceps purpurea*, der weltweit parasitär auf Gräsern und Kulturgetreide wächst. Unter den Getreidearten ist Roggen am anfälligsten für eine Mutterkorninfektion. Der Mutterkornbesatz beträgt in der Regel deutlich weniger als 1%, kann jedoch unter ungünstigsten klimatischen und pflanzenbaulichen Bedingungen mehrere Prozent des Getreides ausmachen. Schon die Aufnahme von 5–10 g frischen Mutterkorns kann für den Menschen tödlich sein. Der Gehalt an Gesamtalkaloiden im Mutterkorn, der im Mittel bei 0,2% liegt, ebenso wie die Zusammensetzung der unterschiedlich toxischen Alkaloide, ist starken Schwankungen unterworfen.

In früheren Jahrhunderten hat der Verzehr von mutterkorninfiziertem Getreide immer wieder zu endemischen Massenvergiftungen geführt. Hunderttausende starben besonders im Mittelalter an den Folgen des so genannten Ergotismus, bei dem je nach der jeweils dominierenden Alkaloidwirkung auf die glatte Muskulatur der Gefäße und des Uterus bzw. auf das ZNS zwischen einer gangränösen und einer konvulsiven Form unterschieden wurde. Mutterkörner wurden schon im Mittelalter für die Geburtseinleitung verwendet. Heute werden einige Ergotalkaloidderivate in geringen Dosierungen bei verschiedenen medizinischen Indikationen therapeutisch eingesetzt.

Während der Ergotismus bei landwirtschaftlichen Nutztieren aufgrund von Weidehaltung oder Verfütterung von mutterkornbelastetem betriebseigenem Kraftfutter auch heute noch ein Problem darstellt, gehört dieses Krankheitsbild, abgesehen von iatrogenen Intoxikationen, beim Menschen inzwischen der Vergangenheit an.

Durch pflanzenbauliche Maßnahmen und aufwändige müllereitechnische Reinigungsverfahren wird in der Regel gewährleistet, dass die vom Gesetzgeber vorgeschriebenen Höchstgehalte von Mutterkorn in Konsum- bzw. Futtergetreide (0,05% bzw. 0,1%) eingehalten werden. Gelegentlich gemeldete, z. T. deutliche Überschreitungen dieser Werte in Roggenmehlen belegen aber gleichzeitig die Notwendigkeit regelmäßiger behördlicher Kontrollen der Getreide und Getreideprodukte, um gesundheitliche Gefahren für den Verbraucher, insbesondere für Risikogruppen wie Schwangere und gestillte Kinder, auszuschließen. Dies gilt insbesondere auch für Getreide aus ökologischem Anbau, da hier mit verstärktem Mutterkornbefall gerechnet werden muss.

Die Europäische Union plant, in naher Zukunft auch für Gesamtalkaloide bzw. toxikologisch relevante Einzelalkaloide in Getreide bzw. Getreideerzeugnissen Höchstmengen festzusetzen und damit den gesundheitlichen Verbraucherschutz weiter zu verbessern.

## 5.10
## Literatur

1 Adams K, Allen JA, Brooker PC, Jones E, Proudlock RJ, Mailland F, Coppi G (1993) Evaluation of the mutagenicity of α-dihydroergocryptine in vitro and in vivo, *Arzneimittelforschung* **43**: 1253–1257.

2 Aellig WH, Nuesch E (1977) Comparative pharmacokinetic investigations with tritium-labelled ergot alkaloids after oral and intravenous administration in man, *International Journal of Clinical Pharmacology and Biopharmacy* **15**: 106–112.

3 Ala-Hurula V, Myllylä VV, Arvela P, Heikkila J, Kärki N, Hokkanen E (1979) Systemic availability of ergotamine tartrate after oral, rectal and intramuscular administration, *European Journal of Clinical Pharmacology* **15**: 51–55.

4 Ala-Hurula V, Myllylä VV, Arvela P, Kärki NT, Hokkanen E (1979) Systemic availability of ergotamine tartrate after three successive doses and during continuous medication, *European Journal of Clinical Pharmacology* **16**: 355–360.

5 Anderson JF, Werdin RE (1977) Ergotism manifested as agalactia and gangrene in sows, *Journal of the American Veterinary Medical Association* **170**: 1088–1089.

6 Appleyard WT (1986) Outbreak of bovine abortion attributed to ergot poisoning, *Veterinary Research* **118**: 48–49, zit. in [86].

7 Auswertungs- und Informationsdienst für Ernährung, Landwirtschaft und Forsten (aid) e.V. (Hrsg) (1998) Mutterkorn vermeiden, Bonn.

8. Baumann U, Hunziker HR, Zimmerli B (1985) Mutterkornalkaloide in schweizerischen Getreideprodukten, *Mitteilungen aus dem Gebiete der Lebensmitteluntersuchung und Hygiene* **76**: 609–630, zit. in [73].
9. Blanche P, Rigolet A, Gombert B, Ginsburg C, Salmon D, Sicard D (1999) Ergotism related to a single dose of ergotamine tartrate in an AIDS patient treated with ritonavir, *Postgraduate Medical Journal* **75**: 546–548.
10. Bundesinstitut für Risikobewertung (2004) Mutterkornalkaloide in Roggenmehl, Stellungnahme vom 22. Januar 2004, http://www.bfr.bund.de
11. Chemical Carcinogenesis Research Information System (CCRIS) (2004) Ergotamine tartrate, NLM Toxicology Data Network (Toxnet®), National Cancer Institute, Bethesda, USA, http://toxnet.nlm.nih.gov
12. Cobaugh DS (1980) Prazosin treatment of ergotamine induced peripheral ischemia, *Journal of the American Medical Association* **244**: 1360, zit. in [73].
13. Coenen M, Landes E, Kamphues J (1995) Tierärztliche Aspekte der Mutterkorn- und Ergotalkaloidbelastung von Getreide und Mischfutter – Häufigkeit, Menge, klinische Relevanz. Proceedings 17. MykotoxinWorkshop, FAL Braunschweig-Völkenrode: 84–88, zit. in [61].
14. Cohen ML, Schenck K (2000) Contractile responses to sumatriptane and ergotamine in the rabbit saphenous vein: effect of selective 5-HT(1F) receptor agonists and PGF(2alpha), *British Journal of Pharmacology* **131**: 562–568.
15. Demeke T, Kidane Y, Wuhib E (1979) Ergotism: a report on an epidemic, 1977–1978, *Ethiopian Medical Journal* **17**: 107–113.
16. Dubini F, Bignami P, Zanotti A, Coppi G (1990) Mutagenicity studies on dihydroergocristine, *Drugs under Experimental and Clinical Research* **16**: 255–261.
17. Eckert H, Kiechel JR, Rosenthaler J, Schmidt R, Schreier E (1978) Biopharmaceutical aspects. Analytical methods, pharmacokinetics, metabolism and bioavailability, in: *Ergot Alkaloids and Related Compounds*, Berde B, Schild HO (Hrsg), Springer, New York, 719–803, zit. in [80].
18. Edlund PO (1981) Determination of ergot alkaloids in plasma by high performance liquid chromatography and fluorescence detection, *Journal of Chromatography* **226**: 107–115.
19. Engelke T, Mielke H, Hoppe H-H (2002) Ansätze für eine integrierte Bekämpfung des Mutterkorns (*Claviceps purpurea* (Fr.) Tul.) im Roggen, *Mitteilungen der Biologischen Bundesanstalt für Land- und Forstwirtschaft* **390**: 80.
20. European Commission (2003) Opinion of the scientific committee on animal nutrition on undesirable substances in feed – ergot, http://ec.europa.eu/food/fs/sc/scan/out127_en.pdf.
21. Evans PJD, Lloyd JW, Peet KMS (1980) Autonomic dysaesthesia due to ergot toxicity, *British Medical Journal* **281**: 1621.
22. Farjado JE, Dexter JE, Roscoe MM, Nowicki TW (1995) Retention of ergot alkaloids in wheat during processing, *Cereal Chemistry* **72**: 291–298.
23. Feuell AJ (1969) Mycotoxins in cereals, in: *Aflatoxin: Scientific Background, Control, and Implications*, Goldblatt LA (Hrsg), Academic Press, London, 206.
24. Fichtl B (2001) Pharmakokinetische Daten, in: *Allgemeine und spezielle Pharmakologie und Toxikologie*, Forth W, Henschler D, Rummel W, Förstermann U, Starke K (Hrsg), Urban & Fischer, München.
25. Gabbai D, Lisbonne D, Pourquier D (1951) Ergot poisoning at Pont St. Esprit, *British Medical Journal* **2**: 650–651, zit. in [73].
26. Grauwiler J, Schön H (1973) Teratological experiments with ergotamine in mice, rats, and rabbits, *Teratology* **7**: 227–236.
27. Graves CR (1998) Gebärmutterkontrahierende und -relaxierende Wirkstoffe, in: Goodman & Gilman Pharmakologische Grundlagen der Arzneimitteltherapie, Dominiak P, Harder S, Paul M, Unger T (Hrsg), McGraw-Hill, Frankfurt/Main, 971.
28. Greatorex JC, Mantle PG (1974) Effect of rye ergot on the pregnant sheep, *Journal of Reproduction and Fertility* **37**: 33–41.
29. Haering N, Schubert R, Settlage JA, Sanders SW (1985) The measurement of ergotamine in human plasma by triple

29 sector quadrupole mass spectrometry with negative ion chemical ionization, *Biomedical Mass Spectrometry* **12**: 197–199.

30 Hazardous Substance Data Bank (HSDB®) (2004) Ergot alkaloid, NLM Toxicology Data Network (Toxnet®), Bethesda, USA, http://toxnet.nlm.nih.gov

31 Hoffman BB, Lefkowitz RJ 1998 Katecholamine, Sympathomimetika und Adrenozeptor-Antagonisten, in: Goodman & Gilman Pharmakologische Grundlagen der Arzneimitteltherapie, Dominiak P, Harder S, Paul M, Unger T (Hrsg), McGraw-Hill, Frankfurt/Main, 239 f.

32 Hogg RA (1991) Poisoning of cattle fed ergotised silage, *Veterinary Record* **129**: 313–314.

33 Janssen GB, Beems, RB, Speijers GJA, van Egmond HP (2000) Subacute toxicity of α-ergocryptine in Sprague-Dawley rats. 1: General toxicological effects, *Food and Chemical Toxicology* **38**: 679–688.

34 Jones EM, Williams B (1966) Two cases of ergotamine poisoning in infants, *British Medical Journal* **5485**: 466.

35 Kamphues J, Drochner W (1991) Mutterkorn in Futtermitteln – ein Beitrag zur Klärung möglicher mutterkornbedingter Schadensfälle, *Tierärztliche Praxis* **19**: 1–7.

36 King B (1979) Outbreak of ergotism in Wollo, Ethiopia, *Lancet* **1**: 1411.

37 Klug C, Baltes W, Kroenert W, Weber R (1988) Method for the determination of ergot alkaloids in foods, *Zeitschrift für Lebensmittel-Untersuchung und -Forschung* **186**: 108–113.

38 Knowles JA (1965) Excretion of drugs in milk – a review, *Pediatric Pharmacology and Therapeutics* **66**: 1068–1082.

39 Lampen A, Christians U, Guengerich FP, Watkins PB, Kolars JC, Bader A, Gonschior AK, Dralle H, Hackbarth I, Sewing KF (1995) Metabolism of the immunosuppressant tacrolimus in the small intestine: cytochrome P450, drug interactions, and interindividual variability, *Drug Metabolism and Disposition* **23**: 1315–1324.

40 Lindhauer MG, Münzing K (2000) Über das Aufkommen an Mutterkorn in heimischen Roggenpartien, Bundesanstalt für Getreide-, Kartoffel- und Fettforschung (BAGKF) (Hrsg), Jahresbericht 2000: 25–26.

41 Little PJ, Jennings GL, Skews H, Bobik A (1982) Bioavailability of dihydroergotamine in man, *British Journal of Clinical Pharmacology* **13**: 785–790.

42 Lorenz K (1979) Ergot on cereal grains, *CRC Critical Reviews in Food Science and Nutrition* **11**: 311–354.

43 Maassen Van Den Brink A, Reekers M, Bax WA, Ferrari MD, Saxena PR (1998) Coronary side-effect potential of current and prospective antimigraine drugs, *Circulation* **98**: 25–30.

44 Mantyla R, Kanto J (1981) Clinical pharmacokinetics of methylergometrine (methylergonovine), *International Journal of Clinical Pharmacology Therapy and Toxicology* **19**: 386–391, zit. in [27].

45 Mauer G, Frick W (1984) Elucidation of the structure and receptor binding studies of the major primary metabolite of dihydroergotamine in man, *European Journal of Clinical Pharmacology* **26**: 463–470.

46 Merck Index (1983) An Encyclopedia of Chemicals, Drugs, and Biologicals, Windholz M (Hrsg), Merck & Co, New York.

47 Miedaner T, Fischer K, Merditaj V (2003) Resistenzzüchtung für den Ökologischen Landbau bei Getreide, *Landinfo* **4**: 47–50.

48 Mielke H (2000) Studien über den Pilz *Claviceps purpurea* (Fries) Tulasne unter Berücksichtigung der Anfälligkeit verschiedener Roggensorten und Bekämpfungsmöglichkeiten des Erregers, Biologische Bundesanstalt für Land- und Forstwirtschaft (Hrsg), Parey, Berlin.

49 Mikkelsen E, Pedersen OL, Ostergaard JR, Pedersen SE (1981) Effects of ergotamine on isolated human vessels, *Archives Internationales de Pharmacodynamie et de Thérapie* **252**: 241–252.

50 Muller-Schweinitzer E (1984) Pharmacological actions of the main metabolites of dihydroergotamine, *European Journal of Clinical Pharmacology* **26**: 699–705.

51 Muller-Schweinitzer E, Brundell J (1975) Enhanced prostaglandin synthesis contributes to the venoconstrictor activity of ergotamine, *Blood Vessels* **12**: 193–205.

52 Muller-Schweinitzer E, Rosenthaler J (1987) Dihydroergotamine: pharmacokinetics, pharmacodynamics, and mechanisms of venoconstrictor action in beagle dogs, *Journal of Cardiovascular Pharmacology* **9**: 686–693.

53 Mutschler E, Geisslinger G, Kroemer HK, Schäfer-Korting M (Hrsg) (2001) *Mutschler Arzneimittelwirkungen*, 337 ff, Wissenschaftliche Verlagsgesellschaft, Stuttgart.

54 Nasr H, Pearson OH (1975) Inhibition of prolactin secretion by ergot alkaloids, *Acta Endocrinologica* **80**: 429–443.

55 Ocvirk M, Kozjek F, Dordevic N (1981) Antiadrenergic effects of ergot alkaloids on isolated organs, *Acta Pharmaceutica Jugoslavica* **31**: 1–4.

56 Payne B, Sasse B, Franzen D, Hailemariam S, Gemsenjäger E (2000) Manifold manifestations of ergotism, *Schweizerische Medizinische Wochenschrift* **130**: 1152–1156.

57 Peroutka SJ (1998) Substanzen für die Behandlung der Migräne, in: Goodman & Gilman Pharmakologische Grundlagen der Arzneimitteltherapie, Dominiak P, Harder S, Paul M, Unger T (Hrsg), McGraw-Hill, Frankfurt/Main, 507 ff.

58 Perrin VL (1985) Clinical pharmacokinetics of ergotamine in migraine and cluster headache, *Clinical Pharmacokinetics* **10**: 334–352.

59 Pfänder HJ, Seiler KU, Ziegler A (1985) Morgendliche „Müsli"-Mahlzeit als Ursache einer chronischen Vergiftung mit Secale-Alkaloiden, *Deutsches Ärzteblatt* **82**: 2013–2016.

60 Raymond GV (1995) Teratogen update: ergot and ergotamine, *Teratology* **51**: 344–347.

61 Richter W (2003) Mutterkorn in wirtschaftseigenen Futtermitteln, in: Jahresbericht 2003, Institut für Tierernährung und Futterwirtschaft der Bayerischen Landesanstalt für Landwirtschaft (Hrsg), http://www.stmlf.bayern.de

62 Richter W, Rintelen J, Fuchs H, Komusinski S (1988) Zum Vorkommen von Mutterkorn in Getreide, *Schule und Beratung* **7**: IV-1–5, zit. in [61].

63 Richter W, Röhrmoser G, Koumusinski S, Wolff J (1989) Einsatz von mutterkornhaltigem Weizen in der Futterration von Ferkeln, *VDLUFA-Schriftenreihe* **30**: 427–432, zit. in [61].

64 Roberts G, Rand MJ (1977) Chromosomal damage induced by some ergot derivatives in vitro, *Mutation Research* **48**: 205–214.

65 Römpp-Lexikon Chemie (1997) Falbe J, Regitz M (Hrsg), 10. Aufl., Bd. 2, Georg Thieme, Stuttgart, 1203 f.

66 Rosenthaler J, Unzer H, Voges R, Andres H, Gull P, Bolliger G (1984) Immunoassay of ergotamine and dihydroergotamine using a common $^3$H-labelled ligand as tracer for specific antibody and means to overcome experienced pitfalls, *International Journal of Nuclear Medicine and Biology* **11**: 85–89.

67 Rote Liste® (2003) Arzneimittelverzeichnis für Deutschland (einschließlich EU-Zulassungen), Rote Liste® Service GmbH (Hrsg), Editio Cantor, Aulendorf.

68 Roth L, Frank H, Kormann K (Hrsg.) (1990) Giftpilze Pilzgifte, 182 f, 227 ff, ecomed, Hamburg.

69 Saaten-Union (2004) Mutterkorn vermeiden – durch fachgerechten Ackerbau, http://www.saaten-union.de

70 Sanders SW, Haering N, Mosber H, Jaeger H (1986) Pharmacokinetics of ergotamine in healthy volunteers following oral and rectal dosing, *European Journal of Clinical Pharmacology* **30**: 331–334.

71 Schmidt R, Fanchamps A (1974) Effect of caffeine on intestinal absorption of ergotamine in man, *European Journal of Clinical Pharmacology* **7**: 213–216.

72 Schneider G (1990) Arzneidrogen, BI-Wissenschaftsverlag, Zürich, S. 245 ff.

73 Schoch U, Schlatter C (1985) Gesundheitsrisiken durch Mutterkorn aus Getreide, *Mitteilungen aus dem Gebiete der Lebensmitteluntersuchung und Hygiene* **76**: 631–644.

74 Schön H, Leist KH, Grauwiler J (1975) Single-day treatment of pregnant rats with ergotamine, *Teratology* **11**: 32A.

75 Scott PM, Lawrence GA (1980) Analysis of ergot alkaloids in flour, *Journal of Agricultural and Food Chemistry* **28**: 1258–1261.

76 Scott PM, Lawrence GA (1982) Losses of ergot alkaloids during making of bread and pancakes, *Journal of Agricultural and Food Chemistry* **30**: 445–450.

77 Scott PM, Lombart GA, Pellaers P, Bacler S, Lappi J (1992) Ergot alkaloids in grain foods sold in Canada, *Journal of AOAC International* **75**: 773–779.

78 Seiler KU (1985) Morgendliche „Müsli"-Mahlzeit als Ursache einer chronischen Vergiftung mit Secale-Alkaloiden, Schlusswort, *Deutsches Ärzteblatt* **82**: 3544.

79 Sharma C, Bursian SJ, Aulerich RJ, Render JA, Reimers T, Rottinghaus GE (2000) Reproductive toxicity of ergot alkaloids in mink, *Toxicologist* **54**: 329.

80 Silberstein SD, McCrory DC (2003) Ergotamine and dihydroergotamine: History, pharmacology, and efficacy, *Headache* **43**: 144–166.

81 Sommer AF, Buchanan AR (1955) Effects of ergot alkaloids on pregnancy and lactation in the albino rat, *American Journal of Physiology* **180**: 296–300.

82 Spiegel M, Schmidauer C, Kampfl A, Sarcletti M, Poewe W (2001) Cerebral ergotism under treatment with ergotamine and ritonavir, *Neurology* **57**: 743–744.

83 Stange K, Pohlmeier H, Lübbesmeyer A, Gumbinger G, Schmitz W, Baumgart P (1998) Vaskulärer Ergotismus durch Getreidestaubinhalation, *Deutsche Medizinische Wochenschrift* **123**: 1547–1550.

84 Starke K (2001) Pharmakologie noradrenerger und adrenerger Systeme – Pharmakotherapie des Asthma bronchiale. In: Allgemeine und spezielle Pharmakologie und Toxikologie, Forth W, Henschler D, Rummel W, Förstermann U, Starke K (Hrsg), Urban & Fischer, München, 197–199.

85 Tfelt-Hansen P (1988) Clinical pharmacology of ergotamines. An overview. In: Drug-Induced Headache, Diener HC, Wilkinson M (eds.), Springer, Berlin, zit. in [80].

86 WHO (1990) Selected Mycotoxins: Ochratoxins, Trichothecenes, Ergot, *Environmental Health Criteria* 105.

87 Wirth W (Hrsg) (1994) Toxikologie Wirth Gloxhuber, 428 ff, Thieme, Stuttgart.

88 Wolff J, Ocker H-D, Zwingelberg H (1983) Bestimmung von Mutterkornalkaloiden in Getreide und Mahlprodukten durch HPLC, *Getreide, Mehl und Brot* **11**: 331–335.

89 Wolff J, Ocker HD (1985) Einfluss des Backprozesses auf den Gehalt des Mutterkornalkaloids Ergometrin, *Getreide Mehl und Brot* **39**: 110–113.

90 Wolff J, Neudecker C, Klug C, Weber R (1988) Chemische und toxikologische Untersuchungen in Mehl und Brot, *Zeitschrift für Ernährungswissenschaften* **27**: 1–22.

91 Wolff J (1995) Zum Vorkommen von Mykotoxinen in Getreide, *Getreide, Mehl und Brot* **49**: 139–147.

92 Young JC (1979) Ergot contamination of feedstuffs, *Feedstuffs* **51**: 23–33.

93 Young JC (1981) Variability in the content and composition of alkaloids found in Canadian ergot. I. Rye, *Journal of Environmental Science and Health* **B16**: 83–111.

94 Young JC (1981) Variability in the content and composition of alkaloids found in Canadian ergot. II. Wheat, *Journal of Environmental Science and Health* **B16**: 381–393.

95 Young JC, Chen Z (1982) Variability in the content and composition of alkaloids found in Canadian ergot. III. Triticale and barley, *Journal of Environmental Science and Health* **B17**: 93–107.

96 Young JC, Chen Z, Marquardt RR (1983) Reduction in alkaloid content in ergot sclerotia by chemical and physical treatment, *Journal of Agricultural and Food Chemistry* **31**: 413–415.

97 Zeiger E, Anderson B, Haworth S, Lawlor T, Mortelmans K, Speck W (1987) Salmonella mutagenicity tests: III. Results from the testing of 255 chemicals, *Environmental and Molecular Mutagenesis* **9** (Suppl 9): 1–110.

98 Zolk O, Eschenhagen T (2004) Toxine mit Wirkung auf das Gefäßsystem – Ergotalkaloide. In: Lehrbuch der Toxikologie, 573 f, Marquardt H, Schäfer S (Hrsg), Wissenschaftliche Verlagsgesellschaft, Stuttgart.